AF534374

utb 8679

Eine Arbeitsgemeinschaft der Verlage

Böhlau Verlag · Wien · Köln · Weimar
Verlag Barbara Budrich · Opladen · Toronto
facultas · Wien
Wilhelm Fink · Paderborn
Narr Francke Attempto Verlag / expert Verlag · Tübingen
Haupt Verlag · Bern
Verlag Julius Klinkhardt · Bad Heilbrunn
Mohr Siebeck · Tübingen
Ernst Reinhardt Verlag · München
Ferdinand Schöningh · Paderborn
transcript Verlag · Bielefeld
Eugen Ulmer Verlag · Stuttgart
UVK Verlag · München
Vandenhoeck & Ruprecht · Göttingen
Waxmann · Münster · New York
wbv Publikation · Bielefeld

Thomas Schmitt

Molekulare Biogeographie

Gene in Raum und Zeit

Haupt Verlag

Prof. Dr. *Thomas Schmitt* ist Direktor des Senckenberg Deutschen Entomologischen Instituts Müncheberg der Senckenberg Gesellschaft für Naturforschung (SGN) und gemeinsam berufener Professor für Entomologie der Martin-Luther-Universität Halle-Wittenberg. Er studierte Biologie in Saarbrücken und Lissabon und schloss mit dem Diplom ab. Mit einer Arbeit über die Molekulare Biogeographie von Tagfaltern promovierte er anschließend in der Arbeitsgruppe von Prof. Alfred Seitz an der Johannes Gutenberg-Universität Mainz. Anschließend ging Schmitt an die Universität Trier, wo er zuerst Juniorprofessor und anschließend Universitätsprofessor für Molekulare Biogeographie war. Seine über 200 wissenschaftlichen Originalarbeiten gelten neben diversen Aspekten der Biogeographie auch der Ökologie, Naturschutzbiologie und Evolutionsforschung. Seine Leidenschaft sind seit seiner Kindheit Insekten, und hier vor allem die Tagfalter, die bis heute seine liebsten Forschungsobjekte sind.

1. Auflage 2020

Bibliografische Informationen der Deutschen Nationalbibliothek:
Die Deutsche Nationalbibliothek verzeichnet diese Publikation in der Deutschen Nationalbibliografie; detaillierte bibliografische Daten sind im Internet über http://dnb.dnb.de abrufbar.

Umschlagsgestaltung: Atelier Reichert, D-Stuttgart
Satz: Werkstatt-Produktion GmbH, D-Göttingen

Printed in Germany

UTB-Band-Nr.: 8679
ISBN: 978-3-8252-8679-8

Inhaltverzeichnis

Vorwort

Die Vielfalt von Flora und Fauna fasziniert uns Menschen schon seit jeher. Deshalb hat die moderne Naturwissenschaft schon früh versucht, diese Vielfalt zu ordnen und zu verstehen. Ein solches Vorgehen führt fast zwangsweise zur Beschäftigung mit den Verbreitungsmustern von Arten, wie dies große Forscher des 19. Jahrhunderts wie Alexander von Humboldt, Charles Darwin oder Russel Wallace getan haben und dadurch zu ganz wichtigen Vorreitern für die Entwicklung der Forschungsrichtung der Biogeographie wurden. Stück für Stück wurde durch diese Forschungen deutlich, wie dynamisch die natürlichen Systeme und auch die Verbreitungsgebiete der Arten sind.

Im Verlauf des 20. Jahrhunderts wurde dann klar, dass sich Arten in für sie ungünstigen Phasen auf Rückzugsgebiete (sogenannte Refugien) zurückziehen, aus denen sie sich unter verbessernden Bedingungen später wieder ausbreiten. Dieses Konzept wurde zuerst für Europa untersucht und hierbei vor allem die große Bedeutung des Mittelmeerraumes als Rückzugsgebiet erkannt. Später wurde es dann auf alle Erdteile angewandt; die in diesem Zusammenhang epochalen Werke von Gustaf de Lattin und Paul Müller wurden von den späten 1960er- bis zu den frühen 1980er-Jahren publiziert. Der Kenntnisstand dieser damals so dynamischen Wissenschaft wurde darin zusammenfassend behandelt. Jedoch hatte die Analyse der Arealdynamik zur damaligen Zeit mehrere Schwachpunkte: die Verbreitungen der Arten waren in den meisten Fällen noch ungenügend bekannt; gleiches galt auch für die geographische Verbreitung von morphologischen Differenzierungen innerhalb von Arten. Auch die statistischen Möglichkeiten waren sehr viel weniger weit entwickelt als heute und die Daten für die Analysen waren auf die Verbreitungen von Arten und morphologischen Merkmalen beschränkt und somit nicht sehr umfangreich. Die sehr guten Ideen und Hypothesen der Biogeographen des letzten Jahrhunderts stießen deshalb an Grenzen, die hauptsächlich durch die Qualität und die Quantität der verfügbaren Daten gesetzt wurden; außerdem stand ihnen im Vergleich mit heute nur ein sehr elementares Werkzeug zur Auswertung dieser Daten zur Verfügung.

Dies änderte sich maßgeblich durch den Einsatz von genetischen Methoden zur Bearbeitung biogeographischer Fragestellungen, denn diese erlauben es, Datensätze zu generieren, die sehr viel umfangreicher sind, als die bisher zur Verfügung stehenden. Durch detaillierte Studien von Arten oder Artenkomplexen konnte zusätzlich eine sehr hohe Präzision der Daten für ganz spezifische Fragestellungen erreicht werden. Mit Hilfe des Einsatzes dieser genetischen Methoden wurde somit ein bedeutender Wissensfortschritt erreicht, der durch die sich parallel sehr verbessernden statistischen Verfahren noch deutlich beschleunigt wurde. Zu Beginn dieser bis heute sehr dynamischen Entwicklung formten John Avise und Koautoren im Jahr 1987 den Begriff «Phylogeographie», der durch seine Einfachheit und Griffigkeit zusätzlich den Erfolg dieser Wissenschaftsdisziplin regelrecht befeuerte.

Ausgehend von Nordamerika und kurz darauf auch von Europa, begann vor allem seit den 1990er-Jahren eine intensive phylogeographische Untersuchung von Flora und Fauna, die sich von der ursprünglichen Konzentration auf Europa und Nordamerika auf eigentlich alle Erdregionen ausweitete. Durch diese Arbeiten der letzten wenigen Dekaden liegen nun für die meisten Erdregionen zumindest brauchbare Daten vor, die ein viel tiefergehendes Verständnis der biogeographischen Prozesse erlauben als dies früher möglich war. Vor diesem Hintergrund habe ich mich vor nunmehr sieben Jahren daran gesetzt, diese für die gesamte Welt existierenden Daten zu sichten und in möglichst leicht verständlicher Form aufzubereiten. Hierbei sah ich mich natürlich immer einem gewissen Drahtseilakt ausgesetzt, denn Vereinfachungen und Simplifizierungen sind bei einer solchen Aufbereitung notwendig, dürfen jedoch nicht dazu führen, dass die

Bearbeitung dadurch oberflächlich oder gar simplifizierend-verfälschend wird. Auch ist es bei einem so langen Projekt nicht möglich, dass alles auf dem allerneuesten Stand ist. Ich hoffe, dass es mir trotzdem gelungen ist, ein Buch zu verfassen, das sowohl von Studierenden der Biologie und verwandter Disziplinen als auch von Lehrern im Bereich der Biologie und Geographie gerne als Wissensquelle herangezogen wird, das auch Fachkollegen an Universitäten mit Gewinn nutzen und das außerdem von naturwissenschaftlich Interessierten aus reiner Begeisterung für dieses spannende Thema gelesen wird.

Bewusst beginne ich deshalb dieses Buch mit einem kurzen Überblick über die Geschichte und die Grundlagen der Biogeographie, denn dies ist das solide Fundament, auf dem die molekulare Biogeographie fußt und aufbaut. Das zweite Kapitel beschäftigt sich dann mit den Vorzügen der molekularen Biogeographie im Vergleich mit der klassischen Biogeographie. An dieses schließt sich ein Kapitel an, das sich mit den genetischen Markern und statistischen Methoden befasst; dieses ist jedoch recht knapp gehalten und gibt keinen vertieften Einblick in diese Bereiche, sondern liefert dem nicht tiefer mit der Materie vertrauten Leser lediglich das nötige Rüstzeug, um die anschließenden Kapitel verstehen zu können. Wer hier mehr wissen möchte, sollte eines der diesbezüglich existierenden Lehrbücher konsultieren. Da Ausbreitung eine ganz wesentliche Basis für das Verständnis von Arealdynamiken ist, ist ihren Prozessen und Mustern ein weiteres, wenn auch recht kurzes Kapitel gewidmet. Die sich anschließenden Kapitel 5 bis 10 beschäftigen sich detailliert mit den biogeographischen Strukturierungen der einzelnen Weltregionen und ihrer Interpretation. Dies beginnt mit der westlichen Paläarktis (Europa, Teile Westasiens, Teile Nordafrikas), geht dann auf ganz Eurasien ein, beleuchtet anschließend Nordamerika, fährt mit Subsahara-Afrika sowie Süd- und Mittelamerika fort und schließt mit dem Kapitel über Australien und Neuseeland. Da Inseln sehr geeignet sind, um biogeographische Prozesse zu verstehen, ist dem Thema «Molekulare Inselbiogeographie» ein eigenes Kapitel gewidmet. Ein kurzes zwölftes Kapitel über die Bedeutung der molekularen Biogeographie im Naturschutz schließt das Buch ab.

Wenn man sieben Jahre an einem Buch gearbeitet hat, dann ist man entweder frustriert oder dankbar. Ich bin letzteres. Ich bin dankbar für die viele Zeit, die ich trotz meiner ausfüllenden Tätigkeiten erst als Professor für *Molekulare Biogeographie* an der Universität Trier und seit 2014 als gemeinsam berufener Professor für *Entomologie* an der Martin-Luther-Universität Halle-Wittenberg und als Institutsdirektor des Senckenberg Deutschen Entomologischen Instituts in Müncheberg aufbringen konnte, um mich diesem interessanten Buchprojekt zu widmen. Ich sehe dies als großes Privileg an! Auch danken möchte ich dem Haupt Verlag und vor allem meinem Lektor Martin Lind für die immer herausragend gute Zusammenarbeit, vor allem auch seinem Entgegenkommen, als das Buch im Vergleich zum Plan immer dicker und dicker wurde und dadurch auch immer weiter im Erscheinungsdatum verschoben werden musste. Es gab eben so viel Interessantes, das ich doch noch aufarbeiten wollte.

Ein großer Dank geht auch an all die Kollegen, die sich Teile dieses Buches kritisch angesehen haben. Mein lieber Kollege Uwe Fritz (Dresden) hat als ausgewiesener Fachmann für Phylogeographie die ersten vier Kapitel kritisch durchgesehen und mir wichtige Hinweise zu ihrer Verbesserung gegeben. Mein langjähriger Freund Zoltán Varga (Debrecen), der mich schon vor über 20 Jahren als akademischer Lehrer bei meiner Doktorarbeit unterstützte, hat als ausgewiesener Spezialist für Eurasien die ersten sechs Kapitel genau geprüft. Mit meinem guten Freund Matthias Weitzel (Trier) habe ich viel über die Inhalte dieses Buchs diskutiert und er hat alle Teile davon detailliert kontrolliert und auf ihre innere Logik und Kohärenz hin geprüft. Vielen weiteren Kollegen und ehemaligen Schülern bin ich zu generellem Dank verpflichtet. Wir haben diskutiert, um Lösungen wissenschaftlicher Probleme gerungen, an gemeinsamen Publikationen und Anträgen gefeilt, mit etlichen unternahm ich lehrreiche und spannende Forschungsreisen in unterschiedliche Weltregionen, aber wir haben auch zusammen gefeiert und Wissenschaft gelegentlich auch Wissenschaft sein lassen. Sie alle hier aufzuzählen, würde jeden Rahmen sprengen.

Besonders erwähnen möchte ich auch meine lieben Eltern. Sie entfachten in mir im Pfälzer Wald die Faszination für die Schönheit und Vielfalt der Natur und nahmen mich schon mit vier Jahren in den Mittelmeerraum mit, was Anfang der 70er-Jahre alles andere als selbstverständlich war. Dort bewunderte ich mit staunenden Kinderaugen Gottesanbeterinnen, Taschenkrebse, Schildkröten und vieles mehr. Auch als ich im Alter von elf Jahren begann, Insekten zu sammeln, was um das Jahr 1980, ähnlich wie leider noch heute, eher als eine Beschäftigung für Sonderlinge angesehen wurde, hatte ich ihre volle Unterstützung; ebenso als ich nach einem Bundessieg bei Jugend forscht entschloss, doch kein Medizinstudium zu beginnen, sondern das zu studieren, was mich wirklich brennend interessierte: Biologie. Ich habe es nie bereut!

Ein ganz besonders lieber Dank geht aber an dieser Stelle an meine liebe Frau Ilona, die es an so vielen Abenden und Wochenende akzeptierte, dass ich mit der Bemerkung «Ich arbeite jetzt an meinem Buch» verschwand … Danke!

Widmen möchte ich dieses Buch jedoch zweien meiner akademischen Lehrer, die beide leider schon vor mehreren Jahren verstorben sind. Zum einen Alfred Seitz (Mainz), einem der Vorreiter der Populationsgenetik in Deutschland und der beste Doktorvater, den ich mir wünschen konnte. Er ließ mir die wissenschaftlichen Freiheiten, um mich zu entfalten, und er ermöglichte mir damit, das wesentliche Fundament für meine akademische Laufbahn zu legen. Auch die freundliche und einnehmende Art, seine Arbeitsgruppe zu leiten, was eine unvergleichliche Stimmung des Zusammenhalts schaffte, werde ich nie vergessen. Zum anderen Paul Müller (Trier), einem der großen deutschen Biogeographen und mein Mentor während meiner Zeit als Juniorprofessor in Trier. Er förderte mich bei der Umsetzung meiner wissenschaftlichen Ideen wo immer ihm dies möglich war, und ich konnte von seinem herausragenden Wissen über die Biogeographie außerordentlich profitieren. Auch lebte er mir vor, wie Wissenschaft «funktioniert», dass es also nicht ausreichend ist, exzellente Wissenschaft zu machen, sondern dass man auch ein guter Wissenschaftsmanager sein muss. Beide waren erst meine akademischen Lehrer, die aber im Laufe der Zeit immer mehr zu guten Freunden wurden. Sie sind mir beide als hochkarätige Wissenschaftler und als einzigartige Menschen große Vorbilder. Ich verdanke ihnen sehr viel.

Müncheberg im Dezember 2019

1 Geschichte und Grundlagen der klassischen Biogeographie

1.1 Bioreiche und Faunenregionen

Biogeographie ist im Prinzip eine sehr alte Wissenschaft. Schon in den Schriften der alten Griechen und Römer finden sich ausführliche Beschreibungen über die naturräumliche Ausstattung unterschiedlicher Regionen. Als ein besonders herausragendes Werk sei in diesem Zusammenhang auf die Naturgeschichte *(Naturalis historia)* von **Plinius dem Älteren** (ca. 23–79 n. Chr.) hingewiesen, der im ersten nachchristlichen Jahrhundert schon wichtige biogeographische Daten zu Tieren, Pflanzen und der naturräumlichen Ausstattung unterschiedlicher Regionen des Mittelmeerraumes und angrenzender Regionen zusammentrug. So geht beispielsweise die Feststellung auf ihn zurück, dass ein Eichhörnchen sich in Iberien von Gibraltar bis zu den Pyrenäen bewegen könne, ohne dabei ein einziges Mal den Erdboden berühren zu müssen. Sicherlich eine gewisse Übertreibung, aber diese Passage in den Aufzeichnungen des Plinius belegen deutlich, dass es um die Zeitenwende herum noch große und zusammenhängende Wälder in weiten Teilen Iberiens gegeben haben muss, wahrscheinlich zum Großteil immergrüne Eichenwälder, die heute nur noch in kleinsten Restbeständen vorhanden sind.

Der eigentliche «Startschuss» der Biogeographie fand aber viel später statt. Einer der Begründer der modernen Biogeographie ist sicherlich **Alexander von Humboldt** (1769–1859), der auf seiner Amerikareise (1799–1804) zahlreiche wissenschaftliche Erkenntnisse sammelte, darunter auch viele bis heute wichtige biogeographische Grundlagen, wie etwa die präzise Beschreibung der Klima- und Vegetationsstufen der südamerikanischen Anden.

Auch **Charles Darwin** (1809–1882), der häufig auf die Entwicklung der Evolutionslehre eingeschränkt gesehen wird (*On the Origin of Species by Means of Natural Selection, or the Preservation of Favoured Races in the Struggle for Life*, publiziert 1859), war sicherlich einer der großen Biogeographen des 19. Jahrhunderts. Vor allem die Berichte, die er von seiner Reise mit der Beagle (1831–1836) verfasste (*The Zoology of the Voyage of H.M.S. Beagle*, publiziert 1838–1842), unterstreichen seine wegweisenden Leistungen in diesem Feld. Ein Großteil dieses Werkes ist der Beschreibung der Tier- und Pflanzenwelt Südamerikas gewidmet, wobei vor allem biogeographische Fragestellungen (auch nach der Herkunft und den Verwandtschaftsbeziehungen der Arten) im Vordergrund stehen.

Der etwas jüngere **Alfred Russel Wallace** (1823–1913) unternahm etwas später als Darwin große biogeographische Forschungsreisen durch Südamerika (1848–1852, ein Schiffsbrand auf dem Rückweg nach England zerstörte seine kompletten Sammlungen und einen Großteil seiner Aufzeichnungen) und Südostasien (1854–1862) und entwickelte zeitgleich mit Darwin sehr ähnliche Hypothesen zur Evolution wie dieser *(On the Tendency of Varieties to Depart Indefinitely From the Original Type)*. Diese wurden 1858 zusammen mit Schriften von Darwin bei der *Linnean Society of London* vorgestellt, sodass beide als Väter der Evolutionslehre angesehen werden müssen. Basierend auf seinen Untersuchungen und umfangreichen Recherchen, publizierte Wallace im Jahr 1876 das zweibändige Werk *The Geographical Distribution of Animals*, in dem er die Welt, basierend auf der Verbreitung von Vögeln, Säugern, Reptilien und Insekten, in sechs biogeographische

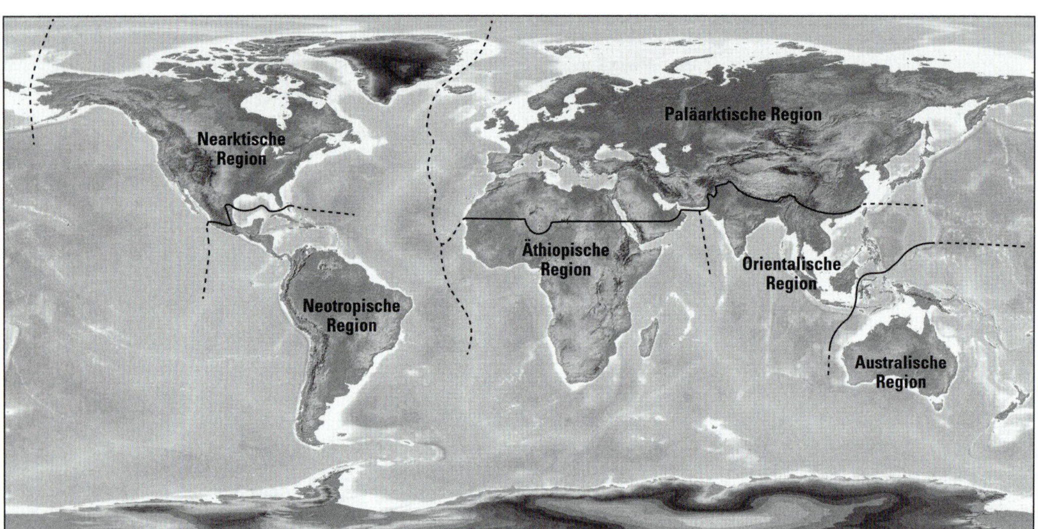

Abb. 1.1 Die biogeographische Gliederung der Welt nach Wallace (1874).

Großregionen (Realme* oder Bioreiche*) aufteilte (Paläarktis*, Nearktis*, Äthiopis*, Orientalis*, Neotropis*, Australis*, siehe Abb. 1.1). Diese Gliederung besitzt mit Modifikationen bis heute Gültigkeit. Sie baute auf einer ähnlichen Einteilung der Welt durch **Philip Lutley Sclater** (1829–1913) aus dem Jahr 1858 auf, welche jedoch nur auf der Verbreitung von Vögeln beruhte. Mit gutem Recht dürfen beide Wissenschaftler aufgrund dieser bahnbrechenden Leistungen im Bereich der Biogeographie als die Begründer der Idee der **Faunenregion***, definiert durch eine relativ einheitliche Tier- und Pflanzenwelt, gelten. Zahlreiche Wissenschaftler haben seitdem an der biogeographischen Großgliederung der Welt gearbeitet und das Wallace'sche Konzept weiter verfeinert.

Kurz erwähnt sei hier nur das von **Paul Müller** (1940–2010) in seiner *Biogeographie* 1980 vorgestellte **Konzept der Bioreiche** (Abb. 1.2), in dem er aufgrund ihrer recht ähnlichen Artenzusammensetzungen Paläarktis und Nearktis lediglich als Unterreiche der Holarktis* sowie Äthiopis und Orientalis als Unterreiche der Paläotropis* auffasste; Madagaskar wegen seiner großen biogeographischen Eigenständigkeit als eigenes Unterreich (Madegassis*) der Paläotropis beschrieb; die Archinotis* (= Antarktika) als eigenes Bioreich einführte; und zahlreiche Übergangsbereiche zwischen den Bioreichen definierte: Mittelamerika als Übergang zwischen Nearktis und Neotropis; der Saharabereich und der Süden der Arabischen Halbinsel zwischen Paläarktis und Äthiopis; Südchina zwischen Paläarktis und Orientalis; die Region östlich von Borneo bis westlich von Neuguinea zwischen Orientalis und Australis, diese wurde zu Ehren von Wallace als «Wallacea»* bezeichnet; die Südspitze von Südamerika zwischen Neotropis und Archinotis; die Südinsel Neuseelands als Übergang zwischen Australis und Archinotis.

Die meisten dieser oben genannten Einteilungen beruhen auf den Verbreitungsmustern von Tieren. Betrachtet man die sich ergebenden Strukturen basierend auf Pflanzen, also die sogenannten **Florenreiche***, so ergeben sich weitgehend mit den Einteilungen auf Basis der Tiere übereinstimmende biogeographische Muster. Die einzige bedeutende Ausnahme bildet die Kapregion Südafrikas. Diese zeichnet sich durch eine hochgradig differenzierte Pflanzenwelt mit ausnehmend hohem Endemitenanteil aus und wird deshalb botanisch als das kleinste Bioreich, die Capensis*, klassifiziert (Walter & Straka 1970). Für alle bekannten Tiergruppen zeigen sich hingegen keine we-

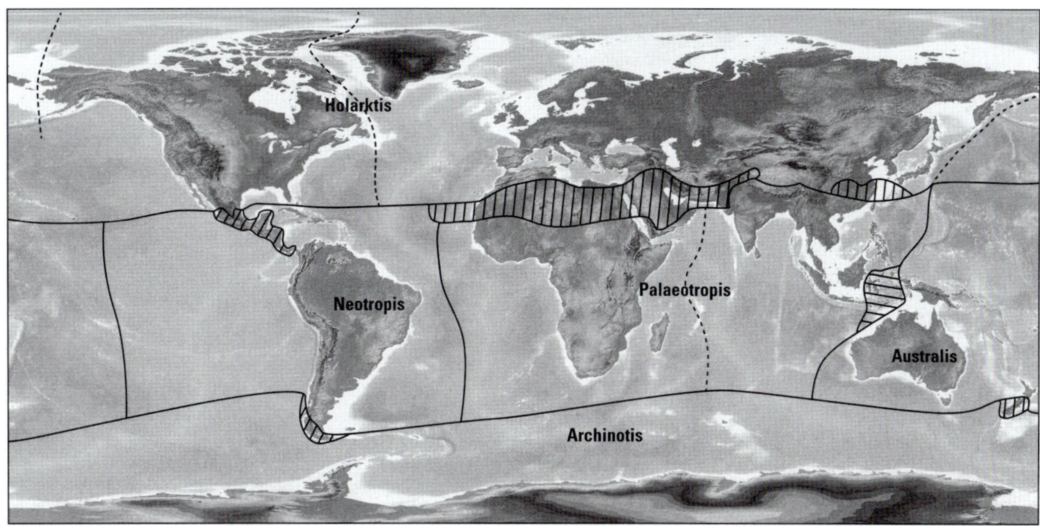

Abb. 1.2 Die biogeographische Gliederung der Welt nach Müller (1980). Die Übergangsbereiche zwischen den Bioreichen sind schraffiert dargestellt.

sentlichen Unterschiede dieser Region zum Rest der Äthiopis (Müller, 1981).

Unlängst wurde von Holt et al. (2013) eine biogeographische Gliederung der Welt publiziert (Abb. 1.3), welche auf der Verbreitung und systematischen Stellung von Vögeln, Säugern und Amphibien beruht und erneut zu sehr ähnlichen biogeographischen Mustern wie oben vorgestellt führt: die sechs großen Bioreiche von Wallace (1876) werden bestätigt, die Madegassis und Ozeanien* (einschließlich Neuguinea) werden als zwei unabhängige Bioreiche betrachtet und zwei der Übergangsbereiche von Müller (1980) werden als eigene Bioreiche abgetrennt (Saharo-Arabisches Bioreich, Sino-Japanisches Bioreich; beide geographisch größer bemessen und mehr nach Norden ausgedehnt als die von Müller (1980) postulierten Übergangsgebiete). Wenngleich sich etliche Begründungen für die Einführung eines Sino-Japanischen Bioreichs finden (beispielsweise gute Evidenzen für die Existenz mehrerer eigener Ausbreitungszentren in dieser Region, vgl. de Lattin (1967, siehe auch weiter unten), so hat der Autor dieses Buches erhebliche Bedenken gegen die Einführung des Saharo-Arabischen Bioreichs, für das er keine ausreichende Berechtigung sieht und die Hypothese Müllers (1980) eines Übergangsgebietes in diesem Raum präferiert. Auch zieht der Autor in Anlehnung an die klassische und damit vorrangige Terminologie de Lattin's (1967) den Begriff Sino-Mandschurisches Bioreich gegenüber Sino-Japanisch vor.

1.2 Ausbreitungszentren und Faunenelemente

Neben dem eher deskriptiven Verständnis der **makrogenetischen Struktur** der Erde, also den Faunenregionen, interessiert sich die Biogeographie auch sehr für die Prozesse, die zu diesen biogeographischen Mustern führen. Da alle Tier- und Pflanzenarten ein mehr oder weniger ausgeprägtes Ausbreitungspotenzial besitzen, hat jede Art theoretisch die Möglichkeit, die ganze Erde zu besiedeln. Dies wird jedoch durch die jeweiligen ökologischen Ansprüche der Arten und durch die Konkurrenz mit anderen Arten eingeschränkt. Da sich die ökologischen und klimatischen Bedingungen auf der Erde über die Zeit stark ändern, führt dies zu einer hohen Dynamik von Arealen* (= Verbreitungsgebieten). In ungünstigen Phasen ziehen sich Arten in Rückzugsgebiete (= **Refugien***) zurück, aus denen sie sich nach Ende dieser Bedingungen

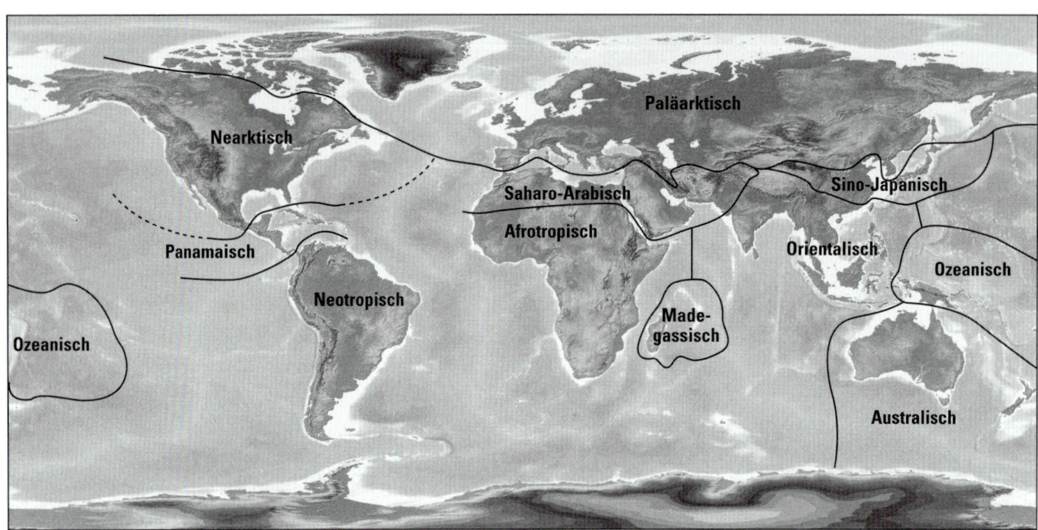

Abb. 1.3 Die biogeographische Gliederung der Welt nach Holt et al. (2013).

wieder in andere Gebiete ausdehnen. Das Refugium wird dann zum **Ausbreitungszentrum***, welches aber nicht unbedingt geographisch mit dem **Entstehungszentrum*** einer Art übereinstimmen muss, da der Beginn der Evolution einer Art zeitlich deutlich vor seiner letzten Regressionsphase liegen kann.

Es ist der Verdienst von **Hans Rebel** (1861–1940), die Differenzierung in holothermische und holopsychrische Elemente eingeführt zu haben. Hierbei umfassen die **holothermischen** Elemente die wärmeliebenden Arten, also weitgehend solche, die sich in Europa in den Wärmephasen ausdehnen und sich in Eiszeiten weitgehend in Rückzugsgebiete im südlichen Europa zurückziehen. Die **holopsychrischen** Elemente stellen gewissermaßen das Gegenstück zu den holothermischen dar. Sie sind also an kalte Bedingungen angepasst, sodass sie sich in warmen Phasen in Regression befinden und in Kaltzeiten ausdehnen können. Hierunter fallen weitestgehend die arktischen, arkto-alpinen* und boreo-montanen* Arten sowie die echten Gebirgsarten, egal, ob diese endemisch für ein Gebirge sind (oder sogar nur einen kleinen Teil von diesem) oder eine disjunkte Verbreitung* mit isolierten Vorkommen in mehreren Gebirgen besitzen.

Bezüglich der konsequent systematischen Klassifizierung der unterschiedlichen Verbreitungstypen blieben Rebels Definitionen noch etwas unscharf, und es ist das große Verdienst von Biogeographen wie **William F. Reinig** (1904–1980) und **Gustaf de Lattin** (1913–1968), diese Klassifizierung zu einem ausgereiften Konzept weiterentwickelt zu haben. In diesem Konzept werden diejenigen Arten, welche sich nach dem letzten Glazial aus Refugialgebieten ausgebreitet haben, also die holothermischen Arten Rebels, ihren letzten Ausbreitungszentren als **Faunenelemente*** zugeordnet. Eine Art, die also die letzte Eiszeit im Mittelmeerraum überdauert hat, wird folglich als mediterranes Faunenelement bezeichnet. Reinig (1938) legte in seinem Buch *Elimination und Selektion* auch klare Konzepte zum zufälligen Verlust von Allelen bei Ausbreitungsvorgängen vor. Er stimulierte die biogeographische Diskussion nachhaltig durch Thesen, dass durch Ausbreitungsprozesse bedingte Evolutionsprozesse sowohl abhängig wie auch unabhängig von selektiven Prozessen sein können, im zweiten Fall somit auch stark dem Zufallsprozess der Elimination unterliegen würden.

An dieser Stelle sei auch auf den bedeutenden Unterschied zwischen Faunen-

und **Florenelement** hingewiesen. Letzteres bezieht sich nämlich ausschließlich auf die rezenten Verbreitungsmuster; eine Pflanze, die ein mediterranes Florenelement repräsentiert, wäre also aktuell mit ihrer Verbreitung auf den Mittelmeerraum beschränkt und sogenannte submediterrane Elemente würden gerade bis in die südlichen Bereiche Mitteleuropas vorkommen, wohingegen eine Tierart des mediterranen Faunenelements durchaus bis ins südliche Skandinavien verbreitet sein kann.

Die holopsychrischen Arten Rebels erfuhren, bedingt durch die klimatische Erwärmung von der letzten Eiszeit zur aktuellen Warmzeit, starke Arealveränderungen. Dies führte in vielen Fällen, aber bei Weitem nicht in allen, zu starken räumlichen Verkleinerungen der Verbreitungsgebiete. Hieraus wurde gefolgert, dass sich viele dieser Arten wohl aktuell in refugialen Verbreitungssituationen befinden, die mit Beginn einer neuerlichen Eiszeit wieder zu Ausbreitungszentren würden. Folgerichtig wird für diese Arten, hier also ähnlich wie für die Florenelemente, der aktuelle Verbreitungstyp für die Beschreibung des Faunenelements herangezogen, denn aktuelle Verbreitung (die Grundlage für die Definition des Florenelements) und Ausbreitungszentrum (die Grundlage für die Definition des Faunenelements) sind in diesem Fall identisch. Eine Tierart des arkto-alpinen Faunenelements ist also aktuell auf die arktischen Bereiche und die Regionen der Gebirge oberhalb der Baumgrenze (das sogenannte Oreal*) beschränkt; eine explizite Aussage über das Verbreitungsmuster im letzten Glazial geht aus dieser Klassifizierung, anders als bei den holothermischen Arten, also nicht hervor.

Für die Bestimmung von Ausbreitungszentren werden sogenannte chorologische (= arealkundliche) Methoden eingesetzt. Hierfür werden Areale übereinander projiziert und nach Zonen gesucht, in denen sich möglichst viele dieser Areale überlappen, die sogenannten Arealkerne. In einem zweiten Schritt wird untersucht, ob sich diese Kerne auch mit der subspezifischen Differenzierung in den entsprechenden Arten decken und ob sich Arten mit kleinen Verbreitungsgebieten (= kleinareale Arten) auf genau diese Gebiete beschränken. Ist dies der Fall, so werden diese Regionen als Ausbreitungszentren angesehen. Eine Art kann nun **monozentrisch** oder **polyzentrisch** sein, abhängig davon, ob ihr Areal einen oder mehrere Arealkerne umfasst. Außerdem werden Unterschiede zwischen stationären und expansiven Arten gemacht. Hier-

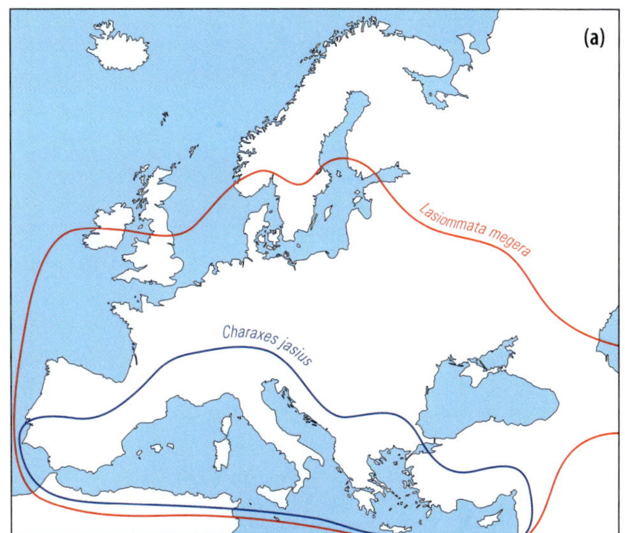

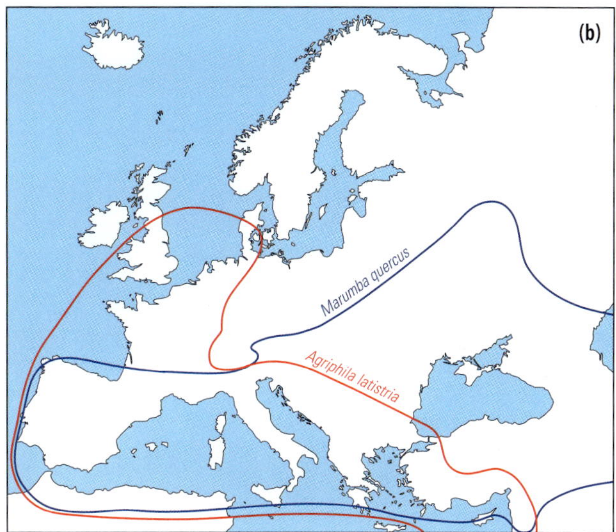

Abb. 1.4 Stationäre und expansive Arten; (a) stationär: Erdbeerbaumfalter *(Charaxes jasius)*, expansiv: Mauerfuchs *(Lasiommata megera)*, (b) teilweise stationär, teilweise expansiv: die Zünslerart *Agriphila latistria*, Eichenschwärmer *(Marumba quercus)*. Abbildung nach de Lattin (1967).

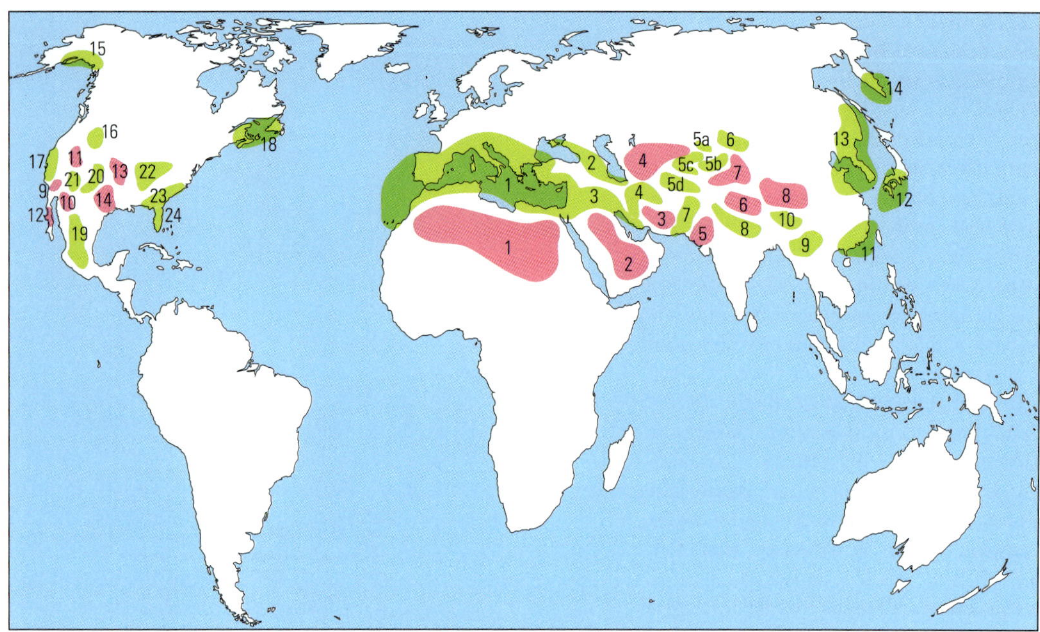

Abb. 1.5 Die arborealen (grün) und eremialen (rot) Ausbreitungszentren Eurasiens und Nordamerikas nach de Lattin (1967).
Arboreale Zentren (grün): 1. Mediterranes Zentrum (Untergliederung siehe Abb. 1.7); 2. Kaspisches Zentrum; 3. Syrisches Zentrum; 4. Iranisches Zentrum; 5. Turkestanisches Zentrum (a: Tarbagataisches Sekundärzentrum; b: Tienschanisches Sekundärzentrum; c: Ferghanisches Sekundärzentrum; d: Afghanisches Sekundärzentrum); 6. Mongolisches Zentrum; 7. Sindhisches Zentrum; 8. Nepalisches Zentrum; 9. Yünnanisches Zentrum; 10. Sinotibetisches Zentrum; 11. Sinopazifisches Zentrum; 12. Japanisches Zentrum; 13. Mandschurisches Zentrum (mit dem Ussurischen, Sinokoreanischen und dem Koreanischen Sekundärzentrum); 14. Kamtschatisches Zentrum; 15. Alaskisches Zentrum; 16. Oregonisches Zentrum; 17. Kalifornisches Zentrum; 18. Laurentisches Zentrum; 19. Mexikanisches Zentrum; 20. Coloradisches Zentrum; 21. Arizonisches Zentrum; 22. Algonkisches Zentrum; 23. Virginisches Zentrum; 24. Floridanisches Zentrum.
Eremiale Zentren (rot): 1. Afroeremisches Zentrum; 2. Syroeremisches Zentrum; 3. Iranoeremisches Zentrum; 4. Turanoeremisches Zentrum; 5. Sindhoeremisches Zentrum; 6. Tibetoeremisches Zentrum; 7. Mongoloeremisches Zentrum; 8. Sinoeremisches Zentrum, 9. Kalifornoeremisches Zentrum; 10. Mohavoeremisches Zentrum; 11. Salsoeremisches Zentrum; 12. Gilaeremisches Zentrum; 13. Kansoeremisches Zentrum; 14. Texoeremisches Zentrum.

bei versteht man unter **stationären** Arten solche, die sich auch nach dem Ende des letzten Glazials nicht wesentlich aus ihren Rückzugsgebieten ausgebreitet haben, wohingegen **expansive** Arten sich nach Ende der Würm-Eiszeit deutlich aus ihren Refugialräumen ausbreiteten (Abb. 1.4a). Manche Arten sind auch in einem Teil ihres Areals expansiv, in einem anderen aber stationär (Abb. 1.4b).

Eine erste detaillierte biogeographische Gliederung des temperaten Eurasiens und Nordamerikas wurde von Reinig 1937 in seinem Buch *Die Holarktis* vorgestellt. De Lattin verfeinerte dieses Konzept und erarbeitete detaillierte Vorstellungen über die geographische Lage der Ausbreitungszentren dieses Raumes, welche zusammenfassend in seinem epochalen Buch *Zoogeographie* (1967) dargestellt sind (Abb. 1.5). Hierbei unterschied de Lattin klar zwischen **arborealen*** und **eremischen*** Ausbreitungszentren, also solchen, die im letzten Glazial Wälder oder zumindest waldähnliche Strukturen aufwiesen, und solche, die zu dieser Zeit keinen bedeutenden Baumwuchs aufwiesen, also Steppen und Wüsten repräsentierten. Von diesen holarktischen Ausbreitungszentren konnten basierend auf aktuellen Arbeiten, z. B. an Libellen (Heiser & Schmitt 2013), jedoch mit deutlich verbessertem Wissen über die Verbreitungen der Arten und unterstützt durch stark verbesserte statistische Verfahren, etliche bestätigt werden, andere jedoch auch nicht. Später stellte Müller (1970), basierend auf den oben vorgestellten Methoden, ein Konzept für die geographische Verteilung von Ausbreitungszentren in Südamerika vor (Abb. 1.6).

Einen besonderen Schwerpunkt stellte Mitte des 20. Jahrhunderts die Bearbeitung des **mediterranen Arborealzentrums** dar. In diesem Zusammenhang stellte de Lattin (1949) eine Substrukturierung dieses Raumes vor, in der er dieses Großrefugium in neun Subregionen aufteilte. Er bezeichnete sie als atlantomediterranes*, adriatomediterranes*, pontomediterranes*, tyrrhenisches*, kanarisches, mauretanisches*, cyrenisches*, kretisches und zyprisches Subzentrum (Abb. 1.7). Im Folgejahr publizierte Reinig (1950) in einer Festschrift für Otto Kleinschmidt einen außergewöhnlichen Beitrag, der leider viel zu wenig Beachtung fand und in dem er die Substrukturierung des Mittelmeerraumes von de Lattin durch Einführung zahlreicher Arealkerne noch weiter verfeinerte. Die damals aufgestellten Hypothesen haben sich bis heute weitgehend als zutreffend herausgestellt. Basierend auf Verbreitungskarten konnten vor allem die Rückzugsbereiche in Iberien, Italien und der Balkanhalbinsel als besonders bedeutend für die postglaziale Wiederbesiedlung Mittel- und Nordeuropas durch mediterrane Faunenelemente herausgearbeitet werden (Abb. 1.8a; de Lattin 1967). Als sehr viel problematischer hat sich die biogeographische Interpretation von temperaten Arten erwiesen, die eine weite trans-paläarktische Verbreitung aufweisen, aber in Europa weder in den stark atlantisch beeinflussten Bereichen noch in Bereichen mit mediterranem Klima auftreten. Die Vertreter dieser biogeographischen Gruppe wurden als **sibirische Faunenelemente** bezeichnet (vgl. de Lattin 1964), und es wurde angenommen, dass sich diese Arten postglazial (also erst nach dem Ende der letzten Vereisungsphase) aus Ausbreitungszentren in Ostasien bis nach Europa ausbreiteten (Abb. 1.8b). Als wichtige Refugialgebiete wurden vor allem das mongolische und das mandschurische Ausbreitungszentrum angesehen (Abb. 1.5).

Abb. 1.6 Die von Müller (1970) postulierten Ausbreitungszentren Südamerikas im letzten Glazial. Zentren des Waldes (arboreal) sind grün, solche der Savanne und Steppe (non-arboreal) rot dargestellt. Abbildung nach Müller (1980).

Diese Sichtweise wurde erst in den 70er-Jahren des letzten Jahrhunderts kritisch hinterfragt, und Wissenschaftler wie **Horst Aspöck** (*1939), **Ulrike Aspöck** (*1941), **Hans Malicky** (*1935) und **Zoltán Varga** (*1939) postulierten, dass es für solche Arten auch glaziale Überdauerungszentren in Europa nördlich der eigentlichen mediterranen Refugien gegeben haben sollte (Varga 1975, 1977, Aspöck et al. 1976, Aspöck 1979, Malicky 1983, Malicky et al. 1983). Diese Pionierleistungen wurden aber über längere Zeit kaum über einen engen Kreis von Experten hinaus weiter diskutiert und erst seit etwa der Jahrtausendwende zählen sie zum allgemein anerkannten biogeographischen

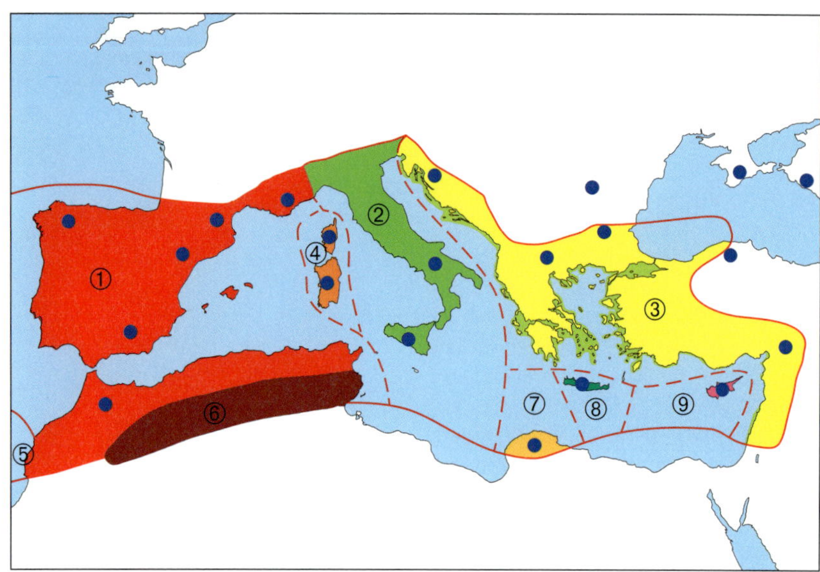

Abb. 1.7 Substrukturierung des Mittelmeerraumes nach de Lattin (1949) mit den zusätzlichen Arealkernen (blaue Punkte) nach Reinig (1950). Die neun Subzentren sind das atlantomediterrane (1), das adriatomediterrane (2), das pontomediterrane (3), das tyrrhenische (4), das kanarische (5), das mauretanische (6), das cyrenische (7), das kretische (8) und das zyprische (9).

Grundwissen. Heute ist weitgehend anerkannt, dass solche Arten in vielen Fällen in kryptischen, sogenannten **extramediterranen Refugien**, die klimatisch begünstigte «Taschen» in den Kältesteppen nördlich von Alpen und Pyrenäen darstellten, pleistozäne Kaltphasen, zumindest jedoch das Würmglazial, überdauerten. Aufgrund ihrer geringen geographischen Ausdehnung sind Fossilbelege kaum vorhanden, sodass diese Rückzugsgebiete bis vor Kurzem weitgehend übersehen wurden (Stewart & Lister 2001).

Zum biogeographischen Verständnis der an Kälte angepassten Arten haben in hohem Maße die beiden Wissenschaftler **Karl Holdhaus** (1883–1975) und **Carl H. Lindroth** (1905–1979) beigetragen. Besonders herausgestellt seien hier zwei Werke, die von beiden gemeinsam 1940 veröffentlichte Publikation *Die europäischen Koleopteren mit boreoalpiner Verbreitung* (merke, dass der biogeographisch «unsaubere» Begriff boreoalpin hier sogar im Titel erscheint, wobei die Autoren eigentlich arkto-alpin meinten) und auch Holdhaus' epochales Buch *Die Spuren der Eiszeit in der Tierwelt Europas*, welches 1954 publiziert wurde.

Für heute **arkto-alpin** verbreitete Arten wurde postuliert, dass sie während der glazialen Kältephasen vermutlich in den glazialen Kältesteppen weite Verbreitungen aufwiesen und sich mit der postglazialen Erwärmung sowohl in den hohen Norden wie auch in die orealen Bereiche der Hochgebirge im Süden zurückzogen (Abb. 1.8c). Darüber hinaus wurde auch ein Überleben in eisfreien Gebieten der Gebirge, den sogenannten «Massifs de Refuge», und auf Gipfeln oberhalb der Gletscher, den **Nunatakkern**, postuliert, womit die Existenz von kleinarealen Arten in den Gebirgen erklärt werden konnte. Später legte Varga (1975) durch seine intensive Bearbeitung der Gebirge der Balkanhalbinsel einen wesentlichen Grundstein für das Verständnis der Gebirgsarten des südosteuropäischen Raums und konnte vor allem die Zusammenhänge von den Südostalpen über die Westbalkangebirge bis nach Westgriechenland und entlang des Karpatenbogens über die bulgarischen Hochgebirge bis nach Nordostgriechenland belegen.

Bessere Kenntnisse über die Verbreitung von Tieren und Pflanzen, vor allem aber die großen Fortschritte in den statistischen Bearbeitungsmöglichkeiten, erlaubten gegen Ende des letzten Jahrhunderts eine kritische Hinterfragung des bis dahin aufgestellten biogeographischen

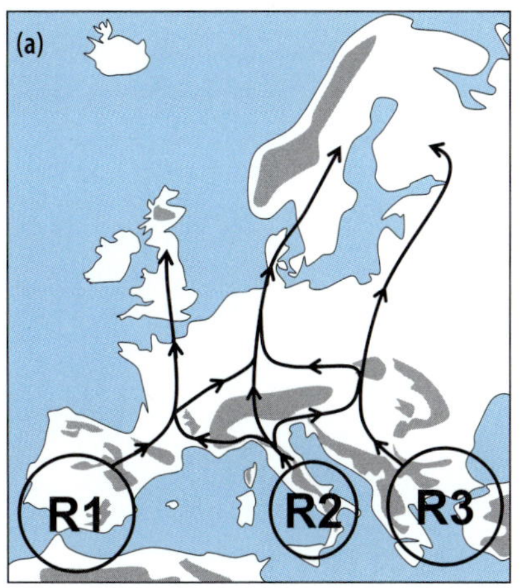

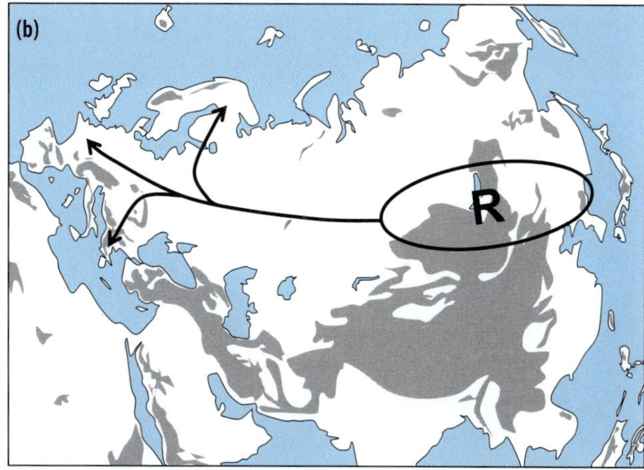

Abb. 1.8 Interpretation glazialer Verbreitungsgebiete (markiert durch «R») und postglaziale Arealveränderungen (markiert durch Pfeile) der drei bedeutendsten biogeographischen Elemente Europas wie diese bis zum Ende des 20. Jahrhunderts meist gesehen wurden (a: mediterran; b: sibirisch/mandschurisch, heute meist als kontinental bezeichnet; c: arkto-alpin). Simplifizierte Darstellung nach de Lattin (1967).

Theoriengebäudes. Einer der wichtigsten Protagonisten in diesem Feld ist der Brite **Roger L.H. Dennis**, der, beginnend im Jahr 1991, zusammen mit Kollegen wesentliche Arbeiten publizierte (z.B. Dennis et al. 1991, 1995, 1998). Hierdurch wurden zahlreiche der alten Postulate bestätigt, vor allem bezüglich der biogeographischen Strukturierung des Mittelmeerraumes und der Bedeutung dieser Ausbreitungszentren. Von besonderem Wert an diesen Arbeiten ist, dass die Autoren klar herausarbeiten konnten, dass alle Faunenelemente sich aus Arten mit ähnlicher Verbreitung zusammensetzen, jedoch Faunenregionen nicht zwangsläufig eigene Faunenelemente aufweisen müssen. Dies wurde am Beispiel der Tagfalter (Dennis et al. 1991) und Libellen (Heiser & Schmitt 2010) überzeugend für die Britischen Inseln belegt. Diese stellen aufgrund einer charakteristisch verarmten Fauna eine eigene Faunenregion Europas dar. Dieser Status beruht jedoch ausschließlich auf ihrer von allen anderen Gebieten unterschiedenen Artenzusammensetzung. Es gibt keine einzige Art, die ein typisch britisches Faunenelement darstellen würde. In diesem Punkt unterscheidet sich die britische Faunenregion von allen anderen Faunenregionen Europas, die sich grundsätzlich auch durch eigene Faunenelemente auszeichnen.

Genitalpräparate bei Wirbellosen werden schon seit Langem eingesetzt, um Arten sicher zu unterscheiden. Seit Kurzem werden jedoch genitalmorphologische Techniken auch eingesetzt, um die biogeographischen Strukturen innerhalb von Arten genauer zu analysieren, wofür etliche gute Beispiele für Tagfalter vorliegen, anhand derer die Arealgenese und Fragen zur Inselbiogeographie intensiv diskutiert wurden (z.B. Cupedo 1996, 2007, 2010, Dapporto 2008, 2010, Dapporto et al. 2009, 2011a, 2011b, Dapporto & Bruschini 2012).

2 Warum molekulare Biogeographie?

Wie wir oben gesehen haben, wurden mittels der klassischen Methoden der Biogeographie wesentliche Erkenntnisse gewonnen, die es erlauben, die Artenzusammensetzungen über die Welt zu beschreiben und detaillierte Rückschlüsse auf die Arealfluktuationen in der Vergangenheit zu ziehen. Verbesserte statistische Verfahren und umfangreichere Daten zur Verbreitung von Tier- und Pflanzenarten erlauben, aufbauend auf den klassischen Methoden, immer genauere biogeographische Analysen. Zukünftige Weiterentwicklungen versprechen immer weiteren Erkenntnisgewinn in diesem Feld. Man muss sich also ernsthaft fragen, worin die echten Vorteile der molekularen Biogeographie gegenüber der klassischen Biogeographie liegen.

Oder ist das nicht die völlig falsche Frage? Bei genauer Betrachtung der molekularen Biogeographie muss man nämlich feststellen, dass diese sich nicht elementar von der klassischen unterscheidet, sondern, dass lediglich molekulare Marker an die Stelle der klassischen Datensätze treten. Prinzipiell macht es also keinen substanziellen Unterschied, ob klassisch die Verbreitung einer Art oder gewisser morphologischer Eigenschaften innerhalb einer Art untersucht werden oder molekular die Verbreitung bestimmter genetischer Variationen. Die Fragestellungen hinter diesen Untersuchungen sind dieselben, die statistischen Auswertemethoden ähneln sich sehr. Somit gibt es nach Ansicht des Autors keinen Gegensatz zwischen klassischer und molekularer Biogeographie. Beide sind eng verwobene Teile einer großen Wissenschaftsdisziplin, jedoch sind die Ergebnisse der molekularen Biogeographie ohne ein solides Grundgerüst in der klassischen Biogeographie nicht wirklich verständlich, weshalb in diesem Buch auch immer die Verbindung zur klassischen Biogeographie hergestellt wird.

Warum also molekulare Biogeographie? Die geographische Verteilung der genetischen Ausstattung innerhalb einer Art oder von nah verwandten Arten über ihr Verbreitungsgebiet ist ein ausgezeichnetes Markersystem, um die Arealgenese eines Taxons* aufschlüsseln zu können. Mehrere Eigenschaften genetischer Datensätze machen sie besonders geeignet für die Aufschlüsselung biogeographischer Strukturen und sind teilweise hierin den Methoden der klassischen Biogeographie auch überlegen. Von besonderer Bedeutung sind in diesem Zusammenhang drei Aspekte: die teilweise Selektionsneutralität genetischer Marker, die Aufschlüsselung von Genealogien* und die große Menge an Daten hoher Qualität, die mit diesen Techniken erzeugt werden können.

2.1 Selektion bei molekularen Markern

Anders als viele morphologische Merkmale unterliegen molekulare Marker in etlichen Fällen keiner Selektion und können somit eine «neutrale» Geschichte der Arealentwicklung «erzählen». Dies gilt vor allem für solche Basenaustausche auf der DNA-Ebene, die zu keiner Veränderung der Aminosäureabfolge auf dem resultierenden Protein führen und somit völlig stumm sind. Auch für Mikrosatelliten*, die keine codierenden Bereiche repräsentieren, wird von weitgehender Selektionsneutralität ausgegangen. Es muss jedoch darauf hingewiesen werden, dass etliche Mutationen auf der DNA-Ebene zu markanten Änderungen der durch sie kodierten Proteine führen. Ähnliches gilt für Allozyme*, und auch die Bedeutung von

Selektion auf die phylogeographischen Muster ist noch heute intensiv diskutiert (vgl. Eanes 1999).

Ein besonders beeindruckendes Beispiel für die Auswirkungen von Selektion ist die Arbeit von Bull et al. (2006) an *Heliconius*-Schmetterlingen in Südamerika. Im Rahmen dieser Untersuchung zeigten die Autoren, dass Genorte, die unter verschieden starken Selektionsdrücken standen, zu gänzlich unterschiedlichen Mustern führten. In den Genorten mit dem stärksten Selektionsdruck verschwanden diese Muster sogar ganz, und die unterschiedlichen Taxa, die in die Untersuchung einbezogen waren, konnten nicht mehr unterschieden werden. Selektionsdrücke können aber auch Muster erzeugen, die keine wirkliche phylogeographische Relevanz besitzen. Dies wurde etwa für den Allozymgenort Phosphoglucose-Isomerase (PGI) für den Feuerfalter *Lycaena tityrus* entlang eines Höhengradienten in den Alpen gezeigt: Geringfügige evolutive Vorteile eines Alleles führten in den Hochlagen zu dessen Fixierung, nicht jedoch in den tiefen Lagen; dieses Muster wurde für alle anderen Allozymloci nicht festgestellt, die alle keine markanten Unterschiede in ihren Allelfrequenzen aufwiesen (Karl et al. 2008, 2009). Ähnliche Effekte wurden bei PGI, jedoch auch an weiteren Genorten, für *Colias*-Schmetterlinge in Nordamerika nachgewiesen (Watt 1977, 1983, 1996, 1995, Watt et al. 1983, 1996, 2003). In jedem Fall sollten also phylogeographische Datensätze kritisch bezüglich eventueller Selektionsdrücke hinterfragt werden und nicht per se als «wahre» biogeographische Struktur einer Art verstanden werden.

2.2 Die Masse macht's: Vorzüge molekularer Marker für die Analyse einzelner Arten

Ohne Zweifel lassen sich aus den Verbreitungsdaten ganzer Artengruppen mit Hunderten oder gar Tausenden von Arten solide biogeographische Analysen durchführen, die zutreffende Aussagen über die geographische Lage von Ausbreitungszentren (also den Kerngebieten der Faunenelemente) und die Ausdehnung von Faunenregionen erlauben. Auch durch große Fortschritte in den statistischen Verfahren wurde hier die Absicherung deutlich verbessert.

Die Analyse einzelner Arten stößt jedoch bei der Verwendung klassischer biogeographischer Methoden häufig an Grenzen, die durch die vergleichsweise geringe Zahl an möglichen variablen Markern morphologischer Studien bedingt ist. Sicherlich sind morphologische Untersuchungen äußerst wertvolle Methoden, um die Strukturierung innerhalb von Arten oder generell nah verwandter Taxa aufzuklären, jedoch lässt sich die Anzahl der Eigenschaften der Organismen, die man für solche Studien heranzieht, nicht beliebig erhöhen. Somit kann es passieren, dass man mittels morphologischer Untersuchungen keine ausreichende Analysekraft erhält, um die internen Strukturen der untersuchten Organismengruppen aufzudecken. Bei den molekularen Verfahren ist diese Limitierung weniger ausgeprägt, da bei unzureichender Aussagekraft vorliegender Ergebnisse immer weitere genetische Markersysteme analysiert werden können; die einzige Begrenzung liegt hier bei der Größe des Gesamtgenoms, sodass für die höheren Lebewesen theoretisch Milliarden von Basenpaaren als Informationseinheiten zur Verfügung stehen.

Immer schnellere, bessere und auch billigere Verfahren, vor allem der DNA-Analyse, erlauben die Gewinnung immer größerer Datensätze mit immer größerer biogeographischer Aussagekraft. Hierdurch nehmen die Vorteile der molekularen Ansätze in der biogeographischen Analyse von Arten und nah verwandter Artengruppen durch die schiere Masse an Daten immer mehr zu. Trotzdem erachtet der Autor dieses Buches die Kombination von molekularen und morphologischen Daten für den Königsweg, um sichere biogeographische Aussagen über eine taxonomische Gruppe zu treffen.

2.3 Genealogien von molekularen Markern

Vor allem für die Analyse von mtDNA* und cpDNA*-Sequenzen ergibt sich der klare Vorteil von meist eindeutigen **Genealogien**, denn die Erbinformation der Mitochondrien und Plastiden* liegt haploid* vor. Hieraus ergibt sich, dass die Mitochondrien- und Plastidengenome in den meisten Fällen keiner Rekombination* unterliegen und auch *cross-over*-Ereignisse zwischen den Chromosomenpaaren nicht möglich sind. Diese Eigenschaften erlauben, eindeutige Verwandtschaftsanalysen basierend auf den unterschiedlichen Haplotypen* durchzuführen. Dies ermöglicht oft eine klare biogeographische Interpretation. Auch gestatten die klaren Verwandtschaftsbeziehungen der Haplotypen untereinander eine zeitliche Abfolge der einzelnen evolutiven Schritte. Je unterschiedlicher zwei Haplotypen in ihrer Basenabfolge sind, desto länger liegt ihr letzter gemeinsamer Vorfahre zurück. Besitzt man für einen solchen Abstammungsbaum eine ausreichende Anzahl an geeigneten Eichpunkten für einige der Aufspaltungen, so kann man eine sogenannte molekulare Uhr kalibrieren (siehe unten). Dies setzt jedoch voraus, dass die zur beobachteten Differenzierung führenden Mutationen zufällig erfolgen und über die Zeitachse hinweg in ihrer Rate nicht wesentlich schwanken.

Das Fehlen von Rekombination kann jedoch zur deutlichen Überschätzung des Alters der Trennung zwischen Linien führen, wenn sich unterschiedliche mt- oder cpDNA-Linien deutlich vor der Trennung von Gruppen zu differenzieren begannen. Hierdurch können Fälle auftreten, in denen die Differenzierungsmuster der mtDNA oder cpDNA deutlich von den Mustern anderer untersuchter Markersysteme abweichen, was mit dem Phänomen der **inkompletten Liniensortierung** (engl.: *incomplete lineage sorting**; siehe unten) erklärt wird.

Zusätzlich werden Mitochondrien und Plastiden meist ausschließlich durch eines der beiden Geschlechter vererbt, meist das weibliche, nur bei einigen Pflanzen werden die Chloroplasten als väterliche Linien weitergegeben. Dieser Vererbungsmodus erlaubt die reine Rekonstruktion **maternaler*** (selten auch **paternaler***) Linien. Hieraus ergeben sich sowohl Vor- wie auch Nachteile. Die Vorteile bestehen darin, dass man detaillierte Informationen über die biogeographische Geschichte eines der Geschlechter erhält, was gleich auch den Nachteil offenlegt: die fehlende Information über das jeweils andere Geschlecht. Diesem Schwachpunkt der mt- und cpDNA kann jedoch durch die zusätzliche Analyse von nukleären Markersystemen begegnet werden, wodurch Informationen über die molekulare Biogeographie beider Geschlechter gewonnen werden. Durch eine Kombination von Markern der Zellorganellen und des Kerngenoms können somit auch Aussagen über unterschiedliche Beiträge der beiden Geschlechter zur Arealgeschichte untersucht werden.

2.4 Die Entstehung der Phylogeographie

Als einer der Ersten erkannte der US-Amerikaner **John C. Avise** (*1948) die großen Vorzüge molekularer Daten zur Aufklärung biogeographischer Muster. Er prägte zusammen mit Kollegen den Begriff **Phylogeographie*** (Avise et al. 1987) und verfasste das gleichnamige Buch «Phylogeography: The History and Formation of Species» (Avise 2000). Auf Europa übertragen haben dieses System an vorderster Front der Brite **Godfrey M. Hewitt** (1940–2013) und der Franzose **Pierre Taberlet**, vor allem durch ihre herausragenden Übersichtsarbeiten (Hewitt 1996, 1999, 2000, 2001, 2004a, 2004b, 2010, Taberlet et al. 1998).

Wie genau Phylogeographie zu definieren ist, wird von unterschiedlichen Wissenschaftlern verschieden ausgelegt. Manchmal wird dieser Begriff sehr eng interpretiert und ausschließlich auf die

Genealogie von mtDNA-Sequenzen bezogen, zuweilen aber auch sehr breit, sodass alle molekular-biogeographischen Arbeiten unter diesem Begriff subsumiert werden. Der Autor schließt sich in diesem Buch dieser breiteren Auslegung des Begriffs «Phylogeographie» an.

3 Techniken der molekularen Biogeographie

3.1 Genetische Markersysteme

3.1.1 Allozyme

Eines der ersten genetischen Markersysteme, das in der molekularen Biogeographie erfolgreich eingesetzt wurde und das bis heute gute und verlässliche Daten liefert, sind **Allozympolymorphismen**. Dieser Marker ist ein kodominantes*, biparental vererbtes System. Bei einer solchen Analyse werden unterschiedliche Enzymsysteme untersucht, vor allem solche, die wichtige Funktionen im Stoffwechsel von Organismen besitzen. Hierunter fallen zahlreiche Dehydrogenasen und Isomerasen, die an der Verstoffwechselung von Zuckern beteiligt sind, aber auch diverse Peptidasen, Transferasen und Kinasen.

Grundvoraussetzung für den erfolgreichen Einsatz von Allozymen für biogeographische Analysen ist die Existenz von unterschiedlichen genetischen Ausprägungen des jeweils untersuchten Enzyms, die sich im elektrischen Feld auftrennen lassen; es muss also unterschiedliche **Elektromorphe*** geben, die im Folgenden immer als Allele bezeichnet werden. Dies ist nicht völlig korrekt, denn elektrochemisch identische Enzympartikel können durchaus unterschiedliche Aminosäureabfolgen haben, die jedoch so ähnliche elektrochemische Eigenschaften besitzen, dass sie sich im elektrischen Feld gleich verhalten, also nicht unterscheidbar sind. Zur Auftrennung der unterschiedlichen Enzymallele bedient man sich der **Allozymelektrophorese**, bei der diese Allele im elektrischen Feld verschiedene Wanderungsgeschwindigkeiten aufweisen. Für diese Analyse wird ein Proteinextrakt aus den zu untersuchenden Organismen hergestellt. Dieser wird auf ein Trägermedium (heute häufig Zelluloseazetat oder Acrylamid) aufgetragen und in einer **Elektrophoresekammer** unter zuvor ermittelten Bedingungen (Puffer, Laufzeit) aufgetrennt. Anschließend wird das Trägermedium mit einer Färbereagenz überschichtet, in welcher sich auf jeden Fall das Substrat des nachzuweisenden Enzyms, ein Ionencarrier, ein Farbstoff und eine Pufferlösung befinden. Je nach nachzuweisendem Enzymsystem sind zusätzlich zu diesen Komponenten noch Kosubstrate und Hilfsenzyme für den Nachweis notwendig. In allen Fällen führt die chemische Umsetzung durch das nachzuweisende Enzym letztendlich zu einer Redoxreaktion, bei der ein wasserlöslicher Farbstoff einen wasserunlöslichen Niederschlag bildet. Dieser färbt das Trägermedium an und erlaubt so den Nachweis der **Allozympolymorphismen**. Für genauere Details zu dieser Technik sei der Leser auf Richardson et al. (1986) verwiesen.

Allozyme können gute Marker für die Aufschlüsselung biogeographischer Muster sein, unter der Voraussetzung, dass sie eine ausreichende Rate von Polymorphismen aufweisen, wie dies z. B. für viele Schmetterlingsarten zutrifft (Schmitt 2007). Nicht geeignet ist dieses Markersystem jedoch für viele Analysen auf der regionalen Ebene, auf der die Trennschärfe bei geringfügigen Differenzierungen zwischen Populationen oft nicht ausreichend ist, um solche Fragestellungen befriedigend zu bearbeiten; hier sind oft Mikrosatelliten der erfolgsversprechende Marker. Auch für die Analyse der Abstammungsgeschichte ganzer Artengruppen und für die Analyse der Reihenfolge der Trennungen zwischen den Arten sind Allozyme nur eingeschränkt geeignet; für solche Fragestellungen eigenen sich vor allem Sequenzierungen mitochondrialer und nukleärer Gene. Gut geeignet sind Allozymuntersuchungen auch, um den Effekt von **Hybridisierungen** zu untersuchen, sodass sich dieses Markersystem zur Untersuchung von Kontakt- und Hybridzonen zwischen unterschiedlichen genetischen Linien innerhalb einer Art anbietet.

Zwei Einschränkungen müssen jedoch bezüglich der Allozyme erwähnt werden. Zum einen stehen diese Genorte unter **Selektionsdruck**, sodass immer auch die Gefahr besteht, dass erhaltene Muster nicht die Biogeographie widerspiegeln, sondern lediglich unterschiedliche Selektionsdrücke; Allozymdaten sollten deshalb immer auch vor diesem Hintergrund interpretiert werden. Zum anderen können mittels Allozymen keine eindeutigen Genealogien erstellt werden, wie dies beispielsweise mit mtDNA-Sequenzen der Fall ist. Die Eignung von Allozymen für die zeitliche Datierung und die genaue Abfolge von biogeographischen Ereignissen (meistens Vikarianz*) ist deshalb eingeschränkt. Für die Berechnung von sogenannten molekularen Uhren sollte auf andere Markersysteme zurückgegriffen werden.

Auch muss bezüglich der Auswertung von Allozymmustern erwähnt werden, dass deren Analyse ein geübtes Auge und viel Erfahrung benötigt. Um sicherzustellen, dass die erhaltenen Ergebnisse auch richtig interpretiert werden, müssen solche Auswertungen immer von Wissenschaftlern mit jahrelanger Erfahrung in diesem Feld durchgeführt oder zumindest intensiv betreut werden.

3.1.2 Mikrosatelliten

Mikrosatelliten (zuweilen auch als *Simple Sequence Repeats* (SSRs) oder *short tandem repeats* (STRs) bezeichnet) stellen DNA-Abschnitte dar, bei denen kurze Motive von zwei bis vier (selten auch bis zu sechs) Basenpaaren mehrfach wiederholt werden. Da die Anzahl der Wiederholungen variabel ist, besitzen diese Motive unterschiedliche Längen. Auch bei Mikrosatelliten handelt es sich um einen kodominanten, biparental vererbten Marker.

Zur Analyse von **Mikrosatellitenpolymorphismen** müssen sich in den angrenzenden DNA-Regionen konservierte Bereiche befinden, die sich für die Konstruktion von Primern eignen, welche für die Amplifizierung des Mikrosatelliten in einer **Polymerasekettenreaktion*** (PCR) eingesetzt werden können. Ist dies der Fall, so können die Mikrosatelliten inklusive der sie flankierenden Bereiche vervielfältigt werden. Hierbei entsteht eine hohe Anzahl an DNA-Fragmenten definierter Länge, die heute meist auf einer DNA-Sequenziermaschine aufgetrennt werden. Hierdurch werden die Basenanzahlen der Fragmente ermittelt.

Durch Sequenzierung von einzelnen Fragmenten kann auch eine Eichung bezüglich der Anzahl der Wiederholungen des Mikrosatelliten erfolgen und der genaue Typ des Mikrosatelliten bestimmt werden; so können sich beispielsweise zwei unterschiedliche Mikrosatellitenmotive mischen. Bei genauerem Interesse sei auf die einschlägigen Fachbücher in diesem Bereich verwiesen.

Obwohl Mikrosatelliten in vielen Punkten große Ähnlichkeit mit Allozymen aufweisen, so besitzen sie gegenüber diesen einige Vorteile, aber auch gewisse Nachteile. Für biogeographische Analysen eindeutig vorteilhaft ist der Sachverhalt, dass Mikrosatelliten wahrscheinlich weitgehend **frei von Selektionsdrücken** sind und somit eine weitgehend neutrale Wiedergabe der Evolutionsabläufe zwischen Populationen wiedergeben. Der oft **stärker ausgeprägte Polymorphismus** mit meist einer großen Vielzahl an Allelen erlaubt häufig auch sehr junge und lokale genetische Strukturen nachzuweisen. Dieser Vorteil kann jedoch bei biogeographischen Analysen zum Nachteil werden, da bei großräumigeren Analysen, deren Muster sich über geologische Zeiträume evoluierten, diese zuweilen im Rauschen der rezenten Differenzierungen verschwinden. Ebenfalls von Vorteil ist, dass die Größenunterschiede einen **Rückschluss auf Trennungszeiten** zwischen Allelen erlauben. Da neue Allele meist durch Addition oder Subtraktion einer Wiederholung entstehen, besitzen solche Allele, die sich nur durch eine Wiederholung unterscheiden, wahrscheinlich einen rezenteren gemeinsamen Vorläufer als solche Allele, die sich durch zahlreiche Wiederholungen unterscheiden. Diese Tatsache nutzt man zuweilen für die Berechnung des Differenzierungsniveaus (siehe unten).

Ein bedeutender Nachteil von Mikrosatelliten ist das häufige Auftreten von sogenannten **Nullallelen***. Von solchen spricht man, wenn einzelne Kopien dieses Locus* gar nicht amplifiziert werden, z.B. durch Mutationen in den flankierenden Bereichen. Dies kann dazu führen, dass die Primer bei der PCR nicht mehr ausreichend gut an diese Bereiche binden. Hierdurch erhält man deutliche Überschüsse an scheinbar homozygoten Individuen, die jedoch eigentlich gar nicht homozygot sind, also kein Signal für inzüchtige Populationen darstellen. Nullallele sind somit eines der größten Probleme beim Einsatz von Mikrosatelliten. Auch der häufigere Ausfall von langen Allelen (engl.: ***large allele dropout****) stellt eine Erschwernis beim Einsatz von Mikrosatelliten dar, denn diese werden bei der Amplifizierung weniger häufig amplifiziert und deshalb bei der Auswertung der Resultate oftmals nicht erkannt. Gleiches gilt für das Auftreten von sogenannten **Stotterbanden*** vor oder nach dem eigentlichen Peak des Allels. Diese Stotterbanden erschweren auch des Öfteren die sichere Ansprache von heterozygoten Individuen. Auch die deutlich höheren Kosten und viel aufwendigeren Laborarbeiten (sowohl für das Auffinden der Mikrosatelliten im Genom als auch für die Etablierung der Analysebedingungen sowie die anschließende Routinearbeit) stellen eindeutige Nachteile gegenüber der Analyse von Allozymen dar.

3.1.3 mtDNA Sequenzierung

Die Sequenzierung von mitochondrialer DNA (oder bei Pflanzen meist von Chloroplasten-DNA) wird von einigen Wissenschaftlern als die einzige «richtige» Phylogeographie angesehen, da diese aufgrund ihrer maternalen (oder selten paternalen) Vererbung die Aufstellung häufig eindeutiger Genealogien erlaubt.

Bei der **Sequenzierung von Mitochondrien- oder Plastiden-DNA** wird ein Teilbereich der in diesen Zellorganellen haploid (also in nur einer Kopie) vorliegenden DNA mittels PCR vervielfältigt und dann einer **Sequenzierreaktion** unterworfen, wobei heute oft modifizierte Verfahren eingesetzt werden, die auf dem Kettenabbruchverfahren nach Sanger et al. (1977) beruhen. Unlängst wird diese Methode jedoch durch noch leistungsfähigere Verfahren des *next generation sequencings* ersetzt.

Durch die Sequenzierung erhält man die genaue Basenabfolge des untersuchten Genomabschnittes. Einem jeden untersuchten Individuum kann folglich genau ein **Haplotyp** mit einer eindeutigen Basenabfolge zugeordnet werden. Um aussagekräftige Resultate für nachfolgende phylogeographische Analysen zu sammeln, werden häufig mehrere unterschiedliche Teilbereiche untersucht. Hierdurch wird die statistische Belastbarkeit der Aussagen verbessert.

Durch das weitgehende Fehlen von Rekombination und die hierdurch «sauberen» Abstammungsverhältnisse, lässt sich die Reihenfolge der Evolutionsschritte in vielen Fällen für alle nachgewiesenen Haplotypen rekonstruieren und in einer Stammbaumrekonstruktion bis zum letzten gemeinsamen Vorfahren (engl.: *most recent common ancestor*) aufstellen. In vielen Fällen können die Auftrennungen zwischen den Haplotypen über molekulare Uhren (siehe unten) geeicht werden und somit über die Verteilung der genetischen Information im Raum Zusammenhänge mit der zeitlichen Dimension hinter diesem räumlichen Verteilungsmuster ergründet werden. Es sei darauf hingewiesen, dass die unterschiedlichen Genorte der mtDNA **unterschiedliche Evolutionsgeschwindigkeiten** aufweisen. Besonders die sich schnell evoluierenden

Genorte eignen sich für intraspezifische Phylogeographien. Solche mit mittlerer Evolutionsgeschwindigkeit besitzen eine hohe Eignung für Analysen unter Einschluss mehrerer nah verwandter Arten oder zumindest tiefer Divergenzen innerhalb von einer Art. Die sich langsam evoluierenden Loci werden vor allem zur Rekonstruktion phylogenetischer Stammbäume auf höherer taxonomischer Ebene eingesetzt und eignen sich folglich kaum für die Beantwortung phylogeographischer Fragestellungen. Da die DNA der Chloroplasten meist eine langsame Evolutionsgeschwindigkeit aufweist, ist diese für phylogeographische Rekonstruktionen eher weniger geeignet.

Obwohl sich mtDNA-Sequenzen in vielen Fällen sehr gut für die phylogeographische Analyse eignen, so besitzt auch dieser Marker eindeutige Schwächen. Für die Bearbeitung von Hybridzonen, wie sie häufig beim sekundären Kontakt zwischen Linien entstehen, ist ein haploider Marker wie die Organellen-DNA deutlich weniger geeignet als diploide Marker, denn nur für diese können Hybridindividuen nachgewiesen werden. Durch das sogenannte ***incomplete lineage sorting*** (siehe unten) und durch **Introgression** von Mitochondrien und Plastiden können deutliche Divergenzen zwischen den Genbäumen der Haplotypen und den Abstammungsverhältnissen der Taxa entstehen. Hierdurch können dann im ersten Fall deutlich zu hohe und im zweiten Fall viel zu junge Altersangaben resultieren. Ein weiteres, nicht zu unterschätzendes Problem bei der Analyse von DNA von Mitochondrien und Plastiden stellen die sogenannten **Numts** (*nuclear copies of mtDNA*) dar; diese Bezeichnung wurde erstmals bei der genetischen Untersuchung von Hauskatzen eingeführt (Lopez et al. 1994). Numts sind Kopien von mtDNA-Bereichen, die in die Kern-DNA eingebaut wurden und hier, tandemartig angeordnet, vielfach wiederholt auftreten können. Diese auch «Pseudogene» genannten Bereiche werden meist nicht mehr transkribiert, weshalb sie keiner Funktionskontrolle mehr unterliegen und deshalb ungehemmt mutieren. Wenn nun solche Numts nicht erkannt werden (z. B. durch die Identifikation von Stopcodons), so können sie die Ergebnisse von mtDNA-Untersuchungen stark verfälschen.

Es sei an dieser Stelle darauf hingewiesen, dass Teile des mitochondrialen Genoms für das sogenannte **DNA Barcoding*** eingesetzt werden. Hierfür wird häufig der Locus Cytochromoxidase I (COI) genutzt. Durch Sequenzierung dieses Genortes und Vergleich mit den in Datenbanken abgelegten Sequenzen kann (ähnlich wie bei einem Strichcode für Lebensmittel) auf die Artzugehörigkeit des vorliegenden Organismus geschlossen werden. Als Teil des ***tree of life*** Projekts sollen DNA Barcodes für möglichst viele Taxa hinterlegt werden, sodass eine Bestimmung von Individuen rein über ihre charakteristische mtDNA ermöglicht wird.

3.1.4 Sequenzierung nukleärer DNA

Häufig werden neben der Sequenzierung von mtDNA-Loci auch ein oder mehrere **Kerngene** für biogeographische Analysen sequenziert. In beiden Fällen werden identische Methoden eingesetzt. Im Vergleich mit der mtDNA besitzen die Kerngene den Vorteil, dass sie nicht als haploide Kopien vorliegen, sondern meist in diploider Form (bei polyploiden Organismen, was besonders für viele Pflanzen zutrifft, bei Tieren jedoch selten ist, entspricht die Anzahl dem Ploidiegrad). Hierdurch eignen sich diese Marker auch bestens zur Untersuchung von Hybridzonen.

Es muss jedoch in diesem Zusammenhang erwähnt werden, dass das Vorliegen von zwei Kopien eines Gens auch zu technischen Schwierigkeiten führt, denn bei den gängigen Sequenzierungstechniken werden beide Allele gleichzeitig analysiert. Somit erhält man zwar Informationen darüber, welche Basenpositionen variabel sind (also einen **SNP** enthalten; siehe unten), jedoch ist es schwierig, die exakte Basenabfolge des einzelnen Allels zu ermitteln. Mit den bisher gängigen Sequenzierungsmethoden mussten hierfür oft die einzelnen Allele kloniert werden; erst dann konnten die Basensequenzen der einzelnen Allele genau bestimmt werden. Daraus resultierte ein äußerst zeitaufwendiges Verfahren. Die neuen Verfahren der Sequenzierung (*next generation sequencing*, für genauere Informationen zu diesen Verfahren sei auf aktuelle Lehrbücher über molekulargenetische Techniken verwiesen) sind jedoch dabei, diese Probleme zu überwinden, da bei ihnen einzelne DNA-Stränge analysiert werden. Auch gibt es mittlerweile Softwareapplikationen, die es auch bei klassischen Sequenzanalysen ermöglichen, die jeweiligen Allele zu rekonstruieren.

Durch die Möglichkeit der **Rekombination bei Kerngenen** ist auch die Gefahr der inkompletten Liniensortierung geringer als bei mtDNA-Genen. Der Austausch von Teilen der genetischen Information eines Genortes (meist verursacht durch ein sogenanntes *crossing-over**) zwischen homologen Chromosomen kann jedoch auch zu Problemen bei der phylogeographischen Interpretation führen, da ein einziges *crossing-over* zu einem völlig neuen Allel führen kann, das, wenn es durch einzelne Mutationsschritte entstanden wäre, eine lange Evolutionsgeschichte hätte durchlaufen müssen.

Ein weiteres Problem beim Einsatz von Kerngenen in der phylogeographischen Analyse stellt die allgemein sehr langsame Mutationsrate dieser Genorte dar, da die **DNA-Reparatursysteme** im Zellkern sehr viel zuverlässiger arbeiten als diejenigen der Mitochondrien. Diese Eigenschaft führt oft zu einem hohen Grad an Konserviertheit der Kerngene, sodass sich nur vergleichsweise wenige polymorphe Positionen ergeben. Folglich müssen, um phylogeographisch aussagekräftige Daten zu produzieren, recht lange DNA-Fragmente analysiert werden, um eine ausreichende Anzahl an polymorphen Positionen zu erhalten. Hierfür sind hoher zeitlicher und finanzieller Aufwand notwendig, was jedoch durch die gezielte Untersuchung von SNPs (siehe unten) oder durch Einsatz von modernen *next-generation-sequencing*-Techniken angegangen werden kann. Auch bietet sich die Analyse von **Introns*** an, denn diese Bereiche von Kerngenen werden beim Prozess des Spleißens entfernt und sind deshalb, anders als die **Exons***, nicht in der fertigen mRNA enthalten. Somit unterliegen sie keiner **funktionalen Kontrolle** und weisen deshalb oftmals zahlreichere und zudem vermutlich weitgehend **selektionsneutrale Mutationen** auf als die Exons, was Introns für phylogeographische Untersuchungen prädestiniert.

3.1.5 DNA-Fingerprinting-Techniken: RAPDs, AFLPs und verwandte Marker

Ähnlich wie jeder Mensch einen unverwechselbaren Fingerabdruck besitzt, so besitzt jeder Organismus (es sei denn, es handele sich um Klone) eine einmalige Kombination von Erbanlagen. Folglich kann jeder Organismus anhand seiner individuellen Erbanlagen identifiziert werden. Diese Eigenschaft macht man sich bei den unterschiedlichen DNA-Fingerprinting-Techniken zunutze.

Beim klassischen **genetischen Fingerabdruck** (engl.: *DNA fingerprinting*), der schon lange vor der Erfindung der schnellen und kostengünstigen DNA-Vervielfältigung durch PCR eingesetzt wurde, wird zuerst die gesamte DNA isoliert und einem «Verdau» durch **Restriktionsendonukleasen*** unterworfen. Das hieraus entstehende Gemisch unterschiedlich großer DNA-Fragmente wird anschließend in einer Gelelektrophorese aufgetrennt. Ein chemisch markiertes Oligonukleotid wird als sogenannter Primer eingesetzt und lagert sich in einem Hybridisierungsschritt an diejenigen Fragmente an, die dieses Motiv enthalten. Durch die Markierung des Primers (diese geschah zunächst radioaktiv, später wurde sie durch ungefährlichere Substanzen ersetzt; z.B. durch Digoxiginin) werden diese Fragmente in einer Autoradiographie sichtbar gemacht. Der hierdurch erhaltene «Strichcode» ist individuenspezifisch und erlaubte zum Beispiel erstmals Vaterschaftsanalysen. Bei Letzteren ist das klassische DNA-Fingerprinting mittlerweile durch modernere Techniken ersetzt worden; beispielsweise durch die Verwendung von bekannten Mikrosatellitenloci, die für eine Genotypisierung eingesetzt werden. Auf diese Weise wird eine weitaus höhere Präzision als beim klassischen DNA-Fingerprint erreicht.

Ausreichende Informationen zu Mikrosatelliten liegen jedoch bei weitem nicht für alle Arten vor; zudem ist, wie oben dargelegt, deren Entwicklung immer noch zeit- und kostenintensiv. Deshalb wird bei der biogeographischen Analyse vieler Arten auf weiterentwickelte Techniken des klassischen DNA-Fingerprints zurückgegriffen. Eine sehr einfache Technik ist die *Randomly Amplified Polymorphic DNA*-Methode (**RAPD**, liebevoll «rapid» ausgesprochen). Bei dieser Analysemethode werden kurze Oligonukleotide als Primer in einer PCR-Reaktion eingesetzt. Hierbei werden zufällige Genabschnitte, verteilt über das ganze Genom, amplifiziert. Die Länge der einzelnen Fragmente kann anschließend durch Gelelektrophorese oder in einem DNA-Sequenziergerät bestimmt werden. So verlockend einfach diese Technik erscheint, so problematisch ist sie, denn die Verlässlichkeit der Methode ist recht gering. So ist die Reproduzierbarkeit für ein Individuum oft nicht gegeben und der Wechsel der PCR-Maschine führt in vielen Fällen zu deutlich anderen Ergebnissen. Deshalb wurden RAPD-Fingerprints nach einer kurzen und recht bescheidenen Blüte durch bessere Nachfolgeverfahren ersetzt und sind heute fast gänzlich verschwunden.

Eines dieser Nachfolgeverfahren, das aktuell vor allem für die biogeographische Analyse von Pflanzen eingesetzt wird, ist die *Amplified Fragment-Length Polymorphism*-Methode (**AFLP**). Bei dieser Technik wurden die Probleme der unzureichenden Reproduzierbarkeit weitgehend behoben, sie ist jedoch deutlich arbeitsaufwendiger als die simple RAPD-Methode. Für die Erstellung eines AFLP-Fingerprints wird erst die aufgereinigte Gesamt-DNA einem Verdau mit zwei unterschiedlichen Restriktionsendonukleasen unterworfen, die keine glatten Schnittstellen, sondern sogenannte überstehende Enden (engl.: *sticky ends*) produzieren. Hierbei wird darauf geachtet, dass eines der Enzyme viele Schnittstellen im Genom aufweist (engl.: ***frequent cutter***), das andere hingegen vergleichsweise wenige (engl.: ***rare cutter***). An die entstehenden Enden wird dann in einer «Ligation» genannten Reaktion ein Adapter angehängt, der neben dem Pendent zum überstehenden Ende der jeweiligen Schnittstelle noch einen 10–15 Basen langen Doppelstrangbereich enthält. Nun folgen noch zwei Amplifikationsschritte mittels PCR, um die Anzahl der Fragmente hochspezifisch zu reduzieren und auswertbare und reproduzierbare Ergebnisse zu erhalten. In der ersten Amplifikation wird für jeden der beiden Adapter ein spezifischer Primer eingesetzt, der neben dem Adapteranalogon (inklusive der Schnittstellensequenz) noch ein oder zwei weitere Basen (sogenannte **selektive Basen**) enthält. Folglich binden diese Primer nicht an alle vorliegenden Fragmente, sondern nur an diejenigen, welche dieselben hinzugefügte(n) Base(n) direkt anschließend an die Schnittstellen aufweisen. Hierdurch wird die Anzahl der amplifizierten Fragmente stark reduziert.

In einer zweiten Amplifikation wird die Anzahl der Fragmente erneut reduziert, indem die Zahl der selektiven Basen am Adapter auf drei oder vier erhöht wird. Außerdem wird der Primer für die seltenere der beiden Schnittstellen markiert, sodass nur solche Amplifikate nachfolgend detektiert werden, die mindestens an einer Seite die seltene Schnittstelle aufweisen. Da solche Amplifikate, die an beiden Enden die seltene Schnittstelle aufweisen, oftmals sogenannte loop-Strukturen ausbilden, werden fast nur solche Fragmente erfasst, die unterschiedliche Schnittstellen auf beiden Seiten aufweisen. Der Nachweis der markierten Fragmente erfolgt normalerweise über die Auftrennung in einer DNA-Sequenziermaschine, welche mittels Laser die farbmarkierten Fragmente erfasst. Über den Einsatz verschiedener selektiver Primer mit unterschiedlichen Farblabels wird die Anzahl der erfassten Fragmente erhöht.

Der allgemeine Nachteil der hier vorgestellten Fingerprint-Methoden besteht darin, dass völlig **anonyme DNA-Fragmente** amplifiziert werden und wir keinerlei weitere Information zu diesen Genorten besitzen. Außerdem ist jeder Marker dominant, weshalb wir keine direkten Informationen über den Heterozygotiegrad der Individuen erhalten, sodass Aussagen bezüglich Inzucht innerhalb von Populationen mit diesen Techniken nicht möglich sind. Auch sind die aus AFLPs abgeleiteten Parameter für die Bestimmung der genetischen Diversität der Populationen denjenigen von kodominant diploiden Markern in der Präzision ihrer Aussage nicht gleichwertig.

Ein deutlicher Vorteil dieser Methode ist jedoch die große Masse an Genorten, die mit ihr analysiert wird. Mit vertretbarem Aufwand können Hunderte, oft bis an die Tausend unterschiedliche polymorphe Genorte untersucht werden. Auch wenn die Information für den einzelnen Genort recht gering ist (lediglich Fragment im Individuum vorhanden oder nicht) können aufgrund der Menge an Genorten oft sehr valide biogeographische Aussagen abgeleitet werden.

3.1.6 Single Nucleotid Polymorphisms (SNPs)

Die **Einzelnukleotid-Polymorphismen** (engl.: *Single Nucleotid Polymorphisms* oder abgekürzt **SNPs**, gesprochen «snips») stellen eine Weiterentwicklung der Sequenzierung von DNA dar. Bei dieser Technik wird erst eine Bibliothek von einzelnen Basenpositionen im Genom aufgestellt, die variabel sind. Anschließend wird die jeweilige genetische Konstellation an diesen Positionen für die zu untersuchenden Individuen bestimmt. Die Untersuchung von SNPs hat sich zu einer äußerst bedeutenden Technik in der medizinischen Forschung und Diagnostik entwickelt, aber auch für Programme in der Tier- und Pflanzenzucht. Ebenso lassen sich diese Marker hervorragend für biogeographische Untersuchungen einsetzen. Da SNPs über das gesamte Genom verteilt sind, geben sie punktuelle Aussagen über die gesamten Erbanlagen eines Organismus. Dies stellt einen nicht unerheblichen Vorteil gegenüber der DNA-Sequenzierung dar, bei der meist nur kleine Bereiche des Genoms untersucht werden.

3.2 Statistische Methoden der Auswertung molekularer Datensätze

3.2.1 Genetische Diversitäten und genetische Distanzen

Zum Verständnis der genetischen Strukturen von Populationen ist es elementar, klar zwischen den Begriffen «Diversität» und «Differenzierung» zu unterscheiden. Die unterschiedlichen Maße für die **genetische Diversität** spiegeln den genetischen Reichtum einer zuvor definierten Gruppe wider (z.B. einer Population, eines regionalen Populationsverbundes, einer Unterart oder Art). Im einfachsten Fall wird die **Anzahl der Allele oder Haplotypen*** für eine festgelegte Gruppe bestimmt. Über den Vergleich solcher Maßzahlen können solche Gruppen dann untereinander verglichen werden. Hieraus lassen sich Aussagen über genetische Flaschenhälse, genetische Erosionsprozesse im Rahmen von Expansionsprozessen, die Populationsgrößen und geographische Ausdehnungen aus Ausbreitungszentren etc. treffen. Wichtig ist aber, dass genetische Diversitäten primär immer für jede Gruppe unabhängig von allen anderen ermittelt werden und erst anschließend ein Vergleich zwischen Gruppen stattfindet.

Ganz anders ist dies für die **genetische Differenzierung**, denn diese wird immer zwischen unterschiedlichen Gruppen festgelegt und berechnet sich im einfachsten Fall aus den Frequenzunterschieden von Allelen oder dem Anteil an Basenaustauschen. Maßzahlen für die genetische Differenzierung beziehen sich also auf die Ähnlichkeit von Populationen untereinander und erlauben die Ermittlung einer Ähnlichkeitsstruktur zwischen den festgelegten Gruppen.

3.2.1.1 Genetische Diversitäten

Für die genetischen Diversitäten können unterschiedliche Parameter aufgenommen werden. Den wohl einfachsten, aber oft sehr aussagekräftigen Parameter (vor allem bei der Untersuchung von Mikrosatelliten und Allozymen) stellt die **durchschnittliche Anzahl an Allelen pro Locus** ***(A)*** für eine Gruppe dar. Dieser Parameter erlaubt es in vielen Fällen, den Prozess der genetischen Verarmung von Populationen im Verlauf eines Ausbreitungsprozesses zu rekonstruieren.

Allerdings ist gerade dieser Parameter äußerst anfällig auf die Anzahl an Individuen, die eine Gruppe repräsentieren, denn er nimmt mit steigender Individuenzahl zu und erreicht, abhängig von der realen Anzahl an Allelen, erst bei vergleichsweise höheren Individuenzahlen eine Sättigung. Somit kann der Vergleich der durchschnittlichen Allelzahlen pro Locus zu verzerrten Ergebnissen führen, wenn die Stichprobengrößen sich zwischen den Gruppen deutlich unterscheiden. Um diesem Problem zu begegnen, wird in solchen Fällen oft der **Allelreichtum** berechnet (engl.: *allelic richness*). Hierbei wird für eine gegebene Anzahl von Individuen (oftmals die Anzahl der Individuen der kleinsten Gruppe) eine für diese zu erwartende Allelzahl berechnet. Durch dieses Verfahren werden auch Gruppen mit sehr unterschiedlichen analysierten Individuenzahlen vergleichbar.

Ein weiterer häufig berechneter Parameter der genetischen Diversität für Mikrosatelliten- und Allozymuntersuchungen ist die **Heterozygotierate**. Hierbei wird zwischen erwarteter und beobachteter Heterozygotie unterschieden. Für die **beobachtete Heterozygotie** (H_O) wird der mittlere Anteil an heterozygoten Individuen über alle Loci ermittelt. Dieser Parameter hat jedoch den Nachteil, dass Substrukturen oder inzuchtähnliche Prozesse in den entsprechenden Gruppen diesen Wert beeinflussen können und somit die Vergleichbarkeit dieses Parameters zwischen Gruppen einschränken. Um dieses Problem zu beseitigen, wird oft der **erwartete Heterozygotiegrad** (H_E) eingesetzt, bei dem basierend auf den Allelfrequenzen der Heterozygotenanteil berechnet wird, der zu erwarten wäre, wenn sich die Population im Hardy-Weinberg-Gleichgewicht befinden würde.

Anders als die Heterozygotie, die sich auf die einzelnen Individuen einer Gruppe bezieht, wird bei der **Polymorphierate** nur die Gesamtinformation einer ganzen Gruppe von Individuen für jeden Genort herangezogen. Besitzt ein Locus für eine Gruppe zwei oder mehr Allele, so wird er als **polymorph*** bezeichnet, weist er nur ein einziges Allel auf, so ist er **monomorph***. Bei der Bestimmung des **totalen Polymorphiegrades** (P_{TOT}) wird nun der Anteil polymorpher Genorte für eine Gruppe von Individuen bestimmt. Da der Nachweis von seltenen Polymorphismen jedoch einem stochastischen Prozess unterliegt, wird oft auch der **Polymorphiegrad auf dem 95 %-Niveau** (P_{95}) berechnet. Um diesen zu erhalten, werden alle Genorte, bei denen das häufigste Allel einen Anteil von 95 % übersteigt, auch als monomorph eingestuft. Hierdurch wird die Stochastizität des Nachweises seltener Polymorphismen teilweise korrigiert. Da bei der Analyse von Mikrosatelliten eigentlich nur auf polymorphe Genorte zurückgegriffen wird, findet der Parameter des Polymorphiegrades vermehrt Anwendung bei der Untersuchung von Allozympolymorphismen, stellt hier jedoch ein aussagekräftiges Maß zur Quantifizierung genetischer Diversitäten dar.

Die bisher vorgestellten Parameter genetischer Diversität lassen sich nur auf diploide kodominante Marker anwenden. Somit müssen beispielsweise für die Quantifizierung der Diversität von Gruppen bei der Sequenzierung von mtDNA andere Parameter eingesetzt werden. Der einfachste Diversitätsparameter für dieses Markersystem ist die Zahl unterschiedlicher Haplotypen in einer Gruppe. Dieser ist jedoch sehr stark von der Stichprobengröße abhängig. Deshalb werden meist auch weniger von der Stichprobengröße abhängige Parameter angegeben, also die **Haplotypdiversität** und die **Nukleotiddiversität**. Hierbei steht erstere für die Diversität von Haplotypen in einer Gruppe und lässt sich somit am ehesten mit der durchschnittlichen Allelzahl vergleichen. Letztere gibt die Diversität der einzelnen Nukleotide in den unterschiedlichen Haplotypen an. Da in eigentlich allen Fällen die Mehrzahl der Nukleotide einer DNA-Sequenz nicht variabel sind, ergeben sich für die Nukleotiddiversität eigentlich immer sehr viel kleinere Werte als für die Haplotypdiversität.

Auch für die Bestimmung der Diversitäten bei den unterschiedlichen Fingerprint-Techniken muss auf andere Parameter zurückgegriffen werden. Häufig wird in Analogie zu den Allelzahlen bei Mikrosatelliten und Allozymen die **Anzahl an Fragmenten pro Gruppe** und die **durchschnittliche Fragmentzahl pro Individuum** in einer Gruppe verwendet. Auch eine Berechnung des Anteils polymorpher Genorte kann wie für kodominante Markersysteme berechnet werden. Häufig werden auch Diversitätsmaße angegeben, die auf dem Shannon-Index beruhen, sowie **Nei's Gendiversität** (engl.: *Nei's gene diversity*). Auch der ***frequency-down-weighted marker value* (DW)** wird regelmäßig als Maß für die Häufigkeit von seltenen Allelen eingesetzt; er gilt als Indikator für die genetische Eigenständigkeit einer Gruppe von Individuen.

3.2.1.2 Genetische Distanzen

Genetische Distanzen berechnen die Unterschiedlichkeiten zwischen Gruppen von Individuen. Die einfachsten genetischen Distanzen basieren auf der Berechnung der Unterschiede zwischen den Allelfrequenzen zwischen Gruppen. Hierauf fußen weitgehend die Distanzmaße von Cavalli-Sforza & Edwards (1967) und Nei (1972), wobei Ersteres auf der Annahme basiert, dass genetische Differenzierung durch genetische Drift erfolgt. Die genetischen Distanzen nach Nei (1972) nehmen sowohl Mutation als auch genetische Drift als Ursache für genetische Differenzierung an. Aufbauend auf diesen einfachen genetischen Distanzmaßen hat sich eine Vielzahl von Varianten entwickelt, die hier nicht im Detail besprochen werden. Dem interessierten Leser werden die einschlägigen Lehrbücher zur Populationsgenetik empfohlen. Kurz erwähnt sei noch, dass die genetischen Distanzmaße bei Analysen von mtDNA entweder auf den Haplotypenfrequenzen, sehr viel häufiger jedoch auf den Nukleotidunterschieden der Haplotypen beruhen.

3.2.2 *F*-Statistik

Die *F*-Statistik geht in ihren Anfängen im Wesentlichen auf die Arbeiten des US-amerikanischen Populationsgenetikers **Sewall G. Wright** (1889–1988) zurück. Wie genetische Distanzen, so ist auch die *F*-Statistik ein Maß für die Differenzierung. Sie bezieht jedoch auch im einfachsten Fall die Ebenen innerhalb der Gruppen (hier meistens der Populationen) und zwischen den Gruppen mit ein. Die *F*-Statistik beruht auf der Bestimmung des sogenannten **Heterozygotendefizits**. Hierfür wird der Anteil der **homozygoten*** und **heterozygoten*** Individuen ermittelt, den man erwarten würde, wenn sich die gesamte Bezugsgruppe im Hardy-Weinberg-Gleichgewicht befinden würde, also alle Individuen mit allen anderen die gleiche Wahrscheinlichkeit der Paarung hätten. Dieser errechnete Anteil an Heterozygoten wird dann mit dem real beobachteten Wert verglichen. Für weiterführende Erläuterungen wird auf die einschlägigen Lehrbücher über Populationsgenetik verwiesen.

Für die Berechnung innerhalb der Gruppen wird der sogenannte **Inzuchtkoeffizient F_{IS}** berechnet, wobei der Index I für Individuen und der Index S für Subpopulation steht. Der F_{IS} zeigt den

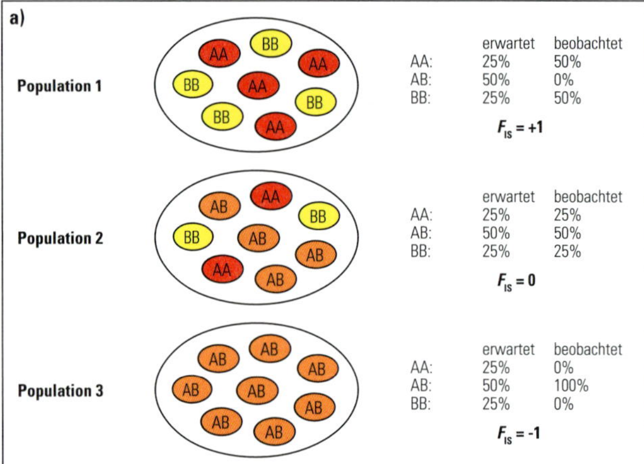

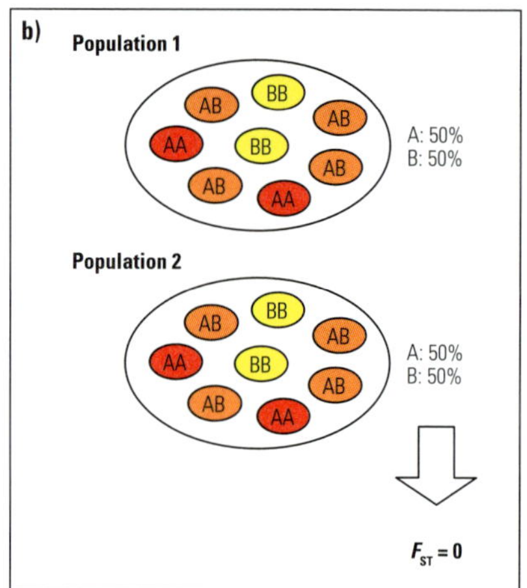

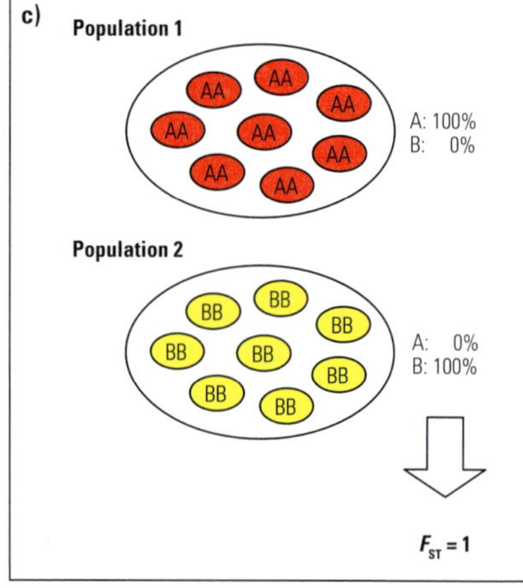

Abb. 3.1 Die *F*-Statistik wird in der Populationsgenetik verwendet, um den Grad der Inzucht in Populationen (F_{IS}) und den Grad der Differenzierung zwischen Populationen (F_{ST}) zu messen. (a) Der Wert für F_{IS} kann dabei zwischen +1 (maximale Inzucht) und −1 (maximale Auszucht) schwanken; ein Wert von 0 steht für eine Population, die sich ideal im Hardy-Weinberg-Gleichgewicht befindet. (b, c) Der F_{ST} kann Werte zwischen 0 und +1 annehmen, wobei (b) ein Wert von 0 für keine Differentierung zwischen Populationen steht, (c) ein Wert von +1 für die maximal mögliche Differenzierung.

Grad der Inzucht oder der Substrukturierung innerhalb der gewählten Gruppen an und kann theoretisch Werte zwischen −1 und +1 annehmen (Abb. 3.1). Liegt der F_{IS}-Wert bei 0, so befindet sich die Population im Hardy-Weinberg-Gleichgewicht, d. h. es gibt in den betroffenen Populationen weder Inzucht noch sonstige Substrukturierungen. Positive F_{IS}-Werte, also ein Defizit an Heterozygoten, lassen auf Inzucht oder Substrukturen in den gewählten Gruppen schließen. Negative F_{IS}-Werte und somit ein Überschuss an Heterozygoten stellen einen Indikator für Auszucht oder die positive Selektion auf heterozygote Individuen dar.

Für die Ermittlung der Differenzierung zwischen den Gruppen wird der sogenannte **Fixierungsindex F_{ST}** berechnet, wobei der Index S für Subpopulation und der Index T für Totalpopulation steht. Für die Berechnung des F_{ST}-Wertes wird der beobachtete Heterozygotiegrad über alle Individuen aller Gruppen gemittelt. Als erwarteter Heterozygotiegrad wird ein Wert eingesetzt, der sich aus den über alle Gruppen ermittelten Allelfrequenzen unter Annahme von **Panmixie*** (= alle Individuen haben die gleiche Chance sich miteinander fortzupflanzen) errechnet. Analog zum F_{IS}-Wert wird nun der F_{ST}-Wert über das Heterozygotendefizit berechnet. Dieser variiert zwischen 0 und 1 (Abb. 3.1), wobei gelegentlich auftretende Werte unter Null als Artefakte eingestuft werden müssen. Ein F_{ST}-Wert von Null gibt in diesem Fall an, dass es keine Differenzierung zwischen den definierten Gruppen gibt, es existiert also über den gesamten Bereich Panmixie oder zumindest ein der Panmixie genetisch ähnlicher Zustand. Das Erreichen des maximalen F_{ST}-Wertes von 1 zeigt an, dass es zwischen keinem Gruppenpaar Genaustausch geben kann. Dieser Wert wird nur dann erreicht, wenn sich alle Gruppen an allen Genorten absolut voneinander unterscheiden. Das ist oft rein mathematisch nicht möglich, sodass der F_{ST}-Wert von 1 eher in der Theorie existiert, als in der Praxis erreicht werden würde. Als Daumenregel, die jedoch aus verschiedenen Gründen mit großer Vorsicht angewendet werden sollte, kann man F_{ST}-Werte über 0,1 eigentlich grundsätzlich als relevant ansehen, oberhalb von 0,25 muss von einer starken Differenzierung zwischen den Populationen ausgegangen werden und auch Werte ab 0,05 deuten in vielen Fällen bereits auf eine nicht unwesentliche Differenzierung zwischen Populationen hin.

Häufig wird auch ein **F_{IT}-Wert** angegeben, der beide Ebenen einschließt, d. h. innerhalb der Gruppen und zwischen den Gruppen. Als sehr globaler Wert besitzt er jedoch eine nur recht geringfügige Aussagekraft und wird deshalb für die Interpretation von Daten nur selten herangezogen.

Analog zur klassischen *F*-Statistik wird häufig auch eine **AMOVA** (**A**nalysis of **MO**lecular **VA**riance) berechnet, wobei im einfachsten Falle zwischen der Varianz innerhalb der Individuen (kann als Maß für die genetische Diversität einer Gruppe herangezogen werden), zwischen den Individuen einer Gruppe (entspricht F_{IS}) und zwischen den Gruppen (entspricht F_{ST}) unterschieden wird. Als Weiterentwicklung der einfachen molekularen Varianzanalyse kann in einem **hierarchischen Ansatz** eine zusätzliche Ebene eingezogen werden. In dieser werden die zuvor definierten Gruppen (hier meist Populationen) auf zwei oder mehr Übergruppen oder Cluster aufgeteilt. Man kann dann die Varianz innerhalb dieser Cluster ($F_{SC,}$ wobei S für Subpopulation und C für Cluster steht) und zwischen ihnen ($F_{CT,}$ wobei C wiederum für Cluster und T für Totalpopulation steht) berechnen. Diese hierarchische Analyse ist vor allem dazu geeignet, zuvor mittels anderer Verfahren ermittelte genetische Strukturen oder aus geographischen Gruppen abgeleitete Cluster nachträglich zu testen.

Da die Berechnung der klassischen *F*-Statistik auf diploiden Organismen basiert, können diese Algorithmen nicht für haploide Genorte (also Zellorganellengenome) und solche genetischen Analysen eingesetzt werden, die zwar diploide Genome untersuchen, bei denen aber keine Unterscheidungen zwischen heterozygot und homozygot gemacht werden können, wie etwa bei den diversen genetischen Fingerprint-Verfahren. In diesen Fällen werden Analoga zu den F_{ST}-Werten ermittelt, die oft auch als solche benannt werden oder aber als Φ_{ST} bezeichnet werden.

Auch wurden weitere Indices eingeführt, die auf dem Grundprinzip der *F*-Statistik beruhen. Eines der häufig gebrauchten ist die speziell für die Analyse von Mikrosatelliten-Datensätzen entwickelte ***R*-Statistik**, die zusätzlich zur Information des Verhältnisses des erwarteten und beobachteten Heterozygotenanteils auch die Längenunterschiede zwischen den Allelen berücksichtigt. Je mehr sich die unterschiedlichen Allele in ihrer Länge unterscheiden, desto höher werden die entsprechenden *R*-Werte. Dies wird damit begründet, dass sich die einzelnen Mikrosatelliten-Allele auseinanderentwickeln und somit Allelpaare mit nur einem geringen Längenunterschied vor kürzerer Zeit einen gemeinsamen Ursprung besaßen als solche mit einem ausgeprägteren Längenunterschied. Die *R*-Statistik berücksichtigt also neben den in der klassischen *F*-Statistik verwendeten Parametern auch das vermutete **Abstammungsalter** der verschiedenen Allele untereinander.

Ein nicht unerhebliches Problem bei der Analyse von *F*-Statistiken und ihren Analoga ist deren nicht unbedeutende Abhängigkeit von genetischen Diversitäten (im Gegensatz zu den meisten klassischen genetischen Distanzwerten, die weitgehend unabhängig von den genetischen Diversitäten sind). So neigen Populationsgruppen mit geringen genetischen Diversitäten in ihren Populationen eher zu hohen F_{ST}-Werten, wohingegen sol-

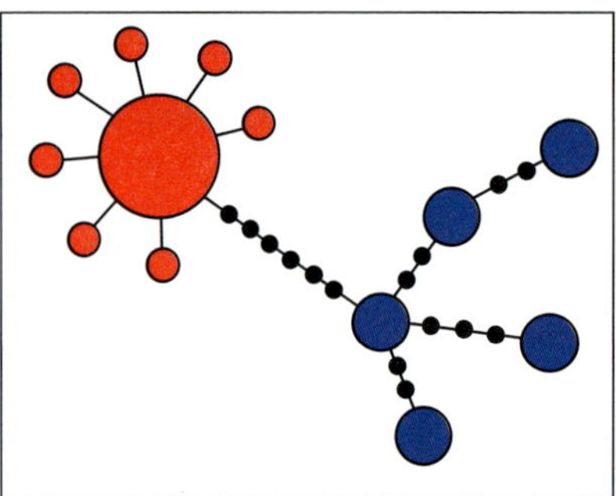

Abb. 3.2 Bei einem Haplotypennetzwerk werden alle Haplotypen mit ihren jeweils nächstverwandten Haplotypen verbunden, sodass letztendlich alle vorhandenen Haplotypen in diesem Netzwerk beinhaltet sind. Kann ein Haplotyp mit keinem anderen Haplotypen direkt verbunden werden, so wird der oder werden die hierfür fehlenden Haplotypen oft als kleine, schwarz gefüllte Kreise dargestellt; in anderen Darstellungen werden für die Anzahl der Mutationen zwischen Haplotypen Striche eingefügt. Die Häufigkeit der einzelnen Haplotypen wird oft über die Größe der sie repräsentierenden Kreise dargestellt.

che mit hohen genetischen Diversitäten eher zu niedrigen F_{ST}-Werten tendieren. Ein F_{ST}-Wert sollte also niemals isoliert von der sonstigen populationsgenetischen Struktur betrachtet werden, denn die Ableitung kann falsch sein, dass eine Gruppe mit einem höherem F_{ST}-Wert auch unbedingt eine stärkere Strukturierung zwischen ihren Elementen aufweist als eine solche mit geringerem F_{ST}-Wert. Um diesem Problem zu begegnen, wurden beispielsweise Schätzer für die Strukturierung zwischen Populationen eingeführt, so etwa der heute oft verwendete **D_{est}-Wert** anstelle des F_{ST}-Wertes.

3.2.3 Haplotypennetzwerke

Haplotypennetzwerke werden meist eingesetzt, um die Ähnlichkeiten zwischen unterschiedlichen Haplotypen, oft von mtDNA, darzustellen. Hierbei werden die einzelnen Haplotypen, meist dargestellt durch Kreise, mit ihren jeweils ähnlichsten Haplotypen verbunden. In diesen Darstellungen werden entweder die Anzahl an Mutationsschritten zwischen den einzelnen Haplotypen als kleine Querstriche wiedergegeben oder solche Haplotypen, die auf den «Verbindungen» zwischen den nachgewiesenen Haplotypen «fehlen», als kleine, schwarz gefüllte Kreise dargestellt (Abb. 3.2). Die Häufigkeit der einzelnen Haplotypen wird in vielen Fällen durch die Größe der jeweiligen Kreise wiedergegeben.

Solche Haplotypennetzwerke geben oft einen sehr plastischen Eindruck über die Differenzierungsmuster zwischen den Haplotypen. Im theoretischen Beispiel, das in Abb. 3.2 dargestellt ist, kann man gut zwei genetische Gruppen erkennen, die durch sieben Mutationsschritte voneinander getrennt sind. Man muss also davon ausgehen, dass beide Gruppen sich vor längerer Zeit voneinander getrennt haben. Wenn diese Gruppen, was in einem solchen Fall häufig der Fall ist, auch geographisch voneinander getrennte Bereiche besiedeln, die sich nicht oder nur wenig überlappen, dann ist es sehr wahrscheinlich, dass sich diese Gruppen in unterschiedlichen Gebieten, also allopatrisch*, evoluiert haben und nur später sekundär in Kontakt miteinander gekommen sind.

Auch die Strukturierungen der Haplotypen in solchen Gruppen geben gute Informationen über die Evolutionsgeschichte innerhalb der Gruppen. Betrachten wir erneut Abbildung 3.2: Die Gruppe auf der linken Seite weist einen zentralen Haplotypen großer Häufigkeit auf, der von einem Kranz von seltenen Haplotypen umgeben wird, die sich jeweils nur durch eine einzige Mutation von diesem häufigen **Zentralhaplotyp** unterscheiden. Eine solche Struktur deutet auf einen starken, vergleichsweise rezenten **genetischen Flaschenhals** hin, durch den diese Gruppe gegangen ist und bei dem (eventuell ausschließlich) der jetzt häufigste Haplotyp nicht ausstarb. Im Anschluss war die Zeit nicht ausreichend, um wieder eine komplexe genetische Struktur zu evoluieren. Ein Kranz von zahlreichen **Satellitenhaplotypen** weist außerdem auf eine rezente Arealexpansion der Gruppe hin.

Eine völlig andere Struktur weist die rechte Gruppe in unserem Beispiel auf.

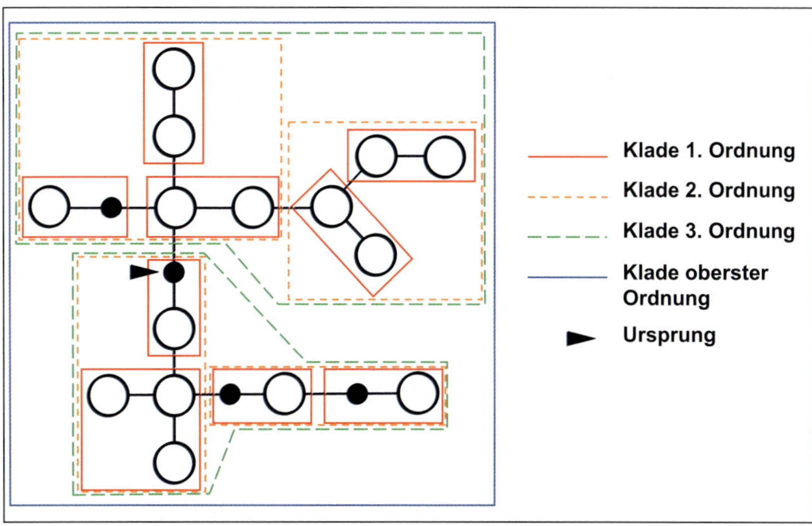

Abb. 3.3 Bei der *Nested Clade Phylogeographic Analysis* (NCPA) werden die Haplotypen in einer hierarchischen Reihenfolge zu immer größeren Kladen höherer Ordnung zusammengefasst. Das Alter der Haplotypen und Kladen gleicher Ordnung nimmt hierbei vom Ursprung zu den Rändern des Haplotypennetzwerks ab und mit zunehmender Ordnungsebene zu.

Hier finden wir mehrere mittelhäufige Haplotypen, die durch mehrere Mutationsschritte voneinander getrennt sind. In einem solchen Fall sollte man von einer über die Zeitachse konstanteren Population ausgehen, bei der keine bedeutenden Flaschenhälse aufgetreten sind. Bei einer solchen Ausgangslage können sich genetische Strukturen erhalten, die sich über einen langen Zeitraum entwickelten. Dieses Bild kann gut in Einklang gebracht werden mit wiederholten Arealexpansionen und -regressionen, jedoch nicht mit einer starken rezenten Arealexpansion.

Haplotypennetzwerke stellen auch die Grundlage für die maßgeblich durch die Arbeiten des US-Amerikaners **Alan R. Tempelton** entwickelte Methode der ***Nested Clade Phylogeographic Analysis* (NCPA)** dar (Tempelton 1998). Für diese Analyse werden die Haplotypen eines Netzwerkes in hierarchisch aufgebaute Kladen eingeteilt. Zuerst werden kleinstmögliche Einheiten von nächstverwandten Haplotypen zusammengefasst; sie werden als «Kladen erster Ordnung» bezeichnet. Diese werden dann wieder zu übergeordneten Kladen zweiter Ordnung zusammengefasst und so weiter, bis die letzte Kladenebene das ganze Netzwerk umfasst (Abb. 3.3).

Außerdem erlaubt diese Methode die Berücksichtigung einer Altersstruktur. Ist durch die Berücksichtigung von Außengruppen (meist vergleichsweise nah verwandte Taxa zu der analysierten Gruppe) ein Ursprung des Haplotypennetzwerks bekannt, so können diejenigen Haplotypen, die diesem Ursprung am nächsten liegen, als die ursprünglichsten angesehen werden; sie sind **plesiomorph***. Bis zu den äußeren Enden des Netzwerks wird der Entstehungszeitpunkt der jeweiligen Haplotypen immer rezenter, sodass die äußersten Haplotypen des Netzwerks auch die jeweils phylogenetisch* jüngsten repräsentieren; diese sind also **apomorph***. Außerdem darf davon ausgegangen werden, dass die jeweils höhere Kladenebene ältere biogeographische Ereignisse spiegelt als die dieser untergeordneten Kladen.

Um die Arealgeschichte einer analysierten Gruppe zu untersuchen, wird bei der NCPA die geographische Verteilung der Haplotypen aller Kladen auf allen Ebenen analysiert, indem sie gegen eine zufällige geographische Verteilung verglichen wird. Die hieraus erhaltenen Ergebnisse werden mit einem sogenannten ***inference key*** abgeglichen. Hieraus wird dann eine biogeographische Aussage abgeleitet, wie z.B. eine rezente Arealexpansion, wiederholte Arealfluktuation,

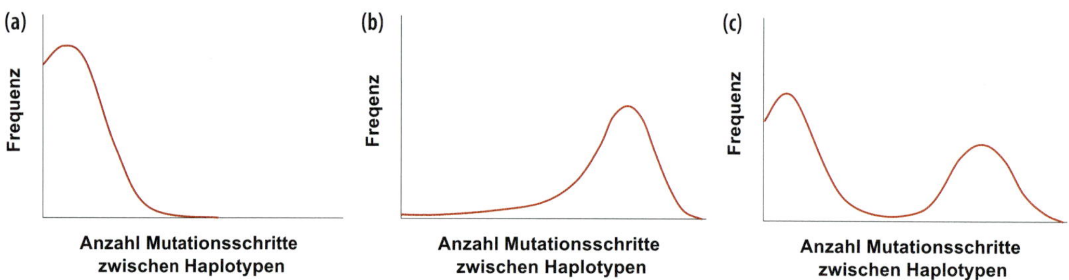

Abb. 3.4 Die *mismatch distribution* zeigt die Verteilung der Anzahl der Mutationsschritte zwischen allen Haplotypen an. (a) Ein stark linksgipfliger Verlauf ist hierbei ein Indiz für eine junge Evolutionsgeschichte einer Gruppe, (b) Rechtsgipfligkeit spricht für eine lange evolutive Geschichte der betreffenden Gruppe. (c) Zeigt ein solcher Kurvenverlauf mehrere Gipfel auf, so ist dies oft ein Indiz für die Überlagerung unterschiedlicher evolutiver Ereignisse in der Vergangenheit einer Gruppe.

allopatrische Fragmentierung, eingeschränkter Genfluss mit Isolierung durch Distanz usw.

Durch die NCPA wurde eine objektive Analysemethode in die ansonsten oft als deskriptiv kritisierte Phylogeographie eingeführt. Allerdings befindet sich dieses Verfahren seit einigen Jahren auch in der Kritik, da die Ableitung des *inference keys* zirkulär sei. Aus diesem Grund wird die NCPA, nach einer rasanten Blüte im ersten Jahrzehnt unseres Jahrhunderts, aktuell eigentlich nicht mehr angewendet. Der Autor dieses Buches möchte jedoch davor warnen, die Ergebnisse von NCPA-Analysen *per se* als irrelevant einzustufen. Vielmehr sollten solche Ergebnisse mit kritischer Vorsicht abgewogen werden.

3.2.4 Mismatch Distributions und Tajima's *D*

Ausgehend von Haplotypennetzwerken lässt sich gut die sogenannte ***mismatch distribution*** verstehen. Hierbei wird die Anzahl an Mutationen zwischen allen Haplotypen eines Netzwerks ermittelt und die Verteilung der Mutationsabstände meist graphisch dargestellt (Abb. 3.4). Hieraus lassen sich unterschiedliche biogeographische Szenarien ableiten. Stellt die *mismatch distribution* eine **unimodale** (also eingipfelige) Kurve dar, bei der der Gipfel bei geringen Mutationsabständen der Haplotypen auftritt, sich also am linken Rand der Grafik befindet (Abb. 3.4a), so muss von einer rezenten Arealexpansion ausgegangen werden. Je weiter sich der Gipfel hin zu stärkeren Differenzierungen zwischen den Haplotypen, also nach rechts im Diagramm, verschiebt (Abb. 3.4b), umso älter ist dieser Expansionsprozess. Ergeben sich jedoch **bi- oder multimodale** Kurven, so weisen diese meist auf unterschiedliche biogeographische Prozesse hin, die die untersuchte Gruppe durchlaufen hat. Eine bimodale Kurve mit zwei Gipfeln, einen bei geringen und eine bei hohen Differenzierungen, wie in Abb. 3.4c dargestellt, deutet beispielsweise auf eine weiter in der Vergangenheit liegende Arealdisjunktion* und eine relativ rezente Arealexpansion hin. Natürlich lassen sich *mismatch distributions* nicht nur auf das gesamte Haplotypennetzwerk anwenden, sondern auch auf Teile von diesem. Hiermit kann, in gewisser Weise ähnlich wie bei der Vorgehensweise bei der NCPA, eine hierarchische Analyse von biogeographischen Ereignissen durchgeführt werden, die dann auch in ihrer zeitlichen Reihenfolge bekannt sind. Somit kann sich die Analyse von *mismatch distributions* als ein potentes Werkzeug zur Aufklärung biogeographischer Ereignisse erweisen.

Ein weiterer häufig berechneter Parameter ist **Tajima's *D***, der Aussagen über die Selektionsneutralität einer zufälligen Probe von DNA-Sequenzen macht. Sinn dieses Tests ist es, zwischen DNA-Sequenzen zu unterscheiden, die zufällig (also «neutral») evoluieren, und solchen, die nicht zufälligen Prozessen unterliegen, wie z. B. gerichteter oder balancierender Selektion, demographischer Expansion oder Regression, *genetic hitchhiking** oder Introgression. Für die Interpretation der Ergebnisse von Tajima's *D* reicht es zu wissen, dass signifikant negative Werte einen Überschuss an niedrig frequen-

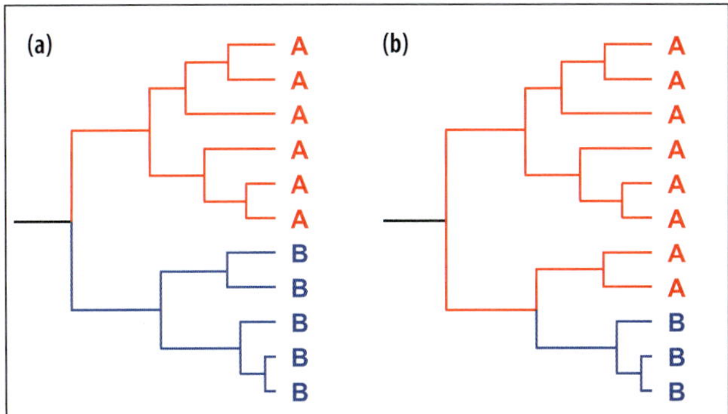

Abb. 3.5 Für die Bewertung von Stammbäumen ist die korrekte Überprüfung auf Monophylie sehr wichtig. (a) Alle Vertreter von A und alle Vertreter von B gehen auf jeweils einen gemeinsamen Vorfahren zurück; sowohl A wie auch B sind somit monophyletische Gruppen. (b) Alle Vertreter von B haben einen gemeinsamen Vorfahren, stellen also ein Monophylum dar, nicht aber alle Vertreter von A, in denen das Monophylum von B genestet ist. Alle Vertreter von A stellen somit ein Paraphylum dar.

ten Polymorphismen im Vergleich mit der Erwartung anzeigen. Dies gibt einen deutlichen Hinweis auf eine Populationsexpansion (z. B. nach einem genetischen Flaschenhals oder einem *selective sweep*, also der Reduktion oder Elimination genetischer Diversität als Ergebnis einer rezenten und stark positiven natürlichen Selektion) und/oder «reinigende» Selektion. Signifikant positive Tajima's D-Werte zeigen hingegen ein niedriges Niveau sowohl von niedrig- als auch von hochfrequenten Polymorphismen an. Sie geben einen Hinweis auf eine Abnahme der Populationsgröße und/oder balancierende Selektion. Weitere Parameter wie **Fu's F_S Neutralitätstest** oder der **Ewens-Watterson Neutralitätstest** werden ebenfalls für solche Analysen eingesetzt und basieren auf ähnlichen Annahmen wie Tajima's D.

3.2.5 Clusteranalysen

Clusteranalysen sind Verfahren, bei denen unterschiedliche Elemente aufgrund von untersuchten Eigenschaften und einer daraus erstellten Ähnlichkeitsmatrix als Diagramm dargestellt werden. Hierfür ist die Anzahl und Auswahl der in die Analyse einfließenden Charakteristika für die Güte der Aussage der Cluster-Analyse sehr bedeutsam. Wenn man z. B. eine Orange, eine Banane und einen orangefarbenen Tennisball einer solchen Analyse unterwerfen würde und als Eigenschaften nur Form und Farbe heranziehen würde, dann ergäbe das Diagramm keinen Unterschied zwischen der Orange und dem Tennisball, jedoch eine maximale Differenzierung zwischen Orange und Banane. Dieses simple Beispiel zeigt, dass sowohl die Anzahl als auch die Auswahl der für diese Analyse herangezogenen Eigenschaften nicht ausreichend und nicht sinnvoll ist.

Für die Erstellung von Cluster-Analysen mit genetischen Daten können eine Vielzahl von Methoden für die Gewinnung der Ähnlichkeitsmatrizen genutzt und auch zahlreiche unterschiedliche Algorithmen zur Konstruktion der Cluster eingesetzt werden. Da deren Anzahl sehr hoch und oft komplex ist, sei der interessierte Leser an dieser Stelle auf spezielle Bücher verwiesen, die sich im Detail mit diesen Problemen auseinandersetzen.

In der molekularen Biogeographie werden meist Analysen eingesetzt, bei denen entweder die genetischen Konstellationen von Gruppen (meist Populationen), häufig über die Frequenzunterschiede zwischen Allelen oder Haplotypen, miteinander verglichen oder die Sequenzunterschiede zwischen unterschiedlichen Haplotypen als Maß der Differenzierung herangezogen werden. In jedem Fall kann es äußerst aufschlussreich sein, die Strukturen der erhaltenen **Phänogramme** genau zu studieren.

Eine zwar recht einfache, aber dennoch oft sehr aufschlussreiche Interpretation dieser Clusterdiagramme ist die Frage nach **Monophyla*** und **Paraphyla***. Zeigen sich in einem solchen Baumdiagramm z. B. zwei oder mehr monophyletische Gruppen (Abb. 3.5a), die aktuell **allo-** oder **parapatrisch*** verbreitet sind, so deutet diese Struktur auf eine in der Vergangenheit liegende **Arealdisjunktion** hin, nach der sich die dann in isolierten Teilarealen befindenden Gruppen unabhängig zu eigenständigen genetischen Linien entwickelten. Weist jedoch eine regionale Gruppe B ein Monophylum auf, wodurch eine andere regionale Gruppe A zu einem Paraphylum wird (Abb. 3.5b), so darf geschlossen werden, dass sich die Gruppe B aus der vorher existenten Gruppe A abgeleitet hat. In den meisten Fällen lassen sich solche Strukturen darauf zurückführen, dass sich eine Stammform aus dem Gebiet A in das Gebiet B ausgebreitet hat, dort isoliert wurde und dann eine eigene evolutive Linie begründete. Ähnliche Muster erhält man jedoch auch bei **peripatrischer*** **Differenzierung**, bei der sich Randgruppen abspalten und differenzieren.

Es sei jedoch an dieser Stelle darauf hingewiesen, dass der Rückschluss von rezenten Verbreitungen von genetischen Linien auf die geographische Lage der **Differenzierungszentren** mit Vorsicht erfolgen muss: Je älter die Differenzierungen sind, desto unsicherer werden diese Rückschlüsse, da mit der Zeit die Wahrscheinlichkeit der Verschiebung des Areals steigt, die Verbreitung also **apochor*** wird. Umgekehrt wird **Plesiochorie*** umso wahrscheinlicher, je jünger der Ursprung der Differenzierung ist. Eine Altersabschätzung ist somit für die biogeographische Interpretation von genetischen Daten bedeutsam (siehe unten).

Wichtig ist es auch, Informationen über die «Güte» der Verzweigungspunkte eines Diagramms zu erhalten. Hierfür ist es von Bedeutung, wie sicher ein Verzweigungspunkt zwei Gruppen voneinander trennt. Hierfür werden häufig Verfahren wie ***Bootstrapping*** oder ***Jackknifing*** eingesetzt. Das Prinzip dieser Verfahren liegt darin, dass die entsprechenden Ähnlichkeitsmatrizen mehrfach berechnet werden; z.B. 1000-mal oder 10000-mal. Für jede Berechnung wird jedoch ein Teil der Datenmatrix ausgeklammert, sodass eine Vielzahl ähnlicher Bäume erzeugt wird. Aus diesen wird ein Konsensusbaum erzeugt, für den nun für jeden Verzweigungspunkt angegeben werden kann, wie oft er in allen gerechneten Bäumen aufgetreten ist.

Von vielen taxonomisch arbeitenden Biologen werden Topologien in Phänogrammen mit Bootstrap-Werten unter 70% (der entsprechende Knoten wird also nur in 70% der berechneten Bäume gefunden) als irrelevant eingestuft. Bei phylogeographischen Arbeiten, die ja oft unterhalb des Artniveaus angesiedelt sind, kann dieser Schwellenwert jedoch zuweilen nicht sinnvoll sein, da die Differenzierungen innerhalb von Arten zwangsweise geringfügiger sind als oberhalb der Artebene. Logischerweise sind somit auch die gesamten genetischen Strukturierungen weniger stark ausgeprägt. Trotzdem sei bei phylogeographischen Gruppen, die eine Unterstützung von weniger als 50% aufweisen, zur Vorsicht geraten. In jedem Fall kann es sinnvoll sein, die Güte der mittels Clusteranalysen unterschiedenen Gruppen durch weitere Analysen zu untermauern, wie beispielsweise durch hierarchische Varianzanalysen (siehe oben).

Bei manchen biogeographischen Strukturen sind *Bootstrapping* und verwandte Verfahren sogar zwangsweise zum Scheitern verurteilt. Dies gilt z.B. in Fällen, in denen zwei oder mehr genetische Gruppen in ihren Kontaktzonen **Hybridisierungen** aufweisen. Solche Hybridpopulationen besitzen intermediäre genetische Konstitutionen in Relation zu den «reinen» Populationen der jeweiligen Gruppen. Dies führt dazu, dass die Abgrenzungen zwischen den Gruppen verschwimmen. Diese Situation wird noch verschärft, wenn es sich um **Hybridgradienten** handelt, sodass die beiden Gruppen sukzessive ineinander übergehen.

Eine Analysetechnik, die oft zu ähnlichen Ergebnisse wie die Clusteranalysen führt, ist die **Hauptkomponentenanalyse** oder mit dieser verwandte Verfahren. Bei dieser Methode werden die unterschiedlichen Achsen so durch den N-dimensionalen Raum der genetischen Daten gelegt, dass für jede Achse eine Optimierung der Varianz erfolgt. Die hieraus erhaltenen

Hauptkomponenten werden nun graphisch dargestellt; häufig werden die beiden ersten Komponenten als zweidimensionaler Raum präsentiert, in dem man gut die Differenzierungsmuster zwischen den einzelnen untersuchten Populationen erkennen kann.

3.2.6 STRUCTURE, BAPS und GENELAND

Anders als Cluster- oder Hauptkomponentenanalysen, bei denen meist die unterschiedlichen Populationen die Basis der Analyse sind, stellt bei Analyseverfahren, wie in den Programmen **STRUCTURE** (Pritchard et al. 2000) oder **BAPS** (Corander et al. 2003, 2004, 2008, Corander & Marttinen 2006), das einzelne Individuum die primäre Bezugsgröße dar. Beide Programme nutzen iterative Verfahren **(Bayes'sche Verfahren)** zur Optimierung von Varianz, um alle Individuen einer zuvor festgelegten Anzahl an Gruppen zuzuordnen. Hierbei kann ein Individuum auch anteilig verschiedenen Gruppen zugeschlagen werden. Über die Analyse der für jede Anzahl an Gruppen erklärte Varianz lassen sich Rückschlüsse über die wahrscheinlichste Anzahl an Gruppen machen. Eine solche Bestimmung der wahrscheinlichsten Gruppenzahl wird beispielsweise bei STRUCTURE häufig über eine sogenannte ΔK-Analyse durchgeführt (Evanno et al. 2005). Die geographische Verteilung der den unterschiedlichen Gruppen zugeschlagenen Individuen kann anschließend biogeographisch interpretiert werden. Eine große Stärke dieser Verfahren liegt bei der Analyse von Hybridbereichen, da für jedes einzelne Individuum eine Aussage möglich ist und somit eine gute Interpretation für die ganze Population erfolgen kann.

Das Programm **GENELAND** (Guillot et al. 2005) nutzt die Methoden der oben beschriebenen Programme, koppelt sie aber direkt mit einer Extrapolation der erhaltenen genetischen Gruppen in den Raum. Hierdurch erhält man eine Landkarte, in die die durch das Programm geschätzten Verbreitungen der einzelnen Gruppen dargestellt sind.

3.2.7 Molekulare Uhren

Wie bei einer Uhr die Zeit gleichmäßig verläuft, so sammeln sich auch über die Zeitachse einzelne Mutationen in einem Genom an. Je mehr Mutationen sich angesammelt haben, desto mehr Zeit ist vergangen, um diesen Zustand zu erreichen. Der Begriff «molekulare Uhr» ist folglich eine Metapher für die Bestimmung des Alters von Aufspaltungen zwischen Gruppen über die genetische Differenzierung zwischen ihnen. Meist werden hierfür die Unterschiede zwischen DNA-Sequenzen eingesetzt, prinzipiell kann man eine solche **Altersabschätzung** aber auch auf der Basis von Frequenzunterschieden (z.B. von Mikrosatelliten oder Allozymen) vornehmen. Dies führt jedoch aus verschiedenen Gründen oft zu unsichereren Ergebnissen.

Das Grundprinzip der molekularen Uhren ist es, dass die Anzahl an Mutationen mit der Zeit zunimmt, jedoch irgendwann eine Sättigung erreichen muss, bei der die Anzahl an **Mutationen** und **Rückmutationen** gleich groß ist. Am besten geeignet ist folglich die Phase, in der Rückmutationen noch einen verschwindend geringen Anteil ausmachen und wir einen weitgehend linearen Zusammenhang zwischen Zeit auf der einen und der Anzahl an Mutationen zwischen unterschiedlichen Haplotypen auf der anderen Seite feststellen können. Da jedoch immer mehr hochgradig spezielle Softwarepakete zur Eichung molekularer Uhren existieren, können heute auch Bereiche gut zur Altersbestimmung genutzt werden, die außerhalb dieses linearen Zusammenhangs liegen.

Ganz wesentlich für den Einsatz von molekularen Uhren ist deren **Kalibrierung**. Hierfür müssen **zeitliche Datierungen** existieren (häufig geologische Ereignisse), die eine eindeutige **Eichung** gewisser **stammesgeschichtlicher Ereignisse** erlauben. Sie kann dann auf den gesamten Datensatz übertragen werden. Diese Eichung ist von eminenter Wichtigkeit; ist sie falsch, so sind alle Ergebnisse der molekularen Uhr auch falsch. Je

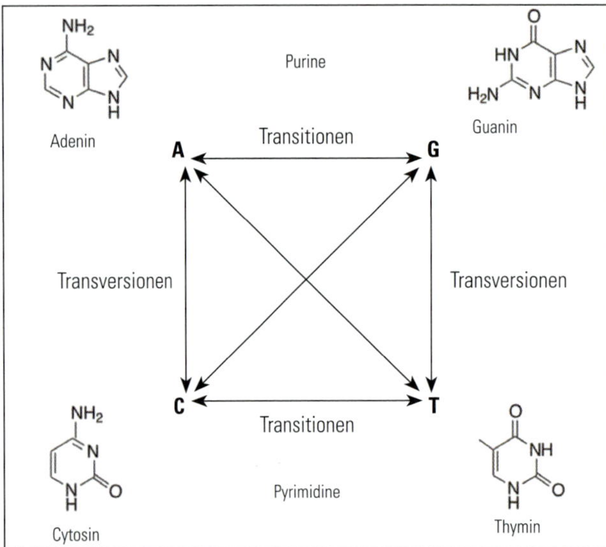

Abb. 3.6 Bei Mutationen der Basen der DNA wird zwischen Transitionen und Transversionen unterschieden. Bei Transitionen mutiert ein Purin in ein anderes Purin oder ein Pyrimidin in ein anderes Pyrimidin. Mutationen eines Purins in ein Pyrimidin oder umgekehrt werden als Transversionen bezeichnet. Insgesamt gibt es doppelt so viele Möglichkeiten für eine Transversion wie für eine Transition. Transitionen sind jedoch deutlich häufigere Ereignisse in der Zeit als Transversionen, weshalb sich erstere schneller einer Sättigung zuneigen als letztere. Folglich kann das Verhältnis zwischen Transitionen und Transversionen zur Abschätzung des Alters der Trennung zwischen DNA-Frequenzen herangezogen werden.

mehr stammesgeschichtliche Ereignisse genau zeitlich über geologische Daten datierbar sind, desto genauer und glaubwürdiger wird auch die molekulare Uhr.

Da schon seit Längerem mit molekularen Uhren in der Phylogenie gearbeitet wird, gibt es mittlerweile standardisierte **Evolutionsgeschwindigkeiten**, die für unterschiedliche taxonomische Gruppen und unterschiedliche Gene eingesetzt werden. Auch wenn diese angeblich nun recht gut bekannt sind, seien sie doch mit Vorsicht anzuwenden, denn die Sicherheit, dass die Mutationsraten für ein gewisses Gen auch in nah verwandten Gruppen grundsätzlich identisch sind, muss nicht unbedingt zutreffen, ist jedoch recht wahrscheinlich. In diesem Zusammenhang sei darauf hingewiesen, dass sich die gleichen Gene in unterschiedlichen taxonomischen Gruppen mit teilweise sehr unterschiedlichen Geschwindigkeiten evoluieren. So sind beispielsweise die **Mutationsgeschwindigkeiten** in Reptilien sehr viel langsamer als in den meisten Insektengruppen. Auch zwischen den Genen gibt es immense Unterschiede. So ist die Evolutionsgeschwindigkeit von mitochondrialer DNA meist sehr viel schneller als diejenige von Kern-DNA, da hier die Reparaturmechanismen sehr viel besser ausgebildet sind als in den Mitochondrien. Auch Chloroplasten-DNA weist eine sehr langsame Evolutionsgeschwindigkeit auf. Innerhalb dieser Gruppen gibt es wiederum deutliche Unterschiede. So evoluiert beispielsweise das mitochondriale Gen 16S relativ langsam. Es wird deshalb meist nur dann analysiert, wenn Phylogenien oberhalb der Artebene untersucht werden sollen. Im Gegensatz hierzu weisen Gene wie die Kontrollregion (engl.: *control region*, abgekürzt CR; bei Vertebraten auch D-Loop genannt) eine äußerst hohe Mutationsrate auf und sind somit besonders für Untersuchungen von genetischen Strukturen unterhalb des Artniveaus geeignet.

Ein weiterer Aspekt, der bei der Anwendung von molekularen Uhren von Bedeutung ist, ist der Unterschied zwischen **Transitionen*** und **Transversionen*** (Abb. 3.6). Generell ist es so, dass häufiger Basen durch ihnen in ihrer chemischen Struktur ähnliche Basen ersetzt werden (Transitionen) als durch ihnen unähnliche (Transversionen). Folglich gibt das Verhältnis zwischen Transitionen und Transversionen Anhaltspunkte über das Alter der Differenzierung. Da insgesamt 16 möglichen Transversionen nur vier mögliche Transitionen gegenüberstehen, ergibt sich ein Verhältnis von Transversionen zu Transitionen von 4 : 1, wenn diese im Gleichgewicht sind, was ein hohes Evolutionsalter anzeigt. Je mehr sich dieses Verhältnis zugunsten der Transitionen verschiebt, desto jünger sollte das evolutive Alter der betreffenden Differenzierung sein.

Einige genetische Effekte können die molekularen Uhren auch sehr empfindlich «verstellen». Ein nicht zu unterschätzendes Problem liegt in der **inkompletten Liniensortierung** (engl.: *incomplete lineage sorting*). Hierbei entstehen zwei genetische Linien innerhalb einer Gruppe von Individuen, die sich über einen langen Zeitraum in dieser Gruppe entwickeln. Vor allem, wenn es sich um maternal (oder paternal) vererbte Linien ohne *crossing-over* handelt, also um reine Genealogien, können unterschiedliche genetische Linien sich vor einer Differenzierung von Populationen in unterschiedliche Taxa voneinander getrennt haben. Diese zeigen dann ein viel zu hohes Alter zwischen zwei taxonomischen Gruppen an oder sind sogar noch innerhalb von zwei oder mehr verschiedenen Taxa vertreten. Dieses kann dazu führen, dass die Verwandtschaft der Haplotypen nicht unbedingt die Phylogenie der Arten reflektiert (Abb. 3.7); **Genbäume** und **Artenbäume** können somit deutlich voneinander abweichende Topologien aufweisen.

Ein weiteres Problem kann durch Introgression geschehen. Wenn beispielsweise die Mitochondrien von einer Art relativ rezent in eine andere eingedrungen, also introgrediert sind, so würde eine Kalibrierung dieser beiden Arten eine äußerst junge Trennung zwischen diesen beiden feststellen, obwohl diese eventuell schon lange zurückliegt. In diesem Fall wird also ganz anders als bei der inkompletten Liniensortierung die Differenzierungszeit dramatisch unterschätzt (Abb. 3.7).

Insgesamt zeigt sich, dass molekulare Uhren ein wirklich nützliches Schätzinstrument darstellen, um das Alter von Differenzierungen abzuschätzen. Es sei aber trotzdem empfohlen, dieses praktische Werkzeug mit Vorsicht zu interpretieren, da es, wie oben dargelegt, verschiedene Schwächen aufweist, die zu inkorrekten Altersschätzungen führen können.

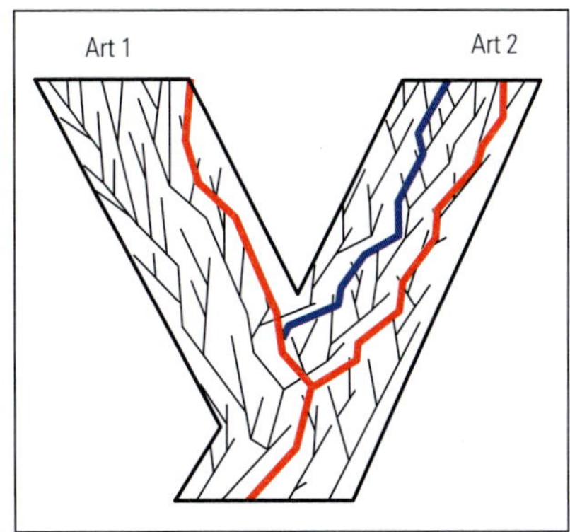

Abb. 3.7 Die inkomplette Liniensortierung (engl.: *incomplete lineage sorting*) kann dazu führen, dass mitochondriale Genbäume und Artenbäume sich grundlegend unterscheiden, denn die mitochondrialen Linien können einen Ursprung haben, der deutlich älter als die Trennung von zwei Arten ist. Dieses Phänomen kann dazu führen, dass genetisch ähnlichere Haplotypen zwischen zwei Arten gefunden werden als die Haplotypen, die in einer einzigen dieser Arten nachgewiesen werden. Auch durch Hybridisierung können mitochondriale Genbäume und Artbäume deutlich voneinander abweichend sein. Abbildung nach Avise (2000).

4 Ausbreitung: Prozesse und Muster

Wenn wir uns eine idealisierte Verbreitung einer Art in einer idealisierten Landschaft ohne Relief und ohne Meere vorstellen (vgl. Hewitt 1996), so haben wir unter gegebenen Klimabedingungen sowohl eine nördliche wie auch eine südliche **Arealgrenze**. An diesen beiden Grenzen sind die Bedingungen jeweils für die Art gerade noch erträglich, sodass die Populationen klein und oft isoliert sind. Je mehr wir uns ins Zentrum der Verbreitung bewegen, desto besser werden die abiotischen Bedingungen für die entsprechende Art und desto größer und kontinuierlicher werden ihre Vorkommen (Abb. 4.1).

Stellen wir uns nun vor, dass wir vom Zustand A einer Warmzeit zum Zustand B einer Kaltzeit übergehen. Im nördlichen und zentralen Bereich der Verbreitung werden nun die Bedingungen für unsere Art ungeeignet. Diese Populationen sterben aus. Nur bei ganz wenigen Arten mit hoher Mobilität (Vögel, große Säugetiere) werden sich die einzelnen Individuen in für sie günstige Klimate zurückziehen. In den allermeisten Fällen (alle Pflanzen, eigentlich alle Invertebraten, die meisten kleineren Wirbeltiere) werden die Individuen der betroffenen Populationen sukzessive sterben, bis die gesamte Population erloschen ist. Alle genetischen Prozesse, die in dieser Auslöschungszone stattgefunden haben, werden also in fast allen Fällen völlig verschwinden. Die Arealgrenze, an der dieses Aussterben stattfindet, wird als ***rear edge***, also als «hinteres Ende», bezeichnet (Hampe & Petit 2005).

Am südlichen Ende der warmzeitlichen Verbreitung werden durch den Übergang zur Kaltzeit die Lebensbedingungen nun günstiger und die Individuen der südlichsten Population sitzen nun an der Spitze einer Expansion nach Süden. Im Englischen bezeichnet man diese Populationen als das ***leading edge***, also das «anführende Ende». Und es sind vor allem diese Individuen, die die Expansion tragen und folglich auch die genetischen Eigenschaften im besiedelten Raum am meisten prägen. Die Expansion nach Süden stoppt, wenn ein Bereich erreicht wird, der auch unter Kaltzeitbedingungen zu warm für die entsprechende Art wird.

Beim Übergang zur nächsten Warmzeit invertiert sich dieser Prozess, die südlichen und zentralen Populationen der Kaltzeit verschwinden und hinterlassen keine genetischen Spuren, die aktuell

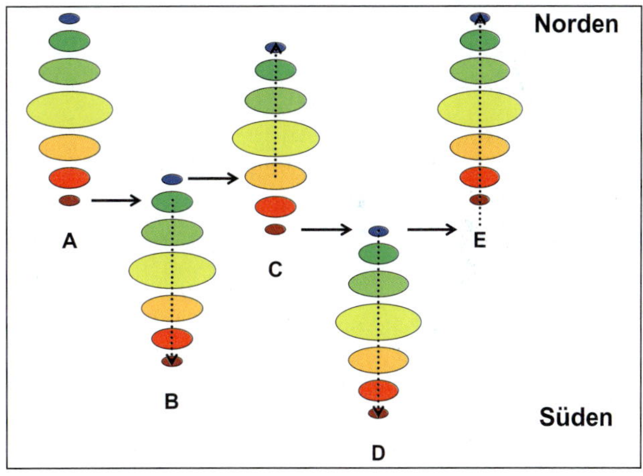

Abb. 4.1 Schematische Verbreitungsgebiete, dargestellt durch Stapel von Ellipsen mit großen zentralen und kleinen peripheren Populationen, die sich entlang einer Nord-Süd-Achse entsprechend den Wechseln zwischen Warm- und Kaltzeiten bewegen. Die südlichsten Populationen während der warmzeitlichen Bedingungen in A sind der Ursprung für die Besiedlung des gesamten südlichen Bereichs, wenn sich die Eiszeit B einstellt. Dieser Prozess kehrt sich beim Übergang zu einer neuen Warmzeit C um, und erneut zur Kaltzeit D. Die klimatischen Unterschiede zwischen Kaltzeit D und Warmzeit E sind so stark, dass es keinen gemeinsamen Arealkern mehr gibt. Ist der Übergang zwischen beiden Bedingungen so schnell, dass keine Dispersion vom nördlichen glazialen Verbreitungsrand zum südlichen interglazialen Verbreitungsrand möglich ist, so wird die Art während dieses Übergangsprozesses aussterben. Die durchgezogenen Pfeile zeigen die Populationen an, die in der sich anschließenden Phase für die jeweilige Arealexpansion verantwortlich sind. Die unterbrochenen Pfeile symbolisieren diesen Expansionsprozess. Abbildung nach Hewitt (1996).

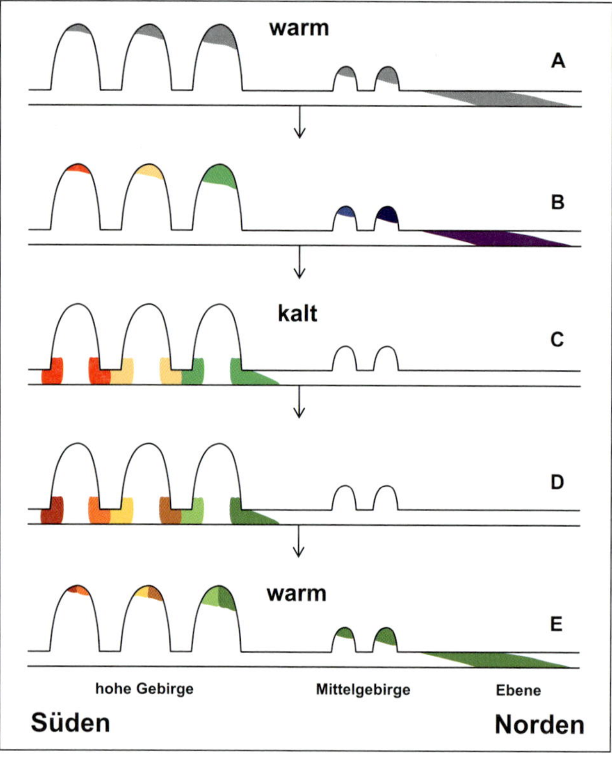

Abb. 4.2 Simplifiziertes Nord-Süd-Profil durch Europa mit hohen Gebirgen im Süden, Mittelgebirgen im Zentrum und Ebenen im Norden. (A) Wärmeliebende Arten, die aber trotzdem Hitze meiden, werden in Warmzeiten im Süden in den Gebirgen vorkommen, im Norden in den Ebenen. (B) In den isolierten Vorkommen wird genetische Differenzierung beginnen. (C) Beim Übergang zu einem Glazial sterben die nördlichen Populationen aus, die südlichen ziehen sich in tiefere Bereiche zurück. (D) Auch unter Kaltzeitbedingungen existieren im Süden disjunkte Vorkommen, sodass sich der Differenzierungsprozess fortsetzt. (E) Mit neuerlicher Erwärmung ziehen sich die Populationen im Süden wieder höher in die Gebirge zurück, die jeweils nördlichsten Vorkommen werden nach Norden hin expandieren. Abbildung nach Hewitt (1996).

nördlichsten Vorkommen werden expansiv nach Norden ausgeweitet und prägen die Kolonisierung des nun günstig werdenden Raumes.

Besonders problematisch für das Überleben der ganzen Art sind Klimawandelsituationen, bei denen es keine Überlappung zwischen Warm- und Kaltzeitverbreitung gibt, wie beim Übergang von Zustand D nach E in Abb. 4.1. Eine solch radikale Änderung kann eine Art nur überleben, wenn sie sich schnell genug ausbreiten kann, um vom nördlichen Arealrand unter den Bedingungen D zum südlichen Arealrand unter Bedingungen E zu gelangen. Wenn der Übergang so schnell vonstattengeht, dass die Art die dann geeigneten Bereiche nicht erreichen kann, so wird sie gänzlich aussterben.

An diesem simplen Modell wird klar, dass jeweils der südliche Arealrand in den Warmzeiten und der nördliche Arealrand in den Kaltzeiten von besonderer Bedeutung für die evolutive Entwicklung der Art ist, da nur die evolutiven Entwicklungen in diesem Bereich über die Zeitachse weiter bestehen. Was nördlich und südlich dieser Zone entsteht, fällt in den allermeisten Fällen dem jeweils folgenden Klimawandel zum Opfer.

Nun ist die Welt aber in keinem Fall so simpel wie im Beispiel der Abbildung 4.1. Vor allem die Existenz von Gebirgen besitzt einen immensen Einfluss auf die biogeographisch-evolutive Geschichte einer Art. Gestalten wir nun also eine Landschaft mit Gebirgen, die in etwa auch die Situation in Europa widerspiegelt: hohe Gebirge im Süden, Mittelgebirge im Zentrum und Ebenen im Norden (Abb. 4.2). Stellen wir uns nun eine Art vor, die eine recht enge ökologische Amplitude besitzt und weder extreme Kälte, aber auch keine Hitze und Trockenheit verträgt. Nehmen wir auch an, diese Art sei zum Zeitpunkt A genetisch über das ganze Areal einheitlich. Da sie im Süden und der Mitte unter Warmzeitbedingungen nicht in der

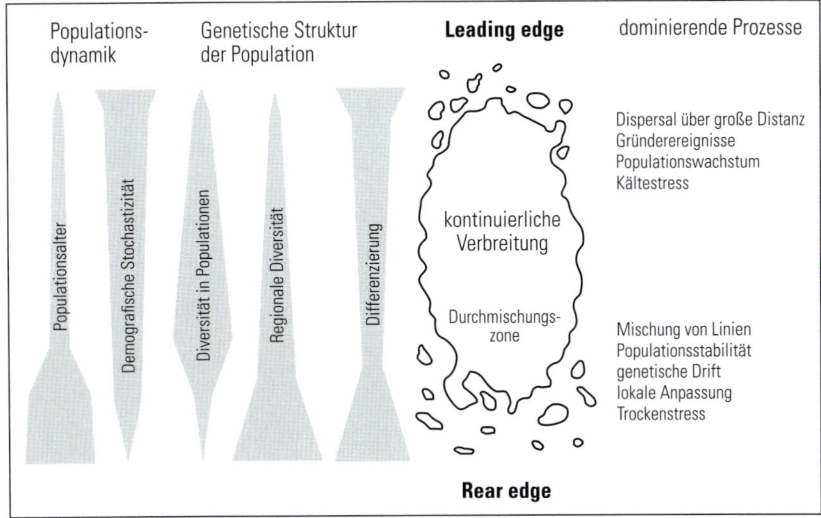

Abb. 4.3 Eine jede Art besitzt unterschiedliche Arealränder. An der dem jeweiligen Pol zugewandten Seite des Areals, also dem Bereich, in dem die postglaziale Arealausweitung stattfand oder noch stattfindet, dem sogenannten *leading edge*, gelten ganz andere Bedingungen als an der dem Äquator zugewandten Arealgrenze, an der häufig postglazialer Rückzug oder Verschiebung der Habitate in höhere Lagen zu beobachten war oder noch ist, dem sogenannten *rear edge*. Abbildung nach Hampe & Petit (2005).

Ebene überleben kann, denn dort würde ihre thermische Toleranz überschritten, überlebt unsere Art nur in den Bergen in isolierten Vorkommen, die sich aufgrund dieser Isolation und des fehlenden genetischen Austauschs zu differenzieren beginnen (B).

Mit dem Übergang zu einer Kaltzeit verschieben sich die Populationen im Süden vertikal aus den Gipfelbereichen in die Tallagen. Die in dieser ganzen Region stattgefundenen evolutiven Änderungen bleiben dabei erhalten. Anders sieht die Situation für die Populationen im Zentrum und Norden aus. Für diese wird es nun dort generell zu kalt, sie sterben aus. Hierbei verschwinden auch alle evolutiven Neuerungen endgültig, die sich in diesen Regionen entwickelt haben (C). Im Süden sind jedoch die Vorkommen auch während der Kaltzeiten nicht zusammenhängend, sodass sich der Differenzierungsprozess weiter fortsetzt (D). Mit Übergang zur nächsten Warmzeit verschieben sich die Vorkommen im Süden wieder in höhere Lagen. Die nördlichsten Vorkommen während der Glazialzeit können sich jedoch mit zunehmender Wärme nach Norden ausdehnen, sodass sie sich hier mit diesen genetisch sehr ähnlichen Populationen am Beginn einer Warmzeit etablieren können.

Dieser gesamte Prozess wiederholt sich mit jedem **Glazial-Interglazial-Zyklus**. Von besonderer Bedeutung ist hierbei, dass im Süden permanent Populationen überdauern, sodass sich hier genetische Diversität und genetische Differenzierung anreichert. Im Zentrum und im Norden hingegen werden alle evolutiven Prozesse an jedem Ende einer Warmzeit komplett eliminiert. In diesem Zusammenhang sei auch die Arbeit von Hampe & Petit (2005) erwähnt, in der darauf verwiesen wird, dass im Süden Europas (hin zur südlichen Arealgrenze) die genetische Differenzierung zwischen den Populationen zwar immer mehr zunimmt, nicht aber die genetische Diversität der Populationen. Diese erreicht im nördlichen Südeuropa ihr Maximum und nimmt dann sowohl nach Norden wie auch nach Süden zum Arealrand hin ab (Abb. 4.3). Die Abnahme im südlichen Europa hängt hierbei mit den sich zum südlichen Arealrand zunehmend verschlechternden Lebensbedingungen zusammen, die zu kleineren und isolierteren Populationen führen, die dann aufgrund von genetischen Flaschenhälsen genetische Diversität einbüßen.

Die genetischen Konsequenzen der nach Norden gerichteten Arealexpansionen werden sehr stark durch den **Aus-**

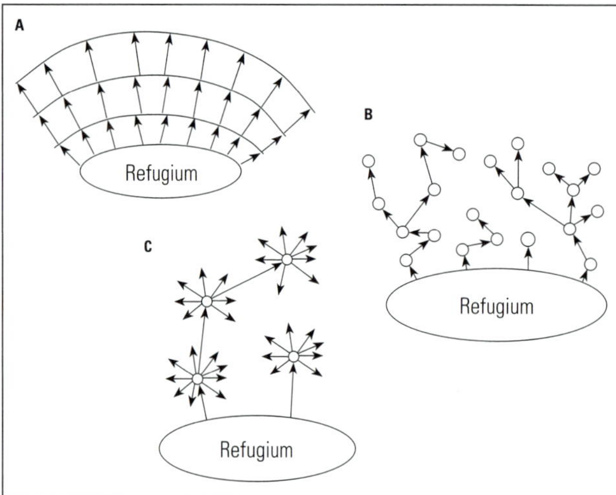

Abb. 4.4 Drei unterschiedliche Ausbreitungstypen von Arealexpansionen: (a) phalanxartig, (b) trittsteinartig und (c) leptokurtisch. Alle drei Ausbreitungstypen führen zu sehr unterschiedlichen Raten der Erosion der genetischen Information, welche bei phalanxartiger Expansion am geringsten ist, bei leptokurtischer am höchsten.

breitungsmodus bestimmt (Ibrahim et al. 1996). Generell kann man zwei Extreme definieren: **Phalanx** (Abb. 4.4a) und **Pioniere** (Abb. 4.4b und c). Bei einer phalanxartigen Arealexpansion «ergießt» sich eine Ausdehnung in einer weitgehend einheitlichen Populationsfront über das Land, wodurch sich die Populationen ohne Abspaltung von den Populationen des Ausgangsgebietes immer weiter in die neu besiedelbaren Gebiete hin ausdehnen. Die Arealgrenze wird also in einem recht gleichmäßigen Ausdehnungsprozess in das bis dato unbesiedelte Gebiet vorangeschoben. Eine **phalanxartige Ausdehnung** des Areals ist meist nicht mit einer genetischen Verarmung und auch nicht mit einer deutlichen Verschiebung von Allelfrequenzen (also genetischer Differenzierung zwischen Populationen) verbunden. Phalanxartige Arealexpansionen können vor allem solche Arten durchführen, die eine weite ökologische Amplitude besitzen und somit auch weit in der Landschaft verbreitet sind und sich folglich auch so über diese ausbreiten.

Im Gegensatz zu phalanxartigen Expansionen werden beim **Pioniertyp** von einzelnen Individuen zum Teil größere Distanzen überbrückt, die dann deutlich vor der alten Arealgrenze neue Populationen gründen. Dieser Prozess führt oft zu **genetischen Verarmungsprozessen**, da die neu gegründeten Populationen sich häufig nur von einem oder wenigen **Gründerindividuen** ableiten. Pionierartige Expansionen entstehen meist durch zwei unterschiedliche Ausbreitungsmodi: trittsteinartig (Abb. 4.4b) oder leptokutisch (Abb. 4.4c).

Bei der **trittsteinartigen Expansion** (engl.: *stepping stone*) werden sukzessive sich vor der aktuellen Verbreitungsgrenze befindende Bereiche, die sich für die Ansiedelung der sich ausbreitenden Art eignen, von einzelnen Individuen besiedelt, welche dort Populationen gründen. Von diesen werden dann die sich jeweils in geographischer Nähe befindenden nächsten Trittsteine besiedelt. Dieser Prozess setzt sich fort, bis der Rand des potenziell besiedelbaren Areals erreicht wird. Da die Besiedlung der einzelnen Trittsteine meist durch nur wenige Individuen erfolgt (im Extremfall reicht ein befruchtetes Weibchen oder ein Individuum eines Hermaphroditen* aus), ist diese häufig mit einem **genetischen Flaschenhals** verbunden. Durch die Verkettung der Abfolge von Besiedlungsprozessen und Flaschenhälsen führt die trittsteinartige Arealexpansion häufig zu mehr oder minder stark ausgeprägter **genetischer Erosion** entlang des gesamten Expansionsprozesses (Ibrahim et al. 1996). Dieser Erosionsprozess ist oftmals gleichmäßig über den Raum ausgeprägt, sodass sich klare Klinen ausbilden können. Ein solcher Expansionstypus wird häufig bei Arten festgestellt, die nicht kontinuierlich in der Landschaft vorkommen, sondern sich durch ihre ökologischen Nischeneigenschaften nur in speziellen Habitaten erfolgreich etablieren können. Somit sind solche Arten darauf angewiesen, sich von einem dieser Habitatflecken zum nächsten auszubreiten und auf diese Weise den klimatisch geeigneten Raum zu erschließen. Es handelt sich hierbei auch häufig um Arten, die typische **Metapopulationsstrukturen** ausbilden (vgl. Hanski 1999).

Der **leptokurtische Expansionsmodus** (Abb. 4.4c) ist eine extreme Auspräfi gung der pionierartigen Ausbreitung. In diesem Fall breiten sich einzelne Individuen in einem ersten Schritt sehr weit in den bislang unbesiedelten Raum aus und gründen an einer geeigneten Stelle einen **Vorposten**. Nach der Etablierung an dieser Stelle wird ausgehend von diesem Vorposten der angrenzende Bereich besiedelt, aber auch weitere Vorposten in erheblicher Entfernung gegründet, an denen sich dieser ganze Prozess fortsetzt. Die leptokurtische Arealexpansion ist deshalb mit teilweise sehr deutlichen genetischen Erosionsprozessen entlang der Besiedlungsachse verbunden. Es entstehen jedoch auch größere Bereiche, in denen sich die einzelnen Populationen untereinander recht ähnlich sind, da sie aus einem gemeinsamen Vorposten besiedelt wurden, und Zonen, in denen recht scharfe genetische Klinen ausgeprägt sind, nämlich genau dort, wo die Expansionen aus unterschiedlichen Vorposten aufeinandertreffen (Ibrahim et al. 1996). Leptokurtische Expansionsmuster finden sich vor allem in **potenziell sehr ausbreitungsstarken Arten**, bei denen einzelne Individuen in der Lage sind, weite Strecken zurückzulegen, wobei es hierbei ohne Belang ist, ob sie dies **aus eigener Kraft** schaffen (wie z.B. Vögel oder viele Schmetterlinge) oder **passiv verdriftet** werden (als Luftplankton wie viele kleine Invertebraten, aber auch Spinnen beim sogenannten Balooning*, durch Wasser oder als «blinde» Passagiere wie viele Parasiten etc.).

Dass **genetische Erosion** ein generelles Phänomen ist, welches Ausbreitungsprozesse begleitet, belegten Bernatchez & Wilson (1998) in einer Metaanalyse für die Süßwasserfische Nordamerikas (Abb. 4.5). In dieser Arbeit zeigten die beiden Autoren, dass die genetischen Diversitäten über unterschiedliche Fischarten von den südlichen Bereichen der USA erst sehr deutlich und regelmäßig abnehmen. Im südlichen Kanada erreichen sie jedoch so niedrige Werte, dass eine weitere **genetische Verarmung** kaum noch möglich ist. Folglich ist ab hier der mit der weiteren Ausbreitung nach Norden verknüpfte genetische Erosionsprozess zwangsweise verringert. Mittlerweile wurde das Phänomen genetischen Verlusts im Zuge von **Arealexpansionsprozessen** für eine Vielzahl unterschiedlichster Tier- und Pflanzenarten belegt. Zahlreiche Beispiele hierfür finden sich in den Kapiteln über die molekulare Biogeographie der unterschiedlichen Weltregionen.

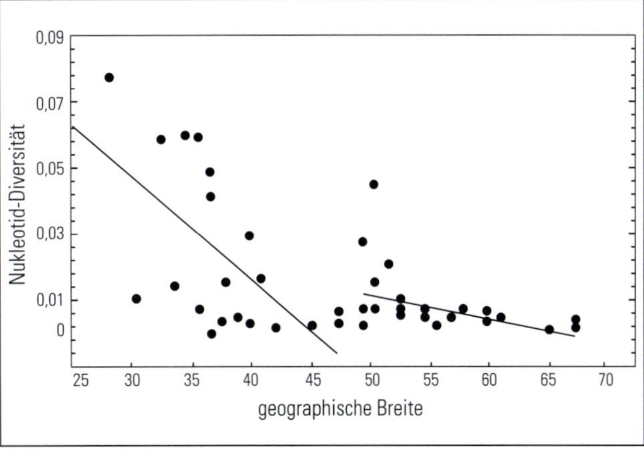

Abb. 4.5 Die genetische Diversität unterschiedlicher Süßwasserfischarten Nordamerikas in Abhängigkeit zur geographischen Breite. Abbildung nach Bernatchez & Wilson (1998).

5 Westliche Paläarktis

Die westliche Paläarktis stellt eine Region mit einer äußerst komplexen physischen Geographie dar, was insgesamt zu sehr diversen biogeographischen Strukturen geführt hat. Von besonderer Bedeutung für diese Komplexität sind vor allem die starke geographische Strukturierung des Mittelmeerraumes (mit zahlreichen Halbinseln, Inseln und Gebirgen) sowie die sich nördlich an diesen angrenzenden Hochgebirge der Pyrenäen, Alpen, Karpaten und des Kaukasus. Diese Strukturen in Kombination mit Informationen zur Verbreitung von Arten und Unterarten führten die «Klassiker» unter den Biogeographen des letzten Jahrhunderts zu der Auffassung, dass an Wärme gebundene Arten **(= holothermische Elemente)** mediterrane Elemente darstellen. Für die an Kälte angepassten Arten **(=holopsychrische Elemente)** wurde Überdauerung der Kaltzeiten im Osten Asiens (= sibirische Elemente) oder in den periglazialen Steppen mit warmzeitlichen Rückzügen in die Hochlagen der Gebirge und/oder den Hohen Norden postuliert (vgl. Holdhaus 1954, de Lattin 1967). Im Folgenden wird aufgezeigt, wie diese klassischen Postulate teilweise durch die molekularen Methoden bestätigt und ausgebaut wurden, zum Teil aber auch deutlich modifiziert oder heute auch gänzlich anders gesehen werden müssen.

5.1 Mediterrane Arten

5.1.1 Die mediterranen Refugialräume

Der Mittelmeerraum weist mit seinen Halbinseln und verschiedenen Inseln und Inselgruppen hochdiverse geographische Strukturen auf, sodass schon früh auf komplexe Substrukturen in diesem glazialen Refugialzentrum geschlossen wurde (de Lattin 1949, Reinig 1950). Diese Diversität wird noch durch bedeutende Gebirge in all diesen Subzentren verstärkt. Deshalb besitzen Arten, die das mediterrane Klima einer Warmzeit in diesen Zonen nicht überdauern können, die Möglichkeit zur vertikalen Verlagerung ihrer Verbreitung (Hewitt 1996), was zur generellen biologischen Vielfalt dieser ganzen Region maßgeblich beiträgt. Innerhalb und zwischen diesen Räumen haben sich folglich **komplexe Arealgeschichten** von **Wärme benötigenden Arten** abgespielt.

Durch die deutlichen Temperaturabsenkungen während der Glazialen wurden zahlreiche Arten in den Mittelmeerhalbinseln geographisch isoliert. Bedingt durch diese Isolation wurde der Austausch von Individuen und somit der Genfluss gänzlich unterbrochen, was über die Zeitachse zu einer immer stärker zunehmenden Differenzierung zwischen den einzelnen Refugialgebieten führte. Als Resultat dieser Prozesse wurden für die Mehrzahl der Wärme benötigenden Arten mit weiten westpaläarktischen Verbreitungen deutlich differenzierte **genetische Linien** auf der **iberischen**, **italienischen** und **balkanischen Halbinsel** festgestellt (Hewitt 1999, 2000, Schmitt 2007). Dieses Muster wurde für unterschiedlichste taxonomische Gruppen nachgewiesen, so etwa für Säugetiere (z. B. Igel, verschiedene Mäuse und Spitzmäuse), Amphibien (Kammmolch-Komplex, wenngleich hier der Ursprung der Differenzierung älter als das Pleistozän sein dürfte), Invertebraten (Grashüpfer der Gattung *Chorthippus*, verschiedene Arten von Tagfaltern) und Bäume (sommergrüne Eichen, Rotbuchen, Schwarzerlen).

Das **Alter** der **genetischen Aufspaltungen** zwischen diesen Gruppen ist jedoch sehr **unterschiedlich** hoch. In manchen Fällen, so etwa für die Tagfalter Großes Ochsenauge *(Maniola jurtina)* (Schmitt et al. 2005a, Habel et al. 2009) und Silbergrüner Bläuling *(Polyommatus coridon)* (Schmitt & Seitz 2001a) wird vermutet, dass die festgestellten Differenzierungen sich (zumindest weitgehend) nur während der letzten Vereisungsphase, dem Würm, entwickelten. Im Gegensatz hierzu wird beispielsweise beim Igel geschätzt, dass die Differenzierung zwischen den Braunbrustigeln *(Erinaceus europaeus)* in Iberien und Italien und den Weißbrustigeln *(Erinaceus concolor)* auf der Balkanhalbinsel und in der Türkei 3–6 Mio. Jahre alt ist (Santucci et al. 1998, Seddon et al. 2001), also einen Ursprung hat, der weiter zurück in der Vergangenheit liegt als die Dauer des gesamten Pleistozäns. Ähnliches wurde mit einem geschätzten Alter der drei Hauptlinien von sogar 7–11 Mio. Jahren auch für die Ringelnatter *(Natrix natrix)* gezeigt (Kindler et al. 2013). Folglich stellen die pleistozänen Vereisungsphasen für solche Arten nicht die Ursache für den Beginn dieser Differenzierung dar, jedoch können sie sehr wohl verantwortlich sein für die geographischen Muster dieser genetischen Gruppen, die wir heute beobachten.

Bisher wurde nur von den europäischen Mittelmeerhalbinseln gesprochen, nicht jedoch von **Kleinasien** und dem **Maghreb***. Für die Türkei liegt dies oft an der unzureichenden Bearbeitung dieses Raumes, sodass nur wenige Daten vorhanden sind. Eine dieser wenigen Arbeiten ist über den Weißbrustigel *(Erinaceus concolor)*. Für diese Art unterscheiden sich die Herkünfte aus der Balkanhalbinsel und aus Kleinasien sehr deutlich (Santucci et al. 1998, Seddon et al. 2001, 2002). Deshalb muss auf jeden Fall in beiden Bereichen von geographisch getrennten Rückzugsgebieten zumindest für das letzte Glazial ausgegangen werden. Der sogenannte pontomediterrane Raum war demnach für diese Art, abweichend von den Postulaten de Lattins (1949), kein zusammenhängender Refugialraum, sondern gliedert sich in mindestens zwei übergeordnete Ausbreitungszentren, die Balkanhalbinsel und Kleinasien. Diese biogeographische Diversifizierung wurde auch schon von Reinig (1950) auf chorologischer Basis vorgeschlagen.

Eine solche genetische **Trennung** zwischen der **Balkanhalbinsel** und **Kleinasien** wird auch für die Skorpionsart *Mesobuthus gibbosus* berichtet, wobei der Zeitpunkt der Trennung auf miozänes* Alter geschätzt wird (Parmakelis et al. 2006), also lange vor dem Einsetzen der Eiszeiten des Pleistozäns. Ebenso finden wir eine Trennung im Bereich der Ägäis für den Seefrosch *(Pelophylax ridibundus)*. Einer Linie auf der Balkanhalbinsel stehen mehrere Linien in Kleinasien (siehe unten) gegenüber, die Trennung dieser Linien ist nach Eichung über eine molekulare Uhr deutlich älter als das Eiszeitalter und besitzt wohl mio- oder pliozänes Alter (Akin et al. 2010). Für die Ringelnatter wurden jeweils mehrere unterschiedliche genetische Linien auf der Balkanhalbinsel und in Kleinasien nachgewiesen, von denen nur eine einzige von Kleinasien bis nach Bulgarien ausstrahlt (Kindler et al. 2013). Auch für die Grashüpferart *Chorthippus parallelus* (Cooper et al. 1995), die Borkenkäferart *Tomicus destruens* (Horn et al. 2006) und wahrscheinlich für den Dachs *(Meles meles)* (Marmi et al. 2006) existieren deutlich differenzierte Linien auf beiden Seiten des Bosporus. Diese sprechen für unterschiedliche glaziale Refugien auf der Balkanhalbinsel und in Kleinasien, zwischen denen für diese Arten mindestens seit dem Würmglazial kein Austausch mehr stattgefunden hat. Es kann aber nicht ausgeschlossen werden, dass sich in diesen Bereichen auch die ursprünglichen Differenzierungszentren befinden, was für manche der Taxa eine Trennung in diesem Bereich seit mindestens dem frühen Pleistozän bedeuten würde.

Über den **Maghreb** existieren umfangreichere Datensätze als über Kleinasien. Viele Tier- und Pflanzenarten treten sowohl in Nordwestafrika als auch in **Ibe-**

rien auf. Deshalb fasste de Lattin (1949) den Nordteil des Maghrebs mit der iberischen Halbinsel zum **atlantomediterranen Ausbreitungszentrum** zusammen. Genetische Analysen zeigen jedoch häufig bedeutende Unterschiede zwischen diesen beiden Gebieten. Die Differenzierungen, vor allem bei Amphibien, aber auch in Reptilien und Skorpionen, sind so stark ausgeprägt, dass ihr Alter oftmals auf das Ende der **Messinischen Krise*** vor 5,33 Mio. Jahren oder sogar noch älter datiert wird (Steinfartz et al. 2000, Veith et al. 2004, Paulo et al. 2008, Habel et al. 2012, Kindler et al. 2013). In Erweiterung der klassischen biogeographischen Auffassungen müssen die großen mediterranen Subzentren also von drei auf fünf ausgeweitet werden, das **maghrebinische**, **iberische**, **italienische**, **balkanische** und **anatolische Zentrum** (Abb. 5.1).

In einigen Untersuchungen wurden mediterrane Refugien auch im Bereich der **Provence** nachgewiesen. Dies ist beispielsweise für die Ringelnatter der Fall, deren nächstverwandte genetische Gruppe sich in Italien befindet (Kindler et al. 2013). Auch für die Aspisviper *(Vipera aspis)* ist ein provenzalisches Refugium äußerst wahrscheinlich. In diesem Fall findet sich jedoch die mit ihr am nächsten verwandte Gruppe im Großraum der Pyrenäen. Diese Pyrenäengruppe hatte vermutlich ihr letztes Rückzugsgebiet am Südrand dieses Gebirges, und somit schon im atlantomediterranen Bereich. Sicherlich ist die Provence in ihrer Bedeutung nicht zu vergleichen mit den oben beschriebenen fünf großen mediterranen Hauptzentren. Trotzdem sollte sie als ein weiteres mediterranes Zentrum Berücksichtigung finden, in dem neben den anderen mediterranen Refugien zuweilen eine Überdauerung von glazialen Phasen stattfand.

Auch die Inseln Korsika und Sardinien, Kreta sowie Zypern werden oft als eigene mediterrane Subzentren bezeichnet (so z.B. von de Lattin, 1949). Die beiden letztgenannten werden in den jeweiligen Kapiteln zur Balkanhalbinsel und Kleinasien bearbeitet. Die Kyrenaika (nordöstliches Libyen) ist in das Nordafrikakapitel integriert. Für **Korsika** und **Sardinien**, die sich generell durch zahlreiche Endemiten bei Tieren und Pflanzen auszeichnen (Müller 1981), wurde eine strikt endemische Linie für die Ringelnatter nachgewiesen. Diese leitete sich ursprünglich wahrscheinlich vom italienischen Festland oder von Sizilien ab, hat sich aber auf diesen Inseln wohl über mehrere Glazial-Interglazial-Zyklen differenziert (Abb. 5.2; Kindler et al. 2013). Es sei an dieser Stelle schon erwähnt, dass für jedes dieser mediterranen Subzentren gute genetische Evidenzen existieren, die ihre Validität untermauern.

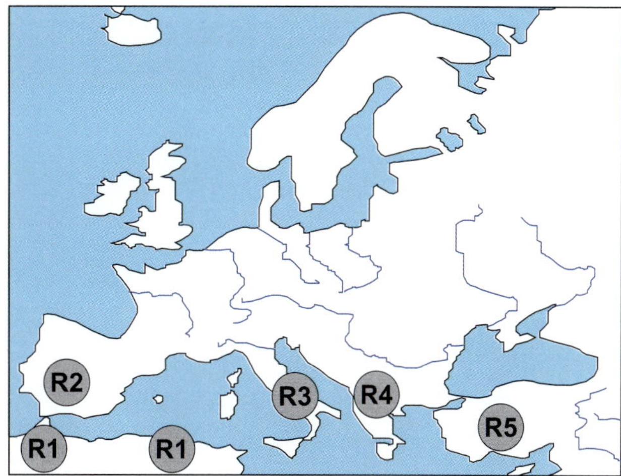

Abb. 5.1 Die fünf großen mediterranen Differenzierungszentren, basierend auf phylogeographischen Daten. Abbildung nach Schmitt (2007).

Neben den «klassischen» mediterranen Refugien sei auch kurz auf den **südlichen kaspischen Raum** eingegangen. Viele Tagfalter beispielsweise besitzen eine sogenannte **mediterran-iranische Verbreitung** (Varga 1977), also neben dem mediterranen Arealkernen mindestens ein weiteres Glazialrefugium im Iran. Für die beiden Reptilienarten *Emys orbicularis* und *Natrix natrix* wurde neben zahlreichen typisch mediterranen Linien auch je eine endemische genetische Linie im Bereich des südlichen kaspischen Gebiets nachgewiesen. Dies spricht für Refugial- und Differenzierungszentren in diesem Raum (Abb. 5.2; Fritz et al. 2007a, Kindler et al. 2013), die somit dem **irani-**

Abb. 5.2 Phylogeographische Struktur der Ringelnatter (*Natrix natrix*). (a) *Maximum-likelihood*-Baum, basierend auf vier mitochondrialen Genen (1984 bp); Werte an den Knoten geben ML und Bayes'sche *bootstrap*-Werte an; Stern steht für 100/1,0. (b) Geographische Verbreitung der drei Hauptlinien mit ihren 16 Unterlinien. Abbildung nach Kindler et al. (2013).

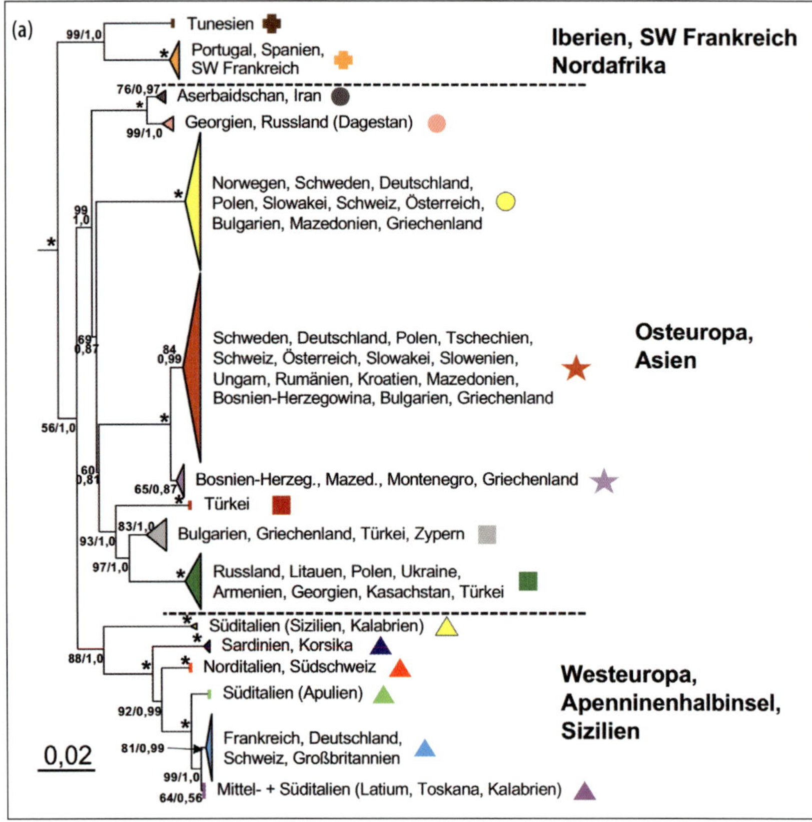

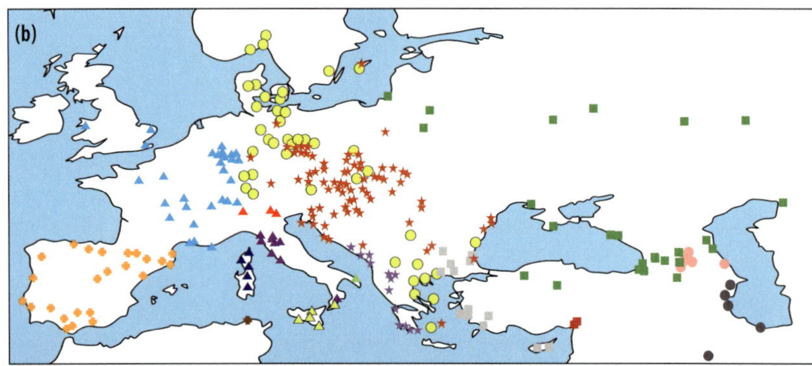

schen **Arborealzentrum** nach de Lattin (1967) entsprechen. Auch für die Maurische Landschildkröte (*Testudo graeca*) wurden zwei deutlich divergente Linien im nordwestlichen und im östlichen Iran nachgewiesen, was auf zwei Arealkerne in dieser Region hindeutet, deren Ursprung wohl vor dem Beginn des Pleistozäns liegt (Fritz et al. 2007b). Insgesamt gibt es nur wenige genetische Nachweise für iranische Glazialrefugien. Dies bedeutet aber vermutlich nicht eine geringere Bedeutung dieses Raumes als Glazialrefugium, sondern hängt eher mit der geringen genetischen Bearbeitung dieser Region zusammen. Insgesamt neigt der Autor dieses Buches dazu, den iranischen Bereich, zumindest in seinen arborealen Elementen, nicht jedoch in seinen eremischen, als die östlichsten Ausläufer des mediterranen Großraumes aufzufassen.

5.1.1.1 Biogeographische Austauschprozesse zwischen Südeuropa und Nordwestafrika

Zwischen Iberien und dem Maghreb haben über die Zeit hin zahlreiche Austauschprozesse stattgefunden. In der Mehrzahl dieser Fälle befand sich das **Ausbreitungszentrum im Maghreb**, von wo aus eine Besiedlung Iberiens erfolgte. Bekannt ist diese Besiedlungsrichtung für verschiedene Schlangenarten, die Griechische Landschildkröte, die Maurische Bachschildkröte, die Europäische Sumpfschildkröte, das Europäische Chamäleon, Mauergeckos, Eidechsen, Rippenmolche und Spitzmäuse (Álvarez et al. 2000, Harris et al. 2002, 2004a, 2004b, Paulo et al. 2002, 2008, Batista et al. 2004, Carranza & Wade 2004, Carranza et al. 2004, 2006a, Busack et al. 2005, Cosson et al. 2005, Fritz et al. 2006a, 2007a, 2009, Stuckas et al. 2014).

Der Zeitpunkt der Besiedlung Iberiens reicht dabei von Ereignissen, die eventuell noch vor der Messinischen Krise lagen, wie für den Perleidechsen-Artenkomplex der Gattung *Timon* vermutet (Paulo et al. 2008), bis zu sehr rezenten Expansionen. Beispiele für Letzteres sind die Spitzmausart *Crocidura russula*, die Iberien wohl erst im späten Würmglazial oder sogar im Postglazial erreichte (Cosson et al. 2005), und der Mauergecko *(Tarentola mauritanica)* sowie die Maurische Landschildkröte *(Testudo graeca)*, für die menschliche Verschleppung oder postglaziales Erreichen Iberiens diskutiert wird (Harris et al. 2004b, Fritz et al. 2009). Auch die Schachbrettfalterart *Melanargia ines* zeigt keine Differenzierung auf beiden Seiten der Straße von Gibraltar, was zumindest auf einen sehr rezenten und intensiven Genaustausch über diese Meeresstraße hindeutet (Habel et al. 2011a).

Vor allem für Amphibien gibt es viele Hinweise, dass der intensivste Austausch zwischen den beiden Regionen während der **Messinischen Krise** stattgefunden hat, denn diese strikt salzwasserintoleranten Arten konnten nur zu dieser Periode im Übergang vom Mio- zum Pliozäns die damals landfeste Verbindung nutzen. Arten, die auch kürzere Strecken im Salzwasser überleben können (wie die meisten Reptilien, aber auch Säuger, die solche Distanzen beispielsweise gut auf Treibholz überbrücken können) oder sie einfach überfliegen (Vögel und viele Insekten), können unabhängig von dieser Landbrücke auch vor oder, für uns heute bedeutender, nach der Messinischen Krise die Meerenge von Gibraltar überwunden haben. Charakteristisch ist aber für all diese Arten, dass die europäischen Populationen entweder nur einen kleinen Teil der genetischen Information aufweisen, die im Maghreb festgestellt wurde, oder dass eigene iberische Kladen, welche Monophyla darstellen, innerhalb von maghrebinischen Kladen genestet sind, die ohne die iberischen paraphyletisch sind und somit die nordwestafrikanische Herkunft der iberischen Populationen bezeugen (z.B. Paulo et al. 2002, 2008, Carranza et al., 2004, 2006a, Harris et al. 2004a, Cosson et al. 2005, Fritz et al. 2006a, Weingartner et al. 2006, Wahlberg & Saccheri 2007, Stuckas et al. 2014). Als ein Beispiel sei die phylogeographische Struktur der **Maurischen Bachschild-**

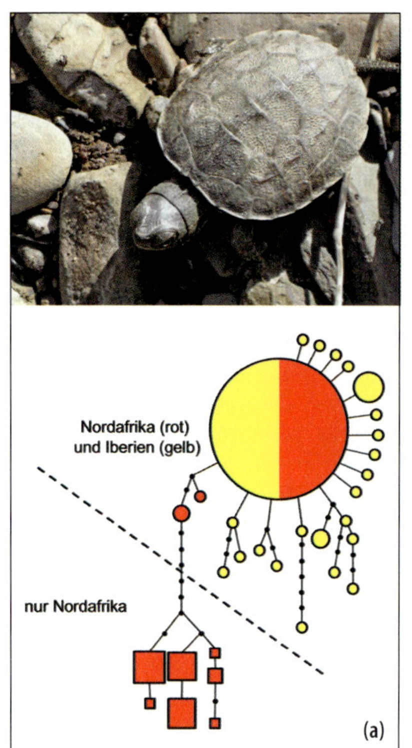

Abb. 5.3 Genetische Analysen bestätigen (a) eine maghrebinische Abstammung der iberischen Populationen der Maurischen Bachschildkröte *(Mauremys leprosa)* (dargestellt ist ein Haplotypennetzwerk) und (b) eine iberische Abstammung der maghrebinischen Populationen des Algerischen Sandläufers *(Psammodromus algirus)* (dargestellt ist ein Phänogramm, basierend auf genetischen Distanzen). Das zweite Beispiel zeigt auch, dass die deutschen und sogar die wissenschaftlichen Artnamen oft keinerlei nutzbare Information über die biogeographische Geschichte liefern. Abbildung nach Fritz et al. (2006a) und Carranza et al. (2006b).

kröte *(Mauremys leprosa)* erwähnt (Abb. 5.3a; Fritz et al. 2006a). Bei dieser Art finden sich zwei deutlich differenzierte genetische Linien in Nordwestafrika, von denen nur eine auch in Iberien nachgewiesen wurde, was auf eine Evolution beider Linien im Maghreb hindeutet. Von diesen breitete sich die geographisch nördlicher gelegene später nach Norden über die Straße von Gibraltar aus. Eine sehr ähnliche Struktur weist auch der Europäische Fransenfinger *(Acanthodactylus erythrurus)* auf (Harris et al. 2004a). Für die Europäische Sumpfschildkröte *(Emys orbicularis)* wurde sogar gezeigt, dass sich die iberischen Populationen aller Wahrscheinlichkeit nach von solchen aus dem Mittleren Atlas ableiten, mit denen sie sehr große Ähnlichkeiten in mehreren mitochondrialen Genen aufweisen, und nicht aus dem geographisch näher gelegenen Riff, dessen Populationen sich deutlich stärker von den iberischen unterscheiden (Stuckas et al. 2014).

Sehr viel seltener wurde die umgekehrte **Besiedlungsgeschichte** festgestellt, also **von Iberien nach Nordwestafrika**. Das vielleicht beste Beispiel hierfür liefern Daten über den **Algerischen Sandläufer *(Psammodromus algirus)***. Sequenzanalysen mitochondrialer DNA dieser Eidechsenart ergaben eine monophyletische Gruppe in Nordafrika, die innerhalb einer deutlich stärker differenzierten iberischen Gruppe genestet war (Carranza et al. 2006b). Durch Anlegen einer molekularen Uhr wurde abgeschätzt, dass die Vorfahren der maghrebinischen Gruppe die Straße von Gibraltar vermutlich im frühen Pleistozän in südlicher Richtung überquert haben; hierbei müssen sie eine gewisse Distanz über das Meer zurückgelegt haben.

Auch in der Gattung ***Salamandra*** gibt es deutliche Indizien, dass eine Besiedlung des Maghrebs von Norden her erfolgte, wahrscheinlich über die in der Messinischen Krise trockengefallene Straße von Gibraltar (Steinfartz et al. 2000). Alle westpaläarktischen Arten dieser Gattung kommen nördlich des Mittelmeeres vor, mit der Ausnahme des Algerischen Feuersalamanders *(Salamandra algira)*, der in den feuchteren Berggebieten des Maghrebs verbreitet ist. Diese Art bildet mit dem Europäischen Feuersalamander *(Salamandra salamandra)* eine Schwestergruppe. Da die gesamte Gattung ansonsten deutlich ältere Splits zwischen den Arten in Europa aufweist, ist in diesem Fall die Besiedlungsrichtung aus dem Norden in den Süden biogeographisch zwingend.

Die phylogeographischen **Verbindungen** zwischen **Italien** und dem **Maghreb** (und hier vor allem mit Tunesien) sind bei Weitem nicht so ausgeprägt wie über die wesentlich engere Straße von Gibraltar hinweg. Auch rein floristisch sind die Zusammenhänge zwischen Iberien und dem Maghreb viel enger als nach Italien. Trotzdem lassen sich auch enge genetische Zusammenhänge über die **Straße von Sizilien** feststellen, die mit ihren 140 km für etliche Organismen auch keine unüberwindliche Barriere darzustellen scheint. In diesem Zusammenhang muss auch bedacht werden, dass sich diese Entfernung durch die eustatischen Meeresspiegelschwankungen während der Glazialen noch verringert. So lässt sich z. B. für mehrere Tagfalterarten keine genetische Differenzierung zwischen Tunesien und Sizilien feststellen (Habel et al. 2010a) und für eine dieser Arten, das Große Ochsenauge *(Maniola jurtina)*, sprechen die Allozymdaten für eine sehr rezente (eventuell späte würmglaziale oder frühe postglaziale) Kolonisierung des Maghrebs aus einem adriatomediterranen Refugialbereich während des Würmglazials (Habel et al. 2009); dies deckt sich jedoch nur teilweise mit morphologischen Daten und mtDNA-Sequenzen (Dapporto et al. 2011a, Kreuzinger et al. 2015). Für die Schachbrettfalterart *Melanargia galathea* unterstützen Allozymdaten sogar eine Besiedlung (oder zumindest einen Genfluss) von Tunesien nach Sizilien und eine spätere Rückbesiedlung (oder zumindest einen erneuten Genfluss) nach Tunesien im Verlauf der letzten beiden großen Glazial-Interglazial-Zyklen (Habel et al. 2011b). Diesem Befund widersprechen jedoch mtDNA-Daten und morphologische Studien, die eine lange Isolation der maghrebinischen Vorkommen vermuten lassen (Habel et al. 2017).

5.1.1.2 Biogeographische Substrukturen auf der Iberischen Halbinsel

Die Iberische Halbinsel ist biogeographisch bei Weitem kein so einheitlicher Refugialraum, wie dies noch zu Zeiten de Lattins gesehen wurde (vgl. Gómez & Lunt 2007, Abellán & Svenning 2014). Ein in Iberien häufig festgestelltes phylogeographisches Muster ist ein genetischer Split in eine **westliche** und eine östliche Phylogruppe, wie beispielsweise nachgewiesen für den Rippenmolch *(Pleurodeles waltl)* (Batista et al. 2004, Carranza & Arnold 2004, Carranza & Wade 2004), die Scheibenzünglerart *Discoglossus galganoi* (Martínez-Solano 2004), das Trauerwidderchen *(Aglaope infausta)* (Schmitt & Seitz 2004), den Algerischen Sandläufer *(Psammodromus algirus)* (Abb. 5.3b; Carranza et al. 2006b) und eventuell die Eidechsenart *Acanthodactylus erythrurus* (Harris et al. 2004a). Diese Auftrennung lässt sich eventuell mit den paläoklimatischen Bedingungen erklären, die in Iberien zumindest während des letzten Glazials herrschten und bei denen sich die klimatisch günstigen Zonen auf disjunkte Gebiete im südwestlichen und südöstlichen Teil der Halbinsel beschränkten (Herterich 1991). Diese paläoklimatischen Bedingungen lassen uns verstehen, warum gerade xerothermophile* Arten auf der Iberischen Halbinsel häufig mindestens zwei große genetische Gruppen aufweisen. Deren evolutive Wurzeln scheinen jedoch in vielen Fällen deutlich älter zu sein als diese klimatischen Konditionen, die aber eventuell mitverantwortlich sind für ihre heutige geographische Verbreitung.

Vor allem für die **Westhälfte Iberiens** sind weitere, zum Teil **komplexe**

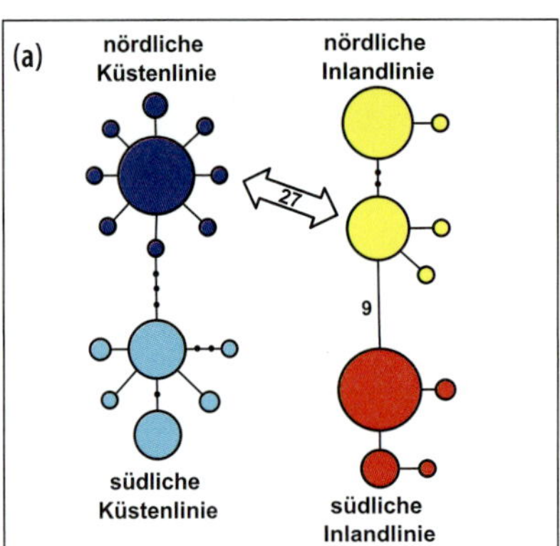

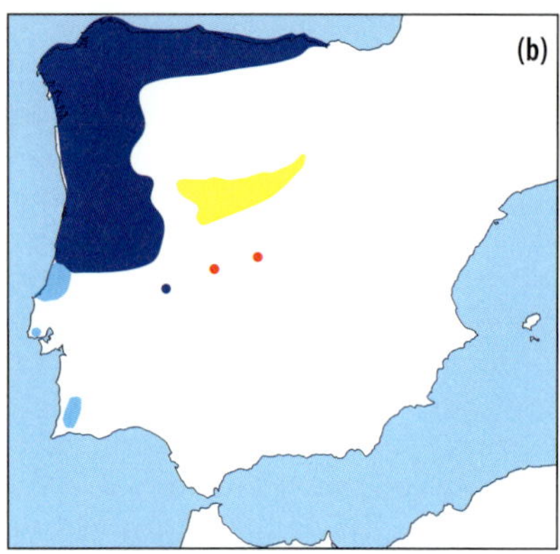

Abb. 5.4 Phylogeographische Struktur der Iberischen Smaragdeidechse *(Lacerta schreiberi)*. Dargestellt ist (a) das Haplotypennetzwerk, basierend auf Frequenzen eines Teils des mitochondrialen Cytb-Gens (663 bp) mit vier großen Phylogruppen und (b) die rezente geographische Verbreitung dieser Gruppen auf der Iberischen Halbinsel. Abbildung nach Paulo et al. (2001).

genetische Strukturierungen bekannt. Ein gutes Beispiel für diese biogeographische Komplexität stellt die **Iberische Smaragdeidechse** ***(Lacerta schreiberi)*** dar (Abb. 5.4; Paulo et al. 2001). Diese Art weist vier genetische Großgruppen auf, zwei im Inland und zwei an der Küste. Der genetische Abstand zwischen den beiden Küstenlinien und den beiden Inlandlinien ist so stark ausgeprägt, dass er einen Ursprung im späten Tertiär besitzen muss und auf eine lange evolutive Trennung dieser beiden Großgruppen hindeutet. Biogeographisch besonders interessant sind die rezenten geographischen Verbreitungen der beiden Küstenlinien in Kombination mit ihren jeweiligen genetischen Konstellationen.

Die nördliche Küstenlinie besitzt eine heute kontinuierliche Verbreitung vom Bereich nördlich von Lissabon entlang der westlichen Küste Iberiens und dann der nördlichen Küste folgend nach Osten. Das Haplotypennetzwerk weist für diese Gruppe einen dominanten Haplotypen auf, der von einem Kranz von seltenen Haplotypen umgeben ist, die sich meist nur um eine einzige Mutation von diesem unterscheiden. Dies lässt auf eine rezente Arealexpansion schließen. Folglich ist es wahrscheinlich, dass diese Linie von *Lacerta schreiberi* ein würmglaziales Überdauerungszentrum im südlichen Bereich des heutigen Vorkommens dieser Linie besaß, aus dem heraus sich die Individuen im Laufe der postglazialen Temperaturanhebung erst nach Norden und dann nach Osten entlang der iberischen Nordküste ausdehnten.

Für die südliche Küstenlinie finden wir eine völlig andere Situation: Das rezente Verbreitungsgebiet teilt sich auf mehrere disjunkte Teilbereiche auf. Das Haplotypennetzwerk weist zwei häufige Haplotypen und weitere seltenere auf, die sich meist durch mehrere Mutationsschritte voneinander unterscheiden. Dieses Muster lässt auf eine viel ältere phylogeographische Struktur schließen als für die nördliche Küstenlinie. Dies gibt Hinweise auf eine wiederholte Regression und Expansion des Areals. Ganz im Gegenteil zur nördlichen Küstenlinie muss bei dieser Linie davon ausgegangen werden, dass ihr Verbreitungsgebiet im letzten Glazial nicht disjunkt, sondern zusammenhängend an der Südwestküste Iberiens war. Mit dem postglazialen Temperaturanstieg wurde es aber für die Iberische Smaragdeidechse in Südiberien in den meisten Bereichen zu warm und trocken. Hierdurch wurde das zusammenhängende glaziale Areal in mehrere postglaziale Teilareale disjungiert, die sich heute in weniger heißen Regionen befinden (Berggebiete und Bereiche in unmittelbarer Küstennähe mit dem mildernden Einfluss des Meeres).

Für die beiden Inlandlinien ergeben sich ähnliche Muster, jedoch lassen sich diese bei Weitem nicht so klar ableiten wie für die Küstenlinien. Die südliche Inlandlinie ist heute auch auf einige wenige disjunkte Bereiche beschränkt, eine Disjunktion, die sich wahrscheinlich durch

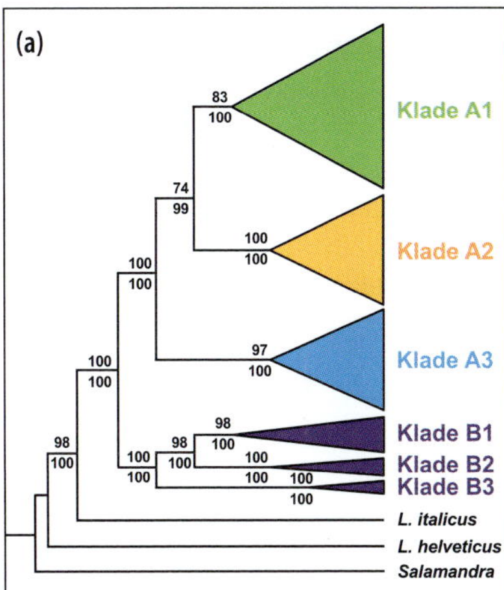

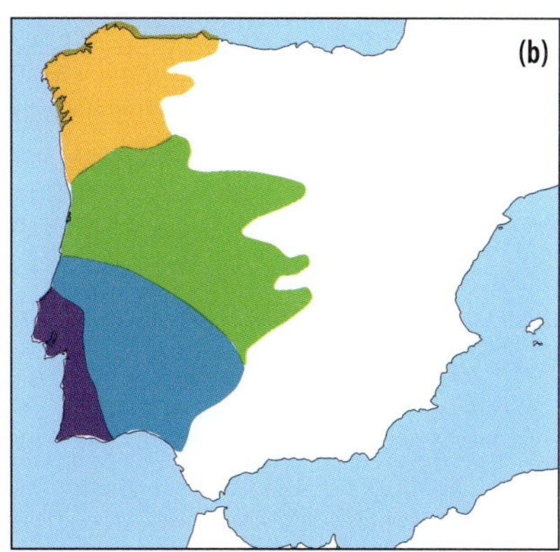

Abb. 5.5 Phylogeographische Struktur des Iberischen Teichmolchs *(Lissotriton boscai)*. Dargestellt sind (a) das Haplotypen-Phänogramm mit den vier Phylogruppen und den drei Untergruppen der südlichsten Gruppe sowie (b) die rezente geographische Verbreitung dieser Gruppen auf der Iberischen Halbinsel. Daten basieren auf Fragmenten mehrerer mitochondrialer Gene (ca. 1400 bp); die Werte an den Knoten sind MP-*bootstrap*-Werte und *posterior probabilities* von Bayes'schen Analysen. Abbildung nach Martínez-Solano et al. (2006).

postglaziale Verschlechterungen in diesem Gebiet für diese Art rezent ergab. Die nördliche Inlandlinie besitzt heute ein weitgehend zusammenhängendes Verbreitungsgebiet, jedoch gibt es keine deutlichen genetischen Indizien, dass sich dieses im Verlauf des Postglazials wesentlich vergrößert hätte.

Auch für den Algerischen Sandläufer *(Psammodromus algirus)* (Abb. 5.3b; Carranza et al. 2006b) lassen sich innerhalb der iberischen Westlinie eine nördliche und eine südliche genetische Gruppe unterscheiden. Diese geben Hinweise auf mindestens zwei glaziale Refugien in der Westhälfte Iberiens.

Eine weitere Art mit einer ausgeprägten phylogeographischen Struktur im Nordwesten Iberiens ist der für diesen Bereich endemische **Goldstreifensalamander *(Chioglossa lusitanica)***. Für diese Art wurden zwei deutlich voneinander differenzierte Gruppen festgestellt, von denen die eine auf einen geographisch eng umgrenzten Bereich südlich des mittelportugiesischen Flusses Mondego beschränkt ist, während die andere von diesem Fluss aus bis weit nach Norden verbreitet ist und auch an der spanischen Nordküste in Galizien und Asturien angetroffen wird (Alexandrino et al. 2000, 2002). Bei dieser an feuchte Habitate angepassten Art finden wir vermutlich ein sehr ähnliches Phänomen wie bei der Iberischen Smaragdeidechse: Die südliche genetische Linie war vermutlich im letzten Glazial weiter verbreitet als heute und wurde durch die postglaziale Klimaerwärmung auf ihr heutiges Reliktareal eingeschränkt. Die nördliche Linie hingegen breitete sich aus einem vergleichsweise kleineren Refugium nördlich des Mondego postglazial nach Norden aus. Obwohl der Goldstreifensalamander an feuchte und vergleichsweise kühle Habitate angepasst ist, meidet er größere Flüsse. Deshalb stellte der Mondego wahrscheinlich in Warm- und Kaltzeiten eine effektive Isolationsbarriere zwischen den beiden Linien dar. Diese war ausreichend, um den Genfluss zwischen den beiden so einzuschränken, dass sich mit der Zeit deutlich differenzierte Linien auf seinen beiden Seiten herausbildeten.

Die genetische Struktur innerhalb der Nordlinie lässt ganz deutlich die postglaziale Besiedlungsgeschichte nachvollziehen, da wir sehr markant die genetische **Flaschenhalswirkung** der großen **Flusssysteme** nachvollziehen können. Vom Mondego bis zum Douro finden wir relativ einheitliche genetische Diversitäten, die dann am Nordufer dieses Flusses deutlich geringer sind. Dieses Phänomen wiederholt sich am Fluss Minho an der Grenze zwischen Portugal und Galizien. Diese schrittweisen Reduktionen der genetischen Diversitäten der Populationen des Goldstreifensalamanders stehen in Einklang mit einem würmglazialen Refugium zwischen Mondego und Douro und der postglazialen Nordexpansion mit Verlusten genetischer Diversität an den für diese Art als starke Ausbreitungsbarrieren fungierenden Flusssystemen.

Auch für den **Iberischen Teichmolch** ***(Lissotriton boscai)***, der auf die Westhälfte der Iberischen Halbinsel beschränkt ist, hier aber eine der häufigsten Amphibienarten darstellt, wurden markante phylogeographische Strukturen nachgewiesen (Martínez-Solano et al. 2006). Insgesamt weist diese Art vier genetische Hauptgruppen auf, die entlang einer Nord-Süd-Achse angeordnet sind. Die südlichste dieser Linien ist in drei Unterlinien aufgespalten, die jedoch jeweils ein kleineres Areal besetzen als die drei anderen Linien (Abb. 5.5). Obwohl das phylogenetische Alter dieser Linien und Unterlinien sicherlich deutlich höher als die letzten pleistozänen Klimaoszillationen ist, scheint es dennoch wahrscheinlich zu sein, dass der Iberische Teichmolch zumindest das letzte Glazial in sechs distinkten Refugien im Westen Iberiens überdauerte. Von diesen befanden sich drei im unter Kaltzeitbedingungen klimatisch besonders begünstigten Südwesten der Halbinsel. Dass diese Region für unterschiedliche Arten eine besondere Gunstregion unter glazialen Klimatbedingungen darstellte, wird auch durch die hohe genetische Diversität der Maurischen Landschildkröte *(Mauremys leprosa)* an der Algarve unterstützt (Fritz et al. 2006a). Auch die Karpfenfischart *Squalius aradensis*, ein Endemiten der Entwässerungssysteme der Algarve, besitzt eine markante genetische Differenzierung auf regionaler Ebene, was für eine komplexe Arealgeschichte in diesem Raum über die letzten Jahrhunderttausende mit dauerhafter Persistenz in unterschiedlichen Bereichen dieses Gebietes spricht (Mesquita et al. 2005; siehe auch Kap. 5.5).

Für den **Europäischen Feuersalamander** ***(Salamandra salamandra)*** ergibt sich für die Iberische Halbinsel eine besonders komplexe biogeographische Situation mit zuweilen anscheinend sich widersprechenden Mustern (García-París et al. 2003). Für das mitochondriale Gen Cyt-b* wurden zwei Hauptlinien in Iberien unterschieden. Eine südliche beschränkt sich auf das südliche Andalusien in geographischer Nähe zur Straße von Gibraltar und ist mit der morphologisch differenzierten Unterart *S. salamandra longirostris* identisch. Möglicherweise liegt auch das Entstehungszentrum dieser Linie in dieser Region, reicht aber wohl in ihrer Entstehung über das Pleistozän hinaus.

Die zweite Linie umfasst alle anderen Populationen Iberiens mit morphologisch sehr deutlich differenzierten Unterarten und spaltet sich in fünf Unterlinien auf. Die südlichste erstreckt sich von der Algarve und dem südlichen Alentejo im Westen durch die Gebirge Nordandalusiens fast durch ganz Südiberien; sie umfasst die beiden Unterarten *S. salamandra crespoi* und *S. salamandra morenica*, welche sich auch genetisch unterscheiden. Ihre Schwesterlinie ist in den Bergen nördlich und nordwestlich von Madrid lokalisiert und stimmt mit der morphologisch beschriebenen Unterart *S. salamandra almanzoris* überein. Es ist davon auszugehen, dass sich diese drei Unterarten von glazialen Arealkernen ableiten, die sich, zumindest im Würmglazial, eventuell aber auch in vorangegangenen Eiszeiten, in den Bereichen ihrer aktuellen Verbreitung befanden. Vor allem für die Linie der Unterart *morenica* ist sogar eine postglaziale Arealregression, bedingt durch das trockenere und wärmere Klima, als wahrscheinlich anzusehen.

Die drei verbleibenden mitochondrialen Linien des Feuersalamanders in Iberien weisen teilweise markante Abweichungen von den morphologischen Mustern auf, welche jedoch weitgehend mit der Differenzierung von Allozymen übereinstimmen. Zwei dieser Linien sind geographisch beschränkt auf den Westen und den zentralen Bereich des Kantabrischen Gebirges und umfassen weitgehend die Unterart *bernardezi*. Eine dritte Linie umfasst weite Teile West- und Nordiberiens und schließt verschiedene auf morphologischen Unterschieden beruhende Unterarten ein. Im Unterschied zur mitochondrialen Ebene weisen Allozyme nur eine für Nordiberien endemische Linie auf, die jedoch neben der Unterart *bernardezi* auch die Unterart *fastuosa* umfasst, welche östlich bis in die Westpyrenäen reicht. Interessanterweise besitzen diese beiden Unterarten ein auffälliges Streifenmuster, das sich markant von allen anderen Unterarten Iberiens unterscheidet; des Weiteren weisen sie echte Viviparie auf, gebären also voll entwickelten Nachwuchs. Im Gegensatz dazu sind alle angrenzenden Gruppen ovovivipar, es werden also unlängst aus den Eiern geschlüpfte und somit noch sehr junge Larven in die Laichgewässer abgesetzt (García-París 1985). Diese **Unterschiede** zwischen **mitochondrialer** und **nukleärer Information** erklären García-París et al. (2003) durch unterschiedliche Ausbreitungsgeschichten auf beiden Ebenen. Die Autoren vermuten, dass sich im späten Pliozän oder frühen Pleistozän zwei Gruppen am nördlichen Rand des Kantabrischen Gebirges isolierten, was die Grundlage für die beiden heutigen mitochondrialen Linien gelegt haben muss. In mindestens einer von diesen müssen sich die echte Viviparie und das markante Streifenmuster entwickelt haben, welche heute geographisch deutlich über diese beiden Linien hinaus in Nordspanien verbreitet sind. Die dritte Linie muss weiter im nördlichen Iberien verbreitet gewesen sein. Die vermuteten Arealfluktuationen in Nordspanien im Pleistozän, bedingt durch die Abfolge von Warm- und Kaltzeiten, scheinen sich nicht wesentlich auf der mitochondrialen Ebene ausgewirkt zu haben: Die beiden kantabrischen Linien scheinen über diesen Zeitraum hinweg weitgehend homotop in ihren Entstehungszentren verblieben zu sein. Anders scheint dies jedoch für die genetische Information auf der nukleären Ebene auszusehen, welche auch verantwortlich für die Färbungsmuster und die Viviparie sein muss. Hier scheinen die Zyklen von Expansion und Regression zu einer Ausbreitung über die Zeitachse bis hin zu den Westpyrenäen geführt zu haben. Dies ging mit einer Verdrängung der nukleären Information einher, die mit den anderen mitochondrialen Linien ursprünglich verbunden war. Feuersalamander weisen also in Iberien nicht nur eine Vielzahl von Arealkernen und glazialen Differenzierungszentren auf, sondern auch **Introgressionsphänomene** sind von großer Bedeutung für die aktuelle genetische Strukturierung dieser Region.

5.1.1.3 Biogeographische Substrukturen in Nordwestafrika

Die meisten im Maghreb durchgeführten phylogeographischen Untersuchungen weisen hohe genetische Diversitäten der untersuchten Populationen auf, und für die Mehrzahl der untersuchten Taxa wurden mehrere endemische genetische Linien nachgewiesen. Datierungen über molekulare Uhren verorten den Ursprung vieler dieser Differenzierungen im Pliozän oder sogar noch weiter in der Vergangenheit. Die Splits in Nordwestafrika sind oftmals älter als in Europa. Solche Differenzierungen lassen sich für unterschiedliche Organismengruppen nachweisen; so z. B. für Efeuarten der Gattung *Hedera* (Grivet & Petit 2002), Amphibien der Gattungen *Pleurodeles* (Carranza & Arnold 2004, Veith et al. 2004), Eidechsen der Gattungen *Podarcis* (Oliverio et al. 2000, Harris & Sá-Sousa 2002, Pinho et al. 2007a, 2007b, 2008, Kaliontzopoulou et al. 2011) und *Timon* (Paulo et al. 2008, Perera & Harris 2010), Schlangen der Gattungen *Vipera* (Brito et al. 2011, Velo-Antón et al. 2012), *Coronella* (Santos et al. 2012) und *Natrix* (Guicking et al.

2008), Geckos der Gattung *Quedenfeldtia* (Barata et al. 2012), Kleinlibellen der Gattung *Calopteryx* (Weekers et al. 2001), Käfer der Gattung *Meladema* (Ribera et al. 2003), den Schachbrettfalter *Melanargia galathea* (Habel et al. 2011b), Skorpione der Gattung *Buthus* (Gantenbein 2004, Sousa et al. 2010, 2012, Habel et al. 2012, Husemann et al. 2012) und die Spitzmausart *Crocidura russula* (Cosson et al. 2005).

Die **hohe genetische Diversität** innerhalb und **Differenzierung** zwischen den Populationen Nordwestafrikas weist auf eine lange Persistenz in diesem Raum hin. Hierbei scheint die große orographische Heterogenität dieses Gebiets einen diese genetischen Muster fördernden Einfluss zu besitzen (Pleguezuelos et al., 2010). Das **Atlasgebirge** ist der höchste Gebirgszug Nordafrikas und stellt somit eine bedeutende orographische Barriere für viele Arten dar. Diese macht größere Arealverschiebungen oftmals unmöglich oder lässt sie unnötig werden, da klimatische Veränderungen auch durch Höhenverlagerungen ausgeglichen werden können. Somit können größere horizontale Arealverschiebungen für das Überleben der Art entfallen. Diese **vertikalen Verschiebungen** im Atlasgebirge sind vermutlich auch mitverantwortlich für die oftmals **kleinräumigen genetischen Linien**, die in dieser Region festgestellt wurden.

Klimatisch ist sicherlich das Atlasgebirge die bedeutendste Barriere in Nordwestafrika, welches die mediterran geprägten Bereiche von solchen mit starkem saharischen Einfluss trennt. Diesem Umstand wird auch in der klassischen Biogeographie Rechnung getragen, und zwar durch eine Trennung in zwei Ausbreitungszentren: in den Bereich des **atlantomediterranen** Zentrums nördlich des Atlasgebirges und das **mauretanische** Zentrum südlich davon (de Lattin 1949). Für diese Trennung finden sich auch einige genetische Evidenzen. So weist die **Maurische Bachschildkröte *(Mauremys leprosa)*** zwei deutlich differenzierte Haplotypengruppen nördlich und südlich dieses Gebirgszuges auf, die sich jeweils über die komplette Ost-West-Ausdehnung des Maghrebs erstrecken (Abb. 5.3a; Fritz et al. 2006a). Wahrscheinlich evoluierten sich beide Linien *in situ*, wobei von einer Persistenz in diesen beiden Räumen ausgegangen werden muss, die das Pleistozän bei Weitem übertrifft. Ein ähnliches Muster wurde auch in Agamen nachgewiesen (Gonçalves et al. 2012).

Häufiger als diese Nord-Süd-Differenzierung wurde jedoch eine **Ost-West-Differenzierung** festgestellt, wobei der Übergang zwischen den Linien in etlichen Fällen im marokkanisch-algerischen Grenzgebiet zu liegen scheint. Dies ist allerdings oftmals nicht gesichert, da Material aus Algerien, im Gegensatz zu Marokko und Tunesien, in zahlreichen Fällen nicht zur Verfügung steht. In dieser Region befinden sich kleinere Flusssysteme, die in ihrer heutigen Form kaum die Ursache für diese Differenzierung sein können. Im späten Tertiär fanden hier jedoch Meeresintrogressionen statt, sodass breitere Meeresarme den ursächlichen Grund für den Beginn der Differenzierung darstellen könnten. Das Alter dieser Splits bei Rippenmolchen der Gattung *Pleurodeles* (Veith et al. 2004), Perleidechsen der Gattung *Timon* (Paulo et al. 2008) und der Spitzmausart *Crocidura russula* (Cosson et al. 2005) wird ebenfalls auf dieses Zeitfenster geschätzt, sodass dieser Kausalzusammenhang wahrscheinlich wird. Auch für den Mittelmeerlaubfrosch *(Hyla meridionalis)* (Stöck et al. 2008a) und die Europäische Sumpfschildkröte *(Emys orbicularis)* (Stuckas et al. 2014) wurde jeweils eine deutliche Differenzierung zwischen Iberien und dem westlichen Maghreb auf der einen, und dem östlichen Maghreb auf der anderen Seite nachgewiesen. Dieser Split, dessen Alter bei *Hyla* auf 2–12 Mio. Jahre geschätzt wird, wurde von Stöck et al. (2008a) als ausreichend erachtet, um von einer eigenen Laubfroschart im östlichen Maghreb auszugehen. Bezogen auf die Europäische Sumpfschildkröte muss offen bleiben, ob

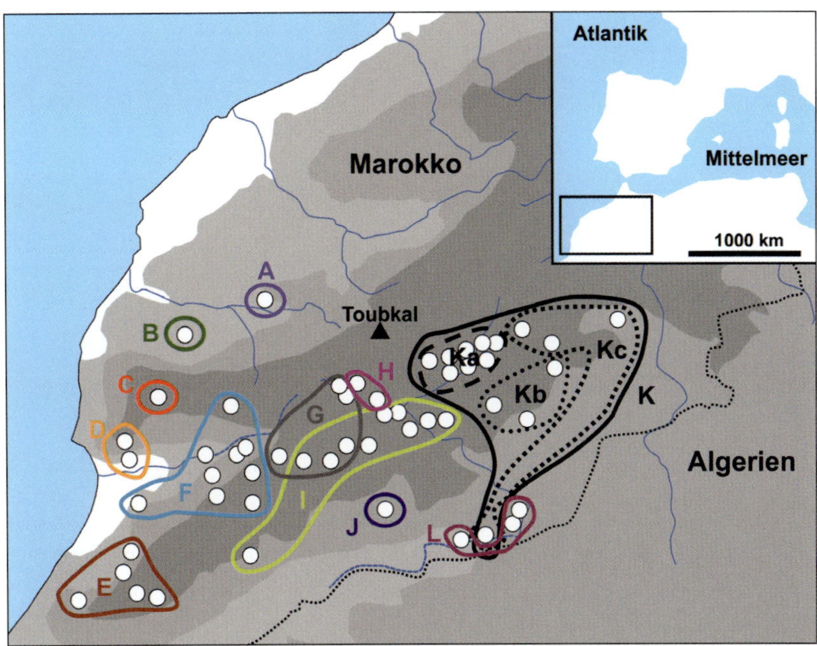

Abb. 5.6 Phylogeographische Struktur der Skorpionsgattung *Buthus* in Marokko, basierend auf einem Fragment des mitochondrialen COI-Gens (452 bp). Dargestellt ist die rezente geographische Verbreitung der zwölf Phylogruppen sowie die Gruppe K mit ihren drei Untergruppen. Abbildung nach Habel et al. (2012).

der Beginn ihrer vergleichsweise geringen Differenzierung im Maghreb so weit in der Vergangenheit liegt.

Noch deutlich komplexere Muster, bei denen sich teilweise die orographischen Strukturen des Atlasgebirges in den genetischen Mustern widerspiegeln, wurden beispielsweise für Eidechsen, Landschildkröten, Geckos und Skorpione festgestellt (Harris et al. 2004a, 2004b, Fonseca et al. 2008, Fritz et al. 2009, Habel et al. 2012, Husemann et al. 2012, Sousa et al. 2012). Vorgestellt sei hier die **Skorpionsgattung *Buthus***, für die in Marokko, basierend auf der Sequenzanalyse eines Teils des mitochondrialen COI-Gens, insgesamt zwölf unterschiedliche genetische Linien nachgewiesen wurden. Für diese Linien wurde mittels einer molekularen Uhr ein Differenzierungsalter von bis zu 5 Mio. Jahren ermittelt. Die genetischen Kladen weisen keine oder nur unwesentliche geographische Überschneidungen miteinander auf, was besonders für die strikt parapatrischen Unterkladen zutrifft, zudem sind sie in allen Fällen auf vergleichsweise kleine geographische Bereiche beschränkt (Abb. 5.6; Habel et al. 2012). Geographische Strukturen wie die Gebirgsketten des Hohen Atlas, des Antiatlas und des Djebel Sarhro wirkten wohl über sehr lange Zeiträume als Barrieren für diese Tiere. Die Talsysteme der Flüsse Sous, Draa und Ziz stellten hingegen dauerhafte Refugien für die Populationen dar. Hier bewegten sie sich mit den sich wandelnden klimatischen Bedingungen im Höhengradienten, was zu allopatrischer Differenzierung zwischen den unterschiedlichen geographischen Gruppen führte. Durch die hohe **Philopatrie** von Skorpionen (die Tiere bauen sich dauerhafte Wohnröhren unter Steinen, die sie über lange Zeiträume bewohnen, sodass sich einzelne Tiere in ihrem ganzen Leben nur wenige Meter von diesen fortbewegen) und ihr damit verbundenes sehr **niedriges Dispersionspotenzial**, reflektieren die heute gefundenen genetischen Muster wohl recht gut die alten Differenzierungszentren. Diese sind wahrscheinlich seit Jahrmillionen weitgehend ortskonstant geblieben. Folglich muss davon ausgegangen werden, dass Skorpione der Gattung *Buthus* im südlichen Marokko seit dem Pliozän in einer Vielzahl von regionalen, geographisch

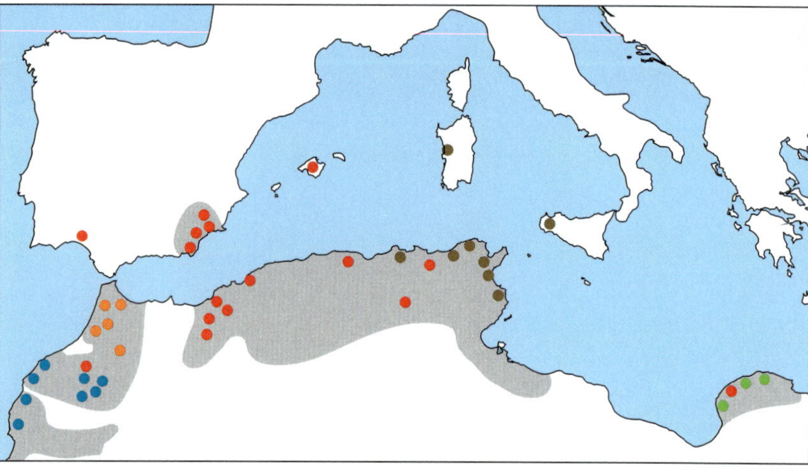

Abb. 5.7 Verbreitung von vier Cyt-b-Linien, eine davon mit zwei Unterlinien (in Rot und Orange), der Maurischen Landschildkröte *(Testudo graeca)* in Nordafrika und dem angrenzenden Europa. Das Verbreitungsgebiet der Art ist grau unterlegt. Abbildung nach Fritz et al. (2009).

eng umrissenen Zentren überdauerten. In diesem Zusammenhang sei angemerkt, dass die genetischen Gruppen nicht mit den jeweils beschriebenen Arten übereinstimmen. Folglich muss entweder die gesamte Taxonomie der Gattung *Buthus* in Marokko revidiert werden, oder die mitochondialen Marker weisen, eventuell durch Introgression oder geschlechtsabhängiges Dispersal, völlig andere Muster auf als die nukleären Gene. In diesem Fall würden sich gleiche mtDNA-Haplotypen in unterschiedlichen Arten finden und eine einzige Phylogruppe wäre durch mehrere Arten repräsentiert, was der Autor dieses Buches aber als weniger wahrscheinlich erachtet.

Für die **Maurische Landschildkröte *(Testudo graeca)*** können in Nordafrika vier Hauptlinien, eine von diesen mit zwei Unterlinien, unterschieden werden (Abb. 5.7), deren Alter auf 0,7 bis 1,4 Mio. Jahre geschätzt wird (Fritz et al. 2009). Obwohl älter als das letzte Glazial, lässt die geographische Verbreitung der Haplotypengruppen deutliche Rückschlüsse auf fünf würmglaziale Refugien dieser Art in Nordafrika zu: im westlichen und nordwestlichen Marokko, in einem Gebiet entlang der Mittelmeerküste vom nordöstlichen Marokko bis Nordostalgerien, im Bereich von Tunesien bis ins nordwestliche Libyen und im Bereich der **Kyrenaika** (nordöstliches Libyen). Vor allem letztere Region ist von besonderem Interesse, denn dieser Bereich Libyens wurde schon von de Lattin (1949) als eines der neun mediterranen Subzentren des Mittelmeerraumes beschrieben, was durch die Untersuchungen von Fritz et al. (2009) nun auch eine klare genetische Evidenz besitzt.

5.1.1.4 Biogeographische Substrukturen auf der italienischen Halbinsel

Ähnlich wie für die Iberische Halbinsel und den Maghreb, wurden auch für die Apenninenhalbinsel deutliche genetische Strukturierungen nachgewiesen. Im Unterschied zu den vorgenannten Regionen besitzt die italiensche Halbinsel jedoch eine deutlich geringere geographische Komplexität und außerdem auch eine deutlich kleinere Landfläche. Dies führt in der Mehrzahl der Fälle dazu, dass wir auf der Apenninenhalbinsel eine geringere Anzahl an genetischen Linien und eine geringere Diversität der geographischen Muster finden, als dies in den zuvor vorgestellten Regionen der Fall ist. Da unter Kaltzeitbedingungen vor allem das südliche Drittel der Apenninenhalbinsel und Sizilien günstige klimatische Bedingungen für das Überdauern von an Wärme angepassten Organismen aufwiesen, finden sich hier bei Weitem deutlichere phylogeographische Muster als in den nördlicheren Bereichen Italiens. Für an mediterrane Bedingungen angepasste Arten wird sogar davon ausgegangen, dass sie nur auf Sizilien und in Kalabrien kaltzeitliche Überdauerungszentren besaßen; so etwa für die Borkenkäferart *Tomicus destruens* (Horn et al. 2006) und die Apenninenunke *(Bombina pachypus)* (Canestrelli et al. 2006).

Kalabrien, also die «Stiefelspitze» Italiens, weist die **diversesten phylogeographischen Strukturen** Italiens auf, was auch mit hoher orographischer Diversität und erdgeschichtlicher Dynamik mit zahlreichen Meerestransgressionen (d.h. Überflutungen der Ebenen) einhergeht. So finden sich in Kalabrien vier unterschiedliche genetische Linien der Ruineneidechse *(Podarcis sicula)* (Abb. 5.8; Podnar et al. 2005), drei Linien des Italienischen Kammmolchs *(Triturus carnifex)* (Canestrelli et al. 2012a), zwei Linien der Ringelnatter *(Natrix natrix)* (Abb. 5.2; Kindler et al. 2013), zwei Linien des Europäischen Feuersalamanders *(Salamandra salamandra)* (Steinfartz et al. 2000) und zwei Linien der Apenninenunke *(Bombina pachypus)* (Canestrelli et al. 2006). Für den Italienischen Frosch *(Rana italica)*, einem Endemiten der Apenninenhalbinsel, wurden für Allozyme drei endemische Linien in Kalabrien nachgewiesen, an die sich im angrenzenden Süditalien und in Mittelitalien je eine weitere Linie anschließt. Auf der mitochondrialen Ebene, hier wurde ein Teil des Gens Cyt-b sequenziert, unterschieden sich jedoch nur die Populationen des südlichsten Kalabriens markant von allen anderen. Es wurde also nur die südlichste Allozymlinie bestätigt (Canestrelli et al. 2008). Diese Linien sind weitgehend in Nord-Süd-Richtung angeordnet, und in eigentlich allen Fällen lassen sich die rezenten Verbreitungen durch glaziales Überdauern in den unterschiedlichen Ebenen Kalabriens erklären, die jeweils durch Berggebiete voneinander getrennt sind. Für die (ältere) Entstehung scheinen jedoch in vielen Fällen Meerestransgressionen, zumindest teilweise, verantwortlich zu sein (Canestrelli et al. 2012b).

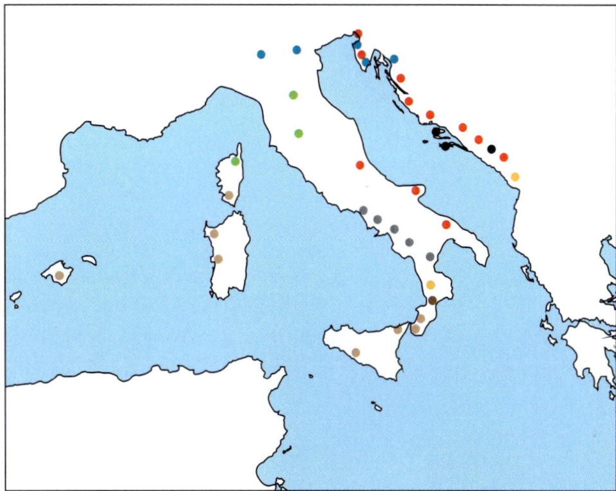

Abb. 5.8 Phylogeographische Struktur der Ruineneidechse *(Podarcis sicula)* in Italien und auf der westlichen Balkanhalbinsel, basierend auf einem Fragment des mitochondrialen Cyt-b-Gens (887 bp). Unterschiedliche Farben stehen für unterschiedliche genetische Linien. Abbildung nach Podnar et al. (2005).

Außerdem ist die jeweils nördlichste dieser Linien rezent meist weiter verbreitet als die südlicheren, was wahrscheinlich durch postglaziale Arealexpansion zu erklären ist. Auch für das Europäische Eichhörnchen *(Sciurus europaeus)* (Grill et al. 2009) und die Westliche Smaragdeidechse *(Lacerta bilineata)* (Böhme et al. 2007) wurde für Kalabrien jeweils eine endemische mitochondriale Linie nachgewiesen, welche sind deutlich von den italienischen Populationen weiter nördlich unterscheidet. Von hier ausgehend könnte das Eichhörnchen große Teile Eurasien, eventuell sogar postglazial, besiedelt haben.

Sizilien besitzt in zahlreichen Fällen diejenigen genetischen Linien, die sich auch im südlichen Kalabrien finden, beispielsweise für die Ruineneidechse *(Podarcis sicula)* (Abb. 5.8; Podnar et al. 2005) und die Ringelnatter *(Natrix natrix)* (Abb. 5.2; Kindler et al. 2013). Dies sollte an der geringen Breite der **Straße von Messina** liegen, die an ihrer engsten Stelle beide Regionen durch nur drei Kilometer Meer trennt, die für viele Organismen wohl keine wesentliche Einschränkung des Genflusses darstellen. Für den Italienischen Laubfrosch *(Hyla intermedia)* besitzt Sizilien Haplotypen, die jenen Kalabriens sehr nah verwandt sind, jedoch eine deutlich geringere genetische Diversität als Kalabrien aufweisen. Deshalb wird von einer rezenten Besiedlung Siziliens vom Festland ausgegangen, eventuell sogar während des letzten Glazials durch *jump dispersal* (Canestrelli et al. 2007).

Es gibt jedoch auch Fälle, in denen sich auf Sizilien endemische genetische Linien entwickelten und hier auch *in situ* zumindest das letzte Glazial überdauert haben; Beispiele sind der Braunbrustigel *(Erinaceus europaeus)* (Santucci et al. 1998), der Kleine Wasserfrosch *(Pelophylax lessonae)* (Canestrelli & Nascetti 2008) und die Schachbrettfalterart *Melanargia galathea* (Habel et al. 2011b). Für die Sumpfschildkröten existiert mit *Emys trinacris* als Schwesterart von *Emys orbicularis* sogar eine endemische Art auf Sizilien (Fritz et al. 2007a). Dies unterstreicht eine lange Phase der unabhängigen Evolution, welche das Pleistozän bei Weitem überschreiten sollte. Auch die Krötenart *Bufo sicilus* ist endemisch für Sizilien, ist jedoch ein Schwestertaxon zu *Bufo boulengeri*, die in Nordafrika von Marokko bis Ägypten weit verbreitet ist. Dies unterstreicht die zuweilen auch enge biogeographische Anbindung Siziliens an Nordafrika (Stöck et al. 2008b).

Für **Apulien**, also den italienischen «Absatz», ist dem Autor dieses Buches nur die Studie über die Ringelnatter *(Natrix natrix)* bekannt (Abb. 5.2; Kindler et al. 2013), in der hier eine eigene genetische Linie festgestellt und somit unabhängige glaziale Überdauerung in diesem Bereich nachgewiesen wurde. Ein apulisches Rückzugsgebiet könnte auch für den Italienischen Kammmolch *(Triturus carnifex)* zutreffend sein, die rezente Verbreitung der diesbezüglichen genetischen Linie wurde aber bis nach Kampanien nachgewiesen (Canestrelli et al. 2012a). Deshalb muss eine genaue geographische Verortung des letzten glazialen Refugiums mit Vorsicht betrachtet werden.

Die kleinräumigsten genetischen Differenzierungen im südlichen Italien, die bisher bekannt sind, wurden für den **Italienischen Wassermolch** *(Lissotriton italicus)*, einem Endemiten der Südhälfte der Apenninenhalbinsel, festgestellt (Canestrelli et al. 2012b). Die Art spaltet sich auf zwei große genetische Linien auf, von denen eine endemisch in Kalabrien ist, während die zweite vom nördlichen Kalabrien und Apulien bis zur nördlichen Verbreitungsgrenze in Mittelitalien nachgewiesen wurde. Jede dieser Hauptlinien untergliedert sich in vier Unterlinien, sodass insgesamt acht geographisch eng umgrenzte Linien für *Lissotriton italicus* nachgewiesen wurden (Abb. 5.9). Der Split zwischen den beiden Hauptlinien wird von Canestrelli et al. (2012b), basierend auf einer molekularen Uhr, auf etwa 1,7 Mio. Jahre geschätzt. Als Ursache wird ein Vikarianzereignis durch eine Meerestransgression der **Crati-Sibari-Ebene** zu dieser Zeit vermutet. Das Alter der verschiedenen Aufspaltungen in die acht Unterlinien wurde basierend auf derselben molekularen Uhr auf 100 000–600 000 Jahre geschätzt. In diesem Zeitfenster ereigneten sich im südlichen Italien verschiedene Meerestransgressionen, die zu Vikarianzereignissen und anschließender Differenzierung geführt haben könnten; auch die unterschiedlichen pleistozänen Kaltphasen können zu Vikarianzen, z. B. auf beiden Seiten des Apenninenzuges, geführt haben.

Wenngleich die Ursachen der für den Italienischen Wassermolch nachgewiesenen Differenzierungen einen teilweise hypothetischen Charakter besitzen, so darf für das Würmglazial von acht, wohl allopatrischen Refugien für diese Art im südlichen Italien ausgegangen werden (Abb. 5.9). Von diesen befanden sich vermutlich fünf in Kalabrien, das somit für diese Art eine sehr starke genetische Strukturierung auf kleinem Raum aufweist und die herausragende Bedeutung dieser Halbinsel für das Überdauern von Kaltzeiten auf dem italienischen Festland unterstreicht. In Apulien wurde eine weitere genetische Linie nachgewiesen, die auf ein würmglaziales Refugium auch auf dieser Halbinsel hinweist. Weiter nördlich in Süditalien finden sich nur noch zwei weitere genetische Linien, die wohl als zwei weitere Arealkerne im Süden Italiens interpretiert werden dürfen.

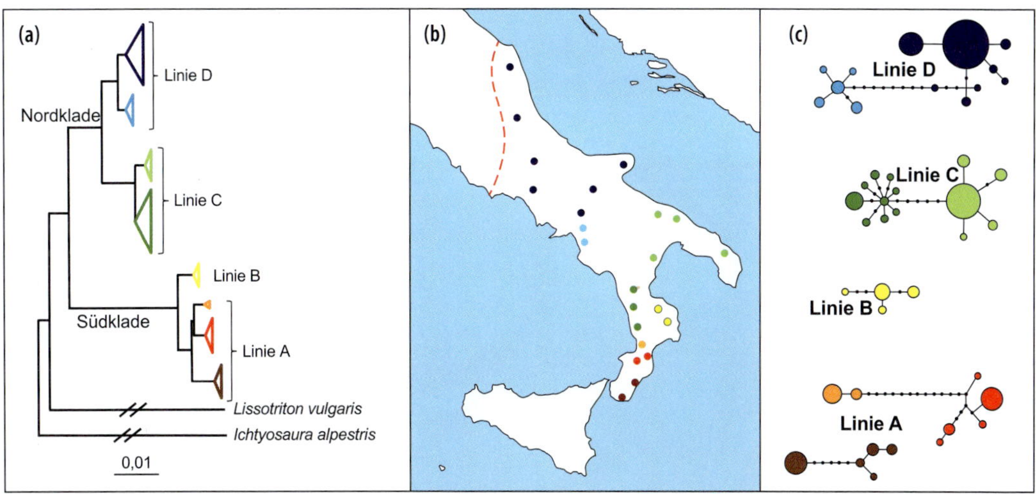

Abb. 5.9 Phylogeographie des Italienischen Wassermolchs *(Lissotriton italicus)*, basierend auf mehreren mitochondrialen Genen (ca. 1.900 bp). (a) *Maximum-likelihood*-Baum; (b) geographische Verbreitung der acht Haplotypengruppen, die Nordgrenze der Verbreitung ist durch eine unterbrochene Linie angedeutet; (c) Haplotypennetzwerke der unterschiedlichen geographischen Gruppen; Haplotypengruppen, die nicht sicher miteinander verbunden werden können, sind getrennt dargestellt. Abbildung nach Canestrelli et al. (2012b).

Die genetischen Strukturen innerhalb der acht Linien von *Lissotriton italicus* lassen keine völlig eindeutigen Strukturen erkennen, die Rückschlüsse auf die Arealdynamik erlauben würden. Es finden sich jedoch sowohl in der apulischen wie auch in der nördlichsten Linie im Haplotypennetzwerk Strukturen mit einem häufigen zentralen Haplotypen, der sternförmig von seltenen, nah mit diesem verwandten Haplotypen umgeben ist (Abb. 5.9c). Dieses Muster spricht für eine rezente Arealexpansion in diesen Linien und könnte ein Indiz für eine postglaziale Arealexpansion sein. Dies ist vor allem für die nördlichste Linie ein sehr wahrscheinliches Szenario. Im Gegensatz hierzu besitzen die meisten kalabrischen Linien Strukturen ihrer Haplotypennetzwerke, die eher mit einer längeren Konstanz im Raum zu erklären sind. Dies deutet räumliche Persistenz dieser Linien in Kalabrien über mehrere Glazial-Interglazial-Zyklen an.

Obwohl die markantesten phylogeographischen Strukturen im Süden Italien auftreten, finden sich auch in der Nordhälfte für einzelne Arten vom Süden abweichende genetische Linien. Diese deuten auf unabhängige glaziale Überdauerungszentren auch in diesem Raum hin, eventuell sogar auf norditalienische Differenzierungszentren, die dann ein deutlich höheres Alter als das letzte Glazial aufweisen würden. Solche norditalienischen Linien sind beispielsweise nachgewiesen für den Grashüpfer *Chorthippus parallelus* (Cooper et al. 1995), den Italienischen Laubfrosch *(Hyla intermedia)* (Canestrelli et al. 2007), den Kleinen Wasserfrosch *(Pelophylax lessonae)* (Canestrelli & Nascetti 2008), den Italienischen Kammmolch *(Triturus carnifex)* (Canestrelli et al. 2012a), die Ringelnatter *(Natrix natrix)* (Abb. 5.2; Kindler et al. 2013) und die Aspisviper *(Vipera aspis)* (Ursenbacher et al. 2006a); auch die genetischen Muster der Honigbiene *(Apis mellifera)* unterstützen norditalienische Vorkommen zumindest im letzten Glazial (Franck et al. 2000).

Für die oben bereits erwähnte Ruineneidechse *(Podarcis sicula)* wurden sogar zwei Linien im mittleren Italien nachgewiesen, eine **westlich** und eine **östlich** des **Apenninenzuges**, sowie eine weitere im Bereich der Poebene (Podnar et al. 2005), was auf drei unabhängige Zentren glazialen Überlebens hinweist. Von diesen wur-

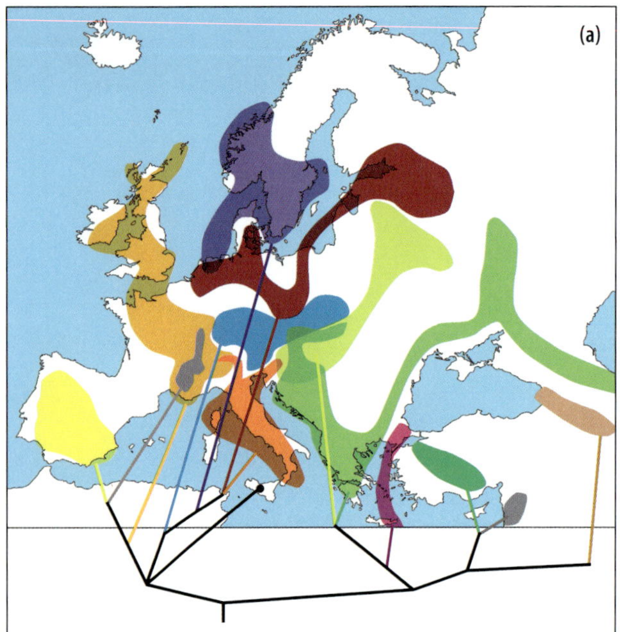

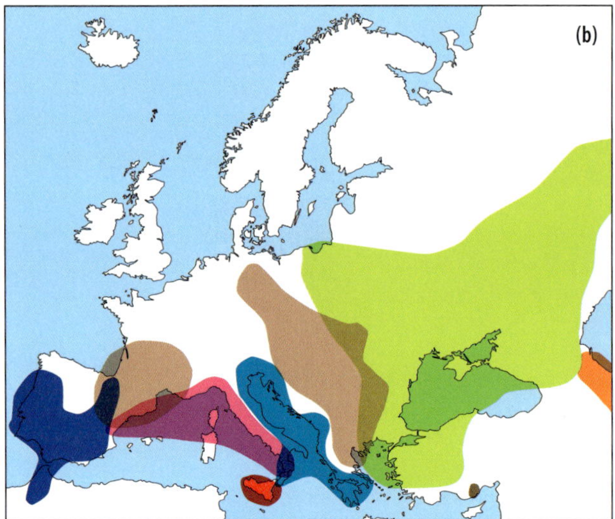

Abb. 5.10 Phylogeographische Struktur (a) der Igel *Erinaceus europaeus* und *E. concolor* (Seddon et al. 2001) sowie (b) der Sumpfschildkröte *Emys orbicularis* (Fritz et al. 2007a) mit jeweils ost- und westbalkanischen Linien. Der Karte für die Igel ist ein Verwandtschaftsbaum unterlegt, bei dem die jeweiligen Positionen im Baum mit dem jeweiligen bekannten Teilareal dieser genetischen Gruppe durch Linien in gleicher Farbe verbunden sind. Abbildung nach den genannten Autoren.

den zwei in Mittelitalien durch die hohen Züge der Apenninen effektiv isoliert. Sie weisen hier eventuell sogar ihre Differenzierungszentren auf. Die dritte Linie scheint in der Region um die **Poebene** zumindest das Würmglazial überdauert zu haben. Auch für die jeweilige norditalienische Linie des Italienischen Laubfrosches, des Kleinen Wasserfrosches, des Italienischen Kammmolchs und der Ringelnatter müssen glaziale Refugien in der Poebene angenommen werden. Es ist sogar möglich, dass diese Linien hier ihren Ursprung hatten und somit teilweise seit dem Übergang Pliozän/Pleistozän in diesem Raum dauerhaft existierten (Canestrelli et al. 2007, 2012a, Canestrelli & Nascetti 2008, Kindler et al. 2013). Somit ist die Poebene neben den süditalienischen Zentren als ein wichtiges Refugial- und Differenzierungszentrum anzusehen.

Bedingt durch warmzeitliche Expansionen aus den italienischen Gunsträumen heraus, trafen sich unterschiedliche Linien. Dies führte in einigen Fällen zu mehr oder weniger intensiven Hybridisierungen, was in besonderer Intensität für die Honigbiene *(Apis mellifera)* nachgewiesen wurde (Franck et al. 2000). Auch für die Borkenkäferart *Tomicus destruens* bildete sich in Mittelitalien eine Hybridzone aus, wobei jedoch die von Norden vordringende Linie eine balkanische Herkunft aufweist und die Apenninenhalbinsel auf der Nordroute wohl erst im Postglazial erreichte (Horn et al. 2006).

5.1.1.5 Biogeographische Substrukturen auf der Balkanhalbinsel

Die Balkanhalbinsel ist von den drei großen europäischen Mittelmeerhalbinseln von ihrer physischen Geographie her betrachtet die komplexeste. Dies zeigt sich auch deutlich in den hier festgestellten genetischen Strukturierungen, auch wenn die Datenlage nicht so umfassend ist wie für Iberien oder Italien. Schon Reinig (1950) postulierte drei Arealkerne auf der Balkanhalbinsel, im Westen, Süden und Osten der Halbinsel. Diese Zentren wurden durch genetische Untersuchungen

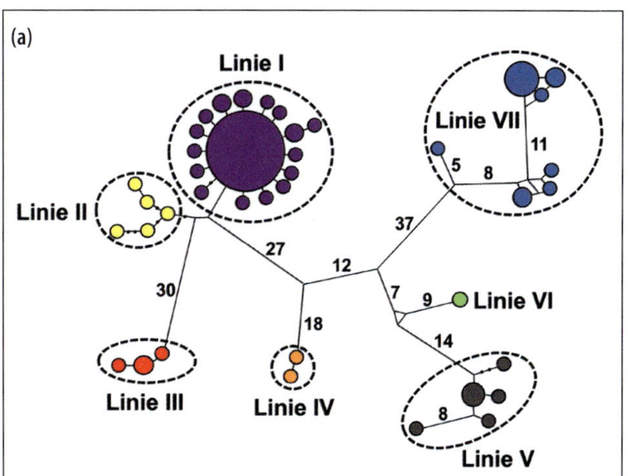

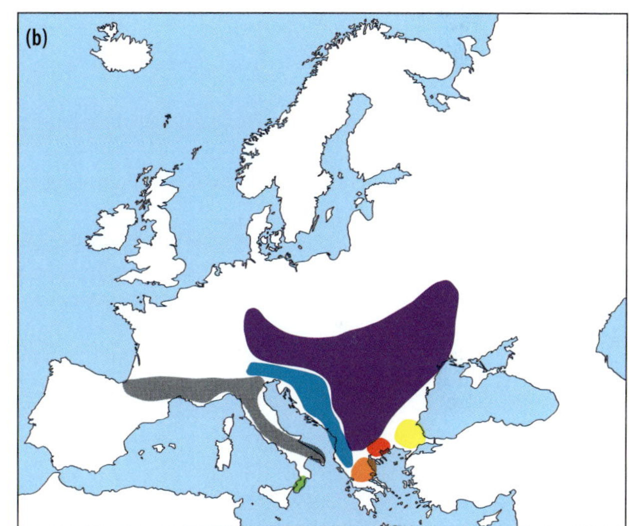

Abb. 5.11 Phylogeographische Struktur des Smaragdeidechsen-Artenkomplexes *Lacerta viridis/bilineata*. (a) Haplotypennetzwerk, basierend auf Sequenzen des mitochondrialen Cyt-b-Gens (851 bp) und (b) geographische Verteilung der sieben unterschiedenen Linien; es wurden jedoch nicht alle Bereiche des Areals untersucht. Linien I bis IV repräsentieren *L. viridis*, V bis VII *L. bilineata*. Abbildung nach Böhme et al. (2007).

bestätigt. So zeigt sich die Trennung in jeweils eine **west-** und eine **ostbalkanische Linie** deutlich für den Weißbrustigel *(Erinaceus concolor)* (Seddon et al. 2001), die Nacktschneckenart *Arion fuscus* (Pinceel et al. 2005), die Griechische Landschildkröte *(Testudo hermanni boettgeri)* (Fritz et al. 2006b) und die Sumpfschildkröte *(Emys orbicularis)* (Lenk et al. 1999, Fritz et al. 2007a) (Abb. 5.10). Die Balkanhalbinsel stellte folglich keinen einheitlichen Refugialraum dar, sondern in vielen Fällen existierten Teilräume mit geographisch voneinander getrennten Rückzugsgebieten. In diesen überdauerten genetische Linien und durchliefen hier zumindest partiell auch ihre Evolutionsgeschichte. Diese Refugien müssen im Westen im Bereich der **dalmatinischen Küste** und im Osten entlang der ägäischen Küste und bis ins **südwestliche Schwarzmeergebiet** vermutet werden.

Auch für die Ringelnatter *(Natrix natrix)* wurden auf der Balkanhalbinsel eine südwestliche und eine östliche Linie festgestellt. Für diese Art ist jedoch eine dritte Linie in der Nordhälfte der Halbinsel vorherrschend, fehlt jedoch (mit einer einzigen Ausnahme) im Süden völlig. In letzterem Fall ist die Lokalisierung eines würmglazialen Refugium schwieriger, denn es können ein oder mehrere gewesen sein; sogar eine weitere Verbreitung auf der nördlichen Balkanhalbinsel kann nicht ausgeschlossen werden. Auf jeden Fall sind würmglaziale Vorkommen an der kroatischen Küste sehr wahrscheinlich. Auch Vorkommen entlang der unteren Donau lassen sich nicht ausschließen, welche auch geographisch miteinander verbunden gewesen sein könnten. Eine vierte Linie strahlt aus Kleinasien bis nach Bulgarien ein; ob es sich hierbei um eine rezente Immigration nach Europa handelt oder ein Rückzugsgebiet, das über

Bosporus und Dardanellen reichte, ist ungeklärt (Abb. 5.2; Kindler et al. 2013).

Für die balkanische Linie der Schachbrettfalterart *Melanargia galathea* findet sich eine genetische Struktur, die deckungsgleich mit den Arealkernen von Reinig (1950) ist. Drei genetische Linien mit vergleichsweise geringer Differenzierung zwischen den Allozymfrequenzen lassen würmglaziale Überdauerung und Differenzierung in drei unterschiedlichen balkanischen Zentren für diese Art wahrscheinlich werden: an der illyrischen Küste, an der ägäischen Küste und im südwestlichen Schwarzmeergebiet. Ob diese drei Gebiete glazial in Verbindung miteinander standen oder deutlich räumlich getrennt waren, ist nicht bekannt (Schmitt et al. 2006a).

Für den Artenkomplex der Smaragdeidechsen *(Lacerta viridis/bilineata)* ergibt sich ein noch komplexeres phylogeographisches Muster (Abb. 5.11; Böhme et al. 2007). Eine stark von den anderen Linien differenzierte *Lacerta-bilineata*-Gruppe wurde von der westgriechischen Küste bis nach Slowenien nachgewiesen und stellt das für diese Region typische westbalkanische Element dar. Dieses überdauerte wahrscheinlich glaziale Phasen im südlichen Bereich der Westbalkanflanke und breitete sich von hier postglazial in nordwestlicher Richtung bis nach Slowenien aus. Die vier Linien von *Lacerta viridis* weisen auf der östlichen und südlichen Balkanhalbinsel sehr unterschiedliche räumliche Verbreitungen auf. Zwei Linien wurden nur in geographisch eng umgrenzten Bereichen des südöstlichen und östlichen Griechenlands nachgewiesen. Da es sich bei diesen um *rear-edge*-Vorkommen, bezogen auf die postglaziale Arealexpansion handelt, konnten diese sich rezent nicht oder nur geringfügig ausdehnen und verblieben räumlich weitgehend im Bereich ihrer glazialen Refugien. Die heute im östlichsten Griechenland und im südöstlichen Bulgarien anzutreffende Linie besitzt ebenfalls eine recht kleine geographische Verbreitung. Auch für andere Arten wurden *rear-edge*-Linien auf der südlichen Balkanhalbinsel nachgewiesen, so etwa für die Griechische Landschildkröte *(Testudo hermanni boettgeri)* westlich des Taigetos-Gebirges auf der südlichen Peloponnes. Dieses Taxon besaß hier wahrscheinlich ein glaziales Refugialzentrum, von dem keinerlei relevante postglaziale Arealexpansion ausging (Fritz et al. 2006b).

Nur die vierte Linie von *Lacerta viridis* ist weit über ihr vermutetes balkanisches Refugium hinaus verbreitet (Abb. 5.11b), welches sich im nördlichen Griechenland, Nordmazedonien und im südwestlichen Bulgarien befunden haben sollte. Da es sich bei diesem Refugium um das nördlichste gehandelt haben dürfte, befand es sich in einer *leading-edge*-Position. Aus dieser heraus wurden weite Bereiche Europas besiedelt. Dies wird auch deutlich durch die Sternstruktur der Haplotypen mit einem häufigen zentralen Haplotypen. Dieser ist umgeben von einem Kranz seltener Haplotypen, von denen sich 15 nur durch eine einzige Mutation, und ein Haplotyp durch zwei Mutationen, von diesem unterscheiden (Abb. 5.11a). Diese Struktur spricht eindeutig für eine rezente, hier postglaziale, Arealexpansion, welche wahrscheinlich durch einen Vorstoß durch die zentrale Balkanhalbinsel hindurch initiiert wurde; ähnliches wurde für die Schachbrettfalterart *Melanargia galathea* postuliert (Schmitt et al. 2006a). Eine Spaltung der Ausdehnung in eine Ost- und eine Westroute erfolgte jedoch durch die Barriere der Südkarpaten. Die östliche Route breitete sich von hier weiter bis in die zentrale Ukraine aus. Auf der westlichen Route wurde zuerst das Karpatenbecken besiedelt, von wo durch die **Porta Hungarica*** die Tschechische Republik erreicht wurde. Diese scheint ihrerseits der Ursprung für die heute in Ostbrandenburg isolierten Reliktvorkommen zu sein; dieser letzte Vorstoß ist wahrscheinlich in der Zeit des postglazialen Klimaoptimums während des **Atlantikums*** erfolgt.

Einige besonders alte genetische Aufspaltungen auf der südlichen Balkanhalbinsel gehen vermutlich auf die Bildung

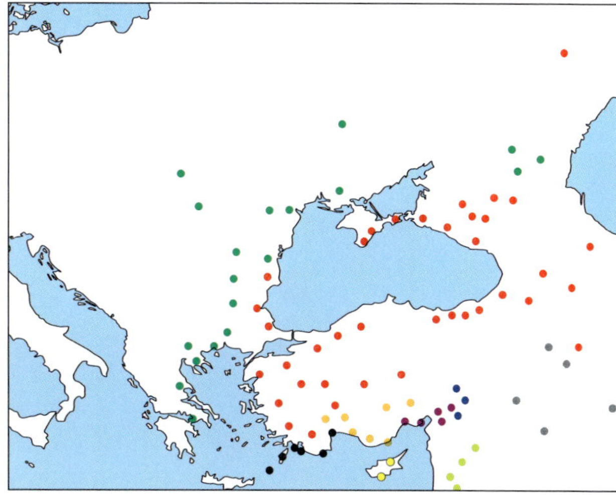

Abb. 5.12 Geographische Verbreitung der mitochondrialen Linien (ND2, ND3) des Seefrosches *Pelophylax ridibundus* in Kleinasien und angrenzenden Gebieten. Abbildung nach Akin et al. (2010).

des **Mitteläg äischen Bruchs** vor 12–9 Mio. Jahren zurück. Dieses Ereignis war vermutlich verantwortlich für den Beginn der Differenzierung in den Skorpionsarten *Mesobuthus gibbosus* (Parmakelis et al. 2006a) und *Iurus dufoureius* (Parmakelis et al. 2006b) und innerhalb der Eidechsengattung *Podarcis* (Poulakakis et al. 2003, 2005). In mehreren Fällen lassen sich auch für die geographisch lange isolierten südlichen Kykladen und für die Insel Kreta, die von de Lattin (1949) sogar als eigenes mediterranes Subzentrum bezeichnet wurde, deutlich differenzierte genetische Linien finden. Neben den oben genannten Beispielen lassen sich unter anderem Vertreter der Landschneckengattungen *Albinaria* (Douris et al. 1999) und *Mastus* (Parmakelis et al. 2005) nennen.

5.1.1.5 Biogeographische Substrukturen Kleinasiens und der Levante

Der kleinasiatische Bereich ist phylogeographisch deutlich schlechter untersucht als der restliche Mittelmeerraum. Erfreulich ist in diesem Zusammenhang, dass gute Daten aus dieser Region über den Seefrosch *(Pelophylax ridibundus)* (Akin et al. 2010) und die anatolischen Braunfrösche (Veith et al. 2003) vorliegen.

Für den **Seefrosch** ***(Pelophylax ridibundus)*** wurden insgesamt drei Linien in der Türkei, eine in Zypern und eine weitere in der Levante nachgewiesen, wobei sich als Erstes die Levante-Linie wohl schon im Miozän von den kleinasiatischen Linien trennte. Die Isolation der Linie auf Zypern geht nach Berechnungen einer molekularen Uhr auf den Übergang zwischen Mio- und Pliozän zurück; fällt also in die Zeit der **Messinischen Krise**, in der Zypern landfest mit Kleinasien verbunden war, in der allerdings die klimatischen Bedingungen generell sehr arid waren; oder aber in die sich anschließende **Lago-Mare-Phase**, in der der Spiegel des Mittelmeeres deutlich tiefer als heute lag und eine landfeste Verbindung durch einen heute unterseeischen Rücken einen Migrationskorridor dargestellt haben könnte. Auch für die Tannenmeise *(Parus ater)* wurde durch Sequenzanalysen des mitochondrialen Gens Cyt-b eine endemische genetische Linie auf Zypern nachgewiesen; diese ist mit vermutlich 1,5 Mio. Jahren jedoch deutlich jünger als die des Seefrosches (Tietze et al. 2011).

Die drei sich heute im Gebiet Kleinasiens befindenden Linien des Seefrosches begannen ihre Differenzierung wahrscheinlich im Pliozän, vermutlich durch die Auffaltungen des zentralen **Taurus** und des **Amanosgebirges**. Eine dieser Linien besitzt eine markante Differenzierung in vier Unterlinien, welche ihren evolutiven Ursprung wohl vor 1,6–1,1

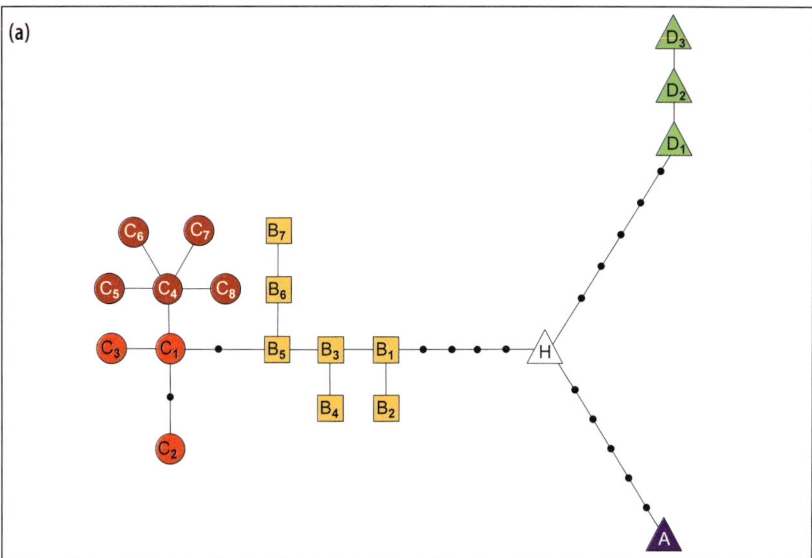

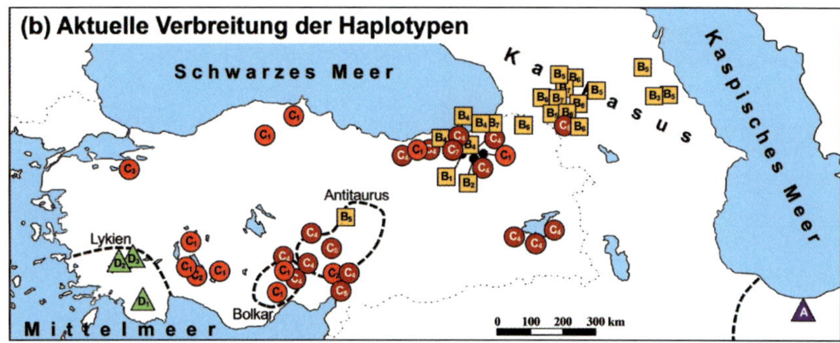

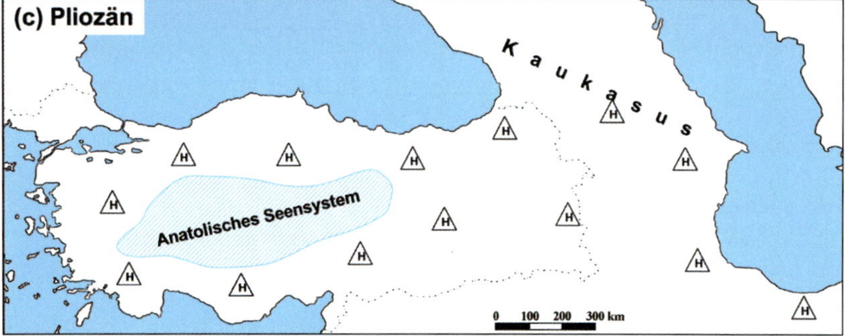

Abb. 5.13 Phylogeographie des anatolischen Braunfroschkomplexes *Rana macrocnemis.* (a) Haplotypennetzwerk basierend auf dem mitochondrialen 16S-Gen (540 bp), (b) geographische Verbreitung der Haplotypen in Kleinasien und (c–f) das aus den genetischen Befunden abgeleitete biogeographische Szenario. Abbildung nach Veith et al. (2003).

Mio. Jahren im Pleistozän besaßen. Alle diese Linien besitzen eine ausgesprochene phylogeographische Information (Abb. 5.12; Akin et al. 2010).

Zwei der drei anatolischen Linien befinden sich in einem geographisch recht eingeschränkten Bereich der südöstlichen Türkei in der Nähe der Stadt Adana; hier werden auch ihre Entstehungszentren und somit auch ihre, mit diesen homotopen, letzten glazialen Refugien vermutet. Die dritte Linie ist weit in der Türkei verbreitet und erreicht mit einer ihrer Unterlinien die Kaukasusregion und auch die

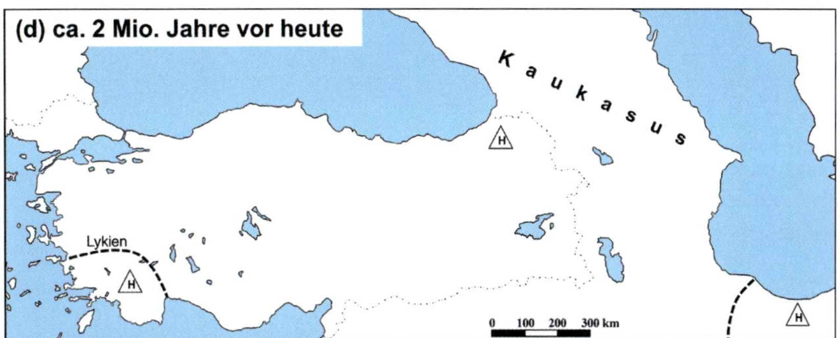

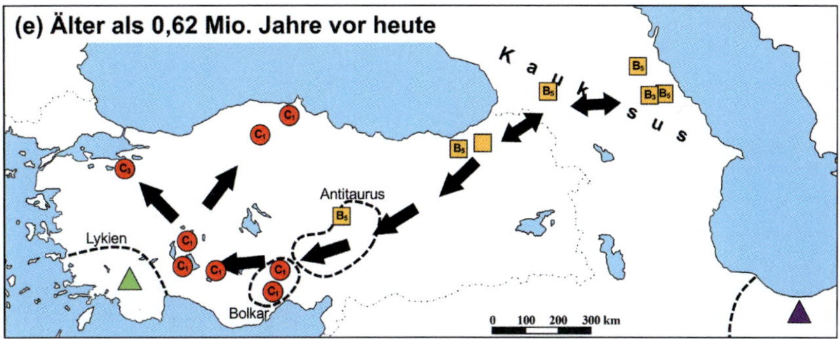

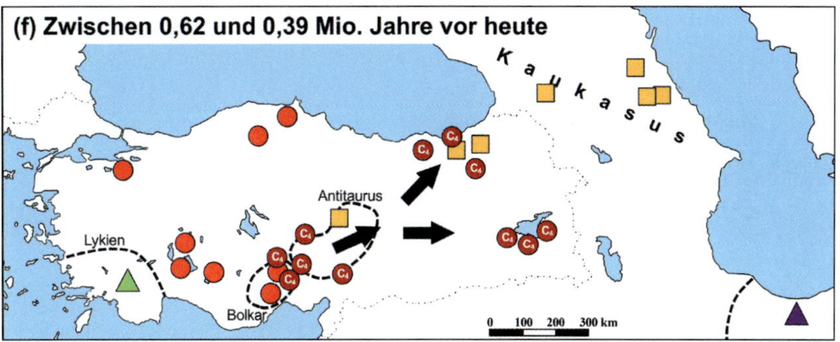

Halbinsel Krim, mit einer anderen reicht sie weit bis nach Mesopotamien. Von ihren insgesamt vier Unterlinien sind zwei weitgehend auf die türkische Südküste beschränkt, eine auf den südwestlichen Bereich, die andere auf den zentralen. Hier sind mit hoher Wahrscheinlichkeit auch ihre Refugien während des letzten Glazials zu suchen. Es ist durchaus möglich, dass sich im selben Bereich auch die Entstehungszentren dieser Gruppen befanden, sich diese also nie weiter aus diesen wegbewegt haben. Eine dritte Unterlinie wurde für die Entwässerungssysteme von Euphrat und Tigris nachgewiesen, wo diese seit ihrer beginnenden Differenzierung ebenfalls konstante Vorkommen über die Zeitachse aufgewiesen haben könnten.

Die vierte Unterlinie ist weit in der westlichen und nördlichen Türkei verbreitet und mischt sich mit den anderen drei in den entsprechenden Kontaktzonen. Die Arealgeschichte dieser Linie ist aufgrund ihrer weiten geographischen Verbreitung weniger eindeutig. Sie kommt jedoch bis nach Thrazien vor, wo sie im Westen und Norden von einer anderen Linie abgelöst wird, die eine balkanische würmglaziale Verbreitung besessen haben muss. Auch wird sie östlich um das Schwarze Meer bis zur Krim angetroffen, während weiter nördlich wieder balkanische Herkünfte gefunden werden. Hieraus folgt, dass für diese Unterlinie, zumindest für das Würmglazial, von einer geographisch weiten Verbreitung auszugehen ist. Diese könnte von der Westtürkei über die türkische Nordküste bis zum Südfuß des Kaukasus gereicht haben. Von hieraus ist es wahrscheinlich, dass sich die Seefrösche dieser Unterlinie in einer östlichen Zangenbewegung bis zur Krim und in einer westlichen Zangenbewegung aus der Balkanhalbinsel bis in die sich nördlich anschließenden Bereiche und weiter bis nach Südrussland ausdehnten. Dies führt zu einer gewissen Ähnlichkeit mit dem genetischen Muster des Weißbrustigels *(Erinaceus concolor)* in dieser Region (siehe unten).

Auch die anatolischen Braunfrösche der *Rana-macrocnemis*-Gruppe weisen eine deutliche genetische Differenzierung in unterschiedliche mitochondriale Linien für das 16S-Gen auf (Veith et al. 2003) und unterstreichen die deutlichen phylogeographischen Strukturen innerhalb Kleinasiens. Basierend auf der Genealogie der unterschiedlichen Haplotypen (Abb. 5.13a) und ihrer aktuellen Verbreitung im Raum (Abb. 5.13b), gehen Veith et al. (2003) davon aus, dass ein gemeinsamer Vorfahre aller heutigen anatolischen Braunfrösche im Pliozän weit in Anatolien verbreitet war und im Südosten das Südufer des Kaspischen Meeres erreichte (Abb. 5.13c). Mit dem Beginn der pleistozänen Vereisungen vor etwa 2,4 Mio. Jahren wurde diese weit verbreitete Form in unterschiedliche Refugien zurückgedrängt, in denen sich die drei rezenten großen Linien zu evoluieren begannen. Zwei dieser Refugien lagen vermutlich in Lykien, also in der südwestlichen Türkei (Haplotypengruppe D, grün), und am Südufer des Kaspischen Meeres (Haplotypengruppe A, violett); beide scheinen seitdem weitgehend stationär in diesen postulierten Entstehungszentren als Endemiten überdauert zu haben. Ein drittes Refugium befand sich vermutlich in der nordöstlichen Türkei südlich des Kaukasus (Haplotypengruppe B, orange; Abb. 5.13d). Aus diesem Refugium scheint früher als 620 000 Jahre vor heute eine Expansion in südwestlicher Richtung entlang der Anatolischen Diagonale* stattgefunden zu haben. Hieraus leitete sich ein weiteres Refugium im Bereich Bolkar und Antitaurus ab, wo sich eine vierte Linie zu evoluieren begann (Haplotypengruppe C, rot). Diese ist moderat von Linie B differenziert und begann von hier in nordwestlicher und nördlicher Richtung zu expandieren (Abb. 5.13e). Zwischen 620 000 und 390 000 Jahren vor heute breiteten sich Teile diese Linie (vor allem Haplotyp C4 und von ihm abgeleitete, dunkelrot) in nordöstlicher Richtung aus, eventuell wieder entlang der Anatolischen Diagonale, und vermischten sich mit den Populationen der nordosttürkischen Linie B (Abb. 5.13f). Die genetische Differenzierung der anatolischen Braunfrösche wurde also durch wiederholte Vikarianzereignisse und anschließende Dispersionen bestimmt, wobei zwei genetische Gruppen als Relikte in ihren Entstehungszentren am Rand des heutigen Areals verblieben.

Anders als früher häufig angenommen (z. B. de Lattin 1949), unterscheidet sich die Levante oftmals phylogeographisch markant vom sich nördlich anschließenden Kleinasien. Sehr deutlich ist dies etwa für den Seefrosch *(Pelophylax ridibundus)* nachgewiesen, bei dem die kleinasiatischen Vorkommen eine Schwestergruppe zu denen aus der Levante repräsentieren, mit einer Trennung, die wohl bis ins Miozän zurückreicht (Akin et al. 2010). Es ist also davon auszugehen, dass sich die levantinischen Populationen seit etlichen Millionen Jahren weitgehend stationär in dieser Region unabhängig differenzierten. Für die Laubfroschart *Hyla savingnyi* wurden von der Levante bis in den Jemen sich so deutlich von Vorkommen in der Südtürkei, Nordsyrien und dem Irak unterscheidende Populationen nachgewiesen, dass sogar von Differenzierung auf Artebene ausgegangen wird (Stöck et al. 2008a). Auch für den Weißbrustigel *(Erinaceus concolor)* (Seddon et al. 2001) und die Ostmediterrane Bachschildkröte *(Mauremys rivulata)* (Vamberger et al. 2014) zeigt sich diese phylogeographische Differenzierung zwischen Levante und Kleinasien, wenngleich diese Strukturen ein deutlich geringeres Alter besitzen als in den zuvor genannten Beispielen. Diese biogeographische Eigenständigkeit der Levante ist jedoch nicht zwangsläufig, wie die genetischen Kontinuitäten der Maurischen Landschildkröte *(Testudo graeca)* (Fritz et al. 2007b, Mashkaryan et al. 2013) und der Wechselkröte *(Bufo variabilis)* (Stöck et al. 2006) von der östlichen Türkei bis nach Israel bzw. den Libanon beweisen.

5.1.2 Postglaziale Arealexpansionen aus mediterranen Refugialräumen: Die vier Paradigmen

Die den Mittelmeerraum nach Norden begrenzenden Hochgebirgsbereiche **Pyrenäen**, **Alpen** und **Kaukasus** verlaufen alle in **Ost-West-Ausrichtung** und stellen somit wesentliche Barrieren für warmzeitliche Ausbreitungsprozesse dar. Lediglich die **Karpaten** weichen von diesem Muster ab. Folglich ist die Balkanhalbinsel, anders als Iberien, Italien und Kleinasien, nicht nach Norden durch Gebirge abgeschirmt, was die warmzeitliche Expansion aus diesem Raum begünstigt (Hewitt 1996).

Generell muss davon ausgegangen werden, dass alle Wärme benötigenden Taxa beim Übergang von einer Kalt- zu einer Warmzeit Ausbreitungstendenzen in Richtung der Pole aufweisen. Dies gilt auch für die im Mittelmeerraum überdauernden Arten (Hewitt 1996). Die Ausbreitung in nördlicher Richtung wird jedoch mehr oder weniger stark durch die den Refugien vorgelagerten Gebirgssysteme beeinflusst. Je nachdem, wie stark die unterschiedlichen Gebirgsstöcke die Expansionen aus den unterschiedlichen Rückzugsgebieten behindern, ergeben sich unterschiedliche Grundmuster der postglazialen Arealexpansion. Diese weisen eine hohe Wiederholungsrate auf; Hewitt (2000) bezeichnet sie deshalb als **Paradigmen**. Insgesamt werden mittlerweile vier unterschiedliche Paradigmen für die postglazialen Expansionen terrestrischer Arten aus den mediterranen Rückzugsräumen unterschieden (Hewitt 1999, 2000, Habel et al. 2005). Diese wurden nach Beispieltaxa als Grashüpfer-, Igel-, Bär- und Schmetterlings-Paradigma benannt (Abb. 5.14).

Manchmal stellen bei der postglazialen Expansion nach Norden sowohl die Alpen wie auch die Pyrenäen eine so starke postglaziale Ausbreitungsbarriere dar, dass sich die balkanischen Populationen über den gesamten Raum nördlich dieser Gebirge ausbreiteten. In diesem Fall sprechen wir vom **Grashüpfer-Paradigma** (Abb. 5.14a), das nach dem phylogeographischen Muster der Grashüpferart *Chorthippus parallelus* (Cooper et al. 1995) benannt wurde. Dieses Paradigma findet sich nach Hewitt (1999) auch in den genetischen Strukturen weiterer Arten wieder, so etwa der Schwarzerle *(Alnus glutinosa)* (King & Ferris 1998), der Rotbuche *(Fagus sylvatica)* (Demesure et al. 1996) und des Kammmolch-Artenkomplexes *(Triturus cristatus/marmoratus)* (Wallis & Arntzen 1989). Vergleichsweise neue Arbeiten an der Rotbuche zeigen jedoch, dass die große Expansion aus Südosteuropa zu einem großen Teil auf sogenannten extramediterranen Refugien in diesem Raum beruhen (Magri et al. 2006, Magri 2008); ähnliches gilt auch für den Kammmolch (Wielstra & Arntzen 2011, Wielstra et al. 2013). Auf solche Fälle wird im Kap. 5.2 genauer eingegangen.

Besitzen Alpen und Pyrenäen hingegen keine Barrierewirkung für die postglazialen Arealexpansionen aus Iberien und Italien, so findet Expansion aus allen drei großen südeuropäischen Rückzugsgebieten statt. Als Resultat erstrecken sich drei Nord-Süd-Streifen über den europäischen Kontinent. Dieses Muster wurde nach dem genetischen Muster der beiden europäischen Igelarten *Erina-*

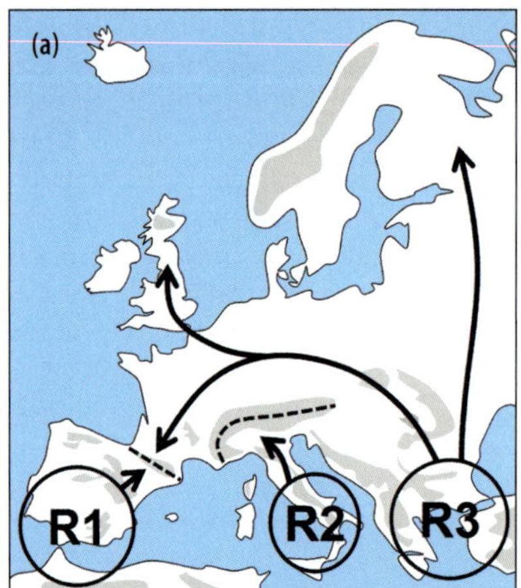

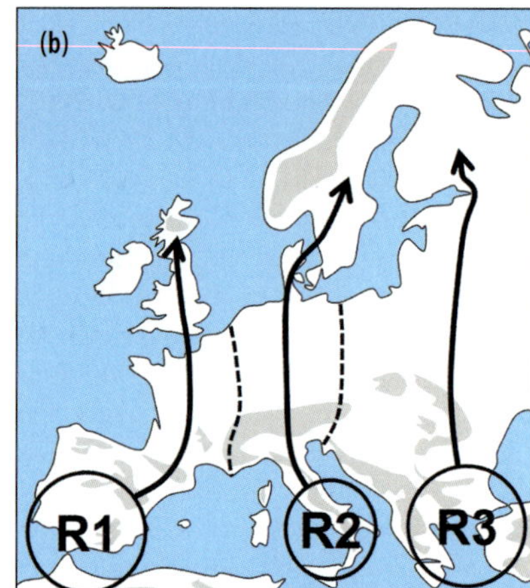

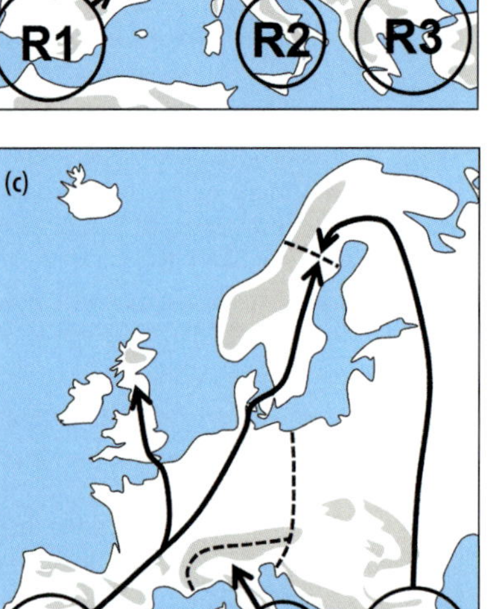

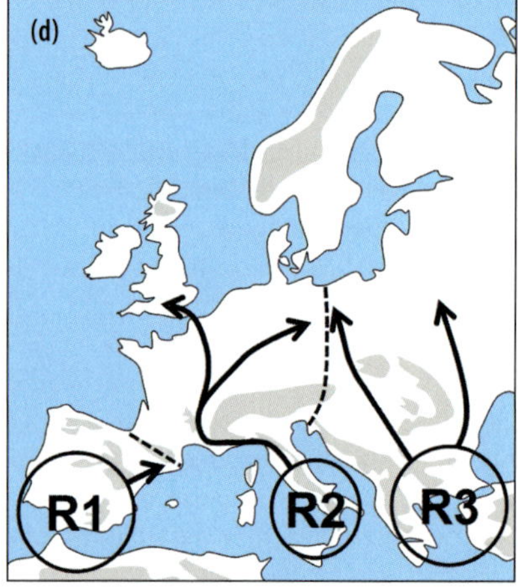

Abb. 5.14 Die vier Paradigmen der postglazialen Arealexpansion aus den drei großen Mittelmeerrefugien Europas. Die unterschiedliche Barrierewirkung von Alpen und Pyrenäen verursachen die unterschiedlichen Muster, die nach Hewitt (1999) und Habel et al. (2005) als (a) Grashüpfer-, (b) Igel-, (c) Bär- und (d) Schmetterlingsparadigma bezeichnet werden. Pfeile repräsentieren postglaziale Expansionslinien, durchbrochene Linien typische Kontaktzonen zwischen Linien, die bei diesem Typ der Arealexpansion entstehen. Basierend auf Schmitt (2007).

ceus europaeus und *E. concolor* (Santucci et al. 1998, Seddon et al. 2001, 2002) als **Igel-Paradigma** bezeichnet (Abb. 5.14b). Hewitt (1999) erkannte dieses Muster auch in den genetischen Strukturen von Eichen (*Quercus* spec.) (Dumolin-Lapègue et al. 1997), der Weißtanne *(Abies alba)* (Konnert & Bergmann 1995) und der Hausmaus *(Mus musculus)* (Bourset et al. 1993). Die westliche Expansion bei der Weißtanne erfolgte jedoch nicht aus der Iberischen Halbinsel, sondern aus einem Glazialrefugium im südlichsten Frankreich; insgesamt reichte die Expansion nicht weit nach Norden. Die Hausmaus stellt generell ein nur eingeschränkt gutes Beispiel für das Igelparadigma dar, da sie als einer der ältesten Kulturfolger ursprünglich aus dem Vorderen Orient stammt.

Vergleicht man die Mächtigkeit der Alpen und der Pyrenäen miteinander, so wird sofort klar, dass die Alpen eine stärkere Isolationswirkung besitzen sollten als die Pyrenäen, die deutlich schmaler und auch bei Weitem nicht so hoch wie diese sind. Dies spiegelt sich im **Bär-Paradigma** wider (Abb. 5.14c), das sich auf die phylogeographische Struktur des Braunbären *(Ursus arctos)* beruft (Taberlet & Bouvet 1994). Dieses Paradigma postuliert postglaziale Expansion sowohl aus der Balkanhalbinsel als auch aus Iberien, nicht jedoch aus Italien. Die Alpen verhindern in diesem Fall also die postglaziale Ausbreitung solange, bis der Raum nördlich von diesen bereits von anderen Linien besetzt ist. Die Pyrenäen bilden hingegen keine ausreichend starke Barriere, um die Ausbreitung über längere Zeit zu unterbinden. Die genetischen Muster des Braunbären weichen jedoch erheblich vom eigentlichen Bär-Paradigma ab und weisen eine deutlich komplexere Arealdynamik auf (Hofreiter et al. 2004, Hedrick & Waits 2005, Valdiosera et al. 2007, Ho et al. 2008, Krause et al. 2008, Davison et al. 2011, Hirata et al. 2013). So geht die östliche Expansion nicht von der Balkanhalbinsel aus, sondern stammt wahrscheinlich aus dem Karpatenraum, in dem die Art extramediterran zumindest das letzte Glazial überdauerte (siehe Kap. 5.2). Außerdem ist die italienische Linie, welche sich nicht über die Alpen ausbreitete, auch auf der Balkanhalbinsel weit verbreitet, dehnte sich jedoch auch von dieser nicht nach Norden aus, da ihr die Expansion vermutlich durch die nördlich angrenzende Gruppe im Karpatenbereich nicht möglich war. Deutlich besser als der Braunbär selbst folgt die Spitzmausart *Sorex araneus* dem Bär-Paradigma (Taberlet et al. 1994, Fumagalli et al. 1996). Hewitt (1999) stellt auch noch die Schermaus *(Arvicola terrestris)* (Taberlet et al. 1998) und die Spitzmausart *Crocidura suaveolens* (Taberlet et al. 1998) in dieses Paradigma. Auch phylogeographische Untersuchungen am Großen Ochsenauge *(Maniola jurtina)* unterstützen eine postglaziale Arealexpansion nach dem Bär-Paradigma (Habel et al. 2009).

Später als diese drei Paradigmen wurde von Habel et al. (2005) als Viertes das **Schmetterlings-Paradigma** nach den genetischen Mustern des Schachbrettfalter-Artenkomplexes *Melanargia galathea/lachesis* beschrieben (Abb. 5.14d). In diesem Fall war sowohl die italienische als auch die balkanische Linie postglazial expansiv, nicht jedoch die iberische, die durch die Schwesterart *M. lachesis* repräsentiert wird und geographisch weitgehend auf Iberien begrenzt ist. Die italienische Linie muss also die Alpen überwunden haben, bevor eine Expansion aus Iberien über die Pyrenäen stattgefunden hatte. Es ist für die italienische Schachbrettlinie somit wahrscheinlich, dass sie im frühen Postglazial die Alpen südwestlich umwanderten oder sogar bis in diesen Bereich im letzten Glazial verbreitet waren. Somit konnten sie sich mit der beginnenden Erwärmung schnell nach Frankreich ausdehnen und die Expansion von iberischen Populationen über die Pyrenäen unterbinden. Generell gibt es noch nicht viele weitere Beispiele für das Schmetterlingsparadigma, es wurde jedoch auch für die Bläulingsarten *Polyommatus coridon/hispana* (Schmitt & Seitz 2001a, Schmitt et al. 2005b) und *Polyommatus bellargus* (Schmitt & Seitz 2001b) nachgewiesen.

5.1.3 Ausbildung von Kontaktzonen in Europa

Durch die postglaziale Ausbreitung aus den glazialen Rückzugsgebieten im Mittelmeerraum trafen in verschiedenen Regionen Europas verschiedene genetische Linien aufeinander. In diesen Kontaktzonen bildeten sich mehr oder minder stark ausgebildete **Hybridzonen** aus. Die Intensität der Hybridisierung hängt weitgehend von zwei Parametern ab. Je stärker die aufeinandertreffenden Linien genetisch voneinander differenziert sind, desto wahrscheinlicher ist eine verringerte Fitness der entstehenden Hybridindividuen und desto weniger ausgeprägt wird die Hybridisierung zwischen den Linien ausfallen. In diesem Fall wächst auch die Wahrscheinlichkeit, dass Individuen fremder Linien schlechtere Chancen bei der Suche nach Paarungspartnern haben, was morphologische, hormonelle und/oder Gründe im Verhalten haben kann. Auch der Grad der Nutzung der zur Verfügung stehenden Ressourcen hat nicht unerheblichen Einfluss auf die Hybridisierung. Je vollständiger die in einem Bereich etablierten Individuen einer Linie die Ressourcen in ihrem Lebensraum nutzen, desto geringer wird die Chance von einwandernden Individuen einer fremden Linie, sich dort etablieren

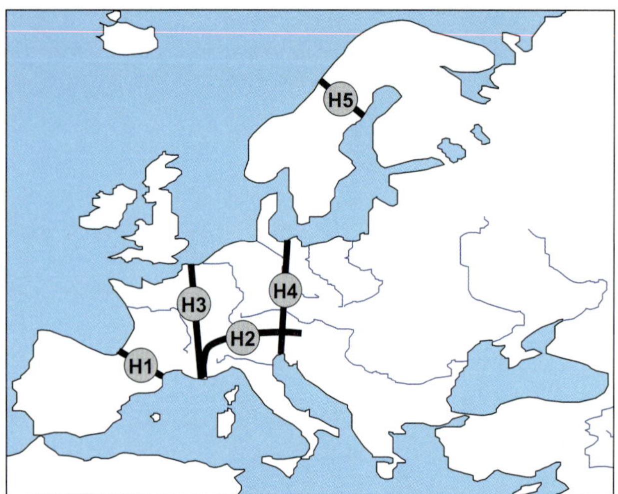

Abb. 5.15 Die fünf Bereiche Europas, in denen es auffällige Scharungen von Kontaktzonen unterschiedlicher genetischer Linien gibt. Die Pyrenäen (H1) und Alpen (H2) stellen gleichzeitig physikalische Barrieren für die Arealexpansion dar. Eine solche Barriere existiert nicht in den west-mitteleuropäischen (H3) und mittelskandinavischen Kontaktzonen (H5). Die ost-mitteleuropäische Kontaktzone (H4) weist teilweise physische Barrieren auf. Basierend auf Hewitt (2000) und Schmitt (2007).

zu können. Dies führt zur Reduktion der Ausbildung von Hybridzonen.

In Europa gibt es vor allem fünf Bereiche, in denen es eine auffällige Häufung von Kontaktzonen unterschiedlicher Linien gibt (Abb. 5.15).

Zwei dieser **Kontaktzonen** befinden sich entlang der **Hauptkämme** von **Alpen** und **Pyrenäen**, die postglaziale Arealexpansionen aus Italien und Iberien verhinderten. Da die jeweiligen Linien der entsprechenden Halbinsel deshalb in diesen Gebirgen in Kontakt mit den entsprechenden von Norden expandierenden Linien kommen, bilden sich die jeweiligen Kontaktzonen entlang der Gebirgszüge aus.

Völlig anders ist die Situation für die Kontaktzone im **westlichen Mitteleuropa** (in etwa im deutsch-französischen Grenzgebiet und bis zu den Westalpen) und in **Mittelskandinavien** (von der Atlantikküste bis zur Ostsee). In diesen Bereichen gibt es Scharungen von Kontaktzonen, ohne dass es klare physisch-geographische Ausbreitungsbarrieren gäbe. Da sich jedoch Individuen einer Art mit etwa gleicher Geschwindigkeit über den Raum ausbreiten (siehe auch Kap. 4), werden sie sich etwa in der Mitte zwischen ihren Ausbreitungszentren treffen. Wenn sich nun zwei genetische Gruppen gleichzeitig aus Iberien und der italienischen Halbinsel ausbreiten, so wird sich eine Kontaktzone im west-mitteleuropäischen Bereich ausbilden. Diese Kontaktzone ist also besonders wahrscheinlich, wenn die italienische und die iberische Linie expansiv werden, wie etwa im Fall des Braunbrustigels (Santucci et al. 1998). Auch wenn, wie im Fall des Bär-Paradigmas, nur die iberische und die balkanische Linie expansiv werden, kann sich in diesem Bereich eine Kontaktzone ausbilden, wie etwa für das Große Ochsenauge gezeigt wurde (Habel et al. 2009). Auch Mittelskandinavien liegt etwa auf halbem Weg zwischen dem iberischen und dem balkanischen Ausbreitungszentrum. Diese Region kann auf direktem Weg über Südskandinavien aus dem geographisch weiter entfernten Iberien erreicht werden; von der Balkanhalbinsel aus muss aber der Umweg über Finnland und Nordskandinavien genommen werden. Folglich weisen beide Gesamtwegstrecken etwa dieselbe Länge auf. Als ein klassisches Beispiel kann die zentralskandinavische Kontaktzone des Braunbären genannt werden (Taberlet & Bouvet 1994).

Etwas komplexer ist die Sachlage für die fünfte Kontaktzone im **ost-mitteleuropäischen Bereich**. Diese verläuft etwa im deutsch-polnischen und deutsch-tschechischen Grenzgebiet und erstreckt sich nach Süden durch die östlichen Alpen bis zur Adria. Diese Kontaktzone verläuft teilweise in Bereichen **ohne ersichtliche physische Barrieren**, wie etwa im deutsch-polnischen Grenzgebiet. In anderen Zonen befinden sich **orographische Barrieren**, wie etwa im Bereich zwischen Sachsen und Bayern im Westen und Böhmen im Osten. Die hier verlaufenden Gebirgszüge sind zwar bei Weitem keine Hochgebirge, sie gehören jedoch mit Höhen bis 1500 m NN zu den höheren Mittelgebirgen. Diese dürften in etlichen Fällen zur zeitweiligen Unterbindung der Expansion in einer Linie geführt haben, was zur Ausbildung von Hybridpopulationen entlang der Gebirgsgrade führte. Dies wurde beispielsweise für den Rundaugenmohrenfalter *(Erebia medusa)* gezeigt (Schmitt & Müller 2007) (De-

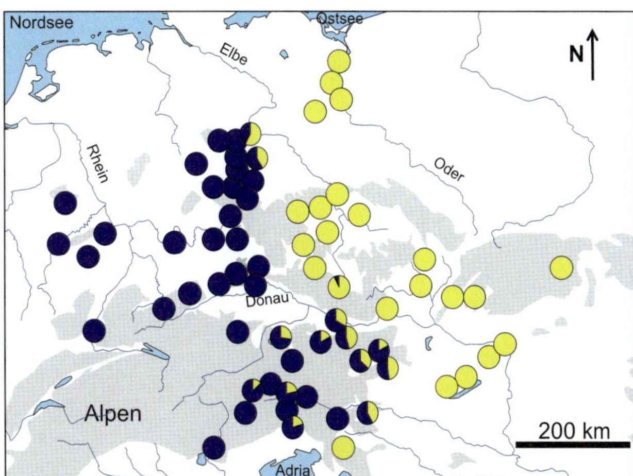

Abb. 5.16 Die ost-mitteleuropäische Kontaktzone und ihre Ausprägung beim Silbergrünen Bläuling *(Polyommatus coridon)*, basierend auf Allozympolymorphismen. Populationen der adriatomediterranen Linie aus Italien ohne Hybridsignal sind in Blau dargestellt, solche der pontomediterranen aus dem Balkan gelb; Hybridpopulationen sind anteilig ihres Hybridisierungsgrades gelb und blau eingefärbt. Daten aus Schmitt & Zimmermann (2012).

tails vgl. Kap. 5.2). Weiter im Süden verläuft die Kontaktzone durch die Ostalpen, wobei die westlichen Wasserscheiden der nach Osten entwässernden Flusssysteme (Save, Drau, Mur) oftmals wichtige biogeographische Grenzstrukturen darstellen.

Die umfangreichste Untersuchung zu dieser ost-mitteleuropäischen Kontaktzone liegt aktuell wohl für den **Silbergrünen Bläuling *(Polyommatus coridon)*** vor (Schmitt & Zimmermann 2012), die hier exemplarisch genauer beschrieben werden soll. Für diese Art erstreckt sich eine Kontaktzone zwischen einer italienischen und einer balkanischen Allozymlinie über den gesamten Bereich Ost-Mitteleuropas, wobei der Grad der Hybridisierung regional sehr unterschiedlich ausgeprägt ist (Abb. 5.16). Um die Ausprägung dieser Kontaktzone besser zu verstehen, sei angemerkt, dass diese Art an warme Magerrasenstandorte mit basischer Unterlage gebunden ist, also in Gebieten mit sauren Böden oder kühlen Klimaten weitgehend fehlt (Schmitt 2015).

Im Norden der Kontaktzone stellt das nordostdeutsche Sandgebiet eine ausgedehnte natürliche Barriere dar. Im Westen werden die Kalkgebiete Thüringens und Sachsen-Anhalts durch die Westlinie erreicht, im Osten die Oderhänge und die basenreicheren Gebiete bis Berlin durch die Ostlinie. Im sich zwischen diesen Grenzen erstreckenden Bereich gibt es nur sehr wenige für die Art nutzbare Habitate. Hier finden wir aber Populationen, die deutliche Hinweise auf eine starke Vermischung zwischen den beiden Linien aufweisen. Der besagte Bereich wurde somit vermutlich von beiden Seiten aus besiedelt.

Die Mittelgebirge zwischen Deutschland und Tschechien stellen ökologisch aufgrund ihrer sauren Ausgangsgesteine und ihres rauen Klimas für diesen Bläuling eindeutig Ungunsträume dar. Diese werden deshalb wohl nicht oder nur in Ausnahmefällen von Einzelindividuen überwunden. Daher gibt es auf beiden Seiten ausschließlich Populationen der entsprechenden Linie; die Barriere muss demnach als hochwirksame Grenze angesehen werden.

In den Alpen ist die Situation anders. Hier dringen beide Linien über die Flusssysteme vor und weisen insgesamt einen hohen Hybridisierungsgrad auf. Deshalb gibt es im Ostalpenbereich keine klare Trennung dieser beiden Linien; man muss entsprechend von komplexen Besiedlungswegen beider Linien mit intensiver regionaler und lokaler Vermischung ausgehen. Für den Silbergrünen Bläuling gibt es folglich sehr unterschiedliche Strukturen entlang der ost-mitteleuropäischen Kontaktzone, die zu unterschiedlichen regionalen Hybridisierungsgraden führen.

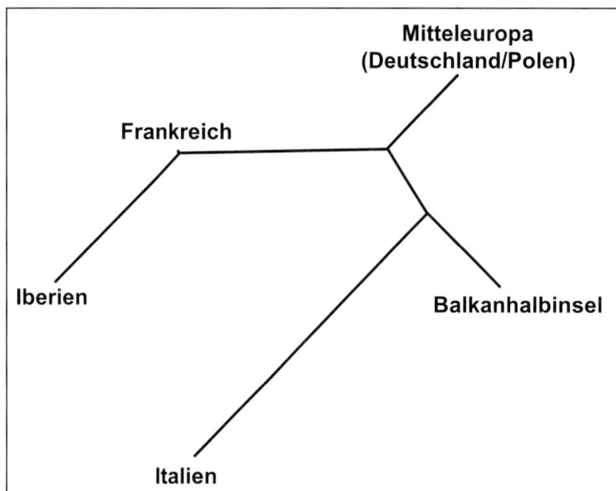

Abb. 5.17 Die makrogenetische Struktur Europas für Arten mit mediterranen Ausbreitungszentren nach Taberlet et al. (1998). Die Längen der Äste geben die phylogeographische Differenziertheit der entsprechenden Regionen wieder.

5.1.4 Die makrogenetische Struktur Europas für Arten mit mediterranen Ausbreitungszentren

Trotz der großen Diversität der unterschiedlichen Ausbreitungsprozesse von Arten mit mediterranen Ausbreitungszentren ergibt sich durch den repetitiven Charakter dieser Muster eine charakteristische makrogenetische Struktur über ganz Europa. Diese wurde von Taberlet et al. (1998) schon vor längerer Zeit in einer Metaanalyse aller zu diesem Zeitpunkt existierenden phylogeographischen Arbeiten untersucht. Die hierbei gewonnenen Erkenntnisse haben für mediterrane Elemente im Prinzip bis heute ihre Gültigkeit (Abb. 5.17).

Durchschnittlich unterscheidet sich Italien makrogenetisch am stärksten von allen anderen Bereichen Europas. Diese Region ist durch die Alpen, die die größte Ausbreitungsbarriere in Europa darstellen, am stärksten von den anderen Biota des Kontinents isoliert. Gefolgt wird Italien von Iberien, das aber aufgrund der geringeren Isolationswirkung der Pyrenäen im Vergleich zu den Alpen keine so isolierte Stellung aufweist. Die geringste makrogenetische Eigenständigkeit unter den großen mediterranen Refugialbereichen Europas weist die Balkanhalbinsel auf, da ihre Linien in allen bekannten Fällen nach Norden expandierten. Deshalb gibt es auch eine starke genetische Kohärenz zwischen der Balkanhalbinsel und dem zentralen und östlichen Mitteleuropa (also Deutschland und Polen). Das westliche Mitteleuropa (also Frankreich) besitzt eine Mittelstellung zwischen Iberien und der Balkanhalbinsel, da es von manchen Arten von Iberien, von anderen von der Balkanhalbinsel aus besiedelt wurde. Folglich beobachten wir in diesem Bereich eine starke postglaziale Vermischung unterschiedlicher Biota.

5.1.5 Zusammenfassung mediterrane Arten

Die typischen mediterranen Faunenelemente besaßen ihre letzten Ausbreitungszentren und somit auch ihre würmglazialen Refugien im Mittelmeerraum. Von besonderer Bedeutung als Rückzugsgebiete waren insbesondere fünf Regionen: der Maghreb, Iberien, Italien, die Balkanhalbinsel und Kleinasien. In der Mehrzahl der Fälle entwickelten sich in diesen Refugien durch geographische Isolation eigenständige genetische Linien. In jedem einzelnen dieser Bereiche kam es häufig auch zur Evolution mehrerer genetischer Linien, vor allem im Maghreb und im Süden der jeweils anderen Zentren, sogenannte «Refugien-in-Refugien», die oft zu hochkomplexen Strukturen führten.

Im Postglazial kam es zu Arealexpansionen aus den würmglazialen Refugien. Die sich hierbei entwickelnden genetischen Muster hängen maßgeblich davon ab, ob die Gebirgszüge der Alpen bzw. Pyrenäen die Linien aus Italien bzw. Iberien bei der Arealausweitung blockierten oder nicht. Insgesamt werden vier unterschiedliche Paradigmen unterschieden, die jeweils durch einen Modellorganismus repräsentiert werden:

- Im Grashüpfer-Paradigma verhinderten sowohl die Alpen als auch die Pyrenäen die Ausbreitung, sodass die balkanische Gruppe den gesamten Invasionsraum besiedelte.
- Im Fall des Igel-Paradigmas wurden beide Gebirge überwunden, sodass sich die Linien aus allen drei großen

Mittelmeerhalbinseln streifenförmig nach Norden ausdehnten.

- Für das Bär-Paradigma stellten lediglich die Alpen eine bedeutende Barriere dar, sodass Expansion sowohl aus Iberien wie auch aus dem Südosten Europas erfolgte.
- Im Schmetterlings-Paradigma wurde die iberische Linie durch die Pyrenäen an der Ausbreitung gehindert, nicht jedoch die italienische durch die Alpen, sodass nur die italienischen und balkanischen Linien Mitteleuropa besiedelten.

Die postglazialen Besiedlungsprozesse können auf unterschiedliche Weisen erfolgen; phalanxartig, trittsteinartig und leptokurtisch. Vor allem bei Ersterem bleibt die genetische Diversität über den gesamten Ausbreitungsprozess meist erhalten, sodass sich keine Gradienten genetischer Diversität ausbilden. Trittsteinartige und, noch stärker ausgeprägt, leptokurtische Expansionsprozesse führen zu genetischen Verlusten im Verlauf der Besiedlung, die zur Ausprägung genetischer Gradienten mit südlichem Reichtum und nördlicher Armut führen.

Wiederholte Expansionen und Regressionen in der Abfolge von Warm- und Kaltzeiten können zu hochkomplexen Arealgeschichten und entsprechenden genetischen Mustern führen. Speziell auf den Mittelmeerhalbinseln finden sich genetische Gruppen, deren Entstehungsgeschichten teilweise weit älter als das Pleistozän sind.

5.2 Kontinentale Arten

Die große Gruppe der Arten mit kontinentalen Verbreitungsmustern, also solche Arten, die nicht oder nur randlich in den Mittelmeerraum eindringen und auch den atlantischen Bereich Westeuropas meiden, dafür aber weit nach Asien verbreitet sind, oft sogar bis zum Pazifik und bis nach Japan, wurde früher (wie oben schon erläutert) als in den Glazialen in Europa gänzlich fehlend interpretiert. Ihre glazialen Refugien wurden damals zur Gänze in der östlichen Paläarktis angenommen, vorwiegend in **mandschurischen** und **mongolischen Rückzugsgebieten** (de Lattin 1964). Aus diesen wurden schnelle postglaziale Expansionen durch ganz Asien bis nach Europa postuliert (Abb. 1.8b). Schon damals war den Biogeographen jedoch aufgefallen, dass sich an den sogenannten **Stauungslinien** (also den Zonen besonders schneller Abnahme dieser Arten zum Mittelmeerraum und zum Atlantik hin) augenfällige Häufungen von morphologisch differenzierten Populationen befinden (Abb. 5.18). Diese morphologischen Differenzierungen wurden damals auf schnelle randliche Subspeziationsprozesse zurückgeführt, denen lediglich postglaziales Alter zugestanden wurde.

Die allgemeine Gültigkeit dieser Annahmen wurde jedoch bereits seit den späten 1960er- und 1970er-Jahren angezweifelt (z.B. Varga 1967, 1975, 1977, Aspöck et al. 1976, Aspöck 1979, Malicki 1983). Besonders wichtig für die weite Akzeptanz der Bedeutung von **extramediterranen Glazialrefugien** für wärmeliebende Arten war die Übersichtsarbeit von Stewart & Lister (2001), in der klare Evidenzen für **kryptische Refugien** solcher Arten nördlich der Mediterranrefugien in klimatisch begünstigten, aber geographisch streng begrenzten Zonen aufgezeigt wurden. Seitdem wurde die hohe Relevanz dieser Rückzugsgebiete für die Zusammensetzung der europäischen Floren und Faunen mittels genetischer Analysen vielfach belegt (Übersichtsarbeiten in Provan & Bennet 2008, Stewart et al. 2010, Schmitt & Varga 2012). Unterstützt werden diese Evidenzen durch aktuelle Arbeiten an Pollenprofilen (Übersicht in Birk & Willis 2008) und Arealsimulationen (Übersicht in Svenning et al. 2008). Im Folgenden werden nun die Entwicklungen der letzten knapp zwanzig Jahre im Bereich der Phylogeographie zur Bedeutung extramediterraner Glazialrefugien und den daraus

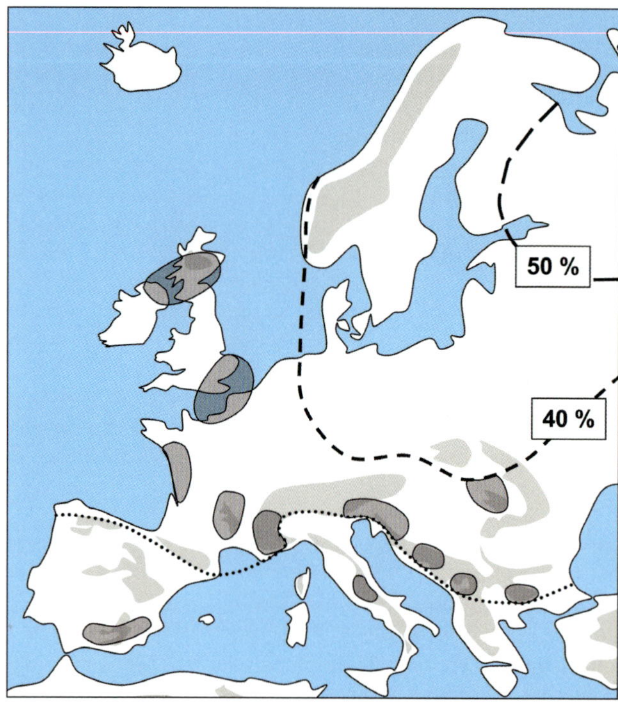

Abb. 5.18 Zonen mit besonderen Häufungen von marginalen Unterarten von Taxa mit typischen kontinentalen Verbreitungsmustern (umrandete graue Flächen). Viele dieser Regionen wurden später als wichtige extramediterrane Überdauerungszentren in den Eiszeiten für thermophile Arten erkannt. Die südliche Grenze dieser Bereiche stimmt weitgehend überein mit der Stauungslinie sibirischer Faunenelemente *sensu* de Lattin in Europa (punktierte Linie). Die regionalen Anteile von sibirischen Arten in den entsprechenden Faunen ist durch unterbrochene Linien gleicher Prozentanteile dargestellt (nach de Lattin 1967 und Varga 1971, Abbildung nach Schmitt & Varga 2012).

resultierenden Arealexpansionen vorgestellt. Da die Muster, die sich für diese extramediterranen Refugialzentren ergeben, weniger paradigmatisch sind als für die mediterranen Arten, werden zuerst die Ergebnisse für verschiedene Arten vorgestellt und aus diesen Ergebnissen eine Synthese herausgearbeitet.

5.2.1 Extramediterrane Arealkerne und ihre Arealdynamiken

5.2.1.1 Beispiel Tagfalter

Eine der am besten untersuchten Arten mit extramediterranen Arealkernen ist der **Rundaugen-Mohrenfalter** *(Erebia medusa)*. Für diese mesophile Wiesenart windgeschützter Standorte liegen umfangreiche Untersuchungen von Allozympolymorphismen, aber auch mtDNA-Sequenzen über einen weiten Teil ihrer europäischen Verbreitung vor (Schmitt & Seitz 2001c, Schmitt & Müller 2007, Schmitt et al. 2007, Hammouti et al. 2010, Besold & Schmitt 2015). Insgesamt wurden bisher folgende genetische Linien unterschieden: zwei Linien in Mitteleuropa von Ostfrankreich bis nach Tschechien, eine am Südalpenrand, sechs oder mehr im und um das Karpatenbecken herum sowie eine weitere Linie in Bulgarien mit sehr deutlicher Subdifferenzierung.

Insgesamt waren die genetischen Differenzierungen zwischen den Linien von *E. medusa* deutlich höher als bei den meisten Schmetterlingsarten mit klassischen mediterranen Rückzugsgebieten. Wenn man nicht von einer sehr schnellen Evolution von diversen Linien in Europa für diese Art ausgeht, die weit über zehnmal schneller wäre als für die klassischen mediterranen Faunenelemente unter den Schmetterlingen, so kann für den Rundaugen-Mohrenfalter eindeutig nicht von einer postglazialen Immigration aus Ostasien ausgegangen werden, wie für diese Art z.B. von de Lattin (1957) postuliert. Wir müssen vielmehr von einer Mehrzahl extramediterraner Glazialrefugien ausgehen, die sich über weite Bereiche des mittleren Europas erstreckt haben sollten.

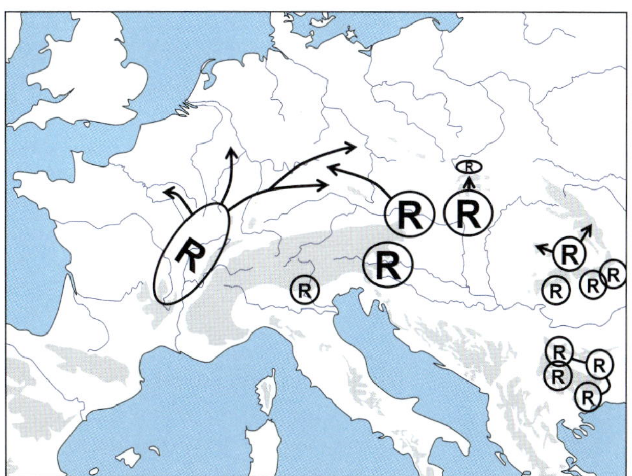

Abb. 5.19 Mögliche würmglaziale Verbreitungsmuster (symbolisiert durch «R») des Rundaugen-Mohrenfalters *(Erebia medusa)* und angenommene postglaziale Arealexpansionen (symbolisiert durch Pfeile), basierend auf Allozympolymorphismen und Sequenzen des mitochondrialen COI-Gens. Überlappende Refugialsymbole oder Linien zwischen diesen stehen für die Möglichkeit stärkeren glazialen Genflusses zwischen diesen oder sogar ein größeres zusammenhängendes Rückzugsgebiet (vor allem im Fall von Bulgarien) (nach Schmitt & Seitz 2001c, Schmitt et al. 2007, Hammouti et al. 2010 und Besold & Schmitt 2015, Abbildung nach Schmitt & Varga 2012).

Vor allem drei Bereiche Europas erweisen sich für diese Art als besonders bedeutsam bezüglich dem Überdauern glazialer Kältephasen (Abb. 5.19): der Bereich um die Alpen herum, der gesamte Karpatenraum und die Balkanhalbinsel. Vier der festgestellten Linien haben vermutlich am Rand der vergletscherten Alpen zumindest das letzte Glazial überlebt, und zwar westlich, südlich, östlich und nordöstlich der großen Vergletscherungen. Bisher nicht publizierte Daten lassen vermuten, dass es vor allem am Alpensüd- und -ostrand noch eine größere Zahl bisher unbekannter genetischer Linien gibt, die auch in diesen Bereichen die letzte Kaltzeit überdauerten.

Eine wesentliche Frage ist nun, warum eine Art wie der Rundaugen-Mohrenfalter gerade am Rand der vergletscherten Hochgebirge günstige Bedingungen zum Überleben fand, wohl aber nicht in den sich westlich und nördlich anschließenden glazialen Steppenbereichen. Da die winterlichen Temperaturen sich zwischen diesen Regionen nicht wesentlich unterschieden haben dürften, sollten diese nicht das Ausschlusskriterium darstellen, insbesondere, da die Art in Zentralasien heute in Regionen mit teilweise extremer Winterkälte auftritt (Korschunov & Gorbunov 1995). Deutlich unterschieden haben sich diese Bereiche jedoch in der Verfügbarkeit von Feuchtigkeit. Die glazialen Steppen Mitteleuropas waren dauerhaft beeinflusst durch die stabile Kälteantizyklone über dem nordeuropäischen Eisschild. Dies führte zu einer Ablenkung der regenbringenden Tiefausläufer in den Mittelmeerraum, sodass der mitteleuropäische Bereich ausnehmend trockene Standorte repräsentierte. Anders waren die Verhältnisse am **Rand der großen Alpengletscher**, die vermutlich durch die **Schmelzwässer** an ihrem Rand ein deutlich **feuchteres Umfeld** schufen. Es ist deshalb wahrscheinlich, dass es die eingeschränkte Feuchtigkeit in Mitteleuropa und nicht die Kälte war, die Arten in solche Refugien am Alpenrand und an andere klimatisch begünstigte Stellen zurückdrängte (Schmitt & Seitz 2001c).

Nun wird auch verständlich, warum der Rundaugen-Mohrenfalter glaziale Überdauerungszentren im Karpatenbereich aufwies, und hier vor allem in der Nähe der am stärksten vergletscherten Bereiche am Südrand der Tatra und den Südkarpaten, letztere mit mindestens zwei glazialen Überdauerungszentren. Zu diesen Rückzugsgebieten kommt noch ein weiteres im transsilvanischen Becken hinzu, das aufgrund seiner Beckenlage auch eine **günstigere Feuchtigkeitsversorgung** aufgewiesen haben sollte als weite Bereiche der pannonischen Tiefebene. Neuere Forschungen unterstützen sogar ein würmglaziales Rückzugsgebiet am Nordrand der Tatra (Besold & Schmitt 2015).

Die günstigsten Bedingungen für die Überdauerung zumindest der letzten Kaltzeit fand *E. medusa* aber wohl auf der **Balkanhalbinsel**. Dies wird durch die besonders hohen genetischen Diversitäten deutlich unterstützt, die in dieser Region im Vergleich zum restlichen Areal existieren (Schmitt et al. 2007). Auch sind die genetischen Differenzierungen deutlich geringer ausgeprägt, als dies weiter nördlich in Europa der Fall ist. Obwohl diese Daten nur für Bulgarien erhoben wurden und somit keine Aussagen über den Westbalkan zulassen, darf doch angenommen werden, dass es zumindest auf dem Ostbalkan im letzten Glazial individuenstarke Populationen gab, was sich in den hohen genetischen Diversitäten spiegelt. Diese Populationen standen wegen der generell günstigen Bedingungen eventuell über den ganzen Raum in Genaustausch miteinander, zumindest jedoch während der milderen Interstadialphasen. Diese Konstellation könnte zur verhältnismäßig geringen Differenzierung in diesem Bereich im Vergleich mit dem Rest Europas beigetragen haben. Es sei jedoch darauf hingewiesen, dass sich die balkanischen Rückzugsgebiete von *E. medusa* wohl von den klassischen mediterranen Rückzugsgebieten in diesem Raum unterschieden und vor allem die kontinentalen (also extramediterranen) Bereiche der Balkanhalbinsel umfassten.

Die westlichste Linie von *E. medusa* in Ostfrankreich und Deutschland weist eine markante interne Differenzierung auf. Ein erster Split trennt die Populationen aus dem französischen Jura und Baden-Württemberg von denjenigen aus dem Rest Deutschlands. Zwischen Baden-Württemberg und dem französischen Jura lässt sich keine weitere Differenzierung nachweisen, sehr wohl aber in der zweiten Unterlinie, die sich in eine Westgruppe im Saarland und im westlichen Rheinland-Pfalz sowie eine Ostgruppe auftrennt, die im Dreieck vom östlichen Rheinland-Pfalz nach Thüringen und Südbayern verbreitet ist. Diese Struktur ist durch Cluster-Analysen (Abb. 5.20a) und hierarchische Varianzanalysen unterstützt und spricht für eine hohe spätglaziale Arealdynamik der westlichsten Linie.

Ein wahrscheinliches Szenario für diese Strukturen ist, dass sich diese Linie in den milderen und feuchteren Interstadialen* des Mittelwürms bis ins südliche Mitteleuropa ausbreitete. In der extrem kalten und trockenen Phase des **Letzten Glazialen Maximums*** (LGM) vor gut 20 000 Jahren zog sie sich aber weitgehend an den westlichen Alpenrand zurück; ein kleines Vorkommen überdauerte diese Phase jedoch auch im westlichen Mitteleuropa in einer klimatisch günstigen und vor allem mit Feuchtigkeit versorgten Region (Abb. 5.20b). Hierfür spricht zusätzlich, dass die meisten deutschen Populationen aktuell deutlich geringere genetische Diversitäten aufweisen als die Populationen aus Baden-Württemberg und dem französischen Jura. Dies könnte ein Hinweis auf einen **genetischen Flaschenhals** in einem **kleinräumigen Inselvorkommen** sein. Mögliche Regionen für dieses extramediterrane Zentrum im LGM sind das Rhein-Main-Gebiet, aber auch Bereiche entlang des Oberrheingrabens und das Moseltal.

Mit der ersten Erwärmungsphase des abklingenden Würmglazials, dem **Alleröd***, breiteten sich die Populationen dieses kleinen extramediterranen Arealkerns wohl schnell über weitere Bereiche Deutschlands aus, um in der sich anschließenden **Jüngeren Dryas***, dem letzten Kältevorstoß des Würmglazials, auf zwei Arealkerne in klimatisch begünstigten Bereichen des westlichen Deutschlands zu schrumpfen. Das Moseltal und das

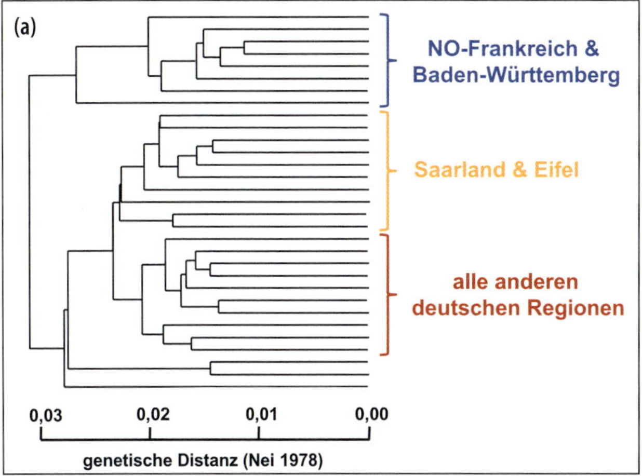

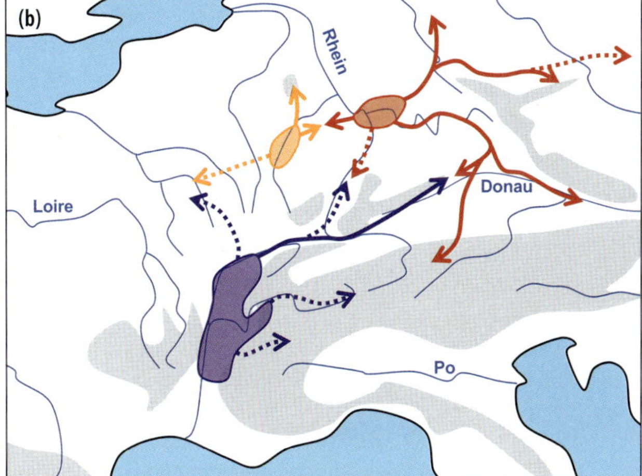

Abb. 5.20 Phylogeographie des Rundaugen-Mohrenfalters *(Erebia medusa)*. (a) Clusteranalysen (UPGMA), basierend auf genetischen Distanzen (Nei 1978) von Allozympolymorphismen und (b) die drei postulierten Arealkerne (schraffiert) der westlichsten Linie während des Kälterückschlags der Jüngeren Dryaszeit am Ende des Würmglazials und postglaziale Expansionen aus diesen Zentren mit der postglazialen Erwärmung; unterbrochene Linien repräsentieren weniger stark genetisch unterstützte Expansionsrichtungen als durchgezogene. Abbildungen nach Schmitt & Seitz (2001c).

Rhein-Main-Gebiet sind aufgrund der aktuellen Verbreitungsmuster der sich aus diesem Vikarianzereignis entwickelnden Linien die wahrscheinlichsten Regionen für diese Überdauerungszentren.

Mit dem Abklingen der Jüngeren Dryas und der endgültigen Erwärmung nach dem Würmglazial dehnten sich alle drei Arealkerne der westlichsten Linie von *E. medusa* aus. Die südliche Teillinie dehnte sich durch die **Burgundische Pforte*** nach Baden-Württemberg aus, wurde jedoch durch die Ausdehnung der östlichen Teillinie an der weiteren Ausdehnung nach Bayern und Rheinland-Pfalz gehindert. Die östliche Teillinie dehnte sich nicht nur bis Südbayern aus, sondern auch in nordwestlicher Richtung nach Mitteldeutschland. Bei ihrer Ausdehnung nach Westen traf sie aber recht bald auf die westliche Teillinie, weshalb sich im Hunsrück eine Kontaktzone zwischen beiden befindet. Da sich die westliche Teillinie recht nah am rezenten Arealrand der Art befindet und sie sowohl nach Süden und Osten durch das Vordringen der beiden anderen Teillinien an einer weiteren Ausbreitung gehindert wurde, ist ihre geographische Ausdehnung aktuell die wohl kleinste der drei.

Neben der westlichsten Linie zeigten auch die anderen Linien von *E. medusa* deutliche Arealdynamiken über die Zeit. Die Linien, die das Würmglazial am süd-

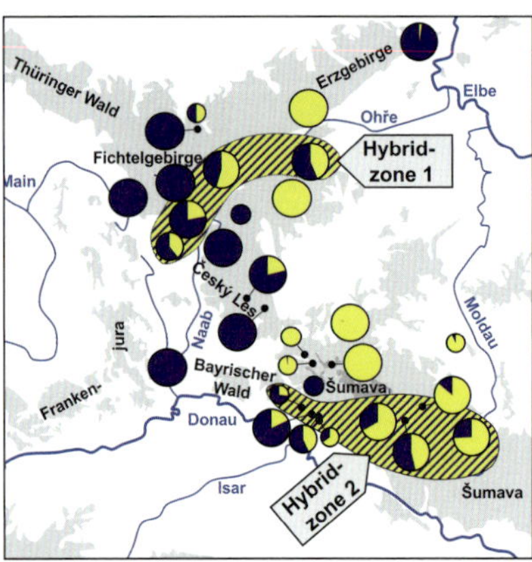

Abb. 5.21 Geographische Verbreitung von zwei genetischen Linien des Rundaugen-Mohrenfalters *(Erebia medusa)* im deutsch-tschechischen Grenzgebiet, basierend auf Allozympolymorphismen. Populationen, die rein die West- bzw. Ostlinie repräsentieren, sind blau bzw. gelb dargestellt. Hybridpopulationen sind anteilig ihrer Hybridanteile in beiden Farben wiedergegeben. Die beiden Bereiche mit intensiver Hybridisierung sind durch Schraffierung hervorgehoben. Abbildung nach Schmitt & Müller (2007).

lichen und östlichen Alpenrand überdauert hatten, breiteten sich in die nun eisfrei werdenden Alpen aus. Eine Linie, welche am nordöstlichsten Alpenrand oder in Südmähren (südöstliches Tschechien) ihr würmglaziales Refugium besaß, expandierte über weite Bereiche Tschechiens und traf in den Grenzgebirgen zu Bayern und Sachsen auf die westliche Linie. Beide weisen an wenigen Stellen dieser **Kontaktzone** Hybridisierungen zwischen den beiden Linien auf; meist ergibt sich aber eine recht klare Grenze entlang der Grate der Gebirgszüge (Abb. 5.21; Schmitt & Müller 2007). Auch die Analyse mitochondrialer DNA unterstützt eine Kontaktzone dieser beiden Linien im selben Bereich (Hammouti et al. 2010).

In Südosteuropa zogen sich die Populationen im Postglazial weitgehend aus dem Transsilvanischen Becken in die umliegenden Gebirge des Apusenigebirges im Westen und der Ostkarpaten im Osten zurück. Deshalb sind die Populationen aus diesen Bereichen genetisch fast identisch, trotz mehr als einhundert Kilometern dazwischen, die mehr oder weniger unbesiedelt sind. Die Rückzugsgebiete am Südfuß der Südkarpaten verlagerten ihre vertikale Verbreitung mit der klimatischen Erwärmung auch entsprechend in höhere Bereiche der Karpaten. Ähnliches trifft für Bulgarien zu, wo sich der Rundaugen-Mohrenfalter unter aktuellen klimatischen Bedingungen völlig aus den heißen Ebenen in die Bergregionen zurückgezogen hat. Trotz dieser aktuell nicht zusammenhängenden Vorkommen sind die geographischen Trennungen im Postglazial so rezent, dass sie noch keine Signatur in der genetischen Struktur hinterließen (Abb. 5.19; Schmitt et al. 2007).

Es sei noch kurz erwähnt, dass für *E. medusa* auch zahlreiche morphologisch definierte Unterarten beschrieben wurden, von denen einige sogar die oben beschriebenen genetischen Muster unterstützen. Die Anzahl der aus den Allozym- und mtDNA-Mustern abgeleiteten Refugien ist jedoch bedeutend höher als diejenige aus Hinweisen morphologischer Differenzierung. Auch die weitgehend kontinuierliche rezente Verbreitung erlaubt keine klaren biogeographischen Aussagen. Der Rundaugen-Mohrenfalter ist also eine Art, bei der eine detaillierte biogeographische Bearbeitung der Arealgeschichte ohne genetische Analysen kaum möglich gewesen wäre.

Eine *E. medusa* in mehreren Punkten ähnelnde phylogeographische Struktur zeigt der **Schwarze Apollo** ***(Parnassius mnemosyne)***. Für diese Schmetterlingsart untersuchten Gratton et al. (2008) den mitochondrialen Genort COI über weite Bereiche Ost- und Südosteuropas. Die genetischen Strukturen, die eine größere Anzahl von vergleichsweise kleinarealen Linien besitzen (Abb. 5.22a, b), weisen auf eine Mehrzahl extramediterraner würmglazialer Refugien im südosteuropäischen Raum hin. Deren nördlichstes

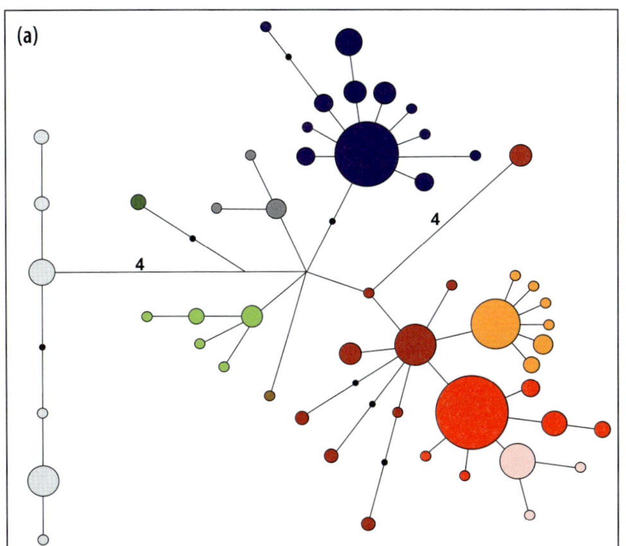

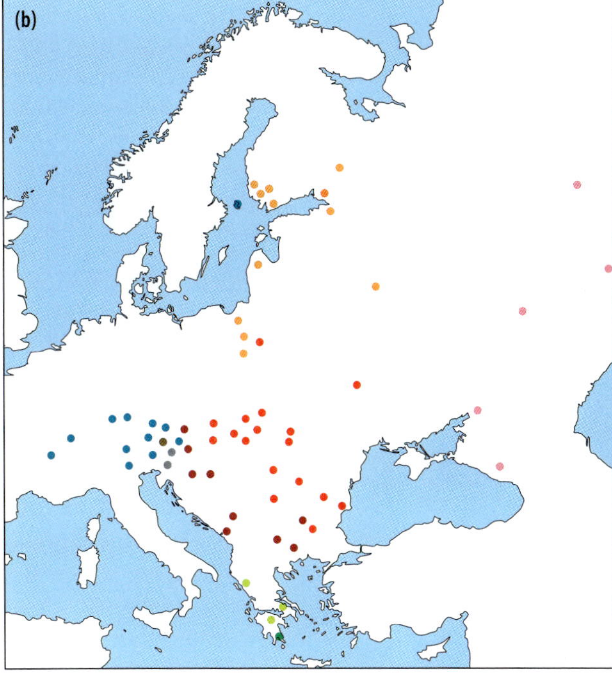

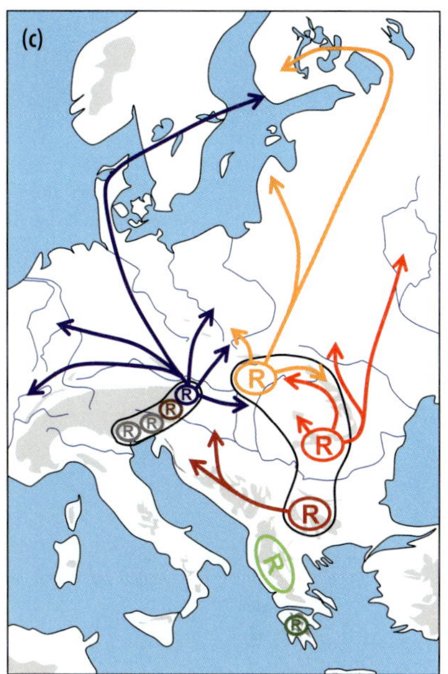

Abb. 5.22 Phylogeographie des Schwarzen Apollos *(Parnassius mnemosyne)* in Ost- und Südosteuropa. (a) Haplotypennetzwerk, basierend auf etwa 1000 Basenpaaren der mitochondrialen COI, (b) geographische Verteilung der Haplotypengruppen sowie (c) würmglaziale Arealkerne und postglaziale Arealexpansionen. Abbildung nach Gratton et al. (2008).

befand sich wahrscheinlich im Hügelland, das den Nordkarpaten südlich vorgelagert ist. Insgesamt wurden vier distinkte genetische Linien mit folgenden würmglazialen Refugialgebieten unterschieden: eine am Alpenost- und -südostrand mit mehrere würmglaziale Arealkernen, eine zweite, die sich über den gesamten Karpatenbogen bis nach Bulgarien erstreckt, eine dritte im westlichen Griechenland und Albanien sowie eine vierte auf der Halbinsel Peloponnes (Abb. 5.22c).

Die beiden letztgenannten Refugialzentren weisen scheinbar Übereinstimmung mit typischen pontomediterranen Refugialzentren auf, jedoch besitzt gerade die Balkanhalbinsel sehr starke Kontinentalitätsgradienten. Deshalb befinden sich hier extramediterrane Zentren in räumlicher Nähe zu den echten Mediterranrefugien in den Küstenregionen, eventuell sogar bis auf die Peloponnes, in dessen ausgeprägtem Bergland schneereiche Winter normal sind. Somit sollten diese südlichen Refugialzentren des Schwarzen Apollos keine pontomediterranen Zentren im engeren Sinne darstellen, sondern **extramediterrane Subzentren des pontomediterranen Großraumes** repräsentieren.

Eindeutig als extramediterrane Glazialrefugien sind die Zentren am östlichen Alpenrand und im Karpatenbereich zu bezeichnen; nur diese sind verantwortlich für bedeutende postglaziale Arealexpansionen. Am **Alpensüd- und -südostrand** existieren genetische Hinweise auf eine **Kette von glazialen Arealkernen**, von denen der nordöstlichste das entsprechende ***leading edge*** darstellte. Nur aus diesem fand großräumige postglaziale Expansion statt, durch die Teile des westlichen Karpatenbeckens und Polens sowie Tschechien, Deutschland, Dänemark, Südskandinavien und sogar Teile Südwestfinnlands besiedelt wurden.

Die Karpatenlinie besaß vermutlich drei wichtige würmglaziale Arealkerne: im Bereich der nördlichen Karpaten, in der Umgebung der Südkarpaten und in Westbulgarien. Die beiden karpatischen Subzentren sind wahrscheinlich verantwortlich für die postglaziale Besiedlung des gesamten karpatischen Raumes, wo sie sich regional deutlich vermischen. Die nördliche Karpatengruppe dehnte sich außerdem nach Norden über das Baltikum bis nach Südfinnland aus, die Südkarpatengruppe östlich von dieser nach Westrussland. Aus dem westbulgarischen Zentrum leitet sich wahrscheinlich die postglaziale Besiedlung des Westbalkanbereichs ab. Auch dieses Beispiel spiegelt die hohe Komplexität der Phylogeographie von Arten mit extramediterranen Refugialgebieten wider.

5.2.1.2 Beispiel Kreuzotter

Ein weiteres Beispiel für Differenzierung in extramediterranen Refugien ist die **Kreuzotter *(Vipera berus)*** (Ursenbacher et al. 2006b). Diese Schlange besitzt eine weite Verbreitung von den Britischen Inseln durch ganz Eurasien bis zum Pazifik, fehlt aber im Mittelmeergebiet. Die Vorkommen auf der Balkanhalbinsel beschränken sich auf die Gebirge, befinden sich also in ihren kontinentalen winterkalten Gebieten und meiden den mediterranen Küstenstreifen. Wendet man die alten biogeographischen Interpretationen für solche Verbreitungsmuster an, dann müsste sich die Kreuzotter im Postglazial schnell aus einem mandschurischen würmeiszeitlichen Refugium durch ganz Eurasien nach Westen bis zur europäischen Atlantikküste ausgedehnt haben. Jegliche Differenzierung in Europa müsste folglich Resultat postglazialer Evolutionsprozesse sein. Diese Hypothesen sind nach Sequenzierungen von fast 2000 Basenpaaren mitochondrialer DNA (Cyt-b, Kontrollregion) über große Bereiche des Verbreitungsgebiets von *V. berus* hinfällig (Ursenbacher et al. 2006b). Innerhalb Europas gibt es drei Hauptlinien, die von ihrer Entstehungsgeschichte wohl älter als das gesamte Pleistozän sind. Zwei von diesen sind endemisch für Teilbereiche Europas, die dritte ist über Großteile Europas und in Asien verbreitet (Abb. 5.23). Ein bedeutender Anteil der innerartlichen Evolution muss folglich in Europa stattgefunden haben; zudem muss die Art auch im Pleistozän kontinuierlich in Europa präsent gewesen sein. Die beiden kleinarealen Hauptlinien sind heute auf die südlichen Alpen und die Gebirgsregionen der Balkanhalbinsel beschränkt. Das letztere Areal deckt sich mit der Verbreitung der Unterart *V. berus bosniensis*. Folglich müssen sich die letzten Refugialbereiche in diesen Bereichen oder in ihrer unmittelbaren Nähe befunden haben; beide Linien durchliefen hier zumindest einen großen Teil, wenn nicht gar ihre gesamte Evolutionsgeschichte. Dies spricht für ein bedeutendes **extramediterranes würmglaziales**

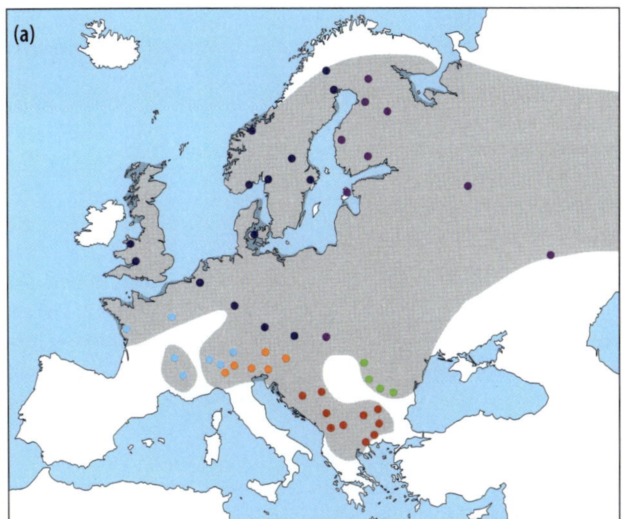

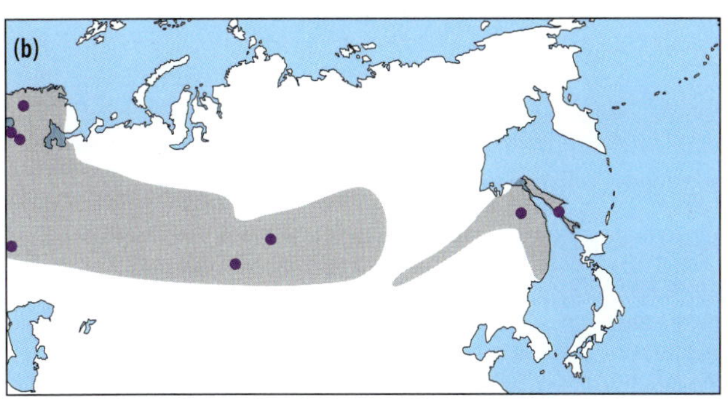

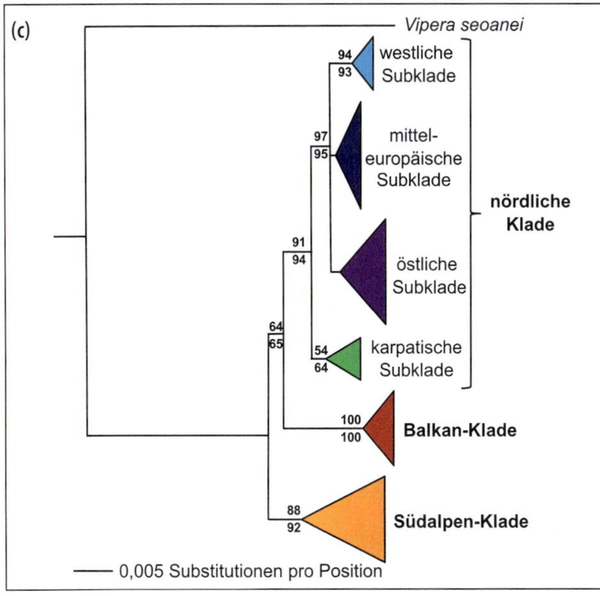

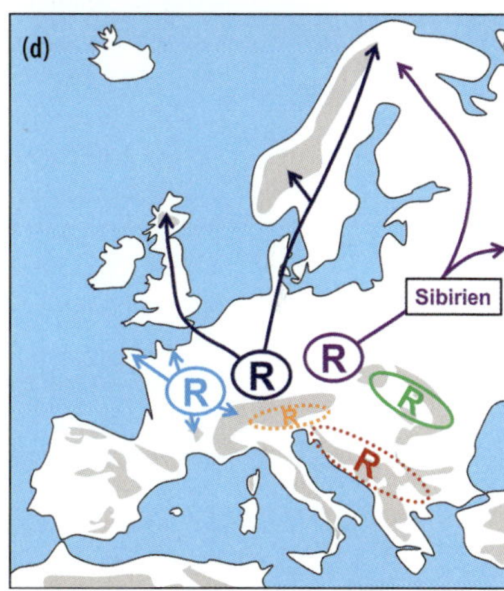

Abb. 5.23 Phylogeographie der Kreuzotter *(Vipera berus)*. (a, b) Aktuelle Verbreitung (grau unterlegt) und geographische Verbreitung der unterschiedlichen genetischen Linien und Unterlinien, (c) Verwandtschaftsbaum der unterschiedlichen Haplotypen zweier mitochondrialer Gene (Kontrollregion, Cyt-b; 1961 bp) und (d) vermutete geographische Lage der Arealkerne der Linien und Unterlinien sowie die sich aus ihnen postglazial ableitenden Arealexpansionen (Pfeile). Abbildung nach Ursenbacher et al. (2006b).

Refugium sowohl am **Südalpenrand** als auch in den **kontinentalen Regionen der westlichen Balkanhalbinsel**. Beide Linien wurden jedoch im Postglazial nicht oder nur unwesentlich expansiv, sondern verschoben lediglich ihre Verbreitungsgebiete in höhere Gebirgslagen.

In diesem Kontext sei auf die Schwesterart der Kreuzotter hingewiesen, die **Iberische Kreuzotter *(Vipera seoanei)***, die in den Gebirgen Nordiberiens (vor allem im Kantabrischen Gebirge) und in den Pyrenäen endemisch ist. Der genetische Split zwischen diesen beiden Arten ist noch älter als derjenige zwischen den großen Linien von *V. berus*; er datiert deshalb sicherlich in die Zeit vor Beginn des Pleistozäns zurück (Ursenbacher et al. 2006b). Außerdem zeigen morphologische Arbeiten an *V. seoanei* eine Differenzierung in eine westliche und eine östliche Gruppe (Martínez Freiría 2009). Diese kleinareale Schlangenart durchlief somit wahrscheinlich einen großen Teil oder sogar ihre gesamte Evolutionsgeschichte im Norden der Iberischen Halbinsel. Sicherlich verbrachte sie zumindest das letzte Glazial in diesem Bereich, und zwar in mindestens zwei disjunkten Arealkernen, was durch die morphologische Differenzierung bestätigt wird. Da es sich bei der Iberischen Kreuzotter, genau wie bei der eurasischen, eindeutig nicht um ein mediterranes Faunenelement *sensu stricto* handelt, darf man die Refugialräume, in denen diese Art in Iberien überdauerte, auch nicht zu den eigentlichen atlantomediterranen Refugien zählen. Vielmehr muss man diese, genau wie die Glazialrefugien in den kontinentalen Bereichen der Balkanhalbinsel, als **extramediterrane Refugien im Norden der Iberischen Halbinsel** in räumlicher Nähe zu den weiter südlich gelegenen atlantomediterranen Rückzugsräumen bezeichnen.

Im Gegensatz zu den beiden kleinarealen Linien von *V. berus* zeigt die weit verbreitete Linie eine markante innere Strukturierung in vier Unterlinien, die sich wohl über mehrere Glazial-Interglazial-Zyklen evoluierten. Alle vier dürften in **extramediterranen Refugien in Mitteleuropa** das Würmglazial überdauert haben, und zwar in Frankreich, Deutschland, dem südöstlichen Mitteleuropa (Mähren, Westslowakei, Südwestpolen) und dem östlichen Karpatenbecken einschließlich Transsilvanien. Mit Ausnahme der karpatischen Unterlinie, die postglazial keine größere Arealexpansion aufwies, sondern wohl nur in höhere Bereiche in den Karpaten vordrang, weisen die anderen drei eine sehr markante **Arealdynamik im Postglazial** auf.

Die westlichste Unterlinie zeigt eine Dynamik, die sowohl Regression als auch Expansion aufweist. Diese Linie scheint postglazial im mittleren Frankreich ausgestorben zu sein, da hier die Sommertemperaturen im Postglazial über einen Grenzwert angestiegen sind, ab dem die Spermatogenese bei dieser Art nicht mehr erfolgreich ablaufen kann. Deshalb überlebten Kreuzottern hier nur in den kühleren Hochlagen des Zentralmassivs. Auf der anderen Seite dehnt sich die Kreuzotter über Nordfrankreich und die Britischen Inseln aus. Die Britischen Inseln könnten zu einem frühen Zeitpunkt des Postglazials erreicht worden sein, als noch große Wassermengen als Eis in Gletschern gebunden waren und daher der Meeresspiegel noch bedeutend niedriger als heute lag, sodass der Englische Kanal noch nicht geflutet war und landfest überwunden werden konnte.

Die wahrscheinlich in Deutschland, also nördlich der Alpen, überdauernde Unterlinie dehnte sich postglazial über Dänemark nach Norwegen und Schweden bis zum Nordkap hin aus. In diesem Bereich traf sie auf die Expansion aus dem südostmitteleuropäischen Ausbreitungszentrum, das sich über das Baltikum und Finnland bis in diese Region hin ausbreitete. Die Haplotypen dieser letztgenannten Unterlinie wurden durch ganz Asien bis zum Pazifik nachgewiesen. Dieses Verbreitungsmuster macht eine Expansion aus einem europäischen extramediterranen Refugium während des Würmglazials durch den gesamten asiatischen Kontinent im frühen Postglazial wahrscheinlich. Dies ist genau die umgekehrte Richtung als jene, die durch die klassischen Hypothesen der Biogeographie zur Mitte des letzten Jahrhunderts postuliert worden war. Es lässt sich jedoch nicht völlig ausschließen, dass Kreuzotterpopulationen im letzten Glazial in Ostasien überlebt haben. Für diese wäre dann jedoch die Zeit der räumlichen Trennung nicht ausreichend lange, gewesen, um eine signifikante Differenzierung von der Population der osteuropäischen Linie zu entwickeln. Auch in diesem Fall wäre somit die Besiedlung Asiens durch Kreuzottern stammesgeschichtlich sehr rezent. Europa stellt somit fraglos das evolutive Zentrum für diese Art dar. Dieses Beispiel zeigt eindrücklich, dass die Bedeutung ostasiatischer Glazialrefugien und Ausbreitungszentren für die rezente Artenzusammensetzung Europas in der Vergangenheit wohl deutlich überschätzt wurde. Vielmehr scheinen diese für temperate Arten Europas kaum eine Rolle gespielt zu haben, denn die früher als sibirische Faunenelemente bezeichneten kontinentalen Arten überdauerten glaziale Kälteperioden wohl weitgehend in extramediterranen Refugialräumen Europas.

5.2.1.3 Beispiel Nacktschnecke

Auch für die **Nacktschneckenart *Arion fuscus*** analysierten Pinceel et al. (2005) zwei mtDNA-Genfragmente (16S und COI) über weite Bereiche Europas. Hierbei wurden zwei große Haplotypengruppen gefunden, eine beschränkt auf die Balkanhalbinsel und die zweite vom Alpenraum bis nach Südskandinavien (Abb. 5.24). Der genetische Abstand zwischen diesen beiden genetischen Gruppen ist so groß, dass die beiden Teilnetzwerke nicht mehr eindeutig miteinander verbunden werden können. Es muss folglich von einer langen evolutiven Trennung beider Gruppen ausgegangen werden.

Die **balkanische Gruppe** zeichnet sich durch eine Struktur des Netzwerkes aus, die keine großen Häufigkeitsunterschiede zwischen den unterschiedlichen Haplotypen besitzt, jedoch oft mehrere Mutationsschritte zwischen den einzelnen Haplotypen aufweist. Eine solche Struktur gilt als Hinweis auf eine zeitlich lange Persistenz in einem Raum mit **wiederholten Arealfluktuationen**. Es ist deshalb davon auszugehen, dass diese Gruppe seit mehreren Glazial-Interglazial-Zyklen auf der Balkanhalbinsel isoliert ist. Die Verbreitung der einzelnen Haplotypen deutet eine westliche und eine östliche Gruppe an, was auf zwei Differenzierungszentren im westlichen und im östlichen Teil der Halbinsel hinweist. Auch in diesem Fall ist es wahrscheinlich, dass die balkanischen Refugialzentren dem **extramediterranen Bereich** dieser Region zugeordnet werden müssen.

Die verbleibenden Populationen zeigen einen klaren Diversitätsschwerpunkt in den östlichen Alpen, wo alle Kladen außer den balkanischen vertreten sind (Abb. 5.24a). Deshalb befindet sich hier mit hoher Wahrscheinlichkeit das **wichtigste Differenzierungs- und Ausbreitungszentrum** dieser Art, das mit Sicherheit auch als **würmglaziales Refugium** diente. Aus diesem **extramediterranen Refugium** leitet sich die postglaziale Expansion ins östliche Mitteleuropa ab (östliches Deutschland, Tschechische Republik, Polen, Litauen). Dieser Raum wurde hauptsächlich durch Haplotypen der Klade 3.2 (Abb. 5.24b) besiedelt. Diese Klade weist mit ihrer **sternähnlichen Struktur** (häufiger zentraler Haplotyp umgeben von seltenen Satelliten-Haplotypen) ein deutliches Signal für rezente Arealexpansion auf.

Die Region von den französischen Westalpen über das westliche Deutschland, Belgien und die Niederlande bis nach Großbritannien und Südskandinavien wird nur von Individuen der Haplotypengruppe 3.1 besiedelt. Auch diese Gruppe besitzt eine markante Sternstruktur, welche auf einen rezenten Expansionsprozess hinweist. Für diesen Fall besteht ebenfalls die Möglichkeit der Ausbreitung aus dem Ostalpenzentrum. Wahrscheinlicher

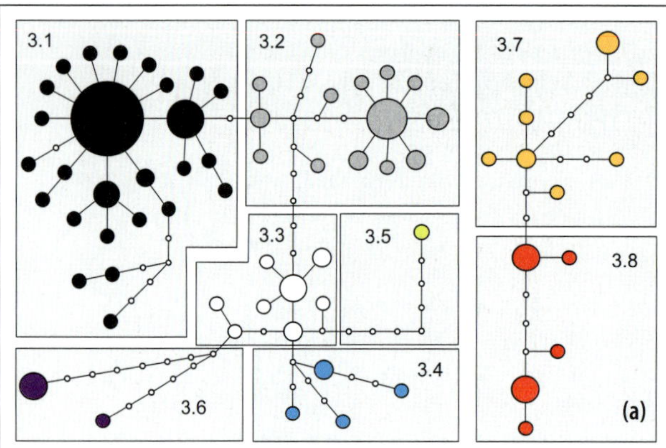

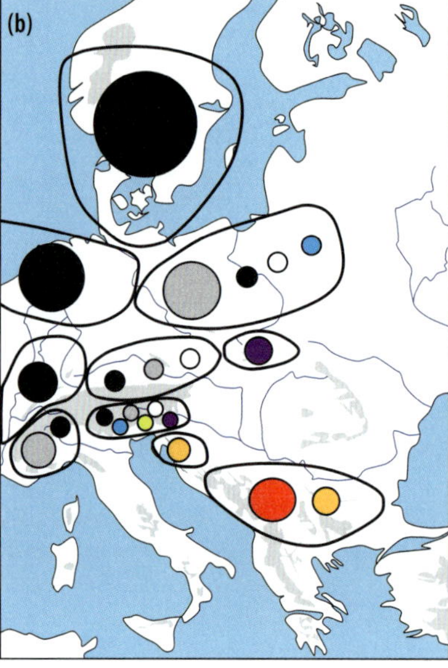

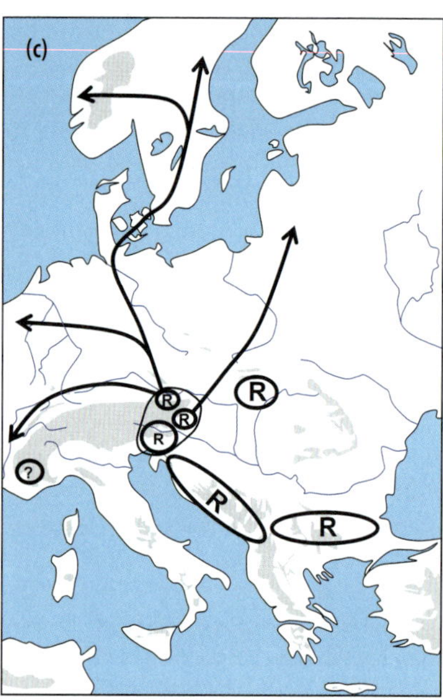

Abb. 5.24 Phylogeographie der Nacktschnecke *Arion fuscus*. (a) Haplotypennetzwerk, eingeteilt in genestete Kladen auf der Dreischritt-Ebene, (b) geographische Verbreitung dieser Haplotypengruppen in Europa sowie (c) vermutete würmglaziale Refugien und postglaziale Arealexpansionen. Abbildung nach Pinceel et al. (2005).

scheint jedoch ein würmglaziales **Refugium am Westalpenrand**, ähnlich wie im Fall des Rundaugen-Mohrenfalters, aus dem die postglaziale Arealexpansion bis nach Großbritannien und Südskandinavien stattfand. Sollte *A. fuscus* die Britischen Inseln nicht durch menschliche Verschleppung in historischer Zeit erreicht haben, so ist anzunehmen, dass ihre Expansion so rasch erfolgte, dass eine Besiedlung vor der Flutung des Englischen Kanals erfolgte. Ähnliches gilt auch für Südschweden, das im frühen Postglazial zur Zeit des *Ancylus*-Sees* und vor dem Durchbruch des Kattegat*, zeitweise landfest mit Dänemark verbunden war und somit ohne die Notwendigkeit der Überwindung von Meeresbarrieren besiedelt werden konnte.

Es sei auch noch auf das fast ausschließliche Vorkommen der Haplotypengruppe 3.6 im Bereich der Nordkarpaten hingewiesen. Mehrere der Haplotypen dieser Gruppe sind ausschließlich auf diesen Bereich beschränkt. Dieses phylogeographische Muster ist ein deutlicher Hinweis auf ein Differenzierungszentrum in dieser Region und somit auch auf die Überdauerung von *A. fuscus* im Würmglazial in den niedrigen Lagen dieses Gebirges, am wahrscheinlichsten an dessen Südabdachung in der Slowakei.

5.2.1.4 Paradigmen der extramediterranen Refugien

Betrachten wir die oben vorgestellten Beispiele genau, so fällt auf, dass der Südosten Europas die wichtigsten Regionen für extramediterrane Glazialrefugien umfasst. Vor allem der Ost- und Südostalpenbereich sowie der karpatische Großraum mit dem Karpatenbecken und den Karpaten besitzen eine herausragende Stellung. Neben den oben genannten Beispielen gibt es, basierend auf genetischen Daten und Fossilnachweisen, vielfältige Hinweise für glaziale Arealkerne in dieser Region für etliche Vertebratenarten, so etwa für Wildschwein, Braunbär, Rothirsch, Reh, Erd-, Feld- und Rötelmaus sowie die Zauneidechse (Jaarola & Searle 2002, Deffontaine et al. 2005, Kotlik et al. 2006, Joger et al. 2007, Saarma et al. 2007, Tougart et al. 2008, Sommer et al. 2009, Skog et al. 2009, Davison et al. 2011, Filipi et al. 2015).

Ein weiteres Beispiel für die große Bedeutung des **Karpatenbeckens** als extramediterranes Refugium ist der Moorfrosch *(Rana arvalis)*. Er besitzt eine alte Linie, die pliozänen Ursprung aufweist, und die aktuell nur im westlichen Karpatenbecken und bis ins südliche Mähren angetroffen wird. Diese Linie überdauerte hier wahrscheinlich mehrere Kaltzeiten weitgehend in situ und dehnte sich postglazial nur unwesentlich nach Norden aus. Hierbei stieß sie auf eine andere, weit von den Niederlanden bis nach Russland verbreitete Linie. Diese besaß wahrscheinlich ein noch weiter nördlich gelegenes extramediterranes Glazialrefugium, welches aber nicht genauer lokalisiert werden kann (Babik et al. 2004). Die Ebenen der unteren Donau stellten nicht nur für Fische (siehe Kap. 5.4) ein bedeutendes Differenzierungs- und Überdauerungszentrum dar, sondern auch für die Knoblauchkröte *(Pelobates fuscus)*, die hier wohl ein wichtiges extramediterranes Zentrum besaß (Crottini et al. 2007).

Auch die kontinental geprägten Bereiche der Balkanhalbinsel scheinen wichtige extramediterrane Glazialrefugien im Südosten Europas darzustellen. Hier koexistierten diese in relativer geographischer Nähe zu den mediterranen Rückzugsräumen des pontomediterranen Refugiums. Da diese Rückzugsräume im kontinentalen Bereich der Balkanhalbinsel oft zusammen mit glazialen Arealkernen im Karpatenraum oder am Alpenostrand auftraten, befanden sich erstere nicht am *leading* sondern am *rear edge*. Deshalb spielten sie für die postglaziale Besiedlung Europas, anders als die letztgenannten, oft eine nur untergeordnete Rolle. Dies ist jedoch deutlich anders, wenn diese ausschließlich mit mediterranen Refugien weiter im Süden der Balkanhalbinsel kombiniert sind.

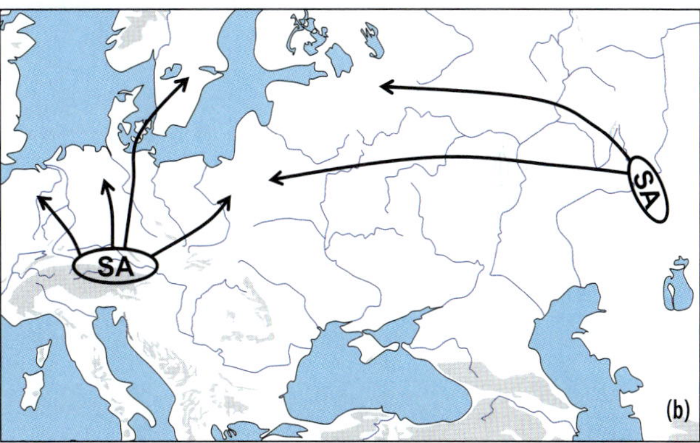

Abb. 5.25 Extramediterrane Glazialrefugien im Würmglazial und postglaziale Arealexpansionen (a) der Rötelmaus *(Myodes glareolus)* (Ledevin et al. 2010) und (b) der Waldspitzmaus *(Sorex araneus)* (Polyakov et al. 2001, Wójcik et al. 2002). Abbildung nach Schmitt & Varga (2012).

Genetische und morphologische Untersuchungen sowie Fossilnachweise belegen auch eine hohe Bedeutung des **Südurals** für das extramediterrane Überdauern von Kaltphasen. Ein gutes Beispiel für glaziale Refugien und Ausbreitungszentren in diesem Raum liegt für die Rötelmaus *(Myodes glareolus)* vor (Abb. 5.25a; Ledevin et al. 2010). Auch für die Waldspitzmaus *(Sorex araneus)* ergeben sich zahlreiche Evidenzen für ein würmglaziales Refugium im Südural (Abb. 5.25b; Polyakov et al. 2001, Wójcik et al. 2002). Obwohl der transitionale Waldsteppencharakter der südrussischen Ebenen im Letzten Glazialen Maximum durch verschiedene paläoökologische

Studien belegt wurde (vgl. Velichko et al. 2002, Simakova 2006), wurde die Bedeutung der glazialen Refugien im Südural, aber auch in Kasachstan und in Südwestsibirien, erst vor kurzem klar herausgestellt (Polyakov et al. 2001, Danukalova et al. 2009, Horsák et al. 2010).

Auch für die **Kaukasusregion** zeigen genetische Untersuchungen an Waldvögeln (Karmingimpel, Bachstelze, Kleiber und Zaunkönig), dass sich auch hier extramediterrane Glazialrefugien befanden. Aus diesen heraus wurden Teile der westlichen Paläarktis postglazial besiedelt (Zink et al. 2006). Gleiches gilt für die osteuropäische Linie der Knoblauchkröte, die aus einem eiszeitlichen Refugium nördlich des Kaukasus postglazial weite Bereiche Osteuropas eroberte (Crottini et al. 2007).

Generell zeigen all diese Beispiele, dass kontinentale Arten eine viel größere Anzahl und Diversität von glazialen Rückzugsgebieten, und somit auch von postglazialen Ausbreitungszentren aufwiesen, als noch vor wenigen Jahrzehnten angenommen worden war. Damals wurden sie noch für rein ostpaläarktische Einwanderer in der Zeit des Postglazials gehalten. Somit sind die Arealdynamiken und vor allem die Expansionen weitaus weniger ausgeprägt als damals angenommen, jedoch weitaus komplexer in ihrer Struktur und Mannigfaltigkeit.

Bleibt noch die generelle Frage zu beantworten, warum viele Arten in ganz bestimmten Regionen ihre extramediterranen Glazialrefugien besaßen. Auffällig ist, dass sich fast alle diese Regionen in unmittelbarer **Nähe zu höheren Gebirgssystemen** befanden. Aufgrund der großflächigen Vergletscherungen der Hochgebirge suggeriert diese Ausgangslage besonders lebensfeindliche Bedingungen während der Glazialen. Allerdings sind es gerade diese Gebirgssysteme, die während der **kryoxerotischen Phasen** der Glaziale, und somit auch während des Letzten Glazialen Maximums **mehr Niederschlag** erhielten, als die sich anschließenden Ebenen; diese wurden weitgehend von kalten und trockenen Lößsteppen eingenommen. Diese Idee wird implizit auch in Publikationen von Bhagwat und Willis (2008), Varga (2010) und Stewart et al. (2010) durch die Aufschlüsselung der Habitatpräferenzen von Arten unterstützt, vor allem bei Gehölzpflanzen und Wirbeltieren. Außerdem müssen viele dieser Glazialrefugien **geographisch eng umgrenzt und sporadisch** gewesen sein (Huck et al. 2009, 2012), weshalb sie bei der Rekonstruktion der glazialen Floren und Faunen, welche bis in die nahe Vergangenheit hinein in ihrer großen Mehrheit auf Fossilbelegen basierten, lange Zeit weitgehend übersehen wurden. Dies mag den **kryptischen Charakter** dieser **extramediterranen Glazialrefugien** erklären, was in klarem Kontrast zu ihrer **immensen Bedeutung** bei der **postglazialen Wiederbesiedlung Europas** steht; einem Faktum, das nur durch die in neuerer Zeit durchgeführten genetischen Analysen in dieser Klarheit herausgearbeitet werden konnte.

5.2.2 Kombination extramediterraner und mediterraner Arealkerne

De Lattins (1949) Paradigma, dass thermophile Tier- und Pflanzenarten Europas ausschließlich in mediterranen Refugien das Würmglazial überdauerten, blieb bis vor Kurzem unangetastet. Es akkumulierten jedoch immer mehr Hinweise, dass auch für diese Arten die eiszeitlichen Verbreitungsmuster noch deutlich komplexer sind als früher angenommen (Bilton et al. 1998, Schmitt 2007, Svenning et al. 2008). Auch zusätzliche extramediterrane Rückzugsgebiete über die klassischen mediterranen Glazialrefugien hinaus erscheinen für einige mediterrane Arten mehr und mehr wahrscheinlich (Provan & Bennett 2008, Stewart et al. 2010, Schmitt & Varga 2012). Die Kombination südlicher und kontinentaler Refugien wird für den oft zitierten «paradigmatischen» Braunbär besonders deutlich (z. B. Taberlet et al. 1998, Saarma et al. 2007, Korsten et al. 2009). Die erfolgreiche Extraktion und Sequenzierung von DNA aus subfossilen

Bärenknochen haben die hochkomplexen phylogeographischen Muster dieser Art offengelegt (Hofreiter et al. 2004, Hedrick & Waits 2005, Valdiosera et al. 2007, Ho et al. 2008, Krause et al. 2008, Davison et al. 2011, Hirata et al. 2013). Hierdurch wird das sogenannte Expansions-Kontraktionsmodell nicht unterstützt, weshalb das klassische glaziale Refugienmodell nicht ausreichend ist, um die genetische Historie des europäischen Braunbären zu erklären.

5.2.2.1 Beispiele von Molchen

Sehr deutlich wurde die Kombination von mediterranen und extramediterranen Arealkernen für den Bergmolch *(Ichtyosaura alpestris)* (Sotiropoulos et al. 2007, Recuerdo et al. 2014) und den Teichmolch *(Lissotriton vulgaris)* (Babik et al. 2005, Pabijan et al. 2015a) gezeigt. Beide werden im Folgenden beschrieben.

Durch Sequenzierung von Teilen der mitochondrialen Gene Cyt-b und 16S ist die Phylogeographie des Bergmolchs sehr gut untersucht. Insgesamt wurden fünf Hauptlinien unterschieden, von denen drei zwischen zwei und vier Unterlinien aufweisen (Sotiropoulos et al. 2007; Abb. 5.26a). Die fünf Hauptlinien besitzen nach Eichung über eine molekulare Uhr ein pliozänes Alter, die älteste Linie A geht sogar auf das obere Miozän zurück. Die Unterlinien weisen alle ein pleistozänes Alter auf (1,4–0,4 Mio. Jahre). Die Differenzierungen innerhalb der Unterlinien sind teilweise sehr rezent, in der Klade C3 beispielsweise zwischen 50 000 und 100 000 Jahren.

Die geographische Verbreitung der genetischen Gruppen erlaubt eine recht genaue Rekonstruktion der Arealgeschichte des Bergmolchs (Abb. 5.26b). Die älteste Linie A, die heute im Bereich um den Vlasinasee im südöstlichen Serbien endemisch ist, scheint ihren evolutiven Ursprung in der Region der **zentralen Balkanhalbinsel** zu besitzen. Hier war sie wahrscheinlich über die Jahrmillionen hinweg bis heute weitgehend **stationär** und entwickelte sich seit dem oberen

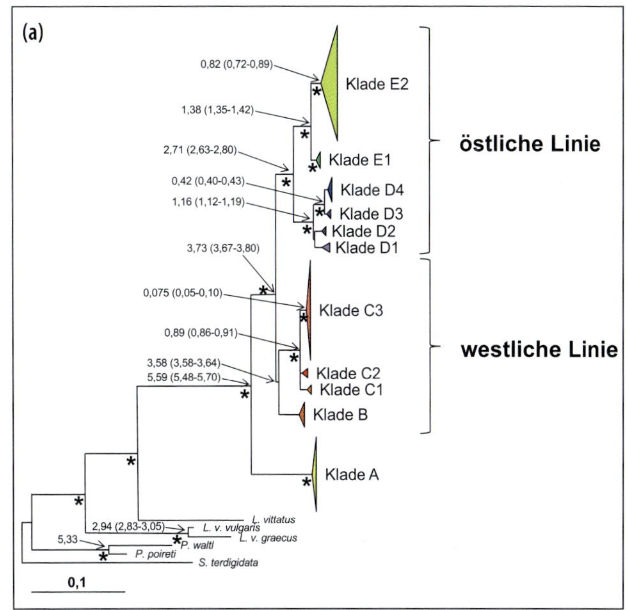

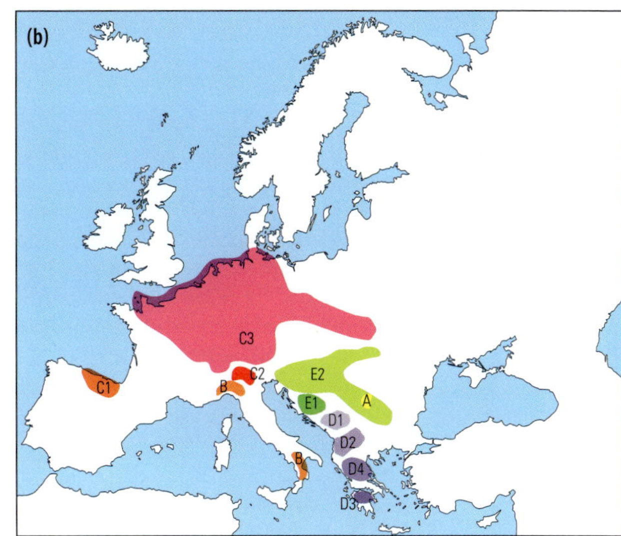

Abb. 5.26 Phylogeographie der Bergmolche *(Ichtyosaura alpestris)*. (a) Phylogenetische Verwandtschaft in Europa, dargestellt durch einen *Maximum-likelihood*-Baum, basierend auf partiellen Sequenzen der mitochondrialen Gene Cyt-b und 16S. *Bayesian-posterior*-Wahrscheinlichkeiten und *bootstap*-Werte (>80 %) sind für die Hauptknoten an den Ästen durch einen Stern gekennzeichnet. Pfeile geben Datierungen der Ereignisse in Mio. Jahren mit 95 % Konfidenzintervallen an. (b) Aktuelle Verbreitung der genetischen Linien des Bergmolchs in Europa. Abbildung nach Sotiropoulos et al. (2007).

Miozän unabhängig von allen anderen Bergmolchpopulationen.

Anders als für die Linie A, sind für die Verbreitung des Vorläufers aller anderen Linien keine genaueren Aussagen zu seiner miozänen Verbreitung möglich. Im mittleren Pliozän ereigneten sich aber in rascher Abfolge zwei Differenzierungsschritte. Im ersten spaltete sich eine balkanische von einer westlichen Gruppe ab, welche sich erdgeschichtlich gesehen unmittelbar danach in eine italienische und eine westeuropäische Gruppe differenzierte. Diese Reihenfolge ist jedoch nicht statistisch abgesichert. Die italienische Linie verblieb anschließend wohl weitgehend stationär auf der Apenninenhalbinsel, wo es jedoch in Abhängigkeit der jeweiligen klimatischen Bedingungen zu Regressionen und Expansionen des Areals kam. Vor schätzungsweise 2,7 Mio. Jahren differenzierte sich die balkanische Linie dieser pliozänen Aufspaltungen in zwei weitere Linien, eine nord- und eine südbalkanische.

Im Verlauf des Pleistozäns kam es zu weiteren Subdifferenzierungen in der westeuropäischen Linie C und den beiden balkanischen Linien D und E, wahrscheinlich bedingt durch die zyklischen Arealfluktuationen, getaktet durch den Wechsel von Warm- und Kaltzeiten. Am Ende des Eiszeitalters existierten deshalb auf der **Balkanhalbinsel** neben den **Reliktvorkommen** der Linie A noch **sechs weitere Arealkerne**, die jedoch wahrscheinlich keine starken Arealexpansionen und -regressionen zwischen Warm- und Kaltzeiten durchliefen, sondern wohl eher eine relative geographische Stabilität über die Zeit hin aufwiesen. Für diese Vorkommen muss auch abgewogen werden, ob es sich bei diesen Arealkernen um mediterrane oder doch, zumindest teilweise, um extramediterrane Zentren handelte, die, wie oben dargelegt, auf der Balkanhalbinsel in geographischer Nähe zu echten Mediterranrefugien existieren.

Die **westeuropäische Linie** C besaß vermutlich drei würmglaziale Refugien: im **nordwestlichen Spanien**, in der **Poebene** und im südlichen Mitteleuropa. Von diesen wurden die Arealkerne in Nordspanien und in Norditalien, welche wohl auch als extramediterrane Rückzugsgebiete interpretiert werden sollten, eventuell durch Pyrenäen und Alpen an einer postglazialen Expansion gehindert; im Fall der Poebene möglicherweise auch durch Populationen, die sich aus anderen Linien ableiten. Im Postglazial deutlich expansiv wurde lediglich die Linie C3 aus dem **extramediterranen Refugium im südlichen Mitteleuropa**, die sich von hier schnell über weite Bereiche West- und Mitteleuropas bis zu den nördlichen Karpaten hin ausbreitete.

Ganz anders verhalten sich die Populationen, die sich aus dem typisch mediterranen **Refugium auf der Apenninenhalbinsel** ableiten. In diesem Bereich weist der Bergmolch aktuell eine stark disjunkte Verbreitung auf. Die hohe genetische Ähnlichkeit zwischen den Populationen über diesen ganzen Bereich lässt vermuten, dass die italienische Halbinsel unter den Bedingungen einer Kaltzeit weitgehend kontinuierlich von Bergmolchen besiedelt war. Die **Disjunktionen** ergaben sich erst durch die klimatische Erwärmung des **Postglazials**, also unter klimatischen Bedingungen, die im Mittelmeerraum für diese Art scheinbar ungünstiger sind als die kälteren Glazialphasen. Wir haben es also unter eiszeitlichen Bedingungen auf der Apenninenhalbinsel mit typischen ***rear edge*** Vorkommen des Bergmolchs und im südlichen Mitteleuropa mit klassischen ***leading edge*** Populationen zu tun (vgl. Hampe & Petit 2005).

Für den **Teichmolch *(Lissotriton vulgaris)***, der zusammen mit seiner Schwesterart, dem **Karpatenmolch *(Lissotriton montandoni)***, untersucht wurde, ergab die Sequenzierung der mitochondrialen Gene ND2, ND4 und dreier tRNA-Gene ebenfalls eine sehr markante phylogeographische Struktur (Babik et al. 2005, Pabijan et al. 2015a). Während der Karpatenmolch auf den Karpatenbogen beschränkt ist, ist der Teichmolch in der ganzen westlichen Paläarktis weit verbreitet. Vor allem

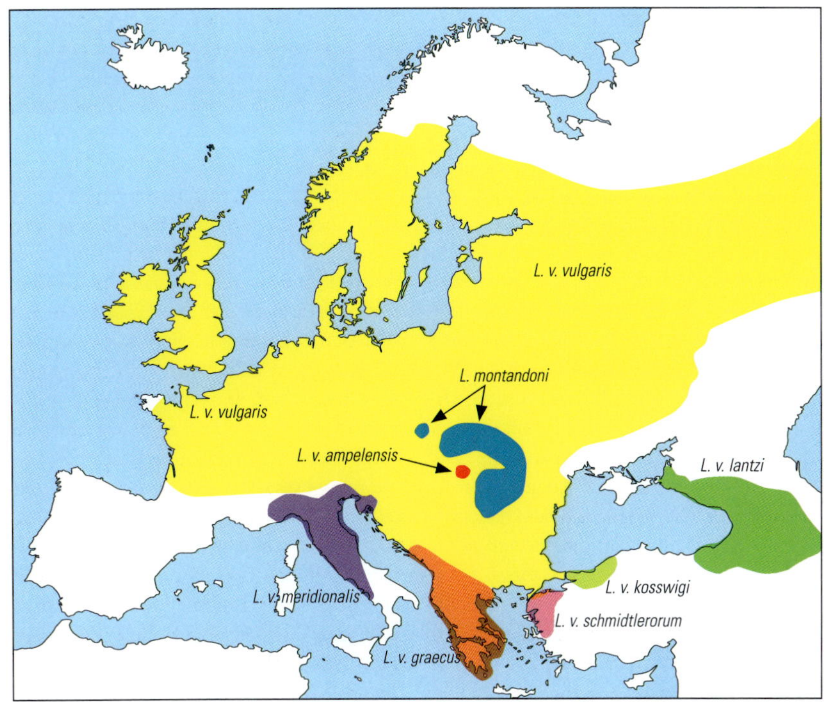

Abb. 5.27 Verbreitung des Teichmolchs *(Lissotriton vulgaris)* sowie seiner Unterarten in der westlichen Paläarktis und des Karpatenmolchs *(Lissotriton montandoni)*. Abbildung nach Babik et al. (2005).

im Bereich seiner südlichen Verbreitungsgrenze wurden mehrere morphologisch begründete Unterarten beschrieben (Abb. 5.27). Insgesamt wurden für beide Arten 13 genetische Linien unterschieden, eine von diesen unlängst von Pabijan et al. (2015a). Die Differenzierung in fünf Hauptgruppen reicht wohl bis ins Pliozän zurück, die weiteren Aufspaltungen sind wahrscheinlich pleistozänen Alters. Die von der westlichen Balkanhalbinsel bis nach Großbritannien verbreitete Linie besitzt drei stammesgeschichtlich junge Unterlinien.

Die drei ältesten Linien wurden auf der griechischen Insel **Korfu** (gehört zur morphologischen Unterart *graecus*), östlich des Bosporus (Unterart *kosswigi*) und im **Kaukasusbereich** (Unterart *lantzi*) nachgewiesen (Abb. 5.27). Alle drei repräsentieren Unterarten, die ein vergleichsweise kleines Areal besitzen, und zumindest für die Taxa *kosswigi* und *lantzi* ist eine Übereinstimmung zwischen morphologischer und genetischer Differenzierung wahrscheinlich. Für alle drei Linien ist anzunehmen, dass sie über lange Zeiträume im Bereich ihrer heutigen Vorkommen auftraten. Nadakowska & Babik (2009) wiesen allerdings einseitige Introgression genetischer Information in die Unterart *kosswigi* nach. Für *L. vulgaris lantzi* existiert eine deutliche genetische Differenzierung zwischen den Populationen nördlich und südlich des Kaukasus, was für Differenzierungszentren nördlich und südlich dieses Gebirges spricht und in der Konsequenz für unterschiedliche eiszeitliche Refugien. Auch die Unterarten *meridionalis* in Italien und *schmidtlerorum* in der westlichsten Türkei scheinen deckungsgleich mit je einer genetischen Linie zu sein, weshalb sich ihre Entstehungszentren und ihre mediterranen Glazialrefugien wahrscheinlich in diesen Bereichen befanden. Zwei weitere recht kleinareale Linien sind beschränkt auf die Balkanhalbinsel und haben vermutlich ebenfalls ihre gesamte Evolutionsgeschichte in geographischer Nähe zu ihrer rezenten Verbreitung verbracht.

Alle weiteren Linien besitzen geographischen Kontakt mit dem Vorkommen des Karpatenmolches, jedoch umfassen mit einer Ausnahme alle Linien Individuen beider Arten. Nur eine Linie repräsentiert ausschließlich den Karpatenmolch. Babik et al. (2005) vermuten deshalb, dass nur diese eine originäre Karpatenmolchlinie darstellt. In allen anderen Fällen fand wohl starke **Introgression** von Teichmolch-Mitochondrien in die Karpatenmolchpopulationen statt, deren ursprüngliche Mitochondrien in den Ost- und Südkarpaten durch diese artfremden Mitochondrien völlig verdrängt wurden. Ursprüngliche *montandoni*-Mitochondrien finden sich nach dieser Annahme nur noch im Bereich der nördlichen Karpaten, wo auch ihr Überleben in einem extramediterranen Glazialrefugium stattgefunden haben muss.

Zwei dieser Linien weisen vergleichsweise kleine geographische Verbreitungen im östlichen Karpatenbecken und den Ostkarpaten auf. Für beide ist ein Ursprung in diesem Raum wahrscheinlich; zumindest müssen die letzten Glazialrefugien im Bereich Transsilvaniens und der Ostkarpaten angesiedelt werden. Sie sind also eindeutig als extramediterran zu bezeichnen. Im Fall der transsilvanischen Linie wurde des Weiteren eine deutliche Substruktur nachgewiesen. Eine dieser beiden Unterlinien ist auf einen kleinen Bereich um die Eiserne Pforte* im rumänisch-serbischen Grenzgebiet beschränkt, weshalb auf ein, zumindest würmglaziales, Refugium in diesem Bereich rückgeschlossen werden darf.

Nur zwei Linien besitzen eine weite geographische Verbreitung. Eine östliche Linie wurde von Südostrumänien über die Ukraine bis nach Nordpolen nachgewiesen. Für diese Linie ist von einer würmglazialen Verbreitung in Südostrumänien und somit einem extramediterranen Refugium auszugehen, das sich unter Umständen südlich bis nach Bulgarien erstreckte. Aus diesem Rückzugsgebiet wurden postglazial weite Bereiche östlich der Karpaten besiedelt. Diese Linie, obwohl nicht die nördlichste, besaß am Ende des letzten Glazials eine günstige geographische Position für eine schnelle Arealexpansion und repräsentierte somit das faktische *leading edge* im südöstlichen Europa.

Die zweite weit verbreitete Linie kommt von der westlichen Balkanhalbinsel über das westliche Karpatenbecken bis nach Südpolen und westlich bis nach Westfrankreich und England vor. Diese Linie spaltet sich auf drei Unterlinien auf. Wahrscheinlich besaß diese Linie auch in den Glazialen eine weite Verbreitung von der westlichen Balkanhalbinsel bis ins westliche Karpatenbecken, wobei die drei Unterlinien auch keine gleichmäßige Verbreitung aufwiesen. Das deutet zumindest auf eine Substrukturierung dieses Rückzugsbereichs oder sogar auf unterschiedliche Refugien im späten Pleistozän hin. Die heutige Verbreitung der Unterlinien in Europa geben gute Evidenzen, dass Frankreich und England postglazial aus der westlichen Balkanhalbinsel heraus besiedelt wurden. Die Populationen in der Tschechischen Republik und in Teilen Polens leiten sich jedoch aus nacheiszeitlichen Expansionen aus dem westlichen Karpatenbecken ab.

Die Phylogeographie des Teichmolchs zeigt eindrücklich, dass verschiedene **mediterrane und extramediterrane Arealkerne** innerhalb von einer Art nebeneinander existieren können. Sehr deutlich wird jedoch an diesem Beispiel, dass Arten, die sowohl mediterrane als auch extramediterrane würmglaziale Refugien aufweisen, in ihrer postglazialen Arealexpansion nach Norden sehr viel stärker durch die extramediterranen Zentren geprägt werden, da sich diese an den hierfür wichtigen ***leading edges*** befinden. Die mediterranen Rückzugsgebiete stellen meistens ***rear edges*** dar, weshalb sie weitgehend in ihren Refugien verbleiben und höchstens einen geringfügigen Beitrag zur postglazialen Besiedlung Europas leisten.

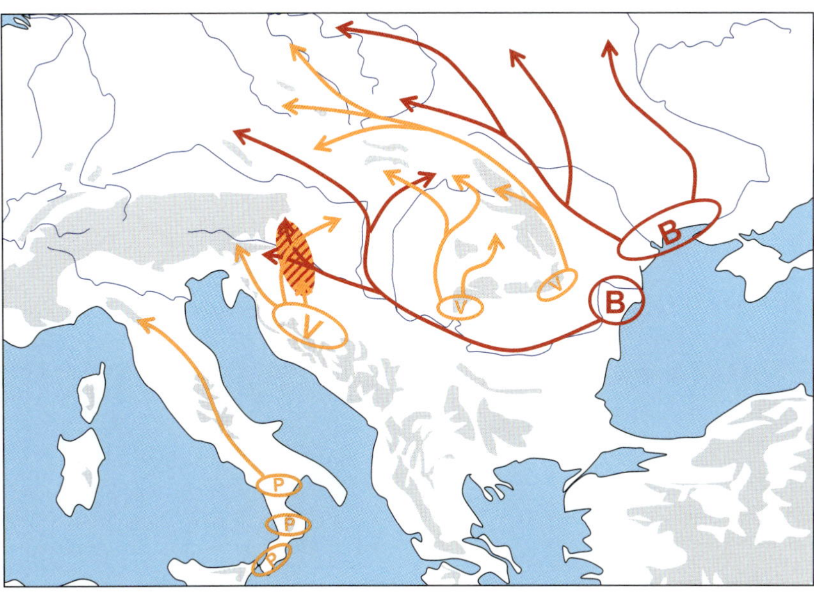

Abb. 5.28 Mögliche würmglaziale Refugien der Unken und daraus postulierte postglaziale Arealveränderungen. Hierbei steht «B» für die Rotbauchunke *(Bombina bombina)*, «V» für die Gelbbauchunke *(B. variegata)* und «P» für die Italienische Gelbbauchunke *(B. pachypus)*. Pfeile symbolisieren postglaziale Arealausdehnungen; Regionen der Sympatrie von Arten sind schraffiert. Abbildung nach Schmitt und Varga (2012), basierend auf den Daten von Szymura et al. (2000), Canestrelli et al. (2006), Vörös et al. (2006) und Hofman et al. (2007).

5.2.2.2 Weitere Beispiele der Kombination mediterraner und extramediterraner Arealkerne

Auch die pleistozänen Glazialrefugien europäischer **Unken der Gattung *Bombina*** befanden sich sowohl in den klassischen mediterranen eiszeitlichen Rückzugsgebieten der Apenninen- und der Balkanhalbinsel (Arealkerne der Italienischen Gelbbauchunke *(B. pachypus)* und von Unterarten der Gelbbauchunke *(B. variegata)*; Szymura et al. 2000, Canestrelli et al. 2006), als auch weiter nördlich in den Karpaten und den sich an diese anschließenden Ebenen und Hügelländern (Abb. 5.28; Vörös et al. 2006, Hofman et al. 2007, Fijarczyk et al. 2011, Pabijan et al. 2013). Starke genetische Evidenzen sprechen dafür, dass die Gelbbauchunke das Letzte Glaziale Maximum in verschiedenen klimatisch begünstigten Regionen der südlichen, östlichen und nördlichen Karpaten überdauerte. Daten von mtDNA unterstützen sogar die Existenz von fünf unabhängigen Refugien in diesem Bereich; und zwar je eines in den südwestlichen und den südöstlichen Karpaten sowie eines in den Ostkarpaten, in der Karpatukraine und in der Tatraregion. Die tiefen genetischen Divergenzen zwischen Rot- und Gelbbauchunken machen jedoch eine Trennung dieser beiden Linien vor dem Pleistozän wahrscheinlich.

Eine ähnliche Nord-Süd-Duplizität wurde auch für den **Feldhamster *(Cricetus cricetus)*** nachgewiesen, für den eine pannonische Klade und eine nördliche Klade festgestellt wurden. Postglaziale Expansionen erfolgten für die pannonische Linie durch die sogenannte Porta Hungarica* nach Mähren (Südosten der Tschechischen Republik) und für die nördliche Linie nördlich des Karpatenbogens in westlicher Richtung bis ins nördliche Mitteleuropa (Abb. 5.29; Neumann et al. 2005). Sehr ähnliche phylogeographische Muster wurden auch für die Streifenmaus *(Sicista subtilis)* (Cserkész et

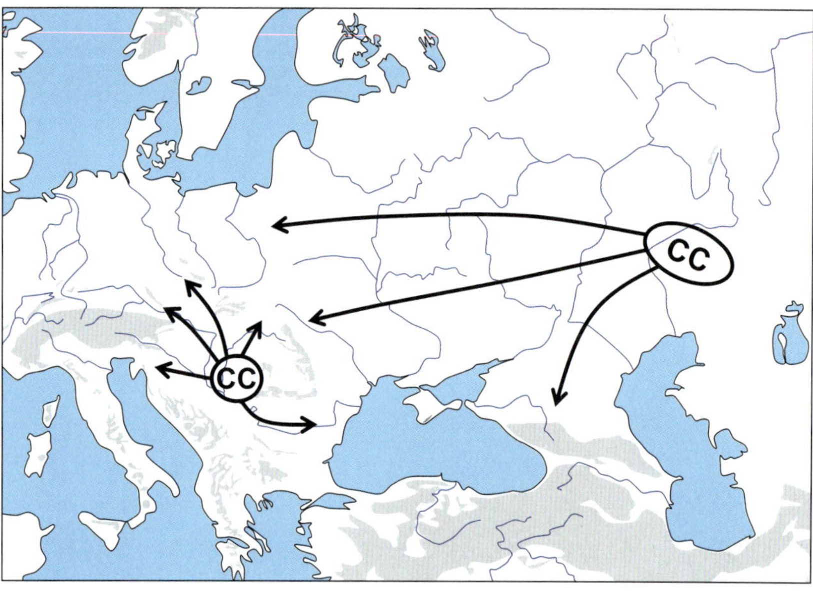

Abb. 5.29 Postulierte würmglaziale Refugien und postglaziale Arealexpansion des Feldhamsters *(Cricetus cricetus)*. Abbildung nach Schmitt und Varga (2012), Daten aus Neumann et al. (2005).

al. 2015) und für mehrere wenig mobile Käferarten nachgewiesen (Kajtoch et al. 2009, 2012, 2013, Kajtoch 2011).

Auch für die **Feldmaus (*Microtus arvalis*)** sind neben ihren klassischen Glazialrefugien im Mediterranraum mehrere extramediterrane Überdauerungszentren bekannt. So wurde von Fink et al. (2004) eine genetische Linie entdeckt, die für den Schwarzwald endemisch ist und wohl in einem weitgehend kryptischen Refugium in diesem Raum auch zumindest die letzte Eiszeit überdauerte. Tougard et al. (2008) beschrieben zwei weitere Linien dieser Art, welche sich mit hoher Wahrscheinlichkeit in extramediterranen Glazialrefugien in Mittel- und Osteuropa, letzteres einschließlich des Karpatenbeckens, evoluierten. Folglich überdauerte die Feldmaus zumindest das letzte Glazial in einem komplexen System aus extramediterranen und klassischen mediterranen Arealkernen. Es muss jedoch festgehalten werden, dass die nördlichen Bereiche der glazialen Verbreitung der Feldmaus, zumindest vorübergehend während der besonders kalten Phasen, auf geographisch eng umgrenzte Gebiete mit einem milderen Klima oder sicherer winterlicher Schneebedeckung beschränkt waren. Wir müssen also annehmen, dass diese Art zeitweise auf wenige extrazonale Bereiche in den periglazialen Tundren und Steppen beschränkt war, auch wenn Fossilfunde die Feldmaus als häufiges Element der glazialen Faunen erscheinen lassen (Nadachowski 1982, Sommer & Nadachowski 2006).

Die **Rotbuche *(Fagus sylvatica)*** wurde früher immer als Art mit ausschließlich mediterranen Glazialrefugien angesehen (Hewitt 1999). Phylogeographische Arbeiten zeigen nun eindrücklich, dass diese Art eine recht große Zahl an zusätzlichen extramediterranen eiszeitlichen Überdauerungszentren besaß, die jedoch jeweils nur geringe geographische Ausdehnungen aufwiesen (Magri et al. 2006, Magri 2008). Glaziale Rückzugsgebiete der Buche existierten nach diesem Kenntnisstand im mediterranen Süditalien und in einer Anzahl von Zentren auf der Balkanhalbinsel, von denen sich einige auch in den stark kontinental geprägten extramediterranen Bereichen dieser Halbinsel befanden. Ein analoges Bild trifft auf Iberien zu, wo die Rückzugsgebiete wohl weitgehend im Norden der Halbinsel entlang des Kantabrischen Gebirges aufgereiht waren, also im extramediterranen Rückzugsraum Iberiens. Weitere extra-

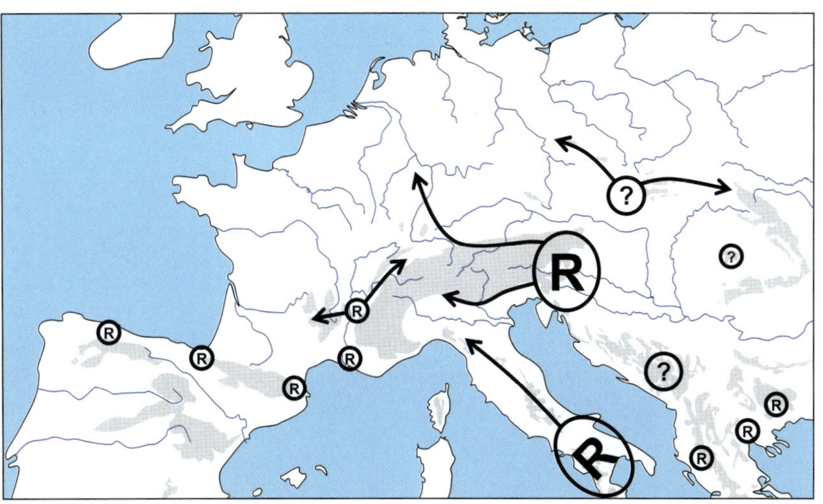

Abb. 5.30 Mögliche würmglaziale Refugien der Rotbuche *(Fagus sylvatica)* und ihre vermutete postglaziale Arealexpansion. Rückzugsgebiete sind mit «R» gekennzeichnet; mit «?» in fraglichen Fällen. Postglaziale Expansionsrichtungen sind durch Pfeile angezeigt. Abbildung nach Schmitt und Varga (2012), Daten aus Magri et al. (2006) und Magri (2008).

mediterrane Glazialrefugien der Rotbuche befanden sich in zwei Regionen des südlichen Frankreichs, von denen eines wahrscheinlich in der Nähe des Zentralmassivs lokalisiert war, im östlichen Alpenvorland, eventuell im Karpatenbecken (genauer: dem Apusenigebirge in Westrumänien) und den nördlichen Karpaten mit den ihnen vorgelagerten Mittelgebirgen (Abb. 5.30). Auch für andere Baumarten, die etwas kältetoleranter als die Rotbuche sind, wurde regelmäßig glaziale Präsenz in der Karpatenregion und im Karpatenbecken bis nach Südmähren über klassische Pollenanalysen und Makrofossilien nachgewiesen (z. B. Willis et al. 1995, 2000, Rudner & Sümegi 2001, Willis & Niklas 2004, Feurdean et al. 2007, 2015, Birks & Willis 2008, Svenning et al. 2008, Normand 2011).

5.2.3 Was macht extramediterrane Glazialrefugien so wichtig und so besonders?

Eine große Anzahl an aktuellen Publikationen hat die große Bedeutung extramediterraner Glazialrefugien für temperate Arten herausgearbeitet, und nicht ausschließlich für alpine und arktische Taxa, wie früher angenommen. Diese beiden letztgenannten Gruppen wiesen in etlichen Fällen weite Verbreitungen über dieses **kalt-kontinentale Zonobiom der Eiszeiten** auf (Schmitt 2009). Im Gegensatz hierzu muss die glaziale Arealkontraktion wärmeliebender Arten in den meisten Fällen mit extramediterranen Überdauerungszentren zu geographisch kleinen (bis sehr kleinen), meso- oder sogar mikroklimatisch begünstigten, **extra- oder intrazonalen Regionen** innerhalb des weit ausgedehnten zonalen periglazialen Klimagürtels geführt haben (Schmitt & Varga 2012).

Viele der Arten mit **kontinentalen Verbreitungsmustern** besaßen somit eiszeitliche Areale mit **zahlreichen extramediterranen Refugien**. Folglich waren sie nicht beschränkt auf ostpaläarktische Rückzugsgebiete, die postglazial zu Ausbreitungszentren wurden, wie dies noch vor wenigen Jahrzehnten weitestgehend postuliert wurde (vgl. de Lattin 1967). Die aktuellen Erkenntnisgewinne besagen jedoch nicht, dass diese Arten während der Glazialen im Bereich der östlichen Paläarktis fehlten. Sie sagen lediglich, dass ostpaläarktische Glazialrefugien nicht die einzigen Rückzugsgebiete für diese Arten waren und dass diese östlichen Ausbreitungszentren wegen der großen räumlichen Distanz wohl in den wenigsten Fällen eine Bedeutung für Europa aufweisen, zumindest, wenn es ebenfalls westliche Ausbreitungszentren gab. Für die östliche Päläarktis besitzen diese östlichen Refugien jedoch große Bedeutung als Ausbreitungszentren für die postglaziale Wiederbesiedlung Ostasiens.

Wie oben dargestellt, hatten sogar einige eindeutig thermophile Arten, die früher als ausschließlich auf mediterrane Glazialrefugien beschränkt galten, **extramediterrane Arealkerne zusätzlich zu den klassisch mediterranen Zentren**. Diese ***leading-edge*-Populationen** besitzen sogar oft eine höhere Expansionskraft und in einigen Fällen sogar eine höhere genetische Diversität als diejenigen in den klassischen Refugien weiter im Süden Europas. Diese Beobachtungen können durch zwei sich nicht gegenseitig ausschließende Faktoren erklärt werden. Zum einen waren die extramediterranen Refugien oft eingebettet in räumlich ausgedehnte kalt-trockene Steppenregionen, wie z. B. auf der zentralen Balkanhalbinsel und im Karpatenbecken (Petit et al. 2003). Außerdem dehnten die Populationen der zerstreuten extramediterranen Refugialtaschen sich während der milderen Interstadialen sowie zwischen dem Letzten Glazialen Maximum und der Jüngeren Dryas aus diesen geographisch eng begrenzten Räumen aus und hybridisierten eventuell auch miteinander (Stewart et al. 2010). Dies bedeutet, dass die **extramediterranen Refugialpopulationen** sich während **Eiszeiten** am ***rear edge*** des Areals befanden, mit all den hiermit verbundenen evolutionären Konsequenzen. Aus diesem eiszeitlichen *rear edge* wurde jedoch durch die Invertierung der klimatischen Bedingungen in Richtung **Warmzeit** das ***leading edge*** für die postglaziale Expansion in nördlicher Richtung. Hierdurch wurde die genetische Zusammensetzung Mittel- und Nordeuropas für zahlreiche Tier- und Pflanzenarten maßgeblich geprägt (Hampe & Petit 2003, Varga 2010). In vielen Fällen wurden Populationen aus den extramediterranen Arealkernen als geographisch streng lokalisierte Unterarten weit verbreiteter polytypischer Arten mit kontinentalem Verbreitungstyp beschrieben. Diese Taxa werden oft als eigene Evolutionär Signifikante Einheiten (ESUs) anerkannt und mit hoher Schutzpräferenz eingestuft (Huck et al. 2012).

Aus all diesen Gründen stellen extramediterrane Rückzugsgebiete eine wesentliche biogeographische Komponente der westlichen Paläarktis dar. Sie sind eventuell fast äquivalent zu den Mediterranrefugien im Süden Europas zu sehen. Trotzdem stellt sich die Frage, ob **extramediterrane Glazialrefugien die Regel oder die Ausnahme** sind. Bei genauerer Betrachtung muss man feststellen, dass sie ein wenig von beidem sind. Auf der einen Seite waren extramediterrane Refugien eine regelmäßige Erscheinung, zumindest während der letzten Eiszeit, die nicht so extrem kryoxerotisch* war wie die beiden vorangegangenen. Sie stellen somit ein **paradigmatisches biogeographisches Muster** Europas dar. Auf der anderen Seite werden die extramediterranen Arealkerne durch eine **Vielzahl individueller Muster** mit eigenen biogeographischen Eigenschaften repräsentiert, sodass eigentlich jeder Fall zumindest eine gewisse Einmaligkeit besitzt.

Die Ähnlichkeit zwischen den biogeographischen Mustern von Arten mit extramediterranen Arealkernen ist folglich deutlich geringer als die von Taxa mit ausschließlich mediterranen Ausbreitungszentren. In diesem Zusammenhang wurde oft auf die individuellen Antworten der Verbreitungen auf die klimatischen Oszillationen zwischen glazialen und interglazialen Bedingungen hingewiesen (Stewart et al. 2010). Da die Arealfluktuationen gerade für Arten mit extramediterranen Arealkernen besonders ausgeprägt waren, machen sie eigentlich jeden einzelnen Fall zu einem Unikat (Schmitt & Varga 2012).

Viele der heute existierenden Ökosysteme waren während der Glazialen weitgehend aufgelöst; sie wurden durch ***de-novo*-Ökosysteme** ersetzt, die keine enge zönotische Anbindung an die Ökosysteme besaßen und die sich an den jeweiligen Orten zeitlich daran anschließend ausbildeten. Ein Beispiel für diese heute nicht mehr existenten Ökosysteme ist die **Mammutsteppe**, welche sich aus Elementen der Tundren, der kalten Steppen und der Gebirge zusammensetzte. Diese glazialen Ökosysteme waren lokal verzahnt mit geographisch eng umgrenzten Waldrefugien (die «pockets of forests» von Bhagwat & Willis (2008)) und wiesen ebenfalls nicht analoge Säugetier-Lebensgemeinschaften auf (Simakova 2006, Sommer & Nadachowski 2006, Stewart 2009, Varga 2010). Aus diesem Grund fanden keine regulären Nord-Süd-Arealverschiebungen für die Arten mit extramediterranen Arealkernen zwischen Glazialen und Interglazialen statt, wie dies oft für biogeographische Verbreitungsparadigmen impliziert wird und für die mediterranen Ausbreitungszentren ja auch weitgehend zutrifft (Hewitt 1996, 1999). Vielmehr musste sich jeweils eine an die vorherrschenden Niederschlags- und Temperaturregime angepasste Abfolge von Ökosystemen einstellen.

Das sich neu herausgebildete Makrobiom der **kontinentalen kalten Glazialsteppen** muss charakteristische Makroökotone zum einen gegen den unter glazialen Klimabedingungen stark reduzierten borealen Nadelwald und zum anderen gegen die kontinentalen Wiesensteppen temperater Breiten aufgewiesen haben. Obwohl die Glazialsteppen heute nicht mehr vorhanden sind, können doch Rückschlüsse auf deren Makroökotone aus der Zonalität gezogen werden, die heute unter den kalt-kontinentalen Bedingungen in Südsibirien, der nördlichen Mongolei und in Jakutien existiert. In diesen Bereichen werden auch heute verschiedene Faunen- und Florenelemente gemeinsam auf artenreichen Wiesensteppen angetroffen, die in Osteuropa strikt auf unterschiedliche Habitattypen aufgeteilt sind; so etwa trockene Steppenrasen, Wiesensteppen, Feuchtwiesen oder sogar Salzwiesen. Die große Anzahl von Makroökotonen mit ihren spezifischen Artenzusammensetzungen bilden den Hintergrund für das Phänomen der Evolution so vieler artspezifischer Biogeographien, aber hierdurch gleichzeitig auch für das paradigmatische Muster der regulären Ausbildung von **extramediterranen Mikrorefugien** während der Kaltzeiten.

5.2.4 Zusammenfassung kontinentale Arten

Arten mit großen Verbreitungsgebieten, die sich über weite Bereiche Eurasiens erstrecken, weisen in den meisten Fällen völlig andere Arealgeschichten auf, als dies früher postuliert worden war. Anders als angenommen, überdauerten viele dieser Arten zumindest das letzte Glazial in Europa, jedoch nicht in den typischen mediterranen Überdauerungszentren, sondern weiter nördlich in sogenannten **extramediterranen Refugien**. Diese wiesen wahrscheinlich oftmals nur geringe geographische Ausdehnungen auf, stellten also **klimatisch begünstigte «Taschen»** in einer ansonsten für die meisten Arten lebensfeindlichen Landschaftsmatrix dar. Somit sind sie mit den klassischen biogeographischen Methoden schwierig nachzuweisen und wurden deshalb bis vor wenigen Jahrzehnten weitgehend übersehen. Genetische Methoden haben sehr gute Evidenzen für die Existenz dieser extramediterranen Refugien geliefert, welche nach heutigem Kenntnisstand eine Bedeutung besitzen, die denjenigen der mediterranen Zentren nicht nachsteht.

Von besonderer Bedeutung als extramediterrane Refugialräume sind die **Randbereiche um die vergletscherten Alpen**, das **Karpatenbecken** und die **Ränder der Karpaten** sowie die **extramediterranen Bereiche der Balkanhalbinsel** besonders hervorzuheben. All diese Bereiche zeichnen sich auch in den Glazialzeiten durch eine **ausreichende Versorgung mit Feuchtigkeit** aus (u. a. dank Schmelzwasser aus den Gebirgsgletschern). Für die Arten dieser biogeographischen Gruppe ist anzunehmen, dass sie nicht nur durch die erniedrigten Temperaturen in ihren Verbreitungsgebieten beschränkt waren, sondern auch durch die sehr ariden Bedingungen über weite Bereiche Europas.

Noch komplexer wird die Überdauerung in extramediterranen Refugien dadurch, dass manche dieser Arten **zusätzlich auch in den typischen Mediterranrefugien** Glazialphasen überlebten. In diesen Fällen befinden sich jedoch die *leading edges* für die postglaziale Arealexpansion eigentlich immer in den **extramediterranen Zentren**, sodass die mediterranen Refugien durch die vorgelagerten extramediterranen Zentren in ihrer postglazialen Arealexpansion gehindert wurden.

Durch die teilweise hohe Zahl an extramediterranen Refugien und ihre oft variablen geographischen Lagen lassen sich **nicht so eindeutige paradigmatische Muster** für die postglazialen Arealhistorien dieser biogeographischen Gruppe ableiten, wie dies für die mediterranen Arten möglich ist. Einzelne dieser Refugien können allerdings verantwortlich für die Besiedlung großer Bereiche Europas sein. Auch lassen sich **keine eindeutigen genetischen Diversitätszentren** für diese Gruppe ableiten, jedoch wurden besonders hohe genetische Diversitäten gehäuft am Ostalpenrand, im Karpatenbecken und in Teilen der Balkanhalbinsel festgestellt.

5.3 Gebirgsarten und Arten des Hohen Nordens

In Europa weisen gerade die Arten, die in den Hochgebirgen auftreten, eine besonders große Diversität von unterschiedlichen Verbreitungsmustern auf. Auch muss in dieser Gruppe sehr genau auf eine richtige und eindeutige biogeographische Terminologie geachtet werden, was früher oftmals nicht beherzigt wurde (vgl. de Lattin 1967). Insgesamt muss eine recht große Anzahl von Grundmustern für diese Gruppe unterschieden werden (Varga & Schmitt 2008). Der «Klassiker» ist sicherlich die **arkto-alpine Disjunktion**, also Arten, die ausschließlich im **Oreal** (also den natürlich waldfreien Bereichen der Hochgebirge) und im Norden in den Tundrenbereichen vorkommen. Für diese Arten wird schon seit Langem (z. B. Scharff 1899, Holdhaus 1954) postuliert, dass sie in den glazialen Kältesteppen weit verbreitet waren und sich mit der klimatischen Erwärmung des Postglazials im Süden in die **Hochlagen der Gebirge** und im Norden in die **Tundren** zurückzogen.

In Eurasien gibt es grundsätzlich drei große Typen von arkto-alpinen Disjunktionen: (1) Vorkommen im Tundragürtel im Norden sowie in den Hochgebirgen Europas und Zentralasiens (bis Ostsibirien), (2) Vorkommen im Tundragürtel im Norden und in den Hochgebirgen Europas, aber nicht in den Hochgebirgen Asiens, und (3) Vorkommen im Tundragürtel im Norden und in den Hochgebirgen Asiens, aber nicht in den Hochgebirgen Europas. Für alle drei Typen sind etliche Beispiele bekannt, wobei jedoch der dritte Typ häufiger als der zweite zu sein scheint (Varga & Schmitt 2008). Einige dieser Arten kommen zusätzlich auch in Alaska und den Rocky Mountains vor.

Klar von den arkto-alpinen Arten müssen die **boreo-montanen** Taxa getrennt werden. Letztere weisen zwar wie Erstere eine Disjunktion mit Vorkommen im Norden und in den Bergen im Süden auf, jedoch sind sie im Norden auf den borealen Nadelwaldgürtel beschränkt und besiedeln in den südlichen Gebirgen in Analogie die Bergwaldstufe. Deshalb werden diese Arten oft auch in den Hochlagen der höheren Mittelgebirge angetroffen und sind folglich im Süden nicht zwangsweise auf Hochgebirge begrenzt. Bei boreo-montanen Arten handelt es sich folglich nicht um oreale Elemente, da sie im Gebirge nicht oberhalb der Baumgrenze im echten Oreal auftreten, sondern um Elemente der Bergwaldstufe.

Eine weitere große Gruppe stellen die Arten dar, die ausschließlich in Gebirgen vorkommen. Unter diesen gibt es Vertreter, die für ein Gebirgsmassiv oder einen Teil von diesem endemisch sind. Andere besitzen disjunkte Verbreitungsmuster, die mehrere Gebirge umfassen. Für die europäischen Hochgebirge sind unter denjenigen mit **alpiner Stufenfolge** vor allem das Kantabrische Gebirge, die Pyrenäen, Alpen, Apenninen, Karpaten und die balkanischen Hochgebirge nördlich der sogenannten **Adamović-Linie** (Varga 1975), also die meisten Hochgebirge Ex-Jugoslawiens, Albaniens und Bulgariens, biogeographisch von besonderer Bedeutung (Varga & Schmitt 2008, Varga 2014).

Für alle oben genannten Gebirgssysteme sind endemische Arten bekannt. Vor allem für die Alpen gibt es zum einen solche **Endemiten**, die weitgehend über den ganzen Alpenzug von Nizza bis Wien auftreten, aber auch solche, die endemisch für einen kleinen Teil dieses Gebirges sind (Huemer 1998). Von besonderer Bedeutung als Endemitenzentren müssen sowohl die südwestlichen wie auch die südöstlichen Alpen hervorgehoben werden, jedoch auch einzelne zentralalpine Bereiche (zum Beispiel im Wallis oder in Graubünden), in denen Arten die Eiszeiten auf sogenannten **Nunatakkern*** oberhalb der Gebirgsgletscher überdauert haben sollen. Auch die Pyrenäen und balkanischen Hochgebirge besitzen einen besonders hohen Endemitenreichtum (Varga & Schmitt 2008, Huemer & Timossi 2014).

Zahlreiche Gebirgsarten weisen jedoch auch Disjunktionen auf, bei denen dieselbe Art in zwei oder mehr Hochgebirgssystemen auftritt. Da die Alpen mit Abstand das größte und bedeutendste Hochgebirge Europas sind, treten die meisten Arten, die in mehreren Hochgebirgen vorkommen, auch hier auf. Prinzipiell lassen sich zwei unterschiedliche Typen von alpinen Disjunktionen in der westlichem Paläarktis unterscheiden. In einem Fall gruppieren sich um die Alpenvorkommen weitere Teilareale in den Gebirgen, die sich um die Alpen herum anordnen. Dieser Fall wird auch als «alpines Archipel» bezeichnet. Eine Art, die diesen Verbreitungstyp aufweist, ist der Gelbgefleckte Mohrenfalter *(Erebia manto)* (Abb. 5.31a). Im zweiten Typus ist die entsprechende Art weit über die westpaläarktischen Hochgebirge verbreitet und weist auch **große geographische Disjunktionen** auf; ein Beispiel hierfür ist der Mohrenfalter-Geschwisterartenkomplex von *Erebia epiphron* und *E. orientalis* (Abb. 5.31b) (Varga & Schmitt 2008).

Von den bisher beschriebenen Arten, die in den humiden Hochgebirgsökosystemen mit alpiner Stufenfolge auftreten, müssen die **oromediterranen** Arten getrennt werden, die im Oreal der sommertrockenen Hochgebirge Südeuropas (südliches Iberien, Süditalien, die Balkanhalbinsel südlich der Adamović-Linie) und Nordafrikas auftreten und dem **xeromontanen** Faunenkreis, oft mit Ursprung in Zentralasien, zugeordnet werden (Varga 1996). Diese Arten weisen meist recht kleinräumige Verbreitungen in einem der oben genannten Teilgebiete auf, können aber auch weit über diesen Raum verbreitet sein (Varga & Schmitt 2008).

Die Biogeographie der ausschließlich im Norden auftretenden Arten, also die rein **tundralen** und **borealen Elemente**, besitzen in eigentlich allen Fällen Verbreitungen, die sich zonal über weite Bereiche der Paläarktis erstrecken. Sie werden deshalb im Kapitel über Eurasien behandelt, insbesondere, da für diese die Herkunft aus Asien eine sehr große Rolle spielt.

5.3.1 Genetische Strukturen innerhalb von Gebirgen

5.3.1.1 Kleinareale Gebirgsendemiten

Kleinareale Gebirgsendemiten stellen als einzelne Taxa, ohne Berücksichtigung größerer systematischer Zusammenhänge mit nah verwandten Arten, keine besonders spannenden Forschungsobjekte für biogeographische Untersuchungen dar. Wegen der geringen Ausdehnungen der Areale sind für diese Arten allgemein keine bedeutenden Substrukturierungen zu erwarten, insbesondere, da für die meisten dieser Taxa von einer hauptsächlich vertikalen Verschiebung der Areale zwischen Glazialen und Interglazialen ausgegangen werden muss (Varga & Schmitt 2008). Von Interesse ist aber, für diese Arten die

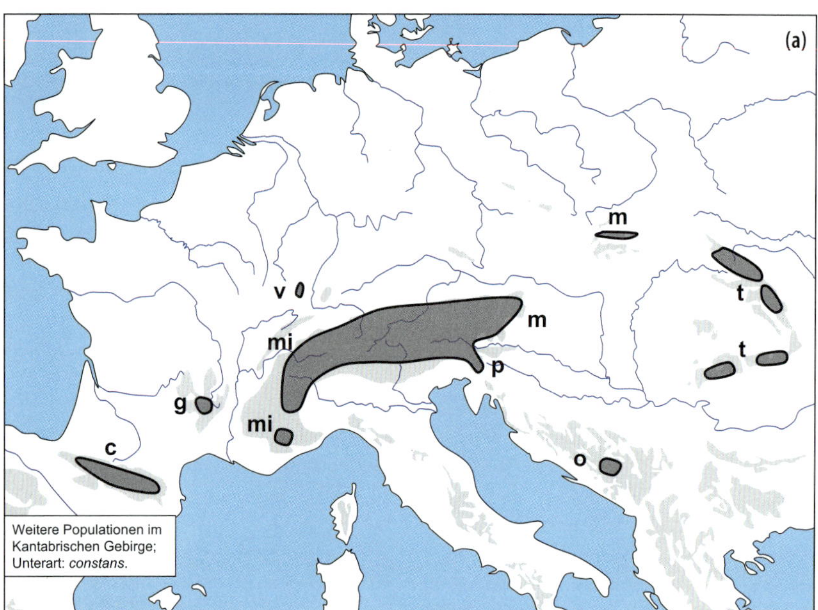

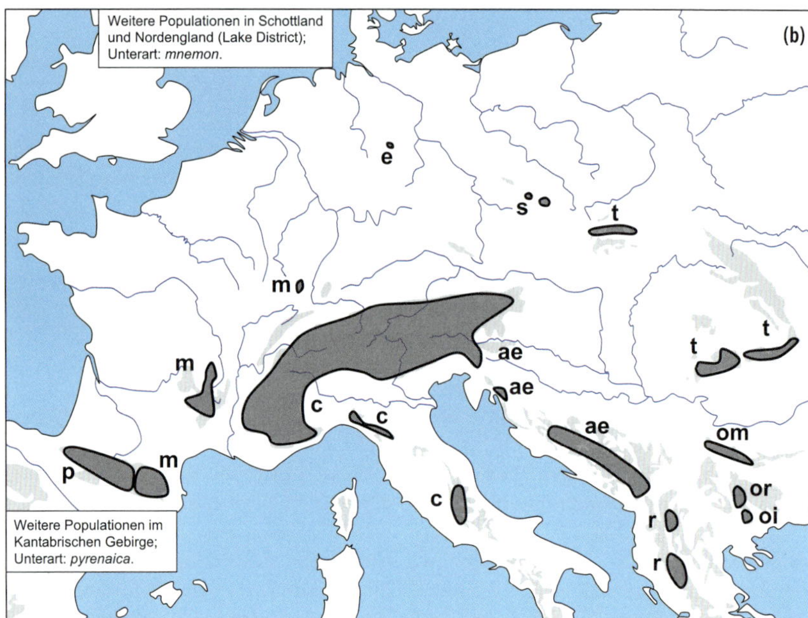

Abb. 5.31 Verbreitungsbilder (a) des Gelbgefleckten Mohrenfalters *(Erebia manto)* als Beispiel für das alpine Archipel (morphologische Unterarten: c: *constans*; g: *gnathene*; m: *manto*; mi: *mantoides*; o: *osmana*; p: *pyrrhula*; t: *trajanus*; v: *vogesiaca*) und (b) des Mohrenfalter-Artenkomplexes *Erebia epiphron/orientalis*, stellvertretend für eine weite westpaläarktische Disjunktion (morphologische Unterarten *epiphron*: ae: *aetherius*; c: *cassiope*; e: *epiphron*; m: *mackeri*; p: *pyrenaica*; r: *roosi*; s: *silesiana*; t: *transsylvanica*; morphologische Unterarten *orientalis*: oi: *infernalis*; om: *macrophthalmus*; or: *orientalis*). Abbildungen nach Varga und Schmitt (2008).

Auswirkungen dieser Höhenverschiebungen der Areale auf die genetische Diversität der Populationen zu verstehen.

Ein gutes Beispiel hierfür stellen die beiden **Wiesenvögelchen-Arten** ***Coenonympha darwiniana*** und ***C. macromma*** dar, welche bis vor Kurzem nur als eine Art angesehen wurden, was aber durch genetische Untersuchungen klar widerlegt wurde (Schmitt & Besold 2010; Capblancq et al. 2016). Von diesen beiden Arten ist *C. darwiniana* endemisch für die zentralen Südalpen vom östlichen Wallis bis ins westliche Graubün-

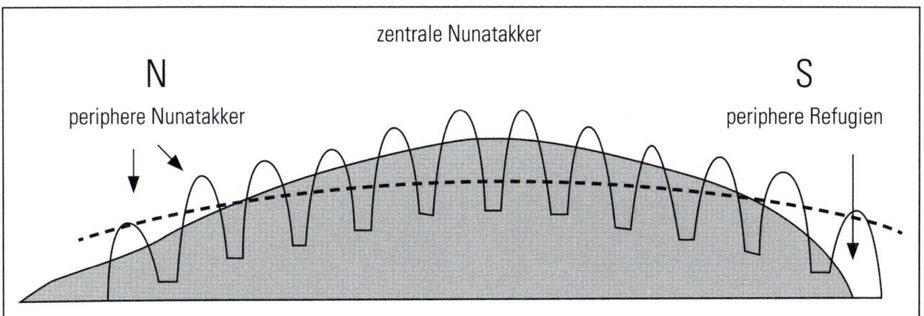

Abb. 5.32 Schematischer Schnitt durch die Alpen während einer Eiszeit. Dargestellt sind die Ausdehnung (grau) der Vergletscherung und die Lage von peripheren Refugien am Alpensüdrand, peripheren Nunatakkern am Nordrand und zentralen Nunatakkern im Zentrum der Alpen oberhalb der großflächigen Vergletscherung. Die Schneelinie, oberhalb derer der Schnee im Sommer nicht taut, ist als gestrichelte Linie dargestellt. Abbildung nach Schönswetter et al. (2004a).

den, wohingegen *C. macromma* auf die Seealpen beschränkt ist (Tolman & Lewington 1998). Beide Arten weisen eine erstaunlich **hohe genetische Diversität** auf. Diese liegt höher als in *C. gardetta*, einer nah verwandten und in den Alpen weit verbreiteten Art (Schmitt & Besold 2010). Auch der in den Bergen der Balkanhalbinsel kommune Heufalter *C. rhodopensis*, der oft in ähnlichen ökologischen Nischen angetroffen werden kann wie die beiden kleinarealen Arten, weist etwas geringere genetische Diversitäten seiner Populationen auf (Louy et al. 2013). Gleiches gilt für Populationen des Perlgrasfalters *(C. arcania)* aus dem Umfeld der Alpen (Schmitt & Besold 2010). Für die letztgenannte Art können aber in den Rückzugsräumen der Balkanhalbinsel ähnlich hohe genetische Diversitäten festgestellt werden wie für die beiden kleinräumig verbreiteten Alpenendemiten (Besold et al. 2008a); Ähnliches gilt für *C. glycerion* in Bulgarien. Auch das extrem weit verbreitete und meist sehr häufige, weil ökologisch äußerst anspruchslose, Kleine Wiesenvögelchen *(C. pamphilus)* weist nur geringfügig höhere genetische Diversitäten auf (Besold et al. 2008b).

Die hohen genetischen Diversitäten von *C. darwiniana* und *C. macromma* sind nur auf den ersten Blick erstaunlich, denn sie belegen deutlich, dass die **vertikalen Arealverschiebungen** dieser Taxa zwischen Warm- und Kaltzeiten nicht zu deutlichen Flaschenhälsen während der Übergänge führten. Vielmehr müssen die Arten kontinuierlich in ähnlich hohen Populationsdichten aufgetreten sein, wie dies heute an ihren Flugstellen der Fall ist. Die Übergänge zwischen Warm- und Kaltzeiten besaßen folglich keinerlei Einfluss auf die populationsgenetischen Konstitutionen dieser beiden Arten.

Es muss vermutet werden, dass für zahlreiche weitere Alpenendemiten mit kleinen Arealen, die in räumlicher Nähe zu ihren heutigen Verbreitungsgebieten in peripheren Refugien überdauert haben, ähnliche biogeographische Prozesse maßgeblich waren. Für Arten, die ausschließlich auf **Nunatakkern** glaziale Kaltzeiten überdauerten, muss wegen der sehr **starken räumlichen Begrenzung** und der **extremen Bedingungen** von kleinen Populationen und auch von deutlichen Populationsschwankungen ausgegangen werden. Deshalb sind **genetische Flaschenhälse** während dieser Pessimalphasen äußerst wahrscheinlich.

5.3.1.2 Arten mit mehreren genetischen Linien in den Alpen

In vielen Fällen weisen Gebirgsarten in einem Gebirge mehrere genetische Linien auf, was insbesondere für die Alpen häufig zutrifft. Schematisch kann man mögliche glaziale Refugialgebiete um die Alpen herum in drei unterschiedliche Kategorien einteilen: (1) **periphere Refugien** am Südwest-, Süd- und Ostrand, (2) **periphere Nunatakker** am Nordrand und (3) **zentrale Nunatakker** oberhalb der großflächigen Gletscher (Abb. 5.32; Schönswetter et al. 2004a). Es darf hier vorweggenommen werden, dass alle diese potenziellen Möglichkeiten für das Überdauern von Kaltzeiten durch Tiere und Pflanzen genutzt wurden. Hierfür

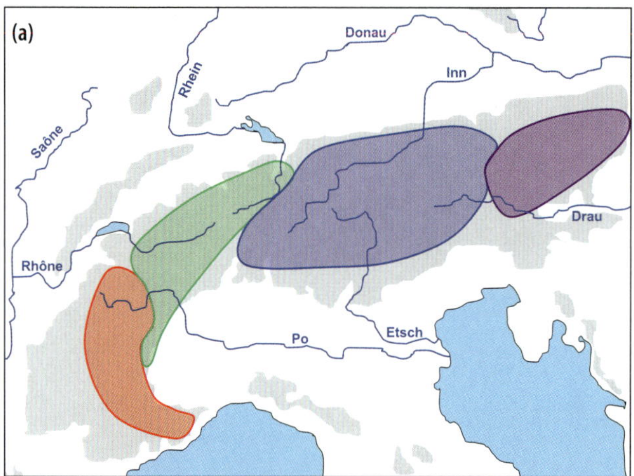

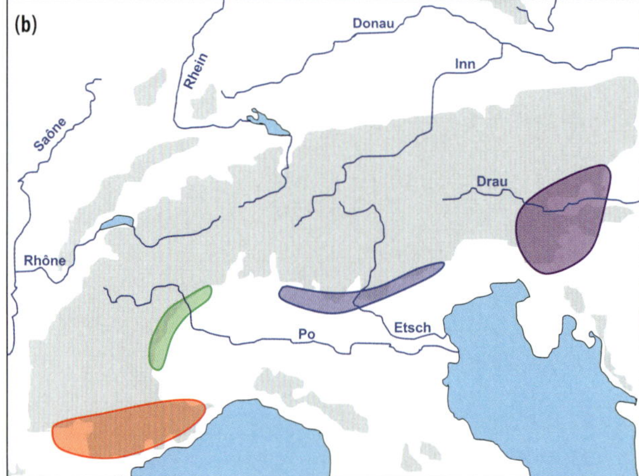

Abb. 5.33 Phylogeographische Struktur des Gletscher-Hahnenfußes *(Ranunculus glacialis)*, basierend auf AFLP-Polymorphismen. (a) Die vier klar differenzierten genetischen Gruppen verteilen sich auf vier unterschiedliche Regionen der Alpen, ohne größere Zonen der genetischen Durchmischung aufzuweisen. (b) Dieses Muster spricht klar für die Existenz von vier peripheren Glazialrefugien für diese Art am Südwest-, Süd- und Ostrand der Alpen. Abbildung nach Schönswetter et al. (2004a).

gibt es zahlreiche Evidenzen durch genetische Untersuchungen, schwerpunktmäßig bei Pflanzen; etliche Beispiele fassten Schönswetter et al. (2005) zusammen. Nur in wenigen Fällen, in denen die Alpen ausschließlich aus einem periglazialen Verbreitungsgebiet des letzten Glazials rezent besiedelt wurden, besitzen Arten, die in den Alpen weiter verbreitet sind, hier keine unterschiedlichen Linien (z. B. Schönswetter et al. 2006a; für weitere Details vgl. das Kapitel über arkto-alpine Disjunktionen).

Das nach dem aktuellen Kenntnisstand häufigste phylogeographische Muster der Alpen ist die **Abfolge von vier genetischen Linien**, welche sich von den Südwestalpen über die westlichen und östlichen Alpen bis zu den Ostalpen aneinanderreihen. Ein klassisches Beispiel für dieses paradigmatische Muster stellen die Untersuchungen von AFLP-Profilen am **Gletscher-Hahnenfuß *(Ranunculus glacialis)*** dar (Schönswetter et al. 2004a). Für diese arkto-alpin verbreitete Pflanze lassen sich in den Alpen vier große genetische Gruppen voneinander trennen, die die oben beschriebene Verbreitung aufweisen (Abb. 5.33a). Bei diesem phylogeographischen Muster gibt es sehr gute Evidenzen für das glaziale Überdauern des Gletscher-Hahnenfußes in vier peripheren Refugien, eines in den unvergletscherten Bereichen der Seealpen, ein zweites am Südwestalpenrand südlich des Aostatals, ein drittes östlich des Comer Sees bis nach Venetien und ein viertes in den unvergletscherten Bereichen der Ostalpen östlich der Dolomiten (Abb. 5.33b). Dieses Muster wird in fast identischer Weise von zahlreichen weiteren Pflanzenarten wiederholt: so von der Kugelblumenblättrigen Teufelskralle *(Phyteuma globulariifolium)* (Abb. 5.34a; Schönswetter et al. 2002), dem Alpen-Mannsschild *(Androsace alpina)* (Abb. 5.34b; Schönswetter et al. 2003a), dem Wulfen-Mannsschild *(A. wulfeniana)* (Schönswetter et al. 2003b), dem Alpenbalsam *(Erinus alpinus)* (Stehlik et al. 2002a), dem Zwerg-Seifenkraut *(Saponaria pumila)* (Tribsch et al. 2002), der Kriech-Nelkenwurz *(Geum reptans)* und der Berg-Nelkenwurz *(G. montanum)* (Thiel-Egenter et al. 2009a). Auch die Blattkäferart *Oreina elongata* weist diese phylogeographische Struktur in den Alpen auf (Margraf et al. 2007).

Zuweilen werden auch reduzierte Ausprägungen dieses Musters gefunden, bei denen die Anzahl der peripheren Refugien auf zwei reduziert ist. Dies wurde zum Beispiel mittels Allozymuntersuchungen für die **Mohrenfalterart *Erebia euryale*** festgestellt, bei der es eine westalpine und eine ostalpine Linie gibt (Schmitt & Haubrich 2008). Diese Linien unterscheiden sich auch morphologisch voneinander und treffen in den östlichen Schweizer Alpen aufeinander (Sonderegger 2005). Dieses Muster erklärt sich wahrscheinlich durch zwei würmglaziale Differenzierungszentren, wovon sich eines um die südwestlichen Alpen herum befand und das andere an der Alpenostabdachung. Aus diesen Zentren hat sich die Art postglazial über weite Bereiche der Alpen ausgedehnt; sie stießen etwa auf halbem Weg aufeinander. Die morphologischen Daten von Sonderegger (2005) lassen vermuten, dass sich beide Linien nur geringfügig und an wenigen Stellen in der Schweiz vermischen und somit eine recht scharfe Grenze zwischen beiden Taxa durch die Alpen in Nord-Süd-Richtung verläuft.

Auch der **Kleine Mohrenfalter (*Erebia melampus*)** weist in den Alpen ein ähnliches phylogeographisches Muster wie *E. euryale* auf. Basierend auf Allozympolymorphismen ist die genetische Differenzierung zwischen der westlichen und der östlichen Linie dieses Taxons sogar so stark, dass von zwei artlich getrennten Gruppen ausgegangen werden muss: die westliche Gruppe repräsentiert *E. melampus*, die östliche *E. momos*. Dies wird durch die systematische Stellung des lokalen Alpenendemiten *E. sudetica inalpina* unterstützt, der nur im Bereich um Grindelwald auftritt. Dieses Taxon nimmt eine intermediäre Stellung zwischen den beiden anderen Taxa ein (Abb. 5.35a; Haubrich & Schmitt 2007). Genitalmorphologische Untersuchungen von Cupedo (1996) kamen zu sehr ähnlichen Ergebnissen. Besonders deutlich erkennt man diese Differenzierung zwischen *E. melampus* und *E. momos* an den Allelfrequenzen des Malatenzyms, für das beide Taxa unterschiedliche, weitgehend fixierte

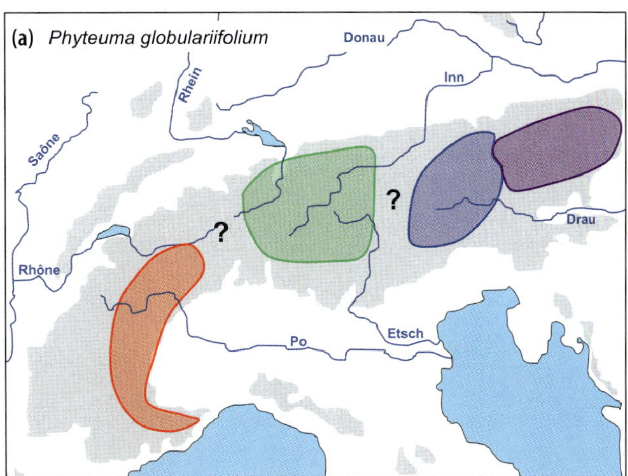

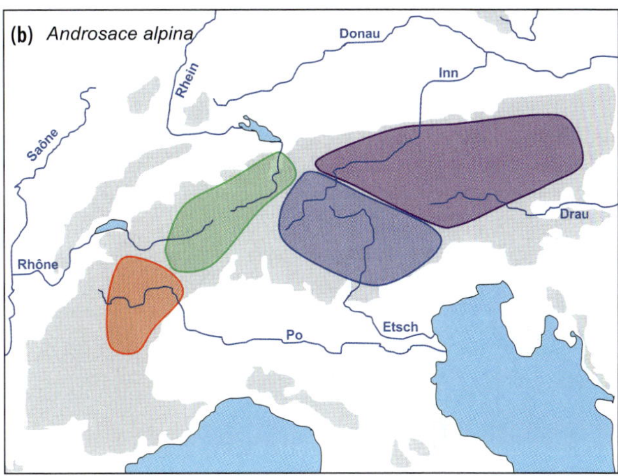

Abb. 5.34 Paradigmatisches «vier-Linien-Muster» von Gebirgsarten in den Alpen: (a) die Kugelblumenblättrige Teufelskralle *(Phyteuma globolariifolium)* (Schönswetter et al. 2002) und (b) der Alpen-Mannsschild *(Androsace alpina)* (Schönswetter et al. 2003a). Abbildung nach Schönswetter et al. (2005).

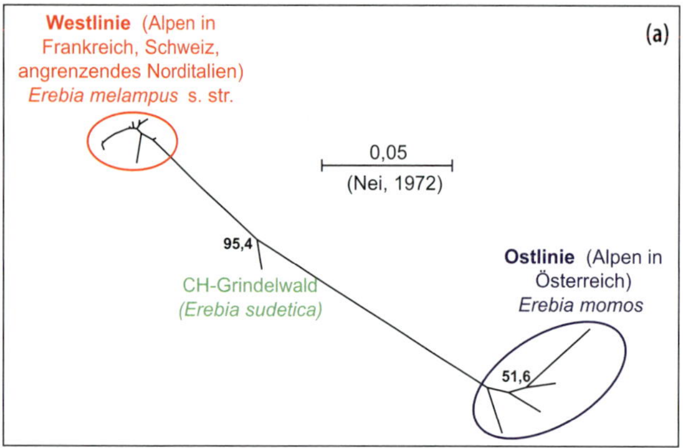

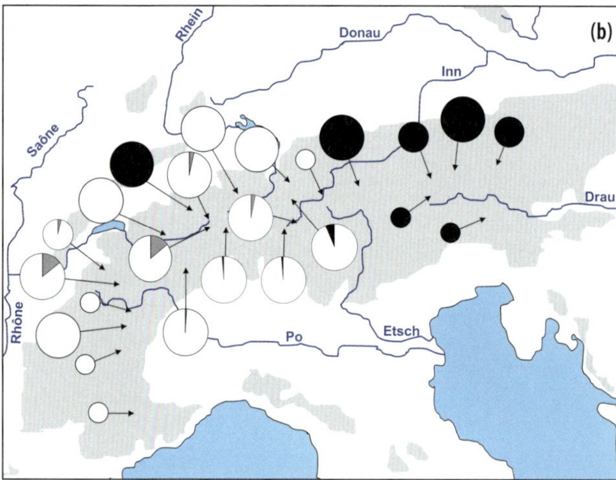

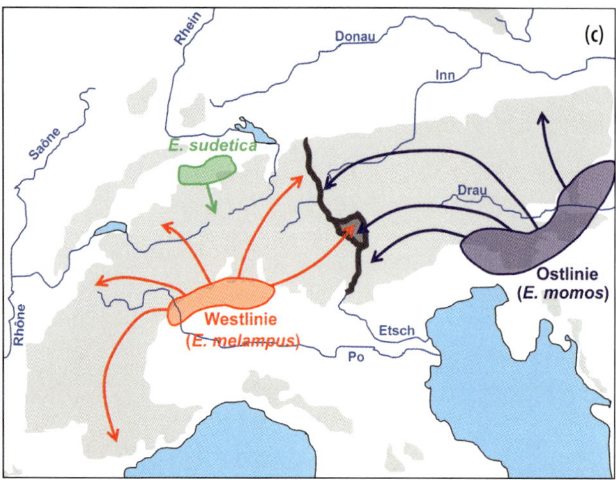

Abb. 5.35 (a) *Neighbor-joining*-Phänogramm, basierend auf genetischen Distanzen (Nei 1972) von Allozympolymorphismen mit *bootstrap*-Werten für die Unterstützung der Äste für die Alpenendemiten *Erebia melampus*, *E. momos* und *E. sudetica inalpina*. (b) Geographische Verteilung der Allele des Enzymlocus Malatenzym. (c) Phylogeographische Interpretation dieser genetischen Befunde mit drei würmglazialen Refugien und deren postglazialer Arealexpansion. Abbildung nach Haubrich & Schmitt (2007).

Allele aufweisen. Nur im Engadin (Ostschweiz) tritt das typische *momos*-Allel in geringer Frequenz auch in Populationen von *E. melampus* auf, was für **Introgression*** aus der östlichen in die westliche Linie spricht (Abb. 5.35b). Es ist deshalb wahrscheinlich, dass sich diese drei Taxa vor mehreren Glazialen genetisch voneinander getrennt haben, eventuell vor etwa 0,5 Mio. Jahren. Seitdem haben sie sich um den Alpenbereich herum unabhängig voneinander entwickelt. Rückschlüsse auf die Verbreitungsdynamik dieses Artenkomplexes lassen sich jedoch nur für das Würmglazial und das anschließende Postglazial ziehen.

Für *E. momos* muss von einem sehr ähnlichen würmglazialen Rückzugsgebiet wie für die Ostlinie von *E. euryale* ausgegangen werden. Im Unterschied zu dieser Art lag jedoch das westliche Rückzugsgebiet von *E. melampus* nicht im Bereich um die Südwestalpen, sondern weiter nördlich am Südalpenrand, vermutlich zwischen dem Aostatal und dem Comer See. Deshalb trafen diese beiden Taxa auch weiter östlich in den Alpen aufeinander als im Fall von *E. euryale*, weshalb auch die Kontaktzone weiter nach Osten ins westliche Österreich und etwa entlang des Verlaufs der Etsch in Norditalien verschoben ist (Abb. 5.35c).

Interessant ist in diesem Zusammenhang noch das kleinareale Vorkommen von *E. sudetica inalpina* bei Grindelwald. Hier ersetzt sie lokal die ansonsten in den westlichen Zentralalpen vorkommende *E. melampus* und besetzt auch dieselbe ökologische Nische wie diese. An dieser einzigen Stelle ist *E. sudetica inalpina* auch auffallend häufig. Es stellt sich deshalb die Frage, warum sie ein so eingeschränktes Verbreitungsgebiet besitzt. Biogeographisch ließe sich dieses Phänomen damit erklären, dass ein glaziales Rückzugsgebiet dieses Taxons nördlich der alpinen Gletscher existierte. Dieses wurde jedoch durch das langsamere Abschmelzen der Vergletscherung im Norden im Vergleich zu demjenigen im Süden der Alpen, lange von der Expansion in die Alpen zurückgehalten. Zu dem Zeitpunkt, als die abschmelzenden Eismassen das *E. sudetica inalpina*-Überdauerungsgebiet für eine Besiedlung in die Alpen freigaben, waren diese schon weitgehend durch das Schwestertaxon *E. melampus* besiedelt. Nur der kleine Bereich bei Grindelwald wurde noch von *E. sudetica inalpina* besiedelt (Haubrich & Schmitt 2007). Trotz der biogeographischen Eingängigkeit dieser Erklärung darf nie ausgeschlossen werden, dass auch Konkurrenz zwischen beiden Taxa, mit *E. melampus* als dem stärkeren Konkurrenten, verantwortlich für diese geographische Verbreitung sein könnte; oder zumindest Konkurrenz zwischen diesen Taxa einen gewissen Einfluss auf deren Verbreitungsbilder besitzt.

Interessanterweise existiert für einen anderen, in den Alpen ebenfalls weit verbreiteten **Mohrenfalter, *Erebia epiphron***, bei Grindelwald eine genetische Linie, die bisher nirgendwo sonst in den Alpen festgestellt wurde. Hierbei könnte es sich um ein analoges Phänomen handeln. Für diese Art wurde ebenfalls eine östliche genetische Linie nachgewiesen. Diese ist weit in der Osthälfte der Alpen verbreitet und leitete sich vermutlich auch aus dem, wie wir oben gesehen haben, sehr bedeutsamen glazialen Rückzugsgebiet am Ostalpenrand postglazial ab. Im Bereich des Aostatals wurde eine bisher nur dort aufgefundene genetische Linie für *E. epiphron* festgestellt, die vermutlich zumindest das letzte Glazial in räumlicher Nähe zu diesem überdauerte. Ähnliches gilt für die Vorkommen im Wallis, deren Wurzeln vermutlich in einem glazialen Überdauerungszentrum am Westalpenrand liegt (Schmitt et al. 2006). Somit weicht *E. epiphron* in einigen Punkten von den bisher besprochenen einfachen Mustern ab, da diese Art sowohl glaziale Überdauerungszentren in den klassischen peripheren Refugien südlich und östlich der Alpen hatte, als auch in kleinen Bereichen nördlich und westlich der Alpen.

Auch für den **Gelbgefleckten Mohrenfalter *(Erebia manto)*** ergibt sich ein genetisches Muster, das von den bisher erwähnten in einigen Aspekten abweicht. Insgesamt wurden in den Alpen drei vergleichsweise junge genetische Linien dieser Art nachgewiesen, von denen eine in den westlichen, eine in den nordöstlichen und die dritte in den südöstlichen Alpen verbreitet ist. In den östlichen Zentralalpen finden sich Populationen, die sich nicht eindeutig einer dieser drei Linien zuordnen lassen (Schmitt et al. 2014; Abb. 5.36a). Dieses Muster ist wahrscheinlich auf drei unterschiedliche glaziale Arealkerne zurückzuführen (Abb. 5.36c): Die westliche Linie könnte in einem Bereich nordwestlich der Alpen das Würmglazial überdauert haben, wobei sie etwa in dem Bereich verbreitet gewesen sein könnte, in dem auch die westlichen Populationen des Sudetenmohrenfalters *(E. sudetica)* vermutet werden (Haubrich & Schmitt 2007). Von hier zogen sich die Populationen im Postglazial in die westlichen Alpen zurück, wobei jedoch die südwestlichen Bereiche mehrheitlich nicht erreicht wurden (Abb. 5.31a).

Anders als in den bisher vorgestellten Beispielen befanden sich im Würmglazial vermutlich zwei unterschiedliche Areal-

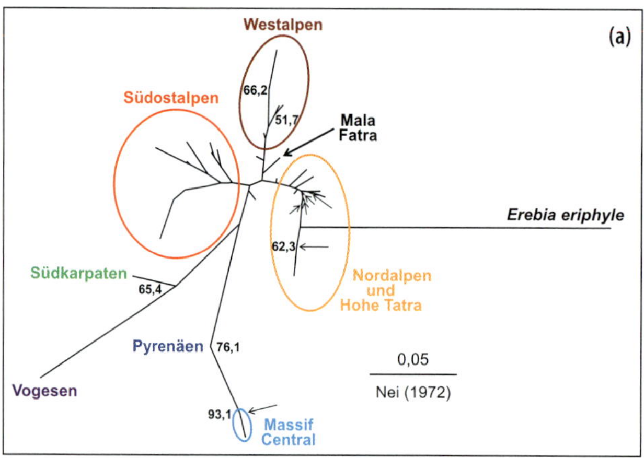

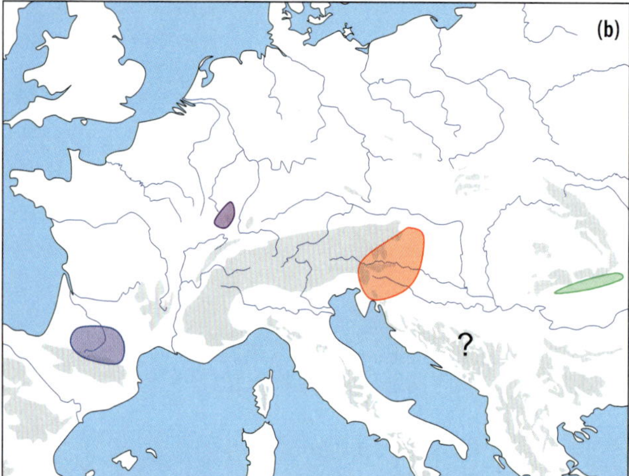

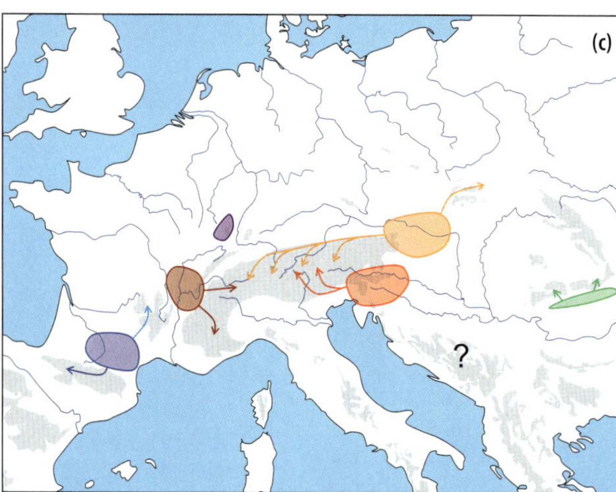

Abb. 5.36 Phylogeographie des Gelbgefleckten Mohrenfalters *(Erebia manto)*. (a) *Neighbor-joining*-Verwandtschaftsdiagramm, basierend auf genetischen Distanzen (Nei 1972) von Allozympolymorphismen in verschiedenen Gebirgsregionen Europas. Zahlen an den Verzweigungspunkten stellen *bootstrap*-Werte dar. Die Geschwisterart *Erebia eriphyle* wurde als Außengruppe verwendet. Aus diesen genetischen Daten wurden wahrscheinliche Arealkerne (b) im Riss- und (c) im Würmglazial inklusive der postglazialen Arealverschiebungen abgeleitet. Abbildung nach Schmitt et al. (2014).

kerne von *E. manto* östlich der Alpen; einer am südöstlichen und ein weiterer am nordöstlichen Alpenrand. Aus letzterem erfolgte postglazial die Besiedlung der Ostalpen nördlich des Alpenhauptkammes, erstere expandierte südlich des Alpenhauptkammes nach Westen, jedoch nicht weiter als bis in die Ostschweiz (Abb. 5.36c). Im Bereich der östlichen Zentralalpen verzahnten sich diese beiden Ausbreitungslinien und führten zur genetischen Durchmischung. Deshalb sind die Populationen in diesem Bereich nicht eindeutig einer dieser genetischen Linien zuzuordnen, weisen jedoch, wie häufig für **Hybridpopulationen** festgestellt, eine hohe genetische Diversität auf (Schmitt et al. 2014).

Die **Köcherfliegenart *Drusus discolor*** besitzt ebenfalls zwei stark voneinander differenzierte genetische Linien in den westlichen und östlichen Teilen der Alpen, was auch in diesem Fall auf würmglaziale Refugien und anschließende Ausbreitungszentren um die südwestlichen Alpen und am Ostalpenrand hindeutet (Abb. 5.37; Pauls et al. 2006). Der Beginn der Differenzierung zwischen diesen beiden Linien liegt jedoch sehr viel weiter in der Vergangenheit und könnte sogar vor dem Beginn des Pleistozäns stattgefunden haben. Aus den vorliegenden genetischen Befunden kann auf die letzten (also würmglazialen) Refugien und somit postglazialen Ausbreitungszentren geschlossen werden, diese müssen jedoch nicht mit den Zentren der beginnenden Differenzierung räumlich übereinstimmen, schließen dieses jedoch nicht aus.

Bisher wurden nur Beispiele besprochen, bei denen die unterschiedlichen genetischen Linien in peripheren Rückzugsgebieten glaziale Kältephasen überdauerten. Es gibt aber auch klare genetische Evidenzen für das Überdauern auf **Nunatakkern**, wenngleich die Anzahl der bekannten Fälle begrenzt ist. Eines der klarsten Beispiele sind die genetischen Studien am **Himmelsherold *(Eritrichium nanum)*** (Stehlik et al. 2001, 2002b), einer hochalpinen Pflanze, die in den Alpen disjunkt ausschließlich in den höchsten Massiven vorkommt. Die Analyse von cpDNA-Haplotypen (Abb. 5.38) ergab einen weit in den Alpen verbreiteten Haplotypen, der sich wohl aus mindestens einem peripheren Glazialrefugium am Alpensüdrand ableitet, welches geographisch ausgedehnt gewesen sein dürfte; einen weiteren in den Ostalpen, der für glaziales Überdauern in der Ostabdachung der Alpen spricht; und etliche weitere Haplotypen, die oftmals eine nur sehr eingeschränkte geographische Verbreitung aufweisen. Letztere finden sich vor allem zwischen Aostatal und Wallis, in Graubünden und (mit nur einem Haplotypen) in den italienischen Dolomiten, also in genau solchen Bereichen der Alpen, in denen schon seit Langem über glaziales Überleben auf Nunatakkern spekuliert wurde. Diese Arbeiten von Stehlik et al. (2001, 2002b) stellen aktuell wohl die besten genetischen Evidenzen dar, dass eine einzige Art auf unterschiedlichen Nunatakkern in diesen drei klassischen Gebieten eiszeitliche Bedingungen überdauerte.

Der **Schnee-Ampfer *(Rumex nivalis)*** ist eine Art, die in den Alpen auf die nordöstlichen und östlichen Bereiche beschränkt ist, wo er aktuell ein disjunktes Areal besitzt. Er zeigt ein Muster der räumlichen Verteilung von cpDNA-Haplotypen, das am besten mit glazialem Überleben auf Nunatakkern erklärt werden kann (Stehlik 2002). Dieses betrifft vor allem das Hochrheingebiet im nördlichen Graubünden, eine Region, die nicht zu den klassischen Nunatakkergebieten zählt. Weiterhin finden sich für den Schnee-Ampfer gute Hinweise auf glaziale Rückzugsgebiete, die sich in (wahrscheinlich mehreren) peripheren Refugien am nördlichen Rand der östlichen Alpen befanden. Von diesen aus wurde vermutlich aber nur der Bereich südlich des Bodensees postglazial besiedelt.

Daten von Holderegger et al. (2002) geben gewisse, wenn auch relativ schwache, genetische Evidenzen für das Überdauern des **Gegenblättrigen Steinbrechs *(Saxi-***

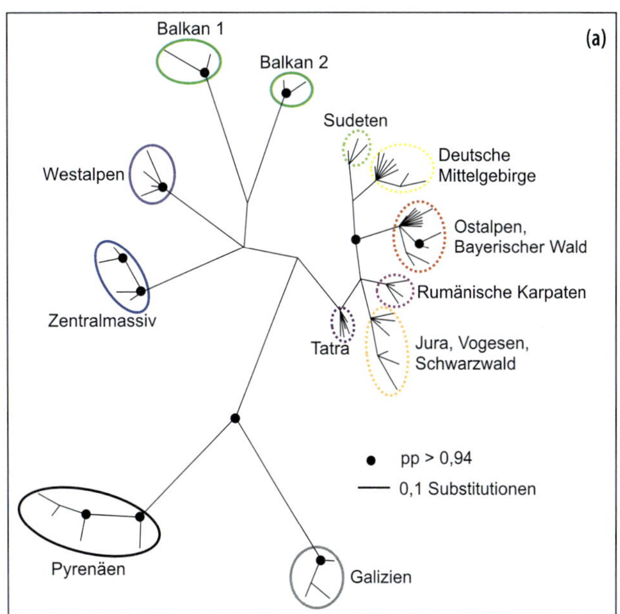

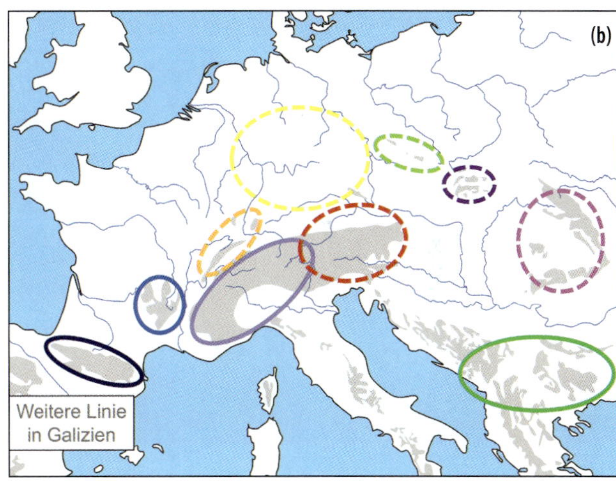

Abb. 5.37 Phylogeographie der Köcherfliegenart (oder des Artkomplexes) *Drusus discolor*. (a) Verwandtschaftsbaum, basierend auf mtDNA-Sequenzen des COI-Gens und (b) die geographische Verbreitung der unterschiedlichen Haplotypenlinien in Europa. Abbildung nach Pauls et al. (2006).

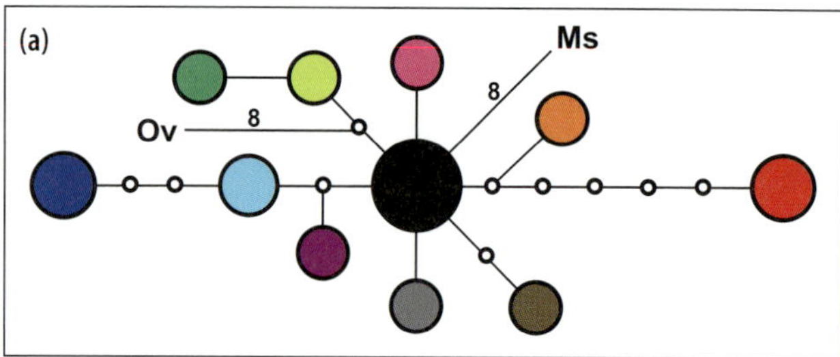

Abb. 5.38 Phylogeographie des Himmelsherolds *(Eritrichium nanum)* in den Alpen. (a) Haplotypennetzwerk basierend auf cpDNA-Fragmenten mit *Omphalodes verna* (Ov) und *Myosotis sylvatica* (Ms) als Außengruppen sowie (b) die geographische Verteilung der unterschiedlichen Haplotypen. Abbildung nach Stehlik et al. (2002b).

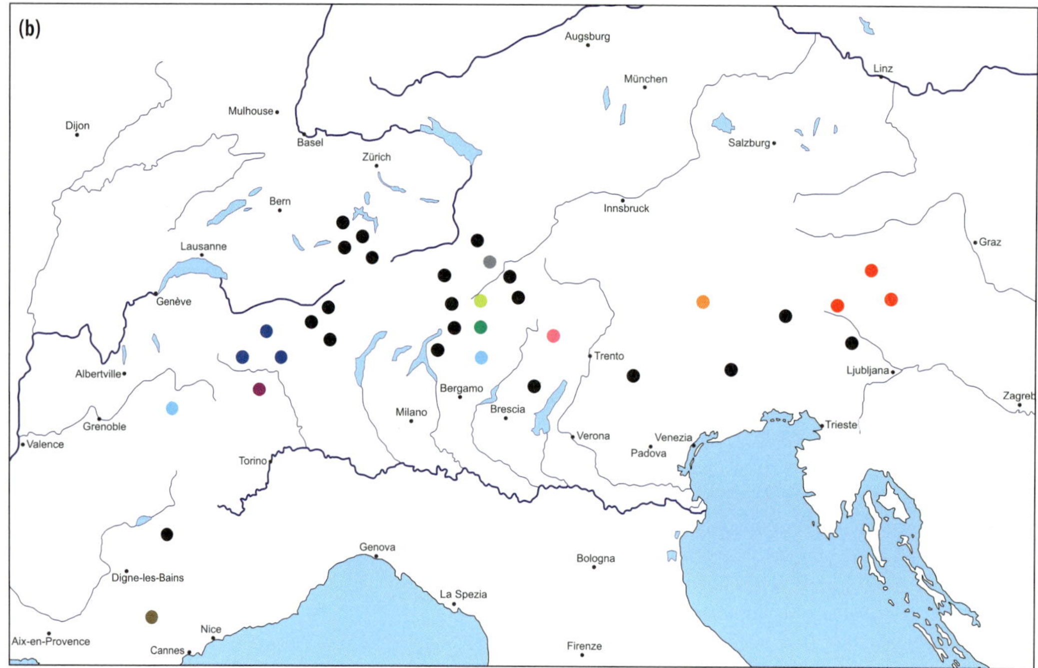

fraga oppositifolia) auf Nunatakkern. Neben zwei weit verbreiteten cpDNA-Haplotypen, die die Alpen postglazial besiedelten, eventuell aus peripheren Refugien, existieren zwei seltene Haplotypen, welche nur sehr lokal im Wallis und in Graubünden auftreten. Dies ist ein Indiz, dass diese Steinbrechart in diesen für Nunatak-Überleben typischen Regionen glaziale Bedingungen oberhalb der Gletscher überlebte. Es muss aber davon ausgegangen werden, dass die beiden häufigen von außerhalb der Alpen eindringenden Haplotypen über die eisfrei werdenden Talsysteme fast den gesamten Raum besiedelten, bevor sich den Nunatak-Populationen die Möglichkeit zur Expansion bot. Deshalb beschränken sich letztere noch heute auf ihre einstigen Rückzugsgebiete.

5.3.1.3 Arten mit mehreren genetischen Linien in den Pyrenäen

Wie in den Alpen, so finden sich auch in den Pyrenäen Gebirgsarten, die hier mit mehreren genetischen Linien vertreten sind. Wegen der geringeren geographi-

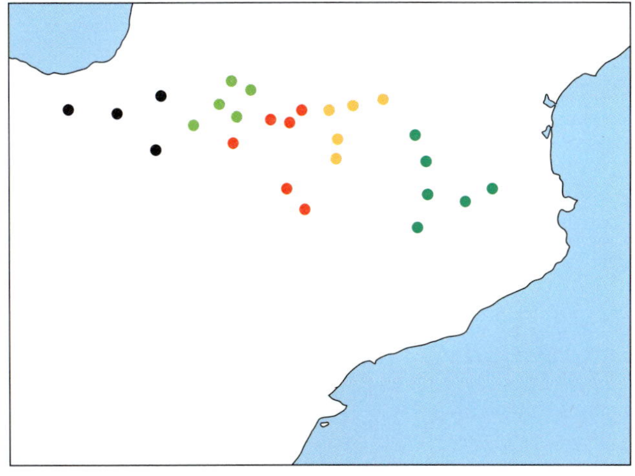

Abb. 5.39 Geographische Verbreitung der fünf genetischen Linien der Rostblättrigen Alpenrose *(Rhododendron ferrugineum)* in den Pyrenäen, basierend auf AFLP-Polymorphismen. Abbildung nach Charrier et al. (2014).

schen Ausdehnung ist es logisch, dass in den Pyrenäen meist geringere Anzahlen an genetischen Linien als in den Alpen existieren. In den meisten Fällen wurden **zwei genetische Linien** unterschieden, von denen sich eine im **westlichen** und eine im **östlichen Teil der Pyrenäen** befindet. Dieses Muster zeigt sich sehr deutlich in der **Mohrenfalterart** ***Erebia epiphron*** (Schmitt et al. 2006b), aber auch in der **Gämskresse** ***(Pritzelago alpina)*** (Kropf et al. 2003), dem **Westalpen-Klee** ***(Trifolium alpinum)*** (Lauga et al. 2009) und schwach angedeutet im **Bergwundklee** ***(Anthyllis montana)*** (Kropf et al. 2002). Bemerkenswert sind auch die genetischen Strukturen von Vertretern der **Blattkäfergattung** ***Oreina***. Die beiden Linien, die in den Pyrenäen auftreten, sind wahrscheinlich seit 1 Mio. Jahren getrennt und wohl auf Artebene voneinander differenziert. Eine dieser beiden hat wohl seit ihrer Abspaltung eine eigenständige Evolution in den Pyrenäen durchlaufen und sich zu *O. ganglbaueri* entwickelt. Die zweite heute in den Pyrenäen vorkommende Linie hat ihre nächstverwandten Populationen im Kantabrischen Gebirge. Von dort breitete sie sich vermutlich sekundär vor einem oder zwei Glazialen in die Pyrenäen aus; sie besitzt aber auch weitere, recht nah verwandte Vorkommen im französischen Zentralmassiv und in den Apenninen (Triponez et al. 2011).

Eine sehr deutliche Differenzierung in den Pyrenäen wurde für die **Rostblättrige Alpenrose** ***(Rhododendron ferrugineum)*** nachgewiesen (Charrier et al. 2014). AFLP-Analysen für diese Art erlauben die Unterscheidung von fünf genetischen Linien, die sich von Westen nach Osten in den Pyrenäen aneinanderreihen (Abb. 5.39). Diese Struktur lässt vermuten, dass es für diese Art in den glazialen Kältephasen mehrere Rückzugsgebiete am Rand der Pyrenäen gab. Für die Würmvereisung sind insgesamt fünf Arealkerne im Umfeld dieses Gebirges auf Grundlage dieser Ergebnisse wahrscheinlich. Auch für das Alpen-Schaumkraut *(Cardamine alpina)* existieren diverse genetische Linien, die auf multiple Rückzugsgebiete für diese Art um die Pyrenäen herum hinweisen (Lihová et al. 2008).

5.3.1.4 Arten und Gattungen mit mehreren genetischen Linien in den Karpaten

Obwohl die Karpaten das größte Gebirge des südöstlichen Europas sind, ist die bisherige Anzahl an phylogeographischen Arbeiten für diesen Raum noch vergleichsweise gering. Ein Vergleich in Form einer Metaanalyse zwischen Populationen von Gebirgspflanzenarten in den Alpen und den Karpaten ergab jedoch, dass die genetischen Diversitäten in den Karpaten generell niedriger als in den Alpen sind. Dies ist eventuell eine Kon-

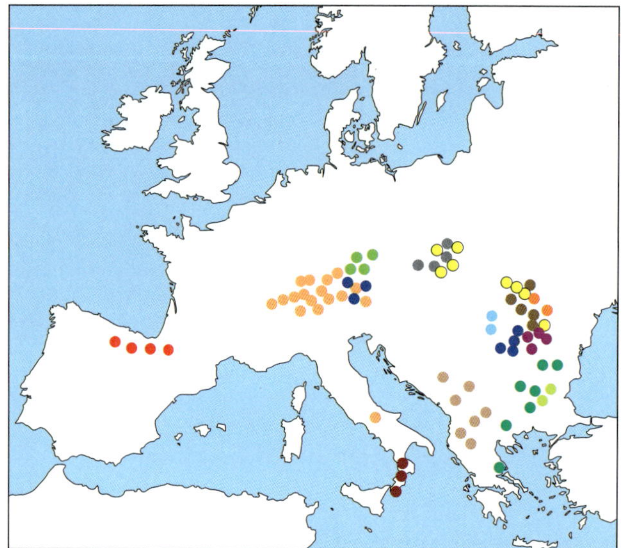

Abb. 5.40 Verbreitungspunkte von 16 Alpenglöckchen-Arten der Gattung *Soldanella* in Europa. Nur zwei Arten (*S. alpina* und *S. pusilla*) sind weit in den europäischen Gebirgen vertreten, die anderen sind Endemiten mit kleinen Arealen (von West nach Ost: *S. villosa* in den Pyrenäen und kantabrischen Bergen (rot); *S. minima*: Alpen und Zentral-Apenninen (hellorange); *S. calabrella*: Kalabrien (dunkelrot); *S. montana*: Nordost-Alpen bis Bayerischer Wald (mittelgrün); *S. major*: Ostalpen und Südwest-Karpaten (dunkelblau); *S. carpatica*: Tatra (grau); *S. marmarossiensis*: Tatra und Ostkarpaten (gelb); *S. angusta*: Ostkarpaten (dunkelbraun); *S. rugosa*: zentrale Ostkarpaten (orange); *S. hungarica*: Südost-Karpaten (dunkles Pink); *S. oreodoxa*: Apuseni (hellblau); *S. pindicola*: westlicher Balkan (hellbraun); *S. chrysosticta*: östlicher Balkan (dunkelgrün); *S. rhodopaea*: Rhodopen (hellgrün)). Abbildung nach Zhang et al. (2001).

sequenz aus der höheren topographischen Isolation alpiner Habitate in den Karpaten (Thiel-Egenter et al. 2009b).

Eine sehr aufschlussreiche Arbeit über die biogeographische Strukturierung existiert über die Phylogenie der Gattung der **Alpenglöckchen *(Soldanella)*** (Zhang et al. 2001). Diese differenzieren sich innerhalb einer osteuropäischen Gruppe in zwei Untergruppen. Die nördliche von diesen ist in den Nord- (Endemit: *S. carpatica*) und Ostkarpaten bis zum Karpatenknie (Endemiten: *S. rugosa*, *S. angusta*) sowie in den nordöstlichen Alpen bis zum Böhmerwald verbreitet. Die Art *S. marmarossiensis* ist in den gesamten Hochlagen der nördlichen und östlichen Karpaten anzutreffen. Auch das Apuseni-Gebirge, das als Inselgebirge in Transsilvanien liegt, gehört mit dem Endemiten *S. oreodoxa* ebenfalls in diese Linie. Die südliche Untergruppe beinhaltet Alpenglöckchen-Arten, die sowohl in den Südkarpaten (Endemit: *S. hungarica*) als auch auf der Balkanhalbinsel (drei endemische Arten) auftreten (Abb. 5.40). Diese Ergebnisse unterstützen folglich eine über das Pleistozän hinausreichende Spaltung der Karpaten in einerseits einen nördlichen und östlichen Bereich, der phylogenetisch in Kontakt mit den Alpen im Westen steht, sowie andererseits einen südlichen Bereich, der biogeographische Beziehungen zur Balkanhalbinsel im Süden aufweist.

Ein ähnliches Differenzierungsmuster wie für die Alpenglöckchen wurde für die **Köcherfliegenart *Drusus discolor*** festgestellt. Für das mitochondriale COI-Gen dieser Art wiesen Pauls et al. (2006) eine deutliche Differenzierung zwischen einer endemischen Linie in den Nordkarpaten und einer zweiten, weiter verbreiteten Linie nach, welche auf die Ost- und Südkarpaten beschränkt ist (Abb. 5.37). Für beide Linien ist es wahrscheinlich, dass sie glaziale Rückzugsgebiete (wohl auch während des Würmglazials) am Fuß der jeweiligen Gebirge besaßen. Ähnliche phylogeographische Muster mit zwei genetischen Linien (nördlich sowie südlich/östlich) wurden auch für das Einköpfige Ferkelkraut *(Hypochaeris uniflora)* (Mráz et al. 2007) und die Alpen-Glockenblume *(Campanula alpina)* (Ronikier et al. 2008a) nachgewiesen.

Eine noch ausgeprägtere Differenzierung im Karpatenraum wurde für die arkto-alpin verbreitete **Steinfliegenart *Arcynopteryx dichroa*** nachgewiesen. Theisinger et al. (2012) zeigten über Sequenzierung des mitochondrialen COI-Genes, dass sich drei genetische Linien auf die Karpaten verteilen. Diese besaßen ihren letzten gemeinsamen Vorfahren nach Eichung über eine molekulare Uhr vermutlich im Mindelglazial. Eine dieser Linien ist auf die südlichen Karpaten bis ins südöstliche Karpatenknie beschränkt, die zweite ist endemisch für das Apusenigebirge und die dritte ist von den nordöstlichen Karpaten Rumäniens bis in die Hohe Tatra verbreitet. In allen drei Bereichen befinden sich mit hoher Wahrscheinlichkeit Differenzierungszentren, in denen sich diese endemischen genetischen Linien evoluierten.

Ein interessantes Muster fanden Ujvárosi et al. (2010) für die **Kohlschnakenart *Pedicia occulta***. Für das mitochondriale COI-Gen dieses Taxons wiesen sie eine starke Differenzierung in zwei Linien nach, welche wohl unterschiedliche Arten darstellen; eine Vermutung, die auch durch morphologische Differenzierungen unterstützt wird. Eine dieser Linien ist weit in den Gebirgen Europas verbreitet, die zweite fast ausschließlich auf die östlichen und südlichen Karpaten beschränkt, wo beide Arten sympatrisch auftreten. Die weit verbreitete Linie weist in den Karpaten keine deutlichen genetischen Differenzierungen auf, wohl aber gegenüber den Vorkommen auf der östlichen Balkanhalbinsel in den Gebirgen Rila, Pirin und Rhodopen. Das für die rumänischen Karpaten endemische Taxon weist zwei deutlich differenzierte Unterlinien auf. Diese wurden zum einen für die Gebirgsstöcke Bucegi und Parâng in den Südkarpaten und zum anderen für Rodna in den Ostkarpaten und das Apusenigebirge nachgewiesen. Dieses Muster stimmt etwa mit der geographischen Trennung zwischen den beiden großen genetischen Gruppen von *Soldanella* überein und unterstützt die These hinsichtlich einer alten biogeographischen Trennung zwischen Südkarpaten und den sich weiter nördlich anschließenden Bereichen dieser Gebirgskette. Hierdurch ergeben sich deutliche Evidenzen für glaziale Überdauerungszentren am Rand der Südkarpaten (vorzugsweise am Südrand), aber auch im transsilvanischen Becken, mit warmzeitlichem Rückzug in die Ostkarpaten und das westlich gelegene Apusenigebirge.

Diese Daten zeigen, dass eine deutliche phylogeographische Differenzierung in der Karpatenregion existiert. Der generelle Bearbeitungsstand ist jedoch geringer als in den Alpen. Eine intensivere phylogeographische Durchforschung dieser Gebirgsregion wäre deshalb wünschenswert.

5.3.1.5 Arten mit mehreren genetischen Linien in den Balkangebirgen

Die Balkanhalbinsel zeichnet sich durch eine **besonders vielfältige orographische Strukturierung** aus, was sich in einer großen Anzahl von geographisch eng umgrenzten Hochgebirgsbereichen zeigt. Diese werden entlang der **zentralbalkanischen Depression** durch die Täler des Vardars, der im Süden in die Ägäis mündet, und die Südliche Morava, die nach Norden in die Große Morava und somit in die Donau entwässert, in zwei Bereiche getrennt. Der westliche Teil umfasst weite Bereiche des ehemaligen Jugoslawiens, Albanien und das westliche Griechenland, der östliche Teil schließt den Osten Griechenlands, Bulgarien und die östlichen Bereiche von Serbien und Nordmazedonien ein.

Generell zeichnen sich die Balkangebirge durch eine **hohe Anzahl an Endemiten** aus. Auch diese zeigen in ihren geographischen Verbreitungen in vielen Fällen die oben beschriebene **Ost-West-Spaltung**. Dieses Muster weisen beispielsweise die Alpenglöckchen deutlich auf: *Soldanella pindicola* ist nur in den westbalkanischen Gebirgen bis nach Westgriechenland verbreitet; *S. chrysosticta* ist beschränkt auf die Ostbalkangebirge; *S. rhodopaea* ist eine endemische Pflanze der Rhodopen (Abb. 5.40; Zhang et al. 2001). Ein ähnliches Bild ergibt sich auch für die Mohrenfalterarten *Erebia epiphron* und *E. orientalis*. Während die in den europäischen Hochgebirgen weit verbreitete Art *E. epiphron* in den westbalkanischen Gebirgen verbreitet ist, wird diese in den östlichen Balkangebirgen durch *E. orientalis* ersetzt, die für die drei Gebirgsstöcke Rila, Pirin und Stara Planina endemisch ist (Varga & Schmitt 2008). Auf der innerartlichen Ebene zeigte schon Varga (1975) durch morphologische Untersuchungen, dass für den Hochalpen-Perlmutterfalter *(Boloria pales)* und für den Graubraunen Mohrenfalter *(Erebia pandrose)* jeweils eine west- und eine ostbalkanische Linie existiert. In beiden Fällen besitzen die westbalkanischen Populationen die morphologisch ähnlichsten Populationen in den südöstlichen Alpen, die ostbalkanischen aber in den südlichen Karpaten.

Diese häufig beobachtete Trennung in eine westliche und eine östliche Gebirgsflora und -fauna auf der Balkanhalbinsel dürfte sowohl orographische, ökologische als auch paläoklimatische Gründe haben. Die Flussniederungen entlang der zentralbalkanischen Depression sind die einzige durchgehende Grenze, die die balkanischen Gebirgszüge auf ihrer ganzen Länge durch echte Tieflandbereiche voneinander trennt. In eigentlich allen anderen Bereichen werden die Hochgebirge zumindest durch höhere Hügelländer verknüpft, was einen Faunen- und Florenaustausch unter glazialen Bedingungen oftmals ungehindert ermöglichte. Zusätzlich fehlen entlang der Flussniederungen von Vardar und Südlicher Morava durch die Schwemmlandbereiche auf weiten Strecken steinige Habitate. Deshalb finden hier typisch **petrophile* Arten** (vgl. Holdhaus 1954) keine Lebensräume. Diese Zone stellt somit auch während Kaltzeiten eine weitgehend unüberwindbare Grenze für petrophile Hochgebirgstaxa dar. Außerdem ist der **zentrale Bereich der Balkanhalbinsel** unter glazialen Klimabedingungen häufig eine ausnehmend **kalt-kontinentale Region**, die für etliche Arten mit Anpassung an niederschlagsreiche Hochgebirgslagen zusätzlich eine starke ökologische Barriere dargestellt haben dürfte.

Phylogeographische Untersuchungen über weite Bereiche der Balkangebirge sind aktuell noch selten und gesamteuropäische Untersuchungen greifen oft auf Material aus Bulgarien zurück (vgl. Schmitt 2009). Vor allem die Gebirge Ex-Jugoslawiens sind völlig unzureichend phylogeographisch untersucht. Dies stellt noch eine der Spätfolgen der Balkankriege des ausgehenden 20. Jahrhunderts dar, denn in vielen dieser Gebirge befinden sich immer noch nicht vollständig geräumte Minenfelder, die die Geländearbeit in den Gebirgen des Westbalkans immer noch zu risikoreichen Unternehmungen machen (Verovnik 2015) und deshalb maßgeblich für diese Wissenslücken mitverantwortlich sind.

Eine Ausnahme stellt die **Steinfliegenart** *Arcynopteryx dichroa* dar. Für diese Art zeigten Theissinger et al. (2012) über Sequenzierung mitochondrialer DNA, dass die Populationen in den westlichen und östlichen Balkangebirgen jeweils endemische Linien darstellen, die nach Berechnungen über eine molekulare Uhr ihren letzten gemeinsamen Vorfahren etwa im frühen Mindelglazial (also vor 0,5 Mio. Jahren) besaßen. Seitdem gab es für diese Art auf der Balkanhalbinsel keinen Austausch mehr, falls dieser denn überhaupt jemals hier stattgefunden hat, denn die ostbalkanische Linie stellt ein Monophylum innerhalb einer paraphyletischen karpatischen Gruppe dar, was eher für eine Herkunft aus dem Karpatenraum spricht.

Die westbalkanische Gruppe ist eine Geschwistergruppe einer heute in den Pyrenäen endemischen Gruppe. Es ist folglich möglich, dass für beide Linien die Balkanhalbinsel kein ursprüngliches Entstehungszentrum darstellt, sondern diese sich aus weiter nördlich beziehungsweise westlich gelegenen Entstehungszentren ableiten. Die Balkanhalbinsel wäre dann lediglich ein sekundäres Differenzierungszentrum. Für die beiden oro-mediterranen Augenfalterarten *Coenonympha rhodopensis* (Louy et al. 2013) und *Erebia ottomana* (Louy 2014a) wurden bei Allozymuntersuchungen keine unterschiedlichen genetischen Linien in den unterschiedlichen Regionen der Balkanhalbinsel nachgewiesen (für Details vgl. Kap. 5.3.5).

5.3.2 Biogeographische Verbindungen zwischen Gebirgssystemen

Wie oben beschrieben, weisen viele Arten, auch wenn sie heute in unterschiedlichen Hochgebirgsbereichen auftreten, innerhalb ein und desselben Hochgebirges unterschiedliche Linien auf. Dies ist auf **unterschiedliche Differenzierungs- und Ausbreitungszentren** zurückzuführen, aus denen sich die aktuellen Populationen in diesen Bergen speisen. Jedoch können sich aus einem Rückzugsgebiet auch Populationen in mehr als einem Hochgebirge ableiten, sodass wir **genetisch fast gleiche Populationen** in teilweise durch Hunderte von Kilometern **getrennten Gebirgsmassiven** antreffen. Vor allem die Alpen als das zentralste und größte Hochgebirge Europas weist vielfältige biogeographische Verbindungen zu benachbarten Gebirgsbereichen auf. Diese sind vor allem bekannt **(1)** von den **Südwestalpen zu den Pyrenäen** und zum französischen Zentralmassiv, **(2)** von den **Nordostalpen zu den Nordkarpaten** (Tatra) und **(3)** von den **Südostalpen zu den Gebirgen der westlichen Balkanhalbinsel** von Kroatien bis ins nordwestliche Griechenland hinein; aber auch für den Bayerischen Wald, das Altvatergebirge in Nordmähren und den Apenninenzug sind rezente biogeographische Beziehungen zu den Alpen bekannt (Abb. 5.41).

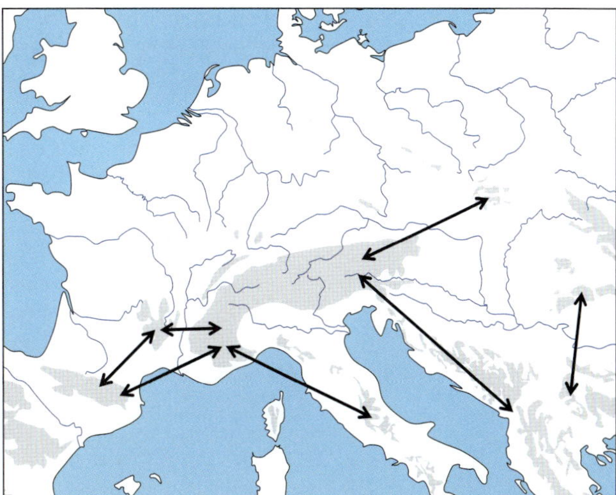

Abb. 5.41 Schema häufiger phylogeographischer Beziehungen zwischen europäischen Hochgebirgsbereichen; dargestellt durch Doppelpfeile.

5.3.2.1 Biogeographische Verbindungen zwischen Pyrenäen und Westalpen

Biogeographische Verbindungen zwischen den Pyrenäen und den Alpen zeigen sich schon in etlichen Fällen durch das **ausschließliche Auftreten zahlreicher Taxa** in diesen beiden Gebirgen, bei Tagfaltern beispielsweise *Euchloe simplonia*, *Polyommatus g. glandon*, *Aricia n. nicias* und *Erebia o. oeme* (Schmitt 2009). Gleiches gilt für genetische Linien von Gebirgsarten, wie die Mohrenfalter *Erebia arvernensis* (Martin et al. 2002) und *E. epiphron* (Schmitt et al. 2006b). Für letztere Art wurde eine große genetische Ähnlichkeit zwischen Populationen der **westlichen Pyrenäen** und Teilen der **südwestlichen Alpen** nachgewiesen. Auch für mehrere Pflanzenarten (z.B. *Anthyllis montana*, *Hypericum nummularium*, *Oxytropis campestris*, *Phyteuma globulariifolium*, *Pulsatilla vernalis*, *Saxifraga paniculata*) wurde dieses phylogeographische Muster festgestellt (Kropf et al. 2002, Schönswetter et al. 2002, 2004b, Gaudeul 2006, Reisch 2008, Ronikier et al. 2008b). Dieses wiederholte Muster erklärt sich vermutlich durch würmglaziale Verbreitung dieser Arten in den hügeligen Regionen Frankreichs zwischen den Pyrenäen und den Westalpen.

Natürlich können diese Arten auch in den vorangegangenen Kaltzeiten in dieser Region vorgekommen sein, was in vielen Fällen sogar wahrscheinlich ist, eine Ableitung aus genetischen Daten für diese Hypothese ist jedoch oft nicht möglich oder zumindest mit größeren Unsicherheiten behaftet.

Für die **Krumm-Segge** *(Carex curvula)*, eine oftmals bestandsprägende Art in den Urgesteinsregionen der Alpen und Pyrenäen, sind die Populationen der Pyrenäen als monophyletische Gruppe in denjenigen der westlichen Alpen genestet, die somit eine paraphyletische Gruppe bilden. Dieses genetische Muster ist vermutlich durch rezente Kolonisation über eine weite Distanz (engl.: *long distance colonisation*) aus den westlichen Alpen in die Pyrenäen begründet (Puscas et al. 2008).

5.3.2.2 Die biogeographische Stellung des französischen Zentralmassivs

Interessant bei der Betrachtung der Alpen und Pyrenäen ist auch die phylogeographische Stellung des französischen Zentralmassivs. Dieses wird von den Westalpen eigentlich nur durch das tief eingeschnittene Rhônetal getrennt, ist jedoch mit den geographisch weiter entfernten Pyrenäen weitgehend durch niedrigere Hügelländer verbunden. Diese geographische Position führt zu drei unterschiedlichen biogeographischen Ausrichtungen des Zentralmassivs.

(1) Zum einen werden in einer Anzahl an Fällen **endemische genetische Linien** in diesem Gebirgsbereich festgestellt, die sich weitgehend *in situ* in diesem Gebirge evoluiert haben dürften, teilweise auch über mehrere Glazial-Interglazial-Zyklen hinweg (Kropf et al. 2012). Ein Beispiel bildet die stark differenzierte genetische Linie der **Köcherfliegenart** ***Drusus discolor*** (Abb. 5.37; Pauls et al. 2006). Auch das **Große Alpenglöckchen** *(Soldanella alpina)* besitzt im Zentralmassiv eine eigene genetische Linie mit hoher genetischer Diversität. Kropf et al. (2012) schließen aus ihren Ergebnissen, dass diese Art langfristig in diesem Gebirge existierte und sich vor Ort differenzierte. Sie gehen davon aus, dass die Populationen von *S. alpina* sich im Zentralmassiv in ihrer Höhenverbreitung den jeweils herrschenden Klimabedingungen anpassten, also in einem geographisch recht eng umgrenzten Raum vertikale Arealverschiebungen durchführten. Für Vertreter des **Blattkäfer-Artenkomplexes** aus der Gattung ***Oreina*** wurden sogar zwei deutlich differenzierte genetische Gruppen nachgewiesen, die beide ausschließlich im Zentralmassiv festgestellt wurden und sich dort seit mindestens dem Rissglazial evoluierten (Triponez et al. 2011).

(2) Für mehrere Arten wurde eine enge phylogeographische Bindung zwischen den **Pyrenäen** und dem **Zentralmassiv** festgestellt; so etwa für den Roten Apollofalter *(Parnassius apollo)* (Descimon 1995) und die Frühlingsküchenschelle *(Pulsatilla vernalis)* (Ronikier et al. 2008b). Besonders deutlich wird die Verbindung zwischen beiden Gebirgen für das **Mohrenfaltertaxon** ***Erebia manto constans***. Diese auf Pyrenäen und Zentralmassiv begrenzte Unterart weist gegenüber allen anderen Vorkommen eine konstante Verschwärzung der Flügel auf und unterscheidet sich auch genetisch sehr deutlich von allen anderen Vorkommen. Die Pyrenäenpopulationen sind genetisch hochdivers, wohingegen die geographisch wesentlich begrenzteren Vorkommen im Zentralmassiv eine deutlich verarmte genetische Ausstattung besitzen, sich aber ansonsten nicht wesentlich von den Pyrenäenpopulationen unterscheiden (Abb. 5.36; Schmitt et al. 2014). Diese Daten lassen vermuten, dass in den oben erwähnten Hügelländern zwischen Pyrenäen und Zentralmassiv etliche Arten Kaltzeitbedingungen (zumindest des Würmglazials) überdauerten und sich unter

Warmzeitbedingungen (wie im aktuellen Postglazial) in die sich südlich und nördlich anschließenden höheren Gebirgsbereiche zurückzogen (Abb. 5.36c).

(3) Seltener als die enge phylogeographische Anbindung des **Zentralmassivs** an die geographisch weiter entfernten Pyrenäen wurden bisher enge Verbindungen zu den geographisch näher gelegenen **Westalpen** nachgewiesen. Ein solcher Zusammenhang wurde für die **Quirlblättrige Weißwurz** ***(Polygonatum verticillatum)*** festgestellt (Kramp et al. 2009), welche jedoch zu den weiter unten behandelten boreo-montanen Arten gehört. Auch Vertreter der **Käfergattung** ***Oreina*** besitzen nah verwandte Haplotypen in Zentralmassiv, Jura und in den Alpen und weisen somit auf einen rezenten Austausch zwischen diesen drei Gebirgssystemen hin (Triponez et al. 2011).

5.3.2.3 Die biogeographische Stellung des Kantabrischen Gebirges

Das Kantabrische Gebirge stellt mit über 2600 m NN das westlichste der europäischen Hochgebirge dar und weist als **immerfeuchtes Gebirge** eine Stufenfolge ähnlich wie in den Pyrenäen und Alpen auf. Hierdurch unterscheidet es sich ökologisch deutlich von den weiter südlich auf der Iberischen Halbinsel gelegenen Gebirgszügen, die sommerliche Trockenheit aufweisen, welche mit zunehmend südlicher Lage immer ausgeprägter wird. Wegen dieser Feuchtigkeitsdefizite sind in diesen Gebirgen vermehrt xeromontane Elemente vertreten, oftmals mit biogeographischer Anbindung an Innerasien (Varga 1977, 1996, Varga & Schmitt 2008).

Durch seine geographische Position am südwestlichen Rand Europas und unmittelbar westlich der Pyrenäen weist das Kantabrische Gebirge fast zwangsweise eine enge biogeographische Übereinstimmung mit den Pyrenäen auf. Dies wird durch das oft gemeinsame Auftreten von Gebirgsarten in beiden Regionen unterstrichen, von denen viele Endemiten dieser Region sind, was gut mit Tagfaltern demonstriert werden kann (Tshikolovets 2011). Auffällig ist jedoch, dass das Kantabrische Gebirge generell eine **geringere Anzahl an Taxa** aufweist **als die Pyrenäen**, was durch seine **randlichere Lage** in Europa sowie seine geringere Höhe und Ausdehnung erklärt werden dürfte.

Genetisch wurde eine enge Verbindung zwischen dem Kantabrischen Gebirge und den westlichen Pyrenäen für den **Berg-Wundklee** ***(Anthyllis montana)*** bestätigt. Die Ähnlichkeit dieser beiden Regionen war sogar höher als zwischen den westlichen und den östlichen Pyrenäen, was für eine sehr junge gemeinsame Herkunft der Populationen in den beiden Regionen Westpyrenäen und Kantabrisches Gebirge spricht (Kropf et al. 2002). Durch dieses genetische Muster ist ein gemeinsames würmglaziales Überdauerungszentrum zwischen beiden Bergregionen und ein postglazialer Rückzug in höhere Bereiche in östlicher und westlicher Richtung wahrscheinlich.

Auch für die **Mohrenfalterart** ***Erebia euryale*** zeigen sich starke genetische Ähnlichkeiten zwischen dem Kantabrischen Gebirge und den Pyrenäen (Vila et al. 2011). Für das mitochondriale COI-Gen wiesen sechs Populationen aus dem Kantabrischen Gebirge und eine aus den nordöstlichen Pyrenäen alle denselben Haupthaplotypen auf. Alle weiteren fünf in dieser Region festgestellten Haplotypen unterschieden sich nur in einer einzigen Mutation von diesem und waren alle vergleichsweise selten. Das Muster eines häufigen Zentralhaplotypen, der von nur geringfügig von diesem differenzierten Satelliten umgeben ist, weist auf eine sehr rezente Arealexpansion (wahrscheinlich postglazial) aus einem gemeinsamen Ausbreitungszentrum für beide Gebirgsmassive hin. Die parallel zu diesen mtDNA-Sequenzierungen durchgeführten Allozymuntersuchungen wiesen ein etwas differenzierteres Muster auf und deuten auf die Möglichkeit von zwei postglazialen Expansionen entlang des Kantabrischen Gebirges hin, eine Expansionslinie südlich und eine nördlich des Gebirgszuges.

Für die **Blattkäferart *Oreina alpestris*** clustern Haplotypen von kantabrischen und pyrenäischen Individuen in einer monophyletischen Gruppe, jedoch sind die kantabrischen Haplotypen stärker voneinander differenziert und bilden eine paraphyletische Gruppe, in der diejenigen aus den Pyrenäen ein Monophylum darstellen (Triponez et al. 2011). Dies spricht für einen Ursprung dieser ganzen Gruppe im Kantabrischen Gebirge, wo sie sich wohl seit dem Mindel- oder Rissglazial isolierte und später von hier aus die Pyrenäen kolonisierte.

Neben dieser genetischen Kohärenz zwischen dem Kantabrischen Gebirge und den Pyrenäen existieren auch Beispiele für deutlich differenzierte **endemische** Linien im Kantabrischen Gebirge. Eines von diesen ist die **Köcherfliegenart *Drusus discolor*** (Pauls et al. 2006). Im Fall der arkto-alpin verbreiteten **Gämskresse *(Pritzelago alpina)*** befindet sich sogar der basale Split zwischen den kantabrischen und allen anderen Populationen (Kropf et al. 2003). Es ist somit davon auszugehen, dass diese Art seit dem ersten Vikarianzereignis in der kantabrischen Region überdauerte, und zwar über mehrere Glazial-Interglazial-Zyklen.

5.3.2.4 Biogeographische Verbindungen zwischen den Nordostalpen und der Tatra

Im Raum Wien-Bratislava kommen Alpen- und Karpatenausläufer fast in unmittelbare geographische Nähe zueinander. In dieser Region sind der **Wiener Wald** als nördöstlichster Alpenausläufer und die **Weißen Karpaten** als südwestlicher Ausläufer der Tatra nur durch die sogenannte ***Porta Hungarica*** voneinander getrennt, welche an ihrer schmalsten Stelle eine Breite von lediglich 50 km aufweist. Allerdings sind die Höhen von Wienerwald und Weißen Karpaten bei Weitem nicht ausreichend, dass dort unter aktuellen klimatischen Bedingungen alpine Arten leben könnten. Sehr wohl können diese jedoch im Übergang von glazialen zu inter- bzw. postglazialen Bedingungen als Korridore zwischen den tief gelegenen glazialen Verbreitungsgebieten und den warmzeitlichen alpinen Lebensräumen gedient haben oder sogar Teile der kaltzeitlichen Areale dargestellt haben. Folglich werden für Arten, die im letzten Glazial zwischen diesen beiden Hochgebirgen auftraten, ein postglazialer Rückzug in beide Richtungen und somit genetisch sehr ähnliche Populationen in den Nordostalpen und der Tatra sehr wahrscheinlich, was auch durch etliche Beispiele belegt wurde.

Schon auf Artebene gibt es zahlreiche Beispiele, die eine biogeographische Verbindung zwischen Alpen und Karpaten unterstützen, wie etwa bei den Tagfaltern der Weißling *Pieris bryoniae* oder der Mohrenfalter *Erebia pharte* (Tshikolovets 2011). Auf der intraspezifischen Ebene ergeben sich jedoch oftmals noch klarere Muster. Ein sehr gutes Beispiel ist der **Gelbgefleckte Mohrenfalter *(Erebia manto)***, bei dem keine signifikanten genetischen Differenzierungen von Allozympolymorphismen zwischen den Vorkommen in den nordöstlichen Alpen und Populationen aus den slowakischen Karpaten (Hohe Tatra, Mala Fatra) festgestellt wurden. Dies ist ein deutliches Signal für einen sehr **rezenten gemeinsamen Ursprung** beider geographischer Gruppen, aller Wahrscheinlichkeit nach ein gemeinsames glaziales Refugium zwischen Nordostalpen und Tatra und Trennung durch postglazialen Rückzug in beide Gebirgssysteme (Abb. 5.36c; Schmitt et al. 2014).

Auch das **Krainer Greiskraut *(Senecio carniolicus)*** weist eine enge genetische Verbindung zwischen Alpen und Karpaten auf (Suda et al. 2007). Ebenso wurde für die arkto-alpin verbreitete **Gämskresse *(Pritzelago alpina)*** keine genetische Differenzierung auf Basis von AFLP-Analysen zwischen Populationen aus den nordöstlichen Alpen und dem Karpatenbogen einschließlich der Tatra nachgewiesen (Kropf et al. 2003). Für die arkto-alpin verbreitete **Springspinnenart *Pardosa saltuaria*** ergaben Sequenzierungen mitochondrialer DNA keine Differenzierung zwischen allen untersuchten Populationen aus den gesamten Alpen und Karpaten (Muster & Berendonk 2006). In all diesen Fällen sollte von einem **gemeinsamen Ursprungsgebiet** noch im letzten Glazial ausgegangen werden, aus dem sich die Populationen postglazial in die genannten Gebirge zurückzogen. Allerdings ist gerade im Fall der heute arkto-alpin verbreiteten Arten die Eingrenzung ihrer glazialen Verbreitung schwierig, da diese recht ausgedehnte Bereiche der glazialen Steppen Mitteleuropas beinhaltet haben können (siehe unten).

Auch sehr ähnliche genetische Muster in Alpen und Karpaten weisen zwei Hahnenfußarten auf, jedoch mit einer etwas vom oben beschriebenen biogeographischen Szenario abweichenden Arealgeschichte. Bei ***Ranunculus alpestris*** wurden die Karpaten schrittweise aus den östlichen Alpen heraus besiedelt (Paun et al. 2008) und der arkto-alpin verbreitete ***Ranunculus pygmaeus*** erreichte die Alpen relativ rezent aus östlicher Richtung über die Tatra (Schönswetter et al. 2006a). Auch eine der sieben genetischen Hauptlinien des **Blattkäfer-Artenkomplexes *Oreina alpestris/speciosa*** zeigt einen engen genetischen Zusammenhang zwischen Vorkommen nördlich des Alpenhauptkammes und über den gesamten Karpatenbogen hinweg. Das beobachtete Muster spricht für einen **wiederholten Austausch zwischen diesen beiden Gebirgen**, letztmalig vermutlich sogar im Würmglazial (Triponez et al. 2011).

Es sei an dieser Stelle aber erwähnt, dass es zahlreiche andere Beispiele gibt, die eine deutliche genetische Differenzierung zwischen Alpen und Karpaten aufweisen und somit eine lang anhaltende Separation der Populationen beider Gebirgssysteme für diese Arten unterstützen (Schönswetter et al. 2003c, Lihová et al. 2008, Ronikier et al. 2008a, 2008b).

5.3.2.5 Biogeographische Verbindungen zwischen den Südostalpen und den westlichen Balkangebirgen

Die südöstlichen Alpenregionen sind biogeographisch eng vernetzt mit den Gebirgsbereichen der westlichen Balkanhalbinsel. Dies ist gut durch Käferarten belegt, die sowohl in den Südostalpen als auch den nordwestlichen Balkangebirgen verbreitet sind (Holdhaus 1954, Varga & Schmitt 2008). Gleiches gilt auch für zahlreiche Pflanzenarten, z.B. das Obir-Steinkraut *(Alyssum ovirense)*, das Langsporn-Veilchen *(Viola zoysii)* und die Kärntner Wulfenie *(Wulfenia carinthiaca)* (Schönswetter & Schneeweiss 2009). Auch für Tagfalter, allerdings mit deutlich weniger Beispielen als für Käfer, lässt sich dieses Verbreitungsmuster für etliche Taxa belegen, so etwa für die *Erebia-ottomana*-Gruppe, *E. stirius*, *E. oeme spodia*, *E. epiphron aetheria* und *E. styx trentae* (Tolman & Lewington 1998, Tshikolovets 2011). Diese Verbreitungsmuster unterstützen das schon oben für andere Taxa ausgeführte Überdauern von Kaltzeiten am südöstlichen Alpenrand. Die Arten mit dieser Disjunktion zeigen jedoch neben dem **postglazialen Rückzug** in westlicher Richtung in die **Alpen** auch einen in südöstlicher Richtung in die **westlichen Balkangebirge**.

Genetische Beispiele, die diese enge biogeographische Verbindung unterstützen, sind aktuell noch selten. Intensive Arbeiten über den **Blattkäfer-Artenkomplex *Oreina alpestris/speciosa*** bestätigen einen wahrscheinlich mehrfachen Austausch zwischen südöstlichen Alpen und nördlichen Dinariden während der letzten zwei bis drei Glaziale innerhalb einer der genetischen Hauptgruppen (Triponez et al. 2011). In den südlichen Dinariden befindet sich eine andere Hauptgruppe, die ihren letzten gemeinsamen Vorfahren mit der in den nördlichen Dinariden auftretenden Linie vermutlich vor etwa 1 Mio. Jahren hatte. Diese Linie repräsentiert somit die basalste Abspaltung des gesamten Komplexes und stellt vermutlich eine eigene Art dar.

Genetische Untersuchungen an **Mannsschildarten** belegen, dass die für die südlichen Dinariden endemische ***Androsace komovensis*** eine eng verwandte Schwesterart des ostalpinen Endemiten ***A. hausmanni*** ist. Es wird vermutet, dass sich die phylogenetisch junge *A. komovensis* von Vorfahren aus den Ostalpen ableitet (Schönswetter & Schneeweiss 2009). Weitere Belege für die enge genetische Verwandtschaft von südostalpinen und westbalkanischen Populationen existieren für die **Frühlingsküchenschelle *(Pulsatilla vernalis)*** (Ronikier et al. 2008b) und die **Quirlblättrige Weißwurz *(Polygonatum verticillatum)*** (Kramp et al. 2009), beide gehören jedoch nicht zu den alpinen Taxa, sondern in die noch zu besprechende Gruppe der boreo-montan verbreiteten Arten.

Wegen der noch geringen Zahl genetischer Studien greifen wir auch auf **morphologische Untersuchungen** zurück. So zeigte Cupedo (2007) mittels genitalmorphologischer Analysen, dass die Populationen des arkto-alpin verbreiteten **Graubraunen Mohrenfalters *(Erebia pandrose)*** aus den Hochgebirgen Montenegros, Serbiens und Nordmazedoniens große Ähnlichkeit mit solchen aus den südöstlichen Alpen aufweisen. Dies deutet auf einen möglicherweise würmglazialen Zusammenhang zwischen diesen beiden Regionen hin, die durch Hunderte von Kilometern ohne Berge über 2000 m NN voneinander getrennt sind. Diese Populationen unterscheiden sich jedoch deutlich in der Morphologie der männlichen Genitalstrukturen von denjenigen der östlichen Balkanhalbinsel, was ein weiterer Hinweis für die Trennung der Gebirge dieser beiden Teile der Balkanhalbinsel ist (siehe oben). Sehr ähnliche morphologische Differenzierungsmuster zeigte Varga (1975) für den über die meisten Hochgebirge Europas verbreiteten **Hochalpen-Perlmutterfalter (*Boloria pales*)**.

5.3.2.6 Biogeographische Verbindungen zwischen Alpen und Apenninen

Auch wenn für die **Apenninen endemische Arten** existieren, z. B. bei den Pflanzen das Apenninen-Adonisröschen *(Adonis distorta)*, der Apenninische Mannsschild *(Androsace mathildae)*, die Alpenglöckchenart *Soldanella calabrella* oder die Bertoloni-Akelei *(Aquilegia bertoloni)*, so existieren auch **zahlreiche biogeographische Verbindungen zu den Alpen**. Beispiele hierfür sind die Tagfalterarten ***Melitaea varia*** und ***Erebia pluto***, die beide auf alpine Lebensräume in den Alpen und den mittleren Apenninen beschränkt sind (Kudrna et al. 2011).

Genetische Analysen, die die Verbindung alpiner Taxa zwischen Apenninen und Alpen untersuchen, sind bislang selten. Für die **Alpenglöckchenart *Soldanella minima*** fanden Zhang et al. (2001) zwischen mittleren Apenninen und Alpen nur einen genetischen Unterschied von einem einzigen Mutationsschritt und bestätigen somit eine erdgeschichtlich sehr rezente biogeographische Verbindung zwischen beiden Gebirgen.

Für die **Lärchennadel-Miere *(Minuartia laricifolia)*** wurden, basierend auf AFLP-Profilen, drei genetische Linien in den Alpen nachgewiesen. Die heute im nördlichen Apenninenzug isolierten Vorkommen besitzen die größte genetische Ähnlichkeit zu der Linie aus den Seealpen, was auf eine rezente Verbindung zwischen beiden Gruppen hindeutet (Moore et al. 2013). Aufgrund der hohen genetischen Diversität der Apenninenvorkommen gehen die Autoren der Studie von einem Vikarianzereignis und nicht von Ausbreitung über eine große Distanz (engl.: *long-distance dispersal*) aus. Sie vermuten, dass die Lärchennadel-Miere während Kaltzeiten deutlich weiter verbreitet war als heute und ein zusammenhängendes Verbreitungsgebiet zwischen Seealpen und nördlichen Apenninen ausbildete, welches erst unter Warmzeitbedingungen disjungiert wurde.

Für den **Mandeläugigen Mohrenfalter *(Erebia alberganus)*** ergibt sich ein ähnliches Bild. Über Allozympolymorphismen wurde eine markante Ähnlichkeit zwischen apenninischen Vorkommen mit solchen aus den südwestlichen Alpen festgestellt. Die erhaltenen genetischen Muster lassen eine Besiedlung des Apenninenzuges aus den südwestlichen Alpen zu Beginn des Würmglazials als wahrscheinlich erscheinen. Die Art überdauerte das gesamte letzte Glazial aber vermutlich nur in dem mittleren und nicht in den nördlichen Apenninen, welche wohl erst im Übergang zum Postglazial aus einem Teil der mittleren Apenninen wiederbesiedelt wurde (Louy et al. 2014b).

Für die **Blattkäfer** des ***Oreina-alpestris/speciosa*-Artenkomplexes** ergibt sich ein komplexeres Bild (Triponez et al. 2011). Alle Individuen aus den Apenninen gehören zwar nur einer von sieben genetischen Hauptgruppen an, jedoch verteilen sich die Vertreter aus den nördlichen und den mittleren Apenninen auf zwei Subcluster. Diese sind nach Kalibrierung an eine molekulare Uhr wohl schon seit der Günzvereisung voneinander getrennt, also seit über 0,5 Mio. Jahren. Die Individuen aus den nördlichen Apenninen besitzen nah verwandte Haplotypen in den südwestlichen Alpen und leiten sich vermutlich von diesen ab, differenzierten sich aber seit ihrer Trennung von den Alpenpopulationen leicht. Jedoch ist diese Trennung wohl nicht älter als das Ende des Rissglazials. Die Populationen in den mittleren Apenninen stellen eine monophyletische Gruppe dar, die ihren letzten gemeinsamen Vorfahren mit Individuen, die heute nicht in diesem Bereich auftreten, nach Eichung an eine molekulare Uhr im frühen Mindelglazial besaßen. Diese nächsten Verwanden befinden sich jedoch nicht in den Alpen, sondern im Kantabrischen Gebirge und in den Pyrenäen.

5.3.2.7 Biogeographische Verbindungen zwischen den westbalkanischen Gebirgen und den Apenninen

Obschon durch die Adria voneinander getrennt, gibt es dennoch einige biogeographische Gemeinsamkeiten zwischen den westbalkanischen Hochgebirgen und den Apenninen. Beispielsweise kommen das Apenninen-Edelweiß *(Leontopodium nivale)*, die Steinbrechart *Saxifraga glabella* und die Kreuzblütlerart *Aurinia rupestris* in beiden Gebirgsregionen vor. Diese **gemeinsamen Endemiten auf Artniveau** sind jedoch ohne genetische Untersuchungen mit Vorsicht zu betrachten. So wurde für den Apenninischen Mannsschild *(Androsace mathildae)* durch DNA-Sequenzierung nachgewiesen, dass es sich bei ihm nicht um eine Gebirgsart mit transadriatischer Disjunktion handelt. Vielmehr repräsentieren die Vorkommen auf der westlichen Balkanhalbinsel eine eigene endemische Art, *A. komovensis*, welche sich vermutlich vergleichsweise rezent von *A. hausmanni* abgespalten hat, der ein Endemit der Ostalpen ist (siehe oben; Schönswetter & Schneeweiss 2009).

Genetische Studien, die die biogeographische Verbindung zwischen den Apenninen und den Gebirgsbereichen der westlichen Balkanhalbinsel unterstützen, sind bisher selten. Ein Beispiel stellt die Untersuchung von Allozympolymorphismen am **Rhodopen-Wiesenvögelchen *(Coenonympha rhodopensis)*** dar (Louy et al. 2013). Für diese Art wurde eine deutliche Differenzierung zwischen den italienischen und balkanischen Vorkommen sowie eine markante genetische Verarmung der Apenninen-Vorkommen nachgewiesen. Ein Ursprung der Apenninen-Populationen auf der Balkanhalbinsel ist somit das wahrscheinlichste Szenario. Der Grad der Differenzierung schließt eine Besiedlung Italiens während des Würmglazials weitgehend aus, macht aber eine Überwindung der unter glazialen Bedingungen deutlich geschrumpften Adria während der Risskaltzeit denkbar.

5.3.2.8 Die biogeographische Stellung der Mittelgebirge nördlich der Alpen

Die meisten Mittelgebirge nördlich der Alpen weisen keine ausreichenden Höhen auf, um in größerem Ausmaß das Auftreten alpiner Taxa natürlich waldfreier Gebirgsbereiche zu ermöglichen.

Solche Habitate besitzen in begrenztem Umfang vor allem das Jura (Frankreich, Schweiz), die Hochvogesen (Frankreich), der Hochschwarzwald (Deutschland), der Hochharz (Deutschland), der Böhmerwald (Deutschland, Tschechische Republik), das Riesengebirge (Tschechische Republik, Polen) und das Altvatergebirge (Tschechische Republik).

Der Höhenzug des **Juras** weist weitgehend genetische Linien auf, die auch in den benachbarten Alpen angetroffen werden, was aus Gründen der räumlichen Nähe zu erwarten war. Dies wurde für den arkto-alpin verbreiteten **Schnee-Enzian *(Gentiana nivalis)*** (Alvarez et al. 2012) und die **Rostblättrige Alpenrose *(Rhododendron ferrugineum)*** (Charrier et al. 2014) bestätigt. Auch beim **Blattkäfer-Artenkomplex *Oreina alpestis/speciosa*** haben die Individuen aus dem Jura ihre nächsten Verwandten in den Alpen oder dem französischen Zentralmassiv, standen also bis vor Kurzem (eventuell sogar bis zum Ende des letzten Glazials) mit beiden in Verbindung. Jedoch weisen einige der im Jura festgestellten Haplotypen auch eine nicht zu negierende Eigenständigkeit auf; das lässt auf eine längere (also über das letzte Glazial hinausreichende) Isolation in oder in der Nähe dieses Gebirgszuges schließen (Triponez et al. 2011).

Für die **Vogesen** existieren fast keine genetischen Untersuchungen zu den hier vorkommenden echten Gebirgsarten. Eine Ausnahme bildet die Allozymstudie von Schmitt et al. (2014) zum **Gelbgefleckten Mohrenfalter *(Erebia manto)***, die auch die für die Vogesen beschriebene Unterart *E. manto vogesiaca* umfasst. Dieses Taxon ist so stark von allen anderen *E.-manto*-Populationen differenziert (Abb. 5.36a), dass man von einer für die Vogesen endemischen Art ausgehen kann, die sich in diesem Gebiet in geographischer Isolation seit mindestens dem Rissglazial evoluierte (Abb. 5.36b). Eine so starke genetische Eigenständigkeit der Vogesen ist jedoch die Ausnahme. So gibt es für die **Blattkäferart *Gonioctena pallida***, die eher den boreo-montan verbreiteten Arten zuzurechnen ist, auf der Ebene des mitochondrialen COI-Gens keine markanten genetischen Unterschiede zwischen Vogesen, Schwarzwald und den Schweizer Alpen (Mardulyn et al. 2009). Für die **Köcherfliegenart *Drusus discolor*** existiert eine endemische genetische Linie, die auf den Jura, die Vogesen und den Schwarzwald begrenzt ist. Diese Linie ist genetisch so stark von denjenigen in den Alpen differenziert, dass sie seit mehreren Glazial-Interglazial-Zyklen von diesen isoliert sein muss. Die Temperaturerhöhung im Postglazial hat wohl dazu geführt, dass sich diese Linie, die unter glazialen Bedingungen wohl ein zusammenhängendes Areal in der Nähe dieser Gebirge besaß, in deren Hochlagen zurückzog (Abb. 5.37; Pauls et al. 2006).

Schwarzwald, **Harz** und **Böhmerwald** sind generell sehr arm an echten Orealarten. Die hier auftretenden montanen Elemente sind meist dem boreo-montanen Element zuzuordnen. Für den Böhmerwald wurden für die **Köcherfliegenart *D. discolor*** COI-Haplotypen derselben Gruppe wie in den östlichen Alpen nachgewiesen, was auf eine gemeinsame rezente Herkunft, wahrscheinlich am östlichen Alpenrand, hindeutet (Pauls et al. 2006).

Auch für die weiter nordöstlich gelegenen Bergregionen **Riesengebirge** und **Altvatergebirge** gibt es wenige Studien, die Orealarten einschließen würden. Eine Ausnahme stellt die Untersuchung der **Mohrenfalterart *Erebia epiphron*** dar (Schmitt et al. 2006b). Hierbei wurde eine große genetische Ähnlichkeit zwischen **Altvatergebirge** und **Berner Oberland** in der Nähe von Grindelwald nachgewiesen. Diese ist vermutlich auf ein ausgedehntes würmglaziales Verbreitungsgebiet nördlich der Alpen zurückzuführen. Aus diesem ergab sich am Westrand ein postglazialer Rückzug in die Region Grindelwald und am Ostrand ins Altvatergebirge. Noch nicht publizierte weitere Untersuchungen zeigen, dass es in den Alpen entweder keine weiteren Bereiche mit dieser genetischen Linie gibt, oder diese zumindest geographisch sehr eng umgrenzt und selten sind. Ein ähnliches geographisches Verbreitungsmuster zeigt *E. sudetica*, die ebenfalls keine Vorkommen zwischen denen in Grindelwald und dem Altvatergebirge besitzt (Sonderegger 2005).

5.3.2.9 Biogeographische Verbindungen zwischen den Südkarpaten und den ostbalkanischen Gebirgen

Das **Donautal** stellte für viele Arten und Artengruppen eine **starke Barriere** zwischen **Südkarpaten** und östlichen Balkangebirgen dar. Jedoch sind auch **etliche Verbindungen** zwischen beiden Bergregionen bekannt. So bestätigten morphologische Untersuchungen der Genitalstrukturen des arkto-alpin verbreiteten Graubraunen Mohrenfalters *(Erebia pandrose)* einen deutlichen biogeographischen Zusammenhang zwischen beiden Regionen (Cupedo 2007). Auch der boreo-montan verbreitete Platanenblättrige Hahnenfuß *(Ranunculus platanifolius)* besitzt nur eine AFLP-Linie in den Südkarpaten und auf der Balkanhalbinsel (Stachurska-Swakon et al. 2013; Details siehe unten).

Allozymuntersuchungen der **Mohrenfalterart *Erebia euryale*** ergaben keinen signifikanten Unterschied zwischen Populationen aus den Südkarpaten und den bulgarischen Hochgebirgen; allerdings wiesen letztere deutlich höhere genetische Diversitäten auf als die untersuchten Vorkommen aus anderen Gebirgen (Schmitt & Haubrich 2008). Diese Ergebnisse unterstreichen, dass diese Art, zumindest während des Würmglazials, **weit im südöstlichen Europa verbreitet** war. Da *E. euryale* eine Charakterart für lichte Bergnadelwälder mit ausgeprägtem Unterwuchs aus Kräutern und Gräsern ist, muss dieser Gebirgslebensraum im Bereich der **Eisernen Pforte*** (Donaudurchbruch durch die Südkarpaten) verbreitet gewesen sein. Folglich existierte hier eine **biogeographische Brücke** zwischen Ostbalkan und Südkarpaten. Diese Annahme wird durch Fossiluntersuchungen (z. B. Pollenprofile, Belege von Tieren) unterstützt, die die herausgehobene Stellung Südosteuropas für das glaziale Überleben der Elemente der Bergwaldlebensräume unterstreichen (z. B. Willis et al. 1995, 2000, Farcas et al. 1999, Wohlfarth et al. 2001, Björkman et al. 2003, Willis & van Andel 2004).

Biogeographische Verbindungen zwischen beiden Gebirgsbereichen werden auch durch das gemeinsame Vorkommen von charakteristischen Tagfalterarten von Gebirgsregionen (z. B. *Erebia melas*, *E. neleus*, *Coenonympha rhodopensis*) unterstrichen (Varga & Schmitt 2008). Eine genetisch enge Bindung zwischen ostbalkanischen Gebirgen und den Südkarpaten wurde auch für die **Krumm-Segge *(Carex curvula)*** nachgewiesen (Puscas et al. 2008). Für die arktisch-alpin verbreitete **Steinfliegenart *Arcynopteryx dichroa*** repräsentieren die bulgarischen Gebirge zwar weitgehend eine seit wahrscheinlich dem Mindel-Riss-Interglazial von den Karpaten getrennte Gruppe. In dieser Region kommen jedoch auch selten Haplotypen vor, die Teil des ansonsten rein karpatischen Clusters sind. Einer von dieser ist sogar identisch mit einem der beiden häufigsten Karpatenhaplotypen (Abb. 5.44a; Theissinger et al. 2012). Aus dieser geographischen Verteilung genetischer Information darf geschlossen werden, dass es **rezenten Genfluss** aus den Südkarpaten, eventuell über die Eiserne Pforte, in die ostbalkanischen Gebirgssysteme gab. Der letzte genetische Kontakt zwischen beiden Regionen ist eventuell erst mit dem Ende des Würmglazials abgerissen.

5.3.3 Arkto-alpine Arten

Arkto-alpin verbreitete Arten weisen Areale auf, die sowohl das **Oreal der Hochgebirge** im südlichen Europa wie auch die **arktischen Tundrenbereiche** im Norden umfassen. Nach klassischer Lehrmeinung leiten sich diese Populationen von **großflächigen glazialen Verbreitungen** in den **zonalen Periglazialsteppen Mitteleuropas** ab und sollten somit keine oder nur geringfügig genetisch differenzierte Linien aufweisen (Holdhaus 1954). In Übereinstimmung mit dieser Theorie weisen zahlreiche arkto-alpin verbreitete Arten in Skandinavien und den Gebirgsregionen im südlichen Europa oft identische genetische Linien auf (z.B. Schönswetter et al. 2003c, 2008, Albach et al. 2006, Muster & Berendonk 2006, Skrede et al. 2006, Ehrlich et al. 2007, Reisch 2008, Schmitt et al. 2010). Wie oben schon bei etlichen Fallbeispielen angesprochen, weisen die typisch arkto-alpin verbreiteten Taxa zwischen den einzelnen Hochgebirgen im Süden oftmals jedoch deutliche genetische Differenzierungen auf. Diese sind in etlichen Fällen wohl weit älter als das letzte Glazial, was **neben den zonalen Verbreitungsgebieten** unter Kaltzeitbedingungen auch **weitere Isolate im Umfeld der Gebirge** erfordert.

Als ein typisches Beispiel sei hier die **Springspinnen-Artengruppe** ***Pardosa saltuaria sensu lato*** erwähnt. Für dieses Taxon besitzen Alpen, Tatra sowie die Mittelgebirge Bayerischer Wald und Riesengebirge eine mtDNA-Linie, die auch in Skandinavien auftritt. Allerdings wurden sowohl für die Pyrenäen als auch für die ostbalkanischen Hochgebirge eigene genetische Linien festgestellt, die sich deutlich von ersterer unterscheiden und eine unabhängige Evolution über mehrere Glazial-Interglazial-Zyklen durchlaufen haben (Abb. 5.42a; Muster & Berendonk 2006). Dieses phylogeographische Muster impliziert, dass es zumindest im Würmglazial eine weite zonale Verbreitung von *P. saltuaria* gab. Aus diesem Verbreitungsgebiet leiten sich zum einen die Vorkommen in den Alpen, der Tatra und den hohen Mittelgebirgen im Süden ab, aber auch diejenigen in Skandinavien im Norden. Sie zeigen also das klassische Bild einer postglazialen Arealdisjunktion. Die heute in den Pyrenäen und den ostbalkanischen Gebirgen vorkommenden Populationen leiten sich jedoch nicht von dieser weiten zonalen Glazialverbreitung ab. Vielmehr müssen sie von relativ regionalen eiszeitlichen Teilarealen im Würmglazial abstammen, die sich in geographischer Nähe zu den heutigen Vorkommen befunden haben sollten. Diese beiden Linien haben wohl vom letzten Glazial zum Postglazial mehr vertikale als horizontale Arealverschiebungen durchgeführt (Abb. 5.42b).

Ein sehr ähnliches Bild zeigt auch der **Graubraune Mohrenfalter** ***(Erebia pandrose)***. Dieser weist in den Alpen und in Skandinavien eine mtDNA-Linie auf, was ein deutlicher Hinweis auf ein großes zonales Vorkommen im letzten Glazial ist. Aus diesem ergab sich ein Rückzug nach Süden in die Alpen und nach Norden nach Skandinavien. Sowohl die Pyrenäen als auch die bulgarischen Hochgebirge weisen ihre eigenen genetischen Linien auf. Das lässt auch in diesem Fall auf würmglaziale Arealkerne in beiden Räumen schließen, die wohl keine Verbindung mit dem zonalen Teilareal besaßen (Schmitt et al. 2010).

Auch die **Laufkäferart** ***Nebria rufescens*** zeigt, basierend auf mtDNA-Sequenzen, ein ähnliches Bild, mit dem Unterschied, dass auch die Pyrenäen mit den Alpen und Skandinavien in eine genetische Gruppe fallen. Dies lässt sich durch eine weitere geographische Ausdehnung der zonalen Verbreitung während zumindest des letzten Glazials erklären. Diese erstreckte sich weiter nach Südwesten als bei *E. pandrose*, sodass im Übergang zum Postglazial auch die Pyrenäen aus diesem zonalen Areal besiedelt wurden. Lediglich in den Ostbalkangebirgen wurde für diese Art eine deutlich divergente Linie festgestellt, was für eine regionale Isolation über einen langen Zeithorizont hinweg spricht (Schmitt et al. 2010).

Für das Hochalpenwidderchen *(Zygaena exulans)* zeigen Allozymuntersuchungen ebenfalls eine nur geringfügige Differenzierung zwischen Alpen und Pyrenäen, was auf eine postglaziale Arealdisjunktion eines großen zonalen Areals im letzten Glazial hindeutet (Schmitt & Hewitt 2004). Ob die skandinavischen und schottischen Vorkommen auch aus diesem glazialen Areal abstammen, ist unbekannt, jedoch wahrscheinlich.

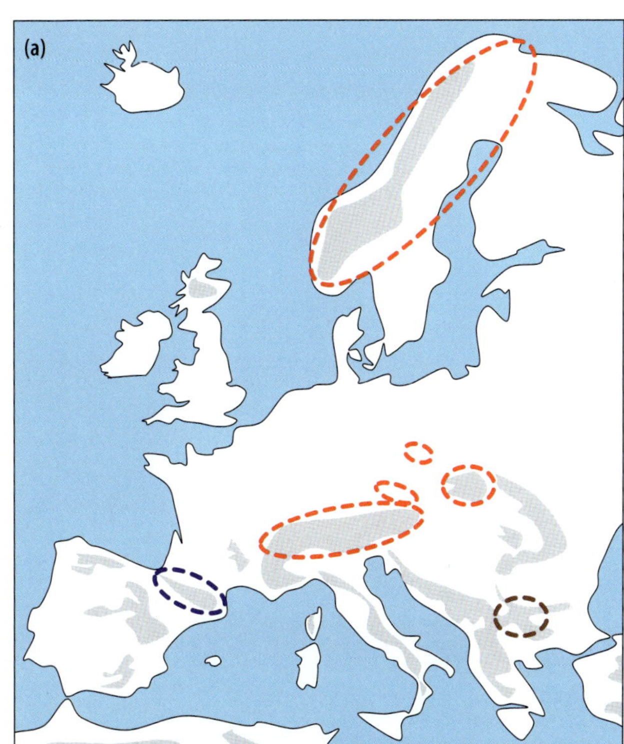

Abb. 5.42 Phylogeographie der Springspinnen-Artengruppe *Pardosa saltuaria sensu lato,* basierend auf mtDNA-Sequenzen. (a) Rezente geographische Verbreitung der drei großen genetischen Gruppen und (b) vermutete würmglaziale Verbreitung mit postglazialen Arealverschiebungen (Pfeile). Abbildung nach Muster & Berendonk (2006).

Der **Schnee-Enzian** ***(Gentiana nivalis)*** zeigt zwar genetische Evidenzen für eine geographisch ausgedehnte zonale Verbreitung nördlich von Pyrenäen, Alpen und Karpaten, zumindest während des letzten Glazials. Es ergeben sich jedoch für die postglazialen Arealveränderungen dieser Art deutliche Unterschiede zu den bisher vorgestellten Beispielen arkto-alpiner Taxa (Alvarez et al. 2012). Insgesamt wurden durch AFLP-Untersuchungen europäischer Herkünfte von *G. nivalis* vier genetische Linien unterschieden. Eine Linie ist **weit über Europa verbreitet**, in den **Pyrenäen**, im **Jura**, über den gesamten **Karpatenbogen**, in **Skandinavien** und in **Island**. In den Alpen tritt diese Linie nur lokal in Regionen in der Nähe des Juras und im äußersten Osten auf. Ansonsten werden in den **Alpen drei andere Linien** angetroffen, eine im Südwesten, eine im Zentrum und eine im Osten (Abb. 5.43a), also eine Verteilung genetischer Linien, die dem typischen biogeographischen Grundmuster für Hochgebirgsarten in den Alpen weitgehend entspricht (siehe oben).

Für diese Enzianart muss davon ausgegangen werden, dass es neben dem weit verbreiteten zonalen Teilareal, zumindest im letzten Glazial, noch drei weitere Arealkerne am südwestlichen, südlichen und südöstlichen Alpenrand gab. Aus diesen heraus wurden weite Bereiche dieses Gebirges schneller besiedelt als aus der ausgedehnten zonalen Verbreitung im Norden, die nur an wenigen Stellen die Alpen randlich erreichte. Dieses Bild stimmt weitgehend mit den Mustern überein, die für die alpin-disjunkte Mohrenfalterart *Erebia epiphron* (siehe oben) festgestellt wurde. Der geringe «genetische Nachhall» der nördlichen Populationen in den Alpen

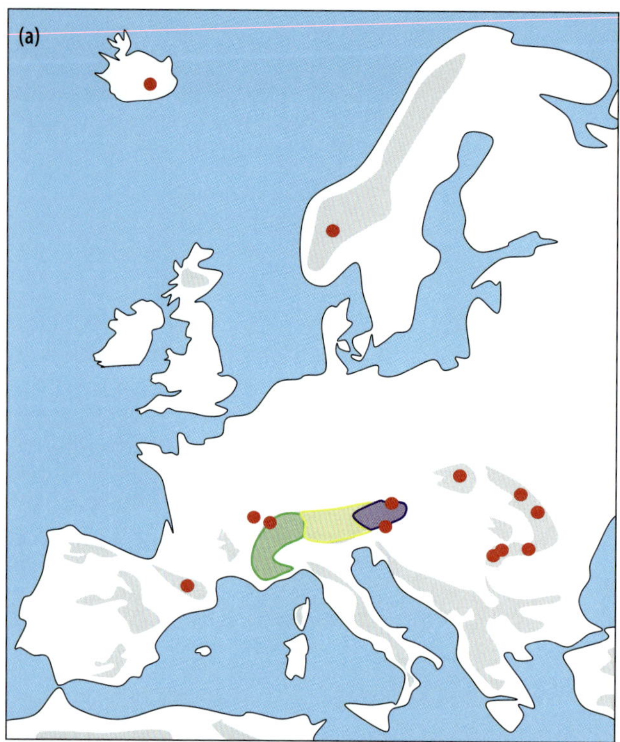

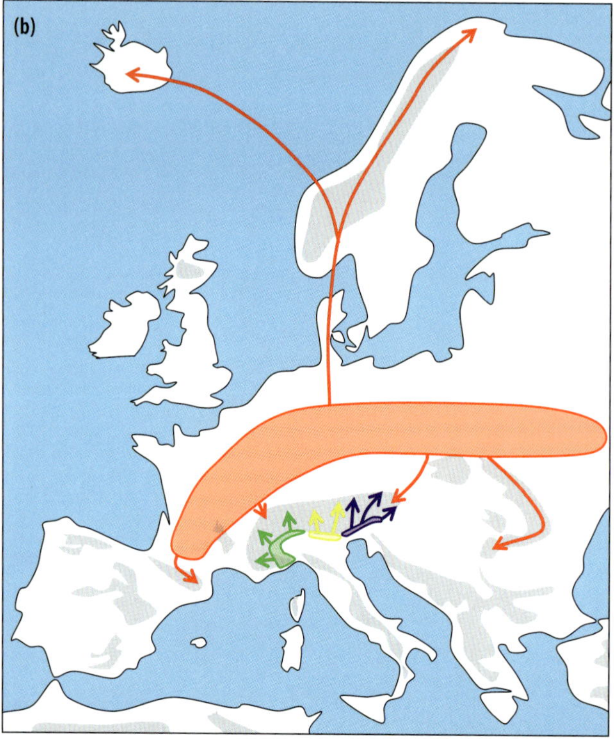

Abb. 5.43 Phylogeographie des Schnee-Enzians *(Gentiana nivalis)*, basierend auf AFLP-Analysen. (a) Rezente geographische Verbreitung der vier großen genetischen Linien (rote Linie nur Sammelpunkte) und (b) vermutete würmglaziale Verbreitung mit postglazialen Arealverschiebungen (Pfeile). Abbildung nach Alvarez et al. (2012).

dürfte auch für *G. nivalis* durch das **langsamere Abschmelzen der Gletscher in den nördlichen Alpen** und ihrem Vorland und somit der schnelleren Besiedlung des Gebirges aus Refugien am südlichen Rand begründet sein. Da solche zusätzlichen Arealkerne im Bereich der Pyrenäen und Karpaten wohl nicht existierten, wurden diese einheitlich aus dem zonalen Teilareal besiedelt. Aus diesem leiteten sich auch die Besiedlungen der im letzten Glazial vergletscherten Bereiche in Skandinavien und Island ab (Abb. 5.43b).

Auch der **Gletscherhahnenfuß *(Ranunculus glacialis)*** weist rezent eine typisch arkto-alpine Verbreitung mit Vorkommen in den südlichen Hochgebirgen und der Arktis auf. Wie oben gezeigt, differenzieren AFLP-Profile zwischen vier genetischen Linien in den Alpen, die sich markant von Vorkommen in der Tatra unterscheiden, was auf eine lange Vikarianz zwischen beiden Gebirgen schließen lässt. Auch die Vorkommen in den Pyrenäen sind deutlich von alpinen Provenienzen differenziert, wenngleich nicht so stark wie diejenigen aus der Tatra (Schönswetter et al. 2003c, 2004a). Anders als nach der klassischen Theorie für Arten mit arkto-alpiner Disjunktion, darf deshalb für den Gletscherhahnenfuß nicht von einer weiten zonalen Verbreitung in den Periglazialsteppen Mitteleuropas ausgegangen werden, sondern von **lokaleren Vorkommen in der Nähe der Gebirge**, wie oben schon für zahlreiche Arten mit alpinen Disjunktionen dargestellt wurde. Da die heutigen Vorkommen in der **europäischen Arktis** denjenigen der **Ostalpengruppe** genetisch ähneln, jedoch eine deutlich reduzierte genetische Diversität aufweisen, gehen Schönswetter et al. (2003c) davon aus, dass sich die arktischen Populationen postglazial aus derselben Quelle speisen wie die Ostalpen. Sie vermuten weiter, dass sich das glaziale Refugium in den niedrig gelegenen Bereichen der Ostalpen befand. Somit ist wahrscheinlich die nach Norden gerichtete Expansion im Übergang vom letzten Glazial zum Postglazial, verbunden mit deutlichen Flaschenhälsen, für die genetische Verarmung der nördlichen Vorkommen verantwortlich.

Die **Steinfliegenart *Arcynopteryx dichroa*** tritt in Europa neben ihren Vorkommen in den Hochgebirgen auch im Schwarzwald auf und ist in den Alpen auf die östlichen Abdachungen begrenzt. Ansonsten weist sie eine typisch arkto-alpine Disjunktion mit weiter Ausdehnung über den arktischen Bereich von Nordeuropa über Nordasien bis ins nördliche Nordamerika auf. Wie das Verbreitungsbild, so weicht auch das auf Teilsequenzen des mitochondrialen Gens COI beruhende phylogeographische Muster von dem nach klassischen Annahmen zu erwartenden Ergebnis ab (Abb. 5.44a; Theissinger et al. 2012). So leiten sich die Populationen in Nordeuropa und in den Ostalpen nicht aus einem gemeinsamen würmglazialen Verbreitungsgebiet ab. Die Ostalpenpopulationen stammen vermutlich aus dem wichtigen eiszeitlichen Rückzugsgebiet am Ostalpenrand. Die **nordeuropäischen Haplotypen** bilden mit denjenigen aus dem **Schwarzwald** eine Klade; sogar zwei identische Haplotypen finden sich in beiden Regionen. Dies ist ein deutlicher Hinweis auf eine Herkunft und lediglich postglaziale Disjunktion. Folglich muss für diese Steinfliegenart von einem würmglazialen Teilareal im mitteleuropäischen Periglazial ausgegangen werden, das jedoch keinerlei Bedeutung für die postglaziale Besiedlung der Alpen besaß (Abb. 5.44b).

Das annähernd sternförmige Haplotypenmuster der Nordeuropa-Schwarzwald-Klade ist ein Indikator für eine **rezente Arealexpansion**, was gegen eine weite würmglaziale Verbreitung dieser Gruppe in Mitteleuropa spricht. Vielmehr ist anzunehmen, dass dieses Teilareal kleiner als die heutige nordeuropäische Verbreitung war. Hierfür spricht auch, dass die genetischen Kladen, welche sich heute auf die Pyrenäen und rumänischen Karpaten

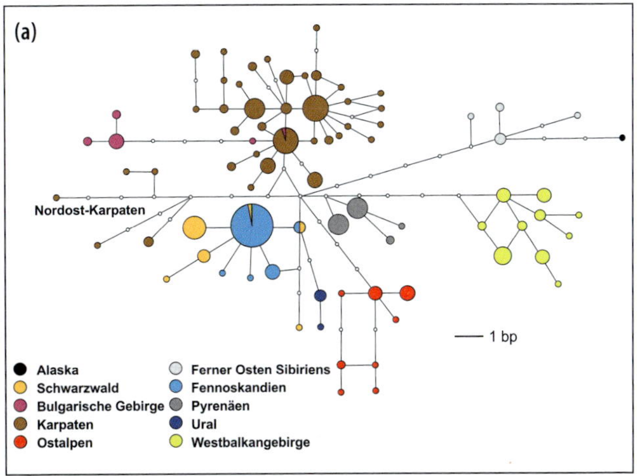

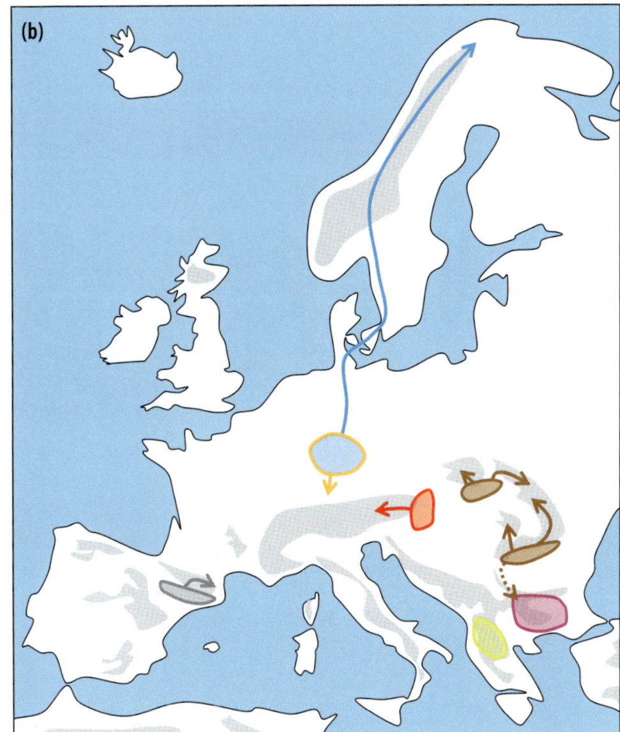

Abb. 5.44 Phylogeographie der Steinfliegenart *Arcynopteryx dichroa*. (a) Haplotypennetzwerk, basierend auf einem Fragment des mitochondrialen COI-Gens (620 bp). (b) Vermutete Arealkerne im Würmglazial mit angenommenen Arealverschiebungen im Postglazial. Abbildung nach Theissinger et al. (2012).

begrenzen, zwar nah mit der Nordeuropa-Schwarzwald-Klade verwandt sind (im Minimum drei Mutationsschritte), wohl aber zwischen allen dreien im Würmglazial kein (nachweisbarer) Genaustausch stattfand. Auch die Nordkarpaten besitzen eine eigene genetische Linie, die sich sogar deutlich stärker von der Nordeuropa-Schwarzwald-Linie unterscheidet als die beiden anderen Kladen. Es wird deshalb vermutet, dass *A. dichroa* zumindest das letzte Glazial im **Bereich der deutschen Mittelgebirge** überdauerte, wo sie im Postglazial nur noch im Schwarzwald angemessene Lebensbedingungen vorfindet. Gleichzeitig wurde Nordeuropa (in einem vermutlich schnellen Ausbreitungsprozess) erreicht, wo sich die Art über große Gebiete ausbreitete.

Bemerkenswert für die europäische Phylogeographie von *A. dichroa* ist das geringe Differenzierungsniveau zwischen der **Nordeuropa-Schwarzwald-Klade** und den Vorkommen im **Ural**. Diese besitzen einen minimalen Abstand von zwei Mutationsschritten, was auf einen vergleichsweise rezenten letzten gemeinsamen Vorfahren hinweist. Vor dem Hintergrund der geringen Anzahl untersuchter Individuen aus dem Ural scheint sogar eine geographische Verbindung zwischen beiden Gruppen im frühen Würmglazial möglich.

5.3.4 Boreo-montane und montan disjunkte Arten

Oberflächlich betrachtet scheinen sich boreo-montane Verbreitungsmuster nicht wesentlich von den gerade behandelten arkto-alpinen zu unterscheiden. Arten, die dem erstgenannten Arealtyp angehören, besitzen zusätzlich zu den Hochgebirgs-Vorkommen meist weitere Teilareale in **höheren Mittelgebirgslagen**. Auch in Nordeuropa weisen sie meist eine geographisch ausgedehntere Verbreitung auf (de Lattin 1967). Diese Unterschiede scheinen auf den ersten Blick nicht so gravierend, als dass sie als biogeographisch getrennte Gruppen betrachtet werden müssten. Sehr deutlich wird dieser Unterschied jedoch, wenn wir die ökologische Differenzierung zwischen beiden Gruppen betrachten.

Arkto-alpine Arten kommen in den Gebirgen eigentlich nur **oberhalb der Waldgrenze** im Oreal vor, also dem natürlich waldfreien Bereich. Im Norden sind sie auf die **Tundren** begrenzt, also auch auf waldfreie Gebiete. **Boreo-montane** Arten hingegen sind **arboreale Elemente**, die in den Gebirgen die **Bergwaldstufe** besiedeln und im Norden in den **borealen Nadelwäldern** anzutreffen sind. Somit kommen in den Hochgebirgen beide Elemente in unmittelbarer räumlicher Nähe zueinander vor, die arkto-alpinen Arten jedoch im waldfreien Oreal, die boreo-montanen im daruntergelegenen Bergwaldgürtel; sie sind also trotz räumlicher Nähe durch einen scharfen ökologischen Gradienten voneinander getrennt.

Prinzipiell werden für das **boreo-montane** Element **zwei ökologische Gruppen** unterschieden. Zum einen sind dies **Waldarten**, die oft ihre höchsten Dichten in lichten Ausprägungen dieses Habitattyps erreichen, und zum anderen Arten unterschiedlicher Feuchtgebietstypen, vor allem **Moore**, die sich häufig innerhalb von Nadelwäldern an besonders feuchten Standorten ausprägen.

5.3.4.1 Boreo-montane und montan disjunkte Waldarten

Eine ganz typische boreo-montane Verbreitung weist der **Alpen-Milchlattich *(Cicerbita alpina)*** auf, eine typische Hochstaudenpflanze feuchter Standorte auf Waldlichtungen, an Waldrändern oder waldnahen Standorten. Antreffen kann man ihn sowohl in den Pyrenäen, Alpen, Karpaten und Balkan-Hochgebirgen sowie weit verbreitet in Skandinavien, aber auch in den Hochlagen der meisten höheren Mittelgebirge Europas (Meusel et al. 1992). Eine AFLP-Untersuchung über weite Bereiche dieses Verbreitungsgebietes (Michl et al. 2010) ergab eine recht geringfügige Differenzierung (F_{ST}: 0,23). Lediglich die Vorkommen in den **Pyrenäen** unterscheiden sich markant und deuten auf ein älteres Differenzie-

Abb. 5.45 Vermutete glaziale Arealkerne und postglaziale Arealverschiebungen zweier boreo-montan verbreiteter krautiger Pflanzenarten: (a) Alpen-Milchlattich *(Cicerbita alpina)* und (b) Quirlblättrige Weißwurz *(Polygonatum verticillatum)*. Abbildung nach Michl et al. (2010) und Kramp et al. (2009).

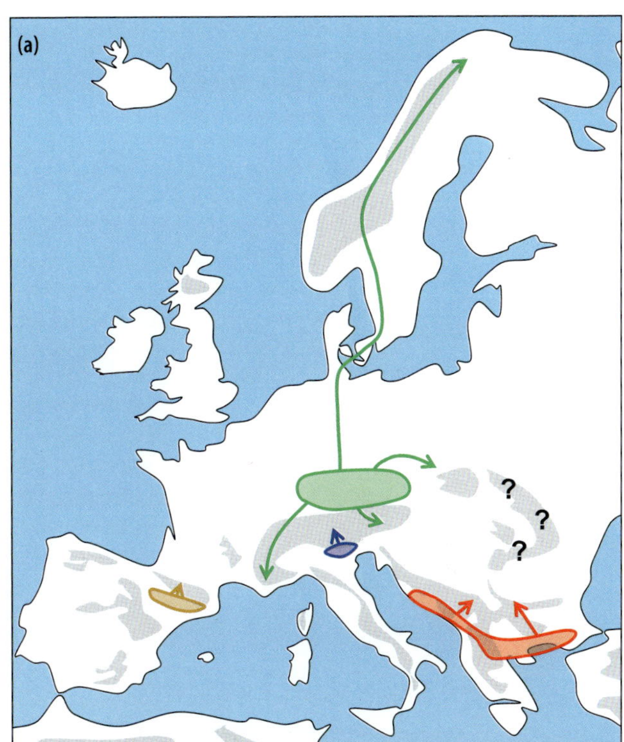

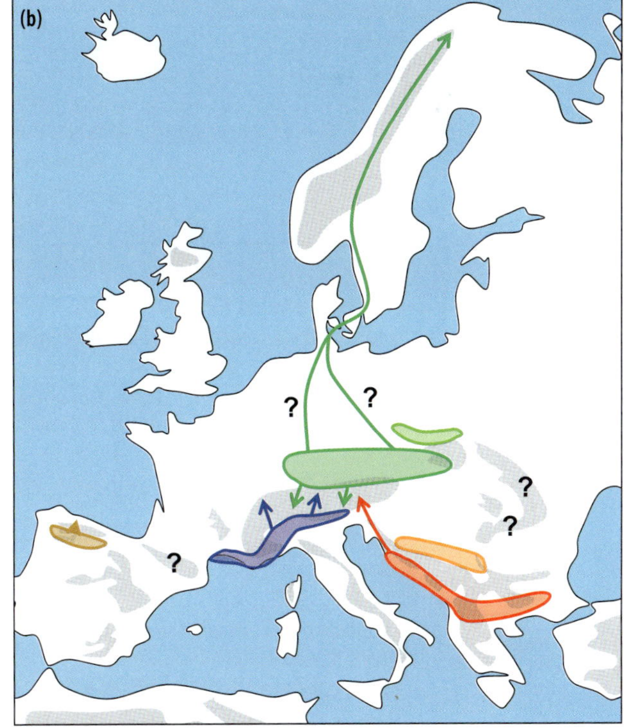

rungszentrum und unabhängiges **würmglaziales Refugium** in diesem Raum hin. Hierfür spricht auch die niedrige genetische Diversität der hier untersuchten Population, gekoppelt mit einem hohen DW-Wert, also einem Indikator für die genetische Eigenständigkeit. Gewisse genetische Eigenständigkeiten sprechen auch für ein südalpines Differenzierungszentrum im Würm; dieses ist aber nur schwach abgesichert.

Von den Alpen über die Hochlagen der Mittelgebirge bis nach Skandinavien existiert ein **genetischer Gradient** mit sich sukzessive verändernden populationsgenetischen Eigenschaften. Die Vorkommen in den Mittelgebirgen weisen folglich eine intermediäre Position zwischen den Enden des Gradienten in den Alpen und in Skandinavien auf. Die DW-Werte nehmen von den Alpen nach Skandinavien stark ab, was ein Hinweis auf ein vergleichsweise südlich gelegenes glaziales Rückzugsgebiet ist. Die generell geringe Differenzierung macht mehrere Differenzierungszentren unwahrscheinlich. Die Lage des Glazialrefugiums ist deshalb als **kontinuierliche Verbreitung im Bereich nördlich der Alpen** bis in die tieferen Lagen der südlichen Mittelgebirge zu postulieren (Abb. 5.45a). Dieses Rückzugsgebiet dürfte somit deutliche geographische Übereinstimmung mit den weiter oben für kontinentale Arten beschriebenen extramediterranen Refugien aufweisen, für die die Existenz von Bäumen nachgewiesen wurde.

Die postglaziale Expansion von *C. alpina* nach Skandinavien scheint zur Ausdünnung seltener Fragmente geführt zu haben, jedoch nicht zu einer nachweisbaren Reduktion der genetischen Diversität. Dies spricht für eine phalanxartige Nordexpansion durch eine vergleichsweise große Anzahl an Individuen. In den großen und stabilen Populationen Nordeuropas fand nach ihrer Etablierung keine weitere genetische Verarmung statt.

Bemerkenswert ist die geringfügige Differenzierung der beiden untersuchten Balkanpopulationen des Alpen-Milchlattichs. Diese Populationen weisen jedoch geringe DW-Werte und niedrige genetische Diversitäten auf, was eine lange Persistenz auf der Balkanhalbinsel unwahrscheinlich macht. Ein würmglaziales Refugium ist jedoch durchaus möglich, aber auch eine postglaziale Besiedlung der Balkanhalbinsel ist denkbar. Hierbei ist die genetische Armut eventuell durch *in-situ*-Erosion in kleinen Populationen verursacht und stellt nicht zwangsweise eine Konsequenz der rezenten Arealexpansion dar.

Die **Quirlblättrige Weißwurz** ***(Polygonatum verticillatum)*** besitzt eine recht ähnliche rezente Verbreitung wie die vorgenannte Art, ist jedoch anders als diese bis weit nach Asien hinein anzutreffen. Auch ist sie deutlich stärker an geschlossene Waldstrukturen gebunden, wo sie einen Teil der Krautschicht ausmacht und bis in recht lichtarme Wälder vordringt. Insgesamt weist *P. verticillatum* für AFLP-Profile mit einem F_{ST}-Wert von 0,73 eine deutlich stärkere Differenzierung über weite Teile ihres europäischen Verbreitungsgebiets auf als *C. alpina* (Kramp et al. 2009). Eine BAPS-Analyse differenzierte insgesamt **sieben Gruppen**: (1) Kantabrisches Gebirge, (2) Alpen mit französischem Zentralmassiv, Jura und Nordapenninen, aber ohne Schweizer Nordalpen und südöstlichste Alpen, (3) Schweizer Nordalpen und Schwarzwald, (4) südliche Balkangebirge von den Südostalpen bis Bulgarien, (5) nördliche Abdachungen der Dinariden, (6) Tatra und Beskiden und (7) Skandinavien. Die genetischen Ähnlichkeiten der Proben aus dem Vogelsberg mit Gruppe 4 und einer Population aus der Tatra mit Gruppe 3 wird als zufällig erachtet. Aus den rumänischen Karpaten und Pyrenäen liegen keine Proben vor.

Es wird vermutet, dass die meisten dieser Gruppen auf Differenzierungen in **würmglazialen Arealkernen** zurückzuführen sind. Der **kantabrische** Arealkern dürfte wegen seiner im Vergleich mit allen anderen Gruppen stärksten Differenzierung und genetischen Eigenständigkeit die längste Isolationszeit aufweisen, die eventuell das Würmglazial überschreitet. Für die anderen Gruppen werden würmglaziale Überdauerungs- und Differenzierungszentren westlich und südlich der Alpen, nördlich der Alpen und östlich bis südlich der Tatra, an den südlichen Abdachungen der Balkangebirge, am Nordrand der Dinariden und nördlich der Tatra und Beskiden angenommen (Abb. 5.45b). Für all diese Bereiche sind Vorkommen von Bäumen, eine Voraussetzung für das Auftreten von *P. verticillatum*, durch Fossilien belegt (Willis et al. 2000, Willis & van Andel 2004, Birks & Willis 2008).

Die beiden **skandinavischen Populationen** der Untersuchung wurden in der BAPS-Analyse als eigene genetische Gruppe ausgewiesen. Sie verfügen jedoch nur über eine geringe genetische Diversität sowie über wenige bis keine privaten Fragmente, die auf eine Population beschränkt sind, beides Hinweise auf eine **postglaziale Besiedlung**. Die genetische Ähnlichkeit mit Gruppe 2 lässt vermuten, dass sich die nördlichen Populationen postglazial von dieser abspalteten. Folglich ist eine Besiedlung aus den an die westlichen Alpen angrenzenden Bereiche der wahrscheinlichste Ursprung für die skandinavischen Vorkommen. Aber auch eine Herkunft aus einem nicht in dieser Untersuchung beprobten Gebiet (z. B. dem Südural) ist nicht gänzlich auszuschließen, scheint jedoch aufgrund der oben dargelegten Argumente weniger wahrscheinlich.

Die **Bärwurz** ***(Meum athamanticum)*** ist keine Bergwaldpflanze im engeren Sinn, tritt jedoch auf Waldwiesen und anderen waldnahen Magerstandorten in den montanen Bereichen der Gebirge vor allem Mitteleuropas weit verbreitet auf. Vorkommen im borealen Bereich Europas

fehlen; auch in der mediterranen Klimazone ist sie nirgendwo anzutreffen. Neben mehreren glazialen Überdauerungszentren im südlichen Europa wurde würmglaziales Überleben in Mitteleuropa durch AFLP-Profile belegt (Huck et al. 2009). Eine verfeinerte Analyse lieferte Evidenzen für die genauere Lokalisierung dieser Vorkommen und unterstützte extramediterrane Arealkerne in klimatisch begünstigten Bereichen (1) zwischen Jura und Vogesen, (2) östlich des Schwarzwaldes, (3) in der Kölner Bucht und (4) nördlich des Erzgebirges (Huck et al. 2012).

5.3.4.2 Boreo-montane Feuchtgebietsarten

Die **Trollblume** *(Trollius europaeus)* ist ein Hahnenfußgewächs, das auf feuchten Wiesen, am Rand von Mooren und an anderen Feuchtstandorten in den Bergen und der borealen Zone im Norden wächst. Durch AFLP-Analysen wiesen Despres et al. (2002) eine deutliche Differenzierung in Europa nach. Generell besitzen die Vorkommen in den Alpen höhere genetische Diversitäten als in den Pyrenäen, Karpaten, Nordostpolen und Fennoskandien. Obwohl die Differenzierung zwischen den Regionen nicht sehr stark ausgeprägt ist, ergeben sich phylogeographisch sinnvolle Muster (Abb. 5.46a). Alpen und Pyrenäen bilden je eine monophyletische Klade, die jedoch nächstverwandt zueinander sind. Die restlichen Herkünfte fallen in eine zweite Gruppe. In dieser bilden die fennoskandischen Populationen eine monophyletische Gruppe,

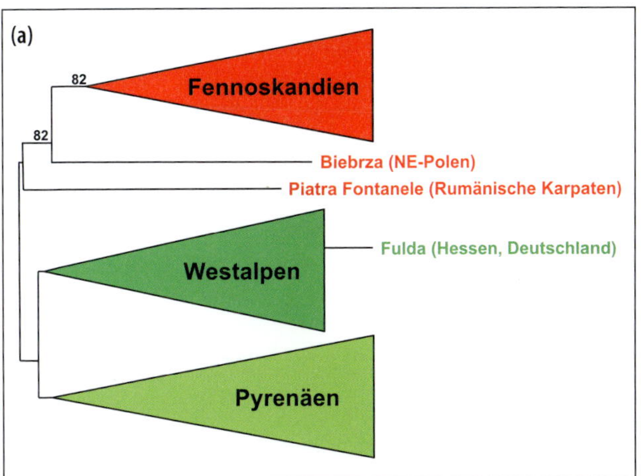

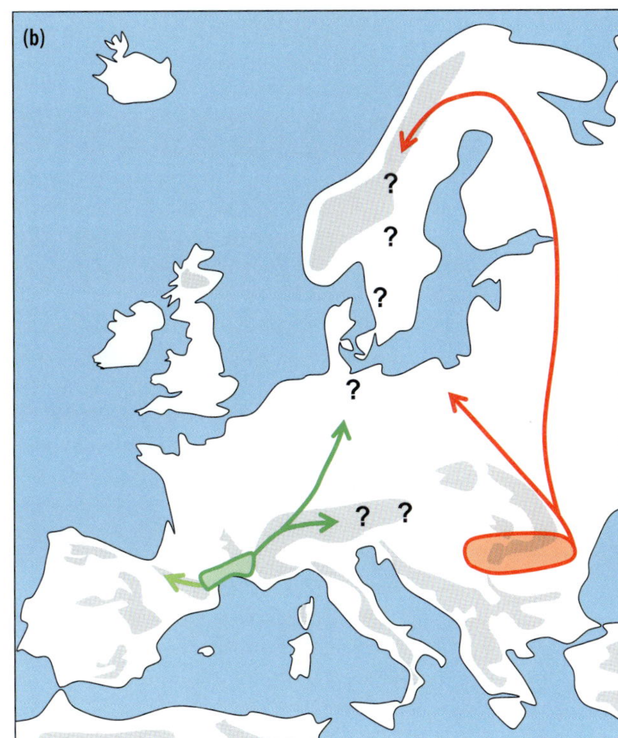

Abb. 5.46 (a) Verwandtschaftsphänogramm für europäische Populationen der Trollblume *(Trollius europaeus)*, basierend auf AFLP-Profilen sowie (b) vermutete glaziale Arealkerne und postglaziale Arealexpansion. Abbildung nach Despres et al. (2002).

welche nächstverwandt zu der untersuchten Population aus Nordostpolen ist; der hieraus entstehende Cluster wiederum zu der Population aus den rumänischen Karpaten nächstverwandt ist. Die genetische

Diversität der Populationen nimmt von Rumänien bis Fennoskandien leicht ab.

Hieraus leiten sich folgende biogeographische Vermutungen ab. Zumindest zum Ende des letzten Glazials sind **eigenständige Rückzugsgebiete** an den ausreichend mit Feuchtigkeit versorgten Füßen der **Pyrenäen**, **Alpen** und **Karpaten** für die Feuchtgebietsart *T. europaeus* wahrscheinlich. Die postglaziale Besiedlung Fennoskandiens erfolgte vermutlich aus dem Bereich der Karpaten über Polen und das Baltikum (Abb. 5.46b).

Für den **Platanenblättrigen Hahnenfuß *(Ranunculus platanifolius)***, einer typischen Art feuchter Hochstaudenfluren der Gebirge und Nordeuropas, wurden mittels AFLP-Analysen zwei genetische Hauptlinien nachgewiesen (Stachurska-Swakon et al. 2013). Eine Gruppe ist beschränkt auf die südlichen Karpaten und die Balkanhalbinsel, die zweite erstreckt sich von den Pyrenäen bis in die nördlichen Karpaten und wird in Skandinavien angetroffen. Die genetische Ähnlichkeit der Vorkommen der **Balkanhalbinsel** und der **südlichen Karpaten**, die heute geographisch deutlich voneinander getrennt sind, weist auf ein **gemeinsames würmglaziales Verbreitungsgebiet** hin, aus dem beide Regionen postglazial besiedelt wurden. Die zweite Gruppe zeigt eine leichte interne Differenzierung, die entweder durch unterschiedliche glaziale Refugien oder durch postglaziale Isolation und genetische Differenzierung *in situ* begründet ist. Sicher nachgewiesen wurde jedenfalls, dass sich die skandinavischen Populationen aus dieser westlichen Populationsgruppe ableiten.

Ausführlich wurde die Phylogeographie des **Blauschillernden Feuerfalters *(Lycaena helle)*** untersucht (Habel et al. 2010b, 2011c, 2011d, 2014). Dieser Feuerfalter ist im borealen Bereich von Skandinavien bis zum Amur zonal verbreitet, besitzt jedoch isolierte Populationen in weiter südlich gelegenen Bergen. In Europa kommt die Art neben den fennoskandischen und baltischen Vorkommen in den Ostpyrenäen, dem französischen Zentralmassiv, den Madeleinebergen, dem Jura, Teilen der Alpen und ihres nördlichen Vorlandes, den Vogesen, der Ardennen-Eifelregion, dem Westerwald und sehr lokal in Transsilvanien, Nordostdeutschland und Polen vor (Abb. 5.47a; Habel et al. 2010b, Kudrna et al. 2011). Aufgrund ihrer spezifischen Habitatanforderungen (feuchte Magerbrachen mit großen Deckungsgraden des Schlangenknöterichs *(Bistorta officinalis)*) ging die Art in den letzten Jahrzehnten in ganz Europa stark zurück und gilt als gefährdet (van Swaay et al. 2010). Die Raupen von *L. helle* fressen in den meisten Bereichen Europas monophag* an *B. officinalis* (in Fennoskandien ausschließlich an *B. vivipara*); auch die Imagines nehmen bevorzugt an den Raupenfraßpflanzen Nektar auf (Habel et al. 2014).

Untersuchungen von Mikrosatelliten und Allozympolymorphismen zeigten genetische Unterschiede zwischen den Populationsgruppen der verschiedenen Gebirge (Abb. 5.47b; Habel et al. 2010b, 2011c, 2011d). Das Alter dieser Unterschiede kann über die Differenzierung zwischen den fennoskandischen Populationen geeicht werden, die wegen der würmglazialer Vergletscherung dieses Bereichs sicherlich postglazialen Alters sind. Auch der genetische Abstand zwischen finnischen und polnischen Vorkommen muss Resultat postglazialer Trennung sein, denn bei den polnischen Vorkommen handelt es sich voraussichtlich um die Quellpopulationen für die finnischen. Basierend auf diesen Fakten gehen die genetischen Linien der einzelnen Gebirge wohl auf Disjunktion eines **weitgehend kontinuierlichen mitteleuropäischen Areals im Würmglazial** im Verlauf der frühen postglazialen Erwärmung zurück. Eine solche würmglaziale Verbreitung wird auch durch die Modellierung des Areals über die klimatische Nische der Art und deren geographischer Projektion unterstützt (Habel et al. 2010b). Außerdem wurden durch Sequenzierung des mitochondrialen COI-Gens nur drei Haplotypen nachgewiesen, die alle jeweils nur einen einzigen Mutationsschritt voneinander getrennt sind, was auch für eine sehr rezente Trennung der heute isolierten Gebirgspopulationen spricht (Habel et al. 2014).

Im Rahmen der global ansteigenden Temperaturen wird generell mit einer Verschiebung der unteren Verbreitungsgrenzen gerechnet, sodass eine klimatische Konstanz der Habitate der entsprechenden Arten gewährleistet bleibt (z.B. Parmesan et al. 1999). Auch für *L. helle* wurden Zukunftsprognosen der Verbreitungen für verschiedene Klimaszenarien über Modellierung erstellt. Die Ergebnisse prognostizieren ein Aussterben in tieferen Berglagen, weshalb ein komplettes Verschwinden der Art in den Mittelgebirgen ab einem gewissen Temperaturanstieg wahrscheinlich wird. Aus diesem Grund sind mehrere der postglazial evoluierten Linien (z.B. Westerwald, Eifel-Ardennen) akut bedroht (Habel et al. 2011d). Durch den Flächennutzungswandel, der neben dem Klimawandel aktuell zu gravierenden Veränderungen der Umweltbedingungen führt, werden auch solche Vorkommen gefährdet, die unter veränderten Klimabedingungen überleben könnten. Deshalb könnte diese nach der Natura-2000-Richtlinie geschützte Art in den nächsten Jahrzehnten an der Mehrzahl der aktuell noch besiedelten Standorte gänzlich verschwinden, unter Verlust eines großen Teils der genetischen Diversität und Differenzierung der europäischen Populationen.

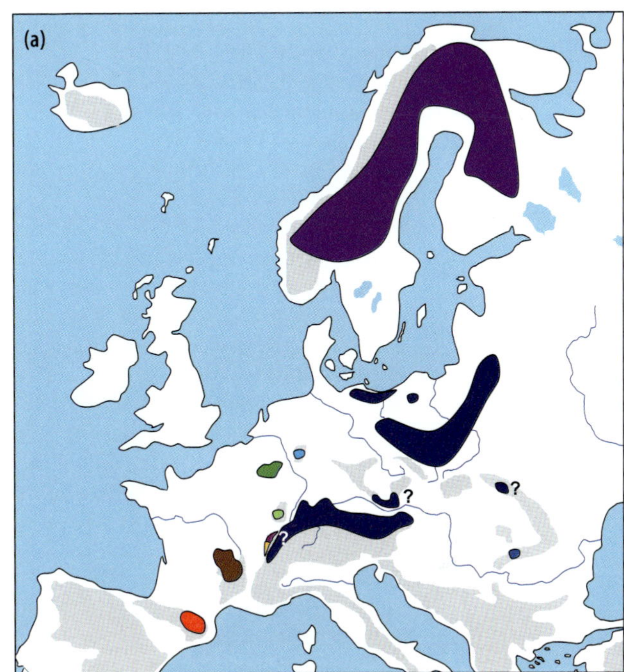

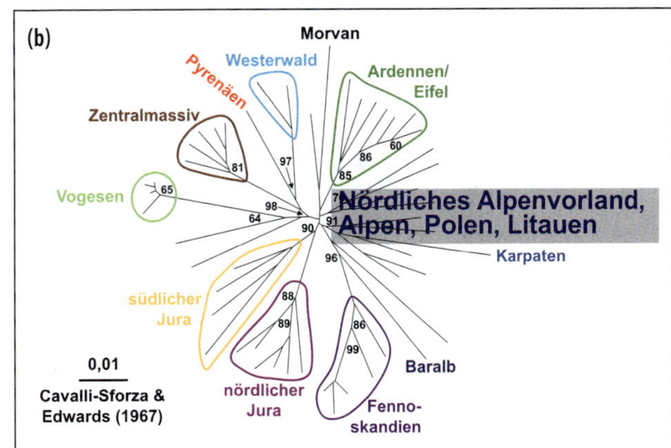

Abb. 5.47 (a) Verbreitung des Blauschillernden Feuerfalters *(Lycaena helle)* in Europa (farbige Flächen, entsprechend genetischen Gruppen) und (b) *Neighbor-joining*-Phänogramm europäischer Populationen, basierend auf Mikrosatelliten-Analysen; Zahlen an den Knoten geben *bootstrap*-Werte über 60 an. Abbildung nach Habel et al. (2010b) und Kudrna et al. (2011).

Der **Randringfalter** ***(Proclossiana eunomia)*** besitzt recht ähnliche Lebensraumansprüche wie *L. helle*. Auch seine Raupen sind über weite Bereiche Europas monophag für *B. officinalis*, weshalb schlangenknöterichreiche Brachestadien und Quellmoore als Habitate benötigt werden (Tolman & Lewington 1998). Die Verbreitungsmuster beider Arten in Europa sind daher recht ähnlich, wobei *P. eunomia*, eventuell wegen weniger spezifischer Habitatanforderungen, etwas weiter verbreitet ist. Gänzlich fehlt der Randringfalter jedoch in Rumänien, besitzt aber stark isolierte Vorkommen im langgestreckten Gebirgsband der Stara Planina in Bulgarien und Ostserbien (Kudrna et al. 2011). Mittels Allozympolymorphismen wurde die genetische Strukturierung des Randringfalters in Europa untersucht (Nève 1996). Hierbei unterschieden sich die isolierten Populationen der Stara Planina deutlich von allen anderen Vorkommen Europas. Das ist ein klares Indiz für eine **lange Persistenz** dieser Art auf der **Balkanhalbinsel** und belegt zumindest würmglaziale Vorkommen in dieser Region. Über die Ausdehnung auf der Balkanhalbinsel unter glazialen Bedingungen kann nur spekuliert werden. Da die Art in der Westhälfte der Balkanhalbinsel fehlt, war sie wahrscheinlich auch während der letzten Eiszeit auf die Osthälfte beschränkt. Wegen der heute disjunkten Vorkommen, welche auf sehr wenige Standorte beschränkt sind, kann von einer früher weiteren Verbreitung ausgegangen werden. *P. eunomia* ist deshalb auf der Balkanhalbinsel ein **Glazialrelikt**, das im Übergang von glazialen zu postglazialen Bedingungen eine weitgehend vertikale Arealverschiebung erfuhr.

Im westlichen Europa unterscheiden sich die Populationen des Kantabrischen Gebirges markant von denjenigen der Pyrenäen, welche jedoch relative Ähnlichkeiten zu Vorkommen in den Ardennen und in Südböhmen besitzen. Dieses Muster spricht für zwei Arealkerne, je eines am Rand dieser Gebirge. Die Arealgeschichte ist somit für das Kantabrische Gebirge analog zu jener der Stara Planina in Südosteuropa. Auch für die Pyrenäen ist eine postglaziale vertikale Arealverschiebung aus einem geographisch benachbarten Refugium wahrscheinlich, jedoch leiten sich aus diesem wohl auch die weiteren nacheiszeitlichen Besiedlungen im westlichen Europa ab.

Bemerkenswert ist die genetische Textur der Populationen Nordeuropas. Die hier nachgewiesene monophyletische Gruppe besitzt keine Ähnlichkeiten zu einer der südlichen Gruppen. Da außerdem die Allelzahlen dieser nördlichen Vorkommen höher sind als die der süd- und mitteleuropäischen Gebirgspopulationen, ist diese genetische Eigenständigkeit nicht durch rezente genetische Flaschenhälse im Zuge der postglazialen Wiederbesiedlung Nordeuropas zu erklären. Vielmehr müssen sich diese Populationen von würmeiszeitlichen Überdauerungszentren ableiten, die geographisch unabhängig von den sonstigen europäischen Zentren waren. Somit wurde **Fennoskandien** postglazial wohl aus Bereichen östlich des nordeuropäischen Eisschildes besiedelt. Es ist möglich, dass sich diese Arealkerne im **südlichen Ural** befanden (vgl. Schmitt & Varga 2012).

5.3.4.3 Auswirkungen ökologischer Anpassungen auf phylogeographische Muster bei boreo-montanen Arten

Die genetischen Differenzierungsmuster der boreo-montan verbreiteten Arten in Europa besitzen bemerkenswerte Unterschiede zwischen den Arten, die an **Wälder** oder zumindest waldähnliche Habitate angepasst sind, und solchen, die typische Vertreter von **Feuchtgebieten** darstellen. Meist ist die Differenzierungstiefe und räumliche Aufgliederung bei letzteren weniger ausgeprägt als bei den Waldarten. Dieses Muster passt gut zum heutigen Verständnis der Landschaften und Habitate Europas während der Kaltzeiten. Wesentlich sind in diesem Zusammenhang zwei Aspekte: Die Abkehr von der ***tabula-rasa*-Theorie**, also der Vermutung, dass sich nördlich von Alpen und Karpaten nur artenarme, trockene und schwach wüchsige Periglazialsteppen befanden; und die Akzeptanz des Vorkommens von Bäumen nördlich der klassischen Mediterranrefugien, auch während der Hochstände der Glaziale (Willis et al. 2000, Willis & van Andel 2004, Birks & Willis 2008). Dies ermöglichte die **Existenz zahlreicher Kleinrefugien** mit geographischen Disjunktionen untereinander. Gerade diese Eigenschaft stellt eine wichtige Voraussetzung für die Evolution hoch diversifizierter genetischer Muster auf der kontinentalen Ebene dar, wie sie häufig für Waldarten nachgewiesen wurden.

Für Feuchtgebietsarten, die heute eine boreo-montane Verbreitung aufweisen, ergeben sich andere Voraussetzungen. Obschon die glazialen Klimabedingungen Mitteleuropas sehr viel trockener waren als heute, ist aufgrund der Permafrostbedingungen nicht von einheitlich trocken-kalten Steppenlandschaften auszugehen. Vielmehr scheinen sich, zumindest in den Talsohlen und in Senken, über die gesamte Vegetationsperiode hinweg dauerhaft feuchte Bereiche gebildet zu haben, die Habitate für solch kälteadaptierte Arten dargestellt haben sollten. Da die geographischen Abstände zwischen diesen Feuchtgebieten für die Mehrzahl der Arten keine unüberwindbaren Hindernisse dargestellt haben dürften, ist von Genfluss über weite Bereiche Mitteleuropas für solche Taxa unter Kaltzeitbedingungen auszugehen. Diese Hypothese deckt sich gut mit den oft flachen phylogeographischen Strukturen dieser Arten.

5.3.5 Oro-mediterrane Arten

Die Gruppe der oro-mediterranen Arten unterscheidet sich in ihren Verbreitungsmustern wesentlich von den bisher behandelten Gebirgsarten, denn sie kommen schwerpunktmäßig im **Oreal des Mittelmeerraumes** vor. Diese Gebirge weisen meist nicht die typische alpine Stufenfolge auf, zudem sind die alpinen Rasen oft durch **Dornpolstervegetation** ersetzt (Varga 1977, Varga & Schmitt 2008). Auf der Balkanhalbinsel etwa kommen oro-mediterrane Arten auch südlich der **Adamović-Linie** vor, die in diesem Raum die südliche Verbreitungsgrenze der typischen alpinen und arkto-alpinen Arten darstellt (Varga 1975). Aus den Gebirgen des Mediterranraumes strahlen diese Arten in die nördlich angrenzenden Bereiche aus (Varga & Schmitt 2008).

Zwei ökologische Grundtypen oro-mediterraner Arten lassen sich unterscheiden; solche, die bevorzugt in **Rasengesellschaften** auftreten, und solche, die eine enge ökologische Bindung an **vegetationsarme, steinige bis schotterige Habitate** besitzen. Die meisten der bekannten genetischen Untersuchungen beziehen sich jedoch auf die erste Gruppe (Louy et al. 2013, 2014a). Nur die genetischen Untersuchung am Bergwundklee *(Anthyllis montana)* (Kropf et al. 2002) beziehen sich auf ein Taxon, das eine ökologische Nische im Übergang dieser beiden Typen besitzt und außerdem nicht eindeutig als oro-mediterran eingestuft werden kann, da er viele Übergänge zu den echten alpinen Elementen aufweist (siehe auch oben).

Betrachtet man oro-mediterrane Taxa auf der Ebene von Artengruppen, so erkennt man deutliche **Parallelen** zu den **mediterranen Faunenelementen** der **Tieflagen**. So kann analog zum atlantomediterranen Element ein **atlanto-oro-mediterranes** Element definiert werden. Gleiches gilt für den pontomediterranen Raum. Ein Analogon zum adriatomediterranen Element ist im Oreal Süditaliens nur vergleichsweise schwach entwickelt. Dies geht mit der räumlich geringen Ausdehnung oro-mediterraner Bereiche in dieser Region einher, die sich auf wenige Berggebiete des südlichsten Italiens und Siziliens beschränken. Die verbreitete Differenzierung in **westliche** und **östliche Orealelemente** (Beispiel: *Erebia rhodopensis*, Balkangebirge, *E. gorgone*, Pyrenäen und *E. aethiopella*, Südwestalpen; zahlreiche Beispiele bei Tagfaltern auf der subspezifischen Ebene) dürfte maßgeblich durch die **starke Vergletscherung der Alpen** während der Kaltzeiten bedingt sein. Diese stellten über lange Zeithorizonte hinweg eine unüberwindliche **Barriere** zwischen den westlichen und östlichen **Mittelmeergebirgen** dar und sollten somit ein wesentlicher Schrittmacher für diese Differenzierung gewesen sein (Varga & Schmitt 2008). Auch für den Bergwundklee ergibt sich ein ähnliches Muster, bei dem sich die Populationen in den Bergen westlich und östlich der Alpen auf zwei unterschiedliche genetische Cluster aufteilen. Die nicht zahlreichen Vorkommen in den Alpen sind jeweils einer der beiden Hauptgruppen zuzuordnen, in Abhängigkeit ihrer geographischen Lage in diesem Gebirge (Kropf et al. 2002).

Genetische Untersuchungen von Allozympolymorphismen existieren für zwei oro-mediterrane Tagfalterarten auf der Balkanhalbinsel, für das **Rhodopen-Wiesenvögelchen** *(Coenonympha rhodopensis)* (Louy et al. 2013) und die **Mohrenfalterart**

Erebia ottomana (Louy et al. 2014a). Beide Arten kommen in den Hochlagen der Balkangebirge weit verbreitet und oft syntop auf langgrasigen Hängen zum Teil in hohen Populationsdichten vor (Tshikolovets 2011). Sie besitzen beide vergleichsweise hohe genetische Diversitäten; außerdem zeigen sich über weite Bereiche der Balkanhalbinsel nur **geringfügige Differenzierungen** zwischen ihren Populationen. Vermutlich besaßen beide Arten während der glazialen Kaltphasen somit eine viel weitere Verbreitung auf der Balkanhalbinsel als heute. Durch die Verschiebung der klimatischen Nische in tiefere Lagen waren beide Arten wohl bis in die Tallagen anzutreffen, sodass Genfluss über weite Bereiche der Balkanhalbinsel stattfand. Eine vermutete glaziale Temperaturabsenkung um 8°C (vgl. Quante 2010) wäre für eine solche weitgehend kontinuierliche Verbreitung bis in die Niederungen ausreichend und wird für *E. ottomana* zusätzlich durch Verbreitungsmodelle unterstützt, die auf der Berechnung von Klimanischen basieren (Louy et al. 2014a).

Für diejenigen oro-mediterranen Elemente, die auf steinige bis schotterige Habitate beschränkt sind, wird jedoch eine Differenzierung zwischen unterschiedlichen Gruppen auf der Balkanhalbinsel erwartet; zumindest jedoch eine Trennung in ein west- und ein ostbalkanisches Element, wie diese bei vielen der alpinen und arkto-alpinen Elemente der Region, basierend auf morphologischen Merkmalen, nachgewiesen wurde (Varga 1975). Eine wesentliche Trennlinie, die solche **petrophilen** Arten geographisch dauerhaft separiert haben sollte, ist die zentralbalkanische Depression entlang der Talsysteme von Vardar und südlicher Morava. Bisher nicht publizierte Allozymuntersuchungen am Mohrenfalter *Erebia melas* weisen genau dieses Differenzierungsmuster auf.

5.3.6 Zusammenfassung Gebirgsarten und Arten des Hohen Nordens

Die Arten der Gebirge und des Hohen Nordens weisen zwei in ihrer Arealgeschichte sehr unterschiedliche Gruppen auf, diejenigen Arten mit **arkto-alpiner Disjunktion** und solche, die **nur in den Gebirgen** verbreitet sind. Generell besaßen die heute arkto-alpin verbreiteten Arten während Glazialen, aber zumindest während des letzten Glazials, eine **ausgedehnte zonale Verbreitung** in den **periglazialen Steppen** Europas. Aus diesen zogen sie sich zum einen in den Hohen Norden und zum anderen in die Gebirge im Süden zurück. Die Bedeutung der hier evoluierenden genetischen Linien für die postglaziale Besiedlung der Gebirge ist jedoch sehr unterschiedlich und hängt in hohem Maße davon ab, wie intensiv diese Gebirge von Linien besiedelt wurden, die an ihrem Rand während Kaltzeiten entstanden bzw. hier überdauerten.

Für die heute ausschließlich in Gebirgen angetroffenen Arten beschränken sich die glazialen Verbreitungen wahrscheinlich auf **Refugien am Fuße der Gebirge**, was durch die **bessere Wasserversorgung** dieser Bereiche im Vergleich zu den glazialen Steppen Mitteleuropas begründet sein könnte. In vielen Fällen wurden **einzelne Hochgebirge** postglazial aus **mehreren glazialen Arealkernen** und somit durch unterschiedliche genetische Linien besiedelt; in den Alpen beispielsweise lassen sich oftmals vier solche Überdauerungszentren am Süd- und Ostrand nachweisen. Besitzen Arealkerne eine geographische Lage zwischen zwei Hochgebirgen, so werden oft beide aus einer Quelle besiedelt. Auf diese Weise entstehen **komplexe phylogeographische Muster**, bei denen deutlich differenzierte Linien innerhalb eines Gebirges auftreten, in unterschiedlichen Gebirgen jedoch zuweilen auch identische. Besonders deutlich sind oft die **balkanischen Hochgebirge** von den anderen **differenziert**.

Die Gruppe der **boreo-montan** verbreiteten Arten ist in ihrer biogeographischen Geschichte weniger einheitlich als die der Arten des Oreals und scheinbar stark von ihrer jeweiligen ökologischen Einnischung abhängig. Arten, die ökologisch an **Moor- und Feuchtgebietsstand-**

orte gebunden sind, weisen oft ähnliche phylogeographische Muster wie arkto-alpine Arten auf. Sie waren also während Kaltphasen, eventuell auch entlang der großen Flusssysteme, weit über Mitteleuropa verbreitet. Arten mit Affinitäten zu Wäldern oder Waldrändern ähneln in ihren phylogeographischen Mustern eher den kontinentalen Arten und überdauerten Glazialphasen in Mitteleuropa wohl in ähnlichen oder denselben extramediterranen Zentren wie diese. Gleiches gilt auch für die ökologisch ähnlichen montan-disjunkt verbreiteten Arten.

Die oro-mediterranen Arten stellen einen speziellen Fall der Gebirgsarten Europas dar, da sie sich weitgehend auf das Oreal der Gebirge des Mediterrangebietes beschränken. Hier zeigen sie jedoch ähnlich diverse phylogeographische Strukturen, die von sehr wenig strukturiert bis komplex reichen, wie ihr weiter nördlich anzutreffendes Pendant der alpin disjunkten Arten.

5.4 Arten der großen Fließgewässer Europas

Durch ihre aquatische Lebensweise unterscheiden sich die Arten der Fließgewässer zwangsläufig fundamental in ihren biogeographischen Strukturen von denjenigen terrestrischer Arten (Hewitt 2004a, Costedoat & Gilles 2009). Für Fließgewässerarten werden die großen Flusssysteme zu den wichtigsten Rückzugsgebieten und Ausbreitungskorridoren. Für sie sind also Strukturen bedeutsam, die für terrestrische Arten entweder ohne große biogeographische Bedeutung sind oder sogar Barrieren darstellen. Umgekehrt sind für Fließgewässerarten aber auch niedrige europäische Hauptwasserscheiden, die für terrestrische Arten biogeographisch weitgehend bedeutungslos sind, wichtige Ausbreitungshindernisse. Nur Hochgebirge, in Europa also hauptsächlich Alpen und Pyrenäen, stellen gemeinsam für terrestrische Arten und für Fließgewässerarten Barrieren dar.

5.4.1 Phylogeographie europäischer Fischarten

In Europa ist die Donau neben der Wolga das bedeutendste Abflusssystem, besitzt somit eine herausgehobene Stellung für die Biogeographie der Fließgewässerarten und weist deshalb auch insgesamt eine besonders hohe Artenzahl an Fischen auf (Leprieur et al. 2009). Für alle bisher phylogeographisch untersuchten, weit verbreiteten europäischen Fischarten wurden Differenzierungszentren deshalb für das danubische System bestätigt. Viele Autoren fanden Evidenzen, dass das danubische System für zahlreiche Fischarten wohl das jeweils älteste (und somit erste) europäische Rückzugsgebiet darstellt (z. B. Durand et al. 1999, Nesbø et al. 1999, Englbrecht et al. 2000; Bernatchez 2001, Kotlík & Berrebi 2001, Salzburger et al. 2003, Gum et al. 2005, Barluenga et al. 2006; für eine Zusammenfassung siehe auch Costedoat & Gilles 2009).

Ein Beispiel für eine sehr einfache phylogeographische Struktur ist der Flusswels (*Silurus glanis*). Diese von Mitteleuropa bis nach Afghanistan und Kirgistan vorkommende Art, die also ein typisch ponto-kaspisches Verbreitungsmuster aufweist, lebt bevorzugt in langsam fließenden, großen Gewässern, kann jedoch auch in Brackwasserbereichen des Schwarzen Meeres und des Kaspischen Meeres mit Salzgehalten bis 1,5 % angetroffen werden (Gerstmeier & Romig 2003). In einer Untersuchung von Mikrosatelliten aus dem westlichen Teil des Verbreitungsgebietes (Oberrhein bis Wolga, die meisten beprobten Populationen stammen von der Balkanhalbinsel und aus Kleinasien) wurde eine vergleichsweise geringfügige Differenzierung zwischen den Populationen festgestellt. Eine Auftrennung in unterschiedliche phylogeographische Gruppen deutet sich nicht an, lediglich eine Tendenz zu einem Isolierung-durch-Distanz-System (Triantafyllidis et al. 2002). Diese Struktur lässt vermuten, dass der Flusswels, zumindest bezüglich der westlichen Hälfte seines Areals, nur ein einziges würmglaziales Überdauerungs- und Ausbreitungszen-

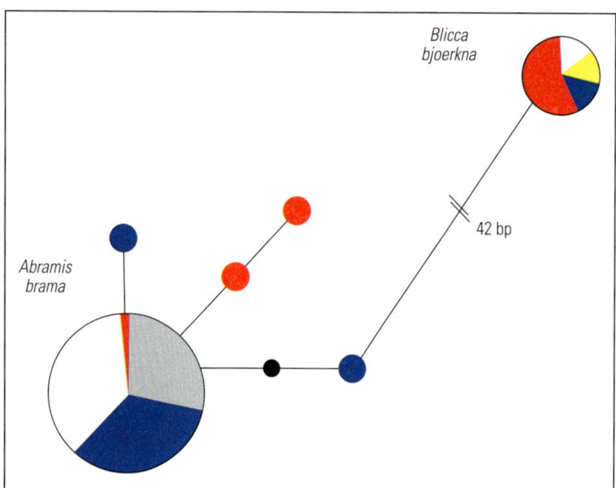

Abb. 5.48 Haplotypennetzwerk basierend auf Sequenzen des mitochondrialen Cyt-b-Gens (638 bp) von 77 Individuen der Brasse *(Abramis brama)* in Europa. Signaturen: grau: Irland; gelb: Frankreich; weiß: Großbritannien; blau: Deutschland; rot: Rumänien. Abbildung nach Hayden et al. (2011).

trum besaß, das, zumindest als eines seiner Teile, den Unterlauf der Donau einschloss, jedoch eventuell auch Flusssysteme der östlichen Balkanhalbinsel und Kleinasiens sowie küstennahe Bereiche des Schwarzen Meeres.

In einer Studie des mitochondrialen Cyt-b-Gens wurde auch für die Brasse *(Abramis brama)* in einem Untersuchungsgebiet, das die Britischen Inseln, Frankreich, Deutschland und Rumänien umfasst, eine äußerst geringfügige Differenzierung festgestellt: Ein Haplotyp war in allen untersuchten Populationen stark dominierend. Nur in Rumänien und Deutschland wurden jeweils zwei weitere seltene Haplotypen gefunden, die sich jedoch lediglich in ein bis zwei Mutationsschritten vom erstgenanntem unterscheiden. Die höchste Haplotypdiversität wurde in Rumänien nachgewiesen. Zu erwähnen ist auch, dass durch diese Untersuchung eine starke Introgression von mitochondrialen Genen der Blicke *(Blicca bjoerkna)* in die Brasse nachgewiesen werden konnte, was für alle untersuchten Regionen (außer Irland) festgestellt wurde; in Frankreich wurden sogar ausschließlich Blickengene gefunden (Abb. 5.48; Hayden et al. 2011). Insgesamt spricht diese sehr einfache genetische Struktur mit einem häufigen Haplotypen, umgeben von nah verwandten Satellitenhaplotypen, für eine rezente Arealexpansion aus einem einzigen, vermutlich würmglazialen, Refugium. Dieses ist am ehesten im danubischen System zu suchen, wofür auch die höhere genetische Diversität in der untersuchten Population aus Rumänien spricht.

Eine schon etwas kompliziertere phylogeographische Struktur als Flusswels und Brasse wurde für die **Quappe *(Lota lota)*** nachgewiesen. Diese Art weist neben einer **danubischen** auch eine **atlantische Linie** auf, die von Westen bis zum Rhein und zur Maas vorkommt. Die danubische Linie wurde neben dem Donausystem auch in Elbe, Weichsel sowie in russischen Flüssen nachgewiesen. Im Bodensee vermischen sich beide Linien (Abb. 5.49). Die Haplotypendiversität ist in der Donau höher als in der atlantischen Linie (van Houdt et al. 2003, 2005, Barluenga et al. 2006). Hieraus ergibt sich, dass sich die **letzten Ausbreitungszentren** der Quappe zum einen, wie für die meisten europäischen Fischarten (Costedoat & Gilles 2009), an der **unteren Donau**, zum anderen aber auch im **atlantischen Bereich** befanden.

Ein solches atlantisches Refugialzentrum neben dem danubischen wurde auch für etliche weitere Fischarten nachgewiesen (Durand et al. 1999, Englbrecht et al. 2000, Bernatchez 2001, Kotlík & Berrebi 2001). Somit stellen auch die **Flusssysteme Frankreichs** nach bisherigem Kenntnisstand ein bedeutendes glaziales Refugium und postglaziales Ausbreitungszentrum für die Fischfauna Europas dar (Costedoat & Gilles 2009). Bei diesem Rückzugsgebiet ist die genauere geographische Lage jedoch meist schwierig zu beweisen, wie dies auch für die Quappe der Fall ist. Es ist somit weitgehend ungeklärt, ob dieses Refugium im Einzelfall lediglich einen oder mehrere der französischen Flusssysteme umfasste oder sich (auch) im **Brackwasserbereich der französischen Westküste** befand (Barluenga et al. 2006).

Beide Ausbreitungslinien der Quappe trafen postglazial im Bodensee aufeinander. Durch Analysen mitochondrialer

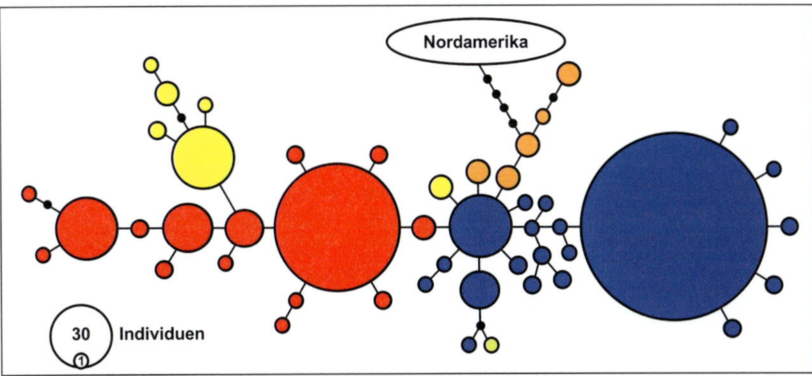

Abb. 5.49 Haplotypennetzwerk der Quappe *(Lota lota)* in Europa, Russland und Nordamerika. Signaturen: rot: atlantische Flusssysteme bis zum Rhein; blau: Donau, Elbe, Weichsel, gelb: Skandinavien; orange: Russland. Abbildung nach Barluenga et al. (2006).

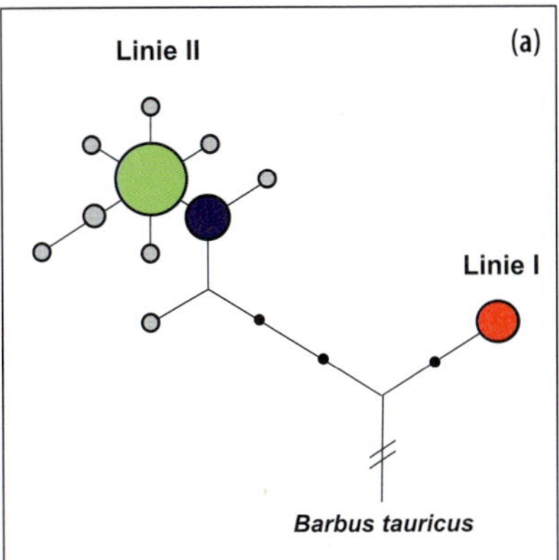

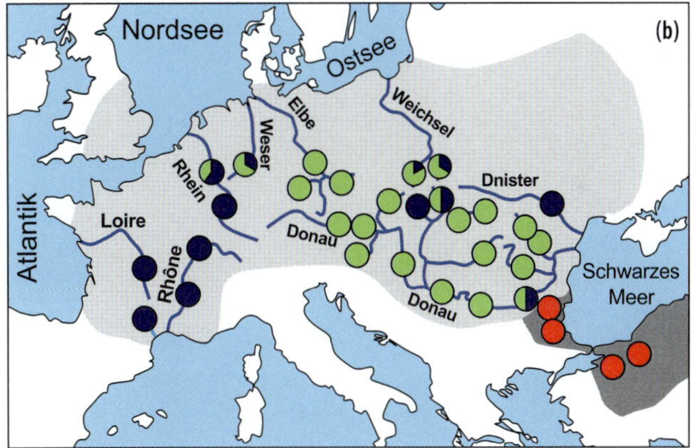

Abb. 5.50 (a) Haplotypennetzwerk und (b) geographische Verbreitung von mitochondrialen Linien der Barbe *(Barbus barbus)* in Europa und Kleinasien. Abbildung nach Kotlík & Berrebi (2001).

DNA (hier die Kontrollregion) und chromosomaler Marker (in diesem Fall Mikrosatelliten) wurde gezeigt, dass sich beide Linien in diesem See ohne Einschränkung vermischen (Barluenga et al. 2006). Auch die **Besiedlung Skandinaviens** erfolgte aus **beiden Refugialbereichen**. Die große Mehrzahl der untersuchten Individuen wies jedoch Haplotypen auf, die denjenigen der atlantischen Linie äußerst ähnlich sind, nur wenige besitzen danubische Haplotypen. Das lässt vermuten, dass der Einfluss aus dem atlantischen Refugium bei der Ausbreitung der Quappen nach Norden viel stärker ausgeprägt war als der danubische.

Die **Barbe *(Barbus barbus)*** ist die Charakterart des Epipotamals*, das deshalb auch als «Barbenregion» bezeichnet wird. Auch für diese Fischart existieren mitochondriale Sequenzdaten über große Bereiche des rezenten Verbreitungsgebietes (Kotlík & Berrebi 2001). Insgesamt weist die Barbe deutliche phylogeographische Übereinstimmungen mit der Quappe auf, zeigt jedoch noch zusätzliche biogeographische Eigenschaften. So unterscheiden sich die Haplotypen der Populationen von **Frankreich bis Rumänien** auf der einen Seite und **Ostbulgarien und Kleinasien** auf der anderen in mindestens sechs Mutationsschritten voneinander (Abb. 5.50a). Die Autoren der erwähnten Studie berechneten für diese Differenzierung über den Einsatz einer molekularen Uhr ein Alter von etwa 800 000 Jahren. Somit sind diese beiden Linien auf jeden Fall schon über die Abfolge mehrerer Glazial-Interglazial-Zyklen, zumindest zeitweise, geographisch voneinander getrennt und weisen unabhängige Evolutionsgeschichten auf. Für die südöstliche Linie liegt das Differenzierungszentrum wahrscheinlich im Bereich des **südlichen Schwarzmeergebietes**, für die nordwestliche vermutlich im **danubischen System**.

Die danubische Linie der Barbe ist in zwei weitere sekundäre Linien subdifferenziert, deren Alter Kotlík & Berrebi (2001) auf etwa 100 000 Jahre schätzen. Diese Differenzierung begann also im Übergang der Eem-Warmzeit zur Würm-Kaltzeit. Diese Unterlinien zeigen eine deutliche phylogeographische Struktur: In Frankreich finden sich ausschließlich Haplotypen eine dieser beiden; von der Donau bis zur Elbe fast nur, aber nicht ausschließlich, Haplotypen der anderen. In Rhein und Weser existieren Populationen, die Haplotypen aus beiden Linien aufweisen (Abb. 5.50). Diese genetische Struktur zeigt somit auch die für die Quappe oben beschriebene Dualität zwischen einem **atlantischen** und einem **danubischen Refugialraum** im Würmglazial mit initialer Besiedlung aus dem Donaubereich nach Westen.

Für den Döbel *(Leuciscus cephalus)* wurde durch Sequenzierung des mitochondrialen Cyt-b-Gens erneut die überragende Bedeutung des danubischen Systems für die Wiederbesiedlung der europäischen Flusssysteme bestätigt (Abb. 5.51; Durand et al. 1999). Für diese Art wurden insgesamt sogar vier große genetische Linien nachgewiesen (Sequenzunterschiede zwischen den Gruppen 5,2–7,9 %). Die danubische Linie wurde nicht nur in der Donau und ihren Nebenflüssen sowie der zentralen Balkanhalbinsel festgestellt, sondern auch in allen Flusssystemen Frankreichs, im Rhein, in der Weser und der Themse. Eine zweite genetische Linie ist weit verbreitet in Osteuropa (Dnister, Don, Weichsel) und bis nach Schweden und Finnland im Norden. Im Elbesystem wurden beide Linien angetroffen, in einem Fall sogar beide im selben Flussabschnitt. Die beiden verbleibenden Linien weisen geographisch sehr viel kleinere geographische Verbreitungen auf. Die eine ist beschränkt auf Italien und die Westabdachung der Balkanhalbinsel, die andere auf den Ostteil der Balkanhalbinsel. Durand et al. (1999) vermuteten auf Basis dieser Datengrundlage, dass es vier große Refugialgruppen des Döbels in Europa gibt. Für das Rissglazial gehen die Autoren von vier bedeutenden Rückzugsräumen aus: (1) im danubischen System, (2) am Nordrand des Schwarzen Meeres und des Kaspischen Meeres, (3) im Bereich der trockengefallenen Adria und (4) am Rand der westlichen Ägäis. Schon für das Eem-Interglazial vermuten die Autoren eine starke Westexpansion der danubischen Linie des Döbels bis nach Frankreich. Er könnte somit neben der Donau auch in den Flusssystemen von Rhône und Loire das letzte Glazial überdauert haben, also im atlantischen Raum, wie ja auch für etliche weitere Fischarten gezeigt werden konnte. Nach Ende dieser Kaltphase wurden die weiteren Flusssysteme Frankreichs und die Bereiche bis zur Themse und Weser von dieser Linie besiedelt.

Neben der danubischen und atlantischen Linie des Döbels dehnte sich auch die Linie aus dem nördlichen Schwarzmeerbereich stark im Postglazial nach Norden bis nach Schweden und Finnland aus, wobei wahrscheinlich der Dnjepr ein wesentlicher Korridor für diese Expansion war. Beide Linien erreichten das Elbesystem aus westlicher bzw. östlicher Himmelsrichtung und koexistieren aktuell in diesem Bereich. Auch genetische Linien weiterer Fischarten mit atlantischem und danubischem Ausbreitungszentrum treffen im Bereich der Elbe aufeinander und vermischen sich hier (z. B. Gum et al. 2005, Barluenga et al. 2006).

Ganz anders stellt sich die biogeographische Situation der beiden rein südosteuropäischen Linien des Döbels dar. Wie für die terrestrischen Arten gilt auch für die Arten der Fließgewässer, dass sich die Populationen am *leading edge* ausbreiten, diejenigen am *rear edge* nicht. Im Fall des Döbels stellen die Linien danubischer und atlantischer Herkunft und des nördlichen Schwarzmeerbereichs die *leading-edge-*

Gruppen dar, die sich in der Folge der postglazialen Erwärmung über weite Bereiche Europas ausbreiteten und somit die großflächige Expansion der beiden weiter südlich überdauernden Linien unterbanden. Folglich zog sich deren westliche lediglich aus der postglazial wieder überfluteten Adria in die Flusssysteme Italiens und der westlichen Balkanhalbinsel zurück. Die vierte Linie blieb wohl weitgehend stationär in den Flüssen des östlichen Griechenlands und Bulgariens. Interessant ist in diesem Zusammenhang, dass der Döbel, ähnlich wie viele terrestrische Arten, eine Trennung zwischen einer westlichen und einer östlichen Phylogruppe auf der Balkanhalbinsel besitzt (siehe Kap. 5.1.1.5). Von diesen weist jedoch keine, bedingt durch die Blockierung der Ausbreitung durch die danubische Gruppe im Norden, eine bedeutende postglaziale Expansion nach Norden auf. Hierin unterscheidet sich dieses aquatische Muster deutlich von demjenigen terrestrischer Arten mit mediterranen Refugial- und Ausbreitungszentren.

Die **Äsche *(Thymallus thymallus)***, die als Charakterart für die unteren Bachbereiche, das Hyporhithral*, gilt, weist in den mitochondrialen Gene ND1 und ND5/6 sowie in Mikrosatellitenloci eine deutliche phylogeographische Struktur in Mittel- und Nordeuropa auf (Koskinen et al. 2000, 2002, Weiss et al. 2002, Gum et al. 2005). Insgesamt wurden für diese Art vier mitochondriale Linien festgestellt, die sich in den genetischen Mustern der Mikrosatelliten wiederfinden. Auch in diesem Fall existieren eine **danubische** Linie, die bei der Äsche jedoch weitgehend auf dieses Flusssystem beschränkt ist, und eine **atlantische** Linie, die sowohl in England als auch im Rheinsystem festgestellt wurde. Die Vermischung beider Linien wurde im südtiroler Etschtal nachgewiesen. Eine dritte Linie ist weit verbreitet von der **Weichsel** bis zur **Weser**, hier jedoch mit genetischem Einfluss der atlantischen Linie, und aus diesem Bereich nach Norden bis nach Skandinavien und in das südliche Baltikum. Im Südosten ist diese

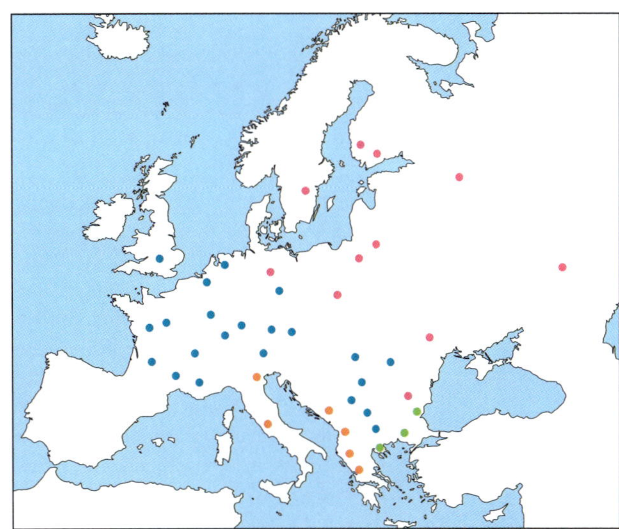

Abb. 5.51 Geographische Verbreitung von vier mitochondrialen Linien (Cyt-b; 600 bp) des Döbel *(Leuciscus cephalus)* in Europa. Abbildung nach Durand et al. (1999).

Linie auch aus dem **Dnistersystem** nachgewiesen. Die drei Linien **vermischen** sich in den **deutschen Mittelgebirgen** zwischen den Flüssen Elbe, Donau und Main. Eine vierte Linie wurde vom **nördlichen Baltikum** über **Finnland** bis ins **nördliche Skandinavien** angetroffen. Im mittleren Skandinavien befindet sich eine Übergangszone mit der dritten Linie, wobei einige Populationen ausschließlich Haplotypen einer der Linien aufweisen, andere von beiden.

Dieses genetische Muster bestätigt auch für die Äsche ein danubisches und ein atlantisches glaziales Rückzugsgebiet und postglaziales Ausbreitungszentrum. Wie auch in den anderen Fällen sind über die genaue geographische Lage des altantischen Zentrums nur Spekulationen möglich, und zwar insbesondere deshalb, weil nur unzureichendes Material aus Frankreich für die Äsche vorliegt. Gum et al. (2005) spekulieren sogar über ein Überdauern im rhenanischen System*. Die biogeographische Herkunft der beiden anderen Linien der Äsche ist auf Basis der vorliegenden Daten ebenfalls nicht zweifelsfrei zu bestimmen. Für die vom Dnister bis nach Skandinavien nachgewiesene Linie erachtet der Autor dieses Buches ein würmglaziales Rückzugsgebiet im Bereich **Dnjepr, Dnister**

und nördliches Schwarzmeergebiet für wahrscheinlich. Auch eine glaziale Verbreitung bis in die Flusssysteme des östlichen Mitteleuropas kann jedoch auf Basis der vorliegenden genetischen Daten nicht ausgeschlossen werden. Dies ist, basierend auf der heute bis ins nördliche Skandinavien reichenden Verbreitung, auch aus klimatischen Gründen möglich. Gesichert ist auf jeden Fall, dass in Süddeutschland der Bereich zwischen den drei großen Abflusssystemen (also Donau, Rhein und Elbe) von den drei Linien, jede charakteristisch für eines dieser Flusssysteme, im Laufe des Postglazials besiedelt wurden und sich hier in unterschiedlichen Anteilen vermischten.

Auch für die geographische Lokalisierung des würmglazialen Verbreitungsgebiets der vierten Linie der Äsche sind wir auf Spekulationen angewiesen. Da diese jedoch aktuell überall im nördlichen Baltikum und in Finnland angetroffen wird, besteht die Möglichkeit, dass diese Gruppe in dem System aus **großen Eisstauseen**, die sich am südöstlichen und östlichen **Rand des nordeuropäischen Eisschildes** im letzten Glazial ausbildeten, zumindest die letzte Kaltzeit überdauerte. Mit dem postglazialen Abschmelzen des Eisschildes wurden sukzessive die eisfrei werdenden Bereiche Fennoskandiens besiedelt. Im mittleren Skandinavien traf diese Linie auf die von Süden vordringenden Populationen der dritten Linie, was in manchen Fällen zur Ausbildung von Populationen führte, in denen Haplotypen beider Linien vertreten sind. Eine klare Grenzlinie lässt sich jedoch nicht feststellen, denn einige reine Populationen der dritten Linie wurden auch nördlich der Mischpopulationen gefunden und reine Vorkommen der nördlichen Linie südlich derselben. Dies lässt auf einen **nicht dem Phalanxtyp** folgenden postglazialen Besiedlungsverlauf schließen.

Der **Flussbarsch** ***(Perca fluviatilis)*** weist etliche phylogeographische Eigenschaften auf, die er mit der Äsche teilt (Nesbø et al. 1999). Auch für diese Art gibt es eine wichtige **atlantische** Linie, die jedoch geographisch sehr weit verbreitet ist (von der französischen Altantikküste bis zur Weichsel). Auch für den Bereich des **Donausystems** gibt es eine genetische Gruppe. Diese wurde jedoch in diesem Fall, abweichend von den meisten anderen Fischarten aus diesem Bereich, postglazial nach aktuellem Kenntnisstand kaum expansiv. Die Expansion der danubischen Linie wurde wahrscheinlich durch die atlantische Linie blockiert, die mit einer weiten Verbreitung bis nach Mitteleuropa hinein, vermutlich auch unter glazialen Bedingungen, eine postglaziale Expansion verhinderte. Eine dritte Linie des Flussbarschs leitet sich wohl, ähnlich wie für die Äsche vermutet, aus dem **nördlichen Schwarzmeergebiet** ab. Ebenso gibt es eine vierte Linie, die ihre würmglazialen Vorkommen wahrscheinlich im Bereich der **nördlichen Eisstauseen** besaß.

Besonders interessant wird vor dem Hintergrund dieser Ausgangssituation die phylogeographische Strukturierung Fennoskandiens. Diese Region wurde nämlich im Zuge der postglazialen Wiederbesiedlung von drei Richtungen aus erreicht: Die atlantische Linie drang aus dem Süden und Südwesten vor, die nördliche Schwarzmeerlinie aus dem Südosten und die Eisstauseelinie aus dem Osten. Als Resultat existieren in Fennoskandien Populationen, deren Individuen genetische Informationen tragen, die aus bis zu drei unterschiedlichen Ausbreitungszentren stammen. Dies führte zur **höchsten genetischen Diversität** des Flussbarsches in einem **eiszeitlich völlig vergletscherten Gebiet**, da sich hier die genetischen Typen aus den unterschiedlichen Ausbreitungszentren vermischten. Hierdurch entstanden im Expansionsraum genetisch deutlich diversere Populationen als sie in den Ausbreitungszentren angetroffen werden.

Für die Artengruppe der **Steinbeißer der Gattung *Cobitis*** ergeben sich systematisch und biogeographisch komplexe Situationen, beispielsweise mit **Polyploidien*** und **Hybridisierungen** zwischen Arten (Janko et al. 2005, Culling et al.

2006). Einige dieser Arten sind auf vergleichsweise kleine Verbreitungsgebiete beschränkt, die sich an *rear edges* befinden, aus denen sie sich postglazial nicht, oder zumindest nicht wesentlich, ausbreiteten. Dies trifft auf die beiden **Balkanarten** *C. meridionalis* und *C. vardarensis* zu (Culling et al. 2006). Auch das **danubische** System besitzt als Ausbreitungszentrum für diese Artengruppe keine so dominante Stellung wie für die meisten anderen europäischen Fischarten. Dieses Drainagesystem wird von der Art *C. elongatoides* besiedelt, die hier auch im letzten Glazial vorgekommen sein muss, sich postglazial aber nur geringfügig über dieses hinaus in nordwestlicher Richtung ausdehnte. Als Konsequenz **hybridisierte** sie in Flusssystemen wie Weichsel, Oder und Elbe mit der nah verwandten Art *C. taenia*, was zu den oben erwähnten **Allopolyploidien*** führte (Janko et al. 2005).

Es ist *C. taenia*, die heute am weitesten in Europa verbreitet ist und eine deutliche phylogeographische Struktur aufweist. Insgesamt wurden für diese Art drei genetische Linien unterschieden, deren phylogenetisches Alter nicht genau bestimmt werden konnte, deren Differenzierungsbeginn aber mindestens auf das frühe Würmglazial zurückgeht, eventuell aber auch weiter ins Pleistozän zurückreicht (Culling et al. 2006). Eine dieser Linien ist geographisch auf das **nordwestliche Schwarzmeergebiet** begrenzt, also die Unterläufe von **Dnepr** und **Bug**, wo sich auch das letzte Glazialrefugium, eventuell sogar das Entstehungszentrum dieser Linie befindet. Die genetischen Strukturen der Haplotypen dieser Linie weisen nicht auf eine rezente Arealexpansion hin (Abb. 5.52). Die beiden anderen genetischen Linien sind geographisch sehr viel weiter verbreitet, eine von Großbritannien über Norddeutschland und Nordpolen bis zum Bug, die andere von Nordfrankreich über Deutschland nach Südschweden und Südfinnland und von dort bis zur Krim und zum Kaspischen Meer. In beiden Linien finden sich **sternartige** Strukturen in den Haplotypennetzwerken mit häufigen zentralen Haplotypen, die von einem Kranz sich nur durch eine einzige Mutation unterscheidende Satellitenhalotypen umgeben sind, was einen deutlichen Hinweis auf eine rezente starke Arealausdehnung gibt.

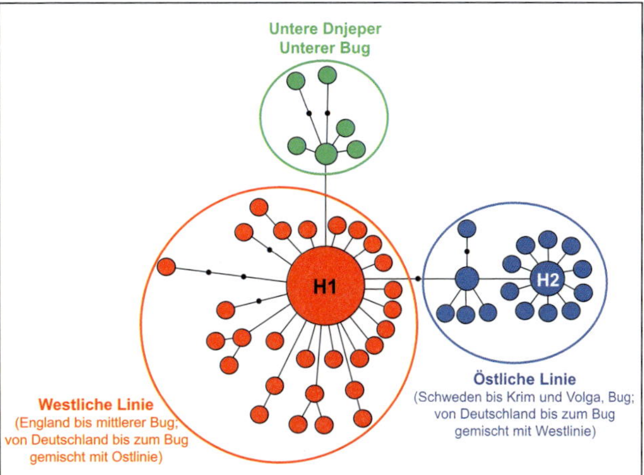

Abb. 5.52 Haplotypennetzwerk des mitochondrialen Genortes Cyt-b der Steinbeißerart *Cobitis taenia*. Abbildung nach Culling et al. (2006).

In diesem ganzen Raum wurde meist nur eine der beiden Linien für einen geographischen Bereich nachgewiesen. Nur in Teilen Deutschlands, Polens und bis zum Bug existieren Steinbeißerpopulationen, die beide genetische Linien repräsentieren. Die aktuelle Verbreitung dieser beiden Linien lässt vermuten, dass beide auch würmglaziale Rückzugsgebiete **nördlich des Schwarzen Meeres** besaßen, diese jedoch postglazial, anders als die sich am *rear edge* befindende Linie des unteren Bug- und Dnjepr-Gebietes, eine starke Arealexpansion erfuhren. Für diese Linien muss also angenommen werden, dass beide *leading-edge*-Positionen aufwiesen.

Für die geographische Lage dieser Ausbreitungszentren darf spekuliert werden, dass sich ein **westlicher Arealkern** nördlich der nicht expansiven Linie des unteren **Bugs** und **Dnjepr** befand, ein zweiter weiter östlich, wohl in den Abflusssystemen des **unteren Dons** oder auch der **unteren Wolga**. Die vermutlich parallele postglaziale Expansion aus beiden Arealkernen erfolgte in nördlicher, aber auch in westlicher Richtung, und zwar aus dem westlichen Arealkern bis nach Großbritannien, aus dem östlichen bis nach Nordfrankreich und Skandinavien. Bei dieser Arealexpansion kam es von Deutschland bis zum mittleren Bug zu **sekundärem Kontakt** und sogar zur **Vermischung** dieser beiden Linien, was zu syntopen Vorkommen beider mitochondrialer Linien führte. Für die Steinbeißer ist somit das Ausbreitungszentrum im nordöstlichen Schwarzmeerbereich der für die postglaziale Besiedlung Europas wichtigste Rückzugsraum. Generell müssen die beiden weit verbreiteten Arten *C. taenia* und *C. elongatoides* als **ponto-kaspische Elemente** bezeichnet werden. Sie stammen also aus einem Raum, der generell für limnische Organismen als sehr bedeutsam für die Besiedlung Europas angesehen wird (Müller 1980).

Der **Bitterling *(Rhodeus amarus)***, der für seine Eiablage in einer komplexen parasitischen Abhängigkeit von einigen Flussmuschelarten steht (Reichard et al. 2006), zeigt ein phylogeographisches Bild, das in einigen Punkten Ähnlichkeiten mit den Steinbeißern besitzt (Bryja et al. 2010). Auch für den Bitterling scheinen die Flusssysteme **Donau**, **Dnister** und **Dnjepr** eine herausgehobene Bedeutung als Differenzierungs- und Ausbreitungszentren besessen zu haben, was durch Analysen von zwölf Mikrosatellitenloci und Sequenzierung von Teilen des mitochondrialen Gens Cyt-b gezeigt wurde. Über die Analyse der Mikrosatelliten wurden drei genetische Gruppen unterschieden: **(1)** die Populationen **Griechenlands** und des **nordwestlichen Kleinasiens**, **(2)** das **danubische System** einschließlich des in die Ägäis entwässernden Struma in Bulgarien sowie **(3) Dnjepr**, **Dnister** und **Weichsel**. Elbe, Rhein und Loire weisen eine intermediäre genetische Konstitution zwischen den beiden letzten Gruppen auf, Rhône, Großbritannien und die Niederlande besitzen, jedoch auf Basis kleiner Stichprobengrößen, höhere Ähnlichkeiten mit der Dnjepr-Dnister-Linie. Für mitochondriale DNA wurden ähnliche genetische Strukturen erhalten, jedoch ergab sich keine so klare Trennung zwischen den Linien des danubischen Systems und von Dnjepr und Dnister. Andererseits spaltet sich die griechisch-kleinasiatische Mikrosatelliten-Linie in drei mitochondriale Linien auf: **Vardar**, **Volvi See** und **nordwestliches Kleinasien**.

Aus diesen genetischen Befunden darf geschlossen werden, dass sich im Bereich der **Donau** und der Flusssysteme **Dnjepr-Dnister** würmglaziale **Refugien** befanden, bei denen es sich auch um ihre Entstehungszentren handeln könnte. Aus beiden erfolgte eine starke **postglaziale Arealexpansion**, was wiederum die allgemein hohe Bedeutung des **ponto-kaspischen** Raumes als Ausbreitungszentrum für limnische Organismen unterstreicht. Die rezente Arealexpansion aus diesen beiden Zentren ist auch in den **sternförmigen** Strukturen im Haplotypennetzwerk abzulesen, wobei die beiden häufigsten Haplotypen in Donau, Dnjepr und Dnister von zahlreichen seltenen, aber nur geringfügig von diesen differenzierten Satellitenhaplotypen umgeben sind. Bei dieser Expansion wurde das Weichselsystem ausschließlich aus dem sich südöstlich und östlich anschließenden Dnjepr-Dnister-System kolonisiert und nicht von der Donau aus. Die sich weiter westlich befindenden Flusssysteme Elbe, Rhein und Loire wurden jedoch wahrscheinlich aus beiden Quellen besiedelt, sodass sie intermediäre genetische Strukturen aufweisen.

Mindestens ein weiteres würmglaziales Refugium, jedoch ohne bedeutende postglaziale Arealexpansion, befand sich in Griechenland und dem nordwestlichen Kleinasien, also am jeweilgen ***rear edge***. Für diese Populationen ergaben sich Unterschiede zwischen den chromosomalen und mitochondrialen Datensätzen. Während nur eine genetische Linie auf Basis der Mikrosatelliten nachgewiesen wurde, trennen sich diese drei Populationen auf der mitochondrialen Ebene auf drei Linien auf. Dies stellt einen Hinweis auf drei Arealkerne dar, zwei in **Griechenland** und einen in **Kleinasien**, was die **komplexe biogeographische Struktur** des Bitterlings in diesem Raum unterstreicht.

Ein deutlich diversifiziertes phylogeographisches Bild ergibt sich auch für die **Bachschmerle** ***(Barbatula barbatula)*** (Šediva et al. 2008). Dieser Fisch kühler Bäche (Smyly 1955) fehlt aktuell in den Bereichen der warmen Tieflandsflüsse, sodass die Populationen der Oberläufe, auch eines Abflusssystems unter Warmzeitbedingungen, nicht in genetischem Austausch miteinander stehen. Die zahlreichen Linien, welche in Europa nachgewiesen wurden, gehen weitgehend auf das **Mio- oder Pliozän** zurück, können also in ihrer ursprünglichen Genese nicht von den Eiszeiten beeinflusst worden sein. Auch die Unterlinien der Linie des danubischen Systems besitzt nach Eichung über eine molekulare Uhr einen Ursprung am Übergang vom Plio- zum Pleistozän (Abb. 5.53a).

Vier Hauptlinien differenzierten sich vermutlich innerhalb relativ kurzer Zeit im oberen Miozän voneinander: **(1)** eine **westliche** Linie, die für Ebro, Rhône und Isar (als Teil des danubischen Systems) nachgewiesen wurde, **(2)** eine östliche Linie in Oder, Weichsel und Salgir, **(3)** eine Gruppe mit Individuen aus dem **Dnister-** und dem **unteren Donausystem** sowie **(4)** eine **danubische** Linie, die in den meisten

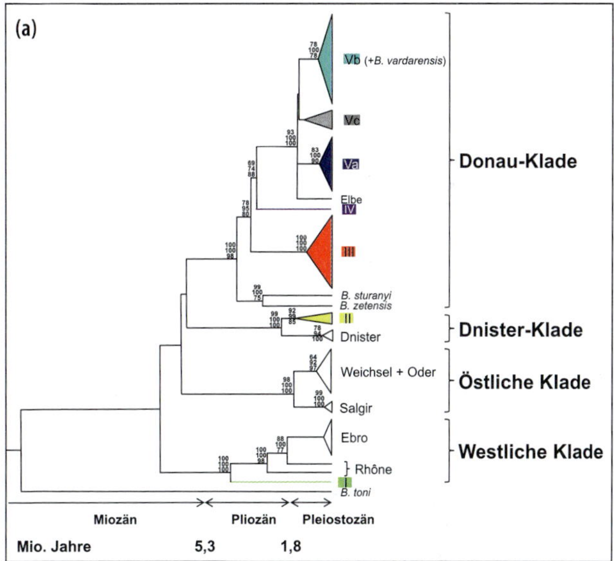

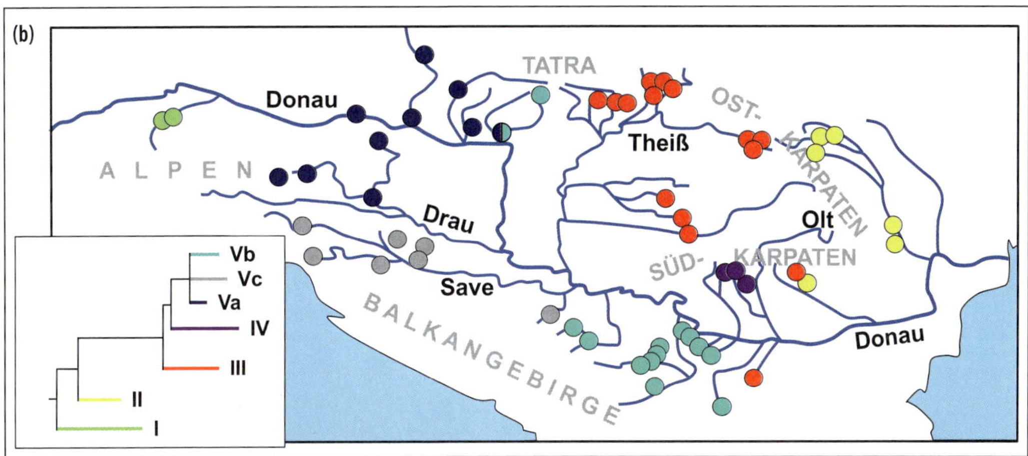

Abb. 5.53 (a) *Maximum-likelihood*-phylogenetischer-Stammbaum, basierend auf Sequenzen des mitochondrialen Cyt-b-Gens der Bachschmerle *(Barbatula barbatula)* und (b) geographische Verbreitung von sieben Linien und Unterlinien im danubischen System. Abbildung nach Šediva et al. (2008).

Oberläufen der Donauzuflüsse angetroffen wird. Von dieser letzten Linie spalteten sich im unteren bis mittleren Pliozän die beiden **balkanischen Endemiten** *B. sturanyi* und *B. zetensis* ab, weshalb die taxonomische Stellung der vier Hauptlinien der Bachschmerle generell hinterfragt werden muss. Aufgrund des hohen Alters dieser Linien und der **Paraphylie** der Bachschmerle nach dieser taxonomischen Auslegung könnte es sich auch um vier eigenständige Arten handeln (Šediva et al. 2008).

Die **danubische** Linie differenzierte sich im oberen Pliozän und bis zum Beginn des Pleistozäns in weitere **fünf Linien** und **Unterlinien**, die meist **klare geographische Verbreitungen** besitzen (Abb. 5.53b): (1) im Bereich der Zuflüsse, die die Donau in Österreich, der Slowakei und Ungarn erreichen (lokal auch im Iskar Nordbulgariens), (2) im Savesystem, (3) im Theißesystem (diese Linie wurde außerdem lokal in zwei Donau-abwärts gelegenen Zuflüssen nachgewiesen), (4) im Bereich der südlichen Zuflüsse der Donau in Serbien und Bulgarien (aber lokal auch in der Slowakei) sowie (5) in Olt und Jiu in Rumänien. Insgesamt sind die Ursprünge der Differenzierung in der Bachschmerle so weit in der Vergangenheit angesiedelt, dass basierend auf genetischen Befunden nur Spekulationen über die hierfür verantwortlichen Zentren angestellt werden können. Šediva et al. (2008) vermuten jedoch, dass diese unter den damals subtropischen Bedingungen an unterschiedlichen Stellen in den sich im **Miozän auffaltenden Karpaten** um den damals existierenden **Pannonischen See** gelegen haben könnten. Von hier aus müssen sich später auch die beiden Balkanendemiten *B. sturanyi* und *B. zetensis* abgeleitet haben, ebenso wie die weiteren Linien und Unterlinien im danubischen System. Die genauere Arealgeschichte der westlichen Linie kann auf Grundlage der vorliegenden Daten nur sehr fragmentarisch rekonstruiert werden. Basierend auf der genetischen Strukturierung lässt sich jedoch eine schrittweise Besiedlung aus dem Bereich der oberen Donau bis zum Ebro in Nordostspanien vermuten. Der Ursprung und die Arealdynamik der östlichen Linie mit Individuen aus Oder, Weichsel und Salgir müssen als ungeklärt angesehen werden.

Wenngleich die biogeographischen Rekonstruktionen vom Miozän bis weit ins Pleistozän hinein für die Bachschmerle einen stark spekulativen Charakter besitzen, so lassen sich recht genaue Aussagen über die geographische Lage **würmglazialer Arealkerne** und ihrer späteren Arealdynamik treffen. Die westliche Linie repräsentiert im Prinzip den **atlantischen** Refugialbereich, wie er für etliche andere Fischarten auch nachgewiesen wurde. Die deutliche Strukturierung innerhalb dieser Linie lässt vermuten, dass sich in dieser Region unterschiedliche Unterlinien in geographischer Isolation entwickelten. Ausbreitungszentren muss es zumindest im **Ebro** und in der **Rhône** gegeben haben. Die würmglazialen Überdauerungszentren der **oberen Donaulinie** sind nicht ganz so eindeutig zu rekonstruieren. In Analogie zu den **extramediterranen** Rückzugsgebieten der terrestrischen Arten mit kontinentaler Verbreitung ist jedoch eine Überdauerung weitgehend ***in situ*** im oberen Donausystem als durchaus wahrscheinlich anzusehen. Auch für die östliche Linie der Bachschmerle, die für Weichsel, Oder und Salgir nachgewiesen wurde, ist die Existenz recht weit im Norden gelegener würmglazialer Überdauerungszentren wahrscheinlich. Ähnlich wie für den oben beschriebenen Flussbarsch und die Äsche ist auch in diesem Fall ein Überleben im Einzugsbereich des **nordeuropäischen Eisstausees** ein mögliches Szenario. Aus diesem heraus würden postglazial unterschiedliche nach Norden entwässernde Flusssysteme des östlichen Mitteleuropas besiedelt. Die Dnisterlinie, die sowohl im **Dnister** als auch in den Donauzuflüssen **Siret** (entwässert die Ostkarpaten nach Osten) und **Dambovitza** (entwässert die südöstlichen Karpaten nach Süden) nachgewiesen wurde, weist so deutliche Sequenzunterschiede zwischen diesen drei Abflusssystemen auf, dass Vikarianz zwischen ihnen deutlich vor dem Ende des Würmglazials vermutete werden muss. Folglich sollten **getrennte würmglaziale Überdauerungszentren** in allen drei Flusssystemen existiert haben. Die untere Donau und die westliche Schwarzmeerküstenregion war deshalb vermutlich auch unter würmglazialen Klimabedingungen kein geeigneter Lebensraum für die Bachschmerle. Ein letzter Kontakt zwischen diesen drei Regionen muss somit weiter in der Vergangenheit liegen als das letzte Glazial.

Das Abflusssystem der **Theiße**, das große Entwässerungssystem des östlichen Karpatenbeckens, beherbergt eine weitere eigene genetische Linie, die hier vermutlich auch ihr **Entstehungszentrum** besaß. Auch in diesem Bereich muss die Bachschmerle im Würmglazial überdauert haben, vermutlich in **mehreren** geographisch vergleichsweise kleinen **Zentren**, was durch die genetische Substruktur der Theißelinie wahrscheinlich ist. Alle diese Unterlinien sollten allerdings einen gemeinsamen Vorfahren im Verlauf des Pleistozäns im östlichen Karpatenbecken besessen haben. Jedoch muss diese Linie auch deutlich **expansive Phasen** im Pleistozän aufgewiesen haben, während derer andere Nebenflüsse des unteren danubischen Systems erreicht wurden, wo die Theißelinie bis heute als Relikt dieser Expansionen persistiert.

Eine genetisch ähnlich stark differenzierte Linie befindet sich in den die südwestlichen Karpaten entwässernden Flusssystemen **Olt** (entwässert auch Teile des südöstlichen Karpatenbeckens) und **Jiu**. Das Entstehungszentrum dieser Linie könnte, obwohl ihr Ursprung vermutlich auf das Pliozän zu datieren ist, auch in diesem Bereich liegen. Zumindest befindet sich aber ein würmglaziales Refugium und Ausbreitungszentrum in dieser Region.

Der Rest des danubischen Systems wird durch eine weitere Linie mit drei Unterlinien besiedelt, die sich wahrscheinlich im ausgehenden Pliozän oder frühen Pleistozän voneinander zu differenzieren begannen. Möglicherweise gibt es auch bei diesen Unterlinien gewisse Übereinstimmungen zwischen ihrer aktuellen Verbreitung und ihren Entstehungszentren, welche geographisch deckungsgleich mit den würmglazialen Refugialräumen sein könnten. Eine Unterlinie ist aktuell auf das **Savesystem** begrenzt, welches auch als Rückzugsgebiet während des Würm angenommen werden muss. Eine zweite Unterlinie tritt in den **Donaunebenflüssen Ostösterreichs, der Tschechischen Republik** und der **Slowakei** auf, wurde jedoch auch im Iskar in Nordbulgarien nachgewiesen. Die dritte Unterlinie wurde in den **südlichen Donaunebenflüssen** in **Serbien** und **Westbulgarien** festgestellt, allerdings auch in der Slowakei (Hron, Ipel; in letzterem syntop mit der zweiten Unterlinie). Für die beiden letztgenannten Unterlinien muss angenommen werden, dass sie würmglaziale Arealkerne in den Kerngebieten ihrer aktuellen Verbreitungsgebiete aufwiesen, jedoch rezente Expansionen entlang des Donauverlaufs im Kernbereich der jeweils anderen genetischen Linien stattfanden. Dieser Austausch muss im oberen Pleistozän, eventuell sogar im Würmglazial, stattgefunden haben.

Insgesamt ergibt sich aus diesen Daten eine herausragende Bedeutung des **danubischen** Systems mit allen seinen Nebenflüssen für die Differenzierung der Bachschmerle. Allerdings sind auch andere Abflusssysteme, beispielsweise jene von **Dnister**, **Rhône** und **Ebro** sowie möglicherweise der **nordeuropäische Eisstausee** für diese Art von nicht zu unterschätzender Bedeutung als Refugial- und Differenzierungszentren. Insgesamt scheint die Arealdynamik, von einigen Ausnahmen abgesehen, nicht sehr groß zu sein, sodass etliche der würmglazialen Refugial- und Ausbreitungszentren weitgehend **homotop** mit den ehemaligen Entstehungszentren sein dürften.

Eine ähnlich komplexe phylogeographische Struktur wie für die Bachschmerle mit nördlichen Refugien wurde auch für die **Groppe** *(Cottus gobio)* mittels mtDNA-Sequenzen und Mikrosatellitenanalysen nachgewiesen (Englbrecht et al. 2000, Hänfling et al. 2002). Die mtDNA-Daten unterscheiden mehrere Linien, die wahrscheinlich ihren Ursprung in einem **pliozänen Vikarianzereignis** hatten. Eine dieser Linien ist weit im danubischen System und von dort über das rhenanische und Elbesystem bis nach Skandinavien verbreitet. Eine zweite Linie wurde für die Abflusssysteme von Weichsel und Oder nachgewiesen. Mindestens vier weitere Linien sind entlang der Atlantikküste von der Garonne bis zur Maas zu finden. Die Linie der Schelde ist auch weit in England und Wales verbreitet. Noch vor dem Beginn des Pleistozäns sollten Groppen in unterschiedlichen Bereichen entlang der Atlantikküste und in der Donau aufgetreten sein, ohne in genetischem Austausch miteinander gestanden zu haben. Ein weiteres Differenzierungszentrum muss für die heute in Oder und Weichsel anzutreffende Linie existiert haben, jedoch ohne dass dieses geographisch näher eingegrenzt werden kann. Die Mikrosatellitenanalysen von Hänfling et al. (2002) verfeinern dieses Bild noch weiter. Die danubische Linie besitzt auf der Ebene der Mikrosatelliten mehrere Unterlinien: untere Donau (welche wohl ancestral ist), obere Donau, Elbe, Main und Maas. Diese Daten lassen vermuten, dass es, zumindest im Würmglazial, neben (wahrscheinlich zwei) danubischen Refugien auch Überdauerungszentren im Bereich von Elbe, Main und Maas gab. Skandinavische Populationen weisen hohe genetische Übereinstimmung mit der Elbelinie auf und leiten sich wohl postglazial von dieser ab.

Auch die mitochondriale Linie aus der Schelde, aus England und Wales weist eine deutliche Differenzierung auf der Mikrosatellitenebene auf. Während Scheldegebiet und Südengland keine deutlich getrennten genetischen Gruppen aufweisen, sind alle Populationen aus Wales und Nordengland als Monophylum in dieser Gruppe genestet. Die Autoren der Studie vermuten deshalb, dass es über das gemeinsame glaziale Abflusssystem von Themse und Schelde einen Austausch gab, mit anschließender Besiedlung bis nach Nordengland (Englbrecht et al. 2000, Hänfling et al. 2002). Begründet auch durch hohe genetische Diversitäten der britischen Populationen, gehen sie davon aus, dass Populationen der Groppe, zumindest während des im Vergleich mit den vorangegangenen Kaltzeiten klimatisch moderateren Würmglazials, auch im **südlichen Großbritannien** überdauerten.

Auch für Fische wurden für einige Taxa, ähnlich wie für terrestrische Arten, **Refugien-in-Refugien** im **mediterranen Rückzugsraum** nachgewiesen. Gute Beispiele hierfür finden wir in Iberien, so z. B. für das zu den Karpfenartigen zählende Artenpaar *Chondrostoma arcasii* und *Ch. macrolepidotus* (Robalo et al. 2006). Basierend auf Sequenzen von Teilen des mitochondrialen Gens Cyt-b wurden für diese beiden Arten insgesamt fünf genetische Linien unterschieden, zwei von diesen mit stark ausgebildeten Unterlinien. Diese weisen eine deutliche geographische Struktur auf. Ihre Ursprünge liegen im Pliozän, im Fall des ersten Splits wohl schon im oberen Miozän. Zu dieser Zeit unterschieden sich die iberischen Abflusssysteme noch stark von der heutigen Situation. Deshalb vermuten Robalo et al. (2006), dass diese geographischen Muster ihren Ursprung in den damaligen Abflusssystemen nahmen und diese in gewissem Maße noch bis heute reflektieren. Da die beiden untersuchten Arten in ihren mitochondrialen Erbinformationen keine reziproken Monophyla darstellen, vermuten die Autoren weiterhin, dass es sich um mehr, wahrscheinlich mindestens fünf Arten handelt, die sich über die letzten etwa 7 Mio. Jahre evoluierten und von denen einige sehr kleine Areale aufweisen.

Noch deutlich kleinräumigere Muster wiesen Mesquita et al. (2005) für den ebenfalls zu den Karpfenartigen zählenden *Squalius aradensis* nach. Durch Sequenzierung des kompletten Cyt-b-Gens dieses **Endemiten** des **südwestlichsten**

Portugals (westliche Algarve und kleine, geographisch nördlich angrenzende Bereiche des Alentejo) wurde gezeigt, dass die Trennung zwischen dieser und der sich nördlich anschließenden (ebenfalls kleinarealen) Art *Squalius torgalensis* 6,6–8,2 Mio. Jahre zurückliegt, also ins obere Miozän datiert. Auch innerhalb der Art *Squalius aradensis* wurden deutliche, aber räumlich eng begrenzte phylogeographische Muster festgestellt. So unterscheidet sich die Population im Unterlauf des Aradeflusses deutlich von den Bereichen flussaufwärts, was Mesquita et al. (2005) auf eine Trennung dieser beiden Bereiche vor 600 000 bis 800 000 Jahren zurückführen. Eine Besiedlung der sich westlich und östlich des Aradesystems befindlichen Abflusssysteme erfolgte vor etwa 100 000 Jahren und zum Teil sogar noch rezenter. Diese Bereiche sind jedoch seitdem, zumindest nach Maßgabe der Information aus einem mitochondrialen Gen, voneinander isoliert, wurden folglich durch das Würmglazial nicht beeinflusst. Die klimatischen Veränderungen in diesem Raum waren somit nicht markant genug, um sich nachhaltig auf die Verbreitung dieser Fische auszuwirken.

5.4.2 Zusammenfassung Arten der großen Fließgewässer

Die Arten der Fließgewässer zeigen aufgrund der grundverschiedenen Lebensraumansprüche und Ausbreitungswege sich deutlich von den terrestrischen Arten unterscheidende phylogeographische Muster. Als das größte Abflusssystem Europas kommt dem **danubischen** System eine entscheidende Rolle als Refugialraum und Ausbreitungszentrum limnischer Lebensformen zu. Ebenso stellen die Flusssysteme Frankreichs, also der **atlantische Bereich**, ein wichtiges Rückzugsgebiet und Ausbreitungszentrum dar. Gleiches trifft auch auf den **nördlichen Schwarzmeerbereich** mit den Flusssystemen **Dnjepr**, **Dnister** und **Don** zu. Vor allem das letztgenannte Zentrum kann die postglaziale Expansion aus dem danubischen System deutlich einschränken. Die **Eisstauseensysteme** am Süd- und Ostrand der nordeuropäischen Gletscher scheinen für einige der an kalte Bedingungen angepasste Arten geeignete Lebensbedingungen während der Kaltphasen geboten zu haben. In den großen Abflusssystemen wie der Donau ergeben sich für an kühle Bedingungen angepasste Arten oftmals komplexere phylogeographische Muster mit **multiplen glazialen Arealkernen** als für Arten der warmen Tieflandsflussbereiche, die glazial oft nur in einem Refugium im Unterlauf überdauerten.

In Mitteleuropa und Skandinavien trafen die Expansionen der verschiedenen Linien aus unterschiedlichen Refugien postglazial aufeinander und bildeten an zahlreichen Stellen gemischte Populationen. In den **Abflusssystemen der Mittelmeerhalbinseln** evoluierten sich oftmals eigene genetische Linien. Diese wurden jedoch, bedingt durch die nördlich vorgelagerten Ausbreitungszentren (danubisches System und Flusssysteme Frankreichs im atlantischen Bereich) sowie Alpen und Pyrenäen eigentlich immer an einer postglazialen Expansion über weite Bereiche Europas gehindert. Folglich finden wir markant andere Situationen als bei den terrestrischen Arten des mediterranen Elements vor.

5.5 Zusammenfassung westliche Paläarktis

Die westliche Paläarktis besitzt aufgrund ihrer vielfältigen physischen Geographie eine für ein Gebiet, das sich zur Gänze außerhalb der Tropen befindet, überdurchschnittlich **komplexe biogeographische Strukturierung**. Diese wird maßgeblich durch drei unterschiedliche Elemente geprägt: mediterrane, kontinentale und Gebirgselemente.

Die **mediterranen Elemente** besaßen glaziale Rückzugsgebiete im Mittelmeerraum, wo sich unterschiedliche genetische Linien in Isolation vor allem im Maghreb, in Iberien, Italien, auf der Balkanhalbinsel und in Kleinasien evoluierten. Oft kam es auch zu **multiplen Refugien** in einzelnen dieser Gebiete. Die postglazialen Ausbreitungsmuster sind abhängig davon, ob Alpen und/oder Pyrenäen **Ausbreitungsbarrieren** darstellen oder nicht. In Abhängigkeit hiervon entwickelten sich vier unterschiedliche **Expansionsparadigmen** (Grashüpfer, Igel, Bär, Schmetterling). Der jeweilige **Ausbreitungsmodus** (phalanxartig, trittsteinartig, leptokurtisch) führte zu unterschiedlichen **genetischen Erosionsraten** im Verlauf der Arealausweitung und somit teilweise zu genetischen **Diversitätsgradienten** von den Refugien zu den aktuellen nördlichen Arealrändern.

Kontinentale Arten besiedelten Europa nicht erst im Zuge der postglazialen Erwärmung aus asiatischen Rückzugsgebieten, sondern überdauerten Kaltzeiten in geographisch kleinen **extramediterranen Refugien** in Europa, die sich **nördlich** der klassischen Mediterranrefugien befanden und in denen sich unterschiedliche genetische Linien entwickelten. In manchen Fällen kommen **zusätzlich** zu diesen auch noch **mediterrane** Rückzugsgebiete hinzu. Postglaziale Arealexpansion ergab sich in dieser biogeographischen Gruppe weitgehend aus den extramediterranen Refugien, jedoch lassen sich hier aufgrund höherer Komplexität keine so eindeutig wiederholenden Muster ableiten wie für die mediterranen Arten. Die Bereiche im **östlichen Alpenvorland**, im **Karpatenbecken** und den **extramediterranen Regionen der Balkanhalbinsel** waren jedoch von besonderer Bedeutung für die glaziale Überdauerung dieser Arten.

Die Arten der **Gebirge** und des **Hohen Nordens** weisen sehr unterschiedliche Muster in Europa auf. Heute **arkto-alpin** verbreitete Arten waren in den Glazialphasen weit in den **Periglazialbereichen** Mitteleuropas verbreitet und zogen sich mit der postglazialen Erwärmung in die Gebirge im Süden und nach Norden zurück. Zusätzlich zu diesem großen **zonalen Verbreitungsgebiet** gab es oftmals weitere Arealkerne am **Rand der vergletscherten Berge**, die sich postglazial in diese zurückzogen und den Einfluss der zonalen Populationen in den Gebirgen oft deutlich beschränkten. Die aktuell nur in den Bergen vorkommenden Arten besaßen in den Glazialen wahrscheinlich nur solche Rückzugsgebiete und kein zonales Teilareal. Durch den Rückzug aus diesen Arealkernen in ein oder mehrere benachbarte Gebirgsbereiche und oftmals mehrere (für die Alpen oft vier) solche Refugien pro Gebirgsregion, ergeben sich oft **komplexe phylogeographische Muster**. **Boreo-montan** verbreitete Arten weisen teilweise phylogeographische Muster auf, die denen von **arkto-alpinen** Taxa ähneln (vor allem für Arten von sehr **feuchten Habitaten**) oder an die Muster der **kontinentalen** Arten mit **extramediterranen** Arealkernen erinnern, was oft bei Arten von **Wald-** oder **Waldrandbiotopen** festgestellt wurde.

Für **limnische** Organismen ergeben sich deutlich andere Muster als für terrestrische Arten. Hier ist an erster Stelle das **danubische** System zu nennen, aber auch die **französischen** Flusssysteme und der **nördliche Schwarzmeerbereich** mit **Dnjepr**, **Dnister** und **Don** stellen wichtige Refugial- und Ausbreitungszentren dar, in denen sich unterschiedliche genetische Linien evoluierten.

6 Eurasien

6.1 Der Taigagürtel Eurasiens

Die Taiga* zieht sich in der borealen Zone als **geschlossener Gürtel** einmal um die ganze Nordhalbkugel. In Eurasien erstreckt sie sich als kontinuierlicher Nadelwald von Skandinavien bis nach Sachalin, Kamtschatka und zur Beringstraße. Im Norden geht sie über die **Baumtundra** in die **baumlose Tundra** an der Eismeerküste über. Im Süden finden sich sowohl im Westen als auch im Osten Eurasiens klinale Übergänge zu **Laubwäldern** (Sylvaea*), nicht jedoch im trockenen Inneren des Kontinents, wo die Taiga über **Waldsteppen** in **kontinentale Steppen** übergeht (Müller 1980). Somit ist die Taiga der einzige durchgehende Waldgürtel Eurasiens. Die Sylvaea ist durch Steppen und Wüsten unterbrochen, findet sich jedoch inselartig an den Rändern der Hochgebirge Zentralasiens. Diese Verbreitung und auch die Übergänge zwischen diesen beiden großen bewaldeten Biomen außerhalb der Tropen führen zu einer oft engen biogeographischen Vernetzung zwischen ihnen. Eine losgelöste Betrachtung des eurasischen Taigagürtels ohne Einbeziehung der angrenzenden Sylvaeabereiche ist somit nicht zielführend. Deshalb wird im Folgenden die molekulare Biogeographie der borealen Zone Eurasiens mit ihren Vernetzungen in die südlicheren Laubwaldzonen herausgearbeitet.

Viele Arten, die über den eurasischen Taigagürtel verbreitet sind, besitzen über Tausende von Kilometern weitgehend

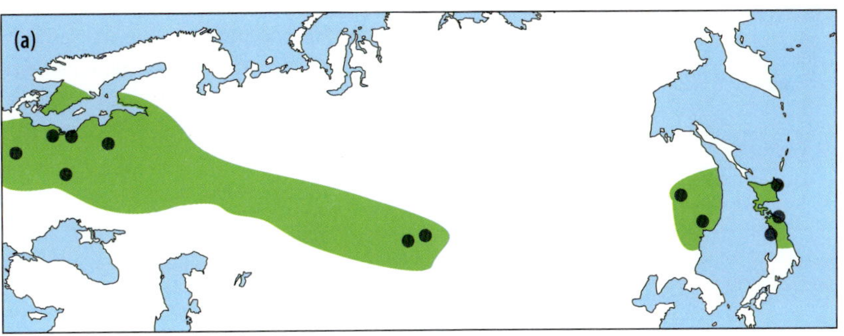

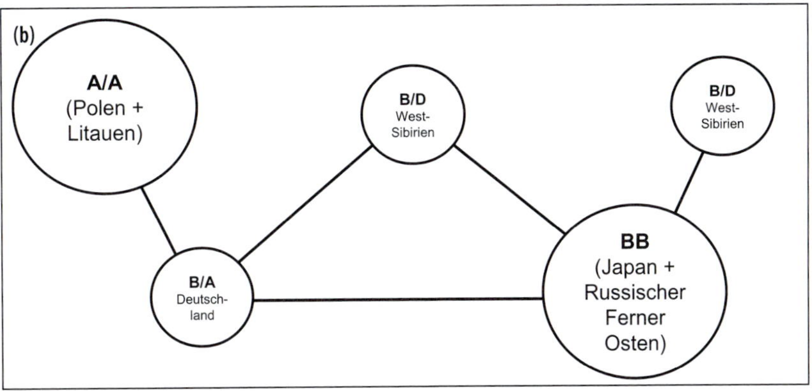

Abb. 6.1 Phylogeographie der Zwerglibelle *(Nehalennia speciosa)*. (a) Gesamtverbreitung der Art mit den Probenahmestellen für die genetischen Analysen. (b) Haplotypennetzwerk, basierend auf zwei mitochondrialen Genen (ND1, COII; 1130 bp). Abbildung nach Bernard et al. (2011).

Abb. 6.2 Phylogeographie des Buntspechts *(Dendrocopos major)*. (a) Probenahmestellen in Eurasien. (b) *Parsimony*-Phylogramm, basierend auf den Sequenzen von drei mitochondrialen Genfragmenten (Cyt-b, ND2, ND3; 1365 bp). Abbildung nach Zink et al. (2002a).

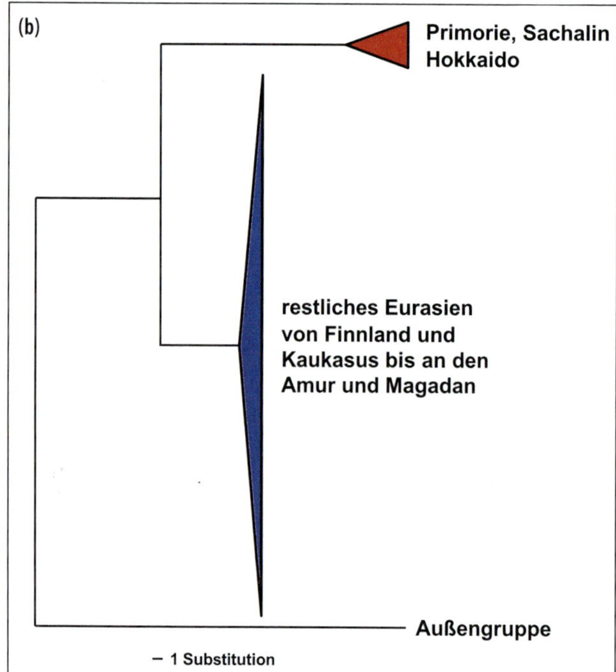

einheitliche genetische Eigenschaften. So weist der Flussuferläufer *(Actitis hypoleucos)* für den mitochondrialen Genort ND2 über das gesamte Gebiet der GUS-Staaten keine deutliche genetische Differenzierung auf. Das Haplotypennetzwerk zeigt jedoch eine deutliche Sternstruktur, was für eine rezente Arealexpansion spricht. Diese wird zusätzlich durch negative Werte von Fu's F_S und Tajima's D unterstützt. Tendenziell weisen die Haplotypen jedoch im Osten Eurasiens eine höhere Vielfalt auf als im Westen, was auf eine rezente (eventuell sogar postglaziale) Arealexpansion aus einem **ostasiatischen Rückzugsgebiet** hindeutet (Zink et al. 2008).

Ein ähnliches Bild wurde auch für die Zwerglibelle *(Nehalennia speciosa)* erhalten, die mit einer Verbreitungslücke in Ostsibirien von Mitteleuropa bis nach Nordjapan verbreitet ist (Abb. 6.1a). Die Sequenzierung von zwei mitochondrialen Genen (1130 bp) ergab nur fünf unterschiedliche Haplotypen, die sich durch einzelne Punktmutationen unterscheiden (Abb. 6.1b). Da eine kontinuierliche Verbreitung über weite Bereiche der Paläarktis während glazialer Phasen unwahrscheinlich ist, muss auch für diese Art eine rezente und vermutlich postglaziale Arealexpansion aus einem Rückzugsgebiet postuliert werden. Dieses Rückzugsgebiet befand sich wie beim Flussuferläufer vermutlich ebenfalls im östlichen Asien (Bernard et al. 2011). Auch für andere Arten wie den Dreizehenspecht *(Picoides tridactylus)* zeigen sich über weite Bereiche der Paläarktis keine regionalen genetischen Differenzierungen (Zink et al. 2002a). Die Schwanzmeise *(Aegithalos caudatus)* besitzt zwar zwei deutlich differenzierte genetische Linien auf der Ebene der mitochondrialen DNA, diese weisen jedoch über das gesamte Gebiet der GUS-Staaten kein phylogeographisches Muster auf. Deshalb lassen sich hieraus keine Aussagen bezüglich glazialer Refugien und postglazialer Arealexpansionen ziehen (Zink et al. 2008).

Die herausragende Bedeutung des **südöstlichen Russlands** und angrenzen-

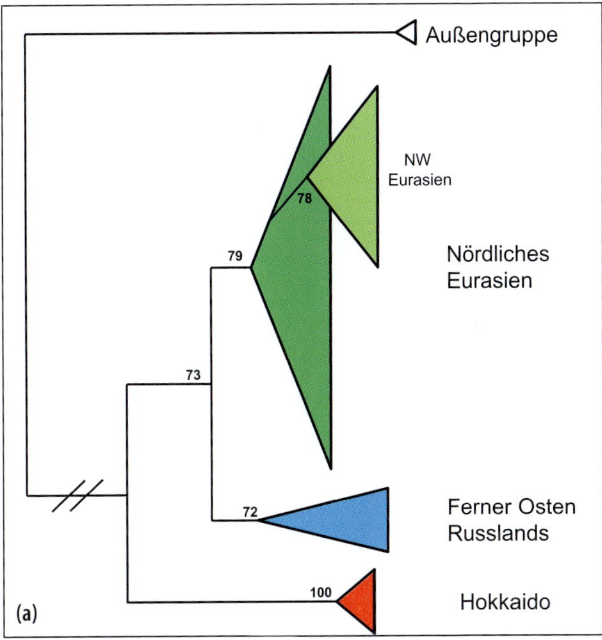

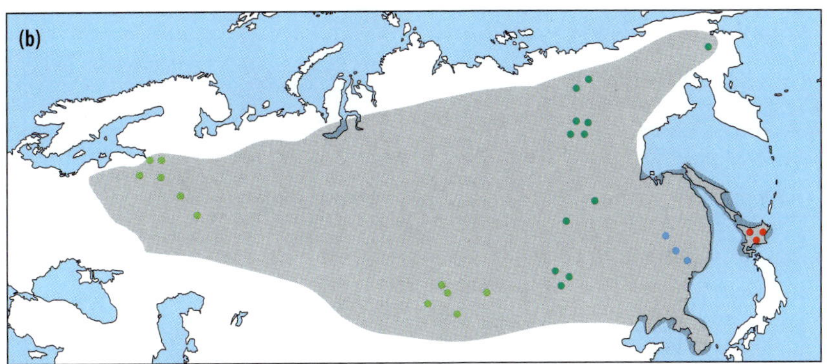

Abb. 6.3 Phylogeographie des Gleithörnchens *(Pteromys volans)*. (a) *Neighbor-joining*-Phänogramm, basierend auf Sequenzanalysen des mitochondrialen Gens Cyt-b (1140 bp). In der weit verbreiteten Linie des nördlichen Eurasiens (dunkelgrün) ist das Vorkommen der nordwest-eurasischen Unterlinie hellgrün gekennzeichnet. (b) Geographische Verbreitung der drei genetischen Linien im Areal des Gleithörnchens (grau unterlegt). Eine Auswahl der Sammelstellen ist durch farbige Punkte gekennzeichnet. Abbildung nach Oshida et al. (2005).

der Gebiete für die Überdauerung von pleistozänen Kaltzeiten wird auch durch teilweise **markante Differenzierungen** in diesem Raum unterstrichen, die einem weitgehenden Fehlen von Differenzierung über weite Bereiche Eurasien gegenüberstehen. Ein sehr eindrückliches Beispiel liefert der **Buntspecht *(Dendrocopos major)*** (Zink et al. 2002b). Sequenzierung von drei mitochondrialen Genen (1365 bp) über weite Bereiche seines Verbreitungsgebietes (Abb. 6.2) ergaben zwei deutlich voneinander differenzierte Gruppen, die einen durchschnittlichen Sequenzunterschied von 3 % zueinander aufweisen. Eine Gruppe wurde nur im Primorie* (Ferner Osten Russlands von Wladiwostok bis zum Amur), auf Hokkaido und Sachalin nachgewiesen. Die zweite Gruppe schließt sich nördlich an den Amur an und erstreckt sich über das gesamte restliche Russland und bis in den Kaukasus im Südwesten und nach Finnland im Nordwesten.

In beiden genetischen Linien gibt es keine weiteren Anzeichen einer Subdifferenzierung. In beiden Fällen sprechen jedoch die unimodalen *mismatch distributions* für **rezente Arealexpansionen**, was vor allem für die weit verbreitete Linie

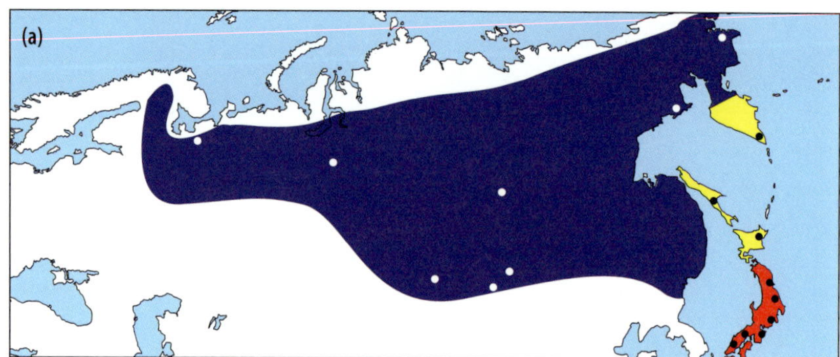

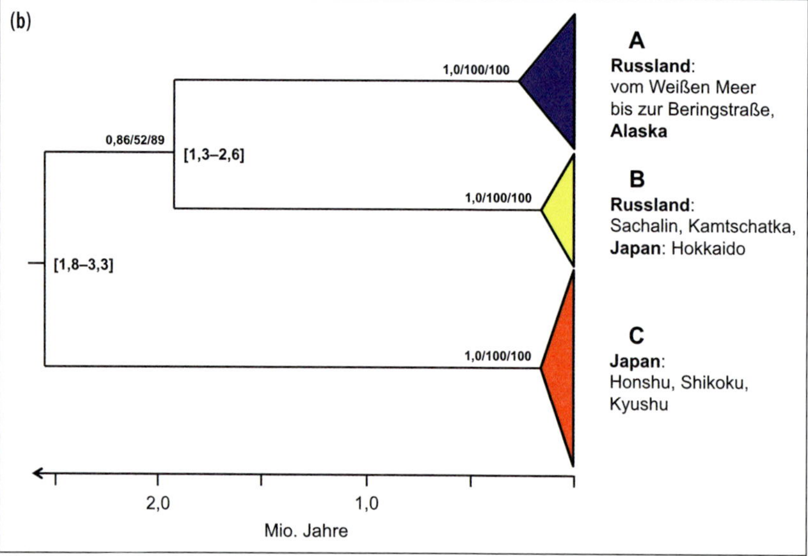

Abb. 6.4 Phylogeographie des Wanderlaubsängers *(Phylloscopus borealis)*, basierend auf Sequenzen des mitochondrialen Gens Cyt-b (1012 bp). (a) Verbreitungsgebiet und subspezifische Differenzierung, basierend auf äußeren morphologischen Merkmalen sowie die geographische Lage einer Auswahl der Sammelstellen. Blau: *P. b. borealis*; gelb: *P. b. examinandus*; rot: *P. b. xanthodryas*; in Westalaska tritt die Unterart *P. b. kennikotti* auf. (b) Zeitlich datierter Cyt-b-Baum, basierend auf Bayes'scher Inferenz mit dem Modell GTR + Γ. Die Werte in eckigen Klammern stellen das 95 %-Konfidenzintervall der errechneten Altersspanne des Knotens dar. Die Werte für die Unterstützung der einzelnen Knoten sind über diesen angegeben, der Reihe nach: *posterior probability*, *maximum likelihood bootstrap* (1000 Wiederholungen) und *parsimony bootstrap* (1000 Wiederholungen). Abbildung nach Saitoh et al. (2010).

besonders deutlich ist. Es muss somit angenommen werden, dass sich im östlichen Asien schon lange vor der letzten Kaltzeit, wahrscheinlich im frühen Pleistozän, zwei genetische Gruppen des Buntspechts zu differenzieren begannen, vermutlich in Allopatrie. Im letzten Glazial existierten wohl **zwei Refugien** dieser Art in relativer räumlicher Nähe zueinander: Ein südliches, etwa im heutigen Verbreitungsgebiet in Primorie, Hokkaido und Sachalin, und ein nördliches, das sich nördlich von diesem befunden haben muss. Da sich nur Letzteres an einer *leading edge* Position befand, als die Erwärmung im Postglazial eine schnelle Arealexpansion erlaubte, war es auch nur diese Linie, die sich über weite Bereiche Eurasiens bis nach Nordeuropa und in den Kaukasus ausbreitete. Vor allem die Ausbreitung in den Kaukasus ist bemerkenswert, da gerade dieser in zahlreichen Fällen als wichtiges glaziales Rückzugsgebiet nachgewiesen wurde.

Ein ähnliches phylogeographisches Muster wurde auch für den Sibirischen Winkelzahnmolch *(Salamandrella keyserlingii)* nachgewiesen. Für ein Fragment des mitochondrialen Gens Cyt-b (825 bp) wurde in Ostasien eine Differenzierung zwischen den genetischen Linien von 10,5 % nachgewiesen (Berman et al. 2005). Dies spricht für **multiple Glazialrefugien am Südostrand Sibiriens**, jedoch ist das Alter dieser Linien deutlich höher als beim Buntspecht und lässt sich vermutlich bis ins Pliozän hinein zurückverfolgen. Das ändert jedoch nichts am Überdauern in ähnlichen eiszeitlichen Refugien.

Auch das **Gleithörnchen** ***(Pteromys volans)*** zeigt eine vergleichbare genetische Struktur (Oshida et al. 2005). Für Sequenzanalysen des mitochondrialen Gens Cyt-b (1140 bp) wurde eine deutliche Differenzierung in Ostasien in drei genetische Linien festgestellt (Abb. 6.3). Die Populationen auf **Hokkaido** stellen die am stärksten differenzierte Gruppe dar, die sich folglich als erste von den anderen Populationen trennte. Über Kalibrierung mittels einer molekularen Uhr sollte diese Insel spätestens vor dem Einsetzen des letzten Glazial erreicht worden sein, wahrscheinlich aber früher. Da unter Kaltzeitbedingungen aufgrund der eustatischen Meeresspiegelabsenkungen Hokkaido landfest mit Sachalin verbunden war, welches eine Landbrücke zum asiatischen Festland aufwies (Ono 1990), ist eine Besiedlung Hokkaidos auf dieser Achse wahrscheinlich. Der hierfür günstigste Zeitpunkt ist der Übergang von einer Kalt- zu einer Warmzeit, wenn die Temperaturen schon deutlich höher sind, der Meeresspiegel wegen der noch großen in Form von Eis gebundenen Wassermassen jedoch noch nicht stark angestiegen ist.

Die Populationen der **Primorie-Region** unterscheiden sich deutlich von Populationen **nördlich des Amurs**. Von dort sind sie bis an die westliche Arealgrenze in der Nähe von St. Petersburg genetisch recht einheitlich. In der Primorie-Region wurde die höchste Haplotypdiversität aller drei Linien festgestellt. Die Abtrennung der weit verbreiteten Linie fand wahrscheinlich während des letzten Glazials statt. Es ist deshalb anzunehmen, dass ein würmglaziales Refugium im Süden des Fernen Osten Russlands mit günstigen Bedingungen für ein Überleben der Art durch die zahlreichen **Gebirgssysteme Ostsibiriens** von Rückzugsräumen der weit verbreiteten Linie im südöstlichen Sibirien getrennt war. Von dort fand, aus einer *leading-edge*-Position heraus, großräumige postglaziale Expansion statt. Innerhalb der weit verbreiteten Linie existiert eine Unterlinie, die vom **Sajan-Gebirge** bis zur westlichen Arealgrenze reicht. Möglicherweise befand sich der westlichste Vorposten des Gleithörnchens im letzten Glazial im Sajan, von wo vermutlich starke postglaziale Arealausdehnung nach Westen stattfand.

Wie für das Gleithörnchen, so wurden auch für den **Wanderlaubsänger** ***(Phylloscopus borealis)*** die ältesten Refugien in Japan nachgewiesen. In einer phylogeographischen Studie, in der das mitochondriale Gen Cyt-b (1012 bp) sequenziert wurde, sowie eine Anzahl weiterer mitochondrialer und chromosomaler Gene für einen Teil der Individuen, wurden drei Phylogruppen nachgewiesen. Deren Ursprung liegt, kalibriert über Eichung durch eine molekulare Uhr, im späten Pliozän oder im Übergang zwischen Plio- und Pleistozän (Saitoh et al. 2010). Der älteste Split trennt die Populationen der drei großen Südinseln Japans von allen anderen Populationen. Der zweite Split spaltet die Populationen Hokkaidos, Sachalins und Kamtschatkas ab. Die Wanderlaubsänger vom europäischen Russland bis nach Alaska sind genetisch weitgehend einheitlich (Abb. 6.4).

Anders als bei den bisherigen Beispielen, ist **Japan** für den Wanderlaubsänger mit Sicherheit ein **wichtiges Evolutionszentrum**. Die erste Aufspaltung, wohl verursacht durch die ersten klimatischen Oszillationen im Übergang vom Pliozän zum Pleistozän, muss Populationen im Süden Japans von solchen getrennt haben, die sich vermutlich in Nordjapan befanden oder auch weiter verbreitet waren. Der zweite Split sollte die Populationen von Hokkaido, Sachalin und Kamtschatka von solchen des Festlandes abgetrennt haben. Wenngleich bei diesem biogeographischen Szenario aufgrund des großen Zeithorizonts die räumlichen Zuordnungen vage bleiben müssen und einen spekulativen Charakter besitzen, so darf doch als gesichert gelten, dass Japan hierbei eine wichtige Rolle spielte.

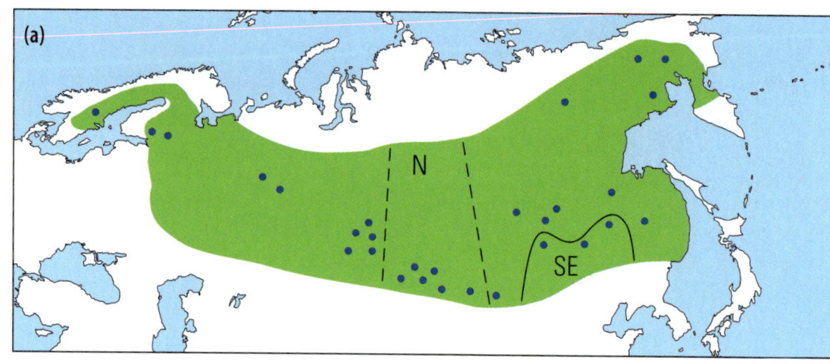

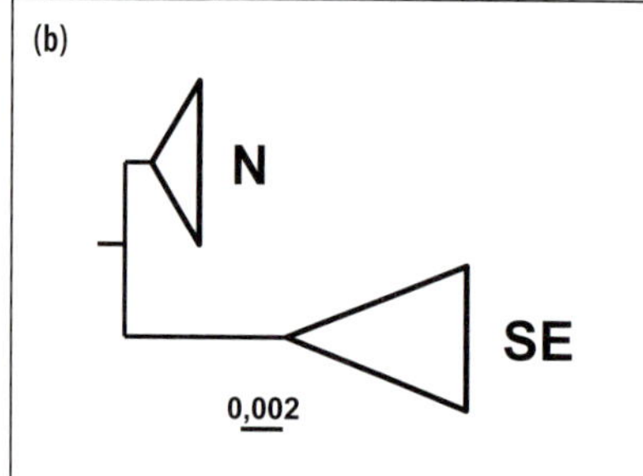

Abb. 6.5 Phylogeographie des Waldlemmings *(Myopus schisticolor)*, basierend auf dem mitochondrialen Cyt-b-Gen (886 bp). (a) Dargestellt ist die Verbreitung der Art mit einer Auswahl der Sammelstellen. Die durchgezogene Linie trennt die südöstliche (SE) von der nördlichen (N) Linie (vergleiche auch Grafik mit NJ-Baum in (b)). Die drei schwach differenzierten Untergruppen der Nordlinie (westliche, zentrale und östliche Untergruppe) sind durch unterbrochene Linien voneinander getrennt. Abbildung nach Fedorov et al. (2008).

Gehen wir ins späte Pleistozän, so werden die Aussagen zu den eiszeitlichen Refugien des Wanderlaubsängers sehr viel zuverlässiger. Eines muss sich im **südlichen Japan** befunden haben, ein weiteres im Bereich **Hokkaido/Sachalin**, die unter glazialen Bedingungen landfest verbunden waren, und ein drittes auf dem **ostasiatischen Festland**, wobei hier eine genauere geographische Festlegung nicht möglich ist. Obwohl alle drei Linien deutliche Anzeichen für rezente Populationsexpansionen zeigen (negative Werte für Tajima's D und Fu's F_S), so ist es nur die nördlichste der drei Linien, die sich von einem wahrscheinlich würmglazialen Rückzugsgebiet in Ostasien fast über den gesamten Nadelwaldgürtel Eurasiens und bis nach Alaska ausdehnte.

Für den **Waldlemming *(Myopus schisticolor)***, eine typische Taigaart, die über den gesamten eurasischen Nadelwaldgürtel verbreitet ist, wurde, ähnlich wie in anderen Fällen, stärkere **genetische Differenzierungen nur in Südost-Sibirien** nachgewiesen. Bei einer Analyse des mitochondrialen Genorts Cyt-b (886 Basenpaare) unterschieden sich drei Populationen Südost-Sibiriens durchschnittlich um 0,9 % von allen anderen Populationen aus dem Rest des Verbreitungsgebietes (Abb. 6.5; Fedorov et al. 2008). Kalibrierungen über eine molekulare Uhr lassen vermuten, dass diese Differenzierung ihren Ursprung in zwei **rissglazialen Refugien am Südostrand Sibiriens** besaß, die Art also diese Vereisungsphase ausschließlich in Ostasien überlebte. Analysen über *mismatch distributions* lassen jedoch vermuten, dass im **Eem-Interglazial** eine **starke Expansion** aus Ostasien über den gesamten, sich wohl auch in dieser Warmzeit ausbildenden Taigagürtel erfolgte.

Von besonderem Interesse an diesem Datensatz ist nun, dass die heute weit verbreitete nördliche Linie eine schwach ausgeprägte **Substruktur** aufweist, welche diese in eine **westliche, zentrale und östliche Untergruppe** geographisch aufteilt. Obwohl schwach ausgeprägt, könnte diese Differenzierung ihren Ursprung in drei unterschiedlichen **würmglazialen Refugien** haben, welche Fedorov et al. (2008) im **südlichen Ural**, in der **nördlichen Mongolei** und im **südöstlichen Sibirien** vermuten, hier in räumlicher Nähe zur südöstlichen Linie. Für diese Bereiche wurden schon früher Nadelwaldrefugien im Würmglazial postuliert. Dieses Muster mit zahlreicheren Refugien im Würm als im Riss könnte mit der klimatisch **weniger extremen Ausprägung des Würms gegenüber dem Riss** zusammenhängen. Die Bedingungen der letzten Eiszeit könnten folglich eine Überdauerung an

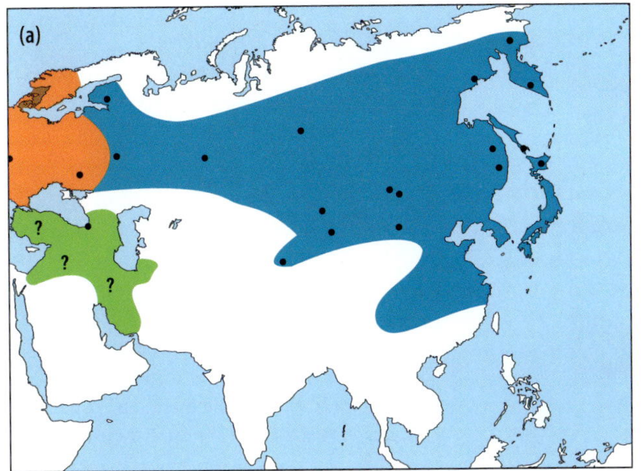

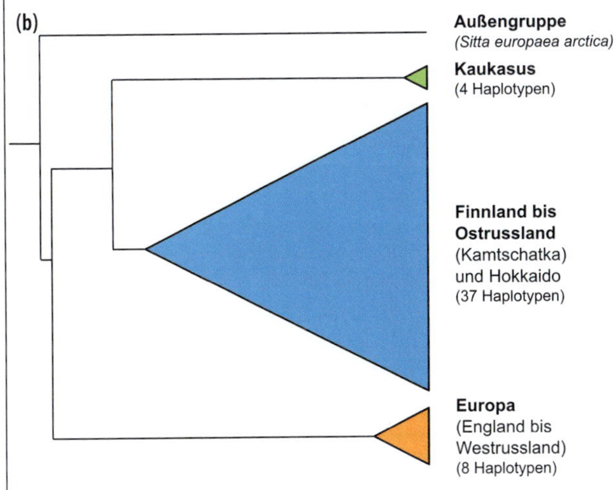

Abb. 6.6 Phylogeographie des Kleibers *(Sitta europaea)*, basierend auf Sequenzanalysen des mitochondrialen Gens ND2. (a) Verbreitung des Kleibers mit einer Auswahl der Sammelstellen; die ungefähre Verbreitung der europäischen Linie ist orange, die der Kaukasus-Linie grün und die weitverbreitete blau gekennzeichnet. Wie weit die Kaukasus-Linie in Westasien wirklich verbreitet ist, oder ob hier auch die europäische Linie auftritt und wie bedeutend diese Verbreitung dann ist, ist unbekannt. (b) Das *Neighbor-joining*-Diagramm unterscheidet klar drei Linien, eine diverse mit großer geographischer Ausdehnung und zwei mit geringer genetischer Diversität und Verbreitung. Die Außengruppe stellt das Taxon *Sitta europaea arctica* dar. Abbildung nach Zink et al. (2006).

zahlreicheren Stellen erlaubt haben als im vorangegangenen Glazial, eine Hypothese, die sich auf verschiedene Muster mediterraner und extramediterraner Refugien in Europa analog übertragen lässt.

In etlichen Fällen stehen den **ostasiatischen Linien** jedoch Linien in **Europa** gegenüber, wobei die Besiedlung großer Teile des asiatischen Kontinents jeweils zu unterschiedlichen Anteilen aus dem Westen und dem Osten erfolgte. Der **Kleiber *(Sitta europaea)*** ist ein Beispiel für eine weite geographische Ausdehnung der östlichen Linie vom Pazifik bis nach Finnland (Abb. 6.6a). Diese Linie weist eine große Differenzierung zwischen den Haplotypen auf. Die europäische Linie besitzt eine viel geringere Differenzierung zwischen den einzelnen Haplotypen als die ostasiatische; gleiches gilt für die Linie des Kaukasus (Abb. 6.6b). Generell wurde eine Abnahme der Nukleotiddiversität von Osten nach Westen nachgewiesen (Zink et al. 2006). Diese Daten sprechen eindeutig für eine ostasiatische Herkunft des Kleibers. Die europäische Linie und die Kaukasus-Linie dürften beide das Resultat genetischer Verarmung sein. Möglich wäre somit sogar eine komplette Besiedlung Eurasiens durch eine postglaziale Expansion aus Ostasien. Wahrscheinlicher scheint aber, dass die europäische und die

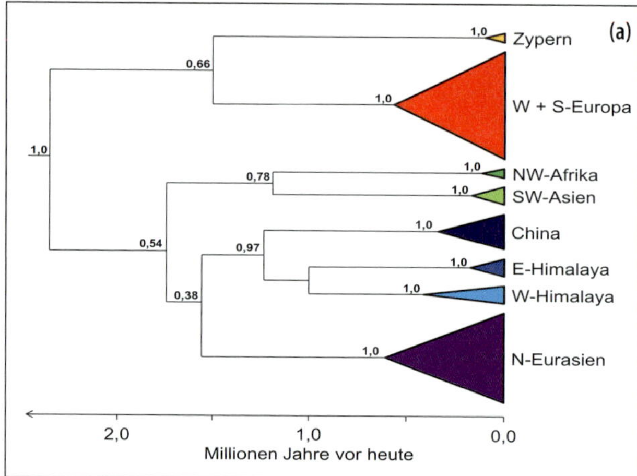

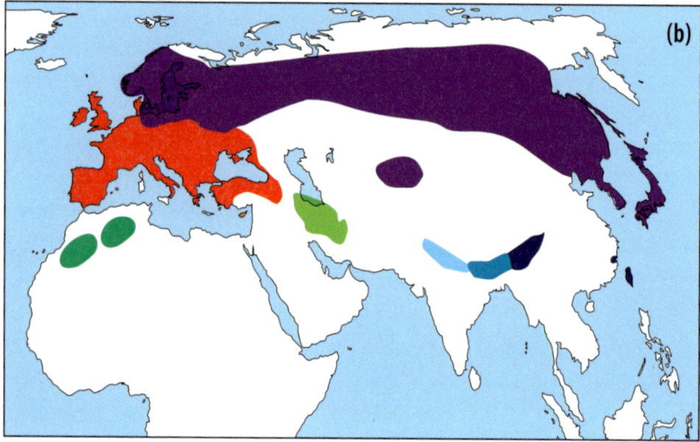

Abb. 6.7 Phylogeographie der Tannenmeise *(Parus ater)*. (a) Phylogenie, basierend auf Sequenzanalysen des mitochondrialen Cyt-b-Gens (633 bp); die Rekonstruktion wurde mit BEAST unter Annahme des GTR + Γ + I Modells durchgeführt; die Zahlen an den Knoten stellen *bootstrap*-Werte dar. (b) Geographische Verbreitung der acht genetischen Linien in Eurasien. Abbildung nach Tietze et al. (2011).

Kaukasus-Linie **Reste eines Eem-Interglazialen Vorstoßes aus Ostasien** darstellen, die in zwei westlichen würmeiszeitlichen Refugien überlebten. Während dieser Zeit erfolgte die moderate Differenzierung in unterschiedliche Haplotypen in diesen beiden Linien. Am Ende des Würmglazials waren diese beiden jedoch deutlich weniger expansiv als die ostasiatische Linie: Die europäische Linie ist bis Moskau bekannt, für die Kaukasus-Linie ist keine rezente Arealexpansion nachgewiesen, jedoch spricht die *mismatch distribution* für eine rezente demographische Expansion. Starke Ausbreitung fand somit nur aus der ostasiatischen Gruppe heraus statt. An dieser Stelle sei noch angemerkt, dass wenige Tiere der Unterart *S. europaea arctica* aus Nordost-Sibirien in diese Studie einflossen und sich als Schwestergruppe zu allen anderen untersuchten Individuen darstellten. Zink et al. (2006) vermuten, dass sich diese Linie eventuell aus dem beringischen Refugium (siehe Kap. 7.2) ableitet.

Die **Tannenmeise *(Parus ater)*** weist eine dem Kleiber in einigen Aspekten ähnelnde phylogeographische Struktur auf. Eine zeitliche Kalibrierung der acht Linien, die mittels Sequenzierung des mitochondrialen Cyt-b-Gens (633 bp) ermittelt wurden, ergab jedoch ein Alter von jeder dieser Linien von mindestens 1 Mio. Jahren (Abb. 6.7a; Tietze et al. 2011), also eine viel ältere Struktur als beim Kleiber. Auch für die Tannenmeise wurde eine weit verbreitete Linie über große Bereiche des nördlichen Eurasiens nachgewiesen; diese dringt im Westen bis Norddeutschland vor. Die rein europäische Linie ist auf den Süden und Westen des Kontinents beschränkt (Abb. 6.7b). Es ist also auch in diesem Beispiel eine **ostasiatische Linie**, die sich postglazial über weite Bereiche des nördlichen Eurasiens **ausbreitete**; die mediterrane Linie weist nur eine relativ geringe Arealausweitung auf. In **Zentralasien** findet sich ein Isolat der weit verbreiteten Linie, das eine moderate genetische Differenzierung von dieser aufweist und hier möglicherweise auch ein **glaziales Rückzugsgebiet** während der letzten Kaltzeit aufwies; ähnliches gilt für **Japan**. Weitere genetische Differenzierung der Tannenmeise zeigt sich in China und am Südrand des Himalayas (siehe unten).

Basierend auf Sequenzanalysen des mitochondrialen Gens ND2 zeigt die **Rohrammer *(Emberiza schoeniclus)*** eine dem oben vorgestellten Gleithörnchen recht ähnliche phylogeographische Struktur (Zink et al. 2008). Eine genetische Linie befindet sich geographisch recht kleinräumig in der **Primorie-Region**, wohl in geographischer Nähe zu ihrem glazialen Rückzugsgebiet, eine andere ist über weite Bereiche des Gebietes der GUS-Staaten verbreitet und besaß vermutlich ein würmglaziales Refugium in **Südsibirien**. Aus diesem heraus fand postglazial eine weite Ausdehnung über große Bereiche der GUS-Staaten statt und blockierte hierbei eine Expansion aus dem Primorie-Refugium heraus.

Jedoch muss es eine Ausbreitung aus diesem Bereich gegeben haben, denn die heute isolierten Populationen in **Kamtschatka** weisen eine große genetische Ähnlichkeit mit diesen auf. Diese genetische Ähnlichkeit macht eine rezente Besiedlung wahrscheinlich, schließt aber auch eine Überdauerung des letzten Glazials im Süden Kamtschatkas nicht aus. Dies könnte ein erster genetischer Hinweis für das schon von de Lattin (1967) auf dieser Halbinsel postulierten **Arborealrefugiums** sein. Auch die Phylogeographie der in Marderartigen parasitisch lebenden Fadenwurmart *Soboliphyme baturini* spricht für ein Differenzierungszentrum und Refugium auf Kamtschatka (Koehler et al. 2009; siehe Kapitel 7.2.3, Abb. 7.15) und unterstützt somit die Annahmen de Lattins (1967).

Im Unterschied zum Gleithörnchen wurden jedoch auch westliche genetische Linien nachgewiesen, die zusätzlich für Differenzierungszentren in Südeuropa und im Kaukasusbereich sprechen. Ähnliche phylogeographische Muster wie für die Rohrammer wurden für den Karmingimpel *(Carpodacus erythrinus)* und die Bachstelze *(Motacilla alba)* publiziert (Pavlova et al. 2005a, 2005b).

Auch **wiederholte Besiedlungswellen** aus dem sibirischen Bereich nach Europa sind bekannt. Ein Beispiel ist der **Auerhahn** ***(Tetrao urogallus)*** (Duriez et al. 2007, Bajc et al. 2011). Die Populationen der Pyrenäen und des Kantabrischen Gebirges, aber auch der Gebirge der Balkanhalbinsel, stellen Reste alter Besiedlungsvorstöße dar, denen in den anderen Bereichen Europas deutlich jüngere Besiedlungswellen aus dem sibirischen Raum gegenüberstehen.

Die Besiedlungen großer Bereiche Sibiriens aus eiszeitlichen Rückzugsgebieten in der westlichen und östlichen Paläarktis führten jedoch nicht zu identischen Verbreitungsmustern der Linien. So kommen beim Zwergschnäpper *(Ficedula parva)* zwei Linien in Mittelsibirien in sekundären Kontakt (Abb. 6.8a; Zink et al. 2008). Die Feldlerchen *(Alauda arvensis)*, deren beide ND2-Linien eine Divergenz von 6,2 % aufweisen, treffen weiter östlich aufeinander, nämlich westlich des Baikalsees (Abb. 6.8b; Zink et al. 2008). Die Nordische Wühlmaus *(Microtus oeconomus)* besitzt eine Kontaktzone zwischen westlichen und östlichen Linien im Ural (Abb. 6.9; Brunhoff et al. 2003).

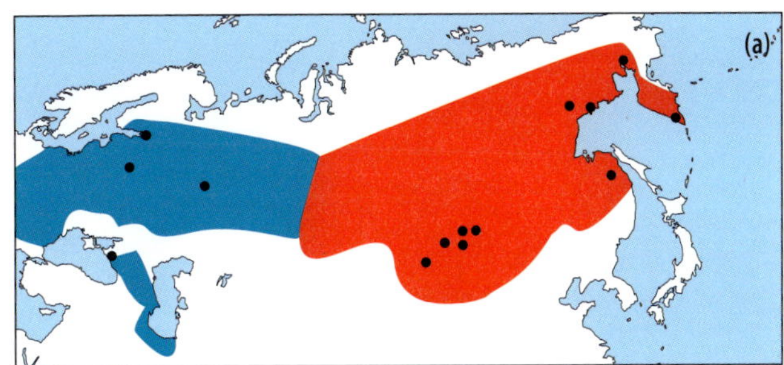

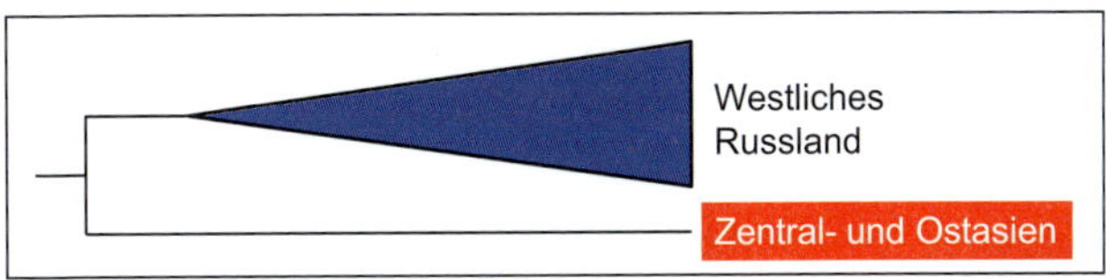

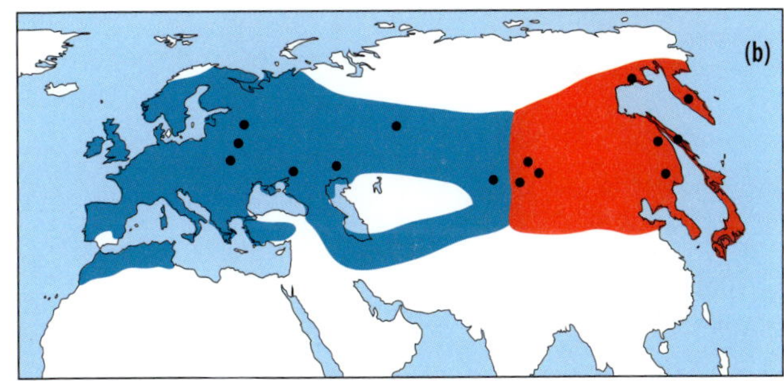

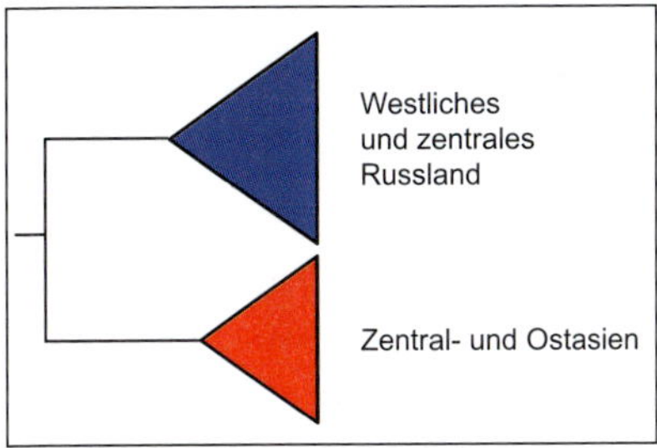

Abb. 6.8 Phylogeographie zweier eurasisch verbreiteter Vogelarten, basierend auf Sequenzanalysen des mitochondrialen Gens ND2. Das Verbreitungsgebiet der Arten mit einer Auswahl der Sammelstellen ist farbig entsprechend der auftretenden Linie unterlegt; ein vereinfachtes Haplotypendiagramm ist jeweils unter der Verbreitungskarte abgebildet. (a) Zwergschnäpper *(Ficedula parva)*; (b) Feldlerche *(Alauda arvensis)*. Abbildung nach Zink et al. (2008).

Eine **ausschließliche Besiedlung aus Europa nach Asien**, also die Umkehr der Postulate de Lattins (1964) zu «sibi-

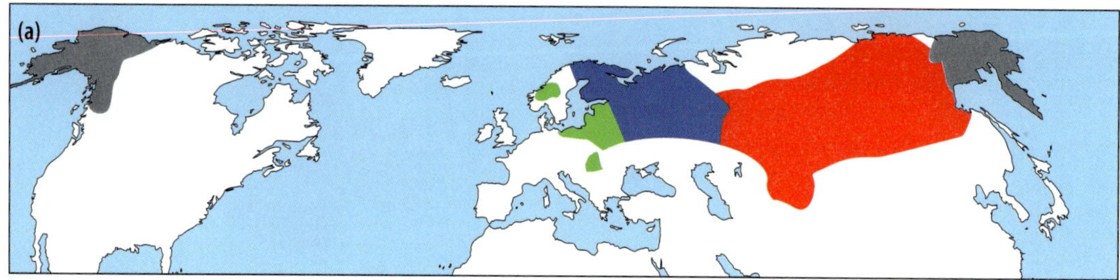

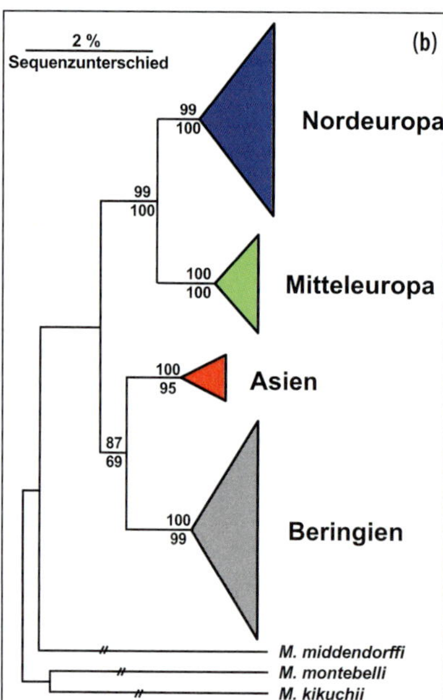

Abb. 6.9 Phylogeographie der Nordischen Wühlmaus *(Microtus oeconomus)*. (a) Geographische Verbreitung der vier genetischen Linien. (b) *Neighbor-joining*-Baum, basierend auf dem mitochondrialen Cyt-b-Gen (1140 bp). Über den Ästen sind *bootstrap*-Werte angegeben, darunter *bootstrap*-Werte einer *parsimony*-Analyse; *M. middendorfi, M. montebelli* und *M. kikuchii* als Außengruppen. Abbildung nach Brunhoff et al. (2003).

rischen» Faunenelementen, ist in der Tat **selten**. Nachgewiesen wurde dies für die **Kreuzotter *(Vipera berus)*** (vgl. Kap. 5.2; Ursenbacher et al. 2006b). Auch für die Kohlmeise *(Parus major)* deutet sich diese Besiedlungsrichtung an (Pavlova et al. 2006). So weist die Struktur der Haplotypen des mitochondrialen ND2-Gens (1039 bp) dieses Singvogels ein typisches Sternmuster auf, was auf eine rezente Arealexpansion hindeutet. Die leichte Abnahme genetischer Diversität lässt eine postglaziale Ausbreitung von Europa bis zum Pazifik als möglich erscheinen.

Recht komplex ist auch das phylogeographische Muster der beiden **Stelzenarten** *Motacilla flava* und *M. citreola* (Abb. 6.10; Pavlova et al. 2003). Sequenzierung der beiden mitochondrialen Gene ND3 und Cyt-b (1832 bp) ergab fünf genetische Hauptgruppen. Hierbei erwies sich keine der beiden Arten als monophyletisch; der Vergleich mit drei weiteren nah verwandten Arten lässt vermuten, dass es sich bei *M. flava* und *M. citreola* um fünf Arten handelt. Je zwei von diesen besaßen vermutlich glaziale Refugien in Europa und in Ostasien. Die fünfte Gruppe ist im nördlichen Eurasien und in Alaska verbreitet, was auf ein mögliches glaziales Refugium im beringischen Bereich hinweist (siehe Kap. 7.2). Die *mismatch distributions* unterstützen Arealexpansionen in allen fünf Gruppen, sie deuten jedoch auf einen rezenteren Ursprung in der nördlichen Gruppe als in den vier südlichen Gruppen hin, was auch durch ein negatives Fu's F_S bestätigt wird.

In einigen Fällen wurden nur geringfügige Differenzierungen über Eurasien festgestellt, die phylogeographischen Muster erlauben jedoch keinen klaren Rückschluss auf Differenzierungszentren. Ein Beispiel hierfür ist die Weidenmeise *(Parus montanus)*. Die Haplotypen des mitochondrialen Gens ND2 (1039 bp) zeigen ein ausgeprägtes Sternmuster und lassen somit auf eine rezente Arealexpansion schließen, der geographische Ursprung dieser Expansion blieb jedoch unklar (Pavlova et al. 2006).

Auch die beiden **Waldameisenarten** *Formica pratensis* und *F. lugubris* zeigen keine klaren Muster für die Rekonstruktion der eiszeitlichen Refugien (Goropashnaya et al. 2004). *F. pratensis* weist zwei mitochondriale Linien auf, die ihren letzten gemeinsamen Vorfahren laut molekularer Uhr vor etwa 350 000 Jahren besaßen. Es wird deshalb vermutet, dass

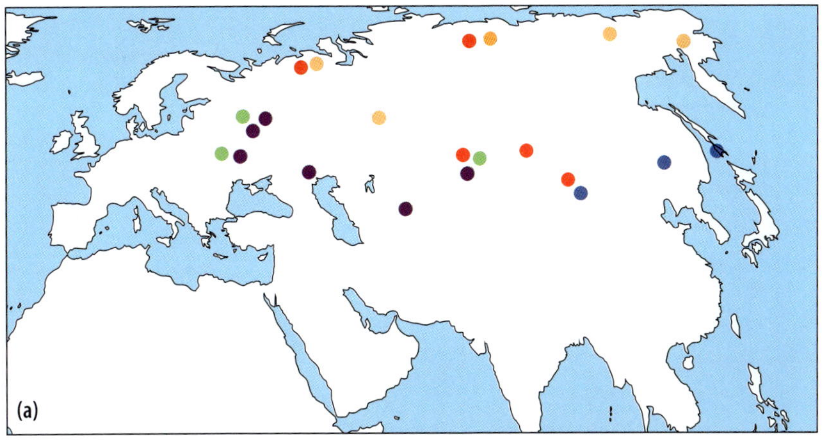

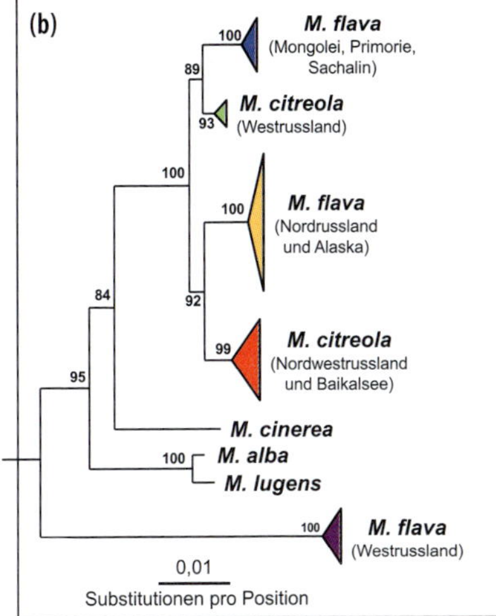

Abb. 6.10 Phylogeographie der Stelzenarten *Motacilla flava* und *Motacilla citreola,* basierend auf Seqenzierung der mitochondrialen Gene ND3 und Cyt-b (1832 bp). (a) Probenahmestellen für die fünf großen genetischen Linien. (b) *Maximum-likelihood*-Baum, der die Verwandtschaft zwischen den fünf Hauptgruppen darstellt. Drei nah verwandte Arten wurden als Außengruppen verwendet. Die Zahlen an den Ästen geben *bootstrap*-Werte an. Abbildung nach Pavlova et al. (2003).

diese Art zumindest die letzten beiden Glaziale sowohl in extramediterranen Refugien im Karpatenbecken als auch in ostasiatischen Waldrefugien überdauerte. Eine geographisch exaktere Lokalisierung letzterer ist jedoch nicht möglich. Für *F. lugubris* weisen nur die Pyrenäen leicht differenzierte Haplotypen auf; ansonsten wurde durch ganz Eurasien keine deutliche Differenzierung nachgewiesen. Goropashnaya et al. (2004) vermuten auf Basis dieser Daten, dass es für diese Art nur ein einziges Rückzugsgebiet im Rissglazial gab, aber verschiedene im Würm, ohne dass es möglich wäre, diese genauer geographisch zu lokalisieren.

6.2 Biogeographische Verbindungen zwischen Ostasien und Nordamerika

Eustatische Meeresspiegelabsenkungen während der pleistozänen Kältephasen führten wiederholt zu einem Trockenfallen des Tschuktschenplateaus und von bedeutenden Teilen der südlich angrenzenden Beringsee und somit zu einer **landfesten** Verbindung zwischen Nordost-Sibirien und Alaska im Bereich um die **Beringstraße** (Müller 1980). Hierdurch war wiederholt der Austausch zwischen Nordost-Asien und dem Nordwesten Nordamerikas für flugunfähige, rein terrestrische Arten möglich, sofern diese über eine ausreichende Kältetoleranz verfügten. Landfeste Verbindungen zwischen Europa und Nordamerika, die letztmals als Landbrücke über Grönland existierten, wurden sehr viel früher, vor etwa 50 Mio. Jahren, durch das Auseinanderdriften der beiden Kontinente unterbrochen.

Die **Beringische Landbrücke** wurde wiederholt von unterschiedlichsten Arten in **beiden Richtungen** genutzt. Der wohl berühmteste Besiedler, der Nordamerika auf dieser Route im frühen Postglazial erreichte, ist der Mensch selbst. Gleiches gilt jedoch auch für den **Elch** ***(Alces alces)*** (Hundertmark et al. 2002). Für diese Art wurde die mitochondriale Kontrollregion über weite Bereiche seines Verbreitungsgebietes von Nordeuropa über Asien bis

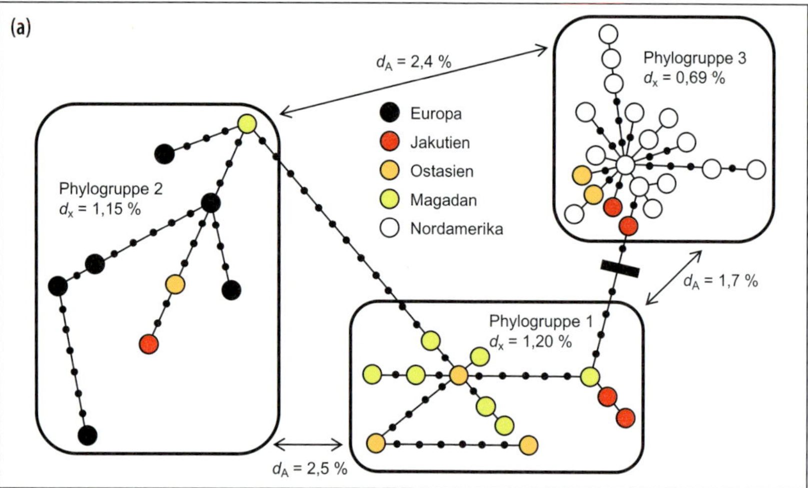

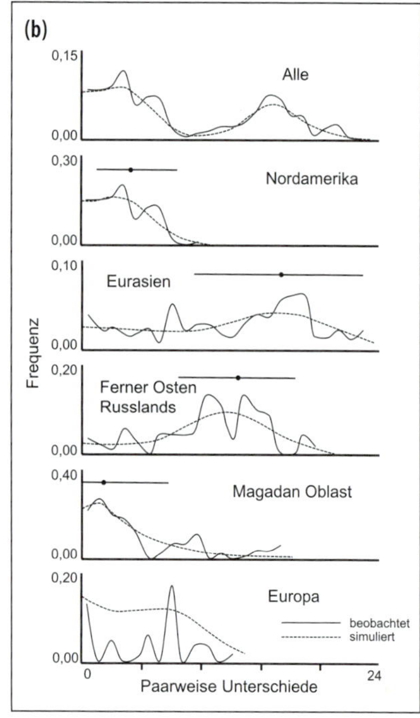

Abb. 6.11 Phylogeographie des Elchs *(Alces alces)*. (a) Haplotypennetzwerk basierend auf der mitochondrialen Kontrollregion; die Haplotypen aus den unterschiedlichen geographischen Regionen sind durch unterschiedliche Farben dargestellt; der schwarze Balken steht für eine Deletion von 75 bp. (b) *Mismatch distributions* für alle Haplotypen des Netzwerkes und solche, die für eine bestimmte Region nachgewiesen wurden. Abbildung nach Hundertmark et al. (2002).

nach Nordamerika untersucht. Hierbei wurden drei Haplotypengruppen unterschieden, die Sequenzunterschiede von 1,7–2,5 % zwischeneinander aufweisen. Alle drei Gruppen wurden in Ostasien nachgewiesen, jedoch nur jeweils eine in Europa und eine in Nordamerika (Abb. 6.11a). Die *mismatch distributions* stellen für alle Regionen eingipflige Kurven dar (Abb. 6.11b). Der Gipfel für die Proben aus dem Fernen Osten Russlands ist jedoch deutlich nach rechts verschoben. Das deutet auf eine lange und stabile Persistenz in diesem Raum hin, was durch die Existenz von Haplotypen aus allen drei Kladen unterstützt wird. Europa und Nordamerika besitzen deutlich linksgipflige Verteilungen. Beide Regionen müssen somit eine rezente Populationsexpansion durchlaufen haben. Die genetischen Muster Europas weisen auf eine Besiedlung aus einem **ostasiatischen Zentrum** im letzten Glazial hin. Für Nordamerika sprechen die genetischen Befunde für eine Besiedlung im frühen Postglazial über die damals noch nicht vom Meer überflutete Beringstraße. In diesem Fall stellen somit ostasiatische Ausbreitungszentren den Ursprung für die rezente Besiedlung großer Teile der Holarktis dar.

Auch für weitere Taxa wurde eine rezente (in vielen Fällen wohl sogar postglaziale) Besiedlung aus einem **ostasiatischen Ausbreitungszentrum nach Nordamerika** nachgewiesen. Beispiele sind die nordöstliche Phylogruppe der Schafstelze (Pavlova et al. 2003), die Uferschwalbe (Pavlova et al. 2008) und die Nordische Wühlmaus (Brunhoff et al. 2003).

Oftmals liegt jedoch das **Ausbreitungszentrum in Nordamerika**. Dies trifft für den **Zaunkönig *(Troglodytes troglodytes)*** zu (Droveski et al. 2004). Für diese Art wurden das mitochondriale Gen ND2 (1041 bp) über weite Bereiche des Verbreitungsgebiets in Eurasien und Nordamerika sequenziert (Abb. 6.12). Der älteste Split trennt Populationen im Westen Nordamerikas von allen anderen und besitzt ein geschätztes Alter von 1,6 Mio. Jahren. Der Ursprung der Differenzierung zwischen der Linie der östlichen Nearktis und in Eurasien liegt etwa 1 Mio. Jahre zurück. Es ist somit wahrscheinlich, dass die Vorfahren aller eurasischen Zaunkönige im **mittleren Pleistozän** Eurasien auf der **Route über die Beringstraße** erreichten. In Eurasien differenzierten sie sich später, etwa vor 830 000 Jahren, wohl bedingt durch die Einflüsse der pleistozänen Klimaschwankungen, in eine asiatische und eine europäische Gruppe. Von der weit verbreiteten asiatischen Linie spaltete sich vor etwa 670 000 Jahren eine Himalaya-Linie ab, von der europäischen vor etwa 540 000 Jahren eine kaukasische.

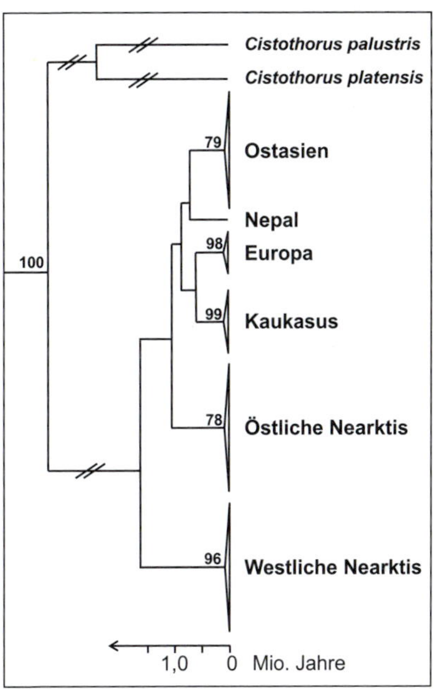

Abb. 6.12 *Maximum-likelihood*-Baum, basierend auf dem mitochondrialen ND2-Gen (1041 bp) des Zaunkönigs *(Troglodytes troglodytes)*. Die Werte über den Knoten stellen ML-*bootstrap*-Werte dar. Abbildung nach Droveski et al. (2004).

Auch phylogeographische Untersuchungen am Hakengimpel *(Pinicola enucleator)* sprechen für seine nordamerikanische Herkunft (Droveski et al. (2010). Die Sequenzierung des mitochondrialen Gens ND2 ergab zwei deutlich differenzierte, jeweils monophyletische Linien in Eurasien und Nordamerika, wodurch keine Kolonisierungsrichtung ableitbar ist. Dies ist für das neunte Intron, des sich auf dem Geschlechtschromosoms befindlichen ACO1-Gens, deutlich anders. Hier stellt die eurasische Gruppe ein Monophylum in einem ohne diese Gruppe deutlich größeren Paraphylum der nordamerikanischen Vorkommen dar.

Der Ursprung der Libellengattung *Nehalennia* dürfte ebenfalls in Nordamerika liegen. Einer einzigen Art fast ohne intraspezifische Differenzierung in Eurasien (Bernard et al. 2011) stehen mehrere Arten in Nordamerika gegenüber, die teilweise markante phylogeographische Strukturen aufweisen (Iserbyt et al. 2010). Dies spricht für eine **rezente Speziation**, wahrscheinlich in Ostasien, nachdem diese Region von Nordamerika ausgehend besiedelt wurde.

Die phylogeographische Struktur des **Rotfuchses *(Vulpes vulpes)*** weist eine rein **nordamerikanische** und eine **holark-**

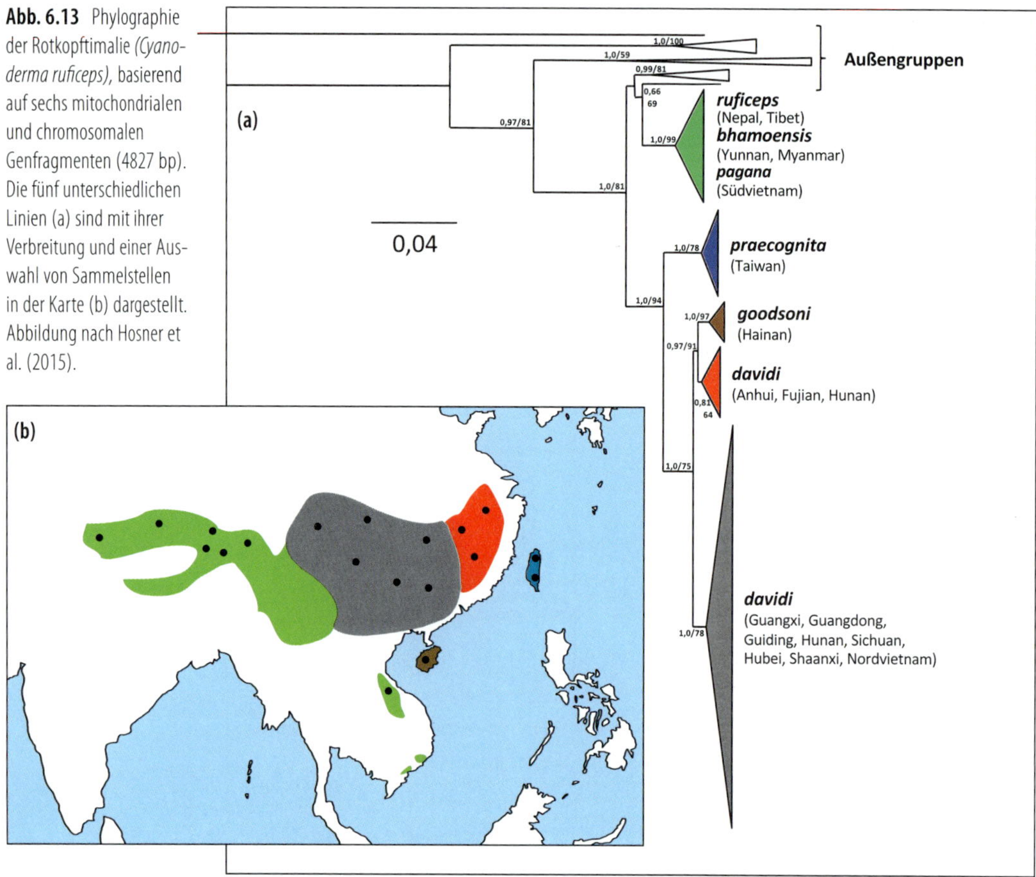

Abb. 6.13 Phylographie der Rotkopftimalie *(Cyanoderma ruficeps)*, basierend auf sechs mitochondrialen und chromosomalen Genfragmenten (4827 bp). Die fünf unterschiedlichen Linien (a) sind mit ihrer Verbreitung und einer Auswahl von Sammelstellen in der Karte (b) dargestellt. Abbildung nach Hosner et al. (2015).

tisch verbreitete Klade auf (Details zur Differenzierung in Nordamerika siehe Kap. 7.2 und Abb. 7.11). Die holarktische Gruppe besitzt zwei Untergruppen, eine paläarktische und eine nordwest-nearktische, deren jeweils häufigste Haplotypen sich nur durch einen einzigen Mutationsschritt unterscheiden. Beide Untergruppen besitzen eine sternförmige Struktur, die auf eine rezente Arealexpansion hinweist. Jedoch sind die durchschnittlichen Abstände zwischen den Haplotypen der nordamerikanischen Gruppe größer als in der eurasischen Gruppe, was für ein jüngeres Alter der eurasischen Gruppe spricht (Aubry et al. 2009). Insgesamt unterstützen diese genetischen Muster einen nordamerikanischen Ursprung des Rotfuchses.

6.3 Phylogeographie Ostasiens

6.3.1 Ost- und Südchina

Die phylogeographische Untersuchung Chinas wurde intensiver erst im vergangenen Jahrzehnt begonnen. Deshalb existiert für diesen Bereich noch bei Weitem keine so gute Datengrundlage wie für Europa. Die vergleichende Analyse der aktuell schnell steigenden Zahl von Fallstudien erlaubt jedoch die Ausarbeitung von typischen biogeographischen Mustern. Diese zeigen für den **Süden und Osten Chinas** oftmals **analoge Strukturen zu den mediterranen Elementen** des Mittelmeerraumes. Der paradigmatische Charakter, also die fast identische Wiederholung geographischer Muster, ist jedoch in China nicht so stark ausgeprägt wie für den Mittelmeerraum.

Hierfür sprechen drei Gründe: Der **Süden Chinas** ist anders als der Mittelmeerraum geographisch **nicht in komplexe Halbinseln aufgespalten**, sondern lediglich durch Gebirgszüge strukturiert. Die **glazialen Temperaturabsenkungen** waren in Ostasien **deutlich geringer** als in Europa, sodass der Rückzug in Refugien sehr viel schwächer ausgeprägt war. Der **fließende Übergang von Südchina nach Südostasien** verwischt zusätzlich die refugialen Strukturen. Trotzdem lassen sich häufig Differenzierungen in verschiedene Linien für unterschiedliche Arten nachweisen.

Eine sehr einfache Struktur zeigten Li et al. (2015) für das parapatrisch verbreitete Fledermausartenpaar *Miniopterus fuliginosus* und *M. magnater*. Für drei mitochondriale Gene lassen sich die beiden Arten eindeutig trennen, jedoch ergeben sich keine phylogeographischen Strukturen innerhalb der Arten. *M. magnater* wurde nur im südlichsten China und im angrenzenden Vietnam nachgewiesen; *M. fuliginosus* ist nördlich daran anschließend weit über China verbreitet. Jede der beiden Arten hat zumindest das letzte Glazial wahrscheinlich in einem Rückzugsgebiet im südlichen China überdauert. Vermutlich lag das Refugium von *M. fuliginosus* nördlicher als jenes von *M. magnater*, sodass erstere aus einer *leading-edge*-Position postglazial weite Bereiche Chinas besiedelte, letztere durch ihre *rear-edge*-Lage hingegen an einer Expansion gehindert wurde.

Ebenfalls **zwei genetische Linien in Südchina** wiesen Shi et al. (2014) für die Scheinkastanienart *Castanopsis eyrei* mittels Sequenzierung von Chloroplasten-DNA und Analysen von Mikrosatelliten nach. Allerdings befanden sich für diese Art die würmglazialen Refugien wohl nebeneinander auf etwa gleicher geographischer Breite im Bereich der südchinesischen Küste; dies wurde auch durch Nischenmodelle unterstützt. Somit befanden sich beide Linien in *leading edge* Positionen, sodass eine postglaziale Arealexpansion aus beiden Refugien in nördlicher Richtung stattfand. Ein fast identisches Muster, jedoch mit zwei Ausbreitungskorridoren aus dem westlichen Arealkern, erhielten Tian et al. (2015a), basierend auf Sequenzen von vier Fragmenten der Chloroplasten-DNA, für das Fingerfruchtgewächs *Sargentodoxa cuneata*.

Die **Rotkopftimalie *(Cyanoderma ruficeps)***, ein Singvogel des südlichen Chinas und angrenzender Bereiche, besitzt **fünf genetische Linien**, basierend auf Sequenzanalysen von sechs mitochondrialen und chromosomalen Genfragmenten (4827 bp) (Abb. 6.13; Hosner et al. 2015). Diese Linien stimmen geographisch etwa mit morphologisch beschriebenen Unterarten überein. Je eine dieser Linien ist endemisch für die Inseln **Hainan** und **Taiwan**. Die anderen drei reihen sich vom Himalayarand bis an die chinesische Südostküste aneinander.

Obwohl diese genetischen Linien vermutlich einen deutlich älteren Ursprung als das letzte Glazial aufweisen, so lassen sie dennoch **drei glaziale Arealkerne** in Südchina vermuten. Da die beiden Inseln Hainan und Taiwan unter glazialen Bedingungen durch eustatische Meeresspiegelabsenkung landfest mit dem Festland verbunden waren, dürften die beiden hier endemischen Linien Relikte einer früheren Besiedlung sein. Diese Linien stellen beim Übergang zu einer Warmzeit *rear-edge*-Populationen dar und breiten sich nicht aus, werden aber unter glazialen Bedingungen nicht durch vom Festland über den trockengefallenen Schelf vordringende Linien verdrängt. Die genetische Zugehörigkeit der geographisch isolierten Vorkommen in Südvietnam zur westlichsten Linie (und nicht zur mittleren, auch in Nordvietnam auftretenden Linie) spricht für eine deutlich weiter nach Süden reichende kaltzeitliche Verbreitung der Westlinie mit eventuell erst postglazialer Disjunktion. Phylogeographische Untersuchungen an verschiedenen Schirlingstannenarten der Gattung *Tsuga* sprechen auch für mindestens drei unterschiedliche Differenzierungszentren und glaziale Refugien in Südchina, eventuell auch mehr,

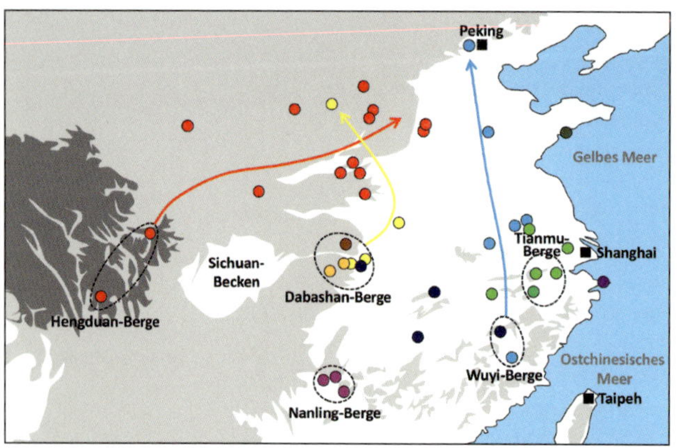

Abb. 6.14 Geographische Verbreitung der Haplotypen dreier nicht kodierender Plastidengene (psbA-trnH, trnL-trnF, trnD-trnT), Lokalisierung möglicher Glazialrefugien (durchbrochene Ellipsen) und vermutete postglaziale Arealexpansionen (Pfeile) des Götterbaums *(Ailanthus altissima)* in China. Abbildung nach Liao et al. (2014).

die deutliche Ähnlichkeiten mit den Arealkernen der Rotkopftimalie aufweisen.

Sequenzierungen von drei nicht kodierenden Plastidengenen des **Götterbaums** ***(Ailanthus altissima)*** ergaben insgesamt zwölf Haplotypen (Liao et al. 2014). Diese lassen sich zwar in drei Haplotypengruppen unterteilen, die jedoch alle weit über das gesamte Verbreitungsgebiet verteilt sind. Dies dürfte durch wiederholte Arealexpansion und -regression bedingt sein. Die geographische Verbreitung dieser Haplotypen lässt Liao und Koautoren jedoch vermuten, dass der Götterbaum glaziale Bedingungen, aber zumindest die letzte Eiszeit, in **fünf Refugien im südlichen China** überdauerte (Abb. 6.14). Von diesen waren jedoch nur drei für bedeutende postglaziale Arealausbreitungen nach Nordchina verantwortlich. Die **Henduang-** und die **Dabashan-Berge** stellen hierbei typische *leading-edge*-Positionen dar. Etwas anders ist die Situation der **Wuyi-Berge**. Diese befinden sich südwestlich eines weiteren Refugiums in den **Tianmu-Bergen**. Trotzdem breiteten sich die Individuen aus dem Wuyi-Refugium aus unbekannten Gründen schneller aus als jene aus den Tianmu-Bergen, die trotz ihrer *leading-edge*-Position keine bedeutende Arealexpansion aufweisen. Die Populationen in den **Nanling-Bergen** stellen eine typische *rear-edge*-Situation dar und zeigen deshalb keine postglaziale Expansion.

Diese Daten zeigen, dass der Süden Chinas oft eine vergleichsweise einfache und großflächige phylogeographische Struktur aufweist, die in ihrer Simplizität fast an diejenigen des südöstlichen Nordamerikas erinnert (Kap. 7.1). Von diesen einfachen Strukturen weichen die beiden südwestlichen Provinzen Yunnan (grenzt östlich an Myanmar) und Sichuan (nördlich von Yunnan gelegen und östlich an Tibet angrenzend) deutlich ab. **Yunnan** besitzt ein intensives Relief mit großen Schluchtensystemen. Für **Sichuan** ist eine große Beckenlandschaft prägend, die auf allen Seiten von Gebirgsketten umgeben ist, im Westen in den Himalaya übergeht und nach Osten durch den Jangtsekiang entwässert wird. Es ist also nicht überraschend, dass wir in dieser stark strukturierten Landschaft vergleichsweise kleinräumige und hochdiverse phylogeographische Muster finden.

Für den Roten Seidenwollbaum *(Bombax ceiba)* existiert ein markantes phylogeographisches Muster in Yunnan. Von den sieben Haplotypen, die durch Sequenzierung von drei cpDNA-Fragmenten (2177 bp) erhalten wurden, sind fünf auf die Südwesthälfte Yunnans beschränkt, aber nur einer auf die Nordosthälfte. Lediglich ein Haplotyp ist weit über die gesamte Provinz verteilt und somit auf beiden Seiten der **Tanaka-Linie** vertreten (Abb. 6.15; Tian et al. 2015b). Diese Linie verläuft etwa entlang des Roten Flusses, der im zentralen Yunnan entspringt und in Nordvietnam in der Nähe von Hanoi ins Südchinesische Meer

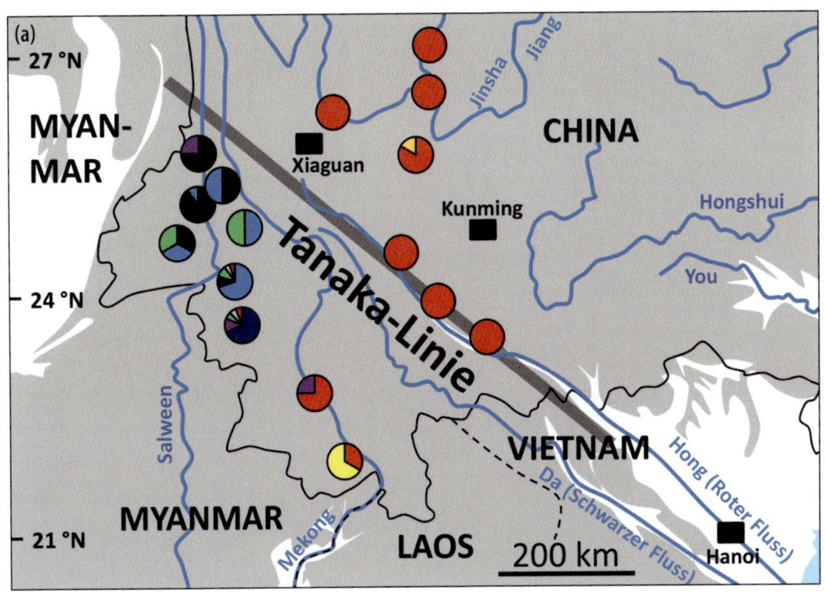

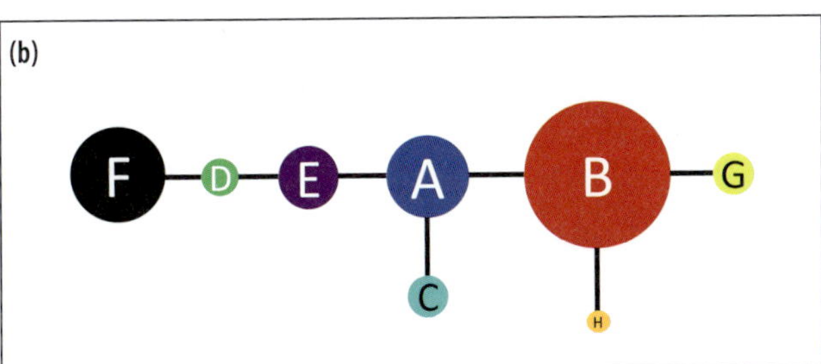

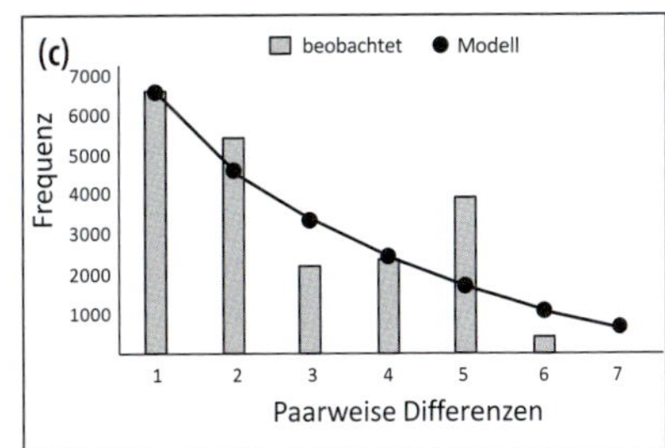

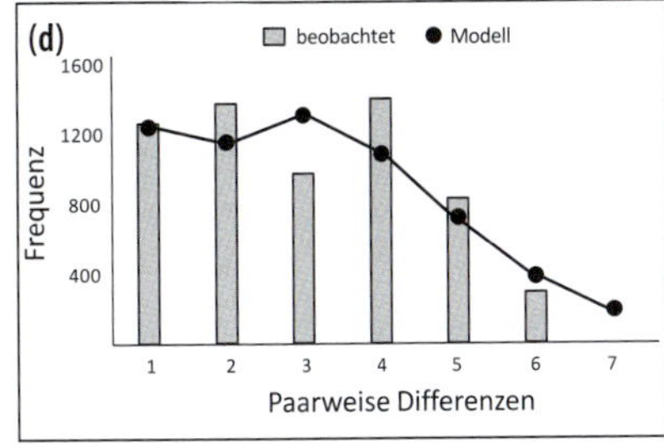

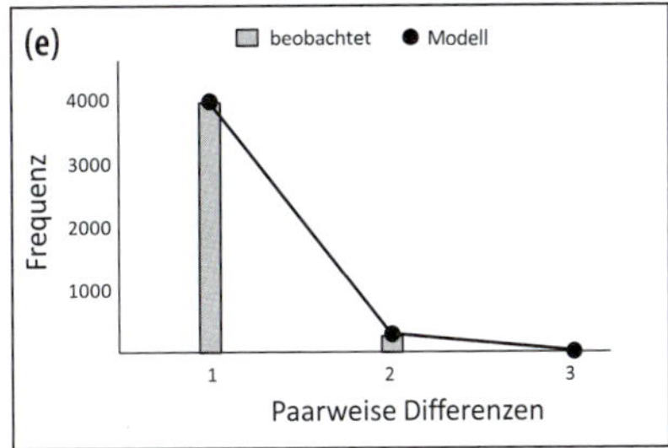

Abb. 6.15 Phylogeographie des Roten Seidenwollbaums *(Bombax ceiba)* in Südwestchina basierend auf cpDNA-Fragmenten (psbB-psbF, trnL-rpl32, psbI-psbK; 2177 bp). (a) Geographische Verteilung der Haplotypen, (b) Haplotypennetzwerk und *mismatch distributions* (c) des gesamten Datensatzes, (d) südwestlich der Tanaka-Linie und (e) nordöstlich davon. Abbildung nach Tian et al. (2015b).

mündet, und trennt das **Sino-Himalayische** floristische Unterreich vom **Sino-Japanischen** (Zhu & Yan 2002).

Auf Basis ihrer Ergebnisse vermuten Tian et al. (2015b), dass es eine lange Persistenz des Asiatischen Kapokbaums südwestlich der Tanaka-Linie gab, wofür auch die *mismatch distributions* für diese Region sprechen (Abb. 6.15d). Aufgrund der ausgeprägten regionalen Verteilung der unterschiedlichen Haplotypen ist es wahrscheinlich, dass es unter Kaltzeitbedingungen für diese eher tropische Baumart zahlreiche **Kleinrefugien** in **mikroklimatisch begünstigten Bereichen** gab. Ganz anders ist die phylogeographische Struktur nordöstlich der Tanaka-Linie. Hier findet sich, mit einer Ausnahme, nur ein einziger Haplotyp, was für eine rezente Arealexpansion spricht (Abb. 6.15e).

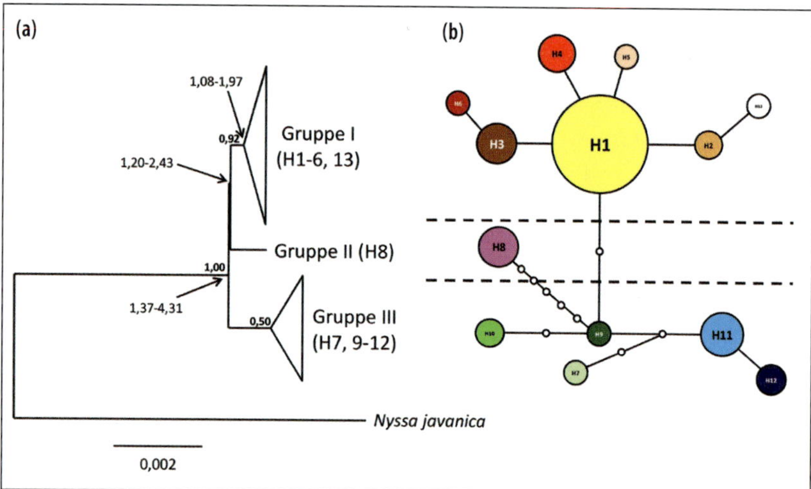

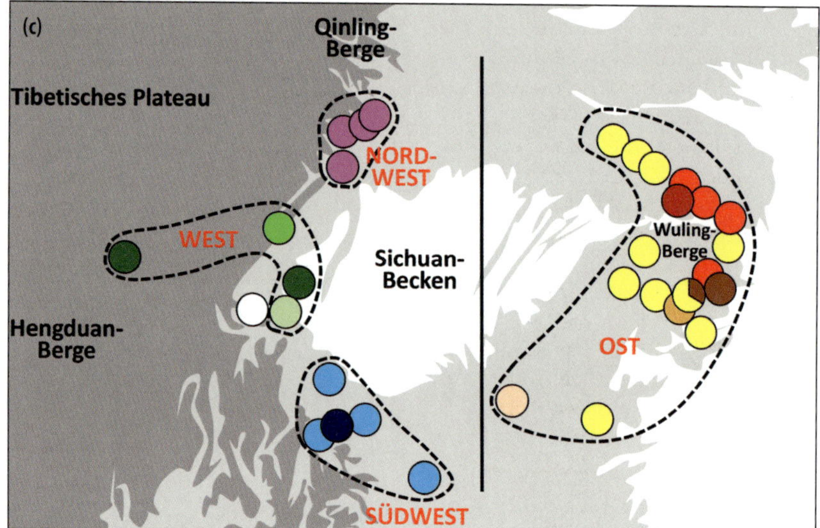

Abb. 6.16 Phylogeographie des Taschentuchbaums *(Davidia involucrata)* um das Sichuan-Becken in Südwestchina, basierend auf sechs nicht kodierenden cpDNA-Fragmenten. (a) Phylogenetischer Baum der 13 Chloroplasten-Haplotypen; *bootstrap*-Werte sind über den Knoten angegeben; die Altersspanne (in Mio. Jahren) der Aufspaltungen der Hauptlinien ist mit Pfeilen gekennzeichnet; (b) Haplotypennetzwerk; (c) geographische Verbreitung der 13 Haplotypen mit Markierung der vier regionalen Gruppen (dargestellt durch unterbrochene Linien). Abbildung nach Chen et al. (2015a).

Ob sich die postglaziale Besiedlung aus einem Kleinrefugium in diesem Bereich oder von südöstlich der Tanaka-Linie ableitet, ist unbekannt. Auch weitere Pflanzenarten wie die Fledermausblume *(Tacca chantrieri)* (Zhang et al. 2006a) und der strauchförmige Schmetterlingsblütler *Sophora davidii* (Fan et al. 2013) weisen phylogeographische Diskontinuitäten über die Tanaka-Linie hinweg auf. Diese ist somit auch auf der Ebene der Differenzierung innerhalb von Arten als wichtige biogeographische Grenzlinie bestätigt.

Der Rote Fluss stellt auch weiter im Süden in Nordvietnam eine wichtige biogeographische Grenze dar. Die Tanaka-Linie verläuft somit entlang seines Verlaufs bis zum Südchinesischen Meer. Dieses phylogeographische Muster zeigt sich deutlich für die oben schon erwähnte Fledermausblume *(Tacca chantrieri)*, eine Art der tropischen Wälder Südostasiens. Basierend auf Sequenzen von drei Fragmenten des Chloroplastengenoms wurden zwei genetische Linien auf beiden Seiten des Roten Flusses gefunden, die ihren letzten gemeinsamen Vorfahren vermutlich vor etwa 1,16 Mio. Jahren besaßen. Die Insel Hainan besitzt übrigens Haplotypen der östlichen genetischen Linie (Zhao & Zhang 2015).

Weiter nördlich in China sind markante phylogeographische Strukturen um das **Sichuan-Becken** bekannt. Deutlich ist ein solches Muster für den Taschentuchbaum *(Davidia involucrata)* zu beobachten, für den Chen et al. (2015a) sechs nicht kodierende cpDNA-Fragmente sequenzierten. Insgesamt wurden 13 unterschiedliche Haplotypen nachgewiesen, deren Ursprung mindestens bis ins mittlere Pleistozän, eventuell jedoch bis ins Miozän zurückreicht (Abb. 6.16a, b). Diese weisen eine markante phylogeographische Struktur auf (Abb. 6.16c). Die deutlichste Trennung existiert zwischen den Populationen am östlichen und am westlichen Rand des Beckens, ein biogeographisches Muster, das auch in anderen Arten wiederholt wird, beispielsweise in Englers Buche *(Fagus engleriana)* (Lei et al. 2012) und dem Waldkraut *Dysosma versipellis* (Qiu et al. 2009a, Guan et al. 2010).

Östlich des Beckens in den **Wuling-Bergen** treten ausschließlich Haplotypen der Gruppe I des Taschentuchbaums auf. Diese weisen keine weiteren phylogeographischen Strukturen auf, jedoch wurden drei Haplotypen nur an jeweils einer einzigen Stelle nachgewiesen. Dies spricht für eine lange Persistenz in dieser Region mit eventuell mehreren lokalen Subrefugien während Kaltzeiten. Diese Bergregion wird aufgrund ihrer hohen Diversität und Endemitenzahl als Langzeitrefugium für Pflanzen angesehen (Ying et al. 1993, Wang et al. 2009). Auch altertümliche Pflanzenarten wie *Ginkgo biloba*, *Thuja sutchuenensis* und *Metasequoia glyptostroboides* sind in dieser Region anzutreffen (Ying et al. 1993, Gong et al. 2008).

Westlich des Beckens treten Haplotypen der Gruppen II und III auf, jedoch mit Haplotyp 13 auch einer der ansonsten auf den Osten beschränkten Gruppe I. Dies spricht für einen gewissen genetischen Austausch zwischen beiden Seiten des Beckens, was für eine Ausweitung der Verbreitung unter Kaltzeitbedingungen in das Sichuan-Becken hinein mit sekundärer Vermischung spricht. Anders als in den Wuling-Bergen zeigen sich jedoch im Westen **deutliche phylogeographische Strukturierungen** in drei geographische Gruppen. Eine nordwestliche Gruppe in den **Qinling-Bergen** am östlichen Ende des tibetischen Hochplateaus besitzt nur den Haplotyp 8, den einzigen Vertreter der Gruppe II, die somit für diese Region endemisch ist. Dieser Haplotyp besitzt einen deutlich größeren Sequenzunterschied zu den anderen als diese untereinander. Das spricht für eine lange kontinuierliche Präsenz in diesem Raum, der generell als bedeutendes Refugium zur Überdauerung der pleistozänen Vereisungen angesehen wird (Qiu et al. 2011) und in der auch **tertiäre Reliktarten** wie der Vierspornbaum *(Tetracentron sinense)* vorkommen (Chen et al. 2015).

In der westlichen und südwestlichen Gruppe, die sich am Ost- und Südostrand der **Hengduan-Berge** befinden, kommen mit Ausnahme von Haplotyp 13 nur solche der Haplotypengruppe III vor. Es gibt jedoch zwischen beiden Regionen keine gemeinsam vorkommenden Haplotypen, was für unterschiedliche Refugien spricht. Beide befinden sich in Bereichen, die sich durch sehr hohe **floristische Diversität** und **tertiäre Reliktarten** auszeichnen sowie als Zentren **aktiver Speziation** und des Überdauerns von pleistozänen Kaltzeiten angesehen werden (Ying et al. 1993, Zhang et al. 1997).

Ein ähnliches phylogeographisches Muster wurde auch für die Schmetterlingsblütlerart *Sophora davidii* nachgewiesen, einen trockenheitsangepassten Strauch der uferbegleitenden Vegetation (Fan et al. 2013). Für zwei Chloroplasten-Genfragmente wurden zwei große genetische Linien gefunden, deren letzter gemeinsamer Vorfahre auf 1,28 Mio. Jahre (95 % Konfidenzintervall: 0,21–2,96) geschätzt wurde. Folglich ist dieser erste Split wohl nicht auf die letzte Anhebungsperiode des tibetischen Hochplateaus zurückzuführen, sondern auf die Etablierung unterschiedlicher Monsunregime westlich und östlich des Sichuan-Beckens. Der untersuchte nukläre Genabschnitt unterstützt dieses Muster, es ist jedoch nicht so deutlich zu erkennen.

Die mit 16 Haplotypen diversere dieser beiden Linien kommt westlich des Sichuan-Beckens in den Hengduan-Bergen im Übergang zum tibetischen Hochplateau vor, die zweite mit lediglich sechs Haplotypen in den anderen, das Becken umgebenden Bergbereichen sowie bis nach Nordostchina hinein. Die letztgenannte Hauptlinie besitzt eine *mismatch distribution*, die für Arealexpansion spricht. Sie trennt sich in zwei Unterlinien südlich (mit fünf Haplotypen) und nördlich/nordöstlich (ein Haplotyp) des Sichuan-Beckens auf. In beiden Bereichen befanden sich vermutlich eiszeitliche Refugien, die beide postglazial expansiv gewesen sein müssen. Vor allem die genetisch verarmte nördliche Linie dürfte sich sehr stark ausgebreitet haben.

Die westliche Linie in den **Hengduan-Bergen** weist eine starke genetische Substruktur entlang der tief eingeschnittenen **Talsysteme** auf. Die *mismatch distribution* der Haplotypen spricht für wiederholte Expansion und Regression. In jedem dieser Täler befinden sich mehrere Haplotypen, die teilweise auch auf ein einziges beschränkt sind. Das gibt deutliche Hinweise auf unterschiedliche Rückzugsräume im Bereich der Täler, die mit den Glazial-Interglazial-Oszillationen lediglich unterschiedlich weit in die Oberläufe vordrangen.

Die tief eingeschnittenen Täler, die von Yunnan ins tibetische Hochplateau übergehen, stellen jedoch nicht nur für die in ihnen vorkommenden Elemente räumlich stark begrenzte Rückzugsräume dar. Auch die durch diese Täler getrennten Gebirgszonen sind für an Bergökosysteme angepasste Arten inselähnliche Bereiche, sogenannte ***sky islands****. Ein markantes Beispiel hierfür stellt der Spitzmausartenkomplex *Sorex bedfordiae/excelsus* dar. Für diesen wurden für die Hengduan-Berge zwei mitochondriale (1977 bp) und drei nukleäre Gene (1794 bp) sequenziert (Chen et al. 2015). Erstere ergaben eine deutliche phylogeographische Struktur, die nur teilweise auch in letzteren festgestellt wurde. Für die mtDNA wurden fünf große genetische Linien mit teilweise mehreren Unterlinien nachgewiesen, die generell auf einzelne Gebirgsbereiche beschränkt und von den großen Talsystemen getrennt sind (Abb. 6.17). Austauschprozesse über diese hinweg, wie etwa im Bereich des Daduflusses, scheinen seltene Ereignisse darzustellen. Auf Basis dieser

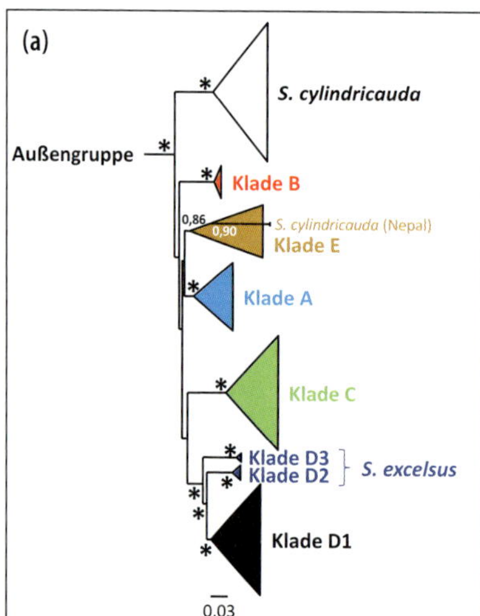
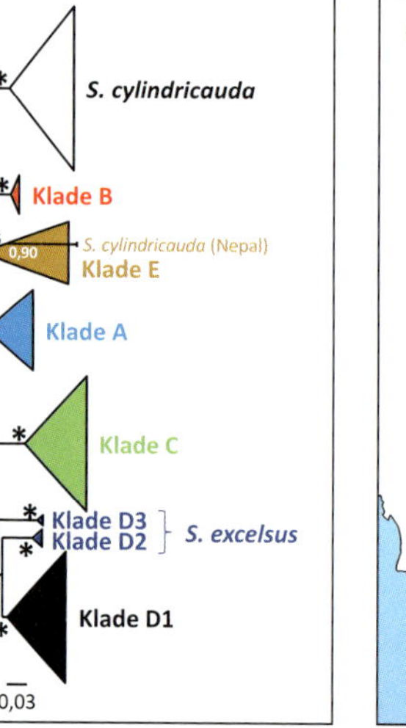

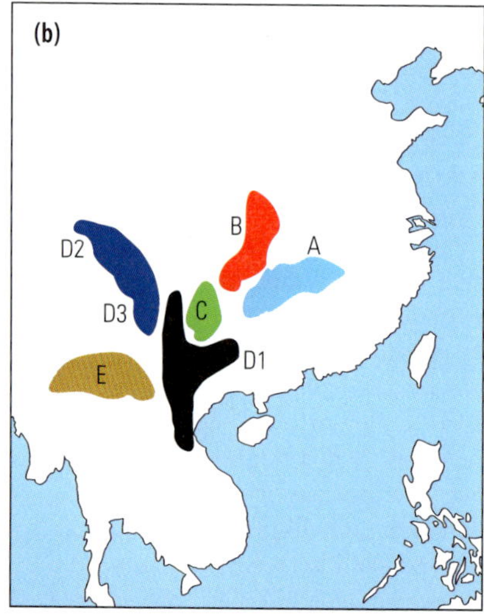

Abb. 6.17 Bayes'sche phylogenetische Analyse (a) und geographische Verbreitung (b) der fünf genetischen Linien mit ihren Unterlinien des Spitzmausartenkomplexes *Sorex bedfordiae/excelsus*, basierend auf den mitochondrialen Genfragmenten Cyt-b und COI (1977 bp). Die Zahlen an den Verzweigungen stellen *Bayesian posterior probabilities* dar; Sterne stehen für den Wert 1,0. Die Verbreitung der unterschiedlichen genetischen Linien ist farbig in der Karte dargestellt. Abbildung nach Chen et al. (2015b).

genetischen Daten spricht vieles dafür, dass diese Spitzmäuse über lange Zeiträume im Pleistozän auf diesen «Gebirgsinseln» isoliert waren, was zur beobachteten genetischen Differenzierung führte. Ähnliche genetische Muster wurden auch in weiteren Kleinsäugern und Pflanzen nachgewiesen (Chen et al. 2012, Liu et al. 2012a, Yang et al. 2012).

Weiten wir nun unseren Blick auf das **Gesamtgebiet Chinas** und seine angrenzenden Regionen, so finden wir auch in den nördlichen Bereichen eigene genetische Linien, die für glaziales Überdauern nördlich des südlichen Chinas sprechen. Ein Beispiel hierfür ist der Kragenbär *(Ursus thibetanus)*, für den das komplette mitochondriale Genom sequenziert wurde (Abb. 6.18; Wu et al. 2015). Im südlichen und mittleren China zeigt diese Art eine genetische Struktur, die auf eine lange Persistenz in diesem Raum hinweist, eventuell verbunden mit wiederholten Fluktuationen der Areale und verschiedenen Arealkernen.

Die älteste Abspaltung von dieser Linie stellen die **japanischen Populationen** dar, die diese Inselgruppe vor vermutlich 1,5 Mio. Jahren erreichten, sich aber wohl erst in den letzten 100 000 Jahren stärker ausbreiteten. Diese Ausbreitung könnte mit dem Aussterben des Braunbären zu dieser Zeit und dem Freiwerden seiner ökologischen Nische begründet sein. Die Besiedlung **Taiwans** vom Festland liegt vermutlich nur 500 000 Jahre zurück. Auch die **koreanische Unterart** *U. thibetanus ussuricus* stellt eine eigene, wenngleich junge genetische Abspaltung dar. Die dortige Population weist jedoch mit zwei häufigen und sechs sternförmig um diese angeordneten Satellitenhaplotypen ein typisches Muster für eine rezente Arealexpansion auf. Es ist somit von einem **koreanischen Glazialrefugium** und Differenzierungszentrum auszugehen, von dem postglazial eine deutliche Populationsexpansion ausging.

Auch Mikrosatellitenuntersuchungen am Wildschwein *(Sus scrofa)* geben einen deutlichen Hinweis auf mindestens ein koreanisches Glazialrefugium. Darüber hinaus wurden differente genetische Konstitutionen im Bereich Wladiwostok (Primorie-Region im äußersten Südosten Russlands) nachgewiesen, was für ein weiteres glaziales Rückzugsgebiet in diesem Raum spricht. Auch Japan weist deutlich vom Festland abweichende Mikrosatelliten auf, was auf eine längerfristige Trennung hinweist. Die untersuchten Populationen in Südchina und Nordvietnam unterscheiden sich deutlich von den weiter nördlich gelegenen, was für weitere südliche Arealkerne spricht (Choi et al. 2014).

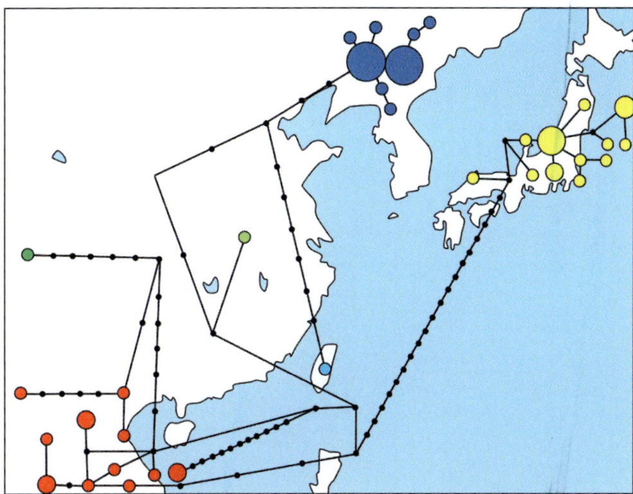

Abb. 6.18 Haplotypennetzwerk des mitochondrialen d-Loops des Kragenbärs *(Ursus thibetanus)*, aufgetragen gegen die geographische Verbreitung in Ostasien. Abbildung nach Wu et al. (2015).

Für die Große Hufeisennase *(Rhinolophus ferrumequinum)* wurden von Flanders et al. (2009) drei genetische Linien im nördlichen China nachgewiesen: Zwei im östlichen und eine weitere, durch mindestens 30 Basenunterschiede differenzierte, im mittleren China. Dies spricht für mindestens zwei, eher drei Differenzierungszentren und folglich auch für Refugialbereiche im nördlichen China. Auch die Hemipterenart *Adelphocoris suturalis* besitzt zwei genetische Linien im nordöstlichen China, wo sie vermutlich zwei Differenzierungszentren besaß (Zhang et al. 2015). Die japanischen Vorkommen der Großen Hufeisennase gehören zusammen mit Individuen aus Ostchina einer der Linien an. Sie haben

Abb. 6.19 Vermutete glaziale Refugien und aktuelle Verbreitung von acht Vogelarten des tibetischen Plateaus. Abbildung nach Lei et al. (2014).

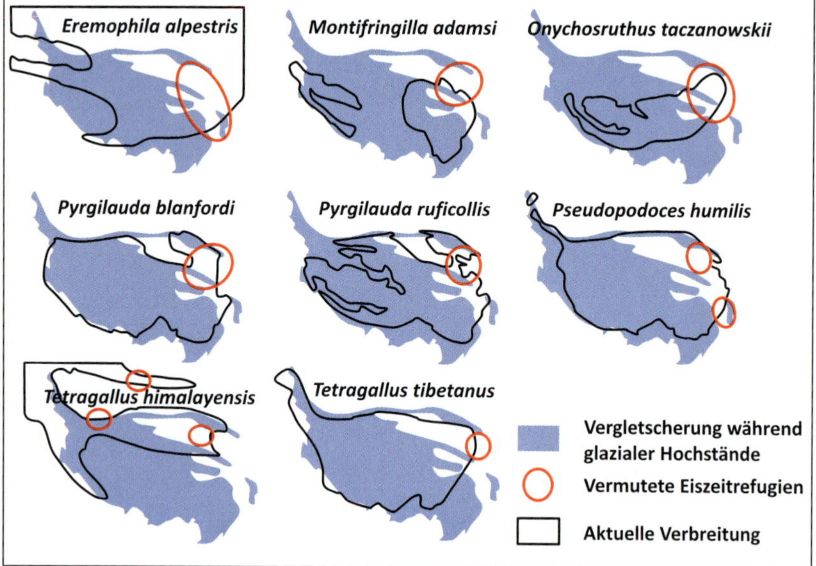

Japan vermutlich im Eem-Interglazial erreicht, wahrscheinlich ausgehend von der koreanischen Halbinsel, und haben dort das letzte Glazial überdauert.

Die Hängeforsythie *(Forsythia suspensa)*, ein Busch des Unterholzes von Laubwäldern Chinas, zeigt basierend auf Sequenzanalysen von zwei mitochondrialen und einem nukleären Genfragment in Ostchina eine deutliche phylogeographische Struktur (Fu et al. 2014). Von den 13 Haplotypen der cpDNA ist einer auf das Bergland von Shandong beschränkt, welches sich aus dem Tieflandbereich zwischen Shanghai und Peking erhebt. Alle weiteren befinden sich in den an diese Ebene westlich anschließenden Bergen, wo etliche Haplotypen nur in einer einzigen Population festgestellt wurden. Durch Nischenmodelle wurde gezeigt, dass sich *F. suspensa* unter Kaltzeitbedingungen weiter in die Niederungen ausbreitet als in der aktuellen Warmzeit. Somit wurde die festgestellte phylogeographische Struktur in diesem Fall mehr durch Isolation in den Bergländern während Interglazialen geprägt; Genfluss fand hingegen vermehrt unter glazialen Bedingungen statt.

6.3.2 Tibet und die hohen Plateaus

Das tibetische Hochplateau, oft in englischsprachigen Arbeiten als *Qinghai-Tibet-Plateau* (QTP) bezeichnet, ist das größte und auch höchste Plateau der Erde mit einer durchschnittlichen Höhe von über 4000 m NN auf einer Fläche von über 1 Mio. km². Sein vergleichsweise flaches Inneres ist nach allen Seiten, außer nach Osten, von hohen Gebirgsketten begrenzt: durch den Himalaya im Süden, den Karakorum im Westen und durch Kunlun Shan, Altun Shan und Qilian Shan im Norden. Nordwestlich an diese schließt sich das wüstenhafte Tarimbecken an. Die Entstehung des tibetischen Hochplateaus ist durch die Kollision Indiens mit dem asiatischen Kontinent eng verbunden; die ersten **Hebungsphasen** fanden im frühen Tertiär vor etwa 55 Mio. Jahren statt. Die Hebungsphase vor etwa 2,6 Mio. Jahren hob das Plateau auf eine kritische Höhe von über 2000 m NN, die das Einsetzen des trockenen Wintermonsuns beeinflusste. In der Kunhuang Hebungsphase von 1,5–0,6 Mio. Jahren wurde eine durchschnittliche Höhe von 3000 m NN erreicht (Lei et al. 2014). Die konstanten Hebungen hatten dramatische klimatische und ökologische Veränderungen zur Folge: Wälder wurden durch Grasländer ersetzt, das Klima wurde graduell trockener, kühler und windiger, Gletscher und Wüsten begannen sich auszubilden (Wu et al. 2001). Diese Veränderungen führten zur Evolution von an diese Bedingungen angepassten Tieren und Pflanzen. Zahlreiche der heutigen Tierarten Tibets aus unterschiedlichen Gruppen diversifizierten sich im Zeitfenster zwischen 4–8 Mio. Jahren (Yang et al. 2009). Die Artbildungsprozesse in verschiedenen Vogelgruppen wie Schneefinken, Schneehühner und Rebhühner wurden durch die unterschiedlichen Hebungsphasen von etwa 3,6–0,6 Mio. Jahren getaktet (Lei et al. 2014).

Intraspezifische Differenzierungen fanden auch entlang der Kette des Himalayas statt, so etwa für die Tannenmeise *(Parus ater)* (Abb. 6.7; Tietze et al. 2011). Häufiger werden jedoch allopatrisch verbreitete Vogelarten festgestellt, die sich vermutlich im Zeitfenster des Mio- und Pliozäns evoluierten, wie verschiedene Vertreter der Laubsänger (Gattung *Phylloscopus*) (Martens et al. 2008). Auch für den Elliot-Häherling *(Garrulax elliotii)* wurden drei Linien nachgewiesen, die sich wohl unter interglazialen Bedingungen in **sky island im Osthimalaya** evoluierten, sich in den kälteren Glazialen aber sekundär vermischten (Qu et al. 2011). Die Grauwangenalcippe *(Alcippe morrisonia)* und die Rotkopftimalie *(Cyanoderma ruficeps)* besitzen mehrere **alte Linien im Osthimalaya**, die vermutlich auf vorpleistozäne Differenzierungsprozesse im Zuge von Hebungsphasen zurückzuführen sind (Song et al. 2009, Liu et al. 2012b).

Die **stärksten Vergletscherungen** des **tibetischen Hochplateaus** fanden im Zeitfenster von **500 000–175 000 Jahren** vor heute statt, trotzdem war das gesamte Plateau nie völlig vergletschert. Die Auswirkungen der anschließenden Kältephasen waren im Vergleich zu Europa und Nordamerika nur schwach ausgeprägt (Zheng et al. 2002, Zhang et al. 2006b). Deshalb fanden die vermuteten **Populationsexpansionen** für zahlreiche Vogelarten Tibets ab etwa **150 000 Jahren** vor heute statt. Auch die Mehrzahl der intraspezifischen Linien evoluierten sich, soweit überhaupt vorhanden, im Pleistozän (Lei et al. 2014). Eine Zusammenstellung der Refugialbereiche während der glazialen Vereisungsphasen für acht Vogelarten (Abb. 6.19) unterstreicht die herausragende Bedeutung der östlichen Abdachung des Plateaus als Überdauerungszentrum. Hier befanden sich für alle diese Arten mindestens ein, für *Pseudopodoces humilis* sogar zwei Refugien im Nordosten und im Südosten. *Tetraogallus himalayensis* besaß neben einem östlichen auch ein Refugium am Nordrand des tibetischen Plateaus und eines im Bereich des **Tienschan** auf der anderen Seite des Tarimbeckens (Lei et al. 2014). Der Blutfasan *(Ithaginis cruentus)* hatte im mittleren bis späten Pleistozän sogar vier Refugien am Rand des Plateaus (Zhan et al. 2011). Insgesamt waren die Differenzierungen innerhalb der meisten untersuchten Vogelarten des tibetischen Plateaus aber recht gering, was durch die allgemein geringe Zahl der Refugien und die hohe Mobilität von Vögeln begründet sein könnte.

Für Pflanzen ergeben sich wegen ihrer oft geringen Ausbreitungsfähigkeit deutlicher ausgeprägte phylogeographische Muster. Ein Beispiel ist das Rosengewächs *Spiraea alpina*, für das, basierend auf dem nukleären Genabschnitt ITS1a-ITS4, zwei deutlich differenzierte Gruppen nachgewiesen wurden (Khan et al. 2014). Der Split zwischen beiden besitzt ein geschätztes Alter von etwa 5,5 Mio. Jahren, was folglich etwa mit einer der wichtigen Hebungsphasen des tibetischen Plateaus übereinstimmt. Die heutige Verbreitung der Haplotypen lässt sich in drei unterschiedliche geographische Gruppen aufteilen, die alle hohe genetische Diversität und Einmaligkeit aufweisen. Jede von diesen drei Gruppen leitet sich wahrscheinlich aus Differenzierung in einem eigenen eiszeitlichen Refugium ab. Diese Refugien befanden sich vermutlich in den niedrigeren Lagen des **südöstlichen Himalayas**, im Bereich der **Hengduan-Berge** und an der **südöstlichen und nordöstlichen**

Abdachung des Hochplateaus. Vor allem die Hengduan-Berge stellen einen für unterschiedliche ökologische Gruppen wichtigen Rückzugs- und Differenzierungsbereich dar. Insgesamt erinnert das phylogeographische Bild von *S. alpina* mit eiszeitlichen Refugien in den Fußbereichen von Hochlagen und deren warmzeitliche Besiedelung an die Prinzipien im Bereich der Hochgebirge Europas (Kap. 5.3).

Für das Dickblattgewächs *Rhodiola kirilowii* wurde, basierend auf Sequenzanalysen von zwei Chloroplastenfragmenten und eines nukleären Bereichs, auch eine hohe Bedeutung der **Hengduan-Berge** an der Südostabdachung des tibetischen Plateaus nachgewiesen. Hier könnten sich wegen der hohen regionalen Diversität und Differenzierung unterschiedliche Arealkerne befunden haben, aus denen, nach Abklingen der starken Vergletscherungen des tibetischen Plateaus vor 175 000 Jahren, dieses besiedelt wurde. Etwa zeitgleich muss ein Besiedlungsvorstoß in nordöstlicher Richtung in die Bergregionen Nordostchinas stattgefunden haben, wofür negative Werte für Tajima's *D* und Fu's F_S und die Muster der *mismatch distribution* sprechen. Die Populationen im Tienschan, also nördlich des Tarimbeckens, sind stark von den Vorkommen im Himalaya differenziert; ihr letzter gemeinsamer Vorfahre wurde auf 2,84 Mio. Jahre berechnet (Zhang et al. 2014). Die nahverwandte *R. dumulosa* besitzt ihre größte genetische Diversität im nordöstlichen tibetischen Plateau, wo sich wohl ihr Entstehungszentrum befand. Von hier dehnte sie sich vergleichsweise rezent unter Kaltzeitbedingungen mit genetischer Verarmung entlang der nordostchinesischen Gebirge bis in die Nähe von Peking aus (Hou & Lou 2014).

Im Nordosten des tibetischen Plateaus wurden in einer Studie die Blindmausart *Eospalax baileyi* und die mit ihr assoziierte Flohart *Neopsylla paranoma* durch Sequenzierung von etwa 2500 bp des Mitochondriengenoms phylogeographisch untersucht. Beide Arten besaßen sehr deutlich voneinander differenzierte genetische Linien, die Blindmaus sechs, der Floh jedoch nur drei (Lin et al. 2014). In beiden Arten weisen diese Linien ein allopatrisches Verbreitungsmuster auf. Da es sich bei *E. baileyi* um eine standorttreue Art handelt, evoluierte sich diese markante phylogeographische Struktur, denn sowohl Hochgebirgskämme, tiefer gelegene Beckenlandschaften und größere Flusssysteme wirkten als dauerhafte Isolationsbarrieren. Die aktuelle genetische Strukturierung spricht für sechs Refugien, verteilt am Nordostrand des Hochplateaus, der Ursprung der hier überdauernden Linien muss jedoch sehr viel älter sein.

Das phylogeographische Muster des Flohs ist deutlich großflächiger und spricht für lediglich drei Differenzierungszentren. Auch wurden deutliche geographische Unterschiede zwischen den Mustern beider Arten nachgewiesen, sodass die genetischen Strukturen des Flohs kaum durch Bindung an seinen wichtigen Wirt bedingt sein können und es für den Floh sehr viel mehr Genfluss gegeben haben muss als für *E. baileyi*. In diesem Zusammenhang ist bedeutsam, dass *N. paranoma* mehrere Wirte besitzt, darunter auch weniger standorttreue Arten, was die Begründung für das weniger kleinräumige genetische Muster sein könnte.

Auch die Schlangenart *Thermophis baileyi*, ein Endemit des südlichen tibetischen Plateaus, der vor allem im Bereich von Thermalquellen auftritt, hat, basierend auf drei mitochondrialen Genfragmenten (2185 bp), zwei genetische Linien. Diese besitzen ein Alter von vermutlich 300 000 Jahren, begannen sich also während der stärksten Vereisungsphase des Plateaus in randlichen Refugien zu differenzieren. Die genetischen Eigenschaften der Populationen sprechen eindeutig für eine anschließende Arealexpansion, bei der physische Barrieren wie besonders hohe Gebirgsstöcke und Wasserscheiden wesentliche Hindernisse darstellten, jedoch auch für die Ausbreitung über lange Distanzen (engl.: *long distance dispersal*) entlang von Talsystemen (Hofmann et al. 2014).

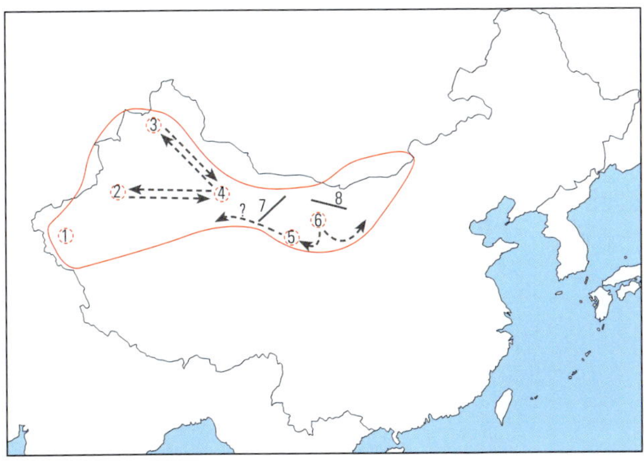

Abb. 6.20 Geographische Lage der potenziellen größeren Refugien (unterbrochene rote Kreise), der Zonen mit häufigen genetischen Diskontinuitäten (Balken) und der möglichen Kolonisationsrouten (Pfeile), basierend auf phylogeographischen Analysen von Pflanzenarten im ariden Nordwesten Chinas. Die rote Linie markiert die Grenzen der ariden Zone. 1: Karakorum-Tienshan Kontaktbereich; 2: Ili-Tal; 3: Altai; 4: östlicher Tienshan; 5: nordöstliche Abdachung des tibetischen Hochplateaus; 6: Helan-Gebirge; 7: Badan-Jaran-Tengger Wüste; 8: Ulanbuhe Wüste – Yinshan Berge – Kubuqi Wüste. Abbildung nach Meng et al. (2015).

6.3.3 Der trockene Westen Chinas

Abgeschottet durch das **tibetische Hochplateau** im Südwesten, **Karakorum** und **Pamir** im Westen sowie **Tienschan** und **Altai** im Nordwesten befindet sich im Westen Chinas und in der Mongolei eines der größten Trockengebiete der Erde, das mit der **Taklamakan** im Westen und der **Gobi** im Osten zwei ausgedehnte Wüsten umfasst. Der Austrocknungsprozess der ganzen Region geht maßgeblich einher mit der Hebung des tibetischen Plateaus, der hiermit verbundenen Abschwächung der Westwinde und des sich verstärkenden sibirisch-mongolischen Hochdruckeinflusses. Obwohl diese Region auch unter glazialen Bedingungen niemals bedeutend vergletschert war, war sie dennoch durch starke klimatische Oszillationen geprägt. Die episodischen Abkühlungen unter glazialen Bedingungen führten nämlich zu einer deutlich verschärften Trockenheit und einer Ausweitung **extremer Sandwüsten** in Westchina (Fang et al. 2002, Ding et al. 2005).

In den letzten Jahren wurde eine Reihe von phylogeographischen Arbeiten in diesem Gebiet durchgeführt, vor allem an Pflanzen. Diese wurden von Meng et al. (2015) zusammengefasst und erlauben eine erste Definition paradigmatischer Muster (Abb. 6.20).

Der Austrocknungsprozess der ganzen Region ist maßgeblich verantwortlich für die Diversifizierung und für Artbildungsprozesse von Wüstenpflanzen. Ein gutes Beispiel ist der **Wüstenstrauch *Nitraria sphaerocarpa***. Diese Art weist auf der cpDNA-Ebene eine deutliche Differenzierung in mindestens acht genetische Gruppen auf, die sich vom westlichen Tarimbecken bis zur Alxa-Wüste aneinanderreihen (Abb. 6.21; Su & Zhang 2013). Das beobachtete Muster spricht für eine **Mehrzahl von Überdauerungszentren** während der besonders ariden Kaltphasen und Arealausdehnungen in den weniger trockenen Interglazialen. Andere Arten weisen jedoch teilweise deutlich einfachere phylogeographische Muster auf. Ein Beispiel hierfür ist das Tamariskengewächs *Reaumuria soongarica*, für das nur eine westliche und eine östliche genetische Linie nachgewiesen wurde, was

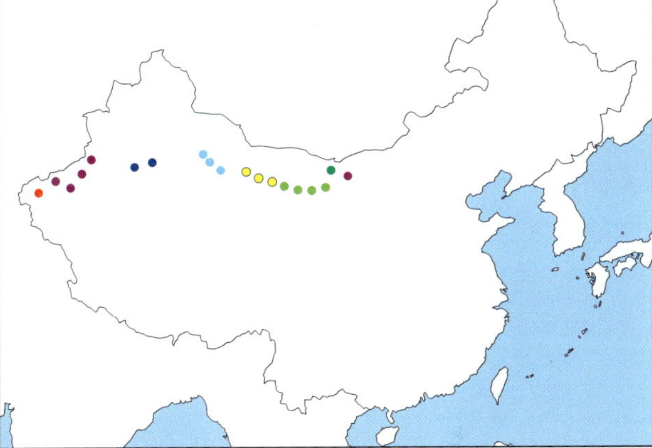

Abb. 6.21 Phylogeographie des Wüstenstrauches *Nitraria sphaerocarpa*. Dargestellt ist die geographische Verbreitung der Haplotypen von zwei Chloroplastengenfragmenten. Abbildung nach Su & Zhang (2013).

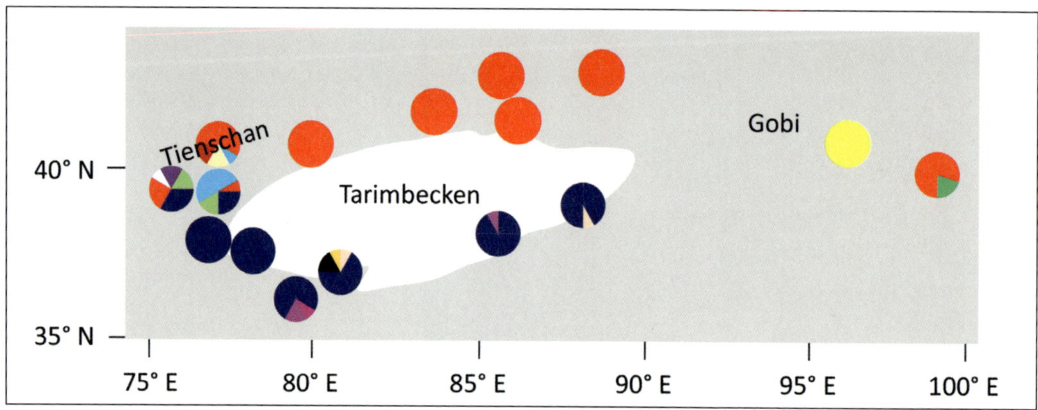

Abb. 6.22 Geographische Verbreitung der Haplotypen von zwei Chloroplastengenen des Korbblütlers *Hexinia polydichotoma* um das Tarimbecken im nordwestlichen China. Abbildung nach Su et al. (2012).

auf lediglich zwei Differenzierungszentren hinweist, in denen die Art aride Ungunstphasen überdauerte (Li et al. 2012).

Manche Arten besitzen auch deutlich kleinräumigere genetische Muster; so etwa die Lippenblütlerart *Lagochilus ilicifolius*. Das genetische Muster dieser Art deutet auf zahlreiche Arealkerne und somit *in-situ*-Überdauerung von besonders ariden Phasen hin, oft in lokalen Populationen (Meng & Zhang 2011). Auch für andere Arten dieser Gattung wurden Einflüsse der besonders trockenen Perioden auf Differenzierungsprozesse nachgewiesen (Meng & Zhang 2013). Weitere Beispiele für solche Differenzierungen sind die Pflanzenarten *Pugionium cornutum* und *P. dolabratum* (Wang et al. 2013b, Yu et al. 2013).

Die markanten Wüstenausdehnungen unter glazialen Bedingungen mit der Ausbildung extremer Sandwüsten führten somit zu Habitatfragmentierungen und Refugienbildung auch bei den typischen Wüstenarten. Dies wurde für die meisten der oben erwähnten Arten nachgewiesen. Ein sehr markantes Beispiel für Regressionen während Pessimalphasen ist die Korblütlerart *Hexinia polydichotoma*. Diese Art weist eine hohe genetische Diversität von Chloroplastenhaplotypen im Westen ihres heutigen Verbreitungsgebiets auf, wo wohl ihr wichtigstes Evolutionszentrum liegt. Am Nord- und Südrand des Tarimbeckens befinden sich genetisch vergleichsweise einheitliche Populationen, die auf recht rezente Arealausdehnungen in östlicher Richtung unter feuchteren, Bedingungen, als sie aktuell herrschen hinweisen (Abb. 6.22; Su et al. 2012).

Die Ränder der Gebirge Tienschan und Altai waren besonders wichtig als Rückzugsräume. In diesen Bereichen war auch unter extremen Wüstenbedingungen ausreichend Feuchtigkeit vorhanden, um ein Wachstum von Pflanzen zu gewährleisten. In ihrem Übersichtsartikel postulieren Meng et al. (2015) vor allem sechs Gebiete als **wichtige eiszeitliche Überdauerungszentren** für das westchinesische Trockengebiet (Abb. 6.20):

- die niedrigen Lagen im Kontaktbereich zwischen Karakorum, Pamir und westlichem Tienschan
- das Ili-Tal im zentralen Tienschan
- die Ostausläufer des Tienschan
- der Südrand des Altaigebirges
- die Nordostabdachung des tibetischen Hochplateaus (die schon weiter oben als bedeutend für die Wiederbesiedlung dieses Plateaus erwähnt wurde)
- die Helan-Berge

In diesen eiszeitlichen Refugien tieferer Lagen überdauerten in Gebirgstälern oder an Gebirgsrändern neben Arten der Trockengebiete auch Populationen temperater Pflanzenarten. Beispiele hierfür sind die Sibirische Waldrebe *(Clematis sibirica)* in unterschiedlichen Refugien mit differenzierten genetischen Linien im Tienschan und im Altai (Zhang &

Zhang 2012a), die Ritterspornart *Delphinium naviculare* in feuchten Tälern auf mittlerer Höhe im Tienschan (Zhang & Zhang 2012b), die Eisenhutart *Aconitum nemorum* im Ili-Tal (Jiang et al. 2014) und die Johannisbeerart *Ribes meyeri* in den Helan-Bergen (Xie & Zhang 2013). Genetische Analysen bestätigen auch die Anwesenheit von alpinen Arten, die heute in Altai, Tienschan und dem tibetischen Hochplateau verbreitet sind, in diesen Rückzugsgebieten, so etwa Vertreter der Gattungen *Pinus* (Li et al. 2010) und *Hippophae* (Jia et al. 2012).

Somit ergibt sich für den **Rand der Hochgebirge Westchinas eine analoge Situation zum Südrand der Alpen** und zu anderen Hochgebirgen Europas. Auch in Westchina finden wir eine höhere Anzahl an **Refugien am Fuß der Hochgebirge**, in denen zahlreiche Arten glaziale Phasen überdauerten. Die Verbreitungen der Wald- und Hochgebirgsarten wurden unter eiszeitlichen Bedingungen durch die **vertikale Verlagerung** der Höhenzonierung aufgrund von Temperaturabsenkung und Vergletscherung der Hochlagen in tiefere Lagen verlagert. Dort waren sowohl die Temperaturbedingungen als auch die Versorgung mit Feuchtigkeit für diese Arten ausreichend für ihr Überleben. Durch die starke Zunahme der Trockenheit während den Eiszeiten kam es jedoch auch bei der eigentlich an Trockenheit angepassten Wüstenarten in diversen Fällen zu **horizontalen Rückzügen** auf Arealkerne, die teilweise mit den oben genannten geographisch übereinstimmten. Hieraus resultierten Refugien an den Gebirgsrändern mit Zusammensetzungen der Flora und Fauna aus **unterschiedlichen biogeographischen und ökologischen Elementen**, wie wir sie unter rezenten Klimabedingungen (und wohl auch zu anderen Warmzeiten) nicht antreffen.

Populationsexpansionen und **Rekolonisierungen** fanden im Postglazial durch die sich verbessernden klimatischen Bedingungen statt. Hierbei findet jeweils wieder eine **Entmischung** der sich in den Refugien sammelnden unterschiedlichen Elemente statt. Die **alpinen Elemente** und die **Waldarten** ziehen sich bedingt durch das Abschmelzen der Gebirgsgletscher und die sich erhöhenden Temperaturen in die höheren Bereiche der die Trockengebiete umgebenden Bergregionen zurück, weisen also deutliche **vertikale Bewegungen** auf. Die **Wüstenarten**, sofern sie durch die Extremtrockenheit der Glaziale auf Rückzugsgebiete beschränkt wurden, breiten sich wieder weiter über ariden Zonen aus; sie zeigen somit weitgehend **horizontale Ausbreitung**. Meng et al. (2015) postulieren aus den wichtigen Refugialzonen am Rand der Gebirge diverse Kolonisationsrouten, die sie in der Mehrzahl der Fälle dem Verlauf der Gebirge folgend vermuten (Abb. 6.20).

Generell zeigen jedoch die Wüstenarten mehr ein Muster der Persistenz, die Gebirgsarten eines von deutlichen Rückzügen im Verlauf der Klimaoszillationen auf. Es sind die Wüstenarten, die an etlichen Stellen dauerhafte Populationen aufweisen, die sowohl unter glazialen als auch unter interglazialen Bedingungen besiedelt sind. Die Gebirgsarten (sowohl der alpinen Stufe als auch der Bergwaldstufe) weisen in eigentlich allen Fällen vertikale Verschiebungen ihrer Verbreitungen auf; zusätzlich waren die Eiszeiten für die meisten von ihnen Zeiten deutlicher Regressionen der Arealgrößen.

6.3.4 Japan

Japan ist ein Archipel aus vier großen und etlichen kleineren Inseln. Die minimalen geographischen Entfernungen zwischen den Hauptinseln sind jedoch gering (nicht mehr als 18 km). In Fall der drei südlichen Inseln reichen wegen der geringen Meerestiefen in diesem Bereich Meeresspiegelabsenkungen von wenigen Metern, um diese **landfest** miteinander zu verbinden. Die eustatischen Meeresspiegelabsenkungen unter glazialen Bedingungen waren hierfür somit mehr als ausreichend. Die **Tsugaru-Straße**, also die Meerenge zwischen Honshu und Hokkaido, ist zwar zu tief, um ganz trockenzufallen, verengt

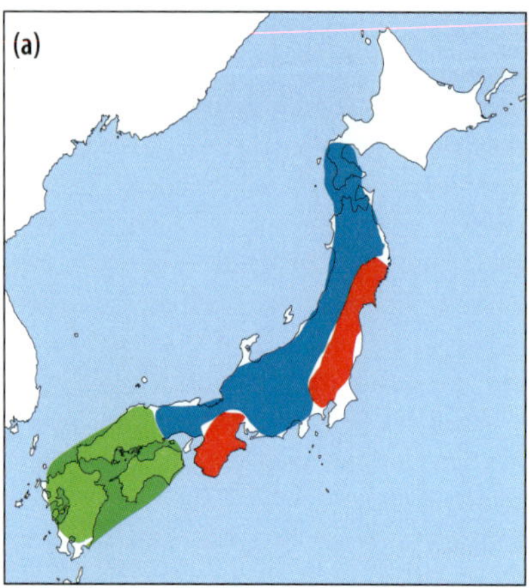

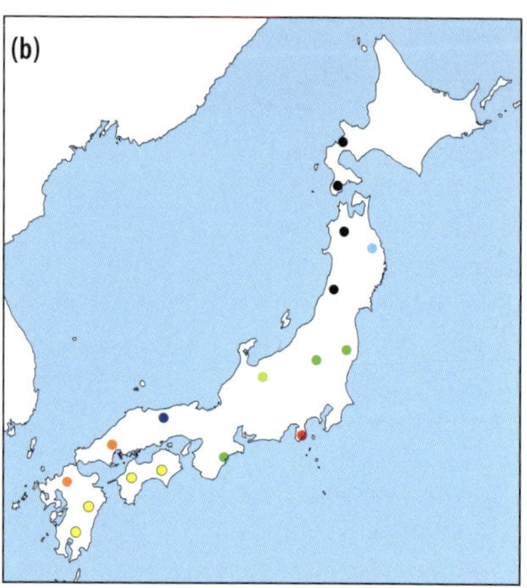

Abb. 6.23 Phylogeographie der in Japan endemischen Kerb-Buche *(Fagus crenata)*. Geographische Verbreitung von (a) drei cpDNA-Linien (13 Haplotypen, zwei Genfragmente; Fujii et al. 2002) und (b) acht mtDNA-Haplotypen, drei Genfragmente (Tomaru et al. 1998). Abbildung nach diesen Autoren.

sich aber von heute 18 km an ihrer engsten Stelle auf etwa 6 km. Hokkaido wird über Sachalin landfest an das asiatische Festland in der Nähe der Amurmündung angebunden.

Neben dieser **Festlandverbindung** im Norden entsteht während Glazialen auch eine solche zwischen den beiden japanischen Insel Honshu und Kiushu und der koreanischen Halbinsel, die durch das Trockenfallen des Gelben Meeres und großer Bereiche des Ostchinesischen Meeres den Charakter einer Halbinsel verliert. Da das Japanische Meer zwischen Honshu, Hokkaido und dem Festland meist Tiefen von über 2000 m aufweist, trennt es dauerhaft die südliche Korearoute von der nördlichen Sachalinroute. Die Kette kleinerer Inseln, die sich zwischen Kiushu und Taiwan erstreckt, liegt jedoch in deutlich zu tiefen Meeresbereichen, als dass diese landfest verbunden werden würden.

Wie schon in Kap. 6.1 dargestellt, gab es zu unterschiedlichen Zeitfenstern Austausch über die **Sachalin-Route** zwischen Japan und dem asiatischen Festland. Diese Route war jedoch nur für kälteresistente Arten wie etwa das Gleithörnchen *(Pteromys volans)* möglich (Oshida et al. 2005). Weniger robuste Arten erreichten Japan wohl eher über die südlichere **Korea-Route**, so etwa die Grünfroschart *Pelophylax nigromaculatus* (Komaki et al. 2015). Für seinen nahen Verwandten *P. porosus* ist auf Basis der genetischen Information von sechs nukleären Genen sogar eine Nutzung dieser Route in umgekehrter Richtung von Japan zum Festland möglich. Erwähnenswert für diese beiden Arten und einen dritten Verwandten, *P. plancyi*, sind markante Abweichungen zwischen den Topologien der mitochondrialen und der nukleären Gene, die für mindestens fünf **Introgressionsereignisse** mitochondrialer Gene zwischen diesen Arten sprechen.

Betrachten wir nun die phylogeographischen Strukturen, die sich in Japan zeigen, und beginnen wir mit der für diese Inselregion endemischen **Kerb-Buche *(Fagus crenata)***. Für diese Art wurden Genorte sowohl der cp- (Fujii et al. 2002) wie auch der mtDNA (Tomaru et al. 1998) untersucht (Abb. 6.23). Die Analyse dieser Muster führt zu Interpretationen, die deutliche **Analogien zu den mediterranen Elementen** Europas aufweisen.

Für die cpDNA wurden 13 Haplotypen nachgewiesen (Fujii et al. 2002), die sich zu drei Gruppen zusammenfassen lassen, die vermutlich jeweils für mindestens ein eiszeitliches Rückzugsgebiet stehen, **analog zu den Refugien-in-Refugien des Mittelmeerraumes**. Die Gruppe 3 wurde nur im südwestlichen Honshu, auf Kiushu und Shikoko nachgewiesen und stellt somit die südlichste dar. Diese Gruppe befand sich folglich am *rear edge*, sodass aus diesem Raum keine postglaziale Arealexpansion nachweisbar ist. Anders verhält es sich mit den Gruppen 1 und 2, deren Rückzugsgebiete sich an zwei *leading-edge*-Positionen befanden, sodass sich Gruppe 1 vor allem westlich des gebirgigen Inselinneren Honshus, Gruppe 2 östlich hiervon postglazial nach Norden ausdehnte. Die Orographie Honshus diktierte somit die sich evoluierenden phylogeographischen Muster. Die Ausdehnung aus dem westlichen Ausbreitungszentrum war hierbei wohl schneller, sodass diese Linie heute am nördlichen Arealrand im südlichen Hokkaido gefunden wird. Die **Tsugaru-Straße** stellte somit für die Kerb-Buche kein unüberwindbares Ausbreitungshindernis dar. Bemerkenswert ist auch, dass nur zwei der sechs Haplotypen der Gruppe 1 im nördlichen Honshu nachgewiesen wurden; nur einer wurde in Hokkaido festgestellt. Dies spricht für einen schrittweisen Verlust genetischer Diversität im Zuge der postglazialen Arealexpansion, wie wir ihn auch häufig in anderen Regionen der Welt beobachten. Auch die Überwindung der Tsugaru-Straße könnte einen genetischen Flaschenhals bewirkt haben.

Das phylogeographische Muster für die mtDNA-Haplotypen (Tomaru et al. 1998) weist deutliche Übereinstimmungen mit der cpDNA auf, ist jedoch kleinräumiger. Das spricht für eine höhere Refugienzahl als die drei oben erwähnten, möglicherweise sogar acht, verteilt über das südliche Japan. Auf Basis dieser Daten darf vermutet werden, dass sich die nördlichsten **glazialen Arealkerne südlich des 38. Breitengrades** befanden.

Auch für die beiden Waldmausarten *Apodemus argenteus* und *A. speciosus* weisen Sequenzierungen der mitochondrialen Gene Cyt-b und Kontrollregion ein klares Muster eiszeitlicher Überdauerungszentren in der südlichen Hälfte Japans und postglazialer Expansion nach Norden auf. Vor allem in Hokkaido zeigt sich das typische Haplotypenmuster eines häufigen zentralen Haplotypen mit zahlreichen Satelliten, die nur durch eine oder wenige Mutationsschritte von diesem differenziert sind (Suzuki et al. 2015).

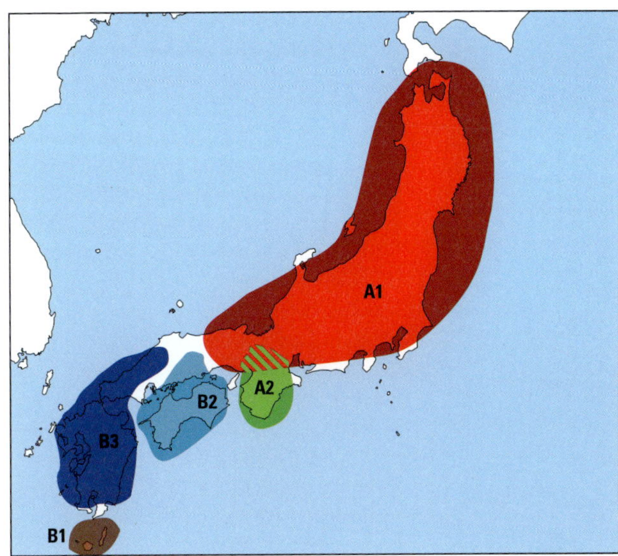

Abb. 6.24 Phylogeographie der Schneeaffen *(Macaca fuscata)*, basierend auf der mitochondrialen Kontrollregion (412-413 bp). Die geographische Verbreitung der fünf unterschiedlichen Haplotypengruppen ist farbig dargestellt. Abbildung nach Kawamoto et al. (2007).

Ähnliche phylogeographische Strukturen mit diversen Refugien in der Südhälfte und Besiedelung der Nordhälfte aus *leading-edge*-Positionen wurden auch für weitere Arten festgestellt, sodass es das wohl wichtigste biogeographische Muster Japans ist und somit als paradigmatisch betrachtet werden darf. Weitere Beispiele für dieses sind der Japanische Hase *(Lepus brachyurus)* (Nunome et al. 2010), der Sikahirsch *(Cervus nippon)* (Goodman et al. 2001), das Japanische Riesengleithörnchen *(Petaurista leucogenys)* (Oshida et al. 2001), der Schneeaffe *(Macaca fuscata)* (Abb. 6.24; Kawamoto et al. 2007) und Wühlmausarten der Gattung *Eothenomys* (Iwasa et al. 2002). Für den Kragenbär *(Ursus thibetanus)* wurden drei genetische Linien gefunden, zwei diverse im südlichen Japan, die hier wohl kaum von den Eiszeiten betroffen waren, und eine nördliche mit genetischer Verarmung. Dies ist ein deutlicher Hinweis, dass diese Art, anders als viele andere Arten, hier zwar glaziale Bedingungen überdauerte, jedoch deutliche Populationseinbrüche zu verkraften hatte (Ohnishi et al. 2009).

Phylogeographische Untersuchungen zur **Gebirgsflora Japans** ergaben teilweise eine lange unabhängige Evolutionsgeschichte in diesem Bereich. So besitzt die für Japan endemische *Phyllodoce nipponica* eine größere genetische Differenzierung von vier in Nordost-Asien weit verbreiteten Arten der Gattung als diese untereinander und ist von diesen fast so stark differenziert wie vom kalifornischen Endemiten *P. breweri* (Ikeda et al. 2014a). Für die Bärlappähnliche Schuppenheide *(Cassiope lycopodioides)* ergibt sich ein anderes interessantes biogeographisches Muster. Die Populationen der Gebirge des nördlichen Honshu und von Hokkaido unterscheiden sich genetisch nur geringfügig von denjenigen der Kurilen und Kamtschatkas, was für eine rezente Besiedlungsgeschichte oder zumindest genetischen Austausch mit den nördlich angrenzenden Regionen spricht. Im Gegensatz hierzu besitzen die Populationen der Gebirge des südlichen Honshus eine hohe genetische Eigenständigkeit. Dieser Bereich wurde somit wahrscheinlich in einer der letzten Kaltzeiten von Norden her besiedelt, und die Populationen begannen sich später in Allopatrie zu differenzieren (Ikeda et al. 2014b).

6.3.5 Taiwan

Die Insel Taiwan liegt durch die **Formosa-Straße** getrennt etwa 150 km östlich des südchinesischen Festlands auf dem **Kontinentalschelf**. Dieser fällt jedoch durch eustatische Meeresspiegelschwankungen unter glazialen Bedingungen trocken, sodass ein Floren- und Faunenaustausch möglich wird. Es ist folglich nicht verwunderlich, dass Taiwan im Tiefland weitgehend die tropischen Arten des nahen Südchina teilt. Anders stellt sich dies in den ausgeprägten Gebirgen der Insel dar. Die hier angepassten Arten konnten, im Gegensatz zu den Tieflandarten, nicht über den trockenen Kontinentalschelf eiszeitlichen Austausch mit dem Festland betreiben. Folglich **nimmt der Endemitenanteil in Taiwan mit der Höhe deutlich zu**.

Trotzdem gibt es auch endemische Arten und Linien, die im **Tiefland Taiwans** vertreten sind. So stellt die **endemische Sandlaufkäferart *Cosmodela batesi***, basierend auf nukleärer und mitochondrialer genetischer Information, eine monophyletische Gruppe dar, deren nächste Verwandte im orientalischen Raum beheimatet sind. Eine Besiedlung Taiwans fand mit hoher Wahrscheinlichkeit über das trockengefallene Kontinentalschelf vor etwa 650 000 (± 200 000) Jahren statt (López-López et al. 2015). Ein weiteres Beispiel sind Vertreter der **Fruchtfliegengattung *Drosophila***. Für diese finden wir etliche Beispiele, in denen die Haplotypen Taiwans fast identisch mit solchen aus China sind, was für einen sehr rezenten Austausch spricht. Allerdings wurden auch für mehrere Arten monophyletische Gruppen für Taiwan nachgewiesen, die keine engere genetische Verwandtschaft zu Haplotypen des Festlandes aufweisen und sich folglich über wahrscheinlich mehrere Glazial-Interglazial-Zyklen auf Taiwan entwickelten und teilweise bis zu kryptischen Arten evoluierten, trotz der eiszeitlichen Landbrücken zum Festland (Liu et al. 2015).

Für die **Schwalbenschwänze der Untergattung *Achillides*** kommt mit *Papilio hopponis* eine endemische Art auf Taiwan vor, die sich vermutlich schon im Pliozän von der nächstverwandten Art auf dem chinesischen Festland abgespaltet hat. Auch die taiwanesische Linie von *P. paris* besaß ihren letzten gemeinsamen Vorfahren mit den Vorkommen des Festlands wahrscheinlich im Übergang vom Pliozän zum Pleistozän. Im Gegensatz dazu weisen die Inselpopulationen von *P. bianor* und *P. dialis* die genetischen Linien des nahen China auf. Aus diesen genetischen Daten lässt sich schließen, dass diese Vertreter von *Achillides* sehr unterschiedliche biogeographische Historien aufweisen. Einzelne Vertreter erreichten Taiwan schon vor langer Zeit und sind seitdem hier isoliert, was zu deutlicher genetischer Differenzierung und sogar Artbildung führte. Andere Arten erreichten Taiwan erst rezent, eventuell über das trockengefallene Schelf unter glazialen Bedingungen oder über das Meer, sodass sich diese noch nicht differenzieren konnten. Auffällig ist auf jeden Fall, dass Taiwan für diese Artengruppe über die Zeitachse hinweg ausschließlich als Rezeptor von Immigration diente, nie jedoch nachweislich als Donor für das Festland (Condamine et al. 2013).

Sehr aufschlussreich ist auch eine phylogeographische Arbeit über vier für Taiwan **endemische Fledermausarten**, die alle an Waldhabitate gebunden sind (Kuo et al. 2014). Eine Art, *Murina gracilis*, ist ein **Hochlagenspezialist**, der auf 1400–2700 m NN angetroffen wird. Zwei Taxa (*M. recondita*, *Kerivoula* sp.) sind auf **tiefere Lagen** beschränkt und kommen nicht über 1500 m NN vor. Die vierte Art, *M. puta*, weist **keine Spezialisierung** auf bestimmte Höhenlagen auf. Alle vier Arten besitzen unterschiedliche phylogeographische Muster, basierend auf ein bzw. zwei mitochondrialen Genfragmenten. Die Hochlandart *M. gracilis* teilt sich auf drei genetische Linien auf, die weitgehend auf drei unterschiedliche Gebirgsbereiche beschränkt sind. Auch sprechen mehrere Neutralitätstests zur Analyse der demographischen Struktur für Individuenrückgänge in dieser Art. Diese Ergebnisse sind im Einklang mit der Klimageschichte Taiwans, das im Übergang vom letzten Glazial zum Postglazial eine vertikale Verschiebung der Vegetationszonen um 800 m nach oben bei einer Temperaturanhebung um 5° C zeigt (Huang et al. 1997). Dies führte folglich zu einer Verlagerung der Populationen von *M. gracilis* in höhere Lagen, was mit Arealverlusten und damit einer Verringerung der Individuenzahl einherging. Dieser Prozess ist bis heute in der genetischen Struktur der Art nachweisbar; das Szenario eines Arealverlusts wird zusätzlich durch Nischenmodelle unterstützt.

Für die beiden Tieflandarten wurden keine genetischen Hinweise auf bedeutende demographische Veränderungen zwischen Warm- und Kaltzeiten erhalten. Für den Vertreter der Gattung *Kerivoula* existiert eine große genetische Ähnlichkeit zu einer nah verwandten Art des chinesischen Festlands. Dies ist ein deutlicher Hinweis auf eine rezente Besiedlung Taiwans während des Pleistozäns, eventuell unter Kaltzeitbedingungen über das trockengefallene Schelf hinweg. Ansonsten lassen sich keine deutlichen phylogeographischen Strukturen in dieser Art erkennen, was für eine weitgehende Durchmischung der Populationen Taiwans spricht. Dies stellt sich bei der zweiten Tieflandart *M. recondita* ganz anders dar, denn diese besitzt zwei deutlich voneinander differenzierte genetische Linien, die östlich und westlich des zentralen Hochlandes verbreitet sind. Das spricht für **Differenzierungsprozesse in Allopatrie** auf beiden Seiten dieses Gebirges, vermutlich unter glazialen Bedingungen, und keine postglaziale Vermischung der sich evoluierenden Linien. Ähnliche Muster und somit Prozesse wurden auch für andere Tier- und Pflanzenarten nachgewiesen (Huang et al. 2002, Shih et al. 2006, Jang-Liaw et al. 2008). Bei dieser **Ost-West-Differenzierung** handelt es sich somit vermutlich um ein **paradigmatisches Muster Taiwans**.

Die vierte Fledermausart *M. puta*, die keine Höhenpräferenz aufweist, besitzt eine große Anzahl an Haplotypen ohne die Ausbildung unterschiedlicher genetischer Linien und ohne klare geographische Muster, was für eine intensive Durchmischung der Populationen heute und auch in der Vergangenheit spricht. Das Haplotypennetzwerk weist jedoch mehrere Fälle häufiger zentraler Haplotypen auf, die durch einen Kranz nah verwandter seltener Haplotypen umgeben sind. Dies und verschiedene Neutralitätstests deuten auf eine rezente Expansion der Populationsgröße hin, was mit der postglazialen Entstehung neuer Habitate in höheren Lagen ohne Wegfall in den niedrig gelegenen Bereichen in Einklang steht. Das könnte für Taiwan ein typisches Muster für tropische Arten mit weiten ökologischen Nischen sein.

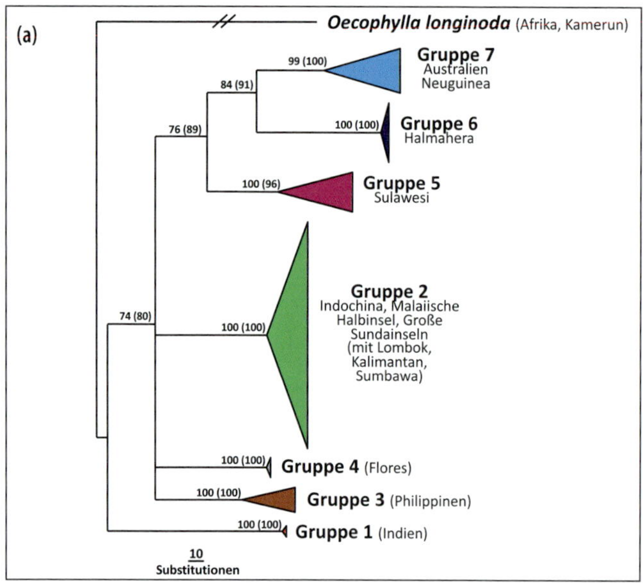

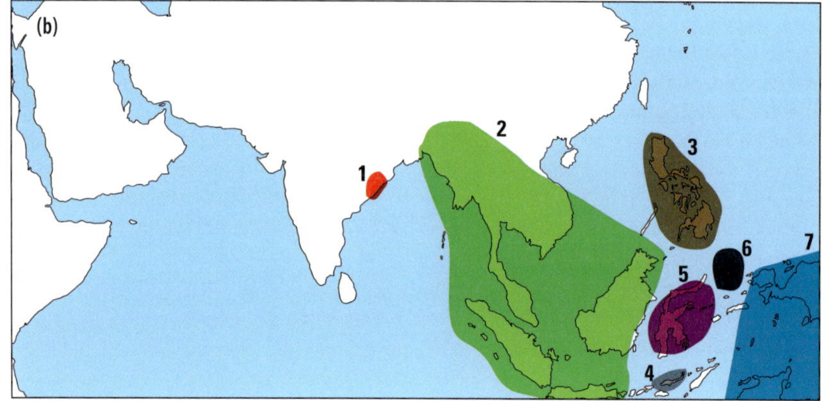

Abb. 6.25 Phylogeographie der Asiatischen Weberameise *(Oecophylla smaragdina)* basierend auf zwei mitochondrialen Genfragmenten (Cyt-b, COI; 1673 bp). (a) *Neighbor-joining*-Phänogramm. Die Werte an den Knoten sind mit zwei Methoden errechnete *bootstrap*-Werte. Die Außengruppe ist *O. longinoda,* die afrikanische Schwesterart. (b) Geographische Verbreitung der sieben Phylogruppen. Abbildung nach Azuma et al. (2006).

6.4 Phylogeographie Südostasiens

Der Südosten Asiens stellt weitgehend das **klassische Bioreich der Orientalis** dar. Dieser Raum wurde bis vor wenigen Jahren noch kaum phylogeographisch untersucht, sodass sich biogeographische Analysen weitgehend auf die Verbreitung von Arten oder auf morphologisch unterscheidbare Unterarten stützen mussten. Seit gut zehn Jahren erscheinen jedoch vermehrt Publikationen, die die Biogeographie dieses Raumes genetisch untersuchen. Aufgrund der Größe des Gebietes gibt es aber noch immer nur wenige Arbeiten, die es als Ganzes bearbeiten.

Eine der aktuell umfänglichsten Arbeiten über diesen Raum ist die Untersuchung der **Asiatischen Weberameise *(Oecophylla smaragdina)***, einer Art feuchter Waldökosysteme, für die zwei mitochondriale Genfragmente analysiert wurden (Azuma et al. 2006). Insgesamt wurden **sieben genetische Linien** mit sehr unterschiedlich großen geographischen Verbreitungen nachgewiesen (Abb. 6.25). Gruppe 1 wurde nur an einer Stelle an der **indischen Ostküste** gefunden, könnte aber in Indien weiter verbreitet

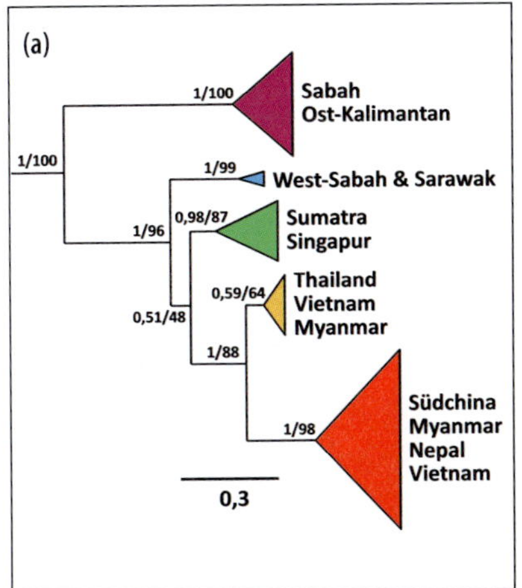

(b)

Abb. 6.26 (a) Phylogenetischer Baum der Dajaldrossel *(Copsychus saularis)*, basierend auf Sequenzen der mitochondrialen Gene COI und ND2. Die Werte an den Verzweigungen geben *Bayesian posterior probabilities* und RAxML-*bootstrap*-Werte an. (b) Die Karte gibt die jeweiligen Regionen an, in denen die unterschiedlichen Linien vorkommen. Abbildung nach Lim et al. (2015).

sein, da aus diesem Land sonst keine Proben untersucht wurden. Gruppe 2 weist die größte geographische Ausdehnung auf, von **Bangladesch im Nordwesten über Indochina bis nach Java und Borneo** im Südosten. Gruppe 3 wurde nur auf den **Philippinen** nachgewiesen. Die folgenden drei Gruppen sind bisher jeweils nur von einer einzigen Insel bekannt: **Flores**, **Sulawesi** und **Halmahera**. Gruppe 7 besitzt mit **Neuguinea und Nordaustralien** wieder eine große geographische Ausdehnung. Das Alter der Aufspaltungen wurde mittels molekularer Uhr für die unterschiedlichen Knoten auf 7,8–3,6 Mio. Jahre geschätzt, die Differenzierung innerhalb der sieben Gruppen, sofern möglich, zwischen 4,7 (Gruppe 7) und 1,6 Mio. Jahre (Gruppe 2).

Die Topologie des Verwandtschaftsdiagramms liefert gute Indizien für die Besiedlungsgeschichte des Raumes, und die rezente Verbreitung der sieben Gruppen lässt sich gut mit den durch die pleistozänen Klimaschwankungen hervorgerufenen naturräumlichen Veränderungen in Einklang bringen. Der älteste Split in der Asiatischen Weberameise fand zwischen Indien und dem Rest des Verbreitungsgebiets statt. Es ist deshalb wahrscheinlich, dass zuerst eine westliche Gruppe in Indien von einer östlichen Gruppe, welche sich in Indochina befunden haben könnte, geographisch getrennt wurde. **Aride Phasen in Südostasien im späten Miozän** könnten für dieses erste Vikarianzereignis verantwortlich sein. Auch für den **Indischen Elefanten *(Elephas maximus)*** wurde eine Auftrennung in zwei unterschiedliche Linien in Indien und Indochina festgestellt (Vidya et al. 2009). Da das Alter der Trennung zwischen diesen Linien auf 1,6–2,1 Mio. Jahre geschätzt wurde, vermuteten die Autoren der Studie, dass diese Differenzierung in zwei Glazialrefugien im Süden der beiden Halbinseln zu Beginn des Pleistozäns einsetzte, also später als bei der Weberameise und durch andere Ursachen. Darüber hinaus nehmen sie an, dass diese Bereiche mehrmals als Überdauerungszentren während des Pleistozäns dienten.

Zurück zur Asiatischen Weberameise. Die Gruppen 2 bis 7 weisen für ihre nächste Differenzierung eine Polytomie in vier Linien auf, was eine weitgehend zeitgleiche Ausbreitung im frühen Pliozän von Sundaland auf die Philippinen, nach Sulawesi und Flores nahelegt. Im späten Pliozän oder frühen Pleistozän erfolgte von Sulawesi ausgehend eine weitere Kolonisierungswelle nach Osten, bei der zum einen **Neuguinea und Australien** (beide waren öfters über den **trockenfallenden Sahul-Schelf** miteinander verbunden, letztmalig während des letzten Glazials) und die Insel Halmahera erreicht wurden. Die zeitliche Reihenfol-

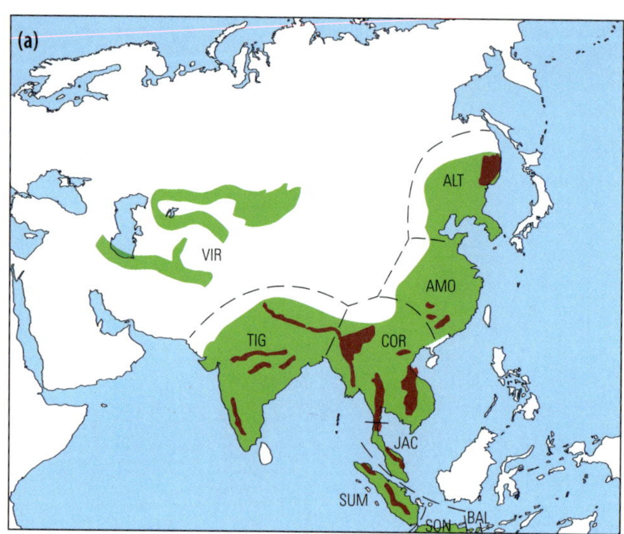

Abb. 6.27 Phylogeographie des Tigers *(Panthera tigris)*. (a) Historische (grün) und rezente Verbreitung (dunkelrot) mit den entsprechenden Unterarten sowie deren ungefähren Grenzen (gestrichelte Linien); Abkürzungen für Unterarten: ALT: *altaica*, AMO: *amoyensis*, BAL: *balica*, COR: *corbetti*, JAC: *jacksoni*, SON: *sondaica*, SUM: *sumatrae*, TIG: *tigris*, VIR: *virgata*. (b) Haplotypennetzwerk, basierend auf über 4000 bp des mitochondrialen Genoms. Abbildung nach Luo et al. (2004).

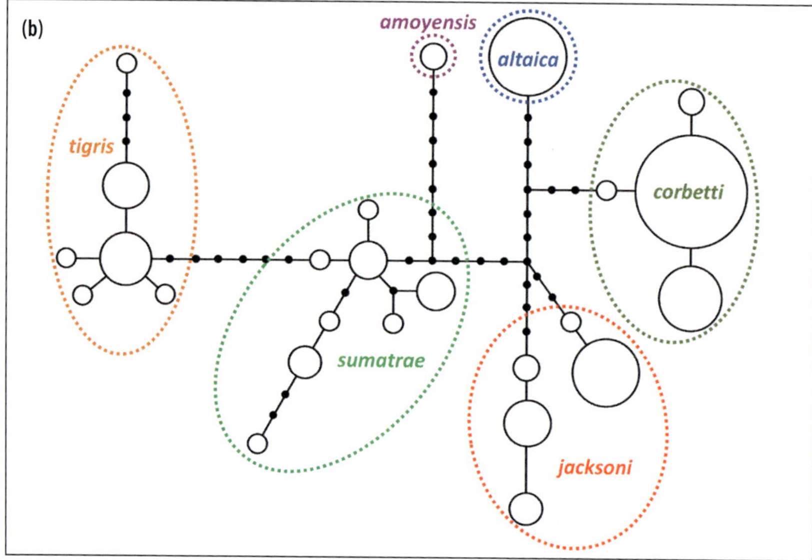

ge dieser Besiedlungen kann aus den vorliegenden Daten nicht abgeleitet werden, jedoch handelte es sich mit hoher Wahrscheinlichkeit um zwei unabhängige Kolonisationsereignisse. Es ergibt sich somit eine eindeutige Besiedlungsrichtung von Nordwesten nach Südosten.

Es sind jedoch auch mehrere Arten bekannt, bei denen sich eine umgekehrte Besiedlungsrichtung aus den phylogeographischen Daten ableiten lässt; so z. B. für die Dajaldrossel *(Copsychus saularis)*. Für diesen Vogel wurden deutliche Differenzierungen auf Borneo nachgewiesen, von diesen leiten sich die Populationen Sumatras ab, die wiederum die Basis für die Populationen bis nach Südchina und Nepal darstellen (Abb. 6.26; Sheldon et al. 2009, Lim et al. 2015). Die **Besiedlungsrichtung verläuft somit in diesem Fall von Südosten nach Nordwesten**. Auch für den Vogelartenkomplex *Alophoixus bres*, *A. ochraceus*, *A. flaveolus* und *A. pallidus* befindet sich der Ursprung auf

Sundaland, von wo aus die Bereiche bis zum Himalaya und nach Südchina unter Evolution eigener Taxa sukzessive besiedelt wurden. Hierbei bildete sich ein **taxonomischer Ring** um das thailändische Tiefland (Fuchs et al. 2015). Zur Problematik von Ringarten sei auf Kap. 7.2.6 verwiesen. Für die Rüsselkäfergattung *Trigonopterus* ergibt sich für diese ganze Gruppe eine von Neuguinea ausgehende Besiedlung nach Nordwesten bis auf die Philippinen und die Großen Sundainseln (Tänzler et al. 2014).

Neben solchen vergleichsweise alten phylogeographischen Mustern, die das Pleistozän deutlich überschreiten, ergeben sich beispielsweise beim **Tiger *(Panthera tigris)*** sehr viel **jüngere biogeographische Strukturen**. Eine umfängliche Analyse verschiedener genetischer Marker über das gesamte Areal ergab eine deutliche Differenzierung (Abb. 6.27). Die zeitliche Schätzung des letzten gemeinsamen Vorfahrens aller Tiger, basierend auf Sequenzierung von über 4 kbp des mitochondrialen Genoms, beläuft sich auf 72 000 bis 108 000 Jahre vor heute (Luo et al. 2004). Der Ausbruch des Vulkans Toba auf Sumatra vor 73 500 Jahren, der allgemein große weltweite Auswirkungen hatte, könnte somit verantwortlich für diesen Flaschenhals gewesen sein. Luo et al. (2004) gehen davon aus, dass Tiger das letzte Glazial im Norden Indochinas und im südlichen China überdauerten und sich anschließend schnell über das heutige Areal ausbreiteten. Hier evoluierten sich, weitgehend erst im Holozän, die verschiedenen Unterarten durch Isolation und unterschiedliche ökologische Bedingungen über das Verbreitungsgebiet. Die indische Halbinsel wurde nach Berechnungen von Luo et al. (2004) beispielsweise erst vor etwa 12 000 Jahren erreicht, was auch mit zuvor fehlenden Fossilbelegen übereinstimmt. Die vorliegenden Daten schließen jedoch nicht aus, dass es, zumindest zwischen einzelnen Unterarten, wie denjenigen in Indochina und Südchina, auch genetische Klinen gab. Diese sind jedoch durch die anthropogene Fragmentierung der Verbreitung heute nicht mehr nachweisbar.

Bemerkenswert ist auch die genetische Differenzierung des Tigers über den **Isthmus von Kra*** hinweg, der zwei unterschiedliche genetische Linien auf der Malaiischen Halbinsel (Unterart *jacksoni*) und in Indochina (Unterart *corbetti*) voneinander trennt. Diese Landenge stellt eine bekannte biogeographische Grenzlinie auf der Art- bzw. Unterartebene dar, beispielsweise für Säuger (Corbett & Hill 1993, Tosi et al. 2002), Vögel (Hughes et al. 2003) und Pflanzen (Woodruff 2003). Auch für drei weitere Katzenarten, die Bengalkatze *(Prionailurus bengalicus)*, die Asiatische Goldkatze *(Pardofelis temminckii)* und die Marmorkatze *(P. marmoratus)*, wurden Differenzierungen über den Isthmus von Kra hinweg nachgewiesen. Diese sind jedoch, geschätzt über die molekulare Uhr, mit 1–3 Mio. Jahren deutlich älter als im Fall des Tigers und reichen eventuell weiter zurück als zum Beginn des Pleistozäns (Luo et al. 2014). Nur für den Leoparden *(Panthera pardus)*, der nach genetischen Untersuchungen Asien aus Afrika kommend erst vor 170 000 bis 300 000 Jahren erreichte, wurde als einzige Katze keine Differenzierung über den Isthmus von Kra nachgewiesen (Uphyrkina et al. 2001). Auch für Fledermäuse der *Rhinolophus-affinis*-Artengruppe wurde keine Differenzierung in dieser Region festgestellt, sondern im Süden der Malaiischen Halbinsel und in Indochina, also mehrere Hundert Kilometer nördlich und südlich des Isthmus von Kra (Ith et al. 2015).

Eine weitere Studie, die die meisten Regionen Südostasiens umfasst und in der die Autoren Teile des mitochondrialen COI-Gens untersuchten, wurde über die **Seidenspinnenart *Nephila pilipes*** publiziert (Su et al. 2007). Diese imposante Spinne ist weit in den tropischen und auch subtropischen Waldökosystemen des südöstlichen Asiens und des nördlichen Australiens verbreitet (Murphy & Murphy 2000). Insgesamt wurden fünf genetische Hauptlinien mit insgesamt 61 unterschiedlichen Haplotypen und sechs weitere, deutlich differenzierte Haplotypen nachgewiesen. Eine der **Hauptlinien** ist weit über den südostasiatischen Bereich von **Nordostindien bis nach Bali** verbreitet. Zwei Linien befinden sich am nördlichen Arealrand, die eine von **Bangladesch bis nach Yunnan**, die andere von **Nordostindien bis nach Taiwan**. Die beiden anderen Linien wurden auf den **Philippinen** nachgewiesen, wobei eine von diesen auch im nordöstlichen Australien festgestellt wurde. Die seltenen differenzierten Haplotypen sind auf **Taiwan**, den **Philippinen** und in **Nordostaustralien** zu finden. Dieses phylogeographische Muster mit einer sehr weit verbreiteten Hauptlinie einer **tropischen Waldart**, die jedoch durch die Fähigkeit der Jungtiere zum **Ballooning*** ein starkes Ausbreitungspotential besitzt, unterstützt klar die Hypothese, dass sich auch unter den generell trockeneren Eiszeitbedingungen in Südostasien ausgedehnte und **zusammenhängende Wälder** befanden. Diese waren vermutlich durchgängig von Seidenspinnen besiedelt. Die geographisch weniger weit verbreiteten Hauptlinien und seltenen Haplotypen am nördlichen und südlichen Rand der aktuellen Verbreitung, also am Übergang der Tropen zu den Subtropen, sprechen jedoch dafür, dass es in diesen Regionen während Glazialen **isolierte Waldrefugien** gab, in denen diese Art ebenfalls überlebte und sich postglazial aus diesen über einen vergleichsweise kleineren Raum ausdehnte. Die Philippinen stellen für *N. pilipes* ein Zentrum genetischer Differenzierung dar, was die Bedeutung dieser Inselgruppe für die Evolution und Biogeographie unterstreicht.

Auch die Vertreter der Steinfruchteichen (Gattung: *Lithocarpus*), typische Vertreter tropischer Regenwälder Südostasiens, besitzen in Indochina und Sundaland eine aufschlussreiche phylogeographische Struktur (Cannon & Manos 2003). Für Chloroplasten-DNA existieren zwei genetische Gruppen, eine weit über das gesamte Untersuchungsgebiet verbreitete Klade und eine auf Borneo beschränkte. Ein ursprünglicher Haplotyp ist mit Abstand der häufigste und über das ganze Untersuchungsgebiet verteilt, die Anzahl der unterschiedlichen Haplotypen ist jedoch im zentralen und nördlichen Borneo am höchsten. Für alle untersuchten Populationen wurden jedoch für diese endemische Haplotypen nachgewiesen. Trotzdem gibt es nur wenige im Haplotypennetzwerk «fehlende» Haplotypen. Das spricht insgesamt sowohl für wenig ausgeprägte Migration als auch für generell niedrige Aussterberaten auf der Ebene der einzelnen Populationen in den verschiedenen Regionen. Für die nukleären Gene zeigte sich eine deutlich geringere geographische Strukturierung. Dies unterstützt die These, dass der durch den mobilen Pollen getragene Genfluss (nukleäre Gene) stärker ausgeprägt ist als der über die weniger ausbreitungsfähigen Samen (Chloroplastengene).

Die genetischen Daten für *Lithocarpus* unterstützen insgesamt eine **kontinuierliche Präsenz tropischer Regenwälder in weiten Teilen Südostasiens**, im Falle der Steinfruchteichen sogar über die gesamte Evolutionsgeschichte der Gattung von etwa 40 Mio. Jahren. Diese Wälder waren entweder über die gesamte Zeit hinweg über den ganzen Raum präsent, oder es müssen zumindest immer bedeutende Regenwaldrefugien sowohl in Indochina als auch auf Borneo existiert haben. Diese müssen auch während der trockensten Perioden des Pleistozäns immer so weit verbreitet gewesen sein, dass der regionale genetische Endemismus über das gesamte Verbreitungsgebiet der Steinfruchteichen erhalten wurde. Südostasien stellt somit, was die räumlich-zeitliche Kontinuität tropischer Regenwälder angeht, womöglich den konstantesten Bereich weltweit dar (vgl. auch die Kapitel über die afrikanischen und südamerikanischen Regenwälder).

Als Beispiel für eine Arealdynamik, die den gesamten Bereich Südostasiens umfasst und die weiter in die Vergangenheit zurückreicht als in den meisten bisher erwähnten Fällen, sei auf die **Schwabenschwanz-Untergattung *Achillides*** verwiesen, für die mehrere mitochondriale und nukleäre Gene sequenziert wurden (Condamine et al. 2013). Die gewonnenen Daten lassen vermuten, dass sich das Entstehungszentrum vor mehr als 20 Mio. Jahren im Bereich der Großen Sundainseln sowie Sulawesi und der Kleinen Sundainseln befand. Im frühen Miozän ergab sich eine erste Aufspaltung in eine westliche **(Große Sundainseln)** und östliche Gruppe **(Wallacea*)**. Letztere breitete sich anschließend (ab dem späten Miozän) ausschließlich weiter nach Osten aus und erreichte über Neuguinea schließlich Nordostaustralien und die Solomonen sowie in einer unabhängigen Expansion Neukaledonien. Die westliche Gruppe breitete sich in ihrer Evolutionsgeschichte aus Sundaland sowohl in östlicher Richtung bis nach Neuguinea und in nördlicher Richtung über Indochina, das spätestens im mittleren Miozän erreicht wurde, nach Indien, China und Japan aus. Hierbei wurde Indien mindestens zweimal zu unterschiedlichen Zeitpunkten vom mittleren Miozän bis zum Pleistozän erreicht. Die klassischerweise als **Orientalis** bezeichnete Region wurde **mehrfach seit dem späten Miozän in nördlicher Richtung verlassen**. Aus diesen Expansionen leiten sich auch zwei unabhängige Besiedlungen Japans im Pliozän und Pleistozän ab. Die beiden Arten der Philippinen erreichten diese Inselgruppe aus unterschiedlichen Richtungen. *P. daedalus* leitet sich vermutlich aus einer Einwanderung im späten Miozän aus Borneo ab, *P. hermeli* von einer Immigration aus Indochina oder Südostchina im späten Miozän oder frühen Pliozän. Die biogeographische Interpretation dieser Schmetterlingsartengruppe zeigt somit die **hohe Dynamik** über die letzten 20 Mio. Jahre, die einen **intensiven Austausch** über den gesamten Süden und Osten Asiens mit der Evolution zahlreicher, oft räumlich eng begrenzter Taxa belegt.

6.4.1 Indien

Die phylogeographische Bearbeitung der Substrukturierung des indischen Subkontinents ist aktuell noch als unbefriedigend zu betrachten, weshalb hier nur auf wenige Beispiele hingewiesen werden kann. Sicher ist, dass Indien nicht nur in häufigem biogeographischem Austausch mit den angrenzenden Regionen und vor allem Indochina stand, sondern, dass hier auch **zahlreiche Radiationen** und somit die Evolution neuer Arten stattfand. Ein Beispiel hierfür ist die **Skinkgattung *Lygosoma***, für die die mitochondrialen Gene 12S und 16S untersucht wurden (Datta-Roy et al. 2014). Auch in diesem Fall liegt das Entstehungszentrum vermutlich im indochinesischen Raum, von wo aus Indien zweimal zu unterschiedlichen Zeiten besiedelt wurde. Aus der ersten Besiedlung resultierte lediglich die Bildung einer einzigen Art, *L. pruthi*. Die zweite Besiedlungswelle war mit einer anschließenden Radiation in Indien und der Evolution von mindestens sechs Arten verbunden. Fünf dieser Arten sind heute nur auf dem indischen Subkontinent zu finden, eine jedoch, *L. albopunctata*, breitete sich nach Abschluss des Artbildungsprozesses wieder in östlicher Richtung nach Indochina aus. Ähnliche phylogeographische Historien wurden für die Skinkgattung *Eutropis* (Datta-Roy et al. 2012) und Vertreter der Süßwassergastropodengattung *Paracrostoma* (Köhler & Glaubrecht 2007) nachgewiesen. Auch Halbfingergeckos der Gattung *Hemidactylus* weisen eine alte Radiation auf dem indischen Subkontinent auf (Bauer & Russel 1995).

In anderen Fällen ist Indien wahrscheinlich das **evolutive Zentrum**, aus dem heraus Expansion in unterschiedliche Richtungen stattfand. Ein Beispiel hierfür ist der **Goldschakal *(Canis aureus)***, der für die mitochondrialen Gene Kontrollregion und Cyt-b in Indien eine hohe Diversität aufweist, in Bulgarien und Israel hingegen keine (Yamnam et al. 2015). Die Verteilung der Haplotypen in Indien ist nicht gleichmäßig, die vorliegenden Daten erlauben jedoch keine

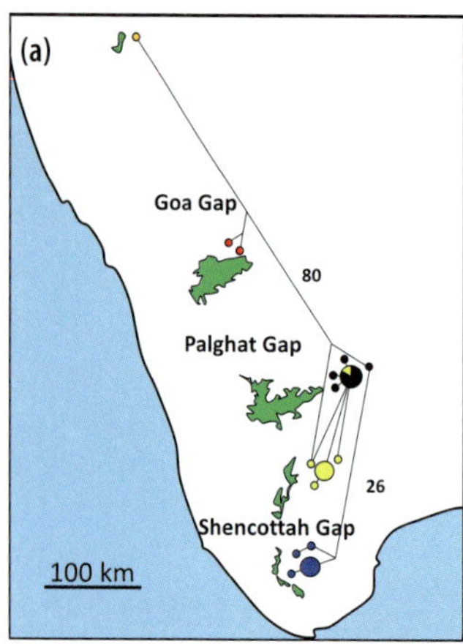

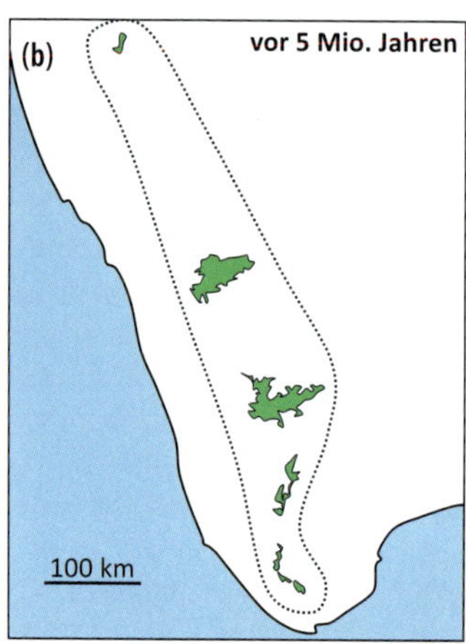

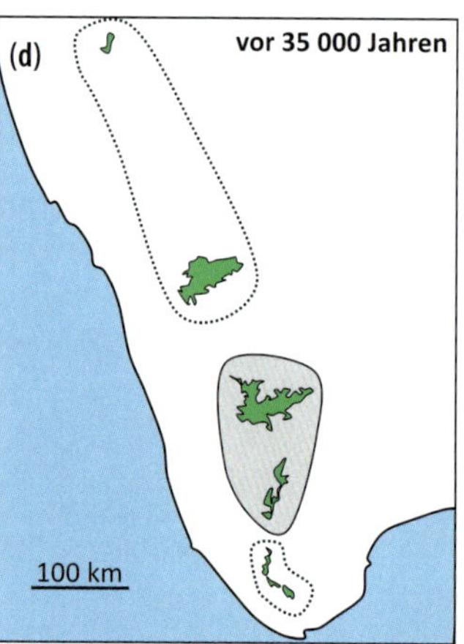

Abb. 6.28 (a) Haplotypennetzwerk des mitochondrialen Cyt-b-Gens (1067 bp) von *Brachypteryx major*, einem Vertreter der Familie der Fliegenschnäpper, mit geographischer Zuordnung der Haplotypen auf unterschiedliche Bergwaldgebiete in den Western Ghats in Südindien. (b–e) Hypothetische evolutionäre Geschichte zu unterschiedlichen Zeitfenstern (b: 5 Mio. Jahre; c: 1,5 Mio. Jahre; d: 35 000 Jahre; e: 20 000 Jahre). Dunkel unterlegte Bereiche geben wahrscheinliche Verbreitungsgebiete zum jeweiligen Zeitfenster wieder, gepunktete Linien stellen eine geringere Sicherheit dar. Abbildung nach Robin et al. (2010).

genaueren Rückschlüsse auf die phylogeographischen Strukturen.

Ein gutes Beispiel für ausgeprägte phylogeographische Strukturen in Indien stellt der zur Familie der **Fliegenschnäpper** zählende ***Brachypteryx major*** dar (Robin et al. 2010). Diese Art, die auf die Bergwälder der **Western Ghats** in Südindien beschränkt ist, zeigt für drei mitochondriale und ein nukleäres Gen deutliche Differenzierungen zwischen den einzelnen Gebirgsstöcken, die jedoch unterschiedlich stark ausgeprägt sind (Abb. 6.28a). Die Autoren der Studie gehen davon aus, dass es vor etwa 5 Mio. Jahren noch ein geschlossenes Verbreitungsgebiet in den Western Ghats gab, das sich über die drei bedeutenden Trennungszonen (Shencottah Gap im Süden, Palghat Gap im Zentrum und Goa Gap im Norden des Gebirgszuges) hinweg erstreckte (Abb. 6.28b). Die starke genetische Trennung in je eine Gruppe nördlich und südlich des Palghat Gaps lässt vermuten, dass beide Regionen seit mindestens 1,5 Mio. Jahren keinen Austausch mehr miteinander besitzen, also die feuchten Wälder seitdem dauerhaft aus diesem Bereich verschwanden. Der Palghat Gap scheint generell im südlichen Indien eine größere biogeographische Bedeutung zu besitzen, denn für die Baumart *Eurya nitida* (Bahulikar et al. 2004) und sogar beim Asiatischen Elefanten *(Elephas maximus)* (Vidya et al. 2005) wurden hier deutliche genetische Diskontinuitäten festgestellt, die aber in diesen beiden Fällen lediglich pleistozänes Alter besitzen dürften.

Auch die Vorkommen von *B. major* in den **Peppara-Bergen** südlich des **Shencottah Gap**, der lediglich eine Breite von 7,5 km aufweist, müssen im Verlauf des Pleistozäns dauerhaft von den anderen Populationen isoliert worden sein (Abb. 6.28). Anders gestaltet sich die Situation zwischen den Gebirgsbereichen von **High Wavies** (gelb dargestellte Haplotypen) und **Anamalai** (schwarz dargestellte Haplotypen), die durch vergleichsweise hochgelegene Bereiche über 1500 m NN miteinander verbunden sind. Beide Gebirgsstöcke besitzen sehr nah miteinander verwandte Haplotypen, die auf rezente Trennung im späten Glazial hinweisen. Der teilweise Besitz von Haplotypen derselben Klade in beiden Bereichen deutet sogar auf Genfluss zwischen diesen im letzten Glazial hin. Auch die Bergregionen auf beiden Seiten des **Goa Gap** besitzen recht ähnliche genetische Linien, weshalb der Austausch zwischen ihnen weniger weit in der Vergangenheit liegen muss als über den Palghat und den Shencottah Gap hinweg.

Interessant ist auch die Biogeographie von **Sri Lanka**, das im Bereich der **Adamsbrücke** lediglich durch 25 km Meer mit zahlreichen Sandinseln von Indien getrennt ist. Da das Meer in diesem Bereich weniger als 10 m tief ist, führten die eiszeitlichen Meeresspiegelabsenkungen regelmäßig zur **landfesten Verbindung** mit dem Festland, die im letzten Glazial eine Breite von 140 km aufwies. Über die letzten 500 000 Jahre war Sri Lanka mehr als die Hälfte der Zeit Teil Indiens und wurde zuletzt vor etwa 10 000 Jahren zur Insel (Rohling et al. 1998). Trotzdem weist Sri Lanka einen hohen Endemitenreichtum auf, der allerdings in der großen Mehrzahl der Fälle auf Vorfahren zurückzuführen ist, die aus dem benachbarten Indien abstammen (Pethiyagoda 2005). Das evolutive Alter der Inseltaxa ist jedoch meist deutlich älter als 0,5 Mio. Jahre (Bossuyt et al. 2004).

Zwei grundlegende Prozesse haben zum Endemitenreichtum Sri Lankas beigetragen. Zum einen ereigneten sich nach Ankunft auf Sri Lanka **Radiationen** mit der Evolution zahlreicher endemischer Arten, wie beispielsweise für die Eidechsengattungen *Ceratophora* (Schulte et al. 2002), *Cnemaspis* (Manamendra-Arachchi et al. 2007, Wickramasinghe & Munindradasa 2007) und *Cyrtodactylus* (Batuwita & Bahir 2005) sowie diverse Gruppen bei den Fröschen (Meegaskumbura et al. 2002, Manamendra-Arachchi & Pethiyagoda 2005). Zum anderen fanden in verschiedenen Gruppen mehrfache Besiedlungen vom indischen Festland nach Sri Lanka statt, die dann aber lediglich zur Evolution einer endemischen Art führten und nicht zu einer Radiation.

Ein Beispiel hierfür sind die **Halbfingergeckos (Gattung *Hemidactylus*)**, für die mindestens sechs Kolonisationsereignisse zu unterschiedlichen Zeitfenstern nachgewiesen wurden. In zwei Fällen *(H. frenatus, H. leschenaultii)* liegt die Besiedlung nicht weit genug in der Vergangenheit, als dass sich endemische Arten hätten evoluieren können. Über eine molekulare Uhr wurde die Besiedlung Sri Lankas auch in diesen Fällen auf die Zeit vor dem Pleistozän geschätzt. Diese Schätzung müsste jedoch durch intensive Untersuchungen auf beiden Seiten der **Palk Straße** überprüft werden. Für die vier auf Artniveau differenzierten Taxa *(H. depressus, H. hunae, H. lankae, H. parvimaculatus)* gehen Bauer et al. (2010) davon aus, dass die Besiedlung Sri Lankas spätestens im Miozän erfolgte. Ähnliche Phänomene wie für die Halbfingergeckos wurden auch für Süßwasserfische und Süßwassergarnelen nachgewiesen (Bossuyt et al. 2004).

Bleibt nun die Frage, warum die häufigen landfesten Verbindungen zwischen Sri Lanka und Südindien nicht dazu führten, dass sich die Inselendemiten auch auf den Kontinent ausbreiteten. In diesem Zusammenhang ist es wesentlich zu wissen, dass sich unter glazialen Bedingungen zwischen den **feuchten Bergregionen Sri Lankas** und den **Western Ghats**, in beiden Bereichen erhielten sich kontinuierlich feuchte Waldhabitate, **vergleichsweise trockene Ebenen** ohne solche Lebensräume erstreckten. Für die Mehrzahl der an feuchte Wälder angepassten Endemiten Sri Lankas dürften diese Bereiche **unüberbrückbare Barrieren** dargestellt haben (Bossuyt et al. 2004). Sri Lanka war für diese Arten während Eiszeiten somit keine Insel im Meer, sondern eine **Feuchtigkeitsinsel in einem ansonsten trockenen Gebiet**. Diese Erklärung gilt jedoch nur für die an Feuchtwälder angepasste Arten und nicht für solche von trockeneren Habitaten, wie Vertreter der Halbfingergeckos, für die der Isolationsgrund auf Sri Lanka unter glazialen Bedingungen nicht bekannt ist.

6.4.2 Indochina

Wie Indien, so ist auch Indochina (hier aufgefasst als Myanmar, Thailand, beide ohne ihre südlichsten Landesteile, welche zur Malaiischen Halbinsel gehören, Kambodscha, Laos und Vietnam) phylogeographisch nicht gut erforscht. Die vorliegenden Arbeiten weisen unterschiedliche biogeographische Muster auf, die sich schwerlich auf Paradigmen reduzieren lassen. Ein einfaches Muster zeigt die **Hundertfüßlerart *Scolopendra dehaani*** (Siriwut et al. 2015). Basierend auf Sequenzen von drei mitochondrialen Genfragmenten wurden **drei genetische Linien** unterschieden, eine im westlichen Thailand, eine zweite im östlichen Thailand, nördlichen Kambodscha und Laos und eine dritte auf der Malaiischen Halbinsel. Letztere wurde auch im Küstenbereich des Grenzgebietes zwischen Thailand und Kambodscha nachgewiesen (Abb. 6.29a). Diese Disjunktion lässt sich eventuell durch eine früher weitere Verbreitung erklären. Der Golf von Thailand, der heute beide Teilareale voneinander trennt, ist so flach, dass er durch eiszeitliche Meeresspiegelschwankungen weitgehend trockenfällt. Es ist deshalb recht wahrscheinlich, dass eiszeitliche Vorkommen der südlichen Linie im Bereich des Golfs von Thailand diese Disjunktion aufhoben und die geographische Trennung in dieser Linie eventuell ein lediglich postglaziales Phänomen ist.

Die meisten anderen von Siriwut et al. (2015) untersuchten Hundertfüßler aus der Verwandtschaftsgruppe von *S. dehaani* besitzen **kleinräumigere phylogeographische Muster**. So weist *S. morsitans* zwei Linien in Thailand auf, eine im südlichen und östlichen Flachland verbreitete mit geringer interner Differenzierung zwischen den fünf untersuchten Populationen und eine zweite im nordwestlichen Bergland, in der sich deutliche Unterschiede zwischen den Haplotypen der beiden untersuchten Populationen zeigen (Abb. 6.29b). Eine ähnliche phylogeographische Struktur ergibt sich für die beiden Geschwisterarten *S. dawydoffi* und *S. japonica*. Während die genetischen Unterschiede zwischen den drei Populationen von *S. dawydoffi* aus dem thailändischen Tiefland nur geringfügige Unterschiede zueinander aufweisen, so wurden deutlich stärkere Differenzierungen zwischen den beiden *Scolopendra-japonica*-Populationen aus dem Bergland von Nordlaos nachgewiesen.

Der in den Berggebieten West- und Nordthailands und Nordlaos untersuchte *S. pinguis* besitzt in dieser Region eine Differenzierung in **fünf genetische Linien**, die alle auf **geographisch begrenzte Bergregionen** beschränkt sind und außerdem eine deutliche Differenzierung zwischen den Populationen in den Linien aufweisen (Abb. 6.29c). Die gesamten von Siriwut et al. (2015) über verschiedene Arten der Gattung *Scolopendra* vorgestellten Ergebnisse ergeben keine repetitiven phylogeographischen Muster. Sie stellen jedoch die flachen Regionen Indochinas mit nur geringen genetischen Differenzierungen über den Raum den Bergländern gegenüber, die deutlich kleinteiligere und ältere genetische Muster aufweisen. Folglich stellten die **Flachländer wohl langfristig konstante Lebensräume** ohne die Ausbildung unterschiedlicher Rückzugsräume und späterer Ausdehnung aus diesen dar. Die **starke räumliche Strukturierung der Bergregionen** durch das dortige Relief führte hingegen zu einer deutlichen **Einschränkung des**

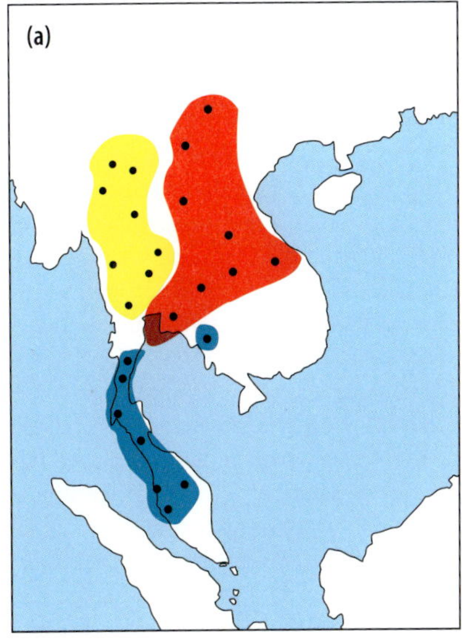

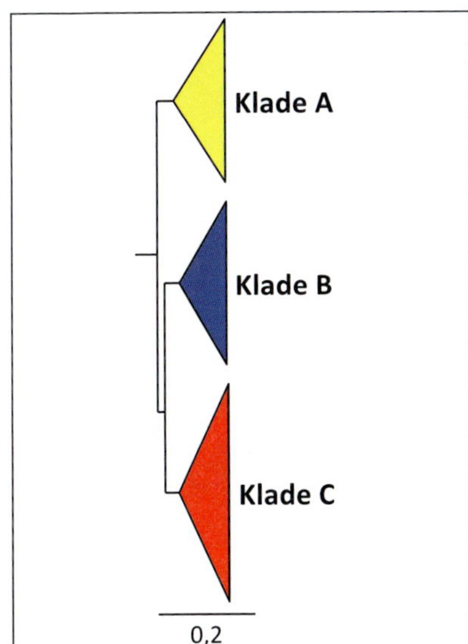

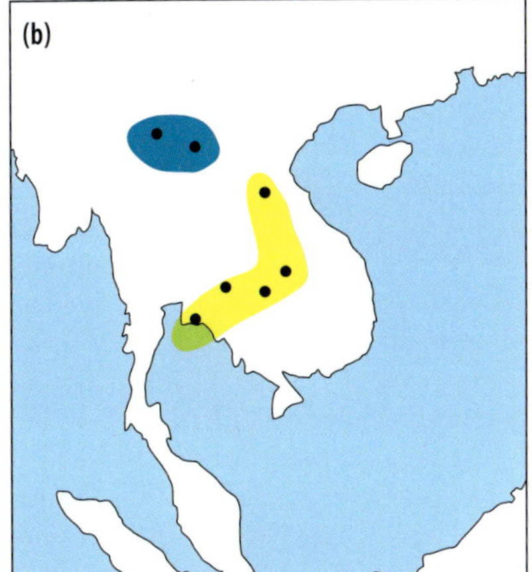

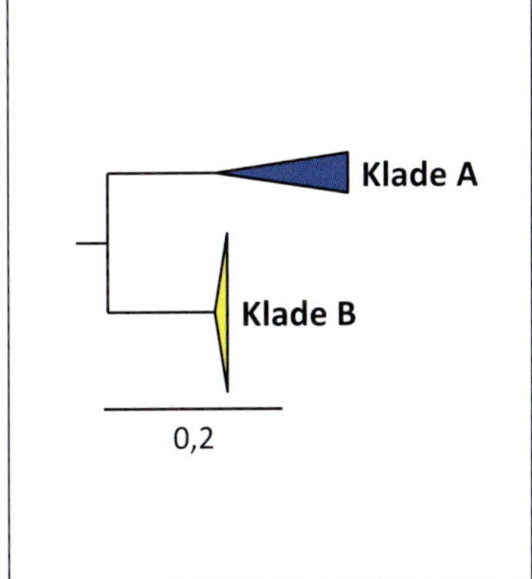

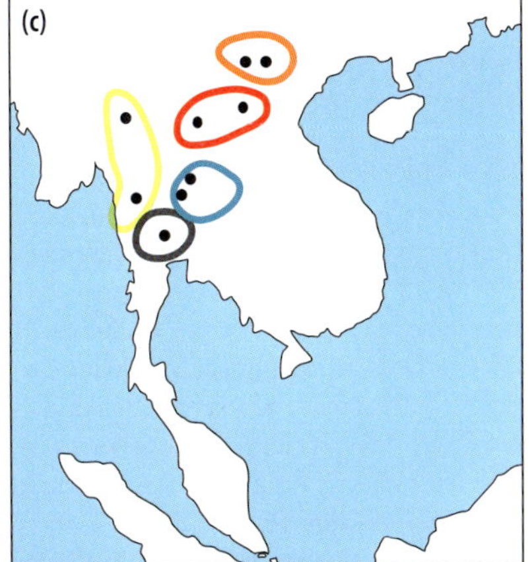

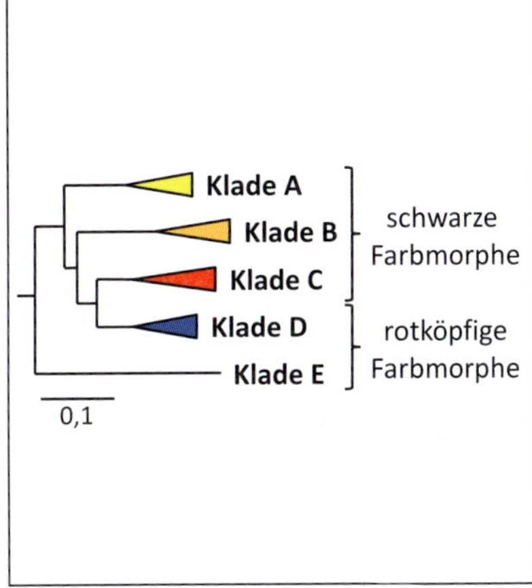

Abb. 6.29 Phylogeographie von drei Hundertfüßlerarten, basierend auf Sequenzen der Genfragmente von COI, 16S und 28S. (a) *Scolopendra dehaani* besitzt in Südostasien drei genetische Linien mit parapatrischen Verbreitungen. (b) *S. morsitans* hat zwei genetische Linien in Thailand, von denen die nördliche viel tiefere Divergenzen zwischen den Populationen aufweist als die südliche. (c) *S. pinguis* weist mehr genetische Linien und ein kleinräumigeres genetisches Muster auf als die beiden anderen Arten. Schwarze Punkte in den Karten stellen eine Auswahl von Sammelstellen dar. Abbildung nach Siriwut et al. (2015).

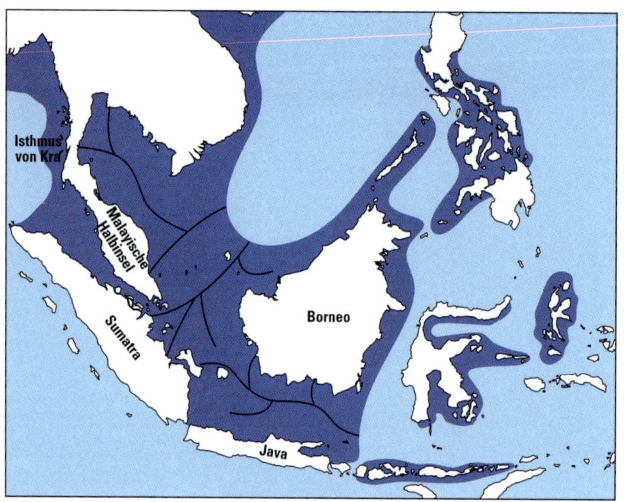

Abb. 6.30 Landkarte Südostasiens unter eiszeitlichen Bedingungen. Bedingt durch eustatische Meeresspiegelabsenkung fällt der gesamte Sundaschelf trocken (dunkelblaue Flächen) und ist von großen Flusssystemen (schwarze Linien) durchzogen. Abbildung nach Sathiamurthy & Voris (2006) und Leonard et al. (2015).

Genflusses und zur Evolution von regionalen (und teilweise wohl sogar lokalen; vgl. *S. pinguis*) genetischen Linien. Wegen der vergleichsweise geringfügigen horizontalen Arealverschiebungen durch Klimaschwankungen in diesem Raum sind diese Linien jedoch weitgehend Phänomene regionaler und lokaler Differenzierung ohne starke geographische Ausdehnung aus diesen Zentren heraus, bei denen es sich sogar in den meisten Fällen um ihre **Entstehungszentren** selbst handeln dürfte.

Auch für *Sasia ochracea*, einem Vertreter der Mausspechte, wurde eine deutliche Differenzierung in fünf genetische Linien, basierend auf Sequenzen des mitochondrialen ND2-Gens, nachgewiesen, deren Alter auf etwa 400 000 Jahre geschätzt wurde (Fuchs et al. 2008). Für diese Art unterscheiden sich die Populationen Myanmars bis ins nordöstliche Indien deutlich von solchen in Nordthailand, Nordlaos, Nordvietnam und dem angrenzenden Südchina. Auch die Randpopulationen der Verbreitung in Südwestthailand und Südvietnam stellen jeweils eigene genetische Linien dar, genau wie diejenigen von Nepal bis ins indische Westbengalen. Da *S. ochracea* eine Waldart ist, die zusätzlich eine deutliche Bindung an Bambusdickichte besitzt (Winkler et al. 1995), könnte die beobachtete Differenzierung in fünf Linien mit eiszeitlichen Rückzügen der **feuchten Wälder** Indochinas auf **unterschiedliche Refugialbereiche** zu erklären sein. Dies trifft vor allem für den Norden des Gebiets zu, was in Einklang mit den oben dargestellten phylogeographischen Strukturen von *Nephila pilipes* steht (Su et al. 2007). Auch die genetische Struktur der Fledermäuse der *Rhinolophus-affinis*-Artengruppe in Indochina könnte ähnliche Ursachen besitzen (Ith et al. 2015).

Kleinräumige Differenzierungsmuster in Indochina wurden zum Beispiel für die semiaquatische **Mekong-Schlammschlange *(Enhydris subtaeniata)*** entlang des Mekong-Entwässerungssystems nachgewiesen. Die auf Sequenzierung dreier mitochondrialer Genfragmente beruhenden Daten lassen vermuten, dass die **Veränderungen in den Abflusssystemen** Indochinas im Pleistozän zu unterschiedlichen Isolationen und damit Differenzierungen zwischen den Populationen führten (Lukoschek et al. 2011). Eine sehr alte genetische Differenzierung besitzt die **Laotische Felsenratte *(Laonastes aenigmamus)***, ein lebendes Fossil, das nur in ganz wenigen Karstregionen von Südlaos und im angrenzenden Vietnam anzutreffen ist und überhaupt erst im Jahr 2005 beschrieben wurde. Für diese Art wiesen Le et al. (2015) die Existenz von drei Cyt-b-Linien nach, deren letzter gemeinsamer Vorfahre vermutlich vor etwa 12 Mio. Jahren lebte, also im mittleren Miozän. Dieser urtümliche Nager konserviert somit in seinen **Reliktvorkommen** alte genetische Strukturen.

6.4.3 Sundaland

Sundaland, also die Landflächen um den **Sundaschelf** herum, hierzu werden meist die Malaiische Halbinsel, Sumatra, Borneo, Java und die weiteren kleineren Inseln in diesem Gebiet gezählt, stellt einen der wichtigsten Biodiversitätshotspots der Welt dar (Myers et al. 2000). Da der Sundaschelf insgesamt sehr flach ist, fällt er unter eiszeitlichen Bedingungen durch **eustatische Meeresspiegelschwankung** komplett trocken, sodass wiederholt eine **große zusammenhängende Landmasse** entstand, die von ausgedehnten Flusssystemen durchzogen war (Abb. 6.30; Heaney 1991, Sathiamurthy & Voris 2006). Somit bestand bis vor gut 10000 Jahren für terrestrische Arten, zumindest theoretisch, die Möglichkeit zur Dispersion und zum Genfluss über die gesamte Region. Klimatische Rekonstruktionen lassen vermuten, dass sowohl die Bergwälder als auch die Tieflandregenwälder unter glazialen Bedingungen größere geographische Ausdehnungen hatten als unter Warmzeitbedingungen (Cannon et al. 2009). Trotzdem wird davon ausgegangen, dass die **glazialen Landbrücken** ein deutlich trockeneres Klima aufwiesen als die bergigen Regionen der heutigen Inseln und Halbinseln und deshalb, zumindest teilweise, von **Savannen** oder sogar **baumfreien Grasländern** bedeckt waren (Heaney 1991, Meijaard 2003, Bird et al. 2005, Wurster et al. 2010). In diesem Fall wären Regenwaldarten auch unter glazialen Bedingungen nicht zu einem Austausch über den Sundaschelf in der Lage und die Trennung der Populationen zwischen den Inseln und der Malaiischen Halbinsel müsste somit älter als das Pleistozän sein. Alternativ wäre für solche Arten auch ein Genfluss entlang der **Galeriewälder** der alten Flusssysteme auf dem Sundaschelf denkbar (Heaney 1991, Voris 2000), was wegen der Lage der Abflusssysteme vor allem zu einem Austausch zwischen Sumatra und Borneo führen müsste (Abb. 6.30).

Um diese Fragen zu beantworten, trugen Leonard et al. (2015) alle verfügbaren phylogeographischen Daten über Wirbeltierarten des Regenwaldes dieser Region zusammen. Von den 29 einbezogenen Beispielen konnte für zwei Arten keine Datierung vorgenommen werden und sechs weitere besaßen nicht aufgelöste Verwandtschaftsverhältnisse. Von den verbleibenden 21 Fällen (ausschließlich Säugetiere und Vögel) wiesen fünf keine geographische Struktur auf: das **Bartschwein *(Sus barbatus)*** (Larson et al. 2007), der Dschungelzwergfischer *(Ceyx erithaca)* (Lim et al. 2010), der Rothauben-Bartvogel *(Megalaima rafflesii)* (Den Tex & Leonard 2013), der Malaienfächerschwanz *(Rhipidura javanica)* (Lohmann et al. 2010) und der Rotschwanz-Schneidervogel *(Orthotomus sericeus)* (Lim et al. 2011). Für diese Arten muss folglich davon ausgegangen werden, dass die **Habitate des trockengefallenen Sundaschelfs keine Dispersionsbarrieren** darstellten, sondern genetischer Austausch bis ins späte Pleistozän stattfand und somit die Bildung regionaler genetischer Linien verhinderte. Eine solche Annahme wird etwa für das Bartschwein durch die ausgedehnten Wanderungen dieser Art deutlich unterstützt. Für die verbleibenden 16 Beispiele ist in fast allen Fällen der **Split zwischen Borneo auf der einen Seite und Sumatra und der Malaiischen Halbinsel auf der anderen deutlich älter als derjenige zwischen Sumatra und der Malaiischen Halbinsel** (Leonard et al. 2015). Nur für die Südasiatische Langschwanz-Riesenratte *(Leopoldamys sabanus)* (Gorog et al. 2004) war das Alter der beiden Splits mit 2,29 und 2,24 Mio. Jahren fast identisch. Insgesamt lebte der letzte gemeinsame Vorfahre der Populationen auf Borneo mit denjenigen von

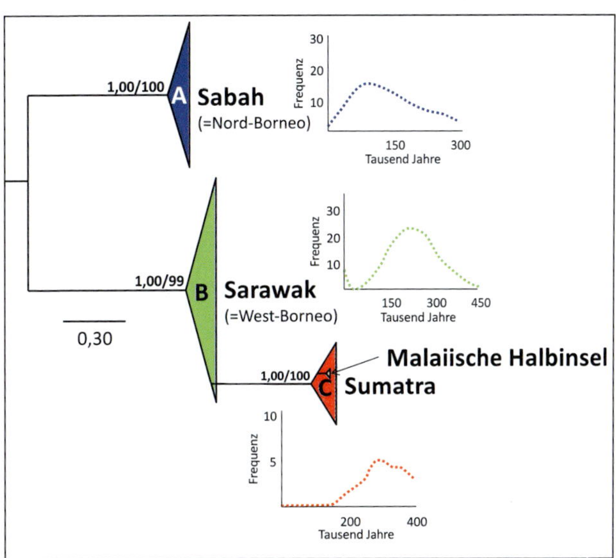

Abb. 6.31 Differenzierung der Kurzschwanz-Timalie *(Malacocincla malaccensis)* in Sundaland, basierend auf den mitochondrialen Genen Cyt-b und ND2. Linie A wurde nur in Sabah (Nord-Borneo), Linie B nur in Sarawak (West-Borneo) nachgewiesen. Linie C wurde sowohl auf der Malaiischen Halbinsel als auch auf Sumatra festgestellt. Werte an den Verzweigungspunkten stellen *Bayesian posterior probabilities* und *bootstrap*-Werte von 100 ML-Pseudoreplikaten dar. Die *mismatch distributions* weisen auf unterschiedliche Alter der drei Linien hin. Abbildung nach Lim et al. (2011).

Sumatra und der Malaiischen Halbinsel im Pleistozän, nur in drei Fällen im Pliozän oder im Übergang zwischen Pleistozän und Pliozän: die Timalienart *Stachyris erythroptera*: 3,9 Mio. Jahre (Lim et al. 2011), der Fleckenmusang *(Paradoxurus hermaphroditus)*: 3,4 Mio. Jahre (Patou et al. 2010) und die Kurzschwanz-Timalie *(Malacocincla malaccensis)*: 2,55 Mio. Jahre (Abb. 6.31; Lim et al. 2011). Auch für *Shorea parvifolia*, einem Vertreter der Flügelfruchtgewächse, der zu den am weitesten verbreiteten Regenwaldbäumen Südostasiens zählt, wurde für fünf nukleäre Gene eine deutliche Trennung in eine Gruppe der Malaiischen Halbinsel und Sumatras sowie eine Gruppe Borneos nachgewiesen. Nach Kalibrierung über eine molekulare Uhr begannen sich diese im frühen oder mittleren Pleistozän (2,6–0,7 Mio. Jahre) voneinander zu differenzieren. Dennoch wurden in einer Population auf Borneo fast in der Hälfte der Individuen Haplotypen der Sumatra-Malaiische-Halbinsel-Linie gefunden. Auch eine der Sumatrapopulationen besaß etwa ein Viertel der Individuen mit typischen Borneo-Haplotypen, sodass von einem, wahrscheinlich nur geringfügigen, genetischen Austausch im mittleren und späten Pleistozän auszugehen ist (Iwanaga et al. 2012). Diese Daten belegen insgesamt, dass die **eiszeitlichen Habitate auf dem Sundaschelf für viele Regenwaldarten keine günstigen Lebensbedingungen** aufwiesen, sie jedoch in den meisten Fällen auch keine gänzlich unpassierbaren Barrieren darstellten, sodass zu unterschiedlichen Eiszeiten immer wieder ein Austausch zwischen Borneo und dem restlichen Sundaland stattfand.

Eine noch ältere Differenzierung zwischen Borneo und Sumatra wurde für den **Orang-Utan** festgestellt, weshalb dieser von einigen Autoren sogar als zwei unterschiedliche Arten (Borneo: *Pongus pygmaeus*; Sumatra: *Pongus abelii*) angesehen wird (z. B. Groves 2001). In einer Metaanalyse fasste Steiper (2006) alle zum damaligen Zeitpunkt existierenden phylogeographischen Arbeiten über Orang-Utans zusammen. Hierbei stellen Borneo und Sumatra entweder reziproke Monophyla dar (16S, ND5), die Differenzierungen in Sumatra sind älter als die Abspaltung der Borneo-Linie (vier Genorte), oder Borneo und Sumatra sind beide nicht monophyletisch (Xq13.3). Insgesamt weist Sumatra eine stärkere genetische Differenzierung zwischen Orang-Utans auf als Borneo. Eine Kalibrierung der Trennung beider Linien über eine molekulare Uhr ergab ein geschätztes Alter von 2,7–5 Mio. Jahre. Paarweise *mismatch*-Analysen deuten auf eine rezente Populationsexpansion auf Borneo hin (64 000–39 000 Jahre vor heute), die Sumatra-Populationen waren hingehen über die Zeit hinweg weitgehend stabil. Diese Daten deuten allgemein darauf hin, dass die klimatischen Änderungen über das gesamte Pleistozän keinen wesentlichen Einfluss auf die Orang-Utan-Populationen besaßen und dass sowohl das Meer als auch die Habitate des trockengefallenen Sundaschelfs unter Kaltzeitbedingungen unüberwindbare Barrieren darstellten. Die seltenen Fälle des Auftretens von Borneo-Haplotypen auf Sumatra weisen auf einen sehr rezenten Austausch zwischen den Inseln hin. Dieser ist jedoch wahrscheinlich nicht auf eigenständige Ausbreitungen der Tiere zurückzuführen, sondern vermutlich ausschließlich durch menschliche Verschleppung verursacht.

Zwischen Sumatra und der Malaiischen Halbinsel war kein Split älter als das Pleistozän, und neben *L. sabanus* wurde nur eine weitere Differenzierung auf mehr als 1. Mio. Jahre geschätzt (*P. hermaphroditus*: 1,95 Mio. Jahre (Patou et al. 2010)). Das Alter der Differenzierung der Roten Rajah-Ratte *(Maxomys surifer)* wurde auf 0,94 Mio. Jahre taxiert (Gorog et al. 2004). Von den verbleibenden Fällen besaß keiner eine Differenzierung, die älter als das vorletzte Glazial wäre. So weisen fünf Singvogelarten keine geographische Struktur auf, die Nagerart *Maxomys whiteheadi* und zwei Spechtvögel (*Megalaima henricii*, *M. australis*) besaßen ihren letzten gemeinsamen Vorfahren im letzten Glazial, die Nagerart *Maxomys rajah* und der Spechtvogel *Megalaima chrysopogon* im letzten Interglazial und die Singvogelart *Stachyris poliocephala* im vorletzten Glazial (Leonard et al. 2015). Auch die Regenwaldbaumart *Shorea parvifolia* weist keine genetische Differenzierung zwischen diesen beiden Regionen auf (Iwanaga et al. 2012). Folglich gab es während des letzten, zumindest jedoch während des vorletzten Glazials für die meisten Regenwaldarten einen **Austausch zwischen Sumatra und der Malaiischen Halbinsel**. Da jedoch die **Straße von Malakka** teilweise nur 50 km breit ist und an ihrem Südostende in eine Zone von zahlreichen Inseln übergeht, die zwischen der Südspitze der Malaiischen Halbinsel und Sumatra liegen, ist unter eiszeitlichen Bedingungen zumindest die Ausbildung von **Regenwaldkorridoren** zwischen beiden Bereichen wahrscheinlich. Dies würde die meist geringfügigen oder sogar fehlenden Differenzierungen in diesem Raum erklären.

Diese Daten sprechen auch dafür, dass **Galeriewälder** entlang der Abflusssysteme des Sundaschelfs **keine große Bedeutung als Migrationskorridore für Regenwaldarten** dargestellt haben können, da anderenfalls ein stärkerer Austausch auch zwischen Borneo und Sumatra zu erwarten wäre. Anders stellt sich dieser Sachverhalt für Fische dar, deren phylogeographisches Muster durch die alten Abflusssysteme auf dem Sundaschelf maßgeblich beeinflusst worden sein sollten, wie z. B. für den Gestreiften Schlangenkopffisch *(Channa striata)* gezeigt werden konnte (Tan et al. 2012).

Neben Differenzierungen zwischen den Insel und der Malaiischen Halbinsel wurden auch deutliche **phylogeographische Strukturen auf den einzelnen Inseln** nachgewiesen. In dieser Hinsicht ist die Erforschung des Raumes jedoch noch dürftig, sodass hier nur vorläufige Aussagen getroffen werden können. Vor allem für **Borneo** wurden für unterschiedliche Arten teilweise deutliche Splits festgestellt, die in ihrer Entstehung häufig älter als das Pleistozän sind. Eines dieser Beispiele ist die Kurzschwanz-Timalie *(Malacocincla malaccensis)*. Für diese Art wurde basierend auf zwei mitochondrialen Genen zwischen **Sabah** (Nord-Borneo) und **Sarawak** (West-Borneo) eine ins Pliozän zurückreichende Divergenz nachgewiesen (Abb. 6.31; Lim et al. 2011). Ein ähnliches Muster deutet sich für den Gestreiften Schlangenkopffisch *(Channa striata)* an (Tan et al. 2012). Die *mismatch distributions* für die Kurzschwanz-Timalie unterstützen über die Zeit stabile Populationen in Sarawak, sprechen aber für deutliche Populationsschwankungen in Sabah.

Eine Differenzierung in eine westliche und östliche Linie auf Borneo, die wahrscheinlich bis ins frühe Pleistozän zurückreicht, wurde beispielsweise für die Dajaldrossel *(Copsychus saularis)*, basierend auf zwei mitochondrialen Genfragmenten, nachgewiesen (Sheldon et al. 2009). Diese beiden genetischen Linien stellen auch zwei durch die Gefiederfärbung unterschiedene Unterartenkomplexe dar. Während die östliche Gruppe nur in Ost-Borneo nachgewiesen wurde (morphologisch ähnliche Populationen befinden sich im östlichen Java), so steht die westliche Gruppe Populationen von Sumatra und der Malaiischen Halbinsel genetisch nah. Somit fand zuerst eine Differenzierung auf Borneo statt, während die sich hierbei evoluierende westliche Linie sich später weiter nach Westen ausbreitete. Andererseits wurde beispielsweise für den Weißkehl-Spinnenjäger *(Arachnothera longirostris)*, einen Vertreter der Nektarvögel, keine phylogeographischen Muster auf Borneo nachgewiesen (Lim et al. 2011).

Interessant ist auch die phylogeographische Stellung **Javas**. Aufgrund ihrer geographischen Lage in der östlichen Verlängerung von Sumatra und von diesem nur durch ein etwa 30 km flaches Meer getrennt, würde man annehmen, dass große phylogeographische Übereinstimmungen mit Sumatra existieren. Eine solche wurde auch in einigen Fällen nachgewiesen, so z. B. für den Fleckenmusang (Patou et al.

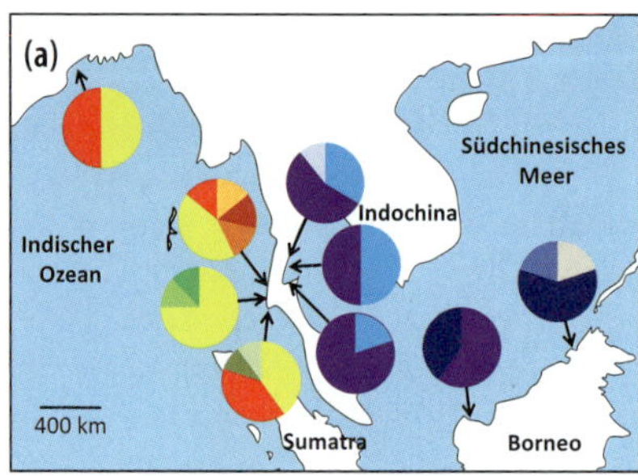

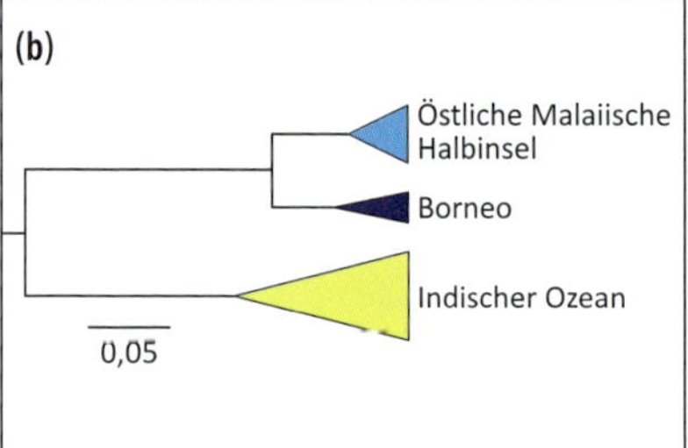

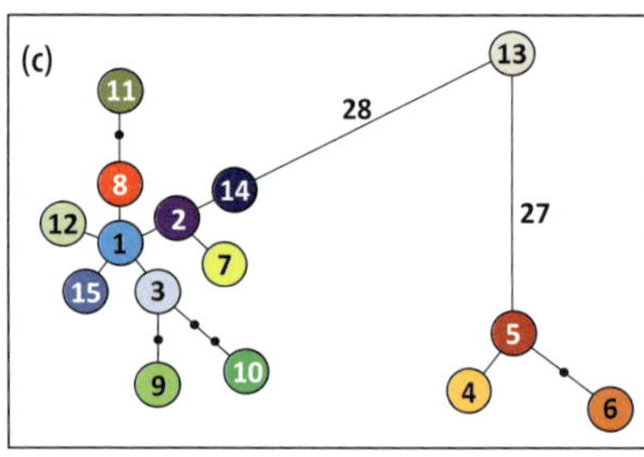

Abb. 6.32 Phylogeographie der Gespornten Mangrove *(Ceriops tagal)*, basierend auf den Choroplastengenen atpB-rbcL und trnL-trnF (1183 bp). (a) Geographische Verteilung der 15 unterschiedlichen Haplotypen, (b) UPGMA-Phänogramm, basierend auf G_{ST}-Differenzen, (c) Haplotypennetzwerk. Abbildung nach Liao et al. (2007).

2010) und die Rote Rajah-Ratte (Gorog et al. 2004). In der Mehrzahl der Beispiele trifft dies jedoch nicht zu. Für die drei Vogelarten *Enicurus leschenaulti*, *Arachnothera longirostris* und *Pteruthius flaviscapis* besaß Java deutlich gegenüber der Malaiischen Halbinsel, Sumatra und Borneo **differenzierte Populationen** (Moyle et al. 2005, Reddy 2008, Lohmann et al. 2010). Für die Bartvogelart *Megalaima australis* wurde sogar eine reziproke Monophylie zwischen Java einschließlich des östlich gelegenen Bali und dem restlichen Sundaland nachgewiesen (Den Tex & Leonard 2013). Zwei weitere Bartvogelarten *(M. henricii, M. chrysopogon)* besitzen auf Java (und Bali) mit *M. armillaris* und *M. corvine* endemische Schwesterarten (Den Tex & Leonard 2013). Für die Würgertimalien (Gattung *Pteruthius*) ist zwar die artliche Stellung der Populationen auf Java ungelöst, sie unterscheiden sich jedoch deutlich von denjenigen Sumatras, Borneos und der Malaiischen Halbinsel (Rheindt & Eaton 2009).

Diese phylogeographischen Ergebnisse stimmen folglich mit der allgemeinen biogeographischen Erkenntnis überein, dass **Java weniger Arten** besitzt als das benachbarte, aber größere Sumatra, dennoch aber der **Anteil an Endemiten in Java höher ist** (MacKinnon & Phillips 1993). Aufgrund des **trockeneren Klimas** und der dadurch bedingten Unterschiede der Vegetation Javas (Wilting et al. 2012), die teilweise aus **natürlichen Grasländern** besteht (Heaney 1991), fehlen viele ansonsten in Sundaland weit verbreitete Waldbewohner, wie beispielsweise die Hörnchengattung *Sundasciurus* (Thorington et al. 2012). Somit könnten die Waldarten Javas auch unter glazialen Bedingungen durch die Ausbreitung von Savannen effizient am Austausch mit dem geographisch benachbarten Sumatra ge-

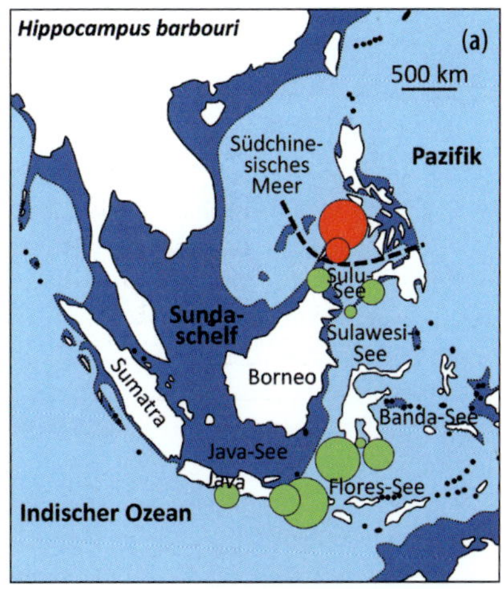

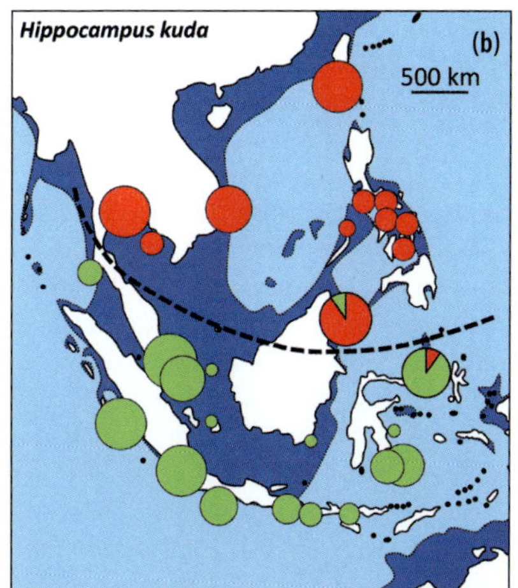

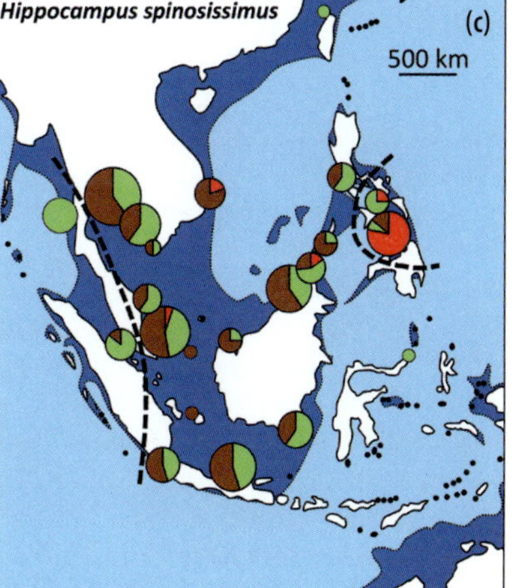

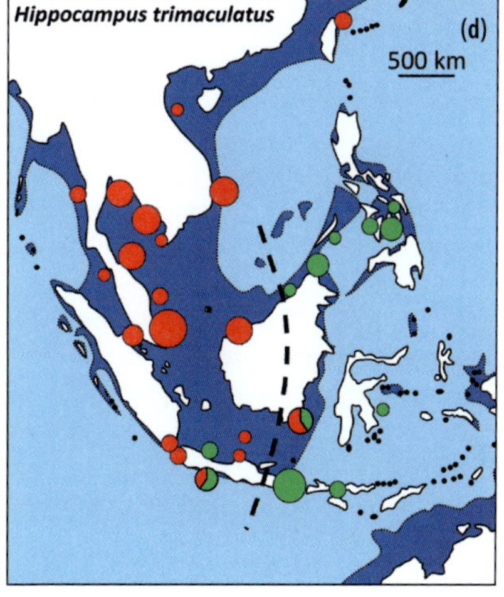

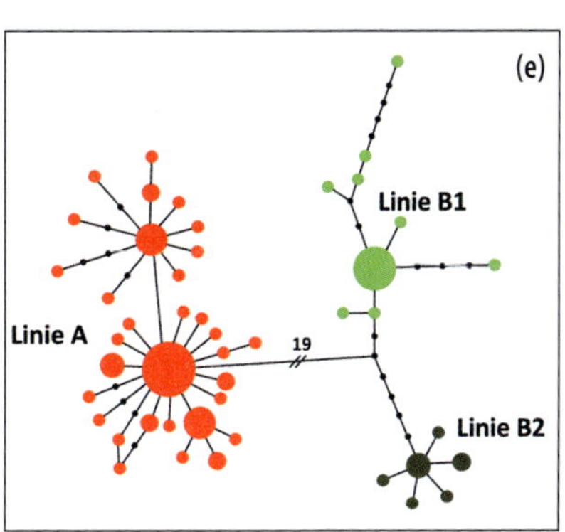

Abb. 6.33 Phylogeographie von vier Seepferdchenarten in Südostasien, basierend auf Sequenzanalysen des mitochondrialen Gens Cyt-b (688–696 bp). Geographische Verteilung der genetischen Linien von (a) *Hippocampus barbouri,* (b) *H. kuda,* (c) *H. spinosissimus,* (d) *H. trimaculatus* (Linien B1 und B2 zusammengefasst) und (e) dessen Haplotypennetzwerk. Die Schelfbereiche sind dunkelblau dargestellt. Abbildung nach Louri & Vincent (2004) und Louri et al. (2005).

hindert worden sein.

Das Trockenfallen des Sundaschelfs unter glazialen Bedingungen hatte natürlich gravierende Auswirkungen auf die küstenbegleitenden **Mangrovenwälder***. Sequenzierung von zwei Genfragmenten des Chloroplastengenoms der Gespornten Mangrove *(Ceriops tagal)* ergaben 15 unterschiedliche Haplotypen, von denen sechs nur im Bereich des **Südchinesischen Meeres** (Ostküste der Malaiischen Halbinsel, Nordwestküste Borneos) und neun ausschließlich in der **Andamanensee** und im **Golf von Bengalen** nachgewiesen wurden (Abb. 6.32; Liao et al. 2007). Dieses eindeutige phylogeographische Muster lässt den Schluss zu, dass die Gespornte Mangrove im letzten Glazial Rückzugsgebiete sowohl im Bereich der Andamanensee und des Golfs von Bengalen besaß, als auch am Nordostrand des trockengefallenen Sundaschelfs. Von hier ausgehend blieben die sich im Zuge des postglazialen Meeresspiegelanstiegs verlagernden Küstenbereiche kontinuierlich besiedelt. Deshalb finden sich beide genetischen Gruppen heute je auf einer der beiden Seiten des **Isthmus von Kra**. Das Netzwerk lässt drei deutlich differenzierte Gruppen von Haplotypen unterscheiden, eine ist auf den Indischen Ozean beschränkt (4-6), die zweite wurde nur in Nordborneo (13) gefunden und die dritte besitzt Haplotypen im Südchinesischen Meer (1–3, 14, 15) und im Indischen Ozean (7–12). Letztere besitzen jedoch eine äußere Position und sind folglich als abgeleitet anzusehen. Dieser Befund spricht dafür, dass es in vorangegangenen Warmzeiten eine **Dispersion aus dem Südchinesischen Meer in den Indischen Ozean** gab, wo die nachfolgenden Glaziale *in situ* überdauert wurden und sich parallel diese abgeleiteten Haplotypen evoluierten.

Wie für die Mangroven, so muss das Trockenfallen des Sundaschelfs auch starke Auswirkungen auf die geographische Verteilung der Flora und Fauna der heutigen **Schelfmeere** besessen haben. Diese Auswirkungen lassen sich beispielsweise an **Seepferdchen (Gattung *Hippocampus*)** studieren (Lourie & Vincent 2004, Lourie et al. 2005). Für vier Arten wurden über die Analyse des mitochondrialen Gens Cyt-b unterschiedliche phylogeographische Muster erhalten, die sich jedoch alle über die pleistozänen Meeresspiegelschwankungen erklären lassen. *H. barboui* besitzt zwei genetische Linien, eine im Bereich der mittleren Philippinen und eine zweite entlang des Ostrandes des Sundaschelfs; auf dem Schelf selber fehlt es weitgehend (Abb. 6.33a). Folglich besaß die Art vermutlich zwei Refugien im Bereich ihrer heutigen Verbreitung, von denen nur das südliche eventuell entlang des Sundaschelfs postglazial expansiv wurde. Die postglazial überfluteten Schelfbereiche werden jedoch nicht besiedelt.

Auch *H. kuda* weist zwei genetische Linien auf. Diese haben jedoch eine völlig andere Verbreitung. Eine Linie ist in der nördlichen Hälfte des postglazial überfluteten **Sundaschelfs** anzutreffen, die andere in der Südhälfte (Abb. 6.33b). Folglich gab es glazial vermutlich sowohl am Nord- als auch am Ostrand des trockenen Sundaschelfs Vorkommen dieses Seepferdchens, die sich im Zuge der postglazialen Transgression von zwei Seiten in das Meer auf dem Sundaschelf ausbreiteten.

Für *H. spinosissimus* wurde wie für *H. barboui* eine endemische Linie im Bereich der mittleren Philippinen nachgewiesen, was auch für diese Art für ein postglazial nicht expansives eiszeitliches Refugium in diesem Bereich spricht. Die beiden weiteren Linien sind recht gleichmäßig über den Sundaschelf verbreitet (Abb. 6.33c), weshalb keine Aussagen über ihre Ausbreitungszentren möglich sind. Für *H. trimaculatus* ist eine Linie weit im Bereich des Sundaschelfs verbreitet (Abb. 6.33d); sie wurde auch in Südindien und nordwärts bis nach Japan nachgewiesen (Lourie & Vincent 2004). Diese Linie besitzt eine deutlich sternförmige Struktur, was auf eine rezente Arealexpansion hindeutet (Abb. 6.33e). Plausibel erscheint deshalb, dass diese Linie sowohl am Nordrand als auch auf der Indikseite des Sundaschelfs während des letzten Glazials vertreten war und sich postglazial schnell über die wieder gefluteten Bereiche ausbreitete. Am Ostrand des Sundaschelfs und nordwärts bis zu den mittleren Philippinen erstreckt sich eine zweite Linie mit zwei Unterlinien, eine von diesen weit verbreitet, die zweite nur im Bereich des Südostrandes des Sundaschelfs. Diese waren scheinbar weniger erfolgreich in einer schnellen postglazialen Kolonisierung des Sundaschelfs und sind deshalb nur an der Nordwestküste Borneos und in Teilen der Javasee anzutreffen.

6.4.4 Philippinen

Die Philippinen sind eine Inselgruppe, die sich nordöstlich des Sundaschelfs befindet, mit diesem jedoch auch unter den Bedingungen des eiszeitlich abgesenkten Meeresspiegels nicht landfest verbunden sind (Hall 1996, 1998). Folglich entwickelte sich in dieser weitgehend **isolierten tropischen Inselwelt** eine reiche Flora und Fauna mit zahlreichen endemischen Taxa; sie wird vor allem für Wirbeltiere schon seit Längerem intensiv untersucht (z.B. Inger 1954, 1960, 2007, Brown & Alcala 1970, 1978, 1980, Kennedy et al. 2000).

Die oben erwähnten **Meeresspiegelabsenkungen** führten zwar **nicht zu einer landfesten Anbindung an den Sundaschelf**, zahlreiche der Inseln verschmolzen jedoch miteinander und bildeten sogenannte **«pleistozän aggregierte Inselkomplexe»** (engl.: *Pleistocene aggregated island complexes* oder kurz **PAICs**). So wurde Mindanao mit Leyte, Samar und weiteren kleineren Inseln verbunden. Auch Luzon vergrößerte seine Fläche vor allem im Süden. Negros, Panay und weitere Inseln der zentralen Philippinen bildeten eine weitere eiszeitliche Inseleinheit. Palawan vergrößerte seine Fläche auf mehr als das Doppelte und war wohl zeitweise landfest mit der Nordspitze Borneos verbunden. Diese Insel weist auch einen besonders hohen Anteil von Taxa und genetischen Linien auf, die sich vom Rest der Philippinen unterscheiden (Evans et al. 2003a, Den Tex et al. 2010, Rahman et al. 2010). Tawi-Tawi, Jolo und andere kleine Inseln bildeten eine weitere eiszeitliche Inseleinheit, die dauerhaft durch einen tiefen Meeresgraben von der Zamboanga-Halbinsel (westliches Mindanao) getrennt war, jedoch geographisch bis in unmittelbare Nähe des Sundaschelfs im Nordosten Borneos reichte. Das südlich von Luzon gelegene Mindoro blieb immer eine eigene Insel (Abb. 6.34; Hall 1996, 1998, 2001, Voris 2000).

Schon von Dickerson (1928) wurden **vier Kolonisationsrouten** auf die Philippinen postuliert (Abb. 6.35): (1) von Norden über Taiwan nach Luzon; (2) von Nord-Borneo über Palawan und Mindoro nach Luzon; (3) von Nord-

Abb. 6.34 Das philippinische Inselarchipel mit Hinweis auf einige wichtige Inseln und Halbinseln. Die dunkelblauen Flächen stehen für Meeresbereiche, die maximal 100 m tief sind und somit unter eiszeitlichen Bedingungen trockenfallen und zu einer Verschmelzung zahlreicher Inseln führten (Voris 2000). Abbildung nach Jones & Kennedy (2008).

ost-Borneo über Tawi-Tawi, Jolo und die Zamboanga-Halbinsel nach Mindanao; und (4) von Nord-Sulawesi direkt nach Mindanao. Jones & Kennedy (2008) zogen phylogeographische Strukturen heran, um aus den genetischen Verwandtschaftsverhältnissen die Herkünfte und Einwanderungsrouten auf die Philippinen abzuleiten (Abb. 6.36) und die Bedeutung der vier möglichen Hauptrouten für die Besiedlungsgeschichte der Philippinen zu bewerten. Hierzu stellten sie die zum damaligen Zeitpunkt verfügbaren phylogeographischen Datensätze zusammen. In keinem Fall wurde eine Besiedlung der Philippinen auf der Nordroute nachgewiesen, jedoch wurde diese eventuell von Vertretern der Brillenvögel (Gattung *Zosterops*) für die Besiedlung Ostasiens in umgekehrter Richtung genutzt. Fünfmal wurden Evidenzen für die Borneo-Palawan-Mindoro-, achtmal für die Borneo-Tawi-Tawi-Zamboanga- und viermal für die Sulawesi-Mindanao-Route erhalten (Abb. 6.37). Für fünf der 16 von Jones & Kennedy (2008) überprüften Taxa konnte deren Herkunft nicht ausreichend abgesichert werden.

Eine aktuelle Arbeit über die Rüsselkäfergattung *Trigonopterus* gibt sogar Evidenzen für eine direkte Besiedlung

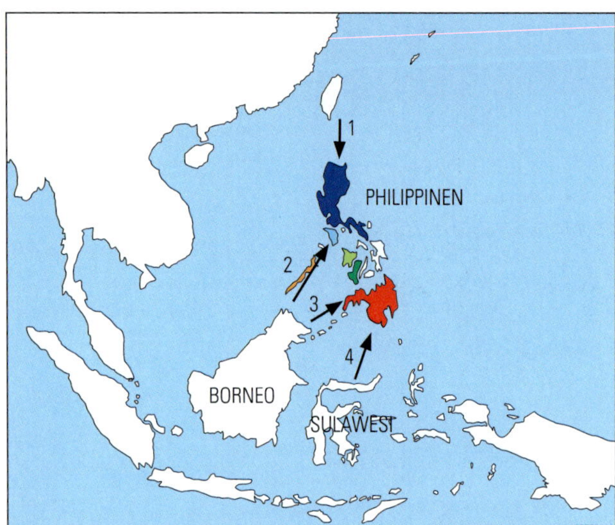

Abb. 6.35 Die vier von Dickerson (1928) postulierten Kolonisationsrouten auf die Philippinen. Abbildung nach Jones & Kennedy (2008).

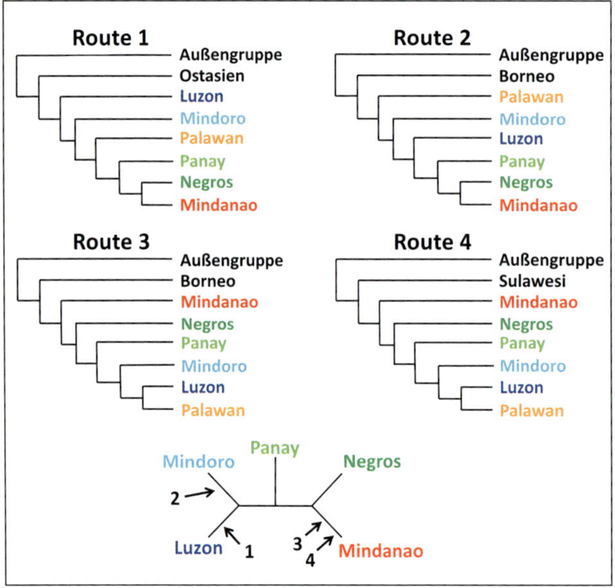

Abb. 6.36 Hypothetische Phylogenien, die mit den vier Kolonisationsrouten aus Abbildung 6.35 korrespondieren. Das ungewurzelte Netzwerk zeigt hypothetische Beziehungen zwischen den großen gebirgigen Inseln der Philippinen. Pfeile geben hypothetische Wurzeln des Netzwerks für die unterschiedlichen Routen an. Abbildung nach Jones & Kennedy (2008).

der Philippinen aus Neuguinea im späten Miozän mit anschließender Kolonisierung nach Borneo an; die vorhandenen Daten schließen jedoch auch die Reihenfolge Neuguinea – Borneo – Philippinen nicht aus (Tänzler et al. 2014). Im Gegensatz zu früheren Auffassungen, dass die Besiedlungen der Philippinen auf einzelne Kolonisationsereignisse zurückzuführen sind (Diamond & Gilpin 1983, Dickinson et al. 1991), zeigten Jones & Kennedy (2008), dass diese in unterschiedlichen taxonomischen Gruppen auch parallel auf unterschiedlichen Routen erfolgte. Mittlerweile wurden hierfür weitere Evidenzen gefunden (z. B. den Tex et al. 2010). Unzweifelhaft ist jedoch, dass Borneo die wichtigste Quelle für die Besiedlungen auf den Philippinen ist.

Bezüglich der phylogeographischen Strukturen auf den Philippinen wird die **Bedeutung der wiederholten eiszeitlichen Verschmelzungen** zu wenigen, dafür aber größeren **Inselaggregaten** diskutiert. Für den **Froschartenkomplex der *Rana-signata*-Gruppe** ergibt sich eine auch durch Allozymuntersuchungen unterstützte Verbreitung der philippinischen Arten, die diese Paläoinseln weitgehend nachzeichnet (Abb. 6.38; Brown & Guttman 2002). Ähnliches gilt auch für die philippinischen Vertreter der **Froschgattung *Limnonectes*** (Evans et al. 2003a). Gerade für **salzwasserintolerante Amphibien** war ein solches biogeographisches Muster zu erwarten, denn sie können sich unter glazialen Bedingungen leicht über die einzelnen Inselkomplexe ausbreiten, jedoch nicht zwischen ihnen. Dieses Muster besagt jedoch nicht, dass auch der Ursprung dieser Arten pleistozän ist. Dieser kann deutlich älter sein und muss unabhängig von den Prozessen gesehen werden, die zur aktuellen Verbreitung der Taxa führten.

Andere taxonomische Gruppen weichen deutlich vom ausschließlichen Einfluss der Paläoinseln auf die biogeographischen Strukturen ab. Die Spitzmausgattung *Crocidura* beispielsweise erreichte die Philippinen vermutlich vor etwas mehr als 1 Mio. Jahren von Sundaland aus und evoluierte sich hier *in situ* zu verschiedenen Arten. Ihre phylogeographischen Muster, basierend auf dem mitochondrialen Genort Cyt-b, lassen vermuten, dass sie zumindest teilweise durch die Paläoinselstruktur geprägt sind. Diese erklärt jedoch nicht die gesamte genetische Differenzierung auf den Philippinen. So wurden z. B. eine Besiedlung im späten Pleistozän von Luzon nach Mindoro und eine etwas ältere Expansion von Mindoro auf andere Inseln nachgewiesen (Esselstyn et al. 2009).

Die Vertreter der **Eidechsengattung *Sphenomorphus***, welche bodenbewohnende Waldtiere sind, weisen ein Differenzierungsmuster auf, dass die bisherige taxonomische Klassifikation in Frage stellt und die Existenz verschiedener, bisher unerkannter **kryptischer Arten mit kleinen Verbreitungsgebieten** unterstützt (Linkem et al. 2010). Die geographische Verbreitung dieser genetischen Linien weist in mehreren Fällen deutliche **Abweichungen von einem strikten Paläoinselmuster** auf. So muss es, ähnlich wie bei den Spitzmäusen, Austausch zwischen Mindoro und Luzon gegeben haben. Innerhalb der Paläoinseln wurden in etlichen Fällen mehrere unterschiedliche Linien nachgewiesen, vor allem im Falle Luzons, oder auch Endemiten anderer aktueller Inseln. Dieses Muster unterstreicht, dass auch für *Sphenomorphus* die Paläoinselstruktur einen gewissen Einfluss auf die phylogeographische Struktur gehabt haben kann, dass aber kleinräumigere Strukturen wie einzelne **Bergregionen** vermutlich eine übergeordnete Bedeutung besaßen. Recht ähnliche biogeographische Verhältnisse wurden von Siler et al. (2010, 2011) für die Geckogattung *Cyrtodactylus* und die Skinkgattung *Brachymeles* nachgewiesen.

In einer auf Daten von acht **Vogelarten der feuchten Tieflandwälder** basierenden Arbeit untersuchten Hosner et al. (2014) sowohl den Einfluss der großen **Paläoinseln** als auch des **Paläoklimas** auf den Genfluss zwischen Populationen und somit die Evolution phylogeographischer Muster. Für alle Arten wurde ein genetischer Bruch über die weniger als 20 km breite **San Bernardino Straße** (zwischen Luzon und Samar, also den beiden größten Paläoinseln Groß-Luzon und Groß-Mindanao) nachgewiesen (Abb. 6.39). Die Eichung der Splits ergab ein zwischen den Arten differierendes Alter des jeweiligen letzten gemeinsamen Vorfahrens zwischen 60 000 und 2,2 Mio. Jahren, also in allen Fällen im Pleistozän. Basierend auf diesem Befund und der Annahme einer zutreffenden Kalibrierung muss vermutet werden, dass die San Bernardino Straße zwar von allen Arten im Verlauf des Pleistozäns überwunden wurde, dass dieser Austausch jedoch zu **artspezifisch unterschiedlichen Zeitpunkten** dauerhaft unterbrochen wurde. Diese Seestraße stellt somit für waldbewohnende Vögel, also potenziell hochmobile Arten, sowohl unter kalt- wie warmzeitlichen Bedingungen eine wichtige Barriere dar.

Betrachten wir die genetischen Strukturen auf **Luzon**, so fällt auf, dass keine der acht untersuchten Vogelarten eine stark ausgeprägte phylogeographische Struktur aufweist (Abb. 6.39; Hosner et al. 2014). Der Philippinen-Dickkopf *(Pachycephala philippinensis)* besitzt zwar auf Calayan und Camiguin, beide nördlich von Luzon gelegen, eigene Linien, diese Inseln waren jedoch auch unter eiszeitlichen Bedingungen nicht landfest mit Luzon verbunden. Das erklärt die genetische Differenzierung auf ihnen und unterstreicht nochmals die **Bedeutung von Meeresstraßen** für die Differenzierungsmuster auf den Philippinen. Auch Nischenmodelle unterstützen für alle Arten zusammenhängende Verbreitungen auf Luzon, sowohl unter interglazialen als auch unter glazialen Klimabedingungen. Beide Analysen bestätigen somit dauerhaft gute Habitatbedingungen mit weiten Verbreitungen zurück bis ins letzte Interglazial. Unter der Annahme, dass ähnliche Klima- und Umweltbedingungen wie im Verlauf der letzten 130 000 Jahre über das ganze Pleistozän herrschten, sollte diese Aussage auch für diesen ganzen Zeitraum zutreffen. Als Schlussfolgerung muss deshalb davon ausgegangen werden, dass auf

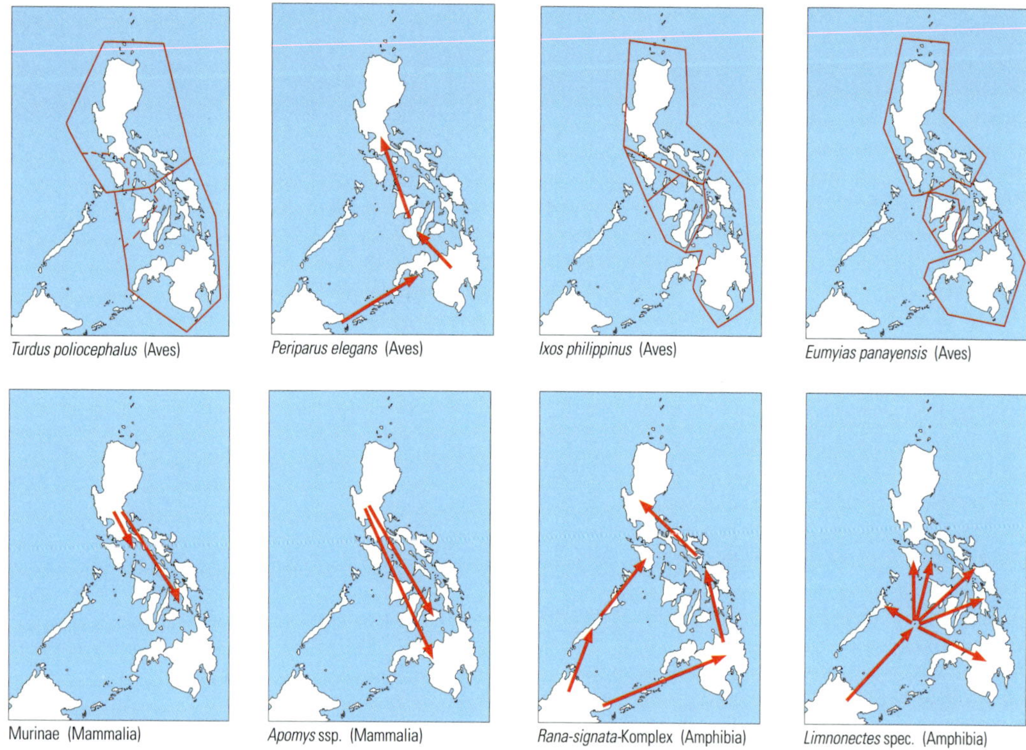

Abb. 6.37 Kolonisierung und Diversifizierung unterschiedlicher Taxa auf den Philippinen. In Fällen, in denen Kolonisationsszenarien abgeleitet wurden, ist die Richtung durch Pfeile angegeben. Wenn eine Kolonisierungsrichtung nicht nachgewiesen wurde, so sind Bereiche, die eine genetische Gruppe aufweisen, durch Linien abgegrenzt. Durchbrochene Linien stehen in diesem Zusammenhang für schwach unterstützte genetische Gruppen. Die Daten der Taxa stammen aus folgenden Quellen: *Turdus poliocephalus, Periparus elegans, Ixos philippinus, Eumyias panayensis, Ficedula hyperythra, Phylloscopus trivirgatus, Zosterops montanus* (Jones & Kennedey 2008), Gattung *Spizaetus* (Gamauf et al. 2005), Murinae (Jansa et al. 2006), Gattung *Apomys* (Steppan et al. 2003), *Rana-signata*-Artenkomplex (Brown & Guttman 2002), Gattung *Limnonectes* (Evans et al. 2003), Gattung *Spatholobus* (Ridder-Numan 1996), Gattung *Oncomelanis* (Woodruff et al. 1999) und Gattung *Apis* (Smith et al. 2000). Abbildung nach Jones & Kennedy (2008).

dem Großteil der Fläche von **Luzon** vermutlich **kontinuierlich** über das gesamte Pleistozän und auch schon im späten Pliozän **Regenwald**, zumindest aber ein feuchter tropischer Wald, vorherrschte, der im Verlauf der Klimaschwankungen nie in Teilbereiche fragmentiert wurde (Hosner et al. 2014).

Trotzdem sind auch Beispiele für deutliche **genetische Trennungen** zwischen dem Norden und dem Südosten Luzons bekannt, jedoch bisher nur für Arten, die auf **feuchte Bergwaldhabitate** angewiesen sind. So wurde von Welton et al. (2010) gezeigt, dass der nach neuem Kenntnisstand auf den Südosten Luzons beschränkte *Varanus olivaceus*, ein fruchtfressender Waldbewohner, im Nordosten der Insel durch die bis dato unbeschriebene Schwesterart *Varanus bitatawa* vertreten ist. Beide Taxa sind im mittleren Luzon durch eine Verbreitungslücke von etwa 150 km voneinander getrennt, ein Bereich, der durch drei **nicht bewaldete Flusstäler** geprägt ist, die über einen langen Zeithorizont als **Isolationsbarriere** für dieses Taxon gedient haben könnten. Ein ähnliches, jedoch nach Süden verschobenes Muster, zeigen die beiden Schwesterarten der Vogelgattung *Robsonius* mit *R. sorsogonensis* als dem südlichen Taxon und *R. thompsoni* in der mittleren und nördlichen Serra Madre, abgesichert durch Sequenzen von sechs sowohl mi-

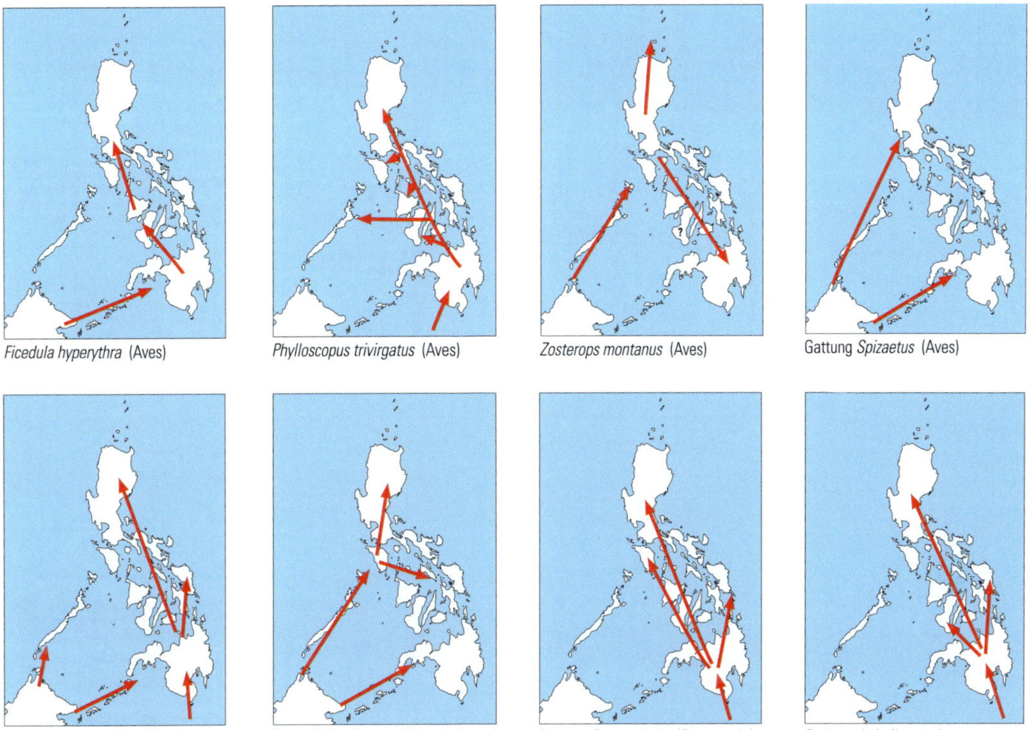

Ficedula hyperythra (Aves)

Phylloscopus trivirgatus (Aves)

Zosterops montanus (Aves)

Gattung *Spizaetus* (Aves)

Limnonectes ssp. (Amphibia)

Spatholobus-Gruppe (Dicotyledonae)

Gattung *Oncomelania* (Gastropoda)

Gattung *Apis* (Insecta)

tochondrialen als auch nukleären Genen. Die dritte Art dieses Komplexes, *R. rabori*, ist nur in den Bergen des nordwestlichen Luzon vertreten (Abb. 6.40; Hosner et al. 2013). Ein ähnliches Nord-Süd-Bild deutet sich auch für die beiden genetischen Schwestertaxa der Schneidervögel *Orthotomus derbianus* und *O. castaneiceps* an (Sheldon et al. 2012). Die mögliche Rolle des Paläoklimas für diese Differenzierungen ist noch nicht bekannt, es muss jedoch davon ausgegangen werden, dass für die Elemente der Bergwaldbiota über längere Perioden keine Austauschmöglichkeiten über den gesamten Bereich Luzons existierten.

Für den Mindanao PAIC, also die eiszeitliche Paläoinsel, die neben den großen Inseln Mindanao, Bohol, Leyte und Samar auch zahlreiche kleinere Inseln umfasste, weisen alle acht von Hosner et al. (2014) untersuchten Waldvogelarten des Tieflandes im Gegensatz zu Luzon deutliche phylogeographische Differenzierungen auf. Für fünf Arten wurden unterschied-

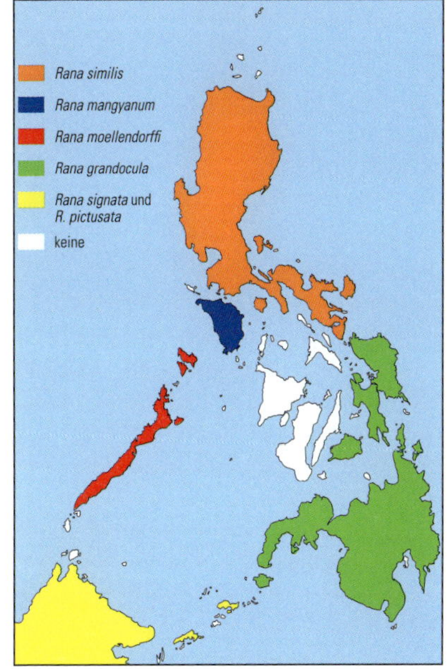

Abb. 6.38 Geographische Verbreitung der auf den Philippinen auftretenden Vertreter des Froschartenkomplexes der *Rana-signata*-Gruppe. Abbildung nach Brown & Guttman (2002).

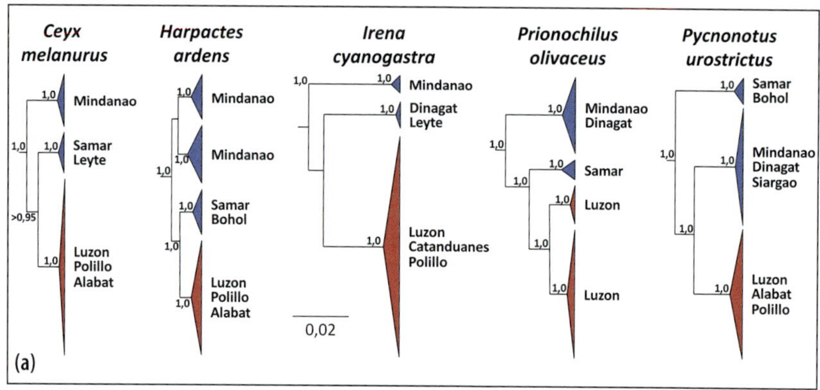

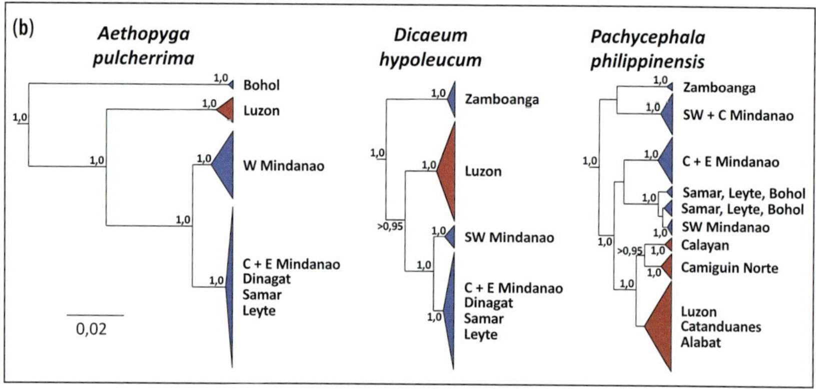

Abb. 6.39 Verwandtschaftsdiagramme *(Beast maximum clade credibility trees)* von acht waldbewohnenden Vogelarten auf den Philippinen, basierend auf Sequenzen des gesamten mitochondrialen ND2-Gens. (a) Fünf Arten, die eine genetische Diskontinuität über die Leytegolf-Landbrücke aufweisen. (b) Drei Arten, die keine genetische Diskontinuität über die Leytegolf-Landbrücke aufweisen. Abbildung nach Hosner et al. (2014).

liche genetische Linien auf beiden Seiten des **Leytegolfs** zwischen Mindanao im Süden und den Inseln Leyte und Samar nachgewiesen (Abb. 6.39a). Obwohl dieser Bereich immer unter eiszeitlichen Bedingungen zu einer **Landbrücke** wurde, scheint es in diesen Fällen dennoch nicht zu einer genetischen Vermischung gekommen zu sein. Dies wird durch Nischenmodelle unterstützt, die während des Letzten Glazialen Maximums für den Bereich vom Nordosten des heutigen Mindanao über die eiszeitliche Leytegolf-Landbrücke bis in den Osten des heutigen Samar eine ausgedehnte Zone mit ungünstigen klimatischen Bedingungen für diese fünf Arten anzeigen. Die Modelle von Hosner et al. (2014) legen die Vermutung nahe, dass in diesem Gebiet die **Niederschläge unter glazialen Bedingungen bedeutend zunahmen** und ein Überleben der betroffenen Arten verhinderten, entweder direkt oder indirekt über die Veränderung der Lebensräume. Somit dürfte die Ursache für die genetische Differenzierung auf dem Mindanao PAIC gegensätzlich zu den meisten bisher aufgestellten Postulaten für andere tropische Feuchtwälder sein. Für diese wird meist eine Reduzierung der Niederschläge und die Transformation von Wäldern zu trockeneren Savannen und somit eine Auflösung geschlossener Waldbereiche zu Waldrefugien verantwortlich für die Evolution unterschiedlicher genetischer Linien in Allopatrie gemacht (Haffer 2008, Lim et al. 2011). Die Kalibrierung der Splits zwischen diesen Gruppen variiert jedoch stark zwischen den Arten und reicht von 90 000 bis 1,6 Mio. Jahren. Folglich lebte der letzte gemeinsame Vorfahre in allen Fällen im Pleistozän; die endgültige Trennung erfolgte jedoch zu unterschiedlichen Zeitpunkten, wofür gewisse klimatische Unterschiede zwischen den Glazialen in Kombination mit unterschiedlichen ökologischen Valenzen der Arten verantwortlich sein könnten.

Mindanao ist die **komplexeste der Inseln** der Philippinen. Sie bildete sich über die letzten 5–10 Mio. Jahre aus **unterschiedlichen geologischen Blöcken** (Hall 1998, Yumul et al. 2004). Die Insel besitzt, vor allem in höheren Lagen, zahlreiche, lokal verbreitete **Endemiten** (z. B. Inger 1954, 1960, 2007, Brown & Alcala 1970, 1978, 1980, Kennedy et al. 2000), weist aber auch für manche Arten, vor allem der Bergwälder, eine ausgeprägte phylogeographische Struktur auf. Eines der eindrucksvollsten Beispiele hierfür wurde von Sanguila et al. (2011) über die **Bachkrötenarten *Ansonia muelleri* und *A. mcgregori*** publiziert. Diese Amphibien sind Endemiten der Berggebiete Mindanaos und treten ausschließlich in schnell fließenden **Bergbächen** auf, für die ihre Kaulquappen ganz spezifische Anpassungen aufweisen (Inger 1960). Eine auf drei mitochondrialen Genfragmenten basierende Untersuchung bestätigte die bisher umstrittene artliche Eigenständigkeit von *A. mcgregori* und gab Evidenzen für zwei weitere **kleinareale kryptische Arten**. Auch die in unterschiedlichen Bergregionen Mindanaos lebenden Populationen teilten sich auf fünf deutlich differenzierte Linien auf, die intern nochmals nach den einzelnen **Bergstöcken subdifferenziert** sind (Abb. 6.41).

Die Topologie des phylogenetischen Baumes lässt vermuten, dass sich der Ursprung des gesamten Artenkomplexes im Westen Mindanaos befand, wahrscheinlich auf der **Zamboanga-Halbinsel**. Von hier aus wurden die zentralen Bergländer besiedelt, aus denen wiederum der Süden und Osten der Insel kolonisiert wurde. In den unterschiedlichen Bergregionen Mindanaos begannen im Anschluss an ihre Besiedlung Differenzierungsprozesse zu verschiedenen genetischen Linien, die über ihre zeitliche Abfolge eine ungefähre Rekonstruktion der Besiedlungsgeschichte erlauben. In sich anschließenden Evolutionsprozessen differenzierten sich die weitgehend isolierten Populationsgruppen der einzelnen Gebirgsstöcke innerhalb der Bergregionen zu eigenständigen Unterlinien mit vergleichsweise geringen Sequenzunterschieden voneinander. Sanguila et al. (2011) schätzten die gesamte Evolutionsgeschichte dieser Artengruppe von Bachkröten auf etwa 2 Mio. Jahre und vermuten, dass die Besiedlungsdynamik durch die **klimatischen Zyklen des Pleistozäns** maßgeblich beeinflusst wurden. Die Schätzung von Matsui et al. (2010), die den basalen Split der philippi-

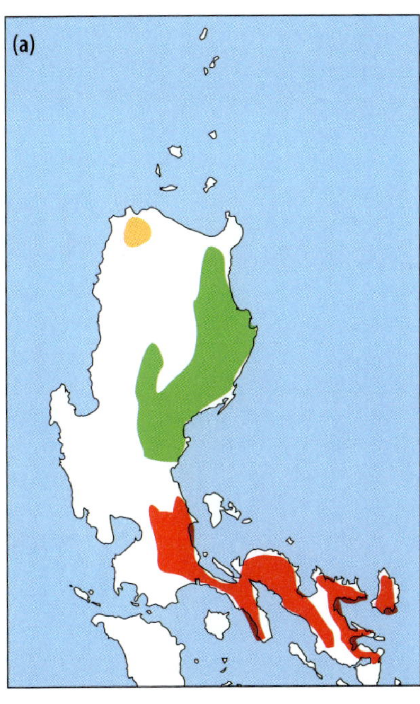

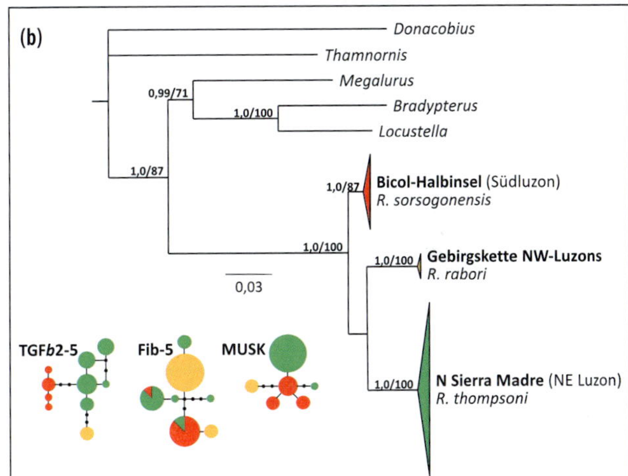

Abb. 6.40 Phylogenie und Verbreitung von drei Schwesterarten der Vogelgattung *Robsonius*. (a) Verbreitung von *R. sorsogonensis* (rot), *R. thompsoni* (grün) und *R. rabori* (orange) auf Luzon. (b) Verwandtschaft, basierend auf drei mitochondrialen (Cyt-b, ND2, ND3; große Grafik) und drei nukleären Genen (drei Netzwerke). Abbildung nach Hosner et al. (2013).

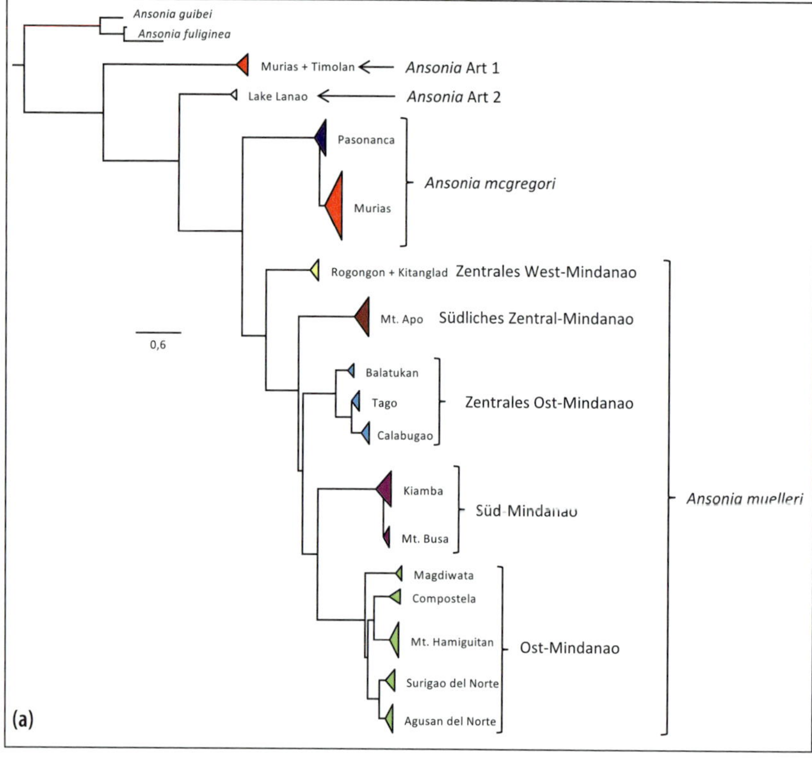

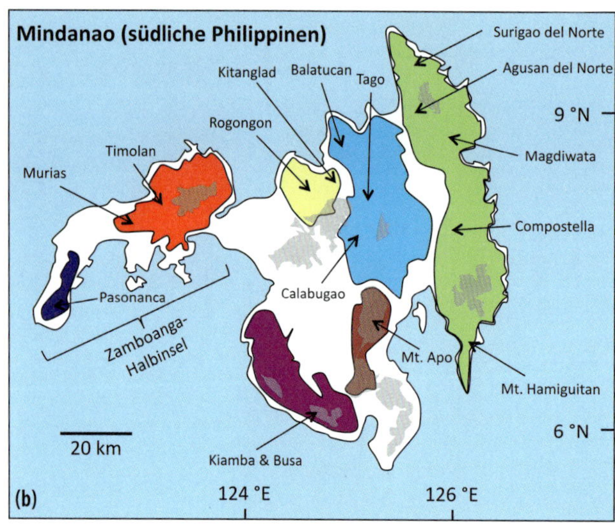

Abb. 6.41 Phylogeographie der beiden auf Mindanao endemischen Bachkrötenarten *Ansonia muelleri* und *A. mcgregori*. (a) Bayes'scher Verwandtschaftsbaum, basierend auf drei mitochondrialen Genfragmenten. (b) Geographische Verbreitung der unterschiedlichen genetischen Gruppen. Abbildung nach Sanguila et al. (2011).

nischen *Ansonia* mit 20 Mio. Jahren angeben, lehnen sie aus mehreren Gründen ab. Ein wesentliches Argument, das Sanguila et al. (2011) heranführen, ist, dass Mindanao als Ganzes ein deutlich geringeres geologisches Alter besitzt, was gegen ein solch hohes Differenzierungsalter der Bachkröten spricht.

6.4.5 Wallacea

Die Wallacea stellt das Übergangsgebiet zwischen der Orientalis und der Australis dar (Abb. 6.42). Sie beherbergt somit eine **Mischflora und -fauna** zwischen orientalischen und australischen Elementen, was schon Wallace (1876) auf seinen Forschungsreisen feststellte. Von der Orientalis im Westen wird dieses Übergangsgebiet durch die **Wallace-Linie** getrennt, die zwischen **Borneo und Sulawesi** sowie **Bali und Lombok** verläuft. Westlich dieser Linie werden keine australischen Elemente wie Paradiesvögel oder Beuteltiere mehr gefunden. Im Osten reicht die Wallacea bis zu den Molukken, Kei- und Aru-Inseln und wird von der **Lydekker-Linie** begrenzt, die **westlich von Neuguinea** verläuft. Orientalische Elemente erreichen diese große Insel, die auffällige biogeographische Ähnlichkeiten mit dem nordöstlichen Australien besitzt (siehe Kap. 10), kaum noch. Zwischen diesen beiden Linien verläuft die **Weber-Linie**, entlang derer sich **orientalische und australische Elemente weitgehend die Waage halten** (Müller 1981). In diesem Zusammenhang ist wichtig zu erwähnen, dass die Inseln der Wallacea niemals mit dem asiatischen oder australischen Kontinent landfest verbunden waren (Hall 2001). Hierin unterscheiden sie sich sehr deutlich von den angrenzenden Großen Sundainseln und Neuguinea, die im Verlauf des Tertiärs und Quartärs (letztmals im letzten Glazial) mehrfach mit dem asiatischen bzw. dem australischen Kontinent verbunden waren (Hall 1996, 1998, 2001).

Da aktuell nur wenige phylogeographische Arbeiten über die Wallacea publiziert sind, sei hier kurz auf die von Müller (1981) zusammengefassten biogeographischen Besonderheiten hingewiesen. Diese Region besitzt einen hohen **Endemitenreichtum**, der sie von den Nachbargebieten deutlich unterscheidet. Deshalb wird die Wallacea neben den großen Bioreichen gelegentlich auch als **eigenes Bioreich** angesehen. Die größte Landmasse in der Wallacea stellt die Insel **Sulawesi** dar; diese besitzt auch die höchsten Endemitenzahlen. Besonders hervorzuheben sind der **Hirscheber *(Babyrousa babyrussa)***, der Schopfmakake *(Macaca nigra)* und *Anoa*, eine endemische Untergattung von Zwergrindern mit zwei Arten. Aber auch kleinere Inseln besitzen endemische Arten, so beispielsweise den berühmten **Komododrachen *(Varanus komodoensis)***, die größte noch lebende Echse, die auf wenige der **Kleinen Sundainseln** beschränkt ist, darunter **Komodo** und das flächenmäßig größere **Flores**.

Ein gutes Beispiel für Differenzierungsprozesse in der Wallacea ist die **Rüsselkäfergattung *Trigonopterus***, für die Tänzler et al. (2014) insgesamt acht mitochondriale und nukleäre Genfragmente sequenzierten. Auf dieser Datenbasis wurde das Alter der Entstehung dieser Gattung auf 18–29 Mio. Jahre geschätzt. Auch sprechen alle Evidenzen für **Neuguinea als Entstehungszentrum**. Außerdem wurde nachgewiesen, dass sich die Arten der Wallacea von mindestens zwei Dispersionsereignissen vor 10–15 Mio. Jahren von Neuguinea nach (wahrscheinlich) Sulawesi ableiten. Für eine von diesen Ausbreitungen ist nur eine einzige rezente Art auf Sulawesi bekannt, die andere führte zu einer starken **Radiation in der Wallacea**, bei der sich mindestens 26, wahrscheinlich aber wesentlich mehr, hier rezent auftretende Arten evoluierten. Von Sulawesi ausgehend wurden die Kleinen Sundainseln Lombok, Flores und Sumbawa im späten Miozän wahrscheinlich dreimal unabhängig besiedelt. Von hier aus erfolgten weitere Ausbreitungen nach Westen über die Wallace-Linie hinweg nach Bali, das auf diesem Weg im späten Pliozän oder Pleistozän vermutlich auch dreimal erreicht wurde. Kolonisierungen von Java nach Bali, das sich direkt östlich von Java befindet, wurden nicht nachgewiesen. Die *Trigonopterus*-Arten Javas leiten sich vermutlich von einem, maximal zwei Besiedlungsereignissen aus Sulawesi im späten Miozän ab. Die Besiedlungen Borneos stammen vermutlich auch aus Sulawesi und sind auf zwei oder drei Dispersionsereignisse im späten Miozän und eventuell bis ins Pliozän hinein zurückzuführen.

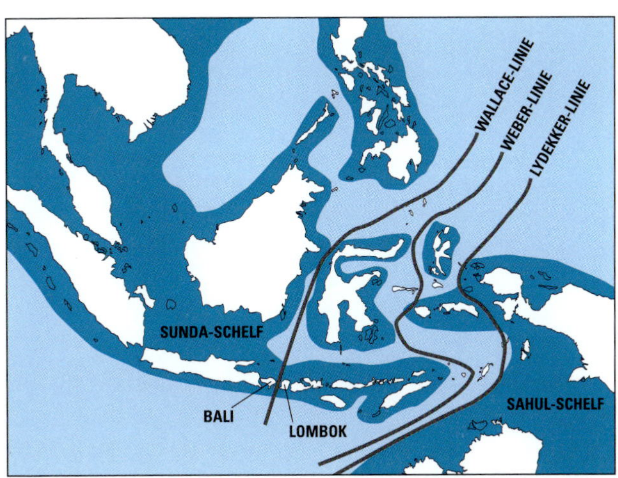

Abb. 6.42 Geographische Lage dreier wichtiger biogeographischer Grenzen in Südostasien: Wallace-, Weber- und Lydeckker-Linie.

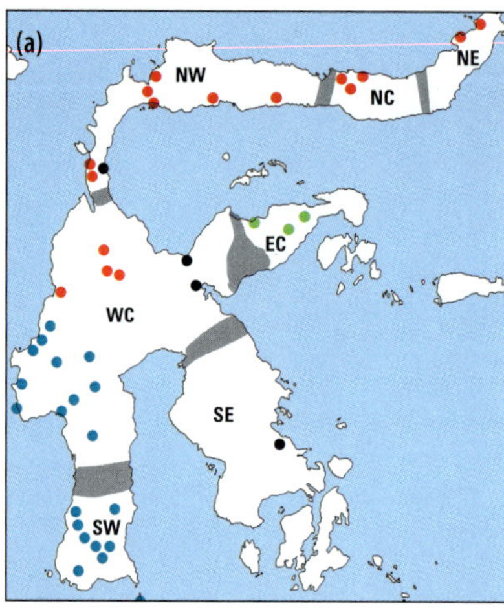

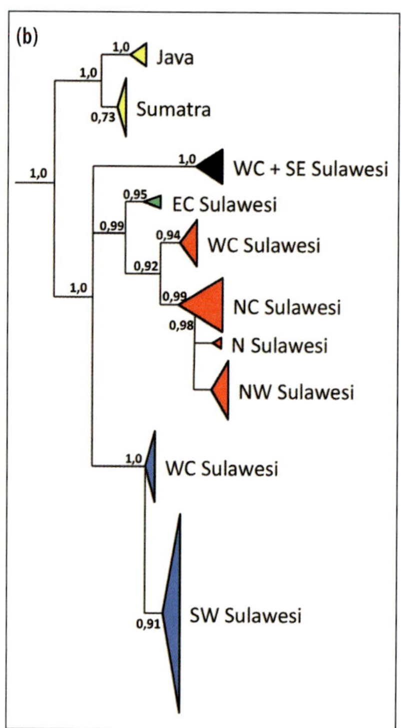

Abb. 6.43 Phylogeographische Struktur der Froschart *Polypedates leucomystax* auf Sulawesi. (a) Geographische Verbreitung der vier hier nachgewiesenen Linien. Die grau eingefärbten Zonen stellen die Grenzen zwischen den sieben Endemismuszentren nach Evans et al. (2003b) dar. (b) Phänogramm mit den entsprechenden Linien und Unterlinien, das auf Sequenzen des mitochondrialen 16S-Gens basiert. Abbildung nach Brown et al. (2010).

Somit wurde von den Vertretern der *Trigonopterus*-Rüsselkäfer in den letzten maximal 15 Mio. Jahren die **Lydekker-Linie** von Osten nach Westen mindestens zweimal überquert, die **Wallace-Linie** in gleicher Richtung an verschiedenen Stellen jedoch mindestens sechsmal. Auch für andere wenig mobile Artengruppen, wie etwa die Froschgattung *Limnonectes*, wurde die Wallace-Linie in ihrer Evolutionsgeschichte mehrfach überwandert, was belegt, dass auch Amphibien gelegentlich **Meeresbarrieren überwinden**. Auf Basis der Sequenzierung mehrerer mitochondrialer Genfragmente (2430 bp) belegten Evans et al. (2003a) für diese Frösche folgende **Dispersionsereignisse zwischen Orientalis und Wallacea:** zweimal von Borneo nach Sulawesi, einmal von Sulawesi auf die Philippinen und einmal in umgekehrter Richtung sowie einmal von Java oder Bali auf die Kleinen Sundainseln. Somit stellen die **Grenzen der Wallacea** im Osten wie im Westen zwar wichtige biogeographische Linien dar, sind jedoch **keine echten Barrieren**, sondern lediglich **biogeographische Filter**.

Auch innerhalb der Schwalbenschwanz-Untergattung *Achillides* ereigneten sich im Mio- und Pliozän verschiedene Differenzierungsprozesse in der Wallacea (Condamine et al. 2013), die Anzahl der sich evoluierenden Taxa ist jedoch sehr viel geringer als bei *Limnonectes* und vor allem bei *Trigonopterus*, was als Funktion des sehr **unterschiedlichen Ausbreitungspotenzials** zwischen den flugstarken Schwalbenschwänzen einerseits sowie den wenig mobilen Fröschen und flugunfähigen Rüsselkäfern andererseits gesehen werden muss.

Von besonderem Interesse sind auch die biogeographischen Verhältnisse auf **Sulawesi**, denn diese Insel stellt ein **Mosaik** dar, das sich aus **unterschiedlichen Inseln** im späten Tertiär und Pleistozän bildete (Hall 2001). Die Fusionszonen dieser Inseln stimmen jedoch nicht mit den verschiedenen **Endemismusregionen** (engl.: *areas of endemism*, AOE) überein (Evans et al. 2003b). Nichtsdestotrotz gibt es für viele Artengruppen auf kleine Teile von Sulawesi beschränkte Taxa, wie z.B. von Evans et al. (2003a) für die Froschgattung *Limnonectes* gezeigt wurde. Etliche der 14 vermuteten Arten scheinen sogar auf jeweils eine einzige der sieben Endemismusregionen beschränkt zu sein. Von Spitzmäusen der Gattung *Crocidura* wurde Sulawesi nur einmal besiedelt. Je nach Festsetzung der Kalibrierung geschah dies zwischen dem späten Miozän und dem ausgehenden Pliozän oder beginnenden Pleistozän. Anschließend evoluierten sich sukzessive mindestens acht endemische Arten (Esselstyn et al. 2009).

Innerartlich zeigen sich deutliche phylogeographische Muster, wie beispielsweise von Brown et al. (2010) für die Froschart *Polypedates leucomystax*, einem in Südostasien weit verbreiteten Habitatgeneralisten, nachgewiesen wurde. Von den Großen Sundainseln kommend, besiedelte er Sulawesi nur ein einziges Mal. Hier evoluierten sich anschließend vier genetische Linien, die weitgehend allopatrisch verbreitet sind und in den meisten Fällen weitere, wiederum allopatrische Unterlinien besitzen (Abb. 6.43). Diese Beispiele belegen, dass auf Sulawesi über die Zeitachse hinweg ständig Differenzierungsprozesse stattfanden, die wohl weitgehend in Allopatrie erfolgten, was sicherlich durch die **komplexe Geographie und geologische Geschichte** der Insel sehr befördert wurde.

6.5 Zusammenfassung Eurasien

Eurasien ist die größte und komplexeste zusammenhängende Landmasse der Welt, weshalb seine phylogeographischen Strukturen auch **sehr vielfältig und komplex** sind. Recht einfach stellen sich jedoch die phylogeographischen Muster des nordeurasischen **Taigagürtels** dar. Für diesen befanden sich die mit Abstand wichtigsten eiszeitlichen Rückzugsgebiete am **Südostrand Sibiriens**. Hier existierte zuweilen nur ein einziges, oftmals aber bis zu drei geographisch getrennte Refugien mit unterschiedlichen genetischen Linien. Von diesen dehnte sich postglazial nur dasjenige am *leading edge* weit über den sich postglazial etablierenden Taigagürtel aus. Das Alter dieser Linien kann jedoch vom späten Pleistozän bis zum Pliozän recht unterschiedlich sein. Auch der **Norden Japans**, wo sich zuweilen eigene Linien nachweisen lassen, diente regelmäßig als Refugium für **boreale Arten**. Weitere Refugien borealer Arten befanden sich auch im Bereich der zentralasiatischen Gebirge, im **Kaukasus** und im **Südural**, in einigen Fällen im **beringischen Refugium;** deren Bedeutung für die postglaziale Besiedlung des borealen Nadelwaldgürtels ist jedoch viel geringer als die der ostasiatischen Refugien.

Für Arten, die heute auch in den sich südlich an den borealen Nadelwaldgürtel anschließenden Bereichen auftreten, stehen den ostasiatischen Glazialrefugien oft **westpaläarktische** gegenüber. In diesen Fällen wurde der boreale Bereich postglazial häufig von **zwei Seiten** besiedelt. Hierbei treffen die jeweiligen Linien an unterschiedlichen Stellen Eurasiens aufeinander. Sie befinden sich im Gebiet zwischen dem östlichen Europa und etwa dem Baikalsee. Insgesamt ist jedoch der Besiedlungserfolg für die östlichen Refugien im Mittel höher als der der westlichen.

Durch das in der Vergangenheit wiederholte **Trockenfallen der Beringstraße** fand ein intensiver **Faunen- und Florenaustausch** zwischen Nordostasien und Nordamerika statt. Dieser erfolgte in beiden Richtungen.

Der **Süden und Osten Chinas** weist oft recht **einfache phylogeographische Strukturen** auf. Für weit verbreitete Arten wurden hier meist mehrere räumlich getrennte Refugien nachgewiesen. Da physisch-geographische Elemente fehlen, die klare Strukturen wie in der Westpaläarktis bilden, war die **Zahl der Refugien und deren Lage recht variabel**. In Analogie zu Europa breiteten sich nur Populationen aus den Refugien an den ***leading*** *edges* aus. Wie weit nördlich Refugien auftreten, hängt von **der Kälteresistenz** der Arten ab, sie wurden jedoch bis nach Korea und den Süden des Fernen Osten Russlands festgestellt, wo sie in die oben genannten Refugien für die Besiedlung des Taigagürtels übergehen. **Komplexe biogeographische Strukturen** existieren in **Yunnan** und **Sichuan**. Beide Regionen sind bekannt für zahlreiche **Tertiärreliktearten**. Es existierten viele kleinräumige Refugien in den Talsystemen der Region und um das Becken von Sichuan herum, oftmals mit einem Beginn der Differenzierung schon vor dem Pleistozän. In vielen Fällen stellt die **Tanaka-Linie** entlang des Roten Flusses eine wichtige biogeographische Grenze dar, die unterschiedliche genetische Linien voneinander trennt.

Das **tibetische Hochplateau** ist stark durch unterschiedliche **Hebungsphasen** gekennzeichnet, die bis heute andauern. Außer im Osten, ist es durch hohe Gebirge begrenzt. Unter eiszeitlichen Bedingungen ist das Plateau **stark, aber nicht komplett vergletschert**. Vor allem weichen die heutigen Bewohner in die **Randgebiete im Osten des Plateaus** aus, jedoch auch an die anderen Ränder. Die Anzahl und geographische Lage der Refugien hängt jedoch sehr von der **Ausbreitungsfähigkeit** der jeweiligen Taxa ab. Auch die **südlichen Fußbereiche des Himalayas** stellen wichtige Differenzierungszentren dar.

Die Trockengebiete im Westen Chinas und der Mongolei mit den beiden großen **Wüsten Taklamakan und Gobi** sind an ihren Rändern weitgehend von hohen Bergsystemen umgeben. Unter eiszeitlichen Bedingungen verschärfte sich hier die Trockenheit weiter, sodass sich auch viele Wüstenpflanzen in **Refugien mit ausreichender Wasserversorgung** zurückzogen. Diese lagen oft am **Fuß der Gebirge**, wo sich auch die eiszeitlichen Rückzugsgebiete der Bergwald- und echten Hochgebirgsarten befanden. Horizontale Arealverschiebungen der Wüstenarten und vertikale Arealverschiebungen der Arten aus den Gebirgen führten hier unter eiszeitlichen Bedingungen zu ***de-novo*-Gemeinschaften**, die sich mit wieder steigenden Temperaturen erneut entmischten.

Unter eiszeitlichen Bedingungen verlor **Japan** seinen Inselstatus, denn die meisten seiner Inseln verschmolzen miteinander, die Südinseln wurden landfest mit Korea verbunden, Hokkaido über Sachalin mit der Amurregion. Folglich gab es **intensiven Austausch** mit dem asiatischen Festland, auf der Nordroute jedoch nur für kälteresistente Arten. Auch Gebirgsarten erreichten Japan oft auf dieser Route. In **Analogie zu den Mediterranrefugien** gab es im Süden Japans glaziale Rückzugsgebiete, oft mit Refugien-in-Refugien-Strukturen. Aus den jeweils nördlichsten eiszeitlichen Populationen fanden nach dem *leading-edge*-Prinzip postglaziale Arealexpansionen statt, oft westlich und östlich des zentralen Berglands von Honshu.

Auch **Taiwan** wurde durch die eiszeitlichen Meeresspiegelabsenkungen Teil des **Festlandes**. Etliche Arten tropischer Provenienz konnten es deshalb besiedeln. Die genetischen Muster zeigen jedoch, dass solche Besiedlungen immer wieder, und zwar mindestens seit dem Pliozän, stattgefunden haben müssen. Taiwan ist jedoch in allen Fällen **Rezeptor**; es sind keine Beispiele für die Rückbesiedlung auf das Festland bekannt. Regelmäßig wurden westliche und östliche genetische Linien nachgewiesen, die für geographisch getrennte glaziale Refugien auf beiden Seiten des zentralen Hochlandes sprechen.

Der **Südosten Asiens** weist für einige **Waldarten** überraschend **geringe genetische Differenzierungen** auf, die zum Teil von Bengalen bis zu den Großen Sundainseln eine einzige genetische Linie aufweisen. Dies unterstützt die große Bedeutung dieser Region für **tropische Feucht- und Regenwälder**, die hier eine **hohe Persistenz** seit dem mittleren Tertiär aufgewiesen haben müssen und Südostasien deshalb zur wichtigsten Weltregion für diesen Biom machen. Zumindest muss es über den ganzen Raum verteilt immer große Regenwaldrefugien gegeben haben. Am **Nordrand der Orientalis** erfuhr dieser Biom jedoch deutliche **eiszeitliche Einbußen** und Rückzüge in Refugien, wodurch die Feuchtwaldbewohner Indiens und Indochinas unter glazialen Bedingungen regelmäßig voneinander isoliert wurden. Trotzdem belegen genetische Untersuchungen über die Zeitachse hinweg einen regen Austausch zwischen beiden Regionen. Der **Isthmus von Kra**, die engste Stelle der Malaiischen Halbinsel, trennt in vielen Fällen unterschiedliche genetische Linien auf beiden Seiten und ist eine der wichtigsten biogeographischen Grenzen in Südostasien.

Der **indische Subkontinent** ist bisher phylogeographisch nicht gut bearbeitet. Gesichert ist, dass hier für unterschiedliche taxonomische Gruppen **Radiationen** stattfanden. Die **Western Ghats** und **Sri Lanka**, Regionen, in denen sich auch unter den trockenen Bedingungen der Glaziale **feuchte tropische Waldökosysteme** erhielten, stellen besonders bedeutende Regionen für die Evolution und den Erhalt von Arten dieser Lebensräume dar.

Indochina weist **keine einheitlichen phylogeographischen Strukturen** auf. Zuweilen stehen wenig differenzierte Populationen in den Flachländern stark differenzierten, kleinräumig verbreiteten genetischen Linien in den orographisch komplexen Bergregionen gegenüber. Dies spricht für recht **konstante ökologische Bedingungen** in den Flachländern ohne starken Einfluss der glazialen Klimaschwankungen. Andere Arten lassen jedoch vermuten, dass sich zumindest die Regenwälder auf Refugien reduzierten.

Sundaland, also die Großen Sundainseln und die **Malaiische Halbinsel**, wurden durch **Meeresspiegelabsenkungen** während Glazialphasen immer wieder **landfest** miteinander verbunden. Die exponierten Bereiche des Sundaschelfs waren jedoch vermutlich nicht flächendeckend mit Regenwäldern bedeckt, weshalb sich die Regenwaldarten vor allem **Borneos** in vielen Fällen genetisch deutlich vom Rest Sundalands unterscheiden. Das Alter der Aufspaltungen variiert jedoch stark und dürfte von der Stärke der Bindung der Taxa an Regenwaldbedingungen beeinflusst sein; je stärker diese ausgeprägt ist, desto länger sind sie isoliert. Anders als im Fall Borneos, weisen **Sumatra** und die Malaiische Halbinsel meist keine unterschiedlichen genetischen Linien auf, was auf zumindest einen **Regenwaldkorridor** zwischen ihnen unter glazialen Bedingungen hindeutet. **Java**, obwohl geographisch Sumatra benachbart und mit diesem häufig landfest verbunden, besitzt eine **Sonderstellung** mit unerwartet **hohen Endemismusraten**. Diese begründen sich wahrscheinlich durch das durchwegs **trockenere Klima**, das zu einer dauerhaften Isolation der Feuchtwälder und ihrer Bewohner führte. Auf Borneo wurden außerdem in etlichen Fällen Differenzierungen in unterschiedlichen Inselteilen nachgewiesen, die oft bis ins Pliozän zurückreichen. Das Trockenfallen des Sundaschelfs zwang die warmzeitlichen Meeresbewohner des Bereichs in angrenzende marine Refugien, aus denen heraus das postglazial erneut entstehende **Schelfmeer** wiederbesiedelt wurde.

Die **Philippinen** waren nie mit einem Festlandbereich oder den Großen Sundainseln landfest verbunden. Analysen zur Besiedlungsgeschichte ergaben, dass **Borneo die wichtigste Besiedlungsquelle** war, Sulawesi hatte eine deutlich geringere Bedeutung und das asiatische Festland scheint als Ursprungsgebiet geringe Relevanz besessen zu haben. Unter eiszeitlichen Bedingungen verschmolzen viele der Inseln der Philippinen zu **Inselkomplexen**, die sich für manche Artengruppen, vor allem salzwasserintolerante Taxa, deutlich in ihren phylogeographischen Mustern spiegeln. Bei Artengruppen, die sich über das Meer ausbreiten können, wurde dieses Muster häufig durch Austausch zwischen den Inselkomplexen verwischt. In etlichen Fällen, so z. B. für viele **Bergwaldarten**, fanden deutlich **komplexere biogeographische Prozesse** statt, die zu endemischen Linien auf kleineren Inseln führten und auf den großen Inseln Luzon und in noch stärkerem Maße Mindanao der Grund für teilweise **kleinräumige genetische Muster** sind.

Die **Wallacea** ist das Übergangsgebiet zwischen Orientalis im Westen und Australis im Osten. Einflüsse aus und in die beiden angrenzenden Bioreiche sind über genetische Analysen deutlich nachweisbar. Da die Wallacea jedoch niemals landfest mit einem dieser beiden Bioreiche verbunden war, evoluierte sich hier eine **endemismenreiche** Tier- und Pflanzenwelt. Das Beispiel von **Sulawesi** zeigt, dass sich ***in situ*** und zu unterschiedlichen geologischen Zeiten **kleinräumige phylogeographische Muster** in der Wallacea ausbildeten.

7 Nordamerika

Der nordamerikanische Kontinent weist eine ganz andere **physisch-geographische Strukturierung** auf als Europa oder auch Asien. Sehr stark geprägt wird Nordamerika durch von Norden nach Süden verlaufende Gebirgszüge, die **Rocky Mountains** im Westen und die **Appalachen** im Osten, was eine **zonale Nord-Süd-Verlagerung** von Verbreitungsgebieten zwischen Warm- und Kaltzeiten deutlich vereinfacht, da diese nicht durch Ost-West verlaufende Gebirge wie in Europa behindert werden können. Diese Eigenschaft muss somit zu vereinfachten phylogeographischen Mustern mit geringerer Variationsbreite führen. Auch ist der Süden Nordamerikas bei Weitem nicht geographisch so differenziert wie die westliche Paläarktis: Im Südosten befindet sich die Halbinsel Florida, im Südwesten verlaufen die südlichen Rocky Mountains bis nach Mittelamerika, wobei hier der Übergang zu den heute tropischen Zonen durch halbwüstenhafte Gebiete verläuft, sodass ein glazialer Rückzug in die tropischen Bereiche, so wie in Südostasien möglich, durch einen **ausgedehnten Trockengürtel** eingeschränkt wird.

Diese physisch-geographischen Voraussetzungen bedingen, dass es in Nordamerika heute beispielsweise deutlich **mehr Arten an Bäumen** gibt als in der westlichen Paläarktis, wo diese durch die Hindernisse der Ost-West verlaufenden Gebirge sukzessive im Wechsel zwischen Warm- und Kaltzeiten verschwanden, in Nordamerika jedoch zu einem weitaus größeren Anteil überleben konnten. Allerdings weist Nordamerika, das sich nach Süden stark verjüngt und in Trockengebiete ausläuft, deutlich weniger Baumarten auf als das östliche Asien, wo ein glaziales Ausweichen in die feuchten Gebiete Südostasiens ohne Einschränkungen möglich war (Müller 1980).

Der Nord-Süd-Verlauf der Gebirge führt in Nordamerika auch zu völlig anderen biogeographischen Voraussetzungen für die **Gebirgsarten** als in Eurasien, wo die südlichen Hochgebirge, mit Ausnahme des Urals, geographisch deutlich von den arktischen und meist auch den borealen Bereichen getrennt sind. In Nordamerika erstrecken sich die Rocky Mountains bis in den arktischen Bereich, die Appalachen laufen in den borealen Bereich aus. Somit können oreale Arten in Nordamerika auch unter Warmzeitbedingungen genetischen Austausch mit arktischen Teilarealen besitzen. Arktoalpine Disjunktionen wie in Eurasien sind folglich in Nordamerika bei Weitem weniger deutlich ausgebildet. Vielmehr weisen die Arten dieser ökologisch definierten Gruppe häufig sogar **Kontinua** ihrer Verbreitungsgebiete auf, die sich von den arktischen Tieflagen in Richtung Süden in immer höhere Lagen der Gebirge verlagern und erst ganz im Süden disjunkte Teilareale in einzelnen Gebirgsstöcken der Rocky Mountains aufweisen.

7.1 Der Südosten Nordamerikas

Der Südosten Nordamerikas weist ein äußerst einfaches, sich in zahlreichen Arten **häufig wiederholendes phylogeographisches Grundmuster** auf, für das vor allem zwei physisch-geographische Elemente von herausragender Bedeutung zu sein scheinen: Der Verlauf des **Mississippi** und das Gebirge der **Appalachen** mit dem **Apalachicola**-Fluss, der aus diesem Gebirge durch Georgia, teilweise als Grenze zu Alabama, und Nordwest-Florida in südlicher Richtung in den Golf von Mexiko entwässert (Soltis et al. 2006).

7.1.1 Beispiel Rattenschlange

Das sich auf Basis dieser geographischen Voraussetzungen evoluierende charakteristische phylogeographische Bild ist besonders klar im Verbreitungsmuster der unterschiedlichen Haplotypen der beiden mitochondrialen Gene Cyt-b und der Kontrollregion der **Rattenschlange** ***(Elaphe obsoleta)*** zu erkennen (Burbrink et al. 2000). Insgesamt lassen sich für diese Schlangen **drei deutlich differenzierte genetische Linien** unterscheiden, die Sequenzunterschiede zwischen den Individuen der Linien zwischen 1,6 und 11,5 % aufweisen. Die Unterschiede zur geographisch sich südwestlich an die Rattenschlange anschließenden Geschwisterart *Elaphe bairdi* liegen zwischen 7,7 und 10,5 % (Abb. 7.1a). Ähnlich dem Igel-Paradigma Europas erstrecken sich diese drei Linien von *Elaphe obsoleta* in **drei parallelen Streifen vom Golf von Mexiko nach Norden**: die westliche Linie westlich des **Mississippi**, die mittlere Linie zwischen Mississippi und Appalachen, mit dem **Apalachicola**-Fluss als Ostgrenze vom Südfuß der Appalachen in südlicher Richtung bis zum Golf von Mexiko, und der Ostlinie von Florida zwischen den Appalachen und der Atlantikküste nach Norden (Abb. 7.1b). Innerhalb der drei Linien gibt es keinerlei weitere genetische Differenzierungen von größerer geographischer Bedeutung.

Dieses genetische Muster lässt vermuten, dass die Rattenschlange, zumindest im letzten Glazial, **drei allopatrische Refugien im Bereich des Golfs von Mexiko** besaß: in Texas, zwischen Mississippi und Apalachicola sowie in Florida. Wegen des Fehlens von Ausbreitungshindernissen, wie sie beispielsweise in Europa vorhanden sind, besitzen alle drei Linien *leading edges*, was zur postglazialen Ausbreitung nach Norden aus allen diesen Arealkernen führte, wobei diese jeweils durch die weitgehend Nord-Süd verlaufenden Systeme des Mississippi und der Appalachen gelenkt wurden.

Die drei genetischen Linien sind aufgrund ihres Differenzierungsniveaus jedoch sehr viel älter als der letzte volle Glazialzyklus. Zumindest der Beginn der Trennung zwischen den beiden Hauptlinien westlich und östlich des Mississippi (Abb. 7.1a) datiert zweifelsfrei vor dem Beginn des Pleistozäns, geht also bis ins **Jungtertiär** zurück. Bei einem zeitlich so lange zurückliegenden Ereignis ist es rein auf Basis genetischer Daten nicht möglich, genauere Aussagen über die anfängliche Lage der beiden, vermutlich **allopatrischen, Differenzierungszentren** zu treffen. Diese können sich, müssen aber nicht, im Bereich der heutigen Verbreitungsgebiete dieser Linien oder in deren räumlicher Nähe **(plesiochor)** befunden haben, was in diesem Fall auch plausibel erscheint. Die beginnende Differenzierung kann aber auch in einer anderen geographischen Region stattgefunden haben, also **apochor** sein.

Zeitlich wohl später als diese erste genetische Aufspaltung, aber aufgrund der hohen Differenzierung sicherlich auch vor dem Beginn des Pleistozäns, hat sich aus der westlichen Hauptlinie die Geschwisterart *Elaphe bairdi* differenziert, welche ein Monophylum darstellt. Durch diese Abspaltung wird jedoch die Rattenschlange zu einem Paraphylum. Dieses kann in zwei Monophyla aufgelöst werden, wenn man jeweils von einer eigenen westlichen und östlichen Art auf beiden Seiten des Mississippi ausgeht, was auch von Burbrink (2001) vorgeschlagen wird, der eine Trennung der beiden Linien östlich des Mississippi auf Artniveau annimmt.

Wegen ihres auch heute weiter im Südwesten gelegenen Verbreitungsgebietes sollte sich die glaziale Verbreitung von *Elaphe bairdi* ebenfalls südwestlich des texanischen Glazialrefugiums von *Elaphe obsoleta* befunden haben. Hier ergibt sich ein weiterer interessanter Aspekt: das aktuelle Areal von *Elaphe bairdi* ist, anders als das von *Elaphe obsoleta,* in disjunkte Teilareale in Westtexas und dem angrenzenden Mexiko aufgelöst und erstreckt sich von dort nicht nach Norden. Es darf also spekuliert werden, dass das glaziale Verbreitungsgebiet von *Elaphe bairdi* zu-

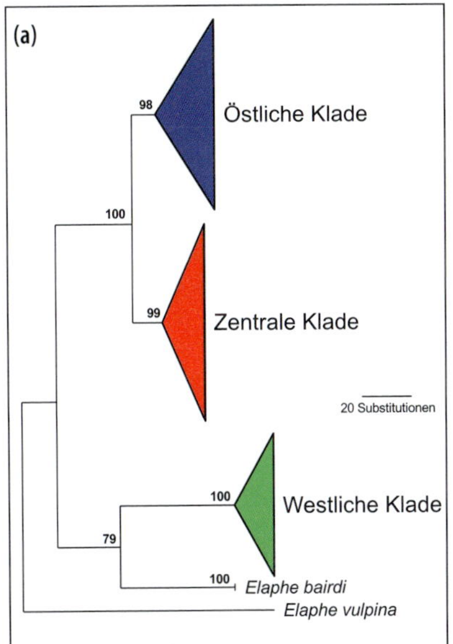

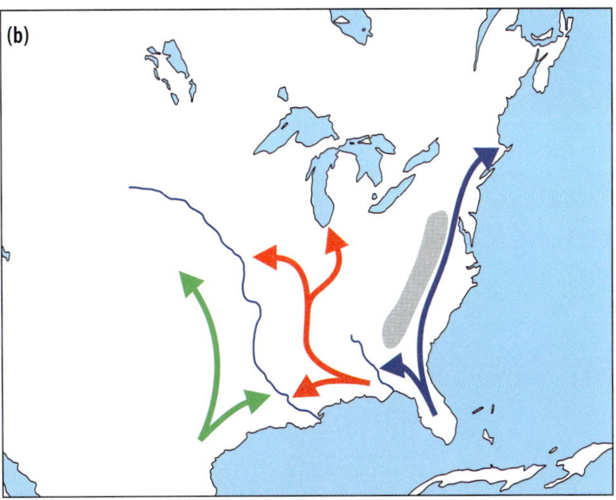

Abb 7.1 Phylogeographie der Rattenschlange *(Elaphe obsoleta)* und ihrer Geschwisterart *Elaphe bairdi* im südöstlichen Nordamerika. (a) Die Rattenschlange differenziert sich, basierend auf den beiden mitochondrialen Genen Cyt-b und Kontrollregion, in drei große genetische Linien. Deren westlichste bildet eine monophyetische Gruppe mit *Elaphe bairdi,* die mittlere und die östliche stellt ein weiteres Monophylum dar. (b) Die geographische Verteilung dieser drei Linien macht drei glaziale Refugien am Golf von Mexiko mit postglazialer Expansion nach Norden aus diesen heraus sehr wahrscheinlich; *Elaphe bairdi* dürfte noch weiter westlich überdauert haben. Abbildungen nach Burbrink et al. (2000).

sammenhängend war und sich durch die **postglaziale Klimaänderung in kleinere Teilareale disjungierte**. Es scheint möglich, dass auch in diesem Fall, zumindest im letzten Glazial, ein Flusssystem, nämlich der Rio Grande, Grenzfluss zwischen Texas und Nordostmexiko, als biogeographische Barriere fungierte. Außerdem wurde für diese Linie eine postglaziale Expansion wohl durch die westliche Linie von *Elaphe obsoleta* blockiert. *Elaphe bairdi* stellte also vermutlich das *rear edge* für die postglazialen Arealexpansionen dar und verblieb somit im Bereich ihres glazialen Verbreitungsgebietes.

Die Auftrennung der östlichen Hauptlinie in zwei Unterlinien besitzt ein deutlich geringeres Differenzierungsniveau als dasjenige zwischen *Elaphe bairdi* und der westlichsten Phylogruppe der Rattenschlange. Diese Differenzierung könnte im Übergang vom Pliozän zum Pleistozän oder im unteren Pleistozän begonnen haben, also durch die pleistozänen Klimaschwankungen verursacht worden sein, was ja für die anderen Differenzierungen in diesem Artenkomplex nicht zutreffen kann. Somit ist der Rattenschlangen-Artenkomplex ein gutes Beispiel dafür, dass **Differenzierungen**, die weitgehend durch **vorpleistozäne** Ereignisse verursacht wurden, dennoch die **Refugien** aus der **letzten Vereisungsphase** zuverlässiger **widerspiegeln** als ihre ehemaligen Entstehungszentren, über die wegen ihrer sehr viel größeren zeitlichen Horizonte ohne Fossilbelege meist nur spekuliert werden kann.

Vergleicht man die geographische Verteilung der **morphologisch definierten Unterarten** der Rattenschlange mit dem phylogeographischen Muster, so ergeben sich sehr markante **Diskordanzen**. Drei Unterarten umfassen Populationen aus mehr als einer der drei phylogeographischen Linien: *Elaphe obsoleta lindheimeri* die westliche und mittlere Linie, *Elaphe obsoleta spiloides* die mittlere und die östliche Linie und die Nominatform sogar alle drei Linien, wobei letztere ausschließlich in dem Bereich auftritt, der aller Wahrscheinlichkeit nach erst postglazial besiedelt wurde. Es ist deshalb als recht wahrscheinlich zu erachten, dass es sich bei diesen morphologischen Formen, zumindest großteils, um erdgeschichtlich sehr junge (also postglaziale) Differenzierungen handelt. Da sie teilweise über die Linien verbreitet sind, könnten ähnliche regionale Selektionsdrücke für ihre Evolution verantwortlich sein. Hierfür spricht insbesondere die geographische Verbreitung der Nominatform über alle drei Linien hinweg, jedoch immer nur im postglazialen Expansionsraum. Somit ist es in diesem Fall wahrscheinlich, dass die genetischen Muster die Arealgeschichte des Jungpleistozäns reflektieren, die Mehrzahl der Farbmorphen allerdings auf rezenten, regional unterschiedlichen Selektionsdrücken beruhen. Anders könnte dies aber in Florida sein, wo drei der fünf hier nachgewiesenen Taxa geographisch eng beschränkt sind, die beiden verbleibenden auch weiter nördlich gefunden werden. Bei dieser geographisch klar gegliederten morphologischen Differenzierung könnte es sich um **biogeographische Subzentren in Florida** handeln, die erdgeschichtlich jedoch so jung sind, dass sie im mitochondrialen Signal noch nicht erfasst sind.

7.1.2 Beispiel Klappschildkröte

Für die **Pennsylvania-Klappschildkröte** ***(Kinosternon subrubrum)***, einer im Osten der USA verbreiteten Art, wurde ein auf mitochondrialen Markern beruhendes phylogeographisches Muster nachgewiesen, das dem der Rattenschlange in vielen Aspekten sehr ähnelt (Abb. 7.2; Walker et al. 1998). Eine Linie wurde **westlich des Mississippi** und in seinem Delta nachgewiesen, eine weitere Linie befindet sich von östlich des Mississippi bis nach Nordflorida, wo sie aber auch noch östlich des **Apalachicola** festgestellt wurde. Eine dritte Linie ist endemisch für die Halbinsel von **Florida**; eine vierte wurde **zwischen Atlantik und Appalachen** von Georgia bis nach Virginia nachgewiesen, dürfte sich aber noch weiter nach Norden erstrecken. Für diese Art müssen wir deshalb von **vier Refugien** während des letzten Glazials ausgehen, wobei auch hier die Ursprünge der Differenzierungen zwischen den Linien wieder deutlich älter sind als ein voller Glazialzyklus. Von diesen Refugien stimmen drei mit denjenigen von *Elaphe obsoleta* weitgehend überein (westlich des Mississippi, in Nordwestflorida und angrenzenden Regionen, auf der Halbinsel von Florida). Ein viertes muss zusätzlich im Bereich Georgia und eventuell South Carolina postuliert werden. Durch letzteres wird die Linie auf der **Floridahalbinsel zum *rear edge*** und kann sich postglazial nicht nach Norden ausdehnen. Die anderen drei Linien verfügen jedoch alle über entsprechende *leading edges*, sodass sie sich, in Analogie zur Rattenschlange, postglazial nach Norden ausbreiten konnten.

Betrachtet man die geographischen Muster der morphologischen Differenzierungen der Pennsylvania-Klappschildkröte (Conant & Collins 1991), so ergeben sich zwischen diesen und der phylogeographischen Struktur deutliche Übereinstimmungen (Abb. 7.2): Die westliche und die südliche genetische Linie sind geographisch weitgehend deckungsgleich mit den jeweiligen morphologischen Unterarten. Die beiden verbleibenden genetischen Linien bilden jedoch zusammen die dritte Unterart, lassen sich folglich morphologisch nicht unterscheiden. Somit ergibt sich für den genetischen Befund ein biogeographisch differenzierteres Bild als für die Morphologie. Anders als bei der Rattenschlange gibt es jedoch im Beispiel der Klappschildkröte **keine Diskordanz** zwischen den Verbreitungs-

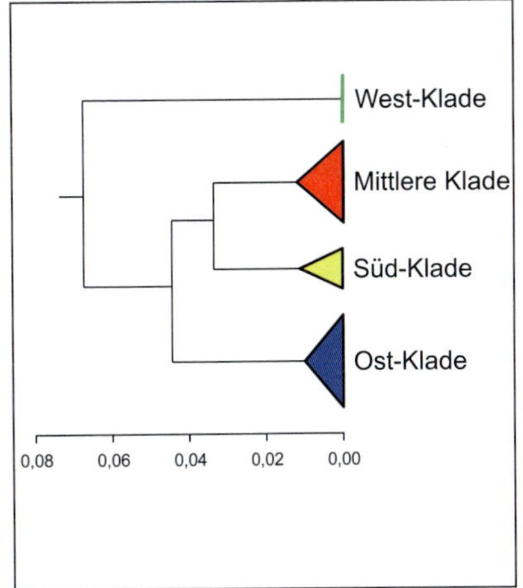

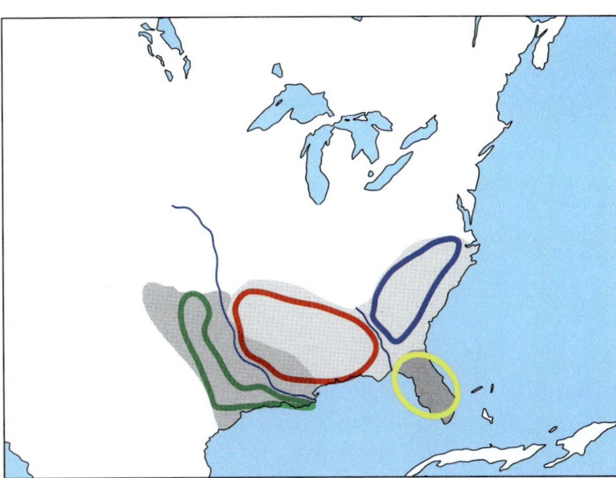

Abb. 7.2 Verbreitung von vier mitochondrialen Linien der Pennsylvania-Klappschildkröte *(Kinosternon subrubrum)* im südöstlichen Nordamerika; die grauen Flächen beziehen sich auf die drei morphologisch definierten Unterarten im untersuchten Gebiet (Conant & Collins 1991). Abbildung nach Walker & Avise (1998).

mustern **genetischer** und **morphologischer** Variation.

Die phylogeographisch-systematische Bewertung von *Kinosternon subrubrum* wird jedoch deutlich komplizierter, wenn die Geschwisterart *Kinosternon baurii* mit berücksichtigt wird (Walker et al. 1998). Letztere Art weist zwei mäßig voneinander differenzierte Linien auf, eine in Florida, die andere an der Atlantikküste. Diese beiden Linien sind jedoch innerhalb einer der *Kinosternon-subrubrum*-Linien genestet, stellen allerdings insgesamt kein Monophylum, sondern ein Paraphylum dar. Auch die gesamte Art *Kinosternon subrubrum* wird durch *Kinosternon baurii* zum Paraphylum. Diese genetische Strukturierung lässt sich nach Walker et al. (1998) durch mehrere alternative Hypothesen erklären. Zum einen können beide Arten seit Langem getrennte Taxa darstellen, zwischen denen es zu vergleichsweise **rezenter Hybridisierung** und hierdurch resultierender **Introgression** im atlantischen Bereich kam. Alternativ könnte sich *Kinosternon baurii* so rezent aus *Kinosternon subrubrum* herausgebildet haben, dass die seitdem vergangene Zeit für eine **genügende Differenzierung** auf der Ebene der mtDNA noch **nicht** ausreichend war. In beiden Fällen ist es einerseits möglich, dass sich *Kinosternon baurii* sekundär von der Atlantikküste nach Florida ausbreitete, wo aktuell zwei deutlich divergente *Kinosternon*-Linien koexistieren. Andererseits ist es auch möglich, dass *Kinosternon baurii* ausschließlich in Florida existiert und es sich weiter nördlich an der Atlantikküste ausschließlich um *Kinosternon subrubrum* handelt, deren dortige morphologische Unterart der Art *Kinosternon baurii* ähnlicher sieht als der *Kinosternon-subrubrum*-Unterart in Florida. Unabhängig davon, welches dieser oben genannten Szenarien zutreffend ist, gibt es in jedem Fall vier mtDNA-Linien in diesem Artenkomplex mit deutlicher phylogeographischer Struktur im Südosten der USA.

7.1.3 Biogeographische Paradigmen im südöstlichen Nordamerika

Die oben beschriebenen phylogeographischen Muster im Südosten Nordamerikas weisen charakteristische Eigenschaften für viele weitere Arten auf (vgl. die Übersichtsarbeit von Soltis et al., 2006). Für zwei weitere Arten, die Langhals-Schmuckschildkröte *(Deirochelys reticularia)* (Abb. 7.3a, b; Walker & Avise 1998) und die Amerikanische Kurzschwanz-Spitzmausart *Blarina brevicauda* (Brant & Ortí 2003), wurde dasselbe phylogeographische Muster wie für die Rattenschlange beschrieben, nämlich drei würmglaziale Re-

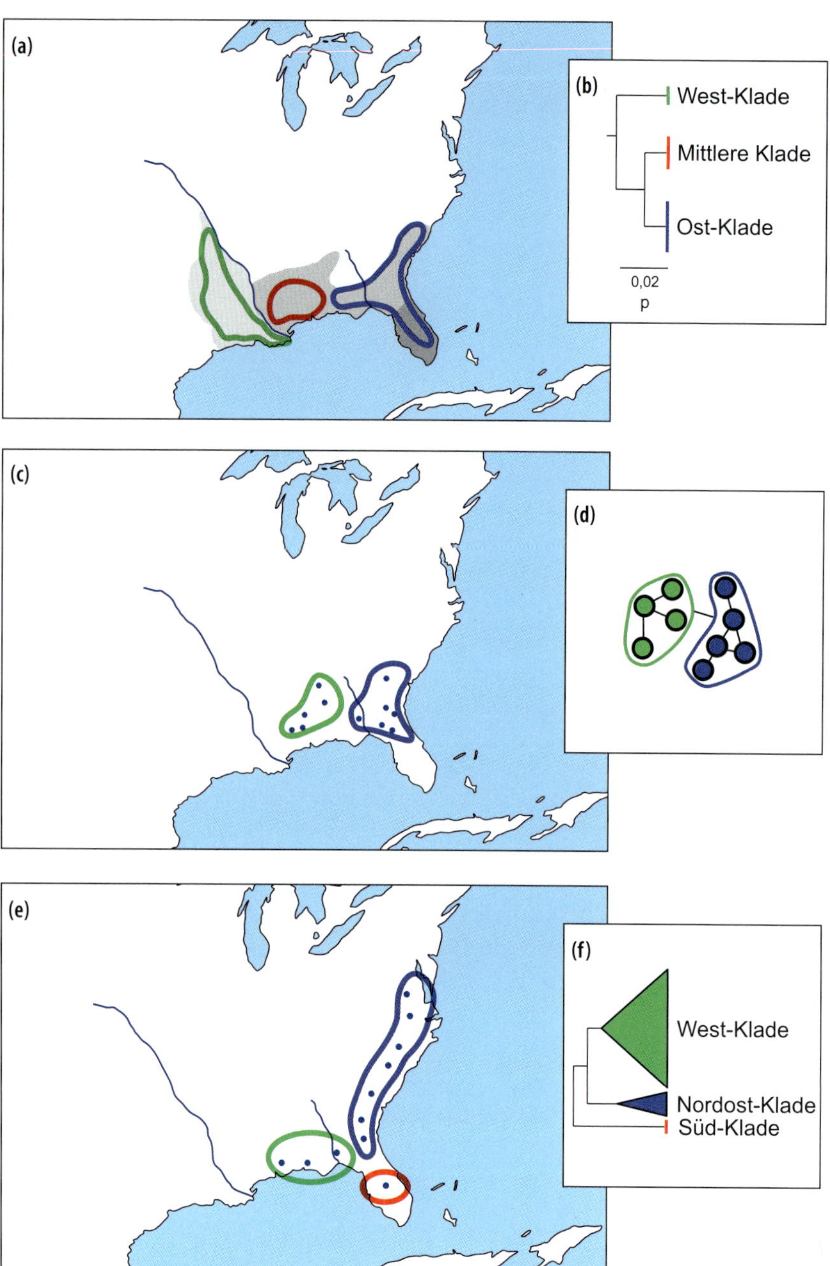

Abb. 7.3 Phylogeographische Grundmuster im südöstlichen Nordamerika. (a, b) Drei genetische Linien mit Mississippi und Apalachicola als Kontaktzonen bei der Langhals-Schmuckschildkröte *(Deirochelys reticularia)*; graue Flächen symbolisieren die morphologische Differenzierung. (c, d) Bei nur östlich des Mississippi vorkommenden Arten wie der Taschenrattenart *Geomys pinetis* vereinfacht sich dieses Muster auf nur zwei genetische Linien. (e, f) Für die Weiße Scheinzypresse *(Chamaecyparis thyoides)* finden wir eine ähnliche phylogeographische Struktur, jedoch wird die östliche Linie in nordöstlicher Richtung expansiv und es existiert eine weitere Linie in Florida. (g, h) Auch Arten, die westlich und östlich des Mississippi verbreitet sind, besitzen gelegentlich gegenüber dem Grundmuster (a) die Vereinfachung,

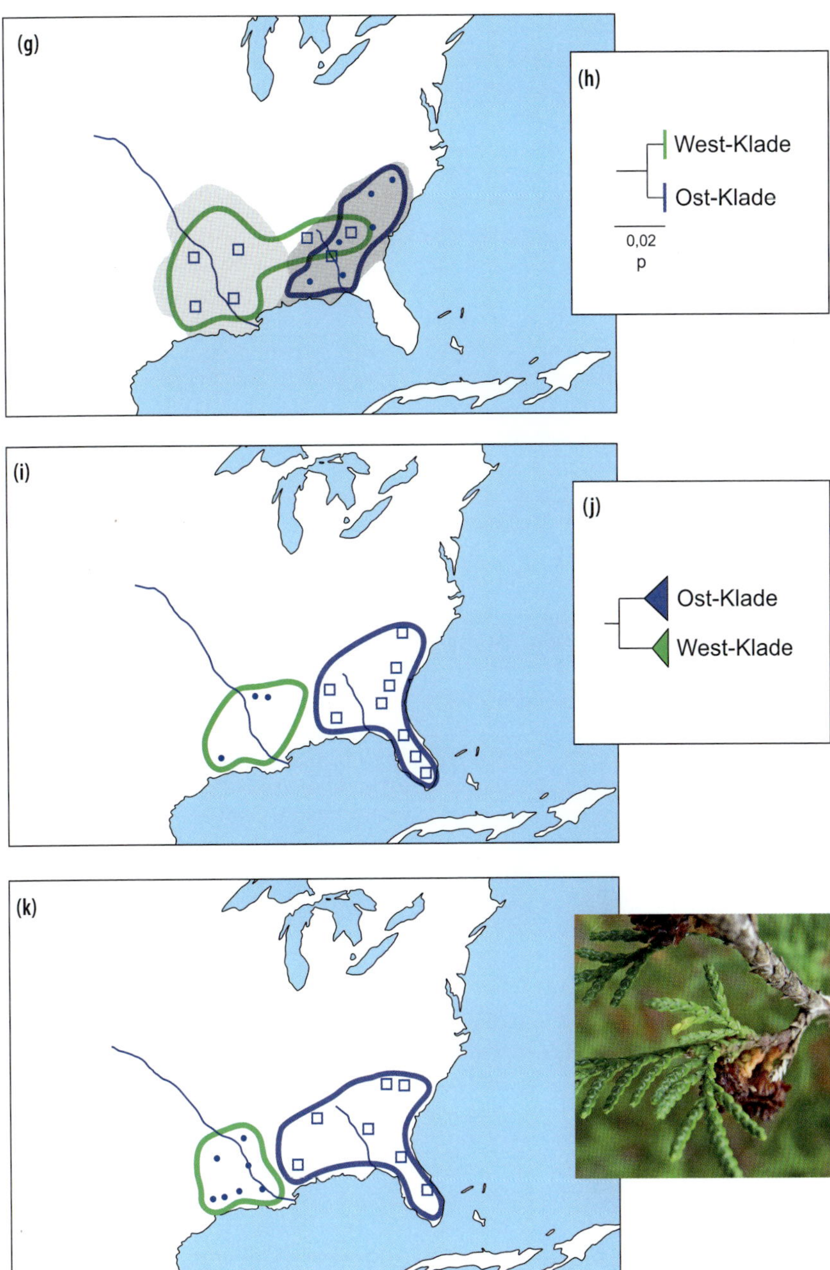

dass sie nur zwei Linien aufweisen, die im Bereich des Apalachicola aufeinandertreffen, wie die Buchstaben-Schmuckschildkröte *(Trachemys scripta)*; graue Flächen symbolisieren die morphologische Differenzierung. (i, j) In anderen Fällen befindet sich diese Kontaktzone jedoch etwa 300 km weiter westlich im Bereich des Tombigbee wie im Beispiel der Sonnenfischart *Lepomis gulosus.* (k) Manche Arten besitzen auch nur eine Kontaktzone zwischen zwei Linien im Bereich des Verlaufs des Mississippi wie die Weihrauch-Kiefer *(Pinus taeda)* (Al-Rabab'ah & Williams 2002). Abbildungen nach Walker & Avise (1998) und Soltis et al. (2006).

fugien entlang des Golfs von Mexiko mit postglazialen Expansionen aus allen drei Rückzugsgebieten. Im Fall der Spitzmaus gibt es im Bereich der Appalachen eine gewisse Abweichung von diesem Muster, da auch einige Populationen an der Westabdachung der Appalachen sich aus dem Floridarefugium ableiten, also entweder den Apalachicola oder die südlichen Appalachen westwärts überquert haben müssen. Auch könnte es für diese Art sogar refugiale Populationen in den südlichen Appalachen gegeben haben (siehe unten).

Arten, die **nicht westlich des Mississippi** verbreitet sind, können dieses phylogeographische Muster nicht aufweisen. Jedoch zeigen auch diese Taxa in etlichen Fällen die geographische Trennung in zwei Phylogruppen durch den **Apalachicola**. Dieses Muster wurde für etliche Arten nachgewiesen, so etwa für die Sonnenfischart *Lepomis punctatus* (Bermingham & Avise 1986), die Kleine Moschusschildkröte *(Sternotherus minor)* (Walker et al. 1995) und die Taschenrattenart *Geomys pinetis* (Abb. 7.3c, d; Avise et al. 1979). Auch für die Landschildkröte *Gopherus polyphemus* zeigt sich diese biogeographische Trennung entlang des Apalachicola, jedoch weist diese Art noch eine weitere, in Florida endemische Linie im Westen der Halbinsel auf, welche geographisch in eine weiter verbreitete Linie eingebettet ist (Osentoski & Lamb 1995).

Für weiter nach Norden verbreitete Arten schließt sich der **Appalachenzug** als biogeographische Grenze nördlich an den Apalachicola an. Dies trifft beispielsweise auf die **Weiße Scheinzypresse *(Chamaecyparis thyoides)*** zu (Mylecraine et al. 2004), deren östliche Linie zwischen den Appalachen und der Atlantikküste verbreitet ist. Zusätzlich besitzt diese Art jedoch eine kleinareale Linie in Florida (Abb. 7.3e, f). Wie im Fall der Pennsylvania-Klappschildkröte *(Kinosternon subrubrum)* (Conant & Collins 1991) liegt das Entstehungszentrum vermutlich, aber mit Sicherheit das Rückzugsgebiet im letzten Glazial, für die Floridalinie der Weißen Scheinzypresse im Bereich ihrer heutigen Verbreitung. Da sie sich somit, bezogen auf die sich nördlich anschließende Linie, welche deutliche postglaziale Arealexpansion entlang der Atlantikküste in nordöstlicher Richtung aufweist, in einer *rear-edge*-Position befand, konnte die Floridalinie keine deutlich sichtbaren postglazialen Arealerweiterungen aufweisen.

Etliche andere Arten, die sowohl westlich als auch östlich des Mississippi verbreitet sind, weisen gegenüber dem oben beschriebenen phylogeographischen Muster mit drei genetischen Linien (Abb. 7.1 und 7.3a) **Vereinfachungen** auf. So stellt in zahlreichen Fällen **nur der Apalachicola** eine biogeographische Kontaktzone zwischen unterschiedlichen Linien dar, **nicht jedoch der Mississippi**. Dieses Muster wurde zum Beispiel für die Nordamerikanische Buchstaben-Schmuckschildkröte *(Trachemys scripta)* (Abb. 7.3g, h; Walker & Avise 1998), die Salamanderart *Ambystoma maculatum* (Church et al. 2003) und den Mississippi-Alligator *(Alligator mississippiensis)* (Davis et al. 2002) nachgewiesen. Für Arten mit diesem phylogeographischen Muster müssen zwei Überdauerungszentren, zumindest im letzten Glazial, westlich und östlich des Apalachicola existiert haben. Das westliche Zentrum muss entweder die Regionen zu beiden Seiten des Mississippi eingeschlossen haben, oder der Fluss muss postglazial überwunden worden sein. Als Variante dieses Musters liegt diese Kontaktzone jedoch in manchen Fällen auch im Bereich des etwa 300 km weiter westlich gelegenen **Tombigbee**-Flusses (Mündung in Alabama), was beispielsweise für die Sonnenfischart *Lepomis gulosus* (Abb. 7.3i, j; Bermingham & Avise 1986) und die Meisenart *Parus carolinensis* (Gill et al. 1993) nachgewiesen wurde. Alternativ besteht auch die Möglichkeit, dass sich weder im Bereich des Apalachicola noch des Tombigbee Kontaktzonen zwischen Linien befinden, ein solches Gebiet sich jedoch entlang des Verlaufs des **Mississippi** erstreckt. Dieses Muster erlaubt für die betroffenen Arten die Schlussfolgerung, dass sich glaziale

Arealkerne westlich und östlich seines Verlaufs befanden. Arten, für die dieses Muster angenommen werden muss, sind z. B. die Weihrauch-Kiefer *(Pinus taeda)* (Abb. 7.3k; Al-Rabab'ah & Williams 2002), der zur Familie der Barsche zählende *Percina evides* (Near et al. 2001) und der Leopardfrosch *(Rana pipiens)* (Hoffmann & Blouin 2004).

Bei der Betrachtung der phylogeographischen Muster im südöstlichen Nordamerika müssen wir uns auch die Frage nach der **Barrierefunktion** der oben herausgearbeiteten Strukturen stellen. In Analogie zur westlichen Paläarktis (Taberlet et al. 1998, Hewitt 1999) muss eine Barrierefunktion der **Appalachen** angenommen werden. Anders als in Europa, wo die meisten hohen Gebirgszüge in Ost-West-Richtung verlaufen, ist die Ausrichtung der Appalachen jedoch weitgehend **Nord-Süd**. Somit stellen sie kein Ausbreitungshindernis für die postglaziale Expansion aus Refugien an der Golfküste dar, sollten allerdings eine **geographische Lenkungsfunktion** für die Ausbreitungen besitzen, was auch einer der Gründe für die sehr einheitlichen phylogeographischen Muster in den östlichen USA sein dürfte.

Auch im Falle des **Mississippi** klingt es einleuchtend, dass der Fluss eine dauerhafte **Barriere** für den Genfluss strikt **terrestrischer Arten** darstellt. Anders ist eine solche Barrierefunktion für die deutlich kleineren Flüsse **Apalachicola und Tombigbee eher unwahrscheinlich**. In Analogie zu denjenigen Kontaktzonen Europas, die durch keine orographischen Strukturen bedingt sind (Hewitt 1999), sollte auch in den südöstlichen USA angenommen werden, dass **Expansionen aus Glazialrefugien auf halber Strecke** zwischen diesen aufeinandertreffen. Dies würde im Fall von typischen Refugialräumen entlang des Golfs von Mexiko zu Regionen mit einer Häufung von Kontaktzonen führen. Unter dieser Annahme würden sich die beiden Flüsse Apalachicola und Tombigbee, in einigen Fällen vielleicht sogar der Mississippi, eventuell nur zufällig in diesen Bereichen befinden und hätten, wenn überhaupt, nur einen geringen Einfluss auf die phylogeographiche Struktur der südöstlichen USA.

7.1.4 Refugien weiter nördlich in den östlichen USA

Ähnlich wie im Postulat extramediterraner Glazialrefugien in der westlichen Paläarktis zeigen die genetischen Untersuchungen im östlichen Nordamerika, dass es auch hier eiszeitliche Überdauerungszentren von thermophilen Arten gab, die weiter nördlich zu vermuten sind als die klassischen Arealkerne entlang der Golfküste und in Florida (Soltis et al. 2006). Einige Arten, so z.B. der Östliche Tigersalamander *(Ambystoma tigrinum tigrinum)* (Church et al. 2003), der zu den Laubfröschen zählende *Pseudacris crucifer* (Austin et al. 2002) und eventuell die Nördliche Kurzschwanz-Spitzmaus *(Blarina brevicauda)* (Brant & Ortí 2003), besaßen, zumindest während des letzten Glazials, **Arealkerne** in den **südlichen Appalachen**. Von hier aus fand im Postglazial eine weitere Ausbreitung nach Norden statt. Auch in diesem Fall drängt sich wieder die Analogie zu Europa auf, wo ebenfalls für etliche Arten zahlreiche extramediterrane Arealkerne mit differenzierten Linien am Südrand der Gebirge festgestellt wurden (Schmitt & Varga 2012). Die Analyse der mitochondrialen DNA des Streifen-Backenhörnchens *(Tamias striatus)* legt sogar nahe, dass diese Art unter glazialen Bedingungen bis in relative Nähe zum **südlichen Rand des laurentinischen Eisschildes** vorkam (Rowe et al. 2004). Da es sich bei dieser Art um eine reine Waldart handelt, müssen arboreale Habitate auch bis zu diesen Breiten existiert haben. Genetische Analysen der DNA der Chloroplasten des Roten Ahorns *(Acer rubrum)* und der Amerikanischen Buche *(Fagus grandifolia)* (Abb. 7.4; McLachlan et al. 2005) unterstützen dies.

7.1.5 Biogeographie der Küstenbewohner des südöstlichen Nordamerikas

Arten, die entlang der Küsten der Golfregion und der nordamerikanischen At-

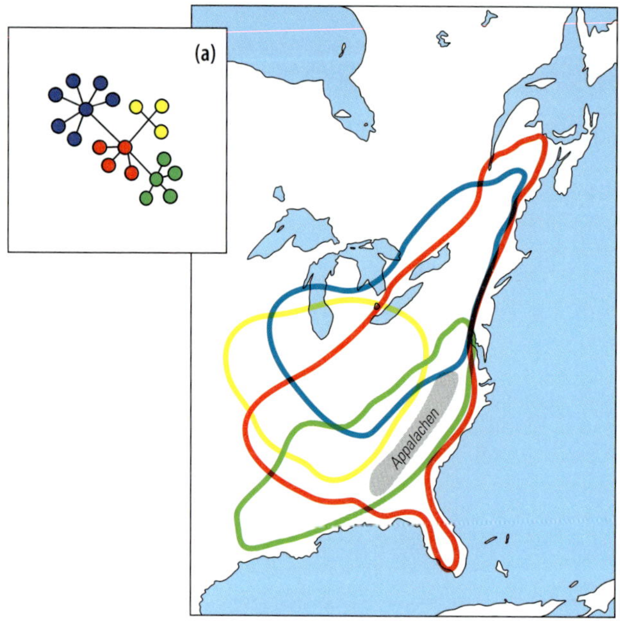

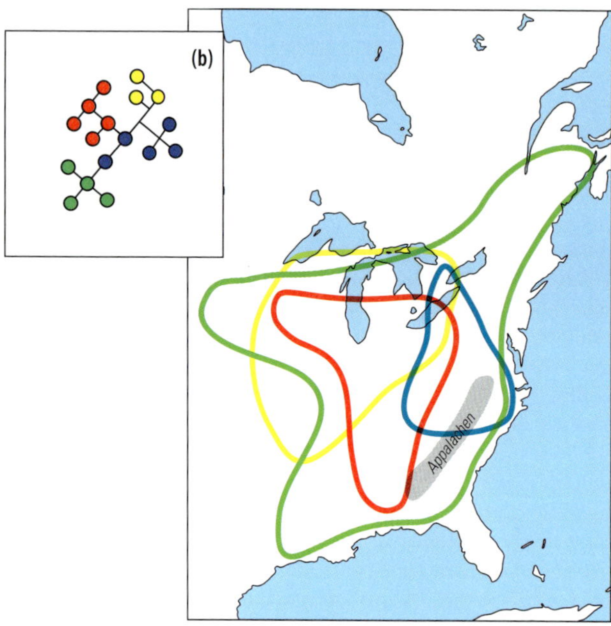

Abb. 7.4 Einige Bäumarten müssen auch nördlich der klassischen Refugialbereiche entlang der Golfküste und in Florida, zumindest im letzten Glazial, vorgekommen sein. Hierfür liefert die cpDNA gute Evidenzen. Beispiele sind (a) der Rote Ahorn *(Acer rubrum)* und (b) die Amerikanische Buche *(Fagus grandifolia)* (McLachlan et al. 2005). Farbige Linien begrenzen die aktuellen Verbreitungen der entsprechenden Haplotypen. Abbildung nach Soltis et al. (2006).

lantikküste auftreten, sei es im Meer oder sei es in terrestrischen Lebensräumen, weisen im **Süden der Halbinsel Florida** häufig einen **genetischen Bruch** auf. Diese genetische Diskontinuität befindet sich jedoch bei unterschiedlichen Arten jeweils an verschiedenen Stellen (Soltis et al. 2006). Eine der ersten Untersuchungen mariner Organismen war diejenige über den **Pfeilschwanzkrebs *(Limulus polyphemus)*** (Saunders et al. 1986). Mittels Restriktionsuntersuchungen der mitochondrialen DNA wurden zwei Linien unterschieden, eine westliche, die im Golf von Mexiko und bis zur Atlantikküste von Florida festgestellt wurde, und eine östliche an der übrigen Ostküste der USA (Abb. 7.5a). Im terrestrischen Bereich ergab sich ein sehr ähnliches Muster für den **Küstensperling *(Ammodramus maritimus)*** (Avise & Nelson 1989), einer Art der küstenbegleitenden Salzmarschen. Auch für diese Art wurden mittels Restriktionsuntersuchungen der mitochondrialen DNA zwei genetische Linien unterschieden, eine der Golfregion und eine der Atlantikküste, die in Südflorida in Kontakt miteinander kommen (Abb. 7.5b). Dieses Muster wurde mittlerweile mit über 25 weiteren Beispielen bestätigt (Soltis et al. 2006), darunter die Seebrasse *(Centropristis striata)* (Bowen & Avise 1990), die Diamantschildkröte *(Malaclemys terrapin)* (Lamb & Avise 1992), die Sandlaufkäferart *Cicindela dorsalis* (Vogler & DeSalle 1993, Vogler et al. 1993), die Einsiedlerkrebsart *Pagurus longicarpus* (Young et al. 2002), der Kleine Schwarzspitzenhai *(Carcharhinus limbatus)* (Keeney et al. 2005), Hornschnecken der Gattung *Busycon* (Wise et al. 2004), die Kalmarart *Loligo pealei* (Herke & Foltz 2002) und die Trogmuschelart *Spisula solidissima* (Hare & Weinberg 2005).

Einige Arten zeigen jedoch ein **komplexeres Muster** als diese simple **Golf-Atlantik-Differenzierung**. So wurde beispielsweise für ***Brachidontes exustus***, einer Verwandten der **Miesmuschel**, durch Sequenzierung mitochondrialer und nukleärer DNA neben diesen beiden gene-

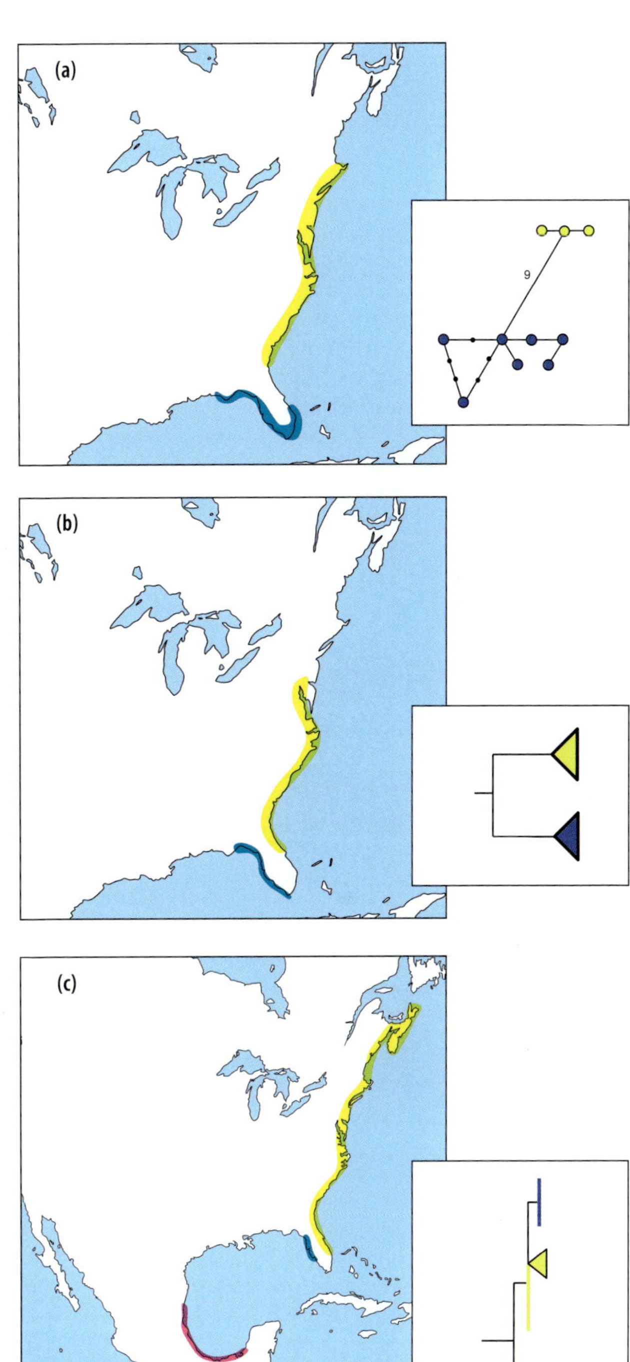

Abb. 7.5 Arten, die entlang der Küsten der Golfregion und der nordamerikanischen Atlantikküste auftreten, zeigen in vielen Fällen einen phylogeographischen Bruch im Süden der Halbinsel Florida. Dies wurde sowohl für (a) marine Organismen wie den Pfeilschwanzkrebs *(Limulus polyphemus)* (Saunders et al. 1986) wie auch für (b) entlang der Küsten auftretende Arten wie den Küstensperling *(Ammodramus maritimus)* (Avise & Nelson 1989) nachgewiesen. (c) Es ergeben sich auch komplexere Muster mit zusätzlichen genetischen Linien, jedoch bei Erhalt der phylogeographischen Diskontinuität in Florida, wie beispielsweise für die Rotalgenart *Gracilaria tikvahiae* (Gurgel et al. 2004). Abbildung nach Soltis et al. (2006).

tischen Linien zwei weitere Linien nachgewiesen: eine **Key-Biscayne-Linie**, die auf den Südosten Floridas beschränkt ist, und eine Klade, die nur auf den **Bahamas** und an der Südspitze Floridas nachgewiesen wurde (Lee & Foighil 2004). Auch die **Rotalgenart *Gracilaria tikvahiae*** zeigt ein komplexeres phylogeographisches Muster mit insgesamt **drei genetischen Linien**, welche durch Sequenzierung von Chloroplasten- und Kern-DNA nachgewiesen wurden (Abb. 7.5c; Gurgel et al. 2004). Eine Linie wurde an der Atlantikküste Kanadas und der nordöstlichen USA bis an die Atlantikküste Floridas festgestellt, eine zweite im östlichen Golf von Mexiko und eine dritte in dessem westlichen Teil. Es muss an dieser Stelle jedoch darauf hingewiesen werden, dass **nicht für alle untersuchten Arten** eine Differenzierung zwischen einer Golf- und einer Atlantiklinie festgestellt wurde. Keine genetischen Unterschiede zwischen diesen beiden Regionen wurden etwa in der mitochondrialen und nukleären DNA der Spanischen Makrele *(Scomberomorus maculatus)* (Buonaccorsi et al. 2001) und Mikrosatelliten des Barschverwandten *Mycteroperco phenax* (Zatcoff et al. 2004) nachgewiesen. Auch für den Roten Trommler *(Sciaenops ocellatus)* zeigten anfängliche Allozymuntersuchungen ebenfalls keine Differenzierung zwischen dem Golf von Mexiko und der Atlantikküste (Bohlmeyer & Gold 1991). Spätere Untersuchungen mitochondrialer DNA und der chemischen Zusammensetzung der Otolithen («Ohrsteine») wiesen jedoch sehr wohl dieses phylogeographische Muster auf (Gold et al. 1999, Patterson et al. 2004). Hieraus folgt, dass Arten, die in den vorliegenden Studien dieses Muster nicht zeigen, dieses eventuell dennoch aufweisen. Es muss immer in Erwägung gezogen werden, dass dieses Muster bei zukünftigen Studien mit anderen Markern vielleicht noch nachgewiesen wird.

Die **Kontaktzonen** zwischen den beiden jeweils prominenten Linien wurde an **unterschiedlichen Stellen** entlang der **Atlantikküste Floridas** festgestellt; von der südlichsten Spitze der Halbinsel bis etwa nach Jacksonville (Abb. 7.5). Für die Bryozoenart *Bugula neritina* wurde diese phylogeographische Diskontinuität sogar in North Carolina nachgewiesen (McGovern & Hellberg 2003). Avise (2000) vermutete, dass diese Mustervariationen das **Resultat des Golfstroms** sein könnten, der die Golflinien mehr oder minder stark in nördlicher Richtung ausgebreitet und hierbei zu **Vermischungen** oder auch **Verdrängungen** der atlantischen Linie geführt haben könnte.

Es bleibt jedoch die Frage offen, ob die **kausalen Gründe** für diese ähnlichen phylogeographischen Muster einheitlich sind, oder ob wir es mit komplexen Ursachen zu tun haben, die zufällig ähnliche biogeographische Muster produzieren. Wise et al. (2004) bringen in diesem Zusammenhang vor, dass die Kombination von **subtropischem Klima**, **Karbonatsedimenten**, durch **Mangroven dominierte Ökosysteme** und **ungünstige Meeresströmungen** an der Ostküste Floridas eine Migration zwischen den sich nördlich anschließenden Küstenbereichen des Atlantiks und dem Golf von Mexiko über lange Zeit weitgehend unterbunden haben könnten. Da diese Mechanismen spezifisch für marine Arten sind, sollten sie sich eigentlich nicht auf terrestrische Küstenbewohner auswirken. Dieses Muster wurde jedoch auch für den Küstensperling *(Ammodramus maritimus)* (Avise & Nelson 1989) festgestellt, der aber vielleicht auch durch ausgedehnte Mangrovensümpfe an der Ausbreitung gehindert worden sein könnte.

7.1.6 Mikrorefugien in den südöstlichen USA

Im Südosten der USA gibt es jedoch auch kleinräumigere phylogeographische Muster als diejenigen, die die bisher vorgestellten Beispiele gezeigt haben. Eine Art mit **kleinräumigen Rückzugsgebieten in Florida** ist die **Dünengrasart *Uniola paniculata***. 66 entlang der Küsten der östlichen USA untersuchte Populationen wiesen in 20 000 sequenzierten Basen des Chloroplastengenoms insgesamt acht variable Positionen auf, die sechs Halotypen ergaben (Hodel & Gonzales 2013). Mit fünf Haplotypen wurden fast alle von diesen an der **Südspitze Floridas** nachgewiesen, die somit mit Abstand die höchste Diversität im gesamten untersuchten Gebiet aufweist. Nur der Haplotyp B, der ausschließlich in nicht gesichert autochthonen Populationen an der Ostküste festgestellt wurde, wurde hier nicht nachgewiesen. Entlang der Atlantikküste wurde in autochthonen Populationen nur der Haplotyp A nachgewiesen, entlang der Golfküste im südlichen Florida zuerst der Haplotyp D, ab Mittelflorida bis nach Texas nur noch C (Abb. 7.6). Diese Haplotypenverteilung unterstützt eindeutig ein glaziales Refugium in **Südflorida**, welches auch eine **geographische Unterstruktur** aufgewiesen haben könnte. Mit Ende der letzten Vereisungsphase fand dann aus diesem Überdauerungszentrum, ausgehend von seinem nordwestlichen und nordöstlichen Rand, eine Arealexpansion statt, an der jedoch unterschiedliche Haplotypen für den Golf von Mexiko und entlang der Atlantikküste beteiligt waren.

Auch der **Rotkehlanolis *(Anolis carolinensis)*** weist in Florida eine deutliche phylogeographische Struktur auf (Abb. 7.7a; Tollis & Boissinot 2013). Genetische Untersuchungen des mitochondrialen ND2-Locus und von drei nukleären Genorten unterstützen eine Herkunft der Art aus Kuba, von wo aus Florida wahrscheinlich durch Überseedispersion im

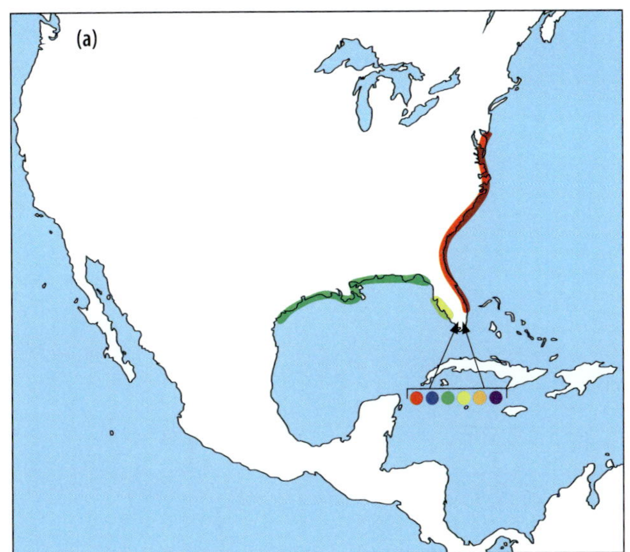

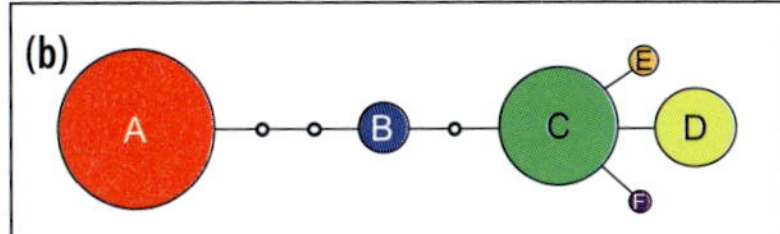

Abb. 7.6 Geographische Verbreitung der Haplotypen von autochthonen Beständen der Dünengrasart *Uniola paniculata* in den südöstlichen USA. Insgesamt wurden über 20.000 Basen des Chloroplastengenoms untersucht und acht variable Positionen festgestellt. Neben (a) der geographischen Verbreitung der Haplotypen ist (b) das sich ergebende Netzwerk dargestellt. Abbildung nach Hodel & Gonzales (2013).

Übergang vom Plio- zum Pleistozän erreicht wurde (Abb. 7.7b). Die Differenzierung in **mehrere Linien in Florida** setzte vermutlich vor etwa 2 Mio. Jahren ein, als die Halbinsel durch **Meeresspiegelanstieg in mehrere Inseln aufgeteilt** wurde. Diese Vikarianzereignisse werden als Ursprung für die Differenzierung der Rotkehlanolis angesehen. Im Zuge der erneuten landfesten Anbindung Floridas an das Festland im mittleren Pleistozän erfolgte eine Expansion entlang der Atlantikküste nach Norden, wo sich anschließend die North-Carolina-Linie evoluierte. Bei dieser Expansion stellten wahrscheinlich die Appalachen ein entscheidendes Hindernis dar, welches zu dieser Zeit eine Ausbreitung nach Westen über die Golfregion unterband. Diese wurde jedoch vor etwa 300 000 Jahren besiedelt (Tollis et al. 2012). Später kam es jedoch zu sekundä-

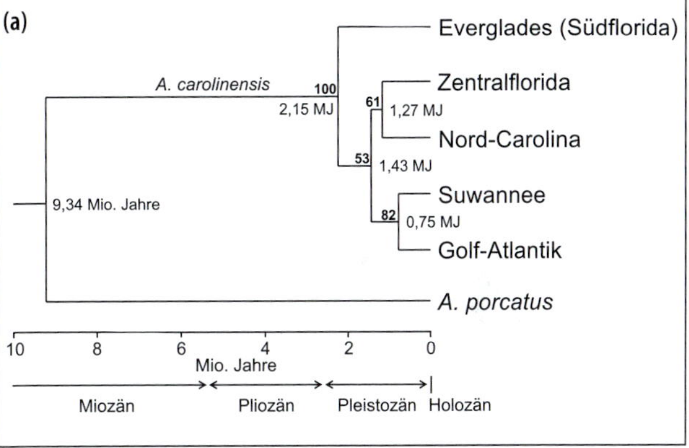

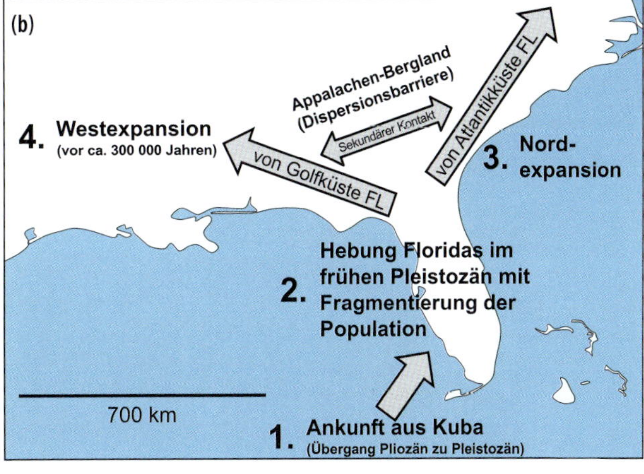

Abb. 7.7 Phylogeographie der Rotkehlanolis *(Anolis carolinensis)*. (a) Konsensusbaum, basierend auf einem mitochondrialen und drei chromosomalen Genorten; das Alter der jeweiligen Aufspaltungen wurde mit dem Programm BEAST berechnet und an den Verzweigungspunkten angeben. (b) Abfolge der biogeographischen Ereignisse für die Rotkehlanolis im Großraum von Florida. Abbildung nach Tollis & Boissinot (2013).

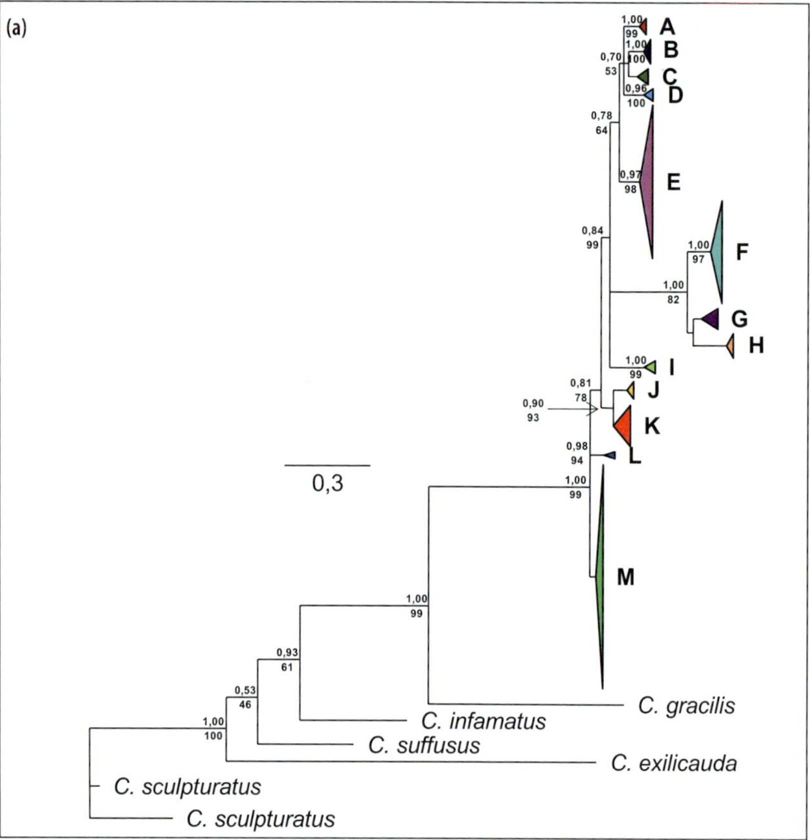

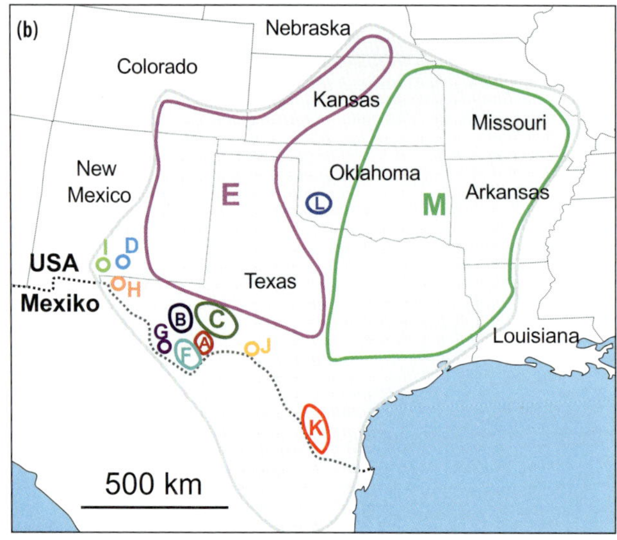

Abb. 7.8 (a) Bayes'scher phylogenetischer Verwandtschaftsbaum für die Skorpionsart *Centruroides vittatus* und Außengruppen. Die Werte über den Knoten stellen *Bayesian posterior probabilities* dar, die darunter *bootstrap*-Werte. (b) Geographische Verbreitung der 13 genetischen Linien im Süden der USA; das Gesamtverbreitungsgebiet der Art ist grau hinterlegt. Abbildung nach Yamashita & Rhoads (2013).

ren Kontakten zwischen den atlantischen und den Golfküstenlinien.

Die phylogeographische Struktur der **Skorpionsart *Centruroides vittatus*** wurde über weite Bereiche seines Verbreitungsgebietes im Süden der USA untersucht. Vor allem die Sequenzen des mitochondrialen COI-Gens erwiesen sich als aussagekräftig (Yamashita & Rhoads 2013). Insgesamt wurden **13 genetische Gruppen** für diesen

Marker unterschieden (Abb. 7.8a), welche eine klare phylogeographische Struktur aufweisen (Abb. 7.8b) und deren Alter mittels molekularer Uhr auf mehrere Jahrzehntausende bis auf über 100000 Jahre geschätzt wurde. Von diesen 13 Linien weisen nur E und M eine geographisch weitere Verbreitung auf; zwischen ihnen befindet sich die kleinareale Gruppe L. Alle anderen zehn Linien sind kleinareal und reihen sich **entlang des Rio Grande** aneinander, mit einer besonderen Häufung in der **Big-Bend-** und **Trans-Pecos-Region**; einer Region also, in der auch besonders viele andere Skorpionarten auftreten. Die von Yamashita & Rhoads (2013) durchgeführte Altersbestimmung über eine molekulare Uhr lässt vermuten, dass sich diese genetischen Linien innerhalb der letzten 150000 Jahre entwickelt haben, also sehr rezent sind, wenn man sie mit anderen Arbeiten über Skorpione vergleicht. Auch wenn diese Altersbestimmung nicht zutreffend sein sollte und diese Linien ein höheres evolutives Alter aufweisen, so ist dennoch sehr wahrscheinlich, dass sich im südlichen Texas entlang des Rio Grande **im letzten Glazial mindestens zehn kleinareale Refugien** für *Centruroides vittatus* befanden, von denen jedoch keines postglazial expansiv wurde. Nur die beiden Linien E und M, die glazial wohl nördlicher vorkamen als die anderen Linien und die sich somit am *leading edge* befanden, konnten durch postglaziale Arealexpansion aus ihrem Ausbreitungszentrum heraus ihr Areal rezent deutlich ausdehnen. Dies gelang der dritten weiter nördlich gelegenen Linie L aus unbekannten Gründen nicht. Eventuell waren die Expansionen von E und M einfach schneller und verhinderten dadurch eine bedeutende Expansion aus dem Refugium von L.

Zwei weitere **Skorpionarten** wurden in dieser Region untersucht, ***Pseudouroctonus reddelli,*** mit zwölf Populationen aus Texas, und ***Pseudouroctonus spousei,*** mit drei untersuchten Vorkommen in Nordmexiko. Basierend auf Sequenzdaten sowohl mitochondrialer als auch nukleärer Genorte (1993 bp) wurden deutliche Differenzierungen festgestellt (Bryson et al. 2014). Diese Differenzierungen weisen für *Pseudouroctonus reddelli* eine deutliche phylogeographische Strukturierung auf, welche sich wahrscheinlich im Verlauf des Pleistozäns evoluierte. Die Differenzierungen zwischen den parapatrisch verbreiteten genetischen Linien begannen wohl alle im Zeitfenster zwischen 1–3 Mio. Jahren. Für die drei Populationen von *Pseudouroctonus spousei* in Nordmexiko lebte der letzte gemeinsame Vorfahre wahrscheinlich noch weiter in der Vergangenheit. Die spätere räumliche Diffusion von *Pseudouroctonus reddelli* erfolgte wahrscheinlich entlang des südlichen Edvards-Plateaus aus **multiplen, geographisch klar begrenzten Refugien** entlang des Balcones Escarpment. Die genetischen Daten geben jedoch keine Hinweise auf eine Zunahme der Populationsgrößen oder auf eine geographische Ausbreitung.

Diese Daten erscheinen vor dem Hintergrund erstaunlich, dass Modelle der Verbreitungsgebiete, die auf den klimatischen Nischen der Arten basieren, keine Vorkommen in Texas unter glazialen Bedingungen anzeigen; auch die Bedingungen im nördlichen Mexiko werden nicht als günstig für ein Überdauern eingestuft. Dieser scheinbare Widerspruch könnte dadurch aufgelöst werden, dass beide Arten **troglophil*** sind, also typische Vertreter der Höhlenfauna darstellen. Da Höhlen sich klimatisch sehr deutlich von ihrer Umgebung unterscheiden und einen stark gedämpften Temperaturgang aufweisen, ist es wahrscheinlich, dass die **Karsthöhlensysteme** im aktuellen Verbreitungsgebiet von *Pseudouroctonus reddelli* in Texas als **Mikrorefugien** dienten. In ihnen konnte die Art die eiszeitlichen Kaltzeiten weitgehend *in situ* überdauern und sich unter Warmzeitbedingungen relativ kleinräumig aus diesen heraus ausbreiten. Basierend auf diesen Daten vermuten Bryson et al. (2014), dass diese Höhlensysteme auch für etliche andere temperate, troglophile Arten wichtige Kleinstrefugien dargestellt haben könnten, um Kaltzeiten zu überleben.

7.2 Der Westen Nordamerikas

7.2.1 Von Norden und Süden: Die Bedeutung des Beringischen Refugiums für an Kälte angepasste Arten

Im letzten Glazial bedeckten große Eisschilde weite Gebiete Kanadas und erstreckten sich teilweise bis in den Norden der USA. Somit besaßen die **Vergletscherungen in Nordamerika weltweit mit die größten Ausdehnungen** (Velichko et al. 1997), welche vor etwa 20 000 Jahren ein Maximum erreichten (Clark et al. 2009). Interessanterweise waren jedoch **weite Bereiche Alaskas** sowie **Teile der kanadischen Provinz Yukon bis hinein ins Nordwestterritorium unvergletschert** (Abb. 7.9), sodass seit geraumer Zeit sowohl von **Refugien im pazifischen Nordwesten der USA** als auch in der **beringischen Region** ausgegangen wurde (Hultén 1937, Pielou 1991). Somit können die postglazial eisfrei werdenden Gebiete des westlichen Nordamerikas prinzipiell aus zwei Richtungen besiedelt werden; nämlich aus Refugien des pazifischen Nordwestens südlich des laurentinischen Eisschildes oder aus Beringien aus nordwestlicher Richtung (Abb. 7.10; Youngman 1975, Hoffman 1981, Brunsfeld et al. 2001).

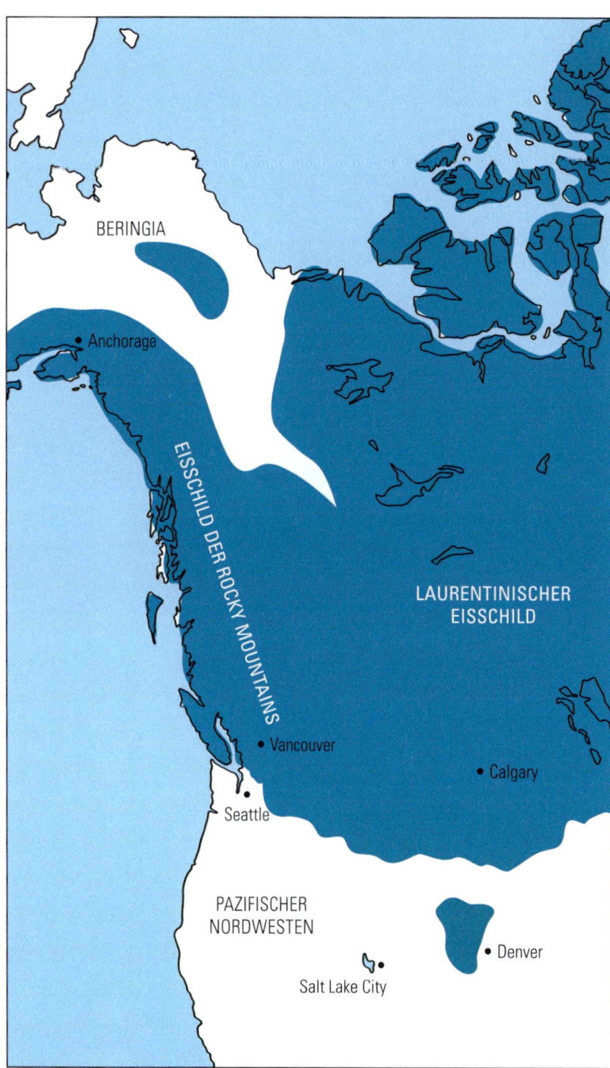

Abb. 7.9 Ausdehnung der Vergletscherung während des Letzten Glazialen Maximums im nordwestlichen Nordamerika. Abbildung nach Shafer et al. (2010).

In einem umfangreichen Übersichtsartikel stellten Shafer et al. (2010) die gesamte zu diesem Zeitpunkt verfügbare phylogeographische Literatur über den pazifischen Nordwesten Nordamerikas zusammen. Über alle Taxa hinweg fanden sie zehn Arbeiten, in denen ein Überdauern zumindest des letzten Glazials **gleichzeitig südlich des laurentinischen Eisschildes und in Beringien** nachgewiesen wurde. Für 54 Taxa wurden **ausschließlich südliche Refugien** festgestellt, wohingegen für vier Arten **ausschließlich beringische Rückzugsgebiete** wahrscheinlich sind. Außerdem wurden **kryptische Refugien** (siehe unten) in Kombination mit südlichen und/oder beringischen Rückzugsgebieten für 35 Arten nachgewiesen, in 14 Fällen in Kombination mit südlichen, in zehn Fällen mit beringischen und in elf Fällen mit beiden. Diese Daten zeigen, dass die Refugien südlich des Eisschildes zwar wichtiger als die beringischen waren, dass letztere jedoch auch eine nicht zu unterschätzende Bedeutung besaßen und ihnen somit eine bei Weitem höhere biogeographische Bedeutung zukommt, als man rein intuitiv annehmen würde.

Die Nutzung nördlicher Refugien besitzt jedoch einen sehr starken **Unterschied zwischen den taxonomischen**

Gruppen. Von den 28 von Shafer et al. (2010) zusammengetragenen Phylogeographien über Säuger weisen 15 starke Hinweise auf Überdauerungszentren in Beringien oder kryptische Refugien auf. Auch für Pflanzen wurde ein ähnliches Bild erhalten: 14 der 21 Taxa besaßen nördliche Refugien. Von den 17 Amphibien und Reptilientaxa wurde jedoch nur für ein einziges neben den südlichen Refugien ein weiteres kryptisches nachgewiesen. Auch für die 19 untersuchten Vogeltaxa wurden nur für sieben nördliche Refugien festgestellt. Die poikilothermen* Amphibien und Reptilien können folglich schlechter in den nördlichen Refugien überleben als die warmblütigen Säuger. Auch die Vögel scheinen, eventuell aufgrund ihrer häufig geringen Körpermasse, nur in vergleichsweise wenigen Fällen auch in den nördlichen Refugien überlebt zu haben.

Der einfachste Fall einer Besiedlung der eiszeitlich vergletscherten Bereiche aus beiden Richtungen stellt somit ein Refugium südlich der Gletscher und eines in Beringien dar. Eine solche Situation wurde für zwei sehr mobile Tierarten nachgewiesen, die unter glazialen Bedingungen wohl nur durch den laurentinischen Eisschild am Genfluss gehindert wurden, für das Karibu *(Rangifer tarandus)* (Flagstad & Roed 2003) und den Rotfuchs *(Vulpes vulpes)* (Aubry et al. 2009). In beiden Fällen wurde durch Sequenzierung mitochondrialer DNA jeweils nur eine südliche und eine nördliche Linie gefunden. Im Fall des Karibus war die sich aus Alaska ausdehnende Linie auch in Nordeurasien weit verbreitet, was ein deutlicher Hinweis auf eine weite eiszeitliche Verbreitung in Beringien ist, also sowohl auf der amerikanischen wie der eurasischen Seite. Vor allem in Eurasien dürfte diese Linie auch glazial weit verbreitet gewesen sein. Für den Fuchs steht die sich aus Alaska ableitende Linie der eurasischen genetisch sehr viel näher als der Linie, die südlich des laurentinischen Eisschildes überdauerte (Abb. 7.11). Die beiden heute in Nordamerika vorkommenden genetischen Linien des Fuchses wiesen ihren letzten gemeinsamen Vorfahren vermutlich vor etwa 400 000 Jahren auf. Die Aufspaltung zwischen der Alaska-Gruppe und den eurasischen Populationen ist deutlich rezenter und eventuell ein Resultat des letzten Glazials. Auch für den zu den Schildfischen zählenden *Gobiesox maeandricus*, eine Art der Küstengewässer des Nordpazifiks, wurde lediglich eine nördliche und eine südliche mtDNA-Klade festgestellt (Hickerson & Ross 2001). Im Pflanzenreich wurde dieses einfache Muster, basierend auf der Untersuchung von Chloroplasten-DNA, für *Packera pauciflora*, einer Verwandten des Greiskrautes, nachgewiesen (Bain & Golden 2005).

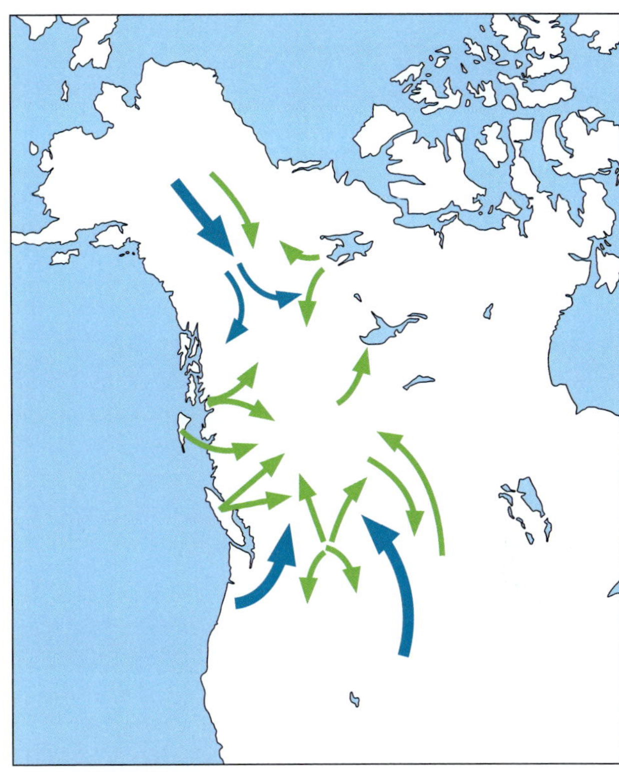

Abb. 7.10 Postulierte Kolonisationsrouten im nordwestlichen Nordamerika. Blaue Pfeile zeigen die wichtigsten Routen an; grüne Pfeile weisen auf Expansionsrouten hin, die eine geringere Bedeutung besitzen und die aufgrund noch recht schwacher Evidenzen teilweise hypothetischen Charakter besitzen. Abbildung nach Shafer et al. (2010).

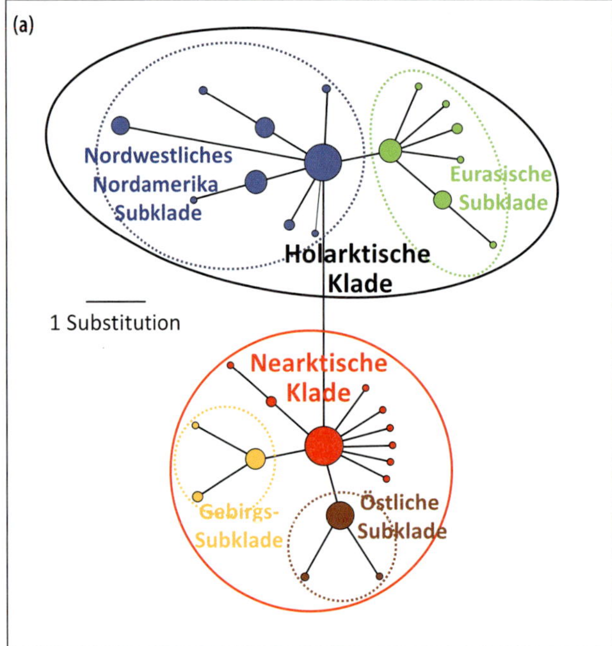

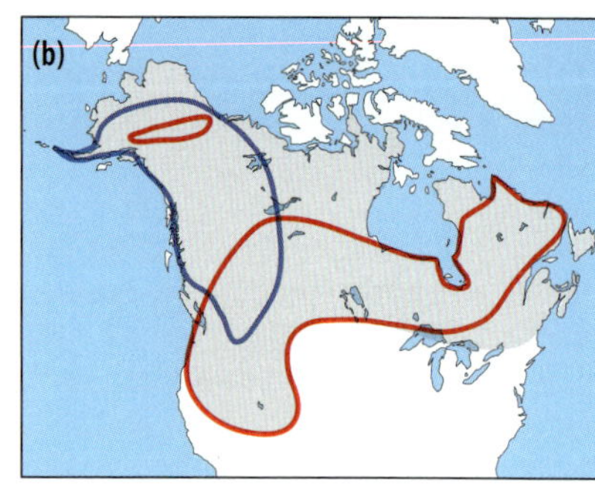

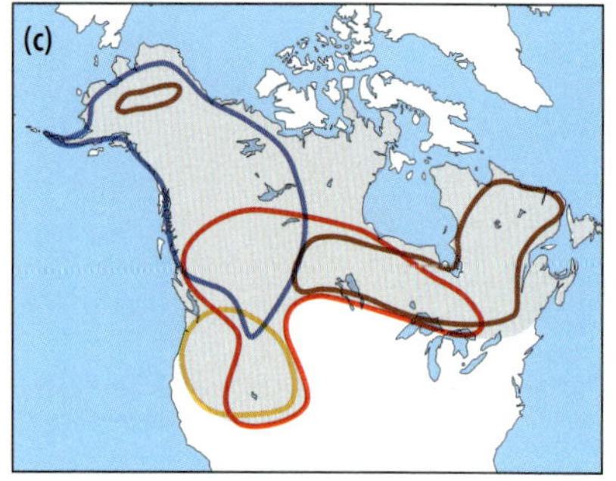

Abb. 7.11 Phylogeographie des Rotfuchses *(Vulpes vulpes)* in Nordamerika. (a) Haplotypennetzwerk, basierend auf dem mitochondrialen Cyt-b-Gen (354 bp). Geographische Verbreitung der mitochondrialen Haplotypen von (b) Cyt-b und (c) des D-loops. Die Verbreitungen der genetischen Gruppen sind durch die Farben der Cluster dargestellt. Die graue Fläche stellt die Verbreitung des Rotfuches in Nordamerika vor der menschlichen Besiedlung dar. Abbildung nach Aubry et al. (2009).

7.2.2 Differenzierung in Beringien

In einigen Fällen lassen die genetischen Daten vermuten, dass einzelne Arten glaziale Phasen lediglich in Beringien überlebten und sich postglazial ausschließlich von hier ausbreiteten. Analysen von mtDNA und Mikrosatelliten zeigten beispielsweise für den **Vielfraß *(Gulo gulo)*,** dass diese Art nur eine genetische Linie besitzt, die sich postglazial schnell aus dem beringischen Rückzugsraum, wo sie wohl ein kontinuierliches aber wahrscheinlich ausgedehntes Verbreitungsgebiet besaß, ausgebreitet haben muss (Tomasik & Cook 2005, Cegelski et al. 2006).

Jedoch stellte auch der beringische Bereich in mehreren Fällen kein kontinuierliches Refugium dar. So wurden für mehrere Arten deutliche **genetische Differenzierungen innerhalb des beringischen Bereichs** nachgewiesen; so z. B. für die Nordische Wühlmaus *(Microtus oeconomus)* (Galbreath & Cook 2004), den Arktischen Ziesel *(Spermophilus parryii)* (Eddingsaas et al. 2004), die Kanadagans *(Branta canadensis)* (Scribner et al. 2003), die Arktische Äsche *(Thymallus arcticus)* (Stamford & Taylor 2004) und, als Beispiel aus der Botanik, Spitzkielarten der Gattung *Oxytropis* (Jorgensen et al. 2003).

Der **Arktische Ziesel** weist eine deutliche subspezifische Differenzierung, basierend auf morphologischen Merkmalen, auf (Abb. 7.12a). Diese spiegelt sich auch teilweise in der Differenzierung des mitochondrialen Gens Cyt-b wider, welches eine **hierarchische Abfolge von Differenzierungsschritten** aufweist (Abb. 7.12b; Eddingsaas et al. 2004). Ein erster Split trennt die Populationen der Unterart *kennikottii* im Norden Alaskas von allen anderen Populationen. Über Kalibrierung mittels einer molekularen Uhr wurde der letzte gemeinsame Vorfahre aller Populationen auf mindestens 700 000 Jahre geschätzt. Die Ursache für diese Differenzierung liegt somit vermutlich im Rückzug auf zwei **eiszeitliche Refugien**, eines an der **Südküste** und eines an der **Nordküste Alaskas**.

Noch im selben Glazial spaltete sich das Südrefugium mit hoher Wahrscheinlichkeit in ein **südwestliches** und ein **südöstliches Rückzugsgebiet** auf. Im Bereich

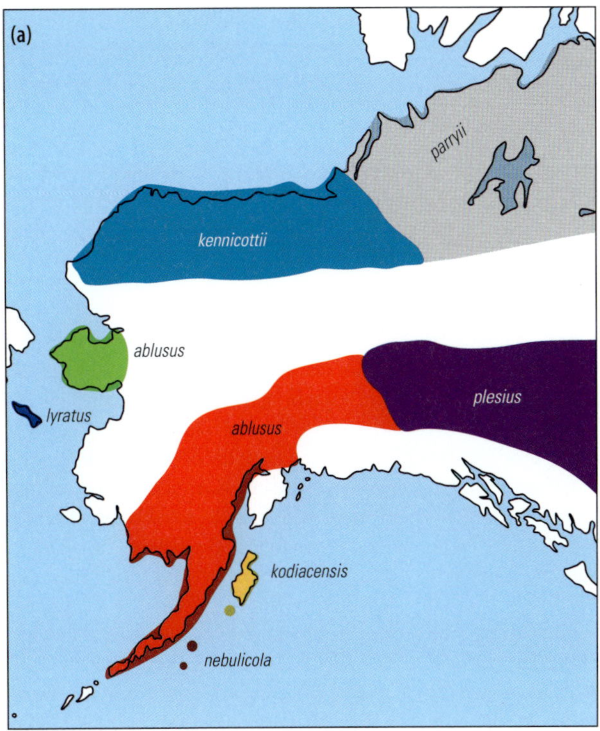

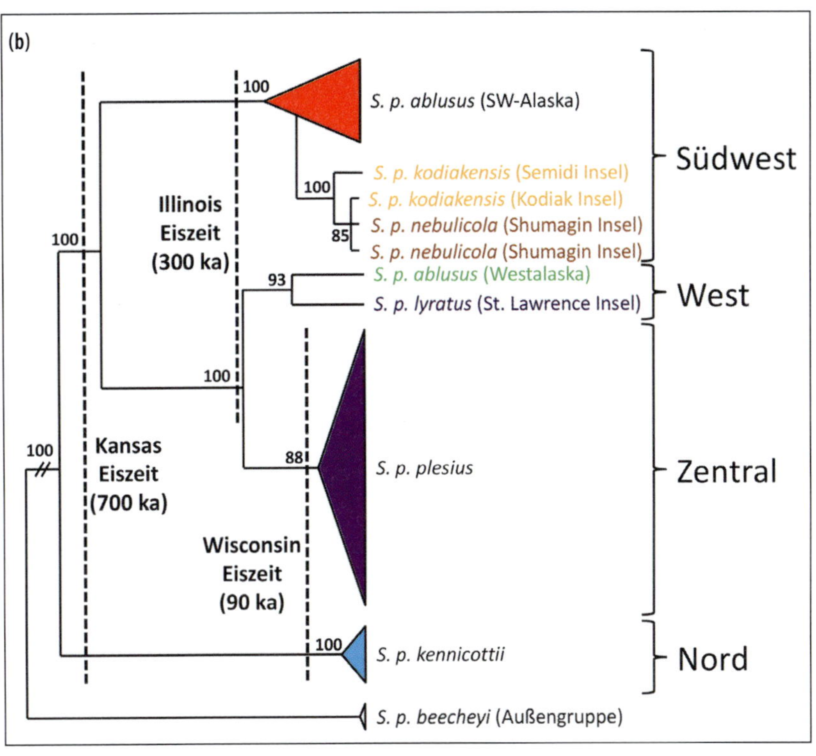

Abb. 7.12 (a) Geographische Verbreitung der morphologisch unterschiedenen Unterarten des Arktischen Ziesels *(Spermophilus parryii)*. (b) *Maximum-likelihood*-Verwandtschaftsbaum, basierend auf Sequenzen des mitochondrialen Cyt-b-Gens. *Spermophilus parryii beecheyi* wurde als Außengruppe verwendet. Zahlen über den Ästen stellen die *bootstrap*-Werte >70 %, basierend auf 1000 Wiederholungen dar. Abbildung nach Eddingsaas et al. (2004).

des südwestlichen Refugiums evoluierte eine genetische Linie, die weitgehend die Unterart *ablusus* und die beiden morphologischen Unterarten der Inseln südlich der Alaska-Halbinsel umfasst. Die sich im Südosten des beringischen Bereichs herausbildende Linie breitete sich vermutlich vor dem Illinois-Glazial – dieses entspricht der Risseiszeit in den Alpen – bis an die äußerste Westspitze Alaskas aus. Hier wurde dann mit dem Beginn dieses Glazials eine Gruppe isoliert, die sich in eine eigene genetische Linie entwickelte. Diese **Westlinie** ist morphologisch von den Populationen des Südostens (die als Unterart *plesius* beschrieben sind) unterschieden, ähneln aber auf dem Festland denjenigen Südwestalaskas.

Die Populationen der in der Nähe der Beringstraße gelegenen St. Lawrence Insel weisen, wie auch die Inseln südlich der Alaska-Halbinsel, morphologische Unterschiede zum benachbarten Festland auf, jedoch keine bedeutenden genetischen Differenzierungen. Diese Befunde zeigen deutlich, dass die **morphologische Differenzierung** zum Teil die **genetische Struktur** widergibt, zum Teil aber auch auf **rezente Anpassungen** an spezifische Lebensraumverhältnisse oder auf **zufällige Drifteffekte** zurückgeführt werden muss. Die letzten beiden Optionen sollten für die drei morphologisch definierten Inselunterarten zutreffen, da diese Inseln unter dem glazial abgesenkten Meeresspiegel noch über den Hochstand des letzten Glazials hinaus landfest mit Alaska verbunden waren. Sehr wahrscheinlich ist somit, dass es in Alaska im letzten Glazial zumindest **vier** unterschiedliche **Rückzugsräume** für den Arktischen Ziesel gab, im Südwesten, Südosten, Westen und Norden, von denen zumindest die südöstliche Linie sich weit nach Kanada hinein in postglazial eisfrei werdende Regionen ausbreitete.

Gut untersucht ist auch der **Alaska-Pfeifhase *(Ochotona collaris)*** (Lanier & Olson 2013). Für diese auf Südostalaska und Nordwestkanada beschränkte Art (MacDonald & Jones 1987) wurde eine geringere genetische Diversität für den mitochondrialen Genort Cyt-b (1140 bp) nachgewiesen als für die weiter südlich in Nordamerika und Asien vorkommenden Arten. Das Haplotypennetzwerk erlaubt es, zwei mäßig differenzierte, parapatrisch verbreitete Gruppen zu unterscheiden; und zwar zum einen im südlichen Yukon und zum anderen nördlich und westlich von dieser Region. Diese Daten sprechen für **zwei glaziale Arealkerne westlich des laurentinischen Eisschildes** mit postglazialer Expansion, was zum einen durch signifikante Ramos-Onsins und Roza's R^2 und Fu's F_S und zum anderen durch Nischenmodelle unterstützt wird.

Weitere genetische Untersuchungen zeigten, dass auch einige andere Arten in den sich östlich an Alaska anschließenden eisfreien Bereichen von Yukon, des Nordwestterritoriums und Teilen des nördlichen British Columbia überdauerten. So unterstützen genetische Analysen, dass das Alaska Schneeschaf *(Ovis dalli)* in den **McKenzie Bergen** und im **nördlichen British Columbia** glaziale Bedingungen überdauerte (Loehr et al. 2006). Auch phylogeographische Studien an der Schneeziege *(Oreamnos americanus)* (Shafer et al. 2011) und am Alpen-Säuerling *(Oxyria digyna)* (Marr et al. 2008) geben klare Evidenzen für glaziale Refugien im **nördlichen British Columbia**. Genetischen Studien folgend war der sich in der Region am nordwestlichen Rand des laurentinischen Eisschildes befindende **Nahanni-Fluss** eines der glazialen Überdauerungszentren der Arktischen Äsche *(Thymallus arcticus)* (Stamford & Taylor 2004) und des Amerikanischen Seesaiblings *(Salvelinus namaycush)* (Wilson & Hebert 1998).

7.2.3 Some like it cool: Kryptische Refugien im Nordwesten Nordamerikas

Zusätzlich zu diesen südlichen und beringischen Refugien wurde schon seit längerer Zeit auf Basis von morphologischen Differenzierungen über küstennahe Refugien westlich des laurentinischen Eisschildes spekuliert, so auf **Haida Gwaii** (früher Queen Charlotte Inseln) und dem

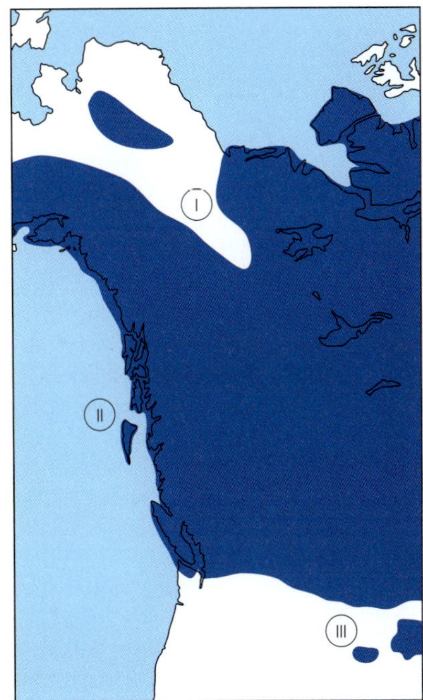

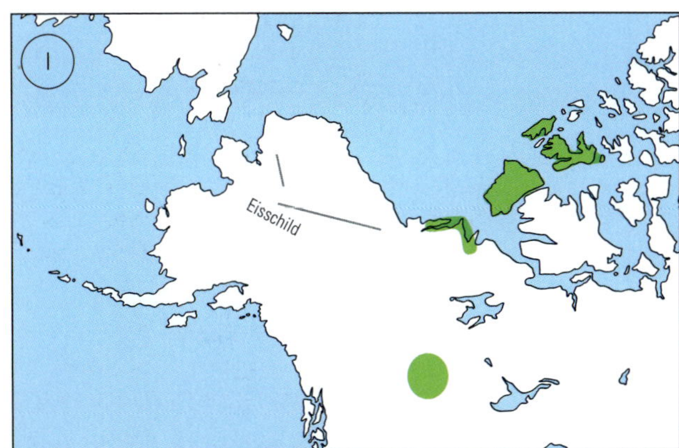

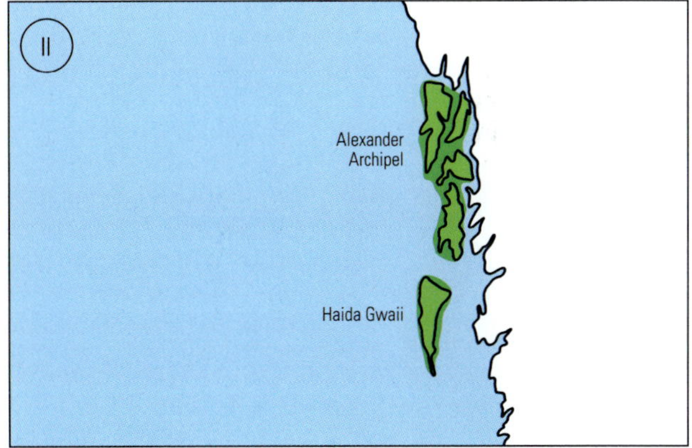

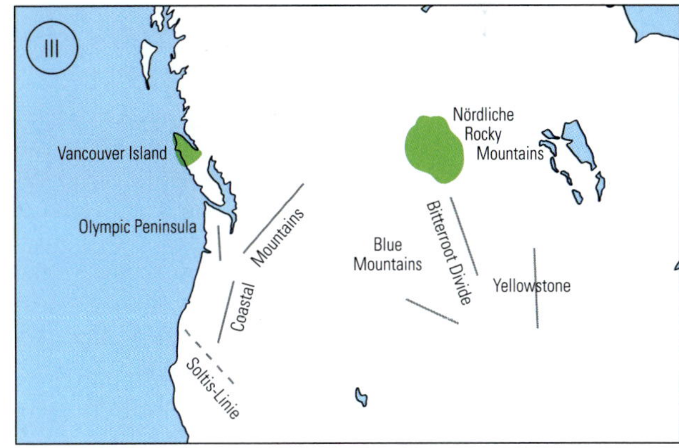

Abb. 7.13 Bedeutende biogeographische Bereiche innerhalb identifizierter kryptischer Refugien im nordwestlichen Nordamerika. Die mögliche Lage von Refugien (grün) ist dargestellt sowie wichtige biogeographische Bruchzonen und Barrieren (Linien). In einigen Fällen stellten Flusssysteme die Refugien dar. Die dunkelblaue Fläche in der Übersichtskarte links repräsentiert die maximale Vereisung des letzten Glazials, die für viele Arten eine starke Ausbreitungsbarriere darstellte. Abbildung nach Shafer et al. (2010).

Alexander Archipel (Abb. 7.13). Soltis et al. (1997) fügten diesen morphologischen Evidenzen auch genetische hinzu. Außerdem kann in Gebieten, in denen die Vergletscherung nicht komplett war, wie im südlichen Alberta, durchaus ein Überleben einzelner Arten auf **Nunatakkern** postuliert werden (Pielou 1991). Diese kryptischen Refugien wurden in Kombination mit südlichen und/oder beringischen Rückzugsgebieten nachgewiesen. Shafer et al. (2010) listen in ihrer Übersichtsarbeit insgesamt 35 Beispiele für diese Rückzugsräume auf, in 14 Fällen in Kombination mit südlichen, in zehn Fällen mit beringischen und in elf Fällen mit beiden.

Genetische Analysen für mehrere Arten geben deutliche Hinweise auf separate würmglaziale Refugien auf **Haida Gwaii**, einer der kanadischen Pazifikküste vorgelagerten Insel. Dies ist etwa der Fall für den **Schwarzbär *(Ursus americanus)*** (Byun et al. 1997). Sequenzierung von Individuen schwerpunktmäßig aus dem westlichen Kanada ergab zwei um 3,6% divergierende Linien für das mitochond-

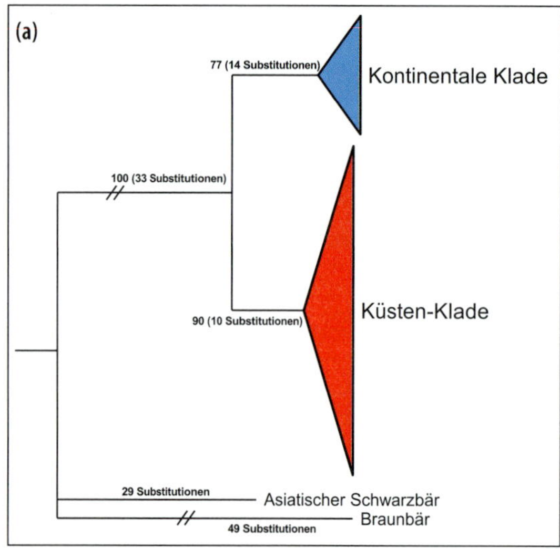

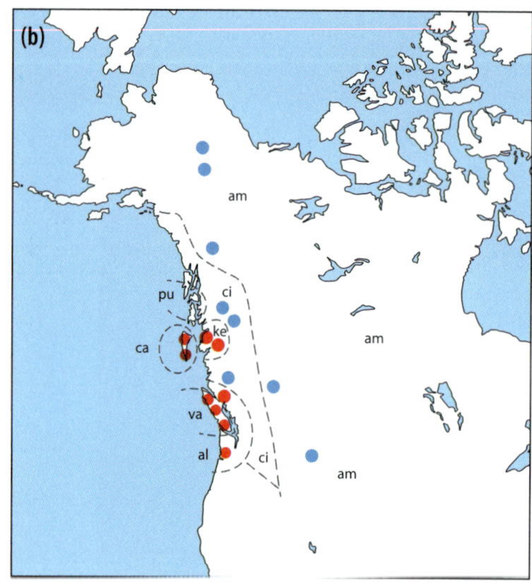

Abb. 7.14 Phylogeographie des Schwarzbären *(Ursus americanus)* im nordwestlichen Nordamerika, basierend auf dem mitochondrialen Gen Cyt-b (719 bp). (a) Verwandtschaftsbaum, basierend auf Parsimonie-Analysen. Zahlen an den Ästen stellen die *bootstrap*-Werte von 100 Replikationen dar, in Klammern dahinter die Anzahl an Substitutionen. (b) Geographische Verbreitung der Küstenlinie (rot) und der Festlandlinie (blau); dargestellt ist eine Auswahl der Sammelstellen. Abkürzungen für die morphologisch abgegrenzten Unterarten: *albifrontalis* (al); *americanus* (am); *carlottae* (ca); *cinnamomum* (ci); *kermodei* (ke); *pugnax* (pu); *vancouveri* (va). Abbildung nach Byun et al. (1997).

riale Gen Cyt-b (719 bp), von denen eine Linie exklusiv von Vancouver Island bis auf die geographische Höhe von Haida Gwaii zu finden war, die andere jedoch eine weite Verbreitung vom Inland des westlichen Kanadas bis in den Osten des Kontinents aufweist (Abb. 7.14). Auch die Gewöhnliche Strumpfbandnatter *(Thamnophis sirtalis)* (Janzen et al. 2002), übrigens die einzige Schlange, die heute in Alaska vorkommt, die Meisenart *Poecile rufescens* (Burg et al. 2006) sowie vielleicht die Sitka-Fichte *(Picea sitchensis)* (Gapare & Aitken 2005, Gapare et al. 2005) und der Knöllchen-Knöterich *(Bistorta vivipara)* (Marr et al. 2013) besaßen im letzten Glazial vermutlich Rückzugsgebiete auf dieser Insel.

Für den noch weiter nördlich gelegenen **Alexander Archipel** ergeben genetische Untersuchungen ebenfalls deutliche Indizien für ein Überdauern von glazialen Kältephasen; so etwa für die Langschwanz-Wühlmaus *(Microtus longicaudus)* (Spaeth et al. 2009), Keens Maus *(Peromyscus keeni)* (Lucid & Cook 2007) und die in Marderartigen **parasitisch lebende Fadenwurmart *Soboliphyme baturini*** (Koehler et al. 2009). Für letztere wurde bei der Sequenzierung zweier mitochondrialer Genfragmente (643 bp) eine sehr markante Differenzierung zwischen zahlreichen auf dem Alexander Archipel vorhandenen Haplotypen (Abb. 7.15) festgestellt. Neben Refugien in Ostrussland, Alaska und wahrscheinlich auch weiter südlich auf Haida Gwaii sowie am südlichen Rand des laurentinischen Eisschildes unterstützt dieses Muster sehr nachdrücklich auch ein Überdauern, zumindest des letzten Glazials, im Bereich des Alexander Archipels. Die eiszeitliche Persistenz dieses parasitischen Nematoden setzt jedoch auch eiszeitliche **Vorkommen der Wirte** auf diesem Archipel voraus. Dies wird durch Untersuchungen am Hermelin *(Mustela erminea)* unterstützt, für den genetische Hinweise auf ein Überleben in diesen beiden kryptischen Refugialgebieten existieren (Fleming & Cook 2002). Auch phylogeographische Analysen der Küsten-Kiefer *(Pinus contorta)* (Godbout et al. 2008) und der Flechtenart *Cavernularia hultenii* (Printzen et al. 2003) unterstützen, dass diese Arten möglicherweise zumindest im letzten Glazial in beiden Regionen vorkamen.

Weiter südlich deuten genetische Befunde auf ein eiszeitliches Überleben der Lungenflechte *(Lobaria pulmonaria)* im **eisfreien Nordwesten von Vancouver Island** hin (Walser et al. 2005). Auch auf den zwischen Alaska und Ostsibirien gelegenen **Aleuten** sprechen deutlich differenzierte genetische Linien der mitochondrialen und der Kern-DNA des **Schneehuhns *(Lagopus mutus)*** (Abb. 7.16; Holder et al. 1999, 2000) für mehrere würmglaziale Refugien auf dieser Inselgruppe. Diese Linien überdauerten und differenzierten sich wohl auf den nicht vergletscherten Schelfbereichen, die durch die Meeresspiegelabsenkung trockengefallen waren. Interessanterweise stimmen diese Differenzierungen auf der Ebene der DNA teilweise mit **morphologischen Differenzierungen des Gefieders** auf diesen Inseln überein.

Auch in der **Hohen Arktis** nördlich des laurentinischen Eisschildes geben genetische Studien Hinweise auf das Überdauern von Eiszeiten in diesem Extremgebiet für **außerordentlich kälteresistente Tier- und Pflanzenarten**. Beispiele sind der Halsbandlemming *(Dicrostonyx groenlandicus)* (Federov & Stenseth 2002), Lemminge der Gattung *Lemmus* (Federov

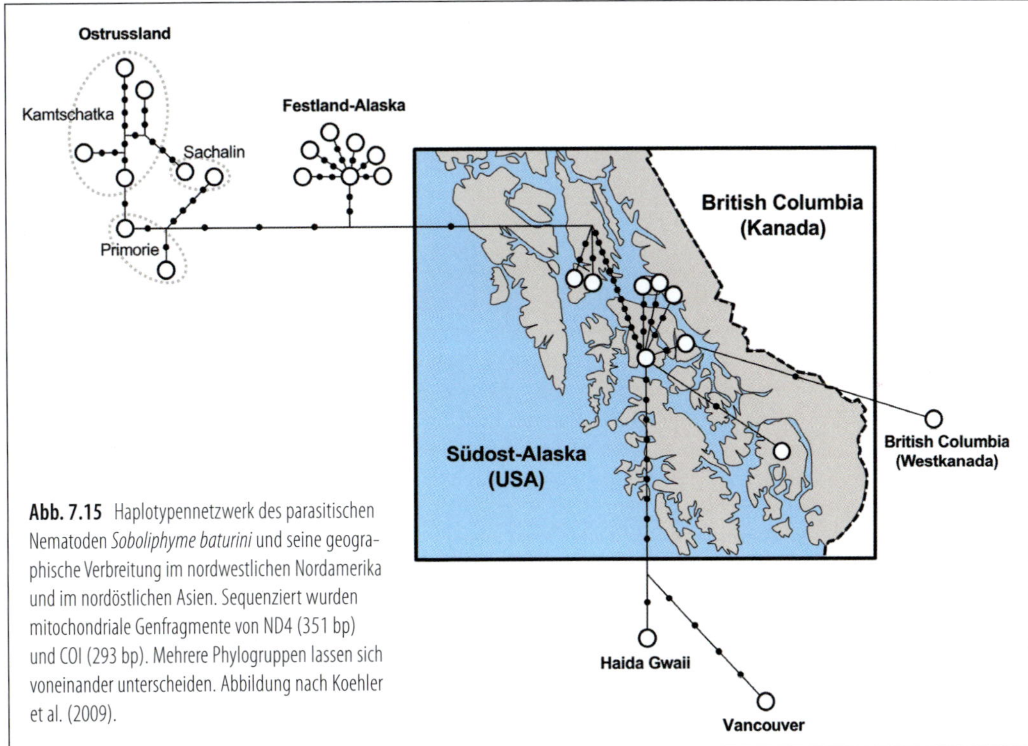

Abb. 7.15 Haplotypennetzwerk des parasitischen Nematoden *Soboliphyme baturini* und seine geographische Verbreitung im nordwestlichen Nordamerika und im nordöstlichen Asien. Sequenziert wurden mitochondriale Genfragmente von ND4 (351 bp) und COI (293 bp). Mehrere Phylogruppen lassen sich voneinander unterscheiden. Abbildung nach Koehler et al. (2009).

et al. 2003), der Polarhase *(Lepus arcticus)* (Waltari & Cook 2005), der Kanadakranich *(Grus canadensis)* (Rhymer et al. 2001, Jones et al. 2005), der Seesaibling *(Salvelinus alpinus)* (Brunner et al. 2001), der Gegenblättrige Steinbrech *(Saxifraga oppositifolia)* (Abbott et al. 2000) und die Silberwurzart *Dryas integrifolia* (Tremblay & Schoen 1999).

Wie in Europa, so scheinen auch in Nordamerika **Nunatakker** eine Bedeutung für das Überleben von an Kälte angepasste Organismen zu besitzen. So wurden eigene genetische Linien in den Bereichen des **südwestlichen Alberta** nachgewiesen, wo Bergmassive sich über den laurentinischen Eisschild erhoben und zu Inseln des Lebens über den Gletschermassen wurden. Genetische Evidenzen liegen jedoch **bisher nur für Pflanzen** vor, so für *Townsendia hookeri* (Thompson & Whitton 2006), die Greiskrautverwandten *Packera pseudaurea* und *Packera contermina* (Golden & Bain 2000) sowie die Milzkrautart *Chrysosplenium iowense* (Levsen & Mort 2008). Auch der Knöllchen-Knöterich *(Bistorta vivipara)* könnte auf eisfreien Bereichen des südwestlichen Eisschildes das letzte Glazial überdauert haben, wofür wenige endemische Haplotypen im Bereich von **British Columbia** sprechen (Marr et al. 2012).

Diese Beispiele zeigen eindrücklich, dass auch geographisch vergleichsweise kleine eisfreie Bereiche eine hohe biogeographische Bedeutung besitzen können (Abb. 7.10). Insbesondere, wenn solche **kryptischen Rückzugsgebiete** ***leading-edge*-Positionen** für die postglaziale Besiedlung des Raumes besitzen, können sie von hoher Relevanz für die Besiedlungsgeschichte werden. Dies gilt vor allem dann, wenn der zu besiedelnde Raum, wie im Falle Nordamerikas, weitgehend von einem dicken Eispanzer überzogen war. **In solchen Fällen können sich große Bereiche aus Rückzugsgebieten ableiten, die sich mit den klassischen biogeographischen Methoden, wenn überhaupt, nur mit sehr viel größeren Unsicherheiten hätten ableiten lassen.**

7.2.4 Refugien-in-Refugien: der Nordwesten der USA

Der Nordwesten der USA besitzt durch seine **orographischen Gegebenheiten** eine hohe Komplexität, denn mit den **Gebirgen in der Nähe des Pazifiks** (die **Küstenkette** unmittelbar am Ozean und die sich weiter östlich befindende **Kaskadenkette**) und den **Rocky Mountains** erstrecken sich zwei große von **Nord nach Süd** verlaufende Gebirgszugkomplexe weitgehend **parallel** zueinander und zum Verlauf der Pazifikküste. Außerdem ist die Orogenese der pazifischen Küstengebirge mit weitgehend **pliozänem Alter** erdgeschichtlich so rezent, dass Auswirkungen seiner Entstehung sich bis heute in zahlreichen Fällen in der Verbreitung von Taxa widerspiegeln (Graham 1999, Brunsfeld et al. 2001).

Ein prominentes Beispiel sind die **Schwanzfrösche der Gattung *Ascaphus***, von denen *Ascaphus truei* nur in den Küstengebirgen und der vor Kurzem als eigene Art abgespaltene *Ascaphus montanus* nur in den nördlichen Rocky Mountains auftritt (Abb. 7.17a). Die beginnende Differenzierung dieser beiden Taxa fällt nach Datierung durch eine molekulare Uhr etwa mit der Auffaltung der Küstengebirge und somit der Entstehung des **trockenen Beckens** zwischen beiden großen Gebirgssystemen zusammen. Dieses Becken sollte seitdem eine **Ausbreitungsbarriere** für dieses Taxon darstellen (Abb. 7.17b; Nielson et al. 2001, 2006). Zahlreiche weitere Beispiele weisen eine solche **Ost-West-Differenzierung** auf (vgl. Carstens et al. 2005, Jaramillo-Correa et al. 2009): so z. B. etliche Säugerarten (z. B. Conroy & Cook 2000, Demboski & Sullivan 2003, Galbreath et al. 2009, Spaeth et al. 2009), Amphibien (z. B. Bos & Sites 2001, Carstens et al. 2004, Ripplinger & Wagner 2004, Recuero et al. 2006, Funk et al. 2008, Goebel et al. 2009), aber auch die Douglasie *(Pseudotsuga menziesii)* (Gugger et al. 2010) und das Felsengebirgshuhn *(Dendragapus obscurus)* (Barrowclough et al. 2004), das auf Basis dieser Evidenz anschließend in zwei Ge-

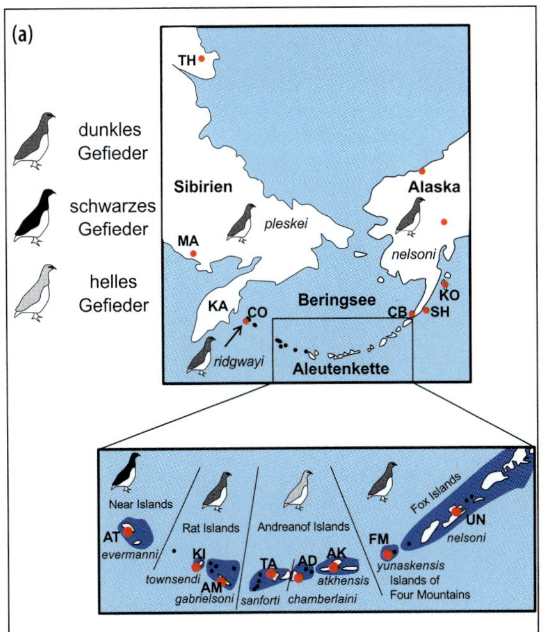

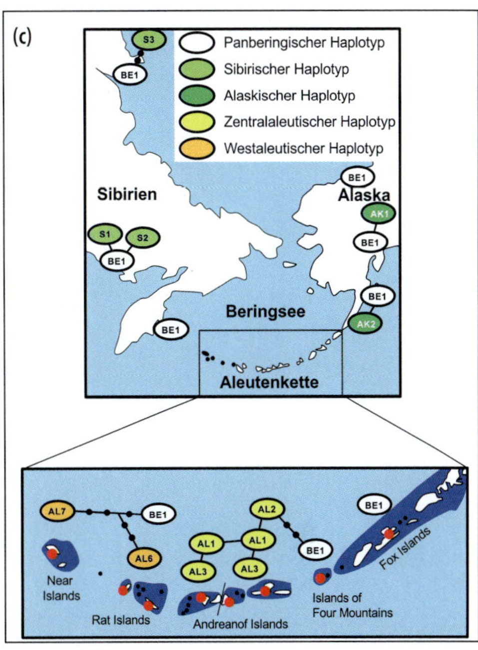

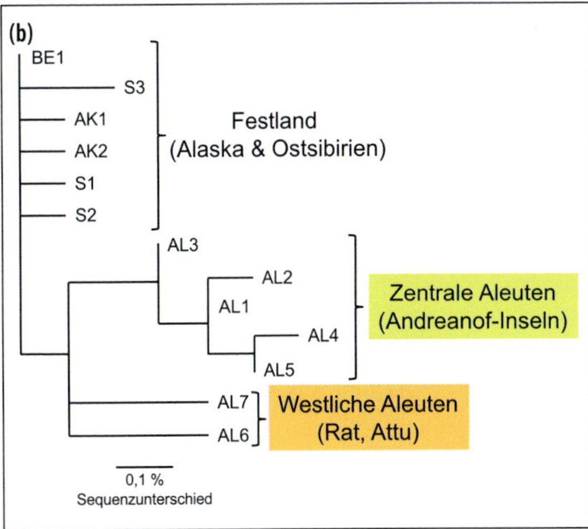

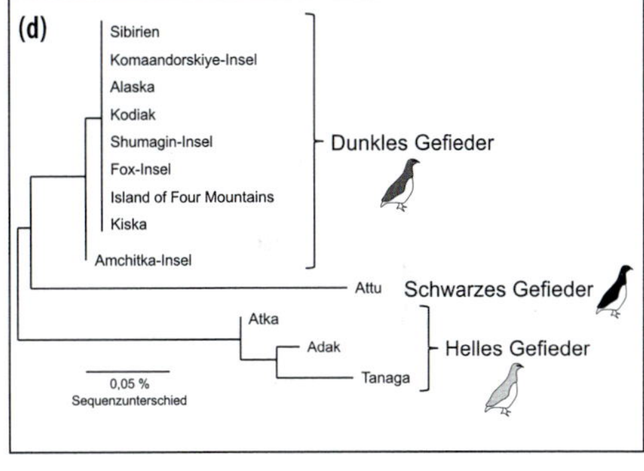

Abb. 7.16 Phylogeographie des Schneehuhns *(Lagopus mutus)* auf den Aleuten und im beringischen Bereich. (a) Karte der beringischen Region, in welcher die Unterarten, die Sammelstellen und die Gefiederfärbungen wiedergegeben werden. Die morphologisch abgegrenzten Unterarten *nelsoni* und *pleskei* sind in Alaska bzw. Ostsibirien weit verbreitet. Die Schelfbereiche um die Aleuten sind durch dunkelblaue Färbung wiedergegeben. (b) *Maximum-likelihood*-Verwandtschaftsbaum der Haplotypen, basierend auf Sequenzen der Kontrollregion (1144 bp). (c) Haplotypennetzwerk, welches über das Untersuchungsgebiet gelegt wurde. (d) *Neighbor-joining*-Verwandtschaftsbaum, basierend auf Nei's genetischer Divergenz zwischen den Populationen. Abbildung nach Holder et al. (2000). Abkürzungen: AD: Adak, Great Sitkin und Tagalak Inseln; AK: Atka Insel; AM: Amchitka Insel; AT: Attu-Insel; CB: Cold Bay; CO: Komandorskiye-Insel; FM: Four-Mountains-Insel; KA: Kamtschatka; KI: Kiska-Insel; KO: Kodiak-Insel; MA: Magadan; SH: Shumagin-Insel; TA: Tanaga-Insel; TH: Taimyr-Halbinsel; UN: Unalaska-Insel.

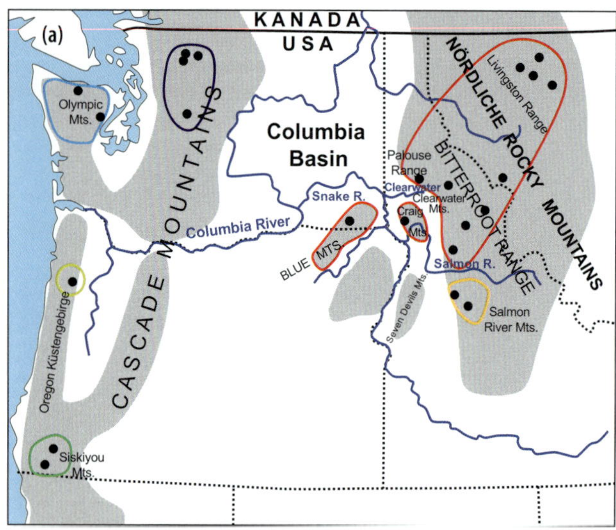

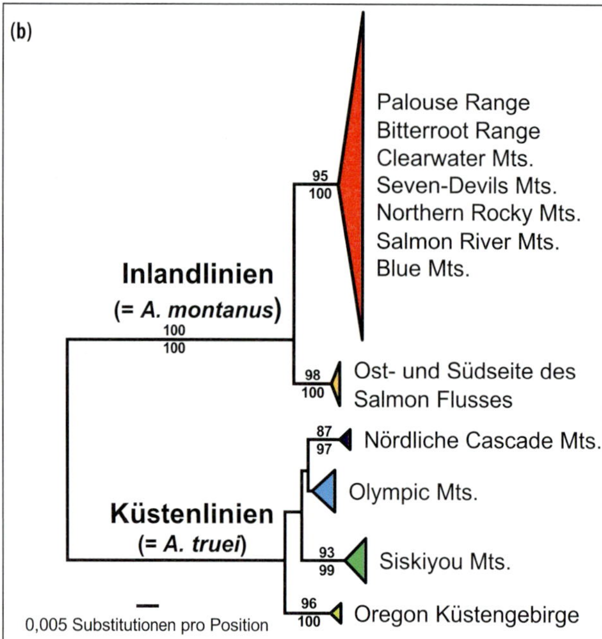

Abb. 7.17 Phylogeographie der beiden Schwanzfroscharten *Ascaphus truei* (westliches Areal) und *A. montanus* (östliches Areal). (a) Lokalisierung der genetischen Linien innerhalb des Areals (grau hinterlegt). Sammelstellen sind durch schwarze Punkte gekennzeichnet. (b) *Maximum-likelihood*-Verwandtschaftsbaum, basierend auf den beiden mitochondrialen Genen Cyt-b und ND2 (1530 bp). Die Werte über den Ästen sind *maximum-likelihood-bootstrap*-Werte, die darunter *parsimony-bootstrap*-Werte. Abbildung nach Nielson et al. (2001).

schwisterarten aufgespalten wurde (Banks et al. 2006). Ein solcher phylogeographischer Bruch zwischen einer Linie des Pazifischen Küstengebirges und der Rocky Mountains wird bei **Sägern** vor allem für **Arten der nördlichen Nadelwälder** nachgewiesen, welche endemisch für den pazifischen Nordwesten sind (Stone et al. 2002, Arbogast 2007, Yang & Kenagy 2009), aber auch für in Nordamerika ansonsten weit verbreitete Arten (Runck & Cook 2005, Latch et al. 2009).

Oft führte die komplexe Orographie des Nordwestens der USA, in Analogie zum südlichen Europa, zur Ausbildung von noch deutlich komplexeren **Refugien-in-Refugien-Systemen** (Shafer et al. 2010). So lässt sich zusätzlich zu dem oben beschriebenen paradigmatisch wiederholten Ost-West-Split häufig auch eine **Nord-Süd-Aufspaltung** nachweisen, welche eine nördliche Phylogruppe oft von British Columbia bis Oregon von einer südlichen Gruppe in Oregon und Kalifornien trennt. Die sich in diesem Bereich ausbildende phylogeographische Kontaktzone wurde schon von Soltis et al. (1997) erstmals als paradigmatische beschrieben und später deshalb auch als **Soltis-Linie** benannt (Abb. 7.13; Brunsfeld et al. 2007). Diese biogeographische Bruchzone wurde für sehr unterschiedliche Arten nachgewiesen; so z. B. für die Nacktschneckenart *Prophysaon coeruleum* (Wilke & Duncan 2004), die Salamanderart *Rhyacotriton variegatus* (Miller et al. 2006) und die Zucker-Kiefer *(Pinus lambertiana)* (Liston et al. 2007). Erklärungen für die Entstehung der Soltis-Linie sind jedoch weniger offensichtlich, da sich in diesem Bereich **keine deutlichen physisch-geographischen Strukturen** befinden, die die Ausbildung dieser biogeographischen Grenze erklären würden (Shafer et al. 2010). Schon Soltis et al. (1997) vermuteten, dass diese genetische Bruchzone durch **multiple Glazialrefugien im Nordwesten der USA** begründet ist, aus denen sich postglaziale Arealexpansionen ergaben. Dies wurde auch in der Übersichtsarbeit von Shafer et al. (2010) klar bestätigt. Die geographische

Lage dieser Linie wird folglich (in Analogie zu einigen Kontaktzonen Europas, vgl. 5.1.3) nur durch die **geographische Anordnung der würmglazialen Refugien zueinander bestimmt**, und nicht (wie für andere Kontaktzonen für Europa nachgewiesen) durch Ost-West verlaufende und damit trennende Gebirge.

Für den **Westlichen Schwanzfrosch** ***(Ascaphus truei)*** zeigt sich jedoch eine komplexere genetische Struktur mit **vier deutlich getrennten Linien**, die auf vier, aller Wahrscheinlichkeit nach **allopatrische Entstehungszentren** in diesem Raum schließen lassen. Diese dürften vermutlich etwa stenotop* mit den aktuellen Verbreitungen dieser Linien sein, welche sich im Bereich der **Siskiyou-Berge** im südlichen Oregon, in den **nördlichen Küstengebirgsbereichen Oregons**, um die **Olympic Mountains** im nordwestlichen Washington und im **Kaskadengebirge im Bereich des nördlichen Washington** befinden (Abb. 7.17b; Nielson et al. 2001). Refugien sowohl in den Klamath-Siskiyou-Bergen wie auch dem Gebiet des **Columbia-Flusses** sind auf Basis genetischer Befunde auch für die Krötenart *Anaxyrus boreas* (Goebel et al. 2009) und für Salamander der Gattung *Dicamptodon* (Steele & Storfer 2006, 2007) sehr wahrscheinlich. Für zahlreiche andere Tier- und Pflanzenarten sind Arealkerne in mindestens einem dieser Zentren durch genetische Evidenzen gut unterstützt (z. B. Mahoney 2004, Kuchta & Tan 2005, Miller et al. 2005, Wagner et al. 2005, Eckert et al. 2008, Kiefer et al. 2009). Der **Unterlauf des Chehalis-Flusses** in Washington wurde für die zu den Salmoniden zählenden Fischarten *Salvelinus malma* und *Salvelinus confluentus* als küstennahes Refugium nachgewiesen (Redenbach & Taylor 2002).

Auch für die **Rocky Mountains** der nordwestlichen USA wurden in etlichen Fällen mehrere phylogeographische Linien festgestellt, was klare Hinweise auf historische Substrukturierung liefert und Evidenzen für **multiple Refugien** in diesem Raum gibt. Insgesamt zeichnet sich jedoch eine **große Diversität und Komplexität** der Refugialräume und ihrer Kombination ab, sodass sich zwar typische Refugialräume in dieser Region ergeben, **eine paradigmatische Kombination dieser Zentren jedoch kaum ableiten lässt** (Shafer et al. 2010). Ein prominentes Beispiel mit mehreren genetischen Linien in den Rocky Mountains ist die östliche **Schwanzfroschart** ***Ascaphus montanus*** (Abb. 7.17b; Nielson et al. 2001, 2006). Für diese ergibt sich eine recht geringfügige Differenzierung über den größten Teil ihres Verbreitungsgebietes. Ein geographisch begrenzter Bereich im Süden dieses Areals an der Ostabdachung der Südflanke des Salmon-Flusses weist jedoch eine markante genetische Differenzierung auf und deutet somit auf einen Arealkern in dieser Region hin, in dem die Art zumindest auch das letzte Glazial überdauert haben muss.

Für zahlreiche weitere Arten wurden auch glaziale Refugial- und Differenzierungszentren in den nördlichen Rocky Mountains der USA und in ihrem Einzugsbereich nachgewiesen (Shafer et al. 2010). So zeigt die Küsten-Kiefer *(Pinus contorta)* neben einem Glazialrefugium in den Kaskadengebirgen auch zwei im Bereich der Rocky Mountains, eines im **Columbia-River-Becken** und ein weiteres östlich des Gebirges im Bundesstaat **Montana** (Godbout et al. 2008). Für diese drei Refugien liegen zusätzliche Evidenzen durch Fossilbelege vor (Baker 1976, Mehringer et al. 1977, Mack et al. 1978, Carrara et al. 1986). Für die Weißstämmige Zirbelkiefer *(Pinus albicaulis)* unterstützen genetische Studien neben glazialen Differenzierungszentren in den Küstengebirgen auch solche im **Clearwater-Becken** und im **Yellowstone-Gebiet** (Richardson et al. 2002), was teilweise auch zusätzliche Unterstützung durch Fossilbelege findet (Baker 1990). Sogar vier unterschiedliche genetische Linien und somit deutliche Hinweise auf **multiple Refugien** wurden im Abflussgebiet des Clearwater für die Schaumkrautart *Cardamine constancei* nachgewiesen (Brunsfeld & Sullivan 2005). Für die Weidenart *Salix melanopsis* trennen die Flüsse Clearwater und Salmon eine südliche von einer nördlichen Phylogruppe, was auf glaziale Refugien in beiden Bereichen hindeutet (Brunsfeld et al. 2007). Auch die **Blauen Berge** im Nordosten Oregons wurden über genetische Analysen für eine Mehrzahl von Arten als regionales Glazialrefugium nachgewiesen (Arbogast et al. 2001, Thompson & Russel 2005, Nielson et al. 2006, Carstens & Richards 2007, Funk et al. 2008, Kiefer et al. 2009).

Für die Mauerpfefferart *Sedum lanceolatum* wurde ein phylogeographischer Split im **Wyoming-Becken östlich der Rocky Mountains** festgestellt, was auf zwei glaziale Differenzierungszentren in dieser Region hindeutet (DeChaine & Martin 2005). Individuen der Langschwanz-Wühlmaus *(Microtus longicaudus)* aus Wyoming und Colorado besitzen eine basale Position im Phylogramm, was für ein eiszeitliches Refugium dieser Art östlich der Rocky Mountains spricht (Conroy & Cook 2000). Mehrere glaziale Differenzierungszentren im Bereich der Rocky Mountains sind auf Basis der genetischen Evidenzen für das Rotschwänzige Streifenhörnchen *(Tamias ruficaudis)* wahrscheinlich. Für diese Art wurde ein Ost-West-Split mit einer zusätzlichen Differenzierung im Gebiet des Abflusssystems des Clearwater nachgewiesen (Good & Sullivan 2001).

Diese phylogeographischen Ergebnisse zeigen eindrücklich, dass es im **nordwestlichen Nordamerika südlich des laurentinischen Eisschildes erstaunlich komplexe Refugialsysteme** gab, die, ähnlich wie die Halbinseln des Mittelmeerraumes, **Refugien-in-Refugien** aufwiesen (Shafer et al. 2010).

7.2.5 Postglaziale Kolonisationsrouten im pazifischen Nordwesten Nordamerikas

Die Rekonstruktion von postglazialen Kolonisationsrouten und Dispersionskorridoren ist für ein geographisch komplexes Gebiet wie den pazifischen Nordwesten Nordamerikas biogeographisch anspruchsvoll. Für **hochmobile Arten** scheint jedoch die Durchmischung als Konsequenz einer raschen Ausbreitung aus unterschiedlichen Refugien so weiträumig und umfänglich erfolgt zu sein, dass Kolonisierungsrouten sich heute aus diesen Daten nicht ableiten lassen. Beispiele für eine **komplette Vermischung der Genome** aus unterschiedlichen Refugien im postglazial besiedelten Raum sind Arten wie der Maultierhirsch *(Odocoileus hemionus)* (Latch et al. 2009), der Kolkrabe *(Corvus corax)* (Omland et al. 2000) und die Kanadagans *(Branta canadensis)* (Scriber et al. 2003). Andererseits zeichnen Arten mit **sehr geringem Ausbreitungsvermögen** in vielen Fällen weitgehend ihre **pleistozänen Verbreitungsbilder** nach. Dies trifft für viele Arten von Amphibien und Reptilien zu, bei denen geringes Dispersionsvermögen und ökologische Spezialisierung ihre postglaziale Ausbreitung stark limitieren (z. B. Nielson et al. 2001, Carstens et al. 2005, Carstens & Richards 2007, Funk et al. 2008). **Beide Extreme sind folglich wenig geeignet, die postglaziale Dynamik räumlich zu rekonstruieren.**

In etlichen Fällen unterstützen populationsgenetische Statistiken zur demografischen Expansion jedoch **Kolonisierungen der ehemals vergletscherten Bereiche** Nordwestamerikas aus den beiden Großrefugien, also aus **Beringien** (z. B. Federov et al. 2003, Galbreath & Cook 2004) und dem **Bereich südlich der Gletscher** (z. B. Lessa et al. 2003, Shafer et al. 2011), aber auch aus den unterschiedlichen **kryptischen Refugien** (z. B. Federov et al. 2003, Lessa et al. 2003). Die sich aus den bisher zur Verfügung stehenden Daten abgeleiteten **postglazialen Kolonisationsrouten im pazifischen Nordwesten sind komplex** (Abb. 7.10). Die klassische Hypothese von Ausbreitung im Inland von Linien, die sich durch alte Vikarianzereignisse evoluierten (Brunsfeld et al. 2001), ist nach wie vor für diverse temperate Arten zutreffend (vgl. Carstens et al. 2005, Carstens & Richardson 2007). Von diesem Muster abweichend erfolgte die Besiedlung der Küste für die Weißstämmige Zirbelkiefer *(Pinus albicaulis)* und die Weidenart *Salix melanopsis* jedoch für beide aus dem Bereich der nördlichen Rocky Mountains heraus (Richardson et al. 2002, Carstens et al. 2005, Brunsfeld et al. 2007). Außerdem weisen sowohl die Weißstämmige Zirbelkiefer (Richardson et al. 2002) wie auch die Küsten-Kiefer (Godbout et al. 2008) eine Aufspaltung der nordwärts gerichteten Kolonisationsroute nördlich des Columbia-River-Beckens auf. Beide Arten folgten anschließend dem Verlauf der Gebirgszüge.

Generell wurde für zahlreiche Arten nachgewiesen, dass **die Gebirgszüge die Expansionen in zu ihnen parallel verlaufende Korridore kanalisierten**; so etwa für mehrere Säugetiere (Worley et al. 2004, Cushman et al. 2009, Schwartz et al. 2009, Shafer et al. 2011) und die Strumpfbandnatter *(Thamnophis sirtalis)* (Janzen et al. 2002). **Fische** wie der zur Familie der Lachsartigen zählende *Salvelinus confluentis* folgten auf ihren postglazialen Kolonisierungen **Abflusssystemen aus den Gebirgen** (Redenbach & Taylor 2002). Hierdurch besitzt die Orographie auf ihre phylogeographische Musterbildung ebenfalls einen maßgeblichen Einfluss. Arten, welche auch in den kryptischen Refugien entlang der Pazifikküste (z.B. Conroy & Cook 2000, Janzen et al. 2002, Shafer et al. 2011) oder im Bereich des nordamerikanischen Eisschildes in eisfreien Bereichen das letzte Glazial überdauerten (z.B. Marr et al. 2008), besaßen zusätzliche Ausbreitungszentren für alternative Besiedlungsrouten. Diese erhöhten die Komplexität der postglazialen Expansionsprozesse und vergrößerten die Anzahl der Ausbreitungsmöglichkeiten (Abb. 7.10).

7.2.6 Phylogeographische Ringe um das zentrale Tal Kaliforniens

Eine große Bedeutung für die phylogeographische Strukturierung des westlichen Nordamerikas besitzt das zentrale Tal Kaliforniens (engl. Central Valley). Dieses stellte wohl seit Langem eine für viele Arten nicht besiedelbare Region dar, weshalb sich in den es umgebenden Berggebieten regelrechte phylogeographische Ringe evoluierten. Das vielleicht bekannteste und auch älteste Beispiel wurde von Moritz et al. (1992) für die **Salamanderart *Ensatina eschscholtzii*** vorgestellt. Diese Art weist eine deutliche **morphologische** Differenzierung in mehrere parapatrisch verbreitete Unterarten im westlichen Nordamerika auf, welche sich auch weitgehend in der **genetischen Differenzierung** spiegeln (Abb. 7.18). Das für einen kleinen Bereich des nördlichen Kaliforniens und südlichen Oregons endemische Taxon *picta* steht allen anderen Herkünften als monophyletische Schwestergruppe gegenüber. Entlang der Küste vom nördlichen Washington bis zur Bucht von San Francisco ist das Taxon *oregonensis* verbreitet. Bei ihm handelt es sich um die geographisch am weitesten verbreitete Unterart. Diese stellt genetisch ein Paraphylum dar, in welchem weitere Unterarten genestet sind, die sich in zwei großen Linien westlich und östlich des zentralen Tals von Kalifornien anordnen. Im Westen stellen sowohl *xanthoptica*, welche jedoch auch Vorkommen östlich des Tales besitzt, wie auch die Nominatunterart, welche die gesamte Küstenregion Südkaliforniens besiedelt, jeweils monophyletische Linien dar. Im Osten stellt das sich südlich an *oregonensis* anschließende Taxon *platensis* ebenfalls ein Paraphylum dar, also ähnlich wie auch *oregonensis* auf der systematisch übergeordneten Ebene. Das sich am Südostende des Tals anschließende Taxon *croceater* ist in *platensis* als Monophylum genestet, ebenso wie *klauberi*, das im Hinterland von Südkalifornien geographisch isoliert von *croceater* und *klauberi*, aber parapatrisch mit der entlang der Küste verbreiteten Nominatunterart, verbreitet ist.

Diese phylogeographische Struktur unterstreicht die **große biogeographische Bedeutung des zentralen Tals für die evolutiven Prozesse in Kalifornien**. Für *Ensatina eschscholtzii* ist ein evolutiver Ursprung nördlich des Tales anzunehmen,

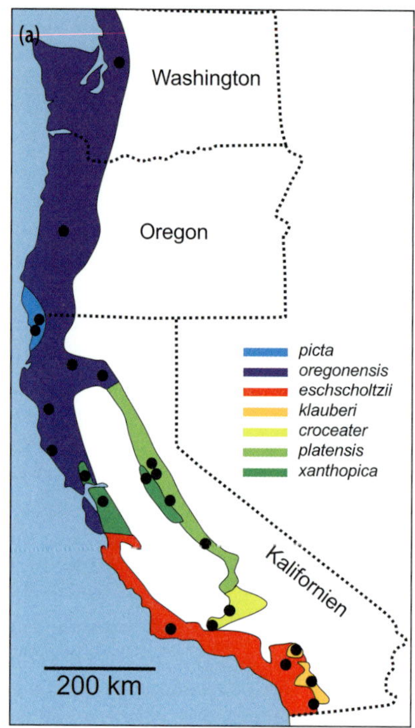

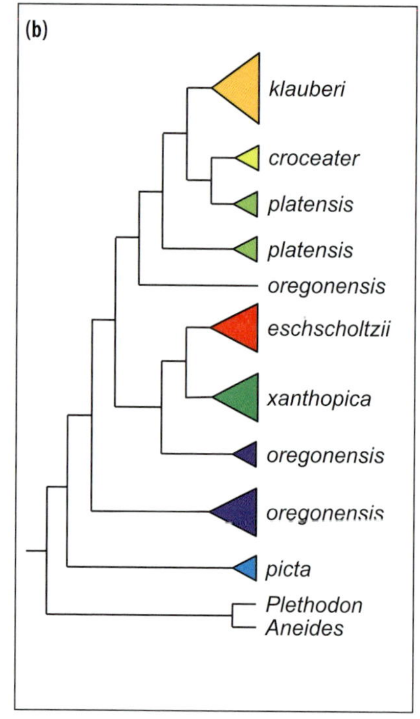

Abb. 7.18 Phylogeographie der Salamanderart *Ensatina eschscholtzii*. (a) Verbreitung der sieben morphologisch beschriebenen Unterarten in den westlichen USA. (b) Verwandtschaftsbaum, basierend auf dem mitochondrialen Cyt-b-Gen (644-681 bp). Abbildung nach Moritz et al. (1992).

was durch den ältesten Split zwischen *picta* und allen anderen Linien unterstützt wird. Die beiden monophyletischen Gruppen, die sich weitgehend westlich und östlich des Tales erstrecken, dürfen als unabhängige Vorstöße auf seinen beiden Seiten verstanden werden. Im Rahmen der Expansion in südlicher Richtung evoluierten sich sukzessive weitere Taxa. Dies wird besonders durch die Paraphylie von *platensis* und die jeweilige Monophylie der südlicheren Taxa *croceater* und *klauberi* unterstrichen.

Die geographische Isolation des südlichen Taxons *klauberi* von der mit ihm nächstverwandten Linie ist wahrscheinlich auf eine Arealregression zurückzuführen, welche eine ehemalige geographische Verbindung zwischen diesen aufbrach. Die Unterart *klauberi* stellt folglich ein regressives Relikt in den Bergen Südkaliforniens dar. Diese Disjunktion könnte relativ rezent, eventuell erst im Postglazial, entstanden sein und als direkte Reaktion der Art auf die trockeneren und wärmeren Klimabedingungen nach Ende des letzten Glazials verstanden werden. Untersuchungen von Mikrosatelliten und Verbreitungsmodelle basierend auf Nischenmodellen legen jedoch nahe, dass dieses Taxon auch während des letzten Glazials keine kontinuierliche Verbreitung aufwies, sondern ebenfalls in disjunkten Teilarealen verbreitet war, die geographische Fragmentierung innerhalb des Taxons *klauberi* somit wohl älter als die letzte Eiszeit ist (Devitt et al. 2013).

Die geographische Disjunktion in *xanthoptica* lässt sich vermutlich auf ein Dispersionsereignis durch das zentrale Tal von Westen nach Osten zurückführen. Diese Dispersion erfolgte jedoch so rezent, dass sich die Populationen auf beiden Seiten des Tals noch nicht maßgeblich voneinander differenzierten. Dieser Tatbestand belegt, dass die aktuelle Barriere über die Zeit, zumindest gelegentlich, permeabel gewesen sein muss.

Die phylogeographische Struktur von *Ensatina eschscholtzii* findet sich in ähnlicher Ausprägung in mehreren anderen Arten wieder. So wurde für die **Busch-**

rattenart *Neotoma fuscipes* eine ähnliche, wenn auch einfachere geographische Strukturierung nachgewiesen (Abb. 7.19; Matocq 2002). Insgesamt wurden für diesen Nager drei große monophyletische Gruppen nachgewiesen, eine im Norden, welche sowohl westlich als auch östlich den Nordteil des zentralen Tals umgreift, eine zentrale, westlich des zentralen Tals von der Bucht von San Francisco bis zum Südende des Tals, und eine südliche Linie, welche sich in zwei weitere untergeordnete Monophyla aufspaltet. Von diesen letztgenannten wurde eines nur östlich des Tals und in einer kleinen Enklave im Tal nachgewiesen, das zweite umfasst von Süden Teile des zentralen Tals von Westen und Osten und erstreckt sich bis nach Niederkalifornien im Süden. Ähnlich wie bei *Ensatina eschscholtzii* ist eine «**Ringevolution**» um das zentrale Tal Kaliforniens anzunehmen, jedoch lässt sich die ursprüngliche Besiedlungsrichtung auf Basis der genetischen Daten nicht zweifelsfrei ableiten, ebenso wenig wie die geographische Richtung der Besiedlung im Osten des Tals. Die Besiedlung der Enklave im Tal durch die östliche Linie muss durch Expansion in westlicher Richtung relativ rezent erfolgt sein. Die Zeit der Isolation war zumindest nicht ausreichend für relevante allopatrische Differenzierung.

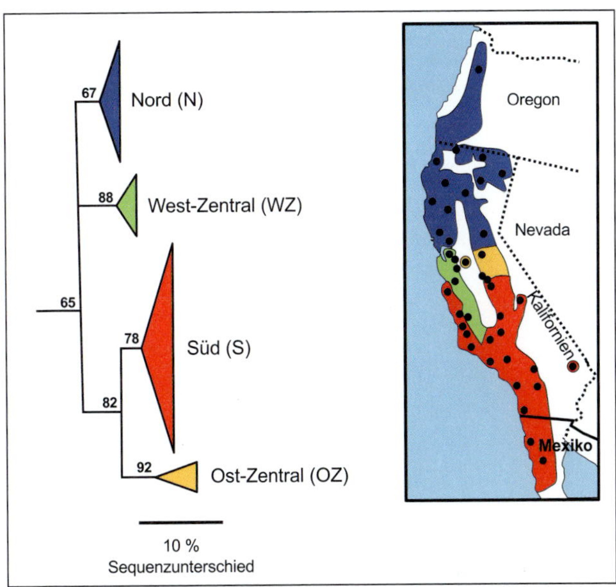

Abb. 7.19 *Neighbor-joining*-Verwandtschaftsbaum der Buschrattenart *Neotoma fuscipes*, basierend auf Sequenzdaten der mitochondrialen Kontrollregion. *Bootstrap*-Werte >50 % (1000 Replikationen) sind an den jeweiligen Konten angegeben. Die geographische Ausdehnung der vier Hauptlinien und die Sammelstellen (schwarze Punkte) sind in die nebenstehende Karte eingetragen. Abbildung nach Matocq (2002).

Auch für die **bodenbewohnende Spinnenart *Antrodiaetus riversi*** wiesen Hedin et al. (2013) ein komplexes phylogeographisches Muster mit acht genetisch stark differenzierten Gruppen um das zentrale Tal Kaliforniens herum nach (Abb. 7.20). Untersucht wurden hierfür das mitochondriale Gen COI sowie drei weitere nukleäre Genorte. Mittels einer Eichung über eine molekulare Uhr wurden die Splits zwischen diesen Linien auf bis zu 10 Mio. Jahre geschätzt. In dieser Zeit fanden um das Tal von Kalifornien starke orographische Veränderungen statt. Vor allem die Küstengebirge falteten sich maßgeblich in diesem Zeitfenster auf, und damit veränderten sich auch die Abflusssysteme deutlich. Außerdem fanden marine Transgressionen statt, die große Bereiche des heutigen zentralen Tals in Meeresbuchten verwandelten. Besonders lange anhaltend war die **San-Joaquin-Transgression** im südlichen Kalifornien, die etwa von 8–2,2 Mio. Jahre andauerte (Bowersox 2005). Sowohl die Gebirgsauffaltungen als auch die marinen Vorstöße hatten wohl maßgeblichen Einfluss auf die Evolution der oben beschriebenen Linien von *Antrodiaetus riversi*, deren Differenzierungsniveau von Hedin et al. (2013) als so hoch angesehen wird, dass die Autoren zumindest für die basalen Splits von kryptischen parapatrisch verbreiteten Arten ausgehen.

Von besonderem Interesse ist jedoch, dass auch diese sich sehr ortstreu verhaltenden Spinnen zwei Linien aufweisen, die jeweils auf beiden Seiten des zentralen Tals nachgewiesen wurden. Die Monterey-Linie, welche in einem kleinen Bereich südlich der Bucht von Monterey und in den Bergketten am Nordostrand des Tales auftritt, und die Valley-Linie,

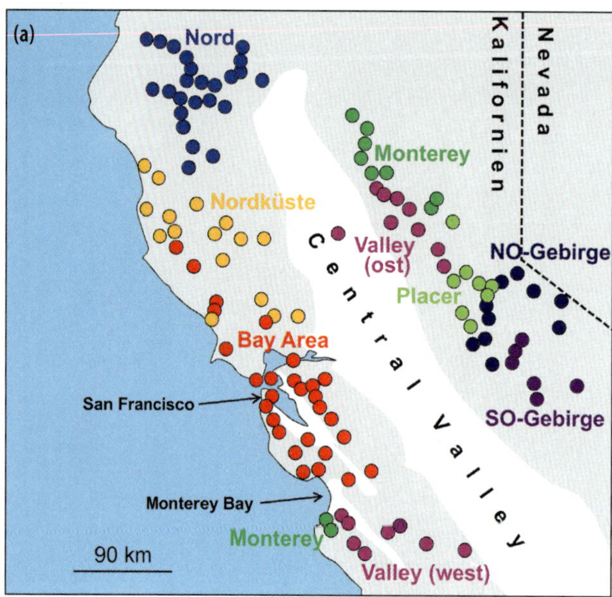

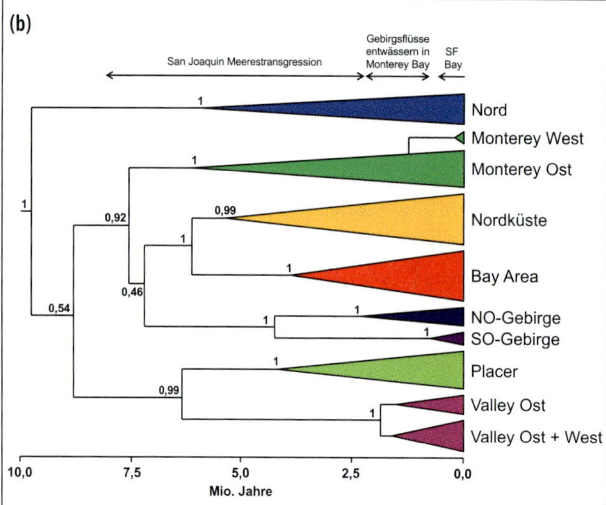

Abb. 7.20 Phylogeographie der bodenbewohnenden Spinnenart *Antrodiaetus riversi*, basierend auf Sequenzen des mitochondrialen Gens COI und dreier nukleärer Gene. (a) Darstellung der Sammelstellen und Zuordnung zu einer der acht unterschiedenen genetischen Gruppen. Berg- und Hügelland ist grau hinterlegt, Tieflandbereiche sind weiß. (b) *Maximum-clade-credibility*-Verwandtschaftsbaum, berechnet mit BEAST. HPD-Werte als Maß der Belastbarkeit der Verzweigungspunkte sind für alle relevanten Aufspaltungen angegeben. Eine zeitliche Eichung (in Mio. Jahren) sowie die erdgeschichtlich relevanten Ereignisse für die kalifornische Region sind unter- bzw. oberhalb des Phänogramms angegeben. Abbildung nach Hedin et al. (2013).

welche auf beiden Seiten des Tales jeweils südlich der Monterey-Linie recht weit verbreitet in den Bergen angetroffen wird (Abb. 7.20a). Besonders bemerkenswert ist, dass diese Verbreitungsgebiete sich nicht auf der gleichen geographischen Breite auf beiden Seiten des Tales befinden, sondern am Westrand deutlich weiter südlich liegen als am Ostrand, was die biogeographische Interpretation deutlich komplizierter erscheinen lässt.

In der Monterey-Linie sind die westlichen Haplotypen als monophyletische Gruppe in der ein Paraphylum darstellenden östlichen Gruppe genestet. Dies spricht für eine Besiedlung von Osten nach Westen, was auch durch weitere statistische Analysen bestätigt wird. Eine Eichung der Trennung der beiden Gruppen mittels einer molekularen Uhr lässt eine Trennung vor gut 1 Mio. Jahren als wahrscheinlichstes Zeitfenster erscheinen. In diesem Zusammenhang ist bedeutend, dass von etwa 2,2–0,8 Mio. Jahren die Abflusssysteme aus den nordöstlichen Gebirgen, also dem östlichen Verbreitungsbereich der Linie, nicht wie heute in die Bucht von San Francisco entwässerten, die sich erst später bildete, sondern deutlich weiter südlich im Bereich der Monterey Bucht. Somit bestanden im Zeitfenster der Trennung dieser beiden Unterlinien potenziell verbindende Strukturen zwischen diesen beiden Gebieten über Flusssysteme. Hedin et al. (2013) vermuten, dass Individuen von *Antrodiaetus riversi* gewissermaßen als Treibgut aus dem nordöstlichen Bergbereich in das Gebiet von Monterey verbracht wurden. Die Ausbreitung würde also dem Typ des ***jump dispersal*** entsprechen. Dies unterstützend weisen die Individuen der Monterey-Linie trotz der Isolation von nunmehr über 1 Mio. Jahre immer noch gemeinsame ökologische Besonderheiten auf, wie Spezifika beim Bau der Gespinste und den Anforderungen an den Lebensraum, der sich von den angrenzenden Populationen anderer Linien deutlich unterscheidet (Hedin et al. 2013). Dies deutet auf eine sehr lange ökologische Konstanz der einzelnen Linien hin.

Die zweite Linie mit geographischer Disjunktion, die Valley-Linie, besitzt einen ähnlichen Differenzierungsgrad zwischen den Populationen auf beiden Seiten des Tales. Die Datierung über eine molekulare Uhr schätzte den letzten gemeinsamen Vorfahren auf etwa 1,8 Mio. Jahre. Im Gegensatz zur Monterey-Linie kann jedoch in diesem Fall auf Basis der genetischen Daten nicht eindeutig auf die Besiedlungsrichtung geschlossen werden, da für beide Regionen keine Monophyla existieren und die genetischen Diversitäten und Differenzierungen in diesen Regionen sich auf ähnlichen Niveaus befinden. Es ist jedoch anzunehmen, dass auch für diesen Fall ein ähnliches Szenario wie für die Monterey-Linie angenommen werden darf. Vielleicht liegt hier das erste Dispersionsereignis schon weiter in der Vergangenheit, wodurch mehr Zeit für evolutive Entwicklungen im besiedelten Gebiet zur Verfügung stand. Auch ist (zusätzlich) möglich, dass in der Valley-Linie zahlreichere erfolgreiche Dispersionsereignisse stattfanden als in der Monterey-Linie, was eine höhere initiale genetische Diversität bedeuten würde.

Die Valley-Linie weist noch eine zweite interessante Besonderheit auf. Im nördlichen Teil des zentralen Tals existiert eine isolierte Population in den Sutter Buttes, einem kleinen Hügelland mit reliktären Eichenwäldern in der ansonsten intensiv landwirtschaftlich genutzten Ebene des Sacramento-Tals. Diese Population unterscheidet sich genetisch kaum von denjenigen in den mehrere Dutzende von Kilometern weiter östlich gelegenen Bergregionen. Die Haplotypen der Sutter-Buttes-Population wurden dort jedoch nicht nachgewiesen. Insgesamt spricht dieses phylogeographische Muster für eine erdgeschichtlich sehr junge Disjunktion (sofern die Habitate der Spinne sich früher auch zwischen beiden Bereichen befunden haben sollten) oder ein sehr junges Dispersionsereignis (sofern die Sutter-Buttes-Population über nicht besiedelbares Gebiet hinweg gegründet wurde). Die Existenz eigener Haplotypen für unterschiedliche Gene spricht aber auch eindeutig dafür, dass die Sutter Buttes für *Antrodiaetus riversi* schon vor der starken anthropogenen Überformung des zentralen Tales eine Habitatinsel darstellten, zumindest jedoch seit dem Ende des letzten Glazials.

Zusammenfassend muss festgehalten werden, dass die Bergregionen um das zentrale Tal von Kalifornien für viele Arten eine hohe phylogeographische Diversität aufweisen, deren Wurzeln bis ins Miozän reichen. Anders als im pazifischen Nordwesten, in dem die glazialen Refugien eher als Analoga zu den extramediterranen Refugien West-, Mittel- und Osteuropas gesehen werden müssen, erinnern die Strukturen um das zentrale Tal Kaliforniens herum eher an die phylogeographischen Substrukturierungen der einzelnen mediterranen Refugialbereiche Südeuropas, Nordafrikas und Kleinasiens, mit komplexen Systemen von **Refugien-in-Refugien**.

7.2.7 Südliche Regression, nördliche Expansion: Rückzugsgebiete im Südwesten Nordamerikas

Die klimatische Erwärmung im Übergang von einer Kalt- zu einer Warmzeit führt im Südwesten Nordamerikas für mesophile Arten zu entgegengesetzten Effekten an beiden Enden des Areals. Die nördliche glaziale Arealgrenze wird, analog zu den Prozessen in Europa, zum ***leading edge***, von dem die postglaziale Arealexpansion ausgeht. An der südlichen kaltzeitlichen Arealgrenze ereignet sich Regression, die zu einer Zerstückelung führt, mit isolierten Arealteilen in Gebirgsregionen oder in anderen klimatisch gemäßigteren Bereichen. Hier befindet sich also das ***rear edge***. (Vergleiche auch Kap. 4.)

Ein gutes Beispiel für dieses phylogeographische Muster wurde von Maldonado et al. (2001) für die **Spitzmausart *Sorex ornatus*** nachgewiesen. Insgesamt wurden für diese Art drei monophyletische Haplotypenlinien unterschieden, die sich in Nord-Süd-Richtung von Nie-

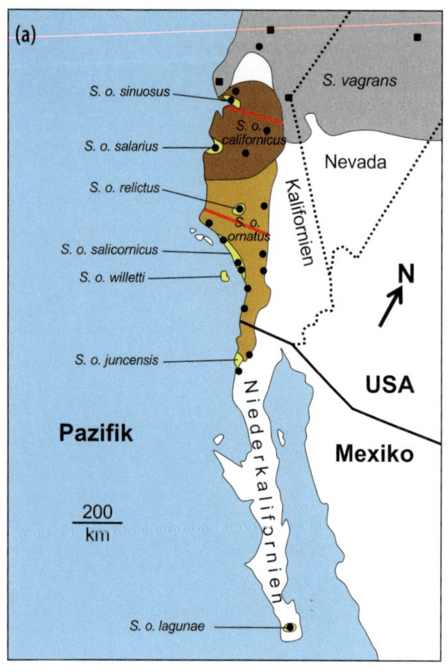

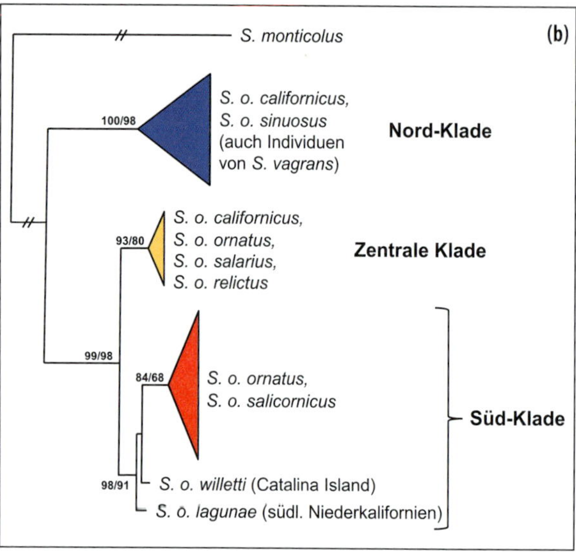

Abb. 7.21 Phylogeographie der Spitzmausart *Sorex ornatus*. (a) Lokalisierung der 24 besammelten Spitzmauspopulationen in den südwestlichen USA und im nordwestlichen Mexiko. Kreise geben die Sammelstellen von *S. ornatus* an, Quadrate die von *S. vagrans* und/oder *S. monticolus*. Die Verbreitung der neun Unterarten von *S. ornatus* ist dargestellt; auch die Verbreitung von *S. vagrans* in Kalifornien und Nevada ist wiedergegeben. Die genetischen Diskontinuitäten sind durch rote Balken dargestellt. (b) *Neigbor-joining*-Verwandtschaftsbaum, basierend auf dem mitochondrialen Cyt-b-Gen (699 bp). NJ- und MP-*bootstrap*-Werte sind an den Knoten angegeben, sofern diese Werte >50 % sind. Abbildung nach Maldonado et al. (2001).

derkalifornien bis nach Nordkalifornien aneinanderreihen, welche jedoch keine Übereinstimmung mit der morphologischen Differenzierung aufweisen (Abb. 7.21). In der südlichsten Linie verläuft die kontinuierliche Verbreitung bis ins nordwestliche Niederkalifornien, etwa 1000 km weiter südlich befindet sich jedoch in der Südspitze der Halbinsel ein **Reliktvorkommen**, das zwar morphologisch als Unterart *lagunae* beschrieben wurde, sich jedoch genetisch nur unwesentlich von den kontinuierlichen Vorkommen im Norden unterscheidet, was auf eine rezente, möglicherweise sogar postglaziale Trennung hindeutet und somit auf jeden Fall für eine **glazial viel weitere Verbreitung der Südlinie** spricht.

Die Nordlinie weist nur eine geringe geographische Verbreitung im nördlichen Mittelkalifornien auf und hybridisiert dort in die sich in räumlicher Nähe befindenden Populationen der nah verwandten Art *Sorex vagrans*, die, allopatrisch zu *Sorex ornatus* verbreitet, ein großes Areal aufweist, welches sich durch postglaziale Expansion vom *leading edge* aus deutlich vergrößert haben muss.

Die geographisch von der Süd- und der Nordlinie umgebene mittlere Gruppe grenzt sowohl unter Warm- als auch unter Kaltzeitbedingungen an ihren nördlichen und südlichen Verbreitungsgrenzen an die jeweils andere Linie. Da die Arealdynamiken in diesen Linien keinen Einfluss auf diese Kontaktzonen besitzen – denn diese spielen sich entweder deutlich weiter im Süden oder Norden ab – verhindern diese beiden angrenzenden Linien dauerhaft eine bedeutende Arealdynamik in der mittleren Linie. Deshalb sollte diese über die Zeit hinweg eine weitgehend konstante Lage ihrer nördlichen und südlichen Grenze aufweisen.

Eine ähnliche Situation lässt sich auch für die ***Sorex-monticolus*-Artengruppe (Spitzmäuse)** nachweisen. Für diese wurden, unter Ausschluss der semiaquatischen Taxa, insgesamt vier monophyletische Phylogruppen für den mitochondrialen Genort Cyt-b unterschieden (Abb. 7.22; Demboski & Cook 2001). Zwei dieser Phylogruppen besiedeln die kontinentalen Regionen des westlichen Nordamerikas.

Die südliche dieser beiden Phylogruppen weist aktuell ein **stark disjunktes Verbreitungsmuster** mit zahlreichen geographisch isolierten Teilarealen auf, jedoch zeigen sich keine deutlichen genetischen Differenzierungen zwischen diesen Teilarealen. Sogar die als eigene Art beschriebene *Sorex neomexicanus* am südlichen Rand der Verbreitung von *Sorex monticolus* weist auf der mtDNA-Ebene keine deutliche Differenzierung zu ihrer Schwesterart auf. Das Fehlen einer Differenzierung zwischen den Teilarealen lässt vermuten, dass die aktuelle Disjunktion ein junges Phänomen darstellt und wahrscheinlich sogar erst durch die postglaziale Erwärmung eingetreten ist.

Ganz anders verhält sich die Situation in der nördlichen kontinentalen Linie. Diese weist eine geschlossene Inlandsverbreitung von den nördlichen Rocky Mountains der USA bis nach Alaska auf. Aus einem glazialen Rückzugsgebiet in erstgenanntem Bereich (vgl. Kap.7.2.4) dehnte sich diese Linie **postglazial flächendeckend über weite Regionen des nordwestlichen Nordamerikas bis nach Alaska** aus.

Eine ähnliche Situation wurde auch entlang des Pazifiks festgestellt. Die genetisch deutlich differenzierte *Sorex sonomae* ist auf einen engen Küstenbereich des nördlichen Kaliforniens beschränkt. Für dieses Taxon muss nach der oben aufgestellten Hypothese von einer deutlichen **Arealregression** im Verlauf der postglazialen Erwärmung ausgegangen werden. Im Kontrast zu dieser Regression im Süden dehnte sich die Küstenlinie von *Sorex monticolus* entlang des Pazifiks **weit**

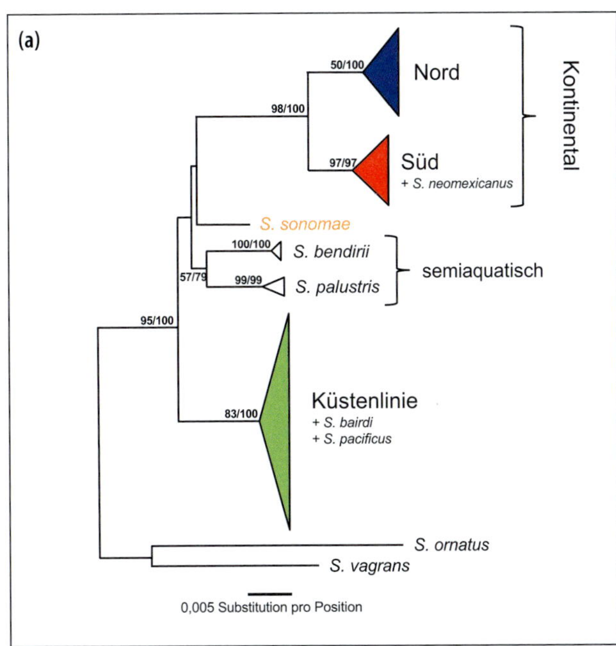

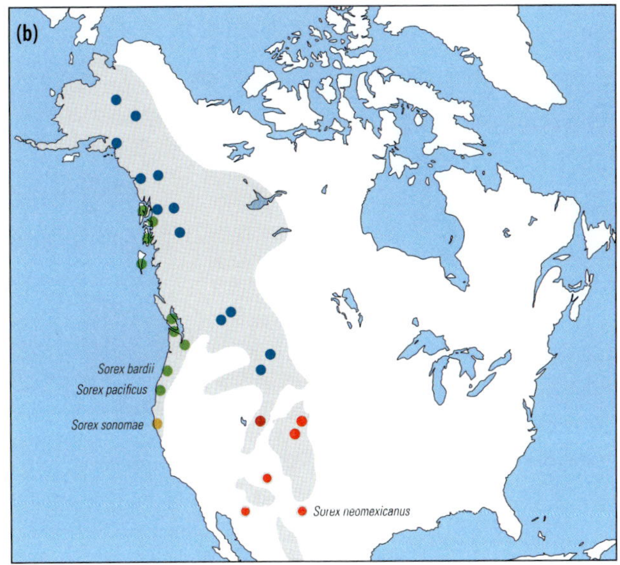

Abb. 7.22 Phylogeographie der *Sorex-monticolus*-Artengruppe (Spitzmäuse). (a) *Maximum-likelihood*-Verwandtschaftsbaum, beruhend auf Sequenzen des mitochondrialen Cyt-b-Gens. Die *bootstrap*-Werte an den Verzweigungspunkten validieren deren Robustheit. (b) Geographische Verbreitung der genetischen Linien sowie der morphologisch abgegrenzten Arten (Auswahl an Sammelstellen); das Verbreitungsgebiet ist grau hinterlegt. Abbildung nach Demboski & Cook (2001).

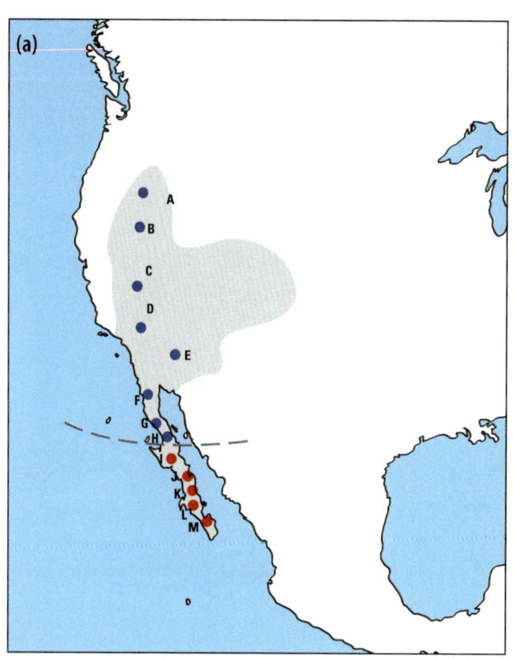

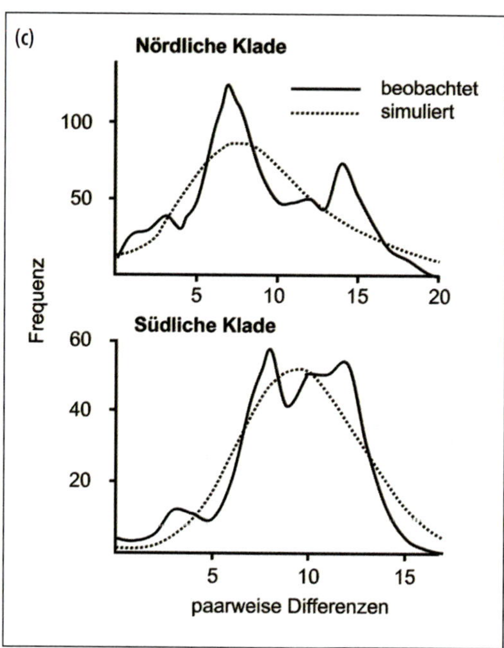

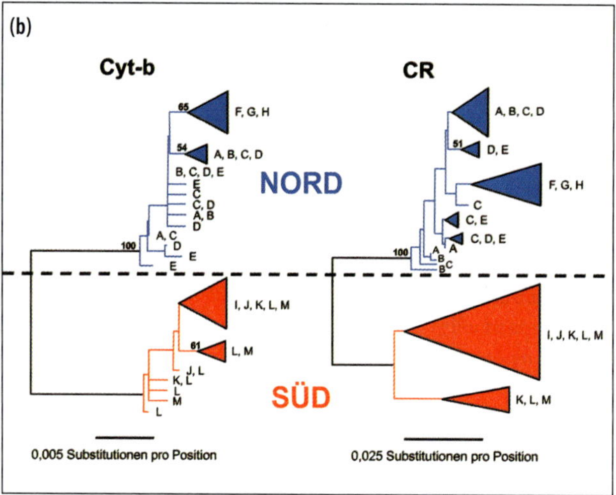

Abb. 7.23 Phylogeographie des Weißschwanz-Antilopenziesels *(Ammospermophilus leucurus)*. (a) Verbreitung und Sammelstellen. Die durchbrochene Linie repräsentiert die geographische Grenze zwischen zwei genetischen Gruppen. Das Verbreitungsgebiet der Art ist grau hinterlegt. (b) Ungewurzelte *Neighbor-joining*-Verwandtschaftsbäume, basierend auf Sequenzen der mitochondrialen Gene Cyt-b (links; 555 bp) und Kontrollregion (rechts; 510 bp). *Bootstrap*-Werte über 50 % sind an den Ästen angegeben. Die Buchstaben beziehen sich auf die Populationen, in denen die jeweiligen Haplotypen festgestellt wurden. (c) *Mismatch-distribution*-Modelle der Kontrollregion, oben der nördlichen und unten der südlichen Linie. Abbildung nach Whorley et al. (2004).

nach Norden aus, wo sie bis in den Südzipfel Alaskas vordrang. Die Besiedelung größerer Teile Alaskas wurde durch die sich wohl schneller oder von einem weiter nördlich gelegenen *leading edge* ausbreitenden kontinentalen Linie unterbunden, welche diesen Bereich zuerst erfolgreich erreicht haben muss.

Ein weiteres sehr deutliches Beispiel für diese Arealdynamik wurde von Whorley et al. (2004) für den **Weißschwanz-Antilopenziesel** ***(Ammospermophilus leucurus)*** nachgewiesen. Diese Art ist über die ganze niederkalifornische Halbinsel und in Teilen der südwestlichen USA bis ins südliche Oregon verbreitet (Abb. 7.23a). Sequenzen der mitochondrialen Gene Cyt-b und Kontrollregion wurden über die gesamte Nord-Süd-Ausdehnung untersucht. Diese weisen mit Sequenzunterschieden von 2,2 % bzw. 4,6 % eine deutliche Differenzierung in zwei genetische Linien auf. Im **mittleren Niederkalifornien**, etwa im Bereich des 28. nördlichen Breitengrades, befindet sich eine Kontaktzone zwischen diesen (Abb. 7.23b). Von diesen beiden Linien zeigt die südliche keine weiteren geographischen Substrukturen, wohingegen zwei Unterlinien in der nördlichen Linie unterschieden werden können, das nördliche Niederkalifornien und die Populationen aus den südwestlichen USA. Die nördlichere von diesen beiden besitzt kaum Differenzierung zwischen ihren Haplotypen, was bei der südlicheren Unterlinie deutlich stärker ausgeprägt ist, ähnlich wie bei der Südlinie. Betrachtet man die *mismatch distribution*, so fällt auf, dass die Nordlinie ein im Vergleich mit der Südlinie deutlich nach links verschobenes Maximum aufweist (Abb. 7.23c).

Die für das Antilopenziesel nachgewiesene phylogeographische Struktur gibt deutliche Indizien für **zwei Differenzierungszentren** auf der **niederkalifornischen Halbinsel**. Diese besitzen einen Ursprung, der, basierend auf der Stärke der Differenzierung zwischen den beiden Linien, am ehesten im frühen Pleistozän zu suchen ist. Diese Hypothese stimmt gut mit der angenommenen **Meerestransgression** im mittleren Bereich der Halbinsel vor etwa 1,5 Mio. Jahren überein, welche von Riddle et al. (2000) auch für weitere phylogeographische Diskontinuitäten anderer Arten in dieser Region als wahrscheinlicher Grund für eine Vikarianz angeführt wird. Die südliche Linie konnte sich durch die Blockierung durch die nördliche, jedoch auch nach Beendigung ihrer Inselsituation, nicht nach Norden ausdehnen und blieb somit weitgehend konstant in ihrem Differenzierungszentrum. Dies war bei der nördlichen Linie ganz anders, die sich unter günstigen Klimabedingungen während Warmzeiten wohl immer wieder nach Norden ausbreitete.

Am Übergang von einer solchen Warmphase zu einer Kaltzeit muss jedoch im späten Pleistozän auch ein **isolierter Arealkern** in den **südwestlichen USA** überdauert und sich moderat von den Populationen im Norden der niederkalifornischen Halbinsel differenziert haben. Für das letzte Glazial ist es äußerst wahrscheinlich, dass Populationen des Antilopenziesels in drei Zentren überdauert haben, zwei in den Entstehungszentren in Niederkalifornien oder in deren räumlicher Nähe sowie außerdem in den südwestlichsten USA. Nur die letztgenannte Gruppe wurde im Postglazial stärker expansiv, was sich auch in der sehr flachen genetischen Struktur deutlich zeigt. Die beiden Gruppen, die in den südlicheren Zentren überdauerten, wurden durch die jeweils nördlich anschließende Gruppe an einer stärkeren Arealausdehnung gehindert.

7.2.8 Die Wüsten Nordamerikas

Für die Wüstengebiete des südwestlichen Nordamerikas ergibt sich die Frage, ob sich die durch die rezenten klimatischen Bedingungen begründeten biogeographischen Unterschiede auch in den phylogeographischen Mustern von in diesen Regionen weit verbreiteten Arten spiegeln oder nicht. Sofern eine phylogeographische Musterbildung nachweisbar sein sollte, ergibt sich die Frage, ob es weitgehend **junge pleistozäne** oder alte, ins **Tertiär** zurückreichende **Differenzierungen** sind, oder ob beide regelmäßig auftreten. Diesen Fragen widmeten sich Wood et al. (2013) in einer Metaanalyse, in die sie zwölf typische Wüstenarten aus den Wüstengebieten **Mojave** und **Sonora** (inklusive Coloradowüste im Westen) einbezogen (Abb. 7.24). Hierbei ist jedoch die Herpetofauna mit acht Arten deutlich überrepräsentiert. Die beiden untersuchten Spinnenarten stellen parapatrisch verbreitete Geschwisterarten dar.

Insgesamt ergaben sich **drei charakteristische phylogeographische Muster**, die sich mehrfach wiederholten und somit als paradigmatisch angesehen werden dürfen (Abb. 7.25). Fast alle der untersuchten Arten ließen sich klar einem

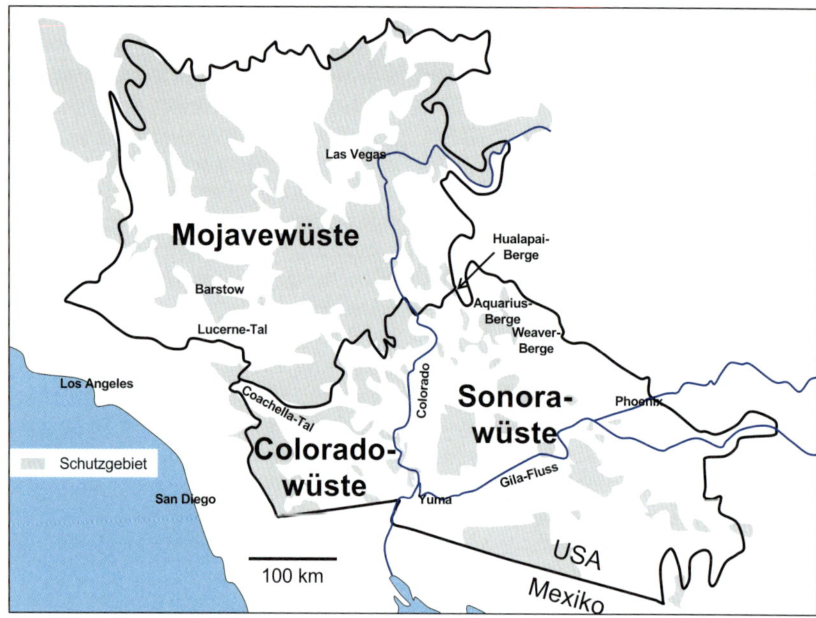

Abb. 7.24 Karte der Wüsten Mojave, Colorado und Sonora. Biogeographisch bedeutsame Flüsse, Gebirge und Täler sind ebenfalls dargestellt. Schutzgebiete sind grau hervorgehoben. Abbildung nach Wood et al. (2013).

dieser Muster zuordnen, was den paradigmatischen Charakter dieser Muster unterstreicht.

Das erste paradigmatische Muster wird gut durch die phylogeographische Struktur der beiden Webspinnenarten der Gattung *Homalonychus* repräsentiert (Abb. 7.25a; Crews & Hedin 2006). Hier stellt der **Coloradofluss** eine biogeographische Barriere dar. Entlang seines Verlaufs erstreckt sich eine **Kontaktzone** mit hoher regionaler genetischer Divergenz, also dem geographisch abrupten Übergang von der einen zur anderen Linie. Von dieser Kontaktzone nach Osten und Westen gehend, finden sich jedoch nur geringfügige genetische Differenzierungen zwischen den Populationen, sodass jede Art für sich keine weitere phylogeographische Information liefert. Auch für die Eidechsenart *Crotaphytus bicinctores* (McGuire et al. 2007) und die Rosenboa *(Lichanura trivirgata)* (Wood et al. 2008a) ergeben sich sehr ähnliche phylogeographische Muster mit einer einzigen Kontaktzone zwischen einer westlichen und einer östlichen Linie entlang des Coloradoflusses.

Für eine andere Gruppe an Arten wurden ebenfalls zwei bedeutende genetische Linien in diesem Wüstenbereich nachgewiesen. Jedoch zeigt sich bei diesen kein Einfluss des Coloradoflusses auf die geographische Verbreitung der Populationen der beiden Linien. Vielmehr wurde eine sekundäre Kontaktzone zwischen ihnen im Bereich des Ökotons zwischen Sonora und Mojave festgestellt. Deutlich kann dies beispielsweise für die Wüsteneidechsenart *Sceloporus magister* gezeigt werden (Abb. 7.25b; Leaché & Mulcahy 2007). Jedoch befindet sich die Zone der größten genetischen Divergenz nicht immer im selben Bereich dieses Ökotons: Während wir diese Zone für *Sceloporus magister* (Leaché & Mulcahy 2007) und die Nachteidechsenart *Xantusia vigilis* (Leavitt et al. 2007) entlang der nordwestlichen Achse des Ökotons finden, also beispielsweise im Lucernetal und seiner Umgebung, so erstreckt sie sich für die Rotpunktkröte *(Anaxyrus punctatus)* (Jaeger et al. 2005) entlang des Südostrandes des Ökotons.

Das dritte sich im Bereich von Sonora und Mojave mehrfach wiederholende phylogeographische Muster **kombiniert** die **beiden** oben beschriebenen Muster (Abb. 7.25c; Wood et al. 2008b). So wurden beispielsweise für die Westliche

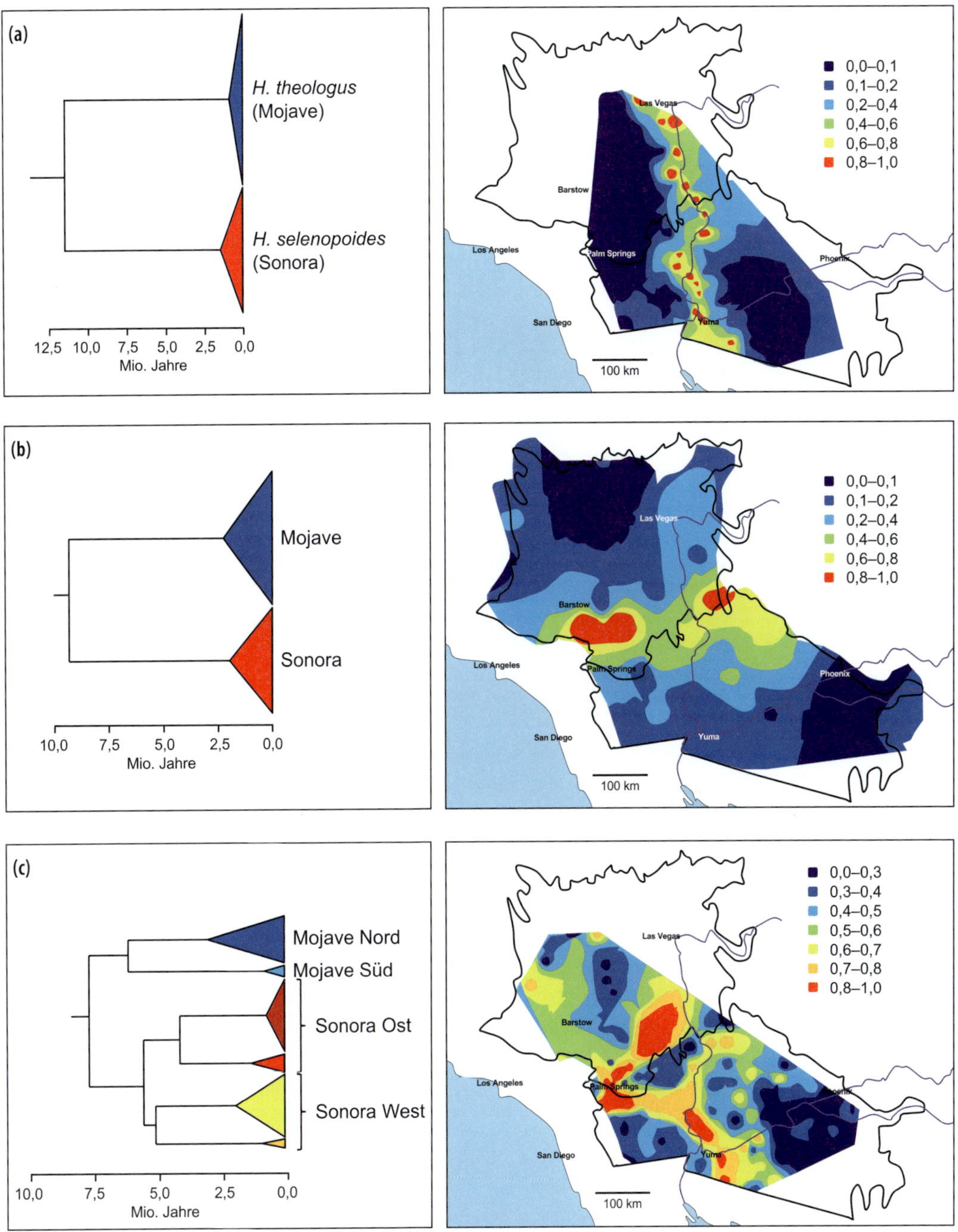

Abb. 7.25 Beispiele für phylogenetische Bäume und genetische Landschaften (engl.: *divergence landscapes*), die drei verschiedene Differenzierungsmuster repräsentieren. (a) Zwei Geschwisterarten der Spinnengattung *Homalonychus* weisen ihre größte Divergenz entlang des Colorado-Flusses auf; Crews & Hedin (2006). (b) Die Wüsteneidechsenart *Sceloporus magister* weist die stärksten regionalen Divergenzen zwischen ihren Populationen entlang des Mojave-Sonora-Ökotons auf; Leaché & Mulcahy (2007). (c) Die Westliche Schaufelnasen-Wühlnatter *(Chionactis occipitalis)* weist eine Kombination dieser beiden phylogeographischen Muster auf; Wood et al. (2008b). Die Farbtöne der genetischen Landschaften geben die Stärke der regionalen genetischen Divergenz an, von geringfügig (dunkelblau) bis sehr hoch (rot). Abbildung nach Wood et al. (2013).

Schaufelnasen-Wühlnatter *(Chionactis occipitalis)* vier deutlich differenzierte Phylogruppen nachgewiesen; und zwar für die nördliche und südliche Sonora sowie für die westliche und östliche Mojave (Wood et al. 2008b). Dieses vergleichsweise komplexe Muster wurde auch für die Rauhaar-Taschenmaus *(Chaetodipus penicillatus)* (Jezkova et al. 2009), die Seitenwinder-Klapperschlange *(Crotalus cerastes)* (Pece 2004) und die Gebirgs-Taschenratte *(Thomomys bottae)* (Alvarez-Vastaneda 2010) beobachtet.

Keine phylogeographische Struktur über Sonora und Mojave und somit nur eine einzige genetische Linie wurde unter den von Wood et al. (2013) ausgewählten Arten beziehungsweise Geschwisterartenkomplexen nur in einem einzigen Fall gefunden, nämlich für die Wüstenkrötenechse *(Phrynosoma platyrhinos)* (Mulcahy et al. 2006). Eine **Kalibrierung des Alters** der Trennung zwischen diesen genetischen Linien ergab für ihre Mehrzahl einen Beginn der Differenzierung, der ins **Tertiär** zurückreicht. So wurden für sechs Arten bzw. Artenkomplexe der letzte gemeinsame Vorfahre auf 3–16 Mio. Jahre geschätzt. Nur für vier Arten ist ein Beginn der Differenzierung im Verlauf des Pleistozäns wahrscheinlich (*Chaetodipus penicillatus:* 0,536 Mio. Jahre (= Ma), 95 % Konfidenzintervall*: 0,274–0,872 Ma; *Anaxyrus punctatus*: 0,956, 0,479–1,568 Ma; *Thomomys bottae:* 2,258, 1,541–2,957 Ma; *Lichanura trivirgata*: 2,376, 1,580–3,284 Ma). In allen Fällen liegt dieser Beginn jedoch deutlich vor der letzten glazialen Vereisungsphase.

Das Differenzierungsalter innerhalb der Linien ist jedoch deutlich geringer als zwischen ihnen. Nur für zwei Linien von *Crotaphytus bicinctores* (3,1 und 4,7 Ma; McGuire et al. 2007) und eine Linie von *Chionactis occipitalis* (3,0 Ma; Wood et al. 2008b) wurde ihr letzter gemeinsamer Vorfahre innerhalb der Linie durch eine molekulare Uhr als älter als das Pleistozän geschätzt. Alle anderen Linien gehen wahrscheinlich auf letzte gemeinsame Vorfahren zurück, die im Pleistozän gelebt haben. Nur die Ursprünge der Linien von *Chaetodipus penicillatus* (Jezkova et al. 2009) sind jedoch so rezent, dass ihre Wurzeln sich wahrscheinlich im letzten Glazial befanden; für eine dieser Linien ist sogar ein Ursprung im Letzten Glazialen Maximum möglich.

Verschiedene statistische Tests unterstützen ein **Populationswachstum** in der Vergangenheit für sieben der zwölf von Wood et al. (2013) zusammengefassten Arten. Nur fünf zeigen keine genetischen Evidenzen für eine historische Expansion *(Anaxyrus punctatus, Crotaphytus bicinctores, Homalonychus theologus, Phrynosoma platyrhinos, Thomomys bottae).* Für die Linien mit einem genetischen Signal für eine demografische Expansion weisen jedoch die nach rechts verschobenen *mismatch distributions* darauf hin, dass diese Expansion recht weit in der Vergangenheit stattgefunden haben muss, da seitdem genügend Zeit zur Verfügung stand, um die hierfür notwendigen Mutationen anzusammeln. Als ein Beispiel sei hier auf die Webspinnenart *Homalonychus selenopoides* verwiesen (Abb. 7.26a). Hinweise auf eine erdgeschichtlich sehr junge Expansion, eventuell eine postglaziale Arealausweitung aus eiszeitlichen Refugien heraus, ergeben eigentlich nur zwei Linien von *Chaetodipus penicillatus*, die stark nach links verschobene *mismatch distributions* und viele Individuen mit identischen Haplotypen aufweisen (Abb. 7.26b). Für die Linien mit unimodalen Verteilungen und signifikanten Abweichungen von der Stabilität (nachgewiesen über F_S und R_2) ergaben die Berechnungen des Beginns der Populationsexpansion Werte zwischen 58 600 Jahren (Ostsonoralinie von *Chionactis occipitalis*) und 323 000 Jahren (Sonoralinie von *Sceloporus magister*).

Ein weit über das Pleistozän hinausreichendes Differenzierungsmuster, basierend auf zwei mitochondrialen und zwei nukleären Genen, wurde auch für die **Skorpione** des *Pseudouroctonus-minimus*-Artenkomplexes in den südwestlichen USA (Kalifornien, Arizona,

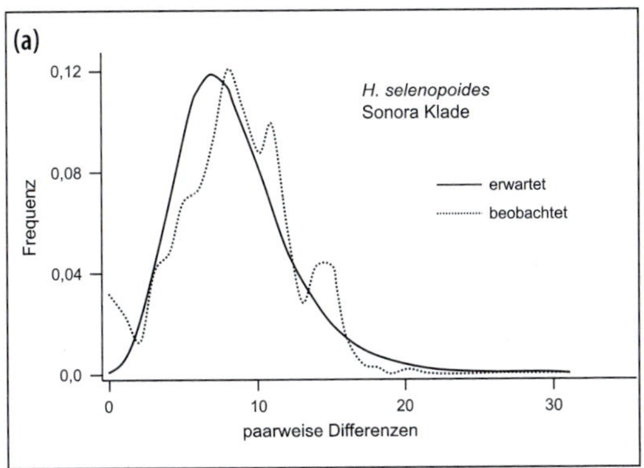

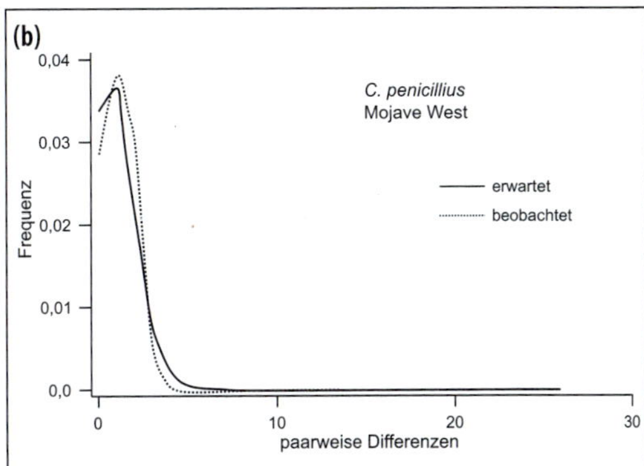

Abb. 7.26 Beispiele für *mismatch distributions*, die unterschiedliche zeitliche Muster der Arealexpansion anzeigen. (a) Alte demografische Expansionen bei der Webspinnenart *Homalonychus selenopoides* (Crews & Hedin 2006) und (b) jüngere bei der Rauhaar-Taschenmaus *(Chaetodipus penicillatus)* (Jezkova et al. 2009). Abbildung nach Wood et al. (2013).

Neu-Mexiko, westliches Texas) und im angrenzenden Mexiko nachgewiesen (Abb. 7.27a; Bryson et al. 2013). Obwohl die Vertreter dieses Artenkomplexes in einer durch Wüsten dominierten Region verbreitet sind, so sind sie dennoch an humidere, steinige Habitate gebunden. Der älteste Split in diesem Artenkomplex befindet sich zwischen den Populationen westlich und östlich des **Colorado**-Flusses und wurde über eine molekulare Uhr auf ein spätes eozänes Alter geschätzt (Abb. 7.27b). Diese Aufspaltung in eine nordwestliche und südöstliche Linie fällt zeitlich in etwa mit dramatischen tektonischen Veränderungen in Südkalifornien und der Bildung der San-Andreas-Verwerfung zusammen (Atwater 1998).

Die weiteren Aufspaltungen in der nordwestlichen Linie Kaliforniens lassen sich mit weiteren erdgeschichtlichen Ereignissen in Übereinstimmung bringen. So stimmen die Abspaltungen der **Inseltaxa** etwa überein mit der geologischen Bildung der Catalina und Channel Inseln vor 18–12 Mio. Jahren (Atwater 1998, Schoenherr et al. 1999). Auch die weiteren Differenzierungen innerhalb von *Pseudouroctonus andreas* in Südkalifornien und im angrenzenden Niederkalifornien könnten durch tektonische Aktivitäten im Bereich dieser Halbinsel im späten Miozän (Axen & Fletcher 1998) maßgeblich beeinflusst worden sein.

Die Arealgeschichte der südöstlichen Linie zeigt eine deutlich komplexere biogeographische Struktur, mit der Mehrzahl der nachgewiesenen Aufspaltungen vermutlich im Miozän. Dieser starke Differenzierungsschub geht einher mit der markanten Ausdehnung der **nordmexikanischen Hochländer** (Connell et al., 2005; Brand & Stump, 2011) und dem Einsetzen einer feuchteren Klimaperiode (Retallack, 2001), was insgesamt die Ausbreitung dieses an feuchtere Bedingungen angepassten Taxons begünstigt haben sollte. In diesem Zeitfenster erfolgte auch die Expansion in den östlichsten noch heute besiedelten Bereich in Westtexas und dem angrenzenden Mexiko. Diese erfolgte jedoch nachweislich nicht durch ein Expansionsereignis, sondern durch zwei: einen Vorstoß nördlich und einen südlich des Rio Grande. Dies führte zu zwei genetisch deutlich differenzierten Linien am östlichen Arealrand (Abb. 7.27).

Jedoch wurden durch die genetischen Studien von Bryson et al. (2013) nicht nur miozäne Ausbreitungen in östlicher, sondern auch in westlicher Richtung nachgewiesen. Das lokal in Niederkalifornien verbreitete Taxon *Pseudouroctonus rufulus* gehört eindeutig der südöstlichen Linie an, befindet sich jedoch südlich anschließend an die nordwestliche Linie im nördlichen Niederkalifornien. Diese phylogeographische Struktur ist ein eindeutiger

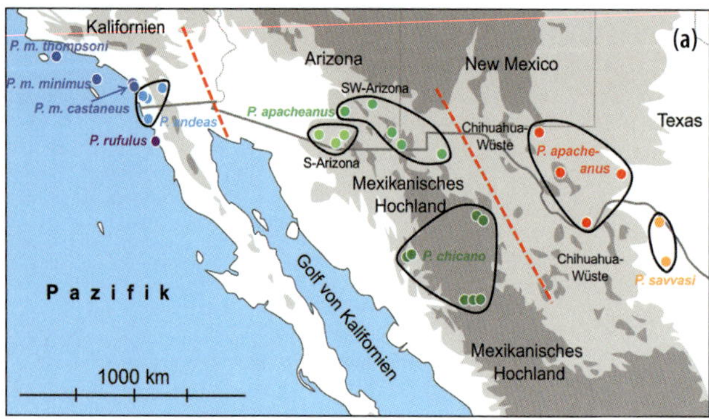

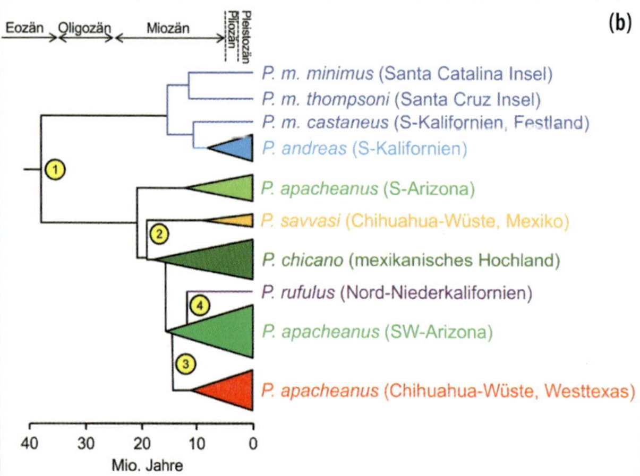

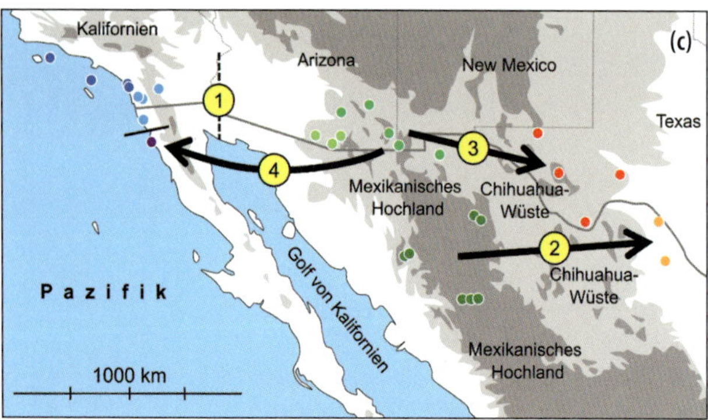

Abb. 7.27 Phylogeographie der Skorpione des *Pseudouroctonus-minimus*-Artenkomplexes. (a) Karte der Sammelstellen im südwestlichen Nordamerika mit Angabe der morphologisch unterschiedenen Arten und Unterarten. Die ungefähren Grenzen zwischen den drei wichtigsten biogeographischen Regionen sind durch durchbrochene Linien dargestellt, die Populationsgruppen sind zusammengefasst. (b) Datierte Phylogenie, basierend auf zwei mitochondrialen und zwei nukleären Genen (1899 bp). (c) Phylogeographisches Szenario: Die unterbrochene Linie weist auf ein oligo- oder eozänes Vikarianzereignis hin; Pfeile zeigen Dispersionsereignisse an; die durchgezogene Linie repräsentiert die Verbreitungsgrenze zwischen *Pseudouroctonus andreas* (nördlich) und *Pseudouroctonus rufulus* (südlich) am Ende der möglichen Ringverbreitung innerhalb des Artenkomplexes. Abbildung nach Bryson et al. (2013).

Hinweis auf eine miozäne Besiedlung aus dem Bereich östlich des Colorado nach Niederkalifornien, wo sich *in situ* eine lokalendemitische Linie evoluierte, die heute eine Art mit geographischer Restriktion repräsentiert.

7.2.9 Phylogeographischer Ring um das Große Becken: die Ponderosa-Kiefer

Die Ponderosa- oder Gelbkiefer *(Pinus ponderosa)* ist die am weitesten verbreitete Kiefer Nordamerikas und in den Bergen der westlichen USA und bis ins südliche British Columbia fast überall anzutreffen (Abb. 7.28a; Farjon 1984, Eckenwalder 2009). In ihrem Verbreitungsgebiet besitzt sie eine hohe ökologische, aber auch ökonomische Bedeutung (Oliver & Ryker 1990). Die Art weist eine große **morphologische Variabilität** über ihr Areal auf (Abb. 7.28a; Weidman 1939, Squillace & Silen 1962, Wells 1964, Read 1980). Deshalb wurde oftmals vermutet, dass sich die Ponderosa-Kiefer in einem frühen Stadium der Differenzierung in unterschiedliche Arten befindet (Wang 1977, Jaramillo-Correa et al. 2009), oder zumindest in verschiedene regionale Linien.

Für über 3000 Individuen der Ponderosa-Kiefer aus über 100 Populationen wurde das zweite Intron des mitochondrialen ND1-Gens sequenziert (Potter et al. 2013). Insgesamt wurden zehn Haplotypen nachgewiesen, die sich nur in wenigen Mutationsschritten voneinander unterscheiden (Abb. 7.28b). Die einzelnen Haplotypen ordnen sich als **Ring** in den Gebirgen um das **Große Becken** (engl.: *Great Basin*) an (Abb. 7.28c). Die beiden Unterarten *Pinus ponderosa ponderosa* in den Küstengebirgen und *P. ponderosa scopulorum* in den Rocky Mountains besitzen mit Ausnahme des Haplotyps 2, der nur an der Südgrenze der Verbreitung von Südkalifornien bis ins südliche Neu-Mexiko nachgewiesen wurde, keine weiteren Überschneidungen ihrer Haplotypen. Ähnlich wie für die Douglasie *(Pseudotsuga menziesii)* (Gugger et al. 2010) vermuten Potter et al. (2013) auch für die Ponderosa-Kiefer eine **lange**

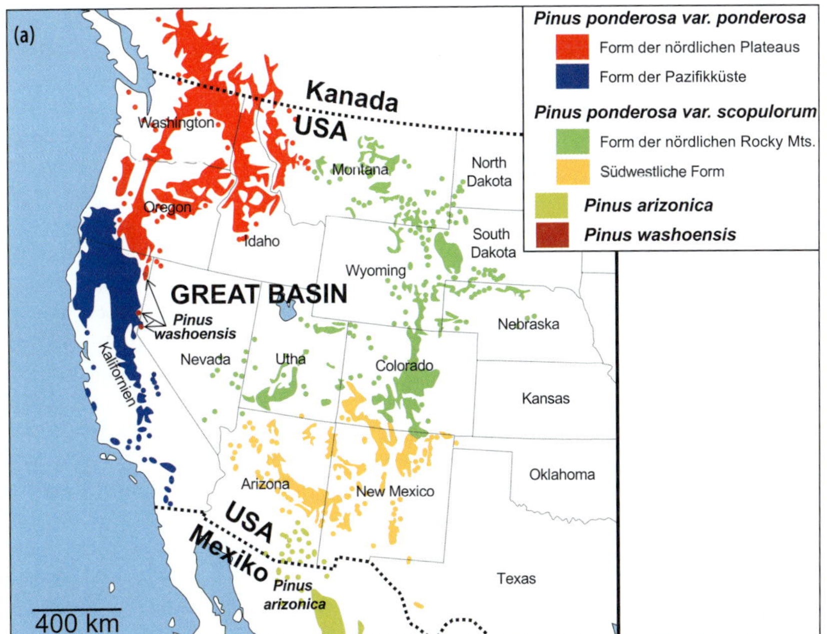

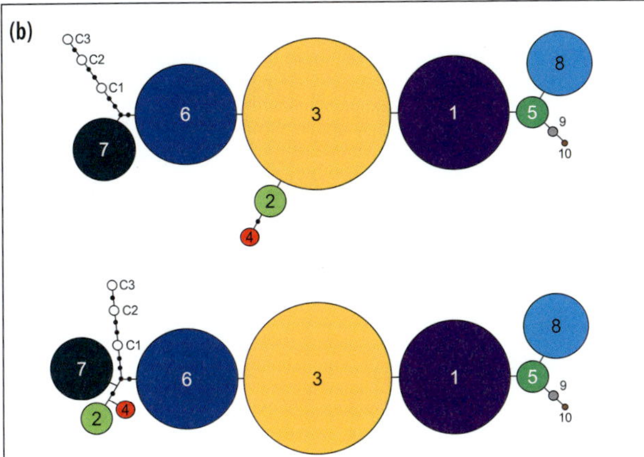

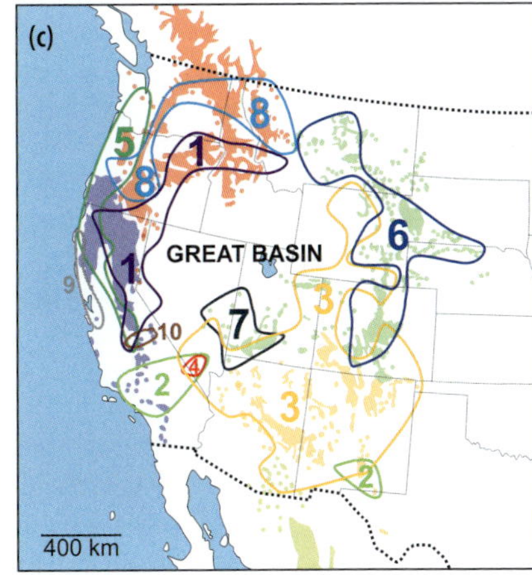

Abb. 7.28 Phylogeographie der Ponderosa-Kiefer *(Pinus ponderosa)* in den westlichen USA. (a) Geographische Verbreitung von *Pinus ponderosa* var. *ponderosa* und *P. ponderosa* var. *scopulorum* und der beiden beschriebenen Formen innerhalb jeder der beiden Varietäten. Außerdem sind die Vorkommen von *P. washoensis* und *P. arizonica* angegeben. (b) Haplotypen-Netzwerk des mitochondrialen ND1-Gens von *P. ponderosa*, oben mit gleicher Wertigkeit aller Sequenzunterschiede, unten mit unterschiedlicher Wichtung. Die Größe der Haplotypen ist proportional zu ihrer Häufigkeit. C1, C2 und C3 stellen Haplotypen der nah verwandten *P. coulteri* als Außengruppe dar. (c) Geographische Verbreitung von zehn mitochondrialen Haplotypen von *P. ponderosa*. Zu beachten ist, dass *Pinus ponderosa* im Verbreitungsgebiet von *P. arizonica* auftritt, jedoch nicht syntop mit ihr vorkommt. Abbildung nach Potter et al. (2013).

Trennung zwischen den Vorkommen der **pazifischen Küstengebirge** und den **Rocky Mountains**, die zwischen dem frühen Pliozän und dem mittleren Pleistozän anzusiedeln ist.

Auch wenn die genaue Herkunft der Ponderosa-Kiefer aus den vorliegenden Befunden nicht genau rekonstruiert werden kann, so lassen sich doch interessante Aussagen zu den **eiszeitlichen Rückzugsgebieten** ableiten. Die große Haplotypdiversität in den Bergen **Südka-**

liforniens (Abb. 7.28c) legt den Schluss nahe, dass sich hier bedeutende glaziale Rückzugsgebiete befanden. Der Haplotyp 5 weist eine weite Verbreitung im Bereich der Küstengebirge nördlich von San Francisco auf und dürfte für die postglaziale Wiederbesiedlung in diesem Bereich eine *leading-edge*-Position aufgewiesen haben. Gleiches dürfte für den Haplotyp 1 gelten, der von der Sierra Nevada Kaliforniens bis in die Blue Mountains in Oregon und die Salmon River Mountains in Idaho verbreitet ist. Die generell nördliche Verbreitung des Haplotyp 8 gibt jedoch deutliche Hinweise darauf, dass es nicht nur südliche Glazialrefugien für die Ponderosa-Kiefer gab, sondern dass auch **Rückzugsgebiete nördlich des Großen Beckens** oder an dessen Nordrand existiert haben müssen.

Auch am Südrand des Großen Beckens befinden sich Haplotypen mit eingeschränkter geographischer Verbreitung (Abb. 7.28c). So ist der Haplotyp 10 lokal begrenzt auf die südlichen Ausläufer der kalifornischen Sierra Nevada. Haplotyp 4 ist auf den Bereich der Spring Mountains im südlichsten Nevada beschränkt. Haplotyp 7 weist eine etwas weitere Verbreitung auf, die auch einige Gebirgsstöcke des südlichen Großen Beckens im östlichen Nevada und südwestlichen Utah umfasst. Diese phylogeographischen Muster stellen gute Evidenzen dafür dar, dass die Ponderosa-Kiefer auch wichtige glaziale Überdauerungszentren am **Südrand des Großen Beckens** besaß. Aus diesen heraus fand jedoch nur eine geringfügige Expansion nach Norden statt, da das Große Becken außerhalb seiner isolierten Gebirgsstöcke sowohl unter kalt- als auch unter warmzeitlichen Bedingungen keine geeigneten Lebensbedingungen für diese Kiefer besitzt. Nur für den Haplotypen 7 könnte postglaziale Arealexpansion in weiter nördlich gelegene Gebirgsstöcke stattgefunden haben. Eine eiszeitliche Persistenz durch vertikale Verlagerung der Verbreitung in diesem Raum ist jedoch auch möglich, insbesondere, da andere glaziale Arealkerne sich deutlich weiter nördlich befanden, wie weiter oben dargelegt ist. Die Verbreitung der Ponderosa-Kiefer im Großen Becken dürfte somit sowohl unter Warm- als auch unter Kaltzeitbedingungen durch die Verfügbarkeit von Wasser bestimmt werden und nicht (oder nur eingeschränkt) über die Temperaturverhältnisse.

Im Bereich der Rocky Mountains wurden zwei weit verbreitete Haplotypen nachgewiesen: der Haplotyp 3 mit einer südwestlichen und der Haplotyp 6 mit einer nordöstlichen Verbreitung (Abb. 7.28c). Ersterer muss unter glazialen Bedingungen in den südlichen Rocky Mountains weit verbreitet gewesen sein, letzterer weiter nördlich, eventuell an der Ostabdachung des Gebirges in Colorado. Die Verbreitung der beiden Haplotypen lässt vermuten, dass postglaziale Expansion in nördlicher Richtung von Haplotyp 3 eher am Westrand und von Haplotyp 6 eher am Ostrand der Rocky Mountains erfolgte. Hierbei besiedelten die Gruppe des Haplotypen 3 auch einige der östlichen Inselgebirge im Großen Becken und drangen bis ins nördliche Wyoming vor. Die nordöstliche Gruppe des Haplotypen 6 dehnte sich sogar bis ins nördliche Montana aus, wodurch sie wahrscheinlich auch die weitere Nordexpansion des Haplotypen 3 unterband. Eine weitere Ausdehnung des Haplotypen 6 nach Westen wird jedoch durch die Haplotypen 1 und 8 verhindert, die eine Besiedlung in diese Bereiche blockieren.

Insgesamt ergibt sich somit ein **Ring** mit **unterschiedlichen genetischen Linien** um das **Große Becken**, welches bedingt durch seine **Aridität** nur auf **inselartigen Bergbereichen** von der Ponderosa-Kiefer besiedelt wird. Die phylogeographischen Muster und die diese erzeugenden Prozesse in den das Große Becken umschließenden Bergregionen sind komplex. In gewisser Weise ähneln sich somit die Prozesse um das Große Becken und um das zentrale Tal Kaliforniens herum, jedoch mit unterschiedlichen geographischen Dimensionen.

7.3 Zusammenfassung Nordamerika

Nordamerika wird maßgeblich geprägt durch **eiszeitliche Refugien im Süden**, aus denen **postglaziale Expansionen** in nördlicher Richtung stattfinden, und dem **beringischen Glazialrefugium**, aus dem nacheiszeitlich Expansion in südlicher und südöstlicher Richtung erfolgte. Im Bereich der eiszeitlichen Vergletscherung findet somit häufig postglaziale Besiedlung aus zwei Richtungen statt. **Kryptische Refugien** westlich des kanadischen Eisschildes und **Nunatakker** im südwestlichen Eisschild führen zu teilweise hochkomplexen phylogeographischen Mustern im pazifischen Nordwesten Nordamerikas.

Die südlichen Refugien zeigen **komplexe phylogeographische Muster im Westen** und recht **simple Strukturen im Osten**. Im Westen können unterschiedliche Rückzugsgebiete in den verschiedenen, meist parallel zueinander verlaufenden Gebirgsketten nachgewiesen werden, deren südliche am *rear edge* zu starken postglazialen Regressionen neigen, die jeweils nördlichsten mit den *leading-edge*-Populationen nacheiszeitlich häufig stark expansiv sind. In den einzelnen Gebirgen zeigen sich oftmals **Refugien-in-Refugien-Systeme**, welche für manche Arten auf ein recht kleinräumiges System von glazialen Refugien hinweisen.

Im Osten Nordamerikas stellen sich die Strukturen sehr viel einfacher dar. Entlang des **Golfs von Mexiko** befanden sich in Ost-West-Richtung angeordnete Rückzugsgebiete. Da es im östlichen Nordamerika keine geomorphologischen Strukturen gibt, die die Expansion aus einem dieser Gebiete hätte blockieren können, wurden meist alle von ihnen, anders als etwa in Europa, postglazial expansiv. Häufig stellten der **Mississippi** und der **Apalachicola**-Fluss mit den sich nördlich anschließenden **Appalachen** die Grenzen zwischen diesen Linien dar, wirkten also wohl als **lenkende Strukturen** bei den postglazialen Expansionen.

Vor allem in den **Wüsten der südlichen USA**, aber auch in anderen Gebieten des Südwestens bis nach Texas und auch in **Florida**, ergeben sich für viele Arten recht komplexe phylogeographische Strukturen mit vergleichsweise **kleinräumigen Mustern**. Diese lassen sich in vielen Fällen auf vor dem Pleistozän liegende Vikarianzereignisse zurückführen, deren Muster sich jedoch relativ konstant in dieser Region über lange Zeithorizonte erhielten.

8 Subsahara-Afrika

Aus unterschiedlichen Gründen ist die molekulare Biogeographie der tropischen Regionen der Welt weit weniger intensiv untersucht als in Europa oder Nordamerika. Dies gilt in besonderer Weise auch für die Bereiche Afrikas südlich der Sahara. Aufgrund der sozioökonomischen Situation der meisten Länder dieser Region können solche Untersuchungen nur in Zusammenarbeit mit Forschergruppen aus anderen Weltregionen durchgeführt werden, die über die hierfür notwendigen monetären Ressourcen verfügen. Hierdurch und durch die schwere Zugänglichkeit vieler Regionen in Subsahara-Afrika werden solche Studien logistisch sehr aufwendig und auch kostenintensiv. Die politische Unsicherheit und Instabilität in vielen der afrikanischen Länder stellen derzeit zusätzlich ein großes Risiko für die konsequente Durchführung von langfristig angelegten Projekten dar. Darüber hinaus erschwert und verteuert die weit verbreitete Korruption solche Projekte zusätzlich. Die oft prekäre Sicherheitssituation und das Krankheitspotenzial des tropischen Afrikas schrecken zusätzlich viele Forscher vor Arbeiten in dieser Weltregion ab. All diese Faktoren führen dazu, dass unsere Kenntnisse über die molekulare Biogeographie dieses ganzen Erdteils noch relativ dürftig sind. Trotzdem ist es gelungen, gute phylogeographische Datensätze zu gewinnen, vor allem jedoch für «charismatische» Großsäuger (vgl. Lorenzen et al. 2012) und andere Wirbeltiere.

Wenn wir die klassische Biogeographie Afrikas betrachten, so müssen wir vor allem zwei generelle Biomgruppen unterscheiden, **Savannen und Wüsten** auf der einen Seite und **tropische Regenwälder** auf der anderen. Die normale **Zonalität** dieser Biome ist im Bereich des **Ostafrikanischen Grabens** durch ein durchgehendes Savannenband unterbrochen, welches die Savannen des westlichen mit denen des südlichen Afrikas verbindet (Müller 1981, Mayaux et al. 2004). Diese beiden Biomgruppen weisen entlang der klimatischen Zyklen des Pleistozäns genau **entgegengesetzte Dynamiken** auf. In den kühlen und trockenen Phasen, also den Eiszeiten der gemäßigten Zonen, ziehen sich die Regenwälder auf wenige Refugien im westlichen und zentralen Afrika zurück, wodurch die Savannen und Wüsten weit größere Flächen bedecken können als dies aktuell der Fall ist. Während der warmen und feuchten Perioden invertiert sich dieses Muster und die Regenwälder breiten sich in vormalige Savannengebiete aus, sodass sich ein nicht unterbrochenes Regenwaldgebiet von Westafrika bis ins Kongobecken hinein ausbildet. Ein **Savannenkorridor** im Bereich des sogenannten **Dahomé Gap** (wie unter aktuellen Klimabedingungen) existiert dann nicht (Cowling et al. 2008, Dupont 2011). Diese Situation trat zuletzt im klimatischen Optimum des Atlantikums auf, also vor etwa 6000 Jahren, ergab sich aber beispielsweise auch im letzten Interglazial, dem Eem. Aufgrund dieser Unterschiede müssen typische Savannenarten deutlich andere phylogeographische Strukturen aufweisen als solche des Regenwaldes, weshalb diese im Folgenden in gesonderten Kapiteln betrachtet werden (ebenso wie solche Arten, die eine weite Verbreitung in beiden Biomgruppen aufweisen).

Hochgebirge sind für Afrika weit weniger prägende Elemente als für die meisten anderen Kontinente. Lediglich die erdgeschichtlich jungen Auffaltungen entlang des **Ostafrikanischen Grabens** stellen bedeutende Gebirge dar, die einen wichtigen Einfluss auf die Biogeographie besitzen und maßgeblich verantwortlich für die Unterbrechung der normalen Zonalität in Ostafrika sind, und somit die Existenz von Savannen im äquatorialen Bereich. Die verfügbaren phylogeographische Daten über diese Gebirgssysteme werden auch in einem eigenen Kapitel vorgestellt.

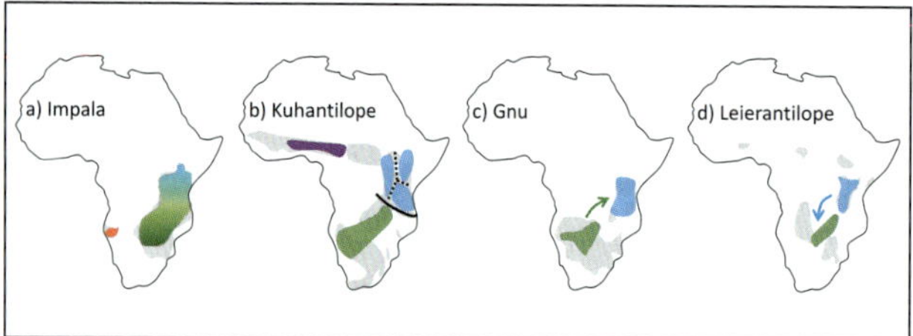

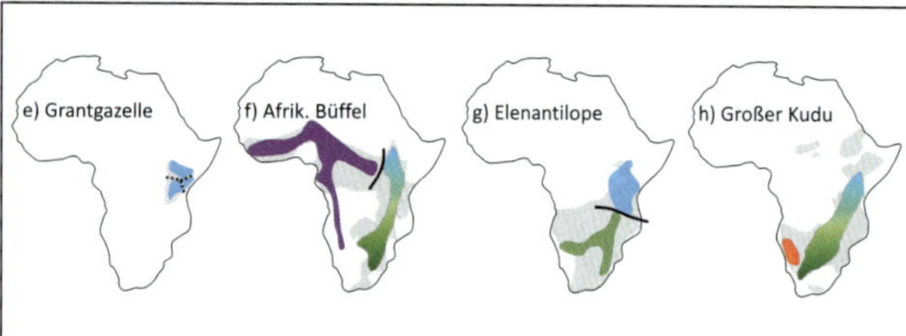

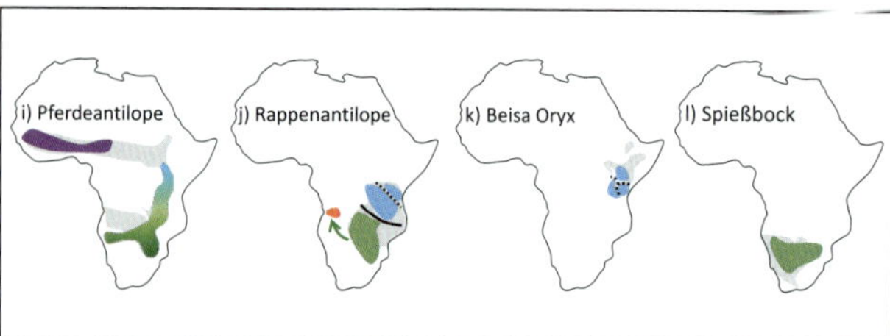

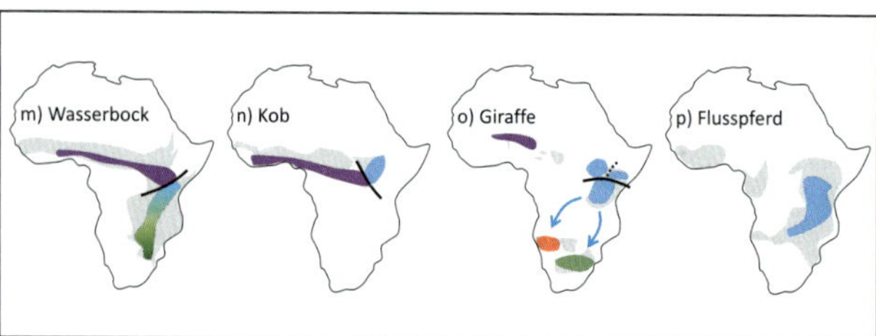

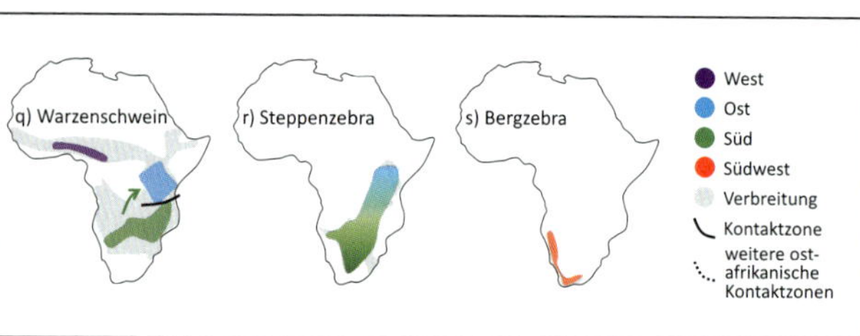

Abb. 8.1 Die wesentlichen phylogeographischen Muster von 19 afrikanischen Huftieren. Die aktuellen Verbreitungen der Arten sind grau unterlegt, sofern sie nicht farbig einer biogeographischen Gruppe zugeordnet wurden (Grün: West; Blau: Ost; Violett: Süd; Rot: Südwest). Pfeile zeigen Kolonisierungen zwischen Regionen an, die durch genetische Daten belegt sind. Hierbei geben Farbe und Richtung die Ursprungsregion an. Dicke schwarze Linien stellen die ostafrikanischen Kontaktzonen dar, wo unterschiedliche biogeographische Linien aufeinandertreffen. Durchbrochene schwarze Linien trennen weitere genetische Linien in Ostafrika voneinander. Abbildung nach Lorenzen et al. (2012).

8.1 Savannen Afrikas

Die Phylogeographie typischer Savannenarten ist aktuell recht gut verstanden, vor allem durch die intensive Untersuchung der für diesen Kontinent so prägenden **Huftiere**, deren teilweise **große Herden** das touristische Klischee Afrikas darstellen. In einem umfänglichen Übersichtsartikel werden diese Daten von Lorenzen et al. (2012) zusammengefasst und mit anderen aus dieser Region vorliegenden Analysen weiterer Arten verglichen. Insgesamt liegen phylogeographische Daten für 19 Arten von Savannen bewohnenden Huftieren vor (Abb. 8.1). Diese werden im Folgenden als Grundlage für die Ableitung allgemeiner biogeographischer Muster der afrikanischen Savannen kurz vorgestellt, aufbauend auf der Zusammenfassung von Lorenzen et al. (2012).

8.1.1 Fallbeispiele von Huftieren der afrikanischen Savannen

Impalas *(Aepyceros melampus)* sind in den Savannen des östlichen und südlichen Afrikas weit verbreitet. Durch Analysen von mtDNA (Kontrollregion und Cyt-b) und Mikrosatelliten über einen wesentlichen Teil dieses Areals wurde die geographisch im Südwesten des Kontinents isolierte Populationsgruppe, die sich auch morphologisch durch ein schwarzes Gesicht unterscheidet, als eigene genetische Einheit bestätigt. Ansonsten gibt es keinen wesentlichen phylogeographischen Bruch zwischen süd- und ostafrikanischen Herkünften, jedoch deuten die Analysen von Mikrosatelliten auf Isolierung durch Distanz entlang eines Süd-Ost-Gradienten hin. Die genetisch deutlich differenzierte Population des Samburu-Gebiets in Kenia weist auf die Existenz verschiedener Linien im Bereich Ostafrikas hin (Abb. 8.1a; Nersting & Arctander 2001, Lorenzen & Siegismund 2004, Lorenzen et al. 2006a).

Kuhantilopen (mehrere Taxa der Gattung *Alcelaphus*) sind im Savannengürtel Afrikas weit verbreitet. Neben einem hohen Maß an morphologischer Differenzierung innerhalb dieses Taxons zeigen auch Sequenzen der mitochondrialen Kontrollregion eine markante Differenzierung in eine **Nord- und eine Südgruppe**, deren Kontaktzone sich in Ostafrika befindet. Die Nordgruppe trennt sich auf in eine West- und eine Ostklade. In letzterer wurde eine **zusätzliche Strukturierung** festgestellt, jedoch sprechen die geographische Verteilung der Kontrollregion-Haplotypen und Allelfrequenzen von Mikrosatelliten für Genfluss oder inkomplette Liniensortierung zwischen zwei der ostafrikanischen Linien. Die höchsten genetischen Diversitäten wurden für die ostafrikanischen Populationen festgestellt. Die hier nachgewiesenen Haplotypen befinden sich zentral im Haplotypennetzwerk, was für eine insgesamt ostafrikanische Herkunft der ganzen Gruppe und für ein oder mehrere Refugien in dieser Region spricht. Die meisten der in der Vergangenheit beschriebenen und heute als valide angesehenen Unterarten stellen jeweils monophyletische Einheiten dar (Abb. 8.1b; Birungi & Arctander 2000, Lorenzen et al. 2007a).

Gnus *(Connochaetes taurinus)*, die wegen ihrer riesigen Herden und beeindruckenden **saisonalen Wanderungen** zu den bekanntesten Huftieren Afrikas zählen, weisen eine klare phylogeographische Struktur in den Sequenzen der mitochondrialen Kontrollregion auf. In einem **paraphyletischen Cluster im südlichen Afrika** ist eine **monophyletische Gruppe der Individuen aus Ostafrika** genestet. Die Äste des respektiven Phänogramms sind im Süden länger als im Osten und auch die Nukleotiddiversität nimmt progressiv in Richtung Ostafrika ab. Beides spricht für eine Herkunft des Gnus aus Südafrika mit späterer Besiedlung Ostafrikas (Abb. 8.1c; Arctander et al. 1999).

Leierantilopen *(Damaliscus lunatus)* sind weit im afrikanischen Savannengürtel verbreitet; genetische Daten aus dem westafrikanischen Bereich, in dem die Art nur spärlich vertreten ist, liegen jedoch nicht vor. Insgesamt ergibt sich für diese Art ein zum Gnu invertiertes Muster einer **paraphyletischen Gruppe in Ostafrika** mit einer hierin genesteten **monophyletischen südafrikanischen Klade**. Das spricht für eine Besiedlung des südlichen Afrikas durch Populationen, welche aus einem ostafrikanischen Ausbreitungszentrum stammen (Abb. 8.1d; Arctander et al. 1999).

Grantgazellen *(Nanger granti)* sind auf **Ostafrika** begrenzt. In diesem Bereich wurden jedoch basierend auf Sequenzen der mitochondrialen Kontrollregion drei jeweils **monophyletische Linien** nachgewiesen, welche geographisch deutlich eingeschränkte **parapatrische Verbreitungen** aufweisen. Obwohl bisher ausschließlich mitochondriale DNA analysiert wurde, ergeben sich keine Hinweise auf Hybridsierung zwischen diesen Linien, weshalb ihre reproduktive Isolation als wahrscheinlich angenommen werden muss (Abb. 8.1e; Lorenzen et al. 2007b).

Afrikanische Büffel *(Syncerus caffer)* sind charakteristisch für die afrikanischen Savannen und sind in diesem Bereich generell weit verbreitet. Anders als bei allen anderen bisher untersuchten Huftieren, findet sich für diese Art in Analysen der mitochondrialen Kontrollregion als wichtigste phylogeographische Struktur eine Differenzierung in eine **West- und eine Ostlinie**, von denen sich die westliche von Westafrika bis ins südwestliche Afrika erstreckt. Die Ostlinie umfasst auch die Populationen des südlichen Afrikas, welches vergleichsweise rezent besiedelt worden sein muss (Abb. 8.1f; Van Hooft et al. 2000, 2002, Smitz et al. 2013). Anders als von den meisten typischen Savannenbewohnern werden vom Afrikanischen Büffel auch **Waldökosysteme** besiedelt. Die hier auftretenden Individuen werden häufig in die Unterart *Syncerus caffer nanus* gestellt, gehören aber alle zur westlichen genetischen Linie und sind somit als ökologische Anpassung innerhalb dieser zu sehen (Smitz et al. 2013). Folglich stellen Wälder, anders als für die reinen Savannenbewohner, für den Afrikanischen Büffel keine Ausbreitungsbarrieren dar. Dies erklärt auch, warum Vertreter der westlichen Linie auch südlich der zentralafrikanischen Regenwälder nachgewiesen wurden.

Die auf Ost- und Südafrika beschränkten **Elenantilopen** *(Taurotragus oryx)* zeigen für Sequenzen der mitochondrialen Kontrollregion ein deutliches phylogeographisches Signal, welches eine **südliche und eine östliche Gruppe** voneinander trennt, die sich jedoch in einer **ostafrikanischen Kontaktzone** geographisch teilweise überlappen. Die östliche Linie besitzt zwar eine stärkere interne Strukturierung, jedoch generell eine geringere Nukleotiddiversität und einen rezenteren gemeinsamen Vorfahren in dieser Gruppe. Diese Unterschiede sprechen für unterschiedliche evolutive Szenarien im östlichen und südlichen Afrika für diese Art sowie für eine **jüngere Herkunft der ostafrikanischen Linie** (Abb. 8.1g; Lorenzen et al. 2010).

Für **Große Kudus** *(Tragelaphus strepsiceros)*, die nur in den Savannen Westafrikas fehlen, trennen Sequenzuntersuchungen der mitochondrialen Kontrollregion die Vorkommen **Namibias** deutlich von allen anderen. Insgesamt zeigt sich eine **Abnahme der Nukleotiddiversität von Süden nach Osten**, was generell für eine südafrikanische Herkunft der Art spricht. Da eine Population im nördlichen Kenia sich jedoch genetisch deutlich von den anderen unterscheidet, könnte dies ein Indiz für mehrere, phylogenetisch junge ostafrikanische Unterlinien, und somit Differenzierungszentren, darstellen (Abb. 8.1h; Nersting & Arctander 2001).

Pferdeantilopen *(Hippotragus equinus)* werden in allen Savannenregionen Afrikas angetroffen. Die Analyse der mitochondrialen Kontrollregion erlaubte jedoch nur eine Unterscheidung der westafrikanischen Vorkommen von den restlichen. Von Ostafrika bis Süd- und Südwestafrika wurde keine weitere relevante phylogeographische Struktur nachgewiesen (Abb. 8.1i; Mathee & Robinson 1999, Alpers et al. 2004).

Rappenantilopen *(Hippotragus niger)*, die im östlichen und südöstlichen Afrika weit verbreitet sind, besitzen drei deutlich voneinander differenzierte Linien für die mitochondriale Kontrollregion. Zwei von diesen befinden sich in **Ostafrika**, die dritte weiter im **Süden**. In dieser nimmt die Astlänge nach Norden hin ab, was für einen Ursprung dieser Linie im Süden des aktuellen Verbreitungsgebietes spricht, mit sukzessiver Ausbreitung in nördlicher Richtung und sekundärem Kontakt mit den Ostlinien. Innerhalb der Südlinie bildet die Riesen-Rappenantilope *(Hippotragus niger variani)* in Angola eine südwestliche Unterlinie, welche sich folglich vergleichsweise rezent aus der südafrikanischen Linie abgeleitet haben muss (Abb. 8.1j; Mathee & Robinson 1999, Pitra et al. 2002, 2006).

Die **Beisa Oryx** *(Oryx beisa)* ist geographisch auf **Ostafrika** beschränkt. Analysen der beiden mitochondrialen Gene Kontrollregion und Cyt-b ergaben **drei unterschiedliche Kladen**, was für mehrere Vikarianzereignisse in Ostafrika spricht. Zwei dieser Linien sind syntop im zentralen Kenia verbreitet, die dritte wurde für Südkenia und Nordtansania nachgewiesen (Abb. 8.1k; Masembe et al. 2006).

Spießböcke *(Oryx gazella)* sind die südafrikanische Schwesterart der Beisa Oryx. Analysen der mitochondrialen Kontrollregion weisen keine Differenzierung über weite Bereiche seines Areals nach, jedoch wurden mittels Mikrosatellitenanalysen eine nördliche Gruppe von einer südlichen unterschieden (Abb. 8.1l; Osmers et al. 2011).

Wasserböcke *(Kobus ellipsiprymnus)* sind weit in den afrikanischen Savannenbereichen verbreitet, fehlen jedoch komplett im gesamten südwestafrikanischen Gebiet. Diese Art ist morphologisch klar in eine **nördliche und eine südliche Unterart** differenziert. Diese spiegeln sich jedoch nicht auf der mtDNA-Ebene wider. Sie lassen sich aber gut mittels Mikrosatelliten abbilden, welche entlang der Kontaktzone dieser Linien eine schmale Zone mit eingeschränkter Introgression aufweisen (Abb. 8.1m; Lorenzen et al. 2006b).

Der **Kob** *(Kobus kob)* ist auf den Savannengürtel nördlich des Äquators beschränkt, hier aber weit verbreitet. Die mitochondriale Kontrollregion weist zwei Linien auf. Die eine ist von der **afrikanischen Westküste bis nach Uganda** weit verbreitet. Die andere ist auf einen geographisch sehr viel kleineren Bereich **Ostafrikas** beschränkt und unterscheidet sich sowohl morphologisch wie auch ethologisch von der westlichen Linie. Entlang der Kontaktzone in Uganda kommt es in einer schmalen Zone zu **introgressiver Hybridisierung** der Ost- in die Westlinie (Abb. 8.1n; Birungi & Arctander 2000, Lorenzen et al. 2007a).

Giraffen *(Giraffa camelopardalis)* sind zwar nicht überall in den afrikanischen Savannen anzutreffen, kommen jedoch in allen großen Savannenregionen vor. Über die Analyse von mitochondrialer DNA und von Mikrosatelliten wurden insgesamt sechs Kladen unterschieden. Der tiefste phylogeographische Split wurde zwischen einer **Nord- und einer Südgruppe** nachgewiesen, die eine **Kontaktzone mit Introgression** zwischen den Linien in **Ostafrika** aufweisen. In beiden Fällen zeigen diese Linien weitere phylogeographische Signale, was auf mehrere Vikarianzereignisse hinweist. In der großen Nordlinie kann eine westliche von einer östlichen Unterlinie unterschieden werden. Die Südgruppe zeigt distinkte Unterlinien im Osten, Süden und Südwesten (Abb. 8.1o; Brown et al. 2007). Weitere intensive genetische Untersuchungen von Fennessy et al. (2016) legen sogar nahe, dass die Differenzierung zwischen verschiedenen Giraffenlinien sogar so ausgeprägt ist, dass von insgesamt **vier unterschiedlichen Giraffenarten** ausgegangen werden muss.

Obwohl in allen großen Savannenregionen Afrikas zumindest an einigen Stellen vertreten, wurden für **Flusspferde** *(Hippopotamus amphibius)* bisher nur Herkünfte aus dem östlichen und südlichen Afrika genetisch durch Sequenzierung der mitochondrialen Kontrollregion untersucht. Diese Analysen ergaben im untersuchten Gebiet zwar keine deutlich differenzierten Linien, deuteten jedoch auf Arealexpansion aus einem **ostafrikanischen Ausbreitungszentrum** hin (Abb. 8.1p; Okello et al. 2005).

Warzenschweine *(Phacochoerus africanus)* sind eigentlich überall in den afrikanischen Savannen anzutreffen. Sowohl Sequenzen der mitochondrialen Kontrollregion wie auch Mikrosatelliten differenzieren drei **regionale Linien im Westen, Osten und Süden** des Kontinents. Die südliche Linie stellt ein basales Paraphylum dar, in dem die westliche und östliche Linie jeweils als Monophyla genestet sind, was für ein Ausbreitungszentrum (oder sogar Entstehungszentrum) des Warzenschweins im südlichen Afrika spricht (Abb. 8.1q; Muwanika et al. 2003).

Das im östlichen und südlichen Afrika beheimatete **Steppenzebra** *(Equus quagga)* zeigt trotz der markanten morphologischen Differenzierung von Kenia bis Südafrika kein phylogeographisches Signal auf der mitochondrialen Ebene. Da zwei sich in drei Positionen unterscheidende Haplotypen weit verbreitet sind, wurde das Resultat eines möglichen Vikarianzereignisses in der Vergangenheit durch **späteren starken Genfluss** maskiert. Mikrosatelliten zeigen jedoch einen klinalen Verlauf, der in Übereinstimmung mit der morphologischen Differenzierung steht (Abb. 8.1r; Lorenzen et al. 2008).

Das **Bergzebra** *(Equus zebra)* mit einem vergleichsweise kleinen Verbreitungsgebiet im Bereich der südwestafrikanischen Küstenregionen weist über sein gesamtes Verbreitungsgebiet **keinerlei phylogeographische Struktur** auf, weder auf der Ebene der mitochondrialen Kontrollregion noch bei Mikrosatelliten. Letztere besitzen jedoch endemische Allele für beide der anerkannten Unterarten (Abb. 8.1s; Moodley & Harley 2005).

8.1.2 Repetitive phylogeographische Muster in den afrikanischen Savannen

8.1.2.1 Der große Nord-Süd-Split

Die oben vorgestellten Beispiele von Huftieren zeigen ein häufig sich wiederholendes **basales Grundmuster von nördlichen und südlichen Linien** als jeweils ältestem intraspezifischen Split. Von allen oben vorgestellten Beispielen mit bedeutenden Vorkommen im nördlichen und südlichen Savannenbereich weicht nur der Afrikanische Büffel ab, dessen westafrikanische Linie sich entlang der Küste bis nach Angola erstreckt. Es muss jedoch angemerkt werden, dass diese Art auch Waldpopulationen besitzt und die Regenwaldregion des Kongobeckens somit keine wesentliche Ausbreitungsbarriere für die westliche Linie dargestellt haben sollte (Smitz et al. 2013).

Oftmals können sogar Schwesterarten in den jeweiligen Bereichen angetroffen werden, so z. B. der Kob im Sahel und der Puku im südlichen Afrika oder die Elenantilope in Süd- und Ostafrika und die Riesen-Elenantilope im westlichen und nördlichen zentralen Afrika (Kingdon 1997). Auch der **Strauß *(Struthio camelus)*** (Miller et al. 2010), der Fiskalwürger *(Lanius collaris)* (Fuchs et al. 2011), die Weißschwanzmanguste *(Ichneumia albicauda)* (Dehghani et al. 2008) und der Wildhund *(Lycaon pictus)* (Marsden et al. 2012) weisen eine Nord-Süd-Differenzierung auf. Dieses Muster wurde ebenfalls auf der Stufe der Topprädatoren festgestellt, so etwa für den Löwen *(Panthera leo)* (Barnett et al. 2006, 2014), den Geparden *(Acinonyx jubatus)* (Charruau et al. 2011) und die **Tüpfelhyäne *(Crocuta crocuta)*** (Rohland et al. 2005). Für den **Löwen** wurden aber, ähnlich wie für den Afrikanischen Büffel, Belege einer vorwiegend nördlich des Regenwaldgebietes des Kongobeckens nachgewiesenen zentralafrikanischen Linie auch südlich davon festgestellt. Anders als im Fall des Büffels, ist jedoch der Löwe obligat auf offene Lebensräume angewiesen, weshalb er sich nicht durch die Regenwälder ausgebreitet haben kann. Da seine gesamte Differenzierung nach Eichung über eine molekulare Uhr lediglich 124 000 Jahre alt ist (95 % Konfidenzintervall: 82 000–184 000 Jahre), wird vermutet, dass sich Vertreter **der zentralafrikanischen Linie** während der **letzten Eiszeit**, als die zentralafrikanischen Regenwälder zu großen Teilen durch Savannenbiome ersetzt waren, **in südlicher Richtung ausdehnten** und durch die postglaziale Ausdehnung der Regenwälder von den Vorkommen weiter nördlich geographisch abgeschnitten wurden (Barnett et al. 2014).

Das sich in der Mehrzahl der Savannenarten paradigmatisch wiederholende phylogeographische Muster einer **Nord-Süd-Differenzierung** ist ein deutlicher Hinweis dafür, dass die **Savannenbereiche Afrikas nicht immer über eine ostafrikanische «Savannenbrücke» über den Äquator hinweg verbunden** waren. Vielmehr müssen sich hier **zeitweise Waldbarrieren** befunden haben, die den Genfluss zwischen den südlich und nördlich des Äquators liegenden Bereichen für an dieses Biom gebundene Arten temporär unterbanden. In den wiederholt im Pleistozän aufgetretenen **Pluvialzeiten** mit feuchteren Bedingungen in Ostafrika, als wir sie dort heute vorfinden, waren die Savannengebiete durch sich auch im östlichen Afrika ausbildenden Wald in einen nördlichen und südlichen Gürtel getrennt (Dupont 2011). Das führte zur **Vikarianz der Savannenarten** und zur Evolution von nördlichen und südlichen Linien. Jedoch weisen in zahlreichen Fällen diese Nord- und Südgruppen weitere Differenzierungen auf, welche, aufgrund des geringeren Differenzierungsniveaus, auf zeitlich spätere Ereignisse zurückzuführen sein müssen. So lassen sich für die **Nordlinien** der einzelnen Arten oftmals interne **Differenzierungen entlang der Ost-West-Achse** feststellen. Dies gilt nicht nur in den oben vorgestellten Beispielen, sondern auch für den Strauß *(Struthio* *camelus)* (Miller et al. 2010), die Weißschwanzmanguste *(Ichneumia albicauda)* (Dehghani et al. 2008), die Mäuseart *Mastomys erythroleucus* (Abb. 8.2; Brouat et al. 2009), die Krötenart *Amietophrynus regularis* (Vasconcelos et al. 2010) und die Eulenfalterart *Busseola fusca* (Sezonlin et al. 2006). Diese übereinstimmenden phylogeographischen Muster sprechen auch für eine gemeinsame ökologische Ursache ihrer Entstehung. Folglich müssen im Verlauf der zyklischen klimatischen Schwankungen des Pleistozäns die **Savannenbereiche des Sahels mindestens in einen westlichen und östlichen Bereich** getrennt worden sein, welche dann als Differenzierungs- und anschließend wohl auch Ausbreitungszentren dienten. Auch Flusssysteme als Ausbreitungsbarrieren könnten eine größere Bedeutung für die Differenzierung besessen haben, wie etwa Brouat et al. (2009) für die Mäuseart *Mastomys erythroleucus* vermuten, was die vergleichsweise größere Anzahl genetischer Linien im Vergleich mit anderen Arten erklären dürfte (Abb. 8.2).

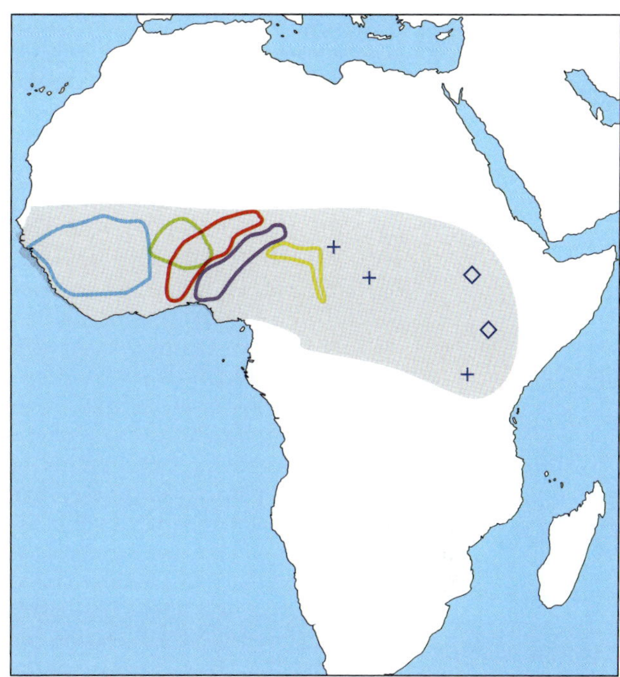

Abb. 8.2 Phylogeographie der Mäuseart *Mastomys erythroleucus*, basierend auf Sequenzen des mitochondrialen Gens Cyt-b (1115 bp). Die vier Hauptlinien A bis D, von denen B nochmals vier Unterlinien aufweist, reihen sich weitgehend in einer West-Ost-Abfolge aneinander. A: blau umrandete Verbreitung; B: grün, rot, lila, gelb umrandete Verbreitung, C: Kreuze, D: Rauten an Stellen mit Nachweis. Abbildung nach Brouat et al. (2009).

8.1.2.2 Ostafrika, Hotspot der Großtierdiversität

Generell stellen die Savannen Ostafrikas den Bereich dar, in dem die nördlichen und südlichen Linien in sekundären Kontakt miteinander kommen. Je nach Art lassen sich jedoch sehr unterschiedlich ausprägte **Kontaktzonen** feststellen, was von einer **schmalen Hybridzone** bei der Elenantilope (Lorenzen et al. 2010), **begrenzter Hybridisierung** entlang einer parapatrischen Linienverbreitungsgrenze beim Wasserbock (Lorenzen et al. 2006b), ausgeprägter **einseitiger Introgression** im Kob (Lorenzen et al. 2007b) bis zu **reproduktiver Isolation** bei der Giraffe (Brown et al. 2007) reicht. Auch die jeweilige **geographische Lage** dieser Kontaktzonen in den verschiedenen Arten ist nicht einheitlich und **variiert** in Abhängigkeit zur jeweiligen geographischen Herkunft der Linien, wobei sich diese aber meistens auf dem Gebiet von **Kenia oder Tansania** befinden. Ähnlich wie in anderen Regionen der Erde muss auch in Ostafrika davon ausgegangen werden, dass zwei Linien, welche zur gleichen Zeit ihre Expansion begannen, sich etwa in der Mitte zwischen den jeweiligen Ausbreitungszentren treffen. Dies gilt jedoch nur, sofern nicht eine von ihnen durch eine physische Barriere an der Expansion gehindert oder zumindest bei dieser aufgehalten wird. Hierfür liegen jedoch in Ostafrika, ganz anders als beispielsweise in der westlichen Paläarktis (vgl. Kap. 5), bisher keine Evidenzen vor.

Ostafrika stellt eindeutig das **Diversitätszentrum der Großsäuger** der Savannen dar. Das spiegelt sich sowohl in zahlreichen endemischen Arten für diese Region (z. B. Kleiner Kudu *(Ammelaphus imberbis)*, Wüstenwarzenschwein *(Phacochoerus aethiopicus)*, Grevyzebra *(Equus grevyi)*; Kingdon 1997) als auch in der größten Häufung von Arten (z. B. von

Huftieren; Abb. 8.3a) und intraspezifischen Linien, von denen etliche auch endemisch sind (Lorenzen et al. 2012). Die geographisch eingeschränkte Verbreitung der ostafrikanischen Linien lässt auf lokale Divergenzen in der Region schließen, welche sich bis heute ohne sichtbare Barrieren erhalten haben (Flagstad et al. 2001, Masembe et al. 2006, Lorenzen et al. 2007b). In diesem Zusammenhang muss auf die Bedeutung der hohen **räumlichen Heterogenität der Quantität aber auch der Qualität der verfügbaren Nahrungsressourcen** als Regulator für die Diversität von Großherbivoren hingewiesen werden (du Toit & Cumming 1999). Außerdem scheint es plausibel, dass die hohe zeitliche Heterogenität maßgeblichen Einfluss auf die Evolution der hier angetroffenen Diversität besaß, denn Ostafrika wurde über die vergangenen 2 Mio. Jahre durch hochgradig **wechselhafte Umweltbedingungen** geprägt, die sehr viel ausgeprägter waren als im Rest des Savannengürtels des Kontinents (Maslin 2007). Die Umwelt wurde stark durch tektonische Ereignisse wie der Hebung des Großen Grabenbruchs geprägt und bestimmt, aber auch durch die lokalen Einwirkungen von Vulkanismus. Auch die globalen Schwankungen zwischen trockenen und feuchten Phasen haben zum periodischen Entstehen und Vergehen der großen und tiefen Seen im Großen Grabenbruch geführt (Trauth et al. 2007).

Diese **Instabilität der Umweltbedingungen** mag als **Schrittmacher für evolutive Veränderung** und Fortschritt gedient haben, da genetische Drift in isolierten Populationen zusammen mit natürlicher Selektion wirken konnte (deMenocal 2004, Maslin 2007). Jedoch geht eine solche Instabilität auch mit einem höheren Risiko der lokalen Extinktion von Populationen einher (Reynolds 2007), was etwa durch starke Einbrüche von Populationen des Afrikanischen Büffels (Okello et al. 2008) und der Savannenelefanten (Heller et al. 2008) belegt ist. Auch das demografische Signal für eine rezente Populationsexpansion des völlig auf Wasser angewiesenen Flusspferdes (*Hippopotamus amphibius*) mag als eine Erholung aus einer trockenheitsbedingten Pessimalphase interpretiert werden (Okello et al. 2005).

8.1.2.3 Unterschiedliche evolutionäre Szenarien in Ost- und Südafrika

Ost- und Südafrika weisen, zumindest bei Huftieren, jeweils unterschiedliche genetische Linien auf, welche jedoch sehr **unterschiedliche Differenzierungsniveaus** voneinander aufweisen, was von **klinaler Variation** beim Steppenzebra (Lorenzen et al. 2008) bis zur **reziproken Monophylie** bei der Elenantilope (Lorenzen et al. 2010) reicht. Besonders stark ist diese Differenzierung zwischen den Schwesterarten Spießbock und Beisa Oryx ausgeprägt, welche einen Sequenzunterschied von 40 % auf der Ebene der mitochondrialen Kontrollregion aufweisen (Osmers et al. 2011).

Für zahlreiche Arten sprechen die phylogeographischen Daten dafür, dass sich die **ostafrikanischen Linien aus solchen aus Südafrika ableiten** (Lorenzen et al. 2012). Insgesamt indizieren weniger ausgeprägte phylogeographische Strukturen und höhere genetische Diversitäten in Südafrika im Vergleich mit Ostafrika große und über die Zeit hinweg **stabile Populationen im südlichen Afrika**, im Gegensatz zu einem **Mosaik aus Refugialvorkommen mit stark schwankenden Populationsgrößen in Ostafrika** (Lorenzen et al. 2010). Diese Annahme wird auch durch paläoklimatische Daten gestützt, welche relativ stabile Feuchtigkeitsverhältnisse und somit eine größere Umweltstabilität über das ganze Pleistozän im Süden des Kontinents bestätigen (deMenocal 2004, Quinn et al. 2007, Trauth et al. 2007, Maslin et al. 2012). Ein **kontinuierliches Refugium im südlichen Afrika** scheint also als **permanentes Reservoir** zu dienen, in welchem Populationen und Arten über große evolutive Zeiträume erhalten bleiben; ein Reservoir, aus dem die weniger stabilen Regionen im Osten des Kontinents nach umweltbedingten Extinktionsereignissen «aufgefüllt» werden. Jedoch wurde in einigen Fällen (z.B. für die Kuhantilope, die Leierantilope, den Afrikanischen Büffel und die Giraffe (Arctander et al. 1999, Pitra et al. 2002, Brown et al. 2007, Smitz et al. 2013)) auch eine **Besiedlungsgeschichte in umgekehrter Richtung**, also **aus Ost- nach Südafrika**, nachgewiesen. Das belegt, dass auch die biogeographische Geschichte des südlichen Afrikas, trotz dessen höherer Umweltkonstanz, dynamisch gewesen sein muss (Lorenzen et al. 2012).

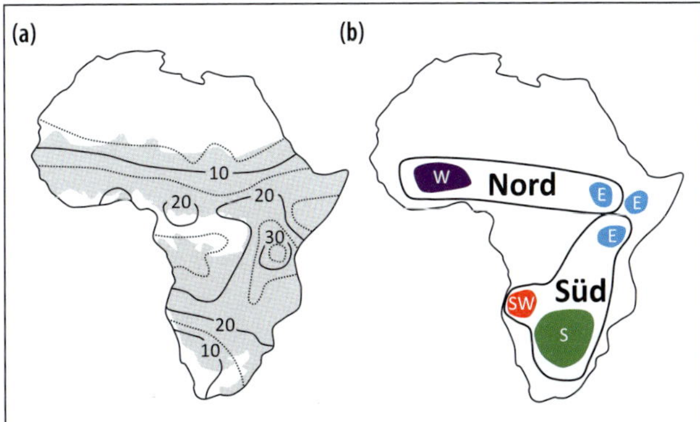

Abb. 8.3 Biogeographie der Huftiere Afrikas. (a) Linien gleicher Häufigkeit der Huftiere in Afrika nach du Toit & Cumming (1999). Die Savannenbereiche sind grau dargestellt. (b) Die biogeographische Strukturierung der afrikanischen Savannenbewohner unterscheidet zwei Hauptgruppen nördlich und südlich des äquatorialen Waldgürtels und gliedert sich in vier Regionen: West, Ost, Süd und Südwest. Für viele Taxa beherbergt Ostafrika mehrere endemische Linien und oftmals befinden sich hier Kontaktzonen zwischen Linien, die aus anderen Regionen stammen. Abbildung nach Lorenzen et al. (2012).

8.1.2.4 Die afrikanischen Savannen, phylogeographisch ein vergleichsweise einfaches System

Die bisher aus dem Bereich der afrikanischen Savannen vorliegenden phylogeographischen Arbeiten weisen über unterschiedliche taxonomische Gruppen und trophische Ebenen eine markante Übereinstimmung phylogeographischer Muster auf (Lorenzen et al. 2012). Es darf für viele Savannenarten angenommen werden, dass ihre intraspezifische Struktur maßgeblich durch das **pleistozäne Klimageschehen** bestimmt wurde, vor allem durch den Wechsel zwischen feuchten und auch wärmeren sowie trockenen und kühleren Phasen; letztere zeitlich übereinstimmend mit den großen Vergletscherungen in den höheren Breiten. Während der feuchten Pluvialen wurden die Savannen durch Wälder zurückgedrängt, was zu einer Isolation in unterschiedlichen Rückzugsgebieten und intraspezifischer Differenzierung der an offene Grasländer angepassten Arten führte. In trockeneren Perioden wurden Teile des Waldes wieder durch Savannen ersetzt, mit dem Effekt, dass zuvor geographisch getrennte genetische Linien von Savannenarten in sekundären Kontakt miteinander traten (vor allem in Ostafrika). Das weitgehend übereinstimmende phylogeographische Signal über die Taxa hinweg unterstützt klar, dass die **pleistozänen Savannenrefugien** sich vor allem im **westlichen, südlichen und südwestlichen Afrika** befanden, ergänzt durch ein **feinkörnigeres Mosaik** von zeitlichen und räumlichen Refugien in **Ostafrika** (Abb. 8.3b; Lorenzen et al. 2012). Die alten geologischen Schwellen Afrikas scheinen, anders als in Südamerika (Kap. 9.2.1), keinen wesentlichen Einfluss auf die aktuellen biogeographischen Muster der Savannenarten zu besitzen.

8.2 Regenwälder Afrikas

Für das biogeographische Verständnis der afrikanischen Regenwälder ist die Kenntnis ihrer Dynamik in erdgeschichtlicher Zeit nützlich (Axelrod & Raven 1978, Morley 2000). Im frühen Tertiär waren Feuchtwälder in Afrika weit verbreitet. Ein markanter Temperatureinbruch im frühen Oligozän (etwa 33 Mio. Jahre vor heute) verursachte eine deutlich erhöhte Aussterberate. Der Rest des **Oligozäns** war jedoch geprägt durch ausgedehnte Regenwälder über die **gesamte Äquatorialregion**. Das **Miozän** (23–5 Mio. Jahre vor heute) war in seiner Anfangsphase wohl noch feuchter als das ausgehende Oligozän. In seinen Beginn fallen auch die Entstehung des **Großen Graben-**

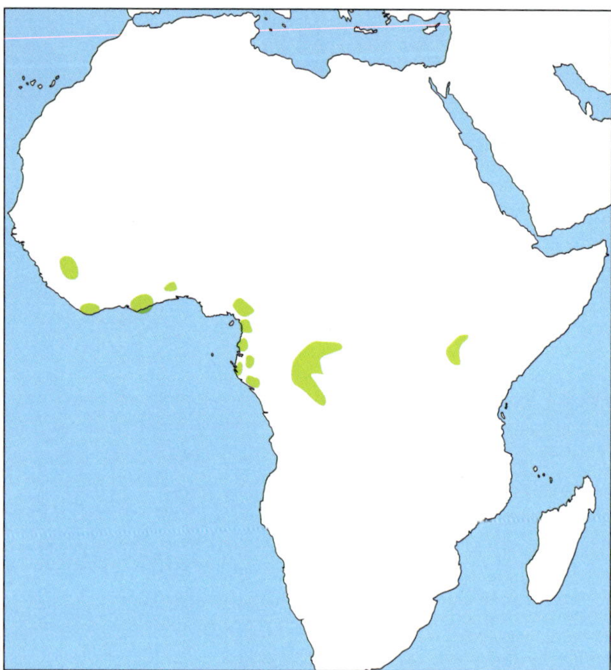

Abb. 8.4 Postulierte Verbreitung der afrikanischen Tiefland-Regenwaldrefugien während der pleistozänen glazialen Maxima. Abbildung nach Plana (2004), basierend auf Maley (1987).

bruchs und durch Vulkanismus hervorgebrachte **Gebirgsbildungen**. Die deutliche Abkühlung und die Schließung des Thetys-Meers im mittleren Miozän führten zu zunehmend trockeneren Bedingungen, wodurch sich die Regenwälder auf ein Band im äquatorialen Bereich reduzierten, das aber wohl durchgängig vom Westen zum Osten des Kontinents war. Gegen **Ende des Miozäns**, vor etwa 7 Mio. Jahren, fanden bedeutende Gebirgsauffaltungen von Uganda bis Malawi statt, inklusive der bedeutendsten Hebungsphase der **Eastern Arc Gebirge** (vgl. Kap. 8.5). Afrika erhielt seine heutige Topografie. Zur gleichen Zeit waren Afrikas Regenwälder auf kleine Gebiete in Bergregionen und **Refugien** entlang von großen Flüssen geschrumpft, was zwar zu einem deutlichen Verlust von Pflanzenarten der Regenwälder zwischen 5–10 Mio. Jahren vor heute führte, nicht jedoch von ganzen taxonomischen Gruppen (Maley 1996). Die warm-feuchten Bedingungen des frühen Pliozäns ermöglichten eine erneute starke Expansion der Regenwälder, die klimatischen Verschlechterungen, die etwa ab 3,5 Mio. Jahren vor heute einsetzten, führten wieder zu deutlichen Rückzügen mit den geringsten Ausdehnungen zu den Hochständen der **pleistozänen Kaltphasen** und dem Überdauern von Regenwäldern ausschließlich in **isolierten Refugien** (Abb. 8.4).

Auch aufgrund dieser erdgeschichtlichen Fakten sind die **tropischen Regenwälder Afrikas** verglichen mit denjenigen Südamerikas und Südostasiens **relativ artenarm** (Plana 2004). So wird die Anzahl an Pflanzenarten der afrikanischen Regenwaldgebiete auf etwa 8 000 geschätzt (White 1983, Lebrun 2001), bei gut 26 000 bekannten Pflanzenarten in allen afrikanischen Lebensräumen (Lebrun 2001, Lebrun & Stork 2003). Insgesamt sind in Südostasien zum Vergleich etwa 50 000 (Whitmore 1998) und in Südamerika sogar 90 000 Arten (Thomas 1999) bekannt. Floristisch unterscheiden sich nach Plana (2004) somit die afrikanischen in drei Aspekten von anderen Regenwaldgebieten. Auf der kontinentalen Ebene gibt es weniger Familien, Gattungen und Arten von Pflanzen. Im Vergleich mit Südamerika besitzen viele Pflanzen deutlich größere Verbreitungsgebiete, wenngleich diese zuweilen auch diskontinuierlich sind. Auch der Anteil lokaler Endemiten ist deutlich geringer. In anderen tropischen Feuchtwäldern stark vertretene Artengruppen (wie Lauraceae, Myrtaceae, Myristicaceae und Palmae (Arecacea)) haben in Afrika eine weitaus geringere Bedeutung.

8.2.1 Der Dahomé Gap

Im Vergleich mit dem Savannengürtel sind die Regenwälder Afrikas phylogeographisch schlechter untersucht und auch deutlich schlechter verstanden. Die bisher vorliegenden Arbeiten erlauben nur ansatzweise die Ableitung phylogeographischer Grundprinzipien für dieses Gebiet. Ein wichtiges wiederholtes Muster der afrikanischen Regenwaldbewohner wurde jedoch mit klassischen und molekularen Methoden in etlichen Fällen nachgewiesen, nämlich der bedeutende **biogeographische Unterschied zwischen dem west- und dem zentralafrikanischen Regenwaldgebiet**, welche durch einen **Savannenvorstoß bis zum Golf von Guinea**, dem Dahomé Gap (siehe oben), voneinander getrennt sind. Pollenuntersuchungen zeigten jedoch, dass dieser Savannenkorridor zeitweise im Holozän durch Regenwald ersetzt war. So zeigten Salzmann & Hoelzmann (2005) durch Untersuchungen am Sélé-See, dass die Savanne des Dahomé Gap im mittleren Holozän (von etwa 8400–4500 Jahren vor heute, also zur Zeit des postglazialen Klimaoptimums in Europa) durch Regenwälder ersetzt wurden. Somit existierte während dieses Zeitfensters keine Unterbrechung zwischen den west- und den zentralafrikanischen Regenwäldern. Auch die feuchteren Bedingungen vor 3300–1100 Jahren führten zu einem Mosaik aus Wald und offener Savanne. Die heute auftretenden offenen Savannenlandschaften stellten sich demnach erst vor gut 1000 Jahren ein. Somit existierten potentielle **Korridore** für Regenwaldarten zwischen beiden großen Regenwaldgebieten Afrikas sogar im Holozän. Trotzdem waren beide Gebiete während des größten Teils des Pleistozäns mit trockeneren Bedingungen als heute voneinander durch Savannen getrennt, was für das letzte Glazial von Dupont & Weinelt (1996) nachgewiesen wurde.

Sehr deutlich zeigt sich der biogeographische Unterschied zwischen beiden Regenwaldgebieten beispielsweise in der Spinnengattung *Smeringopina*, die weitgehend auf tropische Regenwälder beschränkt ist und morphologisch deutlich differenzierte Gruppen für beide Regenwaldgebiete aufweist. Wenn in beiden Bereichen gemeinsame Regenwaldarten vorkommen, so sind diese meist subspezifisch deutlich voneinander differenziert. Häufig werden auch Geschwisterarten in beiden Gebieten angetroffen, oder verschiedene Arten sind auf eines der beiden Gebiete beschränkt, wie beispielsweise das **Zwergflusspferd** ***(Choeropsis liberiensis)*** im westafrikanischen Regenwald sowie das **Okapi** ***(Okapia johnstoni)***, der Waldelefant *(Loxodonta cyclotis)* und der **Zwergschimpanse** ***(Pan paniscus)*** im Kongobecken. Mit der **Froschlurchfamilie der Petropedetidae** ist sogar eine Wirbeltierfamilie für das westafrikanische Regenwaldgebiet endemisch (Barej et al. 2014) und in der Gattung *Phrynobatrachus* weist die Analyse von Zimkus et al. (2012) vier monophyletische Artengruppen für dieses Gebiet nach.

Auch phylogeographische Untersuchungen ergaben deutliche genetische Unterschiede zwischen dem west- und dem zentralafrikanischen Regenwaldgebiet. Ein gutes Beispiel hierfür sind die **Spechtarten** ***Campethera caroli*** **und** ***C. nivosa*** (Fuchs & Bowie 2015). Auf der mitochondrialen Ebene wurde für beide eine markante genetische Differenzierung über den Dahomé Gap hinweg festgestellt (Abb. 8.5). Die Kalibrierung über eine molekulare Uhr ergab in beiden Fällen ein Alter zwischen 0,5–1,6 Mio. Jahren. Auf der Ebene der Kerngene war dieser Unterschied auch nachweisbar, aber weniger deutlich ausgeprägt. Interessant ist in diesem Zusammenhang auch, dass *C. nivosa* über den **Niger**, der in seinem Unterlauf im Regenwald Nigerias einer der breitesten Ströme Afrikas ist, eine noch stärkere Differenzierung aufweist (Kalibrierung mitochondrialer Loci: 1,2–2,8 Mio. Jahre) als über den Dahomé Gap hinweg. Die Vorkommen des kleinen Regenwaldgebietes westlich des Nigers waren somit näher mit denjenigen westlich des Dahomé Gaps verwandt als mit den Populationen aus dem Kongobecken. Der Niger, der erdgeschichtlich älter als der Dahomé Gap ist, war somit wohl auch die **erste Barriere**, die zu einer innerartlichen Differenzierung in *C. nivosa* führte.

Da das Regenwaldgebiet zwischen Niger und Dahomé Gap klein ist und oft kein Material von hier vorliegt, ist es folglich in etlichen Fällen nicht leicht zu unterscheiden, ob eine Differenzierung

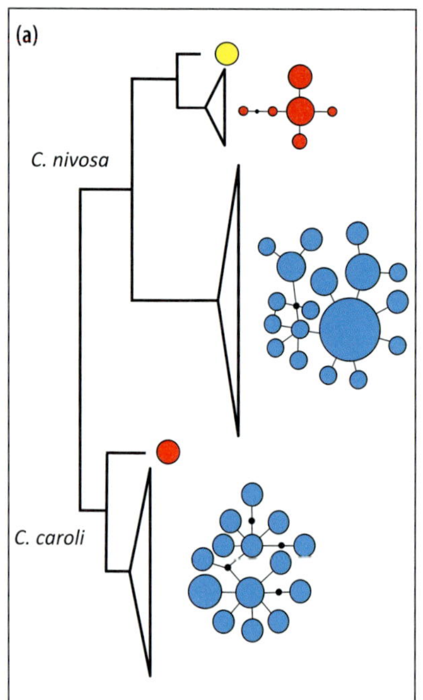

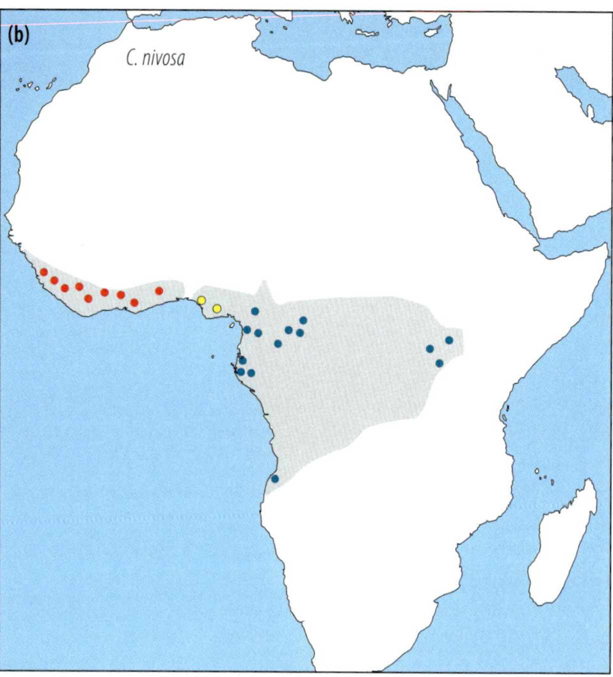

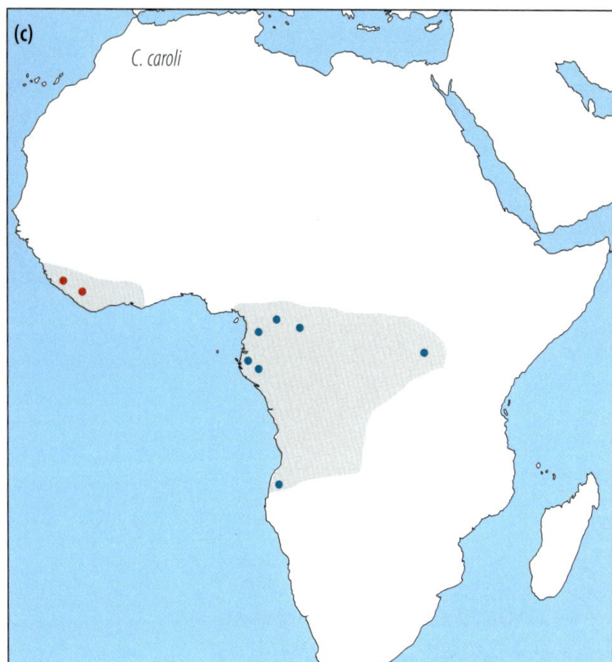

Abb. 8.5 Phylogeographie der beiden Spechtarten *Campethera nivosa* und *C. caroli*, basierend auf dem mitochondrialen Gen ATP6. Dargestellt sind (a) ein Konsensusbaum, die Haplotypennetzwerke der unterschiedlichen genetischen Linien und deren geographische Verbreitung: (b) *C. nivosa* und (c) *C. caroli*. Grau unterlegt sind die Areale der beiden Arten nach Winkler & Christie (2002), die farbigen Punkte repräsentieren eine Auswahl der Sammelstellen. Abbildung nach Fuchs & Bowie (2015).

zwischen den beiden großen Regenwaldgebieten Afrikas durch die eine oder die andere Barriere oder durch beide verursacht wurde. Dies ist beispielsweise so für die Vertreter der Afrikanischen Waldmäuse (Gattung *Hylomyscus*), die typische Arten der afrikanischen Regenwälder umfassen. Die Arten der west- und der zentralafrikanischen Regenwaldgebiete unterscheiden sich hierbei in allen Fällen voneinander, es muss jedoch offen bleiben, ob der **Dahomé Gap, der Niger oder der Volta oder eine Kombination für diese Differenzierungen** auf Artniveau verantwortlich sind (Nicolas et al. 2006).

Für die morphologisch einheitlichen Regenwald-Singvogelarten *Stiphrornis erythrothorax* (Beresford & Cracraft 1999, Schmidt et al. 2008) und *Hylia prasina* (Marks 2010) existieren ebenfalls markante genetische Differenzierungen über den

Dahomé Gap hinweg; kein einziger Haplotyp wurde auf beiden Seiten nachgewiesen. Für **Schimpansen** ***(Pan troglodytes)*** wurden auch unterschiedliche **genetische Linien** auf beiden Seiten dieses Savannenkorridors festgestellt, deren Differenzierung auf etwa **500 000 Jahre** kalibriert wurde (Stone et al. 2010, Bjork et al. 2011, Gonder et al. 2011). Ebenso besitzen die Flughundarten *Myonycteris torquata* und *Megaloglossus woermanni* (Nesi et al. 2013), die beiden an Regenwälder gebundenen Gelenkschildkrötenarten *Kinixys erosa* und *K. homeana* (Kindler et al. 2012) sowie der Regenwaldgecko-Artenkomplex *Hemidactylus fasciatus* (Leaché et al. 2014) deutlich differenzierte genetische Linien auf beiden Seiten des Dahomé Gaps.

Im Pflanzenreich wurde mittels Analysen von Mikrosatelliten und AFLPs für den **Tiefland-Kaffee** ***(Coffea canephora)*** eine deutliche Differenzierung zwischen dem west- und dem zentralafrikanischen Regenwaldgebiet nachgewiesen, die die trennende Wirkung des Savannenvorstoßes zum Golf von Guinea für diese typische Waldart belegt (Gomez et al. 2009). Ein ähnliches Bild ergibt sich für die natürlichen Vorkommen der Ölpalme *(Elaeis guineensis)* (Cochard et al. 2009). Auch der Karitébaum *(Vitellaria paradoxa)*, der sowohl in Regenwald- wie auch in Savannenökosystemen angetroffen wird, weist eine deutliche genetische Differenzierung in eine west- und eine zentralafrikanische Linie auf, mit dem Dahomé Gap als trennenden Bereich (Fontaine et al. 2004). Die Autoren der Studie vermuten, dass dort die Bedingungen in den Glazialzeiten so arid waren, dass die in Gebieten mit Jahresniederschlägen zwischen 600–1400 mm gedeihende Art in mindestens zwei unterschiedliche Refugien auf beiden Seiten zurückgedrängt wurde.

Diese übereinstimmenden biogeographischen Muster auf unterschiedlichen zeitlichen Ebenen und basierend auf verschiedenen methodischen Ansätzen geben starken Inzidenzen, dass der **Dahomé Gap** zum einen eine **bedeutende biogeographische Barriere** darstellt und zum anderen als solche nicht nur aktuell existiert, sondern wohl über weite Phasen des Pleistozäns vorhanden war. Die unterschiedlichen Vikarianzalter der verschiedenen Gruppen deuten jedoch an, dass Phasen der Kontinuität der Regenwälder, also besonders regenreiche Perioden in Warmzeiten, auch für den Austausch zwischen beiden Gebieten genutzt wurden, jedoch zu unterschiedlichen Zeitfenstern bei den verschiedenen Taxa.

8.2.2 Die westafrikanischen Regenwaldgebiete

Für das westafrikanische Regenwaldgebiet liegen aktuell keine umfassenderen Untersuchungen vor, die ein genaueres Verständnis der phylogeographischen Strukturen innerhalb dieser Region erlauben würden. Die auf klassischen biogeographischen Analysen beruhende Arbeit von Maley (1996) postuliert jedoch **drei disjunkte Regenwaldrefugien** während der **letzten Eiszeit** (Abb. 8.4), aus denen heraus sich die Flora und Fauna des heutigen westafrikanischen Regenwaldgebietes ableiten soll. Durch AFLP-Analysen wurden für den **Tiefland-Kaffee** ***(Coffea canephora)*** **zwei unterschiedliche genetische Linien** in dieser Region nachgewiesen (Gomez et al. 2009). Deren geographische Verbreitung ist durchaus durch Evolution in zwei dieser Regenwaldrefugien und durch postglaziale Ausbreitung aus diesen heraus erklärbar. Sicherlich stellt das westafrikanische Regenwaldgebiet somit ein interessantes Arbeitsfeld für zukünftige wissenschaftliche Untersuchungen dar, was jedoch eine große logistische Herausforderung sein dürfte.

8.2.3 Das Kongobecken

Die phylogeographische Erforschung des Kongobeckens und der angrenzenden Regenwaldgebiete ist etwas besser als jene der westafrikanischen Regenwaldgebiete, denn einige charismatische Tierarten und Bäume wurden hier bereits genetisch untersucht. Eine dieser Arten ist der **Zwergschimpanse oder Bonobo** ***(Pan paniscus)*** (Eriksson et al. 2004, Kawamoto et al.

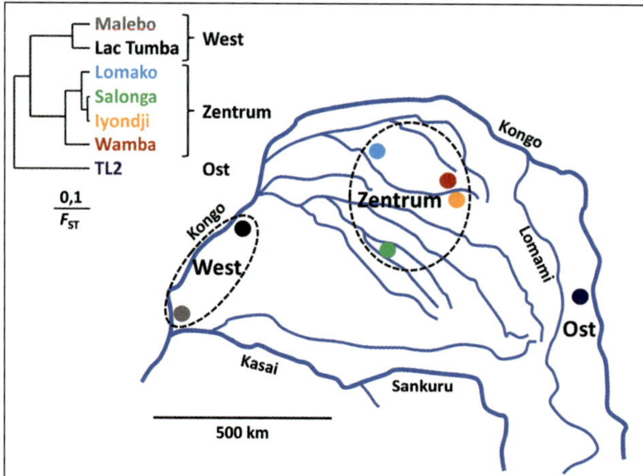

Abb. 8.6 Phylogeographie des Zwergschimpansen *(Pan paniscus)*. UPGMA-Verwandtschaftsbaum von sieben Populationen, basierend auf F_{ST}-Werten von Sequenzen verschiedener mitochondrialer Genabschnitte. Die geographische Position der Populationen ist in der rechten Teilabbildung zusammen mit den wichtigen Flüssen des Kongobeckens dargestellt. Abbildung nach Kawamoto et al. (2013).

2013). Für diese Art wurden deutliche genetische Unterschiede, basierend auf mehreren mitochondrialen Genfragmenten zwischen verschiedenen Populationen des Kongobeckens, nachgewiesen (Abb. 8.6). Eriksson et al. (2004) erhielten für die Korrelation zwischen den genetischen Distanzen und den die Flüsse berücksichtigenden geographischen Distanzen zwischen den Populationen stärkere Korrelationen als für die reinen Luftliniedistanzen. Sie vermuteten deshalb, dass die **großen Flusssysteme** des Kongobeckens, die aktuell nicht von Bonobos überwunden werden können, einen gewissen **Einfluss auf die genetische Strukturierung** der Populationen besaßen.

Die aktuellere Arbeit von Kawamoto et al. (2013) relativiert dieses Ergebnis jedoch wieder; gemäß ihren Befunden besitzen die Flüsse als Barrieren für die heutigen genetischen Muster nur eine deutlich untergeordnete Bedeutung. Vielmehr ergeben sich drei Populationsgruppen, eine westliche am Unterlauf des Kongos, eine im zentralen Kongobecken und eine östliche zwischen den Flüssen Lomami und Kongo. Dieses Muster besitzt deutliche Übereinstimmung mit den Regenwaldrefugien, die für das Letzte Glaziale Maximum für das Kongobecken postuliert wurden. So werden beispielsweise Regenwälder als ausgedehnte Galeriewälder entlang des Kongos und seiner größten Zuflüsse angenommen (Kingdon 1980, Maley 2001, Rommerskirchen et al. 2006). Somit könnte der Unterlauf des Kongos das letzte Glazialrefugium der Westlinie repräsentieren. Häufig werden auch Bereiche im zentralen Teil des südlichen Kongobeckens als Regenwaldrefugium während der letzten Eiszeit angesehen (Colyn et al. 1991, Anhuf et al. 2006). Dieses könnte somit das Rückzugsgebiet und letzte Ausbreitungszentrum der zentralen genetischen Linie darstellen.

Am stärksten von allen anderen Populationen war diejenige **zwischen den Flüssen Lomami und Kongo** differenziert. Hier wurde sogar eine eigene Haplotypengruppe nachgewiesen, die in sonst keiner anderen Population auftrat. Diese Population muss somit eine längere Isolation aufweisen als die anderen voneinander. Colyn et al. (1991) und Grubb (2001) vermuten auch eiszeitliche Regenwaldrefugien für diesen Bereich, sodass die drei nachgewiesenen genetischen Linien des Bonobos sich wahrscheinlich auf drei **unterschiedliche Refugien im letzten Glazial** zurückführen lassen. Somit stützen diese genetischen Analysen die klassischen Refugialtheorien für die Glazialphasen. Das Alter der Differenzierungen innerhalb des Bonobos dürfte allerdings etwa 0,5 Mio. Jahre betragen (Eriksson et al. 2006) und somit deutlich älter als das letzte Glazial sein, aber eine Wurzel im Pleistozän besitzen. Dies deutet auf einen Differenzierungsbeginn während eines vorangegangenen Glazials hin. Hiermit ist die innerartliche Differenzierung des Bonobos etwa 0,5 Mio. Jahre jünger als die Aufspaltung zwischen Bonobo und Schimpanse, die etwa 1 Mio. Jahre zurückliegen dürfte (Won & Hey 2005, Caswell et al. 2008, Hey 2010).

Für den **Gorilla *(Gorilla gorilla)*** wurde eine teilweise noch kleinräumigere Differenzierung als für den Bonobo erhalten

(Anthony et al. 2007). Die Sequenzierung mitochondrialer DNA und die Analyse von Mikrosatelliten ergaben eine Auftrennung in vier genetische Gruppen (A–D), die durch beide genetischen Markersysteme unterstützt werden (Abb. 8.7). Die Gruppen C und D sind im großen westlichen Teilareal verbreitet, A und B auf das deutlich kleinere östliche Areal beschränkt, wobei die Linie B im Flachland auftritt und A den Berggorilla repräsentiert. Die beiden westlichen Linien unterteilen sich nochmals in zwei (C1, C2) bzw. drei (D1–D3) Unterlinien für das mitochondriale Genfragment. Anthony et al. (2007) nehmen an, dass die Differenzierung in diese genetischen Linien und Unterlinien des Gorillas im Verlauf des **Pleistozäns** stattfand. Da der größte Sequenzunterschied zwischen den westlichen und den östlichen Linien existiert, muss vermutet werden, dass ein erstes **Vikarianzereignis** im frühen oder mittleren Pleistozän zwischen diesen auch heute disjunkten Teilarealen stattfand (Ruvolo 1996, Jensen-Seaman et al. 2003). Diese Trennung könnte in Zusammenhang mit den **abnehmenden Niederschlägen** im äquatorialen Afrika während des ausgehenden Pliozäns und Pleistozäns stehen (Raven & Axelrod 1974). Diese klimatischen Veränderungen isolierten die Gorillas erstmals in der ersten Hälfte des Pleistozäns in zwei getrennten Regenwaldrefugien, eines von diesen wahrscheinlich im westlichen Kongobecken, das andere im Bereich um die Gebirge zwischen dem östlichen Kongobecken und dem Viktoriasee. Ob diese seit dieser ersten Trennung kontinuierlich voneinander geographisch isoliert waren oder zwischenzeitlich in sekundärem Kontakt miteinander standen, kann aus den genetischen Befunden nicht abgeleitet werden.

Aufgrund der oft parapatrischen Verbreitung mit teilweisen geographischen Überlappungen zwischen den sieben nachgewiesenen Linien muss davon ausgegangen werden, dass alle sieben in unterschiedlichen eiszeitlichen Regenwaldrefugien das letzte Glazial überdauerten und sich mit der Ausbreitung der Regenwälder im Postglazial auch teilweise wieder ausdehnten. Von den sieben genetischen Linien weist nur D3 eine klare **sternförmige Struktur** mit einem häufigen zentralen Haplotypen und zahlreichen seltenen, nur durch eine oder zwei Mutationen von diesem unterschiedenen Satelliten auf. Eingeschränkt zeigen auch die Linien C1 und D2 ähnliche Strukturen, die auf stärkere **rezente Arealexpansionen** hinweisen könnten.

Für die beiden östlichen Linien muss davon ausgegangen werden, dass die Linie A in **Bergwaldrefugien** überdauerte und sich mit diesen im Postglazial vertikal in

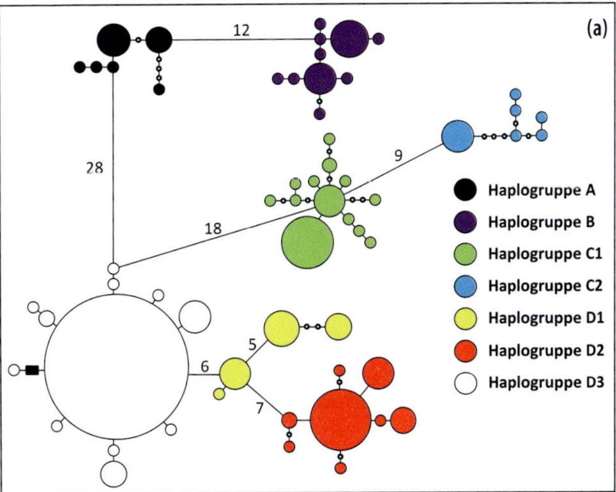

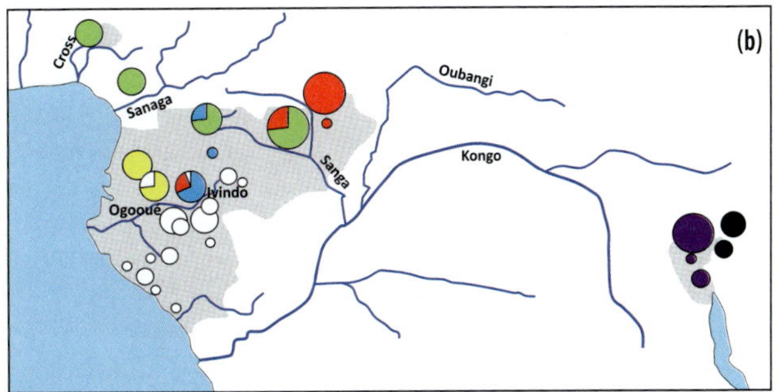

Abb. 8.7 Phylogeographie des Gorillas *(Gorilla gorilla)*. (a) Haplotypennetzwerk, basierend auf Sequenzen (260 bp) der hypervariablen Region der mitochondrialen Kontrollregion. (b) Geographische Verbreitung der vier Linien mit ihren insgesamt sieben Unterlinien. Das Verbreitungsgebiet des Gorillas ist grau hinterlegt; Namen wichtiger Flüsse sind in der Karte angegeben. Abbildung nach Anthony et al. (2007).

höhere Höhen verschob, sodass das Areal dieser Linie sich eventuell sogar leicht verkleinerte. Die östliche Flachlandlinie B sollte in einem kleinen **Regenwaldrefugium am Fuß dieser Gebirge** überdauert haben, aus dem sie sich auch postglazial nicht wesentlich ausdehnte.

Anders scheint die Situation in den fünf westlichen Linien zu sein, für die Anthony et al. (2007) zum Teil sogar **deutliche Arealexpansionen** annehmen. So vermuten sie, dass die Linie D3 ein **eiszeitliches Refugium in den Bergländern** des Massif du Chaillu und des Mont Doudou im südlichen Gabun besaß, aus dem heraus sie sich postglazial in nordöstlicher Richtung ausgedehnt haben könnte. Hierbei scheinen die **Flüsse** Ogooué und Ivindo eine gewisse **Ausbreitungsbarriere** dargestellt zu haben, denn nördlich von diesen wurden nur kleine Anteile der D3-Linie in den Gorillapopulationen nachgewiesen. Auch für die Linie D1 wird vermutet, dass sie in einem Regenwaldrefugium eines Berglandes, den Mont de Cristal im nordwestlichen Gabun und dem angrenzenden Äquatorialguinea, die letzte Eiszeit überdauerte. Anders als die Linie D3 scheint sich D1 jedoch nicht oder nur unwesentlich aus diesem Refugium ausgedehnt zu haben. Auch botanische Untersuchungen geben gute Evidenzen für diese Bergregionen als eiszeitliche Regenwaldrefugien, denn sie stellen Zentren der Diversität für zahlreiche hier endemische Pflanzenarten dar (Sosef 1994, Rietkirk et al. 1996, Plana 2004).

Basierend auf ihrer aktuellen Verbreitung kann die Linie D2 mit keinem glazialen Regenwaldrefugium in einer Bergregion in Zusammenhang gebracht werden. Für diese ist jedoch eine Überdauerung in **Refugien entlang der großen Flusssysteme** denkbar, wie sie etwa Colyn et al. (1991) und Clifford et al. (2004) postulieren. Die Linie C1 wurde auch in den disjunkten Vorposten der Gorillas nördlich des geschlossenen Areals im Kongobecken nachgewiesen. Dieses Muster weist darauf hin, dass diese Linie sich zwar postglazial recht deutlich ausdehnte, das Areal sich aber anschließend, eventuell nach dem klimatischen Optimum des Holozäns, wieder reduzierte und teilweise fragmentierte. Die Linie C1 spiegelt somit die **hohe Arealdynamik des Gorillas** in erdgeschichtlich kurzen Zeiträumen wider.

Auch für das **Okapi** ***(Okapia johnstoni)***, eine Giraffenverwandte, die auf Teilbereiche des Tieflandregenwaldes des Kongobeckens beschränkt ist, wurden genetische Analysen von mitochondrialen und nukleären Genorten durchgeführt (Stanton et al. 2014). Basierend auf der mitochondrialen Information wurden sechs unterschiedliche Haplotypengruppen unterschieden; die generelle genetische Diversität war für die seltene Art mit vergleichsweise kleinem Verbreitungsgebiet unerwartet hoch. Die geographische Verteilung der sechs Haplogruppen über das Kongobecken war nicht gleichmäßig. Vor allem der Fluss **Kongo** erwies sich als **Barriere** für den Genfluss. Jedoch zeigen sich auf seinen beiden Seiten weitere geographische Muster, die jedoch schwächer ausgeprägt sind. Eine Kalibrierung des letzten gemeinsamen Vorfahrens aller Okapis ergab ein Alter von mindestens 1,7 Mio. Jahren, also im frühen Pleistozän oder davor. Stanton et al. (2014) vermuten deshalb, dass die innerartliche Evolution des Okapis, ähnlich wie im Fall des Bonobos und des Gorillas, in trockenen Phasen des Pleistozäns oder auch des späten Pliozäns (DeMenocal 2004, Potts 2013) durch die Reduktion des Tieflandregenwaldes auf einzelne Refugien verursacht wurde. Da es im Verlauf des Pleistozäns zu wiederholten Phasen der Expansion und Regression des Regenwaldes im Kongobecken kam, führte dies auch für das Okapi zu **wiederholten Ausbreitungen aus und Rückzügen auf Refugien**. Hierdurch wurden früher eventuell vorhandene, klare phylogeographische Muster, die eindeutige Rückschlüsse auf einzelne Refugien gestattet hätten, sekundär wieder verwischt, was zu dem diffuseren aktuellen Bild geführt haben könnte. Recht wahrscheinlich ist jedoch, dass der Fluss Kongo dauerhaft eine wichtige Barriere für den Genfluss beim Okapi darstellte. Hierfür spricht auch, dass der Kongo sich seit Zehnmillionen oder sogar Hundertmillionen Jahren an ähnlicher Stelle befunden haben muss wie heute (Anka et al. 2009). Obschon eine Barriere für den Genfluss, so muss der Kongo dennoch von Okapis überwunden worden sein, was durch die genetischen Muster belegt ist. Hierfür ist jedoch nicht unbedingt eine aktive Überquerung des Stromes notwendig. Auch durch die **Verlagerung von Flussarmen**, das hierdurch bedingte Entstehen von **Flussinseln**, die sich später mit der gegenüberliegenden Flussseite vereinigen, kann es zum Genfluss kommen. Außerdem können sich Regenwaldströme im Laufe ihrer Geschichte in Teilbereichen in so viele **Einzelarme** aufspalten, dass jeder einzelne von diesen überwindbar wird, sodass als Konsequenz das gesamte Flusssystem permeabel wird (Stanton et al. 2014).

Obschon manche Autoren (z. B. Evans et al. 2004) vermuten, dass die pleistozänen **Regenwaldrefugien** nur ein **Resevoir** vorher schon vorhandener Diversität darstellten, so beweisen die aktuellen Arbeiten aus dem Kongobecken, dass diese Refugien neben diesem bewahrenden Charakter auch ein wichtiger **Motor für die innerartliche Evolution** waren (Quérouil et al. 2003, Bowie et al. 2006, Anthony et al. 2007, Born et al. 2011, Nicolas et al. 2011, Stanton et al. 2014). Dieser führte in etlichen Fällen auch zu artlichen Differenzierungen, beispielsweise bei Pflanzen (Plana 2004).

Eine komparative Phylogeographie, also der Ansatz, über die Analyse und den Vergleich verschiedener Arten allgemeine Aussagen zu treffen, wurde für das westliche Kongoregenwaldgebiet für insgesamt 14 Taxa von Bäumen durchgeführt (Heuertz et al. 2014). Jedoch liegen nur für vier dieser Arten umfangreichere Datensätze vor. Die Autoren wollten mit dieser Analyse vor allem zwei prinzipielle Fragestellungen beantworten.

- Im Untersuchungsgebiet gibt es einen deutlichen ökologischen Gradienten zwischen dem atlantischen äquatorialen Küstenregenwald, der Niederschläge von etwa 2000 mm und nur etwa 1300 Sonnenscheinstunden pro Jahr aufweist, und dem kongolesischen Tieflandwald, mit 1600–2000 mm Jahresniederschlag und etwa 2000 Sonnenscheinstunden (Abb. 8.8a; Vande Weghe 2004). Dieser ökologische Gradient könnte sich auf die genetischen Strukturen auswirken.
- Außerdem befindet sich im Bereich zwischen dem Äquator und dem 3. nördlichen Breitengrad eine **Inversion der Niederschlagsverteilung**. Nördlich davon fallen die meisten Niederschläge im Nordsommer, südlich im Südsommer (Abb. 8.8b; Vande Weghe 2004). Die meisten der von Heuertz et al. (2014) untersuchten Bäume fruchten in der jeweils niederschlagsreichen Zeit. Dieser **phänologische Unterschied** könnte zu eingeschränktem Genfluss führen, denn der Nord-Süd-Unterschied der **Saisonalität** sollte der Grund für diese adaptiven Differenzen sein, die eine Etablierung im nicht nativen Bereich verhindern könnten (Gonmadje et al. 2012, Hardy et al. 2013). Hierdurch müsste sich eine deutliche genetische Differenzierung über diesen Inversionsbereich evoluieren. Diese würde durch eine mögliche Isolation in eiszeitlichen Refugien auf beiden Seiten noch zusätzlich verstärkt.

Die auf Sequenzen des Chloroplastengens trnC-ycf6 beruhenden Datensätzen für **14 Baumtaxa,** die alle auf vergleichsweise geringen Stichprobenumfängen beruhen, weisen sehr unterschiedliche Differenzierungsgrade auf (Abb. 8.9). Sie reichen von fehlender genetischer Diversität beim Kapokbaum *(Ceiba pentandra)* und der Pandaceae *Panda oleosa,* über Taxa mit mehreren aber nah miteinander verwandten Haplotypen (z. B. *Carapa parviflora*, *Baillonella toxisperma*) bis zu Taxa

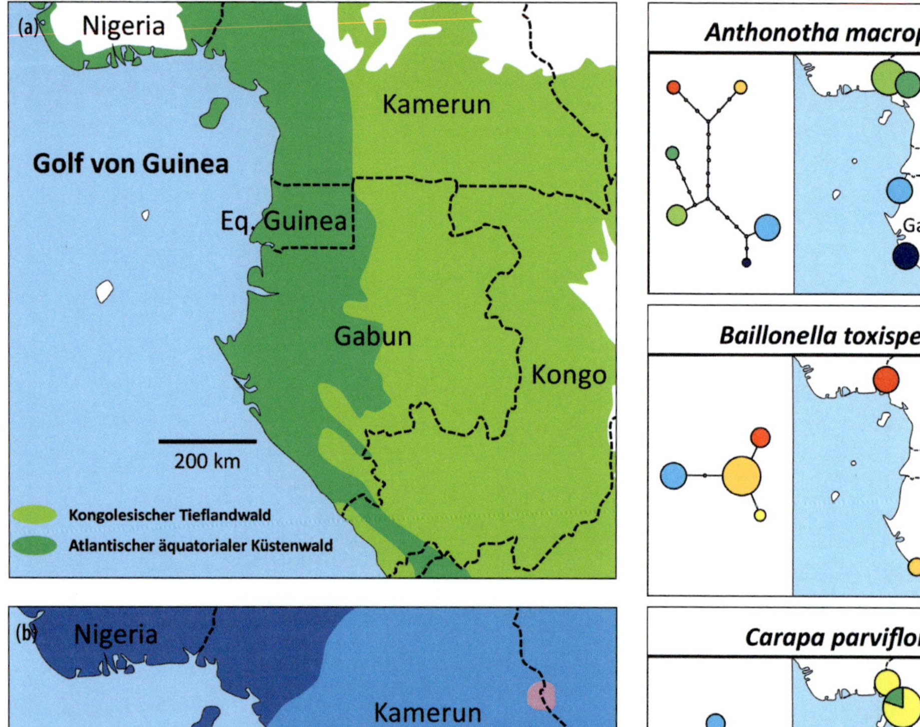

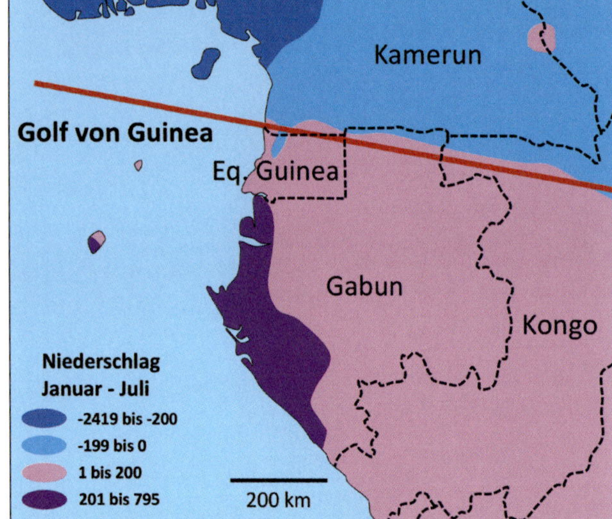

Abb. 8.8 Zwei physioklimatische Eigenschaften im westlichen Bereich des zentralafrikanischen Regenwaldgebiets, die Voraussetzung für unterschiedliche evolutive Entwicklungen von afrotropischen Baumarten in dieser Region sein könnten: (a) Ein Ost-West-Gradient der Umweltbedingungen mit nach Osten abnehmenden Niederschlägen und zunehmenden Sonnenscheinstunden; (b) eine saisonale Inversion der Niederschläge mit Niederschlagsmaxima im Norden im Nordsommer und im Süden im Südsommer, dargestellt durch die Differenz zwischen den Januar- und Juliniederschlägen in mm. Abbildung nach Heuertz et al. (2014).

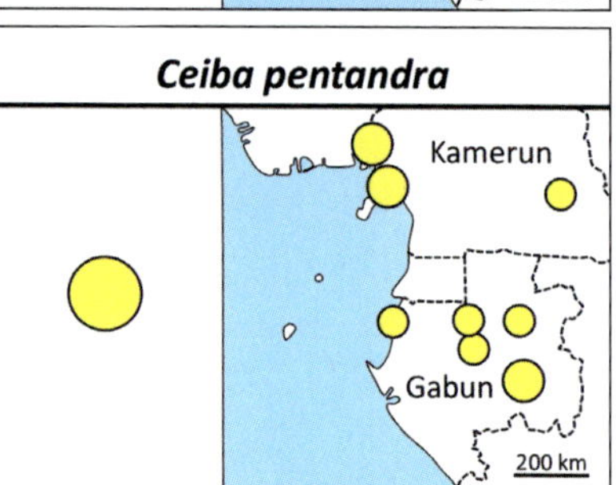

Abb. 8.9 Haplotypennetzwerke und geographische Verbreitung der Haplotypen für 14 afrotropische Baumtaxa im westlichen Bereich des zentralafrikanischen Regenwaldgebiets. Die Kreisgrößen sind proportional zur Anzahl der Individuen. Die schwarze Box im Netzwerk von *Strombosiopsis tetrandra* steht für 26 Mutationsschritte. Abbildung nach Heuertz et al. (2014).

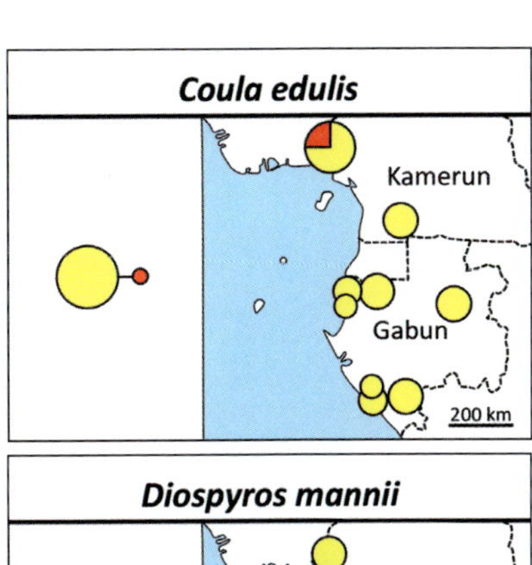
Coula edulis
Kamerun
Gabun
200 km

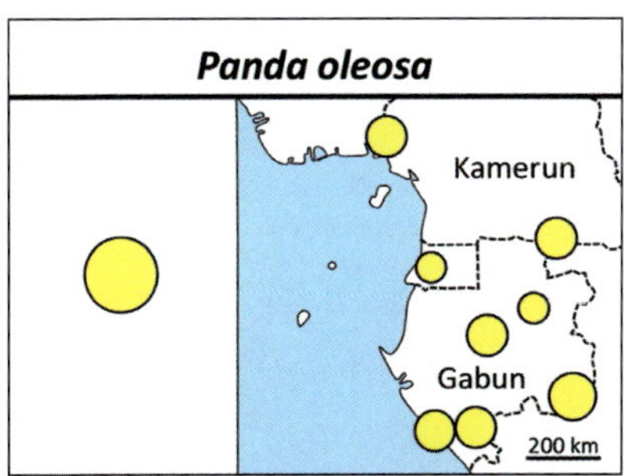
Panda oleosa
Kamerun
Gabun
200 km

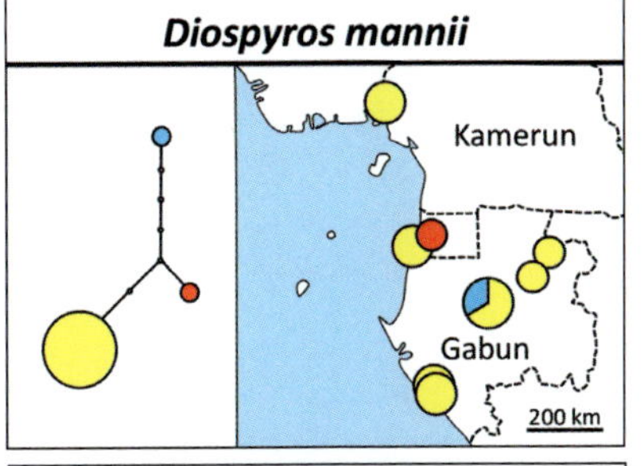
Diospyros mannii
Kamerun
Gabun
200 km

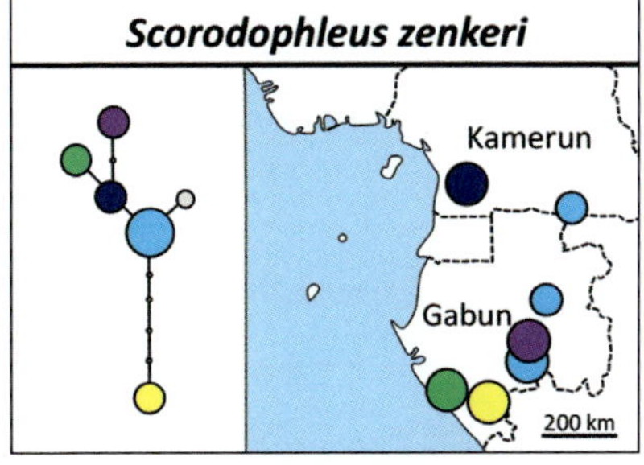
Scorodophleus zenkeri
Kamerun
Gabun
200 km

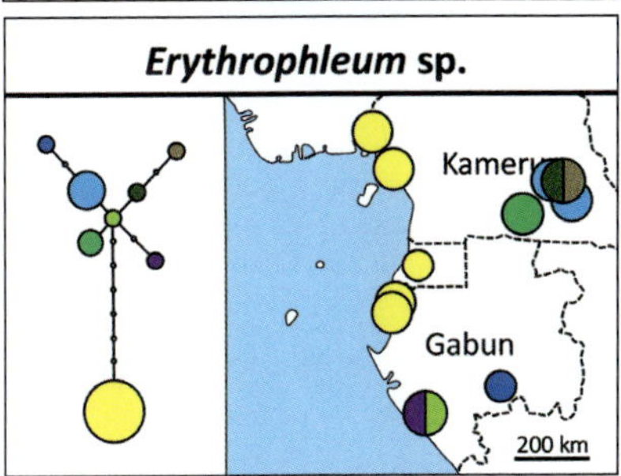
Erythrophleum sp.
Gabun
200 km

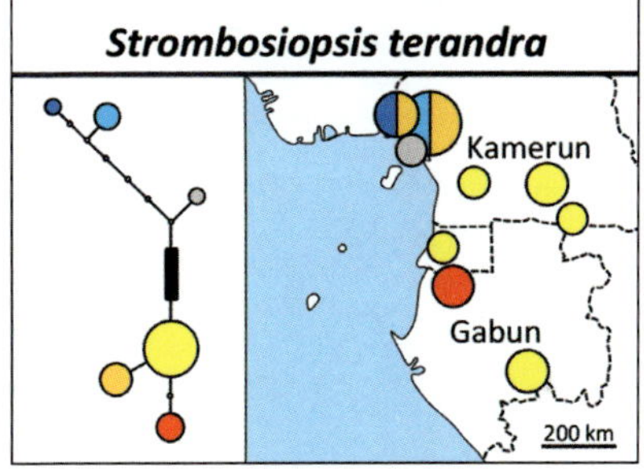
Strombosiopsis terandra
Kamerun
Gabun
200 km

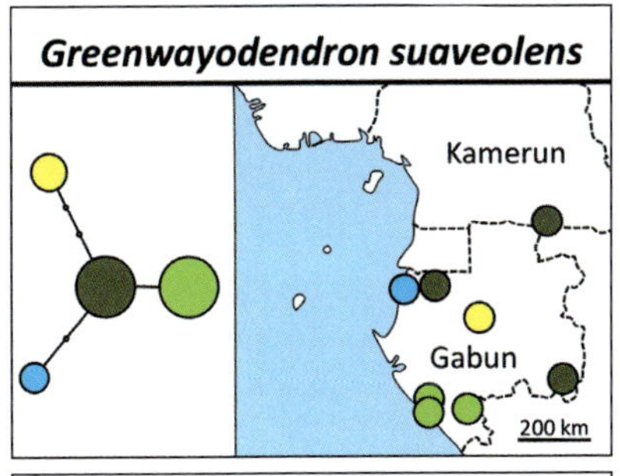
Greenwayodendron suaveolens
Kamerun
Gabun
200 km

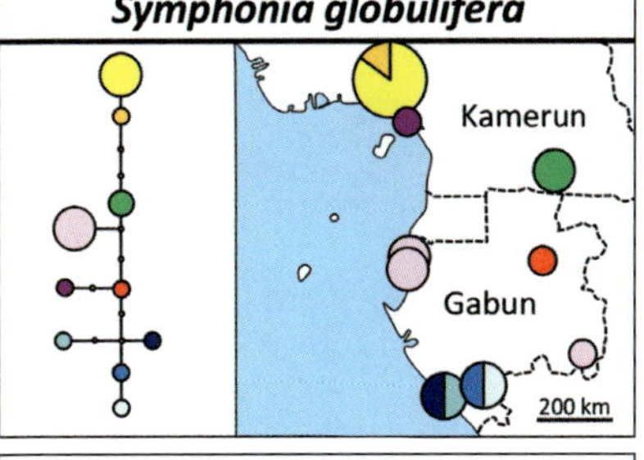
Symphonia globulifera
Kamerun
Gabun
200 km

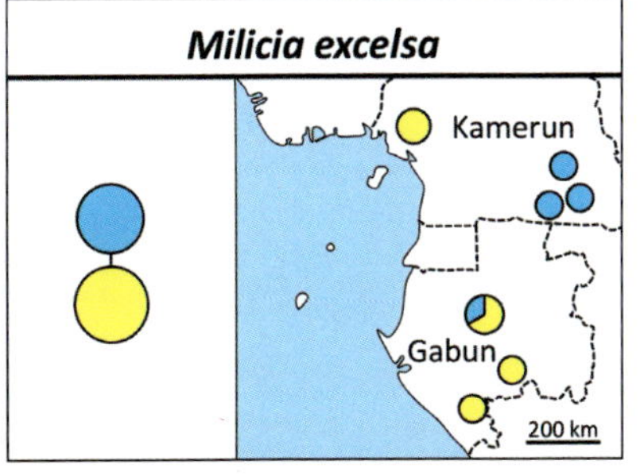
Milicia excelsa
Kamerun
Gabun
200 km

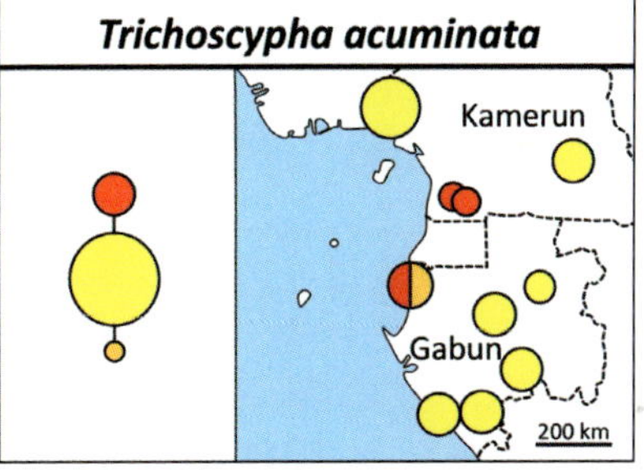
Trichoscypha acuminata
Kamerun
Gabun
200 km

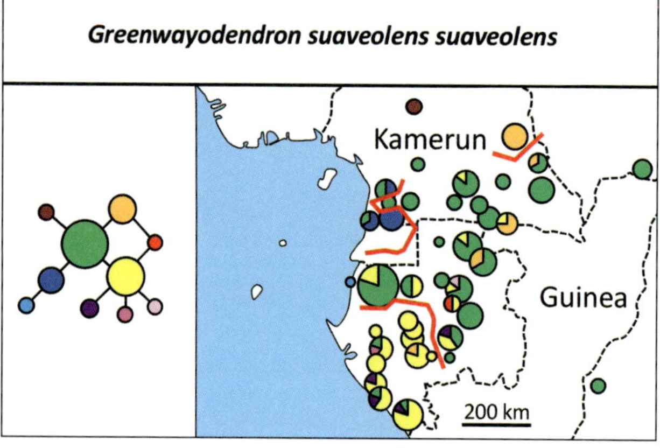

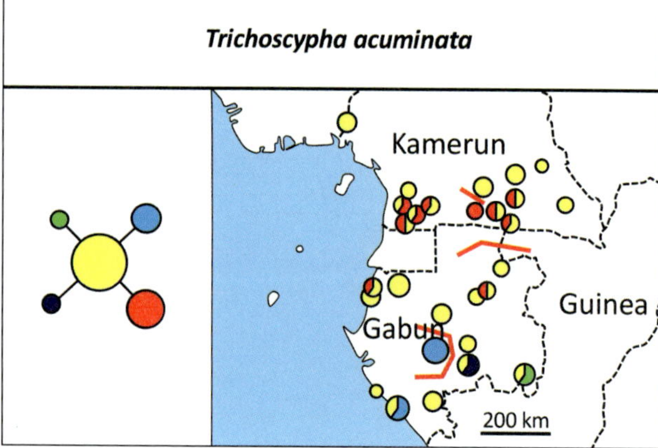

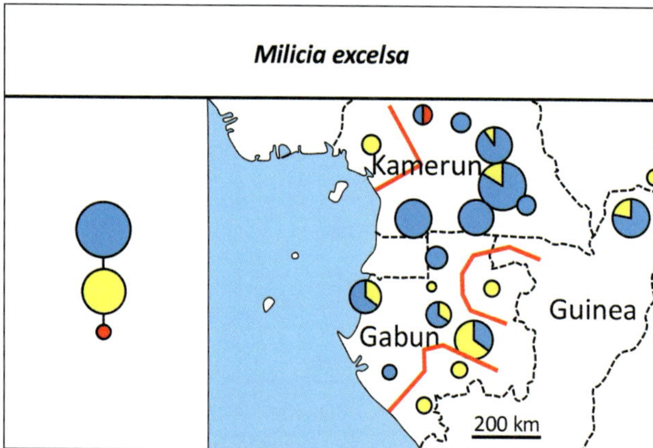

Abb. 8.10 Haplotypennetzwerke und geographische Verbreitung der Haplotypen für drei afrotropische Baumtaxa aus Abb. 8.9, für die umfangreichere Daten zur Verfügung stehen. Die Kreisgrößen sind proportional zur Anzahl der Individuen. Rote Linien geben die errechneten stärksten genetischen Barrieren in den einzelnen Arten an. Abbildung nach Heuertz et al. (2014).

mit deutlich voneinander differenzierten Haplotypen, wie der Caesalpinioideae *Anthonotha macrophylla* und der Clusiaceae *Symphonia globulifera.* Alle elf Taxa mit nennenswerter genetischer Diversität weisen geographische Verteilungsmuster der unterschiedlichen Haplotypen auf, die nicht zufällig erscheinen und das Resultat von Überdauern in **eiszeitlichen Regenwaldrefugien** und Ausbreitung aus diesen darstellen könnten. So besitzt *A. macrophylla* eine Verteilung ihrer Haplotypen, die durchaus mit einem Überdauern von glazialen Trockenphasen in den für den Gorilla postulierten Regenwaldrefugien erklärt werden könnte. Für eine genauere Aussage ist hier jedoch eine weitere Bearbeitung mit einer besseren Abdeckung der Region erforderlich. Um eine eindeutige Nord-Süd- oder Ost-West-Differenzierung, wie oben als Hypothesen aufgestellt, nachweisen zu können, scheinen die Probenumfänge jedoch in keinem Fall ausreichend zu sein.

Dies ändert sich jedoch mit größeren Datensätzen: Für die vier Baumtaxa, für die eine ausreichende Informationsfülle vorliegt (Abb. 8.10), lassen sich nämlich deutliche **Evidenzen für eine Nord-Süd-Differenzierung** ableiten. So weist die Anonaceae *Greenwayodendron suaveolens* ihre beiden häufigsten Haplotypen weitgehend nördlich (H4) bzw. südlich (H6) der Niederschlagsinversion auf, und die verbleibenden selteneren Haplotypen sind auf jeweils einen dieser Bereiche beschränkt. Für die Anacardiaceae *Trichoscypha acuminata* wurde zwar der häufigste Haplotyp H3 in fast allen Populationen des gesamten Gebietes nachgewiesen, die vier weiteren, selteneren Haplotypen sind jedoch auf jeweils eine Seite beschränkt. Das phylogeographische Bild für das Maulbeergewächs *Milicia excelsa* ist etwas diffuser als in den beiden vorangehenden Fällen, weist aber einen nördlichen Schwerpunkt für den Haplotypen 1 und einen südlichen für H2 auf. Das genetische Muster von *Symphonia globulifera* ist diverser als in den drei vorgenannten Fällen. Dies würde mit einem

Szenario **zahlreicherer eiszeitlicher Regenwaldrefugien** im untersuchten Gebiet übereinstimmen, ein spezieller Hinweis auf reduzierten Genfluss durch die Niederschlagsinversion lässt sich in diesem Fall nicht ableiten.

Die phylogeographischen Daten der 14 untersuchten Baumtaxa unterstützen somit die durch genetische Untersuchungen unterschiedlicher Tierarten bestätigte Theorie von mehreren allopatrischen eiszeitlichen Rückzugsgebieten für Regenwaldarten, aus denen sich diese in den niederschlagsreicheren Warmzeiten wieder deutlich ausdehnen. Auch kristallisieren sich bestimmte Regionen heraus, die eine besondere Bedeutung als Überdauerungszentren besaßen. Die Inversion der Niederschlagsverteilung in der Äquatorregion scheint bei Pflanzen aufgrund ihrer daran angepassten Phänologie in etlichen Fällen bedeutend für die Evolution genetischer Differenzierungen zu sein, was für Tiere bisher nicht bekannt, aber durchaus möglich ist. Im Unterschied hierzu scheint der aktuell existierende ökologische Ost-West-Gradient keinen deutlichen Einfluss auf die genetische Strukturierung der Taxa zu besitzen; zumindest ist ein solcher bisher noch nicht nachgewiesen.

8.3 Weit verbreitete Taxa Subsahara-Afrikas

Die meisten Arten Afrikas werden entweder im Savannenbereich oder in den Regen- und Feuchtwäldern des Kontinents angetroffen. Über den ganzen Kontinent weit verbreitete Arten, die **typische Elemente** sowohl der **Savannen** als auch der **Regenwälder** darstellen, sind wegen der sehr unterschiedlichen ökologischen Anpassungsnotwendigkeiten an diese beiden fundamental verschiedenen Biome vergleichsweise selten zu finden. Eine dieser Ausnahmen ist der oben (Kap. 8.1.1) schon erwähnte Kaffernbüffel *(Syncerus caffer)*. Diese weit verbreitete Art wird neben den Savannen auch im dichten Wald angetroffen. Genetische Untersuchungen von Smitz et al. (2013) beweisen, dass sich die Waldpopulationen wohl mehrfach aus den Savannenpopulationen der westlichen Linie ableiteten.

Um jedoch zu einem umfänglichen Verständnis der biogeographischen Dynamik zwischen den offenen und den dicht bewaldeten Regionen Afrikas zu gelangen, ist es erforderlich, auf Artengruppen zurückzugreifen. Ein gutes Beispiel stellen die **Gelenkschildkröten** der Gattung ***Kinixys*** dar, für die Kindler et al. (2012) mehrere mitochondriale und nukleäre Gene mit fast 5 000 bp sequenzierten. Für diese Artengruppen der Landschildkröten bilden die beiden Regenwaldarten *K. homeana* und *K. erosa* ein Monophylum, das sich in ein Paraphylum der anderen Arten einfügt, die Savannenbewohner sind (Abb. 8.11). Diese genetische Struktur legt den Schluss nahe, dass die Gelenkschildkröten **ursprünglich Savannenbewohner** waren, von denen sich eine Gruppe zu **Regenwaldbewohnern** entwickelte. Hierin gleichen die ökologischen Anpassungsprozesse oberhalb des Artniveaus bei *Kinixys* jenen, die innerartlich beim Kaffernbüffel zu finden sind. In der Regenwaldgruppe der Gelenkschildkröten fand anschließend an diese ökologische Adaptation eine Differenzierung in zwei Arten statt, die deshalb beide an den Lebensraum Regenwald angepasst sind.

Es ist jedoch nicht immer so, dass sich aus Savannentaxa solche mit Anpassungen an die Regenwälder entwickeln. Dies ist z. B. für den **Afrikanischen Elefanten** zu beobachten, den man mittlerweile in zwei Arten unterscheidet: den weit verbreiteten Savannenelefanten **(*Loxodonta africana*)** und den deutlich selteneren und weniger weit verbreiteten Waldelefanten **(*Loxodonta cyclotis*)** (Eggert et al. 2002). Trotz der artlichen Trennung kommt es in der Kontaktzone wohl immer wieder zu **zwischenartlichen Paarungen**. Genetische Untersuchungen von Roca et al. (2005) legen nahe, dass sich Waldelefantenkühe zuweilen mit den dominanteren Savannenelefantenbullen paaren und

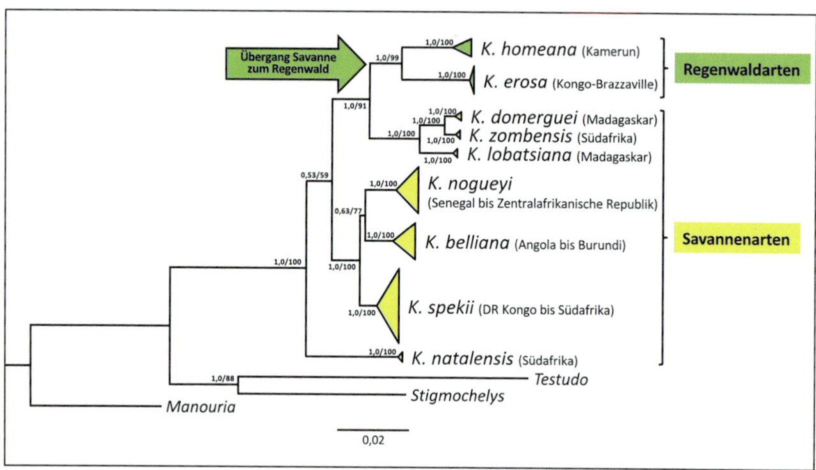

Abb. 8.11 Phylogenie der Gelenkschildkröten der Gattung *Kinixys*, basierend auf mitochondrialen (2273 bp) und nukleären (2569 bp) Genfragmenten. *K. homeana* und *K. erosa* sind Regenwaldbewohner, alle anderen Arten kommen in Savannen vor. Abbildung nach Kindler et al. (2012).

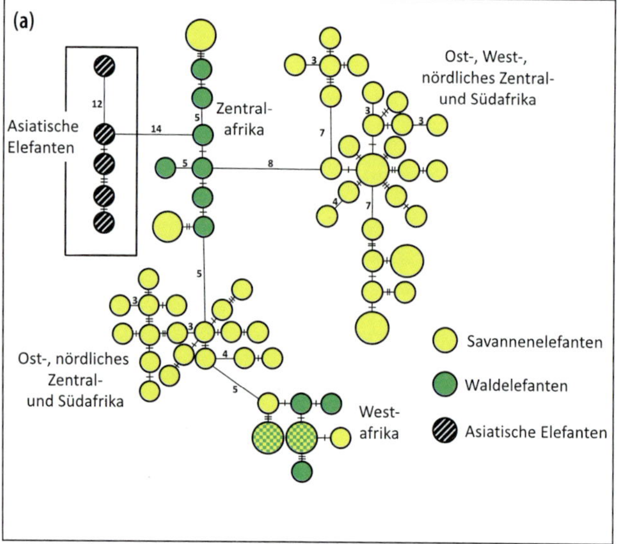

Abb. 8.12 Phylogeographie der Afrikanischen Elefanten (Gattung: *Loxodonta*). (a) Haplotypennetzwerk, basierend auf Sequenzen der mitochondrialen Kontrollregion (388 bp). Haplotypen, die nur in Waldpopulationen nachgewiesen wurden, sind grün dargestellt, solche von Savannenpopulationen in Gelb und solche, die in beiden Lebensräumen festgestellt wurden, gelb-grün gescheckt. (b) Haplotypennetzwerke dreier Kerngene, die sich auf dem X-Chromosom befinden. Abbildung nach Eggert et al. (2002) und Roca et al. (2005).

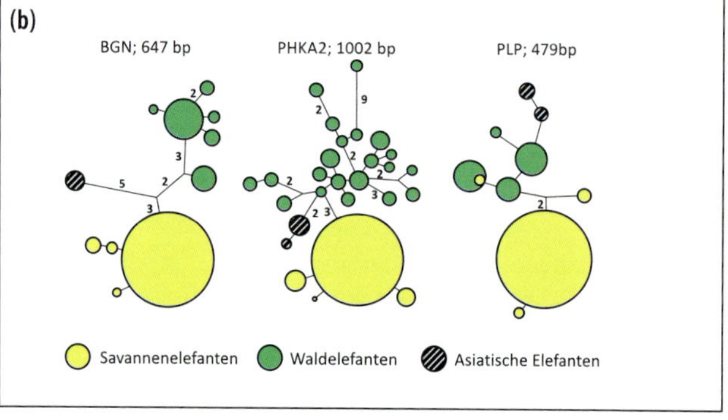

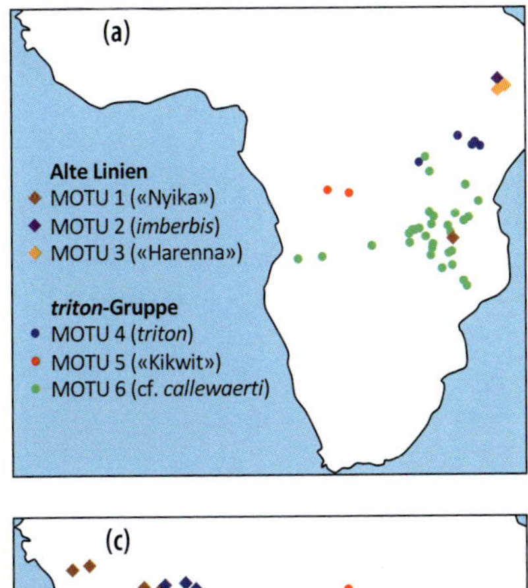

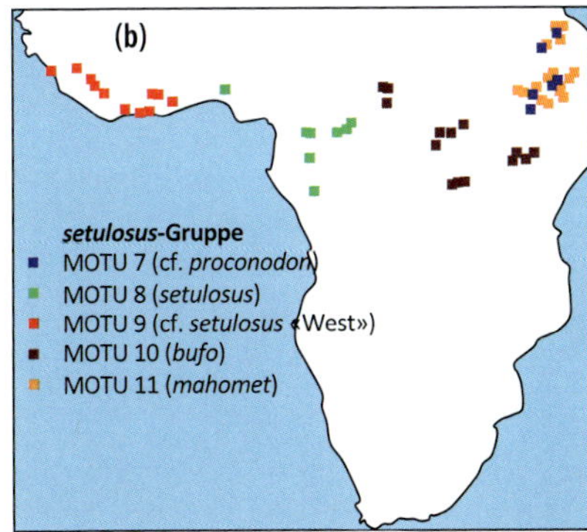

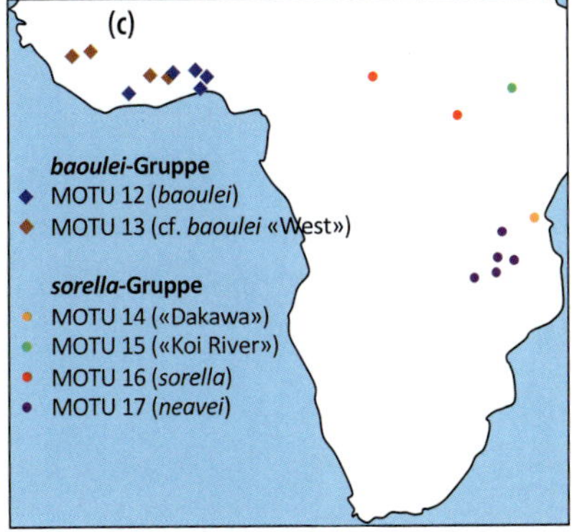

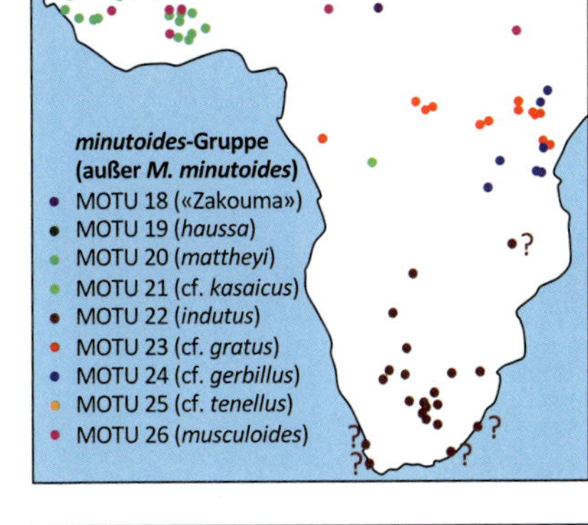

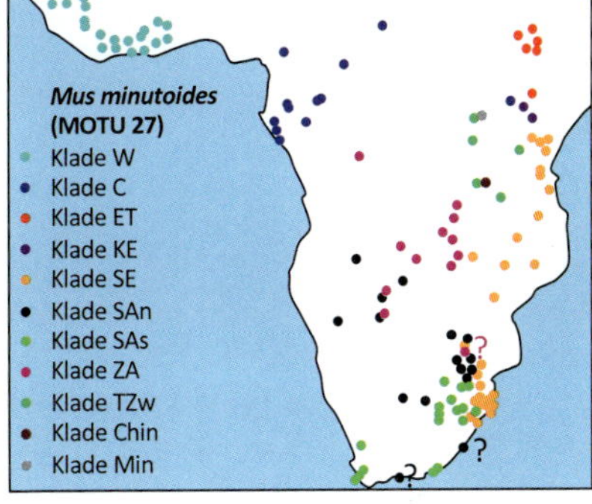

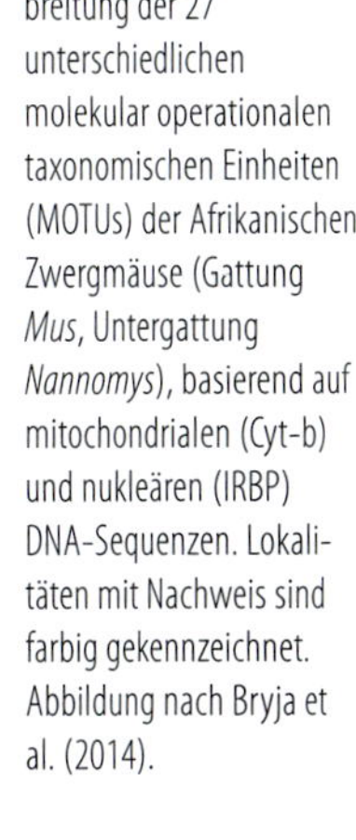
Abb. 8.13a-e Verbreitung der 27 unterschiedlichen molekular operationalen taxonomischen Einheiten (MOTUs) der Afrikanischen Zwergmäuse (Gattung *Mus*, Untergattung *Nannomys*), basierend auf mitochondrialen (Cyt-b) und nukleären (IRBP) DNA-Sequenzen. Lokalitäten mit Nachweis sind farbig gekennzeichnet. Abbildung nach Bryja et al. (2014).

Rückkreuzungen der Hybride weitgehend mit Savannenelefanten stattfinden. In diesem Zusammenhang zeigten Roca et al. (2005) auch, dass die Waldelefanten für drei Gene, die auf dem biparental vererbten X-Chromosom liegen, eine deutlich höhere genetische Diversität aufweisen als die Savannenelefanten (Abb. 8.12a). Die Untersuchung der mitochondrialen Kontrollregion durch Eggert et al. (2002) belegt eine zentrale Position von Waldelefanten im Haplotypennetzwerk, die zudem die nächstverwandte Gruppe des **Asiatischen Elefanten *(Elephas maximus)*** darstellen (Abb. 8.12b). Dies lässt vermuten, dass die Waldelefanten die plesiomorphe Art sind und der Wald in Afrika deren ursprünglicher Lebensraum war. Dies wird zusätzlich durch den Tatbestand unterstützt, dass der Asiatische Elefant, der ebenfalls seinen evolutiven Ursprung im späten Miozän in Afrika besaß (Rohland et al. 2007), weitgehend auf Waldlebensräume beschränkt ist. Somit könnten die Vorfahren aller heutigen **Elefanten ursprünglich Vertreter der tropischen Wälder** gewesen sein, die sich erst sekundär an Savannenlebensräume angepasst haben.

Eine weitere in Subsahara-Afrika weit verbreitete Artengruppe, die für diesen Bereich endemisch ist, sind die **Afrikanischen Zwergmäuse** (Gattung ***Mus***, Untergattung ***Nannomys***). Eine umfassende

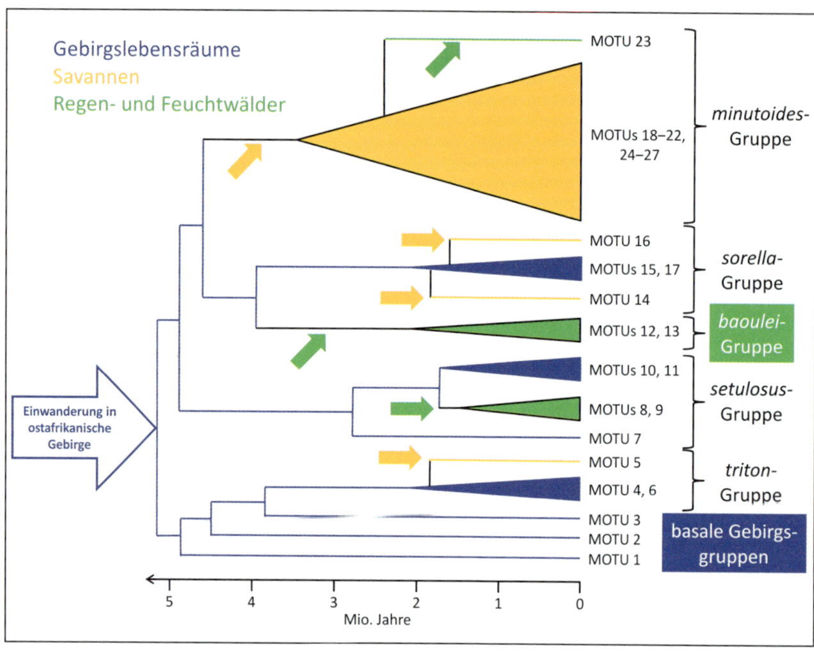

Abb. 8.14 Rekonstruktion der ehemaligen Lebensräume, die im Verlauf der Evolution der Afrikanischen Zwergmäuse (Gattung *Mus*, Untergattung *Nannomys*) wahrscheinlich genutzt wurden; dargestellt durch unterschiedliche Farben. Pfeile markieren die sieben Wechsel zwischen Lebensräumen. Blau: ostafrikanische Gebirge; grün: tropische Wälder Zentral- und Westafrikas; gelb: offene Savannenhabitate, die die Wälder und Gebirge in Subsahara-Afrika umschließen. Abbildung nach Bryja et al. (2014).

genetische Bearbeitung dieser Gruppe, die weitgehend ihr gesamtes Verbreitungsgebiet umfasst, zeigt eine Differenzierung in zahlreiche, deutlich voneinander differenzierte Gruppen (Bryja et al. 2014). Basierend auf mitochondrialer und nukleärer genetischer Information lassen sich fünf Untergruppen unterscheiden, die insgesamt 24 sogenannte **molekular operationale taxonomische Einheiten** (engl.: *molecular operational taxonomic units*, abgekürzt **MOTUs**) umfassen, von denen vermutlich jede einzelne eine eigenständige Art darstellt. Drei weitere MOTUs (1–3) gehören keiner dieser fünf Untergruppen an, sondern stellen alte genetische Linien der ostafrikanischen Gebirgsgebiete dar. Mit Ausnahme von *Mus minutoides* sensu stricto (MOTU 27; siehe unten) sind alle anderen der insgesamt **27 genetischen Kladen** auf einen vergleichsweise kleinen Bereich Afrikas beschränkt, der **jeweils nur ein Biom** umfasst: **Gebirgslebensräume, tropischen Wald** oder **Savanne** (Abb. 8.13). Unter Einsatz einer molekularen Uhr sowie Berücksichtigung der Abfolge der Aufspaltungen im Stammbaum und der aktuellen Biotopbindung der MOTUs lässt sich ableiten, dass die Vorfahren der Afrikanischen Zwergmäuse die **ostafrikanischen Gebirge**, von Asien her kommend, **vor gut 5 Mio. Jahren** erreichten. In dieser Gebirgsregion fanden anschließend zahlreiche Differenzierungsprozesse statt, die zu einer Vielzahl unterschiedlicher MOTUs führten, die auch heute noch ausschließlich in Gebirgslebensräumen auftreten. Die letzte dieser Differenzierungen liegt wohl mindestens 1 Mio. Jahre zurück (Abb. 8.14).

Im Verlauf des **Pliozäns** ging die Evolutionsgeschichte von *Nannomys* lediglich mit **zwei bedeutenden Habitatwechseln** einher (Abb. 8.14). So wechselten die Vorfahren der *baoulei*-Gruppe vor etwa 4 Mio. Jahren aus dem **Gebirge in die tropischen Wälder**. Hier differenzierte sie sich anschließend, etwa mit dem Beginn des Pleistozäns, in eine west- und eine zentralafrikanische Gruppe, also zu beiden Seiten des Dahomé Gaps (siehe oben). Diese Differenzierung dürfte mit den klimatischen Veränderungen zu dieser Zeit und dem hierdurch begründeten Rückzug der Regenwälder zusammenhängen. Die

Vorfahren der *minutoides*-Gruppe verließen die **ostafrikanischen Gebirge und siedelten sich zwischen 4,5 und 3,5 Mio. Jahren in Savannenlebensräumen** an. Hier entwickelte sich die *Nannomys*-Untergruppe mit der geringsten Körpergröße und begann vor etwa 3,5 Mio. Jahren und bis weit ins Pleistozän hineinreichend eine Radiation in insgesamt zehn MOTUs. Von diesen treten bis auf *Mus gratus* (MOTU 23), die heute an tropische Wälder gebunden ist, alle anderen noch immer in Savannenlebensräumen auf. Neben den beiden großen Habitatwechseln im Pliozän und der ökologischen Verschiebung der zu *Mus gratus* führenden Linie, wurden im Verlauf des **Pleistozäns** noch **weitere Habitatwechsel** nachgewiesen. So wechselten eine genetische Linie in der *triton*-Gruppe und zwei genetische Linien in der *sorella*-Gruppe unabhängig voneinander aus dem Gebirgs- in den Savannenlebensraum. In der *setulosus*-Gruppe fand ein Wechsel aus dem Gebirge in die tropischen Wälder statt (Abb. 8.14). Diese differenzierte sich sekundär in eine west- und eine zentralafrikanische MOTU, ähnlich wie in der *baoulei*-Gruppe und vermutlich aus denselben Gründen. Weiterhin bemerkenswert ist die starke genetische Differenzierung innerhalb von ***Mus minutoides* sensu stricto** (MOTU 27). Dieses **ursprüngliche Savannentaxon** weist mit Abstand die weiteste geographische Verbreitung der Afrikanischen Zwergmaustaxa auf und dringt in West- und Zentralafrika auch bis in die bewaldeten Regionen vor. Für diese MOTU wurden insgesamt **elf allo- bzw. parapatrisch verbreitete genetische Linien** festgestellt (Abb. 8.13e), die sehr ähnliche genetische Distanzen untereinander aufweisen. Bryja et al. (2014) vermuteten daher, dass diese Linien einen Hinweis auf mindestens elf pleistozäne **Savannenrefugien** geben, in denen sich diese Differenzierungen herausbildeten. Die Autoren der Studie vermuten, dass der Ursprung dieser Differenzierung etwa 1 Mio. Jahre zurückliegt, also in einer Zeit mit besonders starker **klimatischer Instabilität** in Afrika (Šmíd et al. 2013). Somit zeigen die kleinen und deshalb weniger gut über große Distanzen beweglichen Zwergmäuse ein **komplexeres Bild der Savannendynamik als die Großsäuger**, auf denen die Analysen der Savannen in Kap. 8.1 weitgehend basieren. Ob es sich bei dem phylogeographischen Muster der Afrikanischen Zwergmäuse jedoch um ein für solche weniger mobilen Arten häufig wiederholendes Muster handelt, muss durch weitere Untersuchungen solcher Taxa noch ermittelt werden.

Von besonderer Bedeutung sind die Afrikanischen Zwergmäuse auch für das Verständnis der Stabilität der Habitatbindungen der Taxa an entweder tropische Feuchtwälder oder offene Savannenlandschaften. So ist auffällig, dass sich für *Nannomys* die meisten Bewohner von Savannen wie auch von tropischen Wäldern von Vorfahren aus Gebirgslebensräumen ableiten. Der ökologische Wechsel von der Savanne in die tropischen Wälder erfolgte nur zweimal zu unterschiedlichen Zeitfenstern in der *minutoides*-Gruppe. Die umgekehrte Richtung wurde gar nicht beobachtet. Diese Daten unterstützen die Annahme, dass **der Wechsel zwischen diesen grundsätzlich unterschiedlichen Lebensraumtypen schwierig zu sein scheint** und deshalb selten stattfindet. Hierdurch erklären sich auch die grundsätzlich verschiedenen Floren und Faunen zwischen den afrikanischen Savannen und den Regenwäldern des Kontinents.

8.4 Out of Africa

Der bekannteste Vertreter, der für eine Expansion aus dem afrikanischen Kontinent heraus steht, sind wir selber. Seit etwa 1,8 Mio. Jahren verließen verschiedene **Menschenarten** zu unterschiedlichen Zeiten ihre ostafrikanische Heimat und breiteten sich nach Eurasien aus (Balter 2001, Dennell & Roebroeks 2005). Der erfolgreichste Vorstoß war der letzte, der vor etwa 100 000 Jahren während der letzten Kaltzeit begann (Wilson & Cann 1992, Stewart & Stringer 2012) und den Menschen zu einer der am weitesten verbreiteten Arten der Welt werden ließ. Diese Expansion war mit einer kontinuierlichen genetischen Erosion verbunden (Henn et al. 2012); ein ähnliches Muster zeigt sich interessanterweise auch bei linguistischen Analysen (Atkinson 2011).

Aber auch andere Arten verließen Afrika in Richtung Eurasien und siedelten sich hier an. Hierzu zählen die **Asiatischen Elefanten**. Die beiden rezenten Elefantengattungen *Loxodonta* (auf Subsahara-Afrika beschränkt) und *Elephas* (nur in Indien und Südost-Asien beheimatet) begannen sich im späten Miozän in Afrika voneinander zu differenzieren (Rohland et al. 2007). Während *Loxodonta* in Afrika verblieb, breitete sich *Elephas* im mittleren Pliozän nach Eurasien aus. Hier stellt *Elephas maximus* den letzten Vertreter diverser Arten dar, die in diesem Raum zeitweise existierten, darunter auch die **Zwergelefanten verschiedener Mittelmeerinseln**, die teilweise erst vor wenigen Jahrtausenden ausstarben. In Afrika verschwand *Elephas,* nachdem er sich nach Eurasien ausgebreitet hatte. Die Asiatischen Elefanten sind somit ein Beispiel für eine Gattung, die in ihrem Entstehungszentrum, in diesem Fall Afrika, ausstarben und nur in den neu besiedelten Gebieten überdauerten. Die Verbreitung ist somit **apochor**. Auch das Mammut (Gattung *Mammuthus*) stammt ursprünglich aus Afrika, wo sich kurz nach der Abtrennung von *Loxodonta* die beiden Gattungen *Elephas,* und *Mammuthus* evoluierten (Rohland et al. 2007). Somit ist auch das **Mammut ein Auswanderer aus Afrika**, der jedoch sukzessiv in seinem gesamten Verbreitungsgebiet ausstarb. Die letzten Tiere einer verzwergten Population lebten vermutlich noch vor etwa 4000 Jahren auf der **Wrangel-Insel** im Arktischen Ozean vor der Nordostküste Sibiriens (Lister 1993), also fast maximal von ihrem Entstehungszentrum entfernt.

Auch die nicht in Afrika heimischen Vertreter der **Chamäleonsgattung *Chamaeleo*** stammen alle von Vorfahren südlich der Sahara ab, wie Tolley et al. (2013) in einer Analyse von sechs Genfragmenten nachwiesen. Die im Mittelmeerraum verbreitete Art *Chamaeleo chamaeleon* begann ihre Differenzierung vor etwa 10 Mio. Jahren im späten Miozän und ist vermutlich auch in dieser Zeit aus dem Süden hier eingewandert. Alle asiatischen *Chamaeleo*-Arten sind monophyletisch und hatten ihren letzten gemeinsamen Vorfahren mit den afrikanischen Arten vor etwa 14 Mio. Jahren. Die Differenzierung in unterschiedliche asiatische Arten begann vor etwa 8 Mio. Jahren, sodass Südasien in diesem Zeitfenster einmal aus Afrika heraus besiedelt worden sein muss.

Um nicht nur Beispiele von Wirbeltieren zu bemühen, sei kurz erwähnt, dass auch genetische Analysen der **Bienengattung *Braunsapis*** belegen, dass diese Asien von Afrika ausgehend vor 21–14 Mio. Jahren besiedelt haben muss (Fuller et al. 2005). Wie bei den Chamäleons fand diese Arealausweitung also bereits im Miozän statt.

Ein weiteres Beispiel für *Out of Africa* ist der **Löwe *(Panthera leo)***, dessen phylogeographische Struktur innerhalb Afrikas im Kap. 8.1.2 behandelt wurde. Die Expansion des Löwen über sein afrikanisches Verbreitungsgebiet hinaus war jedoch nicht so erfolgreich wie die des Menschen, was an der Interaktion der beiden Arten liegt. Der Löwe wurde in seinem eurasischen Verbreitungsgebiet, das noch in der **Antike von Griechenland bis Indien** reichte, durch den Menschen sukzessive zurückgedrängt. Wenn man vom **Gir Nationalpark** auf der Halbinsel Kathiawar im äußersten Westen Indiens absieht, so ist er heute wieder ganz aus Eurasien verschwunden. Seine Verbreitung ist somit **plesiochor**, dem Entstehungszentrum benachbart.

Über Sequenzierung mitochondrialer DNA aus Museumsexemplaren wurde nachgewiesen, dass sich die **Berberlöwen *(Panthera leo leo)*** des Maghreb, also die in freier Wildbahn ausgestorbene nominotypische Unterart, erst im letzten Glazial von den westafrikanischen Populationen abtrennten und differenzierten. Basierend auf den genetischen Befunden gingen von hier **zwei Besiedlungswellen nach Asien** aus. Anders als beim Menschen, fanden diese Expansionen somit nicht direkt aus Subsahara-Afrika heraus statt, sondern von sich im Maghreb etablierenden Vorkommen. Eine erste Welle erfolgte, wie Barnett et al. (2014) vermuten, vor lediglich 21 000 Jahren, also zum Hochstand des letzten Glazials. Von diesem Vorstoß leiten sich die indischen Löwen ab. Die ausgestorbenen persischen Löwen weisen eine noch geringere genetische Differenzierung von den Berberlöwen auf als die indischen und stammen somit von einer zweiten, rezenteren Expansionswelle aus dem Maghreb ab. Die monophyletische Gruppe der Berberlöwen und asiatischen Löwen unterscheidet sich auch in **gemeinsamen morphologischen Merkmalen** von ihren Artgenossen im subsaharischen Afrika. So sind sie generell kleiner als diese und die Mähnen der Männchen sind im Allgemeinen nicht so prächtig ausgebildet wie in der Mehrzahl der Populationen südlich der Sahara.

8.5 Gebirge Subsahara-Afrikas

In Afrika südlich der Sahara sind hohe Gebirge nicht so prägend wie auf anderen Kontinenten; der Westen des Kontinents ist allgemein arm an höheren Bergen. Der Osten und Süden hingegen besitzt eine deutlich stärker ausgeprägte Reliefenergie mit verschiedenen Gebirgsregionen und zahlreichen **inselähnlichen Gebirgsstöcken**, den sogenannten **Inselbergen**, die sich vom äthiopischen Hochland bis nach Südafrika erstrecken. Bedingt durch die Austrocknung des afrikanischen Kontinents, die im frühen Oligozän vor etwa 33 Mio. Jahren einsetzte (siehe Kap. 8.2), bildeten sich wiederholt in den ostafrikanischen Gebirgen **Refugien für Feuchtwälder**, die hier Relikte des ehemals durchgängigen Regenwaldgürtels und somit einer feucht-warmen Vergangenheit darstellen. In vielen dieser Gebiete müssen sich **feuchte Bergwälder** seitdem kontinuierlich erhalten haben (Lovett & Wasser 1993, Jacobs 2004, Mumbi et al. 2008). Somit unterscheiden sie sich diametral vom refugialen Charakter des Oreals der Gebirgsökosysteme Europas, die warmzeitliche Inseln für Arten der Kältesteppen der Glaziale darstellen und somit zum einen erdgeschichtlich viel jünger sind und zum anderen waldfreie Lebensräume repräsentieren.

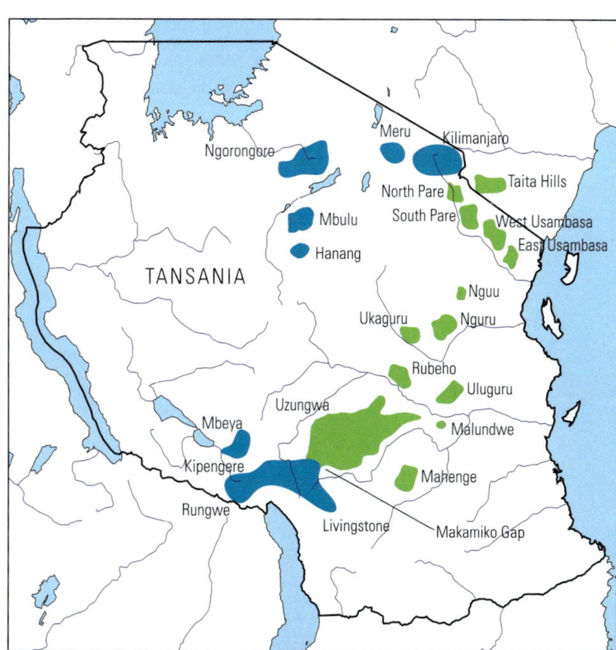

Abb. 8.15 Die einzelnen Gebirgsstöcke des Eastern Arc in Südkenia und Tansania (grün). Weitere mit Bergwäldern bewachsene Gebirgsstöcke Tansanias, die klimatisch nicht zum Eastern Arc zählen, sind blau dargestellt. Abbildung nach Burgess et al. (2007).

In Ostafrika von besonderem biogeographischen Interesse sind die Gebirge des **Eastern Arc** (engl.: *Eastern Arc Mountains*). Dieser Begriff wurde von Lovett (1985) eingeführt und bezieht sich auf die isolierten Gebirgsstöcke, die sich von den **Taita Hills** in Südkenia bis nach Südtansania zu den Massiven von **Uzungwa** und **Mahenge** erstrecken (Abb. 8.15). Die Gebirge bestehen meist aus kristallinem Grundgestein des Präkambriums, deren Auffaltung vor mindestens 30 Mio. Jahren begann und die ihre **letz-**

te bedeutende Hebungsphase vor etwa 7 Mio. Jahren durchliefen. Auch stehen sie alle unter dem direkten klimatischen Einfluss des Indischen Ozeans (Lovett 1990). Hierin unterscheiden sie sich auch von den weiter im Landesinneren gelegenen Gebirgen, wie beispielsweise Mount Kenia, Chyulu Hills, Kilimanjaro, Ngorongoro. Diese besitzen zwar alle auch feuchte Bergwälder, ihre Niederschläge erhalten sie jedoch nicht mehr direkt vom Indischen Ozean, sondern beziehen ihre Feuchtigkeit aus Konvektionsregen. Auch sind letztere rezenten vulkanischen Ursprungs und somit erdgeschichtlich viel jünger.

Die Eastern-Arc-Gebirge stellen einen der von Myers et al. (2000) definierten Biodiversitätshotspots der Welt dar und weisen eine der höchsten Konzentrationen von endemischen Wirbeltier- und Pflanzenarten auf (Stattersfield et al. 1998, Lovett et al. 2005). Burgess et al. (2007) geben etwa 800 endemische Gefäßpflanzenarten und 71 Wirbeltierarten an, die entweder endemisch für die Eastern-Arc-Gebirge sind oder auf diese und angrenzende Bereiche beschränkt sind. Zu diesen gehören auch vier Primatenarten; ebenso sind die Mehrzahl der Usambaraveilchenarten (Gattung: *Saintpaulia*) hier endemisch. Auch für Vögel sind die Eastern Arcs einer der wichtigsten Schwerpunkte in Afrika; unter diesen befindet sich eine markante Zahl an alten Relikten mit mindestens eozänem Alter (Fijelså & Bowie 2008). Die Invertebratenfaunen sind zwar deutlich weniger intensiv erforscht, es deutet sich jedoch ein ähnliches Bild mit hohen Raten an Endemismen an. So gibt Scharff (1992) für linyphiide Spinnen einen regionalen Endemismus von 80% an. Für die Laufkäfer der Uluguru-Berge nennt Basilewsky (1976) gar eine Endemitenrate von 95%. Auch bei den Tausendfüßlern scheint es viele endemische Taxa zu geben, und Hoffmann (1993) zählt für die östlichen Usambaras, Udzungwas und Ulugurus 26 endemische Arten und zehn endemische Gattungen auf. In den mobileren Invertebratengruppen liegen die Endemismenraten naturgemäß niedriger. So sind nach De Jong & Congdon (1993), ergänzt durch Congdon et al. (2001), in den Wäldern der Eastern-Arc-Gebirge und ihrer Vorländer 43 Tagfalterarten endemisch. Für Libellen zählt Clausnitzer (2001) nur zwei subendemische Arten auf. Bei Moosen sind 32 der etwa 700 nachgewiesenen Arten Eastern-Arc-Endemiten (Pócs 1998), was knapp 5% entspricht, einer für die ansonsten sehr endemitenarme Gruppe der Moose hohen Rate (Burgess et al. 2007).

Phylogeographische Untersuchungen der Eastern-Arc-Gebirge, teilweise unter Einbeziehung sich anschließender Bergbereiche im östlichen und südlichen Afrika, ergaben eine deutliche genetische Differenzierung zwischen verschiedenen Gebirgsbereichen. Ein altes Differenzierungsmuster weist die in den ostafrikanischen Gebirgen endemische Chamäleon-Gattung *Kinyongia* auf, die strikt an die Existenz von Bergfeuchtwäldern gebunden ist. Über eine molekulare Uhr, die auf zwei mitochondrialen und einem Kern-Gen basiert, wurde der Ursprung der Gattung auf über 30 Mio. Jahre geschätzt (Tolley et al. 2011) und stimmt somit weitgehend mit dem Beginn der Entstehung der Eastern-Arc-Gebirge überein (Abb. 8.16).

Die Gattung spaltet sich auf drei große Linien auf, deren Ursprung mit einem Alter von 25–30 Mio. Jahren nur wenig rezenter ist als die gesamte Gattung. Eine dieser Linien ist auf die Gebirge der nördlichen Eastern Arcs beschränkt, jedoch enthält diese auch die Art *K. fischeri*, die für Nguru in den südlichen Eastern Arcs endemisch ist. In diese Linie fallen auch die Populationen der westlich der nördlichen Eastern Arcs gelegenen großen Vulkane Kilimanjaro, Meru und Hanang. Die zweite Linie wurde mit Ausnahme von *K. tenuis* aus den östlichen Usambarabergen nur in den südlichen Eastern Arcs nachgewiesen. Die dritte Linie kommt fast nur in den nördlichen Randgebirgen des Albertiner Grabenbruchs

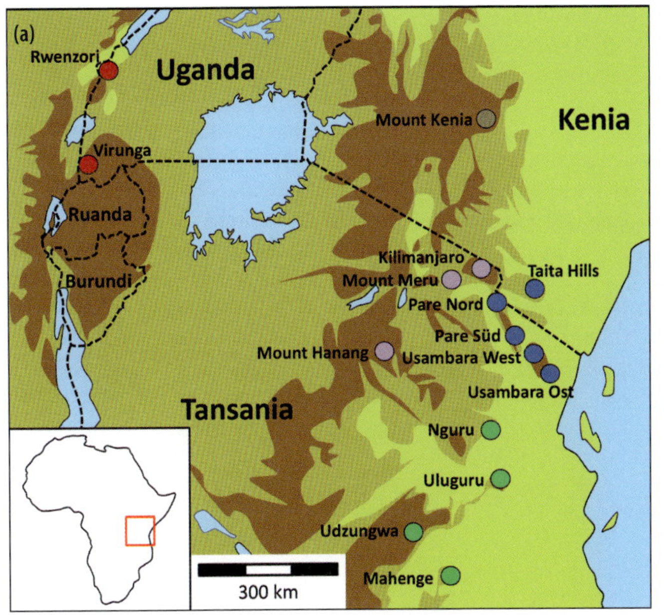

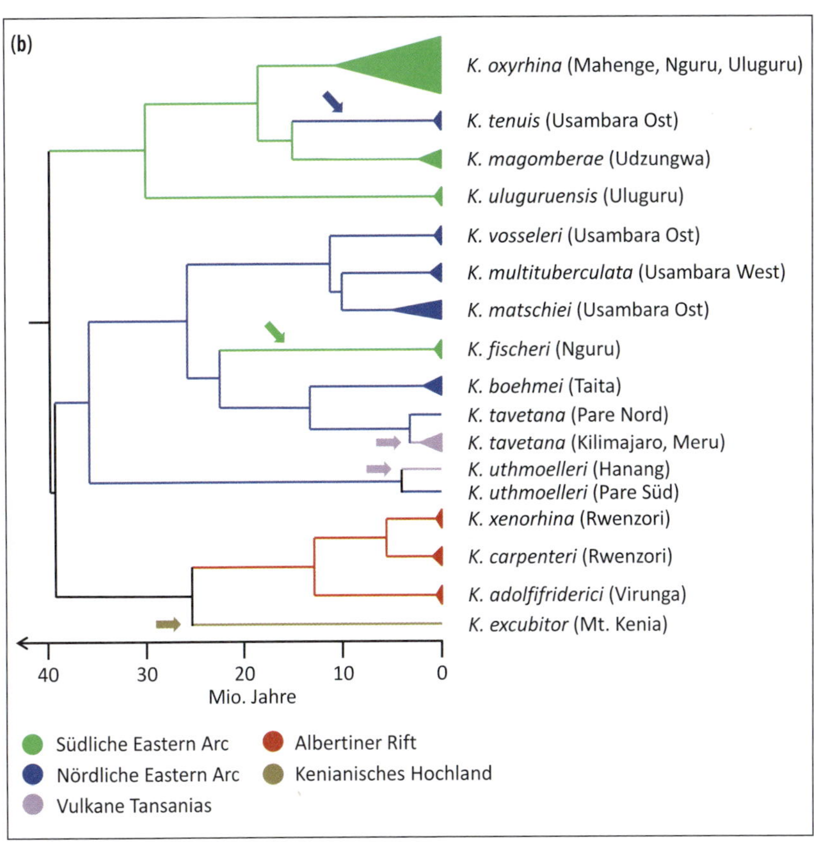

Abb. 8.16 Phylogenie und Biogeographie der Chamäleonsgattung *Kinyongia*, basierend auf zwei mitochondrialen und einem nukleären Gen (2139 bp). (a) Sammelstellen der Tiere in den Gebirgsstöcken Ostafrikas, die nach Regionen unterschiedlich farblich gekennzeichnet sind. (b) Zeitlich geeichter phylogenetischer Baum. Nachgewiesene Gebietswechsel sind durch Pfeile wiedergegeben. Die aktuelle Verbreitung ist hinter den terminalen Enden farblich gekennzeichnet. Abbildung nach Tolley et al. (2011).

vor. Dieser stellt den nordwestlichen Arm des großen afrikanischen Grabenbruchs dar und erstreckt sich vom **Tanganyikasee** im Süden bis zum **Albertsee** und dem **Ruwenzori-Gebirge** im Norden; im Englischen wird der Begriff *Albertine Rift* verwendet. Mit *K. excubitor* fällt auch die am Mt. Kenia endemische Art in diese Linie. Diese Auftrennung in drei große genetische Gruppen könnte durch den markanten **Temperatureinbruch im späten Oligozän** bedingt sein, der zu einer Fragmentierung der bis ins mittlere Tertiär im äquatorialen Afrika weit verbreiteten Regenwälder führte und somit den Grundstein für **allopatrische Differenzierungsprozesse** lieferte.

In den drei genetischen Hauptlinien ereigneten sich zahlreiche weitere Aufspaltungen und Artbildungen in etwa im Zeitfenster von 23–7 Mio. Jahren. Als Resultat existieren heute zahlreiche *Kinyongia*-Arten, die endemisch für jeweils nur eines der Massive der Eastern Arcs oder der Randgebirge des Albertiner Grabenbruchs sind. Diese Muster lassen auf eine **zunehmende Isolation** der Vorfahren der heutigen Arten auf den sich hebenden Gebirgen in einem im Verlauf des Miozäns immer stärker austrocknenden Ostafrika schließen. Auch lassen die genetischen Muster die Annahme zu, dass weder im Pliozän noch im Pleistozän ein Austausch zwischen den einzelnen Gebirgsstöcken stattfand. Insgesamt ist die phylogenetische Diversität niedriger als man bei einer zufälligen Abfolge von Differenzierungen erwarten würde. Somit stellen die Vertreter der *Kinyongia*-Chamäleons **alte Feuchtwaldrelikte** dar, die über lange Zeit in den isolierten Bergwäldern der einzelnen Eastern-Arc-Massive als dauerhaften Refugien überlebten.

Die Existenz von je einer Art in der südlichen und der nördlichen Eastern-Arcs-Linie aus dem jeweils anderen Bereich, die über eine molekulare Uhr auf ein Alter von etwa 10 Mio. Jahren geschätzt wurden, belegt jedoch, dass zumindest im späten Miozän Bedingungen geherrscht haben müssen, die einen solchen Austausch ermöglichten. Das geschätzte Alter von *K. excubitor*, einem Endemiten der Region um den **Mt. Kenia**, ist mit 15–20 Mio. Jahren deutlich älter und belegt, dass die Besiedlung aus dem Bereich des Albertiner Grabenbruchs in die isolierten Bergwaldbereiche des kenianischen Hochlandes deutlich länger zurückliegt als der Austausch zwischen den südlichen und den nördlichen Eastern Arcs. Deutlich jünger ist jedoch die Besiedlung der erdgeschichtlich jungen **großen Vulkane** westlich der nördlichen Eastern Arcs, die von dort aus im **Plio- oder Pleistozän** besiedelt worden sein müssen.

Ein sehr ähnliches Muster und auch Differenzierungsalter wie *Kinyongia* zeigt auch eine weitere **Chamäleon-Gattung: *Rhampholeon*** (Matthee et al. 2004). Ein erster Beginn der Differenzierung wurde auf 28 Mio. Jahren berechnet. Dieser folgten etliche weitere Aufspaltungen, deren letzte vor etwa 6 Mio. Jahren stattfanden. Auch diese Chamäleons besitzen endemische Arten, die auf einzelne der Eastern-Arc-Massive geographisch begrenzt sind.

Die Familie der **Annonengewächse** (Annonaceae), die zahlreiche Baumarten der Regenwälder beinhaltet, besaß **drei wesentliche Zeitfenster der Differenzierung**, welche mittels molekularer Uhr bestimmt wurden (Couvreur et al. 2008). Ein erstes Fenster wurde auf 33 Mio. Jahre geschätzt und stimmt somit recht genau mit dem Beginn der Differenzierungen in den beiden Chamäleon-Gattungen überein, sodass in allen Fällen von der gleichen Ursache ausgegangen werden muss. Weitere Phasen intensiver Differenzierung wurden für diese Regenwaldbäume um etwa 16 Mio. Jahre und zwischen 5–8 Mio. Jahre geschätzt, was ebenfalls mit den wechselnden Niederschlagsbedingungen über das Miozän zusammenhängen könnte.

Eine der ältesten Differenzierungen in Ostafrika dürften die Vertreter der Gattung *Boulengerula* aufweisen, die zu den pantropisch verbreiteten **Blindwühlen** oder **Gymnophionen** gehören, der mit

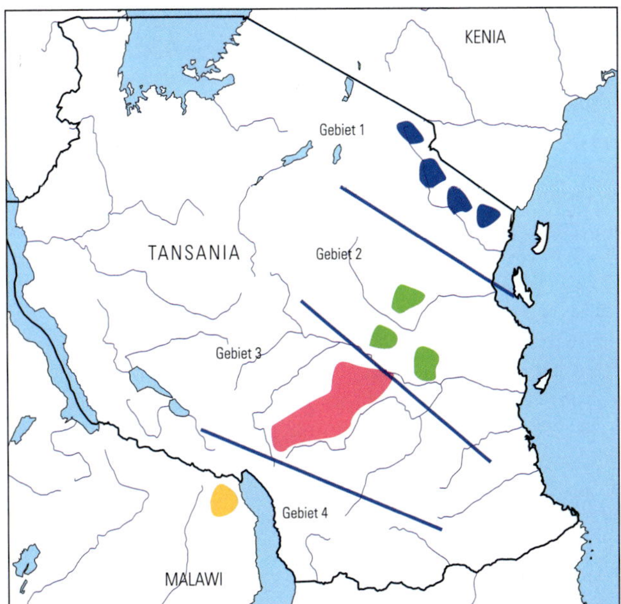

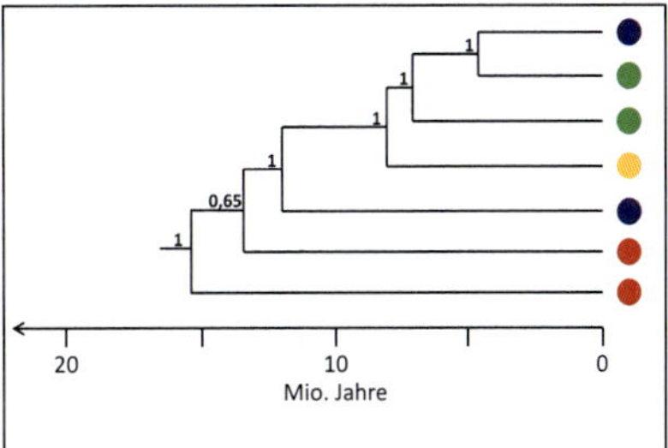

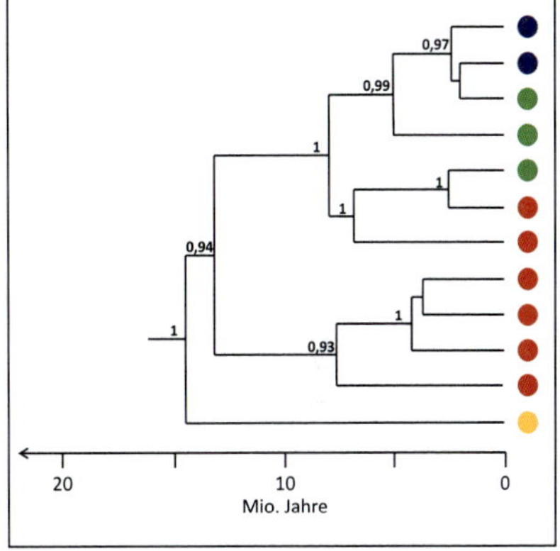

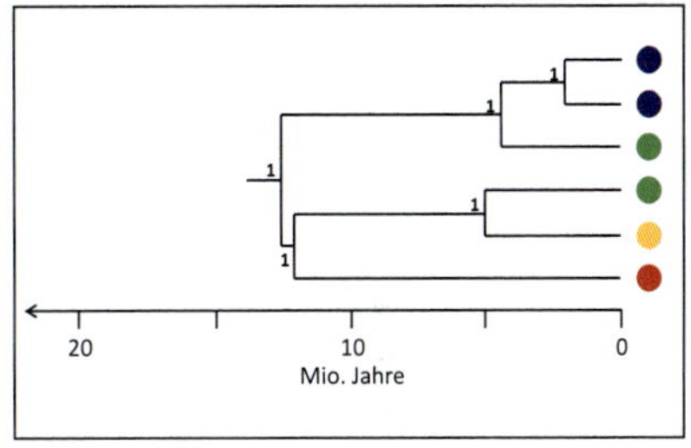

Abb. 8.17 Datierte Verwandtschaftsbäume von drei *Hyperolius*-Froschtaxa, basierend auf mehreren mitochondrialen und chromosomalen Genfragmenten (ca. 3430 bp). *Bootstrap*-Werte sind an den jeweiligen Knoten angegeben. Die verwendeten Farben an den Astenden korrespondieren mit denjenigen der Gebirge der Karten. Abbildung nach Lawson (2010).

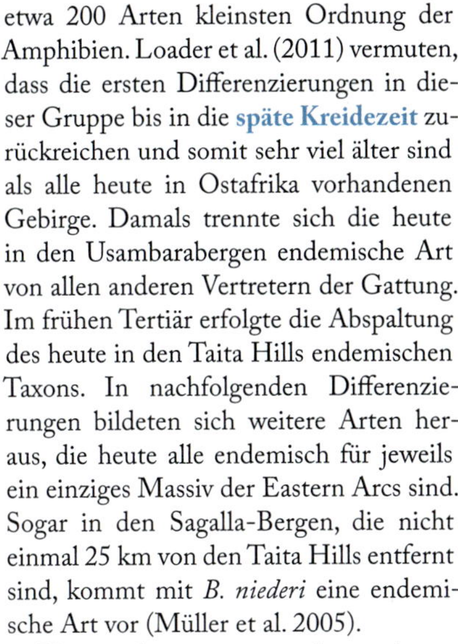

etwa 200 Arten kleinsten Ordnung der Amphibien. Loader et al. (2011) vermuten, dass die ersten Differenzierungen in dieser Gruppe bis in die **späte Kreidezeit** zurückreichen und somit sehr viel älter sind als alle heute in Ostafrika vorhandenen Gebirge. Damals trennte sich die heute in den Usambarabergen endemische Art von allen anderen Vertretern der Gattung. Im frühen Tertiär erfolgte die Abspaltung des heute in den Taita Hills endemischen Taxons. In nachfolgenden Differenzierungen bildeten sich weitere Arten heraus, die heute alle endemisch für jeweils ein einziges Massiv der Eastern Arcs sind. Sogar in den Sagalla-Bergen, die nicht einmal 25 km von den Taita Hills entfernt sind, kommt mit *B. niederi* eine endemische Art vor (Müller et al. 2005).

Untersuchungen an anderen Artengruppen ergaben meist einen **jüngeren Differenzierungsbeginn** als in den oben gezeigten Beispielen; so etwa bei drei **Froscharten** bzw. Artenkomplexen der **Gattung *Hyperolius*** (Lawson 2010). In allen drei Fällen lag der Differenzierungsbeginn bei 12–15 Mio. Jahren, was mit zunehmend trockeneren Bedingungen in Ostafrika im Zusammenhang mit globalen Abkühlungen begründet sein könnte. Dieser klimatische Grund könnte auch ursächlich für den Differenzierungsschub bei den Annonengewächsen vor 16 Mio. Jahren gewesen sein. Ähnlich wie in den oben gezeigten Fällen wiesen zwei der drei *Hyperolius*-Taxa eine deutliche genetische Trennung zwischen den nördlichen und den südlichen Eastern Arcs auf. Die Populationen des **südlichen Grabenbruchs** im Bereich des **Malawisees** stellten nur für *H. punctinalis* die älteste

Aufspaltung dar, in den beiden anderen Fällen trennten sich diese erst im Verlauf der gesamten Differenzierungsgeschichte ab. Trotzdem spricht die Gesamtheit der genetischen Befunde in allen drei Fällen für **südlich gelegene Entstehungszentren** und eine sukzessive Ausbreitung nach Norden (Abb. 8.17).

Das Alter aller *Hyperolius*-Linien wurde jedoch mit über 2 Mio. Jahren angenommen. Somit scheint auch in diesen Fällen das **Pleistozän keine besondere Bedeutung** für die Evolution verschiedener genetischer Linien besessen zu haben. In den meisten Fällen wurde für jedes der drei *Hyperolius*-Taxa lediglich eine genetische Linie pro Gebirgsblock nachgewiesen, was ähnlich wie in den oben behandelten Chamäleon-Beispielen für Feuchtwaldrelikte spricht, die über lange Zeitspannen in ihren Refugien überdauerten. Eine Ausnahme bildet *H. punctinalis,* für den im geographisch ausgedehnten **Udzungwagebiet** mehrere Linien evoluierten.

Allerdings fanden nicht alle wesentlichen Differenzierungen zwischen den Eastern-Arc-Gebirgen vor dem Beginn des Pleistozäns statt. Vor allem in der mobilen Gruppe der Vögel sind die genetischen Differenzierungen oftmals jünger. So trennten sich die beiden **Bülbül-Geschwisterarten** *Phyllastrephus debilis*, die in den tropischen Feuchtwäldern am Indischen Ozean verbreitet ist, und *P. albigula*, die endemisch für die Usambara- und Nguru-Berge ist, erst vor 2,4–3,1 Mio. Jahren (Fuchs et al. 2011). Vor allem die **Ariditätshöhepunkte des Eiszeitalters** hinterließen ihre innerartlichen genetischen Fußabdrücke in etlichen Arten.

Ein Beispiel hierfür ist der **Sternrötel** ***(Pogonocichla stellata)***, dessen sieben genetische Linien sich vermutlich vor etwa 1,7 sowie zwischen 0,8 und 1,3 Mio. Jahren zu differenzieren begannen (Bowie et al. 2006). Allerdings weisen diese mobilen Organismen **keine endemischen Linien für einzelne Gebirgsstöcke** auf, sondern mehrere von diesen besitzen die gleiche Linie, sodass sich lediglich die nördlichen von den südlichen Gebirgen genetisch unterscheiden. Eine solche Nord-Süd-Divergenz in den Eastern Arcs wurde auch für **mehrere weitere Vogelarten** nachgewiesen (Fijelså & Bowie 2008). Ein vergleichbares geographisches Muster mit ähnlicher zeitlicher Datierung wurde ebenfalls für die Froschart *Arthroleptis xerodactyloides* festgestellt (Blackburn & Measey 2009). Auch die **Afrikanischen Sumpfratten** der ***Otomys-lacustris/dentae*-Gruppe** besitzen ein analoges Muster (Taylor et al. 2009). Für diese Nager trennten sich die Populationen im Albertiner Grabenbruch vor etwa 1,9 Mio. Jahren von allen anderen. Eine zweite Differenzierungsphase zwischen dem südlichen Grabenbruch, den südlichen und den nördlichen Eastern Arcs fand vor 0,7–1,0 Mio. Jahren statt. Die **Nektarvogelart** ***Nectarinia olivaceae*** besitzt ebenfalls eine Differenzierung zwischen den nördlichen und südlichen Eastern Arcs, jedoch weisen in diesem Fall auch die Vulkane des Landesinneren ihre eigene genetische Linie auf, die vermutlich von Populationen aus den mittleren oder südlichen Eastern Arcs abstammen. Aus der Linie des Albertiner Grabenbruchs wurden wohl rezent die Wälder des zentralen und westlichen Afrikas großflächig besiedelt. Die Vorkommen des südlichen Grabenbruchs im Bereich des Malawisees leiten sich wahrscheinlich rezent aus den Eastern Arcs ab (Bowie et al. 2004).

Auch für die **Kapdrosseln** (***Turdus olivaceus*** **agg.**), einem in Afrika weit verbreiteten Artenkomplex, wurde ein komplexeres Muster als eine simple Süd-Nord-Differenzierung in den Eastern Arcs nachgewiesen. Für dieses Taxon existieren deutlich differenzierte genetische Linien sowohl in den Taita Hills in Südkenia als auch den nördlichen Eastern Arcs in Tansania. Von der in den südlichen und zentralen Eastern Arcs nachgewiesene Linie leiten sich die Populationen im Albertiner Grabenbruch ab, aus denen wiederum die Populationen des kenianischen Hochlandes hervorgingen. Es existierte somit eine hohe Arealdynamik in Form eines **großen Besiedlungsbogens** aus den südlichsten Vorkommen heraus, in Kombination mit dem Überdauern in Refugien für die beiden nördlichen Linien (Bowie et al. 2005).

8.6 Kapensis

Der äußerste Südzipfel Afrikas ist schon seit Langem für seine große Artenzahl an Pflanzen (ca. 9000 Arten) und den mit fast 70% sehr hohen **Endemitenreichtum** berühmt (Linder 2003, 2005). Von vielen Autoren wird diese Region deshalb als **eigenes Florenreich** angesehen und als «Kapensis» oder «Capensis» bezeichnet; englisch oft *Cape Florist Region* (Müller 1981). Besonders hervorzuheben ist der Artenreichtum bei den **Silberbaumgewächsen (Proteaceae)**, der den Sauergräsern ähnlichen Familie der **Restionaceae** sowie **Heidekrautgewächsen** (Ericaceae) und mit diesen verwandte Familien. Auch klimatisch unterscheidet sich die Kapensis in ihren westlichen Bereichen von den angrenzenden Gebieten durch das Vorherrschen von **Winterregenfällen**. Deshalb sind die klimatischen Bedingungen denjenigen im Mittelmeerraum ähnlich; sie besaßen vermutlich einen wichtigen Einfluss auf die Evolution der floristischen Einzigartigkeit des Gebiets. Da diese klimatischen Verhältnisse sich vor etwa **5 Mio. Jahren** einstellten und seitdem vermutlich relativ konstant blieben (Chase & Meadows 2007, Franz-Odendaal et al. 2002), stand ein ausreichend langer Zeitrahmen für die Anpassungsprozesse der Flora zur Verfügung.

Bezogen auf die **Tierwelt** weist die Kapensis jedoch nicht annähernd die biogeographische Sonderstellung wie für Pflanzen auf und wird als Teil der Äthiopis angesehen (Müller 1981). So sind viele der großen Säugetierarten, die in der Kapensis vorkommen, weit im südlichen Afrika und teilweise sogar darüber hinaus verbreitet. Wie bereits oben beschrieben, weisen die Kapensis-Vorkommen auch keine eigenständigen genetischen Linien für diese Arten auf. Dieses Bild trifft jedoch nicht zu, wenn wir uns kleinere und weniger mobile Tierarten ansehen. So ist die Kapensis nicht nur insgesamt reich an unterschiedlichen Arten, sondern besitzt auch einen hohen Endemitenreichtum. So werden beispielsweise 28% der hier vorkommenden über **180 Reptilienarten** als endemisch angesehen (Tolley et al. 2009).

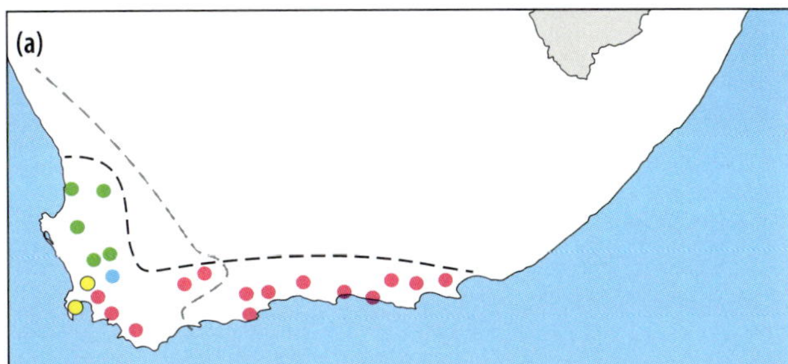

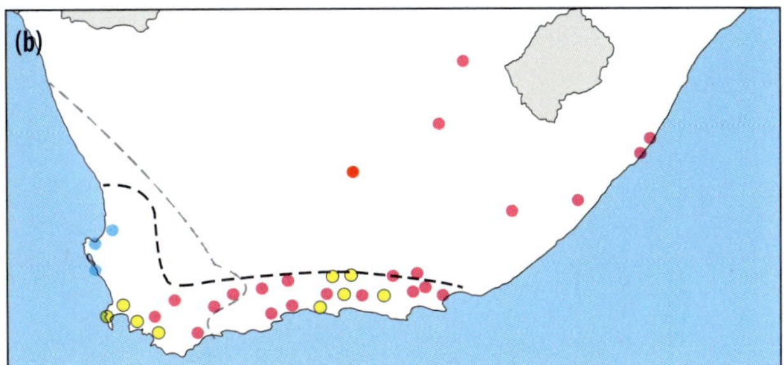

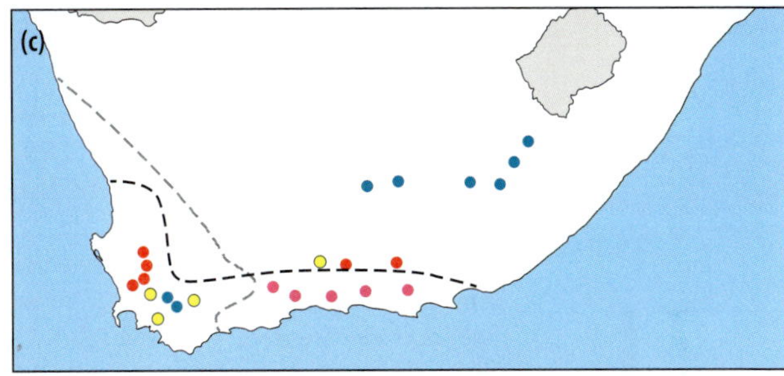

Abb. 8.18 Phylogeographische Muster in der südafrikanischen Kapregion am Beispiel (a) der Agame *Agama atra,* (b) Geschwisterarten der Chamäleon-Gattung *Bradypodion* und (c) der Lacertide *Pedioplanis burchelli.* Das Winterregengebiet um Kapstadt ist durch eine unterbrochene hellgraue Linie dargestellt, die Abgrenzung der floristisch definierten Kapensis durch eine schwarze. Abbildung nach Tolley et al. (2009).

Auch innerhalb von Arten und Artengruppen wurden im Bereich der Kapensis deutliche phylogeographische Strukturen nachgewiesen, die auf eine markante innerartliche Differenzierung auch innerhalb dieser Region hinweisen. Beispiele hierfür sind die **Agamenart *Agama atra***, Geschwisterarten der **Chamäleon-Gattung *Bradypodion*** und die **Lacertidenart *Pedioplanis burchelli*** (Tolley et al. 2009). Für einen bzw. zwei mitochondriale Genfragmente wurden jeweils drei bzw. vier genetische Linien für die Kapensis nachgewiesen (Abb. 8.18). Insgesamt war die phylogenetische Diversität in allen drei Beispielen im **westlichen Teil** der Region, der durch Winterregenfälle und Sommertrockenheit geprägt ist, deutlich höher als im östlichen Teil, in dem es keine ausgeprägte Sommertrockenheit gibt. Ähnliche phylogeographische Muster wurden auch für die **Elefantenspitzmausart *Elephantulus edwardii*** (Smit et al. 2007) und die **Zikadenart *Platypleura stridula*** (Price et al. 2007) festgestellt. Auch Pflanzen zeigen vergleichbare biogeographische Muster (Cowling & Lombard 2002). Die Stärke der genetischen Differenzierungen sprechen jedoch in diesen Fällen meist gegen eine allopatrische Trennung in unterschiedlichen Glazialrefugien als Ursache für die nachgewiesenen genetischen Linien, wie dies in vielen Fällen im ansonsten vergleichbaren Mittelmeerraum oftmals postuliert wird. Trotzdem muss angenommen werden, dass die klimatischen Bedingungen und die geographische Diversität im westlichen Bereich der Kapensis eine Isolation und somit allopatrische Differenzierung mehr begünstigte als im östlichen Teil. Außerdem kann nicht ausgeschlossen werden, dass auch **Rückzüge auf glaziale Refugien** zu einer geographischen Sortierung der Haplotypen beitrugen und somit einen Einfluss auf die phylogeographische Struktur besaßen, auch wenn der Beginn der Evolution der unterschiedlichen Linien zeitlich lange vor dem Beginn des Eiszeitalters lag.

8.7 Madagaskar

Das durch die über 400 km breite und über 2000 m tiefe **Straße von Mozambique** von der ostafrikanischen Küste getrennte Madagaskar ist mit einer Fläche von 587 295 km^2 die **viertgrößte Insel der Welt** und somit größer als Frankreich. Die Insel entstand im Zuge des **Zerfalls von Gondwanaland**. Dieser setzte in der Kreidezeit vor 165 Mio. Jahren durch die einsetzende Trennung des westlichen (Afrika, Südamerika) vom östlichen Gondwanaland (Madagaskar, Indien, Australien, Antarktis) ein und beschleunigte sich ab 136 Mio. Jahren vor heute. Das östliche Gondwanaland begann vor 130 Mio. Jahren in die Teile Indo-Madagaskar und Australien-Antarktis zu zerfallen, vor 115–112 Mio. Jahren brach schließlich die Landbrücke über den **Gunnerus-Rücken** zur Antarktis und damit die Verbindung nach Südamerika ab (Samonds et al. 2012); in anderen Publikationen wird die Existenz dieser Brücke bis etwa 80–90 Mio. Jahre vor heute postuliert (Geiger et al. 2004, Ali & Aitchison 2008). Die **Trennung von Indien** begann vermutlich vor etwa 88 Mio. Jahren. Zum Übergang zwischen Kreide und Tertiär, der von einem weltweiten Massensterben begleitet wurde, welches auch starke Auswirkungen auf die Flora und Fauna von Madagaskar hatte, waren Indien und Madagaskar bereits deutlich voneinander getrennt. Folglich war Madagaskar mindestens über das **gesamte Tertiär komplett isoliert** (Samonds et al. 2013). In der Folgezeit driftete der indische Subkontinent sehr schnell nach Norden und kollidierte vor 35 Mio. Jahren mit der eurasischen Platte, was eine große Bedeutung für die Entstehung der Gebirge Südasiens besaß (Kap. 6). Aber nicht nur Indien driftete nordwärts, auch Madagaskar driftete in diese Richtung, wenn auch sehr viel langsamer. Die Norddrift hatte aber wesentliche Auswirkungen auf die klimatischen Verhältnisse der Insel und somit auf seine Tier- und Pflanzenwelt (Samonds et al. 2012). Ab etwa 60 Mio. Jahren vor heute ersetzten laubabwerfende Wälder, die sich von Norden her ausbreiteten, die trockenen Buschformationen im Westen. Zwischen 45–40 Mio. Jahren erreichte Madagaskar großenteils

Abb. 8.19 Zeittafel, die die wesentlichen paläogeographischen und paläoklimatischen Ereignisse zusammenfasst, die für die biogeographische Geschichte Madagaskars relevant sind. Abbildung nach Samonds et al. (2013).

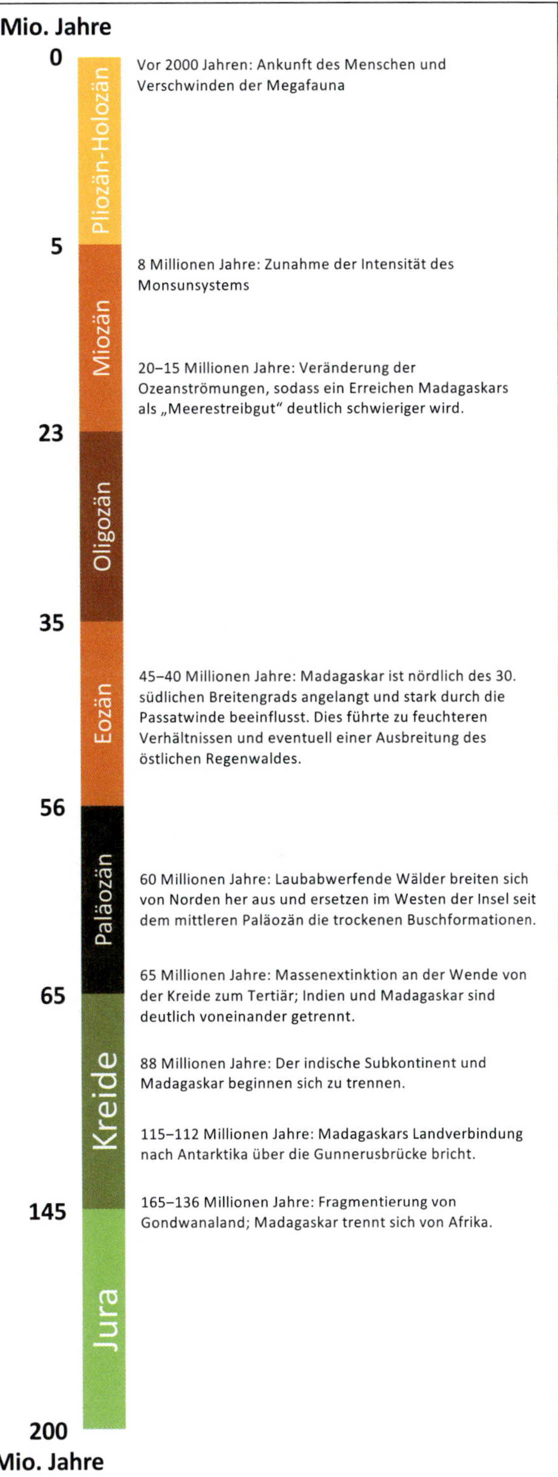

eine Position nördlich von 30° S und wurde stark von den Passatwinden beeinflusst, was zu deutlich feuchteren Bedingungen führte und vermutlich auch zur Etablierung des Regenwaldbandes entlang der Ostküste, welches seitdem wohl ununterbrochen existierte (Samonds et al. 2013). Vor 20–15 Mio. Jahren veränderten sich die **Meeresströmungen** und verliefen nicht mehr von Ostafrika in Richtung Madagaskar, sondern in umgekehrter Richtung (Ali & Huber 2010), sodass der **Transport als «Strandgut»** von Afrika nach Madagaskar deutlich erschwert wurde. Etwa 8 Mio. Jahre vor heute intensivierte sich das **Monsunsystem**, was eine weitere Zunahme der Feuchtigkeit bewirkte. Der Mensch erreichte Madagaskar erst vor etwa 2000 Jahren, was den Verlust der madagassischen Megafauna zur Folge hatte (Abb. 8.19; Samonds et al. 2012, 2013).

Diese erdgeschichtlichen Rahmenbedingungen machen Madagaskar zu einem idealen **natürlichen Labor** für die Analyse von evolutiven und biogeographischen Prozessen (Vences et al. 2009). Durch seine lange Isolation entwickelte Madagaskar eine der höchsten **Endemismenraten** der Welt. So sind alle autochthonen Amphibienarten sowie alle terrestrischen Säugetiere nur hier anzutreffen; die Endemismusrate von Reptilien beträgt 92 %, die von Vögeln 44 % und von Tagfaltern 74 %; auch über 90 % aller Pflanzenarten sind madagassische Endemiten (Goodman & Benstead 2003, 2005, Phillipson et al. 2006, Krüger 2007). So kommen beispielsweise sechs der acht **Affenbrotbaumarten (Gattung *Adansonia*)** nur auf Madagaskar vor (*A. digitata* auch auf dem afrikanischen Festland, und eine weitere Art *(A. gregorii)* ist auf Australien beschränkt).

Die hohe Endemismusrate ist jedoch nicht auf das Artniveau begrenzt, sondern betrifft auch höhere taxonomische Ebenen. So sind beispielsweise 23 der 24 auf Madagaskar vertretenen Amphibiengattungen endemisch; ebenso eine der vier Familien (Vieites et al. 2009). Besonders berühmt sind auch die zahlreichen **Lemuren**, die bemerkenswert taxonreich vertreten sind und mehrere endemische Familien auf Madagaskar besitzen. Hierzu zählt auch das **Fingertier oder Aye-Aye *(Daubentonia madagascariensis)***, welches eine eigene Familie (Daubentoniidae) repräsentiert und durch seine stark verlängerten dritten und vierten Finger einmalig ist. Mehrere Pflanzenfamilien sind für Madagaskar endemisch (Sarcolaenaceae, Spherosepalaceae, Asteropeiaceae, Physenaceae). Mit den **Armleuchterbäumen (Didieroideae)**, welche morphologisch Kakteen und Euphorbien ähneln und auch deren ökologische Nische besetzen, mit diesen jedoch keine näheren verwandtschaftlichen Beziehungen aufweisen, ist eine weitere Pflanzenunterfamilie auf Madagaskar beschränkt (Yoder & Nowak 2006). Alle Vertreter der beiden anderen Unterfamilien der Didieraceae kommen im südlichen und östlichen Afrika vor. Aufgrund seiner reichen endemischen Flora und Fauna, aber auch wegen ihrer Verletzlichkeit wurde Madagaskar als einer der wichtigsten Hotspots weltweit für die Bewahrung der biologischen Vielfalt eingestuft (Myers et al. 2000, Ganzhorn et al. 2001).

8.7.1 Die Herkunft der Arten Madagaskars

Trotz der langen Isolation Madagaskars über das ganze Tertiär oder sogar schon seit der späten Kreidezeit stellen **alte Relikte**, die hier seit der Gondwanaperiode überdauerten, also aus der Kreidezeit oder dem Jura stammen, nur einen vergleichsweise kleinen Teil der heutigen biologischen Vielfalt dar. Sie sind jedoch vorhanden. Ein Beispiel für ein solches **Gondwanarelikt** könnten die **Buntbarsche** darstellen. Die Analyse von Sparks (2004), in der das mitochondriale 16S-Gen für 73 Taxa sequenziert wurde, stimmt recht gut mit der Abfolge des Zerfalls von Gondwana überein. So bilden Asien und Madagaskar sowie Afrika und Südamerika jeweils monophyletische Gruppen. Für sich alleine genommen stellen Afrika, Südamerika und Asien jeweils Monophyla dar, die madagassischen Arten sind ohne die asiatischen jedoch paraphyletisch, was für ein höheres Alter der madagassischen als der asiatischen Linie spricht. Ein erweiterter Datensatz, in dem zwei mitochondriale und zwei Kerngene untersucht wurden, unterstützen diese Aussage, allerdings wurden die madagassischen Buntbarsche auch bezüglich derjenigen aus Afrika und Südamerika paraphyletisch (Sparks & Smith 2004), was die generelle Bedeutung von Madagaskar als Ursprungsort der Cichliden unterstreicht.

Obwohl Vögel in der Mehrzahl der Fälle relativ spät im Tertiär nach Madagaskar einwanderten, gibt es auch unter ihnen ein gondwanisches Element: die **Elefantenvögel (Familie Aepyornithidae** mit den Gattungen *Aepyornis* und *Mullerornis* und insgesamt sieben Arten). Nach der Besiedlung Madagaskars durch den Menschen starben diese jedoch recht kurz nach der Zeitenwende aus. Genetische Untersuchungen von Cooper et al. (2001) belegen, dass, ähnlich wie im Fall der Buntbarsche, die Ahnen der heutigen Laufvögel wohl auch schon vor dem Zerfall Gondwanas existierten und sich anschließend zu den heute lebenden oder, wie im Fall Madagaskars und der neuseeländischen Moas, in historischer Zeit ausgestorbenen Arten entwickelten.

Die große Mehrzahl der Arten Madagaskars sind allerdings **Neoendemiten**, die auf Übersee-Besiedlungen aus Afrika zurückgehen, seltener auch aus Südasien oder anderen geographisch weiter entfernten Regionen (Yoder & Nowak 2006). So stammten schätzungsweise 72,9 % aller im Tertiär angekommenen Tetrapoden aus Afrika, und lediglich 23,7 % waren indischen oder südostasiatischen Ursprungs (Samonds et al. 2013). Auch die **Ausbreitungsfähigkeit** hat große Auswirkungen auf die **Herkunft der Besiedler**. So stammen rein terrestrische Säuger und Reptili-

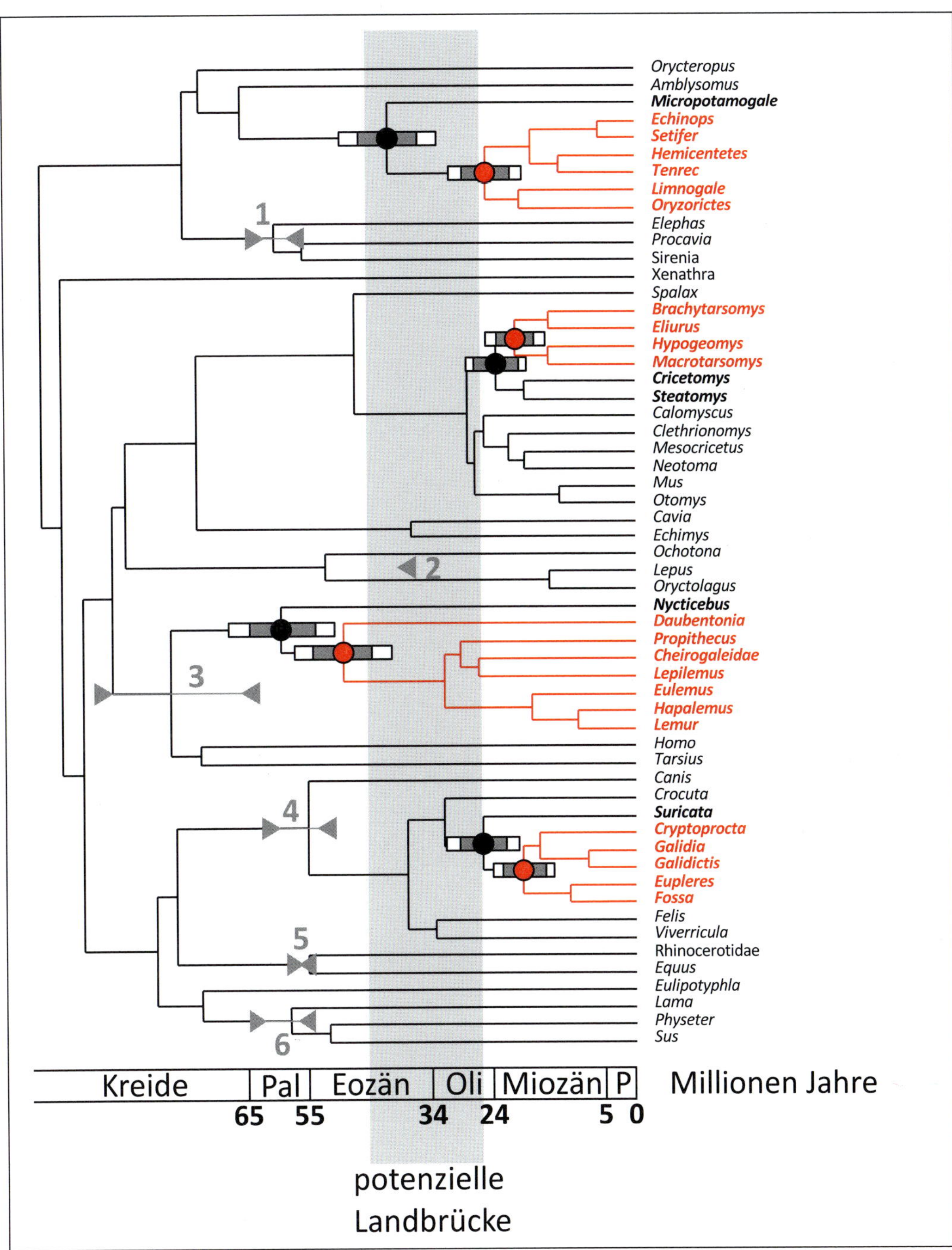

Abb. 8.20 Stammbaum von Plazentatieren (ohne Fledermäuse) aus Madagaskar und anderen Erdregionen. Die vier auf Madagaskar vorkommenden Gruppen sind monophyletisch und gehen auf je ein Kolonisierungsereignis zurück; diese vier Ereignisse fanden jedoch zu unterschiedlichen Zeitfenstern statt. Rote Kreise geben den Beginn der Radiation auf Madagaskar an; schwarz gefüllte Kreise die Trennung von ihren letzten gemeinsamen Vorfahren in Afrika; beide sind mit ihren Standardabweichungen (graue Balken) und 95 %-*credibility-intervals* (weiße Balken) angegeben. Die sechs fossil begründeten Kalibrierungspunkte sind durchnummeriert. Das Zeitfenster einer potentiellen Landbrücke im Tertiär (McCall 1997) ist angegeben. Abkürzungen: Pal = Paläozän, Oli = Oligozän, P = Pliozän und Pleistozän. Abbildung nach Poux et al. (2005).

en sowie Amphibien fast ausnahmslos aus dem benachbarten Afrika, wohingegen die sehr viel mobileren Vögel und Fledermäuse deutlich weniger auf die räumliche Nähe zum Ursprungsort angewiesen sind. Deshalb besitzt ein viel höherer Anteil von diesen auch geographisch weiter entfernte Herkunftsgebiete, zum Beispiel in Südasien. Gut untersucht ist z.B. die Besiedlung Madagaskars durch **Säugetiere** (ohne die flugfähigen Fledermäuse), die hier nur durch **vier taxonomische Gruppen** vertreten sind. Poux et al. (2005) sequenzierten drei Kerngene (3,5 kb) und bestimmten das Alter dieser vier madagassischen Gruppen mittels einer molekularen Uhr (Abb. 8.20). Alle vier Gruppen waren monophyletisch und gehen somit auf **jeweils ein einziges Kolonisierungsereignis** Madagaskars zurück. Die älteste Kolonisierung stellen die **Lemuren (Lemuriformes)** dar, deren Split von den Loris (Lorisidae) mit 60 Mio. Jahren und der Beginn der Radiation auf Madagaskar mit 50 Mio. Jahren geschätzt wurde. Hieraus ergibt sich ein Zeitfenster der Besiedlung Madagaskars (95% Konfidenzintervall), das sich von 70–41 Mio. Jahre vor heute erstreckt. Zu dieser Zeit war Gondwana schon lange zerfallen, sodass die Vorfahren der madagassischen Lemuren diese Insel über das Meer von Afrika aus erreichen mussten.

Als Nächstes wurde Madagaskar vor den Ahnen der **Tenreks (Tenrecidae)** besiedelt, deren Radiation auf 25 Mio. Jahre und deren Split von den afrikanischen Otterspitzmäusen (Potamogalidae) auf 42 Mio. Jahre geschätzt wird, sodass sie vor 50–20 Mio. Jahren (95% Konfidenzintervall) angekommen sein müssen. Die Trennung der zu den katzenartigen gehörenden **Madagassischen Raubtiere (Eupleridae)** von ihren nächsten Verwandten, den afrikanischen Erdmännchen *(Suricata suricatta)*, liegt etwa 26 Mio. Jahre, der Beginn ihrer Radiation etwa 19 Mio. Jahre zurück, das hieraus geschätzte 95%-Konfidenzintervall schätzt die Ankunft auf Madagaskar auf 33–14 Mio. Jahre. Etwa gleichzeitig müssen die **Madagaskar-Ratten (Nesomyinae**, eine Unterfamilie der ansonsten auf Afrika beschränkten Nagetierfamilie der Nesomyidae) eingetroffen sein, deren Trennung von den nächsten Verwandten aus Afrika auf 24 Mio. Jahre und madagassische Radiation auf 20 Mio. Jahre vor heute geschätzt wird (95%-Konfidenzintervall der Ankunft: 30–15 Mio. Jahre).

Auch wenn die Konfidenzintervalle der Ankünfte auf Madagaskar durch diese vier Gruppen große Zeiträume umfassen, so erlauben sie nicht die Annahme eines kurzen Zeitfensters, in dem alle diese Besiedlungen stattgefunden haben können; vielmehr muss die Besiedlungsgeschichte durch Säugetiere zu **unterschiedlichen Zeiten im Tertiär** stattgefunden haben. Diese asynchronen Besiedlungszeiten sprechen auch gegen die öfter geäußerte Landbrückentheorie, welche gelegentlich für den Zeitraum 45–26 Mio. Jahre vor heute postuliert wurde (McCall 1997). Auch überlappen die Konfidenzintervalle mit Ausnahme der Tenreks nur in geringem Maße mit dem Zeitfenster dieser postulierten Landbrücke, was ebenfalls gegen diese Theorie spricht. Poux et al. (2005) gehen deshalb davon aus, dass alle Vorfahren der heutigen autochthonen Säugetiere Madagaskar gewissermaßen als **Strandgut von Afrika** aus erreicht haben.

Im Zusammenhang mit der Säugerevolution auf Madagaskar sind auch die **Dungkäfer der Helictopleurini** erwähnenswert. Die madagassischen Arten trennten sich von ihren nächsten afrikanischen Verwandten vor 44–28 Mio. Jahren; die madagassische Radiation begann vor 37–23 Mio. Jahren. Somit trafen diese Dungkäfer erst ein, als die für ihr Überleben notwendigen Säuger schon anwesend waren. Wirta et al. (2008) vermuten überdies, dass die starke Artbildung bei den Dungkäfern auch **koevolutiv** mit der Radiation bei den Säugern gekoppelt war.

Ähnliche Herkünfte wie oben postuliert werden auch für zahlreiche andere Artengruppen wie **Frösche** (Vences et al. 2003a, 2004), **Eidechsen** (Lima et al. 2013, Blair et al. 2015) und **Chamäleons**

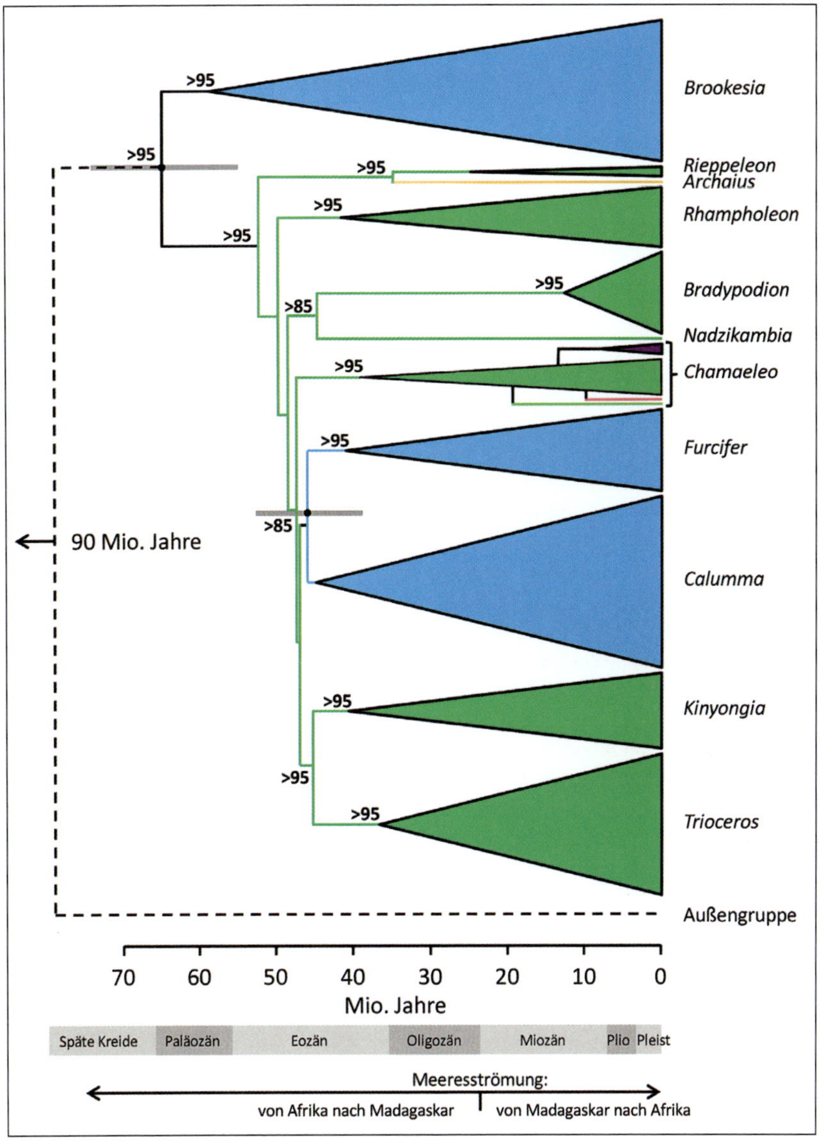

Abb. 8.21 Chronogramm für Chamäleons mit Unterstützungswerten einer BEAST-Analyse, basierend auf sechs mitochondrialen und nukleären Genfragmenten. Die Wahrscheinlichkeiten der Knotenpunkte sind bei Werten von über 85 % angegeben. 95 %-Intervalle sind für die beiden wichtigsten Diversifizierungsereignisse angegeben, die mit der Ausbreitung nach Madagaskar verbunden sind. Die Farben des Diagramms stehen für die vermuteten Herkünfte der Vorfahren der rezenten Linien; Afrika: grün; Madagaskar: blau; Europa: pink; Asien: purpur; Seychellen: gelb; Sokotra: hellgrün. Abbildung nach Tolley et al. (2013).

(Tolley et al. 2013) vermutet. In diesen Gruppen erfolgten jedoch des Öfteren **mehrere Kolonisierungsereignisse**. So wurden für die madagassischen Vertreter der Froschfamilie Hyperoliidae über genetische Analysen drei unterschiedliche Kolonisierungsereignisse nachgewiesen (Vences et al. 2003). Auch die biogeographische Geschichte der Chamäleons ist in diesem Zusammenhang erwähnenswert (Tolley et al. 2013). Mit einem Entstehungsalter vor schätzungsweise 90 Mio. Jahren sind sie jünger als der Zerfall Gondwanas und müssen somit Kolonisierungen über Meeresgebiete hinweg durchgeführt haben. Anders als noch von Raxworthy et al. (2002) angenommen, scheint das **Entstehungszentrum** dieser Gruppe nicht in Madagaskar, sondern auf dem **afrikanischen Festland** zu liegen. Für Letzteres spricht der deutlich verbesserte genetische Datensatz von Tolley et al. (2013), der die Mehrzahl der weltweit existierenden Arten umfasst und auf 13 mitochondrialen und nukleären Genfragmenten (>14 kb) basiert. Dieser Datensatz spricht für einen basalen Split zwischen den für Madagaskar endemischen **Stummelschwanzchamäleons (Gattung *Brookesia*)** und allen anderen Vertretern dieser Familie. Eine zeitliche Kalibrierung lässt vermuten, dass der Vorfahr aller heutigen *Brookesia*-Arten Madagaskar vor etwa 65 (± 8) Mio. Jahren von Afrika aus über die Straße von Mozambique hinweg erreichte. Hier fand anschließend eine **starke Radiation** in etwa 30 Arten statt (siehe unten). Die beiden anderen für Madagaskar endemischen Gattungen ***Calumma*** und ***Furcifer*** stellen auch eine monophyletische Gruppe dar, die in den anderen Chamäleons, die mit wenigen Ausnahmen auf Afrika beschränkt sind, genestet sind. Folglich müssen vor 47 (± 7) Mio. Jahren Chamäleons erneut Madagaskar auf dem Seeweg von Afrika aus erreicht haben. Auch in diesem Fall schloss sich eine starke Radiation nach der Ankunft an (Abb. 8.21).

Auffällig an den Besiedlungszeitpunkten Madagaskars durch Säugetiere und Reptilien ist, dass diese schwerpunktmäßig **vor der Veränderung der Meeresströmungen** in der Straße von Mozambique stattfanden, die sich im Zeitfenster vor 20–15 Mio. Jahren vor heute von der ostafrikanischen Küste nach Madagaskar bewegten, danach jedoch in der umgekehrten Richtung (Ali & Huber 2010). Diese Strömungsumkehr erschwerte die Erreichbarkeit Madagaskars für Organismen, die dieses als «Strandgut» erreichten, und könnte die vermutlich seit dem Miozän verringerte Anzahl an Ankünften solcher Taxa erklären. In dieses Bild passt auch, dass die beiden *Furcifer*-Arten der **Komoren**, die sich westlich von Madagaskar befinden, diese nach einer molekularen Altersschätzung erst im Miozän besiedelten, also nach der Veränderung der Strömungsverhältnisse, die dann eine Verdriftung von Madagaskar auf die Komoren erlaubten.

Betrachtet man die Gruppe der mobilen **Vögel** und **Fledermäuse**, so haben diese Madagaskar wohl in deutlich höheren Zahlen dank ihrer Flugfähigkeit erreicht als strikt terrestrische Säuger und Reptilien. Obschon auch für diese flugfähigen Arten **Afrika** die häufigste Ursprungsregion darstellt, so nimmt das **tropische Asien** als **Ursprungsgebiet** deutlich an Bedeutung zu. Nichtsdestotrotz stammen auch Reptilienarten von Kolonisationen ab, die ihren Ursprung nicht in Afrika besaßen. Ein besonders auffälliges Beispiel stellen die **Skinke der Gattung *Cryptoblepharus*** dar, deren meiste Arten in der Australis verbreitet sind (Rocha et al. 2006). Auf Madagaskar kommt die Art *C. boutonii* vor, die, basierend auf einer molekularen Uhr, vor mindestens 1,5 Mio. Jahren, aber wahrscheinlich noch im Pleistozän, hier ankam. Auf Madagaskar fand anschließend eine Differenzierung in eine südliche und eine nördliche Linie statt. Vertreter der südlichen Gruppe besiedelten anschließend Bereiche an der ostafrikanischen Küstenregion. Die Komoren wurden sogar zweimal besiedelt, von denen eine Gruppe klar der benachbarten nördlichen Linie zugeordnet werden kann, die andere keiner von beiden. Auch die Populationen auf **Mauritius** leiten sich von einer Übersee-Besiedelung ab. Diese pleistozänen Kolonisierungen von Madagaskar aus in westlicher Richtung werden auch gut durch die damals vorherrschenden Meeresströmungen begünstigt (siehe auch das oben beschriebene Beispiel der *Furcifer*-Chamäleons).

Bei den **flugfähigen Gruppen** finden, wohl auch wegen der höheren Kolonisierungsrate, starke **Radiationen** in zahlreiche Arten deutlich **seltener** statt; auch das durchschnittliche **Besiedlungsalter** scheint deutlich **jünger** zu sein. Trotzdem existieren auch bei Vögeln Beispiele von **adaptiven Radiationen,** wie bei den endemischen **Vangawürgern (Familie Vangidae)**, die als monophyletische Gruppe auf ein einziges Besiedlungsereignis zurückgehen müssen. Die extrem hohe morphologische und ökologische Diversifizierung dieser Familie wurde wahrscheinlich durch die Nutzung und letztendlich Einnahme unbesetzter Nischen verstärkt (Yamagishi et al. 2001), ein vergleichbares Phänomen wie bei den Darwinfinken auf Galapagos und den Kleidervögeln auf Hawaii.

Als ein Beispiel für eine vergleichsweise junge Besiedlungsgeschichte von Wirbellosen sei abschließend noch die **Bienengattung *Braunsapis*** erwähnt. Über die Analyse von einem nukleären und zwei mitochondrialen Genen wurden zwei unabhängige Besiedlungsereignisse von Afrika nach Madagaskar nachgewiesen, denn die beiden madagassischen Gruppen sind in ansonsten rein afrikanische Arten eingebettet. Ein erstes Kolonisierungsereignis fand vor etwa 13 Mio. Jahren statt; aus ihm ging nur eine einzige Art, *B. madecassa,* hervor. Ein späteres ereignete sich vor etwa 3 Mio. Jahren; aus diesem evoluierten sich jedoch mindestens vier rezente Arten (Fuller et al. 2005). Dieser Befund belegt, dass nicht zwangsläufig der Zeitpunkt der Besiedelung ausschlaggebend für die rezent sich daraus ableitende Artenzahl ist. Auch wird durch diese Arbeit gezeigt, dass flugfähige Insekten Madagaskar auch zu der Zeit erreichen konnten, in der die Meeresströmungen für eine überseeische Verdriftung ungünstig waren, was somit eher für eine Verfrachtung über die Luft spricht.

8.7.2 Artentstehung auf Madagaskar und phylogeographische Muster

Wie für viele tropische Regionen typisch, zeichnet sich auch Madagaskar durch einen hohen räumlichen Wechsel von Arten aus, weshalb **Mikroendemismen**, also Arten mit sehr kleinen Verbreitungsgebieten, in verschiedenen taxonomischen Gruppen zahlreich nachgewiesen wurden (z.B. Goodman & Ganzhorn 2004, Wilmé et al. 2006, Kremen et al. 2008, Vieites et al. 2009, Glaw et al. 2012, Lemme et al. 2013, Rakotoarison et al. 2015; eine umfassende Zusammenstellung ist Vences et al. (2009) zu entnehmen). Auf Basis der Verbreitungsmuster von Lemuren charakterisierten Wilmé et al. (2006) zwölf **Endemismenzentren**, mit einer besonders kleinräumigen Strukturierung im geomorphologisch und klimatisch überaus vielfältigen Nordzipfel der Insel (Abb. 8.22 b). Dieser stellt sich auch für die Herpetofauna als besonders reich an Endemiten dar (Brown et al. 2016). Allgemein zeigt der Regenwaldbereich Madagaskars jedoch das häufig beobachtete Phänomen der ***mid-latitude-*** und der ***mid-altitude*-Maxima**, dass sich also die höchsten Artenzahlen sowohl im Zentrum der horizontalen wie auch der vertikalen Ausdehnung befinden (Vences et al. 2009). Gut dokumentiert ist dieses Phänomen zum Beispiel an den Verbreitungsmustern der Tagfalter (Lees et al. 1999).

Aufgrund seiner Geographie stellt Madagaskar generell ein vorzügliches Studienobjekt für die Analyse von evolutiven und biogeographischen Prozessen dar. Durch die ganze Insel zieht sich von Nord nach Süd ein **zentrales Hochland**, welches meist Höhen von wenigstens 1000 m NN aufweist; drei isolierte Gebirgsstöcke erreichen Höhen von bis zu 2900 m NN (Abb. 8.22a). An der östlichen Abdachung des Hochlandes kommt es durch das Aufsteigen der Passatwinde zu häufigen Steigungsregen und der Ausprägung eines früher durchgehenden **Regenwaldbandes**. Westlich und vor allem südwestlich des Hochlandes erstrecken sich **trockene bis subaride Regionen**, was im äußersten Südosten der Insel zu einem sehr abrupten Übergang von semiariden Dornstrauchformationen zu Regenwäldern führt (Abb. 8.22a). Diese klimatisch-orographischen Muster stimmen auch weitgehend mit der biogeographischen Gliederung basierend auf den Verbreitungsmustern der Lemuren überein, die von Martin (1972) publiziert wurde (Abb. 8.22c).

In einem Übersichtsartikel arbeiteten Vences et al. (2009) fünf unterschiedliche Prinzipien heraus. Für diese wird besondere Bedeutung für die Diversifizierung und Evolution der Taxa in Madagaskar postuliert. Sie besitzen somit eventuell

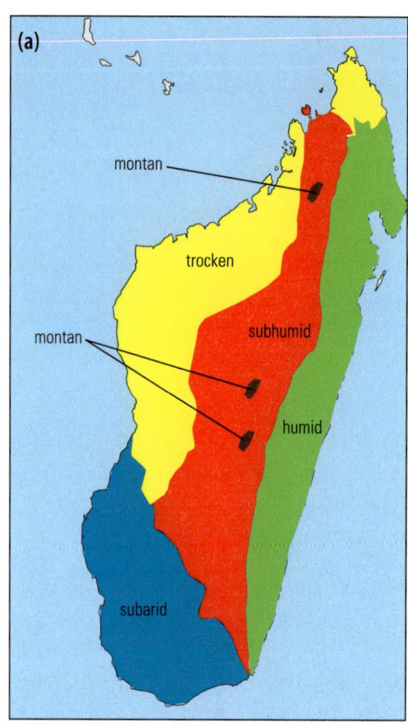

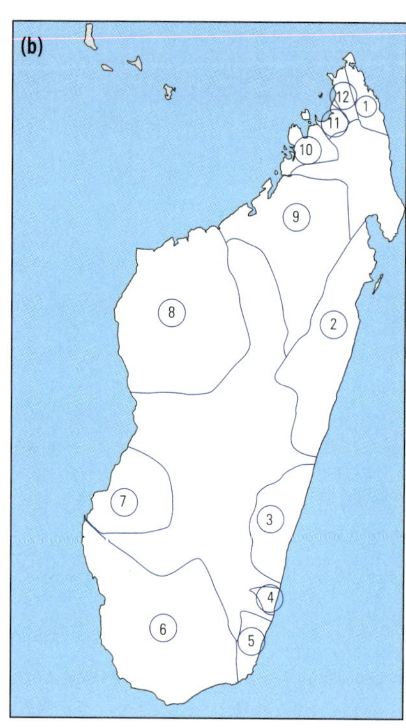

Abb. 8.22 Geographie und biogeographische Gliederung Madagaskars. (a) Simplifizierte bioklimatische Einteilung Madagaskars; humid und montan entspricht etwa der Verbreitung des Regenwaldes; subhumid entweder Regenwaldrelikten oder Grasländern; trocken entspricht laubabwerfenden Wäldern; subarid Dornbuschwäldern. (b) Die zwölf Endemismenzentren, identifiziert auf Basis der Wasserscheiden-Hypothese nach Wilmé et al. (2006). (c) Die biogeographische Gliederung Madagaskars nach der Lemurenverbreitung nach Martin (1972). Abbildung nach Vences et al. (2009).

große Bedeutung für die Entwicklung biogeographischer Muster: **ökogeographische Spezialisierung**, **westliche Regenwaldrefugien**, **montane Refugien**, **Barrieren durch Flüsse** und die Auswirkungen von **Wasserscheiden**. In diesem Kapitel werden diese Prinzipien anhand von typischen Beispielen erläutert. Es sei jedoch darauf hingewiesen, dass Brown et al. (2014) über Modellierungen nachwiesen, dass die Verteilungsmuster der Artenvielfalt und der Endemismusrate durch unterschiedliche Faktoren gesteuert werden, welche wohl in vielen Fällen in Kombination wirkten. Die Ursachen für die festgestellten Muster sind also nicht monokausal. Zuvor zeigten schon Pearson & Raxworthy (2009) für Chamäleons, Blattschwanzgeckos, Taggeckos und Lemuren, dass deren biogeographische Muster sich sowohl durch die **rezenten klimatischen Verhältnisse** wie auch über die geographische Lage der Wasserscheiden erklären lassen und dass in zahlreichen Fällen wohl eine Kombination aus beidem wirksam war.

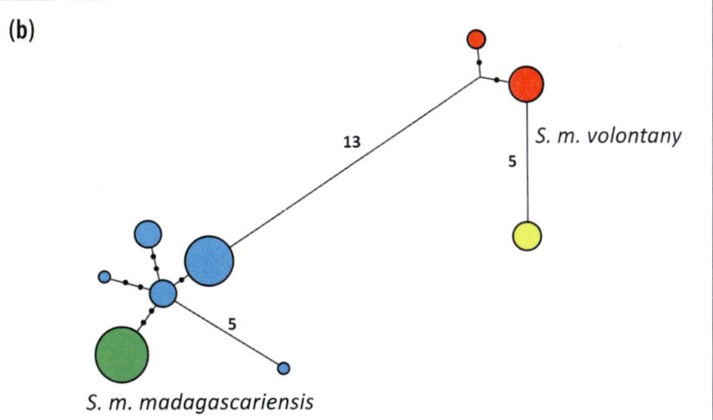

Abb. 8.23 Phylogeographie der Madagaskar-Hundskopfboa *(Sanzinia madagascariensis)*, basierend auf dem mitochondrialen 16S Fragment (491 bp). (a) Geographische Lage der Sammelstellen und Abgrenzung der vier genetischen Linien. (b) Haplotypennetzwerk. Abbildung nach Orozco-Terwengel et al. (2008).

8.7.2.1 Ökogeographische Spezialisierung in Madagaskar

In diesen Fällen hat sich eine ökologisch tolerante Art entweder aus dem trockenen Westen oder dem feuchten Osten über weite Bereiche Madagaskars ausgebreitet. Anschließend haben sich die jeweiligen Populationsgruppen an die unterschiedlichen klimatischen Bedingungen angepasst. Dies kann entweder in **Allopatrie** ohne Genfluss, zwischen den sich differenzierenden Gruppen oder in **Parapatrie** unter Existenz von Genfluss, aber der Etablierung eines steilen Gradienten stattgefunden haben.

Ein gutes Beispiel für diesen Differenzierungsmechanismus stellt die **Madagaskar-Hundskopfboa *(Sanzinia madagascariensis)*** dar. Orozco-Terwengel et al. (2008) belegten über Sequenzierung des mitochondrialen 16S-Gens eine starke Trennung in zwei genetische Gruppen, die auch morphologisch als zwei Unterarten beschrieben wurden (Abb. 8.23). Sekundär ist jede Linie in zwei Unterlinien differenziert, welche jedoch nicht klimatisch, sondern durch zwei Flussläufe voneinander getrennt sind (siehe unten).

Auch in der Eidechsenunterfamilie der Zonosaurinae scheint Anpassung an unterschiedliche klimatische Bedingungen maßgeblich für die Radiation gewesen zu sein. Blair et al. (2015) zeigten auf Basis von Sequenzuntersuchungen von nukleärer (zwei Loci) und mitochondrialer (ein Locus) DNA, dass diese Gruppe ihr Ausbreitungszentrum auf Madagaskar in den nordwestlichen laubabwerfenden Trockenwäldern besaß. Innerhalb der letzten 16 Mio. Jahre wurden von dort die ariden Dornstrauchgebiete des Südwestens zweimal zu unterschiedlichen Zeitfenstern besiedelt, woran sich Differenzierung anschloss. Vorstöße in die östlichen Regenwaldgebiete mit späterer Artbildung erfolgten auch mehrfach, aber in allen Fällen vergleichsweise rezent.

Für Vertreter der Skinkgattung *Trachylepis* wurde die Besiedlung der Hochlandsümpfe aus den westlichen Trockenwäldern heraus nachgewiesen (Lima et al. 2013). Yoder et al. (2000) fanden, dass nahverwandte **Mausmaki-Arten (Gattung *Microcebus*)** oft an jeweils trockenere und feuchtere Habitate angepasst scheinen. Diese Anpassung sehen sie als einen Grund für die hohe Artbildungsrate bei diesen Primaten. Hinweise auf eine die Differenzierung fördernde Auswirkung der **Spezialisierung auf unterschiedliche Klimanischen** existieren auch für die Frösche des *Mantella-viridis/ebenaui*-Artenkomplexes (Crottini et al. 2012), *Brookesia*-Chamäleons (Townsend et al. 2009) und Blattschwanzgeckos (Gattung *Uroplanus*) (Raxworthy et al. 2008).

8.7.2.2 Bedeutung der Flüsse und Wasserscheiden für die Biogeographie Madagaskars

Flüsse scheinen in Madagaskar für viele Artengruppen wichtige **biogeographische Barrieren** darzustellen. Da sie in Richtung des Mündungsgebietes kontinuierlich an Breite gewinnen, sollte als Konsequenz ihre **isolierende Wirkung** mit abnehmender **Meereshöhe** ebenfalls zunehmen. Folglich müssten die Vertreter nah verwandten Regenwaldarten aus dem Tiefland eine deutlich stärkere Reduktion des Genflusses zwischen Populationen durch Flüsse aufweisen als Arten, die in höher gelegenen Bereichen verbreitet sind. Dieses Phänomen wurde für zwei Arten der **Madagaskar-Buntfrösche (Gattung *Mantella*)** belegt. Für die Tieflandart *M. bernardi* wurden starke Differenzierungen zwischen Populationen und über den Fluss Manampatrana hinweg nachgewiesen (Vieites et al. 2006), wohingegen die in mittleren Lagen der östlichen Feuchtwälder weit verbreitete *M. baroni* eine solche Differenzierung nicht aufweist (Chiari et al. 2005).

Eine Übersichtsarbeit von Goodman & Ganzhorn (2004) zeigt, dass Unterarten von **Lemuren** häufig durch Flüsse voneinander getrennt sind oder die Verbreitungen von Arten durch Flüsse begrenzt werden. Beispiele sind *Propithecus diadema, Indri indri, Varecia variegata* agg. und *Eulemur fulvus.* Da die Entwässerung aus dem zentralen Hochland mehr oder minder in westlicher oder östlicher Richtung stattfindet, führt dies häufig zu einer **Nord-Süd-Anordnung** der resultierenden Linien. In einer genetischen Analyse nennen Pastorini et al. (2003) die Flüsse Betsiboka und Tsiribihina als wichtige Barrieren für den Genfluss zwischen Lemurenpopulationen, wohingegen der Mahavavy-Fluss nach diesen Untersuchungen keine diesbezügliche Bedeutung besitzt.

Sehr eindrücklich zeigten Craul et al. (2007) die starke Barrierewirkung aller größerer Flusssysteme im nordwestlichen Madagaskar auf **Wieselmakis (Gattung *Lepilemur*)**. Die Sequenzierung des mitochondrialen d-Loops ergab acht deutlich voneinander differenzierte Linien, denen allen Artstatus zugestanden wurde und die alle durch Flüsse voneinander getrennt sind (Abb. 8.24). Die isolierende Wirkung muss also so stark und lang anhaltend gewesen sein, dass diese **Artbildungsprozesse** abgeschlossen wurden.

Ein ähnlich komplexes phylogeographisches Muster wie bei den Wieselmakis wurde im gleichen Gebiet auch für die artenreiche rotfellige Gruppe der **Mausmakis (Gattung *Microcebus*)** nachgewiesen, nicht jedoch für ihre mit zwei Arten artenarmen graufelligen Verwandten (Olivieri et al. 2007). Keine Barrierewirkung wurde jedoch für den Andranomalaza-Fluss nachgewiesen. Dessen Quellgebiet befindet sich jedoch deutlich weniger weit im Hinterland, weshalb seine Umwanderung durch Mausmakis deutlich einfacher möglich ist als im Fall der anderen großen Flüsse Nordwest-Madagaskars. Die Art *M. myoxinus* ist jedoch über den Betsiboka-Fluss und andere, weiter südlich gelegene Flüsse hinweg verbreitet. In diesem Fall muss deshalb davon ausgegangen werden, dass dieser Mausmaki die Fähigkeit erworben hat, größere Wasserläufe gelegentlich zu überbrücken, was andere Arten nicht zu können scheinen.

Die Entstehung der Mausmakis liegt zwischen 12,0 und 8,7 Mio. Jahre zurück, und die Trennung der rötlichen und grauen Formen wird vor dem Beginn des

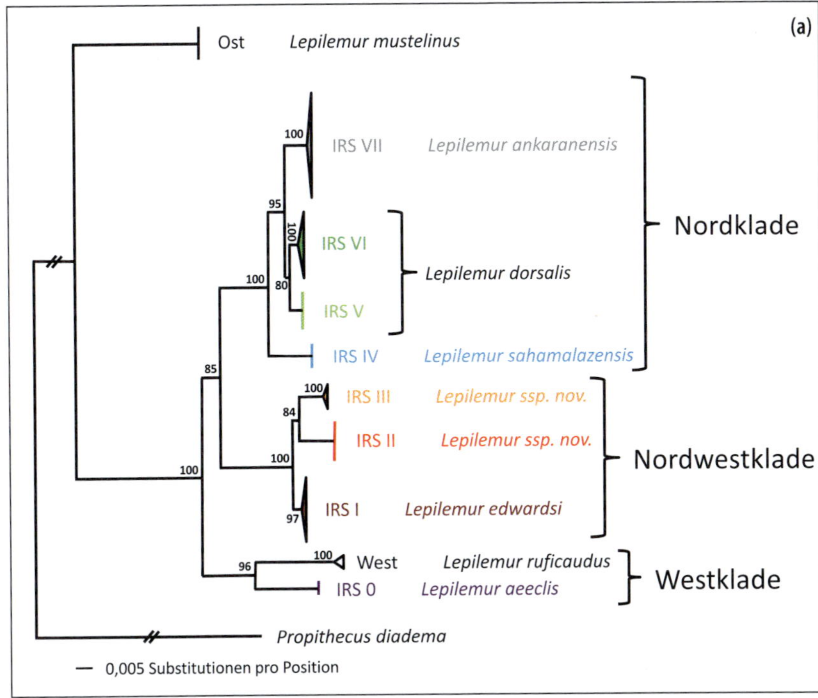

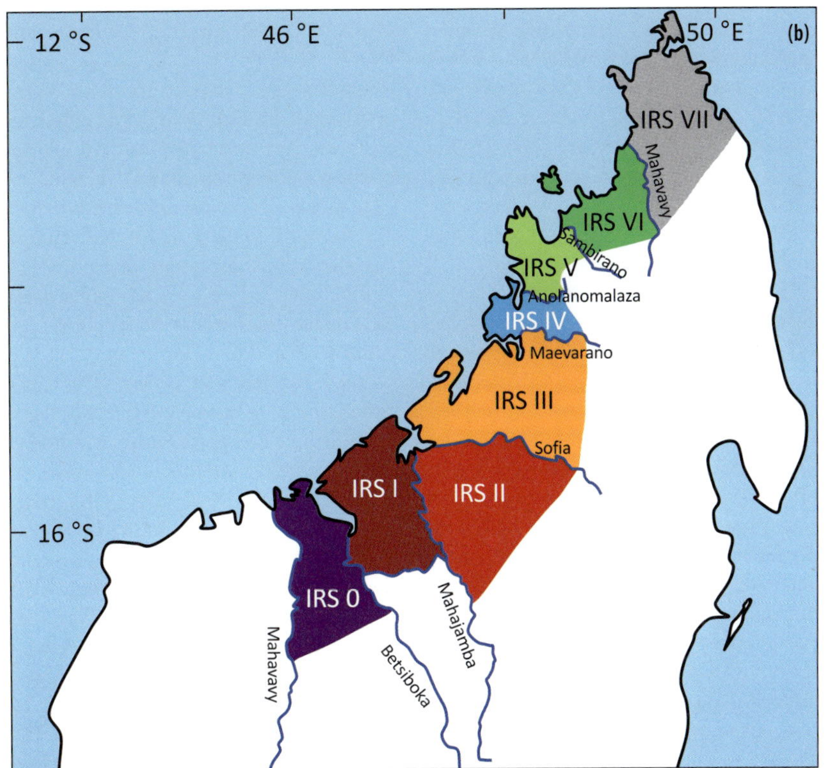

Abb. 8.24 Barrierewirkung der größeren Flusssysteme im nordwestlichen Madagaskar auf Wieselmakis (Gattung *Lepilemur*). (a) *Neighbor-joining*-Phänogramm inklusive *bootstrap*-Werten, basierend auf drei mitochondrialen Genfragmenten (1370-1373 bp). (b) Geographische Lage der acht Bereiche zwischen den Flüssen (engl.: *Inter-River-Systems*; IRS). Abbildung nach Craul et al. (2007).

Pleistozäns angenommen (Yoder & Yang 2004). Olivieri et al. (2007) vermuten, dass sich der Ursprung der artenreichen rötlichen Taxa im feuchteren Norden und der der artenarmen grauen Taxa im trockeneren Südwesten befand. Letztere sollten folglich deutlich besser an aride Bedingungen angepasst sein. Im Zuge der **eiszeitlichen Ariditätsphasen** breiteten sich die **grauen Mausmakis** nach Norden aus und konnten aufgrund ihrer Anpassung an trockenere Umwelten auch die Flüsse in ihren hochgelegenen Quellbereichen umwandern. Deshalb unterblieb auch eine stärkere Radiation durch Allopatrie. Die strikt an feuchte Wälder gebundenen **rötlichen Mausmakis** hingegen wurden durch die Flussläufe (seien diese wasserführend oder ausgedehnte ausgetrocknete Flussbetten) dauerhaft voneinander isoliert. Sie entwickelten sich unter diesen Umständen zu etlichen, strikt **parapatrisch verbreiteten Arten**, die noch heute durch die für ihre Bildung verantwortlichen Flüsse voneinander getrennt werden. Es sollte deshalb auch vermutet werden, dass die grauen Mausmakis eher trockenere Lebensräume präferieren, wohingegen feuchtere Habitate bevorzugt von den rötlichen Taxa genutzt werden sollten, eine Hypothese, für die ökologische Studien Anhaltspunkte liefern (Rendigs et al. 2003, Rakotondravony & Radespiel 2006).

Eine generell große biogeographische Bedeutung als Barriere scheint das Flusssystem des **Mangoro** im Osten Madagaskars zu besitzen. Dies zeigt sich zum Beispiel an der geographischen Verbreitung von je zwei intraspezifischen Linien der Taggeckoart *Phelsuma lineata* (Gering et al. 2013) und der **Blattschwanzgeckoart *Uroplatus phantasticus*** (Ratsoavina et al. 2012). Für Blattschwanzgeckos scheinen aber auch manche kleinere Flüsse, wie der nur etwa 20 m breite Namorona, starke Barrieren für den Genfluss zu bedeuten, denn auf beiden Seiten wurden unterschiedliche genetische Linien festgestellt, obwohl umgestürzte Bäume hier sogar als potenzielle Brücken fungieren könnten (Ratsoavina et al. 2012). Auch der Mahavavy-Fluss im äußersten Norden Madagaskars trennt zwei Blattgeckoarten voneinander (Raxworthy et al. 2008).

Flüsse stellen jedoch nicht nur ein trennendes Element für terrestrische Arten dar. Da die an sie angrenzenden Bereiche generell feuchter sind als weiter von ihnen entfernte, werden die flussnahen Regionen in trockenen Phasen, wenn sich die feuchten Wälder auf die noch ausreichend feuchten Zonen zurückziehen, zu deren Refugien. Auf dieser Hypothese beruht auch das oben bereits erwähnte **Endemismenzentrenkonzept** von Wilmé et al. (2006) (Abb. 8.22b). Die Autoren gehen dabei davon aus, dass **Feuchtwaldrefugien in Flusseinzugsgebieten**, die ihre Quellregionen nicht in hohen Lagen haben, nicht miteinander vernetzt sind und somit zu Endemismenzentren werden. Im Fall von Flusssystemen mit hochgelegenen Quellregionen kann eine Vernetzung mit anderen Flusseinzugsgebieten stattfinden. Deshalb sollte hier die generelle Endemismenrate niedriger sein. Die Bedeutung dieser flussbegleitenden Refugialsysteme scheint für die biogeographische Strukturierung Madagaskars zwar weniger bedeutend zu sein als die Barrierewirkung der Flüsse, nichtdestotrotz gibt es phylogeographische Arbeiten, die die Validität dieser Hypothese zumindest für einige Fälle unterstützen.

Ein Beispiel für diese Hypothese scheint die an trockene Bedingungen angepasste **Froschart *Laliostoma labrosum*** zu sein (Pabijan et al. 2015b). Der mitochondriale 16S-Locus weist sieben unterschiedliche Phylogruppen auf, von denen sich fünf weitgehend nicht geographisch überlappen (Abb. 8.25). Die Abfolge der Splits zwischen den genetischen Linien lässt einen Ursprung der Art im südwestlichen Madagaskar vermuten, mit anschließender Expansion entlang der westlichen Küste nach Norden. Aktuell ist die nördlichste Phylogruppe durch den **Sambirano-Regenwaldkorridor** von allen anderen isoliert, wenngleich diese Isolation sich zurzeit durch die anthropoge-

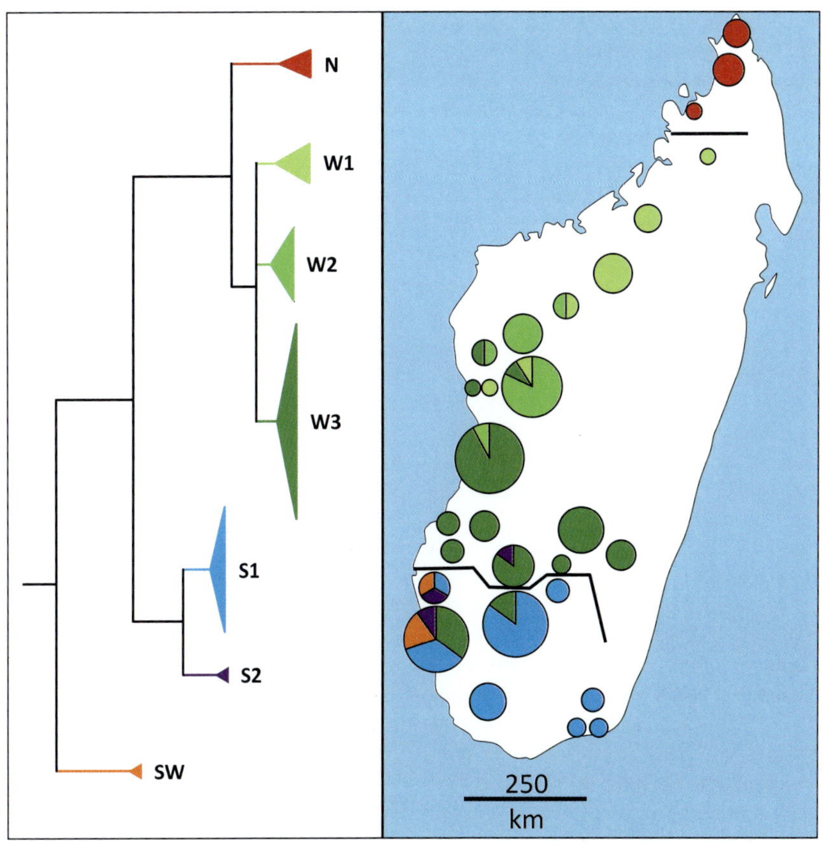

Abb. 8.25 Phylogeographie der Froschart *Laliostoma labrosum* basierend auf zwei mitochondrialen Genfragmenten (1175-1180 bp). Die Tortendiagramme stellen die geographischen Verbreitungen der sieben mitochondrialen Linien (siehe Phänogramm) dar. Die schwarzen Linien repräsentieren zwei wichtige Barrieren für den Genfluss. Abbildung nach Pabijan et al. (2015b).

ne Waldzerstörung aufzulösen scheint. Es muss vermutet werden, dass der trockene Nordzipfel ursprünglich durch Regenwälder vom trockenen Westen getrennt war, während einer der glazialen Trockenphasen erreicht wurde, als die Sambirano-Region kein wesentliches Expansionshindernis dargestellt haben sollte.

Die geographische Verbreitung der Linien im Westen und Südwesten Madagaskars und auch die relativ geringe genetische Differenzierung zwischen diesen lässt auf verschiedene **Rückzugsgebiete im Flachland** schließen, in denen *L. labrosum* aride Phasen des Pleistozäns überdauerte und sich auch hier differenzierte. Pabijan et al. (2015b) gehen von insgesamt fünf Refugien aus, die im Wesentlichen deckungsgleich mit einigen der **Tieflandflusssysteme** gewesen sein sollten und somit die Hypothese von Wilmé et al. (2006) in diesem Fall unterstützen. In den feuchteren Interglazialphasen breiteten sich die Frösche wieder aus und es kam zu sekundärer Vermischung der unterschiedlichen Linien, was auch dem aktuellen phylogeographischen Bild entspricht.

Auch die deutlichen Differenzierungsmuster der **Dungkäfer** der Gattung *Nanos* in den Regenwäldern Ostmadagaskars sprechen für diese Hypothese. Als obligate Regenwaldarten könnten sie sich mit dem Schrumpfen der Regenwälder auf **Refugien um Flussläufe** herum zurückgezogen und allopatrisch zu unterschiedlichen Arten differenziert haben. Unter späteren feuchteren Bedingungen breiteten sie sich wieder mit den Wäldern aus, was zu der hohen Artenzahl mit teils kleinen Verbreitungsgebieten geführt haben könnte. Auch Chamäleons der *Calum-*

ma-nasutum-Gruppe zeigen kleinräumige Muster unterschiedlicher Arten und Linien, die auf ähnliche Mechanismen wie bei den Dungkäfern hindeuten (Gehring et al. 2012).

8.7.2.3 Orographie und Artbildung in Madagaskar

Mikroendemismus, also Endemiten mit besonders kleinen Verbreitungsgebieten, ist in Madagaskar ein häufig beobachtetes Phänomen, vor allem in den Regenwaldgebieten. Dieser ist jedoch im nördlichen Viertel der Inseln besonders ausgeprägt. Hervorragende Beispiele hierfür sind Vertreter der **Chamäleons der *Brookesia-minima*-Gruppe** (Glaw et al. 2012) und der ***Calumma-nasutum*-Gruppe** (Gehring et al. 2012), die Fischschuppengeckos (Gattung *Geckolepis*) (Lemme et al. 2013) und Frösche der Gattung *Cophyla* (Rakotoarison et al. 2015). Der Norden Madagaskars zeichnet sich jedoch auch durch Strukturen aus, die eine solche Anreicherung mit lokalen Endemismen ganz besonders befördern. So ist diese Region die orographisch vielfältigste der Insel. Hier befanden sich neben diversen Regenwaldrefugien um die Bergländer herum (und im Sambirano-Korridor wohl bis an die nordwestliche Küste) auch montane Refugien. Diese Verfügbarkeit von unterschiedlichen Differenzierungszentren führte scheinbar auch in vielen Fällen zu **allopatrischen Differenzierungen** auf vergleichsweise begrenztem Raum.

Aber auch die abiotischen Veränderungen entlang des **Höhengradienten** und die mit ihm verbundenen biotischen Unterschiede scheinen sich als Motor der Differenzierung auszuwirken. Dies stimmt mit dem Befund von Wollenberg (2008) überein, dass bei den Cophylinae, einer Unterfamilie der Frösche, sowohl der Arten- wie auch der **Endemitenreichtum** mit der **orographischen Heterogenität** korreliert. In dieses Bild passt ebenfalls, dass Chamäleons des *Calumma-boettgeri*-Komplexes in den Gebirgen Nordmadagaskars eine deutliche Höhenzonierung aufweisen, was auf einen Einfluss des Reliefs auf die Diversifizierung hindeutet (Gehring et al. 2012). Auch der Artenreichtum von *Brookesia* in Nordmadagaskar geht vermutlich neben den eigentlichen Regenwaldrefugien auch auf montane Rückzugsgebiete und Differenzierungszentren zurück (Townsend et al. 2009). In den Regenwäldern Ostmadagaskars sind zwei Geschwisterarten der Blattschwanzgeckos der Gattung *Uroplatus* parapatrisch verbreitet, besitzen jedoch unterschiedliche **Höheneinnischungen**. Dies spricht für die Evolution unterschiedlicher **Klimanischen**, verbunden mit artlicher Differenzierung in unmittelbarer räumlicher Nachbarschaft (Raxworthy et al. 2008). Reliefheterogenität scheint also in Madagaskar vor allem für die Regenwaldarten eine wichtige Triebfeder der Differenzierung und Artbildung darzustellen.

8.8 Zusammenfassung Subsahara-Afrika

Afrika südlich der Sahara weist oftmals überraschend einfache phylogeographische Strukturen auf; zuweilen finden sich jedoch auch hochkomplexe Muster. Die **Savannenlebensräume** gehören zu den vergleichsweise einfach strukturierten Bereichen Afrikas, wobei berücksichtigt werden muss, dass Daten weitgehend für die mobilen Großsäuger vorliegen. In fast allen Fällen finden wir für diese Gruppe eine Trennung in eine nördliche und eine südliche Phylogruppe, also auf beiden Seiten der äquatorialen Regenwälder. Innerhalb dieser Gruppen finden sich oftmals Ost-West-Splits; nur in Ostafrika sind komplexere phylogeographische Muster verbreiteter, was für eine komplexere Savannendynamik in dieser Region als im Rest Afrikas spricht.

Deutlich komplexere und sehr viel kleinräumigere Muster als in den Savannen finden sich in den **Regenwäldern**. Der aktuelle Savannenvorstoß im **Dahomé Gap** trennt die Populationen der westlichen und zentralafrikanischen Regenwälder phylogeographisch markant und deutet somit auf seine lang anhaltende Bedeutung hin. Die Arten des **Kongobeckens** zeigen oftmals kleinräumige phylogeographische Muster, was auf die starke Fragmentierung des dortigen Regenwaldes während der trockenen Phasen des Pleistozäns und Differenzierung in unterschiedliche genetische Linien hindeutet. Diese Linien breiteten sich während feuchterer Phasen zusammen mit dem Regenwald wieder über das ganze Kongobecken aus, jedoch war hier die jeweilige geographische Lage des Refugiums für den Grad der Ausbreitung wesentlich.

Im Laufe der Erdgeschichte haben immer wieder Arten Afrika aus angrenzenden Bereichen besiedelt, andererseits Afrika aber auch verlassen und sich in anderen Erdregionen angesiedelt. Seit der Verbindung von Afrika mit Eurasien haben unterschiedliche Arten diesen Weg zu unterschiedlichen Zeitfenstern in beiden Richtungen genutzt.

Eine biogeographische Sonderstellung besitzen die **Gebirgsbereiche im östlichen Afrika**, die sich im Zuge der tertiären Anhebung im Zusammenhang mit der Entstehung des **ostafrikanischen Grabenbruchs** auffalteten. Durch Steigungsregen besitzen viele dieser Gebirge **feuchte Bergwälder**, die über lange Zeithorizonte isolierte Lebensräume darstellen. Deshalb entwickelte sich hier eine Vielzahl von Endemiten, die oftmals auf einzelne oder wenige Bergbereiche beschränkt sind, jedoch charakteristische Verwandtschaftsmuster zwischen den Bergen aufzeigen und auch Rückschlüsse auf Besiedlungsabläufe und Artbildungsprozesse zulassen.

Das südlichste Afrika verfügt mit der **Kapensis** über ein eigenes Florenreich. Hier wurden jedoch auch komplexe Differenzierungsmuster und wohl auch Refugialsysteme für mehrere Tierarten nachgewiesen, analog zu den mediterranen **Refugien-in-Refugien**.

Madagaskar ist als Insel seit etwa 88 Mio. Jahren isoliert und deshalb auch eine der **endemitenreichsten Regionen der Welt**. Der Ursprung der Biota Madagaskars liegt in den meisten Fällen in Ostafrika, von wo aus Besiedlungen als «**Strandgut**» oder über die Luft im Verlauf des gesamten Tertiärs und Quartärs stattfanden. Nur ein kleiner Teil der heutigen Arten geht auf alte **Gondwanarelikte** zurück. Auch die Besiedlung aus entfernteren Weltregionen ist eher selten und meist bei mobileren Arten zu beobachten. Die naturräumliche Ausstattung Madagaskars trug stark zu den Differenzierungsprozessen auf dieser Insel bei. Anpassungen von weit verbreiteten Arten an die unterschiedlich feuchten Bedingungen waren bedeutende Triebfedern der Evolution. Flüsse stellten oft wichtige Barrieren dar und unterstützten somit Artbildungsprozesse. Auch Rückzüge während Trockenphasen auf die feuchten Flussniederungen und die Gebirge mit ihren Steigungsregen waren wichtige Antriebe der Artbildung. Generell führten diese Prozesse zu besonders arten- und endemitenreichen Gebieten in den orographisch diversesten Regionen Madagaskars.

9 Süd- und Mittelamerika

Südamerika, das sich von den tropischen Küsten der Karibik im Norden bis in die subarktischen Bereiche Feuerlands im Süden erstreckt, ist nach Afrika der tropischste Kontinent der Erde. Mit einer Gesamtlänge von etwa 7 500 km von Venezuela bis Südchile sind die **Anden** der längste überseeische Gebirgszug der Welt; kein Fluss ist wasserreicher als der **Amazonas**. Kein anderer Kontinent weist anteilmäßig einen größeren Anteil an **tropischem Regenwald** auf, die Savannen nehmen folglich einen vergleichsweise kleinen Flächenanteil ein. Außerhalb der Tropen erstrecken sich in der Pampa ausgedehnte Grasländer und in **Patagonien** im Windschatten der Anden die weiten Steppen des Monte Desert (Abb. 9.1; Olson et al. 2001).

Abb. 9.1 Geographische Verteilung der unterschiedlichen Ökoregionen Südamerikas. Abbildung nach Turchetto-Zolet et al. (2013).

Der südamerikanische Teilkontinent durchlief im Verlauf des Tertiärs tiefgreifende Veränderungen seiner physischen Geographie (Abb. 9.2), was auch sehr bedeutsam für die Entstehung der aktuellen biogeographischen Strukturen war (Hoorn et al. 2010). Im Prozess des **Zerfalls von Gondwanaland** im späten Erdmittelalter blieben vorerst Südamerika und Afrika als eine kontinentale Einheit bestehen, mit einem riesigen Entwässerungssystem, das sich vom heutigen nordöstlichen Afrika durch den gesamten Kontinent erstreckte und im westlichen Südamerika ins Meer floss. Nach der Trennung von Afrika war Südamerika über weite Strecken des Tertiärs ein **Inselkontinent**, der jedoch zeitweise bis zum späten Eozän über Antarktika eine **Landverbindung nach Australien** aufwies. Diese wurde vermutlich von den Beuteltieren bei ihrer Besiedlung Australiens vor mindestens 23 Mio. Jahren genutzt, so alt sind zumindest die ältesten bekannten sicheren Fossilien Australiens (Abb. 9.3). Die aktuelle Verbindung zwischen Süd- und Nordamerika über Panama ist erdgeschichtlich jedoch jung und existiert erst seit 3,5–2,5 Mio. Jahren, als die **Bolivarsenke** (engl.: *Bolivar trough*) angehoben wurde und zu einer seitdem dauerhaften landfesten Verbindung der beiden Landmassen über den **Isthmus von Panama** führte (Marshall et al. 1982).

Im nördlichen Südamerika blieb die westliche Abflussrichtung auch nach der Trennung von Afrika in der Kreidezeit und der Entwicklung zum Inselkontinent vorerst erhalten. Im Verlauf des Paläo- und Eozäns verschob sich jedoch die Wasser-

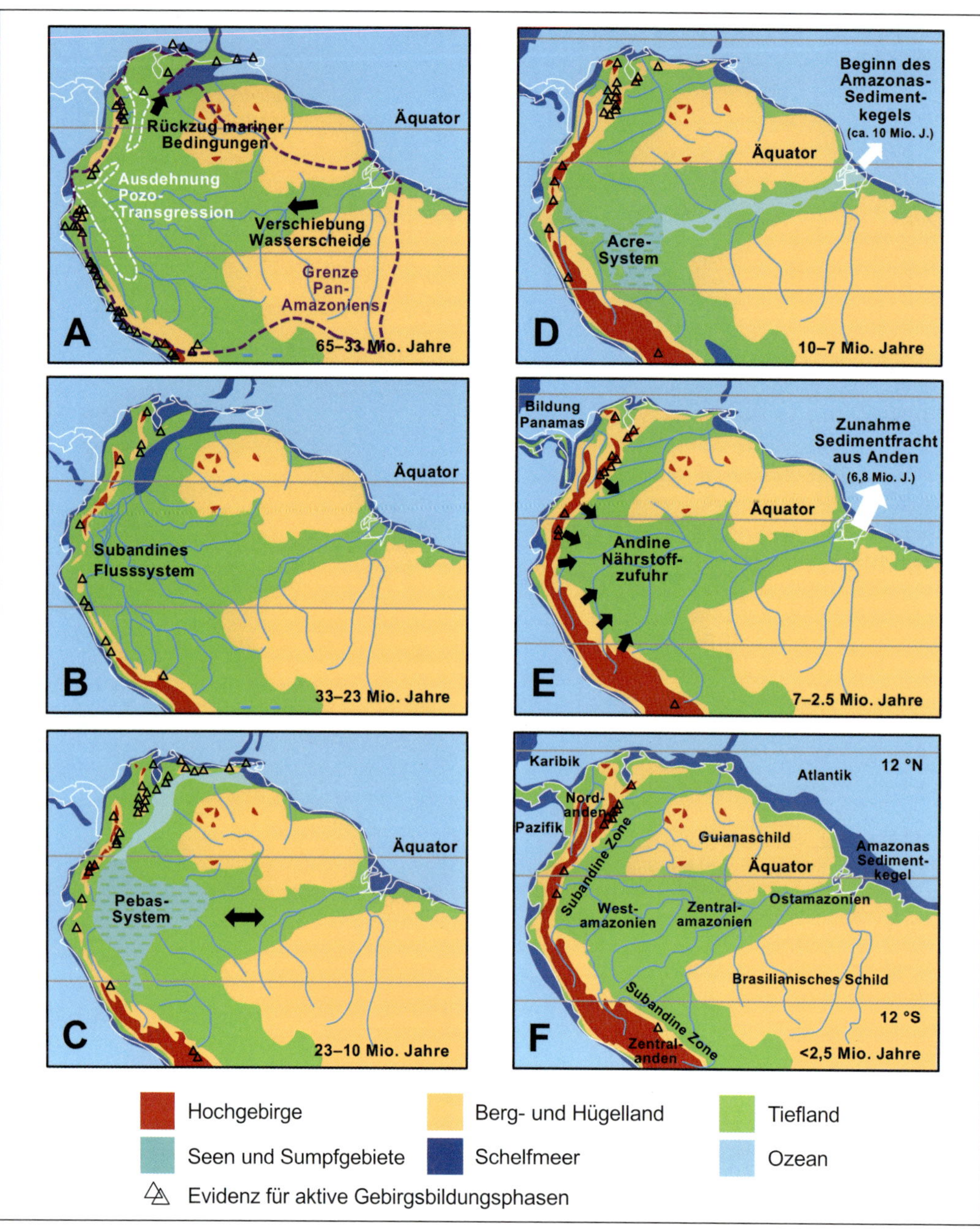

Abb. 9.2 Die Veränderungen in der physischen Geographie Südamerikas vom Beginn des Tertiärs bis heute. In diesem Kontext muss berücksichtigt werden, dass sich die Lage des Kontinents im Paläogen (65–23 Mio. Jahre) in nördlicher Richtung verlagerte. (A) Amazonien erstreckte sich einst über den Großteil des nördlichen Südamerikas. Das Zerbrechen der pazifischen Platten veränderte die Geographie und die Anden begannen sich zu bilden. (B) Die Anden wuchsen weiter und die Hauptabflussrichtung war in nordöstlicher Richtung. (C) Starke Auffaltung der zentralen und nördlichen Anden (vor 12 Mio. Jahren) und starke Ausdehnung von riesigen Feuchtgebieten in Westamazonien. (D) Starke Hebungen in den nördlichen Anden schränkten «Pan-Amazonien» stark ein und begünstigten allopatrische Artbildungsprozesse, aber auch Aussterbeprozesse. (E) Die riesigen Sumpfgebiete verschwanden und *terra firme* Regenwälder wurden dominant; der Isthmus von Panama schloss sich und der große biotische Austausch zwischen Nord- und Südamerika begann. (F) Situation Amazoniens im Quartär. Abbildung nach Hoorn et al. (2010).

scheide immer weiter nach Westen (Abb. 9.2A). Die im Oligozän verstärkt einsetzende Auffaltung des **andinen Systems** führte zu einem Rückzug der ausgedehnten **Pozo-Bucht** im westlichen Südamerika und einer Unterbrechung der Entwässerung nach Westen. Diese erfolgte dann bis ins späte Miozän hinein nach Norden über das Gebiet Venezuelas in den karibischen Bereich (Abb. 9.2B). Durch weitere Hebungen entstand im Bereich des westlichen Amazoniens das **Pebas-System**, ein gewaltiges Seen- und Feuchtgebietssystem, das diesen Bereich über weite Strecken des Miozäns dominierte und zu einer Explosion von Mollusken- und Krokodilarten führte (Hoorn et al. 2010). Beispielsweise entwickelte sich zu dieser Zeit die zu den Kaimanen zählende und heute ausgestorbene Krokodilgattung *Purussaurus*, die mit dem bis zu 12 m langen *P. brasiliensis* den wohl größten jemals existenten Vertreter dieser Reptilien besaß.

Durch die sich im späten Miozän deutlich verstärkende andine Hebung mit einer besonders intensiven Phase um 12 Mio. Jahre vor heute riss jedoch die Entwässerung Westamazoniens nach Norden ab. Hierdurch formte sich das Pebas-System in das geographisch deutlich weniger ausgedehnte **Acre-System** um und das bis heute existierende Amazonas-Abflusssystem etablierte sich (Abb. 9.2D). Eine weitere intensive Hebungsphase im frühen Pliozän vor etwa 4,5 Mio. Jahren hob die Anden in den meisten Bereichen bis zu ihrer aktuellen Höhe an und führte zu einer deutlichen Zunahme der **Sedimentfracht** und der Nährstoffzufuhr nach Westamazonien. Durch das hierdurch begründete Verschwinden des Acre-Systems konnten sich im ausgehenden Miozän die typischen ***terra-firme*-Regenwälder*** etablieren (Abb. 9.2E, F; Hoorn et al. 2010). Die Regenwälder Amazoniens besaßen seitdem jedoch keine Konstanz, denn seit dem Ende der 1960er-Jahre häufen sich die Hinweise, dass sich die amazonischen Regenwälder in den trockenen Phasen des Pleistozäns auf Refugien zurückzogen, welche in eine

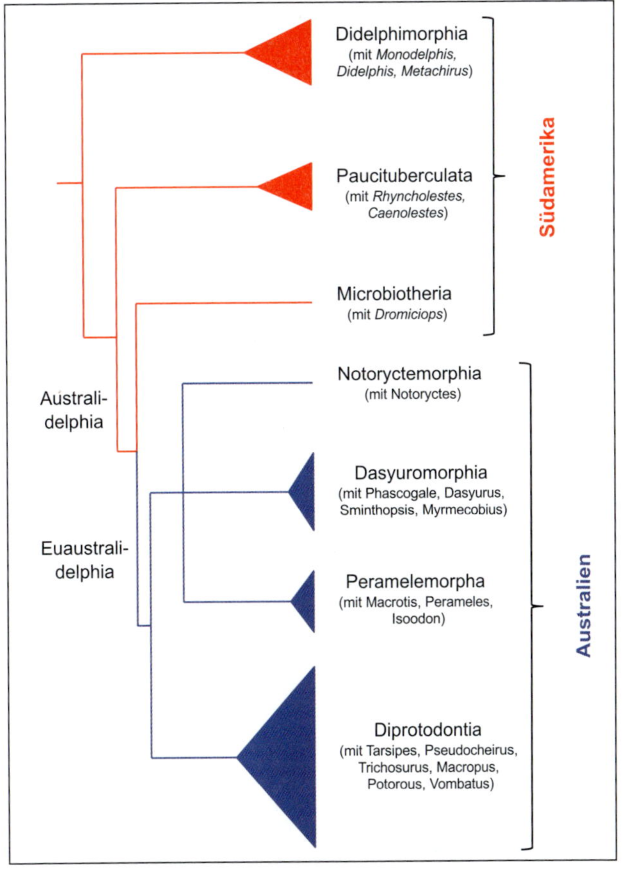

Abb. 9.3 Die Verwandtschaftsverhältnisse der Beuteltierfamilien Südamerikas (rot) und Australiens (blau) sprechen für eine Aufspaltung der Linien erst in Südamerika und eine anschließende Besiedlung Australiens über Antarktika. Abbildung nach Nilsson et al. (2010).

Savannenmatrix eingebettet waren, und nur in den feucht-warmen Interglazialen ihre aktuelle zusammenhängende Ausdehnung besaßen (Haffer 1969, 2008, Hooghiemstra & van der Hammen 1998). Wie weit diese Savannenausdehnung jedoch ausgeprägt war, wird nach wie vor diskutiert; vgl. auch Kap. 9.2.1.

Die lange Isolation und die starken orographischen Veränderungen Südamerikas über das Tertiär haben sehr zu der charakteristischen und artenreichen Flora und Fauna dieses Bioreichs beigetragen. Nur hier finden wir beispielsweise die Überordnung der **Nebengelenktiere (Xenarthra)**, zu denen die **Ameisenbären** (Vermilingua), **Faultiere** (Folivora) und

Gürteltiere (Dasypoda) gehören. Von letzteren breitet sich jedoch das Neunbinden-Gürteltier *(Dasypus novemcinctus)* seit den 1850er-Jahren im Südosten der USA immer weiter aus. Zu den Xenarthra gehörten aber auch Familien wie die ausgestorbenen Glyptodontidae, die Arten mit Riesenwuchs und bis über zwei Tonnen Körpermasse aufwiesen. Die letzten Vertreter dieser Familie sind erst im frühen Holozän verschwunden. Ein ähnliches Schicksal ereilte auch die Südamerikanischen Huftiere (Meridiungulata) mit den kamelartigen *Macrauchenia* und den flusspferdähnlichen *Toxodon*. In diesem Zusammenhang sei kurz erwähnt, dass Südamerika bis vor etwa 12000 Jahren eine große Anzahl von ausnehmend großen Säugetierarten aufwies, die relativ zeitgleich mit dem Ausklingen der letzten Kaltphase ausstarben. Ob ihr Verschwinden mit diesen klimatischen Veränderungen, dem einsetzenden Jagddruck des vordringenden Menschen, aus einer Kombination aus beidem oder anderen, noch unbekannten Ursachen resultierte, ist nach wie vor umstritten.

Die meisten heute in Südamerika präsenten Gattungen sind unabhängig von ihrer Herkunft älter als der Beginn des Pleistozäns. Auch wenn molekulare Daten ein breites Altersspektrum ihres Ursprungs aufweisen, so spiegelt sich in ihnen doch die **erdgeschichtlich rezente Auffaltung der Anden** wider. Deshalb sind Gattungen typischer Flachlandvertreter tendenziell älter als solche der Berg- und Hügelländer. Das durchschnittlich geringste Alter weisen eindeutig diejenigen Gattungen auf, die Taxa der alpinen Stufe repräsentieren. Diese sind in den meisten Fällen nicht älter als das Pliozän. Somit schuf die letzte starke Hebungsphase der Anden vor rund 4,5 Mio. Jahren in vielen Fällen wohl erst den für sie notwendigen Hochgebirgslebensraum.

Eine phylogeographische Erfassung Südamerikas existierte noch bis Mitte des letzten Jahrzehnts kaum, aber ab etwa 2006 hat eine rasante Zunahme der publizierten Arbeiten eingesetzt. Folglich ist der aktuelle Wissensstand bei Weitem noch nicht optimal, jedoch können schon etliche Schlussfolgerungen zu den phylogeographischen Grundmustern des Kontinents gezogen werden (Sérsic et al. 2011, Turchetto-Zolet et al. 2013).

9.1 Besiedlung Südamerikas

Viele der rezenten Arten erreichten Südamerika erst nach der Bildung des **Isthmus von Panama**, also im späten Pliozän oder Pleistozän, die zum **großen amerikanischen Austausch** (engl.: *Great American Interchange*) führte (Stehli & Webb 1985). In diese Gruppe gehören viele Paarhufer (Hirsche, Kamele, Nabelschweine), Raubtiere (Hundeartige, Katzenartige, Marderartige, Bären) und zahlreiche weitere Säugetiergruppen. Somit sind auch die Vorfahren der zu den Kamelen zählenden und schon vor Jahrtausenden domestizierten Lamas und Alpakas erdgeschichtlich rezent von Norden nach Südamerika eingewandert (Webb 1978, 1991). Die Einwanderung von Norden nach Süden mit dem Schluss des Isthmus von Panama betraf jedoch nicht nur Säugetiere. So belegten Husemann et al. (2013) mittels Analysen zweier mitochondrialer und zweier nukleärer Gene auch einen rezenten nordamerikanischen Ursprung der Kurzfühlerheuschreckenart *Trimerotropis pallidipennis*. Über den Einsatz einer molekularen Uhr wurde die Kolonisierung nach Südamerika auf etwa 1,3 Mio. Jahre geschätzt, also sogar deutlich nach der Etablierung der mittelamerikanischen Landbrücke.

Jedoch existierte schon seit etwa 6 Mio. Jahren eine **Inselkette** im Bereich des heutigen Isthmus von Panama, die sich zwischen der Südspitze des damaligen Mittelamerikas und dem Nordwesten Südamerikas befand (Woodburne 2010). Auch diese Route wurde bereits von einzelnen Kolonisatoren genutzt. So zeigten Fritz et al. (2012a) für die Gattung der **Buchstaben-Schmuckschildkröten (*Trachemys*)** über Sequenzierung mehrerer mitochondrialer und nukleärer Gene (>6,5 kb), dass diese eine nordamerikanische Herkunft besitzen und Mittelamerika bereits im Miozän besiedelten. Von hieraus wurde Südamerika zweimal erreicht. Das Alter von *T. dorbigni* wurde auf 8,6–7,1 Mio. Jahre geschätzt, sodass ihre Vorfahren vor der Ausbildung des Isthmus von Panama Südamerika erreicht haben müssen, wohl unterstützt durch die vorhandene Inselkette, aber auch Meeresstrecken überwindend. Die mit 2,5–2,2 Mio. Jahren jüngere *T. ornata* hingegen besitzt ein Alter, das eine Nutzung des Isthmus von Panama zur Besiedelung Südamerikas unterstützt.

Schwanzlurche sind fast ausschließlich nordhemisphärisch verbreitet; nur die Gattung ***Bolitoglossa*** ist auch in Südamerika anzutreffen (Müller 1980). Genetische Untersuchungen von Elmer et al. (2013) belegen jedoch, dass die Besiedlung Südamerikas bereits vor vermutlich 23,6 Mio. Jahren stattfand und damit sehr viel früher als bisher angenommen, nämlich lange vor der Schließung des Isthmus von Panama. Auch im amazonischen Tiefland, wo noch vor wenigen Jahrzehnten nur von einer einzigen jungen Art, ***Bolitoglossa altamazonica,*** ausgegangen wurde (Müller 1980), wurden unterschiedliche genetische Linien nachgewiesen, die vermutlich mehrere kryptische Arten repräsentieren und somit auch eine deutlich längere Anwesenheit im tropischen Tiefland belegen als bisher vermutet.

Auch in der Vogelgattung *Buarremon* aus der Familie der Ammern wurde von Cadena et al. (2007) über Sequenzierung des mitochondrialen ND2-Gens ein Ursprung in Mexiko und unterschiedliche Besiedlungszeiten nach Südamerika nachgewiesen. So ist es für *B. brunneinucha* und *B. miniatus* aufgrund der geringen genetischen Differenzierung zwischen Mittel- und Südamerika wahrscheinlich, dass die Kolonisierung erst nach der vollständigen Etablierung des Isthmus von Panama erfolgte. *B. torquatus* jedoch weist eine stärkere Differenzierung auf, die vermuten lässt, dass die Vorfahren dieser Art Südamerika schon vor der Bildung des Isthmus von Panama erreichten und somit bei einem **Inselspringen** (engl.: ***island hopping***) auch offene Meeresbereiche überwanden. Ähnlich wie für die Ammergattung *Buarremon* wurde auch für andere Vögel eine nord- oder mittelamerikanische Herkunft der südamerikanischen Populationen nachgewiesen (z.B. Pérez-Emán 2002, 2005, Barker 2007, Campagna et al. 2014). Obwohl die Mehrzahl dieses Austauschs nach der Bildung des Isthmus von Panama erfolgte, so gibt es aber neben *B. torquatus* weitere Beispiele, die einen früheren Austausch belegen (Witt 2004, Barker 2007).

Wenn auch seltener als in der Nord-nach-Süd-Richtung, fanden ebenfalls Besiedlungen in der umgekehrten Richtung statt; so etwa in der Avifauna (z. B. Hackett 1995, Burns & Naoki 2004, Witt 2004). Für den Zecken-Artenkomplex *Amblyomma cajennense* belegten Beati et al. (2013) eine bis ins Miozän zurückreichende Differenzierung. Die in der kolumbianischen Choco-Provinz auftretende genetische Linie wurde auch in Mittelamerika nachgewiesen, welches vermutlich erst nach der Schließung des Isthmus von Panama besiedelt wurde. Jedoch fanden auch vor diesem Ereignis Besiedlungen in nördlicher Richtung statt; so z. B. nachgewiesen für die Froschart *Physamaemus pustulosus*, basierend auf Allozym- und COI-Daten, die Mittelamerika wohl erstmals vor 6–10 Mio. Jahren erreichte. Eine zweite Besiedlungswelle nach Panama ereignete sich jedoch erst nach der Schließung des Isthmus (Weigt et al. 2005).

Ganz kurz sei noch auf die Auswirkungen der Schließung des Isthmus von Panama auf marine Organismen eingegangen. Ganz im Gegensatz zu den terrestrischen Arten stellte dieses Ereignis eine Trennung dieser Biota dar, also des Pazifiks von der Karibik. Die Auswirkungen dieses Vikarianzereignisses sind bisher fast nicht untersucht. Daten existieren für den **Sanddollar (Gattung *Mellita*)**. Für die Vertreter dieser Gattung führte das Vikarianzereignis zur Differenzierung

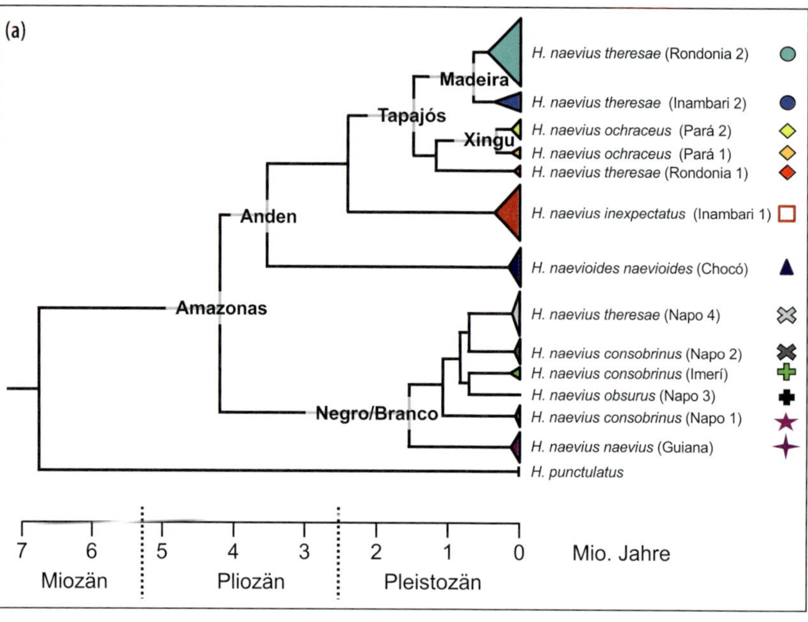

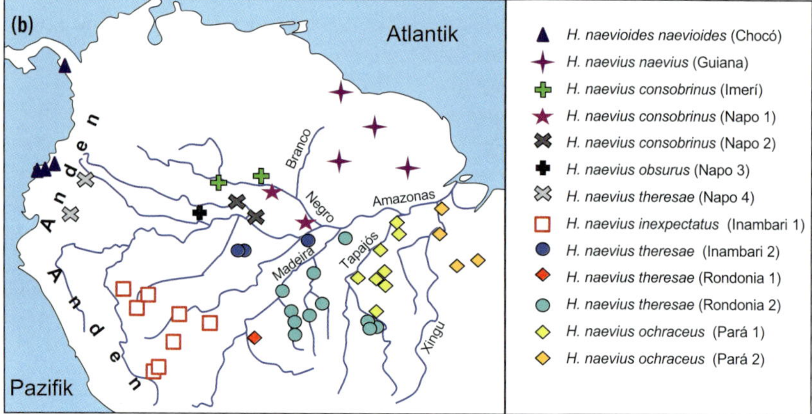

Abb. 9.4 Phylogeographie des Ameisenvogel-Artenkomplexes *Hylophylax naevius/naviodes*. (a) Verwandtschaftsphänogramm, basierend auf bayes'schen Divergenzzeiten in Mio. Jahren, berechnet mit einem *strict-clock*-Modell, basierend auf Sequenzen der mitochondrialen Gene ND2 und Cyt-b (2038 bp). Die wichtigen Barrieren, die aktuell Linien voneinander trennen, sind angegeben. Alle wesentlichen Knotenpunkte weisen maximale Unterstützung auf. (b) Geographische Verbreitung der unterschiedlichen genetischen Linien im nördlichen Südamerika. Abbildung nach Fernandes et al. (2014).

zwischen den beiden Arten *M. quinquiesperforata* und *M. notabilis*, was über Sequenzierung mehrerer mitochondrialer und nukleärer Gene nachgewiesen wurde (Coppard et al. 2013). Es ist zu vermuten, dass auch andere Meeresorganismen ähnliche Differenzierungsmuster aufweisen, wofür es weitere Forschungen in diesen Meeresregionen benötigt.

9.2 Regenwälder Süd- und Mittelamerikas

Die neotropischen Tieflandregenwälder stellen keinen zusammenhängenden Bereich dar. Den flächenmäßig größten Anteil repräsentiert Amazonien, wo sich die **Hylaea*** vom Fuß der Anden im Westen bis zum Atlantik im Osten erstreckt. Durch die Anden von diesem isoliert, erstrecken sich Regenwälder an der pazifischen und karibischen Küste Südamerikas und über die panamaische Landbrücke nach Mittelamerika. Auch zahlreiche der karibischen Inseln waren ursprünglich mit tropischen Regenwäldern bewachsen.

Die in mehreren Hebungsperioden über das Tertiär stattfindende Auffaltung der Anden, mit zwei besonders bedeutsamen Hebungen im späten Miozän und frühen Pliozän, führte zur Trennung der Regenwälder im heutigen **Amazonasbecken** und in der **Choco-Provinz** Kolumbiens. Diese Trennung spiegelt sich in vielen Fällen auch in den genetischen Mustern wider. Eine der ersten Arbeiten, die dieses nachwies, war die Analyse des mitochondrialen ND3-Gens (468 bp) der Agakröte *(Rhinella marinus)* (Slade & Moritz 1998). In zahlreichen Fällen deuten die Kalibrierungen durch Einsatz einer molekularen Uhr auf eine zeitliche Übereinstimmung des Vikarianzereignisses und andiner Auffaltungsphasen hin. Ein gutes Beispiel, in dem die letzte andine Hebungsphase mit der Vikarianz und anschließenden Differenzierung übereinstimmt, wurde für den **Ameisenvogel**-Artenkomplex *Hylophylax naevius/navioides* auf Basis von zwei mitochondrialen und einem nukleären Gen gezeigt (Abb. 9.4; Fernandes et al. 2014). Ein sehr ähnliches Bild ergibt sich auch für weitere Vogelarten (Milá et al. 2009, d'Horta et al. 2013), den Grünen Leguan *(Iguana iguana)* (Stephen et al. 2013) und die Fledermausgattung *Carollia* (Hoffmann & Baker 2003).

Für den Zecken-Artenkomplex *Amblyomma cajennense* stellten die andinen Hebungsphasen auch Vikarianzereignisse dar. Interessant ist in diesem Fall, dass es zwischen den südlicheren Linien im Bereich der peruanischen Anden mit ihrer großen Ausdehnung und Höhe schon während der vorletzten großen Hebungsphase vor 5–10 Mio. Jahren zur Trennung kam, in Kolumbien mit seinen weniger ausgedehnten Hochgebirgsbereichen jedoch erst die letzte Hebungsphase vor 3–6 Mio. Jahren (Beati et al. 2013). Die **Anden** wirken also in unterschiedlichen Bereichen unterschiedlich stark als **Ausbreitungsbarriere**, vor allem, da sie über ihre gesamte Länge eine sehr unterschiedliche Ausdehnung und Höhe aufweisen. Auch für zahlreiche weitere Arten wurden unterschiedliche Linien auf beiden Seiten der Anden nachgewiesen, die wohl im Zuge einer der **unterschiedlichen Hebungsphasen** getrennt wurden (Moritz et al. 2000). Dies ist etwa für Schmetterlinge (Brower 1994), Schlangen (Zamudio & Greene, 1997), Schildkröten (Vargas-Ramírez et al. 2012), Frösche (Weigt et al. 2005), Affen (Cortés-Ortiz et al., 2003) und Regenwaldbäume (Dick et al., 2003, Trenel et al. 2007) zu beobachten.

Einer der weltweit südlichsten Bereiche mit tropischem Regenwald ist die **Mata Atlântica**. Diese erstreckt sich über die fast 3 000 km des süd- und ostbrasilianischen Gebirgszuges entlang der brasilianischen Atlantikküste, etwa von Porto Alegro im Bundesstaat Rio Grande do Sul im Süden bis zum Kap von São Roque im äußersten Nordosten des Landes. Jedoch ist der Regenwaldbereich südlich von 28° S (Cabo Santa Marta Grande) als subtropisch zu bezeichnen. Die Mata Atlântica wird vom wesentlich größeren amazonischen Tieflandregenwald durch ein breites Savannenband getrennt (Abb. 9.1). Dieses Savannenband geht wohl maßgeblich auf die Auffaltung des **brasilianischen Küstengebirges** vor etwa 5,6 Mio. Jahren im frühen Pliozän zurück, wodurch trockene Bereiche in seinem Windschatten entstanden (Vasconcelos et al. 1992).

9.2.1 Amazonien

Schon vor Langem wurde erkannt, dass der amazonische Tieflandregenwald keine einheitliche Region darstellt. So stellte schon Wallace (1852) fest, dass sich die Artengemeinschaften von Primaten in unterschiedlichen Regionen Amazoniens voneinander unterscheiden. Auf seinen Beobachtungen basierend unterteilte er Amazonien in vier biogeographische Regionen, die in Ost-West-Richtung durch die **Flüsse Solimões** und **Amazonas** und entlang der Nord-Süd-Achse durch die Flüsse **Negro** und **Madeira** voneinander getrennt sind. Ende der 1960er-Jahre wurde klar, dass sich das Klima auch in

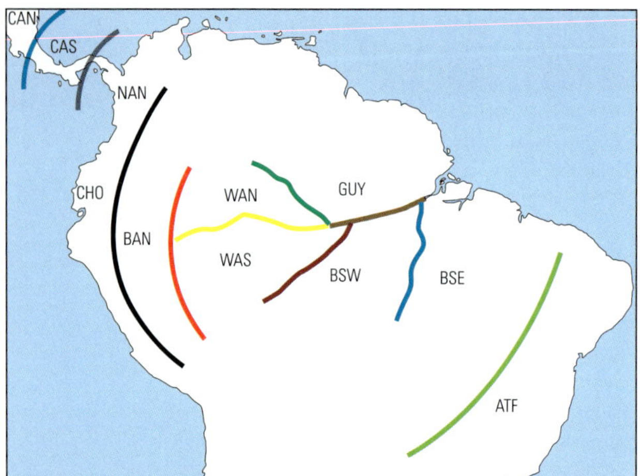

Abb. 9.5 Ausbreitungsbarrieren unterschiedlichen Alters im nördlichen Südamerika. Abkürzungen: CAN: nördliches Mittelamerika; CAS: südliches Mittelamerika; CHO: Chocó; NAN: Nordanden; BAN: Andenbasis; WAS: südliches Westamazonien; WAN: nördliches Westamazonien; BSW: westliches Brasilianisches Schild; BSE: östliches Brasilianisches Schild; GUY: Guyanaschild; ATF: Mata Atlântica. Abbildung nach d'Horta et al. (2013).

Amazonien in den Glazialen deutlich veränderte und es einerseits zu Temperaturabsenkungen und andererseits zu Niederschlagsreduktionen kam. Diese Daten führten Haffer (1969) zu der Annahme, dass sich der **amazonische Tieflandregenwald** in den **Glazialphasen** auf unterschiedliche **Refugien** zurückzog, in denen sich dann in Allopatrie unterschiedliche Linien bzw. Taxa evoluierten. Seitdem wurden unterschiedliche Hypothesen formuliert, um die geographische Verteilung der Biodiversität Amazoniens zu erklären. Leite & Rogers (2013) stellen in einer Übersichtsarbeit unterschiedliche Hypothesen einander gegenüber, so die **Barrierefunktion der Flüsse**, die Bedeutung **mariner Ingressionen** (Überflutungen), die **Refugienhypothese**, die Hypothese der **Vikarianz durch Störung**, die Bedeutung von ökologischen Gradienten und den Einfluss **alter geologischer Schwellen**. Durch die in den letzten Jahren vergleichsweise zahlreichen molekularen Analysen wurden diese Hypothesen testbar; dabei wurden für alle Belege gefunden, jedoch in unterschiedlicher Anzahl, was wohl die unterschiedliche Bedeutung der verschiedenen Prozesse reflektiert. Eine Zusammenstellung der wichtigsten Barrieren unterschiedlichen Alters im nördlichen Südamerika geben d'Horta et al. (2013) (Abb. 9.5).

Für die schon von Wallace (1852) erkannte Bedeutung der **großen Ströme** Amazoniens als Ausbreitungs- und Genflussbarrieren wurden seitdem zahlreiche, auch molekulare Hinweise gefunden, darunter befinden sich auch die von Wallace für seine Hypothese herangezogenen Primaten. So wurden für den **Schwarzen Springaffen *(Callicebus lugens)*** zwei genetische Linien auf beiden Seiten des Rio Negro nachgewiesen, die vermutlich seit etwa 2,2 Mio. Jahren voneinander getrennt sind (Casado et al. 2007). Besonders eindrucksvoll wurde die isolierende Wirkung der amazonischen Flusssysteme jedoch für verschiedene Arten von Vögeln demonstriert. So trennt der erste genetische Split des Ameisenvogel-Artenkomplexes *Hylophylax naevius/naevioide*, der über eine molekulare Uhr auf 5–3,4 Mio. Jahre geschätzt wurde, die Populationen nördlich und südlich des Amazonas voneinander. Auch weitere der großen Flusssysteme im Bereich der südlichen und der nördlichen Linie besitzen unterschiedliche Unterlinien an beiden Ufern, sodass auch diese im Zeitfenster des ausklingenden Pliozäns und im Pleistozän als Barrieren für den Genfluss gewirkt haben sollten (Abb. 9.4; Fernandes et al. 2014). Auch die beiden Arten *Glyphorynchus spirurus* und *Myrmeciza hemimelaena* besitzen ähnlich komplexe Muster, deren Differenzierung sich im Verlauf des Plio- und Pleistozäns evoluierte (Abb. 9.6). Für das Weißrücken-Feuerauge *(Pyriglena leuconota)* stellen Flüsse ebenfalls die wesentlichen Barrieren für den Genfluss dar, was im Detail von Maldonado-Coelho et al. (2013) für den Rio Tocantins in Südost-Amazonien nachgewiesen wurde. Gleiches gilt ebenfalls für den Keilschnabel-Baumsteiger *(Glyphorynchus spirurus)*, für den deutlich differenzierte Linien auf beiden Seiten des Rio Madeira festgestellt wurden (Fernandes et al. 2013).

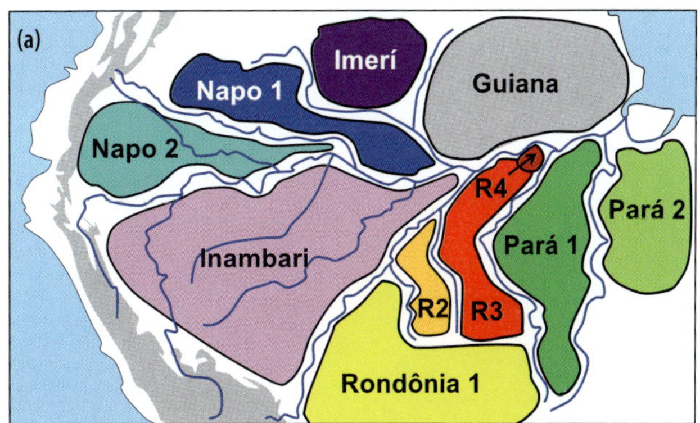

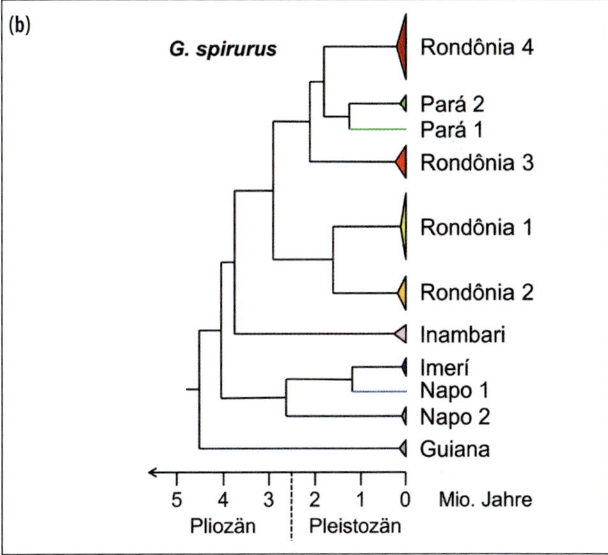

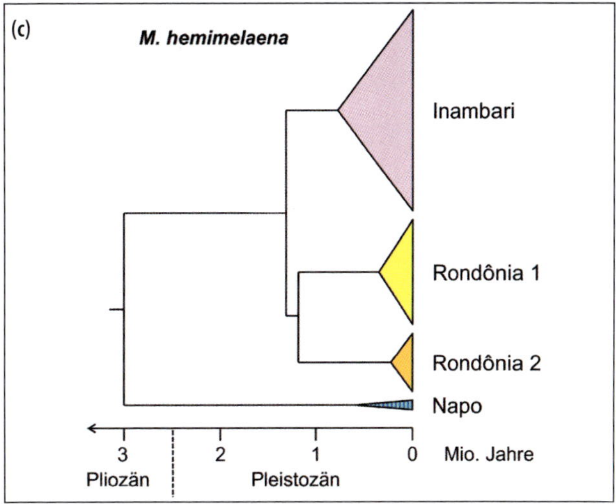

Abb. 9.6 Phylogeographie zweier amazonischer Singvogelarten, basierend auf Sequenzen mitochondrialer DNA. (a) Karte der biogeographischen Einheiten Amazoniens nach Cracraft (1985); die Rondônia-Region wurde in vier Regionen mit den Flüssen Jiparaná und Aripuanã als physische Barrieren unterteilt. Chronogramme von (b) *Glyphorynchus spirurus* und (c) *Myrmeciza hemimelaena*. Abbildung nach Fernandes (2013).

Die wichtigste Barriere ist naturgemäß der größte der Flüsse, also der **Amazonas** selbst. Für die südamerikanischen **Tapire** (häufig werden heute vier Arten der Gattung *Tapirus* anerkannt), die nach genetischen Befunden wohl aus Westamazonien stammen, stellt dieser Strom eine wichtige Genflussbarriere dar (De Thoisy et al. 2010). Auch für den **Jaguar *(Panthera onca)***, für den sowohl mitochondriale (Sequenzen der CR) als auch nukleäre Information (Mikrosatelliten) vorliegen, ist der Amazonas eine bedeutende phylogeographische Grenze (Eizirik et al. 2001).

Die Einflüsse der **marinen Ingressionen** von tiefgelegenen Regionen Amazoniens im Mio- und Pliozän, teilweise verbunden mit der Ausbildung der großen Süßwassergebiete des **Pebbas-** und des **Acre-Systems** im Miozän, lassen sich in etlichen Fällen nicht leicht von den Barrierewirkungen der Flusssysteme trennen. Oftmals dürfte auch eine Kombination aus beidem für die Entstehung der aktuellen genetischen Muster verantwortlich sein. So wurde beispielsweise für 14 Vogeltaxa (von Artenkomplexen bis Gattungen) nachgewiesen, dass sich die Populationen des **westamazonischen Sedimentgebietes** entweder aus dem **Andenvorland**, dem **Brasilianischen Schild** oder dem **Guayanaschild** ableiten, mit einem geschätzten pliozänen oder plio- und pleistozänen Artenalter. Diese Befunde sprechen für eine Isolation in den drei genannten Bereichen, welche durch marine Überflutungen teilweise bis ins Pliozän hinein voneinander getrennt waren (Lovejoy et al. 1998, Bates 2001), mit Besiedlung des westamazonischen Sedimentgebietes, nachdem dieses zuerst landfest wurde und dann geeignete Lebensräume

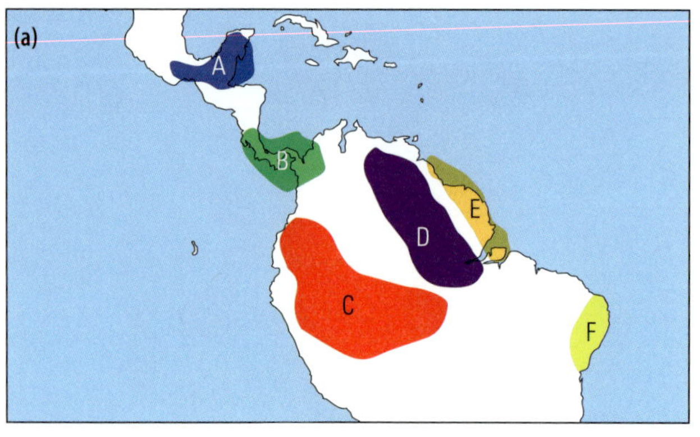

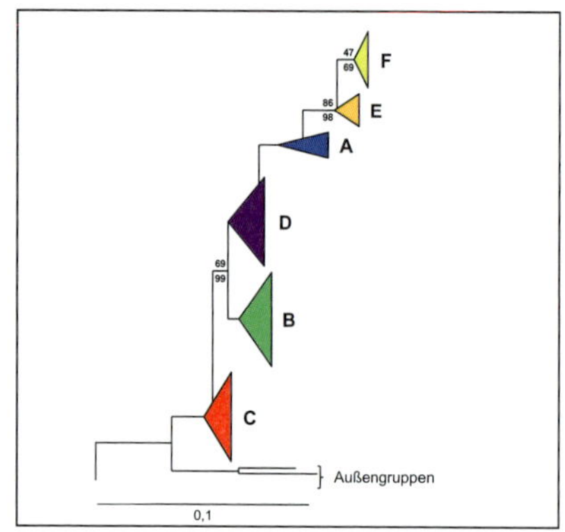

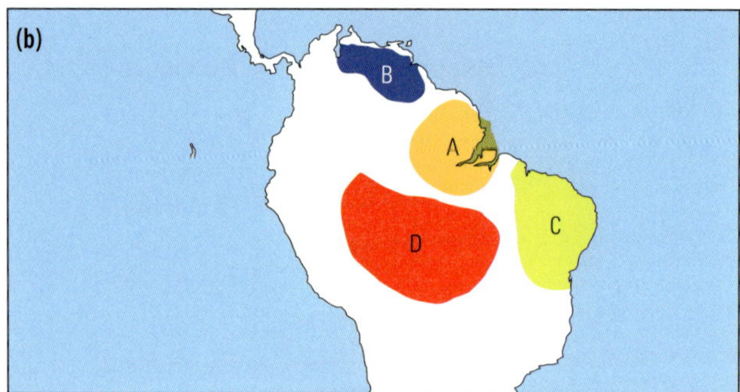

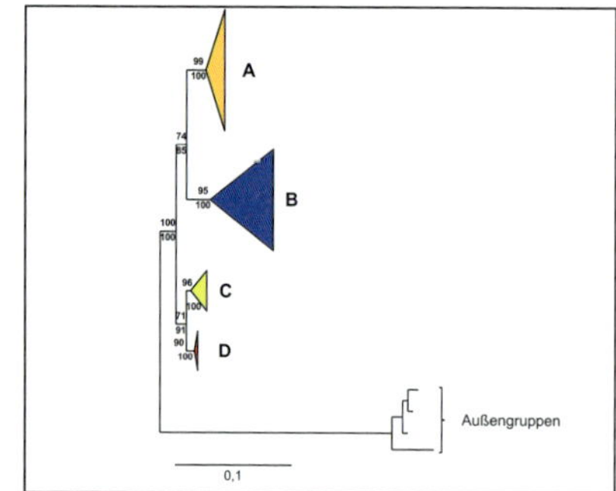

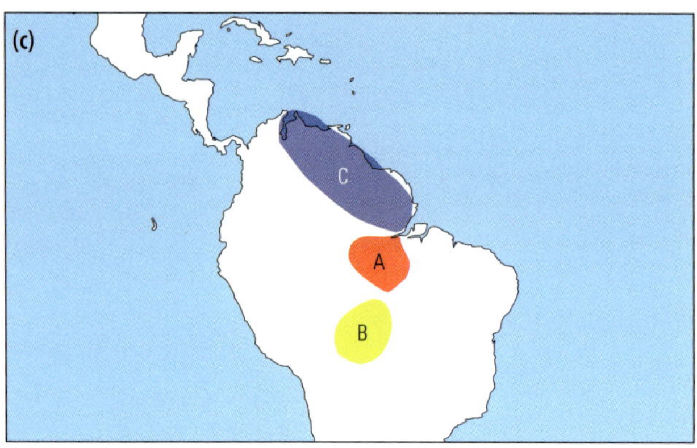

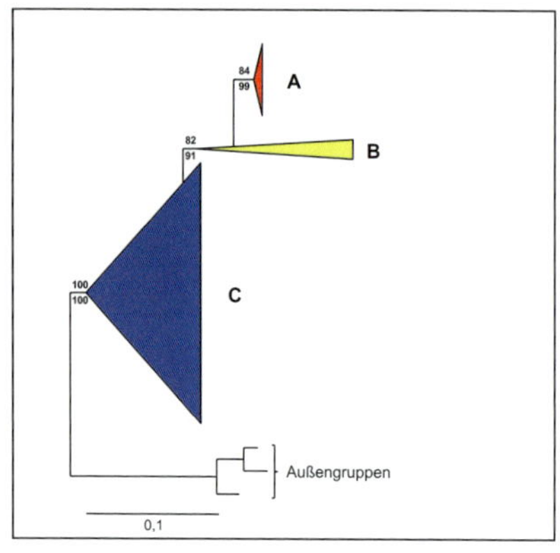

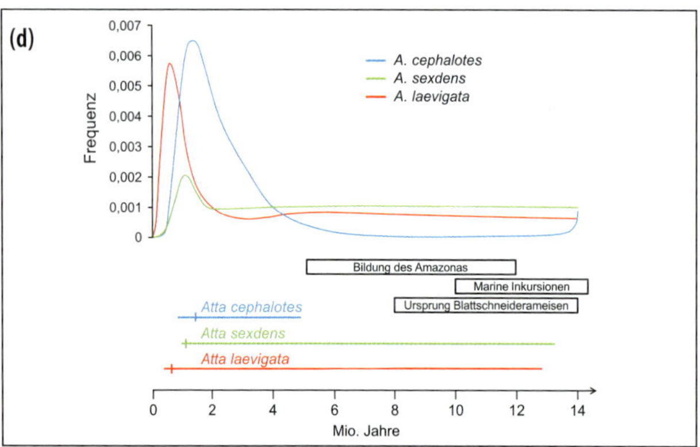

Abb. 9.7 Phylogeographie von drei Arten der Blattschneider-Ameisengattung *Atta*, basierend auf mitochondrialen Gensequenzen von COI und tRNAleu: (a) *A. cephalotes* (701 bp), (b) *A. sexdens* (635 bp) und (c) *A. laevigata* (635 bp). Rechts neben der geographischen Verbreitung der unterschiedlichen genetischen Linien sind *Maximum-likelihood*-Genbäume dargestellt. Die Werte an den Knoten stellen *ML-bootstraps* (oben) und *Bayesian posterior probabilities* (unten) dar. (d) Wahrscheinlichkeit des ersten Diversifizierungsereignisses in den drei Arten über die Zeit (oben) und 95 % Konfidenzintervall mit dem wahrscheinlichsten Diversifizierungszeitpunkt (unten). Der Berechnung wurde eine Substitutionsrate von 9,5 % pro Position und Millionen Jahre sowie eine Generationszeit von 4 Jahren zugrunde gelegt. Abbildung nach Solomon et al. (2008).

für diese Arten ausgebildet hatte (Aleixo & de Fátima Rossetti 2007).

Für die **pleistozäne Refugialtheorie** finden sich vergleichsweise wenige molekulare Belege. Eines der vielleicht besten Beispiele ist die Arbeit von Solomon et al. (2008) über drei Arten aus der **Blattschneider-Ameisengattung *Atta***. Basierend auf der Sequenzierung des mitochondrialen Gens COI (635–701 bp) wurden für alle Arten mehrere parapatrisch verbreitete Linien in Amazonien nachgewiesen (Abb 9.7a–c). Deren geographische Muster stimmen jedoch weder mit der Flussbarrierenhypothese überein, noch lassen sich diese durch eine mio- bis pliozäne Meeresingression erklären; insbesondere deshalb nicht, da eine Altersschätzung über eine molekulare Uhr das Alter der Differenzierung innerhalb der drei *Atta*-Arten mit hoher Wahrscheinlichkeit im Pleistozän verankert (Abb. 9.7d). Somit ist eine Differenzierung in unterschiedliche pleistozäne Regenwaldrefugien in diesem Fall am plausibelsten. Diese Hypothese erhält zusätzliche Unterstützung durch Nischenmodelle, die in allen Fällen disjunkte pleistozäne Verbreitungsmuster postulieren. Auch das nukleäre white-Gen der Malariamückenart *Anopheles nuneztovari* lässt auf Expansion aus unterschiedlichen pleistozänen Regenwaldrefugien schließen (Mirabello & Conn 2008).

Die Hypothese der pleistozänen Regenwaldrefugien lässt sich nicht oder nur schwer von der Hypothese der **Vikarianz durch Störung** trennen. Letztere geht davon aus, dass während der trockeneren und kühleren Perioden des Pleistozäns, aber auch schon im Pliozän, Arten aus höhergelegenen Bereichen ins amazonische Tiefland vordrangen. Hierdurch veränderten sich die Zönosen regional so stark, dass sie für manche der echten Regenwaldarten keinen Lebensraum mehr darstellten. Unabhängig von der Richtigkeit oder Unrichtigkeit dieser Hypothese scheint es jedoch weitgehend unbestritten, dass es während der glazialen Phasen des Pleistozäns in Amazonien zumindest Savannenkorridore gab, und somit der Tieflandregenwald nicht kontinuierlich war.

Ein weiterer Erklärungsansatz, der oftmals als Begründung für die hohen Artenzahlen im Amazonasgebiet und vor allem an der östlichen Andenabdachung ins amazonische Tiefland (Antonelli et al. 2010) herangezogen wird, ist die Bedeutung von **ökologischen Gradienten**. Der bedeutendste Unterschied zu den bisherigen Hypothesen ist, dass für die Differenzierung in unterschiedliche genetische Gruppen keine allopatrischen oder zumindest parapatrischen Verbreitungsmuster erforderlich sind. Vielmehr sind **kontinuierliche Populationen entlang eines Umweltgradienten** jeweils spezifisch angepasst und bilden keine diskontinuierlichen Gruppen, sondern ein *isolation-by-distance*-System. Somit sollte die genetische Diversität in der Mitte des Gradienten immer am höchsten und die Differenzierung gemäß dieser Hypothese immer durch Selektion getrieben sein. In den zuvor aufgeführten Hypothesen kann **Selektion** ebenfalls eine wichtige Rolle spielen, Differenzierung kann jedoch auch durch rein zufällige Mutationsereignisse und genetische Drift erfolgen (Leite & Rogers 2013). Hinweise auf die Gradientenhypothese liefern etwa **insektenfressende Mäuse** aus Peru, bei denen die auf gleicher Seehöhe vertretenen Taxa größere genetische Übereinstimmungen aufweisen als Taxa, die sich im gleichen Talsystem auf unterschiedlichen Höhen befinden (Patton & Smith 1992). Weitere Daten von Vögeln (Dingle et al. 2006) und Fröschen höherer Lagen (Funk et al. 2007) unterstützen diese Hypothese und sprechen gegen Differenzierung in Parapatrie. Auch die Paraphylie zwischen den Linien der Hochland- und der Tieflandtapire sprechen für eine Evolution entlang eines ökologischen Höhengradienten, auch wenn wegen der relativ rezenten Differenzierung inkomplette Liniensortierung ebenfalls nicht ausgeschlossen werden kann (de Thoisy et al. 2010).

In jedem Fall besaß die **Auffaltung der Anden** generell einen wesentlichen Ein-

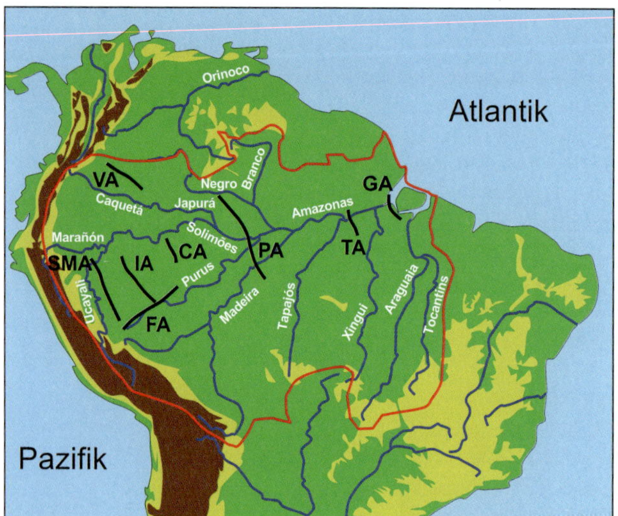

Abb. 9.8 Aktuelle Begrenzung des amazonischen Abflusssystems (rote Linie) mit seinen wichtigsten Flusssystemen und alten geologischen Schwellen (GA: Gurupá Arch, TA: Tapajós Arch (= Monte Alegre Arch), PA: Purus Arch, CA: Carauari Arch, IA: Iquitos Arch, SMA: Serra do Moa Arch (= Serra do Divisor Arch), FA: Fitzcarrald Arch, VA: Vaupés Arch (= Vaupés Swell). Abbildung nach Leite & Rogers (2013).

fluss auf die Evolution der Artenvielfalt im nördlichen Südamerika. Ein Beispiel hierfür stellt die Froschart *Pristimantis w-nigrum* dar, die mittels mitochondrialer und nukleärer Marker in den ecuadorianischen Anden untersucht wurde, wo sie in der Stufe der Nebelwälder auftritt. Die genetischen Analysen erlaubten die Unterscheidung von acht Linien, die sich vermutlich parallel zu starken andinen Auffaltungsphasen im späten Miozän und frühen Pliozän evoluierten. Die nachgewiesenen Differenzierungen sind so stark, dass Kiesewetter & Schneider (2013) sogar von einem Komplex kryptischer Arten ausgehen.

Obwohl aktuell meist unter dicken **Sedimentschichten** begraben, so stellen die **alten geologischen Schwellen** im Amazonastiefland überraschend häufig noch heute wichtige biogeographische Trennlinien dar (Abb. 9.8). Die Anhebung dieser Schwellen im Pliozän oder früher (unterschiedlich je nach Schwelle) führte wohl zu einer Unterteilung der Regenwälder in unterschiedliche Abflussbereiche und zur Fragmentierung der Populationen. Auch scheint es, dass teilweise alte Schwellen von ihren Sedimenten durch Erosion befreit wurden und somit relativ rezent wieder als trennende Elemente fungierten (Leite & Rogers 2013). Unterstützt wird die biogeographische Bedeutung der geologischen Schwellen durch die Phylogenie von Pfeilgiftfröschen der Gattung *Dendrobates* (Symula et al. 2003). Das wohl aus dem Oligo- oder Miozän stammende und in Ost-West-Richtung angeordnete Differenzierungsmuster scheint auf diesem Phänomen zu basieren. Die jüngeren Nord-Süd ausgerichteten Differenzierungen im Westen sprechen jedoch eher für Regenwaldrefugien, jedoch schon im Pliozän oder dem ausgehenden Miozän, weshalb diese für die oben erwähnte Störungstheorie stehen könnten. Auch Costa (2003) trug für verschiedene kleine Säuger genetische Daten zusammen, die nahelegen, dass die **Inquitos- oder Acre-Schwelle**, eine alte geologische Struktur im amazonischen Tiefland, deutlich voneinander differenzierte Gruppen im Acre-Becken vom eigentlichen Amazonas-Becken trennt. Das Alter des Differenzierungsbeginns wurde für unterschiedliche Arten über Einsatz einer molekularen Uhr auf 1–3 Mio. Jahre geschätzt.

Über die bisher genannten biogeographischen Muster hinaus zeigen jedoch verschiedene Artengruppen äußerst kleinräumige Verbreitungsbilder, die eine sehr kleinräumige Verteilung von Arealkernen und Differenzierungszentren notwendig macht. Ein Beispiel stellen Untersuchungen in Ecuador an der Froschart *Eleutherodactylus ockendeni* dar, die in den Regenwäldern dieses kleinen Landes insgesamt drei allopatrisch verbreitete Linien aufweist. Diese sind jedoch auf Basis einer auf zwei chromosomalen Genen basierenden Altersabschätzung keineswegs auf pleistozäne Ereignisse zurückführen, sondern reichen wohl bis ins Miozän zurück (Elmer et al. 2007). Auch die **Salamandergattung *Bolitoglossa*** weist in Ecuador ein kleinräumiges phylogeographisches Muster mit wohl etlichen bisher unbeschriebenen Arten auf (Elmer et al.

2013). Eine noch extremere Dichte von unterschiedlichen genetischen Linien, von denen etliche kryptische Arten repräsentieren sollten, wurde bei Fröschen in Französisch Guyana nachgewiesen, basierend auf mitochondrialen und nukleären Genen (Fouquet et al. 2006).

Im Gegensatz zu diesem Extrem sehr kleinräumiger Muster gibt es jedoch auch Arten, die nur **geringfügige Differenzierungen** über weite Bereiche Amazoniens aufweisen. Dies trifft zum Beispiel für neun **Bienenarten** der Euglossinen zu, für die basierend auf dem mitochondrialen COI-Gen eine nur schwache Differenzierung nachgewiesen wurde (Dick et al. 2004). Für die über das nukleäre ITS-Gen untersuchte Baumart *Symphonia globilifera* (Dick et al. 2003) und für die **fruchtfressende Fledermausart** ***Artibeus obscurus*** (Silva Ferreira et al. 2014) wurde sogar gar **keine Differenzierung** über ganz Amazonien festgestellt. Diese Arten müssen sich somit entweder sehr rezent über Amazonien ausgebreitet haben oder dauerhaft einen Genfluss über diesen Bereich aufrechterhalten haben, was vor allem bei den Fledermäusen, aber auch den Wildbienen denkbar ist.

Bezogen auf die **Arten des Süßwassers**, oder mit starker Bindung an dieses, würde man intuitiv erwarten, dass sie in den wasserreichen und kontinuierlichen Flusssystemen **keine stärkeren Differenzierungen** aufweisen. Dies ist auch tatsächlich in vielen Fällen so beobachtet worden, so z. B. für den **Schwarzen Kaiman *(Melanosuchus niger)***, für den für das mitochondriale Gen Cyt-b (1027 bp) im Wesentlichen eine Sternstruktur nachgewiesen wurde. Nur für die Tiere des Napo-Flusses in Ecuador, also im wirklichen Oberlauf des amazonischen Abflusssystems, waren divergente Haplotypen vorhanden (Vasconcelos et al. 2008). *Caiman crocodilus* wies ebenfalls eine ähnliche simple Struktur auf (Vasconcelos et al. 2006). Auch für den **Amazonasdelfin *(Inia geoffrensis)*** ist die Differenzierung über große Bereiche des amazonischen Abflusssystems geringfügig. Nur die Populationen im bolivianischen Teil des Madeira und im Mamoré weisen, basierend auf einer Untersuchung zweier mitochondrialer Gene, eine deutliche Differenzierung von allen anderen Populationen auf (CR: >5 %; Cyt-b: >2,4 %) (Banguera-Hinestroza et al. 2002). Hierauf basierend wurde die Trennung dieser beiden Gruppen von Hollatz et al. (2011) auf 3,16 Mio. Jahre geschätzt. Da sich zwischen beiden Bereichen eine etwa 400 km lange Flusspassage mit zahlreichen **Stromschnellen** befindet, scheint es so, dass diese den Austausch der Amazonasdelfine dauerhaft behinderten. Da Hollatz et al. (2011) in einer Analyse von Mikrosatelliten diese Differenzierung nicht nachweisen konnten, ist es möglich, dass die Stromschnellen nur die Weibchen an der Wanderung abhalten, nicht jedoch die Männchen. Auch für die **Stachelrochenart *Paratrygon aiereba*** wurden deutlich differenzierte Linien in verschiedenen Nebenflüssen des Amazonas nachgewiesen, welche eventuell sogar eigene kryptische Arten repräsentieren. Auch in diesen Fällen könnten stromschnellenreiche Flussabschnitte als Ausbreitungsbarriere fungiert haben (Frederico et al. 2012).

Trotz der **Verbindung** zwischen dem **Amazonas-** und dem **Orinocosystem** über den **Casiquiare**, der sich aufteilt, sein Wasser in beide Flusssysteme einspeist und somit eine «Brücke» zwischen ihnen bildet, zeigen sich für Amazonasdelfine deutliche Unterschiede zwischen beiden Abflusssystemen (Hollatz et al. 2011). Anders stellt sich dies etwa für die Pfauenbuntbarsche der Gattung *Cichla* dar. Basierend auf Sequenzierungen von über 2 kb mitochondrialer DNA zeigten Willis et al. (2010), dass es über den Casiquiare Genfluss und somit auch Dispersal über die Zeitachse hinweg zwischen beiden großen Abflusssystemen gab. Diese Verbindung besitzt somit unterschiedliche Auswirkungen bei unterschiedlichen Taxa.

Sehr interessante Auswirkungen besitzen die in den südlichen Atlantik

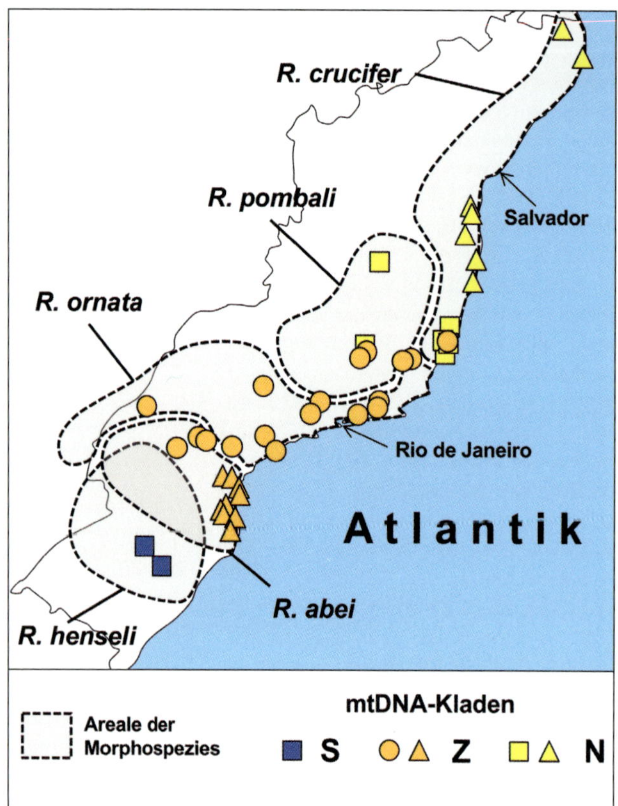

Abb. 9.9 Geographische Verbreitung von drei genetischen Linien mit ihren Unterlinien, basierend auf mitochondrialen (3239 bp) und nukleären (638 bp) Sequenzanalysen des Kröten-Artenkomplexes *Rhinella crucifer*. Südliche Linie S: blaue Quadrate; zentrale Linie Z mit ihren beiden Unterlinien: orangene Kreise bzw. Dreiecke; nördliche Linie N mit ihren beiden Unterlinien: gelbe Quadrate bzw. Dreiecke. Die Verbreitung der fünf Morphospezies in diesem Komplex ist grau hinterlegt und durch durchbrochene schwarze Linien gekennzeichnet. Die Begrenzung der östlichen Bundestaaten Brasiliens mit Anteilen an der Mata Atlântica (von Rio Grande do Sul im Süden bis nach Paraiba im Norden) ist durch eine schwarze Linie wiedergegeben. Die Lage der Städte Rio de Janeiro und Salvador ist zur besseren Orientierung angegeben. Abbildung nach Thome et al. (2010).

fließenden großen Süßwassermassen des Amazonas auf **marine Organismen**. So trennen die **ausgesüßten Schelfmeerbereiche** im Mündungsbereich des Amazonas die beiden **Seepferdchenarten** *Hippocamus erectus* im Norden von *H. patagonicus* im Süden. Die Trennung zwischen beiden Arten wurde über eine molekulare Uhr auf etwa 5,27 Mio. Jahre geschätzt. Ein Blick auf die oben ausgeführte Erdgeschichte des Amazonasgebiets macht ein Eintreten der für die Vikarianz notwendigen Ereignisse zum Zeitpunkt des Übergangs vom Miozän zum Pliozän wahrscheinlich, denn zu dieser Zeit etablierte sich das heutige Abflusssystem des Amazonas. Erst später, vor etwa 3,35 Mio. Jahren, wurde der Vorfahr der heute an der europäischen und nordwestafrikanischen Atlantikküste und im Mittelmeer verbreiteten Art *H. hippocampus*, vermutlich mit dem Golfstrom, in den Nordostatlantik verdriftet, wo anschließend artliche Differenzierung stattfand (Boehm et al. 2013).

9.2.2 Mata Atlântica

Der brasilianische **Küstenregenwald** der Mata Atlântica besitzt für die meisten Arten über seine weitgehend **küstenparallele** Ausdehnung von **fast 3000 km** in vielen Fällen deutlich differenzierte genetische Linien. Martins (2011) arbeitete in einem Übersichtsartikel heraus, dass im Bereich des **Rio Doce** häufig unterschiedliche genetische Linien miteinander in Kontakt kommen oder zumindest in räumliche Nähe zueinander gelangen. Das Alter dieser unterschiedlichen Linien ist jedoch meistens vergleichsweise jung; die Mehrzahl der Differenzierungen besitzt ein pleistozänes Alter, nur wenige sind deutlich älter. Dieses Phänomen kann durch drei sich gegenseitig nicht generell ausschließende Ursachen erklärt werden. Zum einen kann das sehr **tief eingeschnittene Tal** des Rio Doce eine seit der Auffaltung der Küstengebirge dauerhaft wirkende physische Barriere dargestellt haben. Zum anderen sind zeitweilige **Meeresingressionen** möglich, die zu Vikarianzen und so zu Differenzierungen führten. Des Weiteren führten die in den Glazialen trockeneren Bedingungen vermutlich zu einer **Fragmentierung der Regenwälder**. Dies wird auch durch das Carnaval-Moritz-Modell bestätigt, das glaziale Regenwaldrefugien nördlich und südlich des Rio Doce prognostiziert. Jedoch war nach diesem Modell nur das **Bahia-Refugium** nördlich des Rio Doce dauerhaft geographisch ausgedehnt, das südliche **São Paulo-Refugium** hingegen vermutlich oftmals auf kleine Reliktbereiche zusammengeschrumpft (Carnaval & Moritz 2008). Dies harmoniert gut mit den vermuteten Regenwaldrefugien im Westen des Bundesstaates São Paulo, was aber auch mit der phylogeographischen Kontaktzone im östlichen São Paulo in sinnvollen Zusammenhang gebracht werden kann (Martins 2011). Auch im Bereich des **Flusses São Francisco** finden sich zahlreichere phylogeographische Diskontinuitäten, welche auf die Trennung des vergleichsweise kleinen nördlichen **Pernambuco-Refugiums** vom ausgedehnten Bahia-Refugium zurückzuführen sein könnte (Martins 2011).

Insgesamt sind die phylogeographischen Muster, die in der Mata Atlântica festgestellt wurden, zwar in etlichen Punkten jeweils übereinstimmend, in anderen dann aber doch abweichend, sodass jede Studie für sich trotz der Generalisierbarkeit immer ein Unikat darstellt. Dies zeigt, dass es für die Mata Atlântica zwar allgemeine biogeographische Prinzipien gibt, die oben schon ausgeführt wurden. Jedoch stellen die **hohe Diversität des Raumes** und seine **Variabilität über die Zeit** hinweg eine wesentliche Komponente dar, die zu taxonspezifischen und häufig wohl auch stark von den individuellen ökologischen Ansprüchen der Arten beeinflussten Arealdynamiken führten. Aus diesem Grund seien im Anschluss nun einige gute Beispiele vorgestellt.

Für den **Kröten-Artenkomplex *Rhinella crucifer*** wurden drei mitochondriale und zwei nukleäre Gene untersucht (Thome et al. 2010). Basierend auf der mitochondrialen Information wurden fünf Linien unterschieden. Der älteste Split trennt die südlichsten Populationen (Linien S) von allen anderen und besitzt ein pliozänes Alter. Die weit verbreitete nördliche Gruppe differenzierte sich in zwei weitere Linien Z und N, die etwa durch den Rio Doce voneinander getrennt werden. Jede dieser zwei Linien ist nochmals in zwei, geographisch beschränkte genetische Einheiten differenziert (Abb. 9.9). Dieses phylogeographische Muster deckt sich gut mit der Theorie wiederholter Isolation in **Regenwaldrefugien**, deren Anzahl über die Zeitachse hinweg zunahm. Interessant an diesem Fall ist auch, dass die Verbreitung der angenommenen Morphospezies mit Ausnahme des südlichsten Taxons kaum Übereinstimmung mit den Phylogruppen aufweist.

Der Ahne der **Vogelart *Xiphorynchus fuscus*** erreichte den Norden der Mata Atlântica vor etwa 3 Mio. Jahren aus Amazonien, weshalb sich noch heute hier die ursprünglichsten Haplotypen teilweise in disjunkt verbreiteten Populationen finden. Anschließend wurde die gesamte Mata Atlântica bis an ihr südliches Ende besiedelt. Die phylogeographischen Muster widersprechen in diesem Fall deutlich dem Einfluss von Flusstälern oder der geotektonischen Varianz, sondern unterstützen eindeutig die Differenzierung in disjunkten, pleistozänen **Regenwaldrefugien**. An der geographischen Verbreitung der unterschiedlichen Linien lässt sich in diesem Fall auch gut erkennen, dass die Regenwälder im Zentrum der Mata Atlântica über die Zeitachse hinweg, also unter glazialen wie interglazialen Bedingungen, am stabilsten sind. Im nördlichen Bereich findet eine Reduktion auf Refugien eher in den Interglazialen, im Süden eher in den Glazialen statt. Die Arealpulse sind also entlang des gesamten Bereichs der Küstenregenwälder **nicht unbedingt gleich getaktet**, sondern teilweise sogar an den beiden Enden des Systems einander gegenläufig (Cabanne et al. 2008).

Die **Jararaca-Lanzenotter *(Bothrops jararaca)***, eine typische Schlangenart der

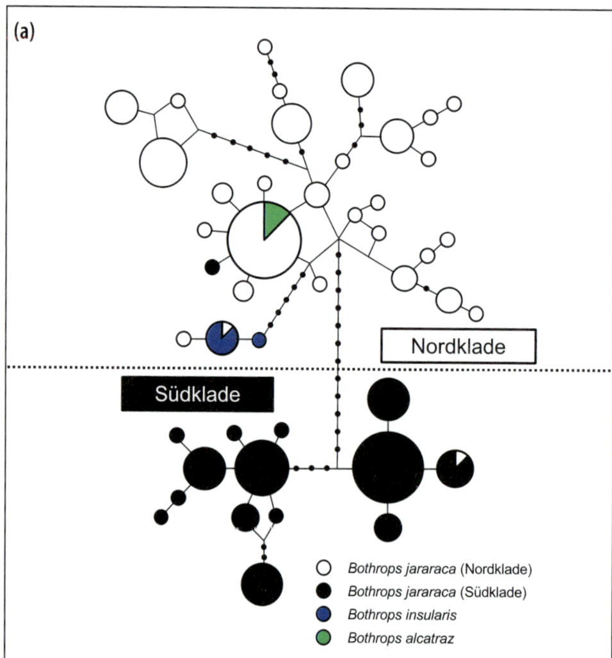

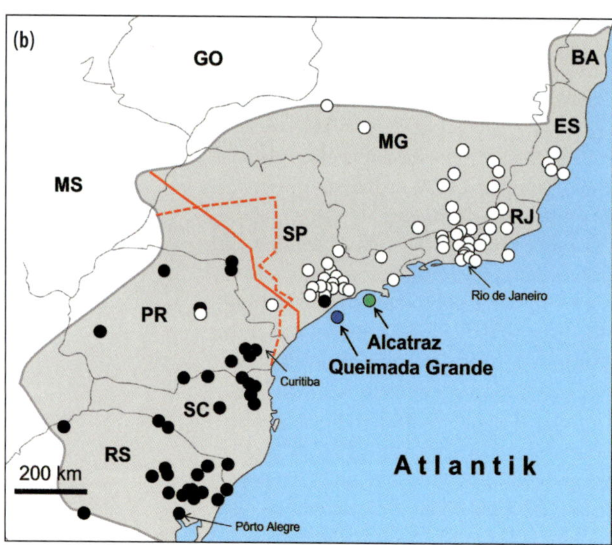

Abb. 9.10 Phylogeographie der Jararaca-Lanzenotter *(Bothrops jararaca)*, basierend auf dem mitochondrialen Gen Cyt-b (726 bp). (a) Haplotypennetzwerk der beiden Kladen von *B. jararaca* sowie der kleinarealen Arten *B. alcatraz* (Endemit der Insel Alcatraz) und *B. insularis* (Endemit der Insel Queimada Grande). Die Größe der Kreise ist proportional zur Häufigkeit der Haplotypen. (b) Geographische Verbreitung der nördlichen (weiße Kreise) und der südlichen Klade (schwarze Kreise) sowie von *B. alcatraz* (Alcatraz, grüner Kreis) und *B. insularis* (Queimada Grande, blauer Kreis). Das Areal der Art ist grau hinterlegt. Die roten Linien geben die durch SAMOVA (durchgezogen) und AIS (durchbrochen) ermittelten Kontaktzonen zwischen den Kladen an. Die Lage der Städte Pôrto Alegre, Curitiba und Rio de Janeiro ist zur besseren Orientierung angegeben. Die Grenzen der brasilianischen Bundesstaaten sind durch graue Linien dargestellt; Abkürzungen: RS: Rio Grande do Sul; SC: Santa Catarina; PR: Paraná; SP: São Paulo; RJ: Rio de Janeiro; ES: Espírito Santo; BA: Bahía; MG: Minas Gerais; MS: Mato Grosso do Sul; GO: Goiás. Abbildung nach Grazziotin et al. (2006).

atlantischen Küstenregenwälder, besitzt zwei mitochondriale Cyt-b-Linien, deren gemeinsamer Ursprung auf etwa 3,8 Mio. Jahre geschätzt wurde. Für diese Art ergibt sich das Bild einer sehr viel größeren Konstanz der nördlichen Populationen in über die Zeitachse hin stabilen Regenwäldern. Die südliche Linie weist eine deutlich geringere Anzahl von Haplotypen und eine allgemein sehr viel einfachere Struktur auf, was auf intensivere **Arealfluktuationen** mit wiederholten Refugialphasen im Pleistozän hindeutet (Abb. 9.10; Grazziotin et al. 2006). Recht ähnliche Muster zeigten sich auch für die beiden verwandten Arten *Bothrops leucurus* und *B. pardoi* (Puorto et al. 2001).

Auch weitere phylogeographische Beispiele geben deutliche Hinweise auf Differenzierungen in unterschiedlichen, meist pleistozänen Regenwaldrefugien. So besteht die **Froschartengruppe** von ***Phyllomedusa burmeisteri*** wohl aus fünf Arten, die sich im Pliozän bis zum frühen Pleistozän differenziert haben, was sowohl durch mitochondriale als auch nukleäre Information gestützt wird. Ihre Differenzierung und anschließende Überdauerung von Pessimalphasen erfolgte wohl weitgehend in **Regenwaldrefugien**, war aber eventuell auch durch die **Reliefverhältnisse** beeinflusst (Brunes et al. 2010). Die zu den Südamerikanischen Feldmäusen zählende Art *Akodon montensis* besitzt vier große in Nord-Süd-Richtung angeordnete genetische Gruppen, die auf Differenzierungs- und Überdauerungszentren in mindestens vier Regenwaldrefugien hindeuten (Valdez & d'Elía 2013). Eine deutlich geringere Differenzierung weist eine andere Art dieser Mäusegattung auf, *Akodon cursor* (Colombi et al. 2010). Ihre nördliche Linie wurde nur durch eine Population erfasst, während sich die südliche Linie über weite Bereiche der mittleren und südlichen Mata Atlântica erstreckt. Die südliche Linie zeichnet sich durch eine große Haplotypenvielfalt aus, was auf eine lange Persistenz im Raum hindeutet. Die beiden Ameisenvogel-Geschwisterarten *Myrmeciza loricata* und *M. squamosa* besitzen eine Kontaktzone westlich von Rio de Janeiro. Für sie ist wahrscheinlich, dass sie die glazialen Waldfragmentierungen in unterschiedlichen Refugien westlich und östlich dieser Zone überdauerten, jedoch geht ihre artliche Trennung eventuell auf pliozäne Vikarianzen durch tektonische Strukturen und nicht auf Waldrefugien zurück (do Amaral et al. 2013).

Die zu den Rosaceae zählende Baumart *Dalbergia nigra* ist auf den zentralen Bereich der Mata Atlântica beschränkt und besitzt, basierend auf cpDNA-Daten, drei genetische Linien, die ihren letzten gemeinsamen Vorfahren vor 780 000–350 000 Jahren besaßen. Die aktuellen Verbreitungen der drei Phylogruppen belegen, dass die Flüsse der Region keine Barrieren darstellen und sich die Differenzierung wohl in drei unterschiedlichen pleistozänen Regenwaldrefugien ereignete. Die südlichen Populationen in Rio de Janeiro sind genetisch verarmt und weisen keine Indizien für eine rezente Arealexpansion auf (Ribeiro et al. 2011). Die Bromelienart *Vriesea gigantea*, die auf die Südhälfte der Mata Atlântica beschränkt ist, besitzt zwei cpDNA-Linien, die im Grenzgebiet der Bundesstaaten São Paulo und Rio de Janeiro aufeinanderstoßen. Hier existiert auch für die ebenfalls untersuchten Mikrosatelliten ein genetischer Bruch. Auch diese Daten deuten auf eine Differenzierung in glazialen Regenwaldrefugien hin. Dies wird zusätzlich dadurch unterstützt, dass die südliche Linie, im Gegensatz zu *Dalbergia nigra*, als Resultat der **postglazialen Arealexpansion** in südlicher Richtung eine deutliche **genetische Verarmung** entlang dieser Ausbreitungsachse aufweist (Palma-Silva et al. 2009).

Zum Abschluss sei noch die **Gekkoart *Gymnodactylus darwinii*** erwähnt, die entlang der Mata Atlântica in küstennahen Sandhabitaten verbreitet ist. Das mitochondriale Cyt-b-Gen dieser Art besitzt drei Hauptlinien mit Differenzen von über 10 % und einem Ursprung im Miozän. Anders als für die echten Regenwaldarten sind hier wohl die **Flüsse** selber die wesentlichen Barrieren (für die drei Hauptlinien vermutlich der Rio Doce und der Rio Paraguaço). Der Rio Doce trennt außerdem zwei unterschiedliche **Karyotypenlinien** voneinander. Die mittlere und die nördliche Linie weisen weitere genetische Differenzierungen auf, die durch den Rio Jequitinhonha und den Rio São Francisco voneinander getrennt sind (Pellegrino et al. 2005).

9.2.3 Verbindungen zwischen Amazonien und Mata Atlântica

Die Mata Atlântica und Amazonien weisen in vielen Fällen eine deutliche Ähnlichkeit in ihren Arten auf. So gibt es zahlreiche Pflanzenarten, die ein disjunktes Verbreitungsgebiet in beiden Bereichen besitzen (Fiaschi & Pirani 2009). Allerdings ergaben genetische Untersuchungen, dass sich die Individuen derselben Art in beiden Bereichen oftmals sehr deutlich voneinander unterscheiden. Die Stärke der Unterschiede hängt jedoch sehr deutlich mit der Ökologie der Taxa und auch ihrem Dispersionsvermögen zusammen. So wurde für die Regenwaldbaumart *Schizolobium parahyba* sowohl für die Kern- als auch für die cpDNA eine **deutliche Differenzierung** zwischen Amazonien und der Mata Atlântica nachgewiesen (Turchetto-Zolet etal. 2012). Die Autoren der Studie vermuten, dass der Ursprung dieser Differenzierung durch die **Auffaltung des atlantischen Küstengebirges** und der in seinem **Windschatten** einsetzenden Bildung

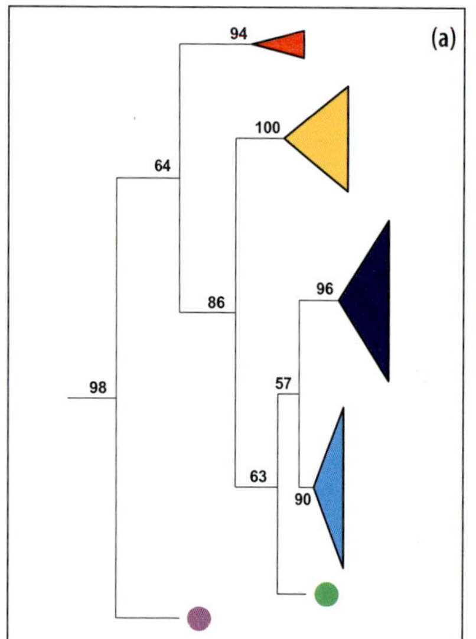

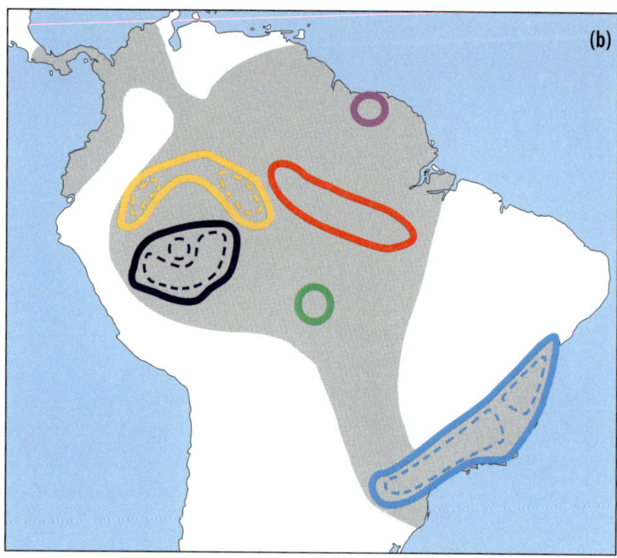

Abb. 9.11 Phylogeographie der Nacktschwanzbeutelratte *(Metachirus nudicaudatus)*. (a) Die phylogenetische Verwandtschaft zwischen den Haplotypen weist (b) sechs deutlich differenzierte, allopatrisch verbreitete Linien (durchgezogene Linien), teilweise mit Unterlinien (durchbrochene Linien) auf. Das Gesamtareal ist grau hinterlegt. Die Werte an den Knoten des Phänogramms stellen *bootstraps*-Werte dar. Abbildung nach Costa (2003).

des Savannenbandes (Caatinga, Cerrado, Chaco) initiiert wurde. Eine Verbindung zwischen beiden Großregionen durch die existierenden Flusssysteme, wie in anderen Fällen, liegt bei *S. parahyba* nicht vor.

Bei jüngeren Differenzierungen zwischen beiden Regionen liegt der **Ursprung** der Taxa deutlich **häufiger in Amazonien** als in der Mata Atlântica, was Costa (2003) in einer vergleichenden Analyse von verschiedenen kleinen Säugern beispielhaft zeigte. Ein anschauliches Beispiel stellt die **Nacktschwanzbeutelratte *(Metachirus nudicaudatus)*** dar (Abb. 9.11). Auch die **Vampirfledermausart *Desmodus rotundus*** besiedelte die Mata Atlântica aus Amazonien, was die Analyse des mitochondrialen Cyt-b-Gens impliziert; die nukleären Genorte geben diese Differenzierung jedoch nicht wieder. Anschließend evoluierte *D. rotundus* im atlantischen Küstenregenwald zwei unterschiedliche genetische Linien, was für eine lange Persistenz in diesem Raum spricht (Abb. 9.12; Martins et al. 2009). Die fruchtfressende Fledermausart *Artibeus obscurus* weist ebenfalls einen Ursprung im Amazonasgebiet oder den angrenzenden Anden auf, von wo aus eine Expansion in den Bereich der Mata Atlântica vermutlich zu Beginn des Pleistozäns oder noch im ausgehenden Pliozän erfolgte (Silva Ferreira et al. 2014). Für die Fiebermückenarten *Anopheles triannulatus* und *A. darlingi* legen Untersuchungen des mitochondrialen COI-Gens nahe, dass sie sich vor etwa 600 000, im zentralen Amazonien südlich des Amazonas zu differenzieren begannen und erst später über weite Bereiche Amazoniens und in die Mata Atlântica ausbreiteten (Pedro et al. 2010).

Recht **geringe Differenzierungen** zwischen diesen beiden Regionen weisen meist die **hochmobilen Fledermäuse** auf (Ditchfield 2000). So wurden für den mitochondrialen Genort Cyt-b für *Artibeus lituratus* keine Unterschiede bis Mittelamerika nachgewiesen. Auch für *Glossophaga soricina* existiert keine Trennung zwischen Mata Atlântica und Amazonien, allerdings gibt es eine andere genetische Linie von Peru bis Mexiko, was für die Barrierefunktion der Anden spricht, hingegen rezenten Austausch zwischen Mata Atlântica und Amazonien. Für *Carollia*

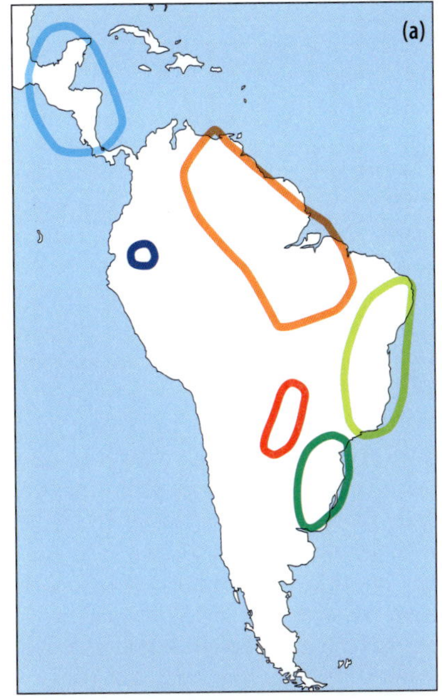

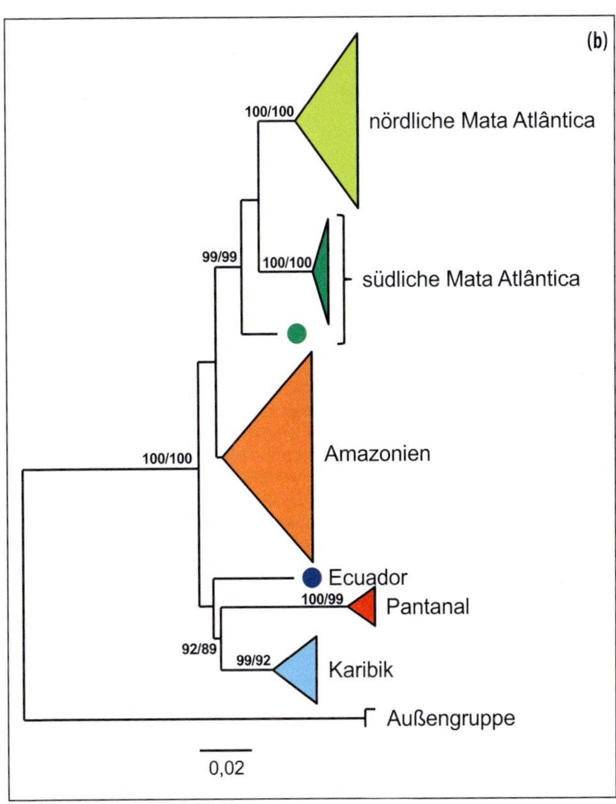

Abb. 9.12 Phylogeographie der Vampirfledermausart *Desmodus rotundus*, basierend auf Sequenzanalysen des mitochondrialen Gens Cyt-b (832 bp). (a) Geographische Verbreitung der fünf genetischen Linien. (b) *Maximum-parsimony*-Baum aller Haplotypen. An allen kritischen Knoten sind links die *posterior probabilities* und rechts die ML-*bootstraps*-Werte angegeben. Abbildung nach Martins et al. (2009).

perspicillata unterscheiden sich die Populationen in der südlichen und zentralen Mata Atlântica von der nördlichen, wo sich die ansonsten amazonische Linie befindet, was für einen rezenten Austausch zwischen diesen beiden Bereichen spricht. Für *Sturnira lilium* hat die Mata Atlântica weitgehend eine andere Linie als Amazonien, jedoch besitzen wenige Tiere aus der Mata Atlântica amazonische Haplotypen, was eine rezente Ausbereitung aus Amazonien belegt.

In einigen Fällen ist jedoch Amazonien nicht nur der Ursprung für Arten der Mata Atlântica, sondern auch der Savannen und Trockenwälder der **Trockenen Diagonale**. Ein auf mehreren mitochondrialen und nukleären Genen basierendes Beispiel hierfür stellt die **Froschgattung *Adenomera*** dar (Fouquet et al. 2014). Für diese Gattung wurde nachgewiesen, dass vor 17–15 Mio. Jahren im warm-feuchten Klimaoptimum des Miozäns drei Expansionen aus Amazonien heraus erfolgten, eine davon in die Mata Atlântica, aber zwei in den Bereich der Trockenen Diagonale. Vor etwa 7 Mio. Jahren erfolgte eine dritte Besiedlung aus Amazonien in die Trockene Diagonale. Die Besiedlung der Mata Atlântica war der Ausgangspunkt für eine reiche Artbildung in diesem Bereich, vor allem während des Pliozäns. Im Unterschied hierzu evoluierten sich nur aus einer der Linien, die die Trockene Diagonale besiedelten, mehrere Arten; zudem ist deren Anzahl viel

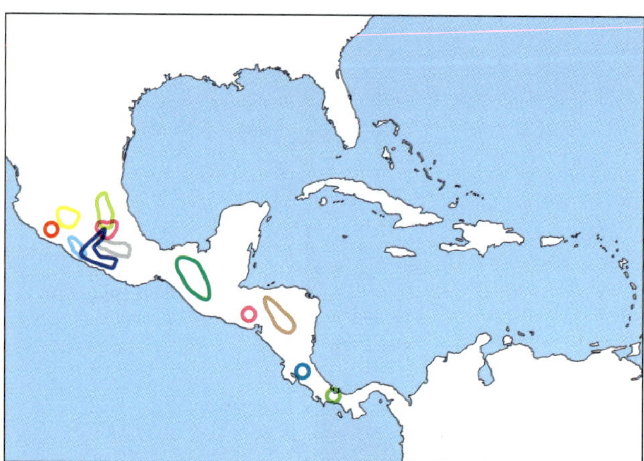

Abb. 9.13 Geographische Verbreitung von zwölf genetischen Linien des zu den Hamsterartigen zählenden Artenkomplexes *Reithrodontomys sumichrasti*, basierend auf Sequenzanalysen von mitochondrialen und nukleären Genfragmenten. Abbildung nach Hardy et al. (2013).

geringer als im Fall der Mata Atlântica. Dies spiegelt auch die **unterschiedlichen Potenziale für die Artbildung** wider, die in der orographisch vielfältigen und tropisch-feuchten Mata Atlântica deutlich höher ist als in der viel trockeneren und vom Relief weniger diversen Trockenen Diagonale.

9.2.4 Wälder Mittelamerikas und der Karibik

Zahlreiche Arten der Regenwälder Mittelamerikas stammen ursprünglich aus Südamerika und haben Mittelamerika mit der Schließung **des Isthmus von Panama** erreicht, so der **Grüne Leguan (*Iguana iguana*)** (Stephen et al. 2013) und verschiedene Baumarten (Cavers et al. 2013, Scotti-Saintagne et al. 2013). Für die Baumart *Symphonia globilifera* ist die Differenzierung der Populationen Mittelamerikas jedoch so stark, dass Dick et al. (2003) vermuten, dass sie Mittelamerika bereits vor 6 Mio. Jahren über die damals schon existierende **Inselbrücke** erreichte.

Insgesamt weist Mittelamerika eine sehr hohe phylogeographische Diversität auf. Es zeichnen sich jedoch vor allem zwei Regionen durch besonders häufige phylogeographische Brüche aus: der **Isthmus von Tehuantepec**, der im südlichen Mexiko das ansonsten weitgehend durchlaufende Gebirgsband unterbricht, und die **Nicaraguasenke**. Die Bedeutung beider als biogeographische Bruchzonen zeigt sich beispielsweise im zu den Hamsterartigen zählenden Artenkomplex *Reithrodontomys sumichrasti* (Abb. 9.13; Hardy et al. 2013).

Für die **Salamandergattung *Bolitoglossa*** sind mehrere Arten entweder auf die eine oder die andere Seite des Isthmus von Tehuantepec beschränkt, *B. rufescens* ist jedoch auf beiden Seiten zu finden. Die Analyse von mitochondrialen und nukleären Genen belegte allerdings, dass der Ursprung der Art westlich des Isthmus verortet werden muss und dass dieser zweimal zu unterschiedlichen Zeitpunkten in östlicher Richtung überwunden wurde (Rovito et al. 2012). Insgesamt zeigen sich für verschiedene Arten **kleinräumige Verbreitungsmuster;** die Haplotypennetzwerke indizieren alte und stabile Strukturen, die auf eine lange Permanenz im Raum hindeuten. Auch bei der Kolibrigattung *Amazilia* sprechen die Daten dreier mitochondrialer Gene für einen Ursprung westlich des Isthmus von Tehuantepec im Miozän. Dieser wurde jedoch wiederholt in östlicher Richtung überquert; auch Südamerika wurde bereits vor der Schließung des Isthmus von Panama kolonisiert (Ornelas et al. 2014).

Auch die beiden **Bergwaldvogelarten *Icterus graduacauda* und *I. chrysater*** kommen nur westlich bzw. östlich des Isthmus von Tehuantepec vor (Abb. 9.14a). Sequenzen der mitochondrialen Kontrollregion legen eine Trennung der Populationen seit dem Beginn des vorletzten Glazials vor 300 000 Jahren nahe (Abb. 9.14b). Die sechs untersuchten nukleären Gene weisen zwar noch einige Allele auf, die in beiden Arten vorkommen, unterstützen aber generell den durch COI belegten Split (Cortes-Rodriguez et al. 2013). Auch weitere Vogelarten, wie *Chlorospingus ophthalmicus* (Bonaccorso et al. 2008) und *Lampornis amethystinus* (Cortes-Rodriguez et al. 2008), die Mäuseart *Peromyscus aztecus* (Sullivan et al. 1997)

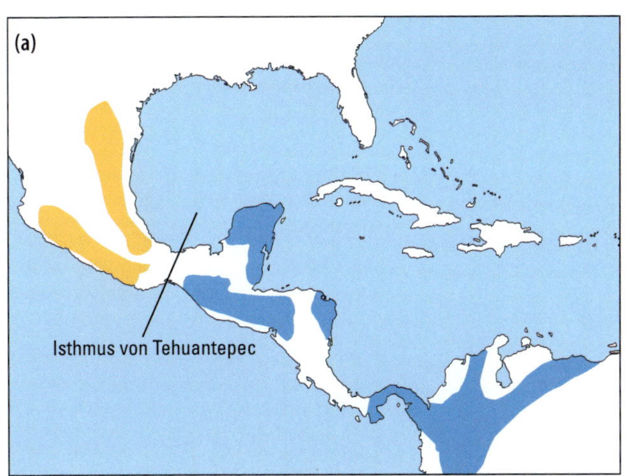

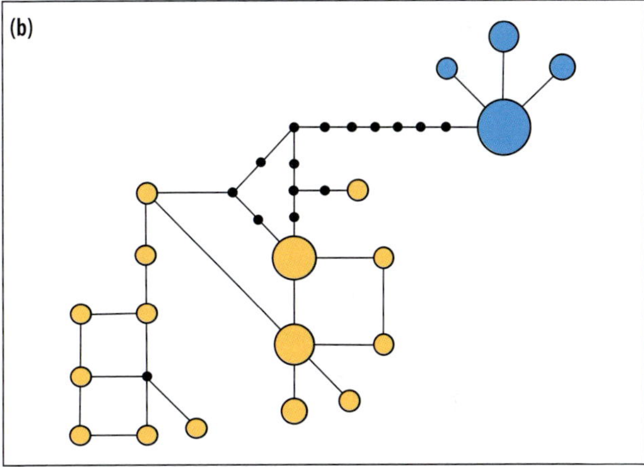

Abb. 9.14 (a) Verbreitung der beiden Bergwaldvogelarten *Icterus graduacauda* (orange) westlich und *I. chrysater* (blau) östlich des Isthmus von Tehuantepec. (b) Haplotypennetzwerk der mitochondrialen Kontrollregion (344 bp). Die Größe der Kreise ist proportional zur Häufigkeit der Haplotypen. Abbildung nach Cortes-Rodriguez et al. (2013).

sowie die Buschart *Palicourea padifolia* (Guiérrez-Rodríguez et al. 2011), weisen eine phylogeographische Übergangszone in diesem Bereich auf. Hardy et al. (2013) zählen noch eine Reihe weiterer Beispiele aus unterschiedlichen taxonomischen Gruppen auf.

Vor etwa 2 Mio. Jahren war der **Isthmus von Tehuantepec** letztmals durch eine **Meerestransgression** überflutet (Maldonado-Koerdell 1964), was zeitlich gut mit der Datierung des dortigen Splits im *Reithrodontomys-sumichrasti*-Artenkomplex übereinstimmt (Hardy et al. 2013). Dieses Ereignis könnte somit das für den Beginn der Differenzierung verantwortliche Vikarianzereignis darstellen, was auch für andere Taxa zutreffen könnte. Im Fall jüngerer Differenzierungen, vor allem von Arten feuchter Wälder, könnten jedoch auch die **trockeneren glazialen Bedingungen** zur Fragmentierung der Feuchtwälder und deren Ersetzung durch Trockenwälder oder savannenähnliche Habitate im Bereich dieses Isthmus geführt haben.

Die **Nicaragua-Depression** im Grenzgebiet zwischen Nicaragua und Costa Rica war wohl in den letzten wenigen Millionen Jahren öfter überflutet und trennte im Pliozän vor der endgültigen Schließung des Isthmus von Panama zwei der Inseln in der **Inselbrücke** zwischen Mittel- und Südamerika (Patten & Smith-Patten 2008). Auch in diesem Bereich finden sich zahlreiche biogeographische Kontaktzonen, wie z.B. für den Hamsterartigen *Reithrodontomys sumichrasti*. Sein Differenzierungsalter in dieser Region wird auf 1,34–0,60 Mio. Jahre geschätzt und könnte somit durch die Meerestransgression begründet sein, jedoch lässt sich auch Überdauerung in unterschiedlichen **pleistozänen Waldrefugien** nicht als Ursache ausschließen (Hardy et al. 2013). Einen starken Einfluss der Nicaragua-Depression auf die biogeographische Strukturierung der Region finden wir bei zahlreichen Gruppen; so bei Pflanzen (Luna-Vega et al. 2001),

Insekten (Halffter 1987), mehreren Vogelarten (Arbeláez-Cortés 2010) und in der Herpetofauna (Savage 1982). Ebenfalls wurde dieses biogeographische Muster für eine Katzenart (Eizirik et al. 1998) und einen Primaten (Cortez-Ortiz et al. 2003) nachgewiesen. In diesen Fällen können sowohl die Meerestransgressionen als auch unterschiedliche eiszeitliche Waldrefugien für die Evolution dieser biogeographischen Muster verantwortlich sein. Auch für die drei Waldbaumarten *Bursera simaruba*, *Brosimum alticastrum* und *Ficus insipida* wurden, basierend auf cpDNA-Sequenzen, phylogeographische Brüche im Bereich der Nicaragua-Depression nachgewiesen. Für zwei dieser drei Arten ergaben sich weitere phylogeographische Diskontinuitäten im Grenzgebiet zwischen Nicaragua und El Salvador, was vermutlich durch ähnliche Phänomene wie im Bereich der Nicaragua-Depression begründet ist (Poelchau & Hamrick 2013).

Zuweilen weisen die feuchten Wälder Mittelamerikas sogar eine höhere phylogeographische Differenzierung auf als im amazonischen Regenwald. So wurde für den **Mahagonibaum** *(Swietenia macrophylla)* keine bedeutende Differenzierung am südlichen Rand des Amazonasbeckens nachgewiesen (Lemes et al. 2003). Im Gegensatz hierzu wurden in Mittelamerika für dasselbe genetische Markersystem vier regionale phylogeographische Gruppen voneinander unterschieden (Novick et al. 2003).

Für die **Trockenwälder** entlang der **Pazifikküste Südmexikos** ergeben sich deutlich andere phylogeographische Muster als für die Bewohner der Feucht- und Bergwälder. So zeigten Arbeláez-Cortés et al. (2014) für die drei Vogelarten *Momotus mexicanus*, *Melanerpes chrysogenys* und *Passerina leclancherii*, basierend auf zwei mitochondrialen und vier nukleären Genen, dass diese zwei bzw. drei deutlich voneinander differenzierte genetische Linien besitzen. Diese weisen weitgehend allopatrische Verbreitungen auf (Abb. 9.15) und evoluierten sich im Verlauf der letzten 600000 Jahre. Alle drei Arten besitzen einen **phylogeographischen Bruch im Grenzgebiet der Bundesstaaten Guerrero und Oaxaca**. Diese biogeographische Grenze scheint generell bedeutsam für die Trockenwaldbewohner zu sein. Sie wurde auch für die Rote Mombinpflaume *(Spondias purpurea)* (Miller & Schaal 2005), die Ameisenart *Azteca pittieri* (Pringle et al. 2012), die Froschart *Rana forrieri* (Zaldívar-Riverón et al. 2004), die Küsten-Lyraschlange *(Trimorphodon biscutatus)* (Devitt 2006) und den Westmexikanischen Schwarzleguan *(Ctenosaura pectinata)* (Zarza et al. 2008) nachgewiesen.

Auch der phylogeographische Split für zwei der drei Vogelarten *(M. mexicanus, M. chrysogenys)* im Gebiet des **südlichen Jalisco, Michoacáns und des westlichen Guerrero** wird in zwei Geschwisterarten der Schlangengattung *Leptodeira* gespiegelt (Daza et al. 2009). Ebenso befindet sich hier ein Bereich hoher Diversifizierung der wichtigen Baumgattung *Bursea* (Becerra 2005, Becerra & Venable 2008). Eine weitere wichtige phylogeographische Grenze befindet sich weiter westlich zwischen den **Bundesstaaten Jalisco und Nayarit** (Demastes et al. 2002, Zaldívar-Riverón et al. 2004, Mateos 2005, Devitt 2006, Mulcahy 2008, Zarza et al. 2008, Pringle et al. 2012). Allgemeine biogeographische Analysen von Vögeln von García-Trejo & Navarro (2004) geben außerdem deutliche Evidenzen für **drei Endemismenzentren** im mexikanischen Trockenwald, die weitgehend mit den Verbreitungsbildern der von Arbeláez-Cortés et al. (2014) nachgewiesenen genetischen Linien übereinstimmen. An den phylogeographischen Bruchzonen von Arbeláez-Cortés et al. (2014) stellten García-Trejo & Navarro (2004) besonders hohe Raten von Arten-Turnover fest, was die generell hohe biogeographische Bedeutung dieser Regionen hervorhebt.

Wenn wir uns die geographische Lage dieser biogeographischen Übergangsbereiche genauer ansehen, so fällt auf, dass sie in Bereichen liegen, in denen **Gebirge** mit Höhen von über 1900 m NN nicht

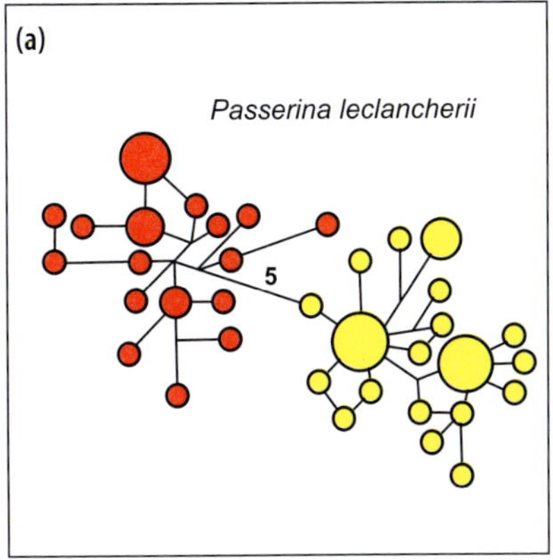

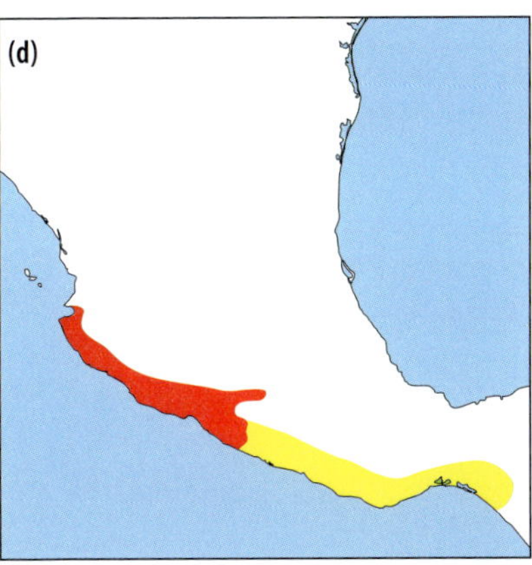

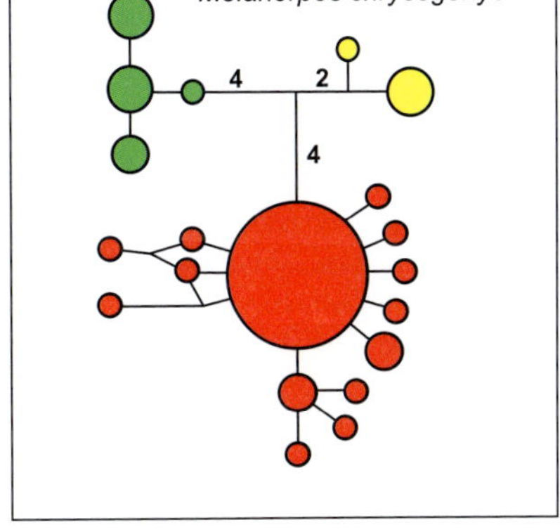

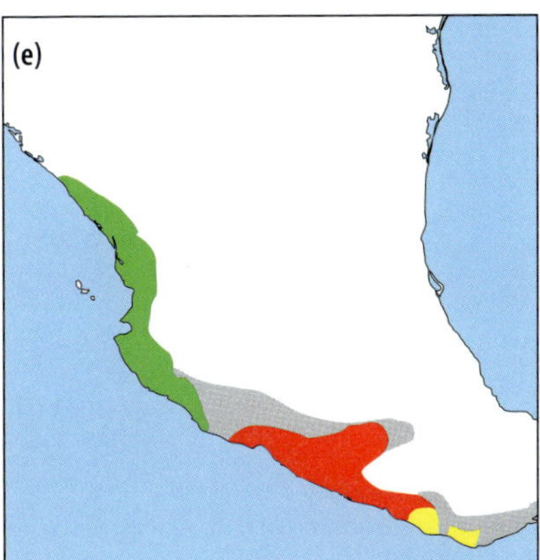

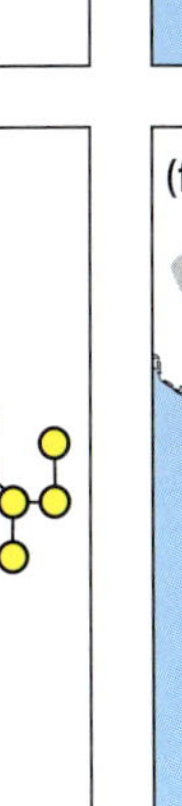

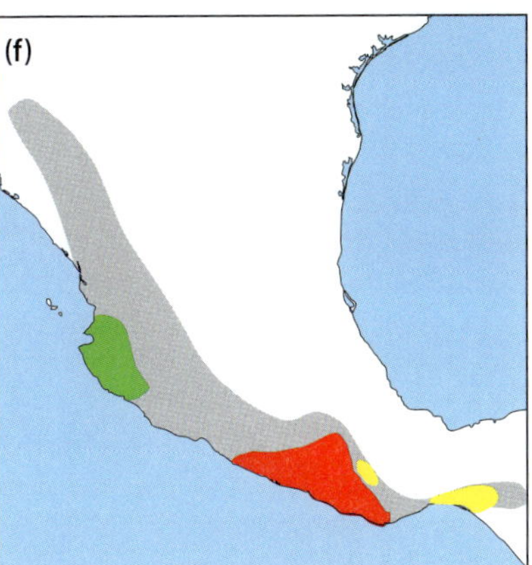

Abb. 9.15 Phylogeographie dreier Vogelarten (*Passerina leclancherii*, *Melanerpes chrysogenys*, *Momotus mexicanus*) der Trockenwälder der mexikanischen Pazifikküste. Die Teilabbildungen a, b und c stellen die Haplotypennetzwerke je zweier mitochondrialer Genfragmente (1045–1397 bp) der drei Arten dar; d, e und f die jeweiligen geographischen Verbreitungen der unterschiedlichen Linien; die Gesamtverbreitungen sind hellgrau unterlegt. Abbildung nach Arbeláez-Cortés et al. (2014).

weiter als 25 km von der Küste entfernt sind; so etwa die **Sierra de Coalcomán** im Bundesstaat Michoacán und die **Sierra Madre del Sur** im Bundesstaat Guerrero. Es scheint also einen ursächlichen Zusammenhang zwischen diesen Gebirgen und den Verbreitungsmustern der oben angesprochenen Tieflandarten zu geben. Nun ist die Orogenese des transmexikanischen Vulkangürtels mit 20–3 Mio. Jahren meist deutlich älter als die genetischen Splits in den dargestellten Arten

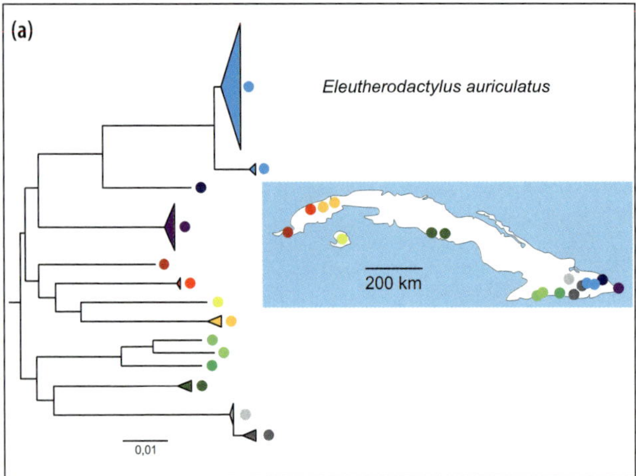

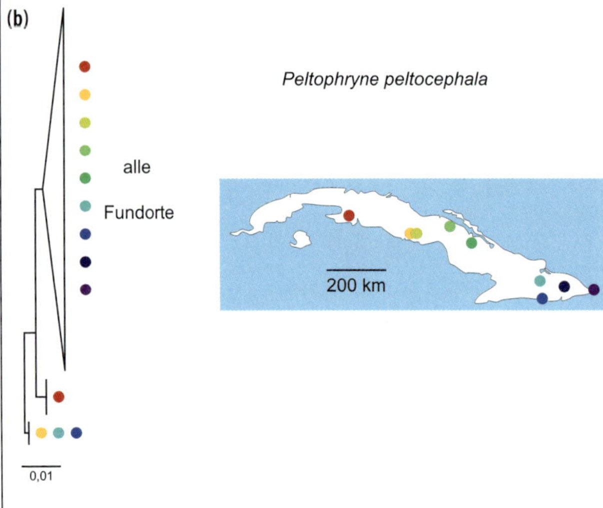

Abb. 9.16 Unterschiedliche Habitatbindungen führen zu unterschiedlichen phylogeographischen Mustern bei Froschlurchen auf Kuba. So besitzt die Waldart *Eleutherodactylus auriculatus* (a) eine starke phylogeographische Struktur, wohingegen die Offenlandart *Peltophryne peltocephala* (b) kaum eine Differenzierung über die gesamte Insel aufweist. Abbildung nach Rodríguez et al. (2015).

(Becerra 2005, Devitt 2006); die Entstehung der Sierra Madre del Sur ist mit 35–20 Mio. Jahren sogar noch älter (Morán-Zenteno et al. 2000). Jedoch können indirekte Auswirkungen der Gebirge auf die Tieflandlebensräume nicht ausgeschlossen werden, die möglicherweise zu ihrer zeitweisen Destabilisierung beigetragen haben könnten, was dann eine Unterbrechung des Genflusses an diesen Stellen zur Folge gehabt haben könnte. Diese **Fragmentierung** der Trockenwälder sollte besonders unter **glazialen Klimabedingungen** erfolgen. Hierfür zählen Arbeláez-Cortés et al. (2014) mehrere Begründungen auf: (1) Die tropischen Trockenwälder Westmexikos werden von der Baumgattung *Bursera* dominiert, die Temperaturen unter dem Gefrierpunkt nicht toleriert (Becerra 2005, De-Nova et al. 2012). (2) Karten der potenziellen pleistozänen Vegetation Mexikos geben an, dass die unter Warmzeitbedingungen weitgehend kontinuierlichen Trockenwälder teilweise durch Nadelwälder sowie tropische Regenwälder unterbrochen wurden (Ceballos et al. 2010). (3) Eine für den transmexikanischen Vulkangürtel für den Hochstand des letzten Glazials dokumentierte Temperaturabnahme um 8 °K (Caballero et al. 2010) sollte auch das Klima im angrenzenden Tiefland stark beeinflusst haben. (4) Paläoökologische Daten aus den vergangenen 9600 Jahren belegen, dass der Trockenwald teilweise durch feuchteren Wald oder durch Savanne ersetzt wurde (Piperno & Jones 2003, Berrio et al. 2006, González-Carranza et al. 2008). Zusätzliche Daten aus Sedimentuntersuchungen legen nahe, dass innerhalb von 1000 Jahren der trockene tropische Wald zunehmend durch mesophyllen Wald ersetzt wurde, der sogar zur Dominanz kam, dann aber wieder durch den Trockenwald weitgehend zurückgedrängt wurde (Berrio et al. 2006). Auch wenn die letzten beiden Evidenzen nicht in das Zeitfenster des letzten Glazials hineinreichen, so unterstreichen sie doch die **hohe Dynamik des Systems des tropischen Trockenwaldes** der südmexikanischen Pazifikküste.

Auch auf den **karibischen Inseln** wurden teilweise deutliche phylogeograpische Muster nachgewiesen. Als Beispiel seien hier zwei **Froschlurche von Kuba** vorgestellt (Abb. 9.16; Rodríguez et al. 2015). Für die **Waldart *Eleutherodactylus auriculatus*** wurde eine sehr **deutliche phylogeographische Struktur** mit einer Vielzahl von räumlich meist eng umgrenzten mtDNA-Linien nachgewiesen. Dies spricht für eine **erdgeschichtlich starke Fragmentierung der Feuchtwälder Kubas** mit einem Rückzug vor allem auf die bergigen und somit feuchteren Regionen der Insel. Es ist deshalb sehr wahrscheinlich, dass *E. auriculatus* klimatisch ungünstige Phasen in diesen Rückzugsgebieten überdauerte und sich dabei in Allopatrie in unterschiedliche Linien differenzierte. Ein ganz anderes phylogeographisches Muster wurde für die **Offenlandart *Peltophryne peltocephala*** erhalten. Für diese wurde nämlich keine wesentliche Differenzierung auf der Ebene der mitochondrialen DNA festgestellt. Somit ist wahrscheinlich, dass für dieses Offenlandtaxon dauerhaft die Möglichkeit des Austauschs über den ganzen Bereich Kubas bestand. Dies spricht dafür, dass die offenen Habitate der Karibikinsel im Jungtertiär und Pleistozän, anders als die Waldhabitate, nie auf isolierte Rückzugsbereiche zurückgedrängt wurden, sondern dass es für ihre Bewohner immer mehr oder minder **kontinuierliche Austauschbedingungen** gab.

9.3 Von der Caatinga zum Chaco: Die Savannen und Trockenwälder Südamerikas

Das Band der Savannen und Trockenwälder zwischen den Regenwäldern des Amazonasbeckens auf der einen und denen der Mata Atlântica auf der anderen Seite (Abb. 9.17; Werneck 2011) umfasst im Nordosten Brasiliens die **Caatinga**, an die sich südwestlich der **Cerrado** Zentralbrasiliens anschließt, der wiederum in seinem Südwesten in den **Chaco** übergeht, der bis in den Norden Argentiniens reicht. Die vergleichsweise **trockenen Bedingungen** dieser tropischen (und im südlichsten Bereich subtropischen) Gebiete sind erdgeschichtlich relativ jung und entstanden erst im **frühen Pliozän** durch die Auffaltung des atlantischen Küstengebirges in dessem Regenschatten (Vasconcelos et al. 1992). Deshalb sind

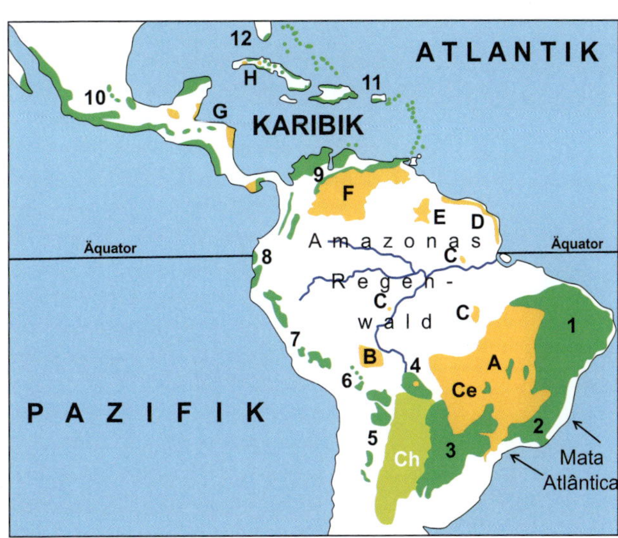

Abb. 9.17 Generelle Verbreitung der Regenwälder des Amazonastieflandes und der Mata Atlântica, der saisonalen Trockenwälder (grün) und der Savannen (orange) Südamerikas. Trockenwälder: 1: Nordostbrasilien (Caatinga); 2: südostbrasilianische saisonale Wälder; 3: Misiones Nukleus; 4: Bolivianische Chiquitano-Region; 5: Piedmont Nukleus; 6: Bolivianische interandine Täler; 7: Peruanische und ecuadorianische interandine Täler; 8: Pazifikküste Perus und Ecuadors; 9: Karibische Küste Kolumbiens und Venezuelas; 10: Mexiko und Mittelamerika; 11: Karibische Inseln (die kleinen, grün eingefärbten Inseln sind nicht in allen Fällen mit Trockenwäldern bestanden); 12: Florida. Savannen: A: Cerrado; B: Bolivianische Savannen; C: Amazonische Savannen (weitere kleine Bereiche sind nicht eingezeichnet); D: Küstensavannen (Amapá, Nordbrasilien bis Guyana); E: Rio Branco-Rupununi; F: Llanos; G: Mexiko und Mittelamerika; H: Cuba. Ce: Cerrado, Ch: Chaco (in Grüngelb; lässt sich nicht eindeutig den Trockenwäldern oder Savannen zuordnen). Abbildung nach Werneck (2011).

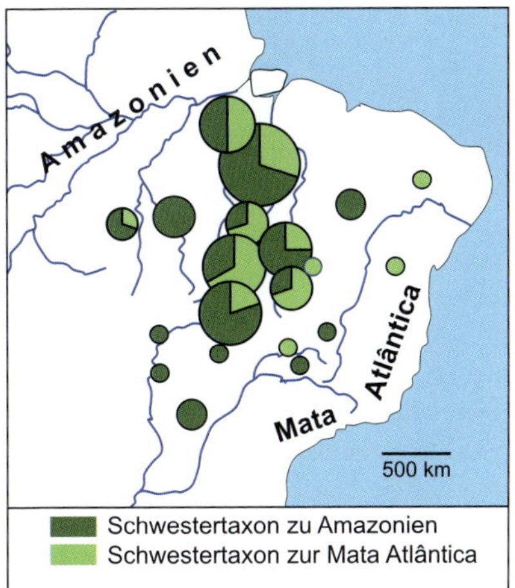

Abb. 9.18 Anteil der Arten der Trockenen Diagonale Brasiliens, die Schwesterarten in Amazonien oder der Mata Atântica besitzen. Für jeden Untersuchungspunkt sind nur Arten berücksichtig, die Schwesterarten in einem der beiden Bereiche besitzen. Die Kreisgröße ist proportional zur Probengröße. Abbildung nach Costa (2003).

auch die Biota dieses oft als **Trockene Diagonale** bezeichneten Bereiches für tropische Regionen jung und leiten sich meist entweder aus dem Amazonasgebiet oder der Mata Atlântica ab, also in beiden Fällen aus dem Regenwald. Costa (2003) hat für Kleinsäuger untersucht, welche **Herkunft** für die Trockene Diagonale häufiger ist. Hierbei konnte sie zeigen, dass beide Herkünfte möglich sind. Insgesamt ist jedoch eine Herkunft aus dem geographisch sehr viel größeren **Amazonasgebiet** deutlich häufiger festzustellen als aus der wesentlich kleineren **Mata Atlântica** (Abb. 9.18). Dies hängt wahrscheinlich mit der unterschiedlichen geographischen Ausdehnung dieser beiden potenziellen Ursprungsgebiete zusammen.

Die phylogeographischen Strukturen in der Trockenen Diagonale sind noch nicht intensiv untersucht. Eines der besten Beispiele existiert für die **Geckoart *Phyllopezus pollicaris***, die über den gesamten Bereich verbreitet ist und für den Werneck et al. (2012a) insgesamt zwei mitochondriale und elf nukleäre Gene untersuchten. Basierend auf der Information aus den untersuchten Kerngenen lassen sich mindestens acht Arten abgrenzen, deren Verbreitungen zueinander alle entweder allo- oder parapatrisch sind. Bei *Phyllopezus pollicaris* handelt es sich folglich nicht um eine einzige Art, sondern um einen Artenkomplex. Die Zahl der genetischen Linien ist noch höher als die der vermuteten Arten; mindestens zwölf von ihnen lassen sich unterscheiden.

Der Beginn der Differenzierungen in diesem Artenkomplex wurde mittels einer molekularen Uhr vor etwa 12 Mio. Jahre angenommen, also im späten Miozän. Seitdem fand eine sukzessive genetische Differenzierung statt, die sich allerdings weitgehend auf das Miozän und Pliozän beschränkte. Im Pleistozän erfolgten nur noch vergleichsweise wenige weitere Differenzierungen, also das ganze Gegenteil einer eiszeitlichen Differenzierungswelle. Die drei ältesten Splits trennen jedoch im Wesentlichen die drei Regionen Caatinga, Cerrado und Chaco voneinander.

Betrachtet man die räumlichen Verbreitungsmuster der einzelnen Linien, so fällt auf, dass die phylogeographische Struktur in der Caatinga deutlich weniger ausgeprägt ist als im Cerrado. Dies lässt sich wohl durch die geringere geomorphologische Vielfalt der Caatinga im Vergleich mit dem **Cerrado** erklären, der deutlich mehr **geologische Barrieren** besitzt. So stellt der São Francisco-Fluss nicht nur in der Mata Atlântica eine wichtige physische Barriere dar, sondern auch im Bereich des sich anschließenden Cerrado. Generell ist der Cerrado durch ausgeprägte **Reliefenergie** ausgezeichnet, was Einfluss auf die vergleichsweise komplexen Differenzierungsmuster gehabt haben sollte. Für die Differenzierung im **Chaco** scheint eine **Meerestransgression** vor 10–15 Mio. Jahren im Bereich des Paranà-Flusses eine wichtige Ursache darzustellen. Durch die zeitgleichen Hebungen in den Anden und des Brasilianischen Schildes kam es in dieser Region als Ausgleichsbewegung zu einer Absenkung und anschließenden Überflutung, die zur Vikarianz der in diesem Bereich lebenden Gecko-Populationen führte.

Die durch die genetischen Untersuchungen festgestellten geringen Differenzierungsraten im Verlauf des Pleistozäns werden auch durch Verbreitungsmodelle unterstützt, die auf der Modellierung von Klimanischen beruhen. Diese Modelle prognostizieren nur einen **geringfügigen Einfluss der Klimaschwankungen des Pleistozäns** auf die Verbreitung von *Phyllopezus*-Geckos. Eventuell war die Klimanische für diesen Artenkomplex auch unter Kaltzeitbedingungen weitgehend durchgehend über die gesamte Trockene Diagonale vorhanden, und nur für manche Bereiche des Cerrados könnte sie diskontinuierlich gewesen sein.

Ein den *Phyllopezus*-Geckos in mancher Hinsicht ähnelndes phylogeographisches Muster weisen die **Lanzenottern der *Bothrops-neuwiedi*-Artengruppe** auf, allerdings sind in diesem Fall die geschätzten Alter der Differenzierungen deutlich jünger und werden alle auf das Pliozän oder Pleistozän datiert. Diese Gruppe offener Lebensräume hat sich überhaupt erst im späten Miozän vor etwa

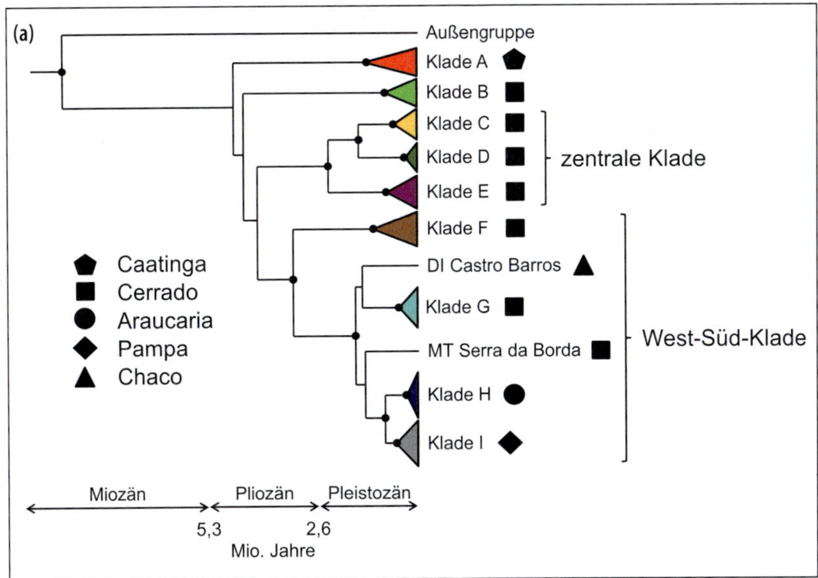

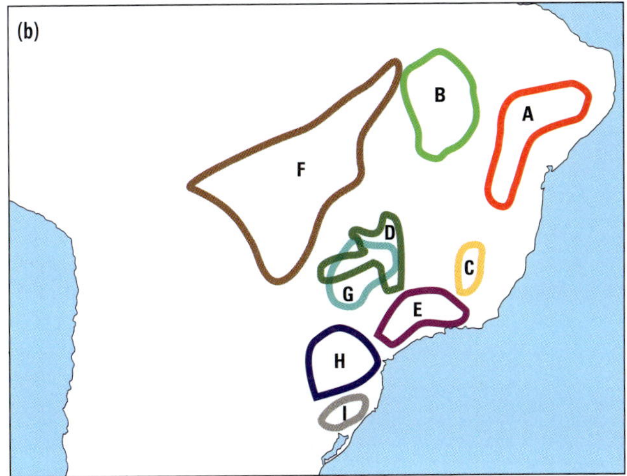

Abb. 9.19 Phylogeographie der Lanzenottern der *Bothrops-neuwiedi*-Artengruppe, basierend auf den beiden mitochondrialen Genen Cyt-b und ND4 (1222 bp). (a) Verwandtschaftsbaum, basierend auf bayes'schen Schätzungen der Divergenzzeiten in Mio. Jahren. Schwarze Punkte an den Knoten sprechen für eine gute Unterstützung derselben durch mehrere Analysen. (b) Geographische Verbreitung der unterschiedlichen Kladen. Abbildung nach Machado et al. (2014).

9,6 Mio. Jahren (95 %-Konfidenzintervall: 11,5–7,8 Mio. Jahre) von der in der Mata Atlântica verbreiteten Regenwaldartengruppe *B. jararaca* getrennt (Machado et al. 2014). Dies erfolgte wohl durch eine Differenzierung in zwei unterschiedliche Ökotypen im Zuge der Entstehung der Trockenen Diagonale.

Basierend auf Sequenzen der beiden mitochondrialen Gene Cyt-b und ND4 (1222 bp) wiesen Machado et al. (2014) für das Pliozän vier Aufspaltungen in fünf weitgehend allo- bzw. parapatrisch verbreitete Hauptlinien für die *Bothrops-neuwiedi*-Artengruppe nach (Abb. 9.19). Basierend auf diesen Daten gingen sie von mindestens vier unterschiedlichen Arten aus. Der älteste Split vor etwa 4,9 Mio. Jahren wurde zwischen dem Bereich der Caatinga (Klade A) und dem nordöstlichen Cerrado (Klade B) nachgewiesen, was auf einen Ursprung des Artenkomplexes in dieser Region hindeutet. Eine phylogeographische Diskontinuität wurde in dieser Region auch für den Baum *Astronium urundeuva* (Familie Anacardia-

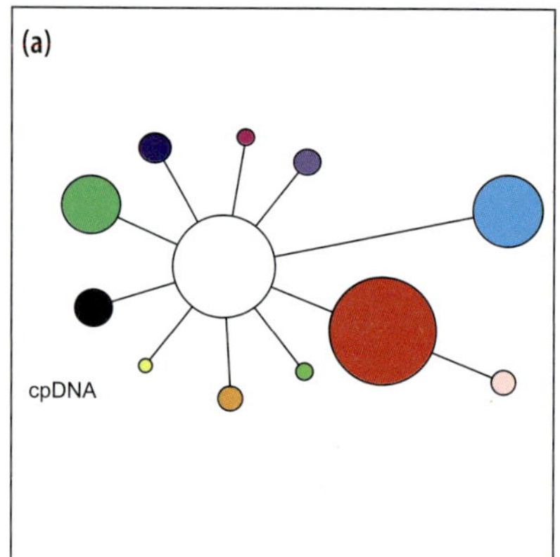

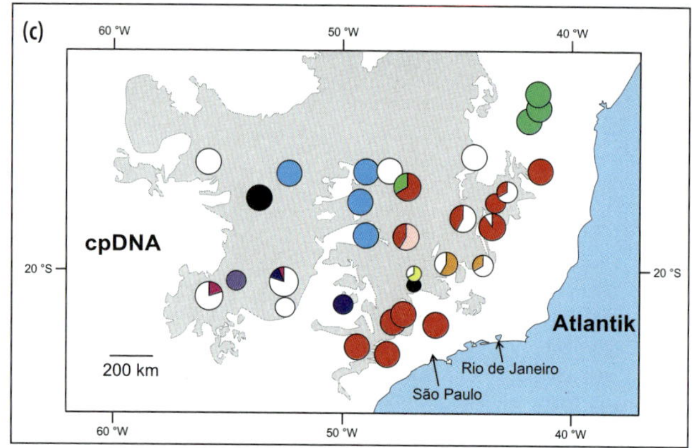

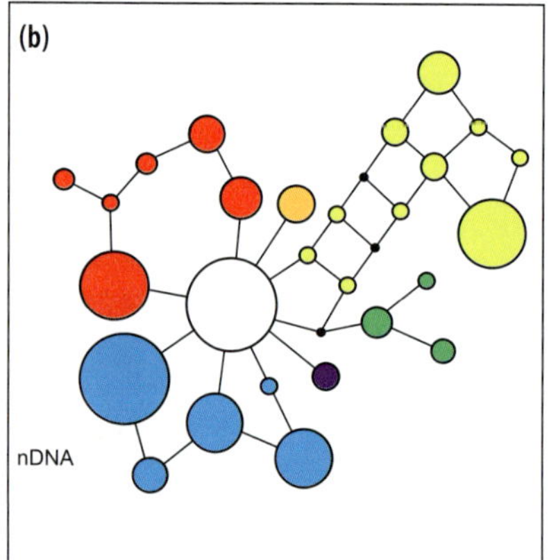

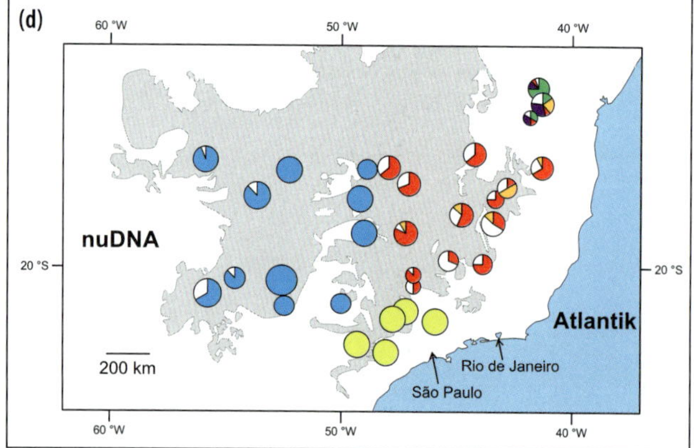

Abb. 9.20 Phylogeographie der Cerrado typischen Baumart *Dalbergia miscolobium*. *Median-joining*-Netzwerke zeigen die Verwandtschaft zwischen den Haplotypen von (a) Chloroplasten- und (b) nukleärer DNA. In (c) und (d) sind die jeweiligen geographischen Verbreitungen dieser Haplotypen dargestellt; die geographische Ausdehnung der Vegetationseinheit des Cerrado ist grau hinterlegt; die Städte São Paulo und Rio de Janeiro sind zur besseren Orientierung eingezeichnet. Die Größe der Kreise ist proportional zur Anzahl der untersuchten Individuen. Abbildung nach Novaes et al. (2013).

ceae) (Caetano et al. 2008) und die oben erwähnten *Phyllopezus*-Geckos (Werneck et al. 2012a) nachgewiesen, was den biogeographischen Unterschied zwischen Caatinga und Cerrado unterstreicht.

Von der nordöstlichen Cerrado-Linie der *Bothrops-neuwiedi*-Artengruppe spaltete sich vor etwa 4,6 Mio. Jahren eine Gruppe ab, die sich vor etwa 4,3 Mio. Jahren in eine zentrale (Kladen C–E) und eine südwestliche Gruppe (Kladen F–I) differenzierte. In letzterer spaltete sich vor etwa 3,3 Mio. Jahren von der zentralen Cerrado-Klade F eine Südgruppe (Kladen G–I) ab, die heute bis in den Bereich der nördlichen Pampas verbreitet ist. Dieses Muster lässt auf eine im Verlauf des Pliozäns **sukzessive Ausbreitung** dieser Lanzenotter-Artengruppe in südlicher Richtung mit anschließender Isolation und Differenzierung schließen.

Im Pleistozän ergaben sich sowohl in der zentralen als auch in der südlichen Gruppe weitere phylogeographische Differenzierungen in jeweils mehrere Linien. In der zentralen Gruppe könnte dies durch die Regenwaldfluktuationen im Bereich der Mata Atlântica bedingt sein, die wiederholt unter Warmzeitbedingungen die offenen Habitate dieses Artenkomplexes reduzierten und somit zu Vikarianzen und Differenzierungen führen konnten. In der südlichen Gruppe haben eventuell die Waldreduktionen unter

Kaltzeitbedingungen erst den Weg für die Ausbreitung bis ins südlichste Brasilien freigemacht. Hier fand dann später Differenzierung in zwei Linien statt, eventuell als Anpassung an unterschiedliche Lebensräume; nämlich Klade H für die durch ***Araucaria*** **dominierten Lebensräume** und Klade I für die **Grasländer der nördlichen Pampas**.

Auch für die für den Cerrado typische Baumart *Dalbergia miscolobium*, einen Schmetterlingsblütler, zeigt sich basierend auf Chloroplasten- und Kern-DNA eine deutliche Differenzierung zwischen verschiedenen Bereichen dieser Region (Abb. 9.20; Novaes et al. 2013). Das sternförmige Muster des Haplotypennetzwerks der Chloroplasten-DNA lässt auf eine allgemeine Arealexpansion in der Vergangenheit schließen und erlaubt sogar die Hypothese, dass es im Verlauf des Pleistozäns unter Kaltzeitbedingungen einen Rückzug auf ein einziges, im östlichen Cerrado gelegenes Refugium gegeben haben könnte. Ein solches Refugium wird auch für weitere Arten postuliert (Werneck et al. 2012b).

Das phylogeographische Muster von *Dalbergia miscolobium* ist jedoch für die nukleäre Information sehr viel klarer und weist vier deutlich unterschiedene Gruppen auf, deren Ursprung wohl im Übergang vom Pliozän zum Pleistozän liegt (Abb. 9.20; Novaes et al. 2013). Dieses geographische Muster stimmt weitgehend mit den von Ratter et al. (2003) vorgeschlagenen **phytogeographischen Provinzen des Cerrado** überein. Diese Autoren sowie Castro & Martins (1999) führen dieses Muster auf unterschiedliche Ursachen zurück; so etwa das **Klima** (vor allem die Länge der Trockenzeit und die Durchschnittstemperatur) und die **Fruchtbarkeit und Drainage der Böden**, aber auch die **Höhenunterschiede** und die **klimatischen Oszillationen der Vergangenheit**. Dass die für *Dalbergia miscolobium* festgestellten phylogeographischen Muster einem generelleren Prinzip zu unterliegen scheinen, belegen auch genetische Untersuchungen an anderen Busch- und Baumarten, die partielle Ähnlichkeiten mit dieser aufweisen und die somit auf ähnliche Arealdynamiken hinweisen (Collevatti et al. 2003, 2009, Novaes et al. 2010).

9.4 Der Süden Südamerikas

9.4.1 Chile

Chile erstreckt sich im Südwesten Südamerikas entlang des Pazifiks über eine Länge von etwa 4200 km von der extrem trockenen **Atacama-Wüste** im Norden bis ins bereits subarktische **Feuerland** im Süden. Somit umfasst das Land extrem unterschiedliche Klimazonen. Es repräsentiert deshalb sehr unterschiedliche Vegetationseinheiten; diese sind von Norden nach Süden: Wüsten, Steppen, sommertrockene Hartlaubvegetation im Bereich des Mittelmeerklimas, immerfeuchte, kühlgemäßigte Wälder und subarktische Wälder. Obwohl meist weniger als 200 km breit, reicht das Land jedoch fast über seine gesamte Länge von der Meeresküste im Westen bis auf die Kämme der Anden, die fast immer die Ostgrenze bilden. Somit weist Chile auch den Gradienten von den schmalen Küstenebenen bis ins teilweise extreme Hochgebirge auf. Die Begrenzung durch die Anden im Osten und extrem trockene Wüsten im Norden isoliert Chile biogeographisch markant vom Rest Südamerikas, weshalb es sinnvoll ist, diesem Land ein eigenes Kapitel zu widmen. Mit den Trockengebieten im Norden, der Hartlaubvegetation in der Mitte und den feuchten Wäldern des Südens kann Chile prinzipiell in **drei weitere Großregionen** unterteilt werden. Diese getrennt zu behandeln, wäre jedoch für das generelle Verständnis der Zusammenhänge nicht förderlich, da es zahlreiche biogeographische Verbindungen zwischen diesen Regionen gibt. Es wird deshalb versucht, die ganze Region mit ihren internen Zusammenhängen darzustellen. Die biogeographische Einbettung in den Gesamtkontext des südlichen Südamerikas wird in Kap. 9.4.3 behandelt.

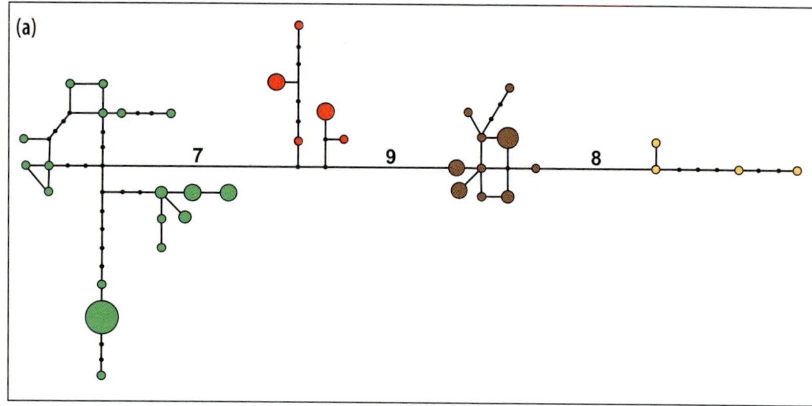

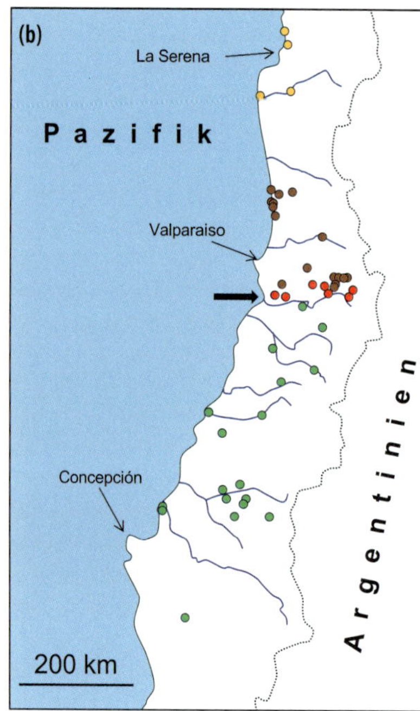

Abb. 9.21 Phylogeographie der Langschwanzschlangenart *Philodryas chamissonis,* basierend auf den beiden mitochondrialen Genen ND4 und CR (1318 bp). (a) Haplotypennetzwerk; die vier großen genetischen Kladen sind in unterschiedlichen Farben dargestellt. (b) Geographische Verbreitung dieser vier Kladen in Chile. Die Lage der Küstenstädte La Serena, Valparaíso und Concepción ist zur besseren Orientierung angegeben, der Maipo-Fluss durch einen schwarzen Pfeil hervorgehoben. Die Grenze zwischen Chile und Argentinien ist als gepunktete Linie eingefügt. Abbildung nach Sallaberry-Pincheira et al. (2011).

Wegen der großen Nord-Süd-Ausdehnung Chiles und der dadurch bedingten extremen Klimaunterschiede gibt es nicht viele Arten, die fast das gesamte Gebiet besiedeln. Eine der Ausnahmen von dieser Regel ist die **Chile-Feldmaus** ***(Abrothrix olivaceus)***, für die Rodríguez-Serrano et al. (2006) einen Teil der mitochondrialen Kontrollregion (483 bp) untersuchten. Smith et al. (2001) fanden sehr ähnliche phylogeographische Muster auch für den mitochondrialen Genort Cyt-b. Die erhaltenen Ergebnisse legen nahe, dass sich die Chile-Feldmaus erst im frühen Pleistozän von der Gemeinen Anden-Feldmaus *(Abrothrix andinus)*, einer typischen Art der Puna*, abgespalten hat. Diese Artbildung erfolgte wahrscheinlich in Parapatrie.

Das Entstehungszentrum der Chile-Feldmaus befand sich vermutlich im Wüstengebiet der chilenisch-peruanischen Grenzregion. Von hieraus fand anschließend eine **sukzessive Expansion nach Süden** statt, welche mit mehreren ökologischen Anpassungsprozessen einhergegangen sein muss. Vermutlich war dieser Ausbreitungsprozess jedoch auch begleitet von zeitweisen Restriktionen auf eiszeitliche Refugialzentren, in denen es zu weiteren Differenzierungsprozessen, und aus denen heraus es dann in den anschließenden Warmphasen zu weiteren Expansionen nach Süden kam. Hieraus entwickelte sich ein **phylogeographisches Nord-Süd-Muster** mit mehreren entlang dieser Achse angeordneten genetischen Linien, deren Alter im Allgemeinen in südlicher Richtung hin abnimmt.

Vergleichsweise sehr gut phylogeographisch untersucht ist der **sommertrockene Bereich Mittelchiles**. Ein gutes Beispiel für diese Region stellt die **Langschwanzschlangenart** ***Philodryas chamissonis*** dar, für die Sallaberry-Pincheira et al. (2011) zwei mitochondriale Gene untersuchten (ND4, CR). Insgesamt wurden vier genetische Linien nachgewiesen, die eine deutliche Differenzierung voneinander aufweisen, jedoch nicht zeitlich datiert wurden. Diese vier Linien ordnen sich in **Nord-Süd-Richtung** an (Abb. 9.21). Im Vergleich mit der nah verwandten *Philodryas trilineata* stellt die nördliche der beiden zentralen Linien die ursprünglichste Linie dar, was ein Entstehungszentrum im Bereich nördlich von Valparaíso wahrscheinlich macht. Von dieser Linie leitete sich, basierend auf dem Haplotypennetzwerk, zum einen die nördliche Linie direkt ab, was für eine eventuell sogar präpleistozäne Expansion nach Norden in die Steppen und Halbwüsten mit ökologischer Anpassung an diese Habitate spricht. Zum anderen stammt auch die südliche der beiden zentralen Linien direkt von dieser ab, was parallel zur Nordexpansion auch für eine Südexpansion spricht. Von dieser leitet sich dann sekundär die Südlinie ab, was für einen zweiten späteren Expansionsschritt nach Süden spricht. Diese Südlinie wird durch den **Fluss Maipo** von den zentralen Linien getrennt. Der Maipo fließt nördlich von Valparaíso ins Meer und entspringt hoch in den Anden, sodass er eine wichtige physische Barriere darstellt. Diese musste bei der nach Süden gerichteten Expansion überwunden werden, fungierte aber anschließend wohl als wirksame Barriere und begünstigte somit die allopatrische Differenzierung. Auch für die Eidechsenart *Liolaemus monticola* stellt dieser Fluss eine Barriere zwischen zwei unterschiedlichen genetischen Linien dar; der **Aconcagua-Fluss** etwa 100 km nördlich trennt für diese Art zwei chromosomale Linien voneinander, was die Bedeutung der Flüsse Mittelchiles als Barrieren für den Genfluss unterstreicht (Torres-Pérez et al. 2007).

Betrachtet man die genetischen Strukturen innerhalb der vier Linien von *Philodryas chamissonis*, so weisen nur die nördliche zentrale und die südliche Linie einen negativen Fu's F_s-Wert auf, was auf eine rezente Arealexpansion hindeutet. Es ist deshalb anzunehmen, dass sich beide Linien rezent aus Refugien her ausdehnten, was in beiden Fällen beim Blick auf ihre aktuellen Verbreitungen realistisch erscheint. Vor allem im Fall der südlichen Linie lässt dies vermuten, dass diese während der letzten Eiszeit ein Refugium südlich des Maipo besaß, aus dem heraus sie sich im Zuge der postglazialen Erwärmung in südlicher Richtung ausdehnte.

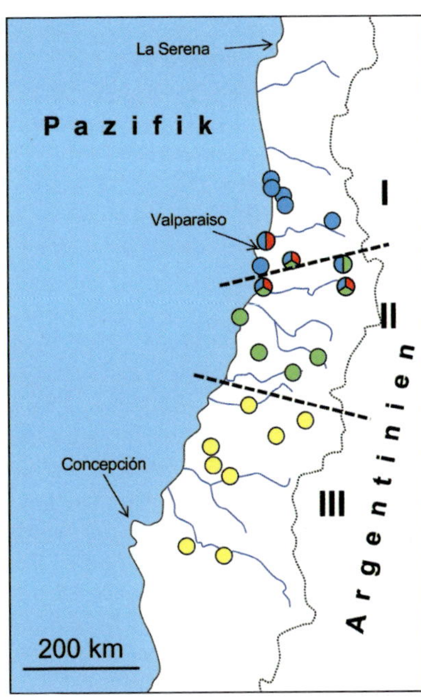

Abb. 9.22 Phylogeographie der Krötenart *Rhinella arunco*, basierend auf Fragmenten der mitochondrialen Gene Cyt-b und COI (916–918 bp). Dargestellt ist die geographische Verbreitung der vier Haplotypengruppen. Außerdem sind die drei durch das Programm Geneland geographisch definierten genetischen Gruppen durch unterbrochene Linien wiedergegeben. Die Lage der Küstenstädte La Serena, Valparaíso und Concepción ist zur besseren Orientierung angegeben. Die Grenze zwischen Chile und Argentinien ist als gepunktete Linie eingefügt. Abbildung nach Vásquez et al. (2013).

Aber nicht alle Arten, die für den sommertrockenen Bereich Mittelchiles charakteristisch sind, weisen so markante phylogeographische Strukturen auf, wie die oben beschriebenen Reptilien. Ein Beispiel hierfür liefert die **Krötenart *Rhinella arunco***, die ein Endemit dieser Region ist. Analysen mitochondrialer DNA, welche Teile der Gene Cyt-b und COI umfassten, erlauben die Aufteilung in vier genetische Linien, die sich jedoch recht geringfügig voneinander unterschieden und sich wahrscheinlich im Verlauf des Pleistozäns evoluierten (Abb. 9.22; Vásquez et al. 2013). Drei dieser Linien (A, C, D) reihen sich in **Nord-Süd-Richtung** auf, die vierte und am stärksten von den anderen differenzierte Linie (B) repräsentiert insgesamt nur einen geringen Gesamtanteil und wurde ausschließlich im Bereich der Kontaktzone zwischen der nördlichen (A) und der mittleren Linie

(C) nachgewiesen. Keine einzige Population weist ausschließlich diese Linie auf. Auch treten Haplotypen der nördlichen und der mittleren Linie in vier Populationen zusammen auf; es existieren also auch Hybridpopulationen zwischen diesen beiden Linien. Dieses Phänomen konnte in der Kontaktzone zwischen der mittleren (C) und der südlichen Linie (D) nicht beobachtet werden.

Anders als für die beiden oben dargestellten Reptilienbeispiele aus Mittelchile stellt für *Rhinella arunco* keiner der Flüsse eine nachweisbare Barriere für den Genfluss dar. Auch wurde kein Einfluss der Wasserscheiden nachgewiesen. Vásquez et al. (2013) begründen dies mit der hohen ökologischen Anpassungsfähigkeit dieser Krötenart, die ihr ein hohes Dispersionspotential verleiht und die Besiedlung einer großen Bandbreite von Lebensräumen gestattet. Trotzdem dürfte es unter den Kaltzeitbedingungen des Pleistozäns zur Fragmentierung der Verbreitung gekommen sein, die zur **allopatrischen Differenzierung** führte. In einem ersten Schritt differenzierte sich die Linie B von einem Vorläufer der drei anderen Linien, die sich erst später voneinander zu trennen begannen.

Das erhaltene phylogeographische Muster von *Rhinella arunco* lässt zwei unterschiedliche Szenarien für die eiszeitlichen Refugien zu. Zum einen ist es möglich, dass die trockeneren und kühleren Klimabedingungen der glazialen Phasen das Areal der Art rein aus klimatischen Gründen fragmentierten und im letzten Glazial drei oder vier solche **klimatischen Refugien** existierten. Zum anderen ist es aber auch denkbar, dass die Trockenheit unter eiszeitlichen Bedingungen in Mittelchile generell so stark ausgeprägt war, dass ein Überleben ausschließlich entlang von Flüssen möglich war. In diesem Fall könnte die nördliche Linie A im Tal des Aconcagua überdauert haben, die wenig verbreitete Linie B im Maipotal, die zentrale Linie C im Cachapoal- und/oder dem Mataquitosystem und die südliche Linie D im Mauletal.

Die signifikant negativen Fu's F_s-Werte in den drei weit verbreiteten Linien A, C und D sprechen für eine rezente **Arealexpansion** derselben. Es ist deshalb wahrscheinlich, dass diese sich aus ihren Refugien des letzten Glazials im Postglazial ausdehnten, was gleichermaßen für beide oben beschriebenen Szenarien möglich ist. Diese Expansionen könnten wegen fehlender Expansionshindernisse zu einem Aufeinandertreffen der Linien auf halbem Weg zwischen den Rückzugsgebieten geführt haben, wie auch des Öfteren in anderen Arten aus anderen Weltregionen beobachtet. Beim Aufeinandertreffen der Linien kam es auch zu ihrer Vermischung, was die Hypothese fehlender Expansionshindernisse unterstützt. Das fehlende Signal einer rezenten Expansion in der Linie B lässt sich gut mit der Flusstalrefugien-Hypothese in Übereinstimmung bringen, denn der Maipo befindet sich fast in einer «Sandwich-Position» zwischen den möglichen Refugien der Linien A und C, sodass die Expansionen aus diesen eine Ausbreitung der Linie B weitgehend unterbunden haben könnten. Ein ähnliches Szenario ist jedoch auch mit einem kleinen flusstalunabhängigen Refugium der Linie B, eingezwängt zwischen zwei ausgedehnten Rückzugsgebieten der Linien A und C, denkbar.

Anders als weiter im Süden (siehe unten) stellt der in Mittelchile noch sehr hohe **Andenzug** für viele Arten eine wichtige **Ausbreitungsbarriere** dar. Sogar für die Gruppe der hochmobilen Vögel trifft dies zu, das Gebirge stellt jedoch für diese meist kein unüberwindbares Hindernis dar. Ein Beispiel hierfür ist die Papageienart *Cyanoliseus patagonus*. Basierend auf der Sequenzierung von drei mitochondrialen Genen zeigten Masello et al. (2011), dass diese Art die Anden Mittelchiles wohl im Eem erfolgreich überquerte, sich anschließend im benachbarten Bereich Argentiniens ansiedelte, sich weiter ausbreitete und hierbei auch differenzierte. Vor allem ganz im Süden des aktuellen argentinischen Verbreitungsgebietes gibt es deutliche Indizien für rezente Arealexpansion (siehe auch Kap. 9.4.2).

Zu den wichtigsten Bäumen der Wälder Chiles, und zwar schwerpunktmäßig von den temperaten Regenwäldern des südlichen Mittelchile bis zu den subarktischen Wäldern ganz im Süden, aber auch in den Hartlaubwäldern des sommertrockenen Gebiets Mittelchiles, gehört die Gattung der **Süd- oder Scheinbuchen (*Nothofagus*)**. Von ihren klimatischen Ansprüchen und der Pollenform werden sie in zwei große Gruppen aufgeteilt, die warm-temperate *menziesii*-Artengruppe mit Arten wie *N. obliqua, N. nervosa* und *N. glauca* und die kältetolerante *dombeyi*-Artengruppe mit beispielsweise *N. dombeyi, N. antarctica, N. pumilio, N. betuloides* und *N. nitida* (Azpilicueta et al. 2009).

Als eine der Südbuchenarten der *menziesii*-Gruppe wurde ***Nothofagus nervosa*** mittels RFLPs untersucht (Marchelli & Gallo 2006). Diese Art besitzt ein Verbreitungsgebiet, das sich zwischen dem 35. und dem 41. südlichen Breitengrad erstreckt. In den Küstengebirgen zeigt sie eine diskontinuierliche Verbreitung zwischen 36° S und 41° S, wohingegen die Verbreitung an den westlichen Hängen der Anden von 37° S bis 40,5° S ein geschlossenes Band repräsentiert. Im zentralen Tal Mittelchiles zwischen Küstengebirgen und Anden fehlt sie ganz. Bedingt ist dieses Verbreitungsmuster durch die Niederschlagsmengen, die in den Bergen mit der Höhe durch Steigungsregen zunehmen und somit günstigere Bedingungen für Wälder schaffen. Das Verbreitungsgebiet von *Nothofagus nervosa* reicht folglich nur randlich bis in den Hartlaubbereich und konzentriert sich auf die sich an diesen südlich anschließenden temperaten und immerfeuchten Wälder. Ganz im Süden des Areals (39,25° S bis 40,5° S) kommt die Art auch auf der Ostabdachung der Anden in Argentinien vor (Gallo et al. 2004).

Die 26 in Chile und den angrenzenden Andenbereichen Argentiniens untersuchten Populationen von *Nothofagus nervosa* weisen mit einem G_{ST} von 0,93 eine sehr starke genetische Differenzierung voneinander auf. Die Verteilung der Haplotypen spricht für mindestens **zwei eiszeitliche Refugien am Westrand der Anden**, von denen sich zumindest eines in unmittelbarer geographischer Nähe zu den im letzten Glazial vergletscherten Bereichen dieses Gebirges befand. Mindestens ein weiteres Glazialrefugium lag jedoch auch in den **küstennahen Bergen** im Bereich des 38. Breitengrades südlich von Concepción. Diese genetischen Befunde modifizieren das auf Pollennachweisen beruhende bisherige Bild wesentlich, denn nur Refugialbereiche in den Küstengebirgen wurden über Pollen belegt. Die periandinen Refugien umfassten somit vermutlich nur so wenige Individuen, dass diese der Erfassung durch Pollenuntersuchungen entgingen. Trotzdem sind es diese wohl individuenmäßig schwachen eiszeitlichen Vorkommen, die den wesentlichsten Anteil an der postglazialen Arealexpansion hatten und aus dem südlichsten Refugium auch eiszeitlich vergletscherte Bereiche besiedelten. Zumindest im Bereich südlich des 40. Breitengrades, ab dort, wo die Höhe der Anden deutlich abnimmt, stellen diese für *Nothofagus nervosa* keine Barriere dar, denn derselbe Haplotyp wurde auf beiden Seiten des Hauptkamms nachgewiesen. Das ist ein deutliches Indiz für die postglaziale Überwindung des Gebirges.

Ein fast identisches phylogeographisches Muster wurde für die Ferkelkrautart *Hypochaeris palustris* entdeckt (Muellner et al. 2005). Auch für diese Art stehen einer nicht expansiven Küstengebirgslinie mehrere andine Linien gegenüber, die wohl in verschiedenen Refugien am Fuß des Gebirges die letzte Kaltzeit überdauerten und sich von hier postglazial in die Anden ausdehnten.

Mit ***Nothofagus obliqua*** wurde eine zweite Südbuchenart der *menziesii*-Gruppe genetisch untersucht (Abb. 9.23; Azpilicueta et al. 2009). Durch Analysen der Chloroplasten-DNA wurden insgesamt 14 Haplotypen voneinander unterschieden. Die geographische Verbreitung spricht

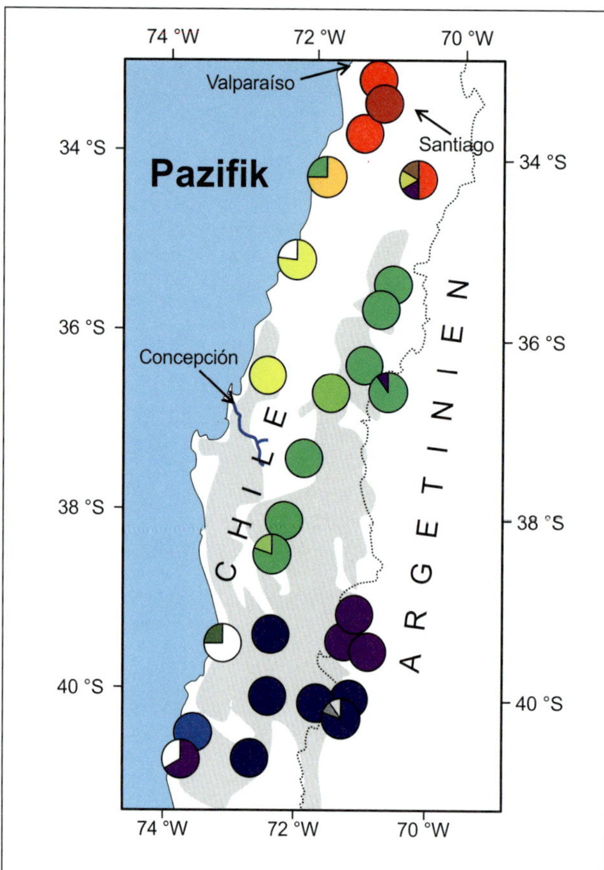

Abb. 9.23 Verbreitung der Südbuchenart *Nothofagus obliqua* (grau schattiert) und geographische Lokalisierung der 14 Haplotypen der Chloroplasten-DNA. Die Lage der Städte Valparaíso, Santiago und Concepción ist zur besseren Orientierung angegeben. Die Grenze zwischen Chile und Argentinien ist als gepunktete Linie eingefügt. Abbildung nach Azpilicueta et al. (2009).

für eine deutlich höhere Zahl an **Kleinrefugien in den Küstengebirgen** von etwa 33° S bis 41° S als im Fall von *Nothofagus nervosa*. Die insgesamt sieben genetisch unterscheidbaren und geographisch separierten Gruppen machen Überdauerung des letzten Glazials in mindestens sieben Regionen meist geringer geographischer Ausdehnung wahrscheinlich, was dem **Refugien-in-Refugien-Modell** entspricht. Jedoch fand aus keinem dieser Überdauerungszentren bedeutende postglaziale Expansion statt. Anders verhält sich dieser Sachverhalt jedoch für die vier genetischen Linien, die weiter östlich in den Anden gelegen sind, und die das letzte Glazial wohl in verschiedenen **periandinen Refugien** überdauerten. Zwei von diesen scheinen sich auch postglazial relativ stationär verhalten zu haben. Für die beiden verbleibenden zeigen jedoch die Verbreitungen der betreffenden Haplotypen ein Muster, das für eine deutliche räumliche **Ausdehnung im Postglazial** entlang der Andenkette spricht und sich im Süden auch in eiszeitlich vergletscherte Bereiche erstreckt. Somit ergibt sich ein komplexes ***rear-edge-leading-edge*-System**. Im Gegensatz zu den meisten anderen außertropischen Gebieten ist dieses jedoch nicht entlang der Nord-Süd-Achse ausgerichtet, sondern entlang der Ost-West-Achse, denn es sind die östlich vorgelagerten Populationen, aus denen heraus die angrenzenden Gebirgsbereiche postglazial besiedelt wurden. In diesem Fall spiegelt jedoch auch der Ost-West-Gradient einen Temperaturgradienten wider. Anders als im Fall des Nord-Süd-Gradienten ist dieser jedoch nicht durch den latitudinalen Temperaturgradienten bestimmt, sondern durch die höhenbedingte Temperaturabnahme.

Mit der **Chiloé-Beutelratte *(Dromiciops gliroides)***, einem der südamerikanischen Vertreter der Beuteltiere, wurde auch die Phylogeographie eines typischen Bewohners der **temperaten Regenwälder** des südlichen Mittelchile untersucht (Himes et al. 2008). Basierend auf Sequenzen zweier mitochondrialer Genefragmente (CR, Cyt-b; 877 bp) wurden drei genetische Linien nachgewiesen (Abb. 9.24), die so stark voneinander differenziert sind (Sequenzunterschiede: 8,2–15,1 %), dass sie später nach morphologischen Unterschieden als drei unterschiedliche Arten beschrieben wurden (D'Elía et al. 2016). Zwei der drei Taxa besitzen eine weite Verbreitung. So ist die Linie A, welche als *Dromiciops bozinovici* beschrieben wurde, zwischen 36° S und 39° S verbreitet, die eigentliche *Dromiciops gliroides*, repräsentiert durch Linie C, kommt zwischen 40° S und 43° S vor. Die Linie B, welche als *Dromiciops mondaca* beschrieben wurde, ist auf einen kleinen küstennahen Bereich zwischen diesen beiden beschränkt.

Himes et al. (2008) vermuten, dass die beobachteten Differenzierungen zwischen diesen drei *Dromiciops*-Taxa ein pleistozänes Alter besitzen. Die Stärke der Differenzierung schließt jedoch auch einen pliozänen Ursprung nicht aus. Wegen der Dynamik der temperaten Regenwälder im Pleistozän und dem daraus resultierenden wiederholten Rückzug auf Refugien ist jedoch ein Beginn der Differenzierung in diesem Kontext möglich. Wiederholter Rückzug auf diese Refugien und hierdurch Akkumulation von Mutationen in den drei Gruppen führte letztendlich zur artlichen Trennung.

Zwischen der nördlichen Linie A und der südlichen Linie C gibt es drei wichtige Unterschiede. Die Nukleotiddiversität der nördlichen Linie ist mehr als doppelt so hoch wie in der südlichen. Nur die südliche Linie besitzt einen signifikant negativen Fu's F_s und nur für die nördliche Linie wurde ein signifikantes *isolation-by-distance*-Gleichgewicht nachgewiesen. Diese Daten lassen vermuten, dass das Verbreitungsgebiet der nördlichen Linie A im letzten Glazial nicht sehr viel kleiner war als aktuell, was auch gut mit der relativen Konstanz der temperaten Regenwälder in diesem Bereich übereinstimmt. Anders ist die Situation in der Südlinie C. Hier sprechen die genetischen Befunde für eine deutliche **Arealexpansion** im Postglazial und somit für ein geographisch vergleichsweise kleines Eiszeitrefugium. Die fehlende Differenzierung der Populationen der Insel **Chiloé** steht im Einklang mit der Tatsache, dass diese noch im letzten Glazial landfest mit dem benachbarten Festland verbunden war. Der Bereich von Chiloé ist auch bekannt als eines der südlichsten glazialen Rückzugsgebiete der temperaten Regenwälder und könnte somit zumindest Teil des Refugiums der Südlinie während der letzten Eiszeit gewesen sein. Beiden weit verbreiteten Linien ist gemeinsam, dass sie bis auf die östliche Seite der Anden auftreten. Die genetischen Befunde legen nahe, dass in beiden Fällen die **Anden** im Postglazial überwunden wurden und in diesem südlichen Bereich ähnlich wie für die Südbuchen keine wirksame **Dispersionsbarriere** darstellen.

Betrachten wir nun die **Froschart *Eupsophus calcaratus***, die wie die Beutel-

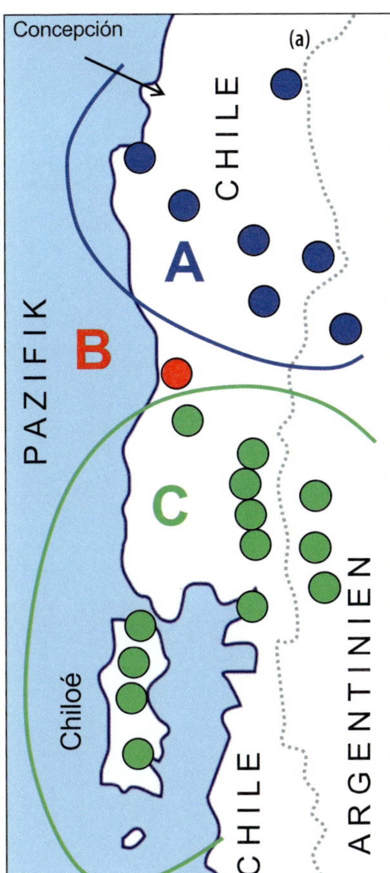

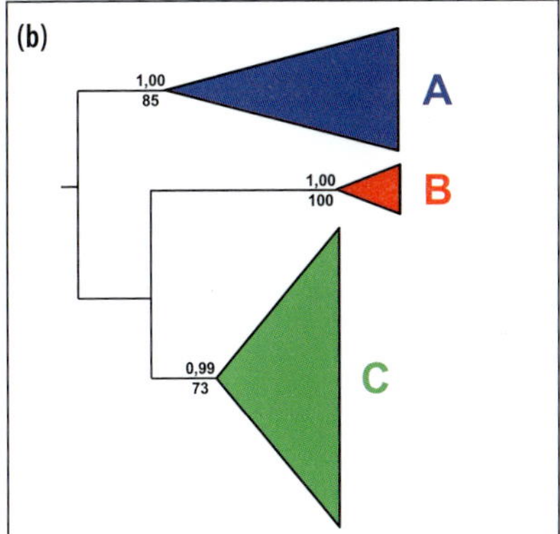

Abb. 9.24 Phylogeographie der Chiloé-Beutelratte *(Dromiciops gliroides)*, basierend auf Sequenzen der mitochondrialen Gene Kontrollregion und Cyt-b (877 bp). (a) Geographische Verbreitung der drei genetischen Linien. (b) *Unrooted-maximum-likelihood*-Baum. Die Unterstützung der Cluster durch *Bayesian posterior probabilities* und *bootstraps* ist angegeben. Die Zuordnung zu den drei großen genetischen Linien ist durch Buchstaben gekennzeichnet. Abbildung nach Himes et al. (2008).

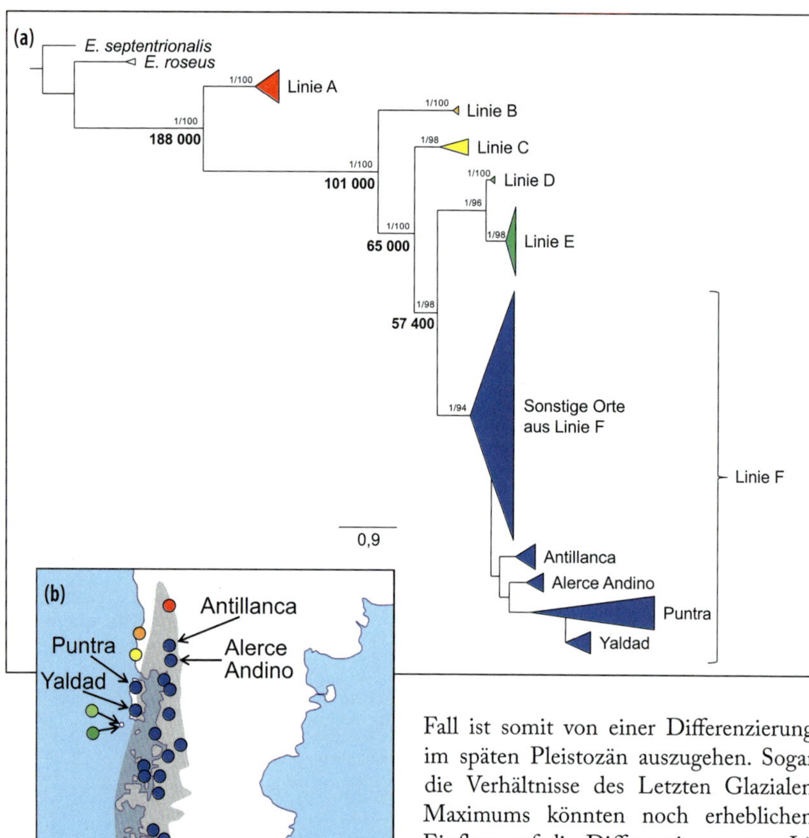

Abb. 9.25 Phylogeographie der Froschart *Eupsophus calcaratus*, basierend auf drei mitochondrialen Genen (2224 bp). (a) Bayes'scher Haplotypen-Baum, gewurzelt mit der Außengruppe *E. septentrionalis*. Für die wichtigen Knoten sind *posterior probabilities* und *bootstraps* oberhalb und Abschätzungen des Divergenzzeitpunktes unterhalb angegeben. (b) Sammelstellen. Die verwendeten Farben entsprechen den sechs genetischen Linien. Der grau hinterlegte Bereich entspricht der Vereisung während des Letzten Glazialen Maximums. Abbildung nach Nuñez et al. (2011).

ratten und die beiden oben erwähnten Südbuchenarten in den **temperaten Regenwäldern** des südlichen Chile verbreitet ist. Ihr Areal erstreckt sich sehr viel weiter nach Süden in die **subarktischen Wälder** und schließt sogar den südlichsten Punkt Südamerikas ein. Eine genetische Analyse von drei mitochondrialen Genen ergab sechs genetische Linien (Abb. 9.25; Nuñez et al. 2011). Das Alter des letzten gemeinsamen Vorfahren aller *Eupsophus calcaratus* wurde auf 188 000 Jahre geschätzt (95 %-Konfidenzintervall: 290 000–96 000 Jahre), das der einzelnen Linien auf 70 000–17 000 Jahre. In diesem Fall ist somit von einer Differenzierung im späten Pleistozän auszugehen. Sogar die Verhältnisse des Letzten Glazialen Maximums könnten noch erheblichen Einfluss auf die Differenzierung von Linien gehabt haben und nicht nur auf die Verteilung bereits vorhandener genetischer Information, wie in den meisten bekannten Fällen. Fünf der sechs Linien (A–E) besitzen eine kleinräumige Verbreitung; zwei von diesen (D und E) sind sogar auf eine Insel beschränkt, welche sich über 50 km südwestlich von Chiloé im Pazifik befindet. Nur eine Linie (F) ist weit im südlichen Chile verbreitet und umfasst fast den gesamten im letzten Glazial vergletscherten Bereich. Aufgrund dieses phylogeographischen Musters ist es sehr wahrscheinlich, dass *Eupsophus calcaratus* im letzten Glazial oder zumindest zu dessen Hochstand in mindestens sechs geographisch voneinander getrennten Refugien in der Nähe des nordwestlichen und nördlichen Gletscherrandes überdauerte und dort auch differenzierte. Mit dem Rückzug der Gletscher wurde jedoch nur die Linie F, die sich in einer *leading-edge*-**Position** befand, expansiv und kolonisierte sukzessive die eisfrei werden, Bereiche bis nach **Feuerland**. Die Lage der maximalen Ausdehnung der Gletscher der letzten Eiszeit lassen vermuten, dass sich das Refugium der Linie F im Bereich der Insel **Chiloé** befand, von wo das Festland besiedelt wurde, bevor der postglaziale Meeresspiegelanstieg den Inselstatus vor etwa 7000 Jahren wiederherstellte und die heute hier vorkommenden Populationen isolierte. Diese Trennung ist jedoch so rezent, dass sie bisher nur zu einer moderaten Differenzierung der Inselpopulationen führte, die aber dennoch eine monophyletische Gruppe innerhalb der Linie F darstellen.

Allozymuntersuchungen der **Chilenischen Steineibe** *(Podocarpus nubigenus)* ergeben ein ähnliches, wenngleich etwas einfacheres Bild als für die Froschart *Eupsophus calcaratus*. Für die insgesamt drei nachgewiesenen Linien ist auch eine eiszeitliche Überdauerung an verschiedenen Stellen des nördlichen Gletscherrandes zu vermuten. Postglazial besiedelten die beiden nördlicher gelegenen Linien nur die an sie angrenzenden eisfrei werdenden Bereiche. Nur die südlichste Linie kolonisierte aus einer *leading-edge*-**Position** heraus größere Gebiete der ehemals vergletscherten Bereiche in Richtung Süden (Quiroga & Premoli 2010).

In einzelnen Fällen wurden jedoch noch deutlich weiter **südlich gelegene Glazialrefugien** nachgewiesen, so für die **Lenga-Südbuche** *(Nothofagus pumilio)*, für die Mathiasen & Premoli (2010) drei Chloroplastengene und Allozyme untersuchten. Hierbei wurde für beide Markersysteme ein tiefer Split etwa bei 43° S nachgewiesen, der vermutlich deutlich älter als das Pleistozän ist und nach Vermutung der Autoren der Studie auf eine Nord-Süd-Vikarianz durch die Überflutung des **Chubut-Beckens** im mittleren Tertiär zurückzuführen ist. Sollte diese Vermutung zutreffend sein, so wäre die Trennung der beiden Hauptlinien der Lenga-Südbuche für eine innerartliche Differenzierung als sehr alt einzustufen. Im Widerspruch zur cpDNA ist die Differenzierung auf der Allozymebene jedoch sehr viel weniger stark ausgeprägt, was für eine deutlich rezentere Trennung der beiden Linien spricht. Für die nördliche Hauptlinie nördlich von 43° S ergibt sich fast keine Differenzierung in den Allozympolymorphismen, jedoch zeigt die cpDNA zwei deutliche Diskontinuitäten bei 40° S und bei 38° S und häufig besitzen die einzelnen Haplotypen kleinräumige Verbreitungsmuster. Dies deutet eine Mehrzahl an unterschiedlichen **eiszeitlichen Refugien im Umfeld der Gletscher** an, ähnlich wie auch oben für andere heute in dieser Region verbreitete Arten gezeigt.

Die Südlinie der Lenga-Südbuche besitzt jedoch eine deutlich andere genetische Strukturierung als die Nordlinie. So ist hier die Differenzierung auf der Ebene der cpDNA recht geringfügig und nur bei 46° S lässt sich ein kompletter Wechsel im Haupthaplotyp feststellen. Deutlich stärker ist das phylogeographische Muster bei den Allozymen ausgeprägt, die deutliche Diskontinuitäten bei 46° S und 50° S aufweisen. Auch die genetischen Diversitäten der Populationen weisen Widersprüche zwischen cpDNA und Allozymen auf: Die Diversität ist für die cpDNA in der Nordlinie höher, für die Allozyme jedoch in der Südlinie. Insgesamt sprechen diese Befunde jedoch für mehrere eiszeitliche Rückzugsgebiete in der Südlinie, die sich alle am Rand der vergletscherten Südanden befunden haben müssen, eines zwischen 43° S und 46° S, ein weiteres zwischen 46° S und 50° S und das letzte südlich von 50° S.

Eine detaillierte Analyse von Allozympolymorphismen auf **Feuerland** am südlichsten Ende Südamerikas legt sogar den Schluss nahe, dass sich im letzten Glazials auf etwa 55° S im östlichen Bereich dieser Insel Überdauerungszentren von *Nothofagus pumilio* befanden (Premoli et al. 2010). Von diesen wurden die unmittelbar anschließenden, damals vergletscherten Bereiche im Postglazial besiedelt, was sich in geringeren genetischen Diversitäten in

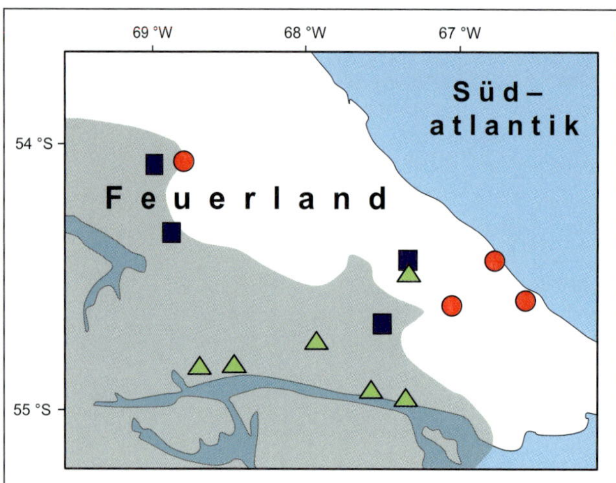

Abb. 9.26 Phylogeographie der Lenga-Südbuche *(Nothofagus pumilio)* in Feuerland, basierend auf Allozympolymorphismen. Dargestellt ist die geographische Verbreitung von drei genetischen Linien; der graugrün schattierte Bereich stellt die Ausdehnung der Vergletscherung vor 16 000 Jahren dar. Abbildung nach Premoli et al. (2010).

diesen erst rezent kolonisierten Bereichen spiegelt. Nischenmodelle, die die klimatischen Konditionen des Letzten Glazialen Maximums darstellen, prognostizieren in diesem Bereich zu dieser Zeit angemessene klimatische Bedingungen für diese Art und unterstützen damit diese Hypothese (Abb. 9.26). Anders als auf der Nordhalbkugel waren somit **Bäume bis an die Südspitze Südamerikas** auch unter glazialen Bedingungen vorhanden, sodass sich ihre südlichste Verbreitungsgrenze nicht wesentlich von der aktuellen unterschied.

Wie für die Südbuchen und die Chilenische Steineibe wurden komplexe phylogeographische Muster ebenfalls für den **Chilenischen Feuerstrauch *(Embothrium coccineum)*** nachgewiesen, einen kleinen immergrünen Baum, der im immerfeuchten Waldbereich Chiles und im angrenzenden argentinischen Andenbereich bis nach Feuerland weit verbreitet ist. Die Sequenzierung zweier Chloroplastengene ergab zahlreiche unterschiedliche Haplotypen. Deren geographische Verbreitung spricht für mehrere Refugien im letzten Glazial am Rand der Anden und in den chilenischen Küstengebirgen von etwa 38° S bis auf die geographische Breite der Südspitze von Chiloé (Vidal-Russell et al. 2011). *Mismatch distributions* deuten moderate **postglaziale Arealexpansionen** der meisten genetischen Gruppen an. Nur die südlichste Linie scheint von einem ***leading edge*** am Eisrand des Letzten Glazialen Maximums ausgehend eine starke Arealexpansion im Postglazial bis nach Feuerland durchgeführt zu haben. Somit sind die Vorkommen der verholzten Arten der Wälder Feuerlands sehr unterschiedlicher Herkunft, mal sich von postglazialen Ausbreitungen aus dem Norden ableitend, wie in diesem Fall, oder für die Chilenische Steineibe, mal von *in-situ*-Überdauerung abstammend, wie im oben besprochenen Fall von *Nothofagus pumilio*.

Auch für **Süßwasser bewohnende Arten** scheint es eiszeitliche Refugien in den Teilen Chiles gegeben zu haben, die im letzten Glazial weitgehend von Eis bedeckt waren (Ruzzante et al. 2006, 2008, Zemlak et al. 2008, Xu et al. 2009). Erwähnt seien kurz zwei Arten. Die auf der Westabdachung der Anden von 39° S bis 49° S verbreitete Fischart *Galaxias platei* besitzt genetische Hinweise auf ein **südliches Refugium**, das sich eventuell in einem Bereich mit Diskontinuitäten in den Vergletscherungen befand (Zemlak et al. 2008). Auch die Süßwasserkrabbenart *Aegla alacalufi* hatte vermutlich ein südliches Refugium im Bereich der **heißen Quellen von El Amarillo**, welche wahrscheinlich unvergletschert blieben und räumlich von weiter nördlich gelegenen eiszeitlichen Rückzugsgebieten isoliert waren.

Basierend auf drei mitochondrialen Genfragmenten (2151 bp) zeigt auch die **Otterart *Lontra provocax*** interessante phylogeographische Muster (Vianna et al. 2011). In Chile besiedelt sie zwei generell unterschiedliche Lebensräume. Auf Chiloé und dem nördlich angrenzenden Festland bewohnen die Individuen **Süßwasserlebensräume**. Im **Fjord- und Kanalsystem**, das südlich von Chiloé beginnt und sich die Küste entlang bis an die Südspitze des Kontinents erstreckt, leben

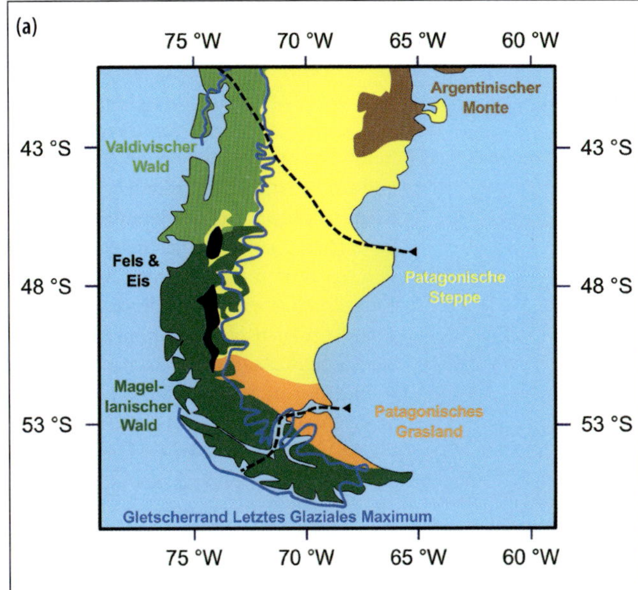

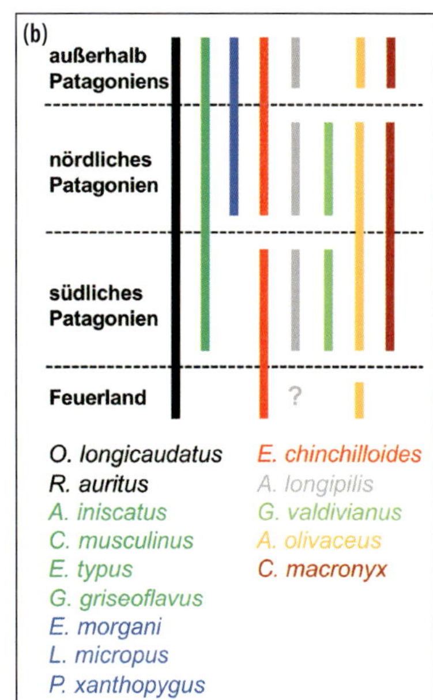

Abb. 9.27 Geographische Lage genetischer Diskontinuitäten in 14 Arten der Neuweltmäuse Patagoniens und Feuerlands. (a) Karte der aktuellen Biome des südlichen Südamerikas und der maximalen Vergletscherung während des Letzten Glazialen Maximums (blaue Linie). Die durchbrochenen schwarzen Linien stellen die beiden wichtigen genetischen Diskontinuitätszonen der Region dar. (b) Balkendiagramm der Verbreitung der genetischen Linien. Eine Unterbrechung des Balkens steht für unterschiedliche genetische Linien in den betroffenen Arten. Die Farbcodes der Balken und der Artnamen stimmen überein. Abbildung nach Lessa et al. (2010).

diese Otter im **marinen Milieu**. Diese ökologische Differenzierung spiegelt sich auch in den genetischen Mustern, denn sie besitzen unterschiedliche genetische Linien. Sowohl die ökologische wie auch die genetische Differenzierung gehen vermutlich auf in unterschiedlichen Glazialrefugien in Allopatrie ablaufende evolutive Prozesse zurück. Hierbei befand sich das nördliche Refugium der Süßwasser bewohnenden Gruppe vermutlich im Bereich von Chiloé und eventuell auch auf dem sich nördlich anschließenden Festland. Das Refugium der marinen Gruppe jedoch war aller Wahrscheinlichkeit nach dem vergletscherten Süden Chiles vorgelagert. Vianna et al. (2011) vermuten, dass Refugien in diesem Bereich ein typisches Phänomen für marine und semi-marine Taxa darstellen könnten.

9.4.2 Steppen Südargentiniens

Im Regenschatten der Anden gelegen, erstrecken sich im mittleren und südlichen Argentinien große Steppen- und teilweise sogar Halbwüstenbereiche, welche sich von den Grasländern der Pampas im Norden fast bis zur Südspitze Südamerikas erstrecken. Für den Bereich **Patagoniens** und **Feuerlands** untersuchten Lessa et al. (2010) die mitochondriale DNA von 14 Arten der Sigmodontinae, der artenreichsten Unterfamilie der **Neuweltmäuse** (Abb. 9.27). Von diesen wiesen zumindest neun Arten einen genetischen Fußabdruck auf, der für demografische Expansion aus einem Ausbreitungszentrum heraus spricht, das sich wahrscheinlich nördlich von Patagonien befand. Eine zeitliche Kalibrierung spricht jedoch bei den meisten dieser Arten für einen Expansionsbeginn vor dem Hochstand der letzten Eiszeit, für *Reithrodon auritus* sogar schon vor dem letzten Interglazial.

Auch für den Landschildkröten-Artenkomplex von *Chelonoidis chilensis* ergab sich ein ähnliches Bild. Vertreter dieser

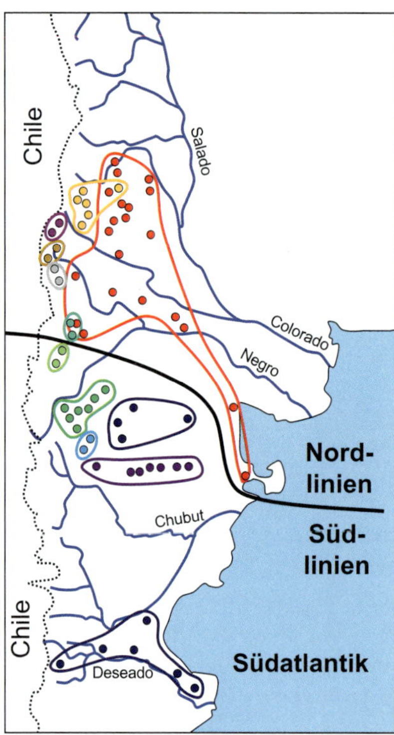

Abb. 9.28 Phylogeographie von Eidechsen des *Liolaemus-bibronii*-Komplexes basierend auf Sequenzanalysen des mitochondrialen Locus Cyt-b (607 bp). Dargestellt sind die Verbreitungsgebiete der unterschiedlichen Haplotypengruppen. Sammelstellen sind durch Punkte in der Farbe der zugehörigen Gruppe wiedergegeben. Die Trennung zwischen den beiden Komplexen der nördlichen und der südlichen Linien ist durch eine schwarze Linie dargestellt. Die Grenze zwischen Argentinien und Chile ist durch eine gepunktete Linie angegeben. Abbildung nach Morando et al. (2007).

Gruppe sind von Paraguay bis ins nördliche Patagonien verbreitet. Genetische Untersuchungen des mitochondrialen Cyt-b-Gens und von zehn Mikrosatelliten ergaben nur eine relativ geringe genetische Differenzierung. Diese widerspricht der Auftrennung in drei parapatrisch verbreitete Arten, unterstützt aber eine Herkunft aus Nordargentinien und macht ein oder zwei Refugien im letzten Glazial in dieser Region wahrscheinlich (Fritz et al. 2012b). Insgesamt nimmt die genetische Diversität, wie es für Ausbreitungsvorgänge typisch ist, von Norden nach Süden ab, was die Hypothese einer postglazialen Arealexpansion nach Patagonien unterstützt.

Wenden wir uns wieder den Neuweltmäusen zu. Vermutlich besaßen lediglich fünf der 14 untersuchten Arten im letzten Glazial Refugien in Patagonien, vier Arten wiesen hier darüber hinaus eine phylogeographische Fragmentierung auf. So besaß *Abrothrix longipilis* vermutlich Ausbreitungszentren sowohl im nördlichen als auch im südlichen Patagonien und zusätzlich noch nördlich davon; *Geoxus valdivianus* sowohl im nördlichen wie auch im südlichen Patagonien; *Euneomys chinchilloides* nördlich von Patagonien und im südlichen Patagonien; *Abrothrix olivaceus* nördlich von Patagonien, in Patagonien und auf Feuerland; und *Chelemys macronyx* nördlich von Patagonien und in Patagonien. Diese Daten belegen insgesamt, dass **demografische Instabilität** als Reaktion auf die historischen Klimaschwankungen des Pleistozäns auch in Patagonien ein häufiges Phänomen ist; wie dies auch regelmäßig in anderen Bereichen der höheren Breiten beobachtet wird. Auch in Patagonien und Feuerland ist deshalb eine postglaziale Besiedlung aus äquatornäheren Refugien ein wesentlicher Prozess, der zur aktuellen Diversität in dieser Region beiträgt. Trotzdem hat auch ***in-situ*-Überdauerung** einen Beitrag zu den aktuellen Artengemeinschaften geleistet; vergleiche hierzu auch das oben erwähnte Beispiel der Lenga-Südbuche. Allerdings scheint ihre Bedeutung wesentlich geringer zu sein als die der postglazialen Besiedlung aus nördlichen Refugien.

Die teilweise große Bedeutung von eiszeitlichen Verbreitungen in Patagonien wurde durch phylogeographische Untersuchungen weiterer Arten nachgewiesen. Ein eindrucksvolles Beispiel lieferten Analysen der Chloroplasten-DNA der **Grasgattung *Hordeum***. Für drei in Patagonien weit verbreitete Arten dieser Gattung liegt die artliche Trennung schätzungsweise 1,5 Mio. Jahre zurück. Hierbei waren vermutlich die Anden Nordargentiniens das Entstehungszentrum für *H. comosum*, wohingegen sich *H. pubiflorum* und *H. patagonicum* wohl in Patagonien selbst evoluierten (Jakob et al. 2009). Anschließend besiedelten *H. comosum* und *H. pubiflorum* die Entstehungszentren der jeweils anderen Art. Die genetischen Diversitäten und die Ergebnisse von Nischenmodellen legen den Schluss nahe, dass zumindest *H. pubiflorum* und *H. patagonicum* auch in den Glazialen in Patagonien weit verbreitet waren, mit Arealen, die sich nicht wesentlich von den aktuellen unterschieden. Auch für *H. comosum* ist ein eiszeitliches Überdauern in Patagonien wahrscheinlich.

Eines der wohl extremsten Beispiele für die Differenzierung in Patagonien stellen die **Eidechsen des *Liolaemus-bibronii*-Komplexes** dar. Untersuchungen des mitochondrialen Locus Cyt-b ergaben eine Vielzahl von unterschiedlichen Linien mit deutlichem phylogeographischem Muster und teilweise deutlicher geographischer Begrenzung der einzelnen Linien (Abb. 9.28; Morando et al. 2007). Ähnliche Muster wurden auch in anderen Vertretern der Gattung *Liolaemus* nachgewiesen. Generell neigen Taxa dieser Gruppe zu kleinräumigen phylogeographischen Mustern, wie etwa für *Liolaemus koslowskyi* in den argentinischen Anden bei La Rioja nachgewiesen wurde (Morando et al. 2008).

Der Differenzierungsbeginn des *Liolaemus-bibronii*-Komplexes liegt nach Schätzung über eine molekulare Uhr im späten Miozän, mit den meisten Aufspaltungen bis zum Pliozän; nur wenige Differenzierungsereignisse scheinen pleistozänes Alter zu besitzen. Morando et al. (2007) vermuten, dass diese Differenzierungen in verschiedenen Phasen der Allopatrie evoluierten und im Zusammenhang mit der **Auffaltung der Anden** und dem dadurch im Osten entstehenden Regenschatten des Gebirges standen. Dies harmoniert gut mit der Annahme, dass auch die patagonischen Steppen mit vermutlich 4,5 Mio. Jahren seit vergleichsweise langer Zeit kontinuierlich existieren und sich im Zuge der starken Hebungsphasen ausbildeten (Jakob et al. 2009).

Obwohl der Ursprung der genetischen Linien des *Liolaemus-bibronii*-Komplexes wohl deutlich weiter in der Vergangenheit liegt als das Pleistozän, gehen Morando et al. (2007) davon aus, dass die pleistozänen Klimaschwankungen dennoch deutlichen Einfluss auf ihre Verbreitungsmuster besaßen. Die Autoren der Studie vermuten, dass sich ihre Vorkommen unter glazialen Bedingungen entweder nach Osten in Richtung Atlantikküste oder nach Norden verschoben, letzteres jedoch mit geringerer Häufigkeit. Generell entsprechen diese Ausweichbewegungen dem typischen Muster der Verlagerung der eiszeitlichen Areale in wärmere Bereiche, wobei der in diesem Beispiel seltener beobachtete Rückzug in Richtung Äquator weltweit die häufigste Reaktion ist. Im Fall des *Liolaemus-bibronii*-Komplexes wurde dieser Temperaturausgleich jedoch häufiger durch eine Arealverschiebung entlang der Breitengrade in weniger kontinentale Bereiche erreicht, was eine Modifikation der standardmäßigen **Arealfluktuationen** darstellt.

9.4.3 Komplexe Muster im temperaten Teil Südamerikas

Anders als die bisher vorgestellten Beispiele aus dem temperaten Teil Südamerikas beschränken sich einige Arten im außerandinen Teil ihres Areals nicht auf eine der beiden Seiten des Gebirges. Auch sind manche Arten, zumindest im andinen System, bis in die tropischen Bereiche verbreitet. Ein prominentes Beispiel ist das **Guanako *(Lama guanicoe)***, welches sowohl westlich als auch östlich der Anden verbreitet ist. Sein Areal erstreckt sich von Feuerland im Süden einerseits bis weit in die westlichen peruanischen Andenbereiche und andererseits bis in die Chacoregion Südost-Boliviens und Nordwest-Paraguays. Die extrem hohen und kalten Hochflächen der zentralen Anden trennen diese beiden Bereiche voneinander. Hier ist jedoch das **Vikunja *(Vicugna vicugna)*** verbreitet, das durch seine geringere Körpergröße und dem damit verbundenen geringeren Energiebedarf und auch dank anatomischer Anpassungen der Haare und Zähne besser an diese extremen Lebensräume angepasst ist (Borgnia et al. 2010, Mosca Torres & Puig 2010). Es ist deshalb auch möglich, dass das Guanako in diesen Bereichen auch wegen der Konkurrenz durch das Vikunja fehlt (Lucherini 1996, Lucherini & Birocho 1997, Marin et al. 2013).

Genetische Analysen der mitochondrialen Kontrollregion (514 bp) und von 14 Mikrosatellitenloci ergaben deutliche,

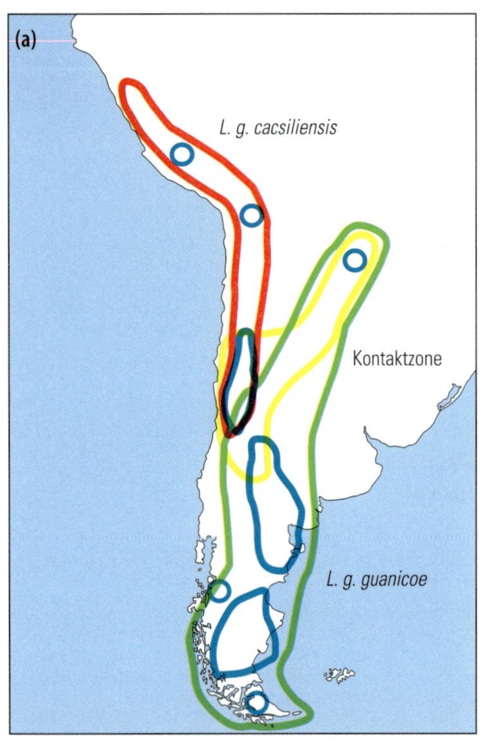

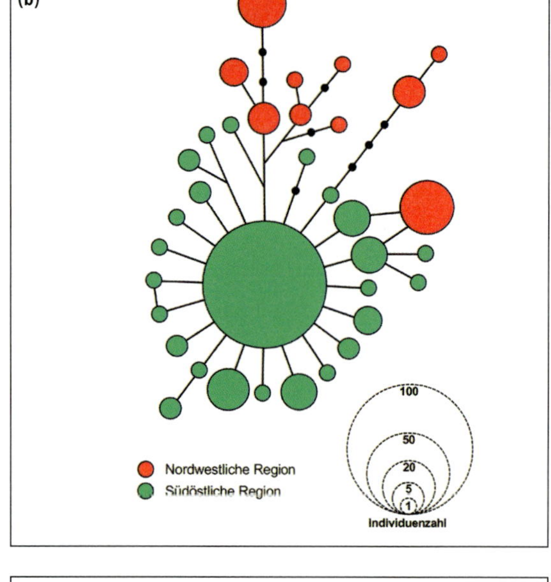

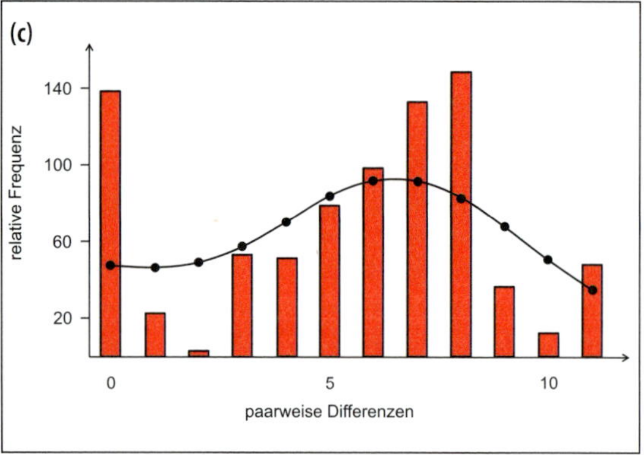

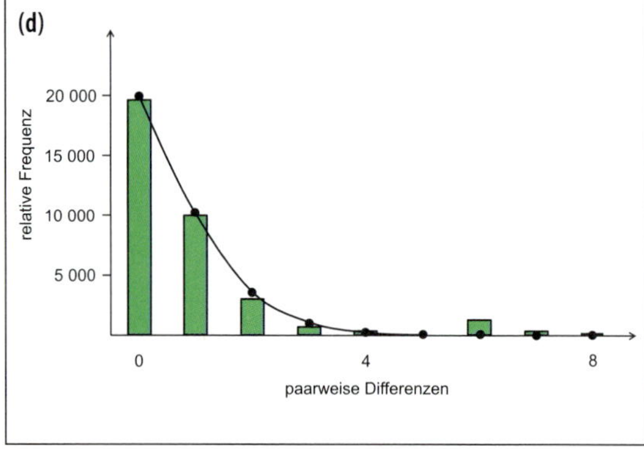

Abb. 9.29 Phylogeographie des Guanakos *(Lama guanicoe)*, basierend auf der mitochondrialen Kontrollregion (514 bp) und 14 Mikrosatellitenloci. (a) Die beiden Unterarten (grün: *L. g. guanicoe*; rot: *L. g. cacsilensis*) werden sowohl von STRUCTURE, wie auch BAPS-Analysen der mitochondrialen Information erkannt. Die gelbe Linie umgrenzt die für die Mikrosatelliten festgestellte Kontaktzone zwischen beiden Taxa (STRUCTURE-Analyse), die blauen Umrisslinien geben die für diesen Marker unterschiedenen acht Populationen (BAPS-Analyse) wieder. (b) Netzwerk der 35 Haplotypen der Kontrollregion. Die Größe der Kreise ist proportional zur Häufigkeit der Haplotypen. Grün steht für die südöstliche Nominatform, rot für das nordwestliche Taxon *L. g. cacsilensis. Mismatch distributions* der paarweisen Nukleotiddifferenzen der (c) nordwestlichen und (d) südöstlichen Guanakos. Balken stehen für die beobachteten Unterschiede, die schwarze Linie für die ideale modellierte Verteilung. Abbildung nach Marín et al. (2013).

sich gegenseitig unterstützende phylogeographische Muster für das Guanako (Abb. 9.29; Marín et al. 2013). Für die Mikrosatelliten detektierte eine STRUCTURE-Analyse zwei Hauptgruppen, eine nordwestliche in Nordchile und Westperu und eine südöstliche von Südost-Bolivien bis nach Feuerland, mit deutlich geringeren genetischen Diversitäten der Populationen in der Südostgruppe. Diese beiden genetischen Gruppen zeigen sich auch in morphologischen Unterschieden. So kann die nordwestliche Linie als Unterart *cacsilensis* bezeichnet werden; die südöstliche sollte als die Nominatunterart angesehen werden, in die auch das Taxon *voglii* einbezogen werden sollte, das von Nordwest-Argentinien bis nach Bolivien und Paraguay verbreitet ist. In Mittelchile, wo die Unterart *huanacus* verbreitet ist, befindet sich mit einer Ausstrahlung in benachbarte Bereiche Argentiniens, aber auch bis nach Bolivien, eine Vermischungszone zwischen den beiden genetischen Hauptlinien.

Eine BAPS-Analyse ergab eine deutlich feinere Aufgliederung in insgesamt acht unterschiedliche Linien. Diese bestätigen zum einen die beiden Hauptlinien, zum anderen belegen sie eine weitere Differenzierung in der Nordwestlinie und in Patagonien. Eine ähnliche Struktur wurde ebenfalls gefunden, wenn weitere STRUCTURE-Analysen innerhalb der beiden Hauptlinien durchgeführt wurden. Genflussanalysen sprechen für einen geringen Genfluss zwischen den beiden Hauptlinien, der, wenn überhaupt, von der nordwestlichen zur südöstlichen Linie stattfindet. Zwischen den BAPS-Gruppen wurde Genfluss von der nordchilenischen Gruppe nach Mittelchile detektiert sowie von der westpatagonischen Gruppe nach Südpatagonien und von dort nach Nordpatagonien. Die Analyse spricht auch für deutlichen Genfluss von Bolivien nach Südpatagonien.

Sequenzanalysen der Kontrollregion ergaben auch eine deutliche Trennung zwischen den beiden Hauptgruppen, jedoch keine reziprok monophyletischen Gruppen. Die *mismatch distribution* der Nordwest-Gruppe ist zweigipflig und spricht für eine **lange Persistenz und Stabilität im Raum** über die Zeitachse hinweg. Die Südost-Gruppe besitzt eine klar linksgipflige *mismatch distribution*, was auch im Haplotypennetzwerk mit einem häufigen zentralen Haplotypen, umgeben mit zahlreichen seltenen Satellitenhaplotypen, gespiegelt wird. Basierend auf diesen Daten wurde eine starke **Arealexpansion** vor 11 500 Jahren geschätzt. Sehr ähnliche Ergebnisse wie für die Kontrollregion wurden auch für das mitochondriale COI-Gen nachgewiesen (Marín et al. 2008).

Diese genetischen Daten sprechen für eine komplexe biogeographische Geschichte des Guanakos. Es ist anzunehmen, dass sich der Ursprung aller rezenten Populationen in der **Andenwestabdachung** des südlichen Perus befand. Es kann nicht ausgeschlossen werden, dass es sich bei dieser Region nicht nur um ein sekundäres Ausbreitungszentrum, sondern sogar um das **Entstehungszentrum** handelt. Von hier ausgehend fand Expansion entlang der Andenkette statt, wobei die hyperariden Bereiche der Atacama während der kurzen feuchteren Phasen überwunden werden mussten. Die aktuellen genetischen Muster lassen vermuten, dass die Anden im südlichen Chile überquert wurden, von wo eine Besiedlung der Bereiche östlich der Anden erfolgte. Die Evolution der beiden genetischen Hauptlinien vermuten Marín et al. (2013) während eines **glazialen Rückzugs auf zwei Refugien westlich und östlich der Anden**. Für das letzte Glazial vermuten die Autoren Überdauerungszentren der Südost-Linie auch in Patagonien, und zwar im Bereich östlich der Andengletscher im Valle Chacabuco, das als eigene westpatagonische Linie in der BAPS-Analyse ausgewiesen wurde und wo sich heute die höchsten genetischen Diversitäten der südöstlichen Hauptlinie befinden. Eventuell fand von hier aus im Postglazial eine schnelle Besiedlung über weite Bereiche Patagoniens statt. Bei diesem Besiedlungsprozess wurde vermutlich erst das südliche und von dort das nördliche Pa-

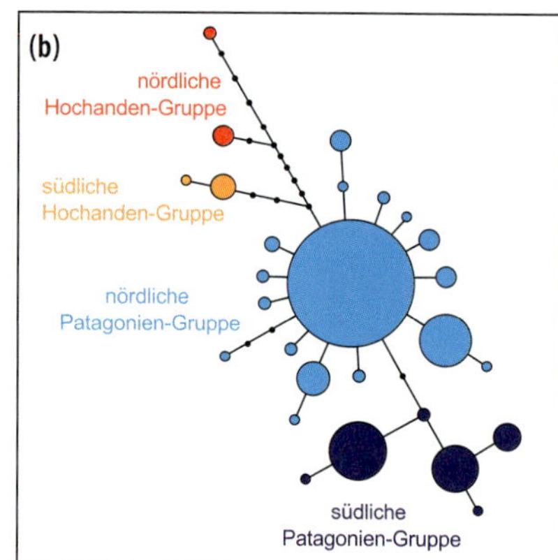

Abb. 9.30 Phylogeographie der Pantoffelblumenart *Calceolaria polyrhiza*, basierend auf Sequenzen eines nicht kodierenden Fragments des Chloroplastengenoms. (a) Geographische Verbreitung der vier genetischen Linien. (b) Haplotypennetzwerk mit farbiger Kennzeichnung der vier Hauptlinien. Die Größe der Kreise ist mit der Häufigkeit der jeweiligen Haplotypen proportional. Abbildung nach Cosacov et al. (2010).

tagonien erreicht. Trotz der weitgehenden Ortstreue der Familienverbände der Guanakos scheint ein stärkerer Genfluss für diese Art typisch zu sein. Dies führte auch zu der ausgedehnten Vermischungszone zwischen den beiden genetischen Hauptlinien, vor allem in Mittelchile.

Für die **Pantoffelblumenart** ***Calceolaria polyrhiza*** zeigt sich ein phylogeographisches Muster, das ein wenig an jenes des Guanakos erinnert, jedoch viel weiter in die Vergangenheit zurückreicht. Auch erstreckt sich die Verbreitung nur in den Anden nach Norden und bei Weitem nicht so weit wie im Fall des Guanakos. Sequenzierung eines Fragments des Chloroplastengenoms von *Calceolaria polyrhiza* ergab eine deutliche Differenzierung in vier genetische Linien (Abb. 9.30; Cosacov et al. 2010). Der älteste Split, der auf etwa 11 Mio. Jahre datiert wurde, fand zwischen den beiden nördlichen Linien statt, die heute auf die Hochlagen der Anden im Grenzgebiet zwischen Nordargentinien und Nordchile beschränkt sind. In diesem vermuteten Ursprungsgebiet der Art fanden zur Zeit des ersten Splits starke **tektonische Aktivitäten** statt. In diesem Zusammenhang erfolgten zum einen starke Hebungsbewegungen, zum anderen aber auch die Bildung des **Las Loicas Trogs** im Westen eines bedeutenden Vulkanbogens im südlichen Mendoza auf etwa 35° S (Ramos & Kay 2006). Diese Landschaftsdiskontinuität könnte die Ursache für ein erstes Vikarianzereignis für *Calceolaria polyrhiza* darstellen.

Der zweite Split zwischen der südlichen Andenlinie und den patagonischen Linien besitzt ein geschätztes Alter von 7,7 Mio. Jahren und befindet sich bei etwa 37° S im Bereich des **Cortaderas Lineament**, eines bedeutenden **geologischen Bruchs** im südlichen Südamerika. Hier fanden im späten Miozän starke tektonische und vulkanische Aktivitäten statt (Ramos & Kay 2006). Diese führten zu deutlichen Veränderungen im Klima und der Landschaft, was Ursache für ein weiteres Vikarianzereignis in dieser Region in diesem Zeitfenster gewesen sein könnte: Nördlich des Bruchs evoluierte sich die südliche Andenlinie, südlich davon die Vorfahren der heutigen patagonischen Populationen.

Seit ihrer geographischen Isolation überdauerten die beiden Andenlinien wohl weitgehend konstant *in situ* und existieren hier bis heute als Relikte. Anders verhielt es sich in Patagonien, wo das Alter des ältesten Split etwa 3,7 Mio. Jahre beträgt. Eine weite Besiedlung dieses Raumes muss also vorher stattgefunden haben und begann vermutlich vor mindestens 4 Mio. Jahren, also fast zeitgleich mit der **Entstehung der patagonischen Steppe**. Deren Ausbildung steht in Zusammenhang mit der letzten bedeutenden Hebungsphase der Anden vor etwa 5 Mio. Jahren und der damit einhergehenden Abschwächung der Westwinddrift und hiermit verbundener Aridifizierung* im Windschatten des Gebirges (Barreda et al. 2008, Ramos & Ghiglione 2008).

Die rezente geographische Verteilung der genetischen Information in Patagonien ist aber wohl weitgehend auf den Einfluss der **pleistozänen Klimaschwankungen** zurückzuführen. So befinden sich entlang einer dem 71. westlichen Längengrad folgenden Linie bei etwa 40° S, 43° S und 51° S Bereiche mit besonders hoher genetischer Diversität. Hier vermuten Cosacov et al. (2010) **eiszeitliche Refugien** während des Letzten Glazialen Maximums am **Ostrand des großen Südandengletschers**, aus denen heraus postglazial weite Bereiche Patagoniens besiedelt wurden. Vor allem in der nordpatagonischen Linie spricht eine sternähnliche Struktur im Haplotypennetzwerk mit einem häufigen und weit verbreiteten Haupthaplotypen, umgeben von zahlreichen seltenen und lokalen Satelliten, für eine starke und **rezente Arealexpansion**.

Auch um den **Golf von San Jorge** (45–47° S) wurde eine große Haplotypendiversität nachgewiesen. Das spricht für ein **küstennahes Glazialrefugium**, das sich eventuell auch auf den glazial trockengefallenen Kontinentalschelf erstreckte. Die hohen genetischen Diversitäten entlang des **Chico-Flusses** sind vermutlich nicht auf eiszeitliche Refugien zurückzuführen, sondern auf einen **sekundären Kontakt** zwischen der nord- und der südpatagonischen Linie, die sich im Verlauf der postglazialen Arealexpansion hier wohl vermischten. Ein weiteres Indiz für diese Annahme ist das Fehlen privater Haplotypen, die auf einzelne Populationen beschränkt wären, in diesem gesamten Bereich. Die im letzten Glazial vergletscherten Bereiche der Südanden mussten auf jeden Fall postglazial von Osten her besiedelt werden. Dies spiegelt sich in der genetischen Armut dieser Bereiche wider.

9.5 Zusammenfassung Süd- und Mittelamerika

Südamerika war im Tertiär meist ein **Inselkontinent**, auf dem sich eine vom Rest der Welt deutlich unterschiedene Flora und Fauna herausbildete. Die Schließung des **Isthmus von Panama** im späten Pliozän führte zu einem starken Austausch mit Nordamerika, jedoch fanden schon im frühen Pliozän diverse Austausche über Inselketten statt. Auch im Miozän kam es zur Einwanderung aus Nordamerika, die jedoch deutlich geringer war als im Pliozän.

Südamerika ist der am stärksten durch **tropische Regenwälder** geprägte Teilkontinent; mit dem **amazonischen Tieflandregenwald** befindet sich hier das größte zusammenhängende Regenwaldgebiet weltweit. Dieser stellt jedoch biogeographisch keine geschlossene Einheit dar. Seine Geschichte ist geprägt durch die **tektonischen Aktivitäten** im **Andenbereich**, der zwischenzeitlichen Existenz von riesigen **Binnensee- und Feuchtgebietskomplexen**, der dramatischen Veränderungen des Amazonas-Abflusssystems sowie von häufigen **Meerestransgressionen**. Diese Faktoren, die isolierenden Eigenschaften der großen Flüsse und die **Fragmentierung des Tieflandregen-**

waldes im Pleistozän sowie, weniger ausgeprägt, im Pliozän führten zur Evolution von zahlreichen genetischen Linien innerhalb von Arten oder Artenkomplexen mit weitgehend parapatrischen Verbreitungsmustern.

Der zweite große Regenwaldbereich Südamerikas, die an der Atlantikküste befindliche **Mata Atlântica**, ist biogeographisch deutlich weniger komplex als Amazonien, besitzt aber auch zahlreiche Arten oder Artenkomplexe mit deutlichen phylogeographischen Strukturen. Für diese sind in vielen Fällen Isolation in verschiedenen glazialen **Regenwaldrefugien** verantwortlich, in anderen Fällen aber auch **geomorphologische Strukturen** wie tief eingeschnittene Flusstäler.

Zwischen Mata Atlântica und dem amazonischen Tieflandregenwald befindet sich die Trockene Diagonale, die sich durch die Auffaltung des brasilianischen Küstengebirges vor etwa 5,6 Mio. Jahren in dessen Windschatten bildete. Für manche Arten führte dies zur Trennung zwischen den beiden Regenwaldgebieten, in denen anschließend unabhängige Entwicklungen stattfanden. Für die meisten Arten ist jedoch der letzte Austausch zwischen beiden Gebieten jüngeren Datums. Der **Einfluss amazonischer Taxa auf die Mata Atlântica ist größer als umgekehrt**.

Die Biota der **Trockenen Diagonale** sind wegen der vergleichsweise rezenten Austrocknung des Gebietes erdgeschichtlich jung und leiten sich oft aus den angrenzenden Regenwaldgebieten ab. Hierbei spielt die **amazonische Herkunft** jedoch eine größere Rolle als die Abstammung aus dem Bereich der Mata Atlântica. Wegen des vergleichsweise geringen Alters sind die phylogeographischen Strukturen meist weniger stark ausgeprägt als in den angrenzenden Regenwäldern. Oft zeigen sich jedoch phylogeographische Differenzierungen zwischen den drei ökologischen Einheiten Caatinga, Cerrado und Chaco. Gerade der Cerrado ist wegen seiner **geomorphologischen Vielfalt** oftmals biogeographisch untergliedert. Auch die Klimaschwankungen des Pleistozäns haben in manchen Arten ihre phylogeographischen Signale hinterlassen.

Der **temperate Süden Südamerikas** weist ebenfalls deutliche phylogeographische Muster auf, jedoch ist der Einfluss der **pleistozänen Klimaschwankungen** auf die Strukturen hier viel bedeutsamer als in den tropischen Regionen. In Chile erstrecken sich die Verbreitungen zahlreicher Arten in Nord-Süd-Richtung entlang der Anden, die für viele Arten ein weitgehend unüberwindbares Hindernis darstellen. Unter glazialen Bedingungen kam es häufig zu Fragmentierungen heute zusammenhängender Verbreitungsgebiete. Anders als in den meisten Regionen der Welt sind die hierdurch entstehenden Refugien jedoch nicht entlang der Breitengrade angeordnet, sondern in **Nord-Süd-Richtung**. Im Postglazial fand oftmals starke Arealexpansion aus dem jeweils südlichsten Rückzugsgebiet am jeweiligen ***leading edge*** in die dann besiedelbar oder gar erst eisfrei werdenden Bereiche statt. Die Refugien am Andenrand waren verantwortlich für die Wiederbesiedlung des Gebirges, nicht jedoch diejenigen in den Küstengebirgen. Eine Überquerung der Anden war für viele Arten nur südlich des 40. Breitengrades möglich, wo deren Höhe stark abnimmt. Einzelne kälteresistente Arten besaßen Rückzugsgebiete bis nach **Feuerland**, sodass sich auch hier **Ausbreitungszentren** befinden.

Obwohl die **patagonischen Steppen** von vielen Steppenarten im Postglazial besiedelt wurden, befanden sich in diesem Bereich auch wichtige glaziale Rückzugsgebiete. Der nördliche Teil Patagoniens wies unter eiszeitlichen Bedingungen wohl günstigere Bedingungen auf als der kältere Süden, allerdings wurden auch hier und sogar bis Feuerland **Refugien von Steppentaxa** nachgewiesen. Einige Arten besaßen Rückzugsgebiete am Ostrand der andinen Gletscher, aus denen heraus postglazial die Weiten Patagoniens besiedelt wurden.

10 Australien und Neuseeland

Australien ist neben der Antarktis der kleinste Kontinent. Klimatisch lässt er sich **zwei Hauptwettersystemen** zuordnen. Die Nordhälfte besitzt ein tropisches Klima, bei dem die Niederschläge im durch den Monsun beeinflussten Sommerhalbjahr fallen und das Winterhalbjahr meist trocken ist. Der außertropische Norden weist eine weitgehend umgekehrte Niederschlagsverteilung mit Regen im Winter und Trockenheit im Sommer auf. Besonders kennzeichnend ist auch die **ausgedehnte aride Zone** im Zentrum des Kontinents, welche durch einen Ariditätsindex von unter 0,4 (der durchschnittliche Jahresniederschlag liegt bei weniger als 40 % der Verdunstungsrate) gekennzeichnet ist (Abb. 10.1; Byrne 2008). Diese Trockenzone wird durch ein breites Band semiarider Klimaverhältnisse umgeben, sodass sich nur im extremen Norden, im Osten und Südosten sowie im Südwesten Bereiche mit humiden und semihumiden Klimabedingungen befinden. Hierdurch unterscheidet sich der australische Kontinent in seiner klimatischen Ausstattung markant von allen anderen.

Australien ist jedoch nicht nur der Kontinent mit den **geringsten durchschnittlichen Niederschlägen**, sondern auch der Kontinent mit der **geringsten durchschnittlichen Höhe**. Insgesamt ist er eine der orographisch am wenigsten diversifizierten Regionen der Welt. Die **Great Dividing Range**, die sich entlang der gesamten Ostküste erstreckt, stellt das einzige bedeutende Gebirgsband des Kontinents dar. Hier fallen auch die mit Abstand höchsten Niederschläge. Alle anderen Gebirge (wie Pilbara, Central Ranges, Flinders und Mt. Lofty) stellen kleinere Massive dar, die sich aus den weiten Ebenen erheben; Hochgebirgscharakter besitzen diese jedoch nicht.

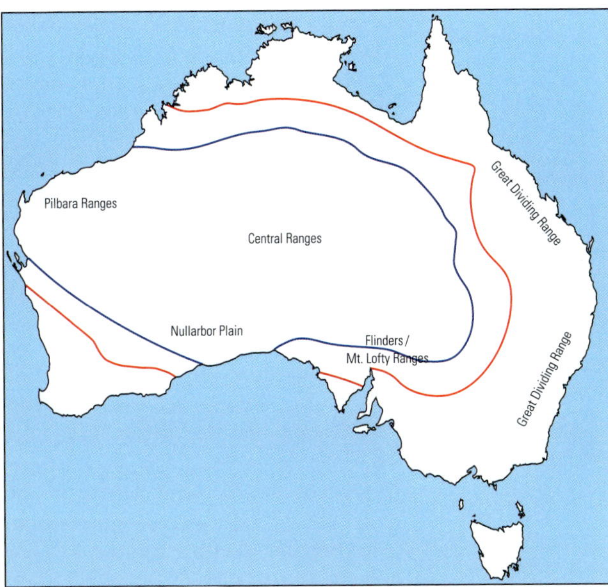

Abb. 10.1 Profil von Australien. Die Grenze der ariden Zone ist durch eine blaue Linie dargestellt, diejenige der semiariden Zone durch eine rote Linie. Biogeographisch wichtige Gebirge und Ebenen sind in der Karte wiedergegeben. Abbildung nach Byrne (2008).

Die Klimaschwankungen des Pleistozäns hatten auch für Australien große Auswirkungen, wenngleich es, mit Ausnahme von wenigen Gletschern in den Australischen Alpen und in Tasmanien (Barrows et al. 2002), **unvergletschert** blieb; ausgedehntere Gletscher befanden sich in den Neuseeländischen Alpen (Fleming 1962). Jedoch wechselten sich auch in Australien **warm-feuchte Interglazialphasen** mit **trocken-kühlen Glazialphasen** ab. Diese zyklischen Änderungen gingen mit einem seit dem mittleren Miozän anhaltenden Trend einer **zunehmenden Aridität** einher, was vor allem für den Süden Australiens den Wechsel von einem immerfeuchten zu einem Klima mit saisonaler Trockenheit in den Sommermonaten führte (Bowler

1982, Kershaw et al. 1994). In dieser Region wurde die größte Aridität zwischen 16000 und 18000 Jahren vor heute erreicht, also etwa zum oder kurz nach dem Letzten Glazialen Maximum (Bowler 1982). Die zunehmende Aridität führte im Verlauf des Pliozäns auch zur Bildung der heutigen Wüsten in Zentralaustralien. Die ersten **Steinwüsten** begannen sich schon vor etwa **4 Mio. Jahren** zu bilden (Fujioka et al. 2005), wohingegen der Ursprung der **Sandwüsten** wohl nicht älter als **1 Mio. Jahre** ist (Fujioka et al. 2009). Eine besonders markante Klimaänderung von vergleichsweise feuchten zu allgemein trockenen Bedingungen ereignete sich vor etwa 500000 Jahren, wofür Evidenzen aus Seen in West-, Zentral- und Ostaustralien sprechen (Zheng et al. 1998).

Die zunehmende Trockenheit führte seit dem Miozän zu einer anhaltenden Kontraktion der Regenwälder und zu einer Ausbreitung von **hartlaubiger Vegetation**, welche nicht nur gut an die trockenen Verhältnisse, sondern auch an nährstoffarme Böden angepasst ist (Brewer & Bettenay 1973, Bint 1981, Butt 1985). Vor allem seit etwa 900000 Jahren bildeten sich im ariden Zentrum Australiens, bedingt durch extrem niedrige Niederschlagsmengen und vielleicht auch begünstigt durch häufige und auch starke Fröste, große **Dünengebiete**. Diese stellen für die Tier- und Pflanzenwelt besonders lebensfeindliche Bedingungen dar. Es wird angenommen, dass sich zu den glazialen Ariditätsspitzen keine Vegetation mehr in diesen Gebieten halten konnte (Williams 2000). Da sich diese Dünengebiete in den Glazialen durch die größere Aridität ausdehnten und in den Interglazialen wieder reduzierten, können diese in **Analogie zu den Vergletscherungen** in anderen Teilen der Welt gesehen werden (Byrne 2008). Durch diesen Tatbestand werden neben den Randgebieten des australischen Kontinents auch die einzelnen Gebirgsstöcke im ariden Bereich potenziell wichtige Rückzugsgebiete während der Glazialphasen. Diese Gebiete wurden somit weniger durch die Trockenheit beeinflusst. Hierdurch sowie durch die höhere orographische Diversität konnte keine bedeutende Dünenbildung erfolgen.

10.1 Die Regenwälder Nordost-Australiens

Beginnen wir aber mit dem kleinen Regenwaldgebiet im nordöstlichsten Zipfel Australiens, das im Folgenden nach seinem Kerngebiet generell als **Atherton** bezeichnet wird. Obwohl die australische Hylaea* den kleinsten kontinentalen Regenwaldbereich der Welt darstellt, der eigentlich nur den äußersten Ausläufer der Regenwälder Neuguineas repräsentiert, ist er für uns hier doch von Bedeutung: Kein anderer Regenwaldbereich der Welt ist auch nur annähernd so intensiv untersucht worden, wie dieses kleine Relikt in Australien. Die **hohe phylogeographische Diversität** auf kleinstem Raum, die in diesen australischen Regenwäldern nachgewiesen wurde, könnte auch für etliche andere Hylaeabereiche der Welt, vor allem in bergigen Regionen, typisch sein (Moritz et al. 2000). Dies würde bedeuten, dass nicht nur die Mehrzahl der Arten, sondern auch die kleinräumigsten phylogeographischen Muster in den Regenwaldregionen zu suchen sind, was aber zum jetzigen Zeitpunkt noch teilweise als Spekulation betrachtet werden muss.

Geologisch wird das Atherton geprägt durch die Bergrücken des Great Divide Gebirges, den stark erodierten Resten einer mindestens 150 Mio. Jahre zurückliegenden Gebirgsauffaltung. Dieses Gebiet wurde durch jungen Vulkanismus überprägt, der bis vor etwa 10000 Jahren aktiv war (James & Moritz 2000). Pollenuntersuchungen geben deutliche Hinweise für **starke Kontraktionen** des durch eine komplexe Gemeinschaft von Angiospermen dominierten Regenwaldes **unter eiszeitlichen Klimabedingungen**. Deshalb waren die Wälder über den größeren Teil des Pleistozäns und vielleicht schon davor auf feuchte und meist hochgelegene

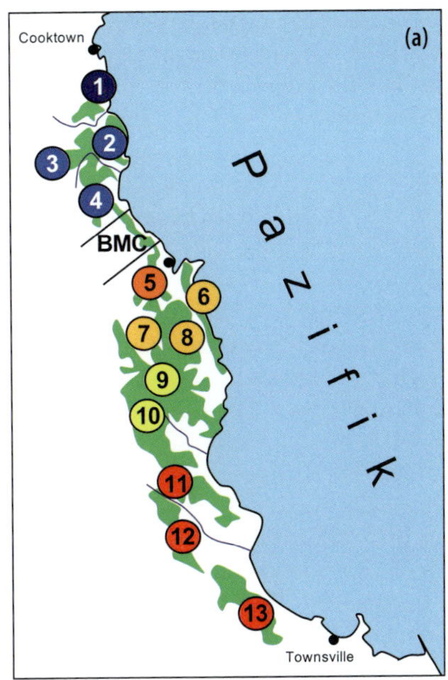

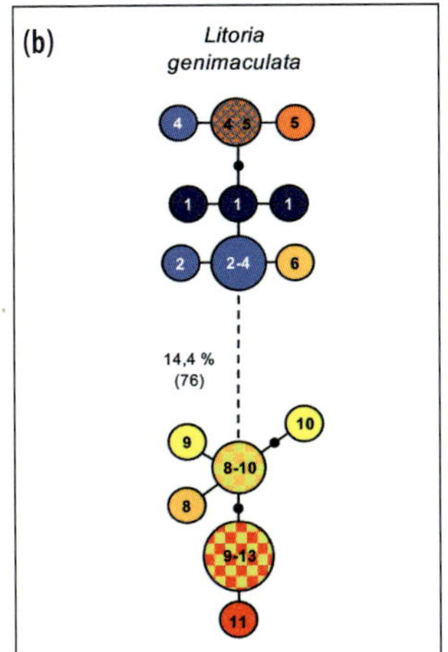

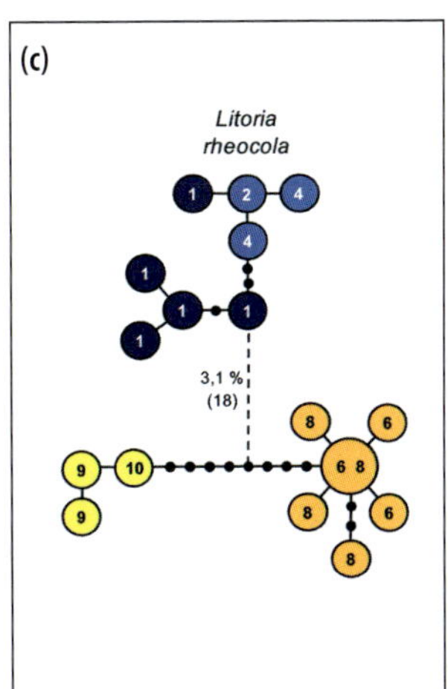

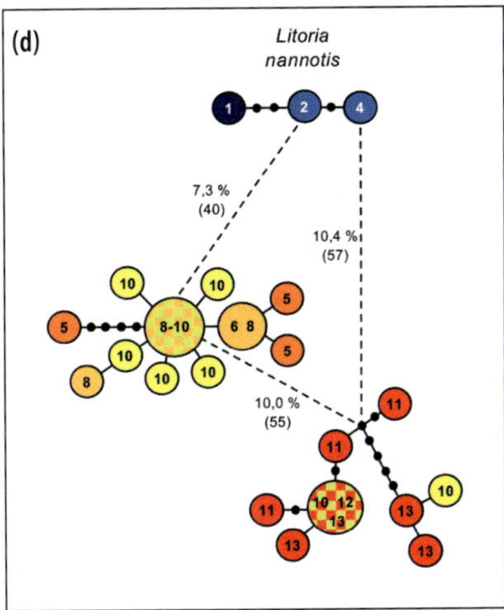

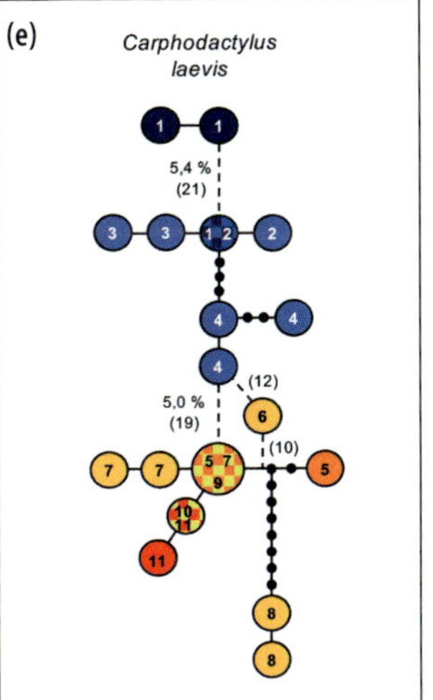

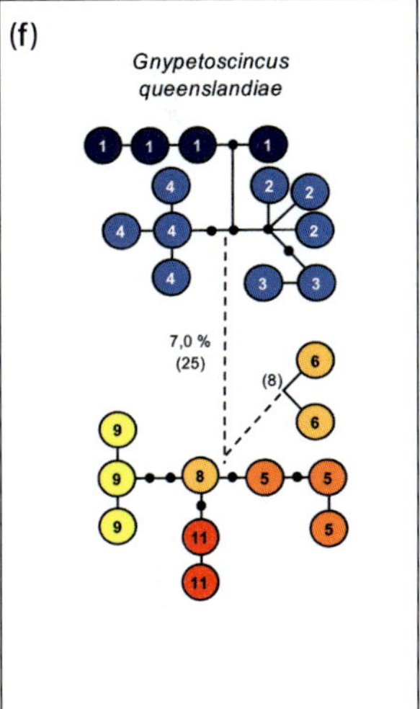

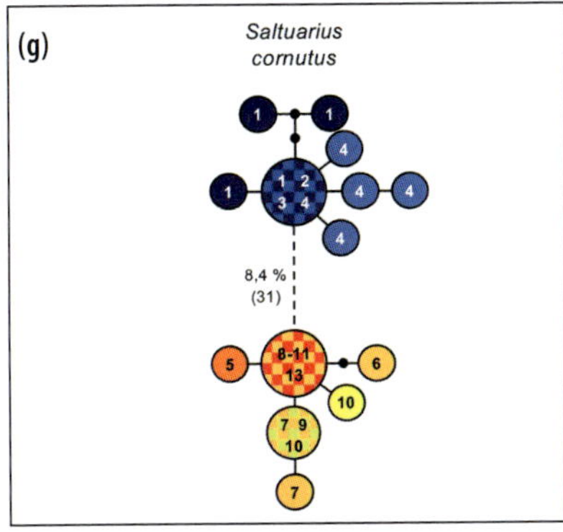

Abb. 10.2 Phylogeographie von sechs Amphibien- und Reptilienarten des Regenwaldgebiets im Nordosten Australiens, basierend auf Sequenzanalysen der beiden mitochondrialen Gene Cyt-b oder COI. Dargestellt sind die Haplotypennetzwerke; die Nummern in den Haplotypen beziehen sich auf ihre Sammelstellen. In Blautönen dargestellte Haplotypen wurden nur im nördlichen, rot, orange und gelb dargestellte nur im südlichen Bereich nachgewiesen. Zwischen beiden Bereichen befindet sich der Black-Mountain-Korridor (BMC). Abbildung nach Schneider et al. (1998).

Bereiche beschränkt (Kershaw 1994). Solche hochgelegenen pleistozänen Refugien wurden durch Pflanzenbiogeographen postuliert (Webb & Tracey 1981). Untersuchungen an Holzkohle legen jedoch nahe, dass diese auch von trockenen Wäldern durchsetzt waren (Hopkins et al. 1993). Paläoklimatische Modellierungen (Nix 1991) weisen zur Zeit des Letzten

Glazialen Maximums auf eine bedeutende Disjunktion der Regenwälder auf beiden Seiten des **Black-Mountain-Korridors** hin, einem niedrigen, trockenen Bergsattel. Vor etwa 8 000 Jahren erfolgte eine schnelle Expansion der Regenwälder, die in einer kühl-feuchten Periode zwischen 7 500 und 6 000 Jahren vor heute ihre größte Ausdehnung erreichten (Nix 1991, Hopkins et al. 1993) und zu dieser Zeit Migrationen zwischen heute isolierten Regenwaldgebieten in den Bergen erleichterten.

Eine der bahnbrechenden phylogeographischen Arbeiten über das nordostaustralische Regenwaldgebiet ist die Publikation von Schneider et al. (1998), in der die genetischen Muster für sechs Amphibien- und Reptilienarten detailliert analysiert wurden (Abb. 10.2). Hierfür wurden Fragmente der mitochondrialen Gene Cyt-b oder COI sequenziert. Die erhaltenen Ergebnisse sprechen generell für eine **lange Persistenz** in diesem Raum mit sich **wiederholenden Fragmentierungen** der Populationen auf Teilareale. Diese Disjunktionen bedingten Differenzierungen, welche auch innerhalb der Arten oft hierarchische Strukturen aufweisen, die auf eine zeitliche Abfolge von unterschiedlichen Vikarianzereignissen hindeuten. Die genetischen Strukturen weisen in keinem einzigen Fall auf stärkere rezente Arealexpansion hin.

Für alle sechs Arten wurden **stark differenzierte Phylogruppen** in den beiden Regenwaldgebieten nördlich und südlich des Black-Mountain-Korridors festgestellt, welche Sequenzunterschiede zwischen 3,1 % *(Litoria rheocola)* und 14,1 % *(Litoria genimaculata)* aufweisen (Abb. 10.2). Die Aufspaltung zwischen diesen Linien begann in allen Fällen wahrscheinlich bereits im **Pliozän**. Dieses Postulat unterstützt eine erste Disjunktion dieser Regenwälder spätestens im Pliozän, was gut mit der generellen Austrocknung des gesamten australischen Kontinents in diesem Zeitfenster übereinstimmt (Bowler 1982, Kershaw et al. 1994). Seitdem haben sich die Populationen in beiden Gebieten, wohl in Allopatrie, unabhängig voneinander entwickelt. In einer Metaanalyse für insgesamt 13 Wirbeltierarten (fünf Vögel, vier Frösche und vier Echsen; Joseph et al. 1995, Schneider et al. 1998, 1999) wiesen Moritz et al. (2000) in den meisten Fällen einen deutlichen phylogeographischen Bruch im Bereich des Black-Mountain-Korridors nach. Nur für die Vögel wurde für drei Arten, von denen zwei keine Regenwaldspezialisten sind, dieses phylogeographische Muster nicht festgestellt, was zumindest teilweise an ihrer hohen Mobilität liegen sollte. Die auf die Hochlagen der Regenwälder beschränkte Vogelart *Sericornis keri* (Joseph et al. 1995) und die in tiefen und mittleren Lagen auftretende Taufliegenart *Drosophila birchii* (Kelemen & Moritz 1999) weisen beide eine äußerst geringfügige genetische Diversität und keine genetische Differenzierung über den gesamten Regenwaldbereich des Athertons auf. In diesen Fällen ist auf Basis der genetischen Befunde davon auszugehen, dass bis vor kurzer Zeit, eventuell bis zum Ende des letzten Glazials, nur jeweils ein Arealkern existierte. Aus diesem heraus breiteten sich beide Arten dann schnell über den gesamten Regenwaldbereich aus.

Die wiederholten Phasen des **sekundären Kontakts** zwischen den beiden Gebieten haben in **keiner** der sechs von Schneider et al. (1998) untersuchten Arten zu einer bedeutenden **Durchmischung** der Populationen geführt. Nur in der Australischen Laubfroschart *Litoria genimaculata* wurden drei Haplotypen der Nordgruppe auch in den beiden nördlichsten Sammelstellen 5 und 6 des südlichen Waldgebiets festgestellt. Dies muss durch **Dispersion** von Norden nach Süden während einer Phase mit geschlossenem Wald geschehen sein, eventuell sogar während seiner maximalen Ausdehnung im mittleren Postglazial. Aber auch ein Dispersionsereignis während eines vorangegangenen Interglazials kann nicht ausgeschlossen werden. Interessant ist, dass eine lokale Vermischung von Haplotypen nur für *Litoria genimaculata* nachgewiesen wurde, der mit 14,4% Sequenzunterschied zwischen den Linien die stärkste Differenzierung aller sechs Arten aufweist. Durchaus wahrscheinlich ist in diesem Fall, dass beide Phylogruppen **Geschwisterarten** darstellen, die so weit voneinander differenziert sind, dass sie auch **syntop** auftreten können, ohne sich ökologisch gegenseitig auszuschließen.

Auch **innerhalb der beiden Regenwaldgebiete** wurden **markante Differenzierungen** nachgewiesen. Diese sind in mehreren Fällen sogar so stark ausgeprägt, wie sie es auch über den Black-Mountain-Korridor hinweg sind. So besitzt der **Chamäleongecko *(Carphodactylus laevis)*** an der nördlichsten Sammelstelle 1 eine eigene genetische Linie, die gegenüber den drei südlicheren Sammelstellen 2–4 des nördlichen Waldgebiets einen Sequenzunterschied von 5,4% aufweist. Dies ist sogar höher als gegenüber dem südlichen Waldgebiet mit 5,0%. In diesem Zusammenhang ist erwähnenswert, dass die Sammelstelle 1 auch für die anderen Arten ihre Haplotypen meist nicht mit den weiter südlich gelegenen teilt. *Litoria genimaculata* und die Skinkart *Gnypetoscincus queenslandiae* weisen dort sogar eigene Haplotypengruppen auf, die alle dort nachgewiesenen Haplotypen umfassen. Diese Befunde sprechen insgesamt für eine **wiederholte Fragmentierung** während **trocken-kalter Perioden des Pleistozäns**, die wiederholt Einfluss auf die phylogeographischen Strukturen ausübten.

Ein ähnliches Muster findet sich auch im südlichen Regenwaldgebiet, jedoch noch ausgeprägter als im räumlich kleineren nördlichen Gebiet. Besonders deutlich wird dies in der Differenzierung in zwei Südlinien der Froschart *Litoria nannotis*, die einen Sequenzunterschied von 10,0% zueinander aufweisen. Diese beiden Linien sind weitgehend allopatrisch im nördlichen und südlichen Bereich dieses Waldgebietes und kommen in, vermutlich sekundären, Kontakt an der Sammelstelle 10, wo Haplotypen beider Linien syntop auftreten. Für *Litoria rheocola* weist die Haplotypengruppe an den Sammelstellen 6 und 8 einen Sequenzunterschied von 1,5% (neun Mutationsschritte) zu derjenigen der weiter südlich gelegenen Stellen 9 und 10 auf. Sowohl *Gnypetoscincus queenslandiae* (2,2%, acht Mutationsschritte) wie auch *Carphodactylus laevis* (2,8%, elf Mutationsschritte) besitzen an der Sammelstelle 6 jeweils deutlich differenzierte Haplotypen; die letztgenannte Art weist dies ebenfalls für die Stellen 5 (0,8%, drei Mutationsschritte) und 8 (2,3%, neun Mutationsschritte) auf. Diese kleinräumigen Differenzierungen im südlichen Regenwaldgebiet geben einen deutlichen Hinweis auf die sich zyklisch wiederholenden räumlichen Aufspaltungen dieses Lebensraumes auf verschiedene Fragmente während trocken-kalter Phasen des Pleistozäns. Aufgrund vermutlich unterschiedlicher Fragmentierungsmuster zu unterschiedlichen Zeitfenstern ergaben sich auch sehr **diverse Differenzierungsmuster** innerhalb der verschiedenen Arten, die **keine paradigmatischen Muster** erkennen lassen und die **hohe Dynamik** in diesem Raum spiegeln.

Ein noch stärker ausgeprägtes Differenzierungsmuster als für die bisher vorgestellten Arten wiesen Hugall et al. (2002) für die **Landschneckenart *Gnarosophia bellendenkerensis*** nach (Abb. 10.3), wofür das sehr geringe Dispersionsvermögen dieser Art verantwortlich sein dürfte. Auch in diesem Fall wurde eine deutliche Differenzierung über den Black-Mountain-Korridor hinweg nachgewiesen, jedoch zeigten sich auch weitere, ähnlich tiefe Divergenzen nördlich und südlich dieser bekannten Barriere. Im heute weitgehend zusammenhängenden nördlichen Waldgebiet wurden drei stark differenzierte Linien nachgewiesen. Dieser Befund stimmt genau mit der Anzahl an postulierten Regionen überein, in denen sich nach den Klimanischenmodellen permanent Regenwald befunden haben soll. Der Bereich von Winsor, in dem sich unter glazialen Bedingungen wohl kein Wald erhalten konnte, wurde

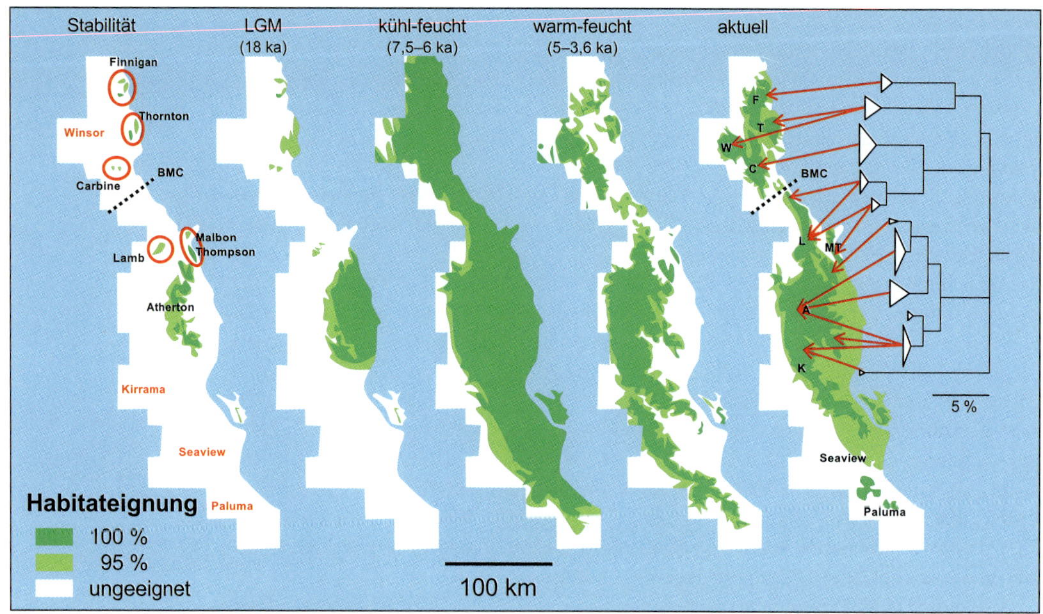

Abb. 10.3 Phylogeographie der Landschnecke *Gnarosophia bellendenkerensis,* basierend auf Sequenzen eines Fragments des mitochondrialen COII-Gens (460 bp). Die geographische Lage der wichtigen genetischen Linien ist auf die nebenstehende Landkarte übertragen. Auf den fünf Karten sind BIOCLIM-Verbreitungsmodelle für unterschiedliche Zeitfenster dargestellt; von rechts nach links: rezentes Klima, drei Modelle, die mit hypothetischen Paläoklimadaten berechnet wurden (Postglazial warm-feucht, Postglazial kühl-feucht, Letztes Glaziales Maximum); das Stabilitätsmodell ganz links fasst die Bereiche zusammen, in denen Besiedlung nach den Modellen über die gesamte Zeit möglich war. Die Namen der Regionen sind im Stabilitätsmodell angegeben und im aktuellen Modell abgekürzt. Die nicht über die gesamte Zeit existierenden Regenwaldbereiche sind in Rot geschrieben; BMC: Black-Mountain-Korridor. Abbildung nach Hugall et al. (2002).

nach den genetischen Befunden rezent aus dem Thornton-Rückzugsgebiet besiedelt. Der Regenwaldbereich südlich des Black-Mountain-Korridors weist ebenfalls eine komplexe phylogeographische Struktur auf, die jedoch nicht die gleiche Eindeutigkeit besitzt, wie diejenige im Norden. Auf jeden Fall überdauerte auch hier *Gnarosophia bellendenkerensis* eine Abfolge von Glazial-Interglazial-Zyklen in mindestens drei Refugien. Vor allem die deutlichen Substrukturen im Bereich des Kerngebiets von Atherton lassen vermuten, dass es in diesem Bereich verschiedene Arealkerne und somit Differenzierungszentren gab, wenn nicht im letzten Glazial, dann zumindest während einer oder mehrerer der vorangegangenen Eiszeiten.

10.2 Der Waldgürtel Ostaustraliens

Die gesamte bergige Ostküste Australiens ist von einem meist mehrere Hundert Kilometer breiten Waldgürtel bedeckt, der nach Westen in die Ebenen des Kontinents hinein in offene Lebensräume übergeht. Die Regenwälder des Atherton stellen den Nordrand dieses Gürtels dar, der sich bis nach Victoria und Tasmanien im Süden erstreckt (Abb. 10.4).

James & Moritz (2000) wiesen durch die Sequenzierung eines Fragments des mitochondrialen COI-Gens (528 bp) eine markante phylogeographische Struktur für die **Froschart *Litoria fallax*** nach, einer in den trockeneren Wäldern Ostaustraliens weit verbreiteten Art (Abb. 10.4). Nördlich und südlich des **McPherson Range,** im Grenzgebiet zwischen

New South Wales und Queensland, befinden sich zwei jeweils weit verbreitete genetische Linien, die mit 11,1 bis 12,5 % starke Sequenzunterschiede aufweisen (Abb. 10.5) und deren Ursprung auf ein pliozänes Vikarianzereignis zurückgeführt wird. Da der Ost-West verlaufende McPherson Range weitgehend mit feuchten Wäldern bestockt ist, und dies wohl auch meist während des Pleistozäns so war, stellt er heute, und wohl auch in der Vergangenheit, eine **physische Barriere** für die **Trockenwaldart** *Litoria fallax* dar. Durch diese lange anhaltende Unterbindung des Genflusses evoluierten sich auf der nördlichen und der südlichen Seite die beiden großen Linien. Auch andere Froscharten (z. B. *Litoria lesueuri, Limnodynastes peroni, Crinia parinsignifera, Uperoleia fusca;* James & Moritz 2000) weisen einen starken genetischen Bruch im Bereich des McPherson Range auf. Auch für die **Baumart *Eucalyptus grandis*** wurde eine phylogeographische Diskontinuität in dieser Region festgestellt, allerdings liegt sie in diesem Fall aktuell wohl südlich des McPherson Range (Jones et al. 2006).

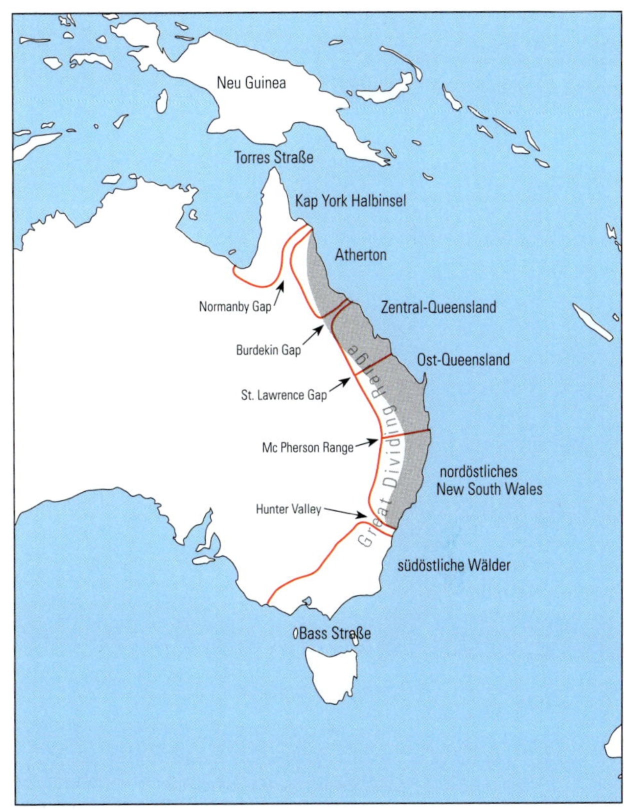

Abb. 10.4 Biogeographische Zonen und geographische Barrieren (Pfeile) entlang des Waldgürtels der australischen Ostküste. Die Verbreitung der australischen Laubfroschart *Litoria fallax* (grau eingefärbt) erstreckt sich vom Atherton im Norden über das zentrale und östliche Queensland bis ins nordöstliche New South Wales im Süden. Abbildung nach James & Moritz (2000).

Die Isolation durch dieses Berggebiet ist jedoch auch für die Froschart *Litoria fallax* nicht absolut, denn vor allem im **Regenschatten der Great Divide** finden sich Populationen der Südlinie, die sich hier etwa 100 km in nördlicher Richtung erstreckt. In Küstennähe befindet sich eine Population der Nordlinie deutlich südlich des McPherson Range. Diese Abweichungen lassen auf eine gewisse **Durchlässigkeit der Dispersionsbarriere** schließen. James & Moritz (2000) gehen deshalb davon aus, dass an mehreren Stellen rezente oder historische **Trockenwald-Korridore** existieren, an denen beide Linien den McPherson-Filter überwanden. Die ausgeprägte Nordexpansion der Südlinie im Regenschatten der Great Divide lässt aber vermuten, dass dieser Bereich in diesem Zeitfenster nicht besiedelt war. Anderenfalls hätte von einem ***high density blocking*** ausgegangen werden müssen, das diese weite Expansion vermutlich unterbunden hätte. Ähnliches kann auch für *Eucalyptus grandis* vermutet werden.

Betrachten wir nun die phylogeographischen Strukturen innerhalb der beiden großen Linien von *Litoria fallax* genauer. Hierbei fällt auf, dass die Südlinie keine weitere biogeographische Strukturierung erkennen lässt; es können somit keine Unterzentren innerhalb dieser Linie abgegrenzt werden. Ganz anders sieht dies in der Nordlinie aus, in der sowohl die Populationen aus **Atherton** und aus dem Gebiet der **Kroombit Tops** jeweils monophyletische Gruppen darstellen.

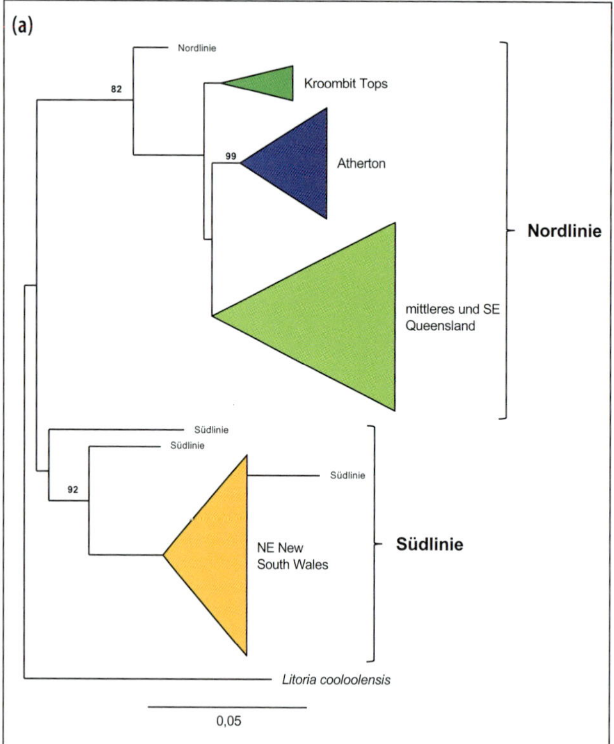

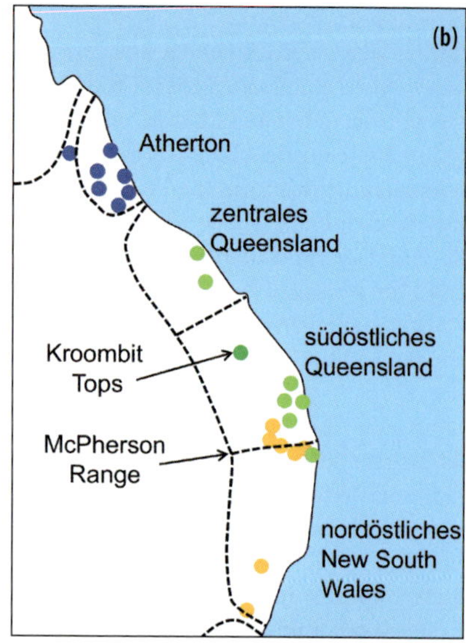

Abb. 10.5 Phylogeographie der australischen Laubfroschart *Litoria fallax* in Ostaustralien. (a) *Maximum-parsimony*-Verwandtschaftsdiagramm, basierend auf Sequenzen des mitochondrialen COI-Gens (528 bp). *Bootstrap*-Werte >50 % werden über den Ästen angegeben. Individuen aus Atherton (blau) stellen eine gut unterstützte monophyletische Gruppe innerhalb der Nordlinie dar. Gleiches gilt für die Individuen aus den Kroombit Tops (dunkelgrün), wenngleich mit geringerer Unterstützung. (b) Geographische Verbreitung der beiden Linien (Nordlinie: grün und blau; Südlinie: orange) in Ostaustralien. Abbildung nach James & Moritz (2000).

Das Atherton ist durch den **Burdekin Gap** von den Waldgebieten in den wieder bergigeren Gebieten weiter südlich abgetrennt. Bei diesem handelt es sich um einen flachen und trockenen Korridor, der sich von Townsville in südwestlicher Richtung ins Landesinnere erstreckt und die Great Divide durchschneidet. Das Fehlen von geeigneten Waldhabitaten in diesem Bereich dürfte den Burdekin Gap zu einer **dauerhaften Dispersionsbarriere** für *Litoria fallax* gemacht haben. Die Topologie des Genbaumes erlaubt zwei alternative Szenarien. Zum einen ist es möglich, dass der Burdekin Gap im Verlauf des späten Pliozäns oder des Pleistozäns unter Warmzeitbedingungen, die zu einer temporären Bewaldung geführt haben müssen, überwunden und das Atherton von Süden erreicht wurde. Die heute hier existierenden Populationen würden unter dieser Annahme aller Voraussicht nach auf ein einziges Kolonisationsereignis zurückzuführen sein. Alternativ könnte auch ein damals zusammenhängendes Vorkommen in weiten Bereichen Queenslands durch die zunehmende Trockenheit im späten Pliozän im Bereich des Burdekin Gaps dauerhaft getrennt worden sein. In diesem Fall ist die vergleichsweise junge genetische Struktur im Atherton nur durch **pleistozäne genetische Flaschenhälse** zu erklären, die eventuell durch eine temporäre starke Ausbreitung der Regenwälder dieser Region auf Kosten der Trockenwälder erklärt werden könnten. Solche Flaschenhälse sind auch im Fall des ersten Szenarios möglich.

Auch die phylogeographische Struktur des **Großen Gleithörnchenbeutlers *(Petaurus australis)***, basierend auf Sequenzen des mitochondrialen Gens ND4 (ca. 900 bp), weist eine deutliche genetische Differenzierung zwischen dem Atherton und den Vorkommen im südlichen Queensland und in New South Wales auf (Abb. 10.6; Brown et al. 2006). Untersuchungen des Verhaltens (Henry & Craig 1984, Russel 1984, Craig 1985; Goldingay & Kavanagh 1990, Goldingay 1992) und der Morphologie (Brown et al. 2006) differenzieren ebenfalls die Atherton-Vorkommen von allen anderen. Zwischen diesen beiden genetischen Linien befindet sich eine große **Verbreitungslücke** (über 500 km) im mittleren Queensland, die auch den Burdekin Gap umfasst (Abb. 10.6a). Auf Grundlage aller Befunde muss davon ausgegangen werden, dass diese Verbreitungslücke eine **lange zeitliche Konstanz** aufwies und die seit Langem trockenen und somit für Flugbeutler ungeeigneten Bedingungen in diesem Raum als Ausbreitungsbarriere den Genfluss zwischen beiden Regionen unterbanden.

Für drei Vogelarten (Joseph et al. 1993, Joseph & Moritz 1994, Nicholls & Austin 2005) und die Kurznasenbeutler der Gattung *Isoodon* (Pope et al. 2001) wurde ebenfalls ein phylogeographischer Bruch im Bereich des **Burdekin Gap** festgestellt. Dieser stellt somit für **Waldarten** in Nordost-Australien eine allgemein **wichtige** und für manche Arten sogar bis ins **Pliozän** hinein bestehende **Ausbreitungsbarriere** dar.

Bei der Froschart *Litoria fallax* ist im Gebiet der **Kroombit Tops** ebenfalls eine genetisch deutliche Unterscheidung von den restlichen untersuchten Vorkommen im zentralen und östlichen Queensland zu erkennen, wenn auch die Unterstützung dieser monophyletischen Gruppe nicht so hoch ist wie für die des Athertons (James & Moritz 2000). Im Kroombit-Tops-Gebiet scheint also über lange Phasen des Pleistozäns und wahrscheinlich bis zurück ins Pliozän ein **Differenzierungszentrum** vorhanden gewesen zu

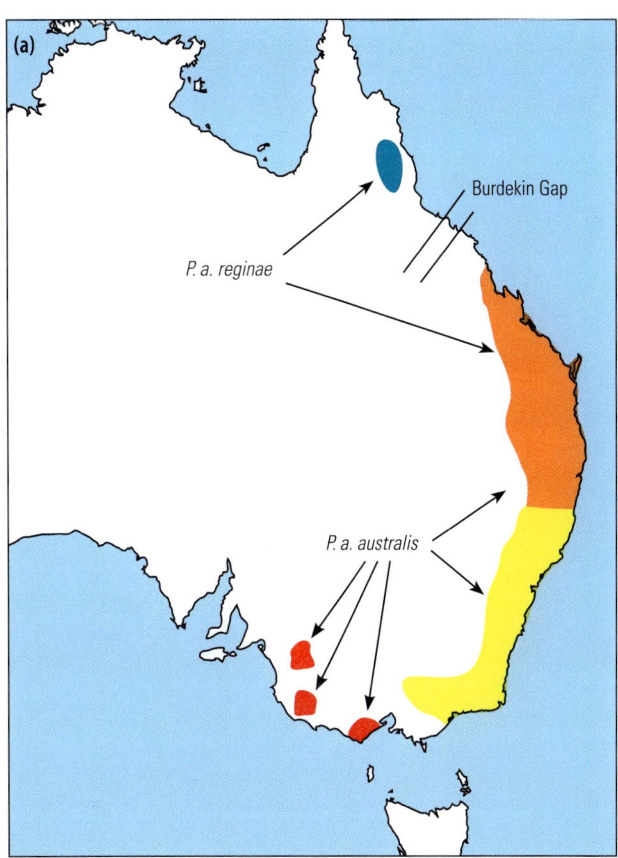

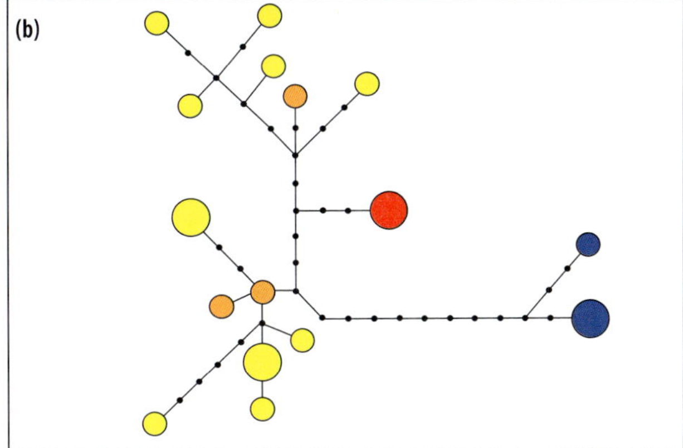

Abb. 10.6 Phylogeographie des Großen Gleithörnchenbeutlers *(Petaurus australis)*. (a) Rezente Verbreitung der beiden morphologisch unterschiedenen Unterarten in Ostaustralien. *P. a. australis* ist auch im südlichen Queensland (= südliche Bereiche des orangenen Bereichs) verbreitet. (b) Haplotypennetzwerk, basierend auf Sequenzen des mitochondrialen Gens ND4 (ca. 900 bp) und geographische Zuordnung der einzelnen Haplotypen, deren Häufigkeit durch ihre Größe wiedergegeben wird. Die unterschiedlichen Regionen werden durch unterschiedliche Farben der Haplotypen gekennzeichnet: blau: Atherton (Nord-Queensland); orange: Süd-Queensland; gelb: New South Wales; rot: Südaustralien, Victoria. Abbildung nach Brown et al. (2006).

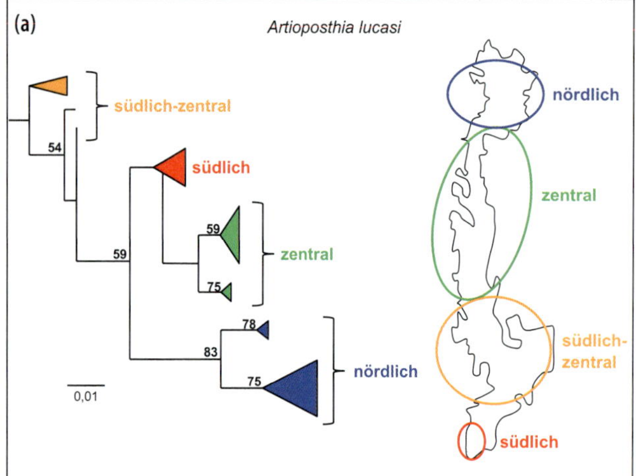

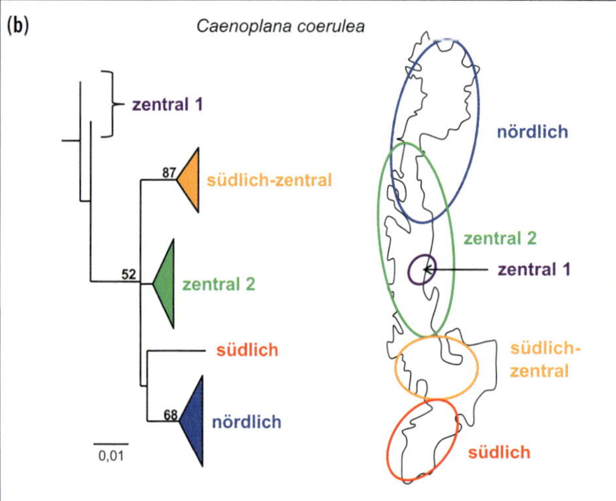

Abb. 10.7 Phylogeographie der beiden Plattwurmarten (a) *Artioposthia lucasi* und (b) *Caenoplana coerulea* in den montanen Wäldern des Tallaganda-Gebiets im Südosten Australiens. Die *Maximum-likelihood*-Bäume beruhen auf Sequenzen eines mitochondrialen COI-Genfragments (364 bzw. 361 bp). Die unterschiedlichen Haplotypengruppen sind farblich gekennzeichnet. Die Zahlen an den Knoten geben *ML-bootstrap*-Werte an. Die geographischen Karten repräsentieren die Verbreitungen der einzelnen Linien. Abbildung nach Sunnucks et al. (2006).

sein, von dem jedoch keine bedeutenden Arealexpansionen ausgingen. Dieser Bereich zeichnet sich generell durch eine hohe Rate an Endemismus bei Amphibien aus (z.B. *Taudactylus pleione, Pseudophryne raveni*; Ingram & Corben 1994), und Donnellan et al. (1999) wiesen hier eine stark divergente mitochondriale Linie der Froschart *Litoria citropa* nach, deren Alter sie über eine molekulare Uhr auf 10 Mio. Jahre schätzten, ihr also sogar miozänes Alter zuschrieben.

Eine **weitere biogeographische Bruchzone** wurde im Bereich zwischen Victoria einschließlich der angrenzenden Bereiche Südaustraliens und New South Wales für den Großen Gleithörnchenbeutler *(Petaurus australis)* festgestellt (Abb. 10.6; Brown et al. 2006). Dies spricht für ein Differenzierungszentrum dieser Art im Grenzbereich zwischen Victoria und Südaustralien, das hier wahrscheinlich über mehr als einen Glazial-Interglazial-Zyklus bestand.

Für **Arten feuchterer Wälder**, die unterschiedliche taxonomische Gruppen vertreten, wurden generell sehr **markante genetische Differenzierungen** zwischen den heute isolierten Lebensräumen nachgewiesen (Byrne & Moran 1994, Chapple & Keogh 2004, Garrick et al. 2004, 2007, Sunnucks et al. 2006, Hodges et al. 2007). Dies spricht für eine schon seit langer Zeit, wahrscheinlich mehrere Glazial-Interglazial-Zyklen, anhaltende Isolation dieser feuchten Habitate in den Regionen, in denen sie auch heute anzutreffen sind.

Für diese Bewohner feuchter Waldgebiete, die in Australien vor allem im Pleistozän immer wieder stark fragmentiert wurden, wurden auch **kleinräumige phylogeographische Muster** nachgewiesen. Gute Beispiele hierfür sind die Riesenspringschwänze der Gattung *Acanthanura* (Garrick et al. 2004, 2007), der Südliche Wasserskink *(Eulamprus tympanum)* (Hodges et al. 2007) und die beiden terrestrischen Plattwurmarten *Artioposthia lucasi* und *Caenoplana coerulea* (Sunnucks et al. 2006), die alle in den montanen Wäldern des **Tallaganda**-Gebietes östlich der Hauptstadt Canberra untersucht wurden. Sequenzuntersuchungen des mitochondrialen COI-Gens der beiden **Plattwürmer** zeigen eine starke genetische Differenzierung in vier bzw. fünf Haplotypengruppen (Abb. 10.7). Diese haben eine relativ ähnliche geographische Verbreitung entlang einer Nord-Süd-Achse. Generell weisen die Verbreitungen eine hohe Übereinstimmung mit den **Abflusssystemen** in diesem Gebiet auf. Da die maximalen Sequenzunterschiede für *Artioposthia lucasi* (4,9 %) höher sind als für *Caenoplana coerulea* (2,5 %), unterscheidet sich auch der jeweils vermutete Zeitraum bis zum letzten gemeinsamen Vorfahren, der im ersten Fall im späten Pliozän, im letzteren bereits im Pleistozän vermutet wird. Auch die aus den genetischen Befunden errechneten demografischen Entwicklungen zeigen deutliche Unterschiede zwischen beiden Arten. So deuten signifikante negative Fu's F_S-Werte für *Caenoplana coerulea* auf eine **Populationsexpansion** hin, wohingegen signifikant positive Werte für *Artioposthia lucasi* auf **demografische Regression** schließen lassen. Insgesamt lassen die genetischen Daten für beide Arten die Schlussfolgerung zu, dass **Wälder** im **Tallaganda**-Gebiet über das gesamte **Pleistozän kontinuierlich** existierten. Jedoch muss davon ausgegangen werden, dass diese immer wieder während der trockenen Kaltzeiten auf einzelne **Rückzugsgebiete** beschränkt wurden. Hierin wird auch die Ursache gesehen, die zur geographischen Aufspaltung der Populationen beider Plattwurmarten und zu den festgestellten Differenzierungen führte. Wahrscheinlich fanden über das Pleistozän (und bei *Artioposthia lucasi* eventuell darüber hinaus) wiederholte zyklische Expansionen und Regressionen der Populationen statt. Die Ähnlichkeit der phylogeographischen Muster beider Arten lässt vermuten, dass fünf Differenzierungszentren und somit Waldrefugien im Tallaganda-Gebiet wahrscheinlich sind. Die ermittelten demografischen Unterschiede deuten darauf hin, dass *Caenoplana coerulea* seine Populationen in Warmzeiten und somit auch im Postglazial deutlich ausbreitet. Im Gegensatz dazu bereitet sich *Artioposthia lucasi* unter Warmzeitbedingungen zwar räumlich aus den Waldrefugien aus, die gesamte Individuenzahl dieser gegen Hitze recht sensiblen Art nimmt jedoch wahrscheinlich gegenüber Kaltzeitbedingungen nicht zu, sondern eher ab.

10.3 Der Süden Australiens

Der Süden Australiens, also die außertropischen Bereiche südlich des 26. Breitengrades, welche nicht mehr durch die tropischen Monsunregenfälle beeinflusst werden, besitzt vergleichsweise einfache und sich **paradigmatisch wiederholende phylogeographische Muster** (Byrne 2008). Trotz der heute scheinbaren Uniformität des Südens Australiens weisen die meisten Studien deutliche intraspezifische Diversifizierungen mit einem geographischen Muster auf. Wenn eine zeitliche Datierung des Differenzierungsbeginns durchgeführt wurde, so fiel dieser häufig auf das **mittlere Pleistozän** (Cooper et al. 2000, Blacket et al. 2001, Byrne et al. 2002, 2003, Sanetra & Crozier 2003, Byrne & Hines 2004, Chapple et al. 2004, Garrick et al. 2004, 2007, Edwards 2007, Edwards et al. 2007, Oliver et al. 2007). In diese Periode fiel auch der Wechsel von den kurzen und wenig ausgeprägten Glazial-Interglazial-Zyklen zu den längeren Zyklen mit größeren Amplituden (Bowler 1982). Eventuell waren die weniger ausgeprägten Glazialbedingungen vor dieser Transition für viele Arten nicht ausreichend, um sie auf Refugien zu beschränken. Eine solche Beschränkung erfolgte häufig wohl erst im Zuge der starken Amplituden und könnte somit erklären, warum viele der gefundenen Differenzierungen ihre Wurzel vermutlich in dieser Periode hatten. Obwohl die meisten untersuchten Arten Bewohner der ausgedehnten und zusammenhängenden ariden und semiariden Zonen sind, wurden oft auf den ersten Blick erstaunlich kleinräumige geographische Verbreitungen von Haplotypengruppen festgestellt. Diese Muster lassen sich vermutlich auf Rückzüge in unterschiedliche Refugien im Verlauf des (frühen und) mittleren Pleistozäns zurückführen. Die heute kontinuierlichen Verbreitungsgebiete wurden durch die trockeneren Bedingungen in den Glazialzeiten disjungiert und auf geographisch voneinander getrennte Arealkerne beschränkt. Ein sehr einfaches Beispiel stellt der im südwestlichen Australien verbreitete **Australische Sandelholzbaum** ***(Santalum spicatum)*** dar (Byrne et al. 2003). Für diese Art wurden mittels der Analyse von Restriktionslängenpolymorphismen des Chloroplastengenoms zwei deutlich differenzierte genetische Linien nachgewiesen, eine nördliche und eine südliche (Abb. 10.8a). Für die südliche Linie wurde sogar über die geographische Verbreitung der Haplotypendiversität und der ursprünglichen Haplotypen eine wahrscheinlichste Region für die Lage des glazialen Arealkerns bestimmt. Dies war für die nördliche Linie nicht möglich, jedoch ist in diesem Fall ein Einfluss der **Pilbara Berge** möglich. Für die Südlinie lassen die genetischen Befunde auch auf eine rezente Arealexpansion über einen geographisch recht ausgedehnten Bereich schließen. Das für *Santalum spicatum* nachgewiesene phylogeographische Muster wurde auch für weitere Arten nachgewiesen (Byrne et al. 2002, Byrne & Hines 2004, Nicolle 2008). Die Baumart *Eucalyptus kochii* besitzt in Westaustralien ebenfalls zwei genetische Linien, von denen die südlichere in einem geographisch eingeschränkten Bereich verblieb, die nördliche sich jedoch rezent, wahrscheinlich postglazial, sowohl in nördlicher als auch in östlicher Richtung ausbreitete (Byrne & Macdonald 2000).

Ein deutlich komplexeres phylogeographisches Muster weist der **Stachelschwanz-Skink** ***(Egernia inornata)*** auf (Abb. 10.8b; Chapple et al. 2004). Für diese Art wurden insgesamt sechs mtDNA-Linien festgestellt. Von diesen weisen vier recht große Verbreitungen im Süden Australiens auf und reihen sich **entlang der Küste** von West nach Ost auf. Die beiden weiteren Linien wurden jedoch für deutlich kleinere Gebiete in **Zentralaustralien** nachgewiesen. Alle sechs Linien gehen vermutlich auf einen Rückzug auf Arealkerne unter glazialen (und somit trockeneren Klimabedingungen) zurück. Die vier zu postulierenden Refugien der heute weit verbreiteten Linien können sich entlang (oder in der Nähe) der kontinuierlich besser mit Niederschlag versorgten südaustralischen Küste befunden haben. Von hier aus wurden dann postglazial die Verbreitungslücken gefüllt, und es stellte sich eine kontinuierliche Verbreitung ein.

Ein recht ähnliches Muster entlang der Küste für denselben Bereich des mitochondrialen Genoms weist auch die nahverwandte Art *Egernia multisculata* auf, die generell auf die Küstenregionen des südlichen Australiens beschränkt ist (Chapple et al. 2004). Für diese Skinkart wurden zwei große mtDNA-Linien unterschieden, eine im Bereich der Südküste des Bundesstaates Westaustralien, die andere entlang der Küste des Bundesstaates Südaustralien; beide Linien werden aktuell durch einen nicht besiedelten Bereich von über 100 km voneinander getrennt. Die östlichere Linie untergliedert sich in zwei Unterlinien, die im Bereich des **Spencer Golfs** westlich von Adelaide in **sekundären Kontakt** miteinander kommen und sich an wenigen Stellen auch vermischen. Wie für *Egernia inornata* spricht auch dieses Muster für glaziale Refugien entlang der Südküste Australiens, zuerst wohl nur in zwei Gebieten, später dann in dreien. Die genetischen Befunde sprechen am ehesten für eine ursprüngliche Herkunft aus dem Westen Australiens und eine schrittweise Besiedlung bis ins westlichste Victoria. Glaziale Klimabedingungen wurden deshalb in einer mit der geographischen Ausdehnung zunehmenden Anzahl küstennaher Refugien überdauert.

Auch weitere Arten weisen unterschiedliche genetische Linien in Ost-West-Anordnung in der Südhälfte Australiens auf. Dies deutet auf unterschiedliche Rückzugsgebiete und allopatrische Differenzierung über das Pleistozän oder sogar bis ins Pliozän hinein hin, die sich wahrscheinlich in den weniger stark durch die kaltzeitlich intensivierte Trockenheit beeinflussten küstennahen Bereichen befanden. Als weitere Beispiele genannt seien hier noch die Dickschwänzige Schmalfußbeutelmaus *(Sminthopsis*

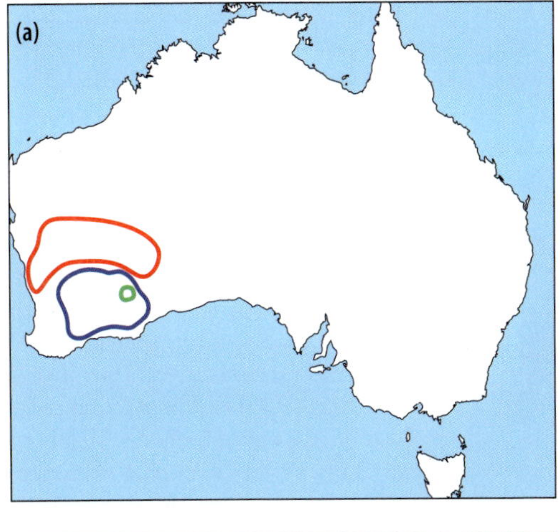

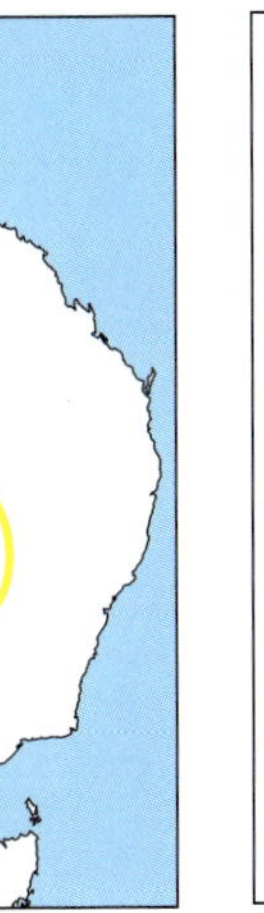

Abb. 10.8 Phylogeographische Muster (a) des Australischen Sandelholzbaums *(Santalum spicatum)*, basierend auf Restriktionslängenpolymorphismen des Chloroplastengenoms (Byrne et al. 2003) und (b) des Stachelschwanz-Skinks *(Egernia inornata)*, basierend auf Sequenzen des mitochondrialen Genoms (ND4, tRNA-Cluster; ca. 700 bp) (Chapple et al. 2004). Beide sind Arten der ariden Zonen Australiens. Der grüne Kreis in (a) zeigt die mögliche geographische Lage eines frühen pleistozänen Refugiums an, welches auf Basis der Haplotypendiversität und der Präsenz ursprünglicher Haplotypen bestimmt wurde. Abbildung nach Byrne (2008).

crassicaudata) (Cooper et al. 2002), Geckos des *Diplodactylus-vittatus*-Komplexes (Oliver et al. 2007) und die Australische Sängerart *Malurus splendens* (Kearns et al. 2009).

Kommen wir wieder zurück zu den Stachelschwanz-Skinken. Die beiden auch heute kleinarealen Linien in **Zentralaustralien** müssen in dieser Region die **hochariden Phasen der Glaziale** überdauert haben. Für das Überdauern der im Vergleich mit den heutigen Umständen noch deutlich lebensfeindlicheren glazialen Bedingungen waren die **Bergsysteme Zentralaustraliens** wahrscheinlich elementar als Refugien mit geographisch sehr limitierter Ausdehnung. Ein wenig erinnert dieses Muster trotz aller Unterschiede an die Verhältnisse in Europa. Die großen Refugialräume, die sich entlang der **Küste** aneinanderreihen, können in **Analogie zu den mediterranen Refugien** Südeuropas betrachtet werden. Die weitgehend **kryptischen Refugien im ariden Kern Australiens** erinnern an die **extramediterranen Refugien** Europas. In beiden Fällen findet das Überleben in kleinen Bereichen statt, die sich durch spezielle **lokale klimatische Gegebenheiten** von den umliegenden, deutlich lebensfeindlicheren und geographisch ausgedehnten Räumen unterscheiden. Wenn man die Wüsten Zentralaustraliens mit ihren ausgedehnten glazialen Dünenbereichen mit den Gletschern Europas oder Nordamerikas gleichsetzt, dann können

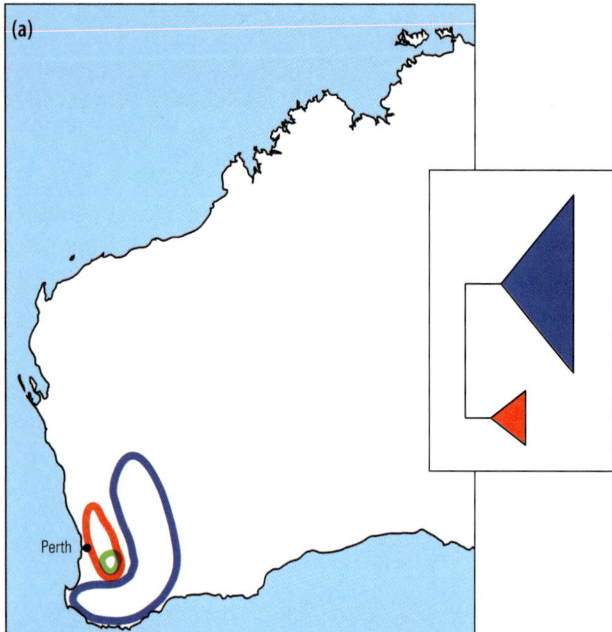

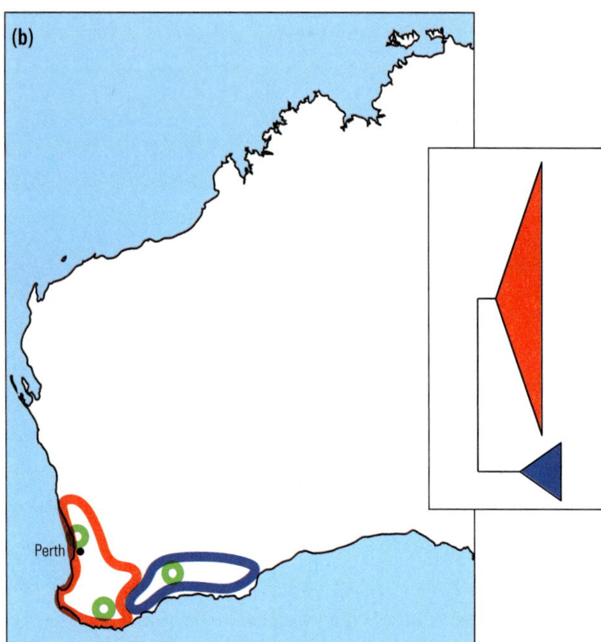

Abb. 10.9 Phylogeographische Muster (a) der Baumart *Eucalyptus marginata*, basierend auf Restriktionslängenpolymorphismen des Chloroplastengenoms (Wheeler & Byrne 2006) und (b) der Froschart *Crinia georgiana*, basierend auf dem mitochondrialen ND2-Gen (Edwards et al. 2007). Die beiden in den semihumiden Regionen des südwestlichen Australiens verbreiteten Arten weisen in dieser Region zwei deutlich voneinander differenzierte genetische Linien auf. Die grünen Kreise stellen mögliche pleistozäne Refugien dar, welche aus der genetischen Diversität und der Präsenz ursprünglicher Haplotypen abgeleitet wurden. Abbildung nach Byrne (2008).

die Berge in der Mitte des Kontinents sogar mit den **Nunatakkern** der Nordhalbkugel verglichen werden.

Bei der genauen Betrachtung der geographischen Verbreitung der phylogeographischen Gruppen von *Egernia inornata* fällt auf, dass die weiter verbreitete der beiden Inlandslinien aktuell auf zwei getrennte Teilareale aufgetrennt ist. Auch andere Linien scheinen nicht in allen Fällen klar geschlossene geographische Gruppen zu repräsentieren. Dies deutet auf eine deutliche **Arealdynamik** auch innerhalb der Linien hin. Da der Ursprung dieser Linien vor mehreren Hunderttausend Jahren gesehen wird, muss von wiederholten Expansionen aus den Entstehungs- bzw. Überdauerungszentren im Übergang zum jeweiligen Interglazial und einer anschließenden Regression auf Refugien im anschließenden Übergang zu einem Glazial ausgegangen werden. Hierbei müssen nicht zwangsläufig immer die identischen Räume als Refugien für dieselben Phylogruppen genutzt worden sein. Auch muss sich eine Linie nicht immer auf einen einzigen Arealkern zurückziehen. Die aktuellen Disjunktionen und geographischen Vorposten von Linien lassen sich deshalb eventuell durch Überleben des letzten Glazials in mehr als einem einzigen Refugium erklären. Die Zeit von nur einem Glazial wäre in diesen Fällen nicht ausreichend gewesen, damit sich dies in der Evolution eigener Linien zeigen würde.

Innerhalb der oben beschriebenen Refugialräume, vor allem entlang der Küsten, gibt es, in Analogie zur **Refugien-in-Refugien-Theorie** für die Subzentren des Mittelmeerraumes, auch vergleichsweise **kleinräumige Differenzierungsmuster**. Diese seien hier durch zwei Beispiele aus dem Südwesten Australiens veranschaulicht. Sowohl für die **Baumart *Eucalyptus marginata*,** basierend auf Restriktionslängenpolymorphismen des Chloroplastengenoms (Abb. 10.9a; Wheeler & Byrne 2006), als auch für die **Froschart *Crinia georgiana***, basierend auf dem mitochondrialen ND2-Gen (Abb. 10.9b; Edwards et

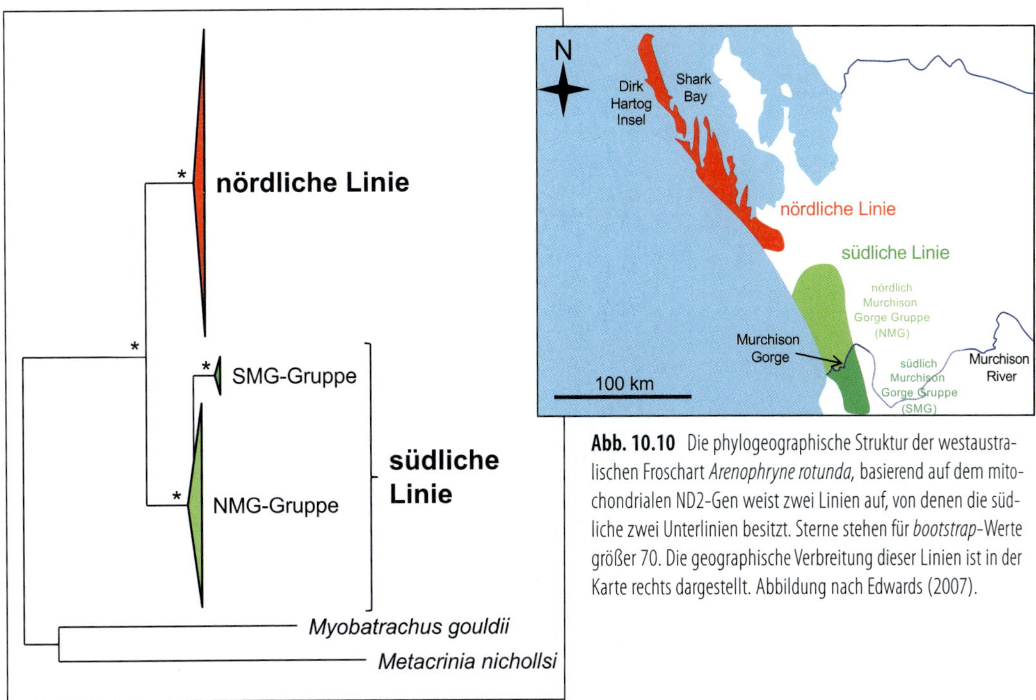

Abb. 10.10 Die phylogeographische Struktur der westaustralischen Froschart *Arenophryne rotunda*, basierend auf dem mitochondrialen ND2-Gen weist zwei Linien auf, von denen die südliche zwei Unterlinien besitzt. Sterne stehen für *bootstrap*-Werte größer 70. Die geographische Verbreitung dieser Linien ist in der Karte rechts dargestellt. Abbildung nach Edwards (2007).

al. 2007), wurden in dieser Region jeweils zwei weitgehend parapatrisch verbreitete Linien nachgewiesen. Dieses Muster lässt vermuten, dass es in Südwestaustralien mehrere Arealkerne gab, in denen diese Arten glaziale Bedingungen überdauert haben und sich unter den günstigeren klimatischen Umständen der Interglaziale oder des Postglazials von hier ausbreiteten. Dieses phylogeographische Muster wurde jedoch vorwiegend in Arten festgestellt, die einen höheren Feuchtigkeitsbedarf besitzen und deshalb in den semiariden und ariden Regionen Australiens fehlen.

Auch im trockenen Westen Australiens wurden ähnliche phylogeographische Muster festgestellt. So etwa für die **Froschart *Arenophryne rotunda***, die im westlichsten Australien südlich der **Shark Bay** in einem kleinen Areal verbreitet ist. Diese Art weist für das mitochondriale ND2-Gen zwei stark differenzierte Phylogruppen auf, eine nördliche und eine südliche, die aktuell durch einen unbesiedelten Bereich von etwa 30 km zwischen den Teilarealen voneinander getrennt sind. Die südliche von beiden weist zwei Unterlinien auf, welche durch die Murchison-Schlucht voneinander getrennt sind (Abb. 10.10; Edwards 2007). Die Differenzierung zwischen den beiden Hauptgruppen geht über Datierung durch eine molekulare Uhr vermutlich bis ins Miozän zurück. Eine geographische Disjunktion eines vormals zusammenhängenden Verbreitungsgebietes könnte durch die in diesen Zeitraum fallende Anhebung des **Victoriaplateaus** und die zeitgleich zunehmende Austrocknung der Region bedingt worden sein. Die Trennung innerhalb der Südlinie besitzt eindeutig ein deutlich jüngeres Alter; sie wurde auf das Pliozän datiert, also vor den Beginn der pleistozänen Klimaschwankungen. Die Bildung der **Murchison-Schlucht**, welche auch in dieses Zeitfenster fällt, könnte die Ursache für die Unterbrechung des Genflusses in der Südlinie darstellen und somit verantwortlich für die Evolution der beiden Unterlinien sein.

In etlichen Fällen wurden für Arten mit höheren Ansprüchen an die Verfüg-

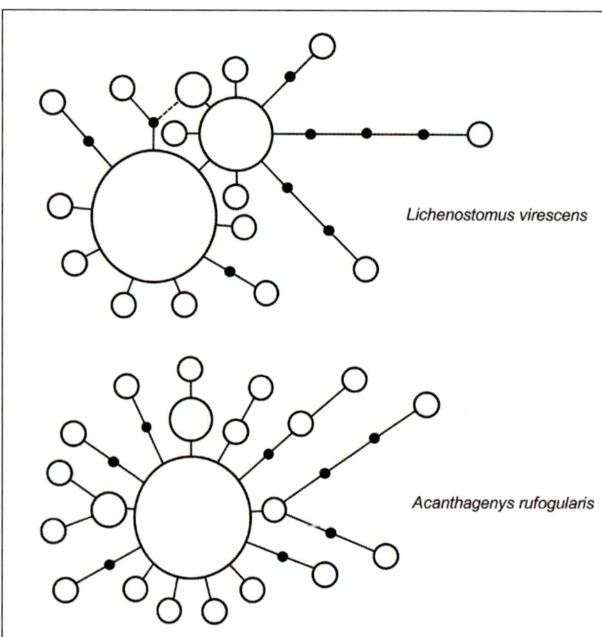

Abb. 10.11 Haplotypennetzwerke für die Vogelarten *Lichenostomus virescens* und *Acanthagenys rufogularis*, basierend auf dem mitochondrialen ND2-Gen. Abbildung nach Joseph & Wilke (2007).

barkeit von Wasser Reliktvorkommen an feuchteren Stellen in den Trockenregionen nachgewiesen, die eine sehr deutliche genetische Differenzierung voneinander aufweisen. Dies verdeutlicht ihre lange geographische Trennung, die wohl über mehrere Glazial-Interglazial-Zyklen andauerte. Beispiele hierfür sind Schnecken der Gattung *Jardinella*, die in isolierten Quellen des Großen Artesischen Beckens auftreten (Perez et al. 2005), oder die Baumart *Eucalyptus caesia*, die auf Granitberge der Trockengebiete begrenzt ist (Byrne & Hopper 2008). Auch der an feuchtere Bedingungen angepasste Rosenberg-Waran *(Varanus rosenbergi)* zeigt deutliche genetische Differenzierungen zwischen den Populationen im Südwesten, Südosten und an der Ostküste Australiens (Smith et al. 2007).

Im Allgemeinen weist die Mehrzahl der genetischen Linien in Südaustralien eher **regionale Persistenz** auf und oft, wenn überhaupt, führten sie nur mäßige postglaziale Arealexpansionen aus. Hierfür sprechen auch Pollenanalysen von Bäumen. Übereinstimmend zeigen diese Analysen, dass Südostaustralien in den Interglazialen des mittleren und späten Pleistozäns von Gehölzpflanzen dominiert war. Diese Arten konnten jedoch, trotz der weitgehenden Baumlosigkeit dieser ganzen Region während der glazialen Phasen, in lokalen, kleinräumigen Refugien auf der Landschaftsebene an zahlreichen Stellen überdauern und sich aus diesen unter interglazialen Klimabedingungen wieder über die gesamte Region ausbreiten, ohne dass es Expansionen über weite Distanzen bedurft hätte (Kershaw et al. 1991, Harle et al. 2002). Dieses Muster zahlreicher, aber kleinräumiger Refugien weitgehend kryptischer Natur erinnert deutlich an die Muster der extramediterranen Refugien in Europa (siehe oben).

Aber auch in Südaustralien gibt es Arten, die rezente **Arealexpansionen** über weite Bereiche ausführten, vor allem der ariden Regionen. Diese Arten, die sich weitgehend aus mobilen Organismen wie Vögeln oder auch Schlangen rekrutieren, weisen meist nur geringe genetische Diversitäten und kaum genetische Strukturierung zwischen ihren Populationen auf (z.B. Joseph et al. 2002, 2006, Byrne et al. 2003, Kuch et al. 2005, Shephard et al. 2005, Joseph & Wilke 2006, 2007, Burns et al. 2007, Toon et al. 2007, Kearns et al. 2008). Exemplarisch seien hier die Sequenzen des mitochondrialen ND2-Gens der Vogelarten *Lichenostomus virescens* und *Acanthagenys rufogularis* gezeigt, die durch ihre typische Sternstruktur einen deutlichen Hinweis auf eine rezente Arealexpansion geben (Abb. 10.11; Joseph & Wilke 2007)

Besonders interessant ist auch der phylogeographische Befund für den Kaktus-Gecko *(Heteronotia binoei)* (Strasburg & Kearney 2005), den Gemeinen Zwergskink *(Menetia greyii)* (Adams et al. 2003) und die Grashüpferart *Warramaba virgo* (Kearney et al. 2006). Alle drei Arten weisen parthenogenetische Linien auf, die sich durch Hybridisierung zwischen sexuell reproduzierenden Linien bei derem sekundären Kontakt bildeten. Diese parthenogenetischen Linien rezenter Entstehung und geringer genetischer Diversität dehnten ihre Verbreitungsgebiete weit in Bereiche aus, in denen die sexuell reproduzierenden Linien nicht auftreten.

10.4 Der Norden Australiens

Der Norden Australiens weist vergleichbare biogeographische Strukturen auf wie der Süden. Auch hier können viele Arten in den Kaltzeiten durch die erhöhte Trockenheit nicht im Inneren des Kontinents überleben und werden deshalb auf küstennahe Bereiche des Nordens beschränkt. Da die Verhältnisse im Zentrum Australiens schon im Kapitel über den Süden abgehandelt wurden, soll hier nur kurz auf die Differenzierungen aufgrund verschiedener nördlicher Refugien eingegangen werden.

Die **Schmalfuß-Beutelmäuse (*Sminthopsis-macroura*-Artenkomplex)** liefern ein gutes Beispiel für solche **Refugien in Nordaustralien**. So wurden für *Sminthopsis virginiae*, basierend auf Sequenzanalysen der mitochondrialen Gene 12S und Kontrollregion, starke Sequenzunterschiede festgestellt. Diese befanden sich zwischen den Populationen im nördlichsten Westaustralien und im nördlichen Nordterritorium auf der einen und Individuen von der Kap-York-Halbinsel im nördlichen Queensland auf der anderen Seite (Abb. 10.12; Blacket et al. 2001). Über die Kalibrierung durch eine molekulare Uhr wurde die Trennung zwischen diesen beiden Linien auf das frühe Pliozän geschätzt. Auch die Vorkommen auf **Neuguinea** unterscheiden sich von denen von Queensland, jedoch ist der genetische Unterschied nicht so ausgeprägt wie gegenüber den westlichen Populationen, sodass eine Trennung im frühen Pleistozän vermutet wird. Alle drei genetischen Linien weisen auch morphologische Unterschiede auf, sodass sie als allopatrische Unterarten beschrieben wurden. Aufgrund der langen Zeit seit der Auftrennung der Linien ist eine genaue Aussage über die primären Differenzierungszentren nicht möglich. Eine räumliche Konstanz über die Zeit hinweg scheint jedoch möglich. Sicher ist auf jeden Fall, dass *Sminthopsis virginiae* im Pliozän in Nordaustralien verbreitet war. Im Pleistozän entstanden dann während Kaltphasen mit **eustatisch** abgesenktem Meeresspiegel wiederholt **Landbrücken nach Neuguinea**, die wahrscheinlich im frühen Pleistozän für eine Besiedlung dieser Insel genutzt wurden. Während zumindest der letzten Kaltzeit, recht wahrscheinlich aber auch während vorangegangener Eiszeiten, hat *Sminthopsis virginiae* im Norden Australiens in zwei **küstennahen Refugien** überdauert: im Westen in **Arnhemland** (Halbinsel im Norden des Nordterritoriums) und/oder dem nördlichsten Westaustralien und im Osten auf der **Kap-York-Halbinsel**. Trotz der wiederholten Landbrücken nach Neuguinea kam es scheinbar nicht zur sekundären Vermischung zwischen diesen beiden Linien. Auch andere Arbeiten über Süßwasserfische (McGuigan et al. 2003), Nager (Godthelp 2001) sowie die Schlangenarten *Morelia viridis* (Rawlings & Donnellan 2003) und *Pseudechis australis* (Kuch et al. 2004) sprechen für ein **komplexes Muster des Faunenaustauschs** während verschiedener Perioden mit landfesten Verbindungen im Plio- und Pleistozän und nicht für einen generalisierten Austausch zwischen **Neuguinea** und **Nordaustralien** während des letzten Glazials.

Auch die beiden Taxa *froggatti* und *stalkeri*, die von Blacket et al. (2001) aus Unterarten von *Sminthopsis macroura* auf Artrang gehoben wurden und deren Abspaltungen wahrscheinlich auf das frühe Pliozän zurückgehen, leiten sich vermutlich aus nordaustralischen Zentren ab. *Sminthopsis froggatti* ist aktuell nur aus dem **nördlichsten Westaustralien** bekannt. Hier muss sich auch ihr **Rückzugsgebiet** befunden haben, zumindest im letzten Glazial. Wahrscheinlich hat diese Art jedoch eine Abfolge von Glazia-

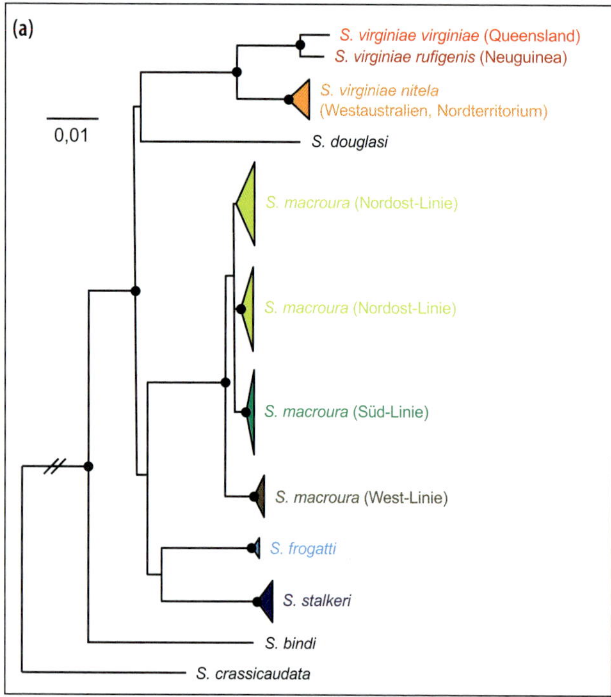

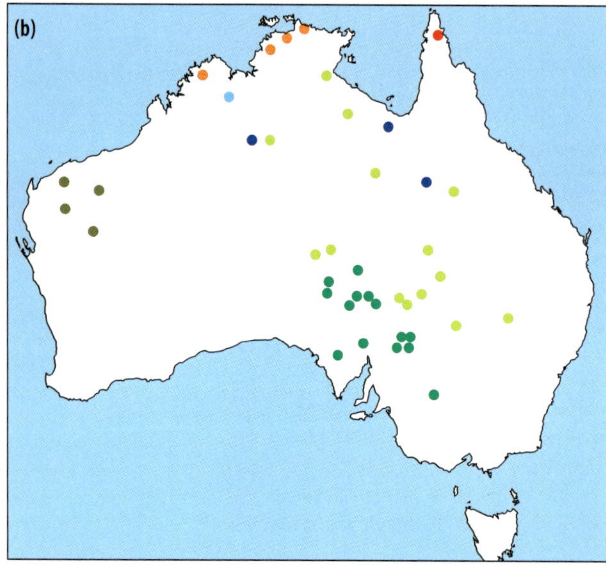

Abb. 10.12 Phylogeographie der Schmalfuß-Beutelmäuse (*Sminthopsis-macroura*-Artenkomplex). (a) FITCH-Verwandtschaftsbaum, basierend auf den kombinierten Sequenzen der mitochondrialen Gene 12S und Kontrollregion. Die meisten Verzweigungen sind durch *bootstrap*-Werte >70 abgesichert, diese sind mit schwarzen Punkten gekennzeichnet. Die Reihenfolge der Aufspaltungen der als Arten innerhalb des Komplexes betrachteten Taxa ist folglich nicht gesichert. (b) Sammelstellen der unterschiedlichen genetischen Linien auf dem australischen Kontinent; *S. virginiae rufigenis* ist auf Neuguinea beschränkt und somit von der auf der York-Halbinsel im nördlichen Queensland vorkommenden Nominatunterart geographisch nur durch die Torres-Straße getrennt. Abbildung nach Blacket et al. (2001).

len hier überdauert, und auch eine räumliche Konstanz mit dem **Entstehungszentrum** in diesem Raum ist denkbar. Ein fast identischer Fall wurde von Kuch et al. (2004) auch für eine stark differenzierte genetische Linie der Mulgaschlange (*Pseudechis australis* sensu lato*) nachgewiesen.

Sminthopsis stalkeri ist aktuell scheinbar über weite Bereiche des Nordterritoriums und den Westen von Queensland verbreitet (Abb. 10.12). Auf Basis der vorliegenden genetischen Befunde ist noch keine Absicherung von Hypothesen möglich. Wegen der Lebensfeindlichkeit des inneren Australiens und der aktuellen Verbreitung scheint jedoch ein letztes Ausbreitungszentrum in **Arnhemland** als das wahrscheinlichste Szenario. Auch eine **längerfristige Persistenz** oder sogar das **Entstehungszentrum** in dieser Region kann nicht ausgeschlossen werden. Für eine andere stark differenzierte genetische Linie der Mulgaschlange ist hier ebenfalls ein fast identischer Fall nachgewiesen (Kuch et al. 2004).

Die weit verbreitete Schmalfuß-Beutelmaus (*Sminthopsis macroura* sensu stricto*) besitzt drei allopatrisch verbreitete Linien, die einen deutlich jüngeren Ursprung aufweisen als die verschiedenen Arten des Komplexes. Der Beginn ihrer Differenzierung wird auf das frühe Pleistozän geschätzt (Blacket et al. 2001). In diesem Fall ist es also wahrscheinlich, dass diese Art eine weite Verbreitung über einen großen Bereich Australiens aufwies. Die zunehmende Austrocknung des Inneren Australiens beschränkte sie jedoch unter glazialen Bedingungen auf die Ränder des Kontinents, was in wiederholten

Refugialphasen im Süden, Westen und Norden des Kontinents zur Evolution dieser Linien führte. Unter warmzeitlichen Bedingungen wie heute können sich die einzelnen Linien aber wieder in den Kontinent hinein ausdehnen, wo sie dann in sekundären Kontakt kommen, wie aktuell für die Nord- und die Südlinie nachgewiesen (Abb. 10.12).

10.5 Tasmanien, erst seit dem Ende des letzten Glazials wieder eine Insel

Tasmanien, das im Vergleich mit dem restlichen Australien die anteilmäßig **stärkste regionale Vergletscherung** aufwies (Barrows et al. 2002), zeigt für Vertreter der **Baumgattung *Eucalyptus*** klare phylogeographische Muster auf (McKinnon et al. 2001, 2004). Glaziale Refugien wurden sowohl im Bereich der **Storm Bay** als auch der **Great Oyster Bay** nachgewiesen. Postglazial wurden aus dem erstgenannten Refugium die eisfrei werdenden Bereiche in westlicher und vor allem nordwestlicher Richtung besiedelt (Abb. 10.13). Hierbei entwickelten sich phylogeographische Muster, die denjenigen in Europa entsprechen, mit hoher Diversität von Haplotypen in den Refugialräumen und nur wenigen, die sich anschließend über den Expansionsraum verteilen (vgl. Hewitt 1996). Generell ist die biogeographische Eigenständigkeit Tasmaniens jedoch nicht deutlich ausgeprägt. Durch die eustatischen Meeresspiegelabsenkungen im Zuge der pleistozänen Klimaschwankungen und das weitgehende **Trockenfallen** der nirgends mehr als 200 m tiefen **Bass-Straße** war es nämlich oft landfest mit dem australischen Kontinent verbunden. Erst seit etwa 16 000 Jahren ist Tasmanien wieder eine Insel, was sehr gut mit den genetischen Daten für den **Flötenvogel (*Gymnorhina tibicen*)** übereinstimmt, basierend auf den Sequenzen der mitochondrialen Kontrollregion und auf der Analyse von sechs Mikrosatelliten-Loci. Für diese Vogelart wurde eine schwache Differenzierung der tasmanischen Population von denen des Festlandes nachgewiesen, deren Trennung über eine molekulare Uhr auf etwa 15 000 Jahre vor heute geschätzt wurde (Toon et al. 2007).

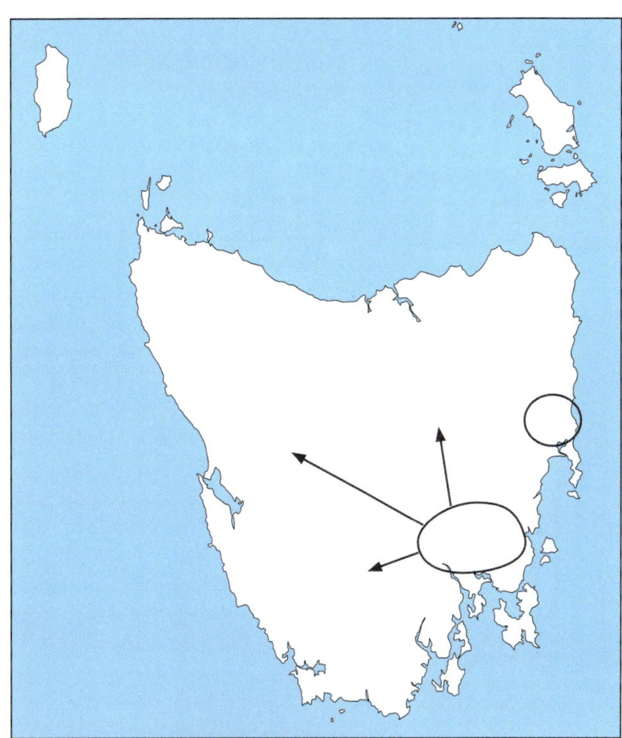

Abb. 10.13 Lokalisierung der Refugien Tasmaniens für Vertreter der Baumgattung *Eucalyptus* Untergattung *Symphyomyrtus*, nachgewiesen durch phylogeographische Analysen. Postglaziale Ausbreitungen aus dem südlichen der beiden Refugien in die postglazial eisfrei gewordenen Bereiche sind durch Pfeile gekennzeichnet (McKinnon et al. 2001, 2004). Abbildung nach Byrne (2008).

10.6 Ein Kontinent im Kleinen: Die Phylogeographie Neuseelands

Das heutige Neuseeland stellt den Rest des ehemaligen Kontinents **Zealandia** dar (Abb. 10.14), der sich vor etwa 82 Mio. Jahren aus dem zerbrechenden Südkontinent Gondwana abspaltete und dessen letzte Verbindung mit Australien spätestens vor 65 Mio. Jahren abbrach (Stevens 1980, Campbell & Hutching 2007, Trewick et al. 2007, Graham 2008). Im Zeitfenster von 60–24 Mio. Jahren wurde Zealandia graduell länger, aber auch schmaler, und durch anhaltende Absenkung wurde es zunehmend von Meer überflutet. In der hierdurch resultierenden **oligozänen Transgression** wurde das heutige Neuseeland auf einige niedrige Inseln reduziert; es gibt sogar Hinweise, die auf ein zeitweise gänzliches Verschwinden im Meer hinweisen (Suggate et al. 1978, Cooper & Cooper 1995, Campbell & Hutching 2007). Eine völlige Überflutung ist jedoch wegen der Existenz eindeutig **archaischer Elemente** der Flora und Fauna aus biogeographischer Sicht eigentlich nicht vorstellbar (Cooper & Millener 1993, Daugherty et al. 1993, Ericson et al. 2002, Stöckler et al. 2002). Die Anzahl dieser Elemente ist zwar überschaubar und repräsentiert nur einen kleinen Anteil der heutigen Vielfalt, genetische Analysen unterstützen jedoch ihre Persistenz auf Neuseeland seit dem Zerfall Gondwanas. Dies wurde zum Beispiel nachgewiesen für die Brückenechsen der Gattung *Sphenodon* (Hugall et al. 2007), Urfrösche der Gattung *Leiopelma* (Roelants & Bossuyt 2005), Geckos der Gattungen *Hoplodactylus* und *Naultinus* (Chambers et al. 2001), die Familie der in historischer Zeit ausgestorbenen Riesenstrauße Dinornitidae (Cooper et al. 1993, 2001), Maorischlüpfer (Singvögel) der Gattung *Acanthisitta* (Ericson et al. 2002), Kauri-Fichten der Gattung *Agathis* (Knapp et al. 2007) sowie weitere Pflanzengattungen (Wardle et al. 2001). Einige dieser Gruppen, so etwa Brückenechsen und Urfrösche, stellen typische **Reliktendemiten** dar. Diese besaßen im Erdmittelalter weite, teilweise sogar weltweite Verbreitungen. Außer auf Neuseeland haben sie jedoch nach dem Auseinanderbrechen Gondwanas nirgendwo sonst überlebt.

Die eigentliche Bildung des heutigen Neuseelands begann mit tektonischer Aktivität im Bereich der Südinsel vor 25–23 Mio. Jahren (Trewick et al. 2007, Graham 2008). Diese tektonischen Aktivitäten führten auch zu periodischem Vulkanismus, der das Land stark überformte und regional bis heute anhält (Suggate et al. 1978, Newnham et al. 1999). Vor etwa 5 Mio. Jahren verstärkte sich die Auffaltung im Bereich der Südinsel, die **Neuseeländischen Alpen** begannen sich zu bilden (Abb. 10.15), wodurch erstmals ausgedehnte alpine Habitate und ein markanter Niederschlagsgradient entstanden (Batt et al 2000).

Im Pleistozän wies Neuseeland wiederholt **Vergletscherungen** auf (Carter 2005). Im letzten Glazial lag die Temperatur um 4,5–6° C tiefer als heute, und die Schneelinie wurde um 850–1000 m gesenkt (Willett 1950, Wardle 1988). Wald dominierte im Norden der Nordinsel, aber auch im äußersten Nordwestzipfel der Südinsel, auf der Wald ansonsten auf kleine Relikte beschränkt war. Obwohl die Vergletscherung bis zu 30 % der Südinsel bedeckte (Abb. 10.15b), verblieben weite eisfreie Bereiche, die als Refugien dienen konnten. Als bedeutender Unterschied zu Eurasien und Nordamerika waren alle Gletscher Neuseelands keine polaren Gletscher, sondern **Gebirgsgletscher**; diese waren an ihren Peripherien fragmentiert mit unvergletscherten Tälern und Nunatakkern. Während der glazialen Phasen waren die beiden Hauptinseln und etliche kleinere nahgelegene Inseln durch **eustatische Meeresspiegelabsenkung** landfest miteinander verbunden.

Die Anzahl an Tier- und Pflanzentaxa Neuseelands, für die mittels genetischer Analyse eine Verwandtschaft mit Formen in Australien, Südamerika, Neukaledoni-

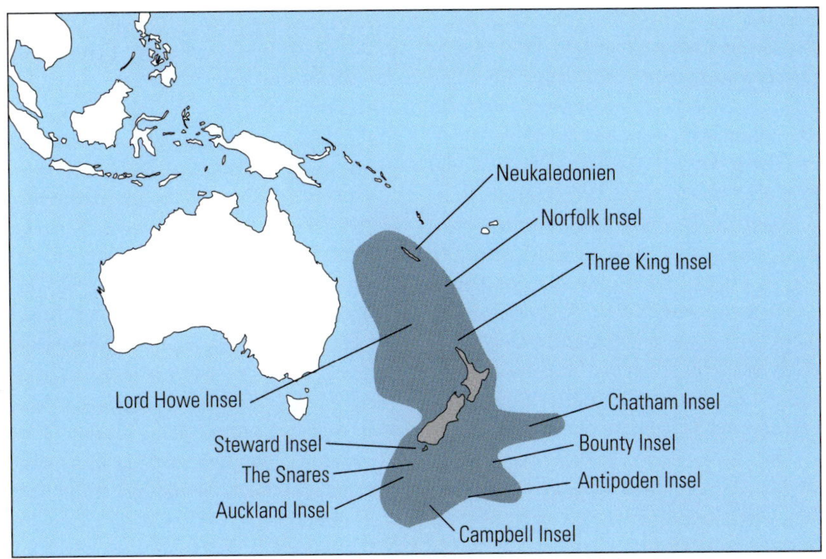

Abb. 10.14 Die Neuseeland-Region einschließlich der benachbarten Inseln. Die graue hinterlegte Fläche repräsentiert den heute weitgehend von Meer bedeckten ehemaligen Kontinent Zealandia. Abbildung nach Wallis & Trewick (2009).

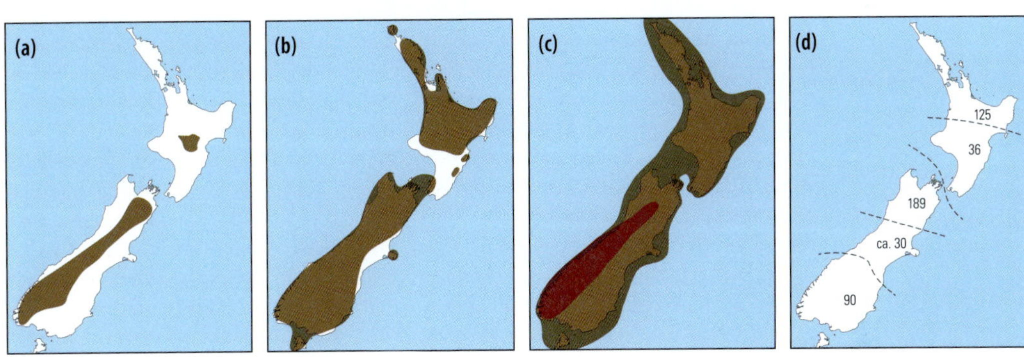

Abb. 10.15 (a) Landkarte des aktuellen Neuseeland; die Bereiche mit Höhen meist über 1000 m NN sind braun hervorgehoben. (b) Rekonstruktion während des Pliozäns (braune Fläche) mit der breiten Manawatu-Seestraße zwischen Nord- und Südinsel. (c) Ausdehnung der maximalen Vergletscherung (pink) während des Letzten Glazialen Maximums und Rekonstruktion der Küstenlinie (basierend auf Fleming 1962). (d) Die drei Regionen mit hohem Endemismus vaskularer Pflanzen mit zwei relativen Lücken zwischen ihnen; die Anzahl an Endemiten ist für jede Region angegeben (basierend auf Graham 2008). Gesamte Abbildung nach Wallis & Trewick (2009).

en oder anderen Inseln aus dem Pazifikbereich nachgewiesen wurde, ist beachtlich. Diese Arten müssen Neuseeland zu unterschiedlichen Zeiten nach dem endgültigen Zerfall Gondwanas erreicht haben (Wallis & Trewick 2009). Aufgrund der größten räumlichen Nähe ist naturgemäß der Einfluss der **australischen Flora und Fauna** auf die neuseeländische am größten. Dies gilt beispielsweise für die Südbuchen der **Gattung *Nothofagus***, die Neuseeland wahrscheinlich im Oligozän von Australien erreichten und nicht aus dem südlichen Südamerika, wo Südbuchen auch verbreitet sind (Cook & Crisp 2005, Knapp et al. 2005). Hierfür sprechen auch die Befunde fossiler Pollen, die nicht vor dem Oligozän in Neuseeland nachgewiesen wurden (Wallis & Trewick 2009). Eine überwiegend australische Herkunft wurde auch für etwa 100 weitere Pflanzenarten über Pollennachweise bestätigt, denn nur für acht von diesen sind die neuseeländischen Nachweise älter als die im Süden Australiens (Macphail 1997).

Auch das Symboltier für Neuseeland, der **Kiwi** mit fünf Arten in der Gattung ***Apteryx***, stammt wahrscheinlich von australischen Vorfahren ab. Dies wird durch seine phylogenetische Stellung als Geschwistergruppe zum Emu und den Kasuaren unterstützt. Eventuell fand der Besiedlungsprozess über Neukaledonien und über weitere Inselgruppen wie die Norfolk Islands nach Neuseeland statt (Cooper et al. 1992, 2001, Herzer et al. 1997, Haddrath & Baker 2001, van Tuinen & Hedges 2001). Neuere genetische Untersuchungen lassen sogar die Vermutung zu, dass die Vorfahren der Kiwis eventuell geflügelt waren und somit Neuseeland direkt von Australien erreicht haben könnten (Harshman et al. 2008).

Die Idee einer Besiedlung Neuseelands aus **Neukaledonien** im Tertiär entlang von heute im Meer verschwundenen Rücken wird immer wieder erwähnt, obwohl die aktuellen faunistischen und floristischen Ähnlichkeiten zwischen beiden Regionen geringfügig sind (Wallis & Trewick 2009). Vermutet wird diese Route auch für Vögel, vor allem Papageien- und Honigfresserarten (Shepherd & Lambert 2007), Zikaden (Arensburger et al. 2004a), terrestrische Lungenschnecken der Gattung *Placostylus* (Ponder et al. 2003) und die Pflanzengattung der Keulenfrüchte *Corynocarpus* (Wagstaff & Dawson 2000).

Die Besiedlung Neuseelands kann in verschiedenen Fällen auch auf **mehrere Kolonisationswellen** zurückgeführt werden (Wallis & Trewick 2009). Ein Beispiel stellen die Weta dar, Vertreter der Langfühlerheuschrecken-Familie der Anostostomatidae: Die gezähnten Weta sind am nächsten mit Taxa aus Neukaledonien verwandt; die Grund-Weta zeigen die größte phylogenetische Ähnlichkeit mit Arten aus Australien; die Riesen- und Baum-Weta stellen eine eigene endemische Gruppe auf Neuseeland mit starker Radiation auf dieser Inselgruppe dar (Trewick & Morgan-Richards 2005, Pratt et al. 2008). Eine zeitliche Datierung der Analysen mitochondrialer DNA macht eine Trennung zwischen diesen drei Linien noch vor dem Oligozän wahrscheinlich. Die Radiation innerhalb der Riesen- und Baum-Weta unterstützt Artaufspaltungen im Mio- und Pliozän, möglicherweise als Folge der Formierung der Inseln und der Orogenese. Auch für Zikaden wurden sehr ähnliche Herkünfte nachgewiesen (Buckley et al. 2002, Arensburger et al. 2004b).

Neben der Besiedlung aus Australien haben etliche Arten Neuseelands wahrscheinlich eine **südamerikanische Herkunft** (Wallis & Trewick 2009). Als Beispiel aufgeführt seien die beiden Arten der Familie der **Neuseelandfledermäuse**, Gattung ***Mystacina***, die an eine Lebensweise am Boden speziell angepasst sind und deshalb kaum noch fliegen. Ihre nächsten Verwandten sind heute in Südamerika verbreitet. Sowohl mitochondriale (Kennedy et al. 1999, van den Bussche & Hoofer 2000, 2003) als auch nukleäre Gensequenzen (Teeling et al. 2003) sprechen für eine Kolonisierung Neuseelands im frühen Tertiär nach dem Zerbrechen von Gondwana. Vermutet wird, dass die Besiedlung über die damals noch wärmere Antarktis direkt nach Neuseeland erfolgt sein könnte. Alternativ könnten sich aus einer Besiedlung über die Antarktis auch Vorkommen in Australien gebildet haben, die später wieder ausstarben, von denen jedoch zuvor eine Ausbreitung über die Tasmansee erfolgte. In diesem Fall könnte sich die Besiedlung Neuseelands auch später als im frühen Tertiär ereignet haben.

Die beiden Hauptinseln Neuseelands haben aber selber auch als Ausbreitungszentrum für die Besiedlung benachbarter Inseln gedient. Als Beispiel sei hier die **Chatham-Gruppe** etwa 750 km östlich der Südinsel genannt, die erst vor 1–3 Mio. Jahren durch vulkanische Aktivität entstand. Alle von Wallis & Trewick (2009) zusammengetragenen genetischen Untersuchungen von Populationen auf dieser abgelegenen Inselgruppe, die unterschiedliche taxonomische Gruppen und auch viele Endemiten besitzt, weisen eine rezente Verbindung mit neuseeländischen Taxa auf (maximal errechnetes Aufspaltungsalter liegt bei 6 Mio. Jahren). Da die Chathams nie eine landfeste Verbindung zu Neuseeland aufwiesen, muss davon ausgegangen werden, dass alle sie besiedelnden Arten entweder aktiv oder passiv über das Meer oder durch die Luft hier eintrafen. Hierin weisen die Chathams typische biogeographische Eigenschaften für eine ozeanische Inselgruppe auf (vgl. Kap. 11).

Die **Gebirgsbildungen** in Neuseeland ab dem Pliozän besaßen einen großen Einfluss auf die **Entstehung von montanen Arten** *in situ*. Analysen von mtDNA und Allozymen in der **flugunfähigen Laufkäfergattung** ***Prodontria*** gaben deutliche Hinweise auf zahlreiche bis dato unbeschriebene Arten, die endemisch für gewisse Gebirgsstöcke sind (Emerson & Barratt 1997). Sequenzdaten des mitochondrialen Gens COI liefern starke Anhaltspunkte für **mehrfache Abspaltungen** aus einer geflügelten Gruppe von Vorfahren, aus der heraus sich in verschiedenen Bereichen flügellose Endemiten evoluierten (Emerson & Wallis 1995). Die Radiation ist in diesem Fall begrenzt auf die Südinsel. Eine phylogeographische Rekonstruktion ist konsistent mit einem Ursprung im Süden der Südinsel und mit anschließender Ausbreitung von dort aus.

Auch innerhalb der Zikadengattung *Maoricicada* sprechen genetische Studien für eine **alpine Radiation** im frühen Pliozän, wahrscheinlich im Zusammenhang mit der Kaikoura-Orogenese (Buckley & Simon 2007). Eine feinere phylogeographische Analyse der Montanart *Maoricicada campbelli* ergab fünf deutlich differenzierte Linien, mit dem ältesten Split wohl im frühen Pleistozän. Die phylogenetisch älteste Linie ist aktuell im Süden der Nordinsel verbreitet, die anderen Linien weisen von der Nordinsel bis in den Süden der Südinsel zunehmend jüngere Linien auf, was für eine progressive Expansion in südlicher Richtung über das Pleistozän spricht (Buckley et al. 2001, Hill et al. 2009).

Ein weiteres gutes Beispiel für dieses Muster stellt die Untersuchung des mitochondrialen COI-Gens der Langfühlerheuschreckenart *Deinacrida connectens* dar (Abb. 10.16; Trewick et al. 2000). Ähnliche phylogeographische Strukturen wurden für zahlreiche weitere Gebirgsarten aus verschiedenen Pflanzen- und Tierfamilien nachgewiesen; eine Zusammenfassung mit zahlreichen weiteren Beispielen kann in Wallis & Trewick (2009) nachgelesen werden.

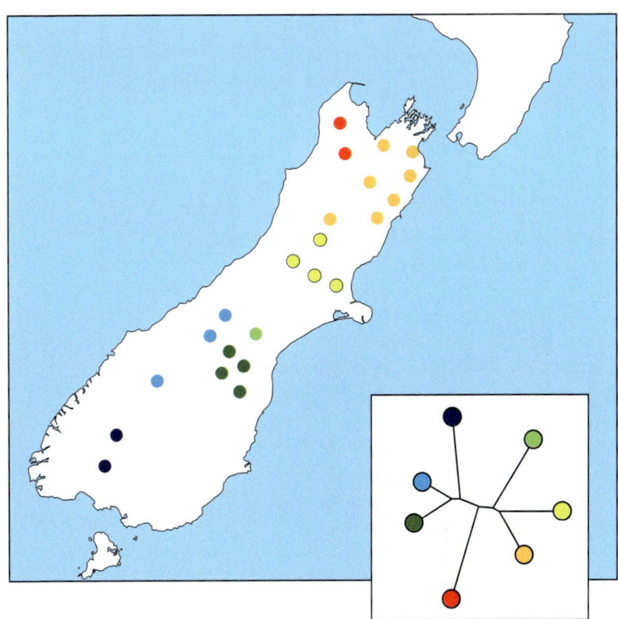

Abb. 10.16 Phylogeographie der Langfühlerheuschreckenart *Deinacrida connectens* auf der Südinsel Neuseelands. Für den mitochondrialen Genort COI wurde in einem Phänogramm eine weitgehende Polytomie von sieben genetischen Linien festgestellt; diese Hauptlinien wurden alle durch *bootstrap*-Werte >80 % gestützt. Auf der Karte ist die geographische Verteilung der sieben Linien dargestellt. Abbildung nach Wallis & Trewick (2009).

Ebenso wie für die Evolution der Gebirgsarten besitzen die neuseeländischen Gebirge einen bedeutenden Einfluss auf die Differenzierungsprozesse in den an wärmere Bedingungen angepassten Taxa der tiefen Lagen. Vor allem um die Neuseeländischen Alpen auf der Südinsel haben sich durch ihre Orogenese regelrechte **Ringe von Taxa** um das Gebirge entwickelt, was für mehrere Gruppen nachgewiesen wurde. Der zeitliche Ursprung der unterschiedlichen Linien liegt hierbei häufig in der Gebirgsbildungsphase des Pliozäns. Wegen des weitgehend gleichzeitigen Beginns der Differenzierung der

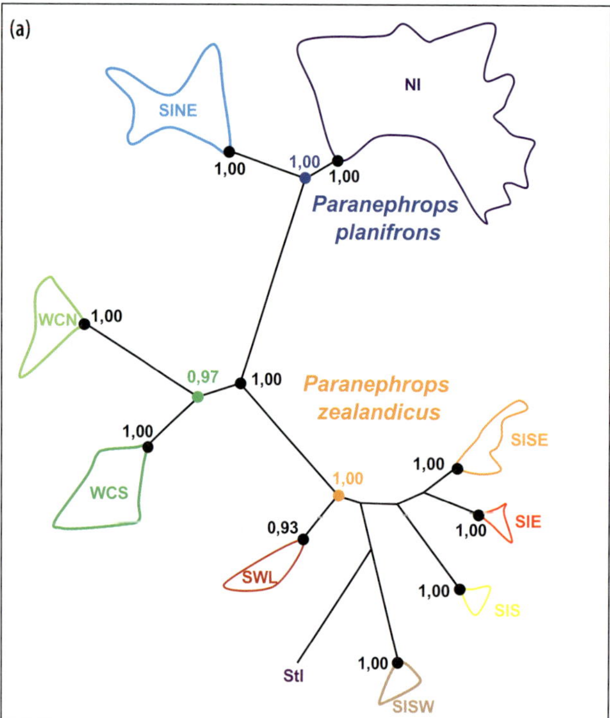

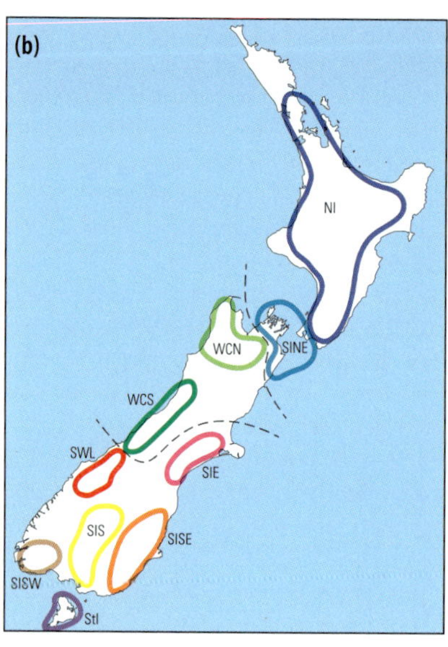

Abb. 10.17 Phylogeographie der Süßwasserkrebse aus der *Paranephrops-planifrons/zealandicus*-Artengruppe. (a) Bayes'sche Phylogenie, basierend auf dem mitochondrialen COI-Gen. *Bootstrap*-Werte sind an den Hauptknoten angegeben. Insgesamt wurden drei Hauptlinien mit insgesamt zehn Unterlinien festgestellt, mit zwei bis sechs Unterlinien je Hauptlinie. Alle Haplotypen einer Unterlinie wurden zusammengefasst; die Flächen im Phänogramm geben die Differenzierungen zwischen den Haplotypen in der jeweiligen Unterlinie wieder. Insgesamt wurden 105 Haplotypen nachgewiesen. (b) Geographische Verteilung der zehn Unterlinien in Neuseeland. Die Farben entsprechen denjenigen des Phänogramms. Die unterbrochenen Linien trennen die drei Hauptlinien voneinander. Abbildung nach Apte et al. (2007). Abkürzungen: NI: Nordinsel; SINE: Südinsel Nordost; WCN: Westküste Nord; WCS: Westküste Süd; SWL: South Westland; SISW: Südinsel Südwest; StI: Stewart Insel; SIS: Südinsel Süd; SISE: Südinsel Südost; SIE: Südinsel Ost; Nelson/M: Nelson/Marlborough.

unterschiedlichen Linien stellen diese häufig **nicht aufgelöste Polytomien** dar. Die einzelnen Linien haben anschließend die glazialen Perioden des Pleistozäns in verschiedenen Rückzugsgebieten um das Gebirge herum überdauert, was die heutigen Verbreitungsmuster oft noch zeigen (Wallis & Trewick 2009). Ein solches Muster wurde in den **Süßwasserkrebsen** der *Paranephrops-planifrons/zealandicus*-Artengruppe für das mitochondriale Gen COI nachgewiesen. Besonders interessant ist in diesem Fall, dass die Phänologie des Verwandtschaftsbaumes eine zeitliche Abfolge der Aufspaltungen in der um die Südhälfte der Südinsel verbreiteten Linie aufweist. Diese lässt Rückschlüsse auf die Besiedlungsrichtung zu, die wahrscheinlich ausgehend von der Region des South Westlands die Insel entlang des Gebirges gegen den Uhrzeigersinn besiedelte und somit zuletzt die Regionen Otago und Canterburry an der Ostküste erreichte (Abb. 10.17; Apte et al. 2007). Die Kiwis weisen ebenfalls eine deutliche phylogeographische Strukturierung um die Neuseeländischen Alpen herum auf (Abb. 10.18; Shepherd & Lambert 2008).

Auch auf der Nordinsel gibt es einen deutlichen phylogeographischen Einfluss der zentralen Gebirge, die mit bis zu 2800 m NN zwar nicht die Höhe der Neuseeländischen Alpen erreichen, aber dennoch eine wichtige trennende Struktur darstellen. In Analogie zur Südinsel können auch auf der Nordinsel in etlichen Fällen um das Gebirge herum angeordnete Linien gefunden werden, deren Ursprung in vielen Fällen wohl auf die pliozäne Gebirgsbildung zurückgeht. Im Pleistozän wurden dann die Kaltphasen in Refugien um die Gebirge herum überdauert. Ein gutes Beispiel für dieses Muster stellen

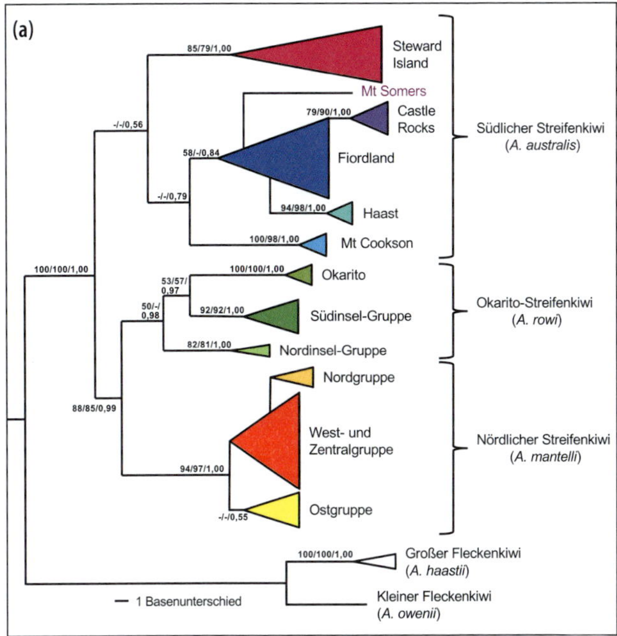

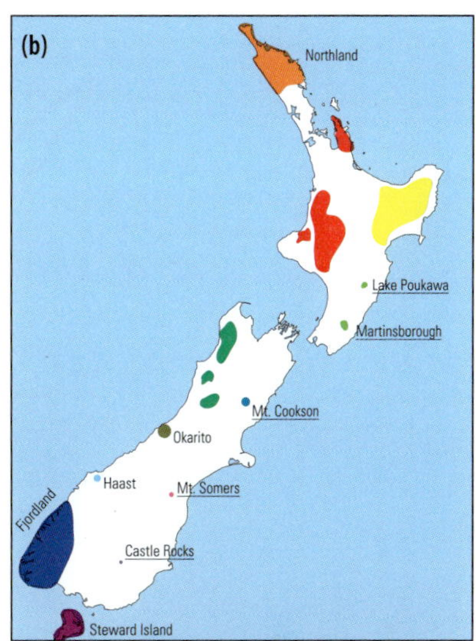

Abb. 10.18 Phylogeographie der Kiwis. (a) Bayes'sche Phylogenie von alten und rezenten Individuen der fünf Kiwiarten, basierend auf Sequenzen der mitochondrialen Gene Cyt-b und Kontrollregion, insgesamt 47 Haplotypen. Unterstützung für die Verzweigungspunkte des Phänogramms wird durch *MP-bootstraps, ML-bootstraps* und *Bayesian posterior probabilities* angegeben. (b) Verbreitung der genetischen Linien von drei Kiwiarten; Rot-gelb: Linien des Nördlichen Streifenkiwis *(Apteryx mantelli)*; Grüntöne: Okarito-Streifenkiwi *(Apteryx rowi)*; Blau- und Magentatöne: Südlicher Streifenkiwi *(Apteryx australis)*. Für Museumsproben aus erloschenen Vorkommen sind die Ortsnamen unterstrichen; diese sind somit nicht Teil des rezenten Areals und repräsentieren ausgestorbene Linien der Kiwis. Abbildung nach Shepherd & Lambert (2008).

Vertreter der **Stummelfüßlergattung *Peripatoides*** dar, die mittels des mitochondrialen COI-Gens (540 bp) untersucht wurden (Abb. 10.19; Trewick 2000).

In Nachzeichnung der weitgehend Nordost-Südwest verlaufenden Orographie sind Linien an der Westküste besonders häufig von solchen an der Ostküste differenziert (Wallis & Trewick 2009). Der **Nördliche Streifenkiwi *(Apteryx mantelli)*** zeigt dieses phylogeographische Muster, basierend auf Sequenzen der mitochondrialen Gene Cyt-b und Kontrollregion. Bei dieser Art sind die Populationen im Westen und Norden der Nordinsel deutlich als eigene Linien von den Vorkommen an der Ostküste getrennt (Abb. 10.18; Shepherd & Lambert 2008).

Auch in der Langfühlerheuschreckenart *Hemideina thoracica* wurden unterschiedliche genetische Linien mit kleinen Verbreitungsgebieten im Westen und Osten der Insel für das mitochondriale COI-Gen nachgewiesen (Morgan-Richards et al. 2001). Für diese Art tritt auch ein weiteres für die neuseeländische Phylogeographie typisches Muster auf, denn vor allem im äußersten Norden auf der **Northland-Halbinsel** wurde eine Anzahl an kleinarealen Linien dieser Art nachgewiesen, die eine typische **Refugien-in-Refugien-Struktur** aufweisen (Abb. 10.20a). Nur die Linie A von *Hemideina thoracica* ist weit auf der Nordinsel verbreitet; aber auch nur diese Linie besitzt eine interne genetische Struktur, die

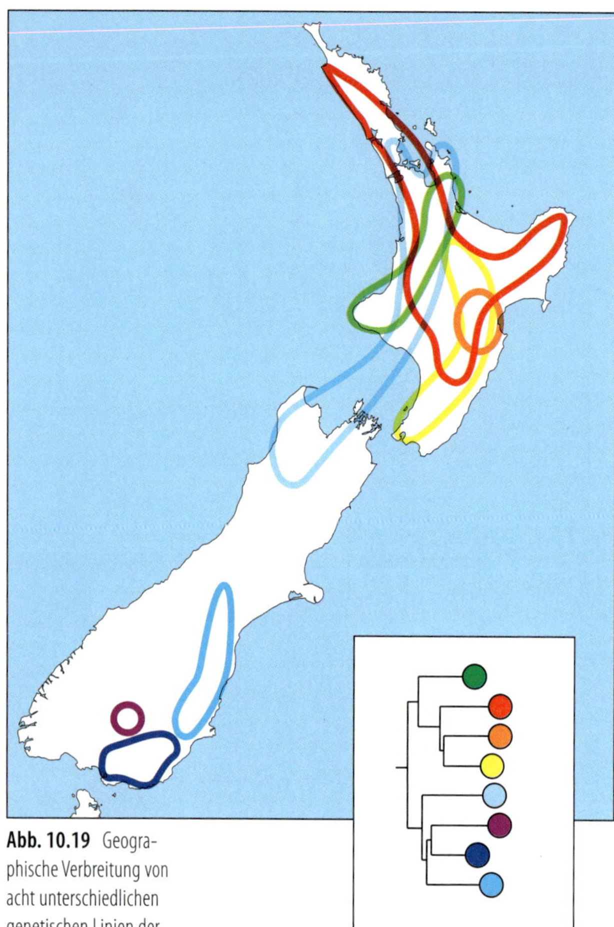

Abb. 10.19 Geographische Verbreitung von acht unterschiedlichen genetischen Linien der Stummelfüßergattung *Peripatoides*, basierend auf Sequenzen eines Fragments des mitochondrialen COI-Gens (540 bp). Daten aus Trewick (2000); Abbildung nach Willis & Trewick (2009).

deutliche Signale für eine **rezente Arealexpansion** aufweist (Abb. 10.20b). Dies passt gut mit dem Faktum überein, dass es sich bei der Linie A um die südlichste auf der Northland-Halbinsel handelt, die sich somit an einer ***leading-edge*-Position** für eine, wahrscheinlich postglaziale, Arealexpansion über weite Bereiche der Nordinsel befand.

In vielen Fällen besitzen die beiden Hauptinseln Neuseelands Arten, die jeweils auf eine von ihnen beschränkte sind, was teilweise noch auf die im Pliozän vorhandene breite **Manawatu-Meeresstraße** zwischen ihnen zurückgeführt werden dürfte (Abb. 10.15b). Es gibt aber auch zahlreiche Beispiele dafür, dass innerhalb von Arten auf beiden Inseln unterschiedliche Linien existieren. Dies trifft auf den **Okarito-Streifenkiwi *(Apteryx rowi)*** zu, dessen beide am stärksten differenzierte Linien zu beiden Seiten der Cook Straße verbreitet sind (Abb. 10.18; Shepert & Lambert 2008). Es sei hier kurz erwähnt, dass diese Art mittlerweile auf der Nordinsel ausgestorben ist, die dortige Linie also verschwunden ist; nachgewiesen wurde diese durch Sequenzierung von Museumsmaterial, was die große auch biogeographische Bedeutung von musealen Sammlungen und die Wichtigkeit ihres Erhalts unterstreicht.

Anders als beim Okarito-Streifenkiwi sind jedoch auch zahlreiche Fälle bekannt, in denen dieselbe genetische Linie auf beiden Seiten der Cook Straße auftritt. Ein Beispiel hierfür stellt die *Paranephrops-planifrons/zealandicus*-Artengruppe dar. Deren Entstehungszentrum wird sogar im Bereich der **Cook Straße** vermutet, von wo aus eine sukzessive Besiedlung nach Norden und Süden stattfand (Abb. 10.17; Apte et al. 2007). Solche inselübergreifenden Linien sind vor dem Hintergrund nicht erstaunlich, dass die Cook Straße im Pleistozän wiederholt durch **eustatische Meeresspiegelabsenkungen** trockengefallen ist (Abb. 10.15c). Somit waren **Migrationen** zwischen beiden Inseln immer wieder möglich, letztmals bis zum Ende des letzten Glazials. Vielmehr sollten wir uns fragen, warum trotz dieser Dispersionsmöglichkeiten in etlichen Fällen dennoch unterschiedliche Linien auf beiden Seiten der Cook Straße ohne größere Vermischungen auftreten. Ähnlich wie in den für Europa detailliert beschriebenen Kontaktzonen könnte es auch im Bereich der Cook Straße unter glazialen Bedingungen zu **sekundären Kontakten** dieser Linien gekommen sein. Diese verblieben aber durch gegenseitige Blockierung bei hoher Dichte (engl.: *high density blocking*) stabil in dieser Region, sodass in den Warmzeiten jede Linie immer wieder nur auf ihrer jeweiligen Seite der Cook Straße anzutreffen war.

Was Neuseeland sehr deutlich von Europa und (weniger deutlich) von Nord-

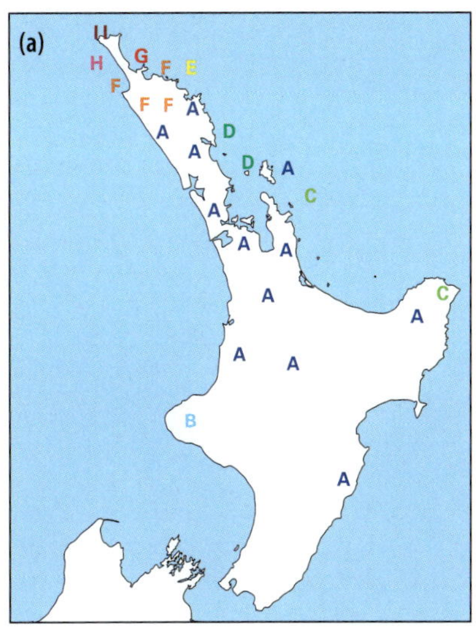

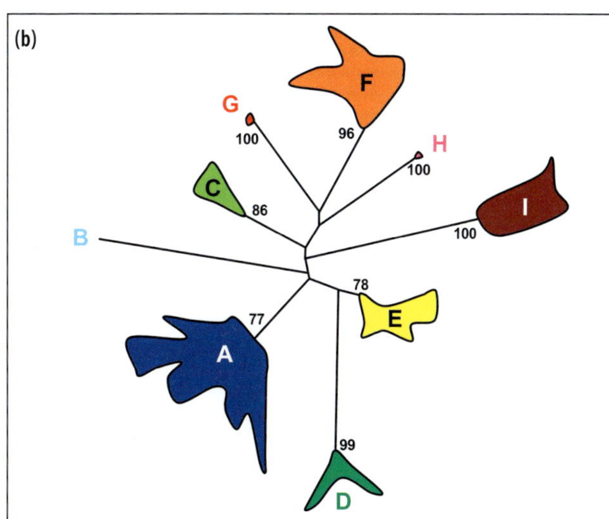

Abb. 10.20 Phylogeographie der Langfühlerheuschreckenart *Hemideina thoracica* auf der Nordinsel Neuseelands. (a) Geographische Verbreitung von neun mitochondrialen Linien des COI-Gens. (b) *Neighbor-joining*-Phänogramm, basierend auf HKY+I+G Distanzen. Die neun Linien sind durch die Buchstaben A bis I gekennzeichnet; die Flächen im Phänogramm geben die Differenzierungen zwischen den Haplotypen in der jeweiligen Linie wieder. *MP-bootstrap*-Werte sind für die Knoten angegeben. Abbildung nach Morgan-Richards et al. (2001).

amerika unterscheidet, aber eine Gemeinsamkeit mit dem benachbarten Australien darstellt, ist, dass es **eiszeitliche Rückzugsgebiete um die gesamte Inselgruppe** herum aufweist. Hierdurch zeigt Neuseeland eher Eigenschaften einer tropischen und nicht die einer gemäßigten Region (Wallis & Trewick 2009). Wie man für eine gemäßigte Region vermuten muss, existieren Beispiele von Arten, die sich aus äquatornäheren Rückzugsgebieten in **Warmzeiten polwärts** ausdehnen, wie etwa die oben vorgestellte Langfühlerheuschreckenart *Hemideina thoracica* (Morgan-Richards et al. 2001). Ganz im Gegensatz zu solchen Mustern gemäßigter Breiten existieren in Neuseeland jedoch auch Fälle, in denen die **Kolonisierung** der Inseln sukzessive **aus dem Süden der Südinsel** erfolgte. Ein besonders gutes Beispiel hierfür ist das Skinktaxon *Oligosoma nigriplantare polychroma* (Liggins et al. 2008). Für dieses Taxon wurde die phylogenetisch älteste Linie im äußersten Süden Neuseelands nachgewiesen, wo sich vermutlich auch das zu postulierende Entstehungszentrum befindet. Von hier ausgehend werden in Richtung Äquator sukzessive immer jüngere genetische Linien festgestellt (Abb. 10.21). Dies spricht für eine dauerhafte Persistenz in den einmal besiedelten Regionen und eine schrittweise Ausdehnung mit anschließender Differenzierung bei einer Besiedlung in nördlicher Richtung.

Auch die Phylogeographie der Kiwis unterstreicht die Bedeutung des **Südens der Südinsel als Überdauerungszentrum** über lange Zeiträume hinweg, wohl bis zur Bildung der Neuseeländischen Alpen im Pliozän. Der Südliche Streifenkiwi *(Apteryx australis)* weist eine sehr viel ältere phylogeographische Strukturierung in dieser Region auf als die anderen, weiter nördlich verbreiteten Arten. Dies spricht nicht nur für eine lange Persistenz in diesem Raum, sondern auch für einen frühen Beginn von zyklischen Rückzügen in Refugien. Dies kann zum einen mit der Präsenz der Neuseeländischen Alpen, zum anderen auch mit den generell kälteren Bedingungen im Süden zusammenhängen, die zu einem früheren Eintritt in die **glazialen Regressions-Expansions-Zyklen** im Süden als im Norden Neuseelands führten.

Diese oben beschriebenen phylogeographischen Muster spiegeln sich auch in der Verteilung **endemischer Arten** wider, bei der Regionen mit hohen Endemismusraten im Norden und Süden der Südinsel und im Norden der Nordinsel von Regionen mit wenigen endemischen Arten unterbrochen werden (Abb. 10.15d;

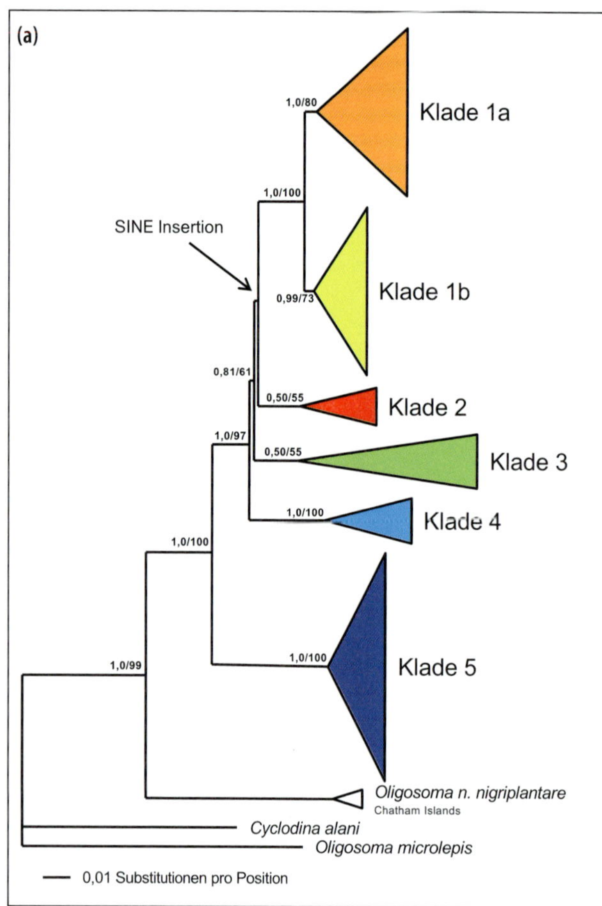

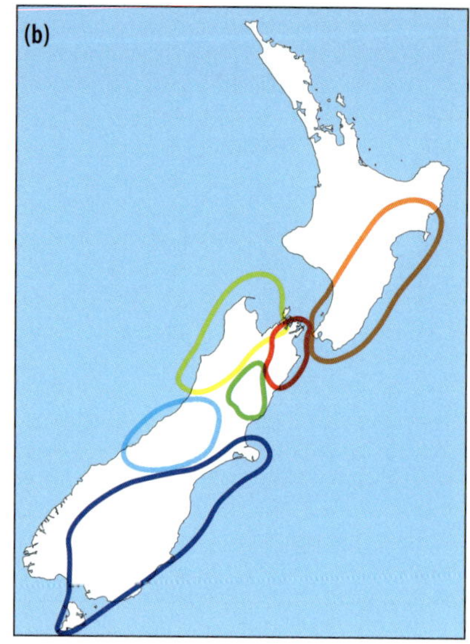

Abb. 10.21 Phylogeographie des Skinktaxons *Oligosoma nigriplantare polychroma*. (a) *Maximum-likelihood*-Verwandtschaftsbaum, basierend auf den mitochondrialen Genen ND2 und ND4. Die Präsenz einer *short-interspersed-nuclear-element*-Insertion (SINE) im nukleären Intron MYH-2 ist im Phänogramm angegeben. Die Unterstützung der Verzweigungspunkte wird durch *Bayesian posterior probability* und *ML-bootstrap*-Werte angegeben. (b) Geographische Verteilung der fünf genetischen Linien und zwei Unterlinien. Abbildung nach Liggins et al. (2008).

McGlone 1985). Dieses Muster kann sowohl für Pflanzen (Wardle 1988, 1991) als auch für Insekten nachgewiesen werden (Craw 1989, Gibbs 2006). Auf der Südinsel wird vermutet, dass die klimatischen Bedingungen in ihrem mittleren Bereich mit der geringsten Breite, aber den höchsten Bergen, unter glazialen Bedingungen für das Überleben der meisten Arten ungünstiger als im Norden und Süden waren. So scheint es, dass die Südbuchen, die sowohl im Norden als auch im Süden unter glazialen Bedingungen überdauerten, nicht aber in der Mitte der Südinsel, in den Interglazialen diese Lücke oft nicht komplett schlossen; ihre Besiedlungsgeschwindigkeit war scheinbar nicht ausreichend (Leathwick 1998). Dies könnte auch für viele Arten gelten, die mit dem Südbuchenwald vergesellschaftet sind, sodass diese **endemitenarme Zone** in der **Mitte der Südinsel** schon vor Langem als wichtiges biogeographisches Muster erkannt wurde (Cockayne 1926). Dies bedeutet jedoch nicht zwangsläufig, dass alle Populationen der Südinsel an den beiden Antipoden der Insel seit Beginn des Pleistozäns isoliert sein müssen. Vielmehr kann der Beginn dieser Isolation einerseits noch weiter in der Vergangenheit liegen, wie bei den Kiwis (Shepherd & Lambert 2008) oder andererseits sehr viel rezenter sein, wie bei den Pilzkäfern der Gattung *Brachynopus*. Deren Koaleszens liegt nur etwa 200 000 Jahre zurück und ist wohl auf einen genetischen Flaschenhals während eines Glazials zurückzuführen (Leschen et al. 2008). Die geringe Anzahl an Endemiten im Süden der Nordinsel wird ebenfalls auf dort ungünstigere klimatische Verhältnisse als weiter im Norden zurückgeführt, was sich auch in der deutlich kleinräumigeren Verbreitung etlicher intraspezifischer genetischer Linien im Norden zeigt.

Zusammenfassend kann über Neuseeland gesagt werden, dass die meisten Artengruppen Verwandtschaftsbeziehungen zu anderen Südkontinenten besitzen, vor allem zu Australien, und eine Besiedlung erst im Tertiär nach dem Zerbrechen von Gondwana erfolgte. Nur etwa 10% der autochthonen Flora und Fauna ist archaischen Ursprungs und hat ältere Wurzeln auf Neuseeland als die Abtrennung von Gondwana. Die Vielfalt Neuseelands und der hier wirkenden geologischen Prozesse (Gebirgsauffaltungen, Landsenkungen, Meerestransgressionen, Erosion, Vulkanismus, Vereisungen) hat vielfältige biogeographische Muster erzeugt, die eine Generalisierung schwierig machen. Trotzdem lassen sich mehrere phylogeographische Muster erkennen, die sich paradigmatisch wiederholen. Viele dieser Muster gehen bis ins Pliozän zurück, die Phase, in der sich die neuseeländischen Alpen auffalteten. Damit sind diese Muster den Zuständen in Südeuropa ähnlicher als denen in Mittel- und Nordeuropa. Auch der Einfluss der eiszeitlichen Vergletscherung erscheint geringer als ihr Ausmaß vermuten lässt. Damit ist die Herkunft der Flora und Fauna von Neuseeland eindeutig inselartig, die phylogeographischen Muster entsprechen aber mehr den Verhältnissen auf einem Kontinent (Wallis & Trewick 2009).

10.7 Zusammenfassung Australien und Neuseeland

Australien weist weitgehend recht einfache phylogeographische Strukturen auf. Da die Trockengebiete im Inneren des Kontinents unter glazialen Bedingungen deutlich ausgedehnter waren als unter den heutigen Warmzeitbedingungen, werden viele Arten in Rückzugsgebiete in den küstennahen Bereichen zurückgedrängt, die sich wie ein Ring um den Kontinent herum legen. So finden sich heute im Süden Australiens oftmals drei oder vier genetische Linien in Ost-West-Anordnung aufgereiht. Viele der so eiszeitlich getrennten Linien besitzen jedoch einen Ursprung, der bis ins Pliozän zurückreicht. Innerhalb dieser größeren Refugialbereiche kommt es auch vor, dass in einzelnen dieser Gebiete auch recht kleinräumige phylogeographische Muster festgestellt werden, die dem Refugien-in-Refugien-Prinzip entsprechen; dies kann beispielsweise in Westaustralien beobachtet werden. Echte Waldrefugien befanden sich weitgehend entlang der australischen Ostküste. Diese sind jedoch in allen bekannten Fällen nicht kontinuierlich über dieses Gebiet. Vor allem im Bereich des Burdekin Gap und des McPherson Range gibt es häufig genetische Diskontinuitäten. Auch in den größeren Waldrefugien gibt es oftmals sehr kleinräumige Substrukturen nach dem Refugien-in-Refugien-Muster. Dies gilt sehr ausgeprägt für das nordostaustralische tropische Regenwaldgebiet, aber auch für die Feuchtwälder Südostaustraliens wie das Tallaganda-Gebiet. Tasmanien und Neuguinea waren im letzten Glazial letztmals landfest mit dem australischen Kontinent verbunden, weshalb es in vielen Fällen große biogeographische Ähnlichkeiten mit den jeweils angrenzenden Regionen gibt. Da aber zumindest auf Neuguinea eigene genetische Linien von ursprünglich aus Australien stammenden Taxa eine Trennung seit dem Pliozän aufweisen, kann nicht generalisiert von einem jungen Austausch ausgegangen werden. Im Falle Neuseelands ist die Isolation deutlich stärker ausgebildet, da diese Insel in der Kreidezeit ihre letzte landfeste Verbindung mit dem zerfallenden Gondwana besaß. Die deshalb sehr eigenständige Flora und Fauna weist ausgeprägte phylogeographische Muster auf, die durch zyklische Temperaturschwankungen, Meerestransgressionen und Vergletscherungen geprägt wurden. Neuseeland stellt gewissermaßen einen Kontinent im Miniaturformat dar.

11 Molekulare Inselbiogeographie

Die Besiedlungsgeschichte von Inseln und die Artbildungsprozesse auf ihnen haben Biogeographen schon seit Langem fasziniert. So ist es kein Wunder, dass die beiden Väter der Evolutionslehre ausführliche Forschungen auf Inselgruppen durchgeführt haben: Darwin auf den Galapagos-Inseln, deren nach ihm benannte Finken häufig als das prototypische Beispiel für **adaptive Radiationen** dargestellt werden, und Wallace im malaiischen Archipel. Ein epochales Werk mit großer Auswirkung für generelle Prinzipien in Biogeographie und Ökologie war das von Robert H. MacArthur und Edward O. Wilson 1967 veröffentlichte Werk «**The theory of island biogeography**». Hier findet sich auch das berühmte Beispiel der Abhängigkeit der Artenzahlen auf Inseln von ihrer Größe und vom Grad ihrer Isolation (Abb. 11.1).

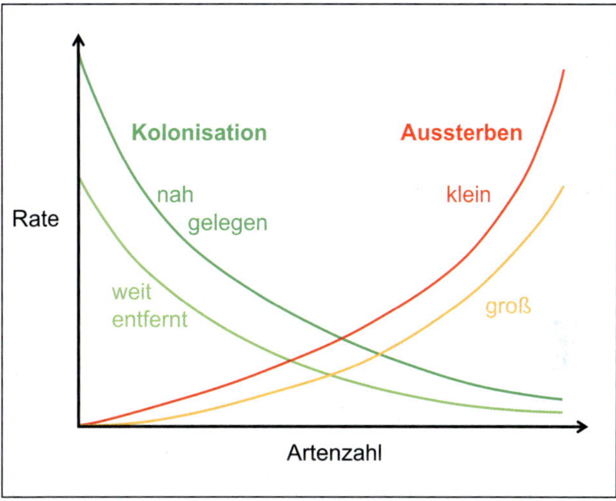

Abb. 11.1 Das Äquilibriummodell der Artenzahl auf Inseln. Die Kolonisierungsrate (grün) ist stark abhängig von der Entfernung der Insel von der Besiedlungsquelle. Je weiter diese entfernt ist, desto seltener wird sie besiedelt. Die Aussterberate (rot/orange) hängt sehr von der Größe der Insel ab. Je größer diese ist, desto weniger Arten sterben aus. Abbildung nach MacArthur & Wilson (1967).

Generell gilt, dass je mehr Arten sich auf einer Insel befinden, die Anzahl der **Aussterbeereignisse** steigt und die der **Kolonisierung** durch neue Arten sinkt. Die Anzahl aussterbender Arten muss mit der Artenzahl ansteigen, da mit steigender Zahl auch die Anzahl der Möglichkeiten für das Aussterben zunimmt. Außerdem wird sich mit steigender Artenzahl auch die **Konkurrenzmöglichkeit** zwischen Arten erhöhen, was ein Aussterben zunehmend wahrscheinlicher macht. Für die Kolonisierung muss die Wahrscheinlichkeit mit steigender Artenzahl auf einer Inseln abnehmen, da ein zunehmender Anteil der Arten aus dem Ursprungsgebiet der Kolonisierung auf der Insel vorhanden sein wird, weshalb sukzessive weniger von diesen Arten für eine Besiedlung zur Auswahl stehen. Am Schnittpunkt dieser beiden Kurven halten sich Neubesiedlung und Aussterben die Waage und es stellt sich ein Äquilibrium ein, bei dem die Artenzahl gleichbleiben sollte. Führen zum Beispiel Katastrophen oder außergewöhnliche Besiedlungswellen zu einer deutlichen Abweichung vom Gleichgewichtszustand nach unten oder oben, so wird sich dieser durch eine Veränderung der Kolonisations- und Extinktionsrate wieder einpendeln. Die hierfür erforderliche Zeit hängt jedoch sehr von den unterschiedlichen Eigenschaften der jeweiligen Insel ab.

Die Äquilibrium-Artenzahl einer Insel hängt natürlich in hohem Maße vom **Artenpotenzial der Region** ab, in der sich die Insel befindet. So wird bei zwei ansonsten vergleichbaren Inseln diejenige auf der Höhe des Äquators sehr viel mehr Arten aufweisen als diejenige am Polarkreis. Befinden sich jedoch Inseln in einer Region oder zumindest in vergleichbaren Regionen, so definieren Größe und

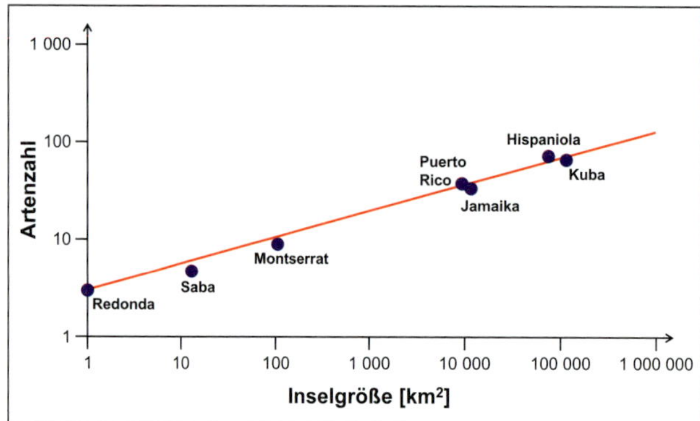

Abb. 11.2 Die Anzahl der Amphibien- und Reptilienarten auf Inseln der Karibik nimmt mit deren Größe zu. Bei doppelt-logarithmischer Auftragung ergibt sich sogar eine Gerade. Abbildung nach MacArthur & Wilson (1967).

Isolation maßgeblich die zu erwartende Äquilibrium-Artenzahl. Die **Inselgröße** bestimmt in diesem Zusammenhang vorrangig die **Aussterberate**, denn je größer eine Insel ist, desto geringer wird das Risiko einer Art, bei gleicher Artenzahl, auszusterben. Hierfür wird unter anderem verantwortlich gemacht, dass die Diversität mit der Inselgröße zunimmt und somit Aussterben abgepuffert wird. Die **Isolation** wirkt sich vor allem auf die **Besiedlungsrate** aus, denn je weiter sich eine Insel von ihrer Besiedlungsquelle entfernt befindet, umso weniger wahrscheinlich wird, dass Besiedlung durch ein Zufallsereignis erfolgt. Deshalb sollten große Inseln in geographischer Nähe zum Donor die höchsten Artenzahlen aufweisen und kleine isolierte die geringsten. Zwischen diesen Extremen erstreckt sich die gesamte Spannbreite der möglichen Äquilibrium-Artenzahlen, sodass zum Beispiel eine große isolierte Insel dieselbe zu erwartende Artenzahl aufweisen kann wie eine kleine Insel in der Nähe eines Donors.

Neben den klassischen Beispielen aus der Karibik, wo die Artenzahl an Amphibien und Reptilien signifikant mit der Inselgröße korreliert ist (Abb. 11.2), bestätigen auch molekulare Analysen die von MacArthur & Wilson (1967) aufgestellte Theorie. Ein gutes Beispiel hierfür sind die **Gesellschaftsinseln** mit der Hauptinsel Tahiti im tropischen Südpazifik (Hembry & Balukjian 2016). Eine Zusammenstellung genetischer Analysen über unterschiedliche Gruppen von Tieren und Pflanzen zeigt, dass die Artengemeinschaften der Gesellschaftsinseln sich aus **diversen Besiedlungen** aus unterschiedlichen Richtungen ableiten. Deshalb sind auch Vertreter aus der gleichen Familie oder Gattung häufig nicht monophyletisch, denn auch sie leiten sich oftmals aus mehreren Besiedlungsereignissen aus **unterschiedlichen Herkunftsregionen** ab. Generell sind starke Radiationen innerhalb einer taxonomischen Gruppe auf den Gesellschaftsinseln oder einzelnen ihrer Inseln eher selten und meist auf Invertebraten beschränkt. Einzelne solcher Radiationen sind jedoch bekannt. Eines der eindrücklichsten Beispiele stellt die Laufkäfergattung *Mecyclothorax* dar, die sich alleine auf der Hauptinsel Tahiti in über 100 Arten aufspaltete (Liebherr 2013). Für die meisten Artengruppen liegt hingegen ein **hoher *turn-over* von Linien** vor, was eine der Voraussetzungen für das MacArthur-&-Wilson-Modells ist. Dieses wird deshalb auch sehr gut durch die phylogeographischen Verhältnisse Tahitis wiedergegeben. So sind die Verwandtschaftsbeziehungen der tahitianischen Taxa zu den nächstgelegenen Inselgruppen enger als zu den geographisch weiter entfernten. Bedeutende phylogenetische Beziehungen zu geographisch weit entfernten Regionen existieren nur dann, wenn diese eine größere Landmasse repräsentieren, wie dies etwa bei Australien und Neuseeland der Fall ist (Abb. 11.3; Hembry & Balukjian 2016).

11.1 Besiedlung von Inselgruppen

Besonders gut geeignet sind in der Inselbiogeographie phylogeographische Untersuchungen, um die Besiedlungsgeschichte von Inselgruppen zu rekonstruieren. Bei der Analyse solcher Daten ist vor allem die Unterscheidung zwischen **paraphyletischen und monophyletischen**

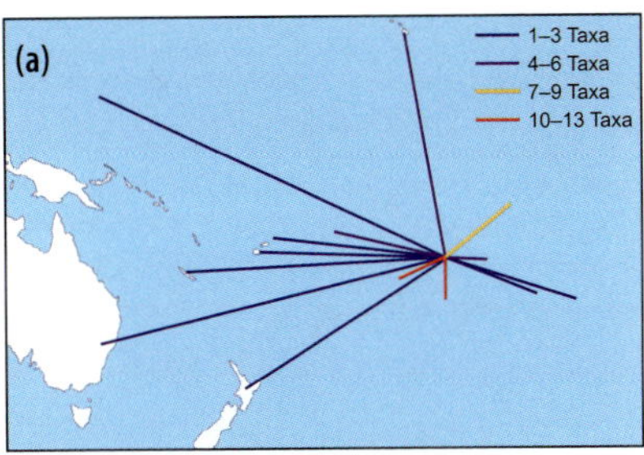

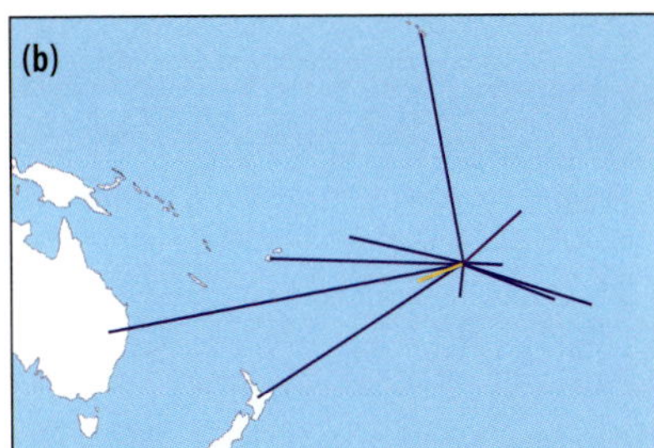

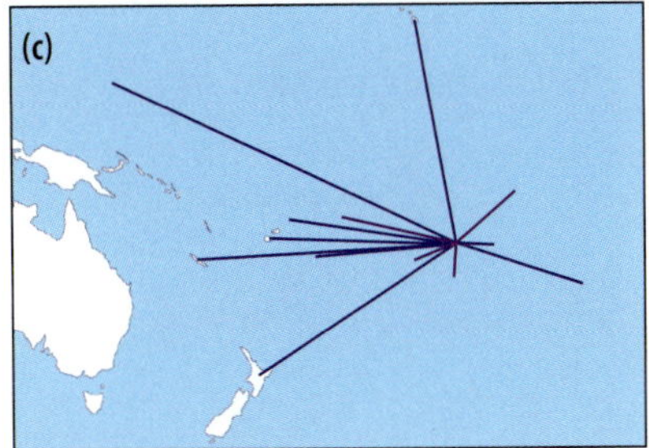

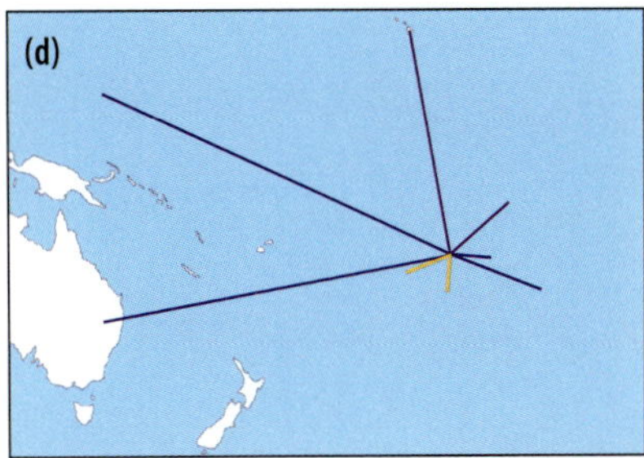

Abb. 11.3 Verbreitung von Arten, die nächstverwandte Taxa zu Endemiten der Gesellschaftsinseln darstellen. Die Farben der Linien zu anderen Archipelen/Regionen korrespondieren mit der Anzahl an Geschwisterartengruppen, geben aber keine Aussage über die Richtung dieser Verwandtschaft. Ein Taxon der Gesellschaftsinseln kann als nächstverwandt mit Taxa aus mehreren anderen Regionen angesehen werden, sofern die Verwandtschaftsbeziehung nicht eindeutig geklärt ist, also im Fall von Polytomien. Diese Analyse wurde für (a) alle Taxa, (b) nur die gut untersuchten Taxa, (c) die Angiospermen und (d) die Tiere durchgeführt. Abbildung nach Hembry & Balukjian (2016).

Strukturen für die Ableitung der Besiedlungsrichtung essenziell. Bilden beispielsweise die Population zweier benachbarter Inseln A und B zusammen ein Monophylum, in dem wiederum die Insel B ein untergeordnetes Monophylum darstellt und damit die Populationen auf Insel A zu einem Paraphylum macht (siehe Abb. 3.5b), so ist mit hoher Wahrscheinlichkeit davon auszugehen, dass die Besiedlung von Insel A nach Insel B erfolgte. Findet man eine **hierarchische Reihung** solcher Strukturen von Monophyla in Paraphyla entlang einer Inselkette, so ist eine **sukzessive Besiedlung** von der Insel mit dem in der Hierarchie am höchsten stehenden Paraphylum über die Inseln mit den hierarchisch jeweils eine Stufe tiefer stehenden Paraphyla bis zu der Insel mit dem einzigen auf eine Insel beschränkten Monophylum die wahrscheinlichste Besiedlungsreihenfolge.

Zur sichereren Interpretation und zum besseren Verständnis molekularer Analysen von Populationen auf Inselgruppen stellte Emerson (2002) theoretische Beispiele von phylogeographischen Daten exemplarisch vor, zeigte aber auch die Probleme und Fallstricke solcher Interpretationen auf. Eine sehr simple Struktur ist eine Inselkette aus vier Inseln mit jeweils einer Art. Wenn das Differenzierungsalter mit zunehmendem Abstand zum Kontinent abnimmt, dann ist die Besiedlung vom Kontinent auf die nächstgelegene Insel und von dort entlang der Kette am wahrscheinlichsten. Die Taxa der Inseln stellen in diesem Fall ein Monophylum dar (Abb. 11.4a; Emerson 2002). Leiten sich die Arten der Inseln jedoch von zwei unabhängigen Besiedlungen auf unterschiedliche Inseln ab, so stellen alle Inselarten zusammen ein Paraphylum dar; die Nachkommen jedes der beiden Besiedlungsereignisse sind jedoch monophyletisch (Abb. 11.4b). Ebenfalls möglich sind **Rückkolonisierungen** auf den Kontinent. Findet ein solches Ereignis während der Besiedlung einer Inselkette wie in Abbildung 11.4a statt, so stellen die Arten aller Inseln zusammen ein Paraphylum dar, und nur die sich nach der Rückkolonisierung evoluierenden Taxa sind monophyletisch (Abb. 11.4c). Häufig differenziert sich jedoch bei der Besiedlung von Inselketten nicht nur eine einzige Art auf jeder Insel, sondern mehrere. In solchen Fällen entscheidet der Zeitpunkt der weiteren Besiedlung darüber, ob auf einer Insel ein Paraphylum oder ein

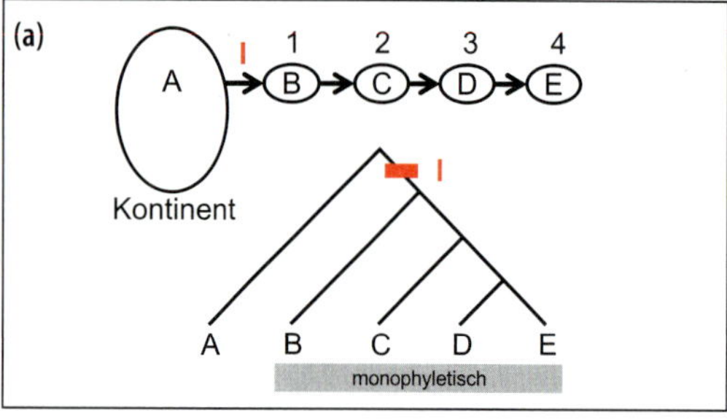

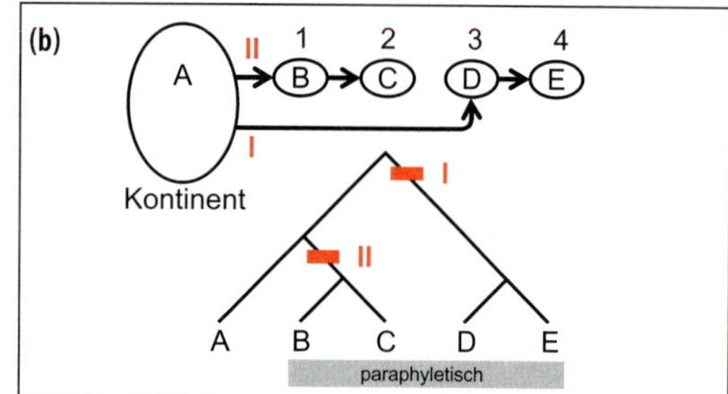

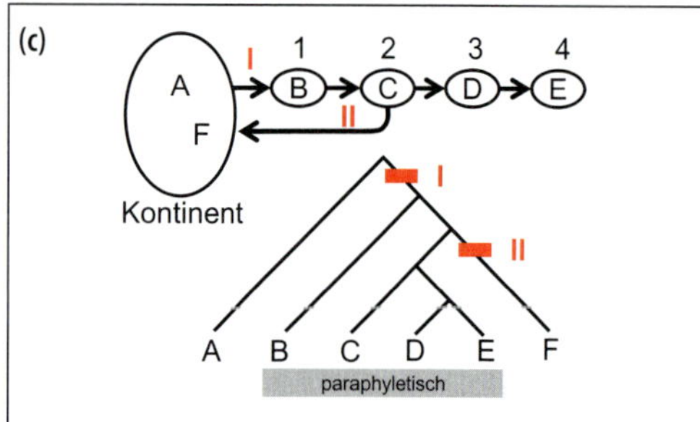

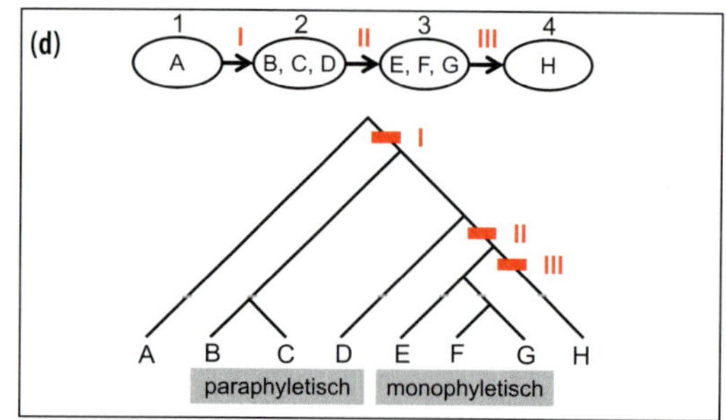

Abb. 11.4 Interpretation von monophyletischen und paraphyletischen Strukturen bei der Kolonisierungsgeschichte von Inseln. (a) Ein einziges Kolonisierungsereignis I vom Kontinent auf Insel 1 wird gefolgt von einer sukzessiven Kolonisierung bis auf Insel 4. Dies resultiert in je einem Taxon auf dem Kontinent und jeder der Inseln (Taxa A bis E). Eine solche Kolonisierungsgeschichte führt zur Monophylie der Inseltaxa. (b) Vom Kontinent finden zwei Kolonisierungsereignisse I und II statt. Durch Kolonisationsereignis I werden die Inseln 3 und 4 besiedelt und es leiten sich die Taxa D und E ab. Das spätere Kolonisationsereignis II erreicht die Inseln 1 und 2 und es leiten sich die Taxa B und C ab. In diesem Fall stellen die Inseltaxa ein Paraphylum dar. (c) Auch der Fall eines Kolonisationsereignisses I auf Insel 1 mit weiterer Kolonisation entlang der Inselkette bis Insel 4, aber Rückkolonisation II von Insel 3 auf das Festland führt zu einer paraphyletischen Struktur. (d) Entlang einer Kette von vier Inseln führen die einzelnen Kolonisierungsereignisse I, II und III zu Monophyla oder Paraphyla, in Abhängigkeit davon, ob die weitere Kolonisierung vor oder nach der beginnenden Differenzierung auf der als Donor fungierenden Insel stattfand. Abbildung nach Emerson (2002).

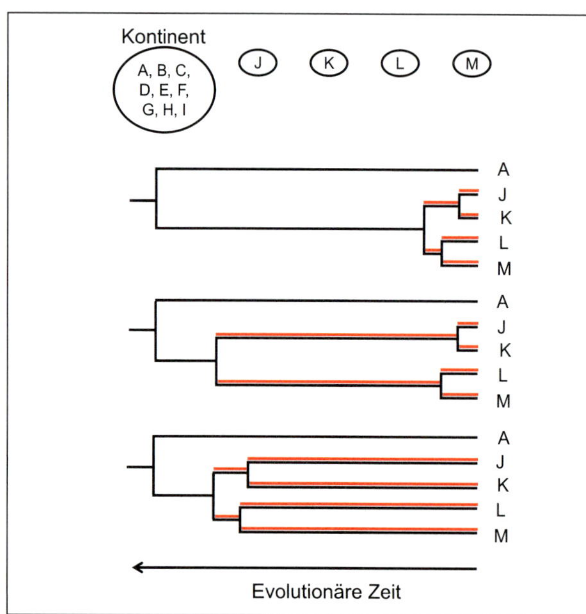

Abb. 11.5 Der Rückschluss auf Monophylie von Inseltaxa sollte stets vorsichtig abgewogen werden, vor allem, wenn die verwandten Taxa des Festlandes nur unzureichend repräsentiert und die genetischen Abstände zwischen den Inseltaxa hoch sind. Stellen wir uns zum Beispiel eine Inselkette mit vier Inseln 1 bis 4 vor und auf jeder von diesen je ein endemisches Taxon J bis M sowie auf dem benachbarten Festland die verwandten Taxa A bis I, von denen nur A für die phylogenetische Analyse der Inseltaxa eingesetzt wurde. In den drei abgebildeten Phylogenien geben die rot hinterlegten Äste die Bereiche an, in denen die verbleibenden acht Taxa des Kontinents an das Phänogramm angebunden sein können, um aus den Inseltaxa eine paraphyletische Gruppe zu machen. Je mehr sich die Differenzierungen zwischen den Inseltaxa dem des Festlandtaxons annähern, desto größer wird auch die Wahrscheinlichkeit, dass sie bei Einschluss weiterer Festlandtaxa kein Monophylum darstellen würden. Abbildung nach Emerson (2002).

Monophylum entsteht (Abb. 11.4d). Ein Paraphylum wie auf der Insel 2 entsteht dann, wenn der Differenzierungsprozess in die unterschiedlichen Taxa schon begonnen hatte; eine monophyletische Struktur wie auf Insel 3 bildet sich heraus, wenn die Weiterbesiedlung früher erfolgte als der Beginn der Differenzierung auf der Insel selbst.

Sehr bedeutsam für die Beurteilung, ob die Arten von Inselgruppen monophyletisch sind oder nicht, ist die Auswahl der **Außengruppen vom Kontinent** des Ursprungs. Vor allem Festlandsspezies, die mögliche Stammformen der Inseltaxa sein könnten, sollten so vollständig wie möglich bearbeitet werden, denn je geringer der Anteil der möglichen Stammformen ist, der in die Analyse einfließt, umso größer wird die Gefahr, fälschlicherweise Monophylie der Inseltaxa anzunehmen. Die Gefahr dieses Fehlers nimmt immer mehr zu, je mehr sich die Differenzierungsalter zwischen den Inseltaxa und den möglichen Stammtaxa des Festlandes annähern; je größer dieser Unterschied ist, desto geringer ist dieses Risiko (Abb. 11.5; Emerson 2002).

Ein anderes Problem bei der Analyse von genetischen Daten ist, dass die Interpretation nicht immer eindeutig getätigt werden kann. So kann ein und dasselbe genetische Muster oftmals auf ganz unterschiedliche Weise interpretiert werden, wie das Beispiel in Abbildung 11.6 eindrücklich zeigt. In einem solchen Fall kann keines der beiden Szenarien ausgeschlossen werden. Wenn jedoch nicht besondere Eigenschaften für eine bevorzugte Besiedlung der Insel 3 sprechen, so ist das obere Szenario wahrscheinlicher. Existieren jedoch solche speziellen Eigenschaften der Insel 3, sei es, dass sie besonders groß ist, besonders geeignete klimatische Bedingungen aufweist, eine große Vielfalt an Lebensräumen aufweist oder vielleicht direkt an eine bedeutende Meeresströmung grenzt, so kann auch dieses Szenario das zutreffende sein. Einen eindeutigen Beweis kann man aber in solchen Fällen oft nicht liefern; es bleibt eine Restunsicherheit, einen Interpretationsfehler begangen zu haben.

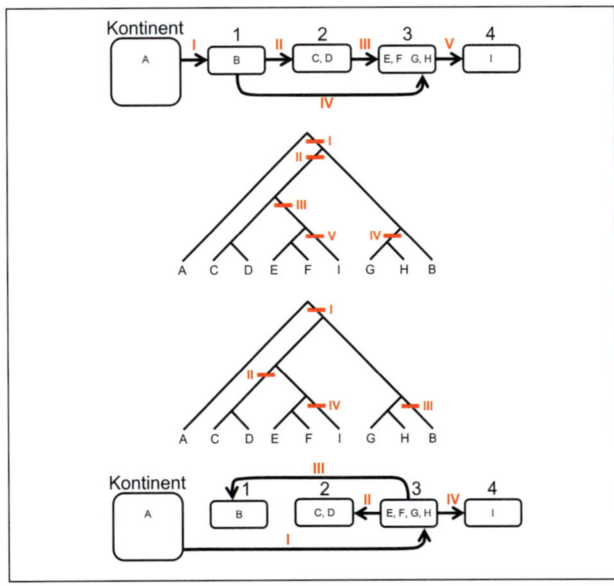

Abb. 11.6 Vor allem komplexere Verwandtschaftsbäume lassen oft keine eindeutige Interpretation zu. So können im gegebenen Beispiel die verwandtschaftlichen Verhältnisse der Arten A bis I auf den Inseln 1 bis 4 und dem Festland auf sehr unterschiedliche Weise interpretiert werden. Die obere Möglichkeit scheint uns intuitiv als die wahrscheinlichere, da eine Besiedlung weitgehend entlang der Kette von Inseln erfolgt und somit meist nur recht kurze Distanzen überbrückt werden müssen. Dies schließt jedoch die unten dargestellte Kolonisierungsgeschichte nicht *per se* aus. Diese könnte sogar favorisiert werden, wenn es eine Begründung für eine bevorzugte Besiedlung von Insel 3 geben sollte. Würde zum Beispiel eine Meeresströmung existieren, die direkt vom Festland zu Insel 3 führt, nicht aber zu den Inseln 1, 2 und 4, so würde diese Rahmenbedingung das untere Szenario sogar wahrscheinlicher als das obere machen. Dieses Beispiel verdeutlicht somit, dass die Interpretation von Verwandtschaftsdiagrammen für die Rekonstruktion von Besiedlungsgeschichten eine möglichst genaue Kenntnis von allen Rahmenbedingungen erfordert. Abbildung nach Emerson (2002).

11.2 Adaptive Radiationen auf Inseln

Das wohl bekannteste Beispiel für eine adaptive Radiation sind die **Darwin- oder Galápagosfinken** auf den gleichnamigen Inseln. Die insgesamt 15 Arten stellen eine monophyletische Gruppe dar, stammen also alle von einem gemeinsamen Vorfahren ab, und folglich von einem einzigen Kolonisierungsereignis vom südamerikanischen Kontinent. Die nächstverwandte Art ist der Braungimpelfink *(Tiaris obscurus)*, der in feuchten Wäldern des westlichen Südamerika verbreitet ist (Sato et al. 1999, 2001). Es wird davon ausgegangen, dass der auf den Galápagos ankommende Vorfahr der heutigen Darwinfinken einen weitgehend **konkurrenzfreien Raum** vorfand. Durch ökologische Spezialisierung von Populationen und vermutlich auch durch räumliche Isolation auf unterschiedlichen Inseln bildeten sich im Laufe der Zeit sukzessive verschiedene Arten, die letztendlich nicht nur sympatrisch*, sondern auch syntop* auftreten konnten. Diese weisen teilweise markante morphologische Unterschiede auf und besetzen verschiedene der typischen Singvogelnischen.

Ein besonders interessanter Vertreter ist der **Spechtfink *(Geospiza pallida)***. Auf den Galápagos-Inseln war vor der Entstehung dieser Art die ökologische Nische des Spechts unbesetzt. Die morphologischen Spezialisierungen, die bei echten Spechten zu finden sind, sind jedoch so hochkomplex, dass sie nur in einer Zeitspanne evoluieren können, die die auf den Galápagos zur Verfügung stehende bei Weitem übertrifft. Deshalb wurde die ökologische Funktion «Specht» auf andere Weise erfüllt. Der Spechtfink benutzt nämlich ein Werkzeug, meist einen langen Kaktusstachel, um Insekten und deren Larven unter Rinden oder aus Baumritzen zu erbeuten.

Ähnliche adaptive Radiationen wie bei den Darwinfinken auf Galápagos mit der Ausbildung von sehr unterschiedlichen morphologischen Typen, die unterschiedlichste ökologische Nischen besetzen, sind auch von den im Kap. 8 bereits erwähnten Vangawürgern auf Madagaskar und den **Kleidervögeln** auf Hawaii bekannt. Die systematische Stellung letzterer war über lange Zeit umstritten, aber basierend auf umfangreichen Analysen werden sie aktuell als eine Unterfamilie der Finken, die Carduelinae, angesehen (Zuccon et al. 2012). Die Phylogenie und die Verwandtschaftsverhältnisse in dieser Gruppe wurden durch Analysen zahlreicher nukleärer und mitochondrialer Gene aufgeschlüsselt (Lerner et al. 2011). Hierdurch wurde nachgewiesen, dass die nächsten Verwandten auf dem Festland unter den eurasischen Karmingimpeln (Gattung: *Carpodacus*) zu suchen sind. Es wird deshalb davon ausgegangen, dass die Besiedlung des Hawaiiarchipels von Asien aus erfolgte. Eine Kalibrierung des Alters des Ursprungs der Kleidervögel über eine molekulare Uhr lässt auf ein Alter schließen, das mit zirka 5,7 Mio. Jahren etwa mit demjenigen der großen Westinsel Kauai übereinstimmt. Die Evolution der meisten Linien, die den Ursprung für die heutige morphologische und ökologische Vielfalt repräsentieren, war zwar erst nach der Bildung von Oahu (4,0–3,7 Mio. Jahre) abgeschlossen, jedoch lange vor der Entstehung der größten und auch jüngsten Inseln.

Aber nicht nur Vögel weisen auf Inseln hohe Artbildungsraten mit adaptiven Radiationen auf. Im Kapitel über Madagaskar wurden oben schon Beispiele für Säugetiere (wie Tenreks und Lemuren) vorgestellt. Auch für Insekten und Spinnen sind zahlreiche Beispiele für adaptive Radiationen bekannt. Für die Kanaren werden Beispiele bei der ausführlicheren Darstellung dieser Inselgruppe weiter unten vorgestellt. Kurz erwähnt seien hier noch die berühmten Beispiele von Hawaii. Besonders hervorstechend sind diese bei den Dipteren, also den Fliegen und Mücken. So gehen die Hunderten von Arten der **Taufliegen Hawaiis (Gattung *Drosophila*)** auf ein einziges Kolonisierungsereignis zurück (O'Grady & DeSalle 2008). Die Aufspaltung in die vielen heute existierenden Arten wurde zum einen durch die Dispersion und anschließende Isolation auf den unterschiedlichen Inseln befördert, aber vor allem durch ökologische Spezialisierung auf bestimmte Lebensräume und Entwicklungshabitate (Craddock & Kambysellis 1997, O'Grady & DeSalle 2008, O'Grady et al. 2011). Auch andere Dipterengruppen (Goodman & O'Grady 2013, Lapoint et al. 2013, Goodman et al. 2014), Zikaden der Gattung *Nesophrosyne*

(Bennett & O'Grady 2013) und Spinnen der Gattung *Tetragnatha* (Abb. 11.7; Gillespie 2004), um nur einige Beispiele zu nennen, zeigen sehr ähnliche genetische Muster wie die Taufliegen.

Ein besonders außergewöhnliches Beispiel für eine ökologische Spezialisierung zeigen mehrere Arten der **Blattspannergattung *Eupithecia***, diese fressen nämlich nicht, wie fast alle anderen Schmetterlingsraupen, Teile von Pflanzen, sondern sind karnivor. Ähnlich wie Gottesanbeterinnen lauern sie als *sit-and-wait*-Prädatoren anderen Insekten auf, die sie mit einem schnellen Fangschlag erbeuten. Hierzu sind die bei den meisten anderen Arten kurzen Raupenbeine deutlich verlängert und zu Fangklauen umgewandelt (Montgomery 1983).

Ebenso wie bei Tieren wurde das Phänomen adaptiver Radiation auch bei Pflanzen auf Inseln besonders häufig beobachtet. An dieser Stelle sei auf die schon oben erwähnten Beispiele für madagassische Pflanzen hingewiesen (z. B. *Adansonia*, *Didiera*). Wie für Tiere weist der Hawaii-Archipel auch für Pflanzen zahlreiche adaptive Radiationen auf, so für die Silberschwertarten der Gattung *Dubautia* (Barrier et al. 1999), Lobelien (Givnish et al. 2004, 2009) und die zu den Korbblütlern zählenden Zweizähne (Gattung *Bidens*) (Helenurm & Ganders 1985). Auch auf den Kanaren sind mehrere Fälle von adaptiven Radiationen bei Pflanzen bekannt, so für die Wolfsmilchgattung *Euphorbia*, die Dickblattgewächsgattung *Aeonium* und Natternköpfe (Gattung *Echium*).

Als kurzer Exkurs sei darauf verwiesen, dass **intra-lakustrische Speziationen**, also die sympatrische Artbildung innerhalb von Seen, sehr ähnlichen Prinzipien folgen wie adaptive Radiationen auf Inseln (Gillespie 2013). Auch bei der intra-lakustrischen Artbildung geht dieser oft ein einziges Kolonisierungsereignis voraus, an das sich eine ökologische Spezialisierung mit nachfolgender reproduktiver Isolation und Artbildung anschließt. Das vielleicht berühmteste Beispiel für

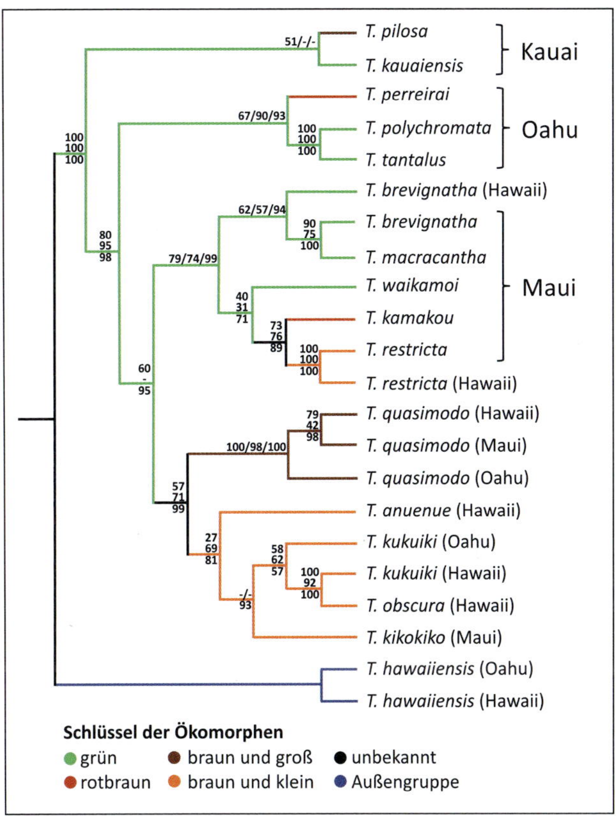

Abb. 11.7 Phylogenie der hawaiianischen Wanderspinnen aus der Gattung *Tetragnatha*, basierend auf Sequenzen dreier mitochondrialer Genorte (1481 bp) und phylogenetische Stellung von vier Farbmorphen, dargestellt als Farbcodes. Die ursprüngliche Färbung in der ganzen Gruppe muss grün gewesen sein. Die drei anderen Farbmorphen haben sich jedoch mehrfach unabhängig voneinander evoluiert. An den Knoten sind *bootstrap*-Werte >40 % (MP und basierend auf Distanzen) sowie *posterior probabilities* als Maßstab für die Güte der Knoten angegeben. Als Außengruppe wurde *T. hawaiiensis* verwendet, eine ebenfalls für Hawaii endemische Schwesterart dieser Gruppe. Abbildung nach Gillespie (2004).

diesen Typus des Artbildungsprozesses stellen die Buntbarsche in den ostafrikanischen Seen dar (z. B. Seehausen 2006, Muschick et al. 2012).

11.3 Die Bedeutung der Mobilität

Für die Evolution endemischer Linien auf Inseln oder Inselgruppen ist die Mobilität der Arten von großer Bedeutung. Erreichen nämlich zu häufig Kolonisten die Inseln, so ist der Genfluss auf diese zu stark, als dass sich eigene genetische

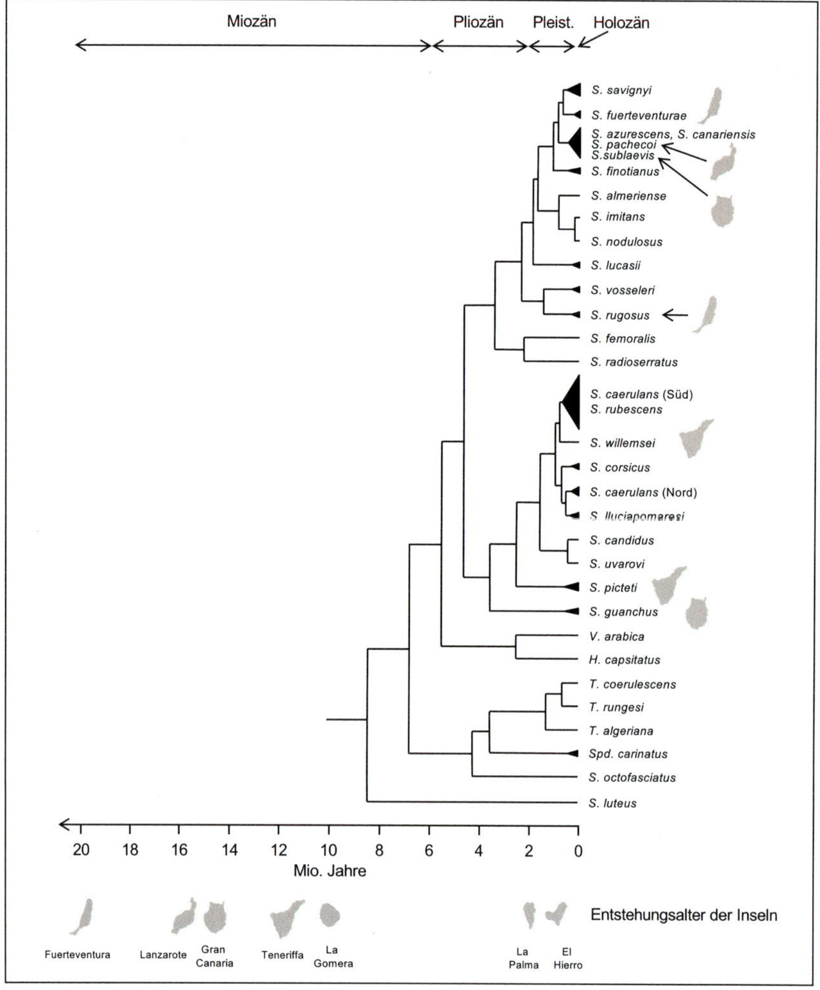

Abb. 11.8 Chronogramm der Aufspaltung von Heuschreckenarten der Gattung *Sphingonotus*, basierend auf Sequenzen des mitochondrialen Gens ND5 (1050 bp). Die für die Kanaren endemischen Taxa sind mit der Silhouette der jeweiligen Inseln gekennzeichnet. Das Entstehungsalter der Inseln ist an der unteren Achse dargestellt. Abbildung nach Husemann et al. (2014).

Linien entwickeln könnten. Wichtig ist in diesem Zusammenhang auch die Entfernung der Inseln von den möglichen Quellpopulationen. So liegen zum Beispiel die Galápagos-Inseln und erst recht Hawaii ausreichend weit vom nächsten Festland entfernt, sodass auch bei den hochmobilen Vögeln die **Ankunftswahrscheinlichkeit** ausreichend gering war, um die Entwicklung und Radiation (siehe oben) eigener Linien zu erlauben (Sato et al. 2001, Zuccon et al. 2012). Anders ist die Situation auf den Kanaren, welche wesentlich näher am Festland liegen. Hier entwickelten sich nur wenige endemische Vogelarten und die meisten hier anzutreffenden Arten sind, wenn überhaupt, nur auf Unterartebene von den Festlandpopulationen differenziert (Dietzen et al. 2008, Suárez et al. 2009, Illera et al. 2011, Dourado et al. 2014, Hansson et al. 2014). Ähnliches gilt auch für Fledermäuse (Pestano et al. 2003, Salgueiro et al. 2007).

Auch bei Schmetterlingen mit ihrem für Wirbellose hohem **Dispersionspotenzial** gibt es auf den Kanaren zahlreiche Übereinstimmungen auf Artebene mit dem benachbarten Festland. Unter den Waldarten (z.B. *Parage xiphioides*, diversen Kleinarten der Gattung *Gonepteryx*) und auch den Arten mit gewisser Standorttreue (z.B. *Cyclyrius webbianus*,

Hipparchia wyssi) finden sich jedoch etliche Endemiten (Kudrna et al. 2011). Für diese war die Entfernung der Kanaren vom Festland groß genug; für Waldarten sind die nächstgelegenen Lebensräume sogar noch deutlich weiter entfernt, sodass die Frequenz, mit der die Inseln von den verwanden Festlandsarten erreicht wurden, ausreichend gering war, um die Evolution dieser endemischen Arten zu ermöglichen.

Die **Heuschreckengattung *Sphingonotus*** verfügt auch über ein vergleichsweise hohes Ausbreitungspotenzial, das jedoch nicht so groß wie das von größeren Schmetterlingsarten sein dürfte. Genetische Analysen von drei mitochondrialen und einem nukleären Gen (Husemann et al. 2014) belegen, dass dieses Dispersionsvermögen ausreichend gewesen sein muss, um die Kanaren mehrfach unabhängig vom Festland aus zu erreichen. Deshalb geht die Mehrzahl der für die Kanaren endemischen Arten auf individuelle Besiedlungsereignisse zurück. Durch die hohen Besiedlungsraten vom Festland wurde scheinbar auch eine weitere Verbreitung dieser Arten zwischen den Inseln unterbunden. Die hohe Mobilität auf den Inseln und die weitgehend **generalistische Lebensweise** verhinderte eine weitere Radiation und damit Artbildung auf den einzelnen Inseln (Abb. 11.8; Husemann et al. 2014).

Ganz andere phylogeographische Muster finden wir jedoch bei wenig mobilen Artengruppen, wie z.B. vielen Käfern. Diese erreichen Inselgruppen sehr viel seltener als die Vertreter der oben besprochenen deutlich mobileren Gruppen. Folglich haben die Inselpopulationen ausreichend Zeit für ihre Evolution bis hin zu Radiationen mit ökologischen Spezialisierungen. Außerdem werden Nachbarinseln meistens nicht direkt vom Festland besiedelt, wie etwa bei den *Sphingonotus*-Heuschrecken, sondern werden von anderen Inseln aus erreicht. Deshalb entwickeln sich oftmals aus singulären Besiedlungsereignissen komplexe phylogeographische Muster mit zahlreichen genetischen Linien. Kolonisierungen zwischen den Inseln besitzen für diesen Prozess ebenfalls eine hohe Bedeutung. Besonders gute Beispiele für solche inselbiogeographischen Muster sind von den Kanaren bekannt, die weiter unten im Detail besprochen werden.

Es sei hier jedoch nochmals angemerkt, dass die geographische Lage der Inseln und ihre Größe einen wichtigen Einfluss auf die Besiedlungsprozesse besitzen. Je näher die entsprechenden Inseln am nächsten Festland liegen, umso geringer braucht die Ausbreitungsfähigkeit einer Art zu sein, um durch häufige, zufällige Ankunft eine Differenzierung zu unterbinden oder zumindest eine weitere Ausbreitung auf andere Inseln zu verhindern. Ein Beispiel für letzteren Fall ist die **flugunfähige Schwarzkäferart *Pimelia rugulosa*** auf den **Liparischen Inseln**, die zwischen 20 und 55 km nördlich von Ostsizilien im Tyrrhenischen Meer liegen. Über die Sequenzierung eines Fragments des mitochondrialen COII-Gens zeigten Stroscio et al. (2011), dass die inseleigenen Haplotypengruppen sich in der großen Mehrzahl der Fälle direkt von **Kolonisierungsereignissen vom Festland** ableiten und nicht von benachbarten Inseln. Stromboli und Lipari wurden sogar je zweimal besiedelt, sodass sich auf beiden Inseln je zwei Haplotypencluster evoluierten (Stroscio et al. 2011). Es ergibt sich somit ein vom Prinzip her äußerst ähnliches Muster wie für die Heuschreckengattung *Sphingonotus* auf den Kanaren. Die wesentlich geringere Ausbreitungsfähigkeit von *Pimelia rugulosa* wird in diesem Fall durch die geringeren geographischen Abstände kompensiert. Das unterstreicht deutlich, dass für die Entstehung phylogeographischer Muster die Kombination aller beteiligten Faktoren wesentlich ist und berücksichtigt werden muss.

Ein besonders eindrucksvolles Beispiel, wie sich die Dispersionsfähigkeit, aber auch die Habitatbindung auf die Evolution von Inselpopulationen auswirken, liegt für verschiedene Schwarzkäferarten aus der

Ägäis vor (Papadopoulou et al. 2009). Die Autoren dieser Studie untersuchten sechs Taxa über Sequenzierung mitochondrialer und nukleärer Genfragmente. Hierbei stellten sie fest, dass die untersuchten Arten mit ökologischer Bindung an stabile **Inlandhabitate und ohne Flugvermögen** (die Gattung *Dailognatha* und ein Teil der Vertreter der Gattung *Eutagenia*) sehr ausgeprägte phylogeographische Strukturen im ägäischen Inselreich aufweisen. Auch die **generalistische, flugunfähige** Art *Zophosis punctata* besitzt eine deutliche phylogeographische Struktur, diese ist jedoch weniger stark ausgeprägt als bei den zuvor erwähnten Taxa. Eine äußerst geringe Differenzierung über den gesamten ägäischen Raum weisen all jene Taxa auf, die an **ephemere küstennahe Sandhabitate** angepasst sind (*Micrositus orbicularis, Dichromma dardanum,* einige Vertreter der Gattung *Eutagenia*), aber auch die **flugfähige** Art *Opatroides punctatus.* Diese Daten belegen, dass von der flugfähigen Art, obwohl an stabile Inlandhabitate angepasst, so häufig Individuen zwischen den Inseln und auch dem Festland wechseln, dass es im vorliegenden geographischen Raum nicht zur Evolution deutlich getrennter Linien kam. Gleiches gilt auch für die flugunfähigen Bewohner küstennaher Sandhabitate. Der Unterschied zwischen den beiden liegt jedoch darin, dass letztere nicht durch aktiven Flug, sondern durch zufällige passive Verdriftung von Insel zu Insel gelangen, was jedoch durch ihren küstennahen Lebensraum stark begünstigt wird. Das erklärt auch, warum die Arten, die weder flugfähig sind noch direkt an der Küste auftreten, nur sehr selten von einer Insel zur anderen gelangen und deshalb eine sehr viel stärkere Differenzierung entstehen konnte. Auch ist in diesem Zusammenhang logisch, dass der Generalist *Zophosis punctata* eine geringere Differenzierung aufweist als die stärker auf stabile Inlandhabitate spezialisierteren Taxa, denn in seinem Fall sind Vorkommen direkt am Meer häufiger, was die Wahrscheinlichkeit der Verdriftung deutlich erhöht.

11.4 Das Entstehen von Inselketten

Inselketten sind oft **vulkanischen Ursprungs**. Sie entstehen dadurch, dass sich die Erdkruste über einen **vulkanischen Hotspot** bewegt. Am Hotspot bildet sich dann eine Vulkaninsel, die eine beträchtliche Höhe erreichen kann; so sind z.B. die beiden höchsten Berge Hawaiis über 4000 m NN hoch (Mauna Kea: 4205 m NN; Mauna Loa: 4170 m NN). Rückt die entstandene Insel durch **Plattentektonik** dann vom Hotspot weg, so endet die Aufbauphase; durch **Erosionsprozesse** verliert die Insel langsam an Masse, bis sie letztendlich wieder im Meer verschwindet, dort aber als sogenannter **Seeberg** (engl.: *seamount*) an die ehemalige Insel erinnert. Die hierdurch entstehenden Inseln der Inselkette haben mit zunehmendem Abstand vom Hotspot ein sukzessiv zunehmendes Alter. Auch ihre Größe nimmt mit dem Alter ab, sodass die größten Inseln sich unter den jüngsten befinden. Zuweilen ist die größte Insel auch die jüngste, wie im Fall der Hawaii-Inseln. In anderen Fällen sind die jüngsten Inseln noch gar nicht zu ihrer endgültigen Größe angewachsen, wie etwa im Fall der Kanaren, sodass zwar eine der jüngeren Inseln die größte Flächenausdehnung besitzt, die jüngste Insel, El Hierro, jedoch noch die kleinste ist. Auch können **sekundäre Hotspots** auf älteren Inseln zu vulkanischer Aktivität führen und der Erosion entgegenwirken oder sogar die Inseln wieder vergrößern. Gute Beispiele hierfür finden sich ebenfalls auf den Kanaren.

Das sukzessive Entstehen von Inseln in Ketten vulkanischen Ursprungs führt zu **charakteristischen Besiedlungsabläufen**, denn nur existierende Inseln können besiedelt werden. Nachdem die erste Insel einer solchen Kette entstanden ist, beginnt die Möglichkeit, dass sie besiedelt wird, Arten sich auf der Insel etablieren und die zur Verfügung stehenden Ressourcen nach ihren ökologischen Möglichkeiten nutzen. Bei weiteren Be-

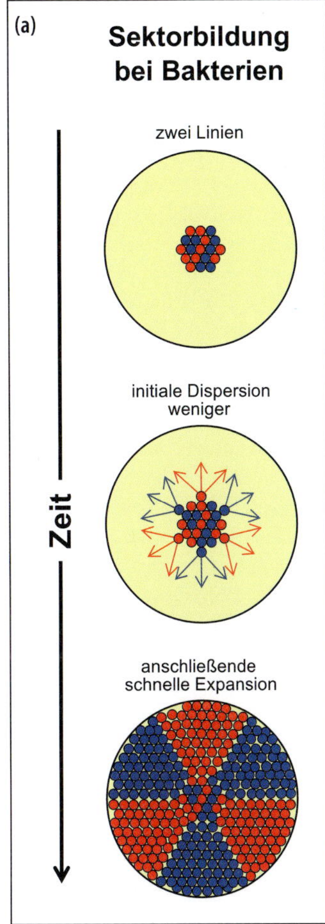

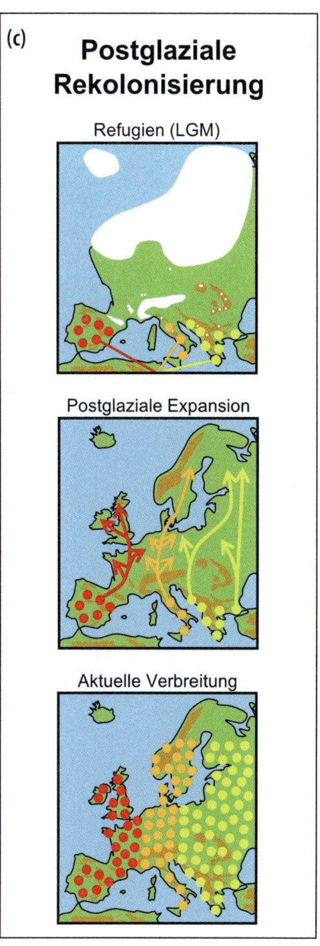

Abb. 11.9 Dichteabhängige Prozesse sind auf unterschiedlichsten Skalenebenen von großer Bedeutung. Das «der-Gründer-nimmt-alles-Prinzip» kann sehr unterschiedliche biologische Prozesse erklären, wie (a) die Sektorbildung bei Bakterien auf Agarplatten (Hallatscheck et al. 2007), (b) die Kolonisierung von Inselketten wie dem hawaiianischen Archipel oder (c) die Besiedlung ganzer Kontinente, hier vereinfacht dargestellt am Beispiel des Igels (Seddon et al. 2001, 2002, Sommer 2007). Abbildung nach Waters et al. (2013).

siedlungsversuchen durch dieselbe Art haben die ankommenden Individuen meist mit unterschiedlichen Nachteilen im Vergleich zu den schon etablierten Artgenossen zu kämpfen. So mussten sie meist schon eine ihre Fitness schwächende große Distanz überwinden, die Inselpopulation kann sich bereits an die dort vorherrschenden Bedingungen optimaler angepasst haben, evolutive Entwicklungen können die Attraktivität oder Fertilität des ankommenden Individuums reduzieren etc. Somit ist eine zweite erfolgreiche Besiedlung derselben Insel durch dieselbe oder eine nahverwandte Art recht unwahrscheinlich, aber in jedem Fall schwieriger als die Erstbesiedlung (Waters et al. 2013, Shaw & Gillespie 2016).

Entsteht nun benachbart zur ersten Insel eine zweite, so ist eine Besiedlung von der älteren auf die neu entstandene das wahrscheinlichste Phänomen. Ist diese Population etabliert, so ist aus oben genannten Gründen ein sekundärer Austausch zwischen den beiden Inseln wie auch weitere Besiedlung von der ursprünglichen Quelle durch Dichteregulation recht unwahrscheinlich. Durch geographische Isolation, aber eventuell auch durch unterschiedliche Selektionsdrücke, beginnen sich die Populationen der beiden Inseln voneinander zu differenzieren. Wandert nun der Hotspot weiter und bildet sich eine dritte Insel, die dann auch die jüngste Insel und geographisch neben der zweiten gelegen ist, so wird diese am wahrscheinlichsten von letzterer besiedelt. In gleicher Weise geht es mit der vierten, fünften usw. Insel fort, was zu immer jüngeren Arten mit dem abnehmenden Alter der Inseln führt (Waters et al. 2013) und als **Progressionsregel** (engl.: *progression rule*) bezeichnet wird (Shaw & Gillespie 2016). Die Besiedlung von Inselketten folgt somit dem ganz einfachen **Prinzip des *high density blockings***, das wir schon bei der postglazialen Besiedlung aus Refugien in Europa und anderen Kontinenten kennengelernt haben und das auch verantwortlich ist für die Sektorbildung von Bakterien auf Agarplatten in simplen Laborversuchen (Abb. 11.9; Waters et al. 2013).

11.5 Inselketten im Pazifik

Im Pazifischen Ozean gibt es eine Vielzahl von Inseln, von denen die meisten einer der drei Regionen Mikronesien, Melanesien oder Polynesien zugeordnet werden. Vor allem in **Polynesien**, das das Dreieck zwischen Neuseeland im Südwesten, Hawaii im Norden und den chilenischen Osterinseln im Südosten umfasst, gibt es mehrere Inselketten, die durch die Bewegung der Erdkruste über einen vulkanischen Hotspot entstanden sind. Deshalb nimmt das Inselalter entlang der Kette mit zunehmender Entfernung von diesem Hotspot sukzessive zu. Beispiele für Inselketten Polynesiens sind die **Gesellschaftsinseln**, die **Austral-Inseln**, die **Marquesas** und natürlich der Hawaii-Archipel. Die berühmten Galápagos-Inseln stellen auch eine Inselkette vulkanischen Ursprungs dar, jedoch ist die Kettenstruktur in der Anordnung der Inseln, deren Alter von West nach Ost zunimmt, wegen der stärkeren Clusterung nicht so gut zu erkennen wie in den zuvor genannten Fällen (White et al. 1993). Das vielleicht weltweit beste Beispiel für eine Inselkette ist die **Hawaii-Emperor-Kette**, die sich von Hawaii als jüngster und größter Insel bis zum Meiji Seeberg vor der Ostküste Kamtschatkas über etwa 6500 km erstreckt. Das Ende der eigentlichen Hawaii-Kette stellt das **Kure-Atoll** dar, das eine Landfläche von unter einem Quadratkilometer besitzt. 80 km östlich befindet sich das **Midway-Atoll**, das mit einer Fläche von sechs Quadratkilometern ebenfalls eine kleine Insel ist. Die größte Insel **Hawaii** (englisch auch ***Big Island***) ist mit fast 10 500 Quadratkilometer deutlich größer als alle anderen Inseln der Kette zusammen. **Kauai**, **Oahu** und **Maui** (von West nach Ost) weisen Flächen zwischen 1400 und 1900 Quadratkilometern auf. Im östlichen Teil des Hawaii-Archipels befinden sich vier weitere Inseln mit jeweils über 100 Quadratkilometern Fläche. Alle anderen Inseln sind sehr viel kleiner. Mit einem Alter von nur etwa 400 000 Jahren ist Hawaii eine sehr junge Insel. Maui (1,3 Mio. Jahre), Molokai (1,9 Mio.), Oahu (3,7 Mio.) und Kauai (5,1 Mio.) sind bereits bedeutend älter. Kure und Midway sind mit 30 bzw. 28 Mio. Jahren die ältesten noch existierenden Inseln. Die sich von hier in nordwestlicher Richtung erstreckenden Seeberge sind jedoch noch älter und stellen versunkene Inseln dar. Der älteste **Seeberg Meiji** am nordwestlichen Ende der Emperor-Kette wird auf ein Alter von 85 Mio. Jahren geschätzt. So lange muss also mindestens schon der vulkanische Hotspot aktiv gewesen sein.

Generell weisen die Biota Hawaiis eine große **Disharmonie ihrer Taxa** auf, was auf eine dem **Zufallsprinzip** unterliegende anfängliche Besiedlung der Inseln hindeutet (Shaw & Gillespie 2016). Die sich auf den Hawaii-Inseln entwickelnden phylogeographischen Strukturen entsprechen jedoch in zahlreichen Fällen der **Progressionsregel**. Das trifft vor allem für Artengruppen zu, die das Archi-

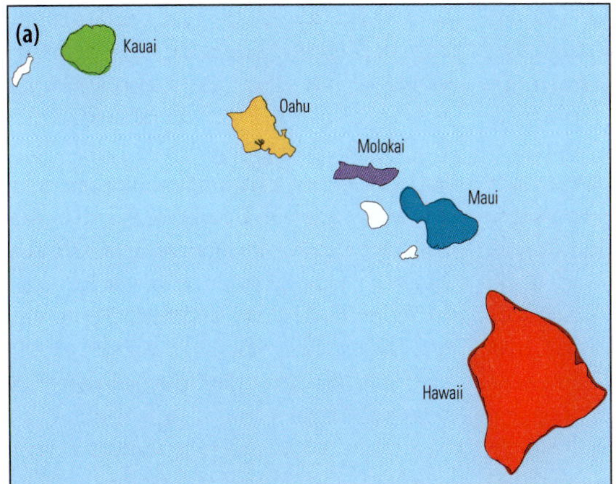

Abb. 11.10 Phylogeographie der für den Hawaiiarchipel (a) endemischen, flugunfähigen Grillengattung *Laupala*, basierend zum einen auf (b) nukleären AFLP-Daten und zum anderen (c) Sequenzanalysen von drei mitochondrialen Genfragmenten. Beide Datensätze zeigen eine generelle Progression von den älteren westlichen zu den jüngeren östlichen Inseln. Allerdings spricht der nukleäre Datensatz (b) für eine Aufspaltung in zwei Hauptlinien auf Oahu (gekennzeichnet durch grüne Kreise) und eine weitere Kolonisation in östlicher Richtung in beiden Linien, wohingegen der mitochondriale Datensatz (c) diese beiden Linien nicht nachweisen kann, jedoch Inzidenzen für zwei Rückkolonisationsereignisse aufweist (blaue Kreise). Kolonisierungsereignisse sind durch das jeweilige Inselkürzel an den Ästen gekennzeichnet. Beide Verwandtschaftsbäume sind mit *bootstrap*-Werten (>50 %) an den Knoten dargestellt. Abkürzungen: K: Kauai; O: Oahu; Mo: Molokai; Ma: Mauai; H: Hawaii; oMa: östliches Maui; wMa: westliches Maui. Abbildung nach Shaw & Gillespie (2016).

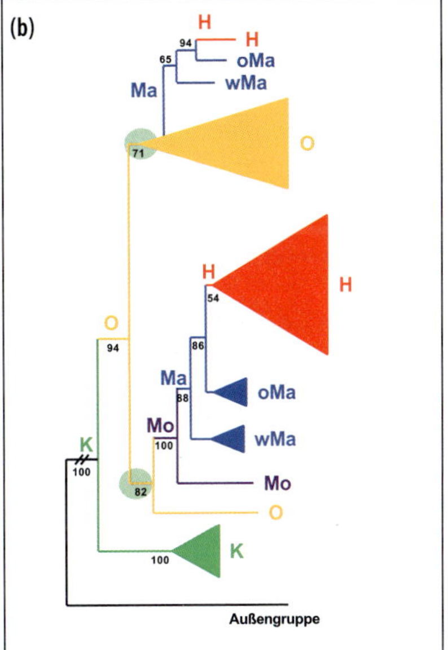

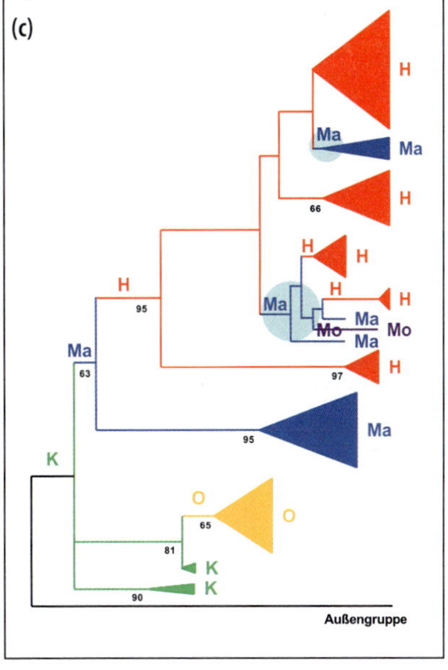

pel schon vor mehreren Millionen Jahren erreichten, als die Mehrzahl der heutigen großen Inseln noch gar nicht existierte (Cowie & Holland 2008). Zahlreiche, hier nur exemplarisch genannte Beispiele sind bekannt, so aus dem Pflanzenreich (Baldwin & Robichaux 1995, Nepokroeff et al. 2003, Ree & Smith 2008, Givnish et al. 2009), für Insekten (Jordan et al. 2003, Bonacum et al. 2005, Mendelson & Shaw 2005, Shapiro et al. 2008, Haines et al. 2014), Landschnecken (Rundell et al. 2004), Spinnen (Hormiga et al. 2003) und Vögel (VanderWerf et al. 2010).

Ein besonders gutes Beispiel für die Progression auf den Hawaii-Inseln ist die **Grillengattung *Laupala***, für die sowohl AFLPs (Mendelson & Shaw 2005) wie auch drei mitochondriale Gene (Shaw 2002) untersucht wurden (Abb. 11.10; Shaw & Gillespie 2016). Beide Markersysteme unterstützen eindeutig einen evolutiven Ursprung der *Laupala*-Grillen auf Kauai, der westlichsten und ältesten der größeren Inseln. Von hier wurde Oahu durch ein einziges Dispersionsereignis erreicht. Die nukleären AFLP-Daten weisen dann auf Oahu eine Differenzierung in zwei Artengruppen auf, was sich in den mitochondrialen Genen nicht zeigt. Die nukleären Marker sprechen in jeder der beiden Artengruppen für eine weitere Besiedlung in östlicher Richtung durch jeweils ein singuläres Dispersionsereignis, in einem Fall von Oahu über das vergleichsweise kleine Molokai und anschließend Maui nach Hawaii, im zweiten Fall direkt von Oahu nach Maui und abschließend nach Hawaii. Die mitochondrialen Marker sprechen für jeweils ein Dispersionsereignis von Oahu nach Maui und von dort nach Hawaii. Anders als im Fall der AFLP-Analyse mit zwei Monophyla ist die hawaiianische Gruppe paraphyletisch, denn zwei Gruppen mit Taxa von Maui, in einem Fall auch Molokai einschließend, befinden sich im großen Hawaii-Cluster. Dies würde für zwei Rückbesiedlungen nach Maui sprechen, eine frühe, bei der anschließend auch Molokai besiedelt wurde, und eine zweite deutlich später in der Evolutionsgeschichte von *Laupala*. Im Fall der frühen Besiedlung nach Maui kann nicht ausgeschlossen werden, dass von dort vergleichsweise rezent Hawaii erneut kolonisiert wurde. Auf Basis der vorliegenden Daten lässt sich somit die genaue Evolutionsgeschichte der *Laupala*-Grillen nicht rekonstruieren. Vermutlich wird diese auch nicht durch eines der beiden Markersysteme «korrekt» wiedergegeben, sondern liegt in einer Kombination aus beiden.

Die Befolgung der Progressionsregel setzt jedoch nicht unbedingt voraus, dass der Hawaii-Archipel etwa zum Zeitpunkt der Entstehung der großen Westinsel Kauai besiedelt wurde. Eine Besiedlung, die der Progression folgt, kann auch **deutlich jünger** sein. Ein Beispiel hierfür ist die für die Hawaii-Inseln endemische Spinnenart *Theridion grallator*, die wegen ihrer an ein lachendes Gesicht erinnernden Körperzeichnung den englischen Trivialnamen ***happy-face spider*** trägt. Diese Spinnenart zeigt basierend auf drei mitochondrialen Genfragmenten eine Progression von Oahu über den Maui-Komplex nach Hawaii. Der älteste Split wurde über eine molekulare Uhr auf 0,78 Mio. Jahre (95 %-Konfidenzintervall: 0,37–1,34) geschätzt, also sehr viel jünger als das Alter der Inseln (Croucher et al. 2012). *Theridion grallator* muss somit Oahu erreicht haben, als diese Insel schon lange existierte, und breitete sich anschließend entlang der Inselkette nach Osten aus. Das hieraus resultierende genetische Muster ist demjenigen sehr ähnlich, das bei einer Besiedlung entsteht, die jeweils mit der Inselentstehung parallel verläuft; lediglich das Alter der Aufspaltungen ist deutlich jünger.

Es gibt jedoch auch den umgekehrten Fall, dass hawaiianische Linien **deutlich älter** als die ältesten noch von ihnen besiedelten Inseln sind. Ein Beispiel sind die **Lobelien Hawaiis**, die Givnish et al. (2009) phylogeographisch untersuchten. Das Alter der ein Monophylum darstellenden Gruppe wurde in einem bottom-up-Ansatz innerhalb der Korbblütler auf 13,6 Mio. Jahre (Standardabweichung: 3,1) und in einem top-down-Ansatz, aufbauend auf dem Alter der Inseln, auf denen die jeweiligen Taxa auftreten, auf 13,0 Mio. Jahre (Standardabweichung: 1,0) geschätzt. Beide Schätzungen, die auf völlig unterschiedlichen Ansätzen für die Kalibrierung beruhen, stimmen somit sehr gut miteinander überein. Es muss also davon ausgegangen werden, dass Lobelien den Hawaii-Archipel erreichten, als die heutigen großen Inseln noch gar nicht existierten. Lobelien müssen also solche Inseln der Hawaii-Kette besiedelt haben, die vor etwa 13 Mio. Jahren existierten und seitdem im Zuge der Erosion wieder verschwunden sind. Mit der Entstehung weiterer Inseln wurden diese besiedelt, sodass sich eine klare Progressionskette ergab, nur dass die **Anfangsglieder** dieser Kette schon vor etlichen Millionen Jahren wieder **im Meer verschwanden**.

Auch andere Inselgruppen Polynesiens weisen für verschiedene Artengruppen phylogeographische Muster auf, die für die Progressionsregel sprechen. Mehrere gute Beispiele wurden für die **Austral-Inseln** nachgewiesen, so für die Krabbenspinnenart *Misumenops rapaensis* (Garb

& Gillespie 2006), die Radnetzspinnenart *Tangaroa tahitiensis* (Gillespie et al. 2008) und Vertreter der Rüsselkäfergattung *Rhyncogonus* (Claridge et al. 2017). Auch auf den **Marquesas**, obwohl nicht einem strikt chronologischen Arrangement folgend (Clouard & Bonneville 2005), gibt es Evidenzen für die Progressionsregel. So ergeben phylogeographische Untersuchungen an der Vogelgattung der Monarchen *(Pomarea)*, dass sie sich sukzessive von den älteren auf die jeweils jüngeren Inseln ausbreiteten (Cibois et al. 2004). Bei endemischen Spinnen (Gillespie 2003), Rüsselkäfern der Gattung *Rhyncogonus* (Claridge 2006) und Landschnecken der Gattung *Samoana* (Johnson et al. 2000) steht jeweils eine nördliche einer südlichen Phylogruppe gegenüber, was auch mit der Progressionsregel in Einklang steht.

Obwohl die **Gesellschaftsinseln** mit der **Hauptinsel Haiti,** ähnlich wie der Hawaii-Archipel, die Hypothese eines festen Hotspots unterstützt, finden sich hier bisher keine guten Beispiele für die Progressionsregel. Bei den Kriebelmücken der Gattung *Simulium* wird vermutet, dass spezialisierte Arten auf den **kleinen alten Inseln** wegen **natürlicher Habitatverluste** im Verlauf des kontinuierlichen Erosionsprozesses ausgestorben sein könnten, sodass eine eventuell früher vorhandene Progression auf dieser Inselkette heute nicht mehr nachweisbar ist, sofern sie jemals existiert haben sollte (Joy & Conn 2001, Craig 2003). Für Vertreter der Rüsselkäfergattung *Rhyncogonus* zeigen genetische Befunde, dass Tahiti **mehrfach von verschiedenen benachbarten Inselketten besiedelt** wurde (Claridge 2006, Claridge et al. 2017). Auch für die Rohrsänger (Gattung *Acrocephalus*) leiten sich die heute auf Tahiti vorkommenden Taxa nach genetischen Untersuchungen von Besiedlungen aus unterschiedlichen benachbarten Bereichen ab (Cibois et al. 2011). Diese phylogeographischen Muster der Gesellschaftsinseln lassen sich durch die zahlreichen Inselgruppen in dieser Region gut erklären, sodass Besiedlungen von diesen aus mit vergleichsweise hoher Frequenz stattfinden konnten und die Ausbildung von Besiedlungsketten zwischen den Gesellschaftsinseln nicht entstehen ließen (Gillespie et al. 2008).

Die berühmten **Galápagos-Inseln**, die sich östlich von Polynesien auf der Höhe des Äquators etwa 950 km vor der südamerikanischen Küste befinden, weisen auch für etliche Arten phylogeographische Strukturen auf, die durch die **Progressionregel** erklärbar sind (Parent et al. 2008, Shaw & Gillespie 2016). So sprechen Analysen mitochondrialer DNA der **Galápagos-Riesenschildkröte** ***(Chelonoidis nigra)*** dafür, dass sie sich parallel mit der geologischen Entstehung der Inseln evoluierten (Caccone et al. 2002, Beheregaray et al. 2004). Ein sehr ähnliches Bild wurde ebenfalls für die Lavaechsen (Gattung *Microlophus*) beobachtet (Kizirian et al. 2004). Auch für Landschnecken wurden genetische Muster nachgewiesen, die für eine Ausbreitung nach der Progressionsregel sprechen (Parent & Crespi 2009). Bei Vögeln existieren Evidenzen für ein sukzessives, dem Alter der Inseln folgendes Besiedlungsmuster für die **Galápagos-Spottdrossel** ***(Mimus parvulus)*** (Arbogast et al. 2006), nicht jedoch für die berühmten Darwin-Finken (Grant & Grant 2008). Auch die Kleinschmetterlingsgattung *Galagete* (Schmitz et al. 2007) und die flugunfähige Rüsselkäfergattung *Galapaganus* (Parent et al. 2008) folgen mit ihren genetischen Mustern nicht der Progressionsregel. Im Fall der stark geclusterten Galápagos-Inseln scheinen vor allem mobile Arten, die sich leicht zwischen den Inseln hin- und herbewegen können, die Rüsselkäfer eventuell auch als Meerestreibgut, einen so häufigen Austausch zu besitzen, der eine mögliche progressive Erstbesiedlung der Inseln sekundär verwischt oder bei späterer Besiedlung erst gar nicht entstehen lässt. Auch ist auffällig, dass die Arten, die sich durch **adaptive Radiation** auszeichnen, **keine nachweisbaren progressiven Kolonisierungsmuster** in ihren genetischen Strukturen aufweisen (Shaw

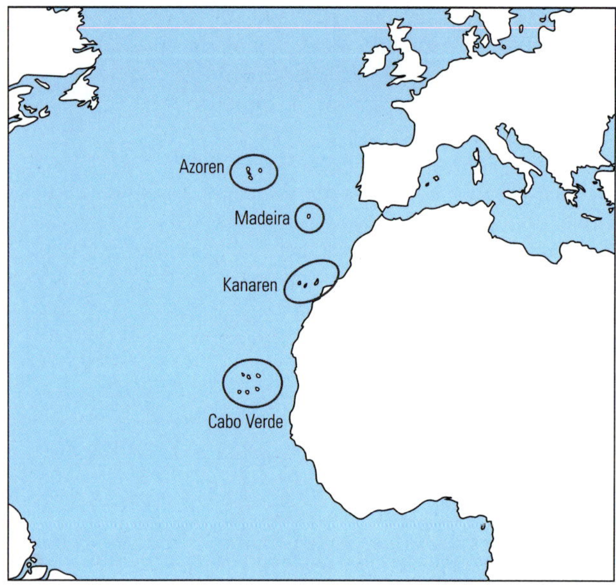

Abb. 11.11 Die vier Inselgruppen Makaronesiens.

& Gillespie 2016). Dies könnte auch mit der Annahme zusammenhängen, dass solche Radiationen durch **Migrationen zwischen den Inseln** gefördert werden (siehe auch oben), was im Widerspruch zur Progression steht.

11.6 Makaronesien

Als Makaronesien oder Makaronesische Inseln werden die sich im östlichen Atlantik befindenden Inseln vulkanischen Ursprungs bezeichnet, die sich auf vier Gruppen aufteilen. Die wichtigste von diesen repräsentieren die **Kanarischen Inseln**. Die verbleibenden drei sind die **Azoren**, **Madeira** und die **Kapverdischen Inseln** (Abb. 11.11). Obwohl diese vier Inselgruppen durch Hunderte bis Tausende von Kilometern Meer voneinander getrennt sind, besitzen sie dennoch zum Teil bemerkenswerte biogeographische Übereinstimmungen. So ist der **Azoren-Lorbeer** ***(Laurus azorica)*** auf den Azoren und Madeira verbreitet, wahrscheinlich auch auf den Kanaren, für die von manchen Autoren *Laurus novocanariensis* als endemische Art angesehen wird, der jedoch auf jeden Fall sehr eng mit dem Azoren-Lorbeer verwandt ist (Kondraskov et al. 2015). Darüber hinaus existiert eine große genetische Nähe der makaronesischen Populationen mit dem Echten Lorbeer *(Laurus nobilis)* aus dem westlichen Mittelmeerraum. Es ist deshalb möglich, dass Makaronesien das Entstehungs- und damit primäre Ausbreitungszentrum des westmediterranen Lorbeer ist (Rodríguez-Sánchez et al. 2009). Der **feuchte Lorbeerwald** mit zahlreichen Endemiten ist eine prägende Vegetationseinheit Makaronesiens. Der Status dieses Waldtyps als **Tertiärrelikt** wird jedoch nach wie vor kontrovers diskutiert. Kondraskov et al. (2015) belegten, dass die meisten der von ihnen berücksichtigten Arten des Lorbeerwaldes einen genetisch belegten Ursprung im Pleistozän oder Pliozän haben, einige bis ins Miozän reichen, nicht jedoch ins Paläogen (also älter als 23 Mio. Jahre). Somit sind die Lorbeerwälder zumindest keine reinen Tertiärrelikte.

11.6.1 Artenarmut der Azoren und Kapverden gegenüber Artenreichtum der Kanaren

Andere weit in Makaronesien verbreitete Artengruppen leiten sich von gemeinsamen Besiedlungen ab. Ein Beispiel ist das **Hahnenfußtaxon** ***Ranunculus cortusifolius***. Untersuchungen von chromosomalen und nukleären Genen ergaben, dass sich die makaronesischen Populationen wohl auf vier oder fünf Arten aufspalten, sich aber insgesamt auf ein **einziges Kolonisierungsereignis** aus dem westlichen Mittelmeerraum im späten Miozän zurückführen lassen. Die phylogeographischen Daten erlauben in diesem Fall keine detaillierte Rekonstruktion der Besiedlungsgeschichte Makaronesiens. Eindeutig ist lediglich, dass die Azoren von Madeira aus besiedelt wurden (Williams et al. 2015).

Auch die makaronesischen Vertreter der **Laufkäfergattung** ***Trechus*** stellen basierend auf mitochondrialer und nukleärer Information eine monophyletische Grup-

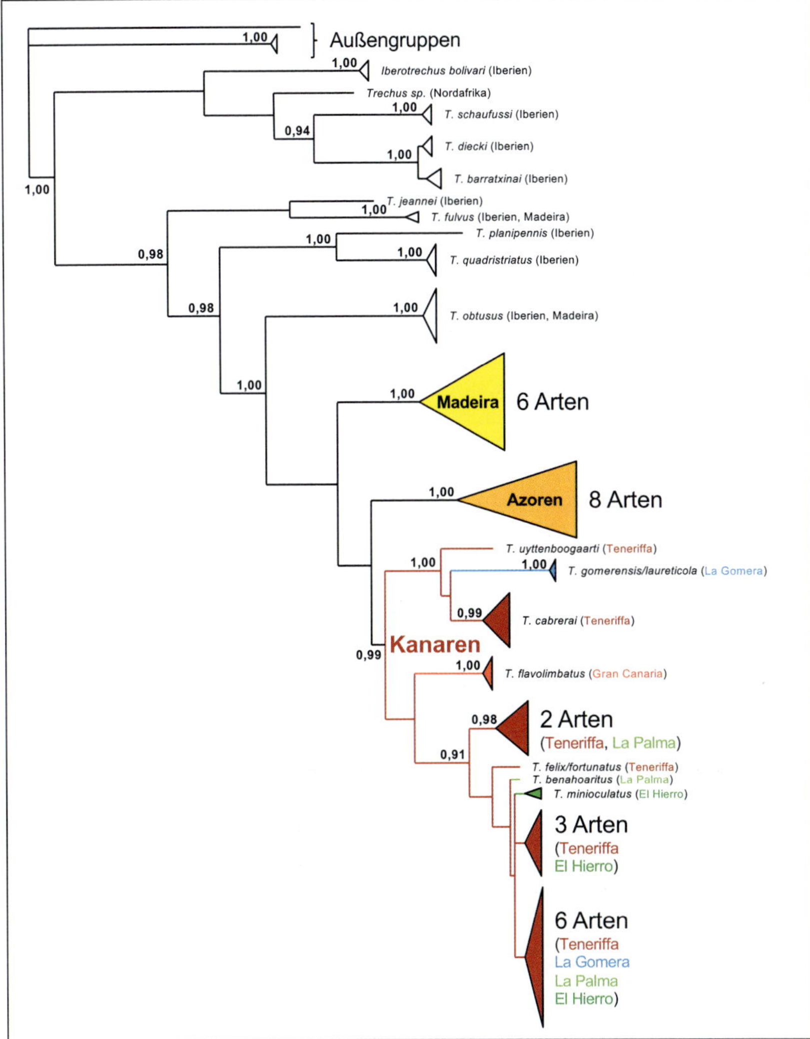

Abb. 11.12 Bayes'scher Inferenz-Verwandtschaftsbaum der Laufkäfergattung *Trechus*, basierend auf drei mitochondrialen Genfragmenten (785 bp). Den kontinentalen Vertretern steht eine monophyletische makaronesische Gruppe mit je einem Monophylum für Madeira, die Azoren und die Kanaren gegenüber. Die Kanarengruppe ist in zwei große Gruppen aufgeteilt, von denen letztere zwei bedeutende Untergruppen besitzt. An den Ästen sind *posterior probabilities* (>0,90) angegeben. Abbildung nach Contreras-Diaz et al. (2007).

pe dar. Sie leiten sich somit von einem einzigen Besiedlungsereignis vom Festland ab und breiteten sich anschließend auf alle der drei nördlicheren Inselgruppen aus, sodass jede von ihnen wiederum ein eigenes Monophylum aufweist. In jeder Inselgruppe fanden anschließend an die Besiedlung weitere Differenzierungen und die Evolution von endemischen Arten statt (Abb. 11.12; Contreras-Diaz et al. 2007). Für die Rüsselkäferunterfamilie der Cryptorhynchinae fanden vom späten Miozän bis ins Pleistozän sogar mindestens drei erfolgreiche Kolonisationsereignisse auf den Madeira-Archipel statt (Stüben & Astrin 2010).

Insgesamt sind jedoch die Differenzierungstiefe und die gesamte Artenzahl von *Trechus*-Laufkäfern auf den Kanaren deutlich höher als auf Madeira oder den Azoren. Das ist insbesondere bemerkenswert, da die Kanaren mit sieben größeren Inseln sogar weniger als die Azoren mit neun aufweisen, allerdings ist die Landfläche der Kanaren (7 492 km²) etwa dreimal größer als die der Azoren (2 333 km²).

Das Phänomen, dass es auf den **Kanaren deutlich stärker ausgeprägte Dif-**

ferenzierungen als auf den Azoren gibt, gilt jedoch nicht nur für *Trechus*-Laufkäfer, sondern scheint ein generelleres Muster darzustellen. So wurden für Käfer der Gattung *Tarphius* sehr viel weniger genetische Linien nachgewiesen als auf den Kanaren, obwohl sich das Besiedlungsalter nicht markant unterscheidet; allerdings wurden Differenzierungen auf einzelnen Azoren-Inseln ausschließlich auf den geologisch ältesten nachgewiesen (Amorium et al. 2012). Auch das Ölbaumgewächs *Picconia azorica* weist eine vergleichsweise geringfügige genetische Differenzierung auf den Azoren auf (Ferreira et al. 2011). Carine & Schäfer (2010) fassen zusammen, dass die **Azoren** generell **wenige endemische Blütenpflanzenarten** aufweisen und es kaum nachweisbare allopatrische Artbildungen auf Einzelinseln gibt. Die phylogenetischen Daten sprechen jedoch gegen eine rezente Besiedlung der Inseln, sodass generell die **Artbildungsrate auf den Azoren geringer** sein muss als auf den Kanaren. Carine & Schäfer (2010) vermuten deshalb, dass dieser Unterschied auf den sehr unterschiedlichen **klimatischen Historien** beider Inselgruppen beruht. Auf den Kanaren fanden im Quartär häufige, teilweise abrupte Wechsel zwischen feuchten und trockenen Phasen statt, die einen wichtigen Motor für die Artbildung dargestellt haben könnten. Im Gegensatz dazu besaßen die Azoren ein wesentlich stabileres Klima über die Zeit, was einen der Gründe für die vergleichsweise geringeren Artbildungsraten und Endemitenzahlen darstellen könnte.

Auch die **Kapverdischen Inseln** besitzen eine eigenständige Flora und Fauna, die insgesamt meist weniger phylogenetische Beziehungen mit den anderen Inselgruppen Makaronesiens aufweist als diese untereinander. Ein Beispiel ist der **Hornklee (Gattung *Lotus*)**. Die endemischen Arten auf den Kanaren leiten sich von einer Besiedlung aus Nordafrika ab, mit *Lotus arenarius* als nächstverwandtem Taxon; die endemische Art der Azoren, *Lotus azoricus*, stammt von Vorfahren auf den Kanaren ab. Von den Kanaren ausgehend fand sogar eine Rückbesiedlung nach Nordafrika statt. Die Arten Kapverdens jedoch leiten sich von einem unabhängigen Dispersionsereignis aus Nordafrika ab, wo *Lotus maroccanus* die nächstverwandte Art darstellt (Allan et al. 2004).

Die Gesamtzahl der Endemiten der Kapverdischen Inseln ist nicht zu vergleichen mit der Situation auf den Kanaren. So entwickelte sich für die **Geckos der Gattung *Tarentola*** meist nur eine Art pro Insel, in einigen Fällen zwei, was aber immer mit unabhängigen Kolonisierungen zwischen den Inseln verbunden war. Auf den Inseln kam es in keinem Fall zu Radiationen. Interessant ist auch, dass die erste Besiedlung mit hoher Wahrscheinlichkeit von den Kanaren aus erfolgte, was ein weiterer Hinweis auf die biogeographische Kohärenz Makaronesiens ist (Vasconcelos et al. 2012). Auch für die Skink-Gattung *Mabuya* ergibt sich ein ähnliches Bild mit Differenzierung zwischen den Inseln, aber keinen relevanten genetischen Strukturen auf diesen. Eine Progression von den alten zu den jungen Inseln deutet sich an (Brown et al. 2001). Somit scheinen die Kapverden ähnlich niedrige Artbildungsraten wie die Azoren aufzuweisen. Dieses Phänomen könnte, wie im Fall der Azoren, auch an den vermutlich relativ **konstanten klimatischen Bedingungen** auf dieser Inselgruppe liegen.

Für die sehr viel artenreicheren Kanaren sollte somit auch die Evolutionsgeschwindigkeit vergleichsweise hoch sein. Eine Untersuchung von Guzmán & Vargas (2010) über die Zistrosengattung *Cistus* legt jedoch nahe, dass die Differenzierungsgeschwindigkeit auf den Kanaren und im Mittelmeerraum vergleichbar ist und somit nicht verantwortlich für die hohen Endemitenzahlen der Kanaren sein sollte. Untersuchungen an der **Montpellier-Zistrose *(Cistus monspeliensis)*** zeigen allerdings eine zehnfach höhere genetische Diversität als im Mittelmeerraum. Das spricht dafür, dass eumediterrane Arten auf den Kanaren **bessere Überlebensmöglichkeiten** während der glazialen Kaltphasen besaßen als im Mittelmeerraum, wo sie vermutlich deutlich stärkeren Flaschenhälsen unterworfen waren. Folglich sollte zumindest ein Teil des stark ausgeprägten Endemismus der Kanaren auf der Erhaltung und weiteren Differenzierung von einmal entstandenen Taxa beruhen, also einem gewissen «**Museumseffekt**».

11.6.2 Die Kanaren

Wenden wir uns nun den Kanaren im Detail zu. Diese bestehen aus **sieben großen Inseln**, die im Atlantik vor der Küste Südmarokkos liegen. Mit einer Entfernung von etwa 120 km befindet sich die Insel Fuerteventura am nächsten am Festland. Obwohl alle Inseln rein vulkanischen Ursprungs sind und somit **ozeanische Inseln*** darstellen, haben sie ein sehr unterschiedliches Alter, das von Osten nach Westen hin abnimmt. Folglich ist **Fuerteventura** mit einem Entstehungsalter von etwa 20 Mio. Jahren die älteste und **El Hierro** mit gut 1 Mio. Jahren die jüngste Insel (Abb. 11.13; Mairal et al. 2015). Wegen ihres Alters sind die beiden Ostinseln **Fuerteventura** und **Lanzarote** sehr viel stärker erodiert als alle anderen Inseln und weisen keine Höhen über 1000 m NN auf; die höchste Erhebung liegt mit dem Pico de la Zarza auf Fuerteventura bei 807 m NN. Die zentralen und westlichen Inseln besitzen alle Höhen von über 1500 m NN, die meisten sogar deutlich über 2000 m NN, und mit dem Teide (3718 m NN) befindet sich der höchste Berg Spaniens auf den Kanaren. Mit 7500 m über dem Meeresboden ist er sogar der dritthöchste Inselvulkan der Welt.

Wegen dieser beträchtlichen Höhen stauen sich vor den fünf zentralen und westlichen Inseln die **Passatwinde** und führen zu **ganzjährigen Steigungsregen**. Deshalb gibt es auf diesen Inseln sehr unterschiedliche Vegetationseinheiten von **immerfeuchten Lorbeerwäldern** an den Nordosthängen bis hin zu **halbwüstenähnlicher Sukkulentenvegetation** an den Südflanken (Abb. 11.14; Juan et al. 2000). In den höheren Lagen befinden sich **Wälder der endemischen Kanarenkiefer** *(Pinus canariensis)*, die mit ihren langen Nadeln die Feuchtigkeit aus der Passatwolke regelrecht auskämmen und damit eine äußerst wichtige Funktion für die Wasserversorgung der Inseln besitzen. In den höchsten Bereichen herrschen **subalpine Strauch- und Krautfluren** mit endemischen Arten wie **Wildprets Natternkopf** *(Echium wildpretii)* vor. Nur

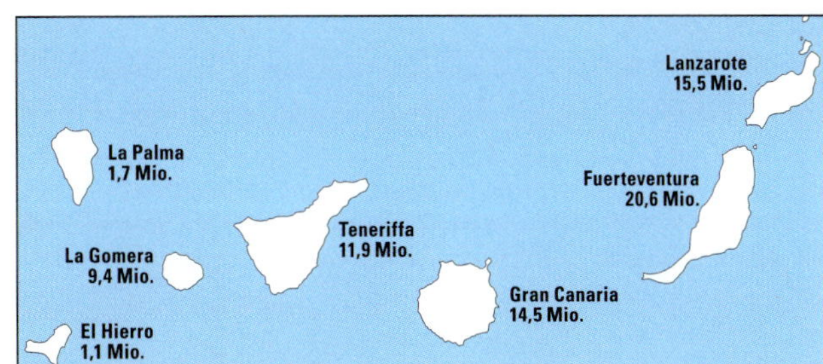

Abb. 11.13 Geographische Karte der kanarischen Inseln mit dem Alter ihrer Entstehung. Abbildung nach Mairal et al. (2015).

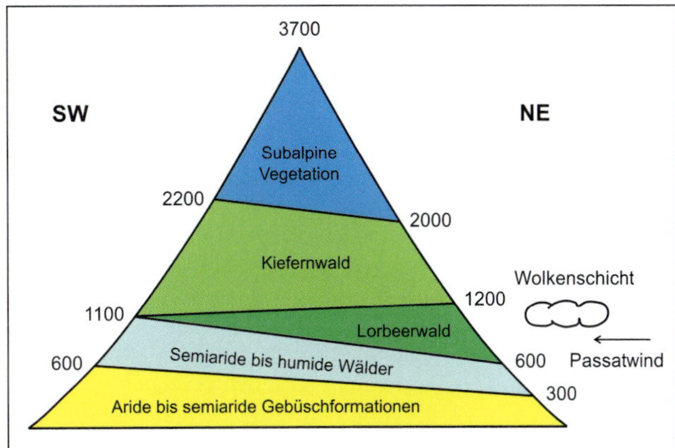

Abb. 11.14 Auf den Kanaren besitzen die zentralen Inseln Gran Canaria und Teneriffa und die westlichen Inseln La Gomera, La Palma und El Hierro hohe Vulkane, die auf ihren windzugewandten Hängen über den größten Teil des Jahres Wolkenbänke aufweisen. Diese werden durch hochliegende trocken-warme Luftmassen und die tieferliegenden feuchten Passatwinde hervorgerufen. Hieraus resultieren fünf unterschiedliche Vegetationszonen: (1) arides subtropisches Buschland mit vielen Sukkulenten; (2) humides bis semi-arides Buschland und Wald; (3) humider Lorbeerwald im Wolkengürtel; (4) humider bis trockener, temperater Kiefernwald; (5) trockenes subalpines Buschland. Die beiden östlichen Inseln Lanzarote und Fuerteventura sind wegen ihrer geringeren Höhe weniger von den Passatwinden beeinflusst und Regenfälle sind aufgrund ihrer geographischen Situation generell seltener. Deshalb sind diese sehr vegetationsarm; und wo überhaupt Vegetation ausgebildet ist, dominiert fast überall ein arides, sukkulentenreiches Buschland mit vielen xerophilen afrikanischen Pflanzen. Abbildung nach Juan et al. (2000).

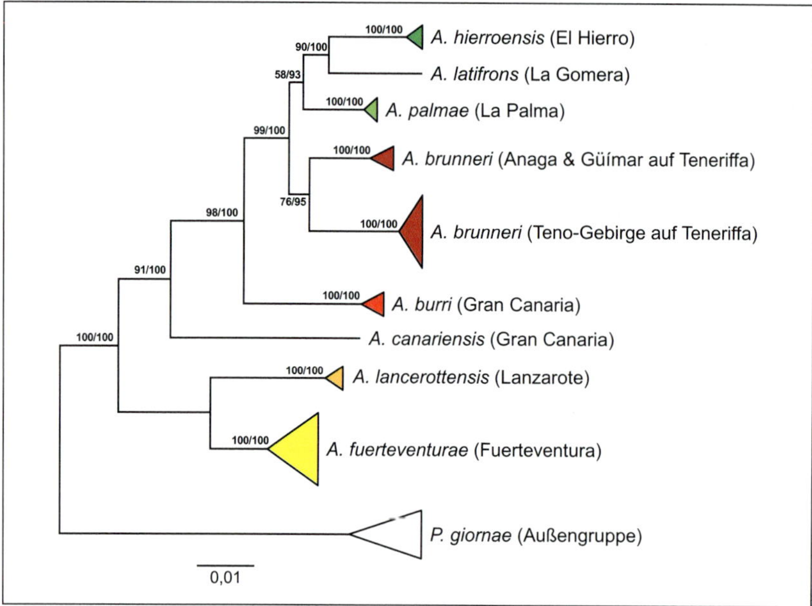

Abb. 11.15 Phylogeogenie der für die Kanaren endemischen Kurzfühlerheuschreckengattung *Arminda*, dargestellt anhand eines bayes'schen Inferenzbaums, basierend auf Sequenzanalysen von zwei mitochondrialen (1414–1417 bp) und zwei nukleären (1376–1418 bp) Genabschnitten. Die Werte an den Ästen sind *bootstrap*-Werte und *posterior probabilities*. Abbildung nach Hochkirch & Görtzig (2009).

die Insel **Teneriffa** ist hoch genug, um eine echte **alpine Stufe** aufzuweisen, die jedoch eine lediglich geringe Vegetationsdeckung aufweist, darunter Endemiten wie das **Teide-Veilchen** *(Viola cheiranthifolia)*. Die beiden generell sehr viel trockeneren Ostinseln hingegen besitzen fast ausschließlich Halbwüstencharakter und zeigen deshalb eine sehr viel geringere biologische Vielfalt.

Über intensive genetische Untersuchungen der Flora und Fauna der Kanaren wurden die Besiedlungsprozesse der einzelnen Inseln und auch die Differenzierungen auf den jeweiligen Inseln für eine Vielzahl von Taxa aufgeschlüsselt (Juan et al. 2000, Shaw & Gillespie 2016). Insgesamt wurden auf den Kanaren alle typischen Phänomene der Inselbiogeographie nachgewiesen.

11.6.2.1 Besiedlungsprozesse auf den Kanaren

Eine gutes Beispiel für die **Progression** von den älteren östlichen Inseln bis hin zu den jüngsten Inseln im Westen stellt die flügellose und für die Kanaren endemische **Heuschreckengattung** ***Arminda*** dar, für die jede Insel ein bis zwei für sie endemische Arten besitzt (Abb. 11.15; Hochkirch & Görtzig 2009). Basierend auf der Analyse von zwei mitochondrialen und zwei nukleären Genen war Fuerteventura, also die älteste und auch dem Festland nächstgelegene Insel, wahrscheinlich die erste, die besiedelt wurde. Von hier aus erfolgte als Nächstes eine Expansion in westlicher Richtung nach Gran Canaria; wohl erst deutlich später fand eine Ausbreitung nach Norden nach Lanzarote statt, wo sich anschließend die Art *Arminda lancerottensis* evoluierte. Auf Gran Canaria fand nach ihrer Besiedlung eine Differenzierung in zwei Arten statt, *Arminda canariensis* und *A. burri*. Die Vorfahren von letzterer expandierten weiter nach Teneriffa, wo sich die Art *A. brunneri* mit zwei deutlich voneinander differenzierten Linien entwickelte. Dem genetischen Befund folgend fand die weitere Ausbreitung von Teneriffa aus vermutlich zuerst in nordwestlicher Richtung nach La Palma *(Arminda palmae)* statt. Von hier erfolgte anschließend eine Ausbreitung nach Süden, wobei nicht geklärt ist, ob La Gomera *(Arminda latifrons)* oder El Hierro *(Arminda hierronsis)* zuerst erreicht wurde. Die genetischen Distanzen favorisieren leicht die Route La Palma–El

Hierro–La Gomera. Gut unterstützt ist jedenfalls, dass die letzte Dispersion zwischen La Gomera und El Hierro stattfand. Somit weicht die Besiedlungsgeschichte der drei westlichsten Inseln etwas von der Progressionsregel ab, denn die älteste von diesen, La Gomera, wurde eventuell zuletzt erreicht.

Auch für die **Spinnengattung *Loxosceles*** wurde, basierend auf der Sequenzierung von zwei mitochondrialen und zwei nukleären Genfragmenten, eine monophyletische Gruppe für die Kanaren mit **klarer Progression von Osten nach Westen** nachgewiesen, und zwar in der Abfolge Fuerteventura/Lanzarote–Gran Canaria–Teneriffa–La Gomera–El Hierro; auf La Palma ist die Gattung nicht vertreten (Planas & Ribeira 2014). Die beiden Ostinseln, oder zumindest eine von ihnen, wurden über Kalibrierung durch eine molekulare Uhr vor etwa 8 Mio. Jahren erreicht, also erst etwa 12 Mio. Jahre nach der Entstehung von Fuerteventura und zu einer Zeit, zu der alle Kanareninseln bis auf La Palma und El Hierro schon existierten. Die Besiedlung von den älteren östlichen zu den jüngeren westlichen Inseln ist somit für *Loxosceles*, und das gilt auch für etliche andere Taxa, nicht bedingt durch das gestaffelte Entstehen der Inseln, sondern einfach dadurch, dass das Alter der Inseln mit dem Abstand zum Festland abnimmt und somit durch ihre **geographische Lage zum Festland** und zueinander und nicht durch ihr eigentliches Alter. Die nur geringfügigen genetischen Unterschiede zwischen Fuerteventura und Lanzarote erlauben keinen Rückschluss darauf, welche der beiden Inseln zuerst besiedelt wurde und sprechen für einen noch nicht lange zurückliegenden Austausch zwischen ihnen oder eine erst rezente Besiedlung einer von ihnen.

Auch für die kanarischen Arten der **Rüsselkäfergattung *Brachyderes*** wurde, basierend auf Sequenzen des mitochondrialen Gens COII, eine klare Progression von Osten nach Westen nachgewiesen (Abb. 11.16; Emerson et al. 2000a). Da

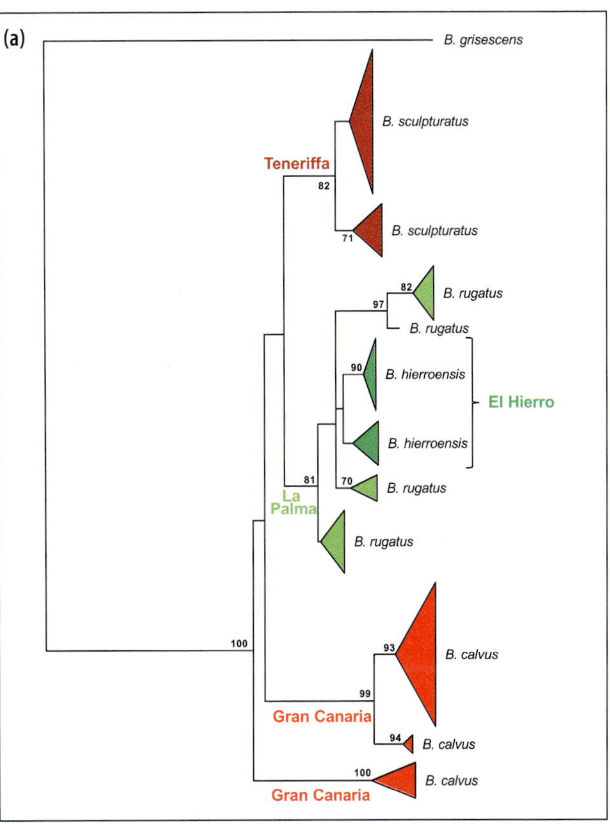

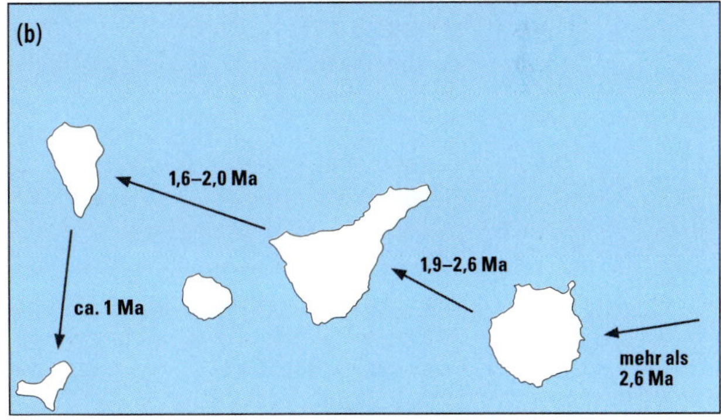

Abb. 11.16 Phylogeographie der Rüsselkäfergattung *Brachyderes* auf den Kanaren. (a) *Neighbor-joining*-Baum, basierend auf dem mitochondrialen COII-Gen (570 bp). *Bootstrap*-Werte über 70 % sind an den Knoten angegeben. (b) Sich aus den genetischen Daten ableitende Besiedlungsgeschichte mit den geschätzten Besiedlungszeitfenstern. Abbildung nach Emerson et al. (2000a).

diese Rüsselkäfer jedoch an **Wälder der Kanarenkiefer *(Pinus canariensis)*** gebunden sind, fehlen sie auf den beiden trockenen Ostinseln, aber auch auf La

Gomera, wo es keine natürlichen Wälder dieser Baumart gibt. Die zuerst besiedelte Kanareninsel war vor mehr als 2,6 Mio. Jahren Gran Canaria, also zu einem Zeitpunkt, also diese Inseln wohl schon über 10 Mio. Jahre existierte. Vor 2,6–1,9 Mio. Jahren erfolgte dann eine Expansion nach Teneriffa, also wiederum lange nach der Entstehung dieser Insel, von wo vor 2,0–1,6 Mio. Jahren La Palma erreicht wurde, das etwa in diesem Zeitfenster auch entstand. Die weitere Ausbreitung nach El Hierro liegt etwa 1 Mio. Jahre zurück und stimmt somit auch etwa mit dem Alter dieser Insel überein. Somit ist die progressive Ausbreitung im Fall von Gran Canaria und Teneriffa wohl mit deren geographischer Lage begründet, bei La Palma und El Hierro aber mit ihrem Entstehungsalter. Dies zeigt deutlich, dass **geographische Lage und Inselalter** bei dem Besiedlungsprozess einer Inselkette wichtige Faktoren für die Evolution der phylogeographischen Muster sein können.

Für die **Skinke der Gattung *Chalcides*** ergibt sich ein Bild, das teilweise der Progressionsregel folgt, teilweise ihr aber auch widerspricht, was wahrscheinlich durch zwei Kolonisierungsereignisse zu unterschiedlichen Zeiten begründet ist. Basierend auf drei mitochondrialen Genen stellen *Chalcides sexlineatus* (Gran Canaria) und *C. viridanus* (Teneriffa, La Gomera, El Hierro) eine monphyletische Gruppe dar und stammen wohl von einer einzigen Besiedlung deutlich vor dem Beginn des Pleistozäns ab (Brown & Pestano 1998). Die Kombination der genetischen Daten und die taxonomische Klassifikation in zwei Arten unterstützen die klassische Besiedlungskette Gran Canaria–Teneriffa–La Gomera–El Hierro, schließt aber auch eine Besiedlung Teneriffas vor Gran Canaria nicht aus. Die Skinkart Fuerteventuras, *Chalcides simonyi*, steht genetisch den nordafrikanischen Skinken *C. polylepis* und *C. mionecton* näher als den anderen Vertretern der Kanaren. Es ist deshalb zu vermuten, dass **Fuerteventura** in einer zweiten, deutlich **späteren Besiedlungswelle** erreicht wurde und deshalb die Abspaltung von nordafrikanischen Vorfahren viel rezenter ist als bei den anderen *Chalcides*-Arten der Kanaren.

Die Vertreter der **Schwarzkäfergattung *Nesotes***, die unter sehr trockenen Bedingungen überleben können und deshalb auf allen Kanareninseln vertreten sind, zeigen wiederum eine weitgehende Progression bei der Besiedlung der Inseln von Ost nach West. In diesem Fall lassen sich aber über Untersuchung des mitochondrialen Genorts COII eine **Vielzahl von Dispersionen** zwischen den Inseln nachweisen (Abb. 11.17; Rees et al. 2001a). Die initiale Besiedlung der Kanaren erfolgte nach Fuerteventura, von wo zuerst die nördlich gelegene Nachbarinsel Lanzarote kolonisiert wurde. Von den beiden Ostinseln ausgehend wurde zweimal unabhängig Madeira besiedelt und etwa zur gleichen Zeit Gran Canaria und auch Teneriffa, für die die genetischen Daten eher für zwei unabhängige Dispersionsereignisse sprechen als für ein gemeinsames. Vor allem **Teneriffa** wurde dann zu einer **phylogeographischen «Drehscheibe»** für die westlichen Kanareninseln, denn von hier wurde dreimal La Gomera und zweimal La Palma besiedelt. Von La Palma fanden zwei Expansionen nach El Hierro statt. Außerdem erfolgte von Teneriffa auch eine Rückbesiedlung nach Lanzarote. Zusätzlich zu den zahlreichen Austauschprozessen zwischen den Inseln fanden, vor allem auf den großen Inseln, noch zahlreiche weitere Artaufspaltungen auf Einzelinseln statt.

Auch die **Schwarzkäfergattung *Pimelia*** zeigt eine **komplexe Besiedlung** der Kanaren, die auf ein einziges Kolonisierungsereignis von Marokko nach Fuerteventura und Lanzarote zurückgeht, weshalb alle Kanaren-*Pimelia* eine **monophyletische Gruppe** darstellen. Innerhalb der Kanaren fand weitgehend eine Progression von Osten nach Westen statt (Pons et al. 2002). Einige Vertreter dieser Gattung folgen jedoch diesem Prinzip nur eingeschränkt. Eine dieser Abweichungen

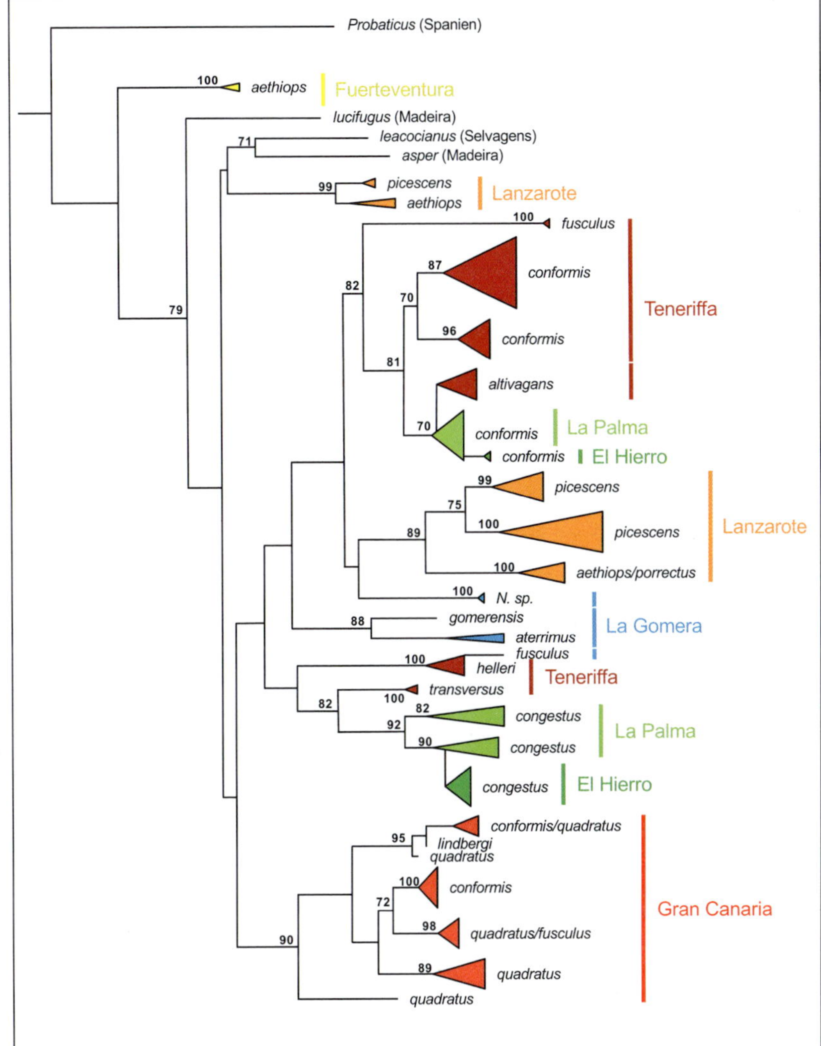

Abb. 11.17
Maximum-parsimony-Konsensusbaum der Schwarzkäfergattung *Nesotes* auf den Kanaren, basierend auf Sequenzen des mitochondrialen Gens COII (675 bp). *Bootstrap*-Werte über 70 % sind an den Knoten angegeben. *Probaticus anthracinus* aus Spanien wurde als Außengruppe eingesetzt. Abbildung nach Rees et al. (2001a).

stellt eine monophyletische Untergruppe von vier Arten auf den vier westlichsten Inseln dar (*Pimelia ascendens* und *P. canariensis* im westlichen und zentralen Teneriffa, *P. radula* im nordöstlichen Teneriffa und *P. laevigata* auf La Gomera, La Palma und El Hierro). Basierend auf Sequenzen des mitochondrialen COI-Gens liegt der Ursprung dieser Verwandtschaftsgruppe eindeutig auf Teneriffa, denn die Differenzierung der hier vorkommenden Taxa ist stärker und somit auch älter als die zwischen den anderen Inseln. *P. laevigata* auf den drei Westinseln ist nächstverwandt mit den beiden Arten im westlichen Teneriffa und leitet sich folglich von diesen ab. Die Kolonisierungsgeschichte ist auf Basis der vorhandenen Daten nicht gut abgesichert, aber eine Ausbreitung über La Gomera nach La Palma scheint wahrscheinlich, es ist aber auch eine direkte Dispersion nach La Palma möglich. Von La Palma erfolgte eine Rückkolonisierung nach La Gomera oder, weniger wahrscheinlich, nach El Hierro. Das letzte Dispersionsereignis war auf derjenigen dieser beiden Inseln, die bis dahin noch unbesiedelt war (Moya et al. 2006).

Aber nicht nur Artengruppen, die gut an trockene Lebensräume angepasst sind, weisen komplexe Besiedlungsmuster auf den Kanaren auf. Die zu den Zopheridae gestellte **Käfergattung *Tarphius*** ist ein Beispiel für eine an **Lorbeerwälder** adaptierte Gruppe, die zahlreiche endemische Arten auf den Kanaren evoluierte. Basierend auf Sequenzen der mitochondrialen Gene COI und COII (Abb. 11.18; Emerson & Oromí 2005) ist die Herkunft der kanarischen Arten noch nicht gesichert. Aufgrund der Tatsache, dass weitere *Tarphius*-Arten auf Madeira und den Azoren vorkommen, ist eine Besiedlung der Kanaren von den nördlicheren Inselgruppen Makaronesiens möglich. Da die phylogenetische Stellung der beiden madeirensischen Arten *T. sculptipennis* und *T. rotundatus* in unterschiedlichen Analysen divergiert und sich sowohl innerhalb als auch außerhalb des Kanarenclusters befinden kann, ist die biogeographische Rekonstruktion ungewiss. Somit können diese Arten Madeiras die Ahnen der Besiedlung der Kanaren sein, oder sie können sich von den Kanaren ableiten, je nachdem, welche der phylogenetischen Rekonstruktionen zutreffend ist. Außerdem ist auch eine direkte Besiedlung der Kanaren von Nordafrika möglich, da die hier vorkommenden Arten in der Analyse fehlen.

Die Präsenz der Gattung *Tarphius* auf den Kanaren muss basierend auf der molekularen Uhr schon über 7 Mio. Jahre andauern, denn die beiden Knoten L und Q (Abb. 11.18; Emerson & Oromí 2005) wurden auf mindestens dieses Alter geschätzt. Das weist auch auf die **lange Präsenz des Lebensraums Lorbeerwald** auf den Kanaren hin. Die beiden Inseln Gran Canaria und Teneriffa stellen die wichtigsten Ausgangspunkte für die Besiedlung der Kanaren dar, wobei die genetischen Daten nicht eindeutig unterscheiden lassen, ob sich diese von einer einzigen oder zwei unabhängigen Besiedlungen ableiten.

Von Gran Canaria erfolgte eine Besiedlung nach La Gomera, die spätestens vor 4–5 Mio. Jahren stattfand (Knoten O). Von dort breitete sich *Tarphius* vor etwa 800 000–600 000 Jahren nach El Hierro aus (Knoten E), also recht kurz nach dessen erdgeschichtlicher Entstehung, und vor 600 000–500 000 Jahren nach La Palma (Knoten F). Die von Teneriffa ausgehende Arealdynamik ist sogar noch ausgeprägter. Von hier wurde vor spätestens 2,5 Mio. Jahren La Gomera besiedelt (Knoten G), Gran Canaria vor über 2 Mio. Jahren (Knoten J) und La Palma vor über 1 Mio. Jahren (Knoten D). La Gomera wurde dann zum Ausgangspunkt weiterer Dispersionen, und zwar nach La Palma zwischen kurz nach dessen Entstehung und 700 000 Jahren vor heute (Knoten C) sowie nach El Hierro kurz nach seiner Entstehung vor etwa 1 Mio. Jahren (Knoten B).

Weiterhin auffällig ist bei den kanarischen *Tarphius*-Arten, dass auf den drei vergleichsweise alten Inseln Gran Canaria, La Gomera und, am stärksten ausgeprägt, auf Teneriffa bedeutende Artradiationen stattfanden und somit die **Artaufspaltung auf einer Insel** maßgeblich zum **Endemitenreichtum** beiträgt. Anders ist dies auf den jungen Inseln La Palma und El Hierro, denn hier haben sich zwar die ankommenden *Tarphius* zu endemischen Arten differenziert, aber ohne dass es zu einer Radiation auf diesen Inseln gekommen wäre. Die unterschiedlichen Arten auf diesen beiden Inseln gehen somit auf mehrfache Besiedlungen zurück.

Kurz erwähnt sei an dieser Stelle noch, dass eine **progressive Besiedlung** der Kanaren von den alten Ostinseln zu den jungen Westinseln nicht nur für Tiere nachgewiesen wurde, sondern auch für Pflanzen. Ein Beispiel sind AFLP-Untersuchungen an der kanarischen Unterart des **Stierkopf-Ampfers *(Rumex becephalophorus canariensis)***, der ein phylogeographisches Muster besitzt, das klar der Progressionsregel folgt (Talavera et al. 2013). Manche Taxa folgen jedoch auch nicht der Progressionsregel, was oftmals

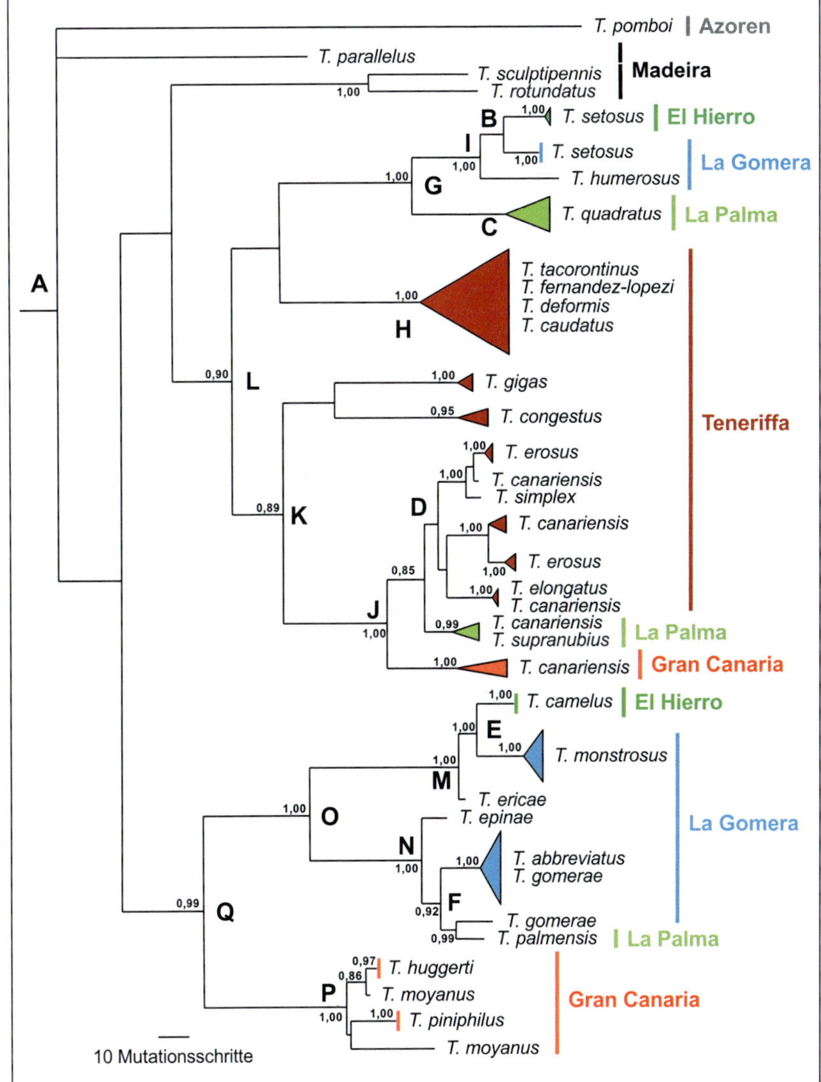

Abb. 11.18 Bayes'scher Inferenzbaum makaronesischer Arten der Rindenkäfergattung *Tarphius*, basierend auf Sequenzen der mitochondrialen Gene COI und COII (1131 bp). *Posterior probabilities* (>0,85) sind an den Knoten angegeben. Erläuterungen zu den mit Buchstaben gekennzeichneten Knoten finden sich im Text. Abbildung nach Emerson & Oromí (2005).

mit mehreren Kolonisierungsereignissen und sich hieraus entwickelnden komplexen phylogeographischen Mustern begründet ist. Ein Beispiel hierfür ist das **Braunwurzgewächs *Scrophularia arguta***, für das mehrere nukleäre und Chloroplasten-Gene sequenziert wurden (Valtueña et al. 2016). Für diese Art fanden vermutlich **drei Kolonisierungsereignisse** auf die Kanaren statt, zwei davon wahrscheinlich im Pliozän und ein rezentes nach Gran Canaria.

Auch die **Laufkäfergattung *Calathus***, die auf den Kanaren meist in **feuchten Wäldern** angetroffen wird und auf den trockenen Ostinseln auf die höchsten und dadurch feuchteren Bereiche beschränkt ist, zeigt deutliche Abweichungen von einer einfachen Progression. Die Analyse der mitochondrialen Genorte COI und COII ergab eine **komplexe Besiedlungsgeschichte** mit **drei unabhängigen Besiedlungen** vom Festland. Madeira wurde mindestens zweimal besiedelt, wovon ein

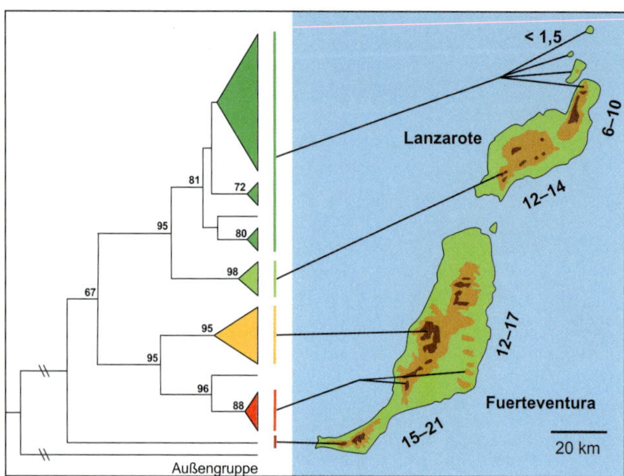

Abb. 11.19 UPGMA-Baum der Schwarzkäferart *Hegeter politus*, basierend auf Sequenzanalysen des mitochondrialen COI-Gens (255 bp) mit *Pimelia grandis* aus Nordafrika als Außengruppe. Die geographische Verbreitung der unterschiedlichen Cluster auf den beiden Kanareninseln Fuerteventura und Lanzarote sind durch Linien gekennzeichnet, die von den jeweiligen Gruppen im Verwandtschaftsbaum ausgehen. Die Zahlen an den Inseln beziehen sich auf das jeweilige Alter ihrer Teile in Mio. Jahren. Abbildung nach Juan et al. (1998).

Dispersionsereignis nicht vom Festland, sondern von den Kanaren ausgegangen sein könnte (Emerson et al. 2000b). Zwei der drei Besiedlungen auf die Kanaren führten nicht zu einer weiteren Ausbreitung. So leiten sich von einer Besiedlung nach Teneriffa zwar zahlreiche Arten auf dieser Insel ab, aber keine verwandten Taxa befinden sich auf anderen Inseln. Die rezenteste Dispersion auf die Kanaren erreichte die beiden Ostinseln, wo sich im Anschluss auf jeder von ihnen eine endemische Art evoluierte.

Nur die dritte Dispersion von *Calathus* auf die Kanaren hatte Konsequenzen für die Mehrzahl der Inseln und zeigt auch das klassische Progressionsmuster. Diese erreichte wahrscheinlich zuerst Gran Canaria, von wo die Besiedlungskette über Teneriffa und La Gomera bis nach El Hierro verlief. Sowohl auf Gran Canaria als auch auf La Gomera fand anschließend an die Kolonisierung eine bedeutende Artaufspaltung statt. Auf Teneriffa war diese weniger stark ausgeprägt, eventuell da sie in Konkurrenz zu den stark radiierenden Vertretern der anderen Besiedlungslinie standen. Auf den beiden Ostinseln mit ihren weitgehend ungünstigen Lebensräumen für diese Artengruppe fand keine Radiation statt. Dies gilt auch für El Hierro, wohl wegen des geringen Alters der Insel und der rezenten Besiedlung.

Einige Artengruppen sind aktuell auch nur auf den **beiden Ostinseln** vertreten. Ein Beispiel ist die **Falltürspinnenart *Titanidiops canariensis***, für die Opatova & Arnedo (2014) drei mitochondriale und vier nukleäre Gene sequenzierten. Diese in Röhren im Boden lebende Spinnenart muss die Kanaren im Miozän erreicht haben, obwohl sie keine Ausbreitung über Ballooning betreibt. Die Autoren vermuten auf Basis der genetischen Information zwei unabhängige Dispersionsereignisse aus einem ursprünglichen Verbreitungsgebiet im nördlichen Lanzarote nach Fuerteventura sowie eine Rückkolonisierung aus Fuerteventura in den Süden von Lanzarote. Für die **Schwarzkäferart *Hegeter politus*** ergibt sich auch ein klares phylogeographisches Muster auf den beiden Ostinseln. Sequenzen des mitochondrialen Gens COI zeigen eine klare Abfolge vom südlichen Fuerteventura bis zum nördlichen Lanzarote mit sukzessive geringer werdenden Differenzierungen und somit abnehmendem Alter (Abb. 11.19; Juan et al. 1998). Es ist somit davon auszugehen, dass diese Art zuerst den ältesten Bereich dieser beiden Inseln besiedelte, was jedoch nicht zwangsläufig heißt, dass dies in Zusammenhang mit der Entstehungsgeschichte steht. Anschließend breitete sie sich sukzessive nach Norden und Nordosten auf die zunehmend jüngeren Inselbereiche aus.

11.6.2.2 Teneriffa – mehr als eine Insel?

Die **erdgeschichtliche Entstehung** des heutigen **Teneriffa** ist hochgradig komplex. Eigentlich setzt es sich aus **drei früher unabhängigen Inseln** zusammen (Abb. 11.20; Mairal et al. 2015). Der älteste Teil mit einem Alter von etwa 11,9–8,9 Mio. Jahren ist der **Roque del Conde** im Süden der Inseln. Das **Teno-gebirge** (6,2–5,6 Mio.) im Nordwesten

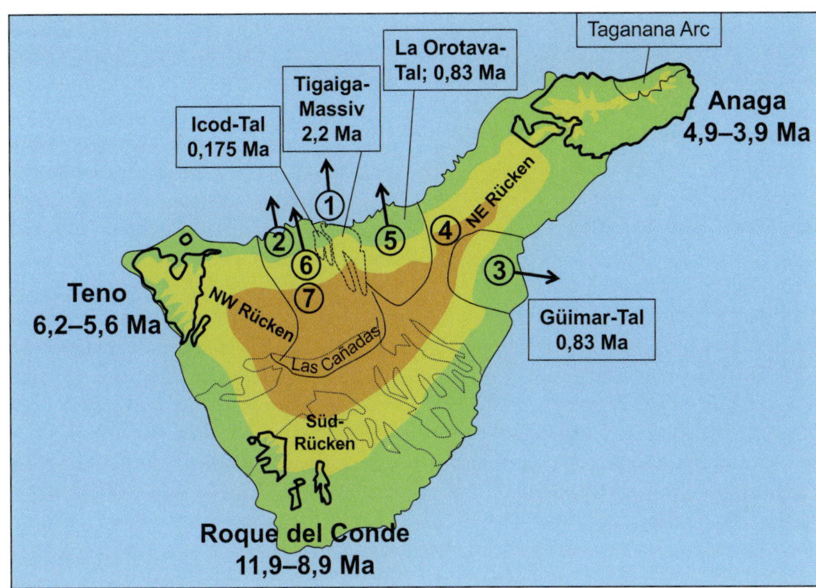

Abb. 11.20 Karte der wichtigen Rutschungen und anderer geologischer Ereignisse auf Teneriffa während des Pleistozäns. Die dicken Linien kennzeichnen die drei Paläoinseln an den Ecken der Insel. Die dünnen Linien stehen für Täler, die durch Erdrutsche entstanden, die unterbrochene Linie repräsentiert die Ausdehnung des erodierten Las Cañadas Vulkans. Pfeile geben die Richtung der Rutschungen an. Abbildung nach Mairal et al. (2015).

und das **Anagagebirge** (4,9–3,9 Mio.) im Nordosten gehören auch zu den alten Bereichen Teneriffas. Eine Insel wurde Teneriffa vor etwa 3,5 Mio. Jahren durch starke vulkanische Aktivitäten zwischen diesen drei alten Inseln, die letztendlich zur Entstehung des **Teide** führte (Ancochea et al. 1990). Im Gegensatz zu den weitgehend stabilen Paläoinseln war der Rest der Insel durchgehend sehr aktiv, mit **Vulkanausbrüchen** bis in die jüngste Zeit (letzte Eruption 1909). In der Zeit des Pleistozäns fanden vor allem an den sehr steilen Nordhängen Teneriffas riesige **Erdrutsche** statt, die ganze Inselbereiche völlig verwüsteten (Cantagrel et al. 1999). Diese bewegte Vergangenheit Teneriffas spiegelt sich bis heute in den biogeographischen Mustern wider.

Ein Beispiel für Differenzierung auf den Paläoinseln ist die **Sechsaugenspinnenart *Dysdera verneaui***. Über Sequenzierung von drei mitochondrialen und zwei nukleären Genen wurden zwei genetischen Linien auf Teneriffa nachgewiesen, eine **Anaga- und eine Teno-Linie**, deren Trennung mittels einer molekularen Uhr auf etwa 4 Mio. Jahren geschätzt wurde, also vor der Fusion zu Teneriffa (Marcias-Hernandez et al. 2013). Auch

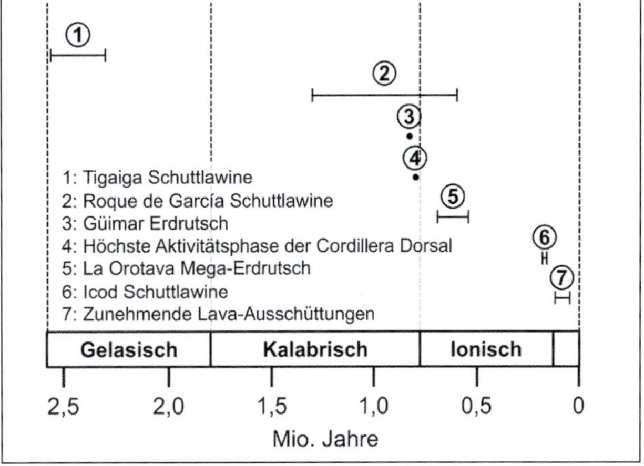

für **Weberknechte der Gattung *Pholcus*** lässt sich eine Anaga- von einer Teno-Artengruppe unterscheiden, deren Trennung, geschätzt über die Kalibrierung von vier mitochondrialen Genfragmenten, ebenfalls etwa 4 Mio. Jahre zurückliegt und somit auf die Paläoinseln zurückzuführen sein sollte (Dimitrov et al. 2008).

Auch die **Käfer der *Tarphius-canariensis*-Gruppe** weisen eine deutliche Differenzierung zwischen Teno und Anaga auf. Die genetischen Strukturen der mitochondrialen Gene COI und

COII deuten auf eine Trennung vor etwa 2 Mio. Jahren und einen **Ursprung im Tenogebiet** hin. Emerson et al. (2000c) vermuteten deshalb, dass sich dieser Artenkomplex nur auf der Teno-Paläoinsel evoluierte und nach der vulkanisch bedingten Fusion mit Anaga nach Osten ausbreitete. Unterstützt wird diese Hypothese durch die Existenz von eigenen endemischen *Tarphius*-Arten im Anagagebirge, die sie wohl auf dieser Paläoinsel herausbildeten. Ein ähnlicher Fall wie für *Tarphius canariensis* scheint auch für die *Pimelia-radula*-Artengruppe vorzuliegen, nur dass für diese das Entstehungszentrum eher im Bereich Anaga angenommen werden muss (Moya et al. 2006).

Für etliche Taxa ist jedoch die Trennung in eine westliche und eine östliche Gruppe auf Teneriffa sehr viel jünger als die Existenz der Paläoinseln. So zum Beispiel für die **Kanaren-Glockenblume** ***(Canarina canariensis)***, einem berühmten Endemiten der kanarischen Lorbeerwälder. Analysen von Chloroplasten-DNA und AFLPs wiesen den ältesten Split in dieser Art mit einem Alter von etwa 800 000 Jahren zwischen der Anaga- und der Tenoregion nach (Mairal et al. 2015). Erst anschließend an diese Trennung wurden aus der Tenoregion La Gomera und von dort La Palma und El Hierro und aus der Anagaregion Gran Canaria besiedelt. Die für Teneriffa endemische Laufkäfergattung *Eutrichopus* besitzt zwei Arten mit einer ähnlichen Verbreitung wie die genetischen Linien der Kanaren-Glockenblume, *E. gonzalezi* im Tenogebirge und *E. canariensis* im Anagagebirge, mit alten Fundstellen auch im Lorbeerwaldwaldgürtel westlich von Anaga. Kalibrierung der Sequenzen des mitochondralen Gens COII deuten auf eine Trennung der beiden Arten vor etwa 700 000 Jahren hin (Moya et al. 2004).

Sowohl für die Laufkäfer als auch für die Glockenblume, die im selben Lebensraum auftreten, ist das Alter der Trennung vergleichbar, und es muss davon ausgegangen werden, dass dieselbe Ursache in beiden Fällen verantwortlich ist. Sehr wahrscheinlich ist, dass die riesigen **Bergstürze und Geröllawinen**, die zwischen 1 Mio. und 500 000 Jahren großflächig das Lorbeerwaldband an der Nordküste Teneriffas zerstörten und somit zu einer Vikarianz zwischen den Bereichen Teno und Anaga führten, hierauf einen bedeutenden Einfluss besaßen. Die mit dem **Vulkanismus** mittelbar und unmittelbar zusammenhängenden großen Naturkatastrophen der jüngsten Erdgeschichte sind somit maßgeblich verantwortlich für die genetische Differenzierung innerhalb von Arten und letztendlich auch die Aufspaltung in verschiedene Arten.

Für die **Kanarenkiefer** ***(Pinus canariensis)***, die Charakterart der Nadelwälder der höheren Lagen, wurde Chloroplasten-DNA sequenziert. Hierbei wurde zwar keine wesentliche Differenzierung zwischen den einzelnen Inseln nachgewiesen, auf denen diese Baumart vorkommt, aber die Teno- und die Anagaregion Teneriffas unterscheiden sich; das Alter der Trennung ist in diesem Fall allerdings nicht sicher definiert (Gómez et al. 2003). Auch der Teneriffa-Endemit *Arminda brunneri*, eine flügellose Heuschreckenart, besitzt zwei deutlich voneinander differenzierte genetische Linien in der Teno- und der Anagaregion, von denen letztere auch bis ins südliche Teneriffa gefunden wird (Abb. 11.15; Hochkirch & Görtzig 2009). Eine ähnliche Ursache wie für die Kanaren-Glockenblume und *Eutrichopus*-Laufkäfer ist auch in diesen beiden Fällen zumindest möglich, wenn nicht sogar wahrscheinlich.

11.6.2.3 Differenzierung auf anderen Einzelinseln der Kanaren

Nicht nur auf Teneriffa lassen sich komplexe Differenzierungsprozesse nachweisen, sondern auch auf anderen Kanareninseln. So stellen die Vertreter der **Schwarzkäfergattung** ***Nesotes*** auf Gran Canaria ein gutes Beispiel für **adaptive Radiation** auf dieser Insel dar (Rees et al. 2001b). Die Sequenzierung des mitochondrialen COII-Gens ergab fünf unterschiedliche Linien, die weitgehend parapatrisch verbreitet sind (Abb. 11.21).

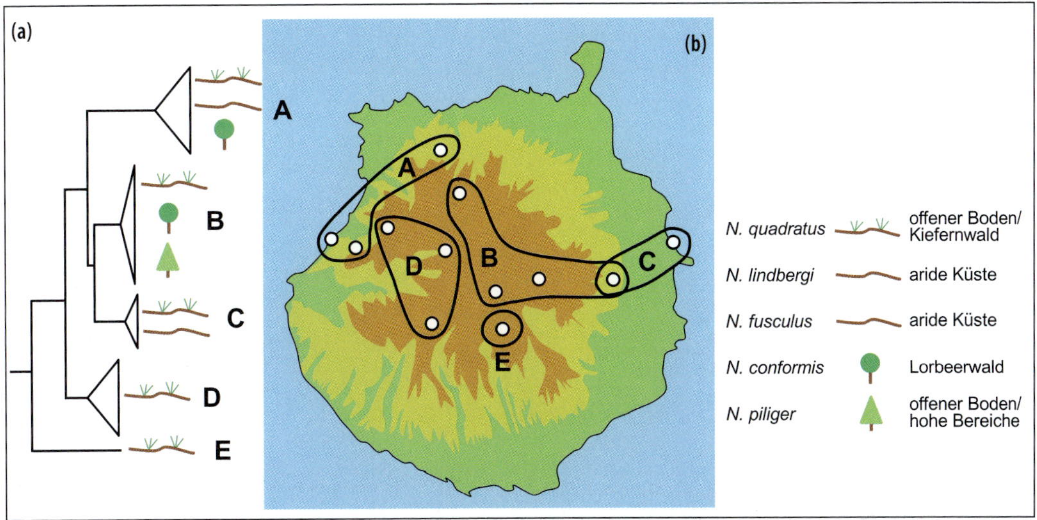

Abb. 11.21 Phylogeographie von Taxa der Schwarzkäfergattung *Nesotes* auf Gran Canaria, basierend auf Sequenzanalysen des mitochondrialen COII-Gens (785 bp). (a) *Maximum-parsimony*-Baum; die fünf Hauptgruppen sind mit A bis E gekennzeichnet. (b) Die Karte Gran Canarias stellt die geographische Verbreitung der fünf Linien sowie die von den Linien und Morphospezies genutzten Habitatstrukturen dar. Abbildung nach Rees (2001b).

In jeder dieser Linien wurde die morphologische Art *N. quadratus* nachgewiesen, die auf offenen Bodenstellen und in Kiefernwäldern angetroffen werden kann. *N. conformis*, ein Spezialist der Lorbeerwälder, ist in zwei Linien zu finden und die verbleibenden drei Arten sind auf einen einzigen Cluster beschränkt. Von diesen sind *N. lindbergi* und *N. fusculus* auf aride Küstenhabitate und *N. piliger* auf offene Bodenstellen in hohen Lagen spezialisiert. Dieses Beispiel zeigt, dass sich aus einem **generalistischen Vorfahren**, der vermutlich in etwa die wenig spezifischen Habitatanforderungen der heutigen Morphospezies *N. quadratus* besaß und sich weit über Gran Canaria ausbreitete, in verschiedenen Bereichen, wohl durch sekundäre Isolation, unterschiedliche genetische Linien evoluierten. In diesen Linien mit regional beschränkter Verbreitung erhielt sich in allen Fällen der euryöke Ökotyp, aber zusätzlich entwickelten sich in drei der fünf Linien eine bis zwei ökologisch an regionale Lebensräume speziell adaptierte Populationen, die sich in einem **schnellen Evolutionsprozess** zu morphologisch unterscheidbaren Arten entwickelten.

Der **Rüsselkäfer *Brachyderes rugatus calvus*** weist für das mitochondriale Gen COII eine klare Struktur der Besiedlung **Gran Canarias** auf (Emerson et al. 2000a). Der tiefste genetische Split ist im Süden der Insel zu finden, wo sich auch vermutlich das für die aktuelle Verbreitung verantwortliche **Ausbreitungszentrum** befand. Von hier erfolgte wahrscheinlich Expansion im Uhrzeigersinn um das zentrale Hochland der Insel herum (Abb. 11.22). Insgesamt sind viele der genetischen Muster auf Gran Canaria jünger, als das Alter der Insel mit geschätzt 14,5 Mio. Jahren vermuten lassen würde. Dies liegt nicht nur an einer Besiedlung, die deutlich nach der Entstehung der Insel stattgefunden haben kann, sondern auch an den besonders starken **Roque-Nublo-Vulkanaktivitäten** vor 3–5 Mio. Jahren. Diese verwüsteten die Insel und vernichteten das Leben auf ihr eventuell fast gänzlich, sodass die meisten phylogeographischen Muster nicht älter als 3 Mio. Jahre sein sollten (Anderson et al. 2009).

Für **La Palma** wurde die Besiedlungsgeschichte für den **Rüsselkäfer *Brachyderes rugatus rugatus*** im Detail rekonstruiert (Emerson et al. 2006). Basierend

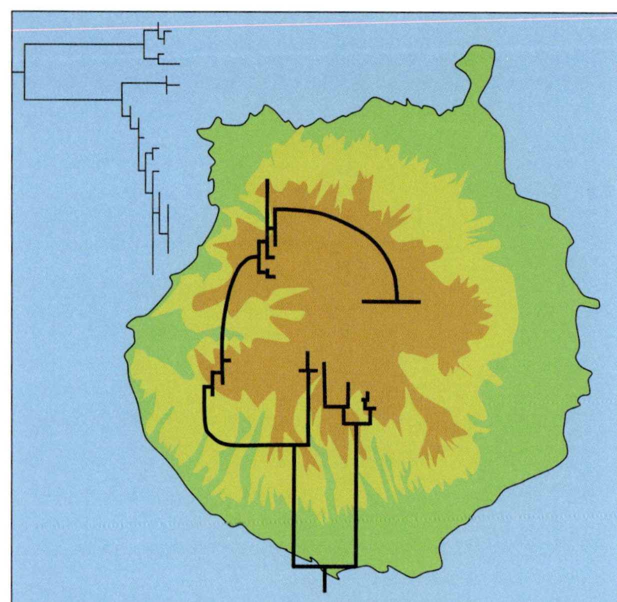

Abb. 11.22 Phylogeographie des Rüsselkäfertaxons *Brachyderes rugatus calvus* auf Gran Canaria, basierend auf dem mitochondrialen Gen COII (570 bp). Der Verwandtschaftsbaum (links) wurde entsprechend der Sammelstellen der einzelnen Haplotypen auf die Karte von Gran Canaria projiziert; hierdurch ergaben sich Verzerrungen. Abbildung nach Emerson et al. (2000a).

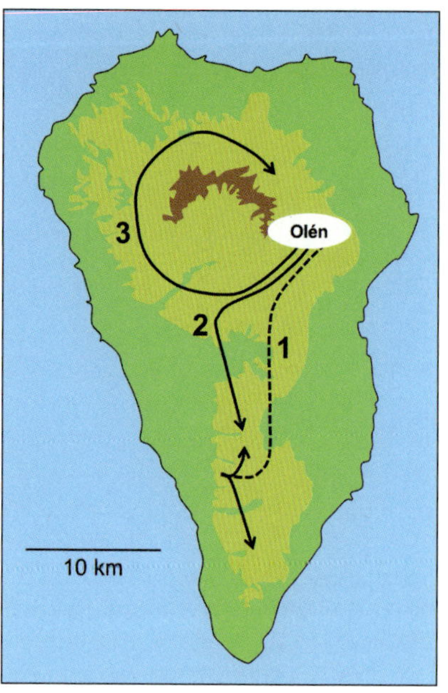

Abb. 11.23 Aus genetischer Information (COII, 672 bp) abgeleitetes Muster der Arealexpansion des Rüsselkäfertaxons *Brachyderes rugatus rugatus* auf La Palma. Insgesamt fanden drei Expansionen statt, die alle ihren Ursprung in Olén hatten. Die durchbrochene Linie 1 gibt die Expansion ins Cumbre-Vieja-Gebiet wieder, die von Auslöschung und anschließender erneuter Arealexpansion ausgehend von Lomo Maria (nicht unterbrochene Pfeile) vor 880 000 bis 660 000 Jahren gefolgt war. Linie 2 steht für die Expansion in das Bejenado-Gebiet vor 560 000 bis 330 000 Jahren, von wo aus eine erneute Besiedlung in den Bereich des Cumbre Vieja vor etwa 250 000 Jahren stattfand. Linie 3 steht für die Arealexpansion in den nördlichen Schild innerhalb der letzten 1,07 Mio. Jahre. Abbildung nach Emerson et al. (2006).

auf Sequenzen des mitochondrialen COII-Gens wurde der Bereich um die Ortschaft Olén im Nordosten der Insel als Ausbreitungszentrum ermittelt (Abb. 11.23). Von hier fand eine erste Expansion in die **Cumbre Vieja** im Süden La Palmas statt (unterbrochene Linie 1), gefolgt von weitgehender Extinktion im Expansionsbereich, aber Überleben im Bereich von Lomo María am Westhang des Cumbre Vieja, von wo vor etwa 880 000 bis 660 000 Jahren erneute Expansion im Bereich des Cumbre Vieja festgestellt wurde. Eine zweite Expansionswelle aus Olén begann vor 560 000–330 000 Jahren und erreichte über Bejenado den nördlichen Cumbre Vieja (Linie 2). Eine Ausbreitung im Uhrzeigersinn um die **große Caldera** im Norden La Palmas begann schon vor etwa 1,07 Mio. Jahren. Generell ergibt sich somit das Muster einer Ausbreitung, die vom geologisch älteren Norden La Palmas in den jüngeren Süden gerichtet ist.

11.6.2.4 Die Rüsselkäfergattung Laparocerus, eine megadiverse Gattung Makaronesiens

Die **flügellose Rüsselkäfergattung *Laparocerus*** ist mit 237 bekannten Arten und Unterarten auf den Kanaren, den Selvagens und dem Madeira-Archipel sowie drei Taxa als makaronesischem Element in Marokko eine der artenreichsten Gruppen Makaronesiens. Machado et al. (2017) haben in einer groß angelegten taxonomischen Bearbeitung dieser Gattung insgesamt 225 Taxa, also 95 % aller

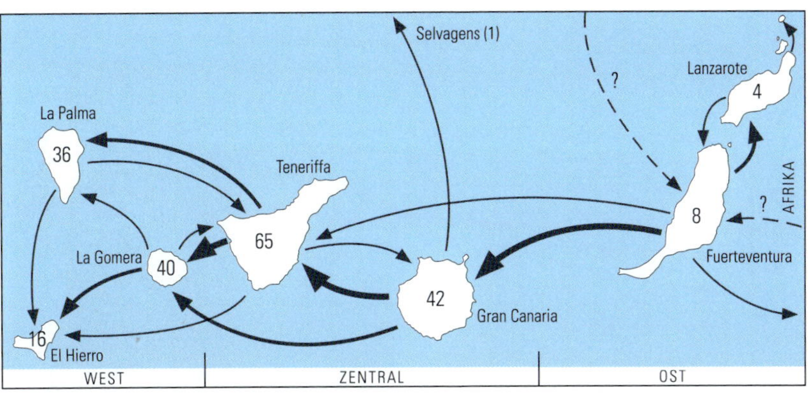

Abb. 11.24 Hypothetische Kolonisierungsrouten von Rüsselkäfertaxa der Gattung *Laparocerus* auf den Kanaren, basierend auf Sequenzierung verschiedener mitochondrialer (1369 bp) und nukleärer (1373 bp) Genfragmente. Die Dicke der Pfeile ist proportional zur Anzahl der Dispersionsereignisse. Die Zahlen auf den Inseln geben die Anzahl der jeweils nachgewiesenen Taxa an. Abbildung nach Machado et al. (2017).

beschriebenen Arten und Unterarten, für drei mitochondriale und ein nukleäres Gen sequenziert, um sowohl die Systematik als auch die Biogeographie dieser Gruppe zu klären. Die gesamte Gattung stellt ein großes **Monophylum** dar, dessen Ursprung vermutlich etwa 11,2 Mio. Jahre zurückliegt. Dieses trennt sich in zwei weitere Monophyla auf, eines für die Taxa des Madeira-Archipels mit einem geschätzten Alter von 8,5 Mio. Jahren und ein zweites für die Kanaren mit geschätzt 7,7 Mio. Jahren. Die vorliegenden Daten erlauben nicht mit Sicherheit zu beurteilen, ob es wirklich nur ein einziges Kolonisationsereignis nach Makaronesien gab oder doch zwei unabhängige mit entsprechenden ausgestorbenen Abstammungstaxa auf dem Festland. Im Fall eines einzigen Kolonisierungsereignisses ist eine Besiedlung erst des Madeira-Archipels und von dort auf die Kanaren wahrscheinlicher als die umgekehrte Route. Ziemlich sicher ist jedenfalls, dass es maximal ein erfolgreiches Dispersionsereignis zwischen den beiden Inselgruppen gab.

Interessant ist in diesem Zusammenhang die Besiedlungsgeschichte Makaronesiens durch die ebenfalls flugunfähige Rüsselkäferunterfamilie der Cryptorhynchinae. Obwohl insgesamt von ähnlichem Alter wie *Laparocerus,* besiedelten diese Makaronesien mindestens siebenmal erfolgreich. Zum anderen gingen von den Kanaren zwei erfolgreiche Ausbreitungen auf das Madeira-Archipel aus (Stüber & Astrin 2010). Auf den ersten Blick sehr ähnliche Artengruppen können somit auch deutlich divergierende phylogeographische Muster aufweisen.

Zurück zu *Laparocerus*. Dieser weist auf den beiden Inselgruppen eine komplexe Arealdynamik auf. So fand die ursprüngliche Besiedlung des **Madeira-Archipels** mit hoher Wahrscheinlichkeit auf die Insel **Porto Santo** statt. Diese ist mit 14,3 Mio. Jahren (Geldmacher et al. 2000) deutlich älter als die größere Hauptinsel Madeira (5,2 Mio. Jahre; Schmincke 1998) und deshalb schon zu erheblichen Teilen der Erosion zum Opfer gefallen. Die Topologie des Verwandtschaftsbaums legt jedoch nahe, dass im Anschluss an diese initiale Besiedlung mehrere Austausche zwischen beiden Inseln in beide Richtungen stattfanden. Auch die **Desertas**, kleine Inseln südöstlich von Madeira und mit 5,07 Mio. Jahren nur wenig jünger als Madeira (Schwarz et al. 2005), wurden zweimal unabhängig besiedelt, einmal mit hoher Wahrscheinlichkeit vom nah gelegenen Madeira, das zweite Mal entweder von Madeira oder vom geographisch weiter entfernten Porto Santo (Machado et al. 2017).

Die Arealdynamik von *Laparocerus* auf den **Kanaren** ist noch um ein Vielfaches **komplexer**, folgt aber in den meisten Fällen der **Progressionsregel** (Abb. 11.24; Machado et al. 2017). Zuerst wurde von dieser Gattung die alte Ostinsel Fuerteventura besiedelt, entweder vom Madeira-Archipel aus oder direkt vom Festland kommend. Von hier wurde in nördlicher Richtung Lanzarote erreicht, von wo aber

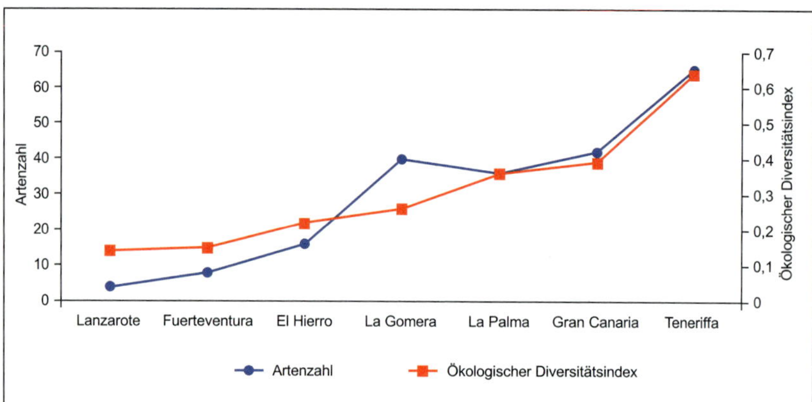

Abb. 11.25 Darstellung der Anzahl der *Laparocerus*-Arten auf den unterschiedlichen Kanareninseln im Vergleich mit der ökologischen Diversität auf jeder dieser Inseln. Der ökologische Diversitätsindex (engl.: *Ecological Diversity Index*) ist Machado (1998) entnommen. Abbildung nach Machado et al. (2017).

auch eine Rückbesiedlung nach Fuerteventura stattfand. Aus Fuerteventura ergab sich zusätzlich eine Rückkolonisation nach Marokko und weitere Besiedlung nach Westen, vor allem nach Gran Canaria, aber auch direkt nach Teneriffa. Gran Canaria ist die wichtigste Quelle für die Besiedlung Teneriffas, aber auch in geringerem Umfang für La Gomera. Die einzige Art auf den etwa 200 km weiter nördlich gelegenen Selvagens, die mit 29 Mio. Jahren älteste Inselgruppe Makaronesiens (Carracedo 2011), leitet sich ebenfalls von Gran Canaria ab. Teneriffa ist der wichtigste Donor für La Gomera und La Palma. Von diesen drei Inseln fanden in allen Fällen, aber in relativ geringem Umfang, Rückbesiedlungen zu ihrem Hauptdonor statt, von La Gomera auch Besiedlung nach La Palma. Die jüngste und westlichste Insel El Hierro wurde hauptsächlich vom geographisch am nächsten gelegenen La Gomera besiedelt, jedoch auch in geringerem Umfang von Teneriffa und La Palma.

Die Anzahl der *Laparocerus*-Taxa auf den einzelnen Inseln ist sehr unterschiedlich und in keiner Weise mit dem Alter korreliert, denn die beiden alten Ostinseln haben mit acht (Fuerteventura) und vier Taxa (Lanzarote) sogar bedeutend weniger Taxa als die jüngste Insel El Hierro (16 Taxa). Die höchste Anzahl besitzt mit 65 Taxa Teneriffa, das nicht nur die größte der Kanareninsel ist, sondern auch diejenige mit der größten geologischen Vielfalt und dem höchsten ökologischen Diversitätsindex (Machado 1998). Trägt man die Anzahl der Taxa der einzelnen Inseln und diesen ökologischen Diversitätsindex zusammen in einen Grafen auf, so zeigt sich eine sehr gute Übereinstimmung zwischen beiden mit einem Bestimmtheitsmaß von 0,88, was besagt, dass 88 % der Varianz der Artenzahlen durch die ökologische Diversität der Inseln bestimmt wird (Abb. 11.25; Machado et al. 2017). Nur eine Insel weist deutlich mehr Arten auf, als nach diesem Zusammenhang zu erwarten wäre; nämlich La Gomera. Weniger Taxa als erwartet haben die beiden trockenen Ostinseln, die wohl aus diesem Grund zu extreme Bedingungen für eine artenreiche *Laparocerus*-Fauna aufweisen. Auch El Hierro liegt unterhalb des erwarteten Wertes, was in diesem Fall wohl mit dem geringen Alter der Insel zusammenhängen dürfte.

Die sehr hohe Artenvielfalt der Rüsselkäfergattung *Laparocerus* dürfte sich somit auf zwei Hauptursachen zurückführen lassen. Zum einen führte die Besiedlung zwischen den Inseln zu allopatrischen Differenzierungsprozessen. Diese könnten auch auf den einzelnen Inseln noch durch die vulkanischen Aktivitäten und durch große Erdrutsche verstärkt worden sein. Zusätzlich zu diesen klassisch **allopatrischen Prozessen** ist jedoch bei *Laparocerus* durch die Nutzung unterschiedlicher Fraßpflanzen auch von **adaptiver Radiation** durch Anpassung an diese auszugehen. In diesem Fall kommen somit alle wesentlichen Ursachen für die Differenzierungsprozesse auf Inseln zusammen (Machado et al. 2017).

11.7 Zusammenfassung Inselbiogeographie

Die Wahrscheinlichkeit eine Insel zu erreichen, nimmt mit ihrer **Entfernung** von der Ursprungsregion ab, und auf ihr zu überleben mit der **Größe** zu. Je **mobiler** ein Taxon ist, desto häufiger wird es eine Insel erreichen können und desto unwahrscheinlicher wird die Ausbildung von Endemiten. Bei **Inselketten** wird oftmals die älteste Insel zuerst erreicht und die jüngeren Inseln nach ihrer Entstehung besiedelt, was zu charakteristischen genetischen Mustern führt **(Progressionsregel)**. Werden Ketten jedoch später besiedelt, so können völlig andere Besiedlungsmuster entstehen. Auch können die zuerst erreichten Inseln heute schon wieder oder fast schon wieder im Meer verschwunden sein. Auf den Inseln können weitere Artbildungen stattfinden, zum Beispiel durch **kleinräumige Allopatrie,** wie etwa bedingt durch **vulkanische Aktivitäten** oder ökologische Spezialisierung, die zu **adaptiven Radiationen** führen können. Auch das Zusammenwachsen von mehreren Inseln wie im Fall von Teneriffa kann maßgeblich die phylogeographischen Strukturen beeinflussen. Die realen genetischen Muster können eine komplexe Kombination aus allen oben genannten Prozessen darstellen. Sehr gut lassen sich die unterschiedlichen inselbiogeographischen Phänomene in den genetischen Mustern der Flora und Fauna **Hawaiis** und der **Kanaren**, aber auch anderer Inselgruppen darstellen.

12 Molekulare Biogeographie im Naturschutz

Dass der Mensch einen starken Einfluss auf die Ökosysteme ausübt, steht ohne jeden Zweifel fest. Als Folge dessen wurden viele Lebensräume stark zurückgedrängt; die für sie typischen Tier- und Pflanzenarten werden immer seltener. Eine bedeutende Zahl dieser Arten ist deshalb vom Aussterben bedroht oder bereits ausgestorben. Um der vom Menschen verursachten **biologischen Verarmung** entgegenzuwirken, wird deshalb Naturschutz betrieben. Dieser muss jedoch zum einen mit begrenzten Mitteln auskommen und sollte zum anderen mit diesen ein Maximum an positiven Effekten erzielen. Eine gute Planung von Naturschutzprojekten ist daher dringend erforderlich. Hierfür ist eine möglichst **genaue Kenntnis des Schutzgutes** notwendig. Durch die Hinzuziehung genetischer Methoden wurden in diesem Bereich große Fortschritte erzielt (Frankham 1995, Frankham et al. 2002). Gerade auch für die großräumige Planung von Naturschutzvorhaben sind deshalb die Berücksichtigung von Ergebnissen aus der molekularen Biogeographie und ihre praktische Umsetzung für eine Optimierung von Naturschutzprojekten von großer Bedeutung.

Eine genaue Kenntnis des Schutzgutes ist für dessen effizienten Erhalt in jedem Fall äußerst bedeutsam. So ist für die Erarbeitung eines Schutzkonzeptes für eine Art von großem Belang, ob diese über weite Bereiche ihres Areals genetisch weitgehend einheitlich oder in unterschiedliche, allopatrisch verbreitete genetische Linien unterteilt ist. Im ersten Fall ist das komplette Verschwinden der Art in einem größeren Teilbereich ihres Areals nicht mit dem Verlust von genetischer Information und somit von **Evolutionspotenzial** verbunden. Ein sehr eindrückliches Beispiel für eine solche Art stellt die in Kap. 6 vorgestellte **Zwerglibelle** *(Nehalennia speciosa)* dar. Für diese Libelle wurden über ihr gesamtes, von Mitteleuropa bis Nordjapan reichendes Areal, welches lediglich eine größere Verbreitungslücke in Ostsibirien aufweist, keine wesentlichen genetischen Differenzierungen nachgewiesen (Bernard et al. 2011). Deshalb würde sogar ein Verlust der Mehrzahl der existierenden Populationen nicht zu einem Verlust an genetischer Diversität für die ganze Art führen. Sogar wenn die Zwerglibelle ausschließlich in den großen und zu einem nicht unerheblichen Teil noch weitgehend unberührten Sumpfgebieten der Moorniederung Westsibiriens überdauern würde, so wäre ihr evolutives Potenzial vermutlich nicht eingeschränkt.

Das andere Extrem finden wir im Fall von **kryptischen Arten**. Verschwindet in einem solchen Fall eine genetische Linie, so kann dies mit dem unwiederbringlichen Verlust einer ganzen Art verbunden sein. Ein prominentes aktuelles Beispiel stellen die **Giraffen** dar. Bis vor Kurzem war davon ausgegangen worden, dass es eine rezent existierende Giraffenart *(Giraffa camelopardalis)* gibt. Fennessy et al. (2016) zeigten nun durch umfängliche genetische Untersuchungen, dass die Differenzierung innerhalb der Giraffen so ausgeprägt ist, dass man eher von vier als von nur einer Art ausgehen sollte, die alle eine strikt allopatrische Verbreitung aufweisen. Dies ändert nun die **Schutznotwendigkeiten** für die Giraffen sehr deutlich. War man unter der Annahme von einer einzigen Giraffenart wegen der noch vergleichsweise großer Populationen im östlichen und südlichen Afrika von keinem akuten Aussterberisiko ausgegangen, so muss in einem Vier-Arten-System das Schutzkonzept deutlich modifiziert werden: Die im westlichen Afrika verbreitete Giraffenart existiert nur noch in kaum mehr als 100 Individuen und ist somit akut vom Aussterben bedroht. Diese neuen genetischen Daten mit wesentlichen **phylogeographischen und taxonomischen Implikationen** führen somit zu einer markanten **Neubewertung der naturschutzfachlichen Einstufung** der Giraffen als Artengruppe mit ihren jeweiligen Populationen. Ähnliche Konsequenzen ergeben sich für viele Taxa mit kryptischen Arten; etliche Beispiele sind in den obigen Kapiteln aus unterschiedlichsten Bereichen der Welt vorgestellt worden. Für viele weitere, bisher nicht untersuchte Taxa sind solche kryptischen Artenkomplexe zu erwarten, sodass weitere phylogeographische und taxonomische Forschungen einen wichtigen Beitrag zur Bewertung der Schutznotwendigkeit einzelner Taxa innerhalb solcher kryptischer Artengruppen leisten sollten.

In vielen Fällen, für die in diesem Buch zahlreiche Beispiele aufgeführt wurden, weisen jedoch Arten deutliche interne Strukturierungen auf, die meistens ein allopatrisches Verbreitungsbild besitzen. Für solche genetischen Einheiten wurde der Begriff der **Evolutionär Signifikanten Einheiten** geprägt (engl.: *Evolutionary Significant Units,* abgekürzt ESU) (Ryder 1986, Moritz 1994a, 1994b). Gemeint sind damit genetische Linien, die eine wesentliche **evolutionäre Eigenständigkeit** aufweisen und somit aktuell von anderen genetischen Gruppen derselben Art weitgehend unabhängig in ihrer Entwicklung sind. Nicht verwechselt werden dürfen diese ESUs mit den MUs, also den **Managementeinheiten** (engl.: *Management Units*). Diese werden oft in der Naturschutzbiologie eingesetzt und stellen (oft genetisch definierte) Einheiten dar, die einem gemeinsamen Management zu unterziehen sind. Deshalb umfassen MUs in der Regel sehr viel kleinere Einheiten als ESUs. Letztere sind oftmals identisch mit den wesentlichen phylogeographischen Gruppen. Der effiziente Schutz einer Art setzt folglich auch den Schutz ihres kompletten Evolutionspotenzials voraus und somit den Erhalt ihrer wesentlichen genetischen Linien, die im Naturschutzkontext häufig als ESUs definiert werden. Dieses Naturschutzkonzept fußt somit sehr stark auf einer vorangegangenen biogeographischen Analyse der jeweils relevanten Arten. Ohne eine solche lässt sich dieses Konzept nicht sinnvoll umsetzen.

In einem auf phylogeographischen Daten basierenden Artenschutzkonzept muss deshalb sowohl der Erhalt aller relevanten genetischen Linien enthalten sein, aber auch der wesentlichen **genetischen Diversität** in den einzelnen Linien. Durch die Auswertung phylogeographischer Daten können somit für einzelne Arten besonders relevante Gebiete für ihren individuellen Erhalt einschließlich ihrer intraspezifischen Differenzierungen und genetischen Diversität bestimmt werden. Die Vorkommen, die naturschutzfachlich von besonders hoher Bedeutung sind, befinden sich oftmals im Bereich ihrer **Ausbreitungszentren**, da hier häufig die höchste genetische Variabilität festgestellt wird. Allerdings können auch **Kontakt- und Hybridzonen** von genetischen Linien naturschutzfachlich von hoher Bedeutung sein, da sich hier durch die Vermischung von genetischen Informationen aus unterschiedlichen Herkünften oftmals eine hohe genetische Diversität eingestellt hat, die außerdem Material aus unterschiedlichen Ausbreitungszentren beinhaltet.

Von übergeordnetem naturschutzfachlichem Wert für den Erhalt bestimmter Arten sind deshalb vor allem Vorkommen im Bereich ehemaliger Refugien und Zonen in den Expansionsräumen, deren Populationen sich durch Besiedlung aus mehr als nur einem Rückzugsgebiet heraus zusammensetzen. Eine Metaanalyse für mehrere Arten erlaubt eine auf Fakten basierende **Priorisierung** für die Festlegung von **Vorrangbereichen** für den Naturschutz auf einer soliden biogeographischen Basis. Als Beispiel sei hier die Arbeit von Wood et al. (2013) erwähnt, die auf Grundlage der phylogeographischen Daten aus der Mojave- und der Sonora-Wüste (Südwesten der USA), vor allem fußend auf Arbeiten über die Herpetofauna dieser Regionen, Zonen besonders hoher phylogenetischer Differenzierung und populationsgenetischer Diversität bestimmen konnten (Abb. 12.1; Wood et al. 2013). Diese Analyse ergab, dass es kaum geographische Überschneidungen zwischen den für beide Kennzahlen besonders wichtigen Regionen gibt. Dies erklärt sich dadurch, dass sich die Bereiche besonders hoher allgemeiner genetischer Diversität vor allem in den Zonen befinden, in denen es zu einer besonders ausgeprägten Häufung von Arealkernen der untersuchten Arten kommt, wohingegen die Regionen besonderer phylogeographischer Diversität am ehesten mit der Häufung von innerartlichen Kontaktzonen übereinstimmen. In jedem Fall sollte jedoch den Regionen mit besonders hohen Werten für beide Parameter eine besondere Bedeutung für den Naturschutz zukommen.

Im Beispiel von Sonora- und Mojave-Wüste zeigt sich jedoch, dass es keine besondere Übereinstimmung zwischen den aus phylogeographischer Sicht als besonders wertvoll einzustufenden Regionen und den ausgewiesenen Schutzgebieten gibt. Vielmehr befinden sich die wichtigsten Gebiete für beide Kenngrößen in Bereichen, die als gefährdet eingestuft sind; die größten Schutzgebietskomplexe sind in den meisten Fällen in Regionen verortet, die für beide Parameter geringe bis maximal mittlere Diversitäts- und Differenzierungswerte aufweisen. Die von Wood et al. (2013) vorgestellte Analyse belegt somit, dass die **Verteilung der Schutzgebiete** in den beiden Wüstenbereichen aus phylogeographischer Sicht recht ungünstig angeordnet ist und dass bei der Ausweisung weiterer Schutzgebiete diese nach Möglichkeit in den phylogeographisch besonders bedeutenden Regionen eingerichtet werden sollten.

Auch erwähnt sei an dieser Stelle eine Analyse von Schmitt & Hewitt (2004), in der der Zusammenhang zwischen der **Verteilung der genetischen Diversität** von Tagfalterpopulationen auf der europäischen Ebene und die **regionalen Rückgänge** überprüft wurden. Die Autoren dieser Studie konnten belegen, dass die jeweiligen Arten in den Regionen, in denen sie besonders hohe genetische Diversitäten aufwiesen, auch am stabilsten

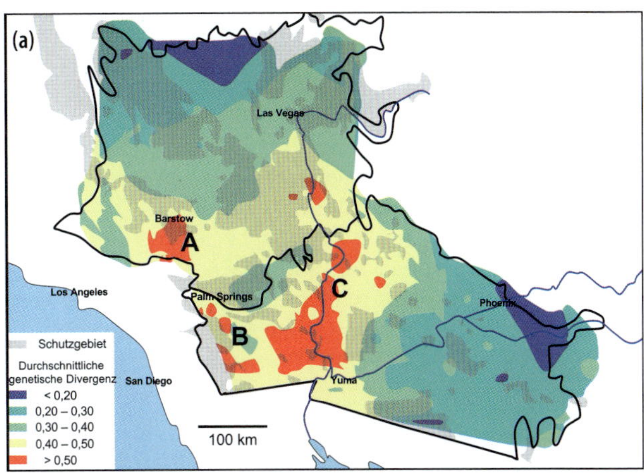

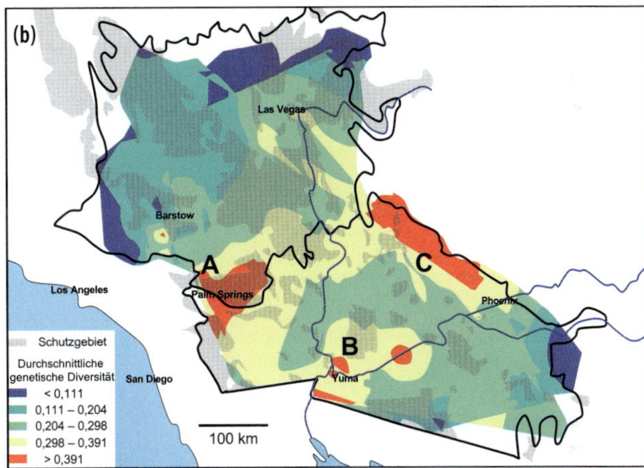

Abb. 12.1 Verteilung der genetischen (a) Divergenz (basierend auf zwölf Arten) und (b) Diversität (basierend auf zehn Arten) in den Wüsten im Südwesten der USA. Die durchschnittlichen Werte der Arten sind vor dem Hintergrund des jeweiligen regionalen Schutzstatus dargestellt. Jeweils drei Regionen mit hoher genetischer Divergenz und Diversität (definiert als Regionen mit einem Divergenz- bzw. Diversitätswert von mehr als dem eineinhalbfachen des Durchschnitts) wurden ermittelt und sind rot gekennzeichnet. Für die genetische Divergenz sind diese das Lucerne-Tal (A), Bereiche der Colorado-Wüste (B) und große Bereiche entlang des Colorado-Flusses (C). Besonders hohe genetische Diversitäten finden sich im Coachella-Tal (A), entlang des südlichen Colorado-Flusses und des Gila-Flusses (B) und entlang der Hualapai-, Aquarius- und Weaver-Berge im Ökoton zwischen der östlichen Mojave- und der Sonora-Wüste (C). Abbildung nach Wood et al. (2013).

waren und die höchsten Rückgänge dort zu verzeichnen waren, wo sich die am stärksten genetisch verarmten Populationen befanden. Eine regional hohe genetische Diversität schien also die Populationen gegen Aussterben widerstandsfähiger zu machen.

Phylogeographie ist folglich nicht nur eine für das Verständnis der räumlichen und zeitlichen Prozesse auf unserer Erde sowie von Evolution und Ökologie eine wichtige Wissenschaftsdisziplin. Vielmehr liefert sie auch für den **praktischen Naturschutz**, und hier speziell für den **Arten- und Biotopschutz**, wichtige Grundlagen für die langfristig **erfolgreiche Implementierung von Schutzprogrammen** und Konzepten.

13 Glossar

Adriatomediterranes Zentrum: Differenzierungs- und Ausbreitungszentrum, das die italienische Halbinsel umfasst.

Allel: Ausprägung an einem Genort. Wenn an einem Genort unterschiedliche Ausprägungen vorliegen, so besitzt dieser verschiedene Allele.

Alleröd: Erste Erwärmungsphase am Ende des Würmglazials, die sich zwischen den kalten Phasen der Älteren und Jüngeren Dryaszeit befand.

allopatrisch: In unterschiedlichen Gebieten verbreitet.

Allopolyploidie: s. Polyploidie.

Allozyme (auch «Isozyme» genannt): Enzymsystem, das unterschiedliche Allele aufweist, die im elektrischen Feld (s. Elektrophorese) unterschiedliche Wanderungsgeschwindigkeiten besitzen.

Anatolische Diagonale: Weitgehend durchgängiges Band von Gebirgen, das vom Taurus an der Mittelmeerküste im Südwesten bis zum Pontischen Gebirge an der Schwarzmeerküste im Nordosten einmal durch die ganze Türkei verläuft. Die Anatolische Diagonale ist eine wichtige biogeographische Trennlinie, die die von europäischen Elementen dominierte Westtürkei von der viel stärker asiatisch geprägten Osttürkei separiert.

***Ancylus*-See:** Ostseestadium im frühen Postglazial (9500–8000 Jahre vor heute), in dem die Ostsee von der Nordsee abgetrennt war und deshalb aussüßte. Dieser Vorgang ist durch das Leitfossil *Ancylus fluviatilis* (Flussmützenschnecke) belegt.

apochor: Nicht mit dem Entstehungszentrum übereinstimmend.

apomorph: Stammesgeschichtlich abgeleitet.

arboreal: Durch Wald geprägt.

Archinotis: Bioreich, welches die Antarktis umfasst; wird wegen geringer Relevanz von den meisten Biogeographen ignoriert.

Areal: Verbreitungsgebiet, in dem sich eine Art dauerhaft fortzupflanzen vermag.

Arealdisjunktion: Auftrennung eines geschlossenen Areals in mehrere disjunkte Teilareale.

Aridifizierung: Ausbreitung und Verstärkung trockener Klimaverhältnisse.

arkto-alpin: Verbreitungstyp, der disjunkte Vorkommen sowohl in der Arktis als auch im alpinen Bereich der Gebirge (also oberhalb der Baumgrenze) umfasst.

Äthiopis: Bioreich, welches Subsahara-Afrika umfasst.

Atlantikum: Klimatisches Optimum des Postglazials mit seinem Höhepunkt etwa vor 6000 Jahren. Zu dieser Zeit konnten viele wärmeliebende Arten weit nach Norden vordringen. In der Ostsee wurde *Litorina* zum Leitfossil, weshalb dieses Ostseestadium auch *Litorina*-Zeit genannt wird, eine Bezeichnung, die auch als Synonym zum Atlantikum genutzt wird. Im sich anschließenden Subboreal kühlte sich das Klima wieder merklich ab, an wärmebegünstigten Standorten konnten sich jedoch Populationen der vorangegangenen klimatischen Gunstphase als Relikte dieser Zeit erhalten.

Atlantomediterranes Zentrum: Differenzierungs- und Ausbreitungszentrum, das Iberien und den Teil des Maghrebs nördlich des Atlasgebirges umfasst.

Ausbreitungszentrum: Bereich, in dem sich eine Art in ihrer letzten regressiven Phase befand und aus dem sie sich nach Verbesserung der klimatischen und/oder ökologischen Bedingungen in andere Gebiete ausgebreitet hat. Das letzte Ausbreitungszentrum eines Taxons braucht mit seinem Entstehungszentrum nicht identisch zu sein.

Australis: Bioreich, welches Australien, Neuseeland und (in den meisten Einteilungen) Ozeanien umfasst.

Ballooning: Viele Spinnenarten produzieren im Jugendstadium einen langen Faden, an dem sie dann wie mit einem Fesselballon vom Wind verdriftet werden und sich auf diese Weise über erstaunlich große Distanzen ausbreiten können.

Bioreich: Oberste Ordnungsebene der makrogenetischen Großstruktur der Erde.

boreo-montan: Verbreitungstyp, der disjunkte Vorkommen sowohl im borealen Bereich als auch in den Gebirgen in der Bergwaldstufe umfasst. Oftmals können solche Arten auch in den Hochlagen der Mittelgebirge in Mitteleuropa angetroffen werden.

bp: Abkürzung für Basenpaare.

Burgundische Pforte: Tieflandbereich zwischen dem Jura im Süden und den Vogesen im Norden. Durch diesen Durchlass erreichen viele Tier- und Pflanzenarten im Postglazial den Oberrheingraben aus dem nordöstlichen Frankreich. Somit ist die Burgundische Pforte eines der wichtigsten Einfalltore für die postglaziale Besiedlung Süddeutschlands aus westlicher Richtung.

Capensis: Florenreich, welches sich in der Kapregion Südafrikas befindet, jedoch nicht durch die Tierwelt von der Äthiopis differenziert ist.

cpDNA: DNA der Chloroplasten; diese liegt nur in jeweils einer Kopie (also haploid) vor und wird maternal oder paternal vererbt.

COI: Abkürzung für den mitochondrialen Genort Cytochrom Oxidase I.

***crossing-over*:** Austausch von Teilen der genetischen Information zwischen homologen Chromosomen. Dieser Prozess findet während der Meiose (= Reife- oder Reduktionsteilung) statt, wenn sich die homologen Chromosomen in der Metaphaseplatte paaren.

Cyrenisches Zentrum: Differenzierungs- und Ausbreitungszentrum, das die Cyrenaika (= Nordosten Libyens um die Stadt Bengasi) umfasst.

Cyt-b: Abkürzung für den mitochondrialen Genort Cytochrom b.

disjunkte Verbreitung: Verbreitungsgebiet, das sich aus mehreren (mindestens zwei) Teilarealen zusammensetzt.

DNA Barcoding: Aussagekräftige Genorte der mtDNA (oft COI) werden sequenziert, um (wie auf einem normalen Lebensmittel-Strichcode) die entsprechende Art «abzulesen».

Eiserne Pforte: Durchbruch der Donau durch die Südkarpaten im rumänisch-serbischen Grenzgebiet. Dieser Bereich weist eine hohe Zahl an mediterranen Arten auf und gilt als ein wichtiges Einfallstor für pontomediterrane Arten ins Karpatenbecken.

Elektromorph: Proteinpartikel, die sich in ihren elektrochemischen Eigenschaften nicht unterscheiden, auch wenn sie unterschiedliche Aminosäuresequenzen aufweisen sollten. Elektromorphe besitzen also gleiche isoelektrische Punkte.

Entstehungszentrum: Region, in der ein Taxon entstanden ist. Das Entstehungszentrum braucht mit dem letzten Ausbreitungszentrum nicht identisch zu sein.

Epipotamal: Oberer Bereich der Tieflandsflussregion (Potamal), der auch nach ihrer Leitfischart als Barbenregion bezeichnet wird. Flussaufwärts gelangt man in die Äschenregion (Hyporhithral), weiter talwärts schließt sich die mittlere Tieflandsflussregion an, auch Metapotamal oder Brachsenregion genannt.

eremial: Nicht durch Wald geprägt, umfasst in den gemäßigten Breiten Wüsten und Steppen.

eustatische Meeresspiegelschwankung: Meeresspiegelschwankung, die durch Vergrößerung oder Verkleinerung der Meerwassermenge bedingt wird, zum Beispiel durch Bindung von Wasser in Gletschereis. Im Unterschied ergeben sich isostatische Meeresspiegelschwankungen durch die Hebung oder Senkung von Landmassen, wie zum Beispiel in Skandinavien, das sich nach Ende des letzten Glazials deutlich angehoben hat.

Exon: Kodierende Bereiche der Gene des Kerngenoms, die durch Introns unterbrochen werden. Letztere werden beim Prozess des sogenannten Spleißens entfernt, sodass die für die Translation bereitstehende mRNA nur noch aus der Information der Exons besteht.

Faunenelement: Arten, die sich aus einem gemeinsamen Ausbreitungszentrum ableiten. Dieses bezieht sich immer auf den Refugialraum der letzten regressiven Phase; hierin unterscheidet sich das Faunenelement maßgeblich vom Florenelement, das die rezente Verbreitung beschreibt.

Faunenregion: Region, welche sich durch eine einheitliche Ausstattung von Tierarten auszeichnet und sich durch Differenzialarten von Nachbarregionen unterscheidet.

Florenelement: Beschreibt die rezente Verbreitung von Pflanzenarten und unterscheidet sich somit deutlich von der Definition des Faunenelements.

Florenregion: Ähnlich Faunenregion, aber bezogen auf die floristische Ausstattung.

Genealogie: Abstammungsgeschichte von Lebewesen.

***genetic hitchhiking*:** Ein eigentlich neutrales Gen ist mit einem anderen gekoppelt, das positiv selektioniert wird. Hierdurch nimmt auch die Frequenz des neutralen Gens analog zur Sequenz des unter positiver Selektion stehenden Gens zu; es reist gewissermaßen als «Anhalter» mit diesem mit.

haploid: Einfacher Chromosomensatz.

Haplotyp: Ausprägung der Basenabfolge auf der DNA eines Allels.

Hermaphrodit: Organismus, der sowohl das weibliche als auch das männliche Geschlecht in sich vereinigt; dies trifft zum Beispiel auf alle einhäusigen Pflanzen zu, aber auch auf Tiere wie Schnecken.

heterozygot: Mischerbig; im Falle eines diploiden Organismus besitzt dieser für die beiden Kopien des betreffenden Genorts unterschiedliche Allele.

Holarktis: Bioreich, welches die Paläarktis und die Nearktis umfasst.

Holstein Interglazial: Warmzeit zwischen der Mindel- und Riss-Eiszeit.

homozygot: Reinerbig; im Falle eines diploiden Organismus besitzt dieser für die beiden Kopien des betreffenden Genorts das gleiche Allel.

Hylaea: Tropischer Regenwald. Alle Monate weisen ein Mittel von mindestens 18 °C auf und durch mindestens 9,5 humide Monate gibt es keine echte Trockenzeit und somit auch keine Jahreszeiten.

Hyporhithral: Unterer Bereich der Bachregion (Rhithral), der auch nach der Leitfischart als Äschenregion bezeichnet wird. Bachaufwärts gelangt man in die untere Forellenregion (Metarhithral), weiter talwärts schließt sich der Bereich der Tieflandsflüsse, das Potamal, an.

***incomplete lineage sorting* (dt.: inkomplette Liniensortierung):** Zustand, bei dem die Liniensortierung noch nicht abgeschlossen ist; siehe auch *lineage sorting*.

Interglazial: Echte Warmzeit zwischen zwei Eiszeiten. Wärmeliebende Arten können sich in diesen Phasen weit in Richtung der Pole ausdehnen.

Interstadial: Wärmere Phasen in einer Eiszeit, die nicht die Temperaturen und zeitliche Dauer eines Interglazials erreichen. Auch in diesen Phasen können sich wärmeliebende Arten ausdehnen, jedoch bei Weitem nicht so stark wie während eines Interglazials.

Introgression: Durch Hybridisierung zweier Taxa werden typische Eigenschaften des einen in das andere Taxon übertragen. Introgressionen sind oft einseitig, sodass genetische Informationen nur von dem einen in das andere Taxon, nicht jedoch in umgekehrter Richtung übertragen werden.

Intron: Nicht kodierender Bereich in der Kern-DNA, der sich in Genen zwischen den Exons befindet. Beim Prozess des sogenannten Spleißens werden diese Bereiche aus der mRNA entfernt und die Exons miteinander verbunden.

Isthmus von Kra: Landenge, die die Malaiische Halbinsel vom südostasiatischen Festland trennt und an ihrer engsten Stelle lediglich 44 km breit ist. Hier verläuft eine wichtige biogeographische Grenze, die unterschiedliche Biota im Indochina- und im Sundaland-Hotspot voneinander trennt.

Jüngere Dryaszeit (auch Jüngere Tundrenzeit): Letzte Kältezeit des ausklingenden Würmglazials im Anschluss an das schon deutlich wärmere Alleröd. In dieser Kaltphase konnten sich Tundrenarten wieder weit über Mitteleuropa ausdehnen, wie auch das Leitfossil *Dryas octopetala*. Die Jüngere Dryaszeit dauerte nur etwa 500 Jahre an, bis sich die Temperaturen endgültig zum Postglazial erhöhten.

Kapensis: s. Capensis.

Kattegat: Meeresbereich zwischen Dänemark und Schweden, der Nord- und Ostsee miteinander verbindet. Bildete sich am Ende des *Ancylus*-See-Stadiums der Ostsee.

Konfidenzintervall: Bezeichnet einen Wertebereich, in dem sich ein definierter Anteil aller Werte befindet. Der 95%-Konfidenzintervall umfasst folglich 95% aller Werte.

kryoxerotisch: Trocken-kalte Bedingungen, wie sie in Mitteleuropa häufig während Glazialzeiten auftraten.

***large allele dropout*:** Phänomen bei der Mikrosatellitenanalyse, dass längere Allele nicht ausreichend amplifiziert werden, sodass sie übersehen werden.

Letztes Glaziales Maximum (LGM) (engl.: *Last Glacial Maximum*): Kälteste und trockenste Phase des Würmglazials vor gut 20000 Jahren.

***lineage sorting* (dt.: Liniensortierung):** Prozess, durch den die Abstammung von Genen nach der Trennung zwischen Taxa mit der Phylogenie zwischen diesen konvergiert.

Locus (pl.: Loci): Genort.

Madegassis: Bioreich, welches Madagaskar umfasst.

Maghreb: Nordafrika von Marokko im Westen bis Tunesien im Osten; stellt ein wichtiges Differenzierungszentrum im südwestlichen Mittelmeergebiet dar.

Mangroven: Wälder aus salztoleranten Baumarten (z.B. der Gattungen *Rhizophora*, *Avicennia*, *Sonneratia*, *Ceriops*), die sich in den Gezeitenzonen tropischer Gebiete ausbilden. Aufgrund der extremen Lebensbedingungen haben sich hochspezialisierte Lebensgemeinschaften aus terrestrischen und marinen Vertretern entwickelt. Für zahlreiche marine Arten stellen die Mangrovenwälder bedeutende Laich- und Aufwuchsgebiete dar. Sie sind auch wichtige Elemente für den Küstenschutz, fallen aber immer mehr den Garnelenfarmen und dem Holzeinschlag zum Opfer.

maternal: Von mütterlicher Seite, hier im Zusammenhang mit rein mütterlicher Vererbung.

Mauretanisches Zentrum: Differenzierungs- und Ausbreitungszentrum, das den Teil des Maghrebs südlich des Atlasgebirges umfasst.

Messinische Krise (auch Messinische Salinitätskrise): Phase im Übergang vom Mio- zum Pliozän, in der die Straße von Gibraltar geschlossen war und somit ein direkter Faunen- und Florenaustausch zwischen Iberien und Nordafrika über diese Landbrücke stattfinden konnte. Durch die hohen Verdunstungsraten im Mittelmeerbereich und dem fehlenden Wasserzustrom aus dem Atlantik trocknete das Mittelmeer in dieser Epoche fast komplett bis auf einige Salzpfannen aus, die bis heute am Grund des Mittelmeers nachweisbar sind, sodass alle Mittelmeerinseln landfest verbunden wurden. Der Boden des Mittelmeers verwandelte sich jedoch über weite Strecken in eine heiße Wüste, die teilweise mehrere Tausend Meter unter dem Meeresspiegel lag. Vor etwa 5,33 Mio. Jahren öffnete sich die Straße von Gibraltar wieder, wonach sich das Mittelmeer in erdgeschichtlich kürzester Zeit wieder mit Meerwasser füllte.

Mikrosatelliten: Kurze repetitive DNA-Bereiche, die nicht kodierend sind und hochauflösend Populationsstrukturen aufklären können.

Molekulare Uhr: Eichung eines Stammbaums, bei der allen Aufspaltungen ein Alter zugewiesen wird.

monophag: An nur einer Pflanzenart bzw. -gattung fressend; meist auf Insekten angewandt.

Miozän: Zeitperiode im späten Tertiär von 23–5,33 Mio. Jahre.

monomorph: Nur eine Gestalt aufweisend; im Bezug auf Genorte bedeutet dies, dass ein Locus nur ein Allel besitzt.

Monophylum (oder auch monophyletische Gruppe): Gruppe von Taxa oder Populationen, die alle auf einen gemeinsamen Vorfahren zurückzuführen sind und bei der alle Abkömmlinge dieses gemeinsamen Vorfahrens Mitglieder dieser Gruppe sind; so stellen zum Beispiel alle Vögel eine monophyletische Gruppe dar, da sie alle von einem einzigen Vorfahren abstammen.

mtDNA: DNA der Mitochondrien; diese liegt nur in jeweils einer Kopie (also haploid) vor und wird maternal vererbt.

Nearktis: Bioreich, welches Nordamerika umfasst.

Neotropis: Bioreich, welches Südamerika und den Großteil Mittelamerikas umfasst.

Nullallel: Allel bei der Mikrosatellitenanalyse, das nicht amplifiziert wird, sodass als Resultat ein (oft fälschliches) Signal für Heterozygotendefizit erhalten wird.

Nunatak (pl.: Nunatakker): Begriff aus der Inuitsprache, der schneefreier Gipfel bedeutet. Nunatakker werden als mögliche glaziale Refugien von hochalpinen Arten oberhalb der Gebirgsgletscher (vor allem in den Alpen) angesehen.

Oreal: Bereich der Hochgebirge oberhalb der Baumgrenze.

Orientalis: Bioreich, welches Indien und Hinterindien umfasst.

Ozeanien: Bioreich, welches die Inselwelt des Pazifiks umfasst; wird von vielen Biogeographen nicht anerkannt.

Ozeanische Insel: Insel, die im Unterschied zu kontinentalen Inseln nie landfest mit dem Festland verbunden war. Ozeanische Inseln sind häufig vulkanischen Ursprungs. Prominente Beispiele sind die Kanaren, Madeira, die Azoren, der Hawaii-Archipel sowie viele weitere Inselgruppen Polynesiens.

PAIC: Abkürzung für den englischen Begriff *Pleistocene aggregated island complex* (dt.: pleistozän aggregierter Inselkomplex). Hierbei handelt es sich um einzelne Inseln, die unter den Bedingungen des eiszeitlich abgesenkten Meeresspiegels zu größeren Einheiten «verschmelzen» und somit direkte Wandermöglichkeiten zwischen Bereichen ermöglicht werden, die unter Warmzeitbedingungen durch Meer voneinander getrennt sind.

Paläarktis: Bioreich, welches Europa, den Maghreb und das außertropische Asien umfasst.

Paläotropis: Bioreich, welches die Äthiopis und Orientalis umfasst.

Panmixie: Alle Individuen einer Gruppe haben die gleiche Chance sich miteinander fortzupflanzen.

parapatrisch: Taxa, die in sich berührenden, aber nicht überschneidenden Arealen verbreitet sind.

Paraphylum (oder auch paraphyletische Gruppe): Gruppe von Taxa oder Populationen, die zwar alle auf einen gemeinsamen Vorfahren zurückzuführen sind. Jedoch nicht alle Abkömmlinge dieses gemeinsamen Vorfahrens gehören zu dieser Gruppe; so stellen zum Beispiel die Reptilien eine paraphyletische Gruppe dar, da sie zwar alle von einem einzigen Vorfahren abstammen, die nicht zu den Reptilien zählenden Vögel sich aber auch von diesem Vorfahren ableiten; betrachtet man nun die Sauropsiden (= Reptilien und Vögel), so repräsentieren diese alle Glieder dieser Gruppe und sind somit monophyletisch.

paternal: Von väterlicher Seite, hier im Zusammenhang mit rein väterlicher Vererbung.

peripatrisch: Am Rande eines Verbreitungsgebietes befindlich.

petrophil: Gestein liebend. Als petrophil werden Arten bezeichnet, die nur in steinigen Habitaten auftreten und oftmals Steine nutzen, um unter ihnen Schutz vor widrigen Witterungsbedingungen zu suchen oder auch die Nächte zu verbringen.

phylogenetisch: stammesgeschichtlich.

Phylogeographie: Analyse von biogeographischen Mustern mittels genetischer Daten. Die Meinungen, was genau als Phylogeographie zu bezeichnen ist, gehen hierbei deutlich auseinander. Manche Autoren akzeptieren hier nur auf mtDNA-Sequenzen basierende Genealogien, andere alle molekularbiogeographischen Analysen.

Plastiden: Zellorganellen.

plesiochor: Rezente Verbreitung schließt das Entstehungszentrum ein oder befindet sich zumindest in dessen räumlicher Nähe.

plesiomorph: Stammesgeschichtlich ursprünglich.

Poikilotherm: Wechselwarm.

Polymerasekettenreaktion (PCR): Heute wohl wichtigste Technik zur Vervielfältigung definierter DNA-Bereiche.

polymorph: Mehr als eine Gestalt aufweisend; in Bezug auf Genorte bedeutet dies, dass ein Locus zwei oder mehr Allele besitzt.

Polyploidie: Individuen, die polyploid sind, besitzen mehr als den doppelten Chromosomensatz pro Zelle. Ein triploider Organismus verfügt folglich über den dreifachen, ein tetraploider über den vierfachen Chromosomensatz. Außerdem wird unterschieden zwischen Allopolyploidie, hierbei stammen die unterschiedlichen Chromosomensätze von unterschiedlichen Arten, gehen also auf Hybridisierung zurück, und Autopolyploidie, bei der alle Chromosomensätze von einer Art stammen.

pontomediterranes Zentrum: Differenzierungs- und Ausbreitungszentrum, das die Balkanhalbinsel, Kleinasien und die Mittelmeerküste bis Palästina umfasst.

Porta Hungarica (dt.: Ungarische Pforte): Diese ist ein wichtiges Einfallstor aus dem Karpatenbecken nach Mähren und befindet sich zwischen dem Wiener Wald (nordöstlichster Teil der Alpen) und den Weißen Karpaten (südwestlichster Teil der slowakischen Karpaten), also etwa zwischen den Städten Wien und Bratislava.

Primorie (auch Primorje oder Primorye): Region im südöstlichen Russland mit der Hauptstadt Wladiwostok. Sie erstreckt sich zwischen 42,3° und 48,5° nördlichem Breitengrad von Nordkorea im Süden bis zur Region Chabarowsk im Norden, die auch den unteren Amur umfasst. Im Westen grenzt Primorie an China, zu dem der Fluss Ussuri über eine lange Strecke die Grenze bildet; im Osten befindet sich die Japanische See. Durch diese südliche Lage unterscheidet sich die Region biogeographisch häufig von Sibirien.

Puna: Region oberhalb der Waldgrenze in den Anden, meist zwischen 3500 und 4800 m NN, welche sich im Bereich der wechselfeuchten Tropen befindet. Diese orealen Lebensräume weisen eine typische Hochgebirgssteppenvegetation auf, welche durch unterschiedliche Gräser wie *Stipa ichu* und *Jarava ichu* dominiert wird, aber auch Kakteen und Arten wie *Puya raimondii* und verschiedene *Polylepis*-Arten kennzeichnen diesen Lebensraum. Geprägt wird diese Zone auch durch extreme Temperaturschwankungen zwischen Tag und Nacht sowie häufige Nachtfröste. Weiter nördlich im Bereich der immerfeuchten Tropen wird die Puna durch den Paramo ersetzt, der generell sehr viel feuchter ist und sich durch eine deutlich unterschiedene Vegetation abgrenzt. Dem Paramo fehlen zum Beispiel Kakteen ganz; sehr charakteristisch sind hier die oft mannshohen Schopfrosettenbäumchen aus der Gattung *Espeletia*.

Realm: s. Bioreich.

Refugien: Rückzugsgebiete, in denen Taxa für sie ungünstige Bedingungen überdauern und sich nach Ende derselben wieder aus ihnen ausbreiten.

Restriktionsendonukleasen: Enzyme von Bakterien, die DNA zerschneiden. Der Schnitt findet an Stellen mit für das jeweilige Enzym charakteristischer Basenabfolge (oft Palindromen) statt. Im Bakterium als Schutzmechanismus gegen eindringende Viren (meist Bakteriophagen) evoluiert, werden diese Enzyme als wichtige «Werkzeuge» zum definierten Schneiden von DNA-Fragmenten in der genetischen Analyse eingesetzt.

rhenanisches System: Abflusssystem des Rheins und aller seiner Nebenflüsse. Im letzten Glazial gehörte hierzu auch die Themse; über ein eiszeitliches Süßwassermeer stand das rhenanische System auch zeitweise direkt mit Weser und Elbe in Kontakt.

selective sweep: Reduktion oder Elimination genetischer Diversität als Ergebnis einer rezenten und stark positiven natürlichen Selektion.

sensu lato: s. sensu stricto.

sensu stricto: Im engeren Sinne. Steht dem Begriff «sensu lato» gegenüber, der im weiteren Sinne bedeutet.

sky islands: Voneinander isolierte Hochgebirgsblöcke, auf denen biogeographische Phänomene ähnlich wie auf Inselarchipelen festgestellt werden. Im Deutschen lässt sich der Begriff am ehesten mit Inselberge übersetzen.

stenotop: Sich am Ort der Entstehung befinden. Dieser Begriff wird somit für Taxa eingesetzt, die sich nicht von ihrem Entstehungszentrum durch Ausbreitung entfernt haben.

Stotterbanden: Phänomen bei der Mikrosatellitenanalyse, dass ein Allel nicht durch einen einzigen Peak repräsentiert wird, sondern dass vor oder nach dem Hauptpeak noch (oft charakteristische) Nebenpeaks entstehen.

Sylvaea: Sommergrüner Laubmischwald der gemäßigten Zone.

sympatrisch: Im gleichen Gebiet vorkommend, aber nicht unbedingt an den gleichen Stellen bzw. in den gleichen Habitaten.

syntop: An derselben Stelle vorkommend; sympatrisch verbreitete Arten müssen nicht syntop verbreitet sein, sondern können auch allotop sein, also an unterschiedlichen Orten in ihrem Verbreitungsgebiet auftreten, zum Beispiel bedingt durch unterschiedliche ökologisch Ansprüche oder auch gegenseitigen Ausschluss.

Taiga: Borealer Nadelwald, der als großer Gürtel um die Nordhalbkugel liegt.

Taxon (pl.: Taxa): Gruppe von Individuen, die sich auf einer nicht näher bestimmten taxonomischen Ebene befinden. Mit Taxon kann die Ebene der Unterart, Art, Gattung oder sogar eine noch höhere taxonomische Ebene angesprochen werden. Der Begriff Taxon bzw. Taxa ist insbesondere dann von besonderer Nützlichkeit, wenn die taxonomische Ebene nicht sicher feststellbar ist, man zum Beispiel nicht genau weiß, ob man es mit unterschiedlichen Arten oder nur Unterarten einer Spezies zu tun hat.

***Terra firme* Regenwald:** Regenwälder, die sich nicht im Überflutungsbereich großer Flüsse befinden, also auf «festem Land» stocken. Vor allem wird dieser Begriff für die nicht überfluteten Regenwälder Amazoniens eingesetzt. Die dortigen Überflutungs-Regenwälder werden als Várzea (im Einzugsbereich der Weißwasserflüsse) und Igapó (Schwarzwasserflüsse) bezeichnet.

Transition: Mutation, bei der ein Purin durch ein Purin oder ein Pyrimidin durch ein Pyrimidin ersetzt wird.

Transgression: Hier als Meerestransgression verstanden. Ehemalige Festlandsbereiche werden hierbei von Meer überflutet.

Transversion: Mutation, bei der ein Purin durch ein Pyrimidin oder umgekehrt ersetzt wird.

troglophil: Sich gerne in Höhlen aufhaltend, jedoch nicht zwangsweise auf diese angewiesen sein (obligat: troglobiont).

Tyrrhenisches Zentrum: Differenzierungs- und Ausbreitungszentrum, das Korsika und Sardinien umfasst.

Vikarianz: Auftrennung eines ursprünglich einheitlichen Areals in zwei oder mehr geographisch voneinander getrennte Teilareale. In diesen Teilarealen findet oftmals allopatrische Differenzierung statt.

Wallacea: Übergangsbereich zwischen Orientalis und Australis, welcher sich zwischen den Inseln Borneo im Westen und Neuguinea im Osten erstreckt. Manche Biogeographen sehen die Eigenständigkeit dieser Region als ausreichend für die Anerkennung als eigenes Bioreich. Benannt zu Ehren des bedeutenden Biogeographen A.R. Wallace.

xerothermophil: Hitze liebend; unter diesem Begriff werden Arten zusammengefasst, die nur an sehr heißen Standorten geeignete Lebensbedingungen vorfinden.

14 Literatur

- Abbott, R.J., Smith, L.C., Milne, R.I., Crawford, R.M.M., Wolff, K. & Balfour, J. (2000) Molecular analysis of plant migration and refugia in the arctic. *Science* **289**: 1343–1346.
- Abellán, P. & Svenning, J.-C. (2014) Refugia within refugia – patterns in endemism and genetic divergence are linked to Late Quaternary climate stability in the Iberian Peninsula. *Biological Journal of the Linnean Society* **113**: 13–28.
- Aleixo, A. & de Fátima Rossetti, D. (2007) Avian gene trees, landscape evolution, and geology: towards a modern synthesis of Amazonian historical biogeography? *Journal of Ornithology* **148** (Suppl 2): S443–S453.
- Ali, J.R. & Aitchison, J.C. (2008) Gondwana to Asia: plate tectonics, paleogeography and the biological connectivity of the Indian subcontinent from the Middle Jurassic through latest Eocene (166–35 Ma). *Earth Science Review* **88**: 145–166.
- Ali, J.R. & Huber, M. (2010) Mammalian biodiversity on Madagascar controlled by ocean currents. *Nature* **463**: 653–656.
- Akin, C., Bilgin, C.C., Beerli, P., Westaway, R., Ohst, T., Litvinchuk, S.N., Uzzell, T., Bilgin, M., Hotz, H., Guex, G.-D. & Plötner, J. (2010) Phylogeographic patterns of genetic diversity in eastern Mediterranean water frogs were determined by geological processes and climate change in the Late Cenozoic. *Journal of Biogeography* **37**: 2111–2124.
- Albach, D.C., Schönswetter, P. & Tribsch, A. (2006) Comparative phylogeography of closely related species of the *Veronica alpina* complex in Europe and North America. *Molecular Ecology* **15**: 3269–3286.
- Alexandrino, J., Froufe, E., Arntzen, J.W. & Ferrand, N. (2000) Genetic subdivision, glacial refugia and postglacial recolonization in the golden-striped salamander, *Chioglossa lusitanica* (Amphibia: Urodela). *Molecular Ecology* **9**: 771–781.
- Alexandrino, J., Arntzen, J.W. & Ferrand, N. (2002) Nested clade analysis and the genetic evidence for population expansion in the phylogeography on the golden-striped salamander, *Chioglossa lusitanica* (Amphibia: Urodela). *Heredity* **88**: 66–74.
- Allan, G.J., Francisco-Ortega, J., Santos-Guerra, A., Boerner, E. & Zimmer, E.A. (2004) Molecular phylogenetic evidence for the geographic origin and classification of Canary Island *Lotus* (Fabaceae: Loteae). *Molecular Phylogenetics and Evolution* **32**: 123–138.
- Alpers, D.L., van Vuuren, B.J., Arctander, P. & Robinson, T.J. (2004) Population genetics of the roan antelope (*Hippotragus equinus*) with suggestions for conservation. *Molecular Ecology* **13**: 1771–1784.
- Al-Rabab'ah, M.A. & Williams, C.G. (2002) Population dynamics of *Pinus taeda* L. based on nuclear microsatellites. *Forest Ecology and Management* **163**: 263–271.
- Álvarez, Y., Mateo, J.A., Andreu, A.C., Díaz-Paniagua, C., Díez, A. & Bautista, J.M. (2000) Mitochondrial DNA haplotyping of *Testudo greca* on both continental sides of the Strait of Gibraltar. *Journal of Heredity* **91**: 39–41.
- Alvarez, N., Manel, S., Schmitt, T. & the IntraBioDiv Consortium (2012) Contrasting diffusion of Quaternary gene pools across Europe: The case of the arctic–alpine *Gentiana nivalis* L. (Gentianaceae). *Flora* **207**: 408–413.
- Alvarez-Castaneda, S. (2010) Phylogenetic structure of the *Thomomys bottae-umbrinus* complex in North America. *Molecular Phylogenetics and Evolution* **54**: 671–679.
- Amorim, I.R., Emerson, B.C., Borges, P.A.V. & Wayne, R.K. (2012) Phylogeography and molecular phylogeny of Macaronesian island *Tarphius* (Coleoptera: Zopheridae): why are there so few species in the Azores? *Journal of Biogeography* **39**: 1583–1595.
- Ancochea, E., Fuster, J., Ibarrola, E., Cendrero, A., Coello, J., Hernan, F., Cantagrel, J.M. & Jamond, C. (1990) Volcanic evolution of the island of Tenerife (Canary Islands) in the light of new K-Ar data. *Journal of Volcanology and Geothermal Research* **44**: 231–249.
- Anderson, C.L., Channing, A. & Zamuner, A.B. (2009) Life, death and fossilization on Gran Canaria: implications for Macaronesian biogeography and molecular dating. *Journal of Biogeography* **36**: 2189–2201.
- Anhuf, D., Ledru, M.-P., Behling, H., Da Cruz Jr., F.W., Cordeiro, R.C., Van der Hammen, T., Karmann, I., Marengo, J.A., de Oliveira, P.E., Pessenda, L., Siffedine, A., Albuquerque, A.L. & da Silva Dias, P.L. (2006) Paleo-environmental change in Amazonian and African rainforest during the LGM. *Palaeogeography, Palaeoclimatology, Palaeoecology* **239**: 510–527.
- Anka, Z., Séranne, M., Lopez, M., Scheck-Wenderoth, M. & Savoye, B. (2009) The long-term evolution of the Congo deep-sea fan: A basin-wide view of the interaction between a giant submarine fan and a mature passive margin (ZaiAngo project). *Tectonophysics* **470**: 42–56.
- Anthony, N.M., Johnson-Bawe, M., Jeffery, K., Clifford, S.L., Abernethy, K.A., Tutin, C.E., Lahm, S.A., White, L.J.T., Utley, J.F., Wickings, E.J. & Bruford, M.W. (2007) The role of Pleistocene refugia and rivers in shaping gorilla genetic diversity in central Africa. *Proceedings of the National Acade-*

my of Sciences of the United States of America **104**: 20432–20436.

- Antonelli, A., Quijada-Mascareñas, A., Crawford, A.J., Bates, J.M., Velazco, P.M. & Wüster, W. (2010) Molecular studies and phylogeography of Amazonian tetrapods and their relation to geological and climatic models. In: Hoorn, C. & Wesselingh, F.P. (Hrsg.) *Amazonia: landscape and species evolution. A look into the past.* Wiley–Blackwell, Chichester: 386–404.
- Apte, S., Smith, P.J. & Wallis, G.P. (2007) Mitochondrial phylogeography of New Zealand freshwater crayfishes, *Paranephrops* spp. *Molecular Ecology* **16**: 1897–1908.
- Arbeláez-Cortés, E., Árpád, S.N. & Navarro-Sigüenza, A.G. (2010) The differential effect of lowlands on the phylogeographic pattern of Mesoamerican montane species (*Lepidocolaptes affinis,* Aves: Furnariidae). *Molecular Phylogenetics and Evolution* **57**: 658–668.
- Arbeláez-Cortés, E., Milá, B. & Navarro-Sigüenza, A.G. (2014) Multilocus analysis of intraspecific differentiation in three endemic bird species from the northern Neotropical dry forest. *Molecular Phylogenetics and Evolution* **70**: 362–377.
- Arbogast, B.S. (2007) A brief history of the new world flying squirrels: phylogeny, biogeography, and conservation genetics. *Journal of Mammalogy* **88**: 840–849.
- Arbogast, B.S. & Kenagy, G.J. (2001) Comparative phylogeography as an integrative approach to historical biogeography. *Journal of Biogeography* **28**: 819–825.
- Arbogast, B.S., Browne, R.A. & Weigl, P.D. (2001) Evolutionary genetics and Pleistocene biogeography of North American tree squirrels (*Tamiasciurus*). *Journal of Mammalogy* **82**: 302–319.
- Arbogast, B.S., Drovetski, S.V., Curry, R.L., Boag, P.T., Seutin, G., Grant, P.R., Grant, B.R. & Anderson, D.J. (2006) The origin and diversification of Galapagos mockingbirds. *Evolution* **60**: 370–382.
- Arctander, P., Johansen, C. & Coutellec-Vreto, M.A. (1999) Phylogeography of three closely related African bovids (tribe Alcelaphini). *Molecular Biology and Evolution* **16**: 1724–1739.
- Arensburger, P., Buckley, T.R., Simon, C., Moulds, M. & Holsinger, K.E. (2004b) Biogeography and phylogeny of the New Zealand cicada genera (Hemiptera: Cicadidae) based on nuclear and mitochondrial DNA data. *Journal of Biogeography* **31**: 557–569.
- Arensburger, P., Simon, C. & Holsinger, K. (2004a) Evolution and phylogeny of the New Zealand cicada genus *Kikihia* Dugdale (Homoptera: Auchenorrhyncha: Cicadidae) with special reference to the origin of the Kermadec and Norfolk Islands' species. *Journal of Biogeography* **31**: 1769–1783.
- Aspöck, H. (1979) Die Herkunft der Raphidiopteren des extramediterranen Europa – eine kritische biogeographische Analyse. *Verhandlungen des VII.: Internationalen Symposiums über Entomofaunistik in Mitteleuropa, Leningrad 1977*: 14–22.
- Aspöck, H., Aspöck, U. & Rausch, H. (1976) Polyzentrische Ausbreitung eines «Sibirisch-mediterranen» Faunenelements am Beispiel der polytypischen Kamelhalsfliege *Raphidia ophiopsis* L. (Neuroptera, Raphidioptera, Raphidiidae). *Zeitschrift der Arbeitsgemeinschaft österreichischer Entomologen* **28**: 89–105.
- Atkinson, Q.D. (2011) Phonemic diversity supports a serial founder effect model of language expansion from Africa. *Science* **332**: 346–349.
- Atwater, T. (1998) Plate tectonic history of southern California with emphasis on the western Transverse Ranges and Santa Rosa Island. In: Weigand, P.E. (Hrsg.) *Contributions to the geology of the northern Channel Islands, southern California.* American Association of Petroleum Geologists, Pacific Section, Bakersfield, CA: 1–8.
- Aubry, K.B., Statham, M.J., Sacks, B.N., Perrine, J.D. & Wisely, S.M. (2009) Phylogeography of the North American red fox: vicariance in Pleistocene forest refugia. *Molecular Ecology* **18**: 2668–2686.
- Austin, J.D., Lougheed, S.C., Neidrauer, L., Chek, A.A. & Boag, P.T. (2002) Cryptic lineages in a small frog: the post-glacial history of the spring peeper, *Pseudacris crucifer* (Anura: Hylidae). *Molecular Phylogenetics and Evolution* **25**: 316–329.
- Avise, J.C. (2000) *Phylogeography. The history and formation of species.* Harvard University Press, Cambridge.
- Avise, J.C. & Nelson, W.S. (1989) Molecular genetic relationships of the extinct dusky seaside sparrow. *Science* **243**: 646–648.
- Avise, J.C., Arnold, J., Ball, R.M., Bermingham, E., Lamb, T., Neigel, J.E., Reeb, C.A. & Sanders, N.C. (1987) Intraspecific phylogeography: the mitochondrial DNA bridge between population genetics and systematics. *Annual Review of Ecology and Systematics* **18**: 489–522.
- Avise, J.C., Giblin-Davidson, C., Laerm, J., Patton, J.C. & Lansman, R.A. (1979) Use of restriction endonucleases to measure mitochondrial DNA sequence relatedness in natural populations. II. Mitochondrial DNA clones and matriarchal phylogeny within and among geographic populations of the pocket gopher, *Geomys pinetis. Proceedings of the National Academy of Sciences of the United States of America* **76**: 6694–6698.
- Axelrod, D.I. & Raven, P.H. (1978) Late Cretaceous and Tertiary vegetation history of Africa. In: Werger, M.J.A (Hrsg.) *Biogeography and ecology of southern Africa.* Junk, The Hague: 77–130.
- Azpilicueta, M.M., Marchelli, P. & Gallo, L.A. (2009) The effects of Quaternary glaciations in Patagonia as evidenced by chloroplast DNA phylogeography of Southern beech *Nothofagus obliqua. Tree Genetics & Genomes* **5**: 561–571.
- Azuma, N., Ogata, K., Kikuchi, T. & Higashi, S. (2006) Phylogeography of Asian weaver ants, *Oecophylla smaragdina. Ecological Research* **21**: 126–136.
- Babik, W., Branicki, W., Crnobrnja-Isailović, J., Cogălniceanu, D., Sas, I, Olgun, K., Poyarkov, N.A.,

García-París, M. & Arntzen, J.W. (2005) Phylogeography of two European newt species — discordance between mtDNA and morphology. *Molecular Ecology* **14**: 2475–2491.

- Babik, W., Branicki, W., Sandera, M., Litvinchuk, S., Borkin, L.J., Irwin, J.T. & Rafinki, J. (2004) Mitochondrial phylogeography of the moor frog, *Rana arvalis*. *Molecular Ecology* **13**: 1469–1480.
- Bahulikar, R.A., Lagu, M.D., Kulkarni, B.G., Pandit, S.S., Suresh, H.S., Rao, M.K.V., Ranjekar,P.K. & Gupta, V.S. (2004) Genetic diversity among spatially isolated populations of *Eurya nitida* Korth. (Theaceae) based on inter-simple sequence repeats. *Current Science* **86**: 824–831.
- Bain, J.F. & Golden, J.L. (2005) Chloroplast haplotype diversity patterns in *Packera pauciflora* (Asteraceae) are affected by geographical isolation, hybridization, and breeding system. *Canadian Journal of Botany* **83**: 1039–1045.
- Bajc, M., Čas, M., Ballian, D., Kunovac, S., Zubić, G., Grubešić, M., Zhelev, P., Paule, L. & Kraigher, H. (2011) Genetic differentiation of the western capercaillie highlights the importance of south-eastern Europe for understanding the species phylogeography. *PLoS ONE* **6**: e23602.
- Baker, R.G. (1976) Late Quaternary vegetation history of the Yellowstone Lake Basin, Wyoming. *United States Geological Survey Professional Paper* **729-E**: E721–E748.
- Baker, R.G. (1990) Late Quaternary history of whitebark pine in the Rocky Mountains. In: Schmidt, W.C. (Hrsg.) *Proceedings—Symposium on Whitebark Pine Ecosystems: Ecology and Management of a High-Mountain Resource. General Technical Report*. INT-270. USDA Forest Service, Washington DC: 40–48.
- Baldwin, B.-G. & Robichaux, R.-H. (1995) Historical biogeography and ecology of the Hawaiian silversword alliance (Asteraceae): New molecular phylogenetic perspectives. In: Wagner, W.L. & Funk, V.A. (Hrsg.) *Hawaiian Biogeography: Evolution on a Hot Spot Archipelago*. Smithsonian Institution Press, Washington, DC: 259–287.
- Balter, M. (2001) Search of the first Europeans. *Science* **291**: 1722–1725.
- Banguera-Hinestroza, E., Cárdenas, H., Ruiz-García, M., Marmontel, M., Gaitán, E., Vázquez, R. & García-Vallejo, F. (2002) Molecular identification of Evolutionarily Significant Units in the Amazon River Dolphin *Inia* sp. (Cetacea: Iniidae). *Journal of Heredity* **93**: 312–322.
- Banks, R.C., Cicero, C., Dunn, J.L., Kratter, A.W., Rasmussen, P.C., Remsen Jr., J.V., Rising, J.D. & Stotz, D.F. (2006) Forty-seventh supplement to the American Ornithologists' Union check-list of North American birds. *The Auk* **123**: 926–936.
- Barata, M., Perera, A., Martínez-Freiría, F. & Harris, D.J. (2012) Cyryptic diversity within Morroccan endemic day geckos *Quedenfeldtia* (Squamata: Gekkonidae): a multidisciplinary approach using genetic, morphological and ecological data. *Biological Journal of the Linnean Society* **106**: 828–850.
- Barej, M.F., Schmitz, A., Günther, R., Loader, S.P., Mahlow, K. & Rödel, M.-O. (2014) The first endemic West African vertebrate family – a new anuran family highlighting the uniqueness of the Upper Guinean biodiversity hotspot. *Frontiers in Zoology* **11**: 8.
- Barker, F.K. (2007) Avifaunal interchange across the Panamanian Isthmus: insights from *Campylorhynchus* wrens. *Biological Journal Linnean Society* **90**: 687–702.
- Barluenga, M., Sanetra, M. & Meyer, A. (2006) Genetic admixture of burbot (Teleostei: *Lota lota*) in Lake Constance from two European glacial refugia. *Molecular Ecology* **15**: 3583–3600.
- Barnett, R., Yamaguchi, N., Barnes, I. & Cooper, A. (2006) The origin, current diversity and future conservation of the modern lion (*Panthera leo*). *Proceedings of the Royal Society of London B* **273**: 2119–2125.
- Barnett, R., Yamaguchi, N., Shapiro, B., Ho, S.Y.W., Barnes, I., Sabin, R., Werdelin, L., Cuisin, J. & Larson, G. (2014) Revealing the maternal demographic history of *Panthera leo* using ancient DNA and a spatially explicit genealogical analysis. *BMC Evolutionary Biology* **14**: 70.
- Barreda, V., Guler, V. & Palazzesi, L. (2008) Late Miocene continental and marine palynological assemblages from Patagonia. In: Rabassa, J. (Hrsg.) *The late Cenozoic of Patagonia and Tierra del Fuego*. Elsevier, Oxford: 343–349.
- Barrier, M., Baldwin, B.G., Robichaux, R.H. & Purugganan, M.D. (1999) Interspecific hybrid Ancestry of a plant adaptive radiation: allopolyploidy of the Hawaiian Silversword Alliance (Asteraceae) inferred from floral homeotic gene duplications. *Molecular Biology and Evolution* **16**: 1105–1113.
- Barrowclough, G.F., Groth, J.G., Mertz, L.A. & Gutierrez, R.J. (2004) Phylogeographic structure, gene flow and species status in blue grouse (*Dendragapus obscurus*). *Molecular Ecology* **13**: 1911–1922.
- Barrows, T.T., Stone, J.O., Fifield, L.K. & Cresswell, R.G. (2002) The timing of the last glacial maximum in Australia. *Quaternary Science Reviews* **21**: 159–173.
- Basilewsky, P. (1976) Mission entomologique du Musée Royal de l'Afrique Central aux Monts Uluguru, Tanzania. 19. Coleoptera, Carabidae. *Revue de Zoologie Africaine* **9**: 671–722.
- Bates, J.M. (2001) Avian diversification in Amazonia: evidence for historical complexity and a vicariance model for a basic pattern of diversification. In: Viera, I., d'Incao, M.A., Silva, J.M.C. & Oren, D. (Hrsg.) *Diversidade biológica e cultural da Amazônia*. Museu Paraense Emilio Goeldi, Belém, Brazil: 119–138.
- Batista, V., Harris, D.J. & Carretero, M.A. (2004) Genetic variation in *Pleurodeles waltl* Michaelles, 1830 (Amphibia: Salamandridae) across the strait of Gibraltar deri-

ved from mitochondrial DNA sequences. *Herpetozoa* **16**: 166–168.

- Batt, G.E., Braun, J., Kohn, B.P. & McDougall, I. (2000) Thermochronological analysis of the dynamics of the Southern Alps, New Zealand. *Geological Society of America Bulletin* **112**: 250–266.
- Batuwita, S. & Bahir, M.M. (2005) Description of five new species of *Cyrtodactylus* (Reptilia: Gekkonidae) from Sri Lanka. *Raffles Bulletin of Zoology Supplement* **12**: 351–380.
- Bauer, A.M. & Russell, A.P. (1995) The systematic relationships of *Dravidogecko anamallensis* (Günther, 1875). *Asiatic Herpetological Research* **6**: 30–35.
- Bauer, A.M., Jackman, T.R., Greenbaum, E., Giri, V.B. & de Silva, A. (2010) South Asia supports a major endemic radiation of *Hemidactylus* geckos. *Molecular Phylogenetics and Evolution* **57**: 343–352.
- Beati, L., Nava, S., Burkman, E.J., Barros-Battesti, D.M., Labruna, M.B., Guglielmone, A.A., Cáceres, A.G., Guzmán-Cornejo, C.M., León, R., Durden, L.A. & Faccini, J.L.H. (2013) *Amblyomma cajennense* (Fabricius, 1787) (Acari: Ixodidae), the Cayenne tick: phylogeography and evidence for allopatric speciation. *BMC Evolutionary Biology* **13**: 267.
- Becerra, J.X. (2005) Timing the origin and expansion of the Mexican tropical dry forest. *Proceedings of the National Academy of Sciences of the United States of America* **102**: 10919–10923.
- Becerra, J.X. & Venable, D.L. (2008) Sources and sinks of diversification and conservation priorities for the Mexican tropical dry forest. *PLoS ONE* **3**: e3436.
- Beheregaray, L.B., Gibbs, J.P., Havill, N., Fritts, T.H., Powell, J.R.& Caccone, A. (2004) Giant tortoises are not so slow: Rapid diversification and biogeographic consensus in the Galápagos. *Proceedings of the National Academy of Sciences of the United States of America* **101**: 6514–6519.
- Bennett, G.M. & O'Grady, P.M. (2013) Historical biogeography and ecological opportunity in the adaptive radiation of native Hawaiian leafhoppers (Cicadellidae: *Nesophrosyne*). *Journal of Biogeography* **40**: 1512–1523.
- Beresford, P. & Cracraft, J. (1999) Speciation in African forest robins (*Stiphrornis*): species limits, phylogenetic relationships, and molecular biogeography. *American Museum Novitates* **3270**: 1–22.
- Berman, D.I., Derenko, M.V., Malyarchuk, B.A., Grzybowski, T., Kryukov, A. & Miscicka-Sliwka, D. (2005) Intraspecific genetic differentiation of Siberian newt (*Salamandrella keyserlingii*, Amphibia, Caudata) and cryptic species *S. schrenckii* from the Russian south-east. *Zoologichesky Zhurnal* **84**: 1374–1388.
- Bermingham, E. & Avise, J.C. (1986) Molecular zoogeography of freshwater fishes in the southeastern United States. *Genetics* **113**: 939–965.
- Bernard, R., Heiser, M., Hochkirch, A. & Schmitt, T. (2011) Genetic homogeneity of the Sedgling *Nehalennia speciosa* (Odonata: Coenagrionidae) indicates a single Würm glacial refugium and trans-Palaearctic postglacial expansion. *Journal of Zoological Systematics and Evolutionary Research* **49**: 292–297.
- Bernatchez, L. (2001) The evolutionary history of brown trout (*Salmo trutta* L.) inferred from phylogeographic, nested clade, and mismatch analyses of mitochondrial DNA variation. *Evolution* **55**: 351–379.
- Bernatchez, L. & Wilson, C.C. (1998) Comparative phylogeography of Nearctic and Palearctic fishes. *Molecular Ecology* **7**: 431–452.
- Berrio, J.C., Hooghiemstra, H., van Geel, B. & Ludlow-Wiechers, B. (2006) Environmental history of the dry forest biome of Guerrero, Mexico, and human impact during the last c. 2700 years. *Holocene* **16**: 63–80.
- Besold, J. & Schmitt, T. (2015) More northern than ever thought: Refugia of the Woodland Ringlet butterfly *Erebia medusa* (Nymphalidae: Satyrinae) in Northern Central Europe. *Journal of Zoological Systematics and Evolutionary Research* **53**: 67–75.
- Besold, J., Huck, S. & Schmitt, T. (2008b) Allozyme polymorphisms in the small heath *Coenonympha pamphilus*: recent ecological selection or old biogeographical signal? *Annales Zoologici Fennici* **45**: 217–228.
- Besold, J., Schmitt, T., Tammaru, T. & Cassel-Lundhagen, A. (2008a) Strong genetic impoverishment from the centre of distribution in southern Europe to peripheral Baltic and isolated Scandinavian populations of the pearly heath butterfly. *Journal of Biogeography* **35**: 2090–2101.
- Bhagwat, S.A. & Willis, K.J. (2008) Species persistence in northerly glacial refugia of Europe: a matter of chance or biogeographical traits? *Journal of Biogeography* **35**: 464–482.
- Bilton, D.T., Mirol, P.M., Mascheretti, S., Fredga, K., Zima, J. & Searle, J.B. (1998) Mediterranean Europe as an area of endemism for small mammals rather than a source for northwards postglacial colonization. *Proceedings of the Royal Society of London B* **265**: 1219–1226.
- Bint, A.N. (1981) An early Pliocene pollen assemblage from Lake Tay, South-western Australia, and its phytogeographic implications. *Australian Journal of Botany* **29**: 277–291.
- Bird, M.I., Taylor, D. & Hunt, C. (2005) Palaeoenvironments of insular Southeast Asia during the Last Glacial Period: a savanna corridor in Sundaland? *Quaternary Science Reviews* **24**: 2228–2242.
- Birks, H.J.B. & Willis, K.J. (2008) Alpines, trees, and refugia in Europe. *Plant Ecology and Diversity* **1**: 147–160.
- Birungi, J. & Arctander, P. (2000) Large sequence divergence of mitochondrial DNA genotypes of the control region within populations of the African antelope, kob (*Kobus kob*). *Molecular Ecology* **9**: 1997–2008.

- Bjork, A., Liu, W., Wertheim, J.O., Hahn, B.H. & Worobey, M. (2011) Evolutionary history of chimpanzees inferred from complete mitochondrial genomes. *Molecular Biology and Evolution* **28**: 615–623.
- Blackburn, D.C. & Measy, G.J. (2009) Dispersal to or from an African biodiversity hotspot? *Molecular Ecology* **18**: 1904–1915.
- Blacket, M.J., Adams, M., Cooper, S.J.B., Krajewski, C. & Westerman, M. (2001) Systematics and evolution of the Dasyurid marsupial genus *Sminthopsis*: I. The*Macroura* species group. *Journal of Mammalian Evolution* **8**: 149–170.
- Blair, C., Noonan, B.P., Brown, J.L., Raselimanana, A.P., Vences, M. & Yoder, A.D. (2015) Multilocus phylogenetic and geospatial analyses illuminate diversification patterns and the biogeographic history of Malagasy endemic plated lizards (Gerrhosauridae: Zonosaurinae). *Journal of Evolutionary Biology* **28**: 481–492.
- Boehm, J.T., Woodall, L., Teske, P.R., Lourie, S.A., Baldwin, C., Waldman, J. & Hickerson, M. (2013) Marine dispersal and barriers drive Atlantic seahorse diversification.*Journal of Biogeography* **40**: 1839–1849.
- Bohlmeyer, D.A. & Gold, J.R. (1991) Genetic studies in marine fishes. II. A protein electrophoretic analysis of population structure in the red drum *Sciaenops ocellatus*. *Marine Biology* **108**: 197–206.
- Böhme, M.U., Fritz, U., Kotenko, T., Džukić, G., Ljubisavljević, K., Tzankov, N. & Berendonk, T.U. (2007). Phylogeography and cryptic variation within the *Lacerta viridis* complex (Lacertidae, Reptilia). *Zoologica Scripta* **36**: 119–131.
- Bonaccorso, E., Navarro-Sigüenza A.G., Sánchez-González, L.A., Peterson, A.T. & García-Moreno, J. (2008) Genetic differentiation of the *Chlorospingus ophthalmicus* complex in Mexico and Central America. *Journal of Avian Biology* **39**: 311–321.
- Bonacum, J., O'Grady, P.-M., Kambysellis, M. & Desalle, R. (2005) Phylogeny and age of diversification of the planitibia species group of the Hawaiian *Drosophila*. *Molecular Phylogenetics and Evolution* **37**: 73–82.
- Borgnia, M., Vilá, B.L. & Cassini, M.C. (2010) Foraging ecology of vicuña, *Vicugna vicugna*, in dry Puna of Argentina. *Small Ruminant Research* **88**: 44–53.
- Born, C., Alvarez, N., McKey, D., Ossari, S., Wickings, E.J., Hossaert-McKey, M. & Chevallier, M.H. (2011) Insights into the biogeographical history of the Lower Guinea Forest Domain: evidence for the role of refugia in the intraspecific differentiation of *Aucoumea klaineana*. *Molecular Ecology* **20**: 131–142.
- Bos, D.H. & Sites, J.W. (2001) Phylogeography and conservation genetics of the Columbia spotted frog (*Rana luteiventris*; Amphibia, Ranidae). *Molecular Ecology* **10**: 1499–1513.
- Bossuyt, F., Meegaskumbura, M., Beenaerts, N., Gower, D.J., Pethiyagoda, R., Roelants, K., Mannaert, A., Wilkinson, M., Bahir, M.M., Manamendra-Arachchi, K., Ng, P.K.L., Schneider, C.J., Oommen, V.O. & Milinkovitch, M.C. (2004) Local endemism in the Western Ghats-Sri Lanka biodiversity hotspot. *Science* **306**: 479–481.
- Bourset, P., Auffrey, J.C., Britton-Davidian, J. & Bonhomme, F. (1993) The evolution of the House Mice. *Annual Reviews of Ecology and Systematics* **24**: 119–152.
- Bowen, B.W. & Avise, J.C. (1990) Genetic structure of Atlantic and Gulf of Mexico populations of sea bass, menhaden, and sturgeon: influence of zoogeographic factors and life history patterns. *Marine Biology* **107**: 371–381.
- Bowersox, J.R. (2005) Reassessment of extinction patterns of Pliocene molluscs from California and environmental forcing of extinction in the San Joaquin Basin. *Palaeogeography, Palaeoclimatology, Palaeoecology* **221**: 55–82.
- Bowie, R.C.K., Fjeldsa, J., Hackett, S.J., Bates, J.M. & Crowe, T.M. (2006) Coalescent models reveal the relative roles of ancestral polymorphism, vicariance, and dispersal in shaping phylogeographical structure of an African montane forest robin. *Molecular Phylogenetics and Evolution* **38**: 171–188.
- Bowie, R.C.K., Fjeldså, J., Hackett, S.J. & Crowe, T.M. (2004) Molecular evolution in space and through time: mtDNA phylogeography of the Olive Sunbird (*Nectarinia olivacea/obscura*) throughout continental Africa. *Molecular Phylogenetics and Evolution* **33**: 56–74.
- Bowie, R.C.K., Voelker, G., Fjeldså, J., Lens, L., Hackett, S.J. & Crowe, T.M. (2005) Systematics of the olive thrush *Turdus olivaceus* species complex with reference to the taxonomic status of the endangered Taita thrush *T. helleri*. *Journal of Avian Biology* **36**: 391–404.
- Bowler, J.M. (1982) Aridity in the late Tertiary and Quaternary of Australia. In: Barker, W.R. & Greenslade, P.J.M. (Hrsg.) *Evolution of the Flora and Fauna of Arid Australia*. Peacock Publications, Frewville, S.A.: 35–45.
- Brand, P. & Stump, E. (2011) *Tertiary extension and fault block rotation in the transition zone, Cedar Mountains Area, Arizona v.1.1*. Arizona Geological Survey, Tucson, AZ.
- Brant, S.V. & Ortí, G. (2003) Phylogeography of the northern shorttailed shrew, *Blarina brevicauda* (Insectivora: Soricidae): Past fragmentation and postglacial recolonization. *Molecular Ecology* **12**: 1435–1449.
- Brewer, R. & Bettenay, E. (1973) Further evidence concerning the origin of the Western Australian sand plains. *Journal of the Geological Society of Australia* **19**: 533–541.
- Brito, J.C., Fahd, S., Geniez, P., Martínez-Freiría, F., Pleguezuelos, J.M. & Trape, J.-F. (2011) Biogeography and conservation of viperids from North-West Africa: An application of ecological niche-based models and GIS. *Journal of Arid Environments* **75**: 1029–1037.
- Brouat, C., Tatard, C., Bâ, K., Cosson, J.-F., Dobigny, G., Fichet-Calvet, E., Granjon, L., Lecompte, E., Loiseau, A., Mouline, K., Piry,

S., Duplantier, J.-M. (2009) Phylogeography of the Guinea multimammate mouse (*Mastomys erythroleucus*): a case study for Sahelian species in West Africa. *Journal of Biogeography* **36**: 2237–2250.

- Brower, A.V.Z. (1994) Rapid morphological radiation and convergence among races of the butterfly *Heliconius erato* inferred from patterns of mitochondrial DNA evolution. *Proceedings of the National Academy of Sciences of the United States of America* **91**: 6491–6495.
- Brown, J.L., Cameron, A., Yoder, A.D. & Vences, M. (2014) A necessarily complex model to explain the biogeography of the amphibians and reptiles of Madagascar. *Nature Communications* **5**: 5046.
- Brown, J.L., Sillero, N., Glaw, F., Bora, P., Vieites, D.R. & Vences, M. (2016) Spatial biodiversity patterns of Madagascar's amphibians and reptiles. *PLoS ONE* **11**: e0144076.
- Brown, R.P. & Pestano, J. (1998) Phylogeography of skinks (*Chalcides*) in the Canary Islands inferred from mitochondrial DNA sequences. *Molecular Ecology* **7**: 1183–1191.
- Brown, R.P., Suarez, N.M., Smith, A. & Pestano, J. (2001) Phylogeography of Cape Verde Island skinks (*Mabuya*). *Molecular Ecology* **10**: 1593–1597.
- Brown, W.C. & Alcala, A.C. (1970) The zoogeography of the Philippine Islands, a fringing archipelago. *Proceedings of the California Academy of Science* **38**: 105–130.
- Brown, W.C. & Alcala, A.C. (1978) *Philippine Lizards of the Family Gekkonidae*. Silliman University Press, Dumaguete City, Philippines.
- Brown, W.C. & Alcala, A.C. (1980) *Philippine Lizards of the Family Scincidae*. Silliman University Press, Dumaguete City, Philippines.
- Brown, R.M. & Guttman, S.I. (2002) Phylogenetic systematics of the *Rana signata* complex of Philippine and Bornean stream frogs: reconsideration of Huxley's modification of Wallace's Line at the Oriental-Australian faunal zone interface. *Biological Journal of the Linnean Society* **76**: 393–461.
- Brown, D.M., Brenneman, R.A., Koepfli, K.P., Pollinger, J.P., Milá, B., Georgiadis, N.J., Louis, E.E., Grether, G.F., Jacobs, D.K. & Wayne, R.K. (2007) Extensive population genetic structure in the giraffe. *BMC Biology* **5**: 57.
- Brown, M., Cooksley, H., Carthew, S.M. & Cooper, S.J.B. (2006) Conservation units and phylogeographic structure of an arboreal marsupial, the yellow-bellied glider (*Petaurus australis*). *Australian Journal of Zoology* **54**: 305–317.
- Brown, R.M., Linkem, C.W., Siler, C.D., Sukumaran, J., Esselstyn, J.A., Diesmos, A.C., Iskandar, D.T., Bickford, D., Evans, B.J., McGuire, J.A., Grismer, L., Supriatna, J. & Andayani, N. (2010) Phylogeography and historical demography of *Polypedates leucomystax* in the islands of Indonesia and the Philippines: evidence for recent human-mediated range expansion? *Molecular Phylogenetics and Evolution* **57**: 598–619.
- Brunes, T.O., Sequeira, F., Haddad, C.F.B. & Alexandrino, J. (2010) Gene and species trees of a Neotropical group of treefrogs: Genetic diversification in the Brazilian Atlantic Forest and the origin of a polyploid species. *Molecular Phylogenetics and Evolution* **57**: 1120–1133.
- Brunhoff, C., Galbreath, K.E., Cook, J.A. & Jaarola, M. (2003) Holarctic phylogeography of the root vole (*Microtus oeconomus*): implications for late Quaternary biogeography of high latitudes. *Molecular Ecology* **12**: 957–968.
- Brunner, P.C., Douglas, M.R., Osinov, A., Wilson, C.C. & Bernatchez, L. (2001) Holarctic phylogeography of Arctic charr (*Salvelinus alpinus* L.) inferred from mitochondrial DNA sequences. *Evolution* **55**: 573–586.
- Brunsfeld, S.J. & Sullivan, J. (2005) A multi-compartmented glacial refugium in the northern Rocky Mountains: evidence from the phylogeography of *Cardamine constancei* (Brassicaceae). *Conservation Genetics* **6**: 895–904.
- Brunsfeld, S.J., Miller, T.R. & Carstens, B.C. (2007) Insights into the biogeography of the Pacific Northwest of North America: evidence from the phylogeography of *Salix melanopsis*. *Systematic Botany* **32**: 129–139.
- Brunsfeld, S.J., Sullivan, J., Soltis, D.E. & Soltis, P.S. (2001) Comparative phylogeography of northwestern North America: a synthesis. In: Silvertown, J. & Antonovics, J. (Hrsg.) *Integrating Ecological and Evolutionary Processes in a Spatial Context*. Blackwell Science, Oxford: 319–339.
- Bryja, J., Mikula, O., Šumbera, R., Meheretu, Y., Aghová, T., Lavrenchenko, L.A., Mazoch, V., Oguge, N., Mbau, J.S., Welegerima, K., Amundala, N., Colyn, M., Leirs, H. & Verheyen, E. (2014) Pan-African phylogeny of *Mus* (subgenus *Nannomys*) reveals one of the most successful mammal radiations in Africa. *BMC Evolutionary Biology* **14**: 256.
- Bryja, J., Smith, C., Konečný, A. & Reichard, M. (2010) Range-wide population genetic structure of the European bitterling (*Rhodeus amarus*) based on microsatellite and mitochondrial DNA analysis. *Molecular Ecology* **19**: 4708–4722.
- Bryson, R.W., Savary, W.E. & Prendini, L. (2013) Biogeography of scorpions in the *Pseudouroctonus minimus* complex (Vaejovidae) from south-western North America: implications of ecological specialization for pre-Quaternary diversification. *Journal of Biogeography* **40**: 1850–1860.
- Bryson, R.W., Prendini, L., Savary, W.E. & Pearman, P.B. (2014) Caves as microrefugia: Pleistocene phylogeography of the troglophilic North American scorpion *Pseudouroctonus reddelli*. *BMC Evolutionary Biology* **14**: 9.
- Buckley, T.R. & Simon, C. (2007) Evolutionary radiation of the cicada genus *Maoricicada* Dugdale (Hemiptera: Cicadoidea) and the origins of the New Zealand alpine biota. *Biological Journal of the Linnean Society* **91**: 419–435.

- Buckley, T.R., Simon, C. & Chambers, G.K. (2001) Phylogeography of the New Zealand cicada *Maoricicada campbelli* based on mitochondrial DNA sequences: ancient clades associated with Cenozoic environmental change. *Evolution* **55**: 1395–1407.
- Buckley, T.R., Arensburger, P., Simon, C. & Chambers, G.K. (2002) Combined data, Bayesian phylogenetics, and the origin of the New Zealand cicada genera. *Systematic Biology* **51**: 4–18.
- Bull, V., Beltrán, M., Jiggins, C.D., McMillan, W.O., Bermingham, E. & Mallet, J. (2006) Polyphyly and gene flow between non-sibling *Heliconius* species. *BMC Biology* **4**: 11.
- Buonaccorsi, V.P., Starkey, E. & Graves, J.E. (2001) Mitochondrial and nuclear DNA analysis of population subdivision among young of-the-year Spanish mackerel (*Scomberomorus maculatus*) from the western Atlantic and Gulf of Mexico. *Marine Biology* **138**: 37–45.
- Burbrink, F.T. (2001) Systematics of the Eastern Ratsnake complex (*Elaphe obsoleta*). *Herpetological Monographs* **15**: 1–53.
- Burbrink, F.T., Lawson, R. & Slowinski, J.B. (2000) Mitochondrial DNA phylogeography of the polytypic North American rat snake (*Elaphe obsoleta*): a critique of the subspecies concept. *Evolution* **54**: 2107–2118.
- Burg, T.M., Gaston, A.J., Winker, K. & Friesen, V.L. (2006) Effects of Pleistocene glaciations on population structure of North American chestnut-backed chickadees. *Molecular Ecology* **15**: 2409–2419.
- Burgess, N.D., Butynski, T.M., Cordeiro, N.J., Doggart, N.H., Fjeldså, J., Howell, K.M., Kilahama, F.B., Loader, S.P., Lovett, J.C., Mbilinyi, B., Menegon, M., Moyer, D.C., Nashanda, E., Perkin, A., Rovero, F., Stanley, W.T. & Stuart, S.N. (2007) The biological importance of the Eastern Arc Mountains of Tanzania and Kenya. *Biological Conservation* **134**: 209–231.
- Burns, E.L., Eldridge, M.D.B., Crayn, D.M. & Houlden, B.A. (2007) Low phylogeographic structure in a wide spread endangered Australian frog *Litoria aurea* (Anura: Hylidae). *Conservation Genetics* **8**: 17–32.
- Burns, K.J. & Naoki, K. (2004) Molecular phylogenetics and biogeography of Neotropical tanagers in the genus *Tangara*. *Molecular Phylogenetics and Evolution* **32**: 838–854.
- Busack, S.D., Lawson, R. & Wendy, M.A. (2005) Mitochondrial DNA, allozymes, morphology and historical biogeography in the *Podarcis vaucheri* (Lacertidae) species complex. *Amphibia-Reptilia* **26**: 239–256.
- Butt, C.R.M. (1985) Granite weathering and silcrete formation on the Yilgarn Block, Western Australia. *Australian Journal of Earth Sciences* **32**: 425–433.
- Byrne, M. (2008) Evidence for multiple refugia at different time scales during Pleistocene climatic oscillations in southern Australia inferred from phylogeography. *Quaternary Science Reviews* **27**: 2576–2585.
- Byrne, M. & Hines, B. (2004) Phylogeographical analysis of cpDNA variation in *Eucalyptus loxophleba* (Myrtaceae). *Australian Journal of Botany* **52**: 459–470.
- Byrne, M. & Hopper, S.D. (2008) Granite outcrops as ancient islands in old landscapes: evidence from the phylogeography and population genetics of *Eucalyptus caesia* in Western Australia. *Biological Journal of the Linnean Society* **93**: 177–188.
- Byrne, M. & Macdonald, B. (2000) Phylogeography and conservation of three oil mallee taxa, *Eucalyptus kochii* ssp. *kochii*, ssp. *plenissima* and *E. horistes*. *Australian Journal of Botany* **48**: 305–312.
- Byrne, M. & Moran, G.F. (1994) Population divergence in the chloroplast genome of *Eucalyptus nitens*. *Heredity* **73**: 18–28.
- Byrne, M., Macdonald, B. & Brand, J. (2003) Phylogeography and divergence in the chloroplast genome of Western Australian Sandalwood (*Santalum spicatum*). *Heredity* **91**: 389–395.
- Byrne, M., Macdonald, B. & Coates, D. (2002) Phylogeographic patterns in chloroplast DNA variation within the *Acacia acuminata* (Leguminosae: Mimosoideae) complex in Western Australia. *Journal of Evolutionary Biology* **15**: 576–587.
- Byun, S.A., Koop, B.F. & Reimchen, T.E. (1997) North American black bear mtDNA phylogeography: implications for morphology and the Haida Gwaii glacial refugium controversy. *Evolution* **51**: 1647–1653.
- Caballero, M., Lozano-García, S., Vázquez-Selem, L. & Ortega, B. (2010) Evidencias de cambio climático y ambiental en registros glaciales y en cuencas lacustres del centro de México durante el último máximo glacial. *Boletín de la Sociedad Geológica Mexicana* **62**: 359–377.
- Cabanne, G.S., d'Horta, F.M., Sari, E.H.R., Santos, F.R. & Miyaki, C.Y. (2008) Nuclear and mitochondrial phylogeography of the Atlantic forest endemic *Xiphorhynchus fuscus* (Aves: Dendrocolaptidae): Biogeography and systematics implications. *Molecular Phylogenetics and Evolution* **49**: 760–773.
- Caccone, A., Gentile, G., Gibbs, J.P., Fritts, T.H., Snell, H.L., Betts, J. & Powell, J.R. (2002) Phylogeography and history of giant Galápagos tortoises. *Evolution* **56**: 2052–2066.
- Cadena, C.D., Klicka, J. & Ricklefs, R.E. (2007) Evolutionary differentiation in the Neotropical montane region: molecular phylogenetics and phylogeography of *Buarremon* brush-finches (Aves, Emberizidae). *Molecular Phylogenetics and Evolution* **44**: 993–1016.
- Caetano, S., Prado, D., Pennington, R.T., Beck, S., Oliveira-Filho, A., Spichiger, R. & Spichiger, R. (2008) The history of Seasonally Dry Tropical Forests in eastern South America: inferences from the genetic structure of the tree *Astronium urundeuva* (Anacardiaceae). *Molecular Ecology* **17**: 3147–3159.

- Campagna, L., Kopuchian, C., Tubaro, P.L. & Lougheed, S.C. (2014) Secondary contact followed by gene flow between divergent mitochondrial lineages of a widespread Neotropical songbird (*Zonotrichia capensis*). *Biological Journal of the Linnean Society* **111**: 863–868.
- Campbell, H. & Hutching, G. (2007) *In search of ancient New Zealand*. Penguin, North Shore, Auckland.
- Canestrelli, D. & Nascetti, G. (2008) Phylogeography of the pool frog *Rana* (*Pelophylax*) *lessonae* in the Italian peninsula and Sicily: multiple refugia, glacial expansions and nuclear–mitochondrial discordance. *Journal of Biogeography* **35**: 1923–1936.
- Canestrelli, D., Cimmaruta, R. & Nascetti, G. (2007) Phylogeography and historical demography of the Italian treefrog, *Hyla intermedia*, reveals multiple refugia, population expansions and secondary contacts within peninsular Italy. *Molecular Ecology* **16**: 808–4821.
- Canestrelli, D., Cimmaruta, R. & Nascetti, G. (2008) Population genetic structure and diversity of the Apennine endemic stream frog, *Rana italica* – insights on the Pleistocene evolutionary history of the Italian peninsular biota. *Molecular Ecology* **17**: 3856–3872.
- Canestrelli, D., Sacco, F. & Nascetti, G. (2012b) On glacial refugia, genetic diversity, and microevolutionary processes: deep phylogeographical structure in the endemic newt *Lissotriton italicus*. *Biological Journal of the Linnean Society* **105**: 42–55.
- Canestrelli, D., Cimmaruta, R., Costantini, V. & Nascetti, G. (2006) Genetic diversity and phylogeography of the Apennine yellow-bellied toad *Bombina pachypus*, with implications for conservation. *Molecular Ecology* **15**: 3741–3754.
- Canestrelli, D., Salvi, D., Maura, M., Bologna, M.A. & Nascetti, G. (2012a) One Species, three Pleistocene evolutionary histories: Phylogeography of the Italian Crested Newt, *Triturus carnifex*. *PLoS ONE* **7**: e41754.
- Cannon, C.H. & Manos, P.S. (2003) Phylogeography of the Southeast Asian stone oaks (*Lithocarpus*). *Journal of Biogeography* **30**: 211–226.
- Cannon, C.H., Morley, R.J. & Bush, A.B.G. (2009) The current refugial rainforests of Sundaland are unrepresentative of their biogeographic past and highly vulnerable to disturbance. *Proceedings of the National Academy of Sciences of the United States of America* **27**: 11188–11193.
- Cantagrel, J.M., Arnaud, N.O., Ancochea, E., Fúster, J.M. & Huertas, M.J. (1999) Repeated debris avalanches on Tenerife and genesis of Las Cañadas caldera wall (Canary Islands). *Geology* **27**: 739–742.
- Capblancq, T., Després, L., Rioux, D. & Mavárez, J. (2015) Hybridization promotes speciation in *Coenonympha* butterflies. *Molecular Ecology* **24**: 6209–6022.
- Carine, M.A. & Schäfer, H. (2010) The Azores diversity enigma: why are there so few Azorean endemic flowering plants and why are they so widespread? *Journal of Biogeography* **37**: 77–89.
- Carnaval, A.C. & Moritz, C. (2008) Historical climate modelling predicts patters of current biodiversity in the Brazilian Atlantic Forest. *Journal of Biogeography* **35**: 1187–1201.
- Carracedo, J.C. (2011) *Geología de Canarias I. Origen, evolución, edad y volcanismo*. Editorial Rueda, Madrid.
- Carranza, S. & Arnold, E.N. (2004) History of west Mediterranean newts, *Pleurodeles* (Amphibia: Salamandridae), inferred from old and recent DNA sequences. *Systematics and Biodiversity* **1**: 327–337.
- Carranza, S. & Wade, E. (2004) Taxonomic revision of Algero-Tunisian *Pleurodeles* (Caudata: Salamandridae) using molecular and morphological data. Revalidation of the taxon *Pleurodeles nebulosus* (Guichenot, 1850). *Zootaxa* **488**: 1–24.
- Carranza, S., Arnold, E.N., Wade, E. & Fahd, S. (2004) Phylogeography of the false smooth snakes, *Macroprotodon* (Serpentes, Colubridae): mitochondrial DNA sequences show European populations arrived recently from Northwest Africa. *Molecular Phylogenetics and Evolution* **33**: 523–532.
- Carranza, S., Arnold E.N. & Pleguezuelos, J.M. (2006a) Phylogeny, biogeography and evolution of two Mediterranean snakes, *Malpolon monspessulanus* and *Hemorrhois hippocrepis* (Squamata, Colubridae) using mtDNA sequences. *Molecular Phylogenetics and Evolution* **40**: 532–546.
- Carranza, S., Harris, D.J., Arnold, E.N., Batista, V. & Gonzalez de la Vega, J.P. (2006b) Phylogeography of the lacertid lizard *Psammodromus algirus* in Iberia and across the Strait of Gibraltar. *Journal of Biogeography* **33**: 1279–1288.
- Carrara, P.E., Short, S.K. & Wilcox, R.E. (1986) Deglaciation of the mountainous region of northwestern Montana, USA, as indicated by late Pleistocene ashes. *Arctic and Alpine Research* **18**: 317–325.
- Carstens, B.C. & Richards, C.L. (2007) Integrating coalescent and ecological niche modeling in comparative phylogeography. *Evolution* **61**: 1439–1454.
- Carstens, B.C., Brunsfeld, S.J., Demboski, J.R., Good, J.M. & Sullivan, J. (2005) Investigating the evolutionary history of the Pacific Northwest mesic forest ecosystem: hypothesis testing within a comparative phylogeographic framework. *Evolution* **59**: 1639–1652.
- Carstens, B.C., Stevenson, A.L., Degenhardt, J.D. & Sullivan, J. (2004) Testing nested phylogenetic and phylogeographic hypotheses in the *Plethodon vandykei* species group. *Systematic Biology* **53**: 781–792.
- Carter, R.M. (2005) A New Zealand climatic template back to c. 3.9 Ma: ODP Site 1119, Canterbury Bight, south-west Pacific Ocean, and its relationship to onland successions. *Journal of the Royal Society of New Zealand* **35**: 9–42.
- Casado, F., Bonvicino, C.R. & Seuánez, H.N. (2007) Phylogeographic Analyses of *Callicebus lu-*

gens (Platyrrhini, Primates). *Journal of Heredity* **98**: 88–92.

- Castro, A.A.J.F. & Martins, F.R. (1999) Cerrados do Brasil e do Nordeste: caracterização, área de ocupação e considerações sobre a sua fitodiversidade. *Pesquisa em Foco* **7**: 147–178.
- Caswell, J.L., Mallick, S., Richter, D.J., Neubauer, J., Schirmer, C., Gnerre, S. & Reich, D. (2008) Analysis of chimpanzee history based on genome sequence alignments. *PLoS Genetics* **4**: e1000057.
- Cavalli-Sforza, L.L. & Edwards, A.W.F. (1967) Phylogenetic analysis: models and estimation procedures. *Evolution* **21**: 550–570.
- Cavers, S., Telford, A., Arenal Cruz, F., Pérez Castañeda, A.J., Valencia, R., Navarro, C., Buonamici, A., Lowe, A.J. & Vendramin, G.G. (2013) Cryptic species and phylogeographical structure in the tree *Cedrela odorata* L. throughout the Neotropics. *Journal of Biogeography* **40**: 732–746.
- Ceballos, G., Arroyo-Cabrales, J. & Ponce, E. (2010) Effects of Pleistocene environmental changes on the distribution and community structure of the mammalian fauna of Mexico. *Quaternary Research* **73**: 464–473.
- Cegelski, C.C., Waits, L.P., Anderson, N.J., Flagstad, O., Strobeck, C. & Kyle, C.J. (2006) Genetic diversity and population structure of wolverine *(Gulo gulo)* populations at the southern edge of their current distribution in North America with implications for genetic viability. *Conservation Genetics* **7**: 197–211.
- Chambers, G.K., Boon, W.-M., Buckley, T.R. & Hitchmough, R.A. (2001) Using molecular methods to understand the Gondwanan affinities of the New Zealand biota: three case studies. *Australian Journal of Botany* **49**: 377–387.
- Chapple, D.G. & Keogh, J.S. (2004) Parallel adaptive radiations in arid and temperate Australia: molecular phylogeography and systematics of the *Egernia whitii* (Lacertilia: Scincidae) species group. *Biological Journal of the Linnean Society* **83**: 157–173.
- Chapple, D.G., Keogh, J.S. & Hutchinson, M.N. (2004) Molecular phylogeography and systematics of the arid-zone members of the *Egernia whitii* (Lacertilia: Scincidae) species group. *Molecular Phylogenetics and Evolution* **33**: 549–561.
- Charrier, O., Dupont, P., Pornon, A. & Escaravage, N. (2014) Microsatellite marker analysis reveals the complex phylogeographic history of *Rhododendron ferrugineum* (Ericaceae) in the Pyrenees. *PLoS ONE* **9**: e92976.
- Charruau, P., Fernandes, C., Orozco-ter Wengel, P., Peters, J., Hunter, L., Ziaie, H., Jourabchian, A., Jowkar, H., Schaller, G., Ostrowski, S., Vercammen, P., Grange, T., Schlötterer, C., Kotze, A., Geigl, E.-M., Walzer, C. & Burger, P.A.(2011) Phylogeography, genetic structure and population divergence time of cheetahs in Africa and Asia: evidence for long-term geographic isolates. *Molecular Ecology* **20**: 706–724.
- Chase, B.M. & Meadows, M.E. (2007) Late Quaternary dynamics of southern Africa's winter-rainfall zone. *Earth-Science Reviews* **84**: 103–138.
- Chen, J.-M., Zhao, S.-Y., Liao, Y.-Y., Gichira, A.W., Gituru, R.W. & Wang, Q.-F. (2015a) Chloroplast DNA phylogeographic analysis reveals significant spatial genetic structure of the relictual tree *Davidia involucrata* (Davidiaceae). *Conservation Genetics* **16**: 583–593.
- Chen, S., Sun, Z., He, K., Jiang, X., Liu, Y., Koju, N.P., Zhang, X., Tu, F., Fan, X., Liu, S. & Yue, B. (2015b) Molecular phylogenetics and phylogeographic structure of *Sorex bedfordiae* based on mitochondrial and nuclear DNA sequences. *Molecular Phylogenetics and Evolution* **84**: 245–253.
- Chen, S.D., Liu, S.Y., Liu, Y., He, K., Chen, W.C., Zhang, X.Y., Fan, Z.X., Tu, F.Y., Jia, X.D. & Yue, B.S. (2012) Molecular phylogeny of Asiatic short-tailed shrews, genus *Blarinella*Thomas, 1911 (Mammalia: Soricomorpha: Soricidae) and its taxonomic implications. *Zootaxa* **3250**: 43–53.
- Chiari, Y., Andreone, F., Vences, M. & Meyer, A. (2005) Genetic variation of an endangered Malagasy frog, *Mantella cowani*, and its phylogeographic relationship to the widespread *M. baroni*. *Conservation Genetics* **6**: 1041–1047.
- Choi, S.K., Lee, J.-E., Kim, Y.-J., Min, M.-S., Voloshina, I., Myslenkov, A., Oh, J.G., Kim, T.-H., Markov, N., Seryodkin, I., Ishiguro, N., Yu, L., Zhang, Y.-P., Lee, H. & Kim, K.S. (2014) Genetic structure of wild boar (*Sus scrofa*) populations from East Asia based on microsatellite loci analyses. *BMC Genetics* **15**: 85.
- Church, S.A., Kraus, J.M., Mitchell, J.C., Church, D.R. & Taylor, D.R. (2003) Evidence for multiple Pleistocene refugia in the postglacial expansion of the eastern tiger salamander, *Ambystoma tigrinum tigrinum*. *Evolution* **57**: 372–383.
- Cibois, A., Beadell, J.S., Graves, G.R., Pasquet, E., Slikas, B., Sonsthagen, S.A., Thibault, J.C. & Fleischer, R.C. (2011) Charting the course of reed-warblers across the Pacific islands. *Journal of Biogeography* **38**: 1963–1975.
- Cibois, A, Thibault, J.C. & Pasquet, E. (2004) Biogeography of eastern Polynesian monarchs *(Pomarea)*: An endemic genus close to extinction. *Condor* **106**: 837–851.
- Claridge, E.M. (2006) The systematics and diversification of *Rhyncogonus* (Entiminae: Curculionidae: Coleoptera) in the central Pacific. Dissertation, University of California, Berkeley.
- Claridge, E.M., Gillespie, R.G., Brewer, M.S. & Roderick, G.K. (2017) Stepping-stones across space and time: Repeated radiation of Pacific flightless broad-nosed weevils (Coleoptera: Curculionidae: Entiminae: *Rhyncogonus*). *Journal of Biogeography* **44**: 784–796.
- Clark, P.U., Dyke, A.S., Shakun, J.D., Carlson, A.E., Claark, J., Wohlfarth, B., Mitrovica, J.X., Hostetler, S.W. & McCabe, A.M. (2009) The last glacial maximum. *Science* **325**: 710–714.

- Clausnitzer, V. (2001) Notes on the species diversity of East African Odonata, with a checklist of species. *Odonatologica* **30**: 49–66.
- Clifford, S.L., Anthony, N.M., Bawe-Johnson, M., Abernethy, K.A., Tutin, C.E.G., White, L.T.J., Bermejo, M., Goldsmith, M.L., McFarland, K., Jeffery, K., Jeffery, K.J., Bruford, M.W. & Wickings, E.J. (2004) Mitochondrial DNA phylogeography of western lowland gorillas *(Gorilla gorilla gorilla)*. *Molecular Ecology* **13**: 1551–1567.
- Clouard, V. & Bonneville, A. (2005) Ages of seamounts, islands, and plateaus on the Pacific plate. In: Foulger, G.R., Natland, J.H., Presnall, D.C. & Anderson, D.L. (Hrsg.) *Plates, plumes, and paradigms*. Geological Society of America, Boulder, CO: 71–90.
- Cochard, B., Adon, B., Rekima, S., Billotte, N., de Chenon, R.D., Koutou, A., Nouy, B., Omoré, A., Purba, A.R., Glazsmann, J.-C.& Noyer, J.-L. (2009) Geographic and genetic structure of African oil palm diversity suggests new approaches to breeding. *Tree Genetics & Genomes* **5**: 493–504.
- Cockayne, L. (1926) Monograph on New Zealand beech forests. *New Zealand State Forest Service Bulletin* **4**: 1–71.
- Collevatti, R.G., Grattapaglia, D. & Hay, J.D. (2003) Evidences for multiple maternal lineages of *Caryocar brasiliense* populations in the Brazilian Cerrado based on the analysis of chloroplast DNA sequences and microsatellite haplotype variation. *Molecular Ecology* **12**: 105–115.
- Collevatti, R.G., Rabelo, S.G. & Vieira, R.F. (2009) Phylogeography and disjunct distribution in *Lychnophora ericoides* (Asteraceae), an endangered cerrado shrub species. *Annals of Botany* **104**: 655–664.
- Colombi, V.H., Lopes, S.R. & Fagundes, V. (2010) Testing the Rio Doce as a riverine barrier in shaping the Atlantic rainforest population divergence in the rodent *Akodon cursor*. *Genetics and Molecular Biology* **33**: 785–789.
- Colyn, M., Gautier Hion, A. & Verheyen, W. (1991) A re-appraisal of paleoenvironmental history in central Africa: evidence for a major fluvial refuge in the Zaire Basin. *Journal of Biogeography* **18**: 403–407.
- Conant, R. & Collins, J.T. (1991) *A Field Guide to Reptiles and Amphibians*. Houghton Mifflin, Boston, MA.
- Condamine, F.L., Toussaint, E.F.A., Cotton, A.M., Genson, G.S., Sperling, F.A.H. & Kergoat, G.J. (2013) Fine-scale biogeographical and temporal diversification processes of peacock swallowtails (*Papilio* subgenus *Achillides*) in the Indo-Australian Archipelago. *Cladistics* **29**: 88–111.
- Congdon, T.C.E., Gardiner, A. & Bampton, I. (2001) *Some endemic butterflies of Kenya, Tanzania and Malawi*. ABRI, P.O. Box 14308, Nairobi, Kenya.
- Connell, S.D., Hawley, J.W. & Love, D.W. (2005) Late Cenozic drainage development in the southeastern basin and range of New Mexico, southeasternmost Arizona, and western Texas. Lucas, S.G., Morgan, G.S. & Zeigler, K.E. (Hrsg.) New Mexico's ice ages. New Mexico Museum of Natural History and Science, Albuquerque, NM: 125–150.
- Conroy, C.J. & Cook, J.A. (2000) Phylogeography of a postglacial colonizer: *Microtus longicaudus* (Rodentia: Muridae). *Molecular Ecology* **9**: 165–175.
- Cook, L.G. & Crisp, M.D. (2005) Not so ancient: the extant crown group of *Nothofagus* represents a post-Gondwanan radiation. *Proceedings of the Royal Society of London B* **272**: 2535–2544.
- Cooper, A. & Cooper, R.A. (1995) The Oligocene bottleneck and New Zealand biota: genetic record of a past environmental crisis. *Proceedings of the Royal Society of London B* **261**: 293–302.
- Cooper, A., Atkinson, I.A.E., Lee, W.G. & Worthy, T.H. (1993) Evolution of the moa and their effect on the New Zealand flora. *Trends in Ecology and Evolution* **8**: 433–437.
- Cooper, A., Lalueza-Fox, C., Anderson, S., Rambaut, A., Austin, J. & Ward, R. (2001) Complete mitochondrial genome sequences of two extinct moas clarify ratite evolution. *Nature* **409**: 704–707.
- Cooper, A., Mourer-Chauviré, C., Chambers, G.K., von Haeseler, A., Wilson, A.C. & Pääbo, S. (1992) Independent origins of New Zealand moas and kiwis. *Proceedings of the National Academy of Sciences of the United States of America* **89**: 8741–8744.
- Cooper, R.A. & Millener, P.R. (1993) The New Zealand biota: historical background and new research. *Trends in Ecology and Evolution* **8**: 429–433.
- Cooper, S.J.B., Adams, M. & Labrinidis, A. (2000) Phylogeography of the Australian dunnart *Sminthopsis crassicaudata* (Marsupialia: Dasyuridae). *Australian Journal of Zoology* **48**: 461–473.
- Cooper, S.J., Ibrahim, K.M. & Hewitt, G.M. (1995) Postglacial expansion and genome subdivision in the European grasshopper *Chorthippus parallelus*. *Molecular Ecology* **4**: 49–60.
- Coppard, S.E, Zigler, K.S. & Lessios, H.A. (2013) Phylogeography of the sand dollar genus *Mellita*: Cryptic speciation along the coasts of the Americas. *Molecular Phylogenetics and Evolution* **69**: 1033–1042.
- Corander, J. & Marttinen, P. (2006) Bayesian identification of admixture events using multi-locus molecular markers. *Molecular Ecology* **15**: 2833–2843.
- Corander, J., Waldmann, P. & Sillanpää, M.J. (2003) Bayesian analysis of genetic differentiation between populations. *Genetics* **163**: 367–374.
- Corander, J., Marttinen, P., Sirén, J. & Tang, J. (2008) Enhanced Bayesian modelling in BAPS software for learning genetic structures of populations. *BMC Bioinformatics* **9**: 539.
- Corander, J., Waldmann, P., Marttinen, P. & Sillanpää M.J. (2004) BAPS 2: enhanced possibilities

for the analysis of genetic population structure. *Bioinformatics* **20**: 2363–2369.

- Corbett, G.B. & Hill, J.E. (1993) *The mammals of the Indo-Malayan region: A systematic review.* Oxford University Press for British Museum (Natural History), Oxford.
- Cortés-Ortiz, L., Bermingham, E., Rico, C., Rodríguez-Luna, E., Sampaio, I. & Ruiz-García, M. (2003) Molecular Systematics and Biogeography of the Neotropical Monkey Genus *Alouatta. Molecular Phylogenetics and Evolution* **26**: 64–81.
- Cortés-Rodriguez, M.N., Hernández-Baños, B.E., Navarro, A.G., Peterson, A.T. & García-Moreno, J. (2008) Phylogeography and population genetics of the Amethyst-throated Hummingbird *(Lampornis amethystinus). Molecular Phylogenetics and Evolution* **48**: 1–11.
- Cortés-Rodríguez, M.N., Jacobsen, F., Hernandez-Baños, B.E., Navarro-Siguenza, A.G., Peters, J.L. & Omland, K.E. (2013) Coalescent analyses show isolation without migration in two closely related tropical orioles: the case of *Icterus graduacauda* and *Icterus chrysater. Ecology and Evolution* **3**: 4377–4387.
- Cosacov, A., Sérsic, A.N., Sosa, V., Johnson, L.A. & Cocucci, A.A. (2010) Molecular evidence of ice-age refugia in the Patagonia steppe and post-glacial colonisation of the Andes slopes: insights from the endemic species *Calceolaria polyrhiza* (Calceolariaceae). *Journal of Biogeography* **37**: 1463–1477.
- Cosson, J.F., Hutterer, R., Libois, R., Sarà, M., Taberlet, P. & Vogel, P. (2005) Phylogeographical footprints of the Strait of Gibraltar and Quaternary climatic fluctuations in the western Mediterranean: a case study with the greater white-toothed shrew, *Crocidura russula* (Mammalia: Soricidae). *Molecular Ecology* **14**: 1151–1162.
- Costa, L.P. (2003) The historical bridge between the Amazon and the Atlantic Forest of Brazil: a study of molecular phylogeography with small mammals. *Journal of Biogeography* **30**: 71–86.
- Costedoat, C. & Gilles, A. (2009) Quaternary Pattern of Freshwater Fishes in Europe: Comparative Phylogeography and Conservation Perspective. *The Open Conservation Biology Journal* **3**: 36–48.
- Couvreur, T.L.P., Chatrou, L.W., Sosef, M.S.M. & Richardson, J.E. (2008) Molecular phylogenetics reveal multiple tertiary vicariance origins of the African rain forest trees. *BMC Biology* **6**: 54.
- Cowie, R.-H. & Holland, B.-S. (2008) Molecular biogeography and diversification of the endemic terrestrial fauna of the Hawaiian Islands. *Philosophical Transactions of the Royal Society of London B* **363**: 3363–3376.
- Cowling, R.M. & Lombard, A.T. (2002) Heterogeneity, speciation/extinction history and climate: explaining regional plant diversity patterns in the Cape Floristic Region. *Diversity and Distributions* **8**: 163–179.
- Cowling, S.A., Cox, P.M., Jones, C.D., Maslin, M.A., Peros, M. & Spall, S.A. (2008) Simulated glacial and interglacial vegetation across Africa: implications for species phylogenies and trans – African migration of plants and animals. *Global Change Biology* **14**: 827–840.
- Craddock, E.M. & Kambysellis, M.P. (1997) Adaptive radiation in the Hawaiian *Drosophila* (Diptera: Drosophilidae): ecological and reproductive character analyses. *Pacific Science* **51**: 475–489.
- Craig, D.A. (2003) Geomorphology, development of running water habitats, and evolution of black flies on Polynesian islands. *Bioscience* **53**: 1079–1093.
- Craig, S. A. (1985) Social organization, reproduction and feeding behaviour of a population of yellow-bellied gliders, *Petaurus australis* (Marsupialia: Petauridae). *Australian Wildlife Research* **12**: 1–18.
- Craul, M., Zimmermann, E., Rasoloharijaona, S., Randrianambinina, B. & Radespiel, U. (2007) Unexpected species diversity of Malagasy primates (*Lepilemur* spp.) in the same biogeographical zone: a morphological and molecular approach with the description of two new species. *BMC Evolutionary Biology* **7**: 83.
- Craw, R. (1989) New Zealand biogeography: a panbiogeographic approach. *New Zealand Journal of Zoology* **16**: 527–547.
- Crews, S. & Hedin, M. (2006) Studies of morphological and molecular phylogenetic divergence in spiders (Araneae: *Homalonychus*) from the American southwest, including divergence along the Baja California Peninsula. *Molecular Phylogenetics and Evolution* **38**: 470–487.
- Crottini, A., Andreone, F., Kosuch, J., Borkin, L.J., Litvinchuk, S.N., Eggert, C. & Veith, M. (2007) Fossorial but widespread: the phylogeography of the common spadefoot toad *(Pelobates fuscus),* and the role of the Po Valley as a major source of genetic variability. *Molecular Ecology* **16**: 2734–2754.
- Crottini, A., Brown, J.L., Mercurio, V., Glaw, F., Vences, M. &Andreone, F. (2012) Phylogeography of the poison frog *Mantella viridis* (Amphibia: Mantellidae) reveals chromatic and genetic differentiation across ecotones in northern Madagascar. *Journal of Zoological Systematics and Evolutionary Research* **50**: 305–314.
- Croucher, P.J.P., Oxford, G.S., Lam, A., Mody, N. & Gillespie, R.G. (2012) Colonisation history and population genetics of the color-polymorphic Hawaiian happy-face spider *Theridion grallator* (Araneae, Theridiidae). *Evolution* **66**: 2815–2833.
- Cserkész, T., Aczél-Fridrich, Z., Hegyeli, Z., Sugár, S., Czabán, D., Horváth, O. & Sramkó, G. (2015) Rediscovery of the Hungarian birch mouse *(Sicista subtilis trizona)* in Transylvania (Romania) with molecular characterisation of its phylogenetic affinities. *Mammalia* **79**: 215–224.
- Culling, M.A., Janko, K., Boron, A., Vasilev, V.P., Coté, I.M. & Hewitt, G.M. (2006) European colonization by the spined loach *(Cobitis taenia)* from Ponto-Caspi-

an refugia based on mitochondrial DNA variation. *Molecular Ecology* **15**: 173–190.

- Cupedo, F. (1996) Die morphologische Gliederung des *Erebia melampus*-Komplexes, nebst Beschriebung zweier neuer Unterarten: *Erebia melampus semisudetica* ssp. n. und *Erebia sudetica belladonnae* ssp. n. (Lepidoptera, Saryrinae). *Nota lepidopterologica* **18**: 95–125.
- Cupedo, F. (2007) Geographical variation and Pleistocene history of the *Erebia pandrose – sthennyo* complex (Nymphalidae; Satyrinae). *Nota lepidopterologica* **30**: 329–353.
- Cupedo, F. (2010) A revision of the infraspecifi c structure of *Erebia euryale* (Esper, 1805) (Nymphalidae: Satyrinae). *Nota lepidopterologica* **33**: 85–106.
- Cushman, S.A., McKelvey, K.S. & Schwartz, M.K. (2009) Use of empirically derived source-destination models to map regional conservation corridors. *Conservation Biology* **23**: 368–376.
- Danukalova, G., Yakovlev, A., Kosintcev, P., Agadjanian, A., Alimbekova, L., Eremeev, A. & Morozova, E. (2009) Quaternary fauna and flora of the Southern Urals region (Bashkortostan Republic). *Quaternary International* **201**: 13–24.
- Dapporto, L. (2008) Geometric morphometrics reveal male genitalia differences in the *Lasiommata megera/paramegaera* complex (Lepidoptera, Nymphalidae) and the lack of a predicted hybridization area in the Tuscan Archipelago. *Journal of Zoological Systematics and Evolutionary Research* **46**: 224–230.
- Dapporto, L. (2010) Speciation in Mediterranean refugia and post-glacial expansion of *Zerynthia polyxena* (Lepidoptera, Papilionidae). *Journal of Zoological Systematics and Evolutionary Research* **48**: 229–237.
- Dapporto, L. & Bruschini, C. (2012) Invading a refugium: post glacial replacement of the ancestral lineage of a Nymphalid butterfly int he West Mediterranean. *Organisms, Diversity & Evolution* **12**: 39–49.
- Dapporto, L., Bruschini, C., Baracchi, D., Cini, A., Gayubo, F., Gonzàlez, J.A. & Dennis, R.L.H. (2009) Phylogeography and counter-intuitive inferences in island biogeography: evidence from morphometric markers in the mobile butterfly *Maniola jurtina* (Linnaeus) (Lepidoptera, Nymphalidae). *Biological Journal of the Linnean Society* **98**: 677–692.
- Dapporto, L., Habel, J.C., Dennis, R.L.H. & Schmitt, T. (2011a) The biogeography of the western Mediterranean: elucidating contradictory distribution patterns of differentiation in *Maniola jurtina* (Lepidoptera: Nymphalidae). *Biological Journal of the Linnean Society* **103**: 571–577.
- Dapporto, L., Schmitt, T., Vila, R., Scalercio, S., Biermann, H., Dinca, V., Gayubo, S.F., González, J.A., Lo Cascio, P., Dennis, R.L.H. (2011b) Phylogenetic island disequilibrium: evidence for ongoing long-term population dynamics in two Mediterranean butterflies. *Journal of Biogeography* **38**: 854–867.
- Darwin, C. (1838–42) *The zoology of the voyage of H.M.S. Beagle*. Smith, Elder & Co, London.
- Darwin, C. (1859) *On the Origin of Species by Means of Natural Selection, or the Preservation of Favoured Races in the Struggle for Life*. John Murray, London.
- Datta-Roy, A., Singh, M. & Karanth, K.P. (2014) Phylogeny of endemic skinks of the genus *Lygosoma* (Squamata: Scincidae) from India suggest an *in situ* radiation. *Journal of Genetics* **93**: 163–167.
- Datta-Roy, A., Singh, M., Srinivasulu, C. & Karanth, K.P. (2012) Phylogeny of the Asian *Eutropis* (Squamata: Scincidae) reveals an «into India» endemic Indian radiation. *Molecular Phylogenetics and Evolution* **63**: 817–824.
- Daugherty, C.H., Gibbs, G.W. & Hitchmough, R.A. (1993) Megaisland or micro-continent? New Zealand and its fauna. *Trends in Ecology and Evolution* **8**: 437–442.
- Davis, L.M., Glenn, T.C., Strickland, D.C., Guillette, L.J., Elsey, R.M., Rhodes, W.E., Dessauer, H.C. & Sawyer, R.H. (2002) Microsatellite DNA analyses support and east–west phylogeographic split of American alligator populations. *Journal of Experimental Zoology* **294**: 352–372.
- Davison, J., Ho, S.Y.W., Bray, S.C., Korsten, M., Tammeleht, E., Hindrikson, M., Østbye, K., Østbye, E., Lauritzen, S.-E., Austin, J., Cooper, A. & Saarma, U. (2011) Late-Quaternary biogeographic scenarios for the brown bear (*Ursus arctos*), a wild mammal model species. *Quatanary Science Review* **30**: 418–430.
- Daza, J.M., Smith, E.N., Páez, V.P. & Parkinson, C.L. (2009) Complex evolution in the Neotropics: the origin and diversification of the widespread genus *Leptodeira* (Serpentes: Colubridae). *Molecular Phylogenetics and Evolution* **53**: 653–667.
- DeChaine, E.G. & Martin, A.P. (2005) Marked genetic divergence among sky island populations of *Sedum lanceolatum* (Crassulaceae) in the Rocky Mountains. *American Journal of Botany* **92**: 477–486.
- Deffontaine, V., Libois, R., Kotlík, P., Sommer, R., Nieberding, C., Paradis, E., Searle, J.B. & Michaux, J.R. (2005) Beyond the Mediterranean peninsulas: evidence of central European glacial refugia for a temperate forest mammal species, the bank vole (*Clethrionomys glareolus*). *Molecular Ecology* **14**: 1727–1739.
- Dehghani, R., Wanntorp, L., Pagani, P., Källersjö, M., Werdelin, L. & Veron, G. (2008) Phylogeography of the white-tailed mongoose (Herpestidae, Carnivora, Mammalia) based on partial sequences of the mtDNA control region. *Journal of Zoology* **276**: 385–393.
- De Jong, R. & Congdon, T.C.E. (1993) The montane butterflies of the eastern African forests. In: Lovett, J.C. & Wasser, S.K. (Hrsg.) *Biogeography and ecology of the rain forests of eastern Africa*. Cambridge University Press, Cambridge: 133–173.
- De Lattin, G. (1949) Beiträge zur Zoogeographie des Mittelmeergebietes. *Verhandlungen der deutschen Zoologischen Gesellschaft*, Kiel: 143–151.

- De Lattin, G. (1957) Die Lepidopteren-Fauna der Pfalz. I. Teil A. *Mitteilungen der Pollichia, Pfälzer Verein für Naturkunde und Naturschutz*, III. Reihe **4**: 51–167.
- De Lattin, G. (1964) Die Verbreitung des sibirischen Faunenelements in der Westpaläarktis. *Natur und Museum* **94**: 104–125.
- De Lattin, G. (1967) *Grundriß der Zoogeographie*. Verlag Gustav Fischer, Jena.
- D'Elía, G., Hurtado, N. & D'Anatro, A. (2016) Alpha taxonomy of *Dromiciops* (Microbiotheriidae) with the description of 2 new species of monito del monte. *Journal of Mammalogy* **97**: 1136–1152.
- Demastes, J.W., Spradling, T.A., Hafner, M.S., Hafner, D.J. & Reed, D.L. (2002) Systematics and phylogeography of Pocket Gophers in the genera *Cratogeomys* and *Pappogeomys*. *Molecular Phylogenetics and Evolution***22**: 144–154.
- Demboski, J.R. & Cook, J.A. (2001) Phylogeography of the dusky shrew, *Sorex monticolus* (Insectivora, Soricidae): insight into deep and shallow history in northwestern North America. *Molecular Ecology* **10**: 1227–1240.
- Demboski, J.R. & Sullivan, J. (2003) Extensive mtDNA variation within the yellow-pine chipmunk, *Tamias amoenus* (Rodentia: Sciuridae), and phylogeographic inferences for northwest North America. *Molecular Phylogenetics and Evolution* **26**: 389–408.
- deMenocal, P.B. (2004) African climate change and faunal evolution during the Pliocene–Pleistocene. *Earth and Planetary Science Letters* **220**: 3–24.
- Demesure, B., Comps, B. & Petit, R.J. (1996) Chloroplast DNA phylogeography of the common beech (*Fagus sylvatica* L.) in Europe. *Evolution* **50**: 2515–2520.
- Dennell, R. & Roebroeks, W. (2005) An Asian perspective on early human dispersal from Africa. *Nature* **438**: 1099–1104.
- Dennis, R.L.H., Williams, W.R. & Shreeve, T.G. (1991) A multivariate approach to the determination of faunal structures among European butterfly species (Lepidoptera: Rhopalocera). *Zoological Journal of the Linnean Society* **101**: 1–49.
- Dennis, R.L.H., Shreeve, T.G. & Williams, W.R. (1995) Taxonomic differentiation in species richness gradients among European butterflies (Papilionoidea, Hesperioidea): contribution of macroevolutionary dynamics. *Ecography* **18**: 27–40.
- Dennis, R.L.H., Williams, W.R. & Shreeve, T.G. (1998) Faunal structures among European butterflies: evolutionary implications of bias for geography, endemism and taxonomic affiliations. *Ecography* **21**: 181–203.
- De-Nova, J.A., Medina, R., Montero, J.C., Weeks, A., Rosell, J.A., Olson, M.E., Eguiarte, L.E. & Magallón, S. (2012) Insights into the historical construction of species-rich Mesoamerican seasonally dry tropical forests: the diversification of *Bursera* (Burseraceae, Sapindales). *New Phytologist* **193**: 276–287.
- Den Tex, R.-J. & Leonard, J.A. (2013) A molecular phylogeny of Asian barbets: speciation and extinction in the tropics. *Molecular Phylogenetics and Evolution* **68**: 1–13.
- Den Tex, R.-J., Thorington, R., Maldonado, J.E. & Leonard, J.A. (2010) Speciation dynamics in the SE Asian tropics: Putting a time perspective on the phylogeny and biogeography of Sundaland tree squirrels, *Sundasciurus*. *Molecular Phylogenetics and Evolution* **55**: 711–720.
- Descimon, H. (1995) La conservation des *Parnassius* en France: aspects zoogéographiques, écologiques, démographiques et génétiques. Editions OPIE, Volume **1**: 1–54.
- Despres, L., Loriot, S. & Gaudeul, M. (2002) Geographic pattern of genetic variation in the European globeflower *Trollius europaeus* L. (Ranunculaceae) inferred from amplified fragment length polymorphism markers. *Molecular Ecology* **11**: 2337–2347.
- De Thoisy, B., da Silva, A.G., Ruiz-García, M., Tapia, A., Ramirez, O., Arana, M., Quse, V., Paz-y-Miño, C., Tobler, M., Pedraza, C. & Lavergne, A. (2010) Population history, phylogeography, and conservation genetics of the last Neotropical mega-herbivore, the lowland tapir (*Tapirus terrestris*). *BMC Evolutionary Biology* **10**: 278.
- Devitt, T.J. (2006) Phylogeography of the Western Lyresnake (*Trimorphodon biscutatus*): testing aridland biogeographical hypotheses across the Nearctic–Neotropical transition. *Molecular Ecology* **15**: 4387–4407.
- Devitt, T.J., Cameron Devitt, S.E., Hollingsworth, B.D., McGuire, J.A. & Moritz, C. (2013) Montane refugia predict population genetic structure in the Large-blotched *Ensatina* salamander. *Molecular Ecology* **22**: 1650–1665.
- d'Horta, F.M., Cuervo, A.C., Ribas, C.C., Brumfield, R.T. & Miyaki, C.Y. (2013) Phylogeny and comparative phylogeography of *Sclerurus* (Aves: Furnariidae) reveal constant and cryptic diversification in an old radiation of rain forest understorey specialists. *Journal of Biogeography* **40**: 37–49.
- Diamond, J.M. & Gilpin, M.E. (1983) Biogeographic umbilici and the origin of the Philippine avifauna. *Oikos* **41**: 307–321.
- Dick, C.W., Abdul-Salim, K. & Bermingham, E. (2003) Molecular systematic analysis reveals cryptic tertiary diversification of a widespread tropical rain forest tree. *American Naturalist* **162**: 691–703.
- Dick, C.W., Roubik, D.W., Gruber, K.F. & Bermingham, E. (2004) Long-distance gene flow and cross-Andean dispersal of lowland rainforest bees (Apidae: Euglossini) revealed by comparative mitochondrial DNA phylogeography. *Molecular Ecology* **13**: 3775–3785.
- Dickerson, R.E. (1928) Distribution of life in the Philippines. *Monographs of the Bureau of Science, Manila* **2**: 1–322.
- Dickinson, E.C., Kennedy, R.C. & Parkes, K.C. (1991) *The birds of the Philippines*. Checklist No. 12. British Ornithologists Union, Tring.

- Dietzen, C., Garcia-del-Rey, E., Castro, G.D. & Wink, M. (2008) Phylogenetic differentiation of *Sylvia* species (Aves: Passeriformes) of the Atlantic islands (Macaronesia) based on mitochondrial DNA sequence data and morphometrics. *Biological Journal of the Linnean Society* **95**: 157–174.
- Dimitrov, D., Arnedo, M.A. & Ribera, C. (2008) Colonization and diversification of the spider genus *Pholcus* Walckenaer, 1805 (Araneae, Pholcidae) in the Macaronesian archipelagos: Evidence for long-term occupancy yet rapid recent speciation. *Molecular Phylogenetics and Evolution* **48**: 596–614.
- Ding, Z.L., Derbyshire, E., Yang, S.L., Sun, J.M. & Liu, T.S. (2005) Stepwise expansion of desert environment across northern China in the past 3.5 Ma and implications for monsoon evolution. *Earth and Planetary Science Letters* **237**: 45–55.
- Dingle, C., Lovette, I.J., Canaday, C., Smith, T.B. & Fleischer, R.C. (2006) Elevational zonation and the phylogenetic relationships of the *Henicorhina* wood-wrens. *The Auk* **123**: 119–134.
- Ditchfield, A.D. (2000) The comparative phylogeography of Neotropical mammals: patterns of intraspecific mitochondrial DNA variation among bats contrasted to nonvolant small mammals. *Molecular Ecology* **9**: 1307–1318.
- Do Amaral, F.P., Albers, P.K., Edwards, S.V. & Miyaki, C.Y. (2013) Multilocus tests of Pleistocene refugia and ancient divergence in a pair of Atlantic Forest antbirds (Myrmeciza). *Molecular Ecology* **22**: 3996–4013.
- Donnellan, S.C., McGuigan, K., Knowles, R., Mahony, M. & Moritz, C. (1999) Genetic evidence for species boundaries in frogs of the *Litoria citropa* group (Anura: Hylidae). *Australian Journal of Zoology* **47**: 275–293.
- Dourado, C.G., Duarte, M.A., Grosso, A.R., Bastos-Silveira, C., Marrero, P., Oliveira, P., Paulo, O.S. & Dias, D. (2014) Phylogenetic origin of the endemic pigeons from Madeira *(Columba trocaz)* and Azores Islands *(Columba palumbus azorica)*. *Journal of Ornithology* **155**: 71–82.
- Douris, V., Cameron, R.A.D., Rodakis, G.C. & Lecanidou, R. (1998) Mitochondrial phylogeography of the land snail *Albinaria* in Crete: long-term geological and short-term vicariance effects. *Evolution* **52**: 116–125.
- Drovetski, S.V., Zink, R.M., Ericson, P.G.P. & Fadeev, I.V. (2010) A multilocus study of pine grosbeak phylogeography supports the pattern of greater intercontinental divergence in Holarctic boreal forest birds than in birds inhabiting other high-latitude habitats. *Journal of Biogeography* **37**: 696–706.
- Drovetski, S.V., Zink, R.M., Rohwer, S., Fadeev, I.V., Nesterov, E.V., Karagodin, I., Koblik, E.A. & Redkin, Y.A. (2004) Complex biogeographic history of a Holarctic passerine. *Proceedings of the Royal Society of London B* **271**: 545–551.
- Dumolin-Lapègue, S., Demesure, B., Fineschi, S., le Corre, V. & Petit, R.J. (1997) Phylogeographic structure of white oaks throughout the European continent. *Genetics* **146**: 1475–1487.
- Dupont, L.M. (2011) Orbital scale vegetation change in Africa. *Quaternary Science Reviews* **30**: 3589–3602.
- Dupont, L.M. & Weinelt, M. (1996) Vegetation history of the savanna corridor between the Guinean and the Congolian rain forest during the last 150,000 years. *Vegetation History and Archaeobotany* **5**: 273–292.
- Durand, J.D., Persat, H. & Bouvet, Y. (1999) Phylogeography of the chib *(Leuciscus cephalus)* in Europe. *Molecular Ecology* **8**: 989–997.
- Duriez, O., Sachet, J.M., Menoni, E., Miquel, C. & Taberlet, P. (2007) Phylogeography of the capercaillie in Eurasia: what is the conservation status in the Pyrenees and Cantabrian mountains? *Conservation Genetics* **8**: 513–526.
- Du Toit, J.T. & Cumming, D.H.M. (1999) Functional significance of ungulate diversity in African savannas and the ecological implications of the spread of pastoralism. *Biodiversity and Conservation* **8**: 1643–1661.
- Eckenwalder, J.E. (2009) *Conifers of the world. The complete reference.* Timber Press, Portland, London.
- Eckert, A.J., Tearse, B.R. & Hall, B.D. (2008) A phylogeographical analysis of the range disjunction for foxtail pine (*Pinus balfouriana*, Pinaceae): the role of Pleistocene glaciation. *Molecular Ecology* **17**: 1983–1997.
- Eddingsaas, A.A., Jacobsen, B.K., Lessa, E.P. & Cook, J.A. (2004) Evolutionary history of the arctic ground squirrel (*Spermophilus parryii*) in Nearctic Beringia. *Journal of Mammalogy* **85**: 601–610.
- Edwards, D. (2007) Biogeography and speciation of a direct developing frog from the coastal arid zone of Western Australia. *Molecular Phylogenetics and Evolution* **45**: 494–505.
- Edwards, D.L., Roberts, J.D. & Keogh, J.S. (2007) Impact of Plio-Pleistocene arid cycling on the population history of a southwestern Australian frog. *Molecular Ecology* **16**: 2782–2796.
- Eggert, L.S., Rasner, C.A. & Woodruff, D.S. (2002) The evolution and phylogeography of the African elephant inferred from mitochondrial DNA sequence and nuclear microsatellite markers. *Proceedings of the Royal Society of London B* **269**: 1993–2006.
- Ehrich, D., Gaudeul, M., Assefa, A., Koch, M., Mummenhoff, K., Nemomissa, S., IntraBioDiv Consortium & Brochmann, C. (2007) Genetic consequences of pleistocene range shifts: contrast between the Arctic, the Alps and the East African mountains. *Molecular Ecology* **6**: 2542–2559.
- Eizirik, E., Bonatto, S.L., Johnson, W.E., Crawshaw, P.G., Vie, J.C., Brousset, D.M., O'Brien, S.J. & Salzano, F.M. (1998) Phlyogenetic patterns and evolution of the mitochondrial DNA control region in two neotropical cats (Mammalia, Felidae). *Journal of Molecular Evolution* **47**: 613–624.

- Eizirik, E., Kim, J.-H., Menotti-Raymond, M., Crawshaw, Jr., G., O'Brien, S.J. & Johnson, W.E. (2001) Phylogeography, population history and conservation genetics of jaguars (*Panthera onca*, Mammalia, Felidae). *Molecular Ecology* **10**: 65–79.
- Elmer, K.R., Bonett, R.M., Wake, D.B. & Lougheed, S.C. (2013) Early Miocene origin and cryptic diversification of South American salamanders. *BMC Evolutionary Biology* **13**: 59.
- Elmer, K.R., Dávila, J.A. & Lougheed, S.C. (2007) Cryptic diversity and deep divergence in an upper Amazonian leaflitter frog, *Eleutherodactylus ockendeni*. *BMC Evolutionary Biology* **7**: 247.
- Emerson, B.C. (2002) Evolution on oceanic islands: molecular phylogenetic approaches to understanding pattern and process. *Molecular Ecology* **11**: 951–966.
- Emerson, B.C. & Barratt, B. (1997) Descriptions of seven new species of the genus *Prodontria* Broun (Coleoptera: Scarabaeidae: Melolonthinae). *The Coleopterists Bulletin* **51**: 23–36.
- Emerson, B.C. & Oromí, P. (2005) Diversification of the forest beetle genus *Tarphius* on the Canary Islands, and the evolutionary origins of island endemics. *Evolution* **59**: 586–598.
- Emerson, B.C. & Wallis, G.P. (1995) Phylogenetic relationships of the *Prodontria* (Coleoptera; Scarabaeidae; Subfamily Melolonthinae), derived from sequence variation in the mitochondrial cytochrome oxidase II gene. *Molecular Phylogenetics and Evolution* **4**: 433–447.
- Emerson, B.C., Oromí, P. & Hewitt, G.M. (2000a) Colonization and diversification of the species *Brachyderes rugatus* (Coleoptera) on the Canary Islands: Evidence from mitochondrial DNA COII gene sequences. *Evolution* **54**: 911–923.
- Emerson, B.C., Oromí, P. & Hewitt, G.M. (2000b) Interpreting colonization of the *Calathus* (Coleoptera: Carabidae) on the Canary Islands and Madeira through the application of the parametric bootstrap. *Evolution* **54**: 2081–2090.
- Emerson, B.C., Oromí, P. & Hewitt, G.M. (2000c) Tracking colonization and diversification of insect lineages on islands: mitochondrial DNA phylogeography of *Tarphius canariensis* (Coleoptera: Colydiidae) on the Canary Islands. *Proceedings of the Royal Society of London B* **267**: 2199–2205.
- Emerson, B.C., Forgie, S., Goodacre, S. & Oromí, P. (2006) Testing phylogeographic predictions on an active volcanic island: *Brachyderes rugatus* (Coleoptera: Curculionidae) on La Palma (Canary Islands). *Molecular Ecology* **15**: 449–458.
- Englbrecht, C.C., Freyhof, J., Nolte, A., Rassmann, K., Schliewen, U. & Tautz, D. (2000) Phylogeography of the bullhead *Cottus gobio* (Pisces: Teleostei: Cottidae) suggest a pre-Pleistocene origin of the major central European populations. *Molecular Ecology* **9**: 709–722.
- Ericson, P.G.P., Christidis, L., Cooper, A., Irestedt, M., Jackson, J., Johannson, U.S. & Norman, J.A. (2002) A Gondwanan origin of passerine birds supported by DNA sequences of the endemic New Zealand wrens. *Proceedings of the Royal Society of London B* **269**: 235–241.
- Eriksson, J., Hohmann, G., Boesch, C. & Vigilant, L. (2004) Rivers influence the population genetic structure of bonobos (*Pan paniscus*). *Molecular Ecology* **13**: 3425–3435.
- Eriksson, J., Siedel, H., Lukas, D., Kayser, M., Erler, A., Hashimoto, C., Hohmann, G., Boesch, C. & Vigilant, L. (2006) Y-chromosome analysis confirms highly sex-biased dispersal and suggests a low male effective population size in bonobos (*Pan paniscus*). *Molecular Ecology* **15**: 939–949.
- Esselstyn, J.A. & Brown, R.M. (2009) The role of repeated sea-level fluctuations in the generation of shrew (Soricidae: Crocidura) diversity in the Philippine Archipelago. *Molecular Phylogenetics and Evolution* **53**: 171–181.
- Evanno, G., Regnaut, S. & Goudet, J. (2005) Detecting the number of clusters of individuals using the software STRUCTURE: a simulation study. *Molecular Ecology* **14**: 2611–2620.
- Evans, B.J., Brown, R.M., McGuire, J.A., Supriatna, L., Andayani, N., Diesmos, A., Iskandar, D., Melnick, D.J. & Cannatella, D.C. (2003a) Phylogenetics of fanged frogs: testing biogeographical hypotheses at the interface of the Asian and Australian faunal zones. *Systematic Biology* **52**: 794–819.
- Evans, B.J., Supriatna, J., Andayani, N., Setiadi, M.I., Cannatella, D.C. & Melnick, D.J. (2003b) Monkeys and toads define areas of endemism on Sulawesi. *Evolution* **57**: 1436–1443.
- Evans, B.J., Kelley, D.B., Tinsley, R.C., Melnick, D.J. & Cannatella, D.C. (2004) A mitochondrial DNA phylogeny of clawed frogs: phylogeography on sub-Saharan Africa and implications for polyploid evolution. *Molecular Phylogenetics and Evolution* **33**: 197–213.
- Fan, D.M., Yue, J.P., Nie, Z.L., Li, Z.M., Comes, H.P. & Sun, H. (2013) Phylogeography of *Sophora davidii* (Leguminosae) across the «Tanaka-Kaiyong Line», an important phytogeographic boundary in Southwest China. *Molecular Ecology* **22**: 4270–4288.
- Fang, X.M., Lü, L.Q., Yang, S.L., Li, J.J., An, Z.S., Jiang, P.A. & Chen, X.L. (2002) Loess in Kunlun Mountains and its implications on desert development and Tibetan Plateau uplift in west China. *Science in China Series D* **45**: 289–299.
- Farjon, A. (1984) *Pines: Drawings and descriptions of the genus* Pinus. E.J. Brill, Leiden, Netherlands.
- Fedorov, V.B. & Stenseth, N.C. (2002) Multiple glacial refugia in the North American Arctic: inference from phylogeography of the collared lemming *(Dicrostonyx groenlandicus). Proceedings of the Royal Society of London B* **269**: 2071–2077.
- Fedorov, V.B., Goropashnaya, A.V., Boeskorov, G.G. & Fredga, K. (2008) Comparative phylogeography and demographic history of

the wood lemming *(Myopus schisticolor):* implications for late Quaternary history of the taiga species in Eurasia. *Molecular Ecology* **17**: 598–610.

- Fedorov, V.B., Goropashnaya, A.V., Jaarola, M. & Cook, J.A. (2003) Phylogeography of lemmings (*Lemmus*): no evidence for postglacial colonization of Arctic from the Beringian refugium. *Molecular Ecology* **12**: 725–731.
- Fennessy, J., Bidon, T., Reuss, F., Kumar, V.,Elkan, P., Nilsson, M.A., Vamberger, M., Fritz, U. & Janke, A. (2016) Multi-locus analyses reveal four giraffe species instead of one. *Current Biology* **26**: 2543–2549.
- Fernandes, A.M. (2013) Fine-scale endemism of Amazonian birds in a threatened landscape. *Biodiversity and Conservation* **22**: 2683–2694.
- Fernandes, A.M., Gonzalez, J., Wink, M. & Aleixo, A. (2013) Multilocus phylogeography of the Wedge-billed Woodcreeper *Glyphorynchus spirurus* (Aves, Furnariidae) in lowland Amazonia: Widespread cryptic diversity and paraphyly reveal a complex diversification pattern. *Molecular Phylogenetics and Evolution* **66**: 270–282.
- Fernandes, A.M., Wink, M., Sardelli, C.H. & Aleixo, A. (2014) Multiple speciation across the Andes and throughout Amazonia: the case of the spot-backed antbird species complex *(Hylophylax naevius/Hylophylax naevioides)*. *Journal of Biogeography* **41**: 1094–1104.
- Ferreira, R.C., Piredda, R., Bagnoli, F., Bellarosa, R., Attimonelli, M., Fineschi, S., Schirone, B. & Simeone, M.C. (2011) Phylogeography and conservation perspectives of an endangered macaronesian endemic: *Picconia azorica* (Tutin) Knobl. (Oleaceae). *European Journal of Forest Research* **130**: 181–195.
- Feurdean, A., Marinova, E., Nielsen, A.B., Liakka, J., Veres, D., Hutchinson, S.M., Braun, M., Timar-Gabor, A., Astalos, C., Mosbrugger, V. & Hickler, T. (2015) Origin of the forest steppe and exceptional grassland diversity in Transylvania (central-eastern Europe). *Journal of Biogeography* **42**: 951–963.
- Feurdean, A., Wohlfarth, B., Björkman, L., Tantau, I., Bennike, O., Willis, K.J., Farcas, S. & Robertsson, A.M. (2007) The influence of refugial population on Lateglacial and early Holocene vegetational changes in Romania. *Review of Palaeobotany and Palynology* **145**: 305–320.
- Fiaschi, P. & Pirani, J.R. (2009) Review of plant biogeographic studies in Brazil. *Journal of Systematics and Evolution* **47**: 477–496.
- Fijarczyk, A., Nadachowska, K., Hofman, S., Litvinchuk, S.N., Babik, W., Stuglik, M., Gollmann, G., Choleva, L., Cogălniceanu, D., Vukov, T., Džukić, G. & Szymura, J.M. (2011) Nuclear and mitochondrial phylogeography of the European fire-bellied toads *Bombina bombina* and *Bombina variegata* supports their independent histories. *Molecular Ecology* **20**: 3381–3398.
- Filipi, K., Marková, S., Searle, J.B. & Kotlík, P. (2015) Mitogenomic phylogenetics of the bank vole *Clethrionomys glareolus,* a model system for studying end-glacial colonization of Europe. *Molecular Phylogenetics and Evolution* **82**: 245–257.
- Fink, S., Excoffier, L. & Heckel, G. (2004) Mitochondrial gene diversity in the common vole *Microtus arvalis* shaped by historical divergence and local adaptations. *Molecular Ecology* **13**: 3501–3514.
- Fjeldså, J. & Bowie, R.C.K. (2008) New perspectives on the origin and diversification of Africa's forest avifauna. *African Journal of Ecology* **46**: 235–247.
- Flagstad, O. & Roed, K.H. (2003) Refugial origins of reindeer (*Rangifer tarandus* L.) inferred from mitochondrial DNA sequences. *Evolution* **57**: 658–670.
- Flagstad, O., Syversten, P.O., Stenseth, N.C. & Jakobsen, K.S. (2001) Environmental change and rates of evolution: the phylogeographic pattern within the hartebeest complex as related to climatic variation. *Proceedings of the Royal Society of Biology* **268**: 667–677.
- Flanders, J., Jones, G., Benda, P., Dietz, C., Zhang, S., Li, G., Sharifi, M. & Rossiter, S.J. (2009) Phylogeography of the greater horseshoe bat, *Rhinolophus ferrumequinum:* contrasting results from mitochondrial and microsatellite data. *Molecular Ecology* **18**: 306–318.
- Fleming, C.A. (1962) New Zealand biogeography. A paleontologist's approach. *Tuatara* **10**: 53–108.
- Fleming, M.A. & Cook, J.A. (2002) Phylogeography of endemic ermine (*Mustela erminea*) in southeast Alaska. *Molecular Ecology* **11**: 795–807.
- Fonseca, M.M., Brito, J.C., Kaliontzopoulou, A., Rebelo, H., Kalboussi, M., Larbes, S., Carretero, M.A. & Harris, D.J. (2008) Genetic variation in the *Acanthodactylus pardalis* group in North Africa. *African Zoology* **43**: 8–15.
- Fontaine, C., Lovett, P.N., Sanou, H., Maley, J. & Bouvet, J.-M. (2004) Genetic diversity of the shea tree (*Vitellaria paradoxa* C.F. Gaertn), detected by RAPD and chloroplast microsatellite markers. *Heredity* **93**: 639–648.
- Fouquet, A., Cassini, C.S., Haddad, C.F.B., Pech, N. & Rodrigues, M.T. (2014) Species delimitation, patterns of diversification and historical biogeography of the Neotropical frog genus *Adenomera* (Anura, Leptodactylidae). *Journal of Biogeography* **41**: 855–870.
- Fouquet, A., Vences, M., Salducci, M.-D., Meyer, A., Marty, C., Blanc, M. & Gilles, A. (2006) Revealing cryptic diversity using molecular phylogenetics and phylogeography in frogs of the *Scinax ruber* and *Rhinella margaritifera* species groups. *Molecular Phylogenetics and Evolution* **43**: 567–582.
- Franck, P., Garnery, L., Celebrano, G., Solignac, M. & Cornuet, J.-M. (2000) Hybrid origins of honeybees from Italy *(Apis mellifera ligustica)* and Sicily *(A. m. sicula)*. *Molecular Ecology* **9**: 907–921.
- Frankham, R. (1995) Conservation genetics. *Annual Review of Genetics* **29**: 305–327.
- Frankham, R., Ballou, J.D. & Briscoe, D.A. (2002) *Introduction to*

conservation genetics. Cambridge University Press, Cambridge.

- Franz-Odendaal, T.A., Lee-Thorp, J.A. & Chinsamy, A. (2002) New evidence for the lack of C-4 grassland expansions during the early Pliocene at Langebaanweg, South Africa. *Paleobiology* **28**: 378–388.
- Frederico, R.G, Farias, I.P., de Araújo, M.L.G., Charvet-Almeida, P. & Alves-Gomes, J.A. (2012) Phylogeography and conservation genetics of the Amazonian freshwater stingray *Paratrygon aiereba* Müller & Henle, 1841 (Chondrichthyes: Potamotrygonidae). *Neotropical Ichthyology* **10**: 71–80.
- Fritz, U., Alcalde, L., Vargas-Ramírez, M., Goode, E.V., Fabius-Turoblin, D.U. & Praschag, P. (2012b) Northern genetic richness and southern purity, but just one species in the *Chelonoidis chilensis* complex. *Zoologica Scripta* **41**: 220–232.
- Fritz, U., Auer, M., Bertolero, A., Cheylan, M., Fattizzo, T., Hundsdörfer, A.K., Martín Sampayo, M., Pretus, J.L., Široký, P. & Wink, M. (2006b): A rangewide phylogeography of Hermann's tortoise, *Testudo hermanni* (Reptilia: Testudines: Testudinidae): implications for taxonomy. *Zoologica Scripta* **35**: 531–543.
- Fritz, U., Barata, M., Busack, S.D., Fritsch, G. & Castilho, R. (2006a) Impact of mountain chains, sea straits and peripheral populations on genetic and taxonomic structure of a freshwater turtle, *Mauremys leprosa* (Reptilia, Testudines, Geoemydidae). *Zoologica Scripta* **35**: 97–108.
- Fritz, U., Guicking, D., Kami, H., Arakelyan, M., Auer, M., Ayaz, D., Ayres Fernández, C., Bakiev, A.G., Celani, A., Džukić, G., Fahd, S., Havaš, P., Joger, U., Khabibullin, V.F., Mazanaeva, L.F., Široký, P., Tripepi, S., Valdeón Vélez, A., Velo Antón, G. & Wink, M. (2007a) Mitochondrial phylogeography of European pond turtles (*Emys orbicularis*, *Emys trinacris*) – an update. *Amphibia-Reptilia* **28**: 418–426.
- Fritz, U., Hundsdörfer, A.K., Široký, P., Auer, M., Kami, H., Lehmann, J., Mazanaeva, L.F., Türkozan, O., Wink, M. (2007b) Phenotypic plasticity leads to incongruence between morphology-based taxonomy and genetic differentiation in western Palaearctic tortoises (*Testudo graeca* complex; Testudines, Testudinidae). *Amphibia-Reptilia* **28**: 97–121.
- Fritz, U., Harris, D.J., Fahd, S., Rouag, R., Gracía Martínez, E., Giménez Casalduero, A., Široký, P., Kalboussi, M., Jdeidi, T.B. & Hundsdörfer, A.K. (2009) Mitochondrial phylogeography of *Testudo graeca* in the Western Mediterranean: old complex divergence in North Africa and recent arrival in Europe. *Amphibia-Reptilia* **30**: 63–80.
- Fritz, U., Stuckas, H., Vargas-Ramírez, M., Hundsdörfer, A.K., Maran, J. & Päckert, M. (2012a) Molecular phylogeny of Central and South American slider turtles: implications for biogeography and systematics (Testudines: Emydidae: *Trachemys*). *Journal of Zoological Systematics and Evolutionary Research* **50**: 125–136.
- Fu, Z.-Z., Li, Y.-H., Zhang, K.-M.& Li, Y. (2014) Molecular data and ecological niche modeling reveal population dynamics of widespread shrub *Forsythia suspensa* (Oleaceae) in China's warm-temperate zone in response to climate change during the Pleistocene. *BMC Evolutionary Biology* **14**: 114.
- Fuchs, J & Bowie, R.C.K. (2015) Concordant genetic structure in two species of woodpecker distributed across the primary West African biogeographic barriers. *Molecular Phylogenetics and Evolution* **88**: 64–74.
- Fuchs, J., Crowe, T.M. & Bowie, R.C.K. (2011) Phylogeography of the fiscal shrike *(Lanius collaris)*: a novel pattern of genetic structure across the arid zones and savannas of Africa. *Journal of Biogeography* **38**: 2210–2222.
- Fuchs, J., Ericson, P.G.P. & Pasquet, E. (2008) Mitochondrial phylogeographic structure of the white-browed piculet *(Sasia ochracea)*: cryptic genetic differentiation and endemism in Indochina. *Journal of Biogeography* **35**: 565–575.
- Fuchs, J., Ericson, P.G.P., Bonillo, C., Couloux, A. & Pasquet, E. (2015) The complex phylogeography of the Indo-Malayan *Alophoixus* bulbuls with the description of a putative new ring species complex. *Molecular Ecology* **24**: 5460–5474.
- Fuchs, J., Fjeldså, J. & Bowie, R.C.K. (2011) Diversification across an altitudinal gradient in the Tiny Greenbul (*Phyllastrephus debilis*) from the Eastern Arc Mountains of Africa. *BMC Evolutionary Biology* **11**: 117.
- Fujii, N., Tomaru, N., Okuyama, K., Koike, T. Mikami, T. & Ueda, K. (2002) Chloroplast DNA phylogeography of *Fagus crenata* (Fagaceae) in Japan. *Plant Systematics and Evolution* **232**: 21–33.
- Fujioka, T., Chappell, J., Honda, M., Yatsevich, I., Fifield, K. & Fabel, D. (2005) Global cooling initiated stony deserts in central Australia 2–4 Ma, dated by cosmogenic ^{21}Ne–^{10}Be. *Geology* **33**: 993–996.
- Fujioka, T., Chappell, J.M.A., Fifield, L.K. & Rhodes, E.J. (2009) Australian desert dune fields initiated with Pliocene-Pleistocene global climatic shift. *Geology* **37**: 51–54.
- Fuller, S., Schwarz, M. & Tierney, S. (2005) Phylogenetics of the allopadine bee genus *Braunsapis*: historical biogeography and long-range dispersal over water. *Journal of Biogeography* **32**: 2135–2144.
- Fumagalli, L., Hausser, J., Taberlet, P., Gielly, L. & Steward, D.T. (1996) Phylogenetic structure of the Holarctic *Sorex araneus* group and its relationship with *S. samniticus*, as inferred from mtDNA sequences. *Hereditas* **125**: 191–199.
- Funk, W.C., Caldwell, J.P., Peden, C.E., Padial, J.M., de la Riva, I. & Cannatella, D.C. (2007) Tests of biogeographic hypotheses for diversification in the Amazonian forest frog, *Physalaemus petersi*. *Molecular Phylogenetics and Evolution* **44**: 825–837.
- Funk, W.C., Pearl, C.A., Draheim, H.M., Adams, M.J., Mullins, T.D. & Haig, S.M. (2008) Range-wide

phylogeographic analysis of the spotted frog complex (*Rana luteiventris* and *Rana pretiosa*) in northwestern North America. *Molecular Phylogenetics and Evolution* **49**: 198–210.

- Galbreath, K.E. & Cook, J.A. (2004) Genetic consequences of Pleistocene glaciations for the tundra vole *(Microtus oeconomus)* in Beringia. *Molecular Ecology* **13**: 135–148.
- Galbreath, K.E., Hafner, D.J. & Zamudio, K.R. (2009) When cold is better: climate-driven elevation shifts yield complex patterns of diversification and demography in an alpine specialist (American pika, *Ochotona princeps*). *Evolution* **63**: 2848–2863.
- Gallo, L., Donoso, C., Marchelli, P. & Donoso, P. (2004) Variación en *Nothofagus nervosa* (Phil.) Dim. et Mil *(N. alpina, N. procera)*. In: Donoso, C., Premoli, A., Gallo, L. & Ipinza, R. (Hrsg.) *Variación intraespecífica en especies arboreas de los bosques templados de Chile y Argentina*. Editorial Universitaria, Santiago de Chile: 115–144.
- Gamauf, A., Gjershaug, J.-O., Røv, N., Kvaløy, K. & Haring, E. (2005) Species or subspecies? The dilemma of taxonomic ranking of some South-East Asian hawk-eagles (genus *Spizaetus*). *Bird Conservation International* **15**: 99–117.
- Gantenbein, B. (2004) The genetic population structure of *Buthus occitanus* (Scorpiones: Buthidae) across the Strait of Gibraltar: calibrating a molecular clock using nuclear allozyme variation. *Biological Journal of the Linnean Society* **81**: 519–534.
- Ganzhorn, J.U., Lowry, P.P., Schatz, G.E. & Sommer, S. (2001) The biodiversity of Madagascar: one of the world's hottest hotspots on its way out. *Oryx* **35**: 346–348.
- Gapare, W.J. & Aitken, S.N. (2005) Strong spatial genetic structure in peripheral but not core populations of Sitka spruce [*Picea sitchensis* (Bong.) Carr.]. *Molecular Ecology* **14**: 2659–2667.
- Gapare, W.J., Aitken, S.N. & Ritland, C.E. (2005) Genetic diversity of core and peripheral Sitka spruce (*Picea sitchensis* (Bong.) Carr) populations: implications for conservation of widespread species. *Biological Conservation* **123**: 113–123.
- Garb, J.E. & Gillespie, R.G. (2006) Island hopping across the central Pacific: Mitochondrial DNA detects sequential colonization of the Austral Islands by crab spiders (Araneae: Thomisidae). *Journal of Biogeography* **33**: 201–220.
- García-París, M. (1985) *Los amfibios de Espana*. Ministerio de Agricultura, Pesca y Alimentación, Madrid.
- García-París, M., Alcobendas, M., Buckley, D. & Wake, D.B. (2003) Dispersal of viviparity across contact zones in Iberian populations of fire salamanders (Salamandra) inferred from discordance of genetic and morphological traits. *Evolution* **57**: 129–143.
- García-Trejo, E.A. & Navarro, A.G. (2004) Patrones biogeográficos de la riqueza de especies y el endemismo de la avifauna en el Oeste de México. *Acta Zoologica Mexicana* **20**: 167–185.
- Garrick, R.C., Sands, C.J., Rowell, D.M., Tait, N.N., Greenslade, P.J.M. & Sunnucks, P. (2004) Phylogeography recapitulates topography: very fine-scale local endemism of a saproxylic «giant» springtail at Tallaganda in the Great Dividing Range of south-east Australia. *Molecular Ecology* **13**: 3329–3344.
- Garrick, R.C., Sands, C.J., Rowell, D.M., Hillis, D.M. & Sunnucks, P. (2007) Catchments catch all: long term population history of a giant springtail from the southeast Australian highlands – a multigene approach. *Molecular Ecology* **16**: 1865–1882.
- Gaudeul, M. (2006) Disjunct distribution of *Hypericum nummularium* L. (Hypericaceae): molecular data suggest bidirectional colonization from a single refugium rather than survival in distinct refugia. *Biological Journal of the Linnean Society* **87**: 437–447.
- Gehring, P.-S., Glaw, F., Gehara, M., Ratsoavina, F.M. & Vences, M. (2013) Northern origin and diversification in the central lowlands? – Complex phylogeography and taxonomy of widespread day geckos *(Phelsuma)* from Madagascar. *Organisms, Diversity and Evolution* **13**: 605–620.
- Gehring, P.-S., Tolley, K.A., Eckhardt, F.S., Townsend, T.M., Ziegler, T., Ratsoavina, F., Glaw, F. & Vences, M. (2012) Hiding deep in the trees: discovery of divergent mitochondrial lineages in Malagasy chameleons of the *Calumma nasutum* group. *Ecology and Evolution* **2**: 1468–1479.
- Geiger, M., Clark, D.N. & Mette, W. (2004) Reappraisal of the timing of the breakup of Gondwana based on sedimentological and seismic evidence from the Morondava Basin, Madagascar. *Journal of African Earth Sciences* **38**: 363–381.
- Geldmacher, J., van den Bogaard, P., Hoernle, K.A. & Schmincke, H.U. (2000) The $^{40}Ar/^{39}Ar$ age dating of the Madeira Archipelago and hotspot track (eastern North Atlantic). *Geochemistry Geophysics Geosystems* **1**: 1–31.
- Gerstmeier, R. & Romig, T. (2003) *Die Süßwasserfische Europas für Naturfreunde und Angler*. 2. Auflage. Franckh-Kosmos, Stuttgart.
- Gibbs, G. (2006) *Ghosts of Gondwana: The History of Life in New Zealand*. Craig Potton Publishing, Nelson.
- Gill, E.B., Mostrom, A.M. & Mack, A.L. (1993) Speciation in North American chickadees. I. Patterns of mtDNA genetic divergence. *Evolution* **47**: 195–212.
- Gillespie, R.G. (2003) Marquesan spiders of the genus *Tetragnatha*. *Journal of Arachnology* **31**: 62–77.
- Gillespie, R. (2004) Community assembly through adaptive radiation in Hawaiian spiders. *Science* **303**: 356–359.
- Gillespie, R. (2013) Adaptive radiation: convergence and non-equilibrium. *Current Biology* **23**: R71–R74.
- Gillespie, R.G., Claridge, E.M. & Goodacre, S.L. (2008) Biogeography of the fauna of French Polynesia: diversification within and between a series of hot spot archipelagos. *Philosophical Transactions*

of the Royal Society of London B **363**: 3335–3346.

- Givnish, T.J., Millam, K.C., Mast, A.R., Paterson, T.B., Theim, T.J., Hipp, A.L., Henss, J.M., Smith, J.F., Wood, K.R. & Sytsma, K.J. (2009) Origin, adaptive radiation and diversification of the Hawaiian lobeliads (Asterales: Campanulaceae). *Proceedings of the Royal Society of London* **276**: 407–416.
- Givnish, T.J., Montgomery, R.A. & Goldstein, G. (2004) Adaptive radiation of photosynthetic physiology in the Hawaiian lobeliads: light regimes, static light responses, and whole-plant compensation points. *American Journal of Botany* **91**: 228–246.
- Glaw, F., Köhler, J., Townsend, T.M. & Vences, M. (2012) Rivaling the world's smallest reptiles: discovery of miniaturized and microendemic new species of leaf chameleons (*Brookesia*) from northern Madagascar. *PLoS ONE* **7**: e31314.
- Godbout, J., Fazekas, A., Newton, C.H., Yeh, F.C. & Bousquet, J. (2008) Glacial vicariance in the Pacific Northwest: evidence from a lodgepole pine mitochondrial DNA minisatellite for multiple genetically distinct and widely separated refugia. *Molecular Ecology* **17**: 2463–2475.
- Godthelp, H. (2001) The Australian rodent fauna, flotilla's flotsam or just fleet footed? In: Metcalfe, I., Smith, J.M.B., Morwood, M. & Davidson, I. (Hrsg.) *Faunal and floral migrations and evolution in S.E. Asia–Australasia.* Balkema, Lisse: 319–322.
- Goebel, A.M., Ranker, T.A., Corn, P.S. & Olmstead, R.G. (2009) Mitochondrial DNA evolution in the *Anaxyrus boreas* species group. *Molecular Phylogenetics and Evolution* **50**: 209–225.
- Gold, J.R., Richardson, L.R. & Turner, T.F. (1999) Temporal stability and spatial divergence of mitochondrial DNA haplotype frequencies in red drum (*Sciaenops ocellatus*) from coastal regions of the western Atlantic Ocean and Gulf of Mexico. *Marine Biology* **133**: 593–602.
- Golden, J.L. & Bain, J.F. (2000) Phylogeographic patterns and high levels of chloroplast DNA diversity in four *Packera* (Asteraceae) species in southwestern Alberta. *Evolution* **54**: 1566–1579.
- Goldingay, R. L. (1992) Socioecology of the yellow-bellied glider *(Petaurus australis)* in a coastal forest. *Australian Journal of Zoology* **40**: 267–278.
- Goldingay, R. L. & Kavanagh, R. P. (1990) Socioecology of the yellow-bellied glider *(Petaurus australis)* at Waratah Creek, New South Wales. *Australian Journal of Zoology* **38**: 327–341.
- Gómez, A. & Lunt, D.H. (2007) Refugia within refugia: patterns of phylogeographic concordance in the Iberian Peninsula. In: Weiss S. & Ferrand, N. (Hrsg.) Phylogeography of southern European refugia. Springer, Berlin, Heidelberg: 155–188.
- Gómez, A., González-Martínez, S.C., Collada, C. Climent, J. & Gil, L. (2003) Complex population genetic structure in the endemic Canary Island pine revealed using chloroplast microsatellite markers. *Theoretical and Applied Genetics* **107**: 1123–1131.
- Gomez, C., Dussert, S., Hamon, P., Hamon, S., de Kochko, A. & Poncet, V. (2009) Current genetic differentiation of *Coffea canephora* Pierre ex A. Froehn in the Guineo-Congolian African zone: cumulative impact of ancient climatic changes and recent human activities. *BMC Evolutionary Biology* **9**:167.
- Gonçalves, D.V., Brito, J.C., Crochet, P.-A., Geniez, P., Padial, J.M. & Harris, D.J. (2012) Phylogeny of North African *Agama* lizards (Reptilia: Agamidae) and the role of the Sahara desert in vertebrate speciation. *Molecular Phylogenetics and Evolution* **64**: 582–591.
- Gonder, M.K., Disotell, T.L. & Oates, J.F. (2006) New genetic evidence on the evolution of chimpanzee populations, and implications for taxonomy. *International Journal of Primatology* **27**: 1103–1127.
- Gong, W., Chen, C., Dobes, C., Fu, C.X. & Koch, M.A. (2008) Phylogeography of a living fossil, Pleistocene glaciations forced *Ginkgo biloba* L. (Ginkgoaceae) into two refuge areas in China with limited subsequent postglacial expansion. *Molecular Phylogenetics and Evolution* **48**: 1094–1105.
- Gonmadje, C.F., Doumenge, C., Sunderland, T.C.H., Balinga, M.P.B. & Sonké, B. (2012) Analyse phytogéographique des forêts d'Afrique Centrale: le cas du massif de Ngovayang (Cameroun). *Plant Ecology and Evolution* **145**: 152–164.
- González-Carranza, Z., Berrío, J.C., Hooghiemstra, H., Duivenvoorden, J.F. & Behling, H. (2008) Changes of seasonally dry forest in the Colombian Patía Valley during the early and middle Holocene and the development of a dry climatic record for the northernmost Andes. *Review of Palaeobotany and Palynology* **152**: 1–10.
- Good, J.M. & Sullivan, J. (2001) Phylogeography of the red-tailed chipmunk *(Tamias ruficaudus)*, a northern Rocky Mountain endemic. *Molecular Ecology* **10**: 2683–2695.
- Goodman, K.R. & O'Grady, P. (2013) Molecular Phylogeny and Biogeography of the Hawaiian Craneflies *Dicranomyia* (Diptera: Limoniidae). *PLoS ONE* **8**: e73019.
- Goodman, K.R., Evenhuis, N.L., Bartošová-Sojková, P. & O'Grady, P.M. (2014) Diversification in Hawaiian long-legged flies (Diptera: Dolichopodidae: *Campsicnemus*): Biogeographic isolation and ecological adaptation. *Molecular Phylogenetics and Evolution* **81**: 232–241.
- Goodman, S.J., Tamate, H.B., Wilson, R., Nagata, J., Tatsuzawa, S., Swanson, G.M., Pemberton, J.M. & McCullough, D.R. (2001) Bottlenecks, drift and differentiation: the population structure and demographic history of sika deer *(Cervus nippon)* in the Japanese archipelago. *Molecular Ecology* **10**: 1357–1370.
- Goodman, S.M. & Benstead, J.P., (Hrsg.) (2003) *The Natural History of Madagascar.* University of Chicago Press.

- Goodman, S.M. & Benstead, J.P. (2005) Updated estimates of biotic diversity and endemism for Madagascar. *Oryx* **39**: 1–5.
- Goodman, S.M. & Ganzhorn, J.U. (2004) Biogeography of lemurs in the humid forests of Madagascar: the role of elevational distribution and rivers. *Journal of Biogeography* **31**: 47–55.
- Gorog, A.J., Sinaga, M.H. & Engstrom, M.D. (2004) Vicariance or dispersal? Historical biogeography of three shelf murine rodents (*Maxomys surifer, Leopoldamys sabanus* and *Maxomys whiteheadi*). *Biological Journal of the Linnean Society* **81**: 91–109.
- Goropashnaya, A.V., Fedorov, V.B., Seifert, B. & Pamilo, P. (2004) Limited phylogeographical structure across Eurasia in two red wood ant species *Formica pratensis* and *F. lugubris* (Hymenoptera, Formicidae). *Molecular Ecology* **13**: 1849–1858.
- Graham, A. (1999). *Late Cretaceous and Cenozoic history of North American Vegetation.* Oxford University Press, New York.
- Graham, I.J. (2008) *A continent on the move: New Zealand geoscience into the 21st century.* The Geological Society of New Zealand in association with GNS Science, Wellington.
- Grant, P.R. & Grant, B.R. (2008) *How and why species multiply. The Radiation of Darwin's Finches.* Princeton University Press, Princeton.
- Gratton, P., Konopinski, M.K. & Sbordoni, V. (2008) Pleistocene evolutionary history ofthe Clouded Apollo (*Parnassius mnemosyne*): genetic signatures of climate cycles and a «time-dependent» mitochondrial substitution rate. *Molecular Ecolology* **17**: 4248–4262.
- Grazziotin, F.G., Monzel, M., Echeverrigaray, S. & Bonatto, S.L. (2006) Phylogeography of the *Bothrops jararaca* complex (Serpentes: Viperidae): past fragmentation and island colonization in the Brazilian Atlantic Forest. *Molecular Ecology* **15**: 3969–3982.
- Grill, A., Amori, G., Aloise, G., Lisi, I., Tosi, G., Wauters, L.A. & Randi, E. (2009) Molecular phylogeography of European *Sciurus vulgaris*: refuge within refugia? *Molecular Ecology* **18**: 2687–2699.
- Grivet, D. & Petit, R.J. (2002) Phylogeography of the common ivy (*Hedera* sp.) in Europe: genetic differentiation through space and time. *Molecular Ecology* **11**: 1351–1362.
- Groves, C.P. (2001) *Primate Taxonomy.* Smithsonian Institution Press, Washington, D.C.
- Grubb, P. (2001) Endemism in African rain forest mammals. In: Weber, W., White, L.J.T., Vedder, A. & Naughton-Treves, L. (Hrsg.) *African rain forest ecology and conservation.* Yale University Press, New Haven und London: 88–100.
- Guan, B.C., Fu, C.X., Qiu, Y.X., Zhou, S.L. & Comes, H.P. (2010) Genetic structure and breeding system of a rare understory herb, *Dysosma versipellis* (Berberidaceae), from temperate deciduous forests in China. *American Journal of Botany* **97**: 111–122.
- Gugger, P.F., Sugita, S. & Cavender-Bares, J. (2010) Phylogeography of Douglas-fir based on mitochondrial and chloroplast DNA sequences: Testing hypotheses from the fossil record. *Molecular Ecology* **19**: 1877–1897.
- Guicking, D., Joger, U. & Wink, M. (2008) Molecular phylogeography of the viperine snake *Natrix maura* (Serpentes: Colubridae): evidence for strong intraspecific differentiation. *Organisms, Diversity & Evolution* **8**: 130–145.
- Guillot, G., Mortier, F. & Estoup, A. (2005) Geneland: A program for landscape genetics. *Molecular Ecology Notes* **5**: 712–715.
- Gum, B., Gross, R. & Kuehn, R. (2005) Mitochondrial and nuclear DNA phylogeography of European grayling *(Thymallus thymallus):* evidence for secondary contact zones in central Europe. *Molecular Ecology* **14**: 1707–1725.
- Gurgel, C.F.D., Fredericq, S. & Norris, J.N. (2004) Phylogeography of *Gracilaria tikvahiae* (Gracilariaceae, Rhodophyta): a study of genetic discontinuity in a continuously distributed species based on molecular evidence. *Journal of Phycology* **40**: 748–758.
- Gutiérrez-Rodríguez, C., Ornelas, J.F. & Rodríguez-Gómez, F. (2011) Chloroplast DNA phylogeography of a distylous shrub (*Palicourea padifolia*, Rubiaceae) reveals past fragmentation and demographic expansion in Mexican cloud forests. *Molecular Phylogenetics and Evolution* **61**: 603–615.
- Guzmán, B. & Vargas, P. (2010) Unexpected synchronous differentiation in Mediterranean and Canarian *Cistus* (Cistaceae). *Perspectives in Plant Ecology, Evolution and Systematics* **12**: 163–174.
- Habel, J.C., Dieker, P. & Schmitt, T. (2009) Biogeographical connections between the Maghreb and the Mediterranean peninsulas of southern Europe. *Biological Journal of the Linnean Society* **98**: 693–703.
- Habel, J.C., Schmitt, T. & Müller, P. (2005) The fourth paradigm pattern of post-glacial range expansion of European terrestrial species: the phylogeography of the Marbled White butterfly (Satyrinae, Lepidoptera). *Journal of Biogeography* **32**: 1489–1497.
- Habel, J.C., Finger, A., Schmitt, T. & Nève, G. (2011c) Survival of the endangered butterfly *Lycaena helle* in a fragmented environment: Genetic analyses over 15 years. *Journal of Zoological Systematics and Evolutionary Research* **49**: 25–31.
- Habel, J.C., Husemann, M., Rödder, D. & Schmitt, T. (2011a) Biogeographical dynamics of the Spanish Marbled White *Melanargia ines* (Lepidoptera: Satyridae) in the western Mediterranean: does the Atlanto-Mediterranean refuge exist? *Biological Journal of the Linnean Society* **104**: 828–837.
- Habel, J.C., Husemann, M., Schmitt, T., Zachos, F.E., Honnen, A.-C., Petersen, B., Parmakelis, A. & Stathi, I. (2012) Microallopatry caused diversification in *Buthus* scorpions (Scorpiones: Buthidae) of the Atlas Mountains (NW Africa). *PLoS ONE* **7**: e29403.
- Habel, J.C., Lens, L., Rödder, D. & Schmitt, T. (2011b) From Africa to

Europe and back: refugia and range shifts cause high genetic differentiation in the Marbled White butterfly *Melanargia galathea*. *BMC Evolutionary Biology* **11**: 215.

- Habel, J.C., Meyer, M., El Mousadik, A. & Schmitt, T. (2008) Africa goes Europa: The complete phylogeography of the marbled white butterfly species complex *Melanargia galathea / lachesis* (Lepidoptera: Satyridae). *Organisms, Diversity & Evolution* **8**: 121–129.
- Habel, J.C., Rödder, D., Schmitt, T. & Nève, G. (2011d) Global warming will affect genetic diversity and uniqueness of *Lycaena helle* populations. *Global Change Biology* **17**: 194–205.
- Habel, J.C., Rödder, D., Stefano, S., Meyer, M. & Schmitt, T. (2010a) Strong genetic cohesiveness between Italy and North Africa in four butterfly species. *Biological Journal of the Linnean Society* **99**: 818–830.
- Habel, J.C., Schmitt, T., Meyer, M., Finger, A., Rödder, D., Assmann, T. & Zachos, F. (2010b) Biogeography meets conservation: the genetic structure of the endangered lycaenid butterfly *Lycaena helle* (Denis & Schiffermüller, 1775). *Biological Journal of the Linnean Society* **101**: 155–168.
- Habel, J.C., Meyer, M., Schmitt, T., Husemann, M. & Varga, Z. (2014) The molecular biogeography of the Violet Copper *Lycaena helle*. In: Habel, J.C., Meyer, M. & Schmitt, T. (Hrsg.) *Jewels in the mist – A synopsis on the endangered Violet Copper butterfly Lycaena helle*. Pensoft, Sofia: 111–124.
- Hackett, S.J. (1995) Molecular systematics and zoogeography of Xowerpiercers in the *Diglossa baritula* complex. *The Auk* **112**: 156–170.
- Haddrath, O. & Baker, A.J. (2001) Complete mitochondrial DNA genome sequences of extinct birds: ratite phylogenetics and the vicariance biogeography hypothesis. *Proceedings of the Royal Society of London B* **268**: 939–945.
- Haffer, J. (1969) Speciation in Amazonian forests birds. *Science* **165**: 131–137.
- Haffer, J. (2008) Hypotheses to explain the origin of species in Amazonia. *Brazilian Journal of Biology* **68**: 917–947.
- Haines, W.P., Schmitz, P. & Rubinoff, D. (2014) Ancient diversification of *Hyposmocoma* moths in Hawaii. *Nature Communications* **5**: 3502.
- Halffter, G. (1987) Biogeography of the montane entomofauna of Mexico and Central America. *Annual Review of Entomology* **32**: 95–114.
- Hall, R. (1996) Reconstructing Cenozoic SE Asia. *Geological Society Special Publications* **106**: 153–184.
- Hall, R. (1998) The plate tectonics of Cenozoic SE Asia and the distribution of land and sea. In: Hall, R. & Holloway, J.D. (Hrsg.) *Biogeography and geological evolution of Southeast Asia*. Backhuys Publishers, Leiden: 99–131.
- Hall, R. (2001) Cenozoic reconstructions of SE Asia and the SW Pacific: Changing patterns of land and sea. In: Metcalfe, I., Smith, J., Morwood, M. & Davidson I. (Hrsg.) *Faunal and floral migrations and evolution in SE Asia–Australia*. Swets and Zeitlinger, Lisse: 35–56.
- Hammouti, N., Schmitt, T., Seitz, A., Kosuch, J. & Veith, M. (2010) Combining mitochondrial and nuclear evidences: a refined evolutionary history of *Erebia medusa* (Lepidoptera: Nymphalidae: Satyrinae) in Central Europe based on the CO1 gene. *Journal of Zoological Systematics and Evolutionary Research* **48**: 115–125.
- Hampe, A. & Petit, R.J. (2005) Conserving biodiversity under climate change: the rear edge matters. *Ecology Letters* **8**: 461–467.
- Hansson, B., Ljungqvist, M., Illera, J.-C. & Kvist, L. (2014) Pronounced fixation, strong population differentiation and complex population history in the Canary Islands Blue Tit subspecies complex. *PLoS ONE* **9**: e90186.
- Hänfling, B., Hellemans, B., Volckaert, F.A.M. & Carvalho, G.R. (2002) Late glacial history of the cold-adapted freshwater fish *Cottus gobio*, revealed by microsatellites. *Molecular Ecology* **11**: 1717–1729.
- Hanski, I. (1999) *Metapopulation ecology*. Oxford University Press, Oxford.
- Hardy, D.K., González-Cózatl, F.X., Arellano, E. & Rogers, D.S. (2013) Molecular phylogenetics and phylogeographic structure of Sumichrast's harvest mouse (*Reithrodontomys sumichrasti*: Cricetidae) based on mitochondrial and nuclear DNA sequences. *Molecular Phylogenetics and Evolution* **68**: 282–292.
- Hardy, O., Born, C., Budde, K., Dainou, K., Dauby G, Duminil, J., Ewédjé, E.-E.B.K., Gomez, C., Heuertz, M., Koffi, G.K., Lowe, A.J., Micheneau, C., Ndiade-Bourobou, D., Piñeiro, R. & Poncet, V. (2013) Comparative phylogeography of African rain forest trees: a review of genetic signatures of vegetation history in the Guineo-Congolian region. *Comptes Rendus Geoscience* **345**: 284–296.
- Hare, M.P. & Weinberg, J.R. (2005) Phylogeography of surfclams, *Spisula solidissima*, in the western North Atlantic based on mitochondrial and nuclear DNA sequences. *Marine Biology* **146**: 707–716.
- Harle, K.J., Heijnis, H., Chisari, A.P., Kershaw, A.P., Zoppi, U. & Jacobsen, G. (2002) A chronology for the long pollen record from Lake Wangoom, western Victoria (Australia) as delivered from uranium/thorium disequilibrium dating. *Journal of Quarternary Science* **17**: 707–720.
- Harris, D.J. & Sá-Sousa, P. (2002) Molecular phylogenetics of Iberian wall lizards (*Podarcis*): is *Podarcis hispanica* a species complex? *Molecular Phylogenetics and Evolution* **23**: 75–81.
- Harris, D.J., Batista, V. & Carretero, M.A. (2004a) Assessment of genetic diversity within *Acanthodactylus erythrurus* (Reptilia: Lacertidae) in Morocco and the Iberian Peninsula using mitochondrial DNA sequence data. *Amphibia-Reptilia* **25**: 227–232.

- Harris, D.J., Batista, V., Lymberakis, P. & Carretero, M.A. (2004b) Complex estimates of evolutionary relationships in *Tarentola mauritanica* (Reptilia: Gekkonidae) derived from mitochondrial DNA sequences. *Molecular Phylogenetics and Evolution* **30**: 855–859.
- Harshman, J., Braun, E.L., Braun, M.J., Huddleston, C.J., Bowie, R.C.K., Chojnowski, J.L., Hackett, S.J., Han, K.-L., Kimball, R.T., Marks, B.D., Miglia, K.J., Moore, W.S., Reddy, S., Sheldon, F.H., Steadman, D.W., Steppan, S.J., Witt, C.C. & Yuri, T. (2008) Phylogenomic evidence for multiple losses of flight in ratite birds. *Proceedings of the National Academy of Sciences of the United States of America* **105**: 13462–13467.
- Haubrich, K. & Schmitt, T. (2007) Cryptic differentiation in alpine-endemic, high-altitude butterflies reveals down-slope glacial refugia. *Molecular Ecology* **16**: 3643–3658.
- Hayden, B., Coscia, I. & Mariani, S. (2011) Low cytochrome b variation in bream *Abramis brama*. *Journal of Fish Biology* **78**: 1579–1587.
- Heaney, L.R. (1991) A synopsis of climatic and vegetational change in Southeast Asia. *Climatic Change* **19**: 53–61.
- Hedin, M., Starrett, J. & Hayashi, C. (2013) Crossing the uncrossable: novel trans-valley biogeographic patterns revealed in the genetic history of low-dispersal mygalomorph spiders (Antrodiaetidae, *Antrodiaetus*) from California. *Molecular Ecology* **22**: 508–526.
- Hedrick, P. & Waits, L. (2005) What the ancient DNA tells us? *Heredity* **94**: 463–464.
- Heiser, M. & Schmitt, T. (2010) Do different dispersal capacities influence the biogeography of the western Palearctic dragonflies (Odonata)? *Biological Journal of the Linnean Society* **99**: 177–195.
- Helenurm, K. & Ganders, F.R. (1985) Adaptive radiation and genetic differentiation in Hawaiian *Bidens*. *Evolution* **39**: 753–765.
- Hembry, D.H. & Balukjian, B. (2016) Molecular phylogeography of the Society Islands (Tahiti; South Pacific) reveals departures from hotspot archipelago models. *Journal of Biogeography* **43**: 1372–1387.
- Henn, B.M., Cavalli-Sforza, L.L. & Feldman, M.W. (2012) The great human expansion. *Proceedings of the National Academy of Sciences of the United States of America* **109**: 17758–17764.
- Henry, S. R. & Craig, S. A. (1984) Diet, ranging behaviour and social organization of the yellow-bellied glider (*Petaurus australis* Shaw) in Victoria. In: Smith, A. P. & Hume, I. D. (Hrsg.) *Possums and Gliders*. Australian Mammal Society, Sydney: 331–341.
- Herke, S.W. & Foltz, D.W. (2002) Phylogeography of two squid (*Loligo pealei* and *L. plei*) in the Gulf of Mexico and northwestern Atlantic Ocean. *Marine Biology* **140**: 103–115.
- Herterich, K. (1991) Modelling the palaeo-climate. In: Frenzel, B. (Hrsg.) *Klimageschichtliche Probleme der letzten 130000 Jahre*. Fischer, Stuttgart: 153–164.
- Herzer, R.H., Chaproniere, G.C.H., Edwards, A.R., Hollis, C.J., Pelletier, B., Raine, J.I., Scott, G.H., Stagpoole, V., Strong, C.P., Symonds, P., Wilson, G.J. & Zhu, H. (1997) Seismic stratigraphy and structural history of the Reinga Basin and its margins, southern Norfolk Ridge system. *New Zealand Journal of Geology and Geophysics* **40**: 425–451.
- Heuertz, M., Duminil, J., Dauby, G., Savolainen, V. & Hardy, O.J. (2014) Comparative phylogeography in rainforest trees from Lower Guinea, Africa. *PLoS ONE* **9**: e84307.
- Hewitt, G.M. (1996) Some genetic consequences of ice ages, and their role in divergence and speciation. *Biological Journal of the Linnean Society* **58**: 247–276.
- Hewitt, G.M. (1999) Postglacial recolonization of European biota. *Biological Journal of the Linnean Society* **68**: 87–112.
- Hewitt, G.M. (2000) The genetic legacy of the quaternary ice ages. *Nature* **405**: 907–913.
- Hewitt, G.M. (2004a) Genetic consequences of climatic oscillation in the Quaternary. *Philosophical Transactions of the Royal Society London B* **359**: 183–195.
- Hewitt, G.M. (2004b) The structure of biodiversity – insights from molecular phylogeography. *Frontiers in Zoology* **1**: 4.
- Hey, J. (2010) The divergence of chimpanzee species and subspecies as revealed in multipopulation isolation-with-migration analyses. *Molecular Biology and Evolution* **27**: 921–933.
- Hickerson, M.J. & Ross, J.R.P. (2001) Post-glacial population history and genetic structure of the northern clingfish (*Gobbiesox maeandricus*), revealed from mtDNA analysis. *Marine Biology* **138**: 407–419.
- Hill, K.B.R., Simon, C., Marshall, D.C. & Chambers, G.K. (2009) Surviving glacial ages within the Biotic Gap: phylogeography of the New Zealand cicada *Maoricicada campbelli*. *Journal of Biogeography* **36**: 675–692.
- Himes, C.M.T., Gallardo, M.H. & Kenagy, G.J. (2008) Historical biogeography and post-glacial recolonization of South American temperate rain forest by the relictual marsupial *Dromiciops gliroides*. *Journal of Biogeography* **35**: 1415–1424.
- Hirata, D., Mano, T., Abramov, A.V., Baryshnikov, G.F., Kosintsev, P.A., Vorobiev, A.A., Raichev, E.G., Tsunoda, H., Kaneko, Y., Murata, K., Fukui, D. & Masuda, R. (2013) Molecular phylogeography of the brown bear (*Ursus arctos*) in Northeastern Asia based on analyses of complete mitochondrial DNA sequences. *Molecular Biology and Evolution* **30**: 1644–1652.
- Ho, S.Y.W., Saarma, U., Barnett, R., Haile, J. & Shapiro, B. (2008) The effect of inappropriate calibration: three case studies in molecular ecology. *PLoS ONE* **3**: e1615.
- Hochkirch, A. & Görtzig, Y. (2009) Colonization and speciation on

volcanic islands: phylogeography of the flightless grasshopper genus *Arminda* (Orthoptera, Acrididae) on the Canary Islands. *Systematic Entomology* **34**: 188–197.
- Hodges, K.M., Rowell, D.M. & Keogh, J.S. (2007) Remarkably different phylogeographic structure in two closely related lizard species in a zone of sympatry in southeastern Australia. *Journal of Zoology* **272**: 64–72.
- Hodel, R.G. & Gonzales, E. (2013) Phylogeography of Sea Oats *(Uniola paniculata)*, a Dune-building Coastal Grass in Southeastern North America. *Journal of Heredity* **104**: 656–665.
- Hoffman, E.A. & Blouin, M.S. (2004) Evolutionary history of the northern leopard frog: reconstruction of phylogeny, phylogeography, and historical changes in population demography from mitochondrial DNA. *Evolution* **58**: 145–159.
- Hoffman, R.L. (1993) Biogeography of East African montane forest millipedes. In: Lovett, J.C. & Wasser, S.K. (Hrsg.) *Biogeography and ecology of the rain forests of eastern Africa*. Cambridge University Press, Cambridge: 103–115.
- Hoffman, R.S. (1981) Different voles for different holes: environmental restrictions on refugial survival of mammals. In: Scudder, G.G.E. & Reveal, J.L. (Hrsg.) *Evolution today: Proceedings of the Second International Congress of Systematic and Evolutionary Biology*. Hunt Institute for Botanical Documentation, Pittburgh, PA: 25–45.
- Hofman, S., Spolsky, C., Uzzel, T., Cogalniceanu, D., Babik, W., Szymura, J.M. (2007) Phylogeography of the fire-bellied toads *Bombina*: independent Pleistocene histories inferred from mitochondrial genomes. *Molecular Ecology* **16**: 2301–2316.
- Hoffmann, F.G. & Baker, R.J. (2003) Comparative phylogeography of short-tailed bats (*Carollia*: Phyllostomidae). *Molecular Ecology* **12**: 3403–3414.
- Hofmann, S., Kraus, S., Dorge, T., Nothnagel, M., Fritzsche, P. & Miehe, G. (2014) Effects of Pleistocene climatic fluctuations on the phylogeography, demography and population structure of a high-elevation snake species, *Thermophis baileyi*, on the Tibetan Plateau. *Journal of Biogeography* **41**: 2162–2172.
- Hofreiter, M., Serre, D., Rohland, N., Rabeder, G., Nagel, D., Conard, N., Münzel, S. & Pääbo, S. (2004) Lack of phylogeography in European mammals before the last glaciation. *Proceedings of the National Academy of Sciences of the United States of America* **101**: 12963–12968.
- Holder, K., Montgomerie, R. & Friesen, V.L. (1999) A test of the glacial refugium hypothesis using patterns of mitochondrial and nuclear DNA sequence variation in rock ptarmigan *(Lagopus mutus)*. *Evolution* **53**: 1936–1950.
- Holder, K., Montgomerie, R. & Friesen, V.L. (2000) Glacial vicariance and historical biogeography of rock ptarmigan *(Lagopus mutus)* in the Bering region. *Molecular Ecology* **9**: 1265–1278.
- Holderegger, R., Stehlik, I. & Abbott, R.J. (2002) Molecular analysis of the Pleistocene history of *Saxifraga oppositifolia* in the Alps. *Molecular Ecology* **11**: 1409–1418.
- Holdhaus, K. (1954) Die Spuren der Eiszeit in der Tierwelt Europas. *Abhandlungen der zoologisch-botanischen Gesellschaft* **18**: 1–493.
- Holdhaus, K. & C.H. Lindroth (1940) Die europäischen Koleopteren mit boreoalpiner Verbreitung. *Annalen des Naturhistorischen Museums Wien* **50**: 123–293.
- Hollatz, C., Torres Vilaça, S., Redondo, R.A.F., Marmontel, M., Baker, C.S. & Santos, F.R. (2011) The Amazon River system as an ecological barrier driving genetic differentiation of the pink dolphin *(Inia geoffrensis)*. *Biological Journal of the Linnean Society* **102**: 812–827.
- Holt, B.G., Lessard, J.-P., Borregaard, M.K., Fritz, S.A., Araújo, M.B., Dimitrov, D., Fabre, P.-H., Graham, C.H., Graves, G.R., Jønsson, K.A., Nogués-Bravo, D., Wang, Z., Whittaker, R.J., Fjeldså, J. & Rahbek, C. (2013) An update of Wallace's zoogeographic regions of the world. *Science* **339**: 74–78.
- Hooghiemstra, H. & van der Hammen, T. (1998) Neogene and Quaternary development of the neotropical rain forest: the forest refugia hypothesis, and a literature overview. *Earth-Science Reviews* **44**: 147–183.
- Hoorn, C., Wesselingh, F.P., ter Steege, H., Bermudez, M.A., Mora, A., Sevink, J., Sanmartín, I., Sanchez-Meseguer, A., Anderson, C.L., Figueiredo, J.P., Jaramillo, C., Riff, D., Negri, F.R., Hooghiemstra, H., Lundberg, J., Stadler, T., Särkinen, T. & Antonelli, A. (2010) Amazonia through time: Andean uplift, climate change, landscape evolution, and biodiversity. *Science* **330**: 927–931.
- Hopkins, M.S., Ash, J., Graham, A.W., Head, J. & Hewett, R.K. (1993) Charcoal evidence of the spatial extent of the *Eucalyptus* wood-land expansions and rainforest contractions in north Queensland during the late Pleistocene. *Journal of Biogeography* **20**: 59–74.
- Hormiga, G., Arnedo, M. & Gillespie, R.G. (2003) Speciation on a conveyor belt: Sequential colonization of the Hawaiian islands by Orsonwelles spiders (Araneae, Linyphiidae). *Systematic Biology* **52**: 70–88.
- Horn, A., Roux-Morabito, G., Lieutier, F. & Kerdelhue, C. (2006) Phylogeographic structure and past history of the circum-Mediterranean species *Tomicus destruens* Woll. (Coleoptera: Scolytinae). *Molecular Ecology* **15**: 1603–1615.
- Horsák, M., Chytry, M., Danihelka, J., Kocí, M., Kubesova, S., Kalososova, Z., Otypkova, Z. & Tichy, L. (2010) Snail faunas in the Ural forests and their relations to vegetation: an analogue of the early Holocene assemblages of Central Europe? *Journal of Molluscan Studies* **76**: 1–10.
- Hosner, P.A., Boggess, N.C., Alviola, P., Sánchez-González, L.A., Oliveros, C.H., Urriza, R. & Moyle R.G. (2013) Phylogeography of the *Robsonius* ground-warblers (Passeriformes: Locustellidae) reveals an

undescribed species from northeastern Luzon, Philippines. *Condor* **115**: 630–639.

- Hosner, P.A., Liu, H., Peterson, A.T. & Moyle, R.G. (2015) Rethinking phylogeographic structure and historical refugia in the rufous-capped babbler *Cyanoderma ruficeps* in light of range-wide genetic sampling and paleodistributional reconstructions. *Current Zoology* **61**: 901–909.
- Hosner, P.A., Sánchez-González, L.A., Peterson, A.T. & Moyle, R.G. (2014) Climate-driven diversification and Pleistocene refugia in Philippine birds: evidence from phylogeographic structure and palaeoenvironmental niche modelling. *Evolution* **68**: 2658–2674.
- Hou, Y. & Lou, A. (2014) Phylogeographical patterns of an alpine plant, *Rhodiola dumulosa* (Crassulaceae), inferred from chloroplast DNA sequences. *Journal of Heredity* **105**: 101–110.
- Huang, C.-Y., Liew, P.-M., Zhao, M.X., Chang, T.-C., Kuo, C.-M., Chen, M.-T., Wang, C.-H. & Zheng, L.-F. (1997) Deep sea and lake records of the Southeast Asian paleomonsoons for the last 25 thousand years. *Earth and Planetary Science Letters* **146**: 59–72.
- Huang, S.S.F., Hwang, S.-Y. & Lin, T.-P. (2002) Spatial pattern of chloroplast DNA variation of *Cyclobalanopsis glauca* in Taiwan and east Asia. *Molecular Ecology* **11**: 2349–2358.
- Huber, B.A. (2013) Revision and cladistic analysis of the Guineo-Congolian spider genus *Smeringopina* Kraus (Araneae, Pholidae). *Zootaxa* **3713**: 1–160.
- Huck, S., Büdel, B. & Schmitt, T. (2012) Ice-age isolation, postglacial hybridization and recent population bottlenecks shape the genetic structure of *Meum athamanticum* in Central Europe. *Flora* **207**: 399–407.
- Huck, S., Büdel, B., Kadereit, J.W. & Printzen, C. (2009) Range-wide phylogeography of the Europeam temperate montane herbaceous plant *Meum athamanticum* Jacq.: evidence for periglacial persistence. *Journal of Biogeography* **36**: 1588–1599.
- Huemer, P. (1998) Endemische Schmetterlinge der Alpen – ein Überblick (Lepidoptera). *Stapfia* **55**: 229–256.
- Huemer, P. & Timossi, G. (2014) *Sattleria* revisited: unexpected cryptic diversity on the Balkan Peninsula and in the south-eastern Alps. *Zootaxa* **3780**: 282–296.
- Hugall, A.F., Foster, R. & Lee, M.S.Y. (2007) Calibration choice, rate smoothing, and the pattern of tetrapod diversification according to the long nuclear gene RAG-1. *Systematic Biology* **56**: 543–563.
- Hugall, A., Moritz, C., Moussalli, A. & Stanisic, J. (2002) Reconciling paleodistribution models and comparative phylogeography in the Wet Tropics rainforest land snail *Gnarosphia bellendenkerensis* (Brazier 1875). *Proceedings of the National Academy of Sciences of the United States of America* **99**: 6112–6117.
- Hughes, J.B., Round, P.D. & Woodruff, D.S. (2003) The Indochinese-Sundaic faunal transition at the Isthmus of Kra: An analysis of resident forest bird species distributions. *Journal of Biogeography* **30**: 569–580.
- Hultén, E. (1937) *Outline of the history of arctic and boreal biota during the Quarternary period.* Lehre J. Cramer, New York.
- Hundertmark, K.J., Shields, G.F., Udina, I.G., Bowyer, R.T., Danilkin, A.A. & Schwartz, C.C. (2002) Mitochondrial phylogeography of moose (*Alces alces*): Late Pleistocene divergence and population expansion. *Molecular Phylogenetics and Evolution* **22**: 375–387.
- Husemann, M., Deppermann, J. & Hochkirch, A. (2014) Multiple independent colonization of the Canary Islands by the winged grasshopper genus *Sphingonotus* Fieber, 1852. *Molecular Phylogenetics and Evolution* **81**: 174–181.
- Husemann, M., Guzman, N.V., Danley, P.D., Cigliano, M.M. & Confalonieri, V.A. (2013) Biogeography of *Trimerotropis pallidipennis* (Acrididae: Oedipodinae): deep divergence across the Americas. *Journal of Biogeography* **40**: 261–273.
- Husemann, M., Schmitt, T., Stathi, I. & Habel, J.C. (2012) Evolution and radiation in the scorpion *Buthus elmouatakili* (Scorpiones: Buthidae) at the foothills of the Atlas Mountains (North Africa). *Journal of Heredity* **103**: 221–229.
- Ibrahim, K.M., Nichols, R.A. & Hewitt, G.M. (1996) Spatial patterns of genetic variation generated by different forms of dispersal during range expansion. *Heredity* **77**: 282–291.
- Ikeda, H., Higashi, H., Yakubov, V., Barkalov, V. & Setoguchi, H. (2014b) Phylogeographical study of the alpine plant *Cassiope lycopodioides* (Ericaceae) suggests a range connection between the Japanese archipelago and Beringia during the Pleistocene. *Biological Journal of the Linnean Society* **113**: 497–509.
- Ikeda, H., Yakubov, V., Barkalov, V. & Setoguchi, H. (2014a) Molecular evidence for ancient relicts of arctic-alpine plants in East Asia. *New Phytologist* **203**: 980–988.
- Illera, J.C., Koivula, K., Broggi, J., Päckert, M., Martens, J. & Kvist, L. (2011) A multi-gene approach reveals a complex evolutionary history in the *Cyanistes* species group. *Molecular Ecology* **20**: 4123–4139.
- Inger, R.F. (1954) Systematics and zoogeography of Philippine amphibia. *Fieldiana* **33**: 181–531.
- Inger, R.F. (1960) A review of the Oriental toads of the genus *Ansonia* Stoliczka. *Fieldiana* **39**: 473–503.
- Inger, R.F. (Hrsg.) (2007) *Systematics and Zoogeography of Philippine Amphibia*. Natural History Publications, Kota Kinabalu, Malaysia.
- Ingram, G.J. & Corben, C.J. (1994) Two new species of broodfrogs *(Pseudophryne)* from Queensland. *Memoirs of the Queensland Museum* **37**: 266–272.
- Iserbyt, A., Bots, J., van Gossum, H. & Jordaens, K. (2010) Did historical events shape current geographic variation in morph frequencies of a polymorphic damselfly? *Journal of Zoology* **282**: 256–265.
- Ith, S., Bumrungsri, S., Furey, N.M., Bates, P.J.J., Wonglapsuwan,

M., Khan, F.A.A., Thong, V.D., Soisook, P., Satasook, C. & Thomas, N.M. (2015) Taxonomic implications of geographical variation in *Rhinolophus affinis* (Chiroptera: Rhinolophidae) in mainland Southeast Asia. *Zoological Studies* **54**: 31.

- Iwanaga, H., Teshima, K.M., Khatab, I.A., Inomata, N., Finkeldey, R., Siregar, I.Z., Siregar, U.J. & Szmidt, A.E (2012) Population structure and demographic history of a tropical lowland rainforest tree species *Shorea parvifolia* (Dipterocarpaceae) from Southeastern Asia. *Ecology and Evolution* **2**: 1663–1675.
- Iwasa, M.A. & Suzuki, H. (2002) Evolutionary networks of maternal and paternal gene lineages in voles *(Eothenomys)* endemic to Japan. *Journal of Mammalogy* **83**: 852–865.
- Jaarola, M. & Searle, J.B. (2002) Phylogeography of field voles *(Microtus agrestis)* in Eurasia inferred from mitochondrial DNA sequences. *Molecular Ecology* **11**: 2613–2621.
- Jacobs, B.F. (2004) Palaeobotanical studies from tropical Africa: relevance to the evolution of forest, woodland and savannah biomes. *Philosophical Transactions of the Royal Society B* **359**: 1573–1583.
- Jaeger, J.R., Riddle, B.R. & Bradford, D.F. (2005) Cryptic Neogene vicariance and Quaternary dispersal of the redspotted toad (*Bufo punctatus*): insights on the evolution of North American warm desert biotas. *Molecular Ecology* **14**: 3033–3048.
- Jakob, S.S., Martínez-Meyer, E. & Blattner, F.R. (2009) Phylogeographic analyses and paleodistribution modelling indicate Pleistocene in situ survival of *Hordeum* species (Poaceae) in southern Patagonia without genetic or spatial restriction. *Molecular Biology and Evolution* **26**: 907–923.
- James, C.H. & Moritz, C. (2000) Intraspecific phylogeography in the sedge frog *Litoria fallax* (Hylidae) indicates pre-Pleistocene vicariance of an open forest species from eastern Australia. *Molecular Ecology* **9**: 349–358.
- Jang-Liaw, N.-H., Lee, T.-H. & Chou, W.-H. (2008) Phylogeography of *Sylvirana latouchii* (Anura, Ranidae) in Taiwan. *Zoological Science* **25**: 68–79.
- Janko, M., Culling, M.A., Ráb, P. & Kotlík, P. (2005) Ice age cloning – comparison of the Quaternary evolutionary histories of sexual and clonal forms of spiny loaches (*Cobitis*; Teleostei) using the analysis of mitochondrial DNA variation. *Molecular Ecology* **14**: 2991–3004.
- Jansa, S.A., Barker, F.K. & Heaney, L.R. (2006) The pattern and timing of diversification of Philippine endemic rodents: evidence from mitochondrial and nuclear gene sequences. *Systematic Biology* **55**: 73–88.
- Janzen, F.J., Krenz, J.G., Haselkorn, T.S. & Brodie, E.D. (2002) Molecular phylogeography of common garter snakes (*Thamnophis sirtalis*) in western North America: implications for regional historical forces. *Molecular Ecology* **11**: 1739–1751.
- Jaramillo-Correa, J.P., Beaulieu, J., Khasa, D.P. & Bousquet, J. (2009) Inferring the past from the present phylogeographic structure of North American forest trees: Seeing the forest for the genes. *Canadian Journal of Forest Research* **39**: 286–307.
- Jensen-Seaman, M.I., Deinard, A.S. & Kidd, K. (2003) Mitochondrial and nuclear DNA estimates of divergence between western and eastern gorillas. In: Taylor, A.B. & Goldsmith, M.L. (Hrsg.) *Gorilla Biology: A Multidisciplinary Perspective.* Cambridge University Press, Cambridge: 247–268.
- Jezkova, T., Jaeger, J., Marshall, Z. & Riddle, B. (2009) Pleistocene impacts on the phylogeography of the desert pocket mouse *(Chaetodipus penicillatus). Journal of Mammalogy* **90**: 306–320.
- Jia, D.R., Abbott, R.J., Liu, T.L., Mao, K.S., Bartish, I.V. & Liu, J.Q. (2012) Out of the Qinghai-Tibet Plateau: Evidence for the origin and dispersal of Eurasian temperate plants from a phylogeographic study of *Hippophaë rhamnoides* (Elaeagnaceae). *New Phytologist* **194**: 1123–1133.
- Jiang, X.L., Zhang, M.L., Zhang, H.X. & Stewart, C.S. (2014) Phylogeographic patterns of the *Aconitum nemorum* species group (Ranunculaceae) shaped by geological and climatic events in the Tianshan Mountains and their surroundings. *Plant Systematics and Evolution* **300**: 51–61.
- Joger, U., Fritz, U., Guicking, D., Kalyabina-Hauf, S., Nagy, Z.T. & Wink, M. (2007) Phylogeography of western Palaearctic reptiles – Spatial and temporal speciation patterns. *Zoologischer Anzeiger* **246**: 293–313.
- Johnson, M.S., Murray, J. & Clarke, B. (2000) Parallel evolution in Marquesan partulid land snails. *Biological Journal of the Linnean Society* **69**: 577–598.
- Jones, A. & Kennedy, R. (2008) Evolution in a tropical archipelago: comparative phylogeography of Philippine fauna and flora reveals complex patterns of colonization and diversification. *Biological Journal of the Linnean Society* **95**: 620–639.
- Jones, K.L., Krapu, G.L., Brandt, D.A. & Ashley, M.V. (2005) Population genetic structure in migratory sandhill cranes and the role of Pleistocene glaciations. *Molecular Ecology* **14**: 2645–2657.
- Jones, M.E., Shepherd, M., Henry, R.J. & Delves, A. (2006) Chloroplast DNA variation and population structure in the widespread forest tree, *Eucalyptus grandis. Conservation Genetics* **7**: 691–703.
- Jordan, S., Simon, C. & Polhemus, D. (2003) Molecular systematics and adaptive radiation of Hawaii's endemic Damselfly genus *Megalagrion* (Odonata: Coenagrionidae). *Systematic Biology* **52**: 89–109.
- Jorgensen, J.L., Stehlik, I., Brochmann, C. & Conti, E. (2003) Implications of ITS sequences and RAPD markers for the taxonomy and biogeography of the *Oxytropis campesris* and *O. arctica* (Fabaceae) complexes in Alaska. *American Journal of Botany* **90**: 1470–1480.

- Joseph, L. & Moritz, C. (1994) Mitochondrial DNA phylogeography of birds in eastern Australian rainforests: first fragments. *Australian Journal of Zoology* **42**: 385–403.
- Joseph, L. & Wilke, T. (2006) Molecular resolution of population history, systematics and historical biogeography of the Australian ringneck parrots *Barnardius*: are we there yet? *Emu* **106**: 49–62.
- Joseph, L. & Wilke, T. (2007) Lack of phylogeographic structure in three widespread Australian birds reinforces emerging challenges in Australian historical biogeography. *Journal of Biogeography* **34**: 612–624.
- Joseph, L., Moritz, C. & Hugall, A. (1993) A mitochondrial perspective on the historical biogeography of mideastern Queensland rainforest birds. *Memoirs of the Queensland Museum* **34**: 201–214.
- Joseph, L., Moritz, C. & Hugall, A. (1995) Molecular support for vicariance as a source of diversity in rainforest. *Proceedings of the Royal Society of London B* **260**: 177–182.
- Joseph, L., Wilke, T. & Alpers, D. (2002) Reconciling genetic expectations from host specificity with historical population dynamics in an avian brood parasite, Horsfield's Bronze-Cuckoo *Chalcites basalis* of Australia. *Molecular Ecology* **11**: 829–837.
- Joseph, L., Wilke, T., Have, J.T. & Chesser, R.T. (2006) Implications of mitochondrial DNA polyphyly in two ecologically undifferentiated but morphologically distinct migratory birds, the masked and white-browed woodswallows *Artamus* spp. of inland Australia. *Journal of Avian Biology* **37**: 625–636.
- Joy, D.A. & Conn, J.E. (2001) Molecular and morphological phylogenetic analysis of an insular radiation in Pacific black flies (*Simulium*). *Systematic Biology* **50**: 18–38.
- Juan, C., Emerson, B.C., Oromí, P. & Hewitt, G.M. (2000) Colonization and diversification: towards a phylogeographic synthesis for the Canary Islands. *Trends in Ecology and Evolution* **15**: 104–109.
- Juan, C., Ibrahim, K.M., Oromí, P. & Hewitt, G.M. (1998) The phylogeography of the darkling beetle, *Hegeter politus*, in the eastern Canary Islands. *Proceedings of the Royal Society of London B* **265**: 135–140.
- Kajtoch, Ł. (2011) Conservation genetics of xerothermic beetles in Europe: the case of *Centricnemusleucogrammus*. *Journal of Insect Conservation* **15**: 787–797.
- Kajtoch, Ł., Lachowska-Cierlik, D. & Mazur, M. (2009) Genetic diversity of xerothermic weevils *Polydrususinustus* and *Centricnemusleucogrammus* (Coleoptera: Curculionidae) in central Europe. *European Journal of Entomology* **106**: 325–334.
- Kajtoch, Ł., Korotyaev, B. & Lachowska-Cierlik, D. (2012) Genetic distinctness of parthenogenetic forms of European *Polydrusus* weevils of the subgenus *Scythodrusus*. *Insect Science* **19**: 183–194.
- Kajtoch, Ł., Kubisz, D., Lachowska-Cierlik, D. & Mazur, M.A. (2013) Conservation genetics of endangered leaf-beetle *Cheilotomamusciformis* populations in Poland. *Journal of Insect Conservation* **17**: 67–77.
- Kaliontzopoulou, A., Pinho, C., Harris, D.J. & Carretero, M.A. (2011) When cryptic diversity blurs the picture: a cautionary tale from Iberian and North African *Podarcis* wall lizards. *Biological Journal of the Linnean Society* **108**: 779–800.
- Karl, I., Schmitt, T. & Fischer, K. (2008) Phosphoglucose isomerase genotype affects life-history traits and cold stress resistance in a Copper butterfly. *Functional Ecology* **22**: 887–894.
- Karl, I., Schmitt, T. & Fischer, K. (2009) Genetic differentiation between alpine and lowland populations of a butterfly is related to PGI enzyme genotype. *Ecography* **32**: 488–496.
- Kawamoto, Y., Shotake, T., Nozawa, K., Kawamoto, S., Tomari, K., Kawai, S., Shirai, K., Morimitsu, Y., Takagi, N., Akaza, H., Fujii, H., Hagihara, K., Aizawa, K., Akachi, S., Oi, T. & Hayaishi, S. (2007) Postglacial population expansion of Japanese macaques (*Macaca fuscata*) inferred from mitochondrial DNA phylogeography. *Primates* **48**: 27–40.
- Kawamoto, Y., Takemoto, H., Higuchi, S., Sakamaki, T., Hart, J.A., Hart, T.B., Tokuyama, N., Reinartz, G.E., Guislain, P., Dupain, J., Cobden, A.K., Mulavwa, M.N., Yangozene, K., Darroze, S., Devos, C. & Furuichi, T. (2013) Genetic structure of wild bonobo populations: diversity of mitochondrial DNA and geographical distribution. *PLoS ONE* **8**: e59660.
- Kearns, A.M., Joseph, L., Edwards, S.V. & Double, M.C. (2009) Inferring the phylogeography and evolutionary history of the splendid fairy-wren *Malurus spendens* from mitochondrial DNA and spectrophotometry. *Journal of Avian Biology* **40**: 7–17.
- Keeney, D.B., Heupel, M.R., Hueter, R.E. & Heist, E.J. (2005) Microsatellite and mitochondrial DNA analyses of the genetic structure of blacktip shark (*Carcharhinus limbatus*) nurseries in the northwestern Atlantic, Gulf of Mexico, and Caribbean Sea. *Molecular Ecology* **14**: 1911–1923.
- Kelemen, L. & Moritz, C. (1999) Comparative phylogeography of a sibling pair of rainforest *Drosophila* species (*Drosophila serrata* and *Drosophila birchii*). *Evolution* **53**: 1306–1311.
- Kennedy, R.S., Gonzales, P.C., Dickinson, E.C., Miranda, H.C. & Fisher, T.H. (2000) *A Guide to the Birds of the Philippines*. Oxford University Press, Oxford.
- Kennedy, M., Paterson, A.M., Morales, J.C., Parsons, S., Winnington, A.P. & Spencer, H.G. (1999) The long and the short of it: branch lengths and the problem of placing the New Zealand short-tailed bat, *Mystacina*. *Molecular Phylogenetics and Evolution* **13**: 405–416.
- Kershaw, A.P. (1994) Pleistocene vegetation of the humid tropics of northeastern Queensland, Australia. *Palaeogeography, Palaeoclimatology & Palaeoecology* **109**: 399–412.
- Kershaw, A.P., Dcosta, D.M., Mason, J. & Wagstaff, B.E. (1991)

Palynological evidence for Quaternary vegetation and environments of mainland southeastern Australia. *Quaternary Science Reviews* **10**: 391–404.

- Kershaw, A.P., Martin, H.A. & McEwen Mason, J.R.C. (1994) The Neogene: a period of transition. In: Hill, R.S. (Hrsg.) *History of the Australian Vegetation: Cretaceous to Recent*. Cambridge University Press, Cambridge: 299–327.
- Khan, G., Zhang, F., Gao, Q., Fu, P.-C., Xing, R., Wang, J., Liu, H. & Chen, S. (2014) Molecular phylogeography and intraspecific divergence of *Spiraea alpina* (Rosaceae) distributed in the Qinghai-Tibetan Plateau and adjacent regions inferred from nrDNA. *Biochemical Systematics and Ecology* **57**: 278–286.
- Kiefer, C., Dobes, C., Sharbel, T.F. & Koch, M.A. (2009) Phylogeographic structure of the chloroplast DNA gene pool in North American Boechera—a genus and continental-wide perspective. *Molecular Phylogenetics and Evolution* **52**: 303–311.
- Kiesewetter, C.M. & Schneider, C.J. (2013) Phylogeography in the northern Andes: Complex history and cryptic diversity in a cloud forest frog, *Pristimantis w-nigrum* (Craugastoridae). *Molecular Phylogenetics and Evolution* **69**: 417–429.
- Kindler, C., Böhme, W., Corti, C., Gvoždík, V., Jablonski, D., Jandzik, D., Metallinou, M., Široký, P. & Fritz, U. (2013) Mitochondrial phylogeography, contact zones and taxonomy of grass snakes (*Natrix natrix*, *N. megalocephala*). *Zoologica Scripta* **42**: 458–472.
- Kindler, C., Branch, W.R., Hofmeyr, M.D., Maran, J., Široký, P., Vences, M., Harvey, J., Hauswaldt, J.S., Schleicher, A., Stukas, H. & Fritz, U. (2012) Molecular phylogeny of African hinge-back tortoises *(Kinixys)*: implications for phylogeography and taxonomy (Testudines: Testudinidae). *Journal of Zoological Systematics and Evolutionary Research* **50**: 192–201.
- King, R.A. & Ferris, C. (1998) Chloroplast DNA phylogeography of *Alnus glutinosa* (L.) Gaertn. *Molecular Ecology* **7**: 1151–1161.
- Kingdon, J.S. (1980) The role of visual signals and face patterns in African forest monkeys (guenons) of the genus *Cercopithecus*. *Transactions of the Zoological Society of London* **35**: 425–475.
- Kingdon, J. (1997) *The Kingdon field guide to African mammals*. A & C Black Publishers, London.
- Kizirian, D., Trager, A., Donnelly, M.A. & Wright, J.W. (2004) Evolution of Galapagos Island Lava Lizards (Iguania: Tropiduridae: *Microlophus*). *Molecular Phylogenetics and Evolution* **32**: 761–769.
- Knapp, M., Stöckler, K., Havell, D., Delsuc, F., Sebastiani, F. & Lockhard, P.J. (2005) Relaxed molecular clock provides evidence for long-distance dispersal of *Nothofagus* (southern beech). *PLoS Biology* **3**: 38–43.
- Knapp, M., Mudaliar, R., Havell, D., Wagstaff, S.J. & Lockhart, P.J. (2007) The drowning of New Zealand and the problem of *Agathis*. *Systematic Biology* **56**: 862–870.
- Koehler, A.V.A., Hoberg, E.P., Dokuchaev, N.E., Tranbenkova, N.A., Whitman, J.S., Nagorsen, D.W. & Cook, J.A. (2009) Phylogeography of a Holarctic nematode, *Soboliphyme baturini*, among mustelids: climate change, episodic colonization, and diversification in a complex host-parasite system. *Biological Journal of the Linnean Society* **96**: 651–663.
- Köhler, F. & Glaubrecht, M. (2007) Out of Asia and into India: on the molecular phylogeny and biogeography of the endemic freshwater gastropod *Paracrostoma* Cossmann, 1900 (Caenogastropoda: Pachychilidae). *Biological Journal of the Linnean Society* **91**: 621–657.
- Komaki, S., Igawa, T., Lin, S.-M., Tojo, K., Min, M.-S. & Sumida, M. (2015) Robust molecular phylogeny and palaeodistribution modelling resolve a complex evolutionary history: glacial cycling drove recurrent mtDNA introgression among *Pelophylax* frogs in East Asia. *Journal of Biogeography* **42**: 2159–2171.
- Kondraskov, P., Schütz, N., Schüßler, C., de Sequeira, M.M., Guerra, A.S., Caujapé-Castells, J., Jaén-Molina, R., Marrero-Rodríguez, Á., Koch, M.A., Linder, P., Kovar-Eder, J. & Thiv, M. (2015) Biogeography of Mediterranean Hotspot Biodiversity: Re-Evaluating the «Tertiary Relict» Hypothesis of Macaronesian Laurel Forests. *PLoS ONE* **10**: e0132091.
- Konnert, M. & Bergmann, F. (1995) The geographical distribution of genetic variation of silver fir (*Abies alba*, Pinaceae) in relation to its migration history. *Plant Systematics and Evolution* **196**: 19–30.
- Korschunov, J. & Gorbunov, P. (1995) *Dnevnye babotschki asiatskoij tschasti Roussii*. Spravotschnik, Jekaterinburg.
- Korsten, M., Ho, S.Y.W., Davison, J., Pähn, B., Vulla, E., Roht, M., Tumanov, I.L., Kojola, I., Andersone-Lilley, Z., Ozolins, J., Pilot, M., Mertzanis, Y., Giannakopoulos, A., Vorobiev, A.A., Markov, N.I., Saveljev, A.P., Lyapunova, E.A., Abramov, A.V., Männil, P., Valdmann, H., Pazetnov, S.V., Pazetnov, V.S., Rokov, A.M. & Saarma, U. (2009) Sudden expansion of a single brown bear maternal lineage across northern continental Eurasia after the last ice age: a general demographic model for mammals? *Molecular Ecology* **18**: 1963–1979.
- Koskinen, M.T., Nilsson, J., Veselov, A., Potutkin, A.G., Ranta, E. & Primmer, C.R. (2002) Microsatellite data resolve phylogeographic patterns in European grayling, *Thymallus thymallus*, Salmonidae. *Heredity* **88**: 391–402.
- Koskinen, M.T., Ranta, E., Piironen, J., Veselov, A., Titov, S., Haugen, T.O., Nilsson, J., Carlstein, M. & Primmer, C.R. (2000) Genetic lineages and postglacial colonization of grayling (*Thymallus thymallus*, Salmonidae) in Europe, as revealed by mitochondrial DNA analyses. *Molecular Ecology* **9**: 1609–1624.
- Kotlík, P. & Berrebi, P. (2001) Phylogeography of the barbel (*Barbus barbus*) assessed by mitochondrial DNA variation. *Molecular Ecology* **10**: 2177–2185.

- Kotlík, P., Deffontaine, V., Mascheretti, S., Zima, J., Michaux, J.R. & Searle, J.B. (2006) A northern glacial refugium for bank voles (*Clethrionomys glareolus*). *Proceedings of the National Academy of Sciences of the United States of America* **103**: 14860–1864.
- Kramp, K., Huck, S., Niketić, M., Tomović, G. & Schmitt, T. (2009) Multiple glacial refugia and complex postglacial range shifts of the obligatory woodland plant *Polygonatum verticillatum* (Convallariaceae). *Plant Biology* **11**: 392–404.
- Krause, J., Unger, T., Noçon, A., Malaspinas, A.-S., Kolokotronis, S.-O., Stiller, M., Soibelzon, L., Spriggs, H., Dear, P.H., Briggs, A.-W., Bray, S.C.E., O'Brien, S.J., Rabeder, G., Matheus, P., Cooper, A., Slatkin, M., Pääbo, S., Hofreiter, M. (2008) Mitochondrial genomes reveal an explosive radiation of extinct and extant bears near the Miocene-Pliocene boundary. *BMC Evolutionary Biology* **8**: 220.
- Kremen, C., Cameron, A., Moilanen, A., Phillips, S.J., Thomas, C.D., Beentje, H., Dransfield, J., Fisher, B.L., Glaw, F., Good, T.C., Harper, G.J., Hijmans, R.J., Lees, D.C., Louis Jr., E., Nussbaum, R.A., Raxworthy, C.J., Razafimpahanana, A., Schatz, G.E., Vences, M., Vieites, D.R., Wright, P.C. & Zjhra, M.L. (2008) Aligning conservation priorities across taxa in Madagascar with high-resolution planning tools. *Science* **320**: 222–226.
- Kreuzinger, A.J., Fiedler, K., Letsch, H. & Grill, A. (2015) Tracing the radiation of *Maniola* (Nymphalidae) butterflies: new insights from phylogeography hint at one single incompletely differentiated species complex. *Ecology and Evolution* **5**: 46–58.
- Kropf, M., Comes, H.P. & Kadereit, J.W. (2012) Past, present and future of mountain species of the French Massif Central – the case of *Soldanella alpina* L. subsp. *alpina* (Primulaceae) and a review of other plant and animal studies. *Journal of Biogeography* **39**: 799–812.
- Kropf, M., Kadereit, J.W. & Comes, H.P. (2002) Late Quaternary distributional stasis in the submediterranean mountain plant *Anthyllis montana* L. (Fabaceae) inferred from ITS sequences and amplified fragment length polymorphism markers. *Molecular Ecology* **11**: 447–463.
- Kropf, M., Kadereit, J.W. & Comes, H.P. (2003) Differential cycles of range contraction and expansion in European high mountain plants during the Late Quaternary: insights from *Pritzelago alpina* (L.) O. Kuntze (Brassicaceae). *Molecular Ecology* **12**: 931–949.
- Krüger, M. (2007) Composition and origin of the Lepidoptera faunas of southern Africa, Madagascar and Réunion (Insecta: Lepidoptera). *Annals of the Transvaal Museum* **44**, 123–178.
- Kuch, U., Keogh, J.S., Weigel, J., Smith, L.A. & Mebs, D. (2005) Phylogeography of Australia's king brown snake (*Pseudechis australis*) reveals Pliocene divergence and Pleistocene dispersal of a top predator. *Naturwissenschaften* **92**: 121–127.
- Kuchta, S.R. & Tan, A.M. (2005) Isolation by distance and postglacial range expansion in the rough-skinned newt, *Taricha granulosa*. *Molecular Ecology* **14**: 225–244.
- Kudrna, O., Harpke, A., Lux, K., Pennersdorfer, J., Schweiger, O., Settele, J. & Wiemers, M. (2011) *Distribution atlas of butterflies in Europe*. Gesellschaft für Schmetterlingsschutz, Halle.
- Kuo, H.-C., Chen, S.-F., Fang, Y.-P., Flanders, J. & Rossiter, S.J. (2014) Comparative rangewide phylogeography of four endemic Taiwanese bat species. *Molecular Ecology* **23**: 3566–3586.
- Lamb, T. & Avise, J.C. (1992) Molecular and population genetic aspects of mitochondrial DNA variability in the diamondback terrapin, *Malaclemys terrapin*. *Journal of Heredity* **83**: 262–269.
- Lanier, H.C. & Olson, L.E. (2013) Deep barriers, shallow divergences: reduced phylogeographical structure in the collared pica (Mammalia: Lagomorpha: *Ochotona collaris*). *Journal of Biogeography* **40**: 466–478.
- Lapoint, R.T., O'Grady, P.M. & Whiteman, N.K. (2013) Diversification and dispersal of the Hawaiian Drosophilidae: The evolution of *Scaptomyza*. *Molecular Phylogenetics and Evolution* **69**: 95–108.
- Larson, G., Cucchi, T., Fujita, M., Matisoo-Smith, E., Robins, J., Anderson, A., Rolett, B., Spriggs, M., Dolman, G., Kim, T.-H., Thi Dieu Thuy, N., Randi, E., Doherty, M., Awe Due, R., Bollt, R., Djubiantono, T., Griffin, B., Intoh, M., Keane, E., Kirch, P., Li, K.-T., Morwood, M., Pedriña, L.M., Piper, P.J., Rabett, R.J., Shooter, P, Van den Bergh, G., West, E., Wickler, S., Yuan, J., Cooper, A. & Dobney, K. (2007) Phylogeny and ancient DNA of *Sus* provides insights into neolithic expansion in Island Southeast Asia and Oceania. *Proceedings of the National Academy of Sciences of the United States of America* **104**: 4834–4839.
- Latch, E.K., Heffelfinger, J.R., Fike, J.A. & Rhodes, O.E. (2009) Specieswide phylogeography of North American mule deer *(Odocoileus hemionus)*: cryptic glacial refugia and postglacial recolonization. *Molecular Ecology* **18**: 1730–1745.
- Lauga, B., Malaval, S., Largier, G. & Regnault-Roger, C. (2009) Two lineages of *Trifolium alpinum* (Fabaceae) in the Pyrenees: evidence from random amplified polymorphic DNA (RAPD) markers. *Acta Botanica Gallica* **156**: 317–330.
- Lawson, L.P. (2010) The discordance of diversification: evolution in the tropical-montane frogs of the Eastern Arc Mountains of Tanzania. *Molecular Ecology* **19**: 4046–4060.
- Le, M., Nguyen, H.M., Duong, H.T., Nguyen, T.V., Dinh, L.D., Nguyen, N.X., Nguyen, L.D., Tri H. Dinh, T.H. & Nguyen, D.X. (2015) Phylogeography of the Laotian Rock Rat (Diatomyidae: *Laonastes*): Implications for Lazarus Taxa. *Mammal Study* **40**: 109–114.

- Leaché, A.D. & Mulcahy, D.G. (2007) Phylogeny, divergence times and species limits of spiny lizards (*Sceloporus magister* species group) in western North American deserts and Baja California. *Molecular Ecology* **16**: 5216–5233.
- Leaché, A.D., Fujita, M.K., Minin, V.N. & Bouckaert, R.R. (2014) Species delimitation using genomewide SNP Data. *Systematic Biology* **63**: 534–542.
- Leavitt, D.H., Bezy, R.L., Crandall, K.A. & Sites, J.W., Jr. (2007) Multi-locus DNA sequence data reveal a history of deep cryptic vicariance and habitat-driven convergence in the desert night lizard *Xantusia vigilis* species complex (Squamata: Xantusiidae). *Molecular Ecology* **16**: 4455–4481.
- Lebrun, J.-P. (2001) *Introduction à la flore d'Afrique*. Cirad, Ibis Press, Paris.
- Lebrun, J.-P. & Stork, A.L. (2003) *Tropical African flowering plants. Ecology and distribution, Band 1, Annonaceae-Balanitaceae*. Conservatoire et Jardin botaniques de la ville de Genève.
- Ledevin, R., Michaux, J.R., Deffontaine, V., Henttonen, H. & Renaud, S. (2010) Evolutionary history of the bank vole *Myodes glareolus*: a morphometric perspective. *Biological Journal of the Linnean Society* **100**: 681–694.
- Lee, T. & Foighil, D.O. (2004) Hidden Floridian biodiversity: mitochondrial and nuclear gene trees reveal four cryptic species within the scorched mussel, *Brachidontes exustus*, species complex. *Molecular Ecology* **13**: 3527–3542.
- Lees, D., Kremen, C. & Andriamampianina, L. (1999) A null model for species richness gradients: bounded range overlap of butterflies and other rainforest endemics in Madagascar. *Biological Journal of the Linnean Society* **67**: 529–584.
- Lei, F., Qu, Y. & Song, G. (2014) Species diversification and phylogeographical patterns of birds in response to the uplift of the Qinghai-Tibet Plateau and Quaternary glaciations. *Current Zoology* **60**: 149–161.
- Lei, M., Wang, Q., Wu, Z.J., Lopez-Pujol, J., Li, D.Z. & Zhang, Z.Y. (2012) Molecular phylogeography of *Fagus engleriana* (Fagaceae) in subtropical China: limited admixture among multiple refugia. *Tree Genetics Genomes* **8**: 1203–1212.
- Leite, R.N. & Rogers, D.S. (2013) Revisiting Amazonian phylogeography: insights into diversification hypotheses and novel perspectives. *Organisms, Diversity & Evolution* **13**: 639–664.
- Lemes, M., Gribel, R., Proctor, J. & Grattapaglia, D. (2003) Population genetic structure of mahogany (*Swietenia macrophylla* King, Meliaceae) across the Brazilian Amazon: implications for conservation. *Molecular Ecology* **12**: 2875–2883.
- Lemme, I., Erbacher, M., Kaffenberger, N., Vences, M. & Köhler, J. (2013) Molecules and morphology suggest cryptic species diversity and an overall complex taxonomy of fish scale geckos, genus *Geckolepis*. *Organisms, Diversity and Evolution* **13**: 87–95.
- Lenk, P., Fritz, U., Joger, U. & Winks, M. (1999) Mitochondrial phylogeography of the European pond turtle, *Emys orbicularis* (Linnaeus 1758). *Molecular Ecology* **8**: 1911–1922.
- Leonard, J.A., den Tex, R.-J., Hawkins, M.T.R., Muñoz-Fuentes, V., Thorington, R. & Maldonado, J.E. (2015) Phylogeography of vertebrates on the Sunda Shelf: a multi-species comparison. *Journal of Biogeography* **42**: 871–879.
- Leprieur, F., Olden, J.D., Lek, S. & Brosse, S. (2009) Contrasting patterns and mechanisms of spatial turnover for native and exotic freshwater fish in Europe. *Journal of Biogeography* **36**: 1899–1912.
- Lerner, H.R.L., Meyer, M., James, H.F. & Fleischer, R.C. (2011) Multilocus resolution of phylogeny and timescale in the extant adaptive radiation of Hawaiian Honeycreepers. *Current Biology* **21**: 1838–1844.
- Leschen, R.A.B., Buckley, T.R., Harman, H.M. & Shulmeister, J. (2008) Determining the origin and age of the Westland beech *(Nothofagus)* gap, New Zealand, using fungus beetle genetics. *Molecular Ecology* **17**: 1256–1276.
- Lessa, E.P., Cook, J.A. & Patton, J.L. (2003) Genetic footprints of demographic expansion in North America, but not Amazonia, during the Late Quaternary. *Proceedings of the National Academy of Sciences of the United States of America* **100**: 10331–10334.
- Lessa, E.P., D'Elía, G. & Pardiñas, U.F.J. (2010) Genetic footprints of late Quaternary climate change in the diversity of Patagonian-Fueguian rodents. *Molecular Ecology* **19**: 3031–3037.
- Levsen, S.D. & Mort, M.E. (2008) Determining patterns of genetic diversity and post-glacial recolonization of western Canada in the Iowa golden saxifrage, *Chrysosplenium iowense* (Saxifragaceae), using inter-simple sequence repeats. *Biological Journal of the Linnean Society* **95**: 815–823.
- Li, S., Sun, K., Lu, G., Lin, A., Jiang, T., Jin, L., Hoyt, J.R. & Feng, J. (2015) Mitochondrial genetic differentiation and morphological difference of *Miniopterus fuliginosus* and *Miniopterus magnater* in China and Vietnam. *Ecology and Evolution* **5**:1214–1223.
- Li, Y., Stocks, M., Hemmilä, S., Källman, T., Zhu, H.T., Zhou, Y.F., Chen, J., Liu, J.Q. & Lascoux, M. (2010) Demographic histories of four spruce *(Picea)* species of the Qinghai-Tibetan Plateau and neighboring areas inferred from multiple nuclear loci. *Molecular Biology and Evolution* **27**: 1001–1014.
- Li, Z.H., Chen, J., Zhao, G.F., Guo, Y.P., Kou, Y.X., Ma, Y.Z., Wang, G. & Ma, X.F. (2012) Response of a desert shrub to past geological and climatic change: A phylogeographic study of *Reaumuria soongarica* (Tamaricaceae) in western China. *Journal of Systematics and Evolution* **50**: 351–361.
- Liao, P.-C., Havanond, S. & Huang, S. (2007) Phylogeography of *Ceriops tagal* (Rhizophoraceae) in Southeast Asia: the land barrier of the Malay Peninsula has caused

population differentiation between the Indian Ocean and South China Sea. *Conservation Genetics* **8**: 89–98.

- Liao, Y.-Y., Guo, Y.-H., Chen, J.-M. & Wang, Q.-F. (2014) Phylogeography of the widespread plant *Ailanthus altissima* (Simaroubaceae) in China indicated by three chloroplast DNA regions. *Journal of Systematics and Evolution* **52**: 175–185.
- Liebherr, J.K. (2013) The *Mecyclothorax* beetles (Coleoptera, Carabidae, Moriomorphini) of Tahiti, Society Islands. *ZooKeys* **322**: 1–170.
- Liggins, L., Chapple, D.G., Daugherty, C.H. & Ritchie, P.A. (2008) A SINE of restricted gene flow across the Alpine Fault: phylogeography of the New Zealand common skink *(Oligosoma nigriplantare polychroma)*. *Molecular Ecology* **17**: 3668–3683.
- Lihová, J., Carlsen, T., Brochmann, C. & Marhold, K. (2008) Contrasting phylogeographies inferred for the two alpine sister species *Cardamine resedifolia* and *C. alpina* (Brassicaceae). *Journal of Biogeography* **36**:104–120.
- Lim, H.C., Rahman, M.A., Lim, S.L.H., Moyle, R.G. & Sheldon, F.H. (2011) Revisiting Wallace's haunt: coalescent simulations and comparative niche modeling reveal historical mechanisms that prompted avian population divergence in the Malay Archipelago. *Evolution* **65**: 321–334.
- Lim, H.C., Sheldon, F.H. & Moyle, R.G. (2010) Extensive color polymorphism in the southeast Asian oriental dwarf kingfisher *Ceyx erithaca*: a result of gene flow during population divergence? *Journal of Avian Biology* **41**: 305–318.
- Lim, H.C., Zou, F. & Sheldon, F.H. (2015) Genetic differentiation in two widespread, open-forest bird species of Southeast Asia (*Copsychus saularis* and *Megalaima haemacephala*): Insights from ecological niche modelling. *Current Zoology* **61**: 922–934.
- Lima, A., Harris, D.J., Rocha, S., Miralles, A., Glaw, F. & Vences, M. (2013) Phylogenetic relationships of *Trachylepis*skink species from Madagascar and the Seychelles (Squamata: Scincidae). *Molecular Phylogenetics and Evolution* **67**: 615–620.
- Lin, G., Zhao, F., Chen, H., Deng, X., Su, J. & Zhang, T. (2014) Comparative phylogeography of the plateau zokor *(Eospalax baileyi)* and its host-associated flea *(Neopsylla paranoma)* in the Qinghai-Tibet Plateau. *BMC Evolutionary Biology* **14**: 180.
- Linder, H.P. (2003) The radiation of the Cape flora, southern Africa. *Biological Reviews of the Cambridge Philosophical Society* **78**: 597–638.
- Linder, H.P. (2005) Evolution of diversity: the Cape flora. *Trends in Plant Science* **10**: 536–541.
- Linkem, C.A., Hesed, K., Diesmos, A.C. & Brown, R.M. (2010) Species boundaries and cryptic lineage diversity in a Philippine forest skink complex (Reptilia; Squamata; Scincidae: Lygosominae). *Molecular Phylogenetics and Evolution* **56**: 572–585.
- Lister, A.M. (1993) Mammoths in miniature. *Nature* **362**: 288–289.
- Liston, A., Parker-Defeniks, M., Syring, J.V., Willyard, A. & Cronn, R. (2007) Interspecific phylogenetic analysis enhances intraspecific phylogeographical inference: a case study in *Pinus lambertiana*. *Molecular Ecology* **16**: 3926–3937.
- Liu, F.-U.R., Tsaur, S.-C. & Huang, H.-T. (2015) Biogeography of *Drosophila* (Diptera: Drosophilidae) in East and Southeast Asia. *Journal of Insect Science* **15**: 69.
- Liu, H.T., Wang, W.J., Song, G., Qu, Y.H., Li, S.H., Fjeldså, J. & Lei, F. (2012b) Interpreting the process behind endemism in China by integrating the phylogeography and ecological niche models of the *Stachyridopsis ruficeps*. *PLoS ONE* **7**: e46761.
- Liu, Q., Chen, P., He, K., Kilpatrick, C.W., Liu, S.Y., Yu, F.H. & Jiang, X.L. (2012a) Phylogeographic study of *Apodemus ilex* (Rodentia: Muridae) in Southwest China. *PLoS One* **7**: e31453.
- Loader, S.P., Wilkinson, M., Cotton, J.A., Measey, G.J., Menegon, M., Howell, K.M., Müller, H. & Gower, D.J. (2011) Molecular phylogenetics of *Boulengerula* (Amphibia: Gymnophiona: Caeciliidae) and implications for taxonomy, biogeography and conservation. *Herpetological Journal* **21**: 5–16.
- Loehr, J., Worley, K., Grapputo, A., Carey, J., Veitch, A. & Coltman, D.W. (2006) Evidence for cryptic glacial refugia from North American mountain sheep mitochondrial DNA. *Journal of Evolutionary Biology* **19**: 419– 430.
- Lohman, D.J., Ingram, K.K., Prawiradilaga, D.M., Winker, K., Sheldon, F.H., Noyle, R.G., Ng, P.K.L., Ong, P.S., Wang, L.K., Braile, T.M., Astuti, D. & Meier, R. (2010) Cryptic genetic diversity in «widespread» Southeast Asian bird species suggests that Philippine endemism is gravely underestimated. *Biological Conservation* **143**: 1885–1890.
- Lopez, J.V., Yuhki, N., Masuda, R., Modi, W. & O'Brien, S.J. (1994) Numt, a recent transfer and tandem amplification of mitochondrial DNA in the nuclear genome of the domestic cat. *Journal of Molecular Evolution* **39**: 174–190.
- López-López, A, Aziz, A.A. & Galián, J. (2015) Molecular phylogeny and divergence time estimation of *Cosmodela* (Coleoptera: Carabidae: Cicindelinae) tiger beetle species from Southeast Asia. *Zoologica Scripta* **44**: 437–445.
- Lorenzen, E. & Siegismund, H.R. (2004) No suggestion of hybridization between the vulnerable black-faced impala *(Aepyceros melampus petersi)* and the common impala *(A. m. melampus)* in Etosha National Park, Namibia. *Molecular Ecology* **13**: 3007–3019.
- Lorenzen, E.D., Arctander, P. & Siegismund, H.R. (2006a) Regional genetic structuring and evolutionary history of the impala *Aepyceros melampus*. *Journal of Heredity* **97**: 119–132.
- Lorenzen, E.D., Arctander, P. & Siegismund, H.R. (2007b) Three reciprocally monophyletic mtDNA lineages elucidate the taxonomic status of Grant's gazelles. *Conservation Genetics* **9**: 593–601.

- Lorenzen, E.D., Arctander, P. & Siegismund, H.R. (2008) High variation and very low differentiation in wide ranging plains zebra *(Equus quagga)*: insights from mtDNA and microsatellites. *Molecular Ecology* **17**: 2812–2824.
- Lorenzen, E.D., Heller, R. & Siegismund, H.R. (2012) Comparative phylogeography of African savannah ungulates. *Molecular Ecology* **21**: 3656–3670.
- Lorenzen, E.D., De Neergaard, R., Arctander, P. & Siegismund, H.R. (2007a) Phylogeography, hybridization and Pleistocene refugia of the kob antelope *(Kobus kob)*. *Molecular Ecology* **16**: 3241–3252.
- Lorenzen, E.D., Masembe, C., Arctander, P. & Siegismund, H.R. (2010) A long-standing Pleistocene refugium in southern Africa and a mosaic of refugia in East Africa: insights from mtDNA and the common eland antelope. *Journal of Biogeography* **37**: 571–581.
- Lorenzen, E.D., Simonsen, B.T., Kat, P.W., Arctander, P. & Siegismund, H.R. (2006b) Hybridization between subspecies of waterbuck *(Kobus ellipsiprymnus)* in zones of overlap with limited introgression. *Molecular Ecology* **15**: 3787–3799.
- Lourie, S.A. & Vincent, A.C.J. (2004) A marine fish follows Wallace's Line: the phylogeography of the three-spot seahorse (*Hippocampus trimaculatus*, Syngnathidae, Teleostei) in Southeast Asia. *Journal of Biogeography* **31**: 1975–1985.
- Lourie, S.A., Green, D.M. & Vincent, A.C.J. (2005) Dispersal, habitat differences, and comparative phylogeography of Southeast Asian seahorses (Syngnathidae: *Hippocampus*). *Molecular Ecology* **14**: 1073–1094.
- Louy, D., Habel, J.C., Abadjev, S., Rákosy, L., Varga, Z., Rödder, D. & Schmitt T. (2014a) Molecules and models indicate diverging evolutionary effects from parallel altitudinal range shift in two mountain Ringlet butterflies. *Biological Journal of the Linnean Society* **112**: 569–583.
- Louy, D., Habel, J.C., Abadjiev, S. & Schmitt, T. (2013) Genetic legacy from past panmixia: High genetic variability and low differentiation in disjunct populations of the Eastern Large Heath butterfly. *Biological Journal of the Linnean Society* **110**: 281–290.
- Louy, D., Habel, J.C., Ulrich, W. & Schmitt, T. (2014b) Out of the Alps: The biogeography of a disjunctly distributed mountain butterfly, the Almond eyed ringlet *Erebia alberganus* (Lepidoptera, Satyrinae). *Journal of Heredity* **105**: 28–38.
- Lovejoy, N.R., Bermingham, E. & Martin, A.P. (1998) Marine incursions into South America. *Nature* **396**: 421–422.
- Lovett, J.C. (1985) Moist forests of Tanzania. *Swara* **8**: 8–9.
- Lovett, J.C. (1990) Classification and status of the moist forests of Tanzania. *Mitteilungen aus dem Institut für Allgemeine Botanik Hamburg* **23a**: 287–300.
- Lovett, J.C. & Wasser, S.K. (1993) *Biogeography and ecology of the rain forests of eastern Africa*. Cambridge University Press, Cambridge.
- Lovett, J.C., Marchant, R., Taplin, J. & Küper, W. (2005) The oldest rainforests in Africa: stability or resilience for survival and diversity? In: Purvis, A., Gittleman, J.L. & Brooks, T.M. (Hrsg.) *Phylogeny and Conservation*. Cambridge University Press, Cambridge: 198–229.
- Lucherini, M. (1996) Group size, spatial segregation and activity of wild sympatric vicuñas *Vicugna vicugna* and guanacos *Lama guanicoë*. *Small Ruminant Research* **20**: 193–198.
- Lucherini, M. & Birocho, D.E. (1997) Lack of aggression and avoidance between vicuña and guanaco herds grazing in the same Andean habitat. *Studies of Neotropical Fauna and Environment* **32**: 72–75.
- Lucid, M.K. & Cook, J.A. (2004) Phylogeography of Keen's mouse *(Peromyscus keeni)* in a naturally fragmented landscape. *Journal of Mammalogy* **85**: 1149–1159.
- Lukoschek, V., Osterhage, J.L., Karns, D.R., Murphy, J.C. & Voris, H.K. (2011) Phylogeography of the Mekong mud snake (*Enhydris subtaeniata*): the biogeographic importance of dynamic river drainages and fluctuating sea levels for semiaquatic taxa in Indochina. *Ecology and Evolution* **1**: 330–342.
- Luna-Vega, I., Morrone, J.J., Alcántara Ayala, O. & Espinosa Organista, D. (2001) Biogeographical affinities among Neotropical cloud forests. *Plant Systematics and Evolution* **228**: 229–239.
- Luo, S.J., Kim, J.H., Johnson, W.E., van der Walt, J., Martenson, J., Yuhki, N., Miquelle, D.G., Uphyrkina, O., Goodrich, J.M., Quigley, H.B., Tilson, R., Brady, G., Martelli, P., Subramaniam, V., McDougal, C., Hean, S., Huang, S.-Q., Pan, W., Karanth, U.K., Sunquist, M., Smith, J.L.D. & O'Brien, S.J. (2004) Phylogeography and genetic ancestry of tigers *(Panthera tigris)*. *PLoS Biology* **2**: e2442.
- Luo, S.-J., Zhang, Y., Johnson, W.E., Miao, L., Martelli, P., Antunes, A., Smith, J.L.D. & O'Brien, S.J. (2014) Sympatric Asian felid phylogeography reveals a major Indochinese–Sundaic divergence. *Molecular Ecology* **23**: 2072–2092.
- MacArthur, R.H. & Wilson, E.O. (1967) *The theory of island biogeography*. Princeton University Press, Princeton.
- MacDonald, S.O. & Jones, C. (1987) *Ochotona collaris*. *Mammalian Species* **281**: 1–4.
- Machado, A. (1998) *Biodiversidad. Un paseo por el concepto y las islas Canarias*. Cabildo Insular de Tenerife, Santa Cruz de Tenerife.
- Machado, A., Rodríguez-Expósito, E., López, M. & Hernández, M. (2017) Phylogenetic analysis of the genus *Laparocerus*, with comments on colonisation and diversification in Macaronesia (Coleoptera, Curculionidae, Entiminae). *ZooKeys* **651**: 1–77.
- Machado, T., Silva, V.X. & de Silva, M.J. (2014) Phylogenetic relationships within *Bothrops neuwiedi* group (Serpentes, Squamata): Geographically highly-structured lineages, evidence of introgressive hybridization and Neogene/Quaternary diversification. *Molecular Phylogenetics and Evolution* **71**: 1–14.

- Macías-Hernández, N., Bidegaray-Batista, L., Emerson, B.C., Oromí, P. & Arnedo, M. (2013) The imprint of geologic history on within-island diversification of woodlouse-hunter spiders (Araneae, Dysderidae) in the Canary Islands. *Journal of Heredity* **104**: 341–356.
- Mack, R.N., Rutter, N.W. & Valastro, S. (1978) Late Quaternary pollen record from Sanpoil River Valley, Washington. *Canadian Journal of Botany* **56**: 1642–1650.
- MacKinnon, J. & Phillips, K. (1993) *A field guide to the birds of Borneo, Sumatra, Java and Bali.* Oxford University Press, Oxford.
- Macphail, M.K. (1997) Comment on M. Pole (1994): The New Zealand flora- entirely long-distance dispersal? *Journal of Biogeography* **24**: 113–117.
- Magri, D. (2008) Patterns of post-glacial spread and the extent of glacial refugia of European beech (*Fagus sylvatica*). *Journal of Biogeography* **35**: 450–463.
- Magri, D., Vendramin, G.G., Comps, B., Dupanloup, I., Geburek, T., Gomory, D., Latalowa, M., Litt, T., Paule, L., Roure, J.M., Tantau, I., van der Knaap, W.O., Petit, R.J. & de Beaulieu, J.L. (2006) A new scenario for the Quaternary history of European beech populations: palaeobotanical evidence and genetic consequences. *New Phytologist* **171**: 199–221.
- Mahoney, M.J. (2004) Molecular systematics and phylogeography of the *Plethodon elongatus* species group: combining phylogenetic and population genetic methods to investigate species history. *Molecular Ecology* **13**: 149–166.
- Mairal, M., Sanmartín, I., Aldasoro, J.J., Culshaw, V. & Manolopoulou, I. (2015) Palaeo-islands as refugia and sources of genetic diversity within volcanic archipelagos: the case of the widespread endemic *Canarina canariensis* (Campanulaceae). *Molecular Ecology* **24**: 3944–3963.
- Maldonado, J.E., Vila, C. & Wayne, R.K. (2001) Tripartite genetic subdivisions in the ornate shrew *(Sorex ornatus). Molecular Ecology* **10**: 127–147.
- Maldonado-Coelho, M., Blake, J.G., Silveira, L.F., Batalha-Filho, H. & Ricklefs, R.E. (2013) Rivers, refuges and population divergence of fire-eye antbirds *(Pyriglena)* in the Amazon Basin. *Journal of Evolutionary Biology* **26**: 1090–1107.
- Maldonado-Koerdell, M. (1964) Geohistory and paleogeography of Middle America. In: West, R.C. (Hrsg.) *Handbook of Middle American Indians, Band 1.* University of Texas Press, Austin: 3–32.
- Maley, J. (1987) Fragmentation de la foret dense humide africaine et extension des biotopes montagnardes au Quaternaire recent: nouvelles donnees polliniques et chronologiques. Implications paleoclimatiques et biogeographiques. In: Coetzee, J.A. (Hrsg.) *Palaeoecology of Africa and the surrounding islands, Band 18.* A.A. Balkema, Rotterdam: 307–334.
- Maley, J. (1996) The African rainforest: main characteristics of changes in vegetation and climate from the Upper-Cretaceous to the Quaternary. *Proceedings of the Royal Society of Edinburgh B* **104**: 31–73.
- Maley, J. (2001) The impact of arid phases on the African rain forest through geological history. In: Weber, W., White, L.J.T., Vedder, A. & Naughton-Treves, L. (Hrsg.) *African rain forest ecology and conservation.* Yale University Press, New Haven und London: 68–87.
- Malicky, H. (1983) Chorological patterns and biome types of European Trichoptera and other freshwater insects. *Archiv für Hydrobiologie* **96**: 223–244.
- Malicky, H., Ant, H., Aspöck, H., de Jong, R., Thaler, K. & Varga, Z. (1983) Argumente zur Existenz und Chorologie mitteleuropäischer (extramediterran-europäischer) Faunen-Elemente. *Entomologia Generalis* **9**: 101–119.
- Manamendra-Arachchi, K. & Pethiyagoda, R. (2005) The Sri Lankan shrub-frogs of the genus *Philautus* Gistel, 1848 (Ranidae: Rhacophorinae), with description of 27 new species. *Raffles Bulletin of Zoology Supplement* **12**: 163–303.
- Manamendra-Arachchi, K., Batuwita, S. & Pethiyagoda, R. (2007) A taxonomic revision of the Sri Lankan day-geckos (Reptilia: Gekkonidae: *Cnemaspis*), with description of new species from Sri Lanka and southern India. *Zeylanica* **7**: 9–122.
- Marchelli, P. & Gallo, L. (2006) Multiple ice-age refugia in a southern beech of South America as evidenced by chloroplast DNA markers. *Conservation Genetics* **7**: 591–603.
- Mardulyn, P., Mikhailov, Y.E. & Pasteels, J.M. (2009) Testing phylogeographic hypotheses in a Euro-Siberian cold-adapted leaf beetle with coalescent simulations. *Evolution* **63**: 2717–2729.
- Margraf, N., Verdon, A., Rahier, M. & Naisbit, R.E. (2007) Glacial survival and local adaptation in an alpine leaf beetle. *Molecular Ecology* **16**: 2333–2343.
- Marín, J.C., González, B.A., Poulin, E., Casey, C.S. & Johnson, W.E. (2013) The influence of the arid Andean high plateau on the phylogeography and population genetics of guanaco (*Lama guanicoe*) in South America. *Molecular Ecology* **22**: 463–482.
- Marín, J.C., Spotorno, A.E. González, B.A., Bonacic, C., Wheeler, J.C., Casey, C.S., Bruford, M.W., Palma, R.E. & Poulin, E. (2008) Mitochondrial DNA variation and systematics of the guanaco (*Lama guanicoe* Artiodactyla: Camelidae). *Journal of Mammalogy* **89**: 269–281.
- Marks, B.D. (2010) Are lowland rainforests really evolutionary museums? Phylogeography of the green hylia (*Hylia prasina*) in the Afrotropics. *Molecular Phylogenetics and Evolution* **55**: 178–184.
- Marmi, J., López-Giráldez, F., Macdonald, D.W., Calafell, F., Zholnerovskaya, E. & Domingo-Roura, X. (2006) Mitochondrial DNA reveals a strong phylogeographic structure in the badger across Eurasia. *Molecular Ecology* **15**: 1007–1020.
- Marr, K.L., Allen, G.A. & Hebda, R.J. (2008) Refugia in the Cordil-

leran ice sheet of western North America: chloroplast DNA diversity in the Arctic-alpine plant *Oxyria digyna*. *Journal of Biogeography* **35**: 1323–1334.

- Marr, K.L., Allen, G.A., Hebda, R.J. & McCormick, L.J. (2013) Phylogeographical patterns in the widespread arctic-alpine plant *Bistorta vivipara* (Polygonaceae) with emphasis on western North America. *Journal of Biogeography* **40**: 847–856.
- Marsden, C.D., Woodroffe, R., Mills, M.G.L., McNutt, J.W., Creel, S., Groom, R., Emmanuel, M., Cleaveland, S., Kat, P., Rasmussen, G.S.A., Ginsberg, J., Lines, R., André, J.-M., Begg, C., Wayne, R.K. & Mable, B.K. (2012) Spatial and temporal patterns of neutral and adaptive genetic variation in the endangered African wild dog *(Lycaon pictus)*. *Molecular Ecology* **21**: 1379–1393.
- Marshall, L.G., Webb, S.D., Sepkoski Jr., J.J. & Raup, D.M. (1982) Mammalian evolution and the great American interchange. *Science* **215**: 419–425.
- Martens, J., Sun, Y.H. & Päckert, M. (2008) Intraspecific differentiation of Sino-Himalayan bush-dwelling *Phylloscopus* leaf warblers, with description of two new taxa *(P. fuscatus, P. fuligiventer, P. affinis, P. armandii, P. subaffinis)*. *Vertebrate Zoology* **85**: 233–265.
- Martin, J.-F., Gilles, A., Lörtscher, M. & Descimon, H. (2002) Phylogenetics and differentiation among the western taxa of the *Erebia tyndarus* group (Lepidoptera: Nymphalidae). *Biological Journal of the Linnean Society* **75**: 319–332.
- Martin, R.D. (1972) Adaptive radiation and behaviour of the Malagasy lemurs. *Philosophical Transactions of the Royal Society of London B* **264**: 295–352.
- Martínez Freiría, F. (2009) Biogeografía y ecología de las víboras ibéricas (*Vipera aspis, V. latastei* y *V. seoanei*) en una zona de contacto en el norte peninsular. Dissertation, University of Salamanca.
- Martínez-Solano, I. (2004) Phylogeography of Iberian *Discoglossus* (Anura: Discoglossidae). *Journal of Zoological Systematics and Evolutionary Research* **42**: 223–233.
- Martínez-Solano, I., Teixeira, J., Buckley, D. & García-París, M. (2006) Mitochondrial DNA phylogeography of *Lissotriton boscai* (Caudata, Salamandridae): evidence for old, multiple refugia in an Iberian endemic. *Molecular Ecology* **15**: 3375–3388.
- Martins, F.M. (2011) Historical biogeography of the Brazilian Atlantic forest and the Carnaval–Moritz model of Pleistocene refugia: what do phylogeographical studies tell us? *Biological Journal of the Linnean Society* **104**: 499–509.
- Martins, F.M., Templeton, A.R., Pavan, A.C.O, Kohlbach, B.C. & Morgante, J.S. (2009) Phylogeography of the common vampire bat *(Desmodus rotundus):* Marked population structure, Neotropical Pleistocene vicariance and incongruence between nuclear and mtDNA markers. *BMC Evolutionary Biology* **9**: 294.
- Masello, J.F., Quillfeldt, P., Munimanda, G.K., Klauke, N., Segelbacher, G., Schaefer, H.M., Failla, M., Cortés, M. & Moodley, Y. (2011) The high Andes, gene flow and a stable hybrid zone shape the genetic structure of a wide-ranging South American parrot. *Frontiers in Zoology* **8**: 16.
- Masembe, C., Muwanika, V.B., Nyakaana, S., Arctander, P. & Siegismund, H.R. (2006) Three genetically divergent lineages of the Oryx in eastern Africa: evidence for an ancient introgressive hybridization. *Conservation Genetics* **7**: 551–562.
- Mashkaryan, V., Vamberger, M., Arakelyan, M., Hezaveh, N., Carretero, M.A., Corti, C., Harris, D.J., Fritz, U. (2013) Gene flow among deeply divergent mtDNA lineages of *Testudo graeca* (Linnaeus, 1758) in Transcaucasia. *Amphibia-Reptilia* **34**: 337–351.
- Maslin, M. (2007) Tectonics, orbital forcing, global climate change, and human evolution in Africa: introduction to the African paleoclimate special volume. *Journal of Human Evolution* **53**: 2484–2498.
- Maslin, M., Pancost, R.D., Wilson, K.E., Lewis, J. & Trauth, M.H. (2012) Three and half million year history of moisture availability of South West Africa: evidence from ODP Site 1085 biomarker records. *Palaeogeography* **317–318**: 41–47.
- Mateos, M. (2005) Comparative phylogeography of livebearing fishes in the genera *Poeciliopsis* and *Poecilia* (Poeciliidae: Cyprinodontiformes) in central Mexico. *Journal of Biogeography* **32**: 775–780.
- Mathee, C.A. & Robinson, T.J. (1999) Mitochondrial DNA population structure of roan and sable antelope: implications for the translocation and conservation of the species. *Molecular Ecology* **8**: 227–238.
- Mathiasen, P. & Premoli, A.C. (2010) Out in the cold: genetic variation of *Nothofagus pumilio* (Nothofagaceae) provides evidence for latitudinally distinct evolutionary histories in austral South America. *Molecular Ecology* **19**: 371–385.
- Matocq, M.D. (2002) Phylogeographical structure and regional history of the dusky-footed woodrat, *Neotoma fuscipes*. *Molecular Ecology* **11**: 229–242.
- Matsui, M., Tominaga, A., Liu, W., Khonsue, W., Grismer, L.L., Diesmos, A.C., Das, I., Sudin, A., Yambun, P., Yong, H., Sukumaran, J. & Brown, R.M. (2010) Phylogenetic relationships of *Ansonia* from Southeast Asia inferred from mitochondrial DNA sequences: systematic and biogeographic implications (Anura: Bufonidae). *Molecular Phylogenetics and Evolution* **54**: 561–570.
- Matthee, C.A., Tilbury, C.R. & Townsend, T. (2004) A phylogenetic review of the African leaf chameleons: genus *Rhampholeon* (Chamaeleonidae): the role of vicariance and climate change in speciation. *Proceedings of the Royal Society of London B* **271**: 1967–1975.
- Mayaux, P., Bartholomé, E., Fritz, S. & Belward, A. (2004) A new land-cover map of Africa for the

year 2000. *Journal of Biogeography* **31**: 861–877.

- McCall, R.A. (1997) Implications of recent geological investigations of the Mozambique Channel for the mammalian colonization of Madagascar. *Proceedings of the Royal Society of London B* **264**: 663–665.
- McGlone, M.S. (1985) Plant biogeography and the late Cenozoic history of New Zealand. *New Zealand Journal of Botany* **23**: 723–749.
- Mcgovern, T.M. & Hellberg, M.E. (2003) Cryptic species, cryptic endosymbionts, and geographic variation in chemical defences in the bryozoan *Bugula neritina*. *Molecular Ecology* **12**: 1207–1126.
- McGuigan, K., Zhu, D., Allen, G.R. & Moritz, C. (2000) Phylogenetic relationships and historical biogeography of melanotaeniid fishes in Australia and New Guinea. *Marine and Freshwater Research* **51**:713–723.
- McGuire, J.A., Linkem, C.W., Koo, M.S., Hutchison, D.W.,Lappin, A.K., Orange, D.I., Lemos-Espinal, J., Riddle, B.R. & Jaeger, J.R. (2007) Mitochondrial introgression and incomplete lineage sorting through space and time: phylogenetics of crotaphytid lizards. *Evolution* **61**: 2879–2897.
- McKinnon, G.E., Jordan, G.J., Vaillancourt, R.E., Steane, D.A. & Potts, B.M. (2004) Glacial refugia and reticulate evolution: the case of the Tasmanian eucalypts. *Philosophical Transactions of the Royal Society London B* **359**: 275–284.
- McKinnon, G.E., Vaillancourt, R.E., Jackson, H.D. & Potts, B.M. (2001) Chloroplast sharing in the Tasmanian Eucalypts. *Evolution* **55**: 703–711.
- McLachlan, J.S., Clark, J.S. & Manos, P.S. (2005) Molecular indicators of tree migration capacity under rapid climate change. *Ecology* **86**: 2088–2098.
- Meegaskumbura, M., Bossuyt, F., Pethiyagoda, K., Manamendra-Arachchi, K., Bahir, M., Milinkovitch, M.C. & Schneider, C.J. (2002) Sri Lanka: an amphibian hotspot. *Science* **298**: 379.
- Mehringer, P.J., Arno, S.F. & Petersen, K.L. (1977) Postglacial history of lost-trail-pass-bog, Bitterroot Mountains, Montana. *Arctic and Alpine Research* **9**: 345–368.
- Meijaard, E. (2003) Mammals of south-east Asian islands and their Late Pleistocene environments. *Journal of Biogeography* **30**: 1245–1257.
- Mendelson, T.C. & Shaw, K.L. (2005) Sexual behaviour: Rapid speciation in an arthropod. *Nature* **433**: 375–376.
- Meng, H.H. & Zhang, M.L. (2011) Phylogeography of *Lagochilus ilicifolius* (Lamiaceae) in relation to Quaternary climatic oscillation and aridification in northern China. *Biochemical Systematics and Ecology* **39**: 787–796.
- Meng, H.H. & Zhang, M.L. (2013) Diversification of plant species in arid Northwest China: Species-level phylogeographical history of *Lagochilus* Bunge ex Bentham (Lamiaceae). *Molecular Phylogenetics and Evolution* **68**: 398–409.
- Meng, H.-H., Gao, X.-Y., Huang, J.-F. & Zhang, M.-L. (2015) Plant phylogeography in arid Northwest China: Retrospectives and perspectives. *Journal of Systematics and Evolution* **53**: 33–46.
- Mesquita, N., Hänfling, B., Carvalho, R. & Coelho, M.M. (2005) Phylogeography of the cyprinid *Squalius aradensis* and implications for conservation of the endemic freshwater fauna of southern Portugal. *Molecular Ecology* **14**: 1939–1954.
- Meusel, H., Jäger, E.J., Weinert, E. & Rauschert, S. (1992) *Vergleichende Chorologie der zentraleuropäischen Flora*. Band 3. Gustav Fischer Verlag, Jena.
- Michl, T., Huck, S., Schmitt, T., Liebrich, A., Haase, P. & Büdel, B. (2010) The molecular population structure of the tall-forb *Cicerbita alpina* (Asteraceae) supports the idea of cryptic glacial refugia in central Europe. *Botanical Journal of the Linnean Society* **164**: 142–154.
- Milá, B., Wayne, R.K., Fitze, P. & Smith, T.B. (2009) Divergence with gene flow and fine-scale phylogeographical structure in the wedge-billed woodcreeper, *Glyphorynchus spirurus*, a Neotropical rainforest bird. *Molecular Ecology* **18**: 2979–2995.
- Miller, A. & Schaal, B. (2005) Domestication of a Mesoamerican cultivated fruit tree, *Spondias purpurea*. *Proceedings of the National Academy of Sciences of the United States of America* **102**: 12801–12806.
- Miller, J.M., Hallager, S., Monfort, S.L., Newby, J., Bishop, K., Tidmus, S.A., Black, P., Houston, B., Matthee, C.A. & Fleischer, R.C. (2010) Phylogeographic analysis of nuclear and mtDNA supports subspecies designations in the ostrich (*Struthio camelus*). *Conservation Genetics* **12**: 423–431.
- Miller, M.P., Haig, S.M. & Wagner, R.S. (2005) Conflicting patterns of genetic structure produced by nuclear and mitochondrial markers in the Oregon slender salamander (*Batrachoseps wrighti*): implications for conservation efforts and species management. *Conservation Genetics* **6**: 275–287.
- Miller, M.P., Haig, S.M. & Wagner, R.S. (2006) Phylogeography and spatial genetic structure of the Southern torrent salamander: implications for conservation and management. *Journal of Heredity* **97**: 561–570.
- Mirabello, L. & Conn, J.E. (2008) Population analysis using the nuclear *white* gene detects Pliocene/Pleistocene lineage divergence within *Anopheles nuneztovari* in South America. *Medical and Veterinary Entomology* **22**: 109–119.
- Montgomery, S.L. (1983) Carnivorous caterpillars: the behavior, biogeography and conservation of *Eupithecia* (Lepidoptera: Geometridae) in the Hawaiian Islands. *GeoJournal* **7**: 549–556.
- Moodley, Y. & Harley, E.H. (2005) Population structuring in mountain zebra (*Equus zebra*): the molecular consequences of divergent demographic histories. *Conservation Genetics* **6**: 953–968.
- Moore, A.J., Merges, D. & Kadereit, J.W. (2013) The origin of the serpentine endemic *Minuartia*

laricifolia subsp. *ophiolitica* by vicariance and competitive exclusion. *Molecular Ecology* **22**: 2218–2231.

- Morando, M., Avila, L.J., Turner, C.R. & Sites, J.W. Jr. (2007) Molecular evidence for a species complex in the Patagonian lizard *Liolaemus bibronii* and phylogeography of the closely related *Liolaemus gracilis* (Squamata: Liolaemini). *Molecular Phylogenetics and Evolution* **43**: 952–973.
- Morando, M., Avila, L.J., Turner, C. & Sites, J.W. (2008) Phylogeography between valleys and mountains: the history of populations of *Liolaemus koslowskyi* (Squamata, Liolaemini). *Zoologica Scripta* **37**: 603–618.
- Morán-Zenteno, D.J., Martiny, B., Tolson, G., Solís-Pichardo, G., Alba-Aldave, L., Hernández-Bernal, M.D.S., Macías-Romo, C., Martínez-Serrano, R.E., Schaaf, P. & Silva Romo, G. (2000) Geocronología y características geoquímicas de las rocas magmáticas terciarias de la Sierra Madre del Sur. *Boletín de la Sociedad Geológica Mexicana* **53**: 27–58.
- Morgan-Richards, M., Trewick, S.A. & Wallis, G.P. (2001) Chromosome races with Pliocene origins: evidence from mtDNA. *Heredity* **86**: 303–312.
- Moritz, C., Schneider, C.J. & Wake, D.B. (1992) Evolutionary relationships within the *Ensatina eschscholtzii* complex confirm the ring species interpretation. *Systematic Biology* **41**: 273–291.
- Moritz, C. (1994a) Defining ‹Evolutionary Significant Units› for conservation. *Trend in Ecology and Evolution* **9**: 373–375.
- Moritz, C. (1994b) Applications of mitochondrial DNA analysis in conservation: a critical review. *Molecular Ecology* **3**: 403–413.
- Moritz, C., Patton, J.L., Schneider, C.J. & Smith, T.B. (2000) Diversification of rainforest faunas: an integrated molecular approach. *Annual Review of Ecology and Systematics* **31**: 533–563.
- Morley, R.J. (2000) *Origin and evolution of rainforests.* Wiley, Chichester.
- Mosca Torres, M.E. & Puig, S. (2010) Seasonal diet of vicuñas in the Los Andes protected area (Salta, Argentina): are they optimal foragers? *Journal of Arid Environments* **74**: 450–457.
- Moya, Ó, Contreras-Díaz, H.G., Oromí, P. & Juan, C. (2004) Genetic structure, phylogeography and demography of two ground-beetle species endemic to the Tenerife laurel forest (Canary Islands). *Molecular Ecology* **13**: 3153–3167.
- Moya, Ó, Contreras-Díaz, H.G., Oromí, P. & Juan, C. (2006) Using statistical phylogeography to infer population history: Case studies on *Pimelia* darkling beetles from the Canary Islands. *Journal of Arid Environments* **66**: 477–497.
- Moyle, R.G., Schilthuizen, M., Rahman, M.A. & Sheldon, F.H. (2005) Molecular phylogenetic analysis of the whitecrowned forktail *Enicurus leschenaulti* in Borneo. *Journal of Avian Biology* **36**: 96–101.
- Mráz, P., Gaudeul, M., Rioux, D., Gielly, L., Choler, P. & Taberlet, P. (2007) Genetic structure of *Hypochaeris uniflora (Asteraceae)* suggests vicariance in the Carpathians and rapid post-glacial colonization of the Alps from an eastern Alpine refugium. *Journal of Biogeography* **34**: 2100–2114.
- Muellner, A.N., Tremetsberger, K., Stuessy, T. & Baeza, C.M. (2005) Pleistocene refugia and recolonization routes in the southern Andes: insights from *Hypochaeris palustris* (Asteraceae, Lactuceae). *Molecular Ecology* **14**: 203–212.
- Müller, H., Measey, G.J., Loader, S.P. & Malonza, P.K. (2005) A new species of *Boulengerula* Tornier (Amphibia: Gymnophiona: Caeciliidae) from an isolated mountain block of the Taita Hills, Kenya. *Zootaxa* **1004**: 37–50.
- Müller, P. (1970) Vertebratenfaunen brasilianischer Inseln als Indikatoren für glaziale und postglaziale Vegetationsfluktuationen. *Verhandlungen der Deutschen Zoologischen Gesellschaft, Würzburg*: 97–107.
- Müller, P. (1980) *Biogeographie.* UTB, Verlag Eugen Ulmer, Stuttgart.
- Müller, P. (1981) *Arealsysteme und Biogeographie.* Verlag Eugen Ulmer, Stuttgart.
- Mulcahy, D.G. (2008) Phylogeography and species boundaries of the western North American Nightsnake (*Hypsiglena torquata*): revisiting the subspecies concept. *Molecular Phylogenetics and Evolution* **46**: 1095–1115.
- Mulcahy, D., Spaulding, A., Mendelson, J. & Brodie, E. (2006) Phylogeography of the flat-tailed horned lizard (*Phrynosoma mcallii*) and systematics of the *P. mcallii–platyrhinos* mtDNA complex. *Molecular Ecology* **15**: 1807–1826.
- Mumbi, C.T., Marchant, R., Hooghiemstra, H. & Wooller, M.J. (2008) Late Quaternary vegetation reconstruction from the Eastern Arc Mountains, Tanzania. *Quaternary Research* **69**: 326–341.
- Murphy, F. & Murphy, J. (2000) *An introduction to the spiders of Southeast Asia.* Malaysian Nature Society, Kuala Lumpur, Malaysia.
- Muschick, M., Indermaur, A. & Salzburger, W. (2012) Convergent evolution within an adaptive radiation of cichlid fishes. *Current Biology* **22**: 2362–2368.
- Muster, C. & Berendonk, T.U. (2006) Divergence and diversity: lessons from an arctic-alpine distribution (*Pardosa saltuaria* group, Lycosidae). *Molecular Ecolology* **15**: 2921–2933.
- Muwanika, V.B., Nyakaana, S., Siegismund, H.R. & Arctander, P. (2003) Phylogeography and population structure of the common warthog *(Phacochoerus africanus)* inferred from variation in mitochondrial DNA sequences and microsatellite loci. *Heredity* **91**: 361–372.
- Myers, N., Mittermeier, R.A., Mittermeier, C.G., da Fonseca, G.A.B. & Kent, J. (2000) Biodiversity hotspots for conservation priorities. *Nature* **403**: 853–858.
- Mylecraine, K.A., Kuser, J.E., Smouse, P.E. & Zimmermann, G.L. (2004) Geographic allozyme

variation in Atlantic white-cedar, *Chamaecyparis thyoides* (Cupressaceae). *Canadian Journal of Forest Research* **34**: 2443–2454.

- Nadachowska, K. & Babik, W. (2009) Divergence in the face of gene flow: the case of two newts (Amphibia: Salamandridae). *Molecular Biology and Evolution* **26**: 829–841.
- Nadachowski, A. (1982) *Late Quaternary rodents of Poland with special reference to morphotype dentation analysis of voles.* Panstwowe Wydawnictwo Naukowe, Warszawa.
- Nazari, V., Hagen, W.T. & Bozano, G.C. (2009) Molecular systematics and phylogeny of the Marbled Whites (Lepidoptera: Nymphidae, Satyrinae, *Melanargia* Meigen). *Systematic Entomology* **35**: 132–147.
- Near, T.J., Page, L.M. & Mayden, R.L. (2001) Intraspecific phylogeography of *Percina evides* (Percidae: Etheostomatinae): an additional test of the Central Highlands pre-Pleistocene vicariance hypothesis. *Molecular Ecology* **10**: 2235–2240.
- Nei, M. (1972) Genetic distances between populations. *American Naturalist* **106**: 283–291.
- Nepokroeff, M., Sytsma, K.J., Wagner, W.L. & Zimmer, E.A. (2003) Reconstructing ancestral patterns of colonization and dispersal in the Hawaiian understory tree genus *Psychotria* (Rubiaceae): A comparison of parsimony and likelihood approaches. *Systematic Biology* **52**: 820–838.
- Nersting, L.G. & Arctander, P. (2001) Phylogeography and conservation of impala and greater kudu. *Molecular Ecology* **10**: 711–719.
- Nesbø, C.L., Fossheim, T., Vøllestad, L.A. & Jakobson, K.S. (1999) Genetic divergence and phylogeographic relationships among European perch *(Perca fluviatilis)* populations reflect glacial refugia and postglacial colonization. *Molecular Ecology* **8**: 1387–1404.
- Nesi, N., Kadjo, B., Pourrut, X., Leroy, E.M., Pongombo Shongo, C., Cruaud, C. & Hassanin, A. (2013) Molecular systematics and phylogeography of the tribe Myonycterini (Mammalia, Pteropodidae) inferred from mitochondrial and nuclear markers. *Molecular Phylogenetics and Evolution* **66**: 126–137.
- Neumann, K., Michaux, J.R., Maak, S., Jansman, H.A.H., Kayser, A., Mundt, G. & Gattermann, R. (2005) Genetic spatial structure of European common hamsters *(Cricetus cricetus)* — a result of repeated range expansion and demographic bottlenecks. *Molecular Ecology* **14**: 1473–1483.
- Nève, G. (1996) *Dispersion chez une espèce à habitat fragmenté: Proclossiana eunomia (Lepidoptera, Nymphalidae).* Dissertation Université catholique de Louvain, Louvain-la-Neuve.
- Newnham, R.M., Lowe, D.J. & Williams, P.W. (1999) Quaternary environmental change in New Zealand: a review. *Progress in Physical Geography* **23**: 567–610.
- Nicholls, J. A. & Austin, J. J. (2005) Phylogeography of an east Australian wet-forest bird, the satin bowerbird (*Ptilonorhynchus violaceus*), derived from mtDNA, and its relationship to morphology. *Molecular Ecology* **14**: 1485–1496.
- Nicolas, V., Missoup, A.D., Denys, C., Kerbis Peterhans, J., Katuala, P., Couloux, A. & Colyn M. (2011) The roles of rivers and Pleistocene refugia in shaping genetic diversity in *Praomys misonnei* in tropical Africa. *Journal of Biogeography* **38**: 191–207.
- Nicolas, V., Quérouil, S., Verheyen, E., Verheyen, W., Mboumba, J.F., Dillen, M. & Colyn, M. (2006) Mitochondrial phylogeny of African wood mice, genus *Hylomyscus* (Rodentia, Muridae): Implications for their taxonomy and biogeography. *Molecular Phylogenetics and Evolution* **38**: 779–793.
- Nicolle, D. (2008) Systematic studies of the southern Australian mallees (*Eucalyptus* series Subulatae – Myrtaceae). Dissertation, Finders University of South Australia.
- Nielson, M., Lohman, K. & Sullivan, J. (2001) Phylogeography of the tailed frog (*Ascaphus truei*): implications for the biogeography of the Pacific Northwest. *Evolution* **55**: 147–160.
- Nielson, M., Lohman, K., Daugherty, C.H., Allendorf, F.W., Knudsen, K.L., Sullivan, J., Ellis, D.J., Firth, B.T. & Belan, I. (2006) Allozyme and mitochondrial DNA variation in the tailed frog (Anura: *Ascaphus*): the influence of geography and gene flow. *Herpetologica* **62**: 235–258.
- Nilsson, M.A., Churakov, G., Sommer, M., Tran, N.V., Zemann, A., Brosius, J.R., Schmitz, J. R., Nilsson, M.A., Churakov, G., Sommer, M., Tran, N.V., Zemann, A., Brosius, J.R. & Schmitz, J.R. (2010) Tracking marsupial evolution using archaic genomic retroposon insertions. *PLoS Biology* **8**: e1000436.
- Nix, H.A. (1991) Biogeography: patterns and process. In: Nix, H.A. & Switzer, M. (Hrsg.) *Rainforest animals: Atlas of vertebrates endemic to Australia's wet tropics.* Commonwealth Austalia, Canberra: 11–39.
- Noda, R., Kim, C.G., Takenaka, O., Ferrell, R.E., Tanoue, T., Hayasaka, I., Ueda, S., Ishida, T. & Saitou, N. (2001) Mitochondrial 16S rRNA sequence diversity of hominoids. *Journal of Heredity* **92**: 490–496.
- Normand, S., Ricklefs, R.E., Skov, F., Bladt, J., Tackenberg, O. & Svenning, J.C. (2011) Postglacial migration supplements climate in determining plant species ranges in Europe. *Proceedings of the Royal Society of London B* **278**: 3644–3653.
- Novaes, R.M., Lemos-Filho, J.P., Ribeiro, R.A. & Lovato, M.B. (2010) Phylogeography of *Plathymenia reticulata* (Leguminosae) reveals patterns of recent range expansion towards northeastern Brazil and southern Cerrados in Eastern Tropical South America. *Molecular Ecology* **19**: 985–998.
- Novaes, R.M.L., Ribeiro, R.A., Lemos-Filho, J.P. & Lovato, M.B. (2013) Concordance between Phylogeographical and Biogeographical Patterns in the Brazilian Cerrado: Diversification of the Endemic Tree *Dalbergia miscolobium* (Fabaceae). *PLoS ONE* **8**: e82198.

- Novick, R.R., Dick, C., Lemes, M.R., Navarro, C., Caccone, A. & Bermingham, E. (2003) Genetic structure of Mesoamerican populations of Big-leaf mahogany (*Swietenia macrophylla*) inferred from microsatellite analysis. *Molecular Ecology* **12**: 2885–2893.
- Nuñez, J.J., Wood, N.K., Rabanal, F.E., Fontanella, F.M. & Sites, J.W. (2011) Amphibian phylogeography in the Antipodes: refugia and postglacial colonization explain mitochondrial haplotype distribution in the Patagonian frog *Eupsophus calcaratus* (Cycloramphidae). *Molecular Phylogenetics and Evolution* **58**: 343–352.
- Nunome, M., Torii, H., Matsuki, R., Kinoshita, G. & Suzuki, H. (2010) The Influence of Pleistocene refugia on the evolutionary history of the Japanese hare, *Lepus brachyurus*. *Zoological Science* **27**: 746–754.
- O'Grady, P.M. & DeSalle, R. (2008) Out of Hawaii: The biogeographic history of the genus *Scaptomyza* (Diptera: Drosophilidae). *Biology Letters* **4**: 195–199.
- O'Grady, P.M., Lapoint, R.T., Bonacum, J., Lasola, J., Owen, E., Wu, Y. & DeSalle, R. (2011) Phylogenetic and ecological relationships of the Hawaiian *Drosophila* inferred by mitochondrial DNA analysis. *Molecular Phylogenetics and Evolution* **58**: 244–256.
- Ohnishi, N., Uno, R., Ishibashi, Y., Tamate, H.B. & Oi, T. (2009) The influence of climatic oscillations during the Quaternary Era on the genetic structure of Asian black bears in Japan. *Heredity* **102**: 579–589.
- Okello, J.B.A., Nyakaana, S., Masembe, C., Siegismund, H.R. & Arctander, P. (2005) Mitochondrial DNA variation of the common hippopotamus: evidence for a recent population expansion. *Heredity* **95**: 206–215.
- Okello, J.B.A., Wittemeyer, G., Rasmussen, H.B., Arctander, P., Nyakaana, S., Douglas-Hamilton, I. & Siegismund, H.R. (2008) Effective population size dynamics reveal impacts of historic climate events and recent anthropogenic pressure in African elephants. *Molecular Ecology* **17**: 3788–3799.
- Oliver, P., Hugall, A., Adams, M., Cooper, S.J.B. & Hutchinson, M. (2007) Genetic elucidation of cryptic and ancient diversity in a group of Australian diplodactyline geckos: the *Diplodactylus vittatus* complex. *Molecular Phylogenetics and Evolution* **44**: 77–88.
- Oliver, W.W. & Ryker, R.A. (1990) Ponderosa pine. In Burns R.M. & Honkala B.H. (Hrsg.) *Silvics of North America*: 1. Conifers, Band 1, USDA Forest Service Agriculture Handbook 654. Washington, District of Columbia, USA.
- Oliverio, M., Bologna, M.A. & Mariottini, P. (2000) Molecular biogeography of the Mediterranean lizards *Podarcis* Wagles, 1830 and *Teira* Gray, 1838 (Reptilia, Lacertidae). *Journal of Biogeography* **27**: 1403–1420.
- Olivieri, G., Zimmermann, E., Randrianambinina, B., Rasoloharijaona, S., Rakotondravony, D., Guschanski, K. & Radespiel, U. (2007) The ever-increasing diversity in mouse lemurs: Three new species in north and northwestern Madagascar. *Molecular Phylogenetics and Evolution* **43**: 309–327.
- Olson, D.M., Dinerstein, E., Wikramanayake, E.D., Burgess, N.D., Powell, G.V.N., Underwood, E.C., d'Amico, J.A., Itoua, I., Strand, H.E., Morrison, J.C., Loucks, C.J., Allnutt, T.F., Ricketts, T.H., Kura, Y., Lamoreux, J.F., Wettengel, W.W., Hedao, P. & Kassem, K.R. (2001) Terrestrial ecoregions of the world: a new map of life on Earth. *BioScience* **51**: 933–938.
- Omland, K.E., Tarr, C.L., Boarman, W.I., Marzluff, J.M. & Fleischer, R.C. (2000) Cryptic genetic variation and paraphyly in ravens. *Proceedings of the Royal Society, London Series B* **267**: 2475–2482.
- Ono, Y. (1990) The northern land bridge of Japan. *Quaternary Research* **29**: 183–192.
- Opatova, V. & Arnedo, M.A. (2014) Spiders on a hot volcanic roof: Colonisation pathways and phylogeography of the Canary Islands endemic trap-door spider *Titanidiops canariensis* (Araneae, Idiopidae). *PLoS ONE* **9**: e115078.
- Ornelas, J.F., González, C., Espinosa de los Monteros, A., Rodríguez-Gómez, F. & García-Feria, L.M. (2014) In and out of Mesoamerica: temporal divergence of *Amazilia* hummingbirds pre-dates the orthodox account of the completion of the Isthmus of Panama. *Journal of Biogeography* **41**: 168–181.
- Orozco-Terwengel, P., Nagy, Z.T., Vieites, D.R., Vences, M. & Louis Jr., E. (2008) Phylogeography and phylogenetic relationships of Malagasy tree and ground boas. *Biological Journal of the Linnean Society* **95**: 640–652.
- Osentoski, M.F. & Lamb, T. (1995) Intraspecific phylogeography of the gopher tortoise, *Gopherus polyphemus*: RFLP analysis of amplified mtDNA segments. *Molecular Ecology* **4**: 709–718
- Oshida, T., Abramov, A., Yanagava, H. & Masuda, R. (2005) Phylogeography of the Russian flying squirrel (*Pteromys volans*): implication of refugia theory in arboreal small mammal of Eurasia. *Molecular Ecology* **14**: 1191–1196.
- Oshida, T., Ikeda, K., Yamada, K. & Masuda, R. (2001) Phylogeography of the Japanese giant flying squirrel, *Petaurista leucogenys*, based on mitochondrial DNA control region sequences. *Zoological Science* **18**: 107–114.
- Osmers, B., Petersen, B.S., Hartl, G.B., Grobler, J.P., Kotze, A. & van Aswegen, E. (2011) Genetic analysis of southern African gemsbok *(Oryx gazella)* reveals high variability, distinct lineages and strong divergence from the East African *Oryx beisa*. *Mammalian Biology* **77**: 60–66.
- Pabijan, M., Brown, J.L., Chan, L.M., Rakotondravony, H.A., Raselimanan, A.P., Yoder, A.D., Glaw, F. & Vences, M. (2015b) Phylogeography of the arid-adapted Malagasy bullfrog, *Laliostoma labrosum*, influenced by past connectivity and habitat stability. *Molecular Phylogenetics and Evolution* **92**: 11–24.
- Pabijan, M., Zielinski, P., Dudek, K., Chloupek, M., Sotiropoulos,

K., Liana, M. & Babik, W. (2015a) The dissection of a Pleistocene refugium: phylogeography of the smooth newt, *Lissotriton vulgaris*, in the Balkans. *Journal of Biogeography* **42**: 671–683.

- Pabijan, M, Wandycz, A., Hofman, S., Węcek, K., Piwczyński, M. & Szymura, J.M. (2013) Complete mitochondrial genomes resolve phylogenetic relationships within *Bombina* (Anura: Bombinatoridae). *Molecular Phylogenetics and Evolution* **69**: 63–74.
- Palma-Silva, C., Lexer, C., Paggi, G.M., Barbará, T., Bered, F. & Bodanese-Zanettini, M.H. (2009) Range-wide patterns of nuclear and chloroplast DNA diversity in *Vriesea gigantea* (Bromeliaceae), a neotropical forest species. *Heredity* **103**: 503–512.
- Papadopoulou, A., Anastasiou, I., Keskin, B. & Vogler, A.P. (2009) Comparative phylogeography of tenebrionid beetles in the Aegean archipelago: the effect of dispersal ability and habitat preference. *Molecular Ecology* **18**: 2503–2517.
- Parent, C.E. & Crespi, B.J. (2009) Ecological opportunity in adaptive radiation of Galápagos endemic land snails. *American Naturalist* **174**: 898–905.
- Parent, C.E., Caccone, A. & Petren, K. (2008) Colonization and diversification of Galápagos terrestrial fauna: A phylogenetic and biogeographical synthesis. *Philosophical Transactions of the Royal Society of London B* **363**: 3347–3361.
- Parmakelis, A., Pfenninger, M., Spanos, L., Papagiannakis, G., Louis, C. & Mylonas, M. (2005) Inference of a radiation in *Mastus* (Gastropoda, Pulmonata, Enidae) on the island of Crete. *Evolution* **59**: 991–1005.
- Parmakelis, A., Stathi, I., Chatzaki, M., Simaiakis, S., Spanos, L., Louis, C. & Mylonas, M. (2006a) Evolution of *Mesobuthus gibbosus* (Brullé, 1832) (Scorpiones: Buthidae) in the northeastern Mediterranean region. *Molecular Ecology* **15**: 2883–2894.
- Parmakelis, A., Stathi, I., Spanos, L., Louis, C. & Mylonas, M. (2006b) Phylogeography of *Iurus dufoureius* (Brullé, 1832) (Scorpiones, Iuridae). *Journal of Biogeography* **33**: 251–260.
- Parmesan, C., Ryrholm, N., Stefanescu, C., Hill, J.K., Thomas, C.D., Descimon, H., Huntley, B., Kaila, L., Kullberg, J., Tammaru, T., Tennent, W.J., Thomas, J.A. & Warren, M. (1999) Poleward shifts in geographical ranges of butterfly species associated with regional warming. *Nature* **399**: 579–583.
- Pastorini, J., Thalmann, U. & Martin, R.D. (2003) A molecular approach to comparative phylogeography of extant Malagasy lemurs. *Proceedings of the National Academy of Sciences of the United States of America* **100**: 5879–5884.
- Patou, M., Wilting, A., Gaubert, P., Esselstyn, J.A., Cruaud, C., Jennings, A.P., Fickel, J. & Veron, G. (2010) Evolutionary history of the *Paradoxurus* palm civets – a new model for Asian biogeography. *Journal of Biogeography* **37**: 2077–2097.
- Patton, J.L. & Smith, M.F. (1992). MtDNA phylogeny of Andean mice: a test of diversification across ecological gradients. *Evolution* **46**: 174–183.
- Patten, M.A. & Smith-Patten, B.D. (2008) Biogeographical boundaries and Monmonier's algorithm: a case study in the northern Neotropics. *Journal of Biogeography* **35**: 407–416.
- Patterson, H.M., McBride, R.S. & Julien, N. (2004) Population structure of red drum *(Sciaenops ocellatus)* as determined by otolith chemistry. *Marine Biology* **144**: 855–862.
- Paulo, O.S., Dias, C., Bruford, M.W., Jordan, W.C. & Nichols, R.A. (2001) The persistence of Pliocene populations though the Pleistocene climatic cycles: evidence from the phylogeography of an Iberian lizard. *Proceedings of the Royal Society of London B* **268**: 1625–1630.
- Paulo, O.S., Pinheiro, J., Miraldo, A., Bruford, M.W., Jordan, W.C. & Nichols, R.A. (2008) The role of vicariance versus dispersal in shaping genetic patterns in ocellated lizard species in the western Mediterranean. *Molecular Ecology* **17**: 1535–1551.
- Paulo, O.S., Pinto, I., Bruford, M.W., Jordan, W.C. & Nichols, R.A. (2002) The double origin of Iberian peninsular chameleons. *Biological Journal of the Linnean Society* **75**: 1–7.
- Pauls, S.U., Lumbsch, H.T., Haase, P. (2006) Phylogeography of the montane cadddisfly *Drusus discolor*: evidence for multiple refugia and periglacial survival. *Molecular Ecology* **15**: 2153–2169.
- Paun, O., Schönswetter, P., Winkler, M. & Tribsch, A. (2008) A Historical divergence vs. contemporary gene flow: evolutionary history of the calcicole *Ranunculus alpestris* group (Ranunculaceae) in the European Alps and Carpathians. *Molecular Ecology* **17**: 4263–4275.
- Pavlova, A., Zink, R.M. & Rohwer, S. (2005a). Evolutionary history, population genetics and gene flow in the common rosefinch *(Carpodacus erythrinus)*. *Molecular Phylogenetics and Evolution* **36**: 669–681.
- Pavlova, A., Rohwer, S., Drovetski, S.V. & Zink, R.M. (2006) Different post-Pleistocene histories of Eurasian parids. *Journal of Heredity* **97**: 389–402.
- Pavlova, A., Zink, R.M., Drovetski, S.V., Red'kin, Y.A. & Rohwer, S. (2003) Phylogeographic pattern in *Motacilla flava* and *Motacilla citreola*: species and population history. *The Auk* **120**:744–758.
- Pavlova, A., Zink, R.M., Drovetski, S.V. & Rohwer, S. (2008) Pleistocene evolution of closely related sand martins Riparia riparia and *R. diluta*. *Molecular Phylogenetics and Evolution* **48**: 61–73.
- Pavlova, A., Zink, R.M., Rohwer, S., Koblik, E.A., Red'kin, Y.A., Fadeev, I.V. & Nesterov, E.V. (2005b) Mitochondrial DNA and plumage evolution in white wagtails. *Journal of Avian Biology* **36**: 322–336.
- Pearson, R.G. & Raxworthy, C.J. (2009) The evolution of local endemism in Madagascar: watershed versus climatic gradient hypotheses

evaluated by null biogeographic models. *Evolution* **63**: 959–967.

- Pece, A.J. (2004) Phylogeography of the Sidewinder (*Crotalus cerastes*), with implications for the historical biogeography of southwestern North American deserts. Masterarbeit, San Diego State University, San Diego.
- Pedro, P.M., Uezu, A. & Sallum, M.A.M. (2010) Concordant phylogeographies of 2 malaria vectors attest to common spatial and demographic histories. *Journal of Heredity* **101**: 618–627.
- Pellegrino, K.C.M., Rodrigues, M.T., Waite, A.N., Morando, M., Yassuda, Y.Y. & Sites Jr., J.W. (2005) Phylogeography and species limits in the *Gymnodactylus darwinii* complex (Gekkonidae, Squamata): genetic structure coincides with river systems in the Brazilian Atlantic Forest. *Biological Journal of the Linnean Society* **85**: 13–26.
- Perera, A. & Harris, D.J. (2010) Genetic variability in the ocellated lizard *Timon tangitanus* in Morocco. *African Zoology* **45**: 321–329.
- Pérez-Emán, J.L. (2002) *Molecular Systematics, Biogeography, and Population History of the Genus* Myioborus *(Aves, Parulinae)*. Dissertation, University of Missouri, St. Louis.
- Pérez-Emán, J.L. (2005) Molecular phylogenetics and biogeography of the Neotropical redstarts (*Myioborus*; Aves, Parulinae). *Molecular Phylogenetics and Evolution* **37**: 511–528.
- Perez, K.E., Ponder, W.F., Colgan, D.J., Clark, S.A. & Lydeard, C. (2005) Molecular phylogeny and biogeography of spring-associated hydrobiid snails of the Great Artesian Basin, Australia. *Molecular Phylogenetics and Evolution* **34**: 545–556.
- Pestano, J., Brown, R.P., Suárez, N.M. & Fajardo, S. (2003) Phylogeography of pipistrelle-like bats within the Canary Islands, based on mtDNA sequences. *Molecular Phylogenetics and Evolution* **26**: 56–63.
- Pethiyagoda, R. (2005) Exploring Sri Lanka's biodiversity. *Raffles Bulletin of Zoology Supplement* **12**: 1–4.
- Petit, R.J., Aguinagalde, I., de Beaulieu, J.-L., Bittkau, C., Brewer, S., Cheddadi, R., Ennos, R., Fineschi, S., Grivet, D., Lascoux, M., Mohnty, A., Müller-Starck, G., Demesure-Musch, B., Palmé, A., Martín, J.P., Rendell, S., Vendramin, G.G. (2003) Glacial refugia: hotspots but not melting pots of genetic diversity. *Science* **300**: 1563–1565.
- Phillipson, P.B., Schatz, G., Lowry II, P.P. & Labat, J.-N. (2006) A catalogue of the vascular plants of Madagascar. In: Ghazanfar, S.A. & Beentje, H. (Hrsg.) *African Plants: Biodiversity, Ecology, Phytogeography and Taxonomy*. Royal Botanic Gardens Kew: 613–627.
- Pielou, E.C. (1991) *After the ice age: the return of life to glaciated North America*. University of Chicago Press, Chicago.
- Pinceel, J., Jordaens, K., Pfenninger, M. & Backeljau, T. (2005) Rangewide phylogeography of a terrestrial slug in Europe: evidence for Alpine refugia and rapid colonization after the Pleistocene glaciations. *Molecular Ecology* **14**: 1133–1150.
- Pinho, C., Harris, J.D. & Ferrand, N. (2007a) Comparing patterns of nuclear and mitochondrial divergence in a cryptic species complex: the case of Iberian and North African wall lizards (*Podacris*, Lacertidae). *Biological Journal of the Linnean Society* **91**: 121–133.
- Pinho, C., Harris, D.J. & Ferrand, N. (2007b) Contrasting patterns of population subdivision and historical demography in three western Mediterranean lizard species inferred from mitochondrial DNA variation. *Molecular Ecology* **16**: 1191–1205.
- Pinho, C., Harris, D.J. & Ferrand, N. (2008) Non-equilibrium estimates of gene flow inferred from nuclear genealogies suggest that Iberian and North African wall lizards (*Podarcis* spp.) are an assemblage of incipient species. *BMC Evolutionary Biology* **8**: 63.
- Piperno, D.R. & Jones, J.G. (2003) Paleoecological and archaeological implications of a Late Pleistocene/Early Holocene record of vegetation and climate from the Pacific coastal plain of Panama. *Quaternary Research* **59**: 79–87.
- Pitra, C., Hansen, A.J., Lieckfeldt, D. & Arctander, P. (2002) An exceptional case of historical outbreeding in African sable antelope populations. *Molecular Ecology* **11**: 1197–1208.
- Pitra, C., Vaz Pinto, P., O'Keeffe, B.W.J., Willows-Munro, S., van Vuuren, B.J. & Robinson, T.J. (2006) DNA-led rediscovery of the giant sable antelope in Angola. *European Journal of Wildlife Resources* **52**: 145–152.
- Plana, V. (2004) Mechanisms and tempo of evolution in the African Guineo–Congolian rainforest. *Philosophical Transactions of the Royal Society of London B* **359**: 1585–1594.
- Planas, E. & Ribeira, C. (2014) Uncovering overlooked island diversity: colonization and diversification of the medically important spider genus *Loxosceles* (Arachnida: Sicariidae) on the Canary Islands. *Journal of Biogeography* **41**: 1255–1266.
- Pleguezuelos, J.M., Brito, J.C., Fahd, S., Feriche, M., Mateo, J.A., Moreno-Rueda, G., Reques, R. & Santos, X. (2010) Setting conservation priorities for the Moroccan herpetofauna: the utility of regional red lists. *Oryx* **44**: 501–508.
- Plinius der Ältere (ca. 77 n. Chr.) *Naturalis historia.*
- Pócs, T. (1998) Bryophyte diversity along the Eastern Arc. *Journal of East African Natural History* **87**: 75–84.
- Podnar, M., Mayer, W. & Tvrtkovic, N. (2005) Phylogeography of the Italian wall lizard, *Podarcis sicula*, as revealed by mitochondrial DNA sequences. *Molecular Ecology* **14**: 575–588.
- Poelchau, M.F. & Hamrick, J.L. (2013) Comparative phylogeography of three common Neotropical tree species. *Journal of Biogeography* **40**: 618–631.
- Polyakov, A.V., Panov, V.V., Ladygina, T.Y., Bochkarev, M.N., Rodionova, M.I. & Borodin, P.M. (2001) Chromosomal Evolution of

the Common Shrew *Sorex araneus* L. from the Southern Urals and Siberia in the Postglacial Period. *Russian Journal of Genetics* **37**: 351–357.

- Ponder, W.F., Colgan, D.J., Gleeson, D.M. & Sherley, G.H. (2003) Relationships of *Placostylus* from Lord Howe Island: an investigation using the mitochondrial cytochrome c oxidase 1 gene. *Molluscan Research* **23**: 159–178.
- Pons, J., Petitpierre, E. & Juan, C. (2002) Evolutionary dynamics of satellite DNA family PIM357 in species of the genus *Pimelia* (Tenebrionidae, Coleoptera). *Molecular Biology and Evolution* **19**: 1329–1340.
- Pope, L., Storch, D., Adams, M., Moritz, C. & Gordon, G. (2001) A phylogeny for the genus *Isoodon* and a range extension for *I. obesulus peninsulae* based on mtDNA control region and morphology. *Australian Journal of Zoology* **49**: 411–434.
- Potter, K.M., Hipkins, M.F., Mahalovich, M.F. & Means, R.E. (2013) Mitochondrial DNA haplotype distribution patterns in *Pinus ponderosa* (Pinaceae): Range-wide evolutionary history and implications for conservation. *American Journal of Botany* **100**: 1562–1579.
- Potts, R. (2013) Hominin evolution in settings of strong environmental variability. *Quaternary Science Reviews* **73**: 1–13.
- Poulakakis, N., Lymberakis, P., Antoniou, A., Chalkia, D., Zouros, E., Mylonas, M. & Valakos, E. (2003). Molecular phylogeny and biogeography of the wall-lizard *Podarcis erhardii* (Squamata: Lacertidae). *Molecular Phylogenetics and Evolution* **28**: 38–46.
- Poulakakis, N., Lymberakis, P., Valakos, E., Zouros, E. & Mylonas, M. (2005) Phylogeographic relationships and biogeography of *Podarcis* species from the Balkan Peninsula, by bayesian and maximum likelihood analyses of mitochondrial DNA sequences. *Molecular Phylogenetics and Evolution* **37**: 845–857.
- Poux, C., Madsen, O., Marquard, E., Vieites, D.R., de Jong, W.W. & Vences, M. (2005) Asynchronous colonization of Madagascar by the four endemic clades of primates, tenrecs, carnivores, and rodents as inferred from nuclear genes. *Systematic Biology* **54**: 719–730.
- Pratt, R.C., Morgan-Richards, M. & Trewick, S.A. (2008) Diversification of New Zealand weta (Orthoptera: Ensifera: Anostostomatidae) and their relationships in Australasia. *Philosophical Transactions of the Royal Society of London B* **363**: 3427–3437.
- Premoli, A.C., Mathiassen, P. & Kitzberger, T. (2010) Southernmost *Nothofagus* trees enduring ice ages: genetic evidence and ecological niche retrodiction reveal high latitude (54° S) glacial refugia. *Palaeogeography, Palaeoclimatology, Palaeoecology* **298**: 247–256.
- Price, B.W., Barker, N.P. & Villet, M.H. (2007) Patterns and processes underlying evolutionary significant units in the *Platypleura stridula* L. species complex (Hemiptera: Cicadidae) in the Cape Floristic Region, South Africa. *Molecular Ecology* **16**: 2574–2588.
- Pringle, E.G., Ramírez, S.R., Bonebrake, T.C., Gordon, D.M. & Dirzo, R. (2012) Diversification and phylogeographic structure in widespread *Azteca* plant-ants from the northern Neotropics. *Molecular Ecology* **21**: 3576–3592.
- Printzen, C., Ekman, S. & Tonsberg, T. (2003) Phylogeography of *Cavernularia hultenii*: evidence of slow genetic drift in a widely disjunct lichen. *Molecular Ecology* **12**: 1473–1486.
- Pritchard, J.K., Stephens, M. & Donnelly, P. (2000) Inference of population structure using multilocus genotype data. *Genetics* **155**: 945–955.
- Provan, J. & Bennett, K.D. (2008) Phylogeographic insights into cryptic glacial refugia. *Trends in Ecology and Evolution* **23**: 564–571.
- Puorto, G., da Graça Salomão, Theakston, R.D.G., Thorpe, R.S., Warrell, D.A. & Wüster, W. (2001) Combining mitochondrial DNA sequences and morphological data to infer species boundaries: phylogeography of lanceheaded pitvipers in the Brazilian Atlantic forest, and the status of *Bothrops pradoi* (Squamata: Serpentes: Viperidae). *Journal of Evolutionary Biology* **14**: 527–538.
- Puscas, M., Choler, P., Tribsch, A., Gielly, L., Rioux, D., Gaudeul, M., Taberlet, P. (2008) Post-glacial history of the dominant alpine sedge *Carex curvula* in the European Alpine System inferred from nuclear and chloroplast markers. *Molecular Ecolology* **17**: 2417–2429.
- Quérouil, S., Verheyen, E., Dillen, M. & Colyn, M. (2003) Patterns of diversification in two African forest shrews: *Sylvisorex johnstoni* and *Sylvisorex ollula* (Soricidae, Insectivora) in relation to paleo-environmental changes. *Molecular Phylogenetics and Evolution* **28**: 24–37.
- Qiu, Y.X., Fu, C.X. & Comes, H.P. (2011) Plant molecular phylogeography in China and adjacent regions: tracing the genetic imprints of Quaternary climate and environmental change in the world's most diverse temperate flora. *Molecular Phylogenetics and Evolution* **59**: 225–244.
- Qiu, Y.X., Guan, B.C., Fu, C.X. & Comes, H.P. (2009) Did glacials and/or interglacials promote allopatric incipient speciation in East Asian temperate plants? Phylogeographic and coalescent analyses on refugial isolation and divergence in *Dysosma versipellis*. *Molecular Phylogenetics and Evolution* **51**: 281–293.
- Qu, Y.H., Luo, X., Zhang, R.Y., Song, G., Zou, F.S. & Lei, F. (2011) Lineage diversification and historical demography of a montane bird *Garrulax elliotii*: Implications for the Pleistocene evolutionary history of the eastern Himalayas. *BMC Evolutionary Biology* **11**: 174.
- Quante, M. (2010) The changing climate: past, present, future. In: Habel, J.C. & Assmann, T. (Hrsg.) *Relict species. Phylogeography and Conservation Biology*. Springer, Berlin, Heidelberg: 9–56.
- Quinn, R.L., Lepre, C.J., Wright, J.D. & Feibel, C.S. (2007) Paleogeographic variations of pedogenic carbonate delta13C values

from Koobi Fora, Kenya: implications for floral compositions of Plio-Pleistocene hominin environments. *Journal of Human Evolution* **53**: 560–573.

- Quiroga, M.P. & Premoli, A.C. (2010) Genetic structure of *Podocarpus nubigena* (Podocarpaceae) provides evidence of Quaternary and ancient historical events. *Palaeogeography, Palaeoclimatology, Palaeoecology* **285**: 186–193.
- Rahman, M.A., Gawin, D.F.A. & Moritz, C. (2010) Patterns of genetic variation in the little spiderhunter (*Arachnothera longirostris*) in southeast Asia. *Raffles Bulletin of Zoology* **58**: 381–390.
- Rakotoarison, A., Crottini, A., Müller, J., Rödel, M.-O., Glaw, F. & Vences, M. (2015) Revision and phylogeny of narrow-mouthed treefrogs (*Cophyla*) from northern Madagascar: integration of molecular, osteological, and bioacoustic data reveals three new species. *Zootaxa* **3937**: 61–89.
- Rakotondravony, R. & Radespiel, U. (2006) Regional biogeography of two sympatric mouse lemurs, *Microcebus ravelobensis* and *M. murinus* in the Ankarafansika National Park, Madagascar. *International Journal of Primatology* **27** (Supp.1): Abstract 550.
- Ramos, A.C.S., Lemos-Filho, J.P., Ribeiro, R.A., Santos, F.R. & Lovato, M.B. (2007) Phylogeography of the tree *Hymenaea stigonocarpa* (Fabaceae: Caesalpinioideae) and the influence of Quaternary climate changes in the Brazilian Cerrado. *Annals of Botany* **100**: 1219–1228.
- Ramos, V.A. & Ghiglione, J. (2008) Tectonic evolution of the Patagonian Andes. In: Rabassa, J. (Hrsg.) *The late Cenozoic of Patagonia and Tierra del Fuego*. Elsevier, Oxford: 57–71.
- Ramos, V.A. & Kay, S.M. (2006) Overview of the tectonic evolution of the southern Central Andes of Mendoza and Neuquén (35°–39° S latitude). *Geological Society of America, Special Paper* **407**: 1–18.
- Ratsoavina, F.M., Vences, M. & Louis Jr., E.E. (2012): Phylogeny and phylogeography of the Malagasy leaf-tailed geckos in the *Uroplatus ebenaui* group. *African Journal of Herpetology* **61**: 143–158.
- Ratter, J.A., Bridgewater, S. & Ribeiro, J.F. (2003) Analysis of the floristic composition of the Brazilian Cerrado vegetation III: comparison of the woody vegetation of 376 areas. *Edinburgh Journal of Botany* **60**: 57–109.
- Raven, P.H. & Axelrod, D.I. (1974) Angiosperm biogeography and past continental movements. *Annals of the Missouri Botanical Garden* **61**: 539–673.
- Rawlings, L.H. & Donnellan, S.C. (2003) Phylogeographic analysis of the green python, *Morelia viridis*, reveals cryptic diversity. *Molecular Phylogenetics and Evolution* **27**: 36–44.
- Raxworthy, C.J., Forstner, M.R.J. & Nussbaum, R.A. (2002) Chameleon radiation by oceanic dispersal. *Nature* **415**: 784–787.
- Raxworthy, C.J., Pearson, R.G., Zimkus, B.M., Reddy, S., Deo, A.J., Nussbaum, R.A. & Ingram, C.M. (2008) Continental speciation in the tropics: contrasting biogeographic patterns of divergence in the *Uroplatus* leaf-tailed gecko radiation of Madagascar. *Journal of Zoology* **275**: 423–440.
- Read, R.A. (1980) *Genetic variation in seedling progeny of ponderosa pine provenances. Forest Science,* Monograph **23** (Supplement zu Band 26, Nummer 4). Society of American Foresters, Washington, District of Columbia, USA.
- Recuero, E., Buckley, D., García-París, M., Arntzen, J.W., Cogálniceanu, D. & Martínez-Solano, I. (2014) Evolutionary history of *Ichthyosaura alpestris* (Caudata, Salamandridae) inferred from the combined analysis of nuclear and mitochondrial markers. *Molecular Phylogenetics and Evolution* **81**: 207–220.
- Recuero, E., Martinez-Solano, I., Parra-Olea, G. & Garcia-Paris, M. (2006) Phylogeography of *Pseudacris regilla* (Anura: Hylidae) in western North America, with a proposal for a new taxonomic rearrangement. *Molecular Phylogenetics and Evolution* **39**: 293–304.
- Reddy, S. (2008) Systematics and biogeography of the shrikebabblers (*Pteruthius*): species limits, molecular phylogenetics, and diversification patterns across southern Asia. *Molecular Phylogenetics and Evolution* **47**: 54–72.
- Redenbach, Z. & Taylor, E.B. (2002) Evidence for historical introgression along a contact zone between two species of char (Pisces: Salmonidae) in northwestern North America. *Evolution* **56**: 1021–1035.
- Ree, R.H. & Smith, S.A. (2008) Maximum likelihood inference of geographic range evolution by dispersal, local extinction, and cladogenesis. *Systematic Biology* **57**: 4–14.
- Rees, D.J., Emerson, B.C., Oromí, P. & Hewitt, G.M. (2001a) The Diversification of the Genus *Nesotes* (Coleoptera: Tenebrionidae) in the Canary Islands: Evidence from mtDNA. *Molecular Phylogenetics and Evolution* **21**: 321–326.
- Rees, D.J., Emerson, B.C., Oromí, P. & Hewitt, G.M. (2001b) Mitochondrial DNA, ecology and morphology: interpretingthe phylogeography of the *Nesotes* (Coleoptera: Tenebrionidae) of Gran Canaria (Canary Islands). *Molecular Ecology* **10**: 427–434.
- Reichard, M., Ondračková, M., Przybylski, M., Liu, H. & Smith, C. (2006) The costs and benefits in an unusual symbiosis: experimental evidence that bitterling fish *(Rhodeus sericeus)* are parasites of unionid mussels in Europe. *Journal of Evolutionary Biology* **19**: 788–796.
- Reinig, W.F. (1937) *Die Holarktis. Ein Beitrag zur diluvialen und alluvialen Geschichte der zirkumpolaren Faunen- und Florenelemente.* Verlag Gustav Fischer, Jena.
- Reinig, W.F. (1938) *Elimination und Selektion. Eine Untersuchung über Merkmalsprogressionen bei Tieren und Pflanzen auf genetisch- und historisch-chorologischer Grundlage.* Verlag Gustav Fischer, Jena.
- Reinig, W.F. (1950) *Chorologische Voraussetzungen für die Analyse von Formenkreisen.* Syllegomena Bio-

logica, Festschrift für O. Kleinschmidt, 346–378.

- Reisch, C. (2008) Glacial history of *Saxifraga paniculata* (Saxifragaceae): Molecular biogeography of a disjunct arctic-alpine species from Europe and North America. *Biological Journal of the Linnean Society* **93**: 385–398.
- Rendigs, A., Radespiel, U., Wrogemann, D. & Zimmermann, E. (2003) Relationship between microhabitat structure and distribution of mouse lemurs (*Microcebus* spp.) in Northwestern Madagascar. *International Journal of Primatology* **24**: 47–64.
- Retallack, G.J. (2001) Cenozoic expansion of grasslands and climatic cooling. *Journal of Geology* **109**: 407–426.
- Rheindt, F.E. & Eaton, J.A. (2009) Species limits in *Pteruthius* (Aves: Corvida) shrike-babblers: a comparison between the biological and phylogenetic species concepts. *Zootaxa* **2301**: 29–54.
- Rhymer, J.M., Fain, M.G., Austin, J.E., Johnson, D.H. & Krajewski, C. (2001) Mitochondrial phylogeography, subspecific taxonomy, and conservation genetics of sandhill cranes (*Grus canadensis*; Aves: Gruidae). *Conservation Genetics* **2**: 203–218.
- Ribeiro, R.A., Lemos-Filho, J.P., Ramos, A.C.S. & Lovato. M.B. (2011) Phylogeography of the endangered rosewood *Dalbergia nigra* (Fabaceae): insights into the evolutionary history and conservation of the Brazilian Atlantic Forest. *Heredity* **106**: 46–57.
- Ribera, I., Bilton, D.T. & Vogler, A.P. (2003) Mitochondrial DNA phylogeography and population history of *Meladema* diving beetles on the Atlantic islands and in the Mediterranean basin (Coleoptera, Dytiscidae). *Molecular Ecology* **12**: 153–167.
- Richardson, B.A., Brunsfeld, S.J. & Klopfenstein, N.B. (2002) DNA from bird-dispersed seed and wind-disseminated pollen provides insights into postglacial colonization and population genetic structure of whitebark pine *(Pinus albicaulis)*. *Molecular Ecology* **11**: 215–227.
- Richardson, B.J., Baverstock, P.R. & Adams, M. (1986) *Allozyme electrophoresis. A handbook for animal systematics and population studies.* Academic Press, San Diego.
- Ridder-Numan, J.W.A. (1996) Historical biogeography of the Southeast Asian genus *Spatholobus* (Legum.– Papilionoideae) and its allies. *Blumea Supplement* **10**: 1–144.
- Riddle, B.R., Hafner, D.J., Alexander, L.F. & Jaeger, J.R. (2000) Cryptic vicariance in the historical assembly of a Baja California peninsular desert biota. *Proceedings of the National Academy of Sciences of the United States of America* **97**: 14438–14443.
- Rietkirk, M., Ketner, P. & De Wilde, J.J.F.E. (1996) Cesalpinioideae and the study of forest refugia in central Africa.In: Van der Maesen, L.J.G. & van Medenbach de Rooy, J.M. (Hrsg.) *The Biodiversity of African Plants*. Kluwer, Dordrecht: 618–623.
- Ripplinger, J.I. & Wagner, R.S. (2004) Phylogeography of northern populations of the pacific treefrog, *Pseudacris regilla*. *Northwestern Naturalist* **85**: 118–125.
- Robalo, J.I., Santos, C.S., Almada, V.C. & Doadrio, I. (2006) Paleobiogeography of two Iberian endemic cyprinid fishes *(Chondrostoma arcasii-Chondrostoma nacrolepidotus)* inferred from mitochondrial DNA sequence data. *Journal of Heredity* **97**: 143–149.
- Robin, V.V., Sinha, A. & Ramakrishnan, U. (2010) Ancient Geographical Gaps and Paleo-Climate Shape the Phylogeography of an Endemic Bird in the Sky Islands of Southern India. *PLoS ONE* **5**: e13321.
- Roca, A.L., Georgiadis, N. & O'Brien, S.J. (2005) Cytonuclear genomic dissociation in African elephant species. *Nature Genetics* **37**: 96–100.
- Rocha, S., Carretero, M.A., Vences, M., Glaw, F. & Harris, D.J. (2006) Deciphering patterns of transoceanic dispersal: the evolutionary origin and biogeography of coastal lizards *(Cryptoblepharus)* in the Western Indian Ocean region. *Journal of Biogeography* **33**: 13–22.
- Rodríguez, A., Börner, M., Pabijan, M., Gehara, M., Haddad, C.F.B. & Vences, M. (2015) Genetic divergence in tropical anurans: deeper phylogeographic structure in forest specialists and in topographically complex regions. *Evolutionary Ecology* **29**: 765–785.
- Rodríguez-Sánchez, F., Guzmán, B., Valido, A., Vargas, P. & Arroyo, J. (2009) Late Neogene history of the laurel tree (*Laurus* L., Lauraceae) based on phylogeographical analyses of Mediterranean and Macaronesian populations. *Journal of Biogeography* **36**: 1270 1281.
- Rodríguez-Serrano, E., Cancino, R.A. & Palma, R.E. (2006) Molecular phylogeography of *Abrothrix olivaceus* (Rodentia: Sigmodontinae) in Chile. *Journal of Mammalogy* **87**: 971–980.
- Roelants, K. & Bossuyt, F. (2005) Archaeobatrachian paraphyly and Pangaean diversification of crown-group frogs. *Systematic Biology* **54**: 111–126.
- Rohland, N., Malaspinas, A.-S., Pollack, J.L., Slatkin, M., Matheus, P. & Hofreiter, M. (2007) Proboscidean mitogenomics: chronology and mode of elephant evolution using mastodon as outgroup. *PLoS Biology* **5**: 1663–1671.
- Rohland, N., Pollack, J.L., Nagel, D., Beauval, C., Airvaux, J., Pääbo, S. & Hofreiter, M. (2005) The population history of extant and extinct hyenas. *Molecular Biology and Evolution* **22**: 2435–2443.
- Rohling, E.J., Fenton, M., Jorissen, F.J., Bertrand, P., Ganssen, G. & Caulet, J.P. (1998) Magnitudes of sea-level lowstands of the past 500,000 years. *Nature* **394**: 162–165.
- Rommerskirchen, F., Eglinton, G., Dupont, L. & Rullkötter, J. (2006) Glacial/interglacial changes in southern Africa: compound specific D13C land plant biomarker and pollen records from southeast Atlantic continental margin sedi-

ments. *Geochemistry Geophysics Geosystems* **7**: Q08010.

- Ronikier, M., Cieslak, E. & Korbecka, G. (2008a) High genetic differentiation in the alpine plant *Campanula alpina* Jacq. (Campanulaceae): evidence for glacial survival in several Carpathian regions and long-term isolation between the Carpathians and the Eastern Alps. *Molecular Ecology* **17**: 1763–1775.
- Ronikier, M., Costa, A., Fuertes Aguilar, J., Feliner, G.N., Küpfer, P. & Mirek, Z. (2008b) Phylogeography of *Pulsatilla vernalis* (L.) Mill. (Ranunculaceae): chloroplast DNA reveals two evolutionary lineages across central Europe and Scandinavia. *Journal of Biogeography* **35**: 1650–1664.
- Rovito, S.M., Parra-Olea, G., Vásquez-Almazán, C.R., Luna-Reyes, R. & Wake, D.B. (2012) Deep divergences and extensive phylogeographic structure in a clade of lowland tropical salamanders. *BMC Evolutionary Biology* **12**: 255.
- Rowe, K.C., Heske, E.J., Brown, P.W. & Paige, K.N. (2004) Surviving the ice: Northern refugia and postglacial colonization. *Proceedings of the National Academy of Sciences of the United States of America* **101**: 10355–10359.
- Rudner, Z.E. & Sümegi, P. (2001) Recurring Taiga forest-steppe habitats in the Carpathian Basin in the Upper Weichselian. *Quaternary International* **76/77**: 177–189.
- Runck, A.M. & Cook, J.A. (2005) Postglacial expansion of the southern red-backed vole *(Clethrionomys gapperi)* in North America. *Molecular Ecology* **14**: 1445–1456.
- Rundell, R.J., Holland, B.S. & Cowie, R.H. (2004) Molecular phylogeny and biogeography of the endemic Hawaiian Succineidae (Gastropoda: Pulmonata). *Molecular Phylogenetics and Evolution* **31**: 246–255.
- Russell, R. (1984) Social behaviour of the yellow-bellied glider, *Petaurus australis reginae* in North Queensland. In: Smith, A. P. & Hume, I. D. (Hrsg.) *Possums and Gliders*. Australian Mammal Society, Sydney: 343–353.
- Ruvolo, M. (1996) A new approach to studying modern human origins: hypothesis testing with coalescence time distributions. *Molecular Phylogenetics and Evolution* **5**: 202–219.
- Ruzzante, D.E., Walde, S.J., Cussac, V.E., Dalebout, M.L., Seibert, J., Ortubay, S. & Habit, E. (2006) Phylogeography of the Percichthyidae (Pisces) in Patagonia: roles of orogeny, glaciation, and volcanism. *Molecular Ecology* **15**: 2949–2968.
- Ruzzante, D.E., Walde, S.J., Gosse, J.C., Cussac, V.E., Habit, E., Zemlak, T.S. & Adams, E.D.M. (2008) Climate control on ancestral population dynamics: insight from Patagonian fish phylogeography. *Molecular Ecology* **17**: 2234–2244.
- Ryder, O.A. (1986) Species conservation and systematics: the dilemma of subspecies. *Trend in Ecology and Evolution* **1**: 9-10.
- Saarma, U., Ho, S.Y.W., Pybus, O.G., Kaljuste, M., Tumanov, I.L., Kojola, I., Vorobiev, A.A., Markov, N.I., Saveljev, A.P., Valdmann, H., Lyapunova, E.A., Abramov, A.V., Männil, P., Korsten, M., Vulla, E., Pazetnov, S.V., Pazetnov, V.S., Putchkovskiy, S.V. & Rokov, A.M. (2007) Mitogenetic structure of brown bears (*Ursus arctos* L.) in northeastern Europe and a new time frame for the formation of European brown bear lineages. *Molecular Ecology* **16**: 401–413.
- Saitoh, T., Alström, P., Nishiumi, I., Shigeta, Y., Williams, D., Olsson, U. & Ueda, K. (2010) Old divergences in a boreal bird supports long-term survival through the ice ages. *BMC Evolutionary Biology* **10**: 35.
- Salgueiro, P., Ruedi, M., Coelho, M.M. & Palmeirim, J.M. (2007) Genetic divergence and phylogeography in the genus *Nyctalus* (Mammalia, Chiroptera): implications for population history of the insular bat Ny*ctalus azoreum*. *Genetica* **130**: 169–181.
- Sallaberry-Pincheira, N., Garin, C.F., Gonzalez-Acuna, D., Sallaberry, M.A. & Vianna, J.A. (2011) Genetic divergence of Chilean long-tailed snake *(Philodryas chamissonis)* across latitudes: conservation threats for different lineages. *Diversity and Distributions* **17**: 152–162.
- Salzburger, W., Branstätter, A., Gilles, A., Parson, W., Sturmbauer, C. & Meyer, A. (2003) Phylogeography of the vairone (*Leuciscus souffia*, Risso 1826) in Central Europe. *Molecular Ecology* **12**: 2371–2386.
- Salzmann, U. & Hoelzmann, P. (2005) The Dahomey Gap: an abrupt climatically induced rain forest fragmentation in West Africa during the late Holocene. *The Holocene* **15**: 190–199.
- Samonds, K.E., Godfrey, L.R., Ali, J.R., Goodman, S.M., Vences, M., Sutherland, M.R., Irwin, M.T. & Krause, D.W. (2012) Spatial and temporal arrival patterns of Madagascar's vertebrate fauna explained by distance, ocean currents, and ancestor type. *Proceedings of the National Academy of Sciences of the United States of America* **109**: 5352–5357.
- Samonds, K.E., Godfrey, L.R., Ali, J.R., Goodman, S.M., Vences, M., Sutherland, M.R., Irwin, M.T. & Krause, D.W. (2013) Imperfect isolation: factors and filters shaping Madagascar's extant vertebrate fauna. *PLoS ONE* **8**: e62086.
- Sanetra, M. & Crozier, R.H. (2003) Patterns of population subdivision and gene flow in the ant *Nothomyrmecia macrops* reflected in microsatellite and mitochondrial DNA markers. *Molecular Ecology* **12**: 2281–2295.
- Sanger, F., Nicklen, S. & Coulson, A.R. (1977) DNA sequencing with chain-terminating inhibitors. *Proceedings of the National Academy of Sciences of the United States of America* **74**: 5463–5467.
- Sanguila, M.B., Siler, C.D., Diesmos, A.C., Nuñeza, O. & Brown, R.M. (2011) Phylogeography, geographic structure, genetic variation, and potential species boundaries in Philippine slender toads. *Molecular Phylogenetics and Evolution* **61**: 333–350.
- Santucci, F., Emerson, B. & Hewitt, G.M. (1998) Mitochondrial DNA phylogeography of European hedgehogs. *Molecular Ecology* **7**: 1163–1172.

- Sathiamurthy, E. & Voris, H.K. (2006) Maps of Holocene sea level transgression and submerged lakes on the Sunda Shelf. *The Natural History Journal of Chulalongkorn University*, Supplement **2**: 1–44.
- Sato, A., O'Huigin, C., Figuera, F., Grant, P.R., Grant, B.R., Tichy, H. & Klein, J. (1999) Phylogeny of Darwin's finches as revealed by mtDNA sequences. *Proceedings of the National Academy of Sciences of the United States of America* **96**: 5101–5106.
- Sato, A., Tichy, H., O'Huigin, C., Grant, P.R., Grant, B.R. & Klein, J. (2001) On the origin of Darwin's Finches. *Molecular Biology and Evolution* **18**: 299–311.
- Saunders, N.C., Kessler, L.G. & Avise, J.C. (1986) Genetic variation and geographic differentiation in mitochondrial DNA of the horseshoe crab, *Limulus polyphemus*. *Genetics* **112**: 613–627.
- Savage, J.M. (1982) The enigma of the Central American herpetofauna: dispersals or vicariance? *Annals of the Missouri Botanical Garden* **69**: 464–547.
- Scharff, N. (1992) The linyphiid fauna of eastern Africa (Araneae: Linyphiidae)—distribution patterns, diversity and endemism. *Biological Journal of the Linnean Society of London* **45**: 117–154.
- Scharff, R.F. (1899) *The history of the European fauna*. Walter Scott, London.
- Schmidt, B.K., Foster, J.T., Angehr, G.R., Durrant, K.L. & Fleischer, R.C. (2008) A new species of African Forest Robin from Gabon (Passeriformes: Muscicapidae: *Stiphrornis*). *Zootaxa* **1850**: 27–42.
- Schmincke, H.U. (1998) Zeitliche, strukturelle und vulkanische Entwicklung der Kanarischen Inseln, der Selvagens-Inseln und des Madeira-Archipels. In: Bischoff, W. (Hrsg.) *Die Reptilien der Kanarischen Inseln, der Selvagens-Inseln und des Madeira-Archipels*. Aula, Wiesbaden: 27–69.
- Schmitt, T. (2007) Molecular Biogeography of Europe: Pleistocene cycles and postglacial trends. *Frontiers in Zoology* **4**: 11.
- Schmitt, T. (2009) Biogeographical and evolutionary importance of the European high mountain systems. *Frontiers in Zoology* **6**: 9.
- Schmitt, T. (2015) Biology and biogeography of the chalk-hill blue *Polyommatus coridon* – insect of the year 2015 for Germany, Austria and Switzerland. *Nota lepidopterologica* **38**: 107–126.
- Schmitt, T. & Besold, J. (2010) Upslope movements and large scale expansions: the taxonomy and biogeography of the *Coenonympha arcania– C. darwiniana – C. gardetta* butterfly species complex. *Zoological Journal of the Linnean Society* **159**: 890–904.
- Schmitt, T. & Haubrich, K. (2008) The genetic structure of the mountain forest butterfly *Erebia euryale* unravels the late Pleistocene and postglacial history of the mountain coniferous forest biome in Europe. *Molecular Ecology* **17**: 2194–2207.
- Schmitt, T. & Hewitt, G.M. (2004) The genetic pattern of population threat and loss: a case study of butterflies. *Molecular Ecology* **13**: 21–31.
- Schmitt, T. & Müller, P. (2007) Limited hybridization along a large contact zone between two genetic lineages of the butterfly *Erebia medusa* (Satyrinae, Lepidoptera) in Central Europe. *Journal of Zoological Systematics and Evolutionary Research* **45**: 39–46.
- Schmitt, T. & Seitz, A. (2001a) Allozyme variation in *Polyommatus coridon* (Lepidoptera: Lycaenidae): identification of ice-age refugia and reconstruction of post-glacial expansion. *Journal of Biogeography* **28**: 1129–1136.
- Schmitt, T. & Seitz, A. (2001b) Influence of the ice-age on the genetics and intraspecific differentiation of butterflies.*Proceedings of the International Colloquium of the European Invertebrate Survey (EIS), Macevol Priory, Arboussols (66-France), 30 August 1999 – 4 September 1999*: 16–26.
- Schmitt, T. & Seitz, A. (2001c) Intraspecific allozymatic differentiation reveals the glacial refugia and the postglacial expansions of European *Erebia medusa* (Lepidoptera: Nymphalidae). *Biological Journal of the Linnean Society* **74**: 429–458.
- Schmitt, T. & Seitz, A. (2004) Low diversity but high differentiation: the population genetics of *Aglaope infausta* (Zygaenidae: Lepidoptera). *Journal of Biogeography* **31**: 137–144.
- Schmitt, T. & Varga, Z. (2012) Extra-Mediterranean refugia: The rule and not the exception? *Frontiers in Zoology* **9**: 22.
- Schmitt, T., Hewitt, G.M. & Müller, P. (2006b) Disjunct distributions during glacial and interglacial periods in mountain butterflies: *Erebia epiphron* as an example. *Journal of Evolutionary Biology* **19**: 108–113.
- Schmitt, T., Muster, C. & Schönswetter, P. (2010) Are disjunct alpine and arctic-alpine animal and plant species in the western Palearctic really «relics of a cold past»? In: Habel, J.C. & Assmann, T. (eds.): *Relict Species: Phylogeography and Conservation Biology*. Springer, Heidelberg: 239–252.
- Schmitt, T., Röber, S. & Seitz, A. (2005a) Is the last glaciation the only relevant event for the present genetic population structure of the meadow brown butterfly *Maniola jurtina* (Lepidoptera: Nymphalidae)? *Biological Journal of the Linnean Society* **85**: 419–431.
- Schmitt, T., Varga, Z. & Seitz, A. (2005b) Are *Polyommatus hispana* and *Polyommatus slovacus* bivoltine *Polyommatus coridon* (Lepidoptera: Lycaenidae)? The discriminatory value of genetics in taxonomy. *Organisms, Diversity & Evolution* **5**: 297–307.
- Schmitt, T., Habel, J.C., Rödder, D. & Louy, D. (2014) Effects of recent and past climatic shifts on the genetic structure of the high mountain Yellow-spotted ringlet butterfly *Erebia manto* (Lepidoptera, Satyrinae): a conservation problem. *Global Change Biology* **20**: 2045–2061.
- Schmitt, T., Habel, J.C., Zimmermann, M. & Müller, P. (2006a) Genetic differentiation of the marbled white butterfly, *Melanargia galat-*

hea, accounts for glacial distribution patterns and postglacial range expansion in southeastern Europe. *Molecular Ecology* **15**: 1889–1901.

- Schmitt, T., Rákosy, L., Abadjiev, S. & Müller, P. (2007) Multiple differentiation centres of a non-Mediterranean butterfly species in south-eastern Europe. *Journal of Biogeography* **34**: 939–950.
- Schmitz, P., Cibois, A. & Landry, B. (2007) Molecular phylogeny and dating of an insular endemic moth radiation inferred from mitochondrial and nuclear genes: The genus *Galagete* (Lepidoptera: Autostichidae) of the Galapagos Islands. *Molecular Phylogenetics and Evolution* **45**: 180–192.
- Schneider, C.J., Cunningham, M. & Moritz, C. (1998) Comparative phylogeography and the history of endemic vertebrates in the wet tropics rainforests of Australia. *Molecular Ecology* **7**: 487–498.
- Schneider, C.J.S., Smith, T.B., Larison, B. & Moritz, C. (1999) A test of alternative models of diversification in tropical rain-forests: ecological gradients vs. refugia. *Proceedings of the National Academy of Sciences of the United States of America* **96**: 13869–13873.
- Schoenherr, A.A., Feldmeth, C.R. & Emerson, M.J. (1999) *Natural history of the islands of California*. University of California Press, Berkeley, CA.
- Schönswetter, P. & Schneeweiss, G.M. (2009) *Androsace komovensis* sp. nov., a long mistaken local endemic from the southern Balkan Peninsula with biogeographic links to the Eastern Alps. *Taxon* **58**: 544–549.
- Schönswetter, P., Elven, R. & Brochmann, C. (2008) Trans-Atlantic dispersal and large-scale lack of genetic structure in the circumpolar, arctic-alpine sedge *Carex bigelowii* s. lat. (Cyperaceae). *American Journal of Botany* **95**: 1006–1014.
- Schönswetter, P., Popp, M. & Brochmann, C. (2006a) Rare arctic-alpine plants of the European Alps have different immigration histories: the snowbed species *Minuartia biflora* and *Ranunculus pygmaeus*. *Molecular Ecology* **15**: 709–720.
- Schönswetter, P., Tribsch, A. & Niklfeld, H. (2003a) Phylogeography of the high alpine cushion-plant *Androsace alpina* (Primulaceae) in the European Alps. *Plant Biology* **5**: 623–630.
- Schönswetter, P., Tribsch, A. & Niklfeld, H. (2004b) Amplified fragment length polymorphism (AFLP) reveals no genetic divergence of the eastern alpine endemic *Oxytropis campestris* subsp. *tiroliensis* (Fabaceae) from widespread subsp. *campestris*. *Plant Systematics and Evolution* **244**: 245–255.
- Schönswetter, P., Paun, O., Tribsch, A. & Niklfeld, H. (2003c) Out of the Alps: Colonisation of the Arctic by East Alpine populations of *Ranunculus glacialis* (Ranunculaceae). *Molecular Ecology* **12**: 3371–3381.
- Schönswetter, P., Stehlik, I., Holderegger, R. & Tribsch, A. (2005) Molecular evidence for glacial refugia of mountain plants in the European Alps. *Molecular Ecology* **14**:3547–3555.
- Schönswetter, P., Tribsch, A., Barfuss, M., & Niklfeld, H. (2002) Several Pleistocene refugia detected in the high alpine plant *Phyteuma globulariifolium* in the European Alps. *Molecular Ecology* **11**: 2637–2647.
- Schönswetter, P., Tribsch, A., Schneeweiss, G.M. & Niklfeld, H. (2003b) Disjunctions in relict alpine plants: phylogeography of *Androsace brevis* and *A. wulfeniana* (Primulaceae). *Botanical Journal of the Linnean Society* **141**: 437–446.
- Schönswetter, P., Tribsch, A., Stehlik, I., & Niklfeld, H. (2004a) Glacial history of high alpine *Ranunculus glacialis* (Ranunculaceae) in the European Alps in a comparative phylogeographical context. *Biological Journal of the Linnean Society* **81**: 183–195.
- Schulte, J.A., Macey, J.R., Pethiyagoda, R. & Larson, A. (2002) Rostral horn evolution among agamid lizards of the genus *Ceratophora* endemic to Sri Lanka. *Molecular Phylogenetics and Evolution* **22**: 111–117.
- Schwartz, M.K., Copeland, J.P., Anderson, N.J., Squires, J.R., Inman, R.M., McKelvey, K.S., Pilgrim, K.L., Waits, L.P. & Cushman, S.A. (2009) Wolverine gene flow across a narrow climatic niche. *Ecology* **90**: 3222–3232.
- Schwartz, S., Klügel, A., van den Bogaard, P. & Geldmacher, J. (2005) Internal structure and evolution of a volcanic rift system in the eastern North Atlantic: the Desertas rift zone, Madeira archipelago. *Journal of Volcanology and Geothermal Research* **141**: 123–155.
- Sclater, P.L. (1858) On the general geographical distribution of the members of the class Aves. *Journal of the Proceedings of the Linnean Society: Zoology* **2**: 130–145.
- Scotti-Saintagne, C., Dick, C.W., Caron, H., Vendramin, G.G., Troispoux, V., Sire, P., Casalis, M., Buonamici, A., Valencia, R., Lemes, M.R., Gribel, R. & Scotti, I. (2013) Amazon diversification and cross-Andean dispersal of the widespread Neotropical tree species *Jacaranda copaia* (Bignoniaceae). *Journal of Biogeography* **40**: 707–719.
- Scribner, K.T., Talbot, S.L., Pearce, J.M., Pierson, B.J., Bollinger, K.S. & Derksen, D.V. (2003) Phylogeography of Canada Goose (*Branta canadensis*) in western North America. *The Auk* **120**: 889–907.
- Seddon, J.M., Santucci, F., Reeve, N.J. & Hewitt, G.M. (2001) DNA footprints of European hedgehogs, *Erinaceus europaeus* and *E. concolor*. Pleistocene refugia, postglacial expansion and colonization routes. *Molecular Ecology* **10**: 2187–2198.
- Seddon, J.M., Santucci, F., Reeve, N. & Hewitt, G.M. (2002) Caucasus Mountains divide postulated postglacial colonization routes in the white-breasted hedgehog, *Erinaceus concolor*. *Journal of Evolutionary Biology* **15**: 463–467.
- Šedivá, A., Janko, K., Šlechtová, V., Kotlík, P., Simonović, P., Delić, A. & Vassilev, M. (2008) Around or across the Carpathians: colonization model of the Danube basin in-

ferred from genetic diversification of stone loach (*Barbatula barbatula*) populations. *Molecular Ecology* **17**: 1277–1292.

- Seehausen, O. (2006) African cichlid fish: a model system in adaptive radiation research. *Proceedings of the Royal Society of London B* **273**: 1987–1998.
- Sérsic, A.N., Cosacov, A., Cocucci, A.A., Johnson, L.A., Pozner, R., Avila, L.J., Sites Jr., J.W. & Morando, M. (2011) Emerging phylogeographical patterns of plants and terrestrial vertebrates from Patagonia. *Biological Journal of the Linnean Society* **103**: 475–494.
- Sezonlin, M., Dupas, S., le Rü, B., le Gall, P., Mayal., P., Calatayud, P.-A., Giffard, I., Faure, N. & Silvain, J.-F. (2006) Phylogeography and population genetics of the maize stalk borer *Busseola fusca* (Lepidoptera, Noctuidae) in sub-Saharan Africa. *Molecular Ecology* **15**: 407–420.
- Shafer, A.B.A., Côté, S.D. & Coltman, D.W. (2011) Hot spots of genetic diversity descended from multiple Pleistocene refugia in an alpine ungulate. *Evolution* **65**: 125–138.
- Shafer, A.B.A., Cullingham, C.I., Côté, S.D. & Coltman, D.W. (2010) Of glaciers and refugia: a decade of study sheds new light on the phylogeography of northwestern North America. *Molecular Ecology* **19**: 4589–4621.
- Shapiro, L.H., Strazanac, J.S. & Roderick, G.K. (2006) Molecular phylogeny of *Banza* (Orthoptera: Tettigoniidae), the endemic katydids of the Hawaiian Archipelago. *Molecular Phylogenetics and Evolution* **41**: 53–63.
- Shaw, K.L. (2002) Conflict between nuclear and mitochondrial DNA phylogenies of a recent species radiation: What mtDNA reveals and conceals about modes of speciation in Hawaiian crickets. *Proceedings of the National Academy of Sciences of the United States of America* **99**: 16122–16127.
- Shaw, K.L. & Gillespie, R.G. (2016) Comparative phylogeography of oceanic archipelagos: Hotspots for inferences of evolutionary process. *Proceedings of the National Academy of Sciences of the United States of America* **113**: 7986–7993.
- Sheldon, F.H., Lohman, D.J., Lim, H.C., Zou, F., Goodman, S.M., Prawiradilaga, D.M., Winker, K., Braile, T.M. & Moyle, R.G. (2009) Phylogeography of the magpie-robin species complex (Aves: Turdidae: *Copsychus*) reveals a Philippine species, an interesting isolating barrier and unusual dispersal patterns in the Indian Ocean and Southeast Asia. *Journal of Biogeography* **36**: 1070–1083.
- Sheldon, F.H., Oliveros, C.H., Taylor, S.S., Mckay, B., Lim H.C., Rahman, M.A., Mays, H. & Moyle, R.G. (2012) Molecular phylogeny and insular biogeography of the lowland tailorbirds of Southeast Asia (Cisticolidae: *Orthotomus*). *Molecular Phylogenetics and Evolution* **65**: 54–63.
- Shepherd, L.D. & Lambert, D.M. (2007) The relationships and origins of the New Zealand wattlebirds (Passeriformes, Callaeatidae) from DNA sequence analysis. *Molecular Phylogenetics and Evolution* **43**: 480–492.
- Shepherd, L.D. & Lambert, D.M. (2008) Ancient DNA and conservation: lessons from the endangered kiwi of New Zealand. *Molecular Ecology* **17**: 2174–2184.
- Shephard, J.M., Hughes, J.M., Catterall, C.P. & Olsen, P.D. (2005) Conservation status of the White-Bellied Sea-Eagle *Haliaeetus leucogaster* in Australia determined using mtDNA control region sequence data. *Conservation Genetics* **6**: 413–429.
- Shi, M.-M., Michalski, S.G., Welk, E., Chen, X.-Y. & Durka, W. (2014) Phylogeography of a widespread Asian subtropical tree: genetic east–west differentiation and climate envelope modelling suggest multiple glacial refugia. *Journal of Biogeography* **41**: 1710–1720.
- Shih, H.T., Hung, H.C., Schubart, C.D., Chen, C.L.A. & Chang, H.W. (2006) Intraspecific genetic diversity of the endemic freshwater crab *Candidiopotamon rathbunae* (Decapoda, Brachyura, Potamidae) reflects five million years of the geological history of Taiwan. *Journal of Biogeography* **33**: 980–989.
- Siler, C.D., Diesmos, A.C., Alcala, A.C. & Brown, R.M. (2011) Phylogeny of Philippine slender skinks (Scincidae: *Brachymeles*) reveals underestimated species diversity, complex biogeographical relationships, and cryptic patterns of lineage diversification. *Molecular Phylogenetics and Evolution* **59**: 53–65.
- Siler, C.D., Oaks, J.R., Esselstyn, J.A., Diesmos, A.C. & Brown, R.M. (2010) Phylogeny and biogeography of Philippine bent-toed geckos (Gekkonidae: *Cyrtodactylus*) contradict a prevailing model of Pleistocene diversification. *Molecular Phylogenetics and Evolution* **55**: 699–710.
- Silva Ferreira, W.A., do Nascimento Borges, B., Rodrigues-Antunes, S., de Andrade, F.A.G., Ferreira de Souza Aguiar, G.,de Sousa e Silva-Junior, J., Marques-Aguiar, S.A. & Harada, M.L. (2014) Phylogeography of the Dark Fruit-Eating Bat *Artibeus obscurus* in the Brazilian Amazon. *Journal of Heredity* **105**: 48–59.
- Simakova, A.N. (2006) The vegetation of the Russian Plain during the second part of the Late Pleistocene (33–18 ka). *Quaternary International* **149**: 110–114.
- Siriwut, W., Edgecombe, G.D., Sutcharit, C. & Panha, S. (2015) The centipede genus *Scolopendra* in mainland Southeast Asia: molecular phylogenetics, geometric morphometrics and external morphology as tools for species delimitation. *PLoS ONE* **10**: e0135355.
- Skog, A., Zachos, F.E., Rueness, E.K., Feulner, P.G.D., Mysterud, A., Langvatn, R., Lorenzini, R., Hmwe, S.S., Lehoczky, I., Hartl, G.B., Stenseth, N.C. & Jakobsen, K.S. (2009) Phylogeography of red deer (*Cervus elaphus*) in Europe. *Journal of Biogeography* **36**: 66–77.
- Skrede, I., Eidesen, P.B., Portela, R.P. & Brochmann, C. (2006) Refugia, differentiation and postglacial migration in arctic-alpine Eurasia, exemplified by the mountain

avens (*Dryas octopetala* L.). *Molecular Ecology* **15**: 827–1840.

- Slade, R.W. & Moritz, C. (1998) Phylogeography of *Bufo marinus* from its natural and introduced ranges. *Proceedings of the Royal Society of London B* **265**: 769–777.
- Šmíd, J., Carranza, S., Kratochvíl, L., Gvoždík, V., Nasher, A.K. & Moravec, J. (2013) Out of Arabia: A complex biogeographic history of multiple vicariance and dispersal events in the gecko genus *Hemidactylus* (Reptilia: Gekkonidae). *PLoS ONE* **8**: e64018.
- Smit, H.A., Robinson, T.J. & Van Vuuren, B.J. (2007) Coalescence methods reveal the impact of vicariance on the spatial genetic structure of *Elephantulus edwardii* (Afrotheria, Macroscelidea). *Molecular Ecology* **16**: 2680–2692.
- Smith, D.R., Villafuerte, L., Otis, G. & Palmer, M.R. (2000) Biogeography of *Apis cerana* F. and *A. nigrocincta* Smith: insights from mtDNA studies. *Apidologie* **31**: 265–279.
- Smith, M.F., Kelt, D.A. & Patton, J.L. (2001) Testing models of diversification in mice in the *Abrothrix olivaceus/xanthorhinus* complex in Chile and Argentina. *Molecular Ecology* **10**: 397–405.
- Smith, W., Scott, I.A.W. & Keogh, J.S. (2007) Molecular phylogeography of Rosenberg's goanna (Reptilia: Varanidae: *Varanus rosenbergi*) and its conservation status in New South Wales. *Systematics and Biodiversity* **5**: 361–369.
- Smitz, N., Berthouly, C., Cornelis, D., Heller, R., Van Hooft, W.F., Chardonnet, P., Caron, A., Prins, H.H.T., Jansen van Vuuren, B., de Long, H.H. & Michaux, J.R. (2013) Pan-African genetic structure in the African buffalo *(Syncerus caffer):* investgating sub-species divergence. *PLoS ONE* **8**: e56235.
- Smyly, W.J.P. (1955) On the biology of the stone-loach *Nemacheilus barbatila* (L.). *Animal Ecology* **24**: 167–186.
- Solomon, S.E., Bacci Jr., M., Martins Jr., J., Vinha, G.G. & Mueller, U.G. (2008) Paleodistributions and comparative molecular phylogeography of leafcutter ants (*Atta* spp.) provide new insight into the origins of amazonian diversity. *PLoS ONE* **3**: e2738.
- Soltis, D.E., Gitzendanner, M.A., Strenge, D.D. & Soltis, P.S. (1997) Chloroplast DNA intraspecific phylogeography of plants from the Pacific Northwest of North America. *Plant Systematics and Evolution* **206**: 353–373.
- Soltis, D.E., Morris, A.B., Lachlan, J.S.M., Manos, P.S. & Soltis, P.S. (2006) Comparative phylogeography of unglaciated eastern North America. *Molecular Ecology* **15**: 4261–4293.
- Sommer, R.S. & Nadachowski, A. (2006) Glacial refugia of mammals in Europe: evidence from fossil records. *Mammal Review* **36**: 251–265.
- Sommer, R.S., Fahlke, J.M., Schmolcke, U., Benecke, N. & Zachos, F.E. (2009) Quaternary history of the European roe deer *Capreolus capreolus*. *Mammal Review* **39**: 1–16.
- Sonderegger, P. (2005) *Die Erebien der Schweiz*. Selbstverlag, Biel/Bienne.
- Song, G., Qu, Y.H., Yin, Z.H., Li, S.S., Liu, N.F. & Lei, F. (2009) Phylogeography of the *Alcippe morrisonia* (Aves: Timaliidae): Long population history beyond late Pleistocene glaciations. *BMC Evolutionary Biology* **9**: 143.
- Sosef, M.S.M. (1994) Refuge begonias: taxonomy, phylogeny and historical biogeography of *Begonia* sect. *Loasibegonia* and sect. *Scutobegonia* in relation to glacial rain forest refugia in Africa.Studies in Begoniaceae V. *Wageningen Agricultural University Papers* **94**: 1–306.
- Sotiropoulos, K., Eleftherakos, K., Džukić, G., Kalezić, M.L., Legakis, A. & Polymeni, R.M. (2007) Phylogeny and biogeography of the alpine newt *Mesotriton alpestris* (Salamandridae, Caudata), inferred from mtDNA sequences. *Molecular Phylogenetics and Evolution* **45**: 211–226.
- Sousa, P., Froufe, E., Alves, P.C. & Harris, J.D. (2010) Genetic diversity within scorpions of the genus *Buthus* from the Iberian Peninsula: mitochondrial DNA sequence data indicate additional distinct cryptic lineages. *The Journal of Arachnology* **38**: 206–211.
- Sousa, P., Harris, D.J., Froufe, E. & van der Meijden, A. (2012) Phylogeographic patterns of *Buthus* scorpions (Scorpiones: Buthidae) in the Maghreb and South-Western Europe based on CO1 mtDNA sequences. *Journal of Zoology* **288**: 66–75.
- Spaeth, P.A., van Tuinen, M., Chan, Y.L., Terca, D. & Hadly, E.A. (2009) Phylogeography of *Microtus longicaudus* in the tectonically and glacially dynamic central Rocky Mountains. *Journal of Mammalogy* **90**: 571–584.
- Sparks, J.S. (2004) Molecular phylogeny and biogeography of the Malagasy and South Asian cichlids (Teleostei: Perciformes: Cichlidae). *Molecular Phylogenetics and Evolution* **30**: 599–614.
- Sparks, J.S. & Smith, W.L. (2004) Phylogeny and biogeography of cichlid fishes (Teleostei: Perciformes: Cichlidae). *Cladistics* **20**: 501–517.
- Squillace, A.E. & Silen, R.R. (1962) Racial variation in ponderosa pine. *Forest Science Monograph* **2**: 1–27.
- Stachurska-Swakon, A., Cieslak, E. & Ronikier, M. (2013) Phylogeography of a subalpine tall-herb *Ranunculus platanifolius* (Ranunculaceae) reveals two main genetic lineages in the European mountains. *Botanical Journal of the Linnean Society* **171**: 413–428.
- Stamford, M.D. & Taylor, E.B. (2004) Phylogeographical lineages of Arctic grayling (*Thymallus arcticus*) in North America: divergence, origins and affinities with Eurasian *Thymallus*. *Molecular Ecology* **13**: 1533–1549.
- Stanton, D.W.G., Hart, J., Galbusera, P., Helsen, P., Shephard, J., Kümpel, N.F., Wang, J., Ewen, J.G., Bruford, M.W. (2014) Distinct and diverse: range-wide phylogeography reveals ancient lineages and high genetic variation in the en-

dangered okapi *(Okapia johnstoni). PLoS ONE* **9**: e101081.

- Stattersfield, A.J., Crosby, M.J., Long, A.J. & Wege, D.C. (1998) *Endemic Bird Areas of the World. Priorities for Biodiversity Conservation.* BirdLife Conservation Series No. **7**. BirdLife International, Cambridge.
- Steele, C.A. & Storfer, A. (2006) Coalescent-based hypothesis testing supports multiple Pleistocene refugia in the Pacific Northwest for the Pacific giant salamander *(Dicamptodon tenebrosus). Molecular Ecology* **15**: 2477–2487.
- Steele, C.A. & Storfer, A. (2007) Phylogeographic incongruence of codistributed amphibian species based on small differences in geographic distribution. *Molecular Phylogenetics and Evolution* **43**: 468–479.
- Stehli, F.G. & Webb, S.D. (1985) *The Great American Biotic Interchange.* Plenum Press, New York.
- Stehlik, I. (2002) Glacial history of the alpine herb *Rumex nivalis* (Polygonaceae): a comparison of common phylogeographic methods with nested clade analysis. *American Journal of Botany* **89**: 2007–2016.
- Stehlik, I., Schneller, J.J. & Bachmann, K. (2001) Resistance or emigration: response of the high-alpine plant *Eritrichium nanum* (L.) Gaudin to the ice age within the Central Alps. *Molecular Ecology* **10**: 357–370.
- Stehlik, I., Schneller, J.J. & Bachmann, K. (2002a) Immigration and *in situ* glacial survival of the low-alpine *Erinus alpinus* (Scrophulariaceae). *Botanical Journal of the Linnean Society* **77**: 87–103.
- Stehlik, I., Blattner, F.R., Holderegger, R. & Bachmann, K. (2002b) Nunatak survival of the high Alpine plant *Eritrichium nanum* (L.) Gaudin in the central Alps during the ice ages. *Molecular Ecology* **11**: 2027–2036.
- Steinfartz, S., Veith, M., Tautz, D. (2000) Mitochondrial sequence analysis of *Salamandra* taxa suggests old splits of major lineages and postglacial recolonization of Central Europe from distinct source populations of *S. salamandra. Molecular Ecology* **9**: 397–410.
- Steiper, M.E. (2006) Population history, biogeography, and taxonomy of orangutans (Genus: *Pongo*) based on a population genetic meta-analysis of multiple loci. *Journal of Human Evolution* **50**: 509–522.
- Stephen, C.L., Reynoso, V.H., Collett, W.S., Hasbun, C.R. & Breinholt, J.W. (2013) Geographical structure and cryptic lineages within common green iguanas, *Iguana iguana. Journal of Biogeography* **40**: 50–62.
- Steppan, S.J., Zawadzki, C. & Heaney, L.R. (2003) Molecular phylogeny of the endemic Philippine rodent *Apomys* (Muridae) and the dynamics of diversification in an oceanic archipelago. *Biological Journal of the Linnean Society* **80**: 699–715.
- Stevens, G.R. (1980) *New Zealand adrift: the theory of continental drift in a New Zealand setting.* A.H. & A.W. Reed Ltd. Wellington.
- Stewart, J.R. (2009) The evolutionary consequence of the individualistic response to climate change. *Journal of Evolutionary Biology* **22**: 2363–2375.
- Stewart, J.R. & Lister, A.M. (2001) Cryptic northern refugia and the origins of the modern biota. *Trends in Ecology and Evolution* **16**: 608–613.
- Stewart, J.R. & Stringer, C.B. (2012) Human evolution out of Africa: the role of refugia and climate change. *Science* **335**: 1317–1321.
- Stewart, J.R., Lister, A.M., Barnes, I. & Dalén, L. (2010) Refugia revisited: individualistic responses of species in space and time. *Proceedings of the Royal Society of London, Series B* **277**: 661–671.
- Stöck, M., Dubey, S., Klütsch, C., Litvinchuk, S.N., Scheidt, U. & Perrin, N. (2008a) Mitochondrial and nuclear phylogeny of circum-Mediterranean tree frogs from the *Hyla arborea* group. *Molecular Phylogenetics and Evolution* **49**: 1019–1024.
- Stöck, M., Moritz, C., Hickerson, M., Frynta, D., Dujsebayeva, T., Eremchenko, V., Macey, J.R., Papenfuss, T.J. & Wake, D.B. (2006) Evolution of mitochondrial relationships and biogeography of Palearctic green toads (*Bufo viridis* subgroup) with insights in their genomic plasticity. *Molecular Phylogenetics and Evolution* **41**: 663–689.
- Stöck, M., Sicilia, A., Belfiore, N.M., Buckley, D., Lo Brutto, S., Lo Valvo, M. & Arculeo, M. (2008b) Post-Messinian evolutionary relationships across the Sicilian channel: mitochondrial and nuclear markers link a new green toad from Sicily to African relatives. *BMC Evolutionary Biology* **8**: 56.
- Stöckler, K., Daniel, I.L. & Lockhart, P.J. (2002) New Zealand kauri (*Agathis australis* (D. Don) Lindl., Araucariaceae) survives Oligocene drowning. *Systematic Biology* **51**: 827–832.
- Stone, A.C., Battistuzzi, F.U., Kubatko, L.S., Perry, G.H. Jr., Trudeau, E., Lin, H. & Kumar, S. (2010) More reliable estimates of divergence times in *Pan* using complete mtDNA sequences and accounting for population structure. *Philosophical Transactions of the Royal Society of London B* **365**: 3277–3288.
- Stone, K.D., Flynn, R.W. & Cook, J.A. (2002) Post-glacial colonization of northwestern North America by the forest-associated American marten (*Martes americana*, Mammalia: Carnivora: Mustelidae). *Molecular Ecology* **11**: 2049–2063.
- Stroscio, S., Baviera, C., Frati, F., lo Paro, G. & Nardi, F. (2011) Colonization of the Aeolian Islands by *Pimelia rugulosa rugulosa* Germar, 1824 (Coleoptera: Tenebrionidae) inferred from the genetic structure of populations: geological and environmental relations. *Biological Journal of the Linnean Society* **104**: 29–37.
- Stüben, P.E. & Astrin, J.J. (2010) Molecular phylogeny in endemic weevils: revision of the genera of Macaronesian Cryptorhynchinae (Coleoptera: Curculionidae). *Zoological Journal of the Linnean Society* **160**: 40–87.

- Stuckas, H., Velo-Antón, G., Fahd, S., Kalboussi, M., Rouag, R., Arculeo, M., Marrone, F., Sacco, F., Vamberger, M. & Fritz, U. (2014) Where are you from, stranger? The enigmatic biogeography of North African pond turtles (*Emys orbicularis*). *Organisms, Diversity & Evolution* **14**: 295–306.
- Su, Y.-C., Chang, Y.-H., Lee, S.-C. & Tso, I.-M. (2007) Phylogeography of the gigant wood spider (*Nephila pilipes*, Aranidae) from Asian–Australian region. *Journal of Biogeography* **34**: 177–191.
- Su, Z.H. & Zhang, M.L. (2013) Evolutionary response to Quaternary climate aridification and oscillations in north-western China revealed by chloroplast phylogeography of the desert shrub *Nitraria sphaerocarpa* (Nitrariaceae). *Biological Journal of the Linnean Society* **109**: 757–770.
- Su, Z.H., Zhang, M.L. & Cohen, J.I. (2012) Phylogeographic and demographic effects of Quaternary climate oscillations in *Hexinia polydichotoma* (Asteraceae) in Tarim Basin and adjacent areas. *Plant Systematics and Evolution* **298**: 1767–1776.
- Suárez, N.M., Betancor, E., Klassert, T.E., Almeida, T., Hernández, M. & Pestano, J.J. (2009) Phylogeography and genetic structure of the Canarian common chaffinch *(Fringilla coelebs)* inferred with mtDNA and microsatellite loci. *Molecular Phylogenetics and Evolution* **53**: 556–564.
- Suda, J., Weiss-Schneeweiss, H., Tribsch, A., Schneeweiss, G., Trávníček, P. & Schönswetter, P. (2007) Complex distribution patterns of di-, tetraand hexaploid cytotypes in the European high mountain plant *Senecio carniolicus* Willd. (Asteraceae). *American Journal of Botany* **94**: 1391–1401.
- Suggate, R.P., Stevens, G.R. & Te Punga, M.T. (1978) *The geology of New Zealand.* E. C. Keating, Government Printer, Wellington.
- Sullivan, J., Market, J.A. & Kilpatrick, C.W. (1997) Phylogeography and molecular systematics of the *Peromyscus aztecus* species group (Rodentia: Muridae) inferred using parsimony and likelihood. *Systematic Biology* **46**: 426–440.
- Sümegi, P. & Rudner, Z.E. (2001) In situ charcoal fragments as remains of natural wild fires in the upper Würm of the Carpathian Basin. *Quaternary International* **76/77**: 165–176.
- Sunnucks, P., Blacket, M.J., Taylor, J.M., Sands, C.J., Ciavaglia, S.A., Garrick, R.C., Tait, N.N., Rowell, D.M. & Pavlova, A. (2006) A tale of two flatties: different responses of two terrestrial flatworms to past environmental climatic fluctuations at Tallaganda in montane southeastern Australia. *Molecular Ecology* **15**: 4513–4531.
- Suzuki, Y., Tomozawa, M., Koizumi, Y., Tsuchiya, K. & Suzuki, H. (2015) Estimating the molecular evolutionary rates of mitochondrial genes referring to Quaternary ice age events with inferred population expansions and dispersals in Japanese *Apodemus*. *BMC Evolutionary Biology* **15**: 187.
- Svenning, J.-C., Normand, S. & Kageyama, M. (2008) Glacial refugia of temperate trees in Europe: insights from species distribution modelling. *Journal of Ecology* **96**: 1117–1127.
- Szymura, J.M., Uzzell, T. & Spolsky, C. (2000) Mitochondrial DNA variation in the hybridizing fire-bellied toads, *Bombina bombina* and *B. variegata*. *Molecular Ecology* **9**: 891–899.
- Taberlet, P. & Bouvet, J. (1994) Mitochondrial DNA polymorphism, phylogeography, and conservation genetics of the brown bear (*Ursus arctos*) in Europe. *Proceedings of the Royal Society of London B* **255**: 195–200.
- Taberlet, P., Fumagalli, L. & Hausser, J. (1994) Chromosomal versus mitochondrial DNA evolution: tracking the evolutionary history of the southwestern European populations of the *Sorex araneus* group (Mammalia, Insectivora). *Evolution* **48**: 623–636.
- Taberlet, P., Fumagalli, L., Wust-Saucy, A.-G. & Cosson, J.-F. (1998) Comparative phylogeography and postglacial colonization routes in Europe. *Molecular Ecology* **7**: 453–464.
- Talavera, M., Navarro-Sampedro, L., Ortiz, P.L. & Arista, M. (2013) Phylogeography and seed dispersal in islands: the case of *Rumex bucephalophorus* subsp. *canariensis* (Polygonaceae). *Annals of Botany* **111**: 249–260.
- Tan, M.P., Jamsari, A.F.J. & Siti Azizah, M.N. (2012) Phylogeographic Pattern of the Striped Snakehead, *Channa striata* in Sundaland: Ancient River Connectivity, Geographical and Anthropogenic Singnatures. *PLoS ONE* **7**: e52089.
- Tänzler, R., Toussaint, E.F.A., Suhardjono, Y.R., Balke, M. & Riedel, A. (2014) Multiple transgressions of Wallace's Line explain diversity of flightless *Trigonopterus* weevils on Bali. *Proceedings of the Royal Society B* **281**: 20132528.
- Taylor, P.J., Maree, S., Van Sandwyk, J., Kerbis Peterhans, J.C., Stanley, W.T., Verheyen, E., Kaliba, P., Verheyen, W., Kaleme, P. & Bennett, N.C. (2009) Speciation mirrors geomorphology and palaeoclimatic history in African laminate-toothed rats (Muridae: Otomyini) of the *Otomys denti* and *Otomys lacustris* species-complexes in the «Montane Circle» of East Africa. *Biological Journal of the Linnean Society* **96**: 913–941.
- Teeling, E.C., Madsen, O., Murphy, W.J., Springer, M.S. & O'Brien, S.J. (2003) Nuclear gene sequences confirm an ancient link between New Zealand's short-tailed bat and South American noctilionoid bats. *Molecular Phylogenetics and Evolution* **28**: 308–319.
- Templeton, A.R. (1998) Nested clade analyses of phylogeographic data: testing hypotheses about gene flow and population history. *Molecular Ecology* **7**: 381–397.
- Theissinger, K., Bálint, M., Feldheim, K.A., Haase, P., Johannesen, J., Laube, I.& Pauls, S.U. (2012) Glacial survival and post-glacial recolonization of an arctic–alpine freshwater insect (*Arcynopteryx dichroa*, Plecoptera, Perlodidae) in

Europe. *Journal of Biogeographie* **40**: 236–248.

- Thiel-Egenter, C., Holderegger, R., Brodbeck, S., Intrabiodiv Consortium & Gugerli, F. (2009a) Concordant genetic breaks, identified by combining clustering and tessellation methods, in two co-distributed alpine plant species. *Molecular Ecology* **18**: 4495–4507.
- Thiel-Egenter, C., Gugerli, F., Alvarez, N., Brodbeck, S., Cieslak, E., Colli, L., Englisch, T., Gaudeul, M., Gielly, L., Korbecka, G., Negrini, R., Paun, O., Pellecchia, M., Rioux, D., Ronikier, M., Schönswetter, P., Schüpfer, F., Taberlet, P., Tribsch, A., van Loo, M., Winkler, M., Holderegger, R. & IntraBioDiv Consortium (2009b) Effects of species traits on the genetic diversity of high-mountain plants: a multi-species study across the Alps and the Carpathians. *Global Ecology and Biogeography* **18**: 78–87.
- Thomas, W.W. (1999) Conservation and monographic research on the flora of tropical America. *Biodiversity and Conservation* **8**: 1007–1015.
- Thome, M.T.C., Zamudio, K.R., Giovanelli, J.G.R., Haddad, C.F.B., Baldissera Jr., F.A. & Alexandrino, J. (2010) Phylogeography of endemic toads and post-Pliocene persistence of the Brazilian Atlantic Forest. *Molecular Phylogenetics and Evolution* **55**: 1018–1031.
- Thompson, M. & Russel, A. (2005) Glacial Retreat and its Influence on Migration of Mitochondrial Genes in the Long-toed Salamander (*Ambystoma macrodactylum*) in Western North America. In: Elewa, A.M.T. (Hrsg.) *Migration of Organisms*. Springer, Berlin, Heidelberg: 205–246.
- Thompson, S.L. & Whitton, J. (2006) Patterns of recurrent evolution and geographic parthenogenesis within apomictic polyploidy Easter daises *(Townsendia hookeri)*. *Molecular Ecology* **15**: 3389–3400.
- Thorington, R.W., Koprowski, J.L., Steele, M.A. & Whatton, J.F. (2012) *Squirrels of the world*. The Johns Hopkins University Press, Baltimore, MD.
- Tian, B., Zhou, Z., Du, F.K., He, C., Xin, P. & Ma, H. (2015b) The Tanaka Line shaped the phylogeographic pattern of the cotton tree *(Bombax ceiba)* in southwest China. *Biochemical Systematics and Ecology* **60**: 150–157.
- Tian, S., Lei, S.-Q., Hu, W., Deng, L.-L., Li, B., Meng, Q.-L., Soltis, D.E., Soltis, P.S., Fan, D.-M. & Zhang, Z.-Y. (2015a) Repeated range expansions and inter-/postglacial recolonization routes of *Sargentodoxa cuneate* (Oliv.) Rehd. et Wils. (Lardizabalaceae) in subtropical China revealed by chloroplast phylogeography. *Molecular Phylogenetics and Evolution* **85**: 238–246.
- Tietze, D.T., Martens, J., Sun, Y.-H., Severinghaus, L.L. & Päckert, M. (2011) Song evolution in the coal tit *Parus ater*. *Journal of Avian Biology* **42**: 214–230.
- Tolley, K.A., Makokha, J.S., Houniet, D.T., Swart, B.L. & Matthee, C.A. (2009) The potential for predicted climate shifts to impact genetic landscapes of lizards in the South African Cape Floristic Region. *Molecular Phylogenetics and Evolution* **51**: 120–130.
- Tolley, K.A., Tilbury, C.R., Measey, G.J., Menegon, M., Branch, W.R. & Matthee, C.A. (2011) Ancient forest fragmentation or recent radiation? Testing refugial speciation models in chameleons within an African biodiversity hotspot. *Journal of Biogeography* **38**: 1748–1760.
- Tolley, K.A., Townsend, T.M. & Vences, M. (2013) Large-scale phylogeny of chameleons suggests African origins and Eocene diversification. *Proceedings of the Royal Society of London B* **280**: 20130184.
- Tollis, M & Boissinot, S. (2013) Genetic variation in the green anole lizard *(Anolis carolinensis)* reveals island refugia and a fragmented Florida during the quaternary. *Genetica* **142**: 59–72.
- Tollis, M., Ausubel, G., Ghimire, D. & Boissinot, S. (2012) Multi-locus phylogeographic and population genetic analysis of *Anolis carolinensis*: historical demography of a genomic model species. *PLoS ONE* **7**:e38474.
- Tolman, T. & Lewington, R. (1998) *Die Tagfalter Europas und Nordwestafrikas*. Franckh-Kosmos Verlag, Stuttgart.
- Tomasik, E. & Cook, J.A. (2005) Mitochondrial phylogeography and conservation genetics of wolverine (*Gulo gulo*) of northwestern North America. *Journal of Mammalogy* **86**: 386– 396.
- Tomaru, N., Takahashi, M., Tsumura, Y., Takahashi, M. & Ohba, K. (1998) Intraspecific variation and phylogeographic patterns of *Fagus crenata* (Fagaceae) mitochondrial DNA. *American Journal of Botany* **85**: 629–636.
- Toon, A., Mather, P., Baker, A. & Durrant, K.J.H. (2007) Pleistocene refugia in an arid landscape: analysis of a widely distributed Australian passerine. *Molecular Ecology* **16**: 2525–2541.
- Torres-Perez, F., Lamborot, M., Boric-Bargetto, D., Hernandez, C.E., Ortiz, J.C. & Palma, R.E. (2007) Phylogeography of a mountain lizard species: an ancient fragmentation process mediated by riverine barriers in the *Liolaemus monticola* complex (Sauria: Liolaemidae). *Journal of Zoological Systematics and Evolutionary Research* **45**: 72–81.
- Tosi, A.J., Morales, J.C. & Melnick, D.J. (2002) Y-chromosome and mitochondrial markers in *Macaca fascicularis* indicate introgression with Indochinese Mmulatta and a biogeographic barrier in the Isthmus of Kra. *International Journal of Primatology* **23**: 161–178.
- Tougard, C., Renvoisé, E., Petitjean, A. & Quéré, J.-P. (2008) New insight into the colonization processes of common voles: inferences from molecular and fossil evidence. *PLoS ONE* **3**: e3532.
- Townsend, T.M., Vieites, D.R., Glaw, F. & Vences, M. (2009) Testing species-level diversification hypotheses in Madagascar: the case of microendemic *Brookesia*leaf chameleons. *Systematic Biology* **58**: 641–656.
- Trauth, M.H., Maslin, M.A., Deino, A.L., Strecker, M.R., Bergner, A.G.N. & Dünforth, M. (2007)

High- and low-latitude forcing of Plio-Pleistocene East African climate and human evolution. *Journal of Human Evolution* **53**: 475–486.

- Tremblay, N.O. & Schoen, D.J. (1999) Molecular phylogeography of *Dryas integrifolia*: glacial refugia and postglacial recolonization. *Molecular Ecology* **8**: 1187–1198.
- Trenel, P., Gustafsson, M.H.G., Baker, W.J., Asmussen-Lange, C.B., Dransfield, J. & Borchsenius, F. (2007) Mid-Tertiary dispersal, not Gondwanan vicariance explains distribution patterns in the wax palm subfamily (Ceroxyloideae: Arecaceae). *Molecular Phylogenetics and Evolution* **45**: 272–288.
- Trewick, S.A. (2000) Mitochondrial DNA sequences support allozyme evidence for cryptic radiation of New Zealand *Peripatoides* (Onychophora). *Molecular Ecology* **9**: 269–281.
- Trewick, S.A. & Morgan-Richards, M. (2005) After the deluge: mitochondrial DNA indicates Miocene radiation and Pliocene adaptation of tree and giant weta (Orthoptera: Anostostomatidae). *Journal of Biogeography* **32**: 295–309.
- Trewick, S.A., Paterson, A.M. & Campbell, H.J. (2007) Hello New Zealand. *Journal of Biogeography* **34**: 1–6.
- Trewick, S.A., Wallis, G.P. & Morgan-Richards, M. (2000) Phylogeographical pattern correlates with Pliocene mountain building in the alpine scree weta (Orthoptera, Anostostomatidae). *Molecular Ecology* **9**: 657–666.
- Triantafyllidis, A., Krieg, F., Cottin, C., Abatzopoulos, T.J., Triantaphyllidis, C. & Guyomard, R. (2002) Genetic structure and phylogeography of European catfish *(Silurus glanis)* populations. *Molecular Ecology* **11**: 1039–1055.
- Tribsch, A., Schönswetter, P. & Stuessy, T.F. (2002) *Saponaria pumila* (Caryophyllaceae) and the ice-age in the Eastern Alps. *American Journal of Botany* **89**: 2024–2033.
- Triponez, Y., Buerki, S., Borer, M., Naisbit, R.E., Rahier, M. & Alvarez, N. (2011) Discordances between phylogenetic and morphological patterns in alpine leaf beetles attest to an intricate biogeographic history of lineages in postglacial Europe. *Molecular Ecology* **20**: 2442–2463.
- Tshikolovets, V. (2011) *Butterflies of Europe and the Mediterranean area*. Verlag Vadim Tshikolovets, Pardubice.
- Turchetto-Zolet, A.C., Cruz, F., Vendramin, G.G., Simon, M.F., Salgueiro, F., Margis-Pinheiro, M. & Margis, R. (2012) Large-scale phylogeography of the disjunct Neotropical tree species *Schizolobium parahyba* (Fabaceae-Caesalpinioideae). *Molecular Phylogenetics and Evolution* **65**: 174–182.
- Turchetto-Zolet, A.C., Pinheiro, F., Salgueiro, F. & Palma-Silva, C. (2013) Phylogeographical patterns shed light on evolutionary process in South America. *Molecular Ecology* **22**: 1193–1213.
- Ujvárosi, L., Bálint, M., Schmitt, T., Mészáros, N., Ujvárosi, T. & Popescu, O. (2010) Divergence and speciation in the Carpathians area: patterns of morphological and genetic diversity of the crane fly *Pedicia occulta* (Diptera: Pediciidae). *Journal of the North American Benthological Society* **29**: 1075–1088.
- Uphyrkina, O., Johnson, W.E., Quigley, H., Miquelle, D., Marker, L., Bush, M. & O'Brien, S.J. (2001) Phylogenetics, genome diversity and origin of modern leopard, *Panthera pardus*. *Molecular Ecology* **10**: 2617–2633.
- Ursenbacher, S., Conelli, A., Golay, P., Monney, J.-C., Zuffi, M.A.L., Thiery, G., Durand, T. & Fumagalli, L. (2006a) Phylogeography of the asp viper *(Vipera aspis)* inferred from mitochondrial DNA sequence data: Evidence for multiple Mediterranean refugial areas. *Molecular Phylogenetics and Evolution* **38**: 546–552.
- Ursenbacher, S., Carlsson, M., Helfer, V., Tegelström, H. & Fumagalli, L. (2006b) Phylogeography and Pleistocene refugia of the adder *(Vipera berus)* as inferred from mitochondrial DNA sequence data. *Molecular Ecology* **15**: 3425–3437.
- Valdez, L. & d'Elía, G. (2013) Differentiation in the Atlantic Forest: phylogeography of *Akodon montensis* (Rodentia, Sigmodontinae) and the Carnaval–Moritz model of Pleistocene refugia. *Journal of Mammalogy* **94**: 911–922.
- Valdiosera, C.E., Garcia, N., Anderlung, C., Dalen, L., Cregut-Bonnoure, E., Kahlke, R.D., Stiller, M., Brandström, M., Thomas, M.G., Arsuaga, J.-L., Götherström, A. & Barnes, I. (2007) Staying out in the cold: glacial refugia and mitochondrial DNA phylogeography in ancient European brown bears. *Molecular Ecology* **16**: 5140–5148.
- Valtueña, F.J., López, J., Álvarez, J., Rodríguez-Riaño, T. & Ortega-Olivencia, A. (2016) *Scrophularia arguta*, a widespread annual plant in the Canary Islands: a single recent colonization event or a more complex phylogeographic pattern? *Ecology and Evolution* **6**: 4258–4273.
- Vamberger, M., Stukas, H., Ayas, D., Lymberakis, P., Široký, P. & Fritz, U. (2014) Massive transoceanic gene flow in a freshwater turtle (Testudines: Geoemydidae: *Mauremys rivulata*). *Zoologica Scripta* **43**: 313–322.
- Van den Bussche, R.A. & Hoofer, S.R. (2000) Further evidence for inclusion of the New Zealand short-tailed bat (*Mysticina tuberculata*) within Noctilionoidea. *Journal of Mammalogy* **81**: 865–874.
- Van den Bussche, R.A. & Hoofer, S.R. (2001) Evaluating monophyly of Nataloidea (Chiroptera) with mitochondrial DNA sequences. *Journal of Mammalogy* **82**: 320–327.
- VanderWerf, E.A., Young, L.C., Yeung, N.W. & Carlon, D.B. (2010) Stepping stone speciation in Hawaii's flycatchers: Molecular divergence supports new island endemics within the elepaio. *Conservation Genetics* **11**: 1283–1298.
- Vande Weghe, J.P. (2004) *Forests of Central Africa*. Lannoo Publishers, Tielt, Belgien.
- Van Hooft, W.F., Groen, A.F., Prins, H.H.T. (2000) Microsatellite analysis of genetic diversity in Afri-

can buffalo *(Syncerus caffer)* populations throughout Africa. *Molecular Ecology* **9**: 2017–2025.

- Van Hooft, W.F., Groen, A.F. & Prins, H.H.T. (2002) Phylogeography of the African buffalo based on mitochondrial and Y chromosomal loci: pleistocene origin and population expansion of the Cape buffalo subspecies. *Molecular Ecology* **11**: 267–279.
- Van Houdt, J.K., Hellemans, B. & Volckaert, F.A.M. (2003) Phylogenetic relationships among Palearctic and Nearctic burbot *(Lota lota)*: Pleistocene extinctions and recolonization. *Molecular Phylogenetics and Evolution* **29**: 599–612.
- Van Houdt, J.K., De Cleyn, L., Perretti, A. & Volckaert, F.A.M. (2005) A mitogenic view on the evolutionary history of the holarctic freshwater gadoid, burbot *(Lota lota)*. *Molecular Ecology* **14**: 2445–2457.
- Van Swaay, C., Cuttelod, A., Collins, S., Maes, D., López Munguira, M., Šašić, M., Settele, J., Verovnik, R., Verstrael, T., Warren, M., Wiemers, M. & Wynhof, I. (2010) *European Red List of Butterfies*. Publications Office of the European Union, Luxembourg
- Van Tuinen, M. & Hedges, S.B. (2001) Calibration of avian molecular clocks. *Molecular Biology and Evolution* **18**: 206–213.
- Varga, Z. (1967) Taxonomic survey of the SE-European forms of *Melitaea phoebe* Schiff. (Lep.: Nymphalidae) with description of two new subspecies (in Ungarisch mit englischer Zusammenfassung). *Acta Biologica Debrecina* **5**: 119–137.
- Varga, Z (1971) Extension, isolation, micro-évolution. *Acta Biologica Debrecina* **8**: 195–211.
- Varga, Z. (1975) Geographische Isolation und Subspeziation bei den Hochgebirgs-Lepidopteren der Balkanhalbinsel. *Acta Entomologica Jugoslavica* **11**: 5–40.
- Varga, Z. (1996) Biogeography and evolution of the oreal Lepidoptera in the Palaearctic. *Acta Zoologica Hungarica* **42**: 289–330.
- Varga, Z. (1977) Das Prinzip der areal-analytischen Methode in der Zoogeographie und die Faunenelemente-Einteilung der europäischen Tagschmetterlinge (Lep.: Diurna). *Acta Biologica Debrecina* **14**: 223–285.
- Varga, Z. (2010) Extra-Mediterranean refugia, post-glacial vegetation history and area dynamics in Eastern Central Europe. In: Habel, J.C. & Assmann, T.: *Relict Species: Phylogeography and Conservation Biology*. Springer, Berlin, Heidelberg: 57–87.
- Varga, Z. (2014) Biogeography of the high mountain Lepidoptera in the Balkan Peninsula. *Ecologica Montenegrina* **1**: 140–168.
- Varga, Z. & Schmitt, T. (2008) Types of oreal and oreotundral disjunction in the western Palearctic. *Biological Journal of the Linnean Society* **93**: 415–430.
- Vargas-Ramírez, M., Michels J., Castaño-Mora, O.V., Cárdenas-Arevalo, Gallego-García, N. & Fritz U. (2012) Weak genetic divergence between the two South American toad-headed turtles *Mesoclemmys dahli* and *M. zuliae* (Testudimes: Pleurodira: Chelidae). *Amphibia-Reptilia* **33**: 373–385.
- Vasconcelos, P.M., Becker, T.A., Renne, P.R. & Brimhall, G.H. (1992) Age and duration of weathering by 40K-40Ar and 40Ar/39Ar analysis of potassium-manganese oxides. *Science* **258**: 451–455.
- Vasconcelos, R., Froufe, E., Brito, J.C., Carranza, S. & Harris, D.J. (2010) Phylogeography of the African common toad, *Amietophrynus regularis,* based on mitochondrial DNA sequences: inferences regarding the Cape Verde population and biogeographical patterns. *African Zoology* **45**: 291–298.
- Vasconcelos, R., Perera, A., Geniez, P., Harris, D.J. & Carranza, S. (2012) An integrative taxonomic revision of the *Tarentola* geckos (Squamata, Phyllodactylidae) of the Cape Verde Islands. *Zoological Journal of the Linnean Society* **164**: 328–360.
- Vasconcelos, W.R., Hrbek, T., da Silveira, R., de Thoisy, B., dos Santos Ruffeil, L.A.A. & Farias, I.P. (2008) Phylogeographic and conservation genetic analysis of the Black Caiman *(Melanosuchus niger)*. *Journal of Experimental Zoology* **309A**: 600–613.
- Vasconcelos, W.R., Hrbek, T., da Silveira, R., de Thoisy, B., Marioni, B. & Farias, I.P. (2006) Population genetic analysis of *Caiman crocodilus* (Linnaeus, 1758) from South America. *Genetics and Molecular Biology* **29**: 220–230.
- Vásquez, D., Correa, C., Pastenes, L., Palma, R.E. & Méndez, M.A. (2013) Low phylogeographic structure of *Rhinella arunco* (Anura: Bufonidae), an endemic amphibian from the Chilean Mediterranean hotspot. *Zoological Studies* **52**: 35.
- Veith, M., Mayer, C., Samraoui, B., Barroso, D.D. & Bogaerts, S. (2004) From Europe to Africa and *vice versa*: evidence for multiple intercontinental dispersal in ribbed salamanders (Genus *Pleurodeles*). *Journal of Biogeography* **31**: 159–171.
- Veith, M., Schmidtler, J.F., Kosuch, J., Baran, I. & Seitz, A. (2003) Palaeoclimatic changes explain Anatolian mountain frog evolution: a test for alternating vicariance and dispersal events. *Molecular Ecology* **12**: 185–199.
- Velichko, A.A., Kononov, Y.M. & Faustova, M.A. (1997) The last glaciation of Earth: Size and volume of ice-sheets. *Quaternary International* **41–2**: 43–51.
- Velichko, A.A., Catto, N., Drenova, A.N., Klimanova, V.A., Kremenetskia, K.V. & Nechaeva, V.P. (2002) Climate changes in East Europe and Siberia at the Late glacial–holocene transition. *Quaternary International* **91**: 75–99.
- Velo-Antón, G., Godinho, R., Harris, D.J., Santos, F., Martínez-Freiria, F., Fahd, S., Larbes, S., Pleguezuelos, J.M. & Brito, J.C. (2012) Deep evolutionary lineages in a Western Mediterranean snake (*Vipera latastei/monticola* group) and high genetic structuring in Southern Iberian populations. *Molecular Phylogenetics and Evolution* **65**: 965–973.

- Vences, M., Kosuch, J., Rödel, M.O., Lötters, S., Channing, A., Glaw, F. & Böhme, W. (2004) Phylogeography of Ptychadena mascareniensis suggests transoceanic dispersal in a widespread African-Malagasy frog lineage. *Journal of Biogeography* **31**: 593–601.
- Vences, M., Kosuch, J., Glaw, F., Böhme, W. & Veith, M. (2003) Molecular phylogeny of hyperoliid treefrogs: biogeographic origin of Malagasy and Seychellean taxa. *Journal of Zoological Systematics and Evolutionary Research* **41**: 205–215.
- Vences, M., Wollenberg, K.C., Vieites, D.R. & Lees, D.C. (2009) Madagascar as a model region of species diversification. *Trends in Ecology and Evolution* **24**: 456–465.
- Verovnik, R. (2015) Silky Ringlet *Erebia gorge vagana* (Lepidoptera: Nymphalidae) still surviving on Velebit. *Natura Croatica* **24**: 159–162.
- Vianna, J.A., Medina-Vogel, G., Chehebar, C., Sielfeld, W., Olavarría, C. & Faugeron, S. (2011) Phylogeography of the Patagonian otter *Lontra provocax*: adaptive divergence to marine habitat or signature of southern glacial refugia? *BMC Evolutionary Biology* **11**: 53.
- Vidya, T.N.C., Sukumar, R. & Melnick, D.J. (2009) Range-wide mtDNA phylogeography yields insights into the origins of Asian elephants. *Proceedings of the Royal Society of London B* **276**: 893–902.
- Vidya, T., Fernando, P., Melnick, D. & Sukumar, R. (2005) Population differentiation within and among Asian elephant *(Elephas maximus)* populations in southern India. *Heredity* **94**: 71–80.
- Vieites, D.R., Chiari, Y., Vences, M., Andreone, F., Rabemananajara, F., Bora, P., Nieto-Román, S. & Meyer, A. (2006) Mitochondrial evidence for distinct phylogeographic units in the endangered Malagasy poison frog *Mantella bernhardi*. *Molecular Ecology* **15**: 1617–1625.
- Vieites, D.R., Wollenberg, K.C., Andreone, F., Köhler, J., Glaw, F. & Vences, M. (2009) Vast underestimation of Madagascar's biodiversity evidenced by an integrative amphibian inventory. *Proceedings of the National Academy of Sciences of the United States of America* **106**: 8267–8272.
- Vila, M., Marí-Mena, N., Guerrero, A. & Schmitt, T. (2011) Some butterflies do not care much about topography: a single genetic lineage of *Erebia euryale* (Nymphalidae) along the northern Iberian mountains. *Journal of Zoological Systematics and Evolutionary Research* **49**: 119–132.
- Vogler, A.P. & DeSalle, R. (1993) Phylogeographic patterns in Coastal North American tiger beetles (*Cicindela dorsalis* Say) inferred from mitochondrial DNA sequences. *Evolution* **47**: 1192–1202.
- Vogler, A.P., DeSalle, R., Assmann, T., Knisley, C.B. & Schultz, T.D. (1993) Molecular population genetics of the endangered tiger beetle *Cicindela dorsalis* (Coleoptera, Cicindelidae). *Annals of the Entomological Society of America* **86**: 142–152.
- Voris, H.K. (2000) Maps of Pleistocene sea levels in Southeast Asia: shorelines, river systems and time durations. *Journal of Biogography* **27**: 1153–1167.
- Vörös, J., Alcobendas, M., Martínez-Solano, I. & García-París, M. (2006) Evolution of *Bombina bombina* and *Bombina variegata* (Anura: Discoglossidae) in the Carpathian Basin: A history of repeated mt-DNA introgression across species. *Molecular Phylogenetics and Evolution* **38**: 705–718.
- Wagner, R.S., Miller, M.P., Crisafulli, C.M. & Haig, S.M. (2005) Geographic variation, genetic structure, and conservation unit designation in the Larch Mountain salamander *(Plethodon larselli)*. *Canadian Journal of Zoology* **83**: 396–406.
- Wagstaff, S.J. & Dawson, M.I. (2000) Classification, origin, and patterns of diversification of *Corynocarpus* (Corynocarpaceae) inferred from DNA sequences. *Systematic Botany* **25**: 134–149.
- Wahlberg, N. & Saccheri, I. (2007) The effects of Pleistocene glaciations on the phylogeography of *Melitaea cinxia* (Lepidoptera: Nymphalidae). *European Journal of Entomology* **104**: 675–684.
- Walker, D. & Avise, J.C. (1998) Principles of phylogeography as illustrated by freshwater and terrestrial turtles in the southeastern United States. *Annual Review of Ecology and Systematics* **29**: 23–58.
- Walker, D., Burke, V.J., Barák, I. & Avise, J.C. (1995) A comparison of mtDNA restriction sites vs. control region sequences in phylogeographic assessment of the musk turtle *(Sternotherus minor)*. *Molecular Ecology* **4**: 365–373.
- Walker, D., Moler, P.E., Buhlmann, K.A. & Avise, J.C. (1998) Phylogenetic patterns in *Kinosternon subrubrum* and *K. baurii* based on mitochondrial DNA restriction analyses. *Herpetologica* **54**: 174–184.
- Wallace, A.R. (1852) On the monkeys of the Amazon. *Proceedings of the Zoological Society of London* **20**: 107–110.
- Wallace, A.R. (1858) On the tendency of varieties to depart indefinitely from the original type. *Journal of the Proceedings of the Linnean Society: Zoology* **3**: 53–62.
- Wallace, A.R. (1876) *The geographical distribution of animals: with a study of the relations of living and extinct faunas as elucidating the past changes of the earth's surface.* Macmillan, London.
- Wallis, G.P. & Arntzen, J.W. (1989) Mitochondrial-DNA variation in the crested newt superspecies: limited cytoplasmic gene flow among species. *Evolution* **43**: 88–104.
- Wallis, G.P. & Trewick, S.A. (2009) New Zealand phylogeography: evolution on a small continent. *Molecular Ecology* **18**: 3548–3580.
- Walter, H. & Straka, H. (1970) *Arealkunde, Floristisch-historische Geobotanik*. Verlag Eugen Ulmer, Stuttgart.
- Walser, J.C., Holderegger, R., Gugerli, F., Hoebee, S.E. & Scheidegger, C. (2005) Microsatellites reveal regional population differentiation and isolation in *Lobaria pulmonaria*, an epiphytic lichen. *Molecular Ecology* **14**: 457–467.

- Waltari, E. & Cook, J.A. (2005) Hares on ice: phylogeography and historical demographics of *Lepus arcticus, L. othus,* and *L. timidus* (Mammalia: Lagomorpha). *Molecular Ecology* **14**: 3005–3016.
- Wang, C.-W. (1977) *Genetics of ponderosa pine.* USDA Forest Service Research Paper WO-34. Washington, District of Columbia, USA.
- Wang, J., Gao, P.X., Kang, M., Lowe, A.J. & Huang, H.W. (2009) Refugia within refugia: the case study of a canopy tree *Eurycorymbus cavaleriei* in subtropical China. *Journal of Biogeography* **36**: 2156–2164.
- Wang, Q., Abbott, R.J., Yu, Q.S., Lin, K. & Liu, J.Q. (2013b) Pleistocene climate change and the origin of two desert plant species, *Pugionium cornutum* and *Pugionium dolabratum* (Brassicaceae), in Northwest China. *New Phytologist* **199**: 277–287.
- Wardle, P. (1988) Effects of glacial climates on floristic distribution in New Zealand 1. A review of the evidence. *New Zealand Journal of Botany* **26**: 541–555.
- Wardle, P. (1991) *Vegetation of New Zealand.* Cambridge University Press, Cambridge.
- Wardle, P., Ezcurra, C., Ramírez, C. & Wagstaff, S. (2001) Comparison of the flora and vegetation of the southern Andes and New Zealand. *New Zealand Journal of Botany* **39**: 69–108.
- Waters, J.M., Fraser, C.I. & Hewitt G.M. (2013) Founder takes all: density-dependent processes structure biodiversity. *Trends in Ecology and Evolution* **28**: 78–85.
- Watt, W.B. (1977) Adaptation at specific loci. I. Natural selectionon on phosphoglucose isomerase of *Colias* butterflies: biochemical and population aspects. *Genetics* **87**: 177–194.
- Watt, W.B. (1983) Adaptation at specific loci. II. Demographic and biochemical elements in the maintenance of the *Colias* PGI polymorphism. *Genetics* **103**: 691–724.
- Watt, W.B., (1986) Power and effency as indexes of fitness in metabolic organization. *The American Naturalist* **127**: 629–653.
- Watt, W.B. (1995) Allozymes in evolutionary genetics: beyond the twin pitfall of «neutralism» and «selectionism». *Revue Suisse de Zoologie* **102**: 869–882.
- Watt, W.B., Cassin, R.C. & Swan, M.S. (1983) Adaptation at specific loci. III. Field behaviour and survivorship differences among *Colias* PGI genotypes are predictable from *in vitro* biochemistry. *Genetics* **103**: 725–739.
- Watt, W.B., Donohue, K. & Cater, P.A. (1996) Adaptation at specific loci. IV. Divergence vs. parallelism of polymorphic allozymes in molecular function and fitness-component effects among *Colias* species (Lepidoptera, Pieridae). *Molecular Biology and Evolution* **13**: 699–709.
- Watt, W.B., Wheat, C.W., Meyer, H. & Martin, J.F. (2003) Adaptation at specific loci. VII. Natural selection, dispersal and the diversity of molecular-functional vatiation patterns among butterfly species complexes (*Colias:* Lepidoptera, Pieridae). *Molecular Ecology* **12**: 1265–1275.
- Webb, L. & Tracey, J. (1981) Australian rain-forests: pattern and change. In: Keast, J.A. (Hrsg.) *Ecological Biogeography of Australia.* Junk, The Hague: 605–694.
- Webb, S.D. (1978) A History of Savanna vertebrates in the new world Part II: South America and Great Interchange. *Annual Review of Ecology and Systematics* **9**: 393–426.
- Webb, S.D. (1991) Ecogeography and the Great American Interchange. *Paleobiology* **17**: 266–280.
- Weekers, P.H.H., De Jonckheere, J.F. & Dumont, H.J. (2001) Phylogenetic relationships inferred from ribosomal ITS sequences and biogeographic patterns in representatives of the genus *Calopteryx* (Insecta: Odonata) of the West Mediterranean and adjacent West European Zone. *Molecular Phylogenetics and Evolution* **20**: 89–99.
- Weidman, R.H. (1939) Evidences of racial influence in a 25-year test of ponderosa pine. *Journal of Agricultural Research* **59**: 855–887.
- Weigt, L.A., Crawford, A.J., Rand, A.S. & Ryan, M.J. (2005) Biogeography of the tungara frog, *Physalaemus pustulosus*: a molecular perspective. *Molecular Ecology* **14**: 3857–3876.
- Weingartner, E., Wahlberg, N. & Nylind, S. (2006) Speciation in *Pararge* (Satyrinae: Namphalidae) butterflies – North Africa is the source of ancestral populations of all *Pararge* species. *Systematics Entomology* **31**: 621–632.
- Weiss, S., Persat, H., Eppe, R., Schlötterer, C. & Uiblein, F. (2002) Complex patterns of colonization and refugia revealed for European grayling *Thymallus thymallus*, based on complete sequencing of the mitochondrial DNA control region. *Molecular Ecology* **11**: 1393–1407.
- Wells, O.O. (1964) Geographic variation in ponderosa pine: I. The ecotypes and their distribution. *Silvae Genetica* **13**: 89–103.
- Welton, L.J., Siler, C.D., Bennett, D., Diesmos, A., Duya, M.R., Dugay, R., Rico, E.L.B., Van Weerd, M. & Brown, R.M. (2010) A spectacular new Philippine monitor lizard reveals a hidden biogeographic boundary and a novel flagship species for conservation. *Biology Letters* **6**: 1–6.
- Werneck, F.P. (2011) The diversification of eastern South American open vegetation biomes: historical biogeography and perspectives. *Quaternary Science Reviews* **30**: 1630–1648.
- Werneck, F.P., Gamble, T., Colli, G.R., Rodrigues, M.T. & Sites. J.W. Jr. (2012a) Deep diversification and long-term persistence in the South American «Dry Diagonal»: integrating continent-wide phylogeography and distribution modeling of geckos. *Evolution* **66**: 3014–3034.
- Werneck, F.P., Nogueira, C., Colli, G.R., Sites, J.W. & Costa, G.C. (2012b) Climatic stability in the Brazilian Cerrado: implications for biogeographical connections of South American savannas, species richness and conservation in a bio-

diversity hotspot. *Journal of Biogeography* **39**: 1695–1706.

- Wheeler, M. & Byrne, M. (2006) Congruence between phylogeographic patterns in cpDNA variation in *Eucalyptus marginata* (Myrtaceae) and geomorphology of the Darling Plateau, south-west of Western Australia. *Australian Journal of Botany* **54**: 17–26.
- White, F. (1983) *The vegetation of Africa: a descriptive memoir to accompany the UNESCO/AETFAT/UNSO vegetation map of Africa.* Natural Resources Research No. 20. UNESCO, Paris.
- White, W.M., McBirney, A.R. & Duncan, R.A. (1993) Petrology and geochemistry of the Galapagos Islands: Portrait of a pathological mantle plume. *Journal of Geophysical Research: Solid Earth* **98**: 19533–19563.
- Whitmore, T.C. (1998) *An introduction to tropical rainforests*, 2. Auflage. Oxford University Press, Oxford.
- Whorley, J.R., Alvarez-Castaneda, T. & Kenagy, G.J. (2004) Genetic structure of desert ground squirrels over a 20-degree-latitude transect from Oregon through the Baja California peninsula. *Molecular Ecology* **13**: 2709–2720.
- Wickramasinghe, M. & Munindradasa, D.A.I. (2007) Review of the genus *Cnemaspis* Strauch, 1887 (Sauria: Gekkonidae) in Sri Lanka with the description of five new species. *Zootaxa* **1490**: 1–63.
- Wielstra, B. & Arntzen, J.W. (2011) Unraveling the rapid radiation of crested newts (*Triturus cristatus* superspecies) using complete mitogenomic sequences. *BMC Evolutionary Biology* **11**: 162.
- Wielstra, B., Baird, A.B. & Arntzen, J.W. (2013) A multimarker phylogeography of crested newts (*Triturus cristatus* superspecies) reveals cryptic species. *Molecular Phylogenetics and Evolution* **67**: 167–175.
- Wilke, T. & Duncan, N. (2004) Phylogeographical patterns in the American Pacific Northwest: lessons from the arionid slug *Prophysaon coeruleum. Molecular Ecology* **13**: 2303–2315.
- Willett, R.W. (1950) The New Zealand Pleistocene snow line, climatic conditions, and suggested biological effects. *New Zealand Journal of Science and Technology* **32B**: 18–48.
- Williams, B.R.M., Schaefer, H., Menezes de Sequeira, M., Reyes-Betancort, J.A., Patiño, J. & Carine, M.A. (2015) Are there any widespread endemic flowering plant species in Macaronesia? Phylogeography of *Ranunculus cortusifolius. American Journal of Botany* **102**: 1736–1746.
- Williams, M.A.J. (2000) Quaternary Australia: extremes in the last glacial–interglacial cycle. In: Veevers, J.J. (Hrsg.) *Billion-year earth history of Australia and neighbours in Gondwanaland.* GEMOC Press, Sydney: 55–59.
- Willis, K.J. & Niklas, K.J. (2004) The role of Quaternary enviromental change in plant macroevolution: the exception or the rule. *Philosophical Transactions of the Royal Society of London B* **359**: 159–172.
- Willis, K.J. & van Andel, T.H. (2004) Trees or no trees? The environments of central and eastern Europe during the Last Glaciation. *Quaternary Science Reviews* **23**: 2369–2387.
- Willis, K.J., Rudner, E. & Sümegi, P. (2000) The full-glacial forests of Central and southeastern Europe. *Quaternary Research* **53**: 203–213.
- Willis, K.J., Sümegi, P., Braun, M. & Toth, A. (1995) The late Quaternary environmental history of Bátorliget, NE Hungary. *Palaeogeography, Palaeoclimate, Palaeoecology* **118**: 25–47.
- Willis, S.C., Nunes, M., Montaña, C.G., Farias, I.P., Ortí, G. & Lovejoy, N.R. (2010) The Casiquiare river acts as a corridor between the Amazonas and Orinoco river basins: biogeographic analysis of the genus *Cichla. Molecular Ecology* **19**: 1014–1030.
- Wilmé, L., Goodman, S.M. & Ganzhorn, J.U. (2006) Biogeographic evolution of Madagascar's microendemic biota. *Science* **312**: 1063–1065.
- Wilson, A.C. & Cann, R.L. (1992) The recent African genesis of humans. *Scientific American* **266**: 68–73.
- Wilson, C.C. & Hebert, P.D.N. (1998) Phylogeography and postglacial dispersal of lake trout *(Salvelinus namaycush)* in North America. *Canadian Journal of Fisheries and Aquatic Sciences* **55**: 1010–1024.
- Wilting, A., Sollmann, R., Meijaard, E., Helgen, K.M. & Fickel, J. (2012) Mentawai's endemic, relictual fauna: is it evidence for Pleistocene extinctions on Sumatra? *Journal of Biogeography* **39**: 1608–1620.
- Winkler, H. & Christie, D.A. (2002) Family Picidae (Woodpeckers). In: del Hoyo, J., Elliott, A. & Sargatal, J. (Hrsg.): *Handbook of the Birds of the World. Volume 7. Jacamars to Woodpeckers.* Lynx Edicions, Barcelona: 296–555.
- Winkler, H., Christie, D.A. & Nurney, D. (1995) *Woodpeckers. A Guide to the Woodpeckers, Piculets and Wrynecks of the World.* Pica Press, Robertsbridge.
- Wise, J., Harasewych, M.G. & Dillon, R.T. (2004) Population divergence in the sinistral whelks of North America, with special reference to the east Florida ecotone. *Marine Biology* **145**: 1167–1179.
- Wirta, H. (2009) Complex phylogeographical patterns, introgression and cryptic species in a lineage of Malagasy dung beetles (Coleoptera: Scarabaeidae). *Biological Journal of the Linnean Society* **96**: 942–955.
- Wirta, H., Orsini, L. & Hanski, I. (2008) An old adaptive radiation of forest dung beetles in Madagascar. *Molecular Phylogenetics and Evolution* **47**: 1076–1089.
- Witt, C.C. (2004) *Rates of molecular evolution and their application to Neotropical avian biogeography.* Dissertation, Louisiana State University.
- Wójcik, J.M., Ratkiewicz, M. & Searle, J.B. (2002) Evolution of the common shrew Sorex araneus: chromosomal and molecular

aspects. *Acta Theriologica* **47** (Suppl. 1): 139–167.

- Wollenberg, K.C., Vieites, D.R., van der Meijden, A., Glaw, F., Cannatella, D.C. & Vences, M. (2008) Patterns of endemism and species richness in Malagasy cophyline frogs support a key role of mountainous areas for speciation. *Evolution* **62**: 1890–1907.
- Won, Y.J. & Hey, J. (2005) Divergence population genetics of chimpanzees. *Molecular Biology and Evolution* **22**: 297–307.
- Wood, D.A., Fisher, R.N. & Reeder, T.W. (2008a) Novel patterns of historical isolation, dispersal, and secondary contact across Baja California in the rosy boa (*Lichanura trivirgata*). *Molecular Phylogenetics and Evolution* **46**: 484–502.
- Wood, D.A., Meik, J.M., Holycross, A.T., Fisher, R.N. & Vandergast, A.G. (2008b) Molecular and phenotypic diversity in the western shovel-nosed snake, with emphasis on the status of the Tucson shovel-nosed snake *(Chionactis occipitalis klauberi). Conservation Genetics* **9**: 1489–1507.
- Wood, D.A., Vandergast, A.G., Barr, K.R., Inman, R.D., Esque, T.C., Nussear, K.E. & Fisher, R.N. (2013) Comparative phylogeography reveals deep lineages and regional evolutionary hotspots in the Mojave and Sonoran desert. *Diversity and Distributions* **19**: 722–737.
- Woodburne, M.O. (2010) The Great American Biotic Interchange: dispersals, tectonics, climate, sea level and holding pens. *Journal of Mammalian Evolution* **17**: 245–264.
- Woodruff, D.S. (2003) Neogene marine transgressions, palaeogeography and biogeographic transitions on the Thai-Malay Peninsula. *Journal of Biogeography* **30**: 551–567.
- Woodruff, D.S., Carpenter, M.P., Upatham, E.S. & Viyanant, V. (1999) Molecular phylogeography of *Oncomelania lindoensis* (Gastropoda: Pomatiopsidae), the intermediate host of *Schistosoma japonicum* in Sulawesi. *Journal of Molluscan Studies* **65**: 21–31.
- Worley, K., Strobeck, C., Arthur, S., Carey, J., Schwantje, H., Veitch, A. & Coltman, D.W. (2004) Population genetic structure of North American thinhorn sheep (*Ovis dalli*). *Molecular Ecology* **13**: 2545–2556.
- Wu, J., Kohno, N., Mano, S., Fukumoto, Y., Tanabe, H., Hasegawa, M. & Yonezawa, T. (2015) Phylogeographic and demographic dnalysis of the Asian Black Bear (*Ursus thibetanus*) based on mitochondrial DNA. *PLoS ONE* **10**: e0136398.
- Wu, Y., Cui, Z., Liu, G., Ge, D., Yin, J., Xu, Q. & Pang, Q. (2001) Quaternary geomorphological evolution of the Kunlun Pass areas and uplift of the Qinghai-Xizang (Tibet) plateau. *Geomorphology* **36**: 203–216.
- Wurster, C.M., Bird, M.I., Bull, I.D., Creed, F., Bryant, C., Dungait, J.A.J. & Paz, V. (2010) Forest contraction in north equatorial Southeast Asia during the last glacial period. *Proceedings of the National Academy of Sciences of the United States of America* **107**: 15508–15511.
- Xie, K.Q. & Zhang, M.L. (2013) The effect of Quaternary climatic oscillations on *Ribes meyeri* (Saxifragaceae) in northwestern China. *Biochemical Systematics and Ecology* **50**: 39–47.
- Xu, J.W., Pérez-Losada, M., Jara, C.G. & Crandall, K.A. (2009) Pleistocene glaciation leaves deep signature on the freshwater crab *Aegla alacalufi* in Chilean Patagonia. *Molecular Ecology* **18**: 904–918.
- Yamagishi, S., Honda, M., Eguchi, K. & Thorstrom, R. (2001) Extreme endemic radiation of the malagasy vangas (Aves: Passeriformes). *Journal of Molecular Evolution* **53**: 39–46.
- Yamashita, T. & Rhoads, D.D. (2013) Species delimitation and morphological divergence in the scorpion *Centruroides vittatus* (Say, 1821): Insights from phylogeography. *PLoS ONE* **8**: e68282.
- Yang, D.S. & Kenagy, G.J. (2009) Nuclear and mitochondrial DNA reveal contrasting evolutionary processes in populations of deer mice (*Peromyscus maniculatus*). *Molecular Ecology* **18**: 5115–5125.
- Yang, F.S., Qin, A.L., Li, Y.F. & Wang, X.Q. (2012) Great genetic differentiation among populations of *Meconopsis integrifolia* and its implication for plant speciation in the Qinghai-Tibetan Plateau. *PLoS ONE* **7**: e37196.
- Yang, S.J., Lei, F.M. & Dong, H.L. (2009) Phylogeography of regional fauna on the Tibetan Plateau. *Progress in Natural Science* **19**: 789–799.
- Ying, T.S. (2001) Species diversity and distribution pattern of seed plants in China. *Biodiversity Science* **9**:393–398.
- Ying, T.S., Zhang, Y.L. & Boufford, D.E. (1993) The endemic genera of seed plants of China. Science Press, Beijing (in Chinesisch).
- Yoder, A.D. & Nowak, M.D. (2006) Has vicariance or dispersal been the predominant biogeographic force in Madagascar? Only time will tell. *Annual Review of Ecology, Evolution, and Systematics* **37**: 405–431.
- Yoder, A.D. & Yang, Z.H. (2004) Divergence dates for Malagasy lemurs estimated from multiple gene loci: geological and evolutionary context. *Molecular Ecology* **13**: 757–773.
- Yoder, A.D., Rasoloarison, R.M., Goodman, S.M., Irwin, J.A., Atsalis, S., Ravosa, M.J. & Ganzhorn, J.U. (2000) Remarkable species diversity in Malagasy mouse lemurs (primates, *Microcebus*). *Proceedings of the National Academy of Sciences of the United States of America* **97**: 11325–11330.
- Young, A.M., Torres, C., Mack, J.E. & Cunningham, C.W. (2002) Morphological and genetic evidence for vicariance and refugium in Atlantic and Gulf of Mexico populations of the hermit crab *Pagurus longicarpus. Marine Biology* **140**: 1059–1066.
- Youngman, P.M. (1975) Mammals of the Yukon Territory. *National Museums of Canada Publications in Zoology* **10**: 1–192.
- Yu, Q.S., Wang, Q., Wu, G.L., Ma, Y.Z., He, X.Y., Wang, X., Xie, P.H., Hu, L.H. & Liu, J.Q. (2013) Ge-

netic differentiation and delimitation of *Pugionium dolabratum* and *Pugionium cornutum* (Brassicaceae). *Plant Systematics and Evolution* **299**: 1355–1365.

- Yumnam, B., Negi, T., Maldonado, J.E., Fleischer, R.C. & Jhala, Y.V. (2015) Phylogeography of the Golden Jackal *(Canis aureus)* in India. *PLoS ONE* **10**: e0138497.
- Yumul, G.P., Dimalanta, C.B., Tamayo, R.A., Maury, R.C., Bellon, H., Polvé, M., Maglambayan, V.B., Querubin, C.L. & Cotton, J. (2004) Geology of the Zamboanga Peninsula, Mindanao, Philippines: an enigmatic South China continental fragment? In: Malpas, J., Fletcher, C.J.N., Ali, J.R. & Aitchison, J.C. (Hrsg.) *Aspects of the tectonic evolution of China*. Geological Society, London: 289–312.
- Zaldívar-Riverón, A., León-Regagnon, V. & Nieto-Montes de Oca, A. (2004) Phylogeny of the Mexican coastal leopard frogs of the *Rana berlandieri* group based on mtDNA sequences. *Molecular Phylogenetics and Evolution* **30**: 38–49.
- Zamudio, K.R. & Greene, H.W. (1997) Phylogeography of the bushmaster (*Lachesis muta:* Viperidae): implications for Neotropical biogeography, systematics, and conservation. *Biological Journal of the Linnean Society* **62**: 421–442.
- Zarza, E., Reynoso, V.H. & Emerson, B.C. (2008) Diversification in the northern neotropics: mitochondrial and nuclear DNA phylogeography of the iguana *Ctenosaura pectinata* and related species. *Molecular Ecology* **17**: 3259–3275.
- Zatcoff, M.S., Ball, A.O. & Sedberry, G.R. (2004) Population genetic analysis of red grouper, *Epinephelus morio*, and scamp, *Mycteroperca phenax*, from the southeastern US Atlantic and Gulf of Mexico. *Marine Biology* **144**: 769–777.
- Zemlak, T.S., Habit, E.M., Walde, S.J., Battini, M.A., Adams, E.D.M. & Ruzzante, D.E. (2008) Across the southern Andes on fin: glacial refugia, drainage reversals and a secondary contact zone revealed by the phylogeographical signal of *Galaxias platei* in Patagonia. *Molecular Ecology* **17**: 5049–5061.
- Zhan, X.J., Zheng, Y.F., Wei, F.W., Bruford, M.W. & Jia, C.X. (2011) Molecular evidence for Pleistocene refugia at the eastern edge of the Tibetan Plateau. *Molecular Ecology* **20**: 3014–3026.
- Zhang, H.X. & Zhang, M.L. (2012a) Identifying a contact zone between two phylogeographic lineages of *Clematis sibirica* (Ranunculeae) in the Tianshan and Altai Mountains. *Journal of Systematics and Evolution* **50**: 295–304.
- Zhang, H.X. & Zhang, M.L. (2012b) Genetic structure of the *Delphinium naviculare* species group tracks Pleistocene climatic oscillations in the Tianshan Mountains, arid Central Asia. *Palaeogeography, Palaeoclimatology, Palaeoecology* **253–355**: 93–103.
- Zhang, H.X., Zhang, M.L. & Sanderson, S.C. (2013) Retreating or standing: Responses of forest species and steppe species to climate change in arid Eastern Central Asia. *PLoS ONE* **8**: e61954.
- Zhang, J.-Q., Meng, S.-Y. & Rao, G.-Y. (2014) Phylogeography of *Rhodiola kirilowii* (Crassulaceae): A Story of Miocene Divergence and Quaternary Expansion. *PLoS ONE* **9**: e112923.
- Zhang, L.-B., Comes, P. & Kadereit, J.W. (2001) Phylogeny and Quaternary history of the European montane/alpine endemic *Soldanella* (Primulaceae) based on ITS and AFLP variation. *American Journal of Botany* **88**: 2331–2345.
- Zhang, L., Li, H., Li, S., Zhang, A., Kou, F., Xun, H., Wang, P., Wang, Y., Song, F., Cui, J., Cui, J., Gouge, D.H. & Cai, W. (2015) Phylogeographic structure of cotton pest *Adelphocoris suturalis* (Hemiptera: Miridae): strong subdivision in China inferred from mtDNA and rDNA ITS markers. *Scientific Reports* **5**: 14009.
- Zhang, L., Li, Q.J., Li, H.T., Chen, J. & Li, D.Z. (2006a) Genetic diversity and geographic differentiation in *Tacca chantrieri* (Taccaceae): an autonomous selfing plant with showy floral display. *Annals of Botany* **98**: 449–457.
- Zhang, R.Z., Zheng, D., Yang, Q.Y. & Liu, Y.H. (1997) Physical geography of Hengduan Mountains. Science Press, Beijing (in Chinesisch).
- Zhang, W., Cui, Z.J. & Li, Y.H. (2006b) Review of the timing and extent of glaciers during the last glacial cycle in the bordering mountains of Tibet and in East Asia. *Quaternary International* **154**: 32–43.
- Zhao, Y. & Zhang, L. (2015) The phylogeographic history of the self-pollinated herb *Tacca chantrieri* (Dioscoreaceae) in the tropics of mainland Southeast Asia. *Biochemical Systematics and Ecology* **58**: 139–148.
- Zheng, B.X., Xu, Q.Q. & Shen, Y.P. (2002) The relationship between climate change and Quaternary glacial cycles on the Qinghai-Tibetan Plateau: Review and speculation. *Quaternary International* **97/98**: 93–101.
- Zheng, H., Wyrwoll, K.-H., Li, Z. & Powell, C.M. (1998) Onset of aridity in southern Western Australia – a preliminary palaeomagnetic appraisal. *Global and Planetary Change* **18**: 175–187.
- Zhi, L., Karesh, W.B., Janczewski, D.N., Frazier-Taylor, H., Sajuthi, D., Gombek, F., Andau, M., Martenson, J.S. & O'Brien, S.J. (1996) Genomic differentiation among natural populations of the orang utan *(Pongo pygmaeus)*. *Current Biology* **6**: 1326–1336.
- Zhu, H. & Yan, L.C. (2002) A discussion on biogeographical lines of the tropical-subtropical Yunnan. *Chinese Geographical Science* **12**: 90–96.
- Zimkus, B.M., Lawson, L., Loader, S.P. & Hanken, J. (2012) Terrestrialization, miniaturization and rate of diversification in African puddle frogs (Anura: Phrynobatrachidae). *PLoS ONE* **7**: e35118.
- Zink, R.M., Drovetski, S.V. & Rohwer, S. (2002b) Phylogeographic patterns in the great spotted woodpecker *Dendropocos major*

across Eurasia. *Journal of Avian Biology* **33**: 175–178.

- Zink, R.M., Drovetski, S.V. & Rohwer, S. (2006) Selective neutrality of mitochondrial ND2 sequences, phylogeography and species limits in *Sitta europaea*. *Molecular Phylogeny and Evolution* **40**: 679–686.
- Zink, R.M., Rohwer, S., Drovetski, S.V., Blackwell-Rago, R.C. & Farrell, S.L. (2002a) Holarctic phylogeography and species limits of three-toed woodpeckers. *Condor* **104**: 167–170.
- Zink, R.M., Pavlova, A., Drovetski, S.V. & Rohwer, S. (2008) Mitochondrial phylogeographies of five widespread Eurasian bird species. *Journal of Ornithology* **149**: 399–413.
- Zuccon, D., Prŷs-Jones, R., Rasmussen, P.C. & Ericson, P.G.P. (2012) The phylogenetic relationship and generic limits of finches (Fringillidae). *Molecular Phylogenetics and Evolution* **62**: 581–596.

15 Register

G

H

I

J

K

L

O

P

Q

R

S

T

U

V